U0280834

CHINA
RIVER AND LAKE
YEARBOOK

中国河湖年鉴

2022

中华人民共和国水利部　主管
水利部河湖管理司
水利部河湖保护中心　组编

中国水利水电出版社
www.waterpub.com.cn
·北京·

图书在版编目（CIP）数据

中国河湖年鉴. 2022 / 中华人民共和国水利部主管 ; 水利部河湖管理司，水利部河湖保护中心组编. -- 北京 : 中国水利水电出版社，2023.3
ISBN 978-7-5226-1444-1

Ⅰ. ①河… Ⅱ. ①中… ②水… ③水… Ⅲ. ①河流－中国－2022－年鉴②湖泊－中国－2022－年鉴 Ⅳ. ①K928.4-54

中国国家版本馆CIP数据核字(2023)第043348号

审图号：GS京（2023）0817号

书　　名	**中国河湖年鉴 2022** ZHONGGUO HE－HU NIANJIAN 2022
作　　者	中华人民共和国水利部　主管 水利部河湖管理司 水利部河湖保护中心　组编
出版发行	中国水利水电出版社 （北京市海淀区玉渊潭南路1号D座　100038） 网址：www.waterpub.com.cn E－mail：sales@mwr.gov.cn 电话：（010）68545888（营销中心）
经　　售	北京科水图书销售有限公司 电话：（010）68545874、63202643 全国各地新华书店和相关出版物销售网点
排　　版	中国水利水电出版社微机排版中心
印　　刷	北京印匠彩色印刷有限公司
规　　格	184mm×260mm　16开本　33印张　1142千字
版　　次	2023年3月第1版　2023年3月第1次印刷
印　　数	0001—5000册
定　　价	**420.00**元

凡购买我社图书，如有缺页、倒页、脱页的，本社营销中心负责调换

《中国河湖年鉴》编纂委员会

贾文涛　海南省水务厅
江　夏　重庆市水利局
郭亨孝　四川省水利厅
周登涛　贵州省水利厅
胡朝碧　云南省水利厅
郑连武　西藏自治区水利厅
和忠华　西藏自治区水利厅
郑维国　陕西省水利厅
牛　军　甘肃省水利厅
刘泽军　青海省水利厅
朱　云　宁夏回族自治区水利厅
王　江　新疆维吾尔自治区水利厅
张　强　新疆维吾尔自治区水利厅
赵福义　新疆生产建设兵团水利局

主　编　陈大勇　蒋牧宸

副主编　刘六宴　李春明　杨　涛　杨元月　吴　健

《中国河湖年鉴》编委会办公室

《中国河湖年鉴》特约编辑

《中国河湖年鉴》编辑部

编辑说明

一、《中国河湖年鉴》（以下简称《年鉴》）是由水利部主管，河湖管理司、河湖保护中心组编的专业年鉴，是集中反映河湖长制实施以来河湖管理与保护过程中的重要事件、技术资料、统计数据的资料性工具书。

二、《年鉴 2022》记载了 2021 年河湖保护治理的新发展、新变化、新成就和新经验。《年鉴 2022》包括 13 个专栏：自然概况、综述、重要论述、重要活动、政策文件、专项行动、数说河湖、典型案例、流域河湖管理保护、地方河湖管理保护、大事记、附录、索引。

三、《年鉴》单位采用中国法定计量单位；数字用法遵从《出版物上数字用法》(GB/T 15835—2011)；技术术语、专业名词、符号等力求符合规范要求或约定俗成。

四、《年鉴》中涉及的中央国家机关、水利部相关司局和直属单位等可使用约定俗成的简称，“全面推行河湖长制工作部际联席会议”简称为“部际联席会议”，“全面推行河湖长制工作部际联席会议成员单位”简称为“成员单位”。“清四乱”具体指清理乱占、乱采、乱堆、乱建，在正文中统一简称为“清四乱”。

五、《年鉴》中的数据统计不包括香港特别行政区、澳门特别行政区和台湾省。

六、《年鉴》所载内容实行文责自负。《年鉴》内容、技术数据及保密等问题均经撰稿人所在单位把关审定。

EDITOR'S NOTES

1. The *China River and Lake Yearbook* (hereinafter referred to as the *Yearbook*) is a professional yearbook compiled by the Department of River and Lake Management and the River and Lake Protection Center under the supervision of the Ministry of Water Resources. It is a reference book that reflects the important events, technical information and statistical data in the process of river and lake management and protection since the implementation of the River/Lake Chief System.

2. The *Yearbook 2022* records the new developments, changes, achievements and experiences in river and lake management and protection in 2021. The *Yearbook 2022* includes 13 columns: Natural Conditions, Overview, Important Discourse, Important Events, Government Documents, Special Actions, Information About Rivers and Lakes in Digital Edition, Typical Cases, Management and Protection of Rivers and Lakes in River Basins, Management and Protection of Regional Rivers and Lakes, Major Events, Appendix, Index.

3. The *Yearbook* adopts the legally - sanctioned measurement units of China. The use of numbers follows *General Rules for Writing Numerals in Public Texts* (GB/T 15835—2011). Technical terms and symbols meet regulatory requirements or conventions.

4. In the *Yearbook*, the ministries (departments) of the state organs, the departments (bureaus) and institutions of the Ministry of Water Resources are referred to in abbreviations, as prescribed by conventions. "Inter-Ministerial Joint Conference on the Full Implementation of the River/Lake Chief System" is referred to as "Inter-Ministerial Joint Conference", and "Member Units of the Inter-Ministerial Joint Conference on the Full Implementation of the River/Lake Chief System" is referred to as "Member Units". "Clean the Four Disorders" specifically refers to cleaning up unlawful appropriation, excavation, stockpiling and construction.

5. In the *Yearbook*, water statistics do not include those of the Hong Kong Special Administrative Region, the Macao Special Administrative Region and Taiwan Province.

6. The authors of the *Yearbook* are responsible for related contents. The Yearbook content, text, data, and other issues of the manuscript are examined and approved by those organizations the authors work for.

目录

五、政策文件

六、专项行动

七、数说河湖

八、典型案例

九、流域河湖管理保护

十、地方河湖管理保护

十一、大事记

十二、附录

十三、索引

Contents

7. Information About Rivers and Lakes in Digital Edition

8. Typical Cases

9. Management and Protection of Rivers and Lakes in River Basins

10. Management and Protection of Regional Rivers and Lakes

11. Major Events

12. Appendix

13. Index

一、自然概况

Natural Conditions

中国河流基本情况

【河流概况】 河流是陆地表面汇集、宣泄水流的通道，是溪、川、江、河等的总称。中国江河众多，流域面积在50km² 以上的河流有 45 203 条，总长度约为 150.85 万 km；流域面积在 100km² 以上的河流有 22 909 条，总长度约为 111.46 万 km；流域面积在 1 000km² 以上的河流有 2 221 条，总长度约为 38.66 万 km；流域面积超过 10 000km² 的河流有 228 条，总长度约为 13.26 万 km。

【按行政区统计】 （1）各省（自治区、直辖市）流域面积 50km² 及以上河流数量和密度分布见表 1。

表 1 按行政区划分的流域面积 50km² 及以上河流数量和密度分布

序号	省级行政区	河流数量/条	河流密度/（条/万 km²）
合计		46 796	48
1	北京	127	77
2	天津	192	163
3	河北	1 386	74
4	山西	902	58
5	内蒙古	4 087	36
6	辽宁	845	57
7	吉林	912	48
8	黑龙江	2 881	61
9	上海	133	163
10	江苏	1 495	143
11	浙江	865	82
12	安徽	901	65
13	福建	740	60
14	江西	967	58
15	山东	1 049	66
16	河南	1 030	63
17	湖北	1 232	66
18	湖南	1 301	62
19	广东	1 211	68
20	广西	1 350	57

续表

序号	省级行政区	河流数量/条	河流密度/（条/万 km²）
21	海南	197	57
22	重庆	510	62
23	四川	2 816	58
24	贵州	1 059	60
25	云南	2 095	55
26	西藏	6 418	53
27	陕西	1 097	54
28	甘肃	1 590	38
29	青海	3 518	51
30	宁夏	406	79
31	新疆	3 484	21

注 31 个省（自治区、直辖市）流域面积 50km² 及以上河流的总数为 46 796 条，大于全国同标准流域面积河流总数（45 203 条），这是因为同一河流流经不同行政区域（省、自治区、直辖市）时重复统计的结果。

（2）各省（自治区、直辖市）流域面积 100km² 及以上河流数量和密度分布见表 2。

表 2 按行政区划分的流域面积 100km² 及以上河流数量和密度分布

序号	省级行政区	河流数量/条	河流密度/（条/万 km²）
合计		24 117	24
1	北京	71	43
2	天津	40	34
3	河北	550	29
4	山西	451	29
5	内蒙古	2 408	21
6	辽宁	459	31
7	吉林	497	26
8	黑龙江	1 303	28
9	上海	19	23
10	江苏	714	68
11	浙江	490	46
12	安徽	481	34
13	福建	389	31

续表

序号	省级行政区	河流数量/条	河流密度/(条/万 km²)
14	江西	490	29
15	山东	553	35
16	河南	560	34
17	湖北	623	34
18	湖南	660	31
19	广东	614	34
20	广西	678	29
21	海南	95	28
22	重庆	274	33
23	四川	1 396	29
24	贵州	547	31
25	云南	1 002	26
26	西藏	3 361	28
27	陕西	601	29
28	甘肃	841	20
29	青海	1 791	26
30	宁夏	165	32
31	新疆	1 994	12

【按一级流域（区域）统计】 (1) 按一级流域（区域）划分的流域面积 50km² 及以上河流数量和密度分布见表 3。

表 3 按一级流域（区域）划分的流域面积 50km² 及以上河流数量和密度分布

序号	一级流域（区域）	河流数量/条	河流密度/(条/万 km²)
全国		45 203	48
1	黑龙江	5 110	55
2	辽河	1 457	46
3	海河	2 214	70
4	黄河	4 157	51
5	淮河	2 483	75
6	长江	10 741	60
7	浙闽诸河	1 301	63
8	珠江	3 345	58
9	西南西北外流诸河	5 150	54
10	内流诸河	9 245	29

(2) 按一级流域（区域）划分的流域面积 100km² 及以上河流数量和密度分布见表 4。

表 4 按一级流域（区域）划分的流域面积 100km² 及以上河流数量和密度分布

序号	一级流域（区域）	河流数量/条	河流密度/(条/万 km²)
全国		22 909	24
1	黑龙江	2 428	26
2	辽河	791	25
3	海河	892	28
4	黄河	2 061	25
5	淮河	1 266	38
6	长江	5 276	29
7	浙闽诸河	694	34
8	珠江	1 685	29
9	西南西北外流诸河	2 467	25
10	内流诸河	5 349	17

(3) 按一级流域（区域）划分的流域面积 1 000km² 及以上河流数量和密度分布见表 5。

表 5 按一级流域（区域）划分的流域面积 1 000km² 及以上河流数量和密度分布

序号	一级流域（区域）	河流数量/条	河流密度/(条/万 km²)
全国		2 221	2.3
1	黑龙江	224	2.4
2	辽河	87	2.8
3	海河	59	1.9
4	黄河	199	2.4
5	淮河	86	2.6
6	长江	464	2.6

续表

序号	一级流域（区域）	河流数量/条	河流密度/(条/万 km^2)
7	浙闽诸河	53	2.6
8	珠江	169	2.9
9	西南西北外流诸河	267	2.8
10	内流诸河	613	1.9

（4）按一级流域（区域）划分的流域面积 10 000km^2 及以上河流数量和密度分布见表 6。

表 6 按一级流域（区域）划分的流域面积 10 000km^2 及以上河流数量和密度分布

序号	一级流域（区域）	河流数量/条	河流密度/(条/万 km^2)
全 国		228	0.24
1	黑龙江	36	0.39
2	辽河	13	0.41
3	海河	8	0.25
4	黄河	17	0.21
5	淮河	7	0.21
6	长江	45	0.25
7	浙闽诸河	7	0.34
8	珠江	12	0.21
9	西南西北外流诸河	30	0.31
10	内流诸河	53	0.16

（钱峰 谢文君 李鑫雨）

【十大河流】 （1）中国十大河流基本情况见表 7。

表 7 十大河流基本情况

序号	河流名称	河流长度/km	流域面积/km^2	2021 年水面面积/km^2	流经省（自治区、直辖市）	多年平均年径流深/mm
1	长江	6 296	1 796 000	6 130	青海，西藏，四川，云南，重庆，湖北，湖南，江西，安徽，江苏，上海	551.1
2	黑龙江	1 905	888 711	1 706	黑龙江	142.6
3	黄河	5 687	813 122	3 776	青海，四川，甘肃，宁夏，内蒙古，陕西，山西，河南，山东	74.7
4	珠江（流域）	2 320	452 000	1 064	云南，贵州，广西，广东，湖南，江西	—
5	塔里木河	2 727	365 902	313	新疆	72.2
6	海河（流域）	73（干流）	320 600	220	天津，北京，河北，山西，山东，河南，内蒙古，辽宁	—
7	雅鲁藏布江	2 296	345 953	736	西藏	951.6
8	辽河	1 383	191 946	344	内蒙古，河北，吉林，辽宁	45.2
9	淮河	1 018	190 982	378	河南，湖北，安徽，江苏	236.9
10	澜沧江	2 194	164 778	542	青海，西藏，云南	445.6

注 水面面积（不含滩地）通过遥感影像解译获取。

（陈德清 王旭 张志远 查晨峰）

（2）中国十大河流 2021 年水质见表 8。

表 8 中国十大河流 2021 年水质

序号	河流名称	2021 年（“十三五”网络）	
		断面个数	Ⅰ～Ⅲ类断面比例/%
1	长江	83	100
2	黑龙江	13	15.4
3	黄河	43	100
4	珠江	62	93.5
5	塔里木河	4	Ⅰ类 1 个，Ⅱ类 3 个
6	雅鲁藏布江	7	100

续表

序号	河流名称	2021年（“十三五”网络）	
		断面个数	Ⅰ～Ⅲ类断面比例/%
7	海河	3	Ⅱ、Ⅲ类和Ⅴ类各1个
8	辽河	16	60.0
9	淮河	13	100
10	澜沧江	12	100

注　按照《地表水环境质量评价办法（试行）》（环办〔2011〕22号）进行河流和湖库水质评价。

（生态环境部）

中国湖泊基本情况

【湖泊概况】　湖泊是陆地上洼地积水形成的水体，是湖盆和湖水及其所含物质的自然综合体。中国湖泊众多，常年水面面积 $1km^2$ 及以上湖泊数量为2 865个，总面积约为78 007.1km^2。

【按行政区统计】　(1) 各省（自治区、直辖市）常年水面面积 $1km^2$ 及以上湖泊数量见表1。

表1　各省（自治区、直辖市）常年水面面积 $1km^2$ 及以上湖泊数量

序号	省级行政区	湖泊数量/个
合　计		2 905
1	北京	1
2	天津	1
3	河北	23
4	山西	6
5	内蒙古	428
6	辽宁	2
7	吉林	152
8	黑龙江	253
9	上海	14
10	江苏	99
11	浙江	57
12	安徽	128
13	福建	1
14	江西	86
15	山东	8
16	河南	6
17	湖北	224
18	湖南	156
19	广东	7
20	广西	1
21	海南	0
22	重庆	0
23	四川	29
24	贵州	1
25	云南	29
26	西藏	808
27	陕西	5
28	甘肃	7
29	青海	242
30	宁夏	15
31	新疆	116

注　31个省（自治区、直辖市）湖泊数量合计值为2 905个，全国常年水面面积 $1km^2$ 及以上湖泊总数2 865个，这是由于存在40个跨省（自治区、直辖市）界湖泊重复统计。

(2) 各省（自治区、直辖市）常年水面面积 $1km^2$ 及以上湖泊水面面积见表2。

表2　各省（自治区、直辖市）常年水面面积 $1km^2$ 及以上湖泊水面面积

序号	省级行政区	湖泊数量/个	行政区内水面面积/km^2
全　国		2 865	78 007.1
1	北京	1	1.3
2	天津	1	5.1
3	河北	23	364.8
4	山西	6	80.7
5	内蒙古	428	3 915.8
6	辽宁	2	44.7
7	吉林	152	1 055.2
8	黑龙江	253	3 036.9

续表

序号	省级行政区	湖泊数量/个	行政区内水面面积/km^2
9	上海	14	68.1
10	江苏	99	5 887.3
11	浙江	57	99.2
12	安徽	128	3 505.0
13	福建	1	1.5
14	江西	86	3 802.3
15	山东	8	1 051.7
16	河南	6	17.2
17	湖北	224	2 569.2
18	湖南	156	3 370.7
19	广东	7	18.7
20	广西	1	1.1
21	海南	0	0.0
22	重庆	0	0.0
23	四川	29	114.5
24	贵州	1	22.9
25	云南	29	1 115.9
26	西藏	808	28 868.0
27	陕西	5	41.1
28	甘肃	7	100.6
29	青海	242	12 826.5
30	宁夏	15	101.3
31	新疆	116	5 919.8

【按一级流域（区域）统计】 （1）一级流域（区域）常年水面面积 $1km^2$ 及以上湖泊数量和密度分布见表 3。

表 3 一级流域（区域）常年水面面积 $1km^2$ 及以上湖泊数量和密度分布

序号	流域（区域）	湖泊数量/个	湖泊密度/(个/万 km^2)
全 国		2 865	3.0
1	黑龙江	496	5.4
2	辽河	58	1.8
3	海河	9	0.3
4	黄河	144	1.8
5	淮河	68	2.1
6	长江	805	4.5
7	浙闽诸河	9	0.4
8	珠江	18	0.3
9	西南西北外流诸河	206	2.1
10	内流诸河	1 052	3.3

（2）一级流域（区域）不同标准水面面积湖泊数量分布见表 4。

表 4 一级流域（区域）不同标准水面面积湖泊数量分布 单位：个

序号	流域（区域）	水面面积 $10km^2$ 及以上湖泊数量	水面面积 $100km^2$ 及以上湖泊数量	水面面积 $500km^2$ 及以上湖泊数量	水面面积 $1\ 000km^2$ 及以上湖泊数量
全 国		696	129	24	10
1	黑龙江	68	7	2	2
2	辽河	1	0	0	0
3	海河	3	1	0	0
4	黄河	23	3	2	0
5	淮河	27	8	3	2
6	长江	142	21	4	3
7	浙闽诸河	0	0	0	0
8	珠江	7	1	0	0
9	西南西北外流诸河	33	8	2	0
10	内流诸河	392	80	11	3

（3）一级流域（区域）常年水面面积 $1km^2$ 及以上湖泊水面面积见表 5。

表 5 一级流域（区域）常年水面面积 $1km^2$ 及以上湖泊水面面积

序号	流域（区域）	湖泊数量/个	区域内水面面积/km^2
全 国		2 865	78 007.1
1	黑龙江	496	6 319.4
2	辽河	58	171.7
3	海河	9	277.7

续表

序号	流域（区域）	湖泊数量/个	区域内水面面积/km²
4	黄河	144	2 082.3
5	淮河	68	4 913.7
6	长江	805	17 615.7
7	浙闽诸河	9	19.5
8	珠江	18	407.0
9	西南西北外流诸河	206	4 362.0
10	内流诸河	1 052	41 838.1

【十大湖泊】 （1）中国十大湖泊详情见表6。

表6 中国十大湖泊详情

序号	湖泊名称	水利普查水面面积/km²	2021年水面面积/km²	省级行政区域	平均水深/m
1	青海湖	4 233	4 495	青海	18.4
2	鄱阳湖	2 978	2 773	江西	8.94
3	洞庭湖	2 579	1 761	湖南	—
4	太湖	2 341	2 368	浙江、江苏	2.06
5	色林错	2 209	2 334	西藏	—
6	纳木错	2 018	2 017	西藏	54
7	呼伦湖	1 847	2 065	内蒙古	—
8	洪泽湖	1 525	1 279	江苏	3.5

续表

序号	湖泊名称	水利普查水面面积/km²	2021年水面面积/km²	省级行政区域	平均水深/m
9	南四湖	1 003	574	山东	1.44
10	博斯腾湖	986	989	新疆	—

注 水面面积通过2021年丰水期遥感影像解译获取。

（崔倩 曹引 杨燈）

（2）中国十大湖泊2021年水质见表7。

表7 中国十大湖泊2021年水质

类型	水 体	2021年（“十三五”网络）	
		断面个数	Ⅰ～Ⅲ类断面比例/%
湖体	青海湖	2	Ⅳ
	鄱阳湖	18	Ⅳ
	洞庭湖	11	Ⅳ
	太湖	17	Ⅳ
	色林错	1	Ⅱ
	纳木错	1	劣Ⅴ
	呼伦湖	2	劣Ⅴ
	洪泽湖	6	Ⅳ
	南四湖	5	Ⅲ
	博斯腾湖	8	Ⅲ

注 按照《地表水环境质量评价办法（试行）》（环办〔2011〕22号）进行河流和湖库水质评价。

（生态环境部）

二、综述

Overview

2021 年河湖长制工作综述

河湖长制是习近平总书记亲自谋划、亲自部署、亲自推动的一项重大改革举措，是经党中央正式批准的一项重大制度创新。党中央、国务院高度重视河湖长制与河湖治理保护工作，党的十九届六中全会将河湖长制写入《中共中央关于党的百年奋斗重大成就和历史经验的决议》，“十四五”规划明确要求强化河湖长制。

2021 年是“十四五”开局之年。在党中央、国务院的坚强领导下，在全面推行河湖长制工作部际联席会议的统筹协调下，水利部与有关部门、地方共同努力，河湖长制工作进展顺利，成效明显，河湖面貌发生了历史性改变，越来越多的河湖恢复生命，越来越多的流域重现生机，越来越多的河湖变成造福人民的幸福河湖。2021 年，主要开展了三方面工作。

一、不断压实责任协调各方，形成河湖管理保护强大合力

以习近平新时代中国特色社会主义思想为指导，按照党中央、国务院决策部署，水利部会同各地方、各部门强化落实河湖长制，不断提升河湖管护水平。

一是组织体系更加完善。全国各省级党委和政府主要负责同志担任总河长，设立省、市、县、乡四级河长湖长 30 万名，各地因地制宜设立村级河长湖长（含巡河员、护河员）90 万余名，实现了河湖管护责任全覆盖，各级河长湖长牵头清理整治河湖突出问题，组织推进河湖系统治理，河湖管护成效明显。

二是工作机制日趋完善。国务院调整完善全面推行河湖长制工作部际联席会议制度，国务院领导同志担任召集人，成员单位增至 18 个。国务院召开了全面推行河湖长制工作部际联席会议暨加强河湖管理保护电视电话会议，经全面推行河湖长制工作部际联席会议审议通过，水利部印发《水利部关于印发全面推行河湖长制工作部际联席会议工作规则和全面推行河湖长制工作部际联席会议办公室工作规则的通知》（水河湖函〔2021〕70 号）、《水利部关于印发全面推行河湖长制工作部际联席会议 2021 年工作要点的通知》（水河湖函〔2021〕71 号）、《水利部关于印发河长湖长履职规范（试行）的通知》（水河湖函〔2021〕72 号），水利部与部际联席会议其他成员单位认真落实工作任务，指导各地压紧压实河湖长责任。水利部河长制湖长制工作领导小组办公室印发《水利部河长办关于印发河长制办公室工作规则（试行）的通知》（第 85 号），强化各级河长制办公室组织、协调、分办、督办职责。强化流域综合治理管理，建立了长江流域、黄河流域省级河湖长联席会议机制，七大流域管理机构均与流域内各省（自治区、直辖市）河长办建立协作机制，统筹上下游、左右岸、干支流的河湖管理保护格局。地方积极探索，相继建立完善了河湖长制组织协调机制，广泛建立了“河湖长＋警长”“河湖长＋检察长”机制，加强行政执法与刑事司法、公益诉讼衔接，汇聚起了各方面的智慧和力量，共同推动河湖长制任务落实落地。

三是考核奖惩不断强化。强化正向激励，经党中央批准，2021 年表彰全面推行河湖长制工作先进集体 250 个、先进工作者 350 名、全国优秀河（湖）长 348 名。严格落实国务院河湖长制督查激励措施，对 2020 年度河湖长制工作真抓实干成效明显的 7 个地（市）、10 个县（区）给予激励。指导督促各地严格河湖长制考核激励问责，将河湖长制考核结果作为地方党政领导干部综合考核评价的重要依据；各地问责履职不力的河湖长、有关部门负责同志 6 049 人次。

四是宣传培训不断加强。水利部联合有关部门以河湖长制五周年为契机，举办了新闻发布会、河湖长制与河湖保护高峰论坛等系列活动，组织了“寻找最美家乡河”和微视频公益大赛等宣传活动。各地积极开展相关宣传教育活动，湖南拍摄河长制题材电影《浏阳河上》，上海、重庆、陕西等地开展“最美家乡河湖”“我和母亲河”“幸福河湖行”宣传或评选活动，北京、宁夏等地开展“优美河湖在身边”“争当河小青”等行动。在各级党政河湖长的带领下，社会公众积极参与，河湖长制日益深入企业、校园、社区、农村，涌现出一大批“企业河长”“乡贤河长”“巾帼河长”，浙江“绿水币”制度参与人数突破 280 万人，山西、山东、甘肃等地开展涉河湖违法问题有奖举报，长效保洁、监督举报等机制逐步健全，治水兴水合力不断凝聚。

二、不断强化河湖水域岸线管控，提升河湖管理保护成效

按照全面推行河湖长制工作要求，以复苏河湖生态环境、推动新阶段水利高质量发展为重要任务，加强河湖水域岸线空间管控，维护河湖健康生命，实现河湖功能永续利用。

一是深入推进河湖“清四乱”常态化、规范化。水利部组织清理整治“四乱”问题 2.6 万个，并对各省份 6 316 个河段（湖片）进行暗访检查，发现问题 1 709 个，已整改 1 316 个。对 8 省份开展进驻式检查，完成长江干流 2 441 个违法违规岸线利用项目的清理整治，腾退岸线 162km，复绿 1 200 多万 m²。开展长江非法矮围专项整治，清理整治 63 处非法矮围，拆除围堤 59km，恢复水域面积 6.8 万亩❶。开展黄河岸线利用项目专项整治，对黄河干流和 16 条主要支流 1.1 万 km 河道、2.8 万 km 岸线进行排查，清理整治 1 638 个违法违规项目。

二是推进河道采砂管理规范化。水利部印发实施长江、黄河、淮河、海河、珠江、松辽流域重要河道采砂管理规划，指导地方编制 2 600 多个采砂规划，基本实现有采砂管理任务的河段采砂规划全覆盖。开展长江河道采砂综合整治和采砂船舶治理专项行动，拆解历年扣押的非法采砂船舶 1 559 艘。启动为期一年的全国河道非法采砂整治，严肃查处非法采砂行为，严厉打击“沙霸”及其背后“保护伞”。

三是持续加强水资源管理。全面推进国家节水行动，建立节约用水工作部际协调机制，研究建立了水资源刚性约束制度。累计批复 63 条跨省江河水量分配方案、230 条跨地（市）江河水量分配方案，确定 118 条跨省重点河湖、307 条跨市河流生态流量目标，加强行政区界和生态流量监测，推进 31 条跨省江河水资源统一调度。开展京津冀水资源专项执法行动，查办水资源违法案件 824 件。2021 年全国万元国内生产总值（当年价）用水量为 51.8m³，比 2020 年下降 5.8 个百分点。

四是持续复苏河湖生态环境。持续推进华北地区地下水超采综合治理，治理区地下水位总体回升，滹沱河、子牙河、子牙新河以及南拒马河、大清河等多年断流河道全线贯通，永定河实现 26 年以来首次全线通水，潮白河实现 22 年以来首次贯通入海。补水河湖周边 10km 范围内浅层地下水位平均同比回升 2.9m，地下水亏空得到有效回补。白洋淀生态水位保证率达到 100%。水美乡村建设成效显著，已在 167 个县开展水美乡村建设，85 个试点县基本完成建设任务。累计治理农村河道 7 100 多 km，湖塘 1 600 多个，受益村庄 6 000 多个，农村河湖生态环境明显改善。开展向乌梁素海应急生态补水、望虞河引江济太调水，河湖生态环境稳定向好。据监测数据，2021 年全国 3 641 个国家地表水考核断面中，水质优良（Ⅰ～Ⅲ类）断面比例为 84.9%，比 2020 年上升 1.5 个百分点。

三、不断夯实河湖长制工作基础，建设幸福河湖

全面贯彻落实党中央关于强化河湖长制的决策部署，强化河湖长制法治基础，不断夯实河湖管理管护基础工作。

一是持续强化河湖长制法治建设。将河湖长制写入《中华人民共和国长江保护法》与《中华人民共和国黄河保护法》。多个省份在修订省级河道管理条例时，增加“河湖长制”条款或内容。辽宁、吉林、浙江、福建、江西、海南、重庆、四川、青海等 9 个省（直辖市）的省级河湖长制专门法规出台，四川雅安村级河湖长制条例出台，不断完善河湖法规体系，提升河湖治理能力和水平。

二是扎实推进河湖管护基础工作。从划界、规划、健康评价等方面，进一步夯实河湖管护基础。全面完成水利普查名录内河湖管理范围划界工作，首次明确 120 万 km 河流、1 955 个湖泊管控边界，并将划界成果纳入“全国水利一张图”。水利部印发实施长江、黄河、淮河、海河、珠江、松辽流域重要河道岸线保护与利用规划，并指导各地编制 400 多条省级河湖岸线规划。水利部组织开展河湖健康评价，推动建立河湖健康档案，滚动编制“一河（湖）一策”，进一步实施河湖系统治理。

三是不断提升河湖管护智慧化水平。水利部实现全国河湖长制管理信息系统与各省级信息系统互联互通、数据共享，在河湖突出问题排查中充分利用卫星遥感、无人机、无人船、视频监控、移动端 App（应用程序）等技术，推进河湖问题预报、预警、预演、预案。加强河湖水域、岸线动态监控，畅通群众参与河湖保护的渠道，打造融合、共享、便民、安全的“互联网+”河湖监管模式。

进入新发展阶段，要坚持以习近平新时代中

❶ 1 亩 =（10 000/15）m² ≈ 666.67m²。

国特色社会主义思想为指导，深入贯彻落实习近平生态文明思想，积极践行“节水优先、空间均衡、系统治理、两手发力”治水思路和习近平总书记关于治水兴水重要讲话指示批示精神，完整、准确、全面贯彻新发展理念，不折不扣落实好河湖长制各项任务，持续推动河湖长制从“有名有责”到“有能有效”，努力建设造福人民的幸福河湖。

（朱锐　王玉）

三、重要论述

Important Discourse

习近平春节前夕赴贵州看望慰问各族干部群众　向全国各族人民致以美好的新春祝福　祝各族人民幸福吉祥祝伟大祖国繁荣富强

本报贵阳2月5日电　中华民族传统节日农历牛年春节即将到来之际，中共中央总书记、国家主席、中央军委主席习近平来到贵州，看望慰问各族干部群众，向全国各族人民、向港澳台同胞和海外侨胞致以美好的新春祝福，祝福大家身体健康、家庭幸福、事业顺利、牛年吉祥！祝愿伟大祖国山川锦绣、欣欣向荣、繁荣富强！

2月3日至5日，习近平在贵州省委书记谌贻琴和省长李炳军陪同下，先后来到毕节、贵阳等地，深入农村、社区、超市等考察调研，给各族干部群众送去党中央的关怀和慰问。

3日下午，习近平首先来到毕节市考察。毕节曾是西部贫困地区的典型。20世纪80年代，在党中央亲切关怀下，国务院批准建立了毕节“开发扶贫、生态建设”试验区。习近平十分牵挂毕节的发展，党的十八大后3次就毕节试验区工作作出重要指示批示，对推动实施好《深入推进毕节试验区改革发展规划（2013—2020年）》提出了明确要求。30多年来，毕节坚持一张蓝图绘到底，试验区建设取得显著成效，2020年完成了脱贫攻坚任务。

乌江是贵州省第一大河，也是长江上游右岸最大支流。在毕节市黔西县新仁苗族乡的乌江六冲河段，习近平远眺乌江山水，听取乌江流域水污染防治、生态修复保护、实施禁渔禁捕等情况汇报。

习近平来到化屋码头，沿江岸步行察看乌江生态环境和水质情况，对当地加强入河排污口管理和水质监测体系建设的做法表示肯定。他强调，要牢固树立绿水青山就是金山银山的理念，守住发展和生态两条底线，努力走出一条生态优先、绿色发展的新路子。

接着，习近平来到化屋村考察调研。化屋村曾经是深度贫困村，近年来通过发展特色种植养殖和旅游业，实现了贫困人口清零。习近平听取了化屋村巩固拓展脱贫攻坚成果、接续推进乡村振兴、加强基层党建等情况介绍。

在苗族村民赵玉学家，习近平仔细察看生活居住环境，同赵玉学一家制作当地传统节日食品黄粑，并聊起家常。赵玉学告诉总书记，原来住在不通水、不通电、不通路的麻窝寨，现在住上了二层小楼，水电路都通到了家。习近平听了十分高兴。他指出，就业是巩固脱贫攻坚成果的基本措施。要积极发展乡村产业，方便群众在家门口就业，让群众既有收入，又能兼顾家庭，把孩子教育培养好。他祝福赵玉学一家日子越过越幸福甜美。

化屋村以苗族为主，是中国民间文化艺术之乡。习近平走进扶贫车间，了解发展特色苗绣产业、传承民族传统文化等情况。他指出，民族的就是世界的。特色苗绣既传统又时尚，既是文化又是产业，不仅能够弘扬传统文化，而且能够推动乡村振兴，要把包括苗绣在内的民族传统文化传承好、发展好。

村文化广场上，乡亲们正在开展春节民俗活动，打起鼓、吹芦笙，载歌载舞，唱起了欢快的苗家迎客歌。看到总书记来了，大家齐声欢呼“总书记好”。习近平亲切地对乡亲们说，今年我们将迎来全面建成小康社会、实现第一个百年奋斗目标的伟大胜利。中华民族是个大家庭，五十六个民族五十六朵花。全面建成小康社会，一个民族不能落下；全面建设社会主义现代化，一个民族也不能落下。脱贫之后，要接续推进乡村振兴，加快推进农业农村现代化。希望乡亲们继续努力奋斗，把乡村产业发展得更好，把乡村建设得更美。临别时，乡亲们依依不舍簇拥着总书记，齐唱苗家留客歌，深情的歌声在乌江上空久久回荡。

习近平4日在贵阳市考察调研。他首先来到观山湖区合力惠民生鲜超市，察看春节前市场供应、年货供销、物价运行等情况。惠民生鲜连锁超市由贵阳市政府和农产品流通企业合作建设，打造具有公益性的商品平价零售终端，解决老百姓“买菜难、买菜贵”问题。习近平仔细察看商品价格，了解当地“菜篮子”、“米袋子”、“果盘子”等供应保障情况。他指出，合力惠民生鲜超市的运营模式很有特色，以政府为主导，政府和企业联合，一头连着田间地头的农民，一头连着千家万户的市民，坚持保本微利经营，让农民和市民两头都得实惠，体现了合力惠民，这种模式和经营理念值得推广。

前来置办年货的群众热情向总书记问好。习近平亲切询问大家年货备齐没有。习近平强调，各级党委、政府和领导干部要把事关百姓切身利益的事情抓实抓好，尤其要落实防疫措施，加强食品安全监管，确保百姓过年安心、放心、舒心。

观山湖区金阳街道金元社区以党建为引领，积极推行党建网、平安网、民生网“三网融合”，提升了基层治理能力和水平。习近平来到金元社区，了解开展便民服务、加强基层党建等情况。习近平指出，基层强则国家强，基层安则天下安，必须抓好基层治理现代化这项基础性工作。要坚持为民服务宗旨，把城乡社区组织和便民服务中心建设好，强

化社区为民、便民、安民功能，做到居民有需求、社区有服务，让社区成为居民最放心、最安心的港湾。

习近平强调，当前外防输入、内防反弹任务仍然艰巨。为减少疫情传播风险，提倡就地过年。各地区各部门要做好就地过年的服务保障工作，让群众过一个特别而又温馨的春节。

在社区广场，居民们高声向总书记问好。习近平频频向大家挥手致意，祝福大家新的一年一切都好、好上加好。他强调，过去一年极不平凡，有惊涛骇浪，有奋力拼搏，更有成功和胜利，每个人都感同身受，每个人都了不起。今年我们将开始实施“十四五”规划，开启全面建设社会主义现代化国家新征程，向第二个百年奋斗目标迈进，我们要继续齐心协力干、加油好好干，努力干成一番新事业，干出一片新天地。

位于贵州省的500米口径球面射电望远镜，是目前世界上最大的单口径射电望远镜，有“中国天眼”之称。5日上午，习近平亲切会见了“中国天眼”项目负责人和科研骨干，听取“中国天眼”建设历程、技术创新、国际合作等情况介绍。习近平指出，“中国天眼”是国家重大科技基础设施，是观天巨目、国之重器，实现了我国在前沿科学领域的一项重大原创突破，以南仁东为代表的一大批科技工作者为此默默工作，无私奉献，令人感动。

习近平通过视频察看“中国天眼”现场，并同总控室的科技工作者代表连线，向他们并向全国广大科技工作者拜年。习近平强调，全面建设社会主义现代化国家，必须坚持科技为先，发挥科技创新的关键和中坚作用。他勉励广大科技工作者以南仁东等杰出科学家为榜样，大力弘扬科学家精神，勇攀世界科技高峰，在一些领域实现并跑领跑，为加快建设科技强国、实现科技自立自强作出新的更大贡献。

5日上午，习近平听取了贵州省委和省政府工作汇报，对贵州各项工作取得的成绩给予肯定，希望贵州坚持稳中求进工作总基调，立足新发展阶段、贯彻新发展理念、构建新发展格局，坚持以高质量发展统揽全局，守好发展和生态两条底线，统筹发展和安全工作，在新时代西部大开发上闯新路，在乡村振兴上开新局，在实施数字经济战略上抢新机，在生态文明建设上出新绩，努力开创百姓富、生态美的多彩贵州新未来。

习近平强调，创新发展是构建新发展格局的必然选择。要着眼于形成新发展格局，推动大数据和实体经济深度融合，培育壮大战略性新兴产业，加快发展现代产业体系。要积极释放消费需求，拓展消费新模式，把消费潜力充分释放出来。要发挥好改革的先导和突破作用，更多解决深层次体制机制问题，多做创新性探索，多出制度性成果。要积极参与西部陆海新通道建设，主动融入粤港澳大湾区发展，加快沿着“一带一路”走出去，以开放促改革、促发展。

习近平指出，要做好巩固拓展脱贫攻坚成果同乡村振兴有效衔接，加强动态监测帮扶，落实“四个不摘”要求，跟踪收入变化和“两不愁三保障”巩固情况，定期核查，动态清零。要发展壮大扶贫产业，拓展销售渠道，加强对易地搬迁群众的后续扶持。要推动城乡融合发展，推动乡村产业、人才、文化、生态、组织等全面振兴。要继续选派驻村第一书记和农村工作队。

习近平强调，优良生态环境是贵州最大的发展优势和竞争优势。要牢固树立生态优先、绿色发展的导向，统筹山水林田湖草系统治理，加大生态系统保护力度，科学推进石漠化、水土流失综合治理，不断做好绿水青山就是金山银山这篇大文章。

习近平指出，共同富裕本身就是社会主义现代化的一个重要目标，要坚持以人民为中心的发展思想，尽力而为、量力而行，主动解决地区差距、城乡差距、收入差距等问题，让群众看到变化、得到实惠。要落实就业优先战略和积极的就业政策，突出解决好教育、养老、医疗、住房等问题，加强疾病预防控制体系建设，推进民法典实施，加强预防和化解社会矛盾机制建设，深化扫黑除恶专项斗争，加强安全生产工作。要支持少数民族和民族地区发展特色优势产业，繁荣发展少数民族文化。

习近平强调，当年长征时，红军在贵州活动时间最长、活动范围最广，为我们留下宝贵精神财富。遵义会议是我们党历史上一次具有伟大转折意义的重要会议。这次会议在红军第五次反“围剿”失败和长征初期严重受挫的历史关头召开，确立了毛泽东同志在党中央和红军的领导地位，开始确立了以毛泽东同志为主要代表的马克思主义正确路线在党中央的领导地位，开始形成以毛泽东同志为核心的党的第一代中央领导集体，开启了我们党独立自主解决中国革命实际问题的新阶段，在最危急关头挽救了党、挽救了红军、挽救了中国革命。遵义会议的鲜明特点是坚持真理、修正错误，确立党中央的正确领导，创造性地制定和实施符合中国革命特点的战略策略。这在今天仍然具有十分重要的意义。要结合即将开展的党史学习教育，从长征精神和遵义会议精神中深刻感悟共产党人的初心和使命，落实新时代党的建设总要求，实事求是、坚持真理，科学应变、主动求变，咬定目标、勇往直前，走好新时代的长征路。要深入学习党的创新理论，加强党史学习教育，同时学习新中国史、改革开放史、社会主义发展史，不断提高政治判断力、政治领悟力、政治执行力。要把造福人民作为最重要的政绩，坚决反对和克服形式主义、官僚主义。要一体推进不敢腐、不能腐、不想腐，不断净化政治生态，营造风清气正的发展环境。

丁薛祥、刘鹤、陈希、何立峰和中央有关部门负责同志陪同考察。

（来源：《人民日报》2021 年 2 月 6 日 1 版）

习近平在福建考察时强调：在服务和融入新发展格局上展现更大作为奋力谱写全面建设社会主义现代化国家福建篇章

新华社福州 3 月 25 日电　中共中央总书记、国家主席、中央军委主席习近平近日在福建考察时强调，要落实党中央决策部署，坚持稳中求进工作总基调，立足新发展阶段、贯彻新发展理念、构建新发展格局，深化供给侧结构性改革，扩大改革开放，推动科技创新，统筹疫情防控和经济社会发展，统筹发展和安全，在加快建设现代化经济体系上取得更大进步，在服务和融入新发展格局上展现更大作为，在探索海峡两岸融合发展新路上迈出更大步伐，在创造高品质生活上实现更大突破，奋力谱写全面建设社会主义现代化国家福建篇章。

仲春时节，八闽大地一派勃勃生机。3 月 22 日至 25 日，习近平在福建省委书记尹力、省长王宁陪同下，先后来到南平、三明、福州等地，深入国家公园、生态茶园、文物保护单位、医院、农村、企业、学校等，就贯彻党的十九届五中全会精神、推动“十四五”开好局起好步、统筹推进常态化疫情防控和经济社会发展等进行调研。

武夷山国家公园是首批国家公园体制试点之一。22 日下午，习近平来到公园智慧管理中心，察看智慧管理平台运行情况。该中心综合运用智能化技术，实现了对公园“天地空”全方位、全天候监测管理，提升了生态保护能力。习近平对生态文明建设高度重视，在福建工作期间就推动了长汀水土流失治理、木兰溪防洪工程等重大生态保护工程，并于 2000 年推动福建率先在全国探索生态省建设。经过长期努力，福建生态文明建设取得了积极成效。习近平指出，建立以国家公园为主体的自然保护地体系，目的就是按照山水林田湖草是一个生命共同体的理念，保持自然生态系统的原真性和完整性，保护生物多样性。要坚持生态保护第一，统筹保护和发展，有序推进生态移民，适度发展生态旅游，实现生态保护、绿色发展、民生改善相统一。

武夷山是乌龙茶、红茶的发源地。习近平来到星村镇燕子窠生态茶园，察看春茶长势，了解当地茶产业发展情况。习近平强调，要统筹做好茶文化、茶产业、茶科技这篇大文章，坚持绿色发展方向，强化品牌意识，优化营销流通环境，打牢乡村振兴的产业基础。要深入推进科技特派员制度，让广大科技特派员把论文写在田野大地上。

离开茶园，习近平乘竹筏沿九曲溪察看生态环境保护情况和自然景观。在九曲溪畔的朱熹园，习近平详细了解朱熹生平及理学研究等情况。他指出，要推动中华优秀传统文化创造性转化、创新性发展，以时代精神激活中华优秀传统文化的生命力。要把坚持马克思主义同弘扬中华优秀传统文化有机结合起来，坚定不移走中国特色社会主义道路。

近年来，三明医改以药品耗材治理改革为突破口，坚持医药、医保、医疗改革联动，为全国医改探索了宝贵经验。2016 年 2 月，习近平主持中央全面深化改革领导小组会议，听取了三明医改情况汇报，要求总结推广改革经验。23 日上午，习近平来到三明市沙县总医院，在住院楼一层大厅听取医改情况介绍，向医护人员、患者了解医改惠民情况。习近平强调，人民健康是社会主义现代化的重要标志。三明医改体现了人民至上、敢为人先，其经验值得各地因地制宜借鉴。要继续深化医药卫生体制改革，均衡布局优质医疗资源，改善基层基础设施条件，为人民健康提供可靠保障。

福建发扬习近平在宁德工作时提出的弱鸟先飞、滴水穿石精神，下大气力抓摆脱贫困。经过 30 多年努力，福建全省同全国一道，彻底消除了绝对贫困。23 日下午，习近平来到革命老区村——沙县夏茂镇俞邦村，在小吃摊边、特产店里、村民家门前，同乡亲们亲切交谈，详细了解沙县小吃发展现状和前景。习近平指出，沙县人走南闯北，把沙县小吃打造成了富民特色产业。乡村要振兴，因地制宜选择富民产业是关键。要抓住机遇、开阔眼界，适应市场需求，继续探索创新，在创造美好生活新征程上再领风骚。

习近平在福建工作时推动开展了集体林权制度改革，试行“分山到户、均林到人”，实现“山定权、树定根、人定心”。在沙县农村产权交易中心，习近平听取集体林权制度改革介绍，向办事群众和工作人员了解集体林地经营权流转交易、不动产登

记等情况。习近平指出，三明集体林权制度改革探索很有意义，要坚持正确改革方向，尊重群众首创精神，积极稳妥推进集体林权制度创新，探索完善生态产品价值实现机制，力争实现新的突破。

习近平24日在福州考察调研。在福州工作期间习近平领导实施了福州市“3820”工程，勾画跨世纪福州现代化建设宏伟蓝图。在福山郊野公园，习近平乘坐电瓶车实地了解郊野福道风貌，他登上观景平台，远眺福州新貌，听取城市生态公园规划建设、城市水系综合治理情况汇报。市民们看到总书记来了，争相围拢过来。习近平指出，建设好管理好一座城市，要把菜篮子、人居环境、城市空间等工作放到重要位置切实抓好。福州是有福之州，生态条件得天独厚，希望继续把这座海滨城市、山水城市建设得更加美好，更好造福人民群众。

福州三坊七巷历史文化街区保留了唐宋遗留下来的坊巷格局和大量明清古建筑。早在1991年，习近平在福州工作期间就召开文物工作现场办公会，推动制定福州历史文化名城保护管理条例和保护规划，有力促进了城市历史文化传承保护工作。习近平听取福州古厝和三坊七巷保护修复等情况介绍，步行察看南后街、郎官巷，参观严复故居，向游客和市民频频招手致意。习近平强调，保护好传统街区，保护好古建筑，保护好文物，就是保存了城市的历史和文脉。对待古建筑、老宅子、老街区要有珍爱之心、尊崇之心。

福建福光股份有限公司是光学镜头重要制造商。习近平步入公司展厅，察看产品展示，询问企业技术创新和生产销售情况。超精密车间内，企业员工向总书记展示了产品生产工艺。习近平强调，我们国家进入科技发展第一方阵要靠创新，一味跟跑是行不通的，必须加快科技自立自强步伐。要坚持创新在现代化建设全局中的核心地位，把创新作为一项国策，积极鼓励支持创新。创新不问“出身”，只要谁能为国家作贡献就支持谁。

25日上午，习近平来到闽江学院考察调研。闽江学院前身是福州师范高等专科学校和闽江职业大学。在福州工作期间，习近平曾兼任闽江职业大学校长6年时间，提出的“不求最大、但求最优、但求适应社会需要”的办学理念影响深远。2018年10月，习近平曾就闽江学院成立60周年致贺信。在闽江学院校史和应用型办学成果展示厅，习近平肯定学院在坚持应用型办学、深化产教融合等方面取得的成绩。习近平指出，要把立德树人作为根本任务，坚持应用技术型办学方向，适应社会需要设置专业、打好基础，培养德智体美劳全面发展的社会主义建设者和接班人。

校园广场上师生们高喊“总书记好”、“习校长好”，习近平向大家挥手致意。习近平强调，实现第二个百年奋斗目标，实现中华民族伟大复兴，青年一代责任在肩。希望同学们树立远大理想、热爱伟大祖国、担当时代责任、勇于砥砺奋斗、练就过硬本领、锤炼品德修为，努力成为对社会有用的人、道德高尚的人，积极投身全面建设社会主义现代化国家的伟大事业。

当天上午，习近平听取了福建省委和省政府工作汇报，对福建各项工作取得的成绩给予肯定，希望福建在全方位推动高质量发展上取得新成效。

习近平强调，推动高质量发展，首先要完整、准确、全面贯彻新发展理念。新发展理念和高质量发展是内在统一的，高质量发展就是体现新发展理念的发展。要坚持系统观念，找准在服务和融入构建新发展格局中的定位，优化提升产业结构，加快推动数字产业化、产业数字化。要加大创新支持力度，优化创新生态环境，激发创新创造活力。要深度融入共建“一带一路”，办好自由贸易试验区，建设更高水平开放型经济新体制。要突出以通促融、以惠促融、以情促融，勇于探索海峡两岸融合发展新路。

习近平指出，要加快推进乡村振兴，立足农业资源多样性和气候适宜优势，培育特色优势产业。要以实施乡村建设行动为抓手，改善农村人居环境，建设宜居宜业美丽乡村。要推进老区苏区全面振兴，倾力支持老区苏区特色产业提升、基础设施建设和公共服务保障等。要把碳达峰、碳中和纳入生态省建设布局，科学制定时间表、路线图，建设人与自然和谐共生的现代化。

习近平强调，要着力提高人民生活品质，拓展居民收入增长的渠道，统筹做好高校毕业生、农民工、退役军人等重点群体就业。要全面贯彻党的教育方针，落实立德树人根本任务，坚持教育公益性原则，深化教育改革，办好人民满意的教育。要把保障人民健康放在优先发展的战略位置，织牢公共卫生防护网，推动公立医院高质量发展。要慎终如始做好“外防输入、内防反弹”的工作。要有效遏制重特大安全生产事故，推动扫黑除恶常态化。

习近平指出，福建是革命老区，党史事件多、红色资源多、革命先辈多，开展党史学习教育具有独特优势。要在党史学习教育中做到学史明理，明理是增信、崇德、力行的前提。要从党的辉煌成就、艰辛历程、历史经验、优良传统中深刻领悟中国共产党为什么能、马克思主义为什么行、中国特色社会主义为什么好等道理，弄清楚其中的历史逻辑、理论逻辑、实践逻辑。要深刻领悟坚持中国共产党领导的历史必然性，坚定对党的领导的自信。要深刻领悟马克思主义及其中国化创新理论的真理性，增强自觉贯彻落实党的创新理论的坚定性。要深刻领悟中国特色社会主义道路的正确性，坚定不移走中国特色社会主义这条唯一正确的道路。要把各领域基层党组织建设成为坚强战斗堡垒。要不断提高不敢腐、不能腐、不想腐的综合功效，持续巩固发展良好的政治生态。

丁薛祥、刘鹤、陈希、何立峰和中央有关部门负责同志陪同考察。（来源：新华网）

习近平在广西考察时强调：解放思想深化改革凝心聚力担当实干 建设新时代中国特色社会主义壮美广西

新华社南宁4月27日电 中共中央总书记、国家主席、中央军委主席习近平近日在广西考察时强调，要坚决贯彻党中央决策部署，完整、准确、全面贯彻新发展理念，坚持稳中求进工作总基调，解放思想、深化改革、凝心聚力、担当实干，统筹疫情防控和经济社会发展，统筹发展和安全，在推动边疆民族地区高质量发展上闯出新路子，在服务和融入新发展格局上展现新作为，在推动绿色发展上迈出新步伐，在巩固发展民族团结、社会稳定、边疆安宁上彰显新担当，建设新时代中国特色社会主义壮美广西。

4月25日至27日，习近平在广西壮族自治区党委书记鹿心社和自治区政府主席蓝天立陪同下，先后来到桂林、柳州、南宁等地，深入革命纪念馆、农村、企业、民族博物馆等，就贯彻党的十九届五中全会精神、开展党史学习教育、推动“十四五”开好局起好步等进行调研。

25日上午，习近平来到位于桂林市全州县才湾镇的红军长征湘江战役纪念园，向湘江战役红军烈士敬献花篮并三鞠躬，瞻仰“红军魂”雕塑，参观纪念馆。1934年底，为确保中共中央和中央红军主力渡过湘江，粉碎敌人围歼红军于湘江以东的企图，几万名红军将士血染湘江两岸，这一战成为事关中国革命生死存亡的重要历史事件。习近平表示，我到广西考察的第一站就来到这里，目的是在全党开展党史学习教育之际，缅怀革命先烈，赓续共产党人精神血脉，坚定理想信念，砥砺革命意志。革命理想高于天，理想信念之火一经点燃就会产生巨大的精神力量。红军将士视死如归、向死而生、一往无前、敢于压倒一切困难而不被任何困难所压倒的崇高精神，永远值得我们铭记和发扬。在实现第二个百年奋斗目标的新长征路上，我们要抱定必胜信念，勇于战胜来自国内外的各种重大风险挑战，朝着实现中华民族伟大复兴的目标奋勇前进。

随后，习近平来到才湾镇毛竹山村。该村近年来积极发展葡萄种植业，有力促进了农民增收。习近平走进葡萄种植园，察看葡萄长势。农技人员正在指导村民为葡萄绑蔓、定梢，看到总书记来了，乡亲们纷纷围拢过来。习近平详细询问葡萄产量、品质、销路、价格等情况。他强调，全面推进乡村振兴，要立足特色资源，坚持科技兴农，因地制宜发展乡村旅游、休闲农业等新产业新业态，贯通产加销，融合农文旅，推动乡村产业发展壮大，让农民更多分享产业增值收益。

习近平步行察看村容村貌，并到村民王德利家中看望，同一家人围坐在一起聊家常。王德利告诉总书记，他们家种了12亩葡萄，农闲时外出务工，去年家庭收入超过14万元。习近平听了十分高兴。他指出，经过全党全国各族人民共同努力，在迎来中国共产党成立一百周年的重要时刻，我国脱贫攻坚战取得全面胜利。好日子都是奋斗出来的。希望你们依靠勤劳智慧把日子过得更有甜头、更有奔头。要注重学习科学技术，用知识托起乡村振兴。离开村子时，乡亲们高声向总书记问好。习近平向大家挥手致意。他深情地说，让人民生活幸福是“国之大者”。全面推进乡村振兴的深度、广度、难度都不亚于脱贫攻坚，决不能有任何喘口气、歇歇脚的想法，要在新起点上接续奋斗，推动全体人民共同富裕取得更为明显的实质性进展。

近年来，桂林市大力推进漓江“治乱、治水、治山、治本”，改善了漓江生态环境。25日下午，习近平来到桂林市阳朔县漓江杨堤码头，听取漓江流域综合治理、生态保护等情况汇报，并乘船考察漓江阳朔段。他强调，要坚持山水林田湖草沙系统治理，坚持正确的生态观、发展观，敬畏自然、顺应自然、保护自然，上下同心、齐抓共管，把保持山水生态的原真性和完整性作为一项重要工作，深入推进生态修复和环境污染治理，杜绝滥采乱挖，推动流域生态环境持续改善、生态系统持续优化、整体功能持续提升。

26日，习近平来到桂林市象鼻山公园，远眺山水风貌，沿步道察看商业、邮政等服务设施。游客们高声欢呼：“总书记好！”习近平同大家亲切交流。他指出，桂林是一座山水甲天下的旅游名城。这是

大自然赐予中华民族的一块宝地，一定要呵护好。要坚持以人民为中心，以文塑旅、以旅彰文，提升格调品位，努力创造宜业、宜居、宜乐、宜游的良好环境，打造世界级旅游城市。

当天下午，习近平来到柳州市考察调研。在广西柳工集团有限公司，习近平先后走进公司展厅、研发实验中心、挖掘机装配厂等，听取企业发展情况介绍，察看主要产品展示，同企业职工和技术研发人员亲切交谈。习近平强调，制造业高质量发展是我国经济高质量发展的重中之重，建设社会主义现代化强国、发展壮大实体经济，都离不开制造业，要在推动产业优化升级上继续下功夫。只有创新才能自强、才能争先，要坚定不移走自主创新道路，把创新发展主动权牢牢掌握在自己手中。要坚持党对国有企业的全面领导，坚持加强党的领导和完善公司治理相统一，在深化企业改革中搞好党的建设，充分发挥党组织在企业改革发展中的领导核心作用。

随后，习近平来到柳州螺蛳粉生产集聚区，详细了解螺蛳粉特色产业促进就业、带动农民增收等情况。习近平指出，发展特色产业是地方做实做强做优实体经济的一大实招，要结合自身条件和优势，推动高质量发展。要把住质量安全关，推进标准化、品牌化。要帮助民营企业解决实际困难，鼓励、支持、引导民营企业发展壮大。

广西是我国少数民族人口最多的自治区。27 日上午，习近平来到位于南宁市邕江之畔的广西民族博物馆，参观壮族文化展。博物馆外，三月三“歌圩节”壮族对歌等民族文化活动正在这里集中展示。习近平强调，广西是全国民族团结进步示范区，要继续发挥好示范带动作用。各民族共同团结进步、共同繁荣发展是中华民族的生命所在、力量所在、希望所在，在全面建设社会主义现代化国家的新征程上，一个民族都不能少，各族人民要心手相牵、团结奋进，共创中华民族的美好未来，共享民族复兴的伟大荣光。

当天上午，习近平听取了广西壮族自治区党委和政府工作汇报，对广西各项工作取得的成绩给予肯定，希望广西各族干部群众奋力谱写全面建设社会主义现代化国家的广西篇章，以优异成绩庆祝建党一百周年。

习近平指出，推动经济高质量发展，既要深刻认识贯彻新发展理念、构建新发展格局对推动地方高质量发展的原则要求，又要准确把握本地区在服务和融入新发展格局中的比较优势，走出一条符合本地实际的高质量发展之路。要推动传统产业高端化、智能化、绿色化，推动全产业链优化升级，积极培育新兴产业，加快数字产业化和产业数字化。要继续深化改革，坚持“两个毫不动摇”，优化营商环境。要加大创新支持力度，优化创新生态环境，推动各类创新要素向企业集聚，激发创新活力，推动科技成果转化。要主动对接长江经济带发展、粤港澳大湾区建设等国家重大战略，融入共建“一带一路”，高水平共建西部陆海新通道，大力发展向海经济，促进中国—东盟开放合作，办好自由贸易试验区，把独特区位优势更好转化为开放发展优势。

习近平强调，要弘扬伟大脱贫攻坚精神，加快推进乡村振兴，健全农村低收入人口常态化帮扶机制，继续支持脱贫地区特色产业发展，强化易地搬迁后续扶持。要立足广西林果蔬畜糖等特色资源，打造一批特色农业产业集群。要严格实行粮食安全党政同责，压实各级党委和政府保护耕地的责任，稳步提高粮食综合生产能力。要继续打好污染防治攻坚战，把碳达峰、碳中和纳入经济社会发展和生态文明建设整体布局，建立健全绿色低碳循环发展的经济体系，推动经济社会发展全面绿色转型。

习近平指出，要提高人民生活品质，落实就业优先战略和积极就业政策，做好高校毕业生、退役军人、农民工和城镇困难人员等重点群体就业工作。要完善多渠道灵活就业的社会保障制度，维护好卡车司机、快递小哥、外卖配送员等的合法权益。要全面贯彻党的教育方针，落实立德树人根本任务，加强对线上线下校外培训机构的规范管理。要深化疾病预防控制体系改革，强化基层公共卫生体系，创新医防协同机制，提升基层预防、治疗、护理、康复服务水平，毫不放松抓好常态化疫情防控。要严密防范各种风险挑战，有效遏制重特大安全生产事故，常态化开展扫黑除恶斗争。

习近平强调，要搞好民族团结进步宣传教育，引导各族群众牢固树立正确的国家观、历史观、民族观、文化观、宗教观，增进各族群众对伟大祖国、中华民族、中华文化、中国共产党、中国特色社会主义的认同，促进各民族像石榴籽一样紧紧抱在一起。

习近平指出，广西红色资源丰富，在党史学习教育中要用好这些红色资源，做到学史增信。学史增信，就是要增强信仰、信念、信心，这是我们战胜一切强敌、克服一切困难、夺取一切胜利的强大精神力量。要增强对马克思主义、共产主义的信仰，教育引导广大党员、干部从党百年奋斗中感悟信仰的力量，始终保持顽强意志，勇敢战胜各种重大困难和严峻挑战。要增强对中国特色社会主义的信念，教育引导广大党员、干部深刻认识到，中国特色社会主义是历史发展的必然结果，是发展中国的必由之路，是经过实践检验的科学真理，始终坚定道路自信、理论自信、制度自信、文化自信。要增强对实现中华民族伟大复兴的信心，教育引导广大党员、干部牢记初心使命、增强必胜信心，坚信我们党一定能够团结带领人民在中国特色社会主义道路上实现中华民族伟大复兴，努力创造属于我们这一代人、无愧新时代的历史功绩。信仰、信念、信心是最好的防腐剂。要始终抓好党风廉政建设，使不敢腐、不能腐、不想腐一体化推进有更多的制度性成果和更大的治理成效。

丁薛祥、刘鹤、陈希、何立峰和中央有关部门负责同志陪同考察。（来源：新华网）

习近平主持召开推进南水北调后续工程高质量发展座谈会并发表重要讲话

新华社河南南阳5月14日电　中共中央总书记、国家主席、中央军委主席习近平14日上午在河南省南阳市主持召开推进南水北调后续工程高质量发展座谈会并发表重要讲话。他强调，南水北调工程事关战略全局、事关长远发展、事关人民福祉。进入新发展阶段、贯彻新发展理念、构建新发展格局，形成全国统一大市场和畅通的国内大循环，促进南北方协调发展，需要水资源的有力支撑。要深入分析南水北调工程面临的新形势新任务，完整、准确、全面贯彻新发展理念，按照高质量发展要求，统筹发展和安全，坚持“节水优先、空间均衡、系统治理、两手发力”治水思路，遵循确有需要、生态安全、可以持续的重大水利工程论证原则，立足流域整体和水资源空间均衡配置，科学推进工程规划建设，提高水资源集约节约利用水平。

中共中央政治局常委、国务院副总理韩正出席座谈会并讲话。

座谈会上，水利部部长李国英、国家发展改革委主任何立峰、江苏省委书记娄勤俭、河南省委书记王国生、天津市委书记李鸿忠、北京市委书记蔡奇、国务院副总理胡春华先后发言。

听取大家发言后，习近平发表了重要讲话。他强调，水是生存之本、文明之源。自古以来，我国基本水情一直是夏汛冬枯、北缺南丰，水资源时空分布极不均衡。新中国成立后，我们党领导开展了大规模水利工程建设。党的十八大以来，党中央统筹推进水灾害防治、水资源节约、水生态保护修复、水环境治理，建成了一批跨流域跨区域重大引调水工程。南水北调是跨流域跨区域配置水资源的骨干工程。南水北调东线、中线一期主体工程建成通水以来，已累计调水400多亿立方米，直接受益人口达1.2亿人，在经济社会发展和生态环境保护方面发挥了重要作用。实践证明，党中央关于南水北调工程的决策是完全正确的。

习近平指出，南水北调等重大工程的实施，使我们积累了实施重大跨流域调水工程的宝贵经验。一是坚持全国一盘棋，局部服从全局，地方服从中央，从中央层面通盘优化资源配置。二是集中力量办大事，从中央层面统一推动，集中保障资金、用地等建设要素，统筹做好移民安置等工作。三是尊重客观规律，科学审慎论证方案，重视生态环境保护，既讲人定胜天，也讲人水和谐。四是规划统筹引领，统筹长江、淮河、黄河、海河四大流域水资源情势，兼顾各有关地区和行业需求。五是重视节水治污，坚持先节水后调水、先治污后通水、先环保后用水。六是精确精准调水，细化制定水量分配方案，加强从水源到用户的精准调度。这些经验，要在后续工程规划建设过程中运用好。

习近平强调，继续科学推进实施调水工程，要在全面加强节水、强化水资源刚性约束的前提下，统筹加强需求和供给管理。一要坚持系统观念，用系统论的思想方法分析问题，处理好开源和节流、存量和增量、时间和空间的关系，做到工程综合效益最大化。二要坚持遵循规律，研判把握水资源长远供求趋势、区域分布、结构特征，科学确定工程规模和总体布局，处理好发展和保护、利用和修复的关系，决不能逾越生态安全的底线。三要坚持节水优先，把节水作为受水区的根本出路，长期深入做好节水工作，根据水资源承载能力优化城市空间布局、产业结构、人口规模。四要坚持经济合理，统筹工程投资和效益，加强多方案比选论证，尽可能减少征地移民数量。五要加强生态环境保护，坚持山水林田湖草沙一体化保护和系统治理，加强长江、黄河等大江大河的水源涵养，加大生态保护力度，加强南水北调工程沿线水资源保护，持续抓好输水沿线区和受水区的污染防治和生态环境保护工作。六要加快构建国家水网，“十四五”时期以全面提升水安全保障能力为目标，以优化水资源配置体系、完善流域防洪减灾体系为重点，统筹存量和增量，加强互联互通，加快构建国家水网主骨架和大动脉，为全面建设社会主义现代化国家提供有力的水安全保障。

习近平指出，《南水北调工程总体规划》已颁布近20年，凝聚了几代人的心血和智慧。同时，这些

年我国经济总量、产业结构、城镇化水平等显著提升，我国社会主要矛盾转化为人民日益增长的美好生活需要和不平衡不充分的发展之间的矛盾，京津冀协同发展、长江经济带发展、长三角一体化发展、黄河流域生态保护和高质量发展等区域重大战略相继实施，我国北方主要江河特别是黄河来沙量锐减，地下水超采等水生态环境问题动态演变。这些都对加强和优化水资源供给提出了新的要求。要审时度势、科学布局，准确把握东线、中线、西线三条线路的各自特点，加强顶层设计，优化战略安排，统筹指导和推进后续工程建设。要加强组织领导，抓紧做好后续工程规划设计，协调部门、地方和专家意见，开展重大问题研究，创新工程体制机制，以高度的政治责任感和历史使命感做好各项工作，确保拿出来的规划设计方案经得起历史和实践检验。

韩正在讲话中表示，要认真学习贯彻习近平总书记重要讲话和指示批示精神，深刻认识南水北调工程的重大意义，扎实推进南水北调后续工程高质量发展。要加强生态环境保护，在工程规划、建设和运行全过程都充分体现人与自然和谐共生的理念。要坚持和落实节水优先方针，采取更严格的措施抓好节水工作，坚决避免敞口用水、过度调水。要认真评估《南水北调工程总体规划》实施情况，继续深化后续工程规划和建设方案的比选论证，进一步优化和完善规划。要坚持科学态度，遵循客观规律，扎实做好各项工作。要继续加强东线、中线一期工程的安全管理和调度管理，强化水质监测保护，充分发挥调水能力，着力提升工程效益。

为开好这次座谈会，13 日下午，习近平在河南省委书记王国生和代省长王凯陪同下，深入南阳市淅川县的水利设施、移民新村等，实地了解南水北调中线工程建设管理运行和库区移民安置等情况。

习近平首先来到陶岔渠首枢纽工程，实地察看引水闸运行情况，随后乘船考察丹江口水库，听取有关情况汇报，并察看现场取水水样。习近平强调，南水北调工程是重大战略性基础设施，功在当代，利在千秋。要从守护生命线的政治高度，切实维护南水北调工程安全、供水安全、水质安全。吃水不忘挖井人，要继续加大对库区的支持帮扶。要建立水资源刚性约束制度，严格用水总量控制，统筹生产、生活、生态用水，大力推进农业、工业、城镇等领域节水。要把水源区的生态环境保护工作作为重中之重，划出硬杠杠，坚定不移做好各项工作，守好这一库碧水。

位于渠首附近的九重镇邹庄村共有 175 户 750 人，2011 年 6 月因南水北调中线工程建设搬迁到这里。习近平走进利用南水北调移民村产业发展资金建立起来的丹江绿色果蔬园基地，实地察看猕猴桃长势，详细了解移民就业、增收情况。听说全村 300 余人从事果蔬产业，人均月收入 2 000 元以上，习近平十分高兴。他强调，要继续做好移民安置后续帮扶工作，全面推进乡村振兴，种田务农、外出务工、发展新业态一起抓，多措并举畅通增收渠道，确保搬迁群众稳得住、能发展、可致富。随后，习近平步行察看村容村貌，并到移民户邹新曾家中看望，同一家三代围坐在一起聊家常。邹新曾告诉总书记，搬到这里后，除了种庄稼，还在村镇就近打工，住房、医疗、小孩上学也都有保障。习近平指出，人民就是江山，共产党打江山、守江山，守的是人民的心，为的是让人民过上好日子。我们党的百年奋斗史就是为人民谋幸福的历史。要发挥好基层党组织的作用和党员干部的作用，落实好“四议两公开”，完善村级治理，团结带领群众向着共同富裕目标稳步前行。离开村子时，村民们来到路旁同总书记道别。习近平向为南水北调工程付出心血和汗水的建设者和运行管理人员，向为“一泓清水北上”作出无私奉献的移民群众表示衷心的感谢和诚挚的问候。他祝愿乡亲们日子越来越兴旺，芝麻开花节节高。

习近平十分关心夏粮生产情况，在赴渠首考察途中临时下车，走进一处麦田察看小麦长势。看到丰收在望，习近平指出，夏粮丰收了，全年经济就托底了。保证粮食安全必须把种子牢牢攥在自己手中。要坚持农业科技自立自强，从培育好种子做起，加强良种技术攻关，靠中国种子来保障中国粮食安全。

12 日，习近平还在南阳市就经济社会发展进行了调研。他首先来到东汉医学家张仲景的墓祠纪念地医圣祠，了解张仲景生平和对中医药发展的贡献，了解中医药在防治新冠肺炎疫情中发挥的作用，以及中医药传承创新情况。他强调，中医药学包含着中华民族几千年的健康养生理念及其实践经验，是中华民族的伟大创造和中国古代科学的瑰宝。要做好守正创新、传承发展工作，积极推进中医药科研和创新，注重用现代科学解读中医药学原理，推动传统中医药和现代科学相结合、相促进，推动中西医药相互补充、协调发展，为人民群众提供更加优质的健康服务。

离开医圣祠，习近平来到南阳月季博览园，听取当地月季产业发展和带动群众增收情况介绍，乘车察看博览园风貌。游客们纷纷向总书记问好。习近平指出，地方特色产业发展潜力巨大，要善于挖掘和利用本地优势资源，加强地方优质品种保护，推进产学研有机结合，统筹做好产业、科技、文化这篇大文章。

随后，习近平来到南阳药益宝艾草制品有限公司，察看生产车间和产品展示，同企业经营者和员工亲切交流。习近平强调，艾草是宝贵的中药材，发展艾草制品既能就地取材，又能就近解决就业。我们一方面要发展技术密集型产业，另一方面也要发展就业容量大的劳动密集型产业，把就业岗位和增值收益更多留给农民。

丁薛祥、胡春华、何立峰等陪同考察并出席座谈会，中央和国家机关有关部门负责同志、有关省市负责同志参加座谈会。（来源：新华网）

习近平在青海考察：坚持以人民为中心 深化改革开放 深入推进青藏高原生态保护和高质量发展

新华社西宁6月9日电 中共中央总书记、国家主席、中央军委主席习近平近日在青海考察时强调，要坚决贯彻党中央决策部署，完整、准确、全面贯彻新发展理念，坚持以人民为中心，坚持稳中求进工作总基调，深化改革开放，统筹疫情防控和经济社会发展，统筹发展和安全，攻坚克难，开拓创新，在推进青藏高原生态保护和高质量发展上不断取得新成就，奋力谱写全面建设社会主义现代化国家的青海篇章。

6月7日至9日，习近平在青海省委书记王建军、省长信长星陪同下，先后来到西宁市、海北藏族自治州等地，深入企业、社区、自然保护区、农村等进行调研。

7日下午，习近平来到位于西宁市城中区的青海圣源地毯集团有限公司考察调研。在生产车间，习近平察看原材料、生产流程、产品展示，了解国家级非物质文化遗产加牙藏毯手工编织技艺的保护传承，对企业带动当地群众就业增收表示肯定。在企业检测、设计部门，习近平仔细观看产品耐磨度测试、产品设计图样，询问产品销路和企业创新发展情况。习近平强调，推动高质量发展，要善于抓最具特色的产业、最具活力的企业，以特色产业培育优质企业，以企业发展带动产业提升。青海发展特色产业大有可为，也大有作为，要积极营造鼓励、支持、引导民营企业发展的政策环境。要加快完善企业创新服务体系，鼓励企业加大科技创新投入，促进传统工艺和现代技术有机结合，增强企业核心竞争力。要把产业培育、企业发展同群众就业、乡村振兴、民族团结更好统筹起来，相互促进、相得益彰。

随后，习近平来到西宁市城西区文汇路街道文亭巷社区，听取他们加强基层党建、完善基层治理、推进民族团结进步工作汇报，同现场办事群众交谈。习近平先后走进社区书画室、幸福食堂、康复室、舞蹈室、阅览室，观看退休人员书画练习、歌曲排练，了解社区向老年人提供餐饮、健康服务，向青少年提供公益性课后托管服务等做法。在社区广场，习近平同围拢来的群众亲切交流。他指出，要把社区作为民族团结进步创建的重要阵地，发扬各族人民手拉手、心连心的好传统，共同建设民族团结一家亲的和谐家园。社区治理得好不好，关键在基层党组织、在广大党员，要把基层党组织这个战斗堡垒建得更强，发挥社区党员、干部先锋模范作用，健全基层党组织领导的基层群众自治机制，把社区工作做到位做到家，在办好一件件老百姓操心事、烦心事中提升群众获得感、幸福感、安全感。要牢记党的初心使命，为人民生活得更加幸福再接再厉、不懈奋斗。

8日，习近平到海北藏族自治州刚察县考察调研。他首先来到青海湖仙女湾，听取青海省加强祁连山地区和青海湖生态环境保护情况介绍。随后，沿木栈道步行察看。湖面开阔，水质清澈，飞鸟翱翔。习近平强调，青海湖生态保护和环境治理取得的成效来之不易，要倍加珍惜，不断巩固拓展。生态是我们的宝贵资源和财富。要落实好国家生态战略，总结三江源等国家公园体制试点经验，加快构建起以国家公园为主体、自然保护区为基础、各类自然公园为补充的自然保护地体系，守护好自然生态，保育好自然资源，维护好生物多样性。

沙柳河镇果洛藏贡麻村是牧民集中安置新村，2017年依托牛羊养殖业等产业实现整村脱贫。习近平来到这里，藏族牧民索南才让率一家老小热情邀请总书记到家里做客，并献上哈达。习近平走进家中，屋里屋外仔细察看，并同一家人围坐在客厅聊家常。索南才让激动地说，牧民生活好，全靠党的政策好，衷心感谢共产党，衷心感谢总书记。习近平指出，今年是中国共产党成立一百周年，我们党发展壮大起来不容易，夺取政权不容易，建设新中国不容易。老百姓衷心拥护中国共产党，就是因为中国共产党始终全心全意为人民服务、为各民族谋幸福。

离开索南才让家，村民们看到总书记来了，热情地涌到路边，欢呼着向总书记问好。习近平动情地说，看到乡亲们过上幸福生活，我感到很欣慰。我们要继续奋斗，到新中国成立一百周年时中华民族一定能够更加坚强地屹立于世界民族之林。全面

建设社会主义现代化国家，一个民族也不能少。在中华民族大家庭中，大家只有像石榴籽一样紧紧抱在一起，手足相亲、守望相助，才能实现民族复兴的伟大梦想，民族团结进步之花才能长盛不衰。习近平祝福大家“扎西德勒”。

9日上午，习近平听取了青海省委和省政府工作汇报，对青海各项工作取得的成绩给予肯定，希望青海各族干部群众开拓创新、担当实干，以优异成绩庆祝建党一百周年。

习近平指出，进入新发展阶段、贯彻新发展理念、构建新发展格局，青海的生态安全地位、国土安全地位、资源能源安全地位显得更加重要。要优化国土空间开发保护格局，坚持绿色低碳发展，结合实际、扬长避短，走出一条具有地方特色的高质量发展之路。要立足高原特有资源禀赋，积极培育新兴产业，加快建设世界级盐湖产业基地，打造国家清洁能源产业高地、国际生态旅游目的地、绿色有机农畜产品输出地。要加快科技体制机制改革，加大科技创新支持和成果转化力度，加快创新型人才培养，激发创新活力。要贯彻落实党中央关于新时代推进西部大开发形成新格局、推动共建“一带一路”高质量发展的战略部署，主动对接长江经济带发展、黄河流域生态保护和高质量发展等区域重大战略，增强经济发展内生动力。各级党委特别是主要负责同志要承担起政治责任，统筹抓好财政、税收、审计等工作，严肃财经纪律，把各方面资金管好用好，切实防范金融风险，严格执行党中央关于财经工作的方针政策和工作部署，把过紧日子的要求落到实处。

习近平强调，保护好青海生态环境，是“国之大者”。要牢固树立绿水青山就是金山银山理念，切实保护好地球第三极生态。要把三江源保护作为青海生态文明建设的重中之重，承担好维护生态安全、保护三江源、保护“中华水塔”的重大使命。要继续推进国家公园建设，理顺管理体制，创新运行机制，加强监督管理，强化政策支持，探索更多可复制可推广经验。要加强雪山冰川、江源流域、湖泊湿地、草原草甸、沙地荒漠等生态治理修复，全力推动青藏高原生物多样性保护。要积极推进黄河流域生态保护和高质量发展，综合整治水土流失，稳固提升水源涵养能力，促进水资源节约集约高效利用。

习近平指出，要坚守人民情怀，紧紧依靠人民，不断造福人民，扎实推动共同富裕。要以有效举措落实以人民为中心的发展思想，把就业、收入分配、教育、社保、医疗、住房、养老、托育、食品安全、社会治安等问题统筹解决好，妥善处理生态和民生的关系，实现生态保护和民生保障相协调。要推动巩固拓展脱贫攻坚成果同乡村振兴有效衔接，加强农畜产品标准化、绿色化生产，做大做强有机特色产业，实施乡村建设行动，改善农村人居环境，提升农牧民素质，繁荣农牧区文化。习近平请青海省委和省政府转达他对玛多地震灾区各族群众的诚挚慰问，要求切实抓好灾后恢复重建，解群众难，安群众心，暖群众情，共同创造幸福美好生活。

习近平强调，青海是稳疆固藏的战略要地，要全面贯彻新时代党的治藏方略，承担起主体责任。要全面贯彻党的民族政策，铸牢中华民族共同体意识，深化民族团结进步示范省建设。要全面贯彻党的宗教工作基本方针，坚持我国宗教的中国化方向，积极引导宗教同社会主义社会相适应。要坚持总体国家安全观，坚持底线思维，坚决维护国家安全。要毫不放松抓好常态化疫情防控，有效遏制重特大安全生产事故，推动扫黑除恶常态化，深化政法队伍教育整顿，保持社会大局和谐稳定。

习近平指出，我们党在百年奋斗中，培育形成了一系列各有特点的革命精神，集中体现了党的坚定信念、根本宗旨、优良作风，是激励我们不懈奋斗的宝贵精神财富。在党史学习教育中做到学史崇德，就是要引导广大党员、干部传承红色基因，涵养高尚的道德品质。一要崇尚对党忠诚的大德，广大党员、干部永远不能忘记入党时所作的对党忠诚、永不叛党的誓言，做到始终忠于党、忠于党的事业，做到铁心跟党走、九死而不悔。二要崇尚造福人民的公德，广大党员、干部要站稳人民立场，始终同人民风雨同舟、生死与共，勇于担当、积极作为，切实把造福人民作为最根本的职责。三要崇尚严于律己的品德，广大党员、干部要慎微慎独，清清白白做人、干干净净做事，努力做一个高尚的人、一个纯粹的人、一个有道德的人、一个脱离了低级趣味的人、一个有益于人民的人。要建设忠诚干净担当的高素质专业化干部队伍，继续加强党风廉政建设，一体推进不敢腐、不能腐、不想腐，确保党的肌体健康。

丁薛祥、刘鹤、陈希、何立峰和中央有关部门负责同志陪同考察。

（来源：新华网）

习近平在西藏考察时强调：全面贯彻新时代党的治藏方略　谱写雪域高原长治久安和高质量发展新篇章

本报拉萨7月23日电　在庆祝西藏和平解放70

周年之际，中共中央总书记、国家主席、中央军委主席习近平来到西藏，祝贺西藏和平解放70周年，看望慰问西藏各族干部群众，给各族干部群众送去党中央的关怀。习近平作为中共中央总书记、国家主席、中央军委主席到西藏庆祝西藏和平解放，在党和国家历史上是第一次，充分表达了党中央对西藏工作的支持、对西藏各族干部群众的关怀。

习近平指出，西藏和平解放70年来，在党中央坚强领导下，在全国人民大力支持下，西藏各族干部群众艰苦奋斗、顽强拼搏，社会制度实现历史性跨越，经济社会实现全面发展，人民生活极大改善，城乡面貌今非昔比。实践证明，没有中国共产党就没有新中国，也就没有新西藏，党中央关于西藏工作的方针政策是完全正确的。

习近平强调，要全面贯彻新时代党的治藏方略，坚持稳中求进工作总基调，立足新发展阶段，完整、准确、全面贯彻新发展理念，服务和融入新发展格局，推动高质量发展，加强边境地区建设，抓好稳定、发展、生态、强边四件大事，在推动青藏高原生态保护和可持续发展上不断取得新成就，奋力谱写雪域高原长治久安和高质量发展新篇章。

7月21日至23日，习近平在西藏自治区党委书记吴英杰、自治区政府主席齐扎拉陪同下，先后来到林芝、拉萨等地，深入农村、城市公园、铁路枢纽、宗教场所、文化街区等看望慰问各族干部群众。

21日上午11时许，习近平乘坐飞机抵达林芝米林机场。西藏各族干部群众手举花束、载歌载舞，热烈欢迎习近平总书记的到来，并向总书记献上哈达、切玛、青稞酒，表达对总书记的衷心祝福。

随后，习近平乘车来到尼洋河大桥，远眺水波荡漾、草木葱茏的雅尼湿地，听取雅鲁藏布江及尼洋河流域生态环境保护和自然保护区建设等情况。习近平强调，要坚持保护优先，坚持山水林田湖草沙冰一体化保护和系统治理，加强重要江河流域生态环境保护和修复，统筹水资源合理开发利用和保护，守护好这里的生灵草木、万水千山。

当天下午，习近平来到林芝市城市规划馆，了解林芝城市建设历程及发展规划。习近平表示，生活在高原上的各族群众，长期以来同大自然相互依存，形成了同高原环境和谐相处的生活方式，要突出地域特点，引导激发这种人与自然和谐共生、可持续发展理念，以资源环境承载能力为硬约束，科学划定城市开发边界和生态保护红线，合理确定城市人口规模，科学配套规划建设基础设施，加强森林防火设施建设，提升城市现代化水平。

位于林芝市巴宜区林芝镇的嘎拉村，因春季盛开的山野桃花而闻名。习近平来到这里，听取嘎拉村发挥党建引领作用、带领群众增收致富、提升基层治理水平等介绍，走进村便民服务中心、“绿色银行”兑换商店、卫生室等详细了解有关情况。村民达瓦坚参热情迎接总书记到家中做客。习近平仔细察看卧室、厨房、储藏室、卫生间等，并同一家人围坐在客厅里聊家常。达瓦坚参告诉总书记，这些年他们家靠着跑运输、桃花节分红、土地流转、种植养殖，去年全家收入超过30万元。习近平听了十分高兴。他指出，嘎拉村的美好生活是西藏和平解放70年来经济社会发展成就的一个缩影，这里是民族团结进步之花盛开的地方。乡亲们的好日子得益于党和国家的好政策，也是你们自己用勤劳的双手创造的。要落实好党中央支持西藏发展政策，全面推进乡村振兴。村民们聚拢在路旁，手捧洁白的哈达，欢呼着向总书记问好，脱帽向总书记致敬。习近平祝愿大家幸福安康，扎西德勒。

离开嘎拉村，习近平来到位于林芝新老城区交界处的工布公园，察看公园绿化和基础设施。习近平强调，城市的核心是人，城市工作做得好不好，老百姓满意不满意、生活方便不方便，是重要评判标准。要坚持以人为本，不断完善城市功能，提高群众生活品质。习近平向在公园广场上跳舞的当地群众和游客送上祝福，祝愿各族群众生活好上加好，芝麻开花节节高。

今年6月25日，西藏首条电气化铁路拉林铁路开通运营。22日上午，习近平来到川藏铁路的重要枢纽站林芝火车站，了解川藏铁路总体规划及拉萨至林芝段建设运营情况，听取推进雅安至林芝段建设情况汇报，坐上专列实地察看拉林铁路沿线建设情况，深入研究有关问题。习近平高度重视川藏铁路建设，主持召开中央政治局常委会会议研究部署全面推进川藏铁路建设，对推进工作多次作出重要指示。他指出，规划建设川藏铁路是促进西藏发展和民生改善的一项重大举措，雅林段的地形地质和气候条件更加复杂，修建难度之大世所罕见，要发挥科技创新关键性作用，迎难而上、敢为人先，坚持科学施工、安全施工、绿色施工，建设好这一实现第二个百年奋斗目标进程中的标志性工程。要统筹谋划好西部边疆铁路网建设，充分论证、科学规划，更好服务边疆地区高质量发展和广大人民群众高品质生活。

当天下午，习近平来到位于拉萨西郊的哲蚌寺。措钦大殿广场，法号齐鸣，哲蚌寺管委会负责人向总书记敬献哈达，僧人提香炉、持宝伞，总书记沿台阶步入大殿。习近平听取西藏宗教工作情况和哲

蚌寺加强创新寺庙管理情况介绍，并察看措钦大殿，充分肯定哲蚌寺这些年在拥护中国共产党领导、拥护社会主义制度、维护祖国统一等方面作出的积极贡献。习近平走出大殿，数十名僧人手捧哈达欢送总书记。习近平强调，要全面贯彻党的宗教工作基本方针，尊重群众的宗教信仰，坚持独立自主自办原则，依法管理宗教事务，积极引导藏传佛教与社会主义社会相适应，促进宗教和顺、社会和谐、民族和睦，在推动社会发展进步中发挥积极作用。

位于拉萨市老城区的八廓街，距今已有 1 300 多年历史。习近平步行察看八廓街风貌，走进特色商品店，询问旅游文创产业发展、藏文化传承保护等情况。各族群众纷纷向总书记问好。习近平挥手向大家致意。习近平接着来到布达拉宫广场，广场上鲜艳的国旗迎风招展，西藏和平解放纪念碑巍峨耸立，布达拉宫气势恢宏。习近平询问布达拉宫保护管理等情况，亲切看望各族群众。广场上的游客和当地群众齐声高呼“总书记好”。习近平指出，西藏是各民族共同开发的，西藏历史是各民族共同书写的，藏族和其他各民族交流贯穿西藏历史发展始终。当前，全面建设社会主义现代化国家的新征程已经开启，西藏发展也站在了新的历史起点上，只要跟中国共产党走、坚定走中国特色社会主义道路，同心协力，加强民族团结，我们就一定能够如期实现第二个百年奋斗目标，实现中华民族伟大复兴的中国梦。习近平祝福各族群众“扎西德勒”。

当晚，习近平在西藏人民会堂同各族干部群众共同观看民族文艺演出。悠扬的民歌、奔放的舞蹈，展现了西藏独具特色的文化魅力，表达了西藏各族群众坚定不移跟党走，共同创造更加幸福美好生活的坚定信心。

7 月 23 日上午，习近平听取了西藏自治区党委和政府工作汇报，对西藏各项工作取得的成绩给予肯定，希望自治区党委和政府团结带领广大干部群众，同心协力，砥砺前进，努力建设好团结富裕文明和谐美丽的社会主义现代化新西藏。

习近平强调，要准确把握西藏工作的阶段性特征，扎实做好群众工作，提高社会治理水平，确保国家安全、社会稳定、人民幸福。要坚持把民族团结进步宣传教育与社会主义核心价值观教育、爱国主义教育、反分裂斗争教育、新旧西藏对比教育和马克思主义国家观、历史观、民族观、文化观、宗教观教育结合起来，多谋长久之策，多行固本之举。要加强民族交往交流交融，不断增强各族群众对伟大祖国、中华民族、中华文化、中国共产党、中国特色社会主义的认同，打牢民族团结的思想基础。

习近平指出，推动西藏高质量发展，要坚持所有发展都要赋予民族团结进步的意义，都要赋予改善民生、凝聚人心的意义，都要有利于提升各族群众获得感、幸福感、安全感。要扬长避短，因地制宜，深化改革开放，加快铁路、公路及其他重大基础设施建设，发展特色产业，加快建设国家清洁能源基地，统筹发展和安全，走出一条符合西藏实际的高质量发展之路。

习近平强调，这些年来，西藏各族群众生活和精神面貌都发生了很大变化，我所到之处感受到了大家对过上好日子的幸福之情、对党和国家的感恩之情。要坚持以人民为中心的发展思想，推动巩固拓展脱贫攻坚成果同全面推进乡村振兴有效衔接，更加聚焦群众普遍关注的民生问题，办好就业、教育、社保、医疗、养老、托幼、住房等民生实事，一件一件抓落实，让各族群众的获得感成色更足、幸福感更可持续、安全感更有保障。要加强边境基础设施建设，鼓励各族群众扎根边陲、守护国土、建设家乡。

习近平指出，保护好西藏生态环境，利在千秋、泽被天下。要牢固树立绿水青山就是金山银山、冰天雪地也是金山银山的理念，保持战略定力，提高生态环境治理水平，推动青藏高原生物多样性保护，坚定不移走生态优先、绿色发展之路，努力建设人与自然和谐共生的现代化，切实保护好地球第三极生态。

习近平强调，学史力行是党史学习教育的落脚点，要把学史明理、学史增信、学史崇德的成果转化为改造主观世界和客观世界的实际行动。要在锤炼党性上力行，教育引导广大党员、干部发扬党的光荣传统、赓续红色血脉，用伟大建党精神滋养党性修养，坚定理想信念，不断提高政治判断力、政治领悟力、政治执行力，胸怀“国之大者”，始终用党性原则修身律己，切实以坚强党性取信于民、引领群众。要在为民服务上力行，教育引导广大党员、干部始终把人民放在心中最高位置，当好人民群众的知心人、贴心人、领路人，用心用情用力解决好群众急难愁盼问题，努力推动全体人民共同富裕取得更加明显的实质性进展。要在推动发展上力行，教育引导党员、干部把学习党史同推动工作结合起来，坚持求真务实、担当作为，创造性落实党中央决策部署，着力破解发展难题、厚植发展优势，努力做出无愧于党和人民、无愧于历史和时代的新业绩。

习近平指出，党中央对西藏干部职工十分关心，从西藏异常艰苦的工作、生活出发，制定了特殊的工资和有关福利政策，要切实抓好落实，重视干部职工健康保障工作，解决好干部职工的后顾之忧。

汇报会前，习近平分别会见了西藏自治区及有关部门、各地市负责同志和老同志代表，各族各界代表，援藏干部代表，政法干警代表，宗教界爱国人士代表。习近平代表党中央向奋斗在雪域高原的广大同志们致以诚挚的问候。

7 月 23 日，习近平在拉萨亲切接见了驻西藏部队官兵代表。习近平向驻西藏部队全体指战员致以诚挚的问候，对驻西藏部队作出的突出贡献给予充分肯定。他强调，要贯彻新时代党的强军思想，贯彻新时代军事战略方针，大力发扬“老西藏精神”，全面加强练兵备战工作，为推进西藏长治久安和繁荣发展积极贡献力量。

当前，正值全国防汛抗洪关键时期。考察途中，习近平得知河南遭遇极端强降雨后，立即作出重要指示，要求始终把保障人民群众生命财产安全放在第一位，迅速组织力量防汛救灾，妥善安置受灾群众，严防次生灾害，最大限度减少人员伤亡和财产损失。习近平要求解放军和武警部队积极协助地方开展抢险救灾工作，国家防总、应急管理部、水利部、交通运输部加强统筹协调，强化气象监测预报和地质灾害评估，抓细抓实各项防汛救灾工作。各地区各有关部门要切实做好各项工作，尽快恢复生产生活秩序，做好受灾群众帮扶救助和卫生防疫工作，注重巩固脱贫攻坚成果。西藏也要落实好这些要求，做好自然灾害防范和处置工作。

丁薛祥、刘鹤、杨晓渡、张又侠、陈希、何立峰以及中央和国家机关有关部门负责同志陪同考察，帕巴拉·格列朗杰参加有关活动。

（来源：《人民日报》2021 年 7 月 24 日 1 版）

习近平主持召开深入推动黄河流域生态保护和高质量发展座谈会并发表重要讲话

新华社济南 10 月 22 日电　中共中央总书记、国家主席、中央军委主席习近平 22 日下午在山东省济南市主持召开深入推动黄河流域生态保护和高质量发展座谈会并发表重要讲话。他强调，要科学分析当前黄河流域生态保护和高质量发展形势，把握好推动黄河流域生态保护和高质量发展的重大问题，咬定目标、脚踏实地，埋头苦干、久久为功，确保“十四五”时期黄河流域生态保护和高质量发展取得明显成效，为黄河永远造福中华民族而不懈奋斗。

中共中央政治局常委、国务院副总理韩正出席座谈会并讲话。

座谈会上，国家发展改革委主任何立峰、甘肃省委书记尹弘、山西省委书记林武、山东省委书记李干杰、自然资源部部长陆昊、生态环境部党组书记孙金龙、水利部部长李国英先后发言，介绍工作情况，提出意见和建议。参加座谈会的其他省区主要负责同志提交了书面发言。

听取大家发言后，习近平发表了重要讲话。他强调，党中央把黄河流域生态保护和高质量发展上升为国家战略以来，我们围绕解决黄河流域存在的矛盾和问题，开展了大量工作，搭建黄河保护治理“四梁八柱”，整治生态环境问题，推进生态保护修复，完善治理体系，高质量发展取得新进步。同时也要看到，在黄河流域生态保护和高质量发展上还存在一些突出矛盾和问题，要坚持问题导向，再接再厉，坚定不移做好各项工作。

习近平指出，沿黄河省区要落实好黄河流域生态保护和高质量发展战略部署，坚定不移走生态优先、绿色发展的现代化道路。第一，要坚持正确政绩观，准确把握保护和发展关系。把大保护作为关键任务，通过打好环境问题整治、深度节水控水、生态保护修复攻坚战，明显改善流域生态面貌。沿黄河开发建设必须守住生态保护这条红线，必须严守资源特别是水资源开发利用上限，用强有力的约束提高发展质量效益。第二，要统筹发展和安全两件大事，提高风险防范和应对能力。高度重视水安全风险，大力推动全社会节约用水。要高度重视全球气候变化的复杂深刻影响，从安全角度积极应对，全面提高灾害防控水平，守护人民生命安全。第三，要提高战略思维能力，把系统观念贯穿到生态保护和高质量发展全过程。把握好全局和局部关系，增强一盘棋意识，在重大问题上以全局利益为重。要把握好当前和长远的关系，放眼长远认真研究，克服急功近利、急于求成的思想。第四，要坚定走绿色低碳发展道路，推动流域经济发展质量变革、效率变革、动力变革。从供需两端入手，落实好能耗双控措施，严格控制“两高”项目盲目上马，抓紧有序调整能源生产结构，淘汰碳排放量大的落后产能和生产工艺。要着力确保煤炭和电力供应稳定，保障好经济社会运行。

习近平强调，“十四五”是推动黄河流域生态保护和高质量发展的关键时期，要抓好重大任务贯彻落实，力争尽快见到新气象。一是加快构建抵御自然灾害防线。要立足防大汛、抗大灾，针对防汛救灾暴露出的薄弱环节，迅速查漏补缺，补好灾害预警监测短板，补好防灾基础设施短板。要加强城市防洪排涝体系建设，加大防灾减灾设施建设力度，

严格保护城市生态空间、泄洪通道等。二是全方位贯彻“四水四定”原则。要坚决落实以水定城、以水定地、以水定人、以水定产，走好水安全有效保障、水资源高效利用、水生态明显改善的集约节约发展之路。要精打细算用好水资源，从严从细管好水资源。要创新水权、排污权等交易措施，用好财税杠杆，发挥价格机制作用，倒逼提升节水效果。三是大力推动生态环境保护治理。上游产水区重在维护天然生态系统完整性，一体化保护高原高寒地区独有生态系统，有序实行休养生息制度。要抓好上中游水土流失治理和荒漠化防治，推进流域综合治理。要加强下游河道和滩区环境综合治理，提高河口三角洲生物多样性。要实施好环境污染综合治理工程。四是加快构建国土空间保护利用新格局。要提高对流域重点生态功能区转移支付水平，让这些地区一心一意谋保护，适度发展生态特色产业。农业现代化发展要向节水要效益，向科技要效益，发展旱作农业，推进高标准农田建设。城市群和都市圈要集约高效发展，不能盲目扩张。五是在高质量发展上迈出坚实步伐。要坚持创新创造，提高产业链创新链协同水平。要推进能源革命，稳定能源保供。要提高与沿海、沿长江地区互联互通水平，推进新型基础设施建设，扩大有效投资。

习近平指出，党中央已经对推动黄河流域生态保护和高质量发展作出全面部署，关键在于统一思想、坚定信心、步调一致、抓好落实，要落实好中央统筹、省负总责、市县落实的工作机制，各尽其责、主动作为。要调动市场主体、社会力量积极性。

习近平强调，进入7月下旬以来，黄河流域部分地方遭受罕见洪涝灾害，各有关地方要切实做好灾后恢复重建工作，特别是要关心和帮助那些因灾陷入困境的群众，保障人民群众基本生活，保证生产生活正常秩序。要注意克服秋汛影响，采取有针对性的措施，抓好秋冬种工作。入冬在即，各地要早作谋划、制定预案，保障群众生活用电、供暖，确保群众温暖过冬。

韩正在讲话中表示，要认真学习贯彻习近平总书记重要讲话和指示精神，进一步增强推动黄河流域生态保护和高质量发展的责任感使命感。要坚持问题导向，统筹水安全和水资源优化利用，保障生态和生活用水，严控高耗水产能过度扩张。要从黄河流域生态环境系统性和完整性出发，加强上游水源涵养能力建设、中游水土保持、下游湿地保护和生态治理，分区分类推进生态环境保护修复。要扎实推动黄河流域高质量发展，建设特色优势现代产业体系，高度重视煤炭清洁利用，建设全国重要能源基地。要牢固树立大局意识，凝聚大保护合力，坚决把黄河流域生态保护和高质量发展重点任务落实到位。

为开好这次座谈会，20日至21日，习近平在山东省委书记李干杰、代省长周乃翔陪同下，深入东营市的黄河入海口、农业高新技术产业示范区、黄河原蓄滞洪区居民迁建社区等，实地了解黄河流域生态保护和高质量发展情况。

20日下午，习近平来到黄河入海口，凭栏远眺，察看河道水情，详细询问径流量、输沙量等。随后，习近平走进黄河三角洲生态监测中心，听取黄河流路变迁、水沙变化和黄河三角洲生物多样性保护等情况介绍。他强调，我一直很关心黄河流域生态保护和高质量发展，今天来到这里，黄河上中下游沿线就都走到了。扎实推进黄河大保护，确保黄河安澜，是治国理政的大事。要强化综合性防洪减灾体系建设，加强水生态空间管控，提升水旱灾害应急处置能力，确保黄河沿岸安全。

习近平听取了黄河三角洲国家级自然保护区情况汇报，沿木栈道察看黄河三角洲湿地生态环境。他指出，党的十八大以来，各级党委和政府贯彻绿色发展理念的自觉性和主动性明显增强，一体推进山水林田湖草沙保护和治理力度不断加大，我国生态文明建设成绩斐然。黄河三角洲自然保护区生态地位十分重要，要抓紧谋划创建黄河口国家公园，科学论证、扎实推进。习近平强调，在实现第二个百年奋斗目标新征程上，要坚持生态优先、绿色发展，把生态文明理念发扬光大，为社会主义现代化建设增光增色。

21日上午，习近平来到黄河三角洲农业高新技术产业示范区考察调研，走进盐碱地现代农业试验示范基地，察看大豆、苜蓿、藜麦、绿肥作物长势，了解盐碱地生态保护和综合利用、耐盐碱植物育种和推广情况。习近平强调，开展盐碱地综合利用对保障国家粮食安全、端牢中国饭碗具有重要战略意义。要加强种质资源、耕地保护和利用等基础性研究，转变育种观念，由治理盐碱地适应作物向选育耐盐碱植物适应盐碱地转变，挖掘盐碱地开发利用潜力，努力在关键核心技术和重要创新领域取得突破，将科研成果加快转化为现实生产力。

20世纪70年代，东营市黄河原蓄滞洪区群众响应国家号召搬迁至沿黄大堤的房台上居住。2013年起，东营市对66个房台村进行住房拆迁改造，建设新社区。习近平来到杨庙社区，走进便民服务中心、老年人餐厅、草编加工合作社，详细询问社区加强基层党建、开展便民服务、促进群众增收等情况。

在居民许建峰家，习近平察看卧室、厨房、卫生间等，同一家三代人围坐交谈。许建峰告诉总书记，他们原来住在沿黄大堤房台村的老房子里，2016年搬进了这里的楼房，生活条件好了，就业门路多了，打心眼里感谢党的好政策。习近平指出，党中央对黄河滩区居民迁建、保证群众安居乐业高度重视。要扎实做好安居富民工作，统筹推进搬迁安置、产业就业、公共设施和社区服务体系建设，确保人民群众搬得出、稳得住、能发展、可致富。要发挥好基层党组织战斗堡垒作用，努力把社区建设成为人民群众的幸福家园。离开社区时，干部群众高声向总书记问好。习近平祝愿大家生活幸福、身体健康，孩子们茁壮成长。

21日下午，习近平来到胜利油田勘探开发研究院，了解油田开发建设历程和研究院总体情况，走进页岩油实验室、二氧化碳气驱实验室，听取油田坚持自主创新、加快技术攻关应用、保障国家能源安全等情况介绍。习近平强调，解决油气核心需求是我们面临的重要任务。要加大勘探开发力度，夯实国内产量基础，提高自我保障能力。要集中资源攻克关键核心技术，加快清洁高效开发利用，提升能源供给质量、利用效率和减碳水平。他指出，石油战线始终是共和国改革发展的一面旗帜，要继续举好这面旗帜，在确保国家能源安全、保障经济社会发展上再立新功、再创佳绩。

离开研究院，习近平来到位于东营市莱州湾的胜利油田莱113区块，了解二氧化碳捕集、利用与封存技术研发应用情况。他登上二层钻井平台，察看钻井自动化设备，走进操作室，同正在作业的工人亲切交流。今年是胜利油田发现60周年。习近平代表党中央向为我国能源事业作出贡献的石油工作者们表示崇高敬意。习近平叮嘱大家继承和发扬老一辈石油人的革命精神和优良传统，始终保持石油人的红色底蕴和战斗情怀，为社会主义现代化建设事业作出更大贡献。

（来源：新华网）

四、重要活动

Important Events

| 部际联席会议 |

全面推行河湖长制工作部际联席会议暨加强河湖管理保护电视电话会议在京召开

全面推行河湖长制工作部际联席会议暨加强河湖管理保护电视电话会议 4 月 29 日在京召开。中共中央政治局委员、国务院副总理胡春华出席并讲话。他强调，要认真贯彻落实习近平总书记重要指示精神，按照党中央、国务院决策部署，不折不扣落实好全面推行河湖长制各项任务，持续加强河湖管理保护，为建设美丽中国提供有力支撑。

胡春华指出，全面推行河湖长制，是完整准确全面贯彻新发展理念、推动高质量发展、满足人民群众对美好生活需要的必然要求。要着力推动河湖长制由全面建立体系到全面落实落地，切实提高河湖管理保护水平。要把水环境治理作为优先任务，巩固提升重点领域水污染治理成果，强化水污染流域协同防治，统筹水上岸上污染治理，加强河湖水域岸线管控，严格河道采砂管理。要严格保护河湖水资源，强化水资源刚性约束，全面实施国家节水行动。要加快修复河湖水生态，加强湿地生态保护修复和水土流失治理，持续推进华北地区地下水超采综合治理，强化河湖水生生物资源保护。

胡春华强调，要全面强化河湖管理保护责任制落实，各级河湖长要担责尽责，联席会议各成员单位要按照职责分工履职尽责，切实形成流域统筹、区域协同、部门联动、全社会关心参与的河湖管理保护格局。（来源：中国政府网，略有修改）

| 成员单位的重要活动 |

【水利部】

1. 李国英调研太湖流域治理管理工作　4 月 7 日至 9 日，水利部党组书记、部长李国英深入环太湖地区，就太湖流域治理管理工作进行调研。他强调，要坚决贯彻落实习近平总书记有关重要讲话指示批示精神和党中央重大决策部署，心怀“国之大者”，统筹发展和安全，进一步提升流域治理管理能力，科学谋划、共保联治、扎实推进，确保太湖流域防洪安全、供水安全、水生态安全、水环境安全，为实施长三角一体化发展国家战略提供坚实服务保障。

李国英先后来到浙江省湖州市、嘉兴市，江苏省无锡市、苏州市，上海市青浦区以及长三角生态绿色一体化发展示范区等地，实地考察环湖大堤工程，望亭水利枢纽、瓜泾口水利枢纽、太浦河水利枢纽等流域骨干引排工程，贡湖湾、胥口等河湖生态治理工程，无锡市、上海市水源地供水保障工程以及底泥清淤和资源化利用、蓝藻清理、流域跨界协同治理等情况，并主持召开太湖流域治理管理工作座谈会。

李国英指出，太湖是流域洪水的集散地，是长三角区域水资源的调配中心，是长三角水生态水环境的晴雨表，在推进长三角一体化发展战略中具有特殊重要的地位。党中央、国务院一直高度重视太湖治理管理工作，经过有关各方的共同努力，太湖流域防洪工程体系初步建成，水资源调配网络基本形成，水生态水环境治理取得阶段性成效，协调机制和调度平台发挥重要作用，为推动新阶段太湖流域治理管理高质量发展奠定了坚实基础。

李国英指出，对标习近平总书记关于准确把握新发展阶段、深入贯彻新发展理念、加快构建新发展格局、推动“十四五”时期高质量发展的指示要求和长三角一体化发展战略目标，目前太湖流域治理管理还存在不少亟待解决的问题。流域防洪工程体系尚不完善，入湖污染物总量与湖体环境容量不平衡，多目标统筹协调优化调度机制尚未完全形成，信息化数字化智能化能力尚不能满足流域现代化治理管理的需要。要直面问题和差距，拿出务实方案和举措，努力推动太湖流域治理管理在“十四五”时期取得新成效。

李国英强调，太湖流域治理管理要以服务和保障长三角一体化高质量发展为总体目标，加强水灾害、水资源、水生态、水环境统筹治理，把确保水安全的重点工作抓紧抓实抓好。一要尽早完善防洪工程体系。加快编制新一轮流域防洪规划，尽快推进环湖干堤达标闭环，畅通并完善“北排入长江、东出黄浦江、南排杭州湾”的排洪通道与格局。二要严格落实河湖长制。健全河湖长体制，逐河逐湖明确责任，完善监测体系和监督机制，以支流保干流、以干流保湖体，用责任制倒逼入湖面源污染控制。三要建立健全多目标统筹协调优化调度机制。在推动长三角一体化发展领导小组领导下，在太湖流域水环境综合治理省部际联席会议、长三角区域水污染防控协作机制框架内，充分发挥太湖流域管理局的调度管理平台作用，统筹协调流域上下游、左右岸、干支流、点线面、水安全水资源水生态水

环境等各方面关系，实现优化功能调度。四要建设智慧太湖。打造数字孪生流域，实现物理流域与数字流域全要素动态实时畅通信息交互和深度融合，数字流域对物理流域进行同步仿真模拟运行，大力提升信息化、数字化、智能化水平，实现预报、预警、预演、预案功能，为物理流域水利工程安全运行和优化调度提供超前、快速、精准的决策支持。

水利部、发展改革委、生态环境部有关司局单位和上海市、江苏省、浙江省水利（务）部门负责同志，有关院士、专家参加调研或座谈。

（来源：水利部网站）

2. 水利部党组召开会议研究黄河保护立法工作　4月19日，水利部党组书记、部长李国英主持召开党组会议，研究黄河保护法立法工作。会议强调，要心怀“国之大者”，以高度的政治责任感和使命感，精准对表对标习近平总书记有关重要讲话指示批示精神和党中央决策部署，以更加深入细致、严谨认真、科学求实的精神推进黄河保护立法工作。

会议指出，黄河流域生态保护和高质量发展，是以习近平同志为核心的党中央着眼中华民族伟大复兴和永续发展确定的重大国家战略。开展黄河保护立法，是党中央部署的重大立法任务。习近平总书记对黄河保护立法工作作出重要指示批示，李克强总理、栗战书委员长、韩正副总理提出明确要求。我们要进一步提高政治站位，深入贯彻习近平生态文明思想、习近平法治思想和“节水优先、空间均衡、系统治理、两手发力”治水思路，完整准确全面贯彻新发展理念，会同有关部门，抓紧抓实抓好各项工作，起草一部保护黄河的良法、促进发展的善法、造福人民的好法。

会议强调，要在进一步深入学习领悟、吃准吃透习近平总书记有关重要讲话指示批示精神和党中央决策部署的基础上，逐条逐款再对表再对标，进一步聚焦习近平总书记强调的黄河流域需要高度重视的重大问题、黄河流域生态保护和高质量发展的重大目标任务，立足建设造福人民的幸福河总体目标，落实国民经济和社会发展“十四五”规划纲要、《黄河流域生态保护和高质量发展规划纲要》有关要求，聚焦黄河流域突出问题，建立系统协调、务实管用的制度措施，把习近平总书记有关重要讲话指示批示精神和党中央决策部署，以法律形式予以贯彻落实，转化为黄河流域生态保护和高质量发展的国家意志和社会行为准则。

会议要求，要进一步凝聚立法共识，加快立法进程。特别要针对起草过程中的重大问题，集中力量，深入研究，并开展专家咨询论证，积极吸纳各方建设性意见，为黄河保护立法提供科技支持。

（来源：水利部网站）

3. 水利部召开河湖管理工作视频会议　李国英作出批示　魏山忠出席会议并讲话　4月30日，水利部在京召开河湖管理工作视频会议，贯彻落实全面推行河湖长制工作部际联席会议暨加强河湖管理保护电视电话会议精神，总结2020年河湖管理工作，分析当前面临的新形势新任务新要求，理清工作思路，安排部署2021年重点工作。水利部部长李国英作出批示。水利部副部长魏山忠出席会议并讲话。

李国英在批示中指出，2020年，全国河长制及河湖管理部门认真贯彻落实党中央国务院决策部署，锐意进取、真抓实干，全面推动落实河湖长制，推进“清四乱”常态化规范化，着力维护河道采砂管理秩序，强化河湖管理监督检查，为维护河湖健康生命提供了有力支撑和保障。

李国英强调，2021年，河湖长制及河湖管理工作要以习近平新时代中国特色社会主义思想为指导，完整准确全面贯彻新发展理念，深入落实“节水优先、空间均衡、系统治理、两手发力”治水思路，建立健全河湖管理保护体制机制，有力有序推进落实河湖长制六大任务，尽职尽责，善作善成，努力建设造福人民的幸福河湖，以优异成绩庆祝建党100周年。

魏山忠充分肯定了2020年河湖管理工作取得的成效。强调“十四五”期间河湖管理工作要以习近平新时代中国特色社会主义思想为指导，坚定不移贯彻落实习近平生态文明思想，完整准确全面贯彻新发展理念，准确把握新形势新任务新要求，积极践行“节水优先、空间均衡、系统治理、两手发力”治水思路，提高政治站位，强化使命担当，锐意进取、开拓创新。强化河湖长制，完善体制机制法制，构建责任明确、协调有序、监管严格、保护有力的河湖保护机制，深入推进“清四乱”常态化规范化，切实加强河湖水域岸线管理保护，持续推进河道采砂综合整治，规范河道采砂管理秩序，加快补齐河湖管理基础短板，推进河湖管理信息化、智慧化，着力建设健康河湖、美丽河湖、幸福河湖。

魏山忠要求，2021年是“十四五”开局之年，要深入贯彻全面推行河湖长制部际联席会议暨河湖管理保护电视电话会议精神，按照水利部党组“三对标、一规划”专项行动要求，强化落实河湖长制，加强流域统筹区域协调部门联动，建立完善长江、黄河等流域河湖长协作机制，严格考核激励问责，推动各地加强河湖治理保护；加强河湖岸线清理整治，深化“清四乱”常态化规范化，加快推进长江、黄河水域岸线清理整治；坚持疏堵结合，加强河道采砂管理，抓好长江、黄河采砂综合整治；加强河湖管理制度建设，推进河道采砂管理条例立法，厘清涉河建设项目审批事权，研究河湖管理中的重大问题；夯实河湖管理基础，加强智慧河湖建设，努力推进河湖管理工作迈上新台阶。

黑龙江、福建、湖北、重庆等 4 省（直辖市）水利厅（局）和长江水利委员会、黄河水利委员会作交流发言。水利部总工程师刘伟平，中央纪委国家监委驻水利部纪检监察组、水利部有关司局和直属单位负责同志在主会场参加会议。各流域管理机构、京外有关直属单位、各省（自治区、直辖市）水利（水务）厅（局）和新疆生产建设兵团水利局负责同志在分会场参加会议。（来源：水利部网站）

4. 水利部承办中组部委托“全面推行河长制湖长制网上专题班” 为深入学习领会习近平生态文明思想和习近平总书记关于治水工作的重要讲话指示批示精神，全面贯彻落实党的十九届五中全会精神和中共中央办公厅、国务院办公厅《关于全面推行河长制的意见》《关于在湖泊实施湖长制的指导意见》相关要求，受中共中央组织部委托，水利部联合中国干部网络学院浦东分院承办“全面推行河长制湖长制网上专题班”，调训 5 000 名市县级河长湖长。水利部党组成员、副部长魏山忠作开班辅导授课。

专题班开设贯彻习近平生态文明思想、河湖长制政策解读、地方实践经验和国际经验系列课程，引导河长湖长充分认识全面推行河湖长制的重大意义，准确把握重点工作任务，切实增强履行职责的思想自觉、行动自觉和履职能力，协调解决好工作中的实际问题，全面落实各项任务要求，维护河湖健康生命，建设造福人民的幸福河湖。

专题班已于 5 月 1 日开班。

（来源：水利部网站）

5. 水利部召开推进南水北调后续工程高质量发展工作领导小组第一次全体会议 5 月 24 日，水利部党组书记、部长、部党组推进南水北调后续工程高质量发展工作领导小组组长李国英主持召开领导小组第一次全体会议，传达学习习近平总书记在推进南水北调后续工程高质量发展座谈会上的重要讲话精神，研究部署近期重点工作任务。部党组成员、副部长、领导小组副组长魏山忠出席会议。

李国英指出，深入学习贯彻习近平总书记重要讲话精神，是当前和今后一个时期水利系统的首要政治任务。要反复学、深入学，学深悟透、对表对标习近平总书记重要讲话精神，不断提高政治判断力、政治领悟力、政治执行力，确保南水北调后续工程高质量发展始终沿着习近平总书记指引的方向前行。

李国英强调，推进南水北调后续工程高质量发展使命光荣、责任重大，各单位各部门要以高度的政治责任感和历史使命感高质量完成各项工作任务。要压实责任、确保质量，主要负责同志要亲自抓，调集最强的专业力量，提供最有力的要素保障，开展最广泛深入的研究论证，拿出经得起历史和实践检验的成果。要建立台账、动态管理，所有工作任务全部列入部重点督办事项，及时掌握工作进度、加强节点控制，确保各项工作有力有序有效推进、各项任务保质保量完成。

中国南水北调集团有限公司主要负责同志，领导小组全体成员出席会议。（来源：水利部网站）

6. 水利部召开“三对标、一规划”专项行动总结大会 部署推动新阶段水利高质量发展 6 月 28 日，水利部召开“三对标、一规划”专项行动总结大会。部党组书记、部长李国英强调，要坚持以习近平总书记“节水优先、空间均衡、系统治理、两手发力”治水思路为指导，以永不懈怠的精神状态和一往无前的奋斗姿态，推动新阶段水利高质量发展，确保“十四五”水利发展始终沿着习近平总书记和党中央指引的方向前进，为全面建设社会主义现代化国家提供有力的水安全保障。部党组成员、副部长田学斌主持会议，部领导田野、陆桂华、魏山忠出席会议。

李国英指出，新阶段水利工作的主题为推动高质量发展，这是对表对标习近平总书记重要讲话精神、准确把握党和国家事业发展大势大局、科学分析水利发展历史方位和客观要求，综合深入判断作出的战略选择。推动新阶段水利高质量发展，根本目的是满足人民日益增长的美好生活需要，根本要求是完整、准确、全面贯彻新发展理念，要坚持以创新为第一动力、以协调为内生特点、以绿色为普遍形态、以开放为必由之路、以共享为根本目的、以安全为底线要求。要围绕全面提升国家水安全保障能力这一总体目标，全面提升水旱灾害防御能力、水资源集约节约利用能力、水资源优化配置能力、大江大河大湖生态保护治理能力，为全面建设社会主义现代化国家提供有力的水安全保障。

李国英强调，习近平总书记“节水优先、空间均衡、系统治理、两手发力”治水思路，指导治水工作实现了历史性转变，彰显出巨大的思想伟力。习近平总书记关于治水发表的一系列重要讲话，作出的一系列重要指示批示，都始终贯穿了“节水优

先、空间均衡、系统治理、两手发力”治水思路这条主线。“节水优先、空间均衡、系统治理、两手发力”治水思路具有深刻的理论逻辑、历史逻辑、实践逻辑，是科学严谨、逻辑严密的治水理论体系。“节水优先、空间均衡、系统治理、两手发力”治水思路贯穿了创新、协调、绿色、开放、共享的发展理念，集中体现了新发展理念在治水领域的精准要求，贯彻落实“节水优先、空间均衡、系统治理、两手发力”治水思路是对贯彻新发展理念的具体检验。推动新阶段水利高质量发展，必须深入领会习近平总书记关于治水重要讲话指示批示的精神实质，完整、准确、全面理解和贯彻“节水优先、空间均衡、系统治理、两手发力”治水思路，不断增强贯彻落实的自觉性和坚定性，做到学思用贯通、知信行统一。

李国英要求，推动新阶段水利高质量发展，要重点抓好六条实施路径。一要完善流域防洪工程体系，从流域整体着眼，把握洪水发生和演进规律，进一步优化流域防洪工程布局，以流域为单元构建主要由水库、河道及堤防、分蓄滞洪区组成的现代化防洪工程体系，提高河道泄洪能力，增强洪水调蓄能力，确保分蓄洪区分蓄洪功能。二要实施国家水网重大工程，立足流域整体和水资源空间配置，遵循确有需要、生态安全、可以持续的重大水利工程论证原则，以重大引调水工程和骨干输配水通道为纲、以区域河湖水系连通工程和供水渠道为目、以控制性调蓄工程为结，构建“系统完备、安全可靠，集约高效、绿色智能，循环通畅、调控有序”的国家水网。三要复苏河湖生态环境，以提升水生态系统质量和稳定性为核心，树立尊重自然、顺应自然、保护自然的生态文明理念，坚持山水林田湖草沙系统治理，加强河湖生态保护治理，加快地下水超采综合治理，科学推进水土流失综合治理，维护河湖健康生命，实现河湖功能永续利用，实现人水和谐共生。四要推进智慧水利建设，按照“需求牵引、应用至上、数字赋能、提升能力”要求，以数字化、网络化、智能化为主线，构建数字孪生流域，开展智慧化模拟，支撑精准化决策，全面推进算据、算法、算力建设，加快构建具有预报、预警、预演、预案功能的智慧水利体系。五要建立健全节水制度政策，坚持量水而行、节水为重，建立健全初始水权分配和交易制度、水资源刚性约束制度、全社会节水制度，建立健全水量分配、监督、考核的节水制度政策，全面提升水资源集约节约安全利用水平。六要强化体制机制法治管理，深入推进水利重点领域和关键环节改革，加快破解制约水利发展的体制机制障碍，强化河湖长制，完善水利投融资、水生态产品价值实现、水流生态保护补偿、水利工程安全管控等机制，进一步完善水法规体系，不断提升水利治理能力和水平。

田学斌要求，各司局、直属单位广大干部职工要深刻认识把握推动新阶段水利高质量发展的重要意义、内涵要求、目标任务，结合各自职责和实际，把会议确定的发展思路贯彻好，把实施路径落实好。对会议确定的目标任务，要逐一细化措施，制定工作方案，建立工作台账，明确责任分工，以求真务实的作风、攻坚克难的勇气、开拓创新的精神，把推动新阶段水利高质量发展的各项任务落到实处。

会议以视频会议形式召开。部各总师，驻部纪检监察组，各司局、直属单位全体干部职工参加会议。（来源：水利部网站）

7. 水利部召开推进黄河流域生态保护和高质量发展工作领导小组会议　7月9日，水利部党组书记、部长、部推进黄河流域生态保护和高质量发展工作领导小组组长李国英主持召开部推进黄河流域生态保护和高质量发展工作领导小组会议，传达学习贯彻中央推动黄河流域生态保护和高质量发展领导小组全体会议精神，观看黄河流域生态环境警示片，审议相关工作方案，研究部署下一阶段重点工作。水利部副部长魏山忠、黄河水利委员会党组书记汪安南出席会议。

李国英强调，黄河流域生态保护和高质量发展是以习近平同志为核心的党中央作出的重大战略部署，要切实提高政治判断力、政治领悟力、政治执行力，全面贯彻落实习近平总书记重要讲话指示批示精神和《黄河流域生态保护和高质量发展规划纲要》确定的重点任务，按照中央推动黄河流域生态保护和高质量发展领导小组全体会议要求，不折不扣抓好各项工作落实。要有针对性地完善工作机制、管理机制、验收机制，确保工作成果质量，确保党中央决策部署落地生根、开花结果。

李国英强调，要坚持问题导向、结果导向、目标导向，坚决抓好黄河流域生态环境警示片反映有关水利问题的整改，建立完善工作台账，制定问题清单、责任清单、目标清单，逐项明确责任主体、整改时限、标准要求，加强跟踪督促检查，确保全面彻底整改到位。

水利部推进黄河流域生态保护和高质量发展工作领导小组成员参加会议。（来源：水利部网站）

8. 李国英主持召开水利部部务会议，研究河湖管理范围内建设项目各流域管理机构审查权限等　7月13日，水利部党组书记、部长李国英主持召开部务会议，审议加强水利行业监督工作的指导意见，研究确定河湖管理范围内建设项目各流域管理机构审查权限。

会议指出，加强监督是各级政府部门的基本职责，是完善法治体系的重要保障。要突出水利监督重点，聚焦习近平总书记关于治水重要讲话指示批示和党中央、国务院重大决策部署贯彻落实情况、水事法律法规执行情况、水利部门法定职责履行情况等，依法依规开展监督工作。要强化监督成果运用，紧盯发现问题整改落实，健全监督激励机制，切实提升水利行业管理水平。

会议强调，严格河湖管理范围内建设项目工程建设方案审查，是维护河湖健康生命和防洪安全的必要手段。要坚持法定职责必须为，依法依规强化全链条监管，严格把好涉河建设项目立项审查关。要突出重点区域，对于在流域防洪工程体系中具有关键性作用的水库、河道、湖泊范围内的建设项目，要细化实化严化管理措施，坚决守住防洪安全底线。要将涉河建设项目管理作为加强河湖水域岸线管理的重要内容，纳入河湖长制管理范畴，强化责任落实和日常监管，确保河湖管理保护到位。

会议还研究了其他事项。（来源：水利部网站）

9. 水利部召开黄河流域河湖管理保护工作推进视频会议　8月2日，水利部在京召开黄河流域河湖管理保护工作推进视频会议，深入学习贯彻习近平总书记关于黄河流域生态保护和高质量发展的重要讲话指示批示精神，认真落实党的十九届五中全会精神，进一步安排部署黄河流域河湖长制和河湖管理保护重点工作。水利部副部长魏山忠主持会议并讲话。

魏山忠充分肯定黄河流域河湖长制和河湖管理保护工作取得的成效。他指出，目前黄河流域河湖长制组织体系不断完善，流域上下游、左右岸、干支流联防联控机制初步形成，沿黄各地深入推进河湖“清四乱”常态化规范化，开展黄河岸线利用项目专项整治、采砂专项整治、河湖管理范围划界等工作，河湖面貌持续改善。

魏山忠强调，全面推行河湖长制、加强河湖管理保护是贯彻落实习近平总书记重要讲话指示批示精神的重要任务，是完整准确全面贯彻新发展理念、推动黄河流域生态保护和高质量发展的必然要求。“黄河宁，天下平”，“善弈者谋势，善治者谋全局”，黄委和沿黄9省（自治区）河长办、水行政主管部门要切实提高政治站位，心怀“国之大者”，自觉对表对标，把思想和行动统一到党中央决策部署上来，把河湖长制和河湖管理保护工作作为践行“两个维护”的具体行动，全力以赴抓实抓好。

魏山忠强调，河湖长制和河湖管理保护工作成效直接关系到黄河安澜、生态安全、民生福祉，关系到推动水利高质量发展。黄委和沿黄9省（自治区）河长办、水行政主管部门要强化责任担当，坚持以人民为中心，遵循黄河的自然规律和客观规律，强化综合治理、系统治理、源头治理，着力打造健康河湖、美丽河湖、幸福河湖，不断增强人民群众的获得感、幸福感、安全感。

魏山忠对黄河流域河湖管理保护工作进行了部署。一是完善河湖长制组织体系，建立健全“河长＋”平台，用好考核“指挥棒”，加强流域统筹、区域协同、部门联动；二是强化河湖水域岸线空间管控，加快河湖划界成果复核和岸线保护利用规划审批，持续开展河湖“清四乱”，做好黄河岸线利用项目专项整治扫尾工作；三是推进采砂管理规范化，进一步压实采砂管理“4个责任人”责任，疏堵结合，拓宽河道采砂管理思路，实现河湖治理保护与砂石资源利用双赢；四是抓紧推进黄河流域生态环境警示片问题整改，举一反三，因地制宜补上制度漏洞，建立长效机制，从根本上破解问题。

驻部纪检监察组和水利部有关司局、单位负责同志在主会场参加会议。黄委、沿黄9省（自治区）河长办、水利厅负责同志在分会场参加会议。

（来源：水利部网站）

10. 水利部召开深入推动黄河流域生态保护和高质量发展工作座谈会　9月18日，水利部召开深入推动黄河流域生态保护和高质量发展工作座谈会，对习近平总书记在黄河流域生态保护和高质量发展座谈会上的重要讲话精神进行再学习再领悟，对贯彻落实工作进行再盘点再推动。水利部党组书记、部长李国英出席会议并讲话，部党组成员、副部长魏山忠主持会议。

李国英指出，2019年9月18日，习近平总书记在郑州亲自主持召开黄河流域生态保护和高质量发展座谈会并发表重要讲话，将黄河流域生态保护和高质量发展上升为重大国家战略。两年来，水利部党组把贯彻落实习近平总书记重要讲话精神作为重大政治责任和重大政治任务，强化政治对标、思路对标、任务对标，与流域各地水利部门同心协力，大力推进黄河流域生态保护和高质量发展水利工作，在强化流域防洪、用水管理、生态保护、体制机制法治建设等方面取得了积极进展。

李国英强调，要牢记“国之大者”，立足全局和战略高度，从根本宗旨、问题导向、忧患意识等方面持之以恒深入学习领悟习近平总书记重要讲话的

丰富内涵、精神实质、实践要求，坚持重在保护、要在治理，进一步准确把握黄河保护治理的重点任务。要紧紧抓住水沙关系调节这个“牛鼻子”，加快完善水沙调控体系，优化调水调沙方式，科学调控水沙关系。要从流域整体着眼，完善水库、河道及堤防、蓄滞洪区等流域防洪工程体系，强化预报预警预演预案措施，提升水旱灾害防御能力。要坚持以水定城、以水定地、以水定人、以水定产，把水资源作为最大刚性约束，全面实施黄河流域深度节水控水行动，提升水资源集约节约利用能力。要遵循确有需要、生态安全、可以持续的重大水利工程论证原则，加快推进南水北调后续工程高质量发展，有序推进城乡供水保障体系建设，提升水资源优化配置能力。要坚持山水林田湖草沙一体化保护和修复，加强黄河源头和水源涵养区保护，科学推进水土流失综合防治，有序实施地下水超采综合治理和重点河湖综合治理，复苏河湖生态环境，维护河湖健康生命，提升黄河流域生态保护治理能力。

李国英指出，要牢固树立“一盘棋”思想，坚持共同抓好大保护、协同推进大治理，以功成不必在我的精神境界和功成必定有我的历史担当，强化法治管理、完善协同机制、深化重点改革、建设数字孪生黄河，进一步提升流域治理管理能力，为黄河流域生态保护和高质量发展作出更大贡献。

黄河水利委员会主任汪安南，水利部推进黄河流域生态保护和高质量发展工作领导小组成员、驻部纪检监察组负责同志，部直属有关单位主要负责同志，沿黄九省区水利厅主要负责同志参加会议，部分单位作了交流发言。（来源：水利部网站）

11. 水利部全面启动《中国黄河文化大典》编纂工作　9月18日，水利部召开《中国黄河文化大典》编纂工作会议，全面启动《中国黄河文化大典》编纂工作。部党组书记、部长李国英出席会议并讲话，部党组成员、副部长魏山忠主持会议。

李国英指出，编纂《中国黄河文化大典》是水利部党组贯彻落实习近平总书记关于黄河流域生态保护和高质量发展重要讲话精神的重要举措，是梳理黄河流域治水脉络、服务当代水利实践的重大文化工程，将为保护、传承、弘扬黄河文化提供重要载体，为践行习近平总书记“节水优先、空间均衡、系统治理、两手发力”治水思路、推动新阶段水利高质量发展提供历史借鉴。

李国英强调，要切实增强责任感和使命感，牢固树立质量意识、精品意识，广泛收集资料，认真分析研究，科学严谨编纂，坚持开门编典，博采众长、集思广益，努力把《中国黄河文化大典》打造成保护传承弘扬黄河文化的标志工程、样板工程。要依托先进数字技术，打造内容全面、编排合理、检索便捷、共享方便的黄河文化资源数据库，让《中国黄河文化大典》编纂成果活起来、用起来，向全社会讲好“黄河故事”，推动黄河文化创造性转化、创新性发展。

《中国黄河文化大典》将全面收录我国黄河治理、河工技术、治黄方略、工程档案、源流考、灌溉遗产等历史资料，详细记录黄河不同时期的发展演变情况，系统展示历代治黄的艰辛历程和重要成就，深入挖掘黄河文化的时代价值。

黄河水利委员会主任汪安南，中央宣传部、中央政策研究室、文化和旅游部有关司局负责同志，编委会委员、学术顾问、专家委员会专家代表参加会议。（来源：水利部网站）

12. 水利部党组学习贯彻习近平总书记在深入推动黄河流域生态保护和高质量发展座谈会上的重要讲话精神　10月25日，水利部党组书记、部长李国英主持召开党组会议，传达学习贯彻习近平总书记在深入推动黄河流域生态保护和高质量发展座谈会上的重要讲话和考察黄河入海口时的重要指示精神，强调要咬定目标、脚踏实地，埋头苦干、久久为功，坚决把习近平总书记重要讲话和指示精神落实到位，为黄河流域生态保护和高质量发展提供有力的水安全保障，为黄河永远造福中华民族而不懈奋斗。

会议指出，习近平总书记的重要讲话和重要指示，站在战略和全局高度，深刻阐述了推动黄河流域生态保护和高质量发展的重大问题和“十四五”时期的目标任务、重点工作，总揽全局、视野宏阔、内涵丰富、思想深邃，具有极强的政治性、思想性、理论性、指导性，为深入推动黄河流域生态保护和高质量发展指明了方向、提供了根本遵循，为推动新阶段水利高质量发展提供了科学指南。水利系统要把深入学习贯彻习近平总书记重要讲话和重要指示精神作为重大政治任务，进一步增强推动黄河流域生态保护和高质量发展的责任感、使命感、紧迫感，坚定不移沿着习近平总书记指引的方向推进各项工作。

会议强调，要全力抓好黄河流域生态保护和高质量发展重大任务的贯彻落实。要加快构建抵御水旱灾害防线，立足防大汛、抗大旱、救大灾，迅速查漏补缺，补好水旱灾害预警监测短板，补好水旱灾害防御基础设施短板，完善黄河流域防洪工程体系和水沙调控体系，构建具有预报、预警、预演、预案功能的数字孪生黄河，全面提高水旱灾害防控水平。要全方位贯彻“四水四定”原则，切实把水资源作为最大的刚性约束，严守水资源开发利用上限，精打细算用好水资源，从严从细管好水资源，创新水权交易措施，用好财税杠杆，发挥水价机制作用，打好黄河流域深度节水控水攻坚战，走好水安全有效保障、水资源高效利用、水生态明显改善的集约节约发展之路。要大力推动水生态环境保护治理，分区分类推进水生态环境保护修复，落实落细上游产水区维护天然生态系统完整性、上中游水土流失治理和荒漠化防治、下游河道和滩区环境综合治理、河口三角洲生态保护等各项水利任务，加强水生态空间管控，提升河湖生态保护治理能力，维护黄河健康生命。

会议要求，要深入研究习近平总书记重要讲话和重要指示中涉及水利的重大问题，结合贯彻《黄河流域生态保护和高质量发展规划纲要》，制定贯彻落实方案，明确责任分工，强化节点控制，实行清单管理，坚决把各项重点任务不折不扣贯彻落实到位，确保“十四五”时期取得明显成效。

（来源：水利部网站）

13. 水利部党组理论学习中心组专题学习研讨习近平总书记在深入推动黄河流域生态保护和高质量发展座谈会上的重要讲话精神 10月28日，水利部党组书记、部长李国英主持召开水利部党组理论学习中心组学习会，围绕习近平总书记在深入推动黄河流域生态保护和高质量发展座谈会上的重要讲话精神开展专题学习研讨。

李国英指出，以习近平同志为核心的党中央高度重视黄河保护治理，习近平总书记多次实地考察，走遍黄河上中下游沿线，亲自部署将黄河流域生态保护和高质量发展上升为重大国家战略。习近平总书记在深入推动黄河流域生态保护和高质量发展座谈会上的重要讲话中强调，要科学分析当前黄河流域生态保护和高质量发展形势，把握好推动黄河流域生态保护和高质量发展的重大问题，咬定目标、脚踏实地，埋头苦干、久久为功，确保“十四五”时期黄河流域生态保护和高质量发展取得明显成效，为黄河永远造福中华民族而不懈奋斗。我们要积极响应习近平总书记伟大号召，从增强“四个意识”、坚定“四个自信”、做到“两个维护”的高度，切实增强深入推动黄河流域生态保护和高质量发展的责任感、使命感、紧迫感，切实提高政治判断力、政治领悟力、政治执行力，坚决把习近平总书记的重要讲话精神转化为推动黄河流域生态保护和高质量发展、落实国家“江河战略”的强大动力。

李国英强调，要对表对标习近平总书记重要讲话精神，把牢正确目标方向，找准找全水利任务，细化实化项目举措，加快构建抵御水旱灾害防线，立足防大汛、抗大灾，补好灾害预警监测短板，补好防灾基础设施短板，始终把保障人民群众生命财产安全放在第一位。全方位贯彻“四水四定”原则，精打细算用好水资源，从严从细管好水资源。大力推动水生态环境保护治理，上下游、干支流、左右岸统筹谋划，坚持山水林田湖草沙综合治理、系统治理、源头治理，坚定不移走生态优先、绿色发展的现代化道路，为黄河流域生态保护和高质量发展提供有力的水安全保障。

李国英要求，要把深入学习贯彻习近平总书记重要讲话精神作为水利系统当前和今后一个时期的重大政治任务，组织广大干部职工深入学习领会习近平总书记重要讲话的丰富内涵、精神实质和实践要求。要坚决扛起贯彻落实政治责任，统一思想、坚定信心、步调一致，全力以赴落实好承担的工作任务。要实行台账管理，强化督促检查，建立评估机制，确保习近平总书记重要讲话中涉及水利的任务件件落地、事事见效。

部领导、总师，驻部纪检监察组、部机关各司局、部分直属单位负责同志参加学习研讨。

（来源：水利部网站）

14. 水利部召开推动长江经济带发展水利工作协调机制会议 11月3日，水利部党组书记、部长李国英在京主持召开推动长江经济带发展水利工作协调机制视频会议，深入学习贯彻习近平总书记关于推动长江经济带发展的系列重要讲话精神，检视水利工作进展，安排部署下一步工作。水利部党组成员、副部长魏山忠出席会议。

李国英指出，推动长江经济带发展是习近平总书记亲自谋划、亲自部署、亲自推动的重大国家战略。五年多来，水利部和长江经济带11省市水利部门以高度的政治自觉和强烈的使命担当，坚决贯彻习近平总书记关于长江经济带发展的系列重要讲话精神，狠抓推动长江经济带发展水利任务落实，在河湖保护治理、保障防洪安全、水资源优化配置、强化流域管理等方面取得了积极成效。

李国英强调，要坚持不懈深入学习领会习近平总书记重要讲话精神，心怀“国之大者”，牢牢把握长江经济带发展战略定位、长江保护治理思路、水利使命任务，切实增强政治自觉、思想自觉、行动自觉，全面提升长江流域水旱灾害防御能力、水资源集约节约利用能力、水资源优化配置能力、水生态保护治理能力，努力打造安澜长江、美丽长江、幸福长江。

李国英要求，要坚定不移抓紧抓好生态环境涉

水突出问题整改，追根溯源、举一反三，建立健全长效机制，提升长江流域生态系统质量和稳定性。要全面提升长江流域水安全保障能力，扎实推进安澜长江建设，持续完善以水库、河道及堤防、蓄滞洪区为主要组成的流域防洪工程体系；大力提升供水保障能力，建立水资源刚性约束制度，科学谋划水资源配置战略格局；加快复苏河湖生态环境，分区分类确定生态流量目标，加强重点湖泊系统治理，科学推进重点区域水土流失综合治理；全力建设数字孪生长江，加快实现预报、预警、预演、预案功能；持续推进依法治江工作，认真贯彻落实长江保护法，切实履行好法定职责，更好服务和保障长江经济带高质量发展。

推动长江经济带发展水利工作协调机制成员参加会议，部分单位作交流发言。

（来源：水利部网站）

15. 魏山忠主持召开推进自然资源领域非法采砂整治工作座谈会　为贯彻落实中央关于常态化开展扫黑除恶斗争，推进自然资源领域整治的决策部署，11月11日，水利部副部长魏山忠主持召开推进自然资源领域非法采砂整治工作座谈会，研究工作任务落实。

魏山忠指出，各单位高度重视整治工作，围绕非法采砂整治、建立源头治理长效机制等重点任务，切实履行职责，精心组织、扎实推进，取得了明显进展。下一步，各单位要锚定既定目标和工作措施，扎实推进各项工作任务落地见效。一是深化思想认识，认真贯彻落实中央决策部署，严厉打击“沙霸”及其背后“保护伞”，进一步增强政治担当，针对非法采砂各环节存在的突出问题，采取有效措施，扎实推进整治工作，守护好河湖。二是深化部门合作，加强部门联动，紧盯“采、运、销”关键环节和“采砂业主、采砂船舶和机具、堆砂场”关键要素，加强部门间协调联动，共同开展联合检查、联合执法和案情会商，畅通案件移送渠道，形成工作合力，对非法采砂进行全方位有力打击。

水利部、公安部、司法部、生态环境部、交通运输部、市场监管总局相关部门负责同志参加会议。

（来源：水利部网站）

16. 魏山忠出席《中国河湖年鉴》编纂工作启动会　11月17日，水利部在京召开《中国河湖年鉴》编纂工作启动会，水利部副部长魏山忠出席会议并讲话。

魏山忠指出，全面推行河湖长制，是以习近平同志为核心的党中央，从保障国家水安全、推进生态文明建设的战略高度，作出的重大决策部署，其目的是贯彻新发展理念，构建责任明确、协调有序、监管严格、保护有力的河湖管理保护机制，为维护河湖健康生命、实现河湖功能永续利用提供制度保障。编纂《中国河湖年鉴》，系统记录河湖长制工作发展历程，是在河湖管理保护领域深入贯彻党的十九届六中全会精神的具体举措，对助推“十四五”河湖管理保护工作开好局、起好步，服务新阶段水利高质量发展具有重要意义。

魏山忠强调，全面推行河湖长制五年来，在党中央、国务院的坚强领导下，各地各部门党政挂帅、高位推动，真抓实干、狠抓落实，流域统筹、区域协同、部门联动的河湖管理保护格局基本形成，河湖面貌明显改善，水生态环境持续向好，幸福河湖逐见成效。编纂《中国河湖年鉴》，全面、系统、连续地记录河湖长制与河湖管理保护工作的新发展、新变化、新问题、新成就和新经验，能够为新阶段河湖管理保护工作和水利高质量发展提供历史镜鉴、规律认识、实践智慧和精神动力。

魏山忠要求，要坚持以习近平新时代中国特色社会主义思想为指导，突出政治性、时代性、实用性，按照强化河湖长制、推动新阶段水利高质量发展有关要求，发扬年鉴工作的优良传统，切实做好《中国河湖年鉴》编纂工作，推动河湖管理保护和水利高质量发展开创新局面。要建立好第一责任人机制，确定好工作时间表、路线图、任务书，加大编纂力度，全力打造政治导向正确、内容客观全面、资料翔实准确的精品年鉴。

会上，部河湖司、河湖中心有关负责同志还分别就年鉴编纂、出版工作提出具体要求，中国水利水电出版传媒集团专家介绍了年鉴编纂基础知识。部有关司局和在京单位分管负责同志、年鉴编纂工作具体负责同志和特约编辑在主会场参加会议；各流域管理机构、各省（自治区、直辖市）、新疆生产建设兵团河长制办公室分管负责同志、年鉴编纂工作具体负责同志和特约编辑在各地分会场参加会议。

（来源：水利部网站）

17. 水利部召开河湖“清四乱”典型案例新闻通气会　将洞庭湖水域侵占为“私人湖泊”；打着湿地公园、风雨廊桥等旗号，在河湖内开发建设房屋；酒吧、餐厅在秦淮河大堤“肚子”里营业……2018年以来，水利部深入推进河湖“清四乱”（乱占、乱采、乱堆、乱建），一大批长期以来侵占破坏河湖的“老大难”问题得以解决。11月19日，水利部召开河湖“清四乱”典型案例新闻通气会，公布十大典型案例。

水利部公布的河湖“清四乱”十大典型案例包

括：湖南省洞庭湖下塞湖非法矮围案、河南省郑州市“法莉兰童话王国”违建案、江苏省南京市侵占秦淮河大堤建餐厅案、山东省徒骇河滩地违规建设光伏电站案、湖南省官山风雨廊桥违规建房案、黑龙江省呼兰河口湿地公园违建案、河北省潮河滦平段违法建设项目案、河南省鲁山县以清淤疏浚之名非法采砂案、河北省大沙河许可采区非法采砂案、湖北省随县“全民采砂”案等10个案例。

水利部河湖管理司副司长、一级巡视员陈大勇在会上表示，根据“清四乱”情况，此次水利部收集甄选了10个具有典型意义、情况复杂、政策性强、社会普遍关注的典型案例公开向社会发布，旨在以案促改，以案释法，发挥案例的规范指导、警示震慑、舆论引导作用。

公布的10个案例有哪些特点？陈大勇指出，一是问题规模大，性质严重。比如洞庭湖下塞湖矮围案非法圈占湖区近3万亩，法莉兰童话王国案侵占黄河滩地400多亩，呼兰河口湿地公园案违建房屋面积高达9.4万平方米，秦淮河违建餐厅案房屋直接侵占破坏Ⅰ级堤防，严重威胁防洪安全。

“二是侵占破坏河湖问题出现新的类型。”陈大勇谈到，近年来，一些地方打着湿地公园、风雨廊桥等旗号，以生态修复、民族文化传承的名义，在河湖内开发建设房屋、大搞景观工程，以保护之名，行破坏之实，有的甚至大肆谋取商业利益，让本属于老百姓共有共享的公共空间变成了局部人获利的“私地”，比如呼兰河口湿地公园案、官山风雨廊桥案等。有的地方以清淤疏浚之名非法采砂，比如鲁山非法采砂案，乱采乱挖导致河道“满目疮痍、河不像河”；有的地方和企业片面追求太阳能发电发展速度，无视水法律法规，忽视河湖保护，违法违规将光伏电站建在河道、湖泊滩地和水库库区，对河道行洪和生态安全造成很大影响，比如徒骇河滩地违规建设光伏电站案。

“三是有的违建项目‘五证俱全’，反映出一些地方强化河湖保护工作还不到位。比如潮河滦平段违法建设别墅案，早在2015年地方水行政主管部门即下达行政处罚决定，要求拆除，但建设单位仅缴纳了罚款，房屋一直未拆除。这反映出一些地方片面追求区域发展，违规、越权审批建设项目，监管失责缺位，造成重大损失和不良社会影响。”陈大勇说。

据了解，为进一步强化社会监督，2020年水利部开通了12314监督举报电话，目前已受理群众举报河湖问题129件。下一步，水利部将继续发挥12314监督举报平台作用，坚决扫除侵占破坏河湖的违法违规问题，努力建设美丽幸福河湖。

（来源：人民网，略有删改）

18. 水利部部署强化流域治理管理工作　12月3日，水利部召开强化流域治理管理工作会议。部党组书记、部长李国英出席会议并讲话，强调要深入贯彻落实习近平总书记“节水优先、空间均衡、系统治理、两手发力”治水思路和关于治水重要讲话指示批示精神，把握治水规律，勇于改革创新，强化流域统一规划、统一治理、统一调度、统一管理，提高流域治理管理能力和水平，推动新阶段水利高质量发展。部领导陆桂华、魏山忠、刘伟平出席会议。

李国英强调，流域性是江河湖泊最根本、最鲜明的特性。这种特性决定了治水管水的思维和行为必须以流域为基础单元，坚持流域系统观念，坚持全流域“一盘棋”。强化流域治理管理是对表对标习近平总书记重要讲话指示批示的政治要求，是遵循自然规律的客观要求，是坚持系统观念的必然要求，是涉水法律法规的法定要求，是总结历史经验教训的迫切要求。要充分认识强化流域治理管理的重要意义，切实增强流域治理管理的责任感和使命感。

李国英强调，强化流域治理管理的重点任务是强化流域统一规划、统一治理、统一调度、统一管理。强化流域统一规划，要立足流域整体，科学把握流域自然本底特征、经济社会发展需要、生态环境保护要求，完善流域综合规划，健全定位准确、边界清晰、功能互补、统一衔接的流域专业规划体系，增强流域规划权威性，构建流域保护治理的整体格局。强化流域统一治理，要坚持区域服从流域的基本原则，统筹协调上下游、左右岸、干支流关系，综合考虑工程功能定位、区域分布，科学确定工程布局、规模、标准，合理区分轻重缓急，统筹安排工程实施优先序，做到目标一致、布局一体、步调有序。强化流域统一调度，要充分发挥流域防汛抗旱总指挥部办公室的平台作用，强化流域多目标统筹协调调度，建立健全各方利益协调统一的调度体制机制，强化流域防洪统一调度、水资源统一调度、生态流量水量统一调度，保障流域水安全，实现流域涉水效益“帕累托最优”。强化流域统一管理，要构建流域统筹、区域协同、部门联动的管理格局，加强流域综合执法，充分发挥河湖长制作用，推进流域联防联控联治，强化河湖统一管理、水权水资源统一管理，一体提升流域水利管理能力和水平。

李国英指出，要把党的领导始终贯穿于流域治理管理各方面全过程各环节，流域管理机构各级党

组织要切实扛起管党治党政治责任，以全面从严治党引领保障流域治理管理新发展。流域管理机构是江河湖泊的“代言人”，要更好发挥流域管理机构在流域治理管理中的主力军作用，在流域规划、项目建设、考核激励等方面强化流域管理机构职能。流域管理机构要担当负责、主动作为，履行好法定和授权的各项职责。要加强干部人才队伍建设，优化流域水文监测网络，推进数字孪生流域建设，提升流域治理管理能力和水平。要建立健全流域管理机构责任落实、责任考核、责任追究机制，切实保障流域治理管理各项职责全面履行，确保流域治理管理工作目标任务全面落实。

李国英强调，各地水利部门要牢固树立流域系统观念，自觉支持和服从流域治理管理，形成治水管水合力，同时要围绕强化流域统一规划、统一治理、统一调度、统一管理，积极探索建立符合本地实际的流域治理管理体制机制。

水利部长江水利委员会、黄河水利委员会、淮河水利委员会、海河水利委员会、珠江水利委员会、松辽水利委员会、太湖流域管理局，部政法司、人事司，山东省、广东省、新疆维吾尔自治区水利厅负责同志作了交流发言。（来源：水利部网站）

19. 魏山忠调研长江大保护工作　12月17日，水利部副部长魏山忠带队赴长江水利委员会（简称“长江委”）调研长江大保护工作，并与长江委、湖北省水利厅座谈，推动落实近期长江大保护重点工作任务。

魏山忠指出，近年来，在流域管理机构和沿江地方各级河长办、水行政主管部门的努力下，长江干流岸线利用项目清理整治任务全面完成，“清四乱”常态化规范化持续深入推进，生态环境警示片水利问题整改顺利，水资源管理不断规范，河湖划界、岸线保护和采砂规划等基础工作不断夯实，长江大保护工作取得显著成效。

魏山忠强调，习近平总书记高度重视长江大保护，先后3次主持召开推动长江经济带发展座谈会，反复强调要共抓大保护、不搞大开发，要求要坚定不移贯彻新发展理念，推动长江经济带高质量发展。长江大保护党中央关心、社会关注，是一项必须交出满意答卷的政治任务。保护长江，流域管理机构和沿江地方各级河长办、水行政主管部门要做到守土有责、守土担责、守土尽责。特别是湖北省，地处长江中游，三峡枢纽、丹江口枢纽均位于湖北，湖北省承担着“一江清水东流、一库净水北送”的重大任务，要切实抓好河湖管理、水资源管理各项工作。

魏山忠要求，要全力推动长江流域河湖管理、水资源管理任务落到实处。一是聚焦围河围湖、非法取用水等突出问题，坚决依法依规整改到位。二是加大工作力度，切实抓好丹江口“守好一库碧水”专项整治行动。三是加快推进河湖生态流量保障及长江流域跨省江河流域水量分配方案批复工作，细化取用水监管措施，加大执法检查力度，实施科学精准的考核。四是完善制度建设，不断完善河湖和水资源管理制度体系，强化规划约束制度，严格水域岸线管控，推动落实“四水四定”，深入贯彻落实《长江保护法》，不断强化法治建设。

水利部河湖管理司、水资源管理司、规划计划司、长江委和湖北省水利厅等有关单位负责同志参加座谈。（来源：水利部网站）

20. 水利部迅速处置黄河陕西韩城龙门段河道被非法侵占问题　近日，部分媒体反映黄河陕西韩城龙门段河道被非法侵占问题。水利部高度重视，部党组书记、部长李国英先后3次作出批示，并于12月18日上午召开专题会议进行具体部署，要求迅即现场核查，依法依规处置到位。

李国英强调，黄河流域生态保护和高质量发展是以习近平同志为核心的党中央确定的重大国家战略。水利部门必须心怀“国之大者”，提高政治站位，加强河道管理，确保黄河安澜，为黄河流域生态保护和高质量发展提供水利支撑和保障。要立即成立水利部工作组和专家组赶赴现场核查督导，核查核准河道被侵占范围、位置和规模，分析评估河道被侵占后的影响，明确整改责任、整改标准、整改时限，并盯紧跟进、挂牌督办。

12月18日下午，由水利部副部长魏山忠任组长的水利部工作组、由黄河水利委员会主任汪安南任组长的水利部专家组已赶赴现场，开展核查督导工作。（来源：水利部网站）

21. 国新办举行全面推行河湖长制五周年新闻发布会　12月22日，国务院新闻办公室举行全面推行河湖长制五周年新闻发布会，水利部副部长魏山忠介绍有关情况，并与水利部水资源管理司、河湖管理司负责人共同回答记者提问。

魏山忠指出，全面推行河湖长制是以习近平同志为核心的党中央作出的重大决策。5年来，各地各部门在党中央、国务院的坚强领导下，在全面推行河湖长制工作部际联席会议的统筹协调下，真抓实干、狠抓落实，形成党政主导、水利牵头、部门联动、社会共治的河湖管理保护新局面。河湖长制在实践中焕发出强大生机活力，河湖面貌实现历史性改变。一是责任体系全面建立。水利部党组将河湖长制工作摆在水利改革发展的重要位置，举全行业之力，扎实推进河湖长制工作。31 个省（自治区、直辖市）党委、人民政府主要领导担任省级双总河长，30 万名省、市、县、乡级河湖长年均巡查河湖 700 万人次，90 多万名村级河湖长（含巡河员、护河员）守护河湖“最前哨”，形成一级抓一级、层层抓落实的工作格局。二是河湖乱象有力遏制。水利部组织开展河湖“清四乱”专项行动，全国共清理整治河湖“四乱”问题 18.5 万个。以长江、黄河、大运河等为重点，组织实施岸线利用项目、河道采砂等清理整治专项行动。历史遗留河湖问题大规模减少，重大问题基本实现零新增。三是资源管控明显加强。深入实施国家节水行动，强化水资源刚性约束，加快确立河湖生态流量和保障体系，黄河流域水资源超载地区暂停新增取水许可，严管涉河建设项目和活动，严控河湖水资源和岸线开发利用强度。2020 年万元国内生产总值（当年价）用水量为 57.2 立方米，与 2016 年的 81 立方米相比，降幅明显。四是生态环境持续复苏。实施水系连通及水美乡村试点县建设，深入推进华北地区地下水超采治理，持续开展生态补水和生态修复，实现黄河干流连续 22 年不断流，黑河下游东居延海连续 17 年不干涸，水环境质量显著改善。2020 年全国地表水Ⅰ～Ⅲ类水水质断面比例达 83.4%，比 2016 年的 67.8%上升 15.6 个百分点。五是工作基础不断夯实。9 个省份出台河湖长制地方性法规，首次完成全国第一次水利普查名录内的河湖（无人区除外）管理范围划界公告，重要河湖岸线保护与利用规划、河道采砂规划加快批复，河湖管理保护逐步实现规范化、常态化。

魏山忠说，5 年来的实践充分证明，全面推行河湖长制完全符合我国国情水情，是河湖保护治理领域根本性、开创性的重大举措，是一项具有强大生命力的重大制度创新。下一步，水利部将与有关部门和地方一道，以满足人民群众日益增长的健康美丽幸福河湖需要为根本出发点和落脚点，加快推动河湖长制从“有名有责”到“有能有效”，维护河湖健康生命，实现河湖功能永续利用，建设人水和谐共生的美丽中国。

人民日报、新华社、中央广播电视总台、经济日报、中国日报 等 18 家媒体记者参加了发布会。

（来源：水利部网站）

22. 水利部部署数字孪生流域建设工作　12 月 23 日，水利部召开推进数字孪生流域建设工作会议。水利部党组书记、部长李国英出席会议并讲话，强调要深入学习贯彻落实习近平总书记关于网络强国的重要思想、习近平总书记“节水优先、空间均衡、系统治理、两手发力”治水思路和关于治水重要讲话指示批示精神，以时不我待的紧迫感、责任感、使命感，攻坚克难、扎实工作，大力推进数字孪生流域建设，积极推动新阶段水利高质量发展。部领导田野、陆桂华、魏山忠、刘伟平，中央网信办信息化发展局负责同志出席会议。

李国英指出，数字孪生流域是以物理流域为单元、时空数据为底座、数学模型为核心、水利知识为驱动，对物理流域全要素和水利治理管理活动全过程的数字化映射、智能化模拟，实现与物理流域同步仿真运行、虚实交互、迭代优化。推进数字孪生流域建设是贯彻落实习近平总书记重要讲话指示批示精神和党中央、国务院重大决策部署的明确要求，是适应现代信息技术发展形势的必然要求，是强化流域治理管理的迫切要求。

李国英强调，要按照需求牵引、应用至上、数字赋能、提升能力的要求，以数字化、网络化、智能化为主线，以数字化场景、智慧化模拟、精准化决策为路径，以算据、算法、算力建设为支撑，加快推进数字孪生流域建设，实现预报、预警、预演、预案功能。一是获取算据。要锚定构建数字化场景的目标，建立天空地一体化水利感知网，构建全国统一、及时更新的数据底板，保持与物理流域交互的精准性、同步性、及时性。二是优化算法。要锚定智慧化模拟的目标，推进水利专业模型技术攻关，构建水利业务知识库，建设水利业务智能模型，确保数字孪生流域模拟过程和流域物理过程实现高保真。三是提升算力。要根据数据处理、模型计算的需要，扩展计算资源，升级通信网络，完善会商环境，提升高效快速、安全可靠的算力水平。四是建设数字孪生水利工程。要锚定安全运行、精准调度等目标，开展工程精细建模、业务智能升级，保持数字孪生水利工程与实体水利工程的融合性、交互性、同频性。五是支撑业务应用。要锚定精准化决策的目标，树立大系统设计、分系统建设、模块化链接的系统观念，强化应用思维，优化业务流程、创新业务模式，构建流域防洪、水资源管理调配等覆盖水利主要业务领域的智能化应用和管理体系。六是守住安全底线。完善水利网络安全体系，增强关键信息基础设施和重要数据防护能力，确保数字孪生流域运行安全。

李国英强调，各级水利部门特别是流域管理机构要把数字孪生流域建设列入重要议事日程，明确任务分工、时间节点，实行清单管理、挂图作战，加强督促检查和考核，确保各项任务按时保质完成。要在统一指挥下开展数字孪生流域建设，确保建成

标准化、规范化、系统化的体系。流域管理机构、地方水利部门、工程建管单位要各负其责，有力有序有效推进项目建设。

会议以视频方式召开。部分流域管理机构和地方水利部门在会上作了交流发言。

（来源：水利部网站）

23. 水利部印发第三批重点河湖生态流量保障目标　12月15日，水利部向有关省级人民政府印发了《第三批重点河湖生态流量保障目标》，明确了各有关省级人民政府和流域管理机构生态流量管理要求。截至2021年年底，水利部已组织制定印发118条重点河湖、217个主要控制断面生态流量保障目标。

第三批重点河湖涉及黄河、淮河、海河、珠江、松辽和西北诸河的26条主要跨省支流和2个重要湖泊，其中，黄河流域、珠江流域重点河流及松花江流域丰水河流主要控制断面均确定了生态基流目标。洪泽湖、高邮湖等重点湖泊及淮河流域池河、海河流域南运河等重点河流主要控制断面确定了最低生态水位目标。对于水资源开发利用程度高、径流丰枯变化剧烈的海河流域潮白河、辽河流域西辽河、松花江流域霍林河、音河及淮河流域包浍河等河流主要控制断面确定了生态水量目标。相关河湖生态流量保障目标是有关江河湖泊流域水量分配、生态流量管理、水资源统一调度和取用水总量控制的重要依据。

自2018年机构改革以来，水利部不断完善政策制度，落实管控措施，严格监督管理，推进生态流量管理工作取得积极成效。一是完善管理政策。在大量调查研究基础上，出台了做好河湖生态流量确定和保障工作的指导意见，明确了河湖生态流量目标确定和保障政策措施。积极推动把生态流量管理的政策措施，纳入到已经出台的长江保护法和正在制定的黄河保护法，依法加强生态流量管理。二是确定管控指标。组织制定了全国重点河湖生态流量确定的工作方案，提出从2020年到2022年，用三年时间确定477条重要河湖生态流量保障目标。截至2021年年底，各级水利部门已制定425条重点河湖生态流量目标，其中流域管理机构制定118条、各省级水利部门制定307条，推动建立全国重点河湖生态流量保障目标体系。三是制定保障措施。对已印发目标的重点河湖，组织各流域管理机构和省级水利部门逐条河湖制定生态流量保障实施方案，将生态流量目标纳入流域水量统一调度，建立健全监测预警机制，组织长江水利委员会、黄河水利委员会等流域管理机构建立河湖生态流量监管系统平台，实现了生态流量实时预警和动态监控。四是强化监督考核。建立水资源监管信息月报机制，按月通报水利部印发的第一、二批90条河湖，137个主要控制断面生态流量保障目标达标情况。将生态流量控制断面下泄流量纳入2021年度最严格水资源管理制度考核，强化断面考核要求，对于存在突出问题的，将以“一省一单”方式反馈省级人民政府，推动地方政府落实水资源保护和管理责任。

通过这些工作，河湖生态流量管理方面实现了“三个转变”：一是由零散管理转变为系统推进。二是从典型试点转变为全面推开。三是从目标确定转变为在目标确定基础上实施全方位监管。这些工作推动了部分常年干涸或者断流的河流实现了河道有水，而且河湖水面不断扩大，一些重要的湖泊常年维持在生态水位保障目标以上，河湖的生态环境得到有效改善。

下一步，水利部将深入贯彻习近平生态文明思想，落实“节水优先、空间均衡、系统治理、两手发力”治水思路，坚持以水而定、量水而行，将河湖生态流量保障目标作为水资源刚性约束条件，严控河湖水资源开发利用强度，严格落实各项管理措施，加大过度开发河湖退水还河还湖力度，切实改善河湖生态环境，为生态保护和高质量发展提供水安全支撑。

（来源：水利部网站）

24. 水利部召开推进黄河流域生态保护和高质量发展工作领导小组会议　12月31日，水利部党组书记、部长李国英主持召开部推进黄河流域生态保护和高质量发展工作领导小组会议，认真学习贯彻习近平总书记在深入推动黄河流域生态保护和高质量发展座谈会上的重要讲话精神，研究部署“十四五”时期重点任务。水利部党组成员、副部长魏山忠，黄河水利委员会主任汪安南出席会议。

李国英指出，习近平总书记亲自谋划、亲自部署、亲自推动黄河流域生态保护和高质量发展这一重大国家战略，对“十四五”时期推动黄河流域生态保护和高质量发展的目标任务、重点工作作出重要部署。水利系统要牢记“国之大者”，切实把思想和行动统一到习近平总书记重要讲话精神和党中央决策部署上来，谋实策、出实招，咬定目标、埋头苦干，坚决抓好各项任务贯彻落实。要加快构建抵御水旱灾害防线，立足防大汛、抗大灾，补好水旱灾害预警监测短板，补好防御水旱灾害基础设施短板。要全方位贯彻“四水四定”原则，切实把水资源作为最大的刚性约束，精打细算用好水资源，从严从细管好水资源，完善“两手发力”机制作用，统筹打好黄河流域深度节水控水攻坚战。要紧紧抓住水沙关系调节这个“牛鼻子”，完善水沙调控机制，健全流域防洪工程体系，保障黄河长久安澜。

要大力推动水生态环境治理保护，坚持问题导向，树立系统观念，分区分类推进水生态环境保护修复，提升河湖生态保护治理能力，加强水生态空间管控，维护黄河健康生命。要强化责任落实，建立任务台账，加强动态调度，建立成果验收机制，确保“十四五”黄河保护和治理见到新气象，为黄河永远造福中华民族而不懈奋斗。

水利部推进黄河流域生态保护和高质量发展工作领导小组成员、驻部纪检监察组负责同志参加会议。（来源：水利部网站）

【公安部】 开展公安机关打击长江非法采砂犯罪专项行动。公安部坚决贯彻落实党中央决策部署，依法严厉打击长江非法采砂犯罪活动，坚决遏制部分江段非法采砂犯罪猖獗态势，于 2021 年 1 月传发了《公安机关打击长江非法采砂犯罪专项行动工作方案》，指导部署沿江和长航公安机关开展为期一年的打击长江非法采砂犯罪专项行动，持续组织开展多波次集中打击工作，集中力量开展打击非法采砂破案攻坚，形成严打高压态势，依法严厉打击各类涉砂犯罪及其幕后“保护伞”，坚决做到除恶务尽。同时，公安部分 3 批次公布了 28 起长江非法采砂犯罪典型案例，切实起到“查处一起、教育一片、震慑一方”的效果。专项活动开展以来，共侦破各类涉砂刑事案件 457 起，抓获犯罪嫌疑人 1 764 名，打掉犯罪团伙 161 个，查获涉案船舶 489 艘，查实涉案江砂 790 万 t，涉案金额 3.5 亿元。（公安部）

【农业农村部】 2021 年 3 月 5 日，农业农村部制定并印发《“中国渔政亮剑 2021”系列专项执法行动方案》（农渔发〔2021〕7 号），打击电鱼专项执法行动是其中九大行动之一。据不完全统计，2021 年全国各地累计查办电鱼案件 4 876 起，收缴电鱼器具 8 566 台（套），查获涉案渔船 237 艘、涉案人员 5 804 人；向司法机关移送涉嫌犯罪案件 1 507 起、涉案人员 2 050 人，有效遏制了“电鱼毒鱼炸鱼”违法行为多发势头。（农业农村部）

| 署名文章 |

为全面建成小康社会提供水利支撑

中共水利部党组

水的问题能不能解决好，直接关系到小康路上群众的幸福感、获得感、安全感。习近平总书记指出：“全面建成小康社会，关键是要把经济社会发展的‘短板’尽快补上，否则就会贻误全局”。党的十八大以来，水利部门紧紧围绕打赢脱贫攻坚战、全面建成小康社会来部署、来落实、来推进工作，取得了历史性成就。以全面解决农村贫困人口饮水安全问题为标志，水利为全面打赢脱贫攻坚战提供了重要支撑和保障，为如期全面建成小康社会、实现第一个百年奋斗目标提供了有利条件。

一、坚持把全面解决贫困人口饮水安全问题作为全面建成小康社会的底线任务和标志性指标

民以食为天，食以水为先。喝水难，曾困住很多贫困地区百姓的生活。2015 年中央明确要求：到 2020 年，全面解决农村贫困人口饮水安全问题。习近平总书记十分牵挂贫困地区的饮水安全问题，多次深入贫困地区实地调研察看群众有没有水吃、吃水方便不方便。各级水利部门坚决扛起历史重任，尽锐出战，强力推进。

坚持目标标准不动摇。到 2020 年稳定实现农村贫困人口不愁吃、不愁穿，义务教育、基本医疗、住房安全有保障，是贫困人口脱贫的基本要求和核心指标，直接关系脱贫攻坚战质量。全面解决贫困人口饮水安全问题是“两不愁三保障”的重要指标之一。习近平总书记指出，饮水安全有保障主要是让农村人口喝上放心水，统筹研究解决饮水安全问题。这是国家统一的基本标准，但各地情况不一样。对饮水安全有保障，西北地区重点解决有水喝的问题，西南地区重点解决储水供水和水质达标问题。水利部及时组织编制发布了《农村饮水安全评价准则》，明确了水量、水质、供水保证率、用水方便程度等四项评价指标。各地针对工程性缺水、季节性缺水、水质性缺水等多种缺水问题，严格标准、因地制宜，采取集中供水、分散式供水等模式，解决农村贫困人口饮水安全问题。

下决心解决饮水型氟超标和苦咸水问题。我国部分地区饮水型氟超标和苦咸水问题突出，严重影响当地群众的身体健康。习近平总书记十分关心饮水型氟超标和苦咸水问题，多次做出重要指示批示。甘肃的河西、定西以及宁夏的西海固，被称作“三西”，古来就有“苦瘠甲于天下”之称。缺水干旱是制约这里经济社会发展和人民生活改善的一个主要难题。2013 年 2 月，习近平总书记来到甘肃定西、临夏等地，走进贫困农户，特意端起一瓢水品尝，感受村民真实的生活状况。之后专程来到渭源县引洮供水工程工地视察，对当地和随行的负责同志讲“民生为上、治水为要”。各地遵照习近平总书记的嘱托，综合采取水源置换、净化处理和易地搬迁等方式，妥善解决了 1 095 万农村人口饮水型氟超标和苦咸水问题，群众的获得感、幸福感显著增强。在河北，八成以上饮水型氟超标人口通过南水北调工程调水置换水源彻底解决饮水问题；在新疆南疆，380 万农村群众通过脱贫攻坚喝上甘甜的幸福水。墨玉县古稀老人伊敏·吐尔逊回忆说，自己喝过三种水：40 年涝坝水，20 年地下水，现在则是通到家里的自来水。

新疆大石峡水利枢纽工程是国家节水供水重大水利工程，该工程于 2019 年 11 月开工，主要建设内容为挡水坝、溢洪道、泄洪排沙洞、引水发电系统等。工程完工后将有助于改善塔里木河流域生态环境，促进南疆经济社会发展。图为 2020 年 10 月 18 日拍摄的新疆大石峡水利枢纽工程施工现场（无人机照片）。

新华社记者　胡虎虎/摄

开展挂牌督战攻克最后堡垒。脱贫攻坚工作艰苦卓绝，收官之年又遭遇新冠肺炎疫情影响。2020 年 3 月，习近平总书记在决战决胜脱贫攻坚座谈会上强调，对 52 个未摘帽贫困县和 1 113 个贫困村实施挂牌督战，国务院扶贫开发领导小组要较真碰硬"督"，各省区市要凝心聚力"战"，啃下最后的硬骨头。各级水利部门通过"拉网式"排查，摸清了底数。截至 2018 年年底，全国还有大约 104 万贫困人口饮水安全问题没有解决，全国农村还有 6 000 万人饮水安全需要巩固提升。而新疆伽师县和四川凉山州是最后最难啃的硬骨头。"无论这块硬骨头有多硬都必须啃下，无论这场攻坚战有多难打都必须打赢，全面小康路上不能忘记每一个民族、每一个家庭。"各级水利部门牢记习近平总书记的嘱托，从 2020 年 3 月起，抽调 400 余人，对新疆伽师县和四川凉山州开展挂牌督战，问实情、查水源、核整改，推动相关工作跑出加速度。新疆伽师县创造了 3 年工程 8 个月完成的奇迹，47.5 万各族群众喝上安全水、幸福水。凉山州布拖县火烈乡菲土村村委会主任伟什扯拉高兴地说，农村饮水问题的解决，不仅改善了村民的生活用水条件，而且改变了村民的思想观念。"十三五"期间，我国累计巩固提升了 2.7 亿农村人口供水保障水平，解决了 1 710 万贫困人口饮水安全问题，彻底改变了农村为吃水发愁、缺水找水的历史。

二、坚持精准施策、加大投入，夯实水利基础设施

新中国成立以来，我们党领导全国人民开展了波澜壮阔的治水兴水事业，取得了伟大成就。但是受历史、自然条件制约，中西部地区水资源开发难度大，水生态环境脆弱，水利基础设施薄弱，供水保障能力较低，水旱灾害频发，一定程度上制约了当地经济社会发展。习近平总书记高度重视水利工作，2014 年 3 月在听取水安全保障工作汇报时强调，要坚持"节水优先、空间均衡、系统治理、两手发力"治水思路，为新时代解决新老水问题、保障水安全提供了根本遵循。2015 年 2 月，习近平总书记在陕甘宁革命老区脱贫致富座谈会上强调，要把基础设施建设放在重要位置，加快水利、能源、通信、市场等建设，从根本上改善生产生活条件。2021 年 5 月，习近平总书记在推进南水北调后续工程高质量发展座谈会上指出，进入新发展阶段、贯彻新发展理念、构建新发展格局，形成全国统一大市场和畅通的国内大循环，促进南北方协调发展，需要水资源的有力支撑。党的十八大以来，各级水利部门发挥行业优势，挖掘潜力，精准施策，加大投入，全力推动水利基础设施建设。

坚持因地制宜，着力提升供水保障能力。从西北大漠到西南山区，在很多地方，水是制约发展的瓶颈。2012 年 12 月底，习近平总书记在河北阜平县考察扶贫开发工作时指出，各项扶持政策要进一步向革命老区、贫困地区倾斜，国家大型项目、重点工程、新兴产业在符合条件的情况下优先向贫困地区安排。2014 年，党中央、国务院作出加快推进 172 项节水供水重大水利工程的决策部署，其中 70%的工程位于贫困地区。"十三五"期间，贫困地区新增供水能力 181 亿立方米，越来越多的老百姓"因水致富"。陇中干旱地区是甘肃省贫困人口最多、贫困程度最深的地区，拔穷根的关键在水。2013 年 2 月，习近平总书记考察引洮供水一期工程时指出，"尊重科学、审慎决策、精心施工，把这项惠及甘肃几百万人民群众的圆梦工程、民生工程切实搞好"。2020 年 1 月，引洮供水一期工程建成并顺利通过验收，彻底解决了甘肃中部 4 市 8 县严重干旱缺水地区 328 万人饮水和近 30 万亩农田灌溉问题。随着洮洇的洮河水流淌到定西市安定区，15 个乡镇配套了农用水渠和管道，昔日“种一坡、收一车”的荒山秃岭，变成了“菜满地、薯满坡”的绿色梯田。

坚持改造为主，着力解决农田灌排问题。我国大中型灌区大部分建于 20 世纪 50—70 年代，经过几十年运行，一些设施老化失修严重“带病”运行，灌排能力下降，特别是“最后一公里”问题突出，效益难以正常发挥。发展产业，水是命根子。各级水利部门坚持改造为主，统筹解决贫困地区灌溉水源、农田灌排骨干和田间工程“最后一公里”问题。“十三五”期间，贫困地区累计新增、改善农田有效灌溉面积 8 029 万亩，许多地方改变了因缺水而造成的贫困面貌。湖南省宜章县天塘镇台霄村村委会主任袁远牛说：“以前一到汛期，农田里的作物都泡在水里，很多农田几乎颗粒无收，损失惨重。”如今该村经过灌排设施配套改造，建成高标准农田 944 亩，土地综合效益显著增加，村民收入也跟着显著提高。

三峡工程是迄今为止世界上规模最大的水利枢纽工程。三峡工程运行持续保持良好状态，防洪、发电、航运、水资源利用等综合效益全面发挥。图为 2020 年 8 月 19 日，长江三峡水利枢纽工程开启泄洪深孔泄洪。 新华社记者 肖艺九/摄

坚持防治结合，做好水旱灾害防御工作。水安则民安，民安则国昌。2016 年 7 月，习近平总书记在河北唐山市考察时指出，防灾减灾救灾事关人民生命财产安全，事关社会和谐稳定，是衡量执政党领导力、检验政府执行力、评判国家动员力、体现民族凝聚力的一个重要方面。我国自然灾害频发，根治因灾致贫、防止因灾返贫是守住脱贫攻坚成果、让人民安居乐业的关键之举。“十三五”期间，各级水利部门从防汛抗旱责任落实、监测预报预警、避险撤离转移、防洪工程调度、山洪灾害防御、险情巡查抢护、应急补水调水等方面强化防汛抗旱工作，共支持贫困县建设抗旱应急备用井 1 020 眼、引调提水工程 680 处；对 56 座大中型水库和 3 883 座小型水库进行除险加固；开展中小河流治理项目 2 484 个，治理河长 1.7 万公里；安排实施 258 条重点山洪沟防洪治理。这些措施有力保障了群众生命财产安全和供水安全。2020 年，我国多地出现暴雨洪涝和干旱缺水等灾害，部分贫困地区群众因灾返贫、因灾致贫的风险加大。各地水利部门全力以赴做好水旱灾害防御工作，发挥工程作用，为如期夺取脱贫攻坚全面胜利提供了重要保障。

三、坚持发挥水利工程促就业稳增收保民生作用

习近平总书记指出，不断提高人民生活质量和水平，是我们一切工作的出发点和落脚点，也是全面建成小康社会的根本目的。水利既可为产业发展、促进增收提供基础条件，本身也具有发展产业、促进就业的优势。各级水利部门充分发挥水利工程带扶贫的独特作用，在水利基础设施建设与助推贫困人口脱贫“结合”上挖掘潜力、做足文章，让贫困百姓“借水”发展产业、实现就业、稳定增收。

图为甘肃省庄浪县梯田，总面积 18 平方公里，经过 30 多年水土流失治理，目前治理程度达到 86%，被国内外专家喻为“镶嵌在黄土高原上一颗璀璨的明珠”。 水利部供图

加强水土保持生态治理，助推贫困人口脱贫。贫困地区绝大多数属于水土流失严重区域。各级水利部门坚持生态优先、绿色发展，坚持山水林田湖草沙系统治理，大力实施小流域综合治理、坡耕地综合整治、病险淤地坝除险加固、东北黑土区侵蚀沟治理和黄土高原塬面保护等国家水土保持重点工程。“十三五”期间，贫困地区累计完成坡耕地治理面积 460 万亩，治理水土流失面积 6.35 万平方公里。有 646 个贫困县每年超过 100 万名群众从水土流失治理中受益，过去跑水、跑土、跑肥的“三跑田”变成了保水、保土、保肥的“三保田”，实现了整治一块水土、种植一片林果、扶持一方群众的多重效应。贵州省黔西县新法村以前石漠化较为严重，

经济发展滞后，曾是黔西县深度贫困村之一。如今，通过实施坡耕地水土流失综合治理，使原来零星的土地连片成块，通过“公司＋合作社＋农户”的模式，大力发展抗旱能力强的头花蓼中药材产业，一举实现整村脱贫。

实施农村水电扶贫工程，促进贫困人口增收。一些贫困地区水能资源丰富，是实施产业扶贫的有利条件。“十三五”期间，国家支持部分地区实施农村水电扶贫工程，将中央预算内资金投入形成的资产收益量化给贫困村和贫困户，建立“国家引导、市场运作、贫困户持续受益”的扶贫模式，解决贫困户兜底保障问题。2016 年以来，安排中央补助投资 23 亿元，共新增或改善农村水电装机容量 71.9 万千瓦。扶贫电站收益主要用于直接补助贫困户，共有 9.8 万多户建档立卡贫困户受益；其余收益用于改善贫困村基础设施建设。同时农村水电扶贫工程产业链长，既增加建材、机电设备需求，又增加就业机会，促进家电下乡，繁荣了农村市场。

落实水利劳务扶贫政策，帮助贫困人口就近就业。习近平总书记强调，要支持贫困地区农民在本地或外出务工、创业，这是短期内增收最直接见效的办法。脱贫攻坚，资金投入是保障。据研究机构分析，水利工程每投资 1 000 亿元，可以带动 GDP 增长 0.15 个百分点，可新增就业岗位 49 万个。贫困地区巨大的水利投入带来显著的民生效益，2017 年以来，累计安排 108 万人实现就业，人均增收 1 万元左右。山西省在 58 个贫困县组建农田水利和水土保持工程建设专业队伍，吸纳贫困人口参与工程建设。江西省通过“公益岗位＋贫困户”模式，为无就业、无致富产业“双无”贫困户劳动力提供河道保洁员公益岗位。2020 年因受新冠肺炎疫情影响，很多依赖打工收入的农民工没法去城市、工地打工，生活面临困难。水利工程迅速复工复产，积极吸纳当地劳动力就业。因能加入青海省那棱格勒河水利枢纽工程劳务队，海西州格尔木市柴开村牧民妥正福高兴地说：“收到那河项目部招工的通知，我就放心地来了，每天有 200 多块钱的收入，离家还近，真是太好了!”这样的举措，不仅畅通了贫困劳动力外出务工之路，也稳住了贫困家庭脱贫的信心。

四、坚持把培养建设基层水利人才队伍作为重要支撑

全面建成小康社会，关键在人，在人的观念、能力、干劲。习近平总书记指出，办好中国的事情，关键在党，关键在人，关键在人才，并强调要鼓励引导人才向边远贫困地区、边疆民族地区、革命老区和基层一线流动。这几年，各级水利部门把人才队伍建设作为水利工作的重要内容和优先领域，推进人才帮扶、教育培训、干部培养、能力提升，探索走出了一条水利人才队伍建设培养的新路子。

创新人才培养模式。针对青海涉藏州县水利基层人才队伍建设存在专业人才短缺，引不进、留不住、提升难等问题，探索推广“订单式”人才培养模式。“订单式”培养模式，打通了本土人才通过专业化培养服务当地水利建设的通道，确保学生回生源地就业，有效解决了“引不进、留不住、用不上”的问题。在青海经验的基础上，指导推动广西、湖南、湖北等地开展基层水利人才“订单式”培养，目前规模达到 3 000 多人。2020 年青海玉树“订单式”水利人才培养案例在世界银行等 7 家国际组织开展的“全球减贫案例有奖征集活动”中荣获最佳减贫案例。

实施“组团式”帮扶。针对西藏阿里、那曲地区水利扶贫建设任务繁重，“有项目无人才”的突出问题，量身定制了“行业统筹、精准选派、组团援助”的人才帮扶新模式，每年从水利部所属单位选派 30 名左右不同领域专家，赴阿里、那曲工作 3 个月左右，指导当地制定水利业务制度 120 余项，集中攻坚了一批制约当地水利发展的关键性技术和管理难题，带动培养了一批当地专业技术干部。近几年，先后推动在滇桂黔石漠化片区和重庆、新疆、西藏、青海等地成立区域“组团式”援派工作组，集中力量、集中时间解决贫困地区重大水利项目推进过程中的“卡脖子”问题。

提升人员素质能力。贫困地区水利人才学历低、技术水平低、非专业人员占比高“两低一高”问题突出。各级水利部门改变过去“普惠式”教育培训模式，把教育培训落在急需解决的重点问题和重点对象上，采取水利部示范班和部省联合办班方式，累计培训县（市）水利局局长和乡镇水利站所长 2.2 万余名，为 1 100 多名干部免费开通网络学习账号，协调推动 1 600 名干部到水利院校参加学历提升教育，专题培训贫困地区水利干部 9 300 多人次。同时，通过下派上挂干部实施传帮带，党的十八大以来共选派 209 名干部到脱贫攻坚一线挂职扶贫，接收 330 余名贫困地区干部到部机关、部属单位交流学习锻炼。

当前，全面建成小康社会取得伟大历史性成就，脱贫攻坚战取得全面胜利，全面建设社会主义现代化国家新征程顺利开启。站在“两个一百年”奋斗目标的历史交汇点上，水利工作将立足新发展阶段，贯彻新发展理念，构建新发展格局，为实现高质量发展贡献更多力量，以优异成绩迎接中国共产党成

立100周年！　　（来源：《求是》2021年第12期）

党领导新中国水利事业的历史经验与启示

中共水利部党组

中国共产党领导下的治水历史是中国共产党百年历史的重要组成部分。不论是革命、建设、改革时期，还是新时代，党领导下的水利事业始终坚持以人民为中心，始终以服务保障国民经济和社会发展为使命，适应我国国情水情特点，适应各个时期国家中心工作需要，不断优化调整治水方针思路和主要任务，革故鼎新、攻坚克难，以治水成效支撑了中华民族从站起来、富起来到强起来的历史性飞跃。

一、党领导下水利事业的辉煌成就

党领导下的百年治水史大体上可以划分为四个历史时期：新民主主义革命时期、社会主义革命和建设时期、改革开放和社会主义现代化建设新时期、中国特色社会主义新时代。历经四个时期的不懈努力和艰苦奋斗，党领导下的水利事业发生了翻天覆地的变化，取得了历史性成就。

（一）新民主主义革命时期

这一时期，党领导我国的革命事业从“星星之火”发展成“燎原之势”，在江西瑞金、陕西延安，党领导建立了革命政权，开始有组织有计划地发展红色根据地的水利事业，极大地促进了农业生产连年丰收，有效解决了广大军民的粮食问题，为根据地建设、红色政权巩固和革命事业发展作出了巨大贡献。

在中央苏区，党和苏维埃政府就对水利工作非常重视。1931年，中华苏维埃共和国临时中央政府成立，在中央土地人民委员部专门设立山林水利局，这是中国共产党领导建立的第一个负责水利建设事业的机构。从此，苏区的山林水利工作朝着有计划有规模的方向发展。临时中央政府先后颁布《中华苏维埃共和国土地法》《山林保护条例》《怎样分配水利》等法律和条例，合理分配山林水利资源，促进水利和农业的发展。《中华苏维埃共和国地方苏维埃组织法》规定从乡至省均设立水利机构，“管理陂圳、河堤、池塘的修筑与开发，水车的修理和添置，山林的种植、培育、保护与开垦等”。这一时期，毛泽东首次提出著名的“水利是农业的命脉”科学论断，亲自带领区乡政府干部，勘山察水寻找水源，修筑水陂水圳，开挖水井。苏区干部身体力行，带动广大军民开渠筑坝，打井抗旱，车水润田，解决了许多水利问题。

延安十三年，党领导下的水利事业迅猛发展。1937年陕甘宁边区政府成立后，治水问题被提上议事日程，水利工作从一家一户的传统模式转变为政府有组织地推进水利工程建设。1939年《陕甘宁边区抗战时期施政纲领》规定，“开垦荒地，兴修水利，改良耕种，增加农业生产，组织春耕秋收运动”。边区政府每年制定年度经济建设计划都强调，要“广泛发展水利”“多修水利”“把修水利作为重要工作之一”。特别是随着大生产运动进入高潮，水利工程规模从小微化向适应生产力发展要求的小中型方向转变，极大地促进了农业生产发展。各级党委政府在非常困难的情况下，拨出专款修建水利工程，大力倡办民间小型水利，建成延安裴庄渠（幸福渠）、子长渠、靖边杨桥畔渠、绥德绥惠渠等一批重点水利工程和数量众多的小型水利工程。南泥湾从荒无人烟的“烂泥湾”开发成陕北的“好江南”，水利建设发挥了关键作用。得益于兴修水利，边区水利灌溉的耕地面积、粮食产量迅速增加，水浇地从1937年801亩增加到1943年 41 109亩，粮食产量由100万石左右增加到200万石以上，边区军民基本实现丰衣足食。1946—1949年解放战争期间，山东解放区与冀鲁豫解放区的人民在党的正确领导下，克服困难，修复黄河堤防，组织防汛，开启了“人民治黄”新篇章。

（二）社会主义革命和建设时期

这一时期，面对严重的水旱灾害和日益增大的粮食生产压力，党领导全国人民开展了轰轰烈烈的“兴修水利大会战”，建成一大批防洪灌溉基础设施，有力支撑了国民经济的恢复和发展。

新中国成立之初，面对水利残缺不全、江河泛滥成灾的落后局面，治理水旱灾害，保障人民生命财产安全、恢复农业生产，成为摆在党和政府面前十分紧迫而艰巨的任务。1949年9月，中国人民政治协商会议第一届全体会议把兴修水利、防洪抗旱、疏浚河流等写入《中国人民政治协商会议共同纲领》。1957年党中央、国务院对水利建设提出“必须切实贯彻执行小型为主，中型为辅，必要和可能的条件下兴修大型工程”方针。这一时期，水利工作的重点是防洪排涝、整治河道、恢复灌区。1949年和1950年，淮河接连发生流域性洪水，中央人民政府发布《关于治理淮河的决定》，明确“蓄泄兼筹”治淮方针，这是新中国成立后中央政府就大江大河治理作出的第一个决定。1951年，毛泽东发出“一定要把淮河修好”的号召，把大规模治淮推向高潮。1950年，我国在黄河下游实施大堤加培工程，每年投入劳力20万到25万人，宽河固堤，废除民埝，

扩大河道排洪能力。1952 年，毛泽东视察黄河时指出“要把黄河的事情办好”，由此掀起大规模治理黄河的高潮。“万里长江，险在荆江。”1952 年中央人民政府作出《关于荆江分洪工程的决定》，开启了荆江治理的大幕，毛泽东指出，要“为广大人民的利益，争取荆江分洪工程的胜利”。1953 年，荆江分洪工程全面建成，并于 1954 年首次运用，为有效抵御长江出现的流域性特大洪水发挥了重要作用。为根治汉江下游洪水泛滥成灾的隐患，1956 年，我国建成杜家台分洪工程，大大提升了汉水下游的防洪能力。此外，各级政府积极引导开展中小型水利设施建设，依靠群众广泛兴修农田水利，全国灌溉面积发展到 4 亿亩。

“大跃进”和国民经济调整时期，是党对中国社会主义建设道路艰辛探索的十年，农田水利建设等开始布局。在党中央《1956 年到 1967 年全国农业发展纲要（修正草案）》的鼓舞下，农村率先大搞水利建设。1958 年《中共中央关于水利工作的指示》明确提出水利建设“以小型工程为主、以蓄水为主、以社队自办为主”的“三主”建设方针，成为“大跃进”时期水利建设的发展方略。1960 年，党和国家实行“调整、巩固、充实、提高”方针，水利工作提出了“发扬大寨精神，大搞小型，全面配套，狠抓管理，更好地为农业增产服务”的“大、小、全、管、好”工作方针。全国性规模空前的群众性水利建设运动取得很大成绩，新中国水利建设史上许多重大工程，如丹江口水利枢纽、青铜峡水利枢纽、刘家峡水利枢纽、北京密云水库等，都是在这一时期开工建设的。约上亿劳动力投身水利建设，共修建九百多座大中型水库，农田灌溉面积达 5 亿亩。

“文化大革命”期间，在党和人民的共同努力下，包括水利在内的各项工作在艰难中取得重要进展。在“农业学大寨”和“以粮为纲”精神带动下，水利建设继续贯彻“三主”建设方针和“大、小、全、管、好”工作方针，治水规模扩大、投入增加。水利建设在三线建设中成果显著，甘肃刘家峡水利枢纽、湖北丹江口水库建成投产，葛洲坝水电站开工建设。全国范围大规模的农田水利建设广泛开展，治水和改土相结合，山、水、田、林、路综合治理，旱涝保收、高产稳产农田建设取得很大成绩，农田灌溉面积增加到 6.7 亿亩。

（三）改革开放和社会主义现代化建设新时期

这一时期，我国经历了从计划经济向市场经济体制的伟大转型，水利战略地位不断强化，从支撑农业发展向支撑整个国民经济发展转变，可持续水利、民生水利得到重视和发展，水利事业取得长足进步。

改革开放初期，我国逐步明确了“加强经营管理，讲究经济效益”的水利工作方针，确立了“全面服务，转轨变型”的水利改革方向，提出以“两个支柱（调整水费和开展多种经营）、一把钥匙（实行不同形式的经济责任制）”作为加强水利管理、提高工程经济效益的中心环节，农村水利、水价、水库移民等领域探索出台改革措施。1985 年，国务院发布《水利工程水费核订、计收和管理办法》，标志着水利工程从无偿供水转变为有偿供水。1986 年，国务院办公厅转发水利电力部《关于抓紧处理水库移民问题的报告》，明确开发性移民的方向。1988 年《中华人民共和国水法》颁布实施，这是新中国成立以来第一部水的基本法，标志着我国水利事业开始走上法治轨道。

20 世纪 90 年代，随着我国向市场经济体制转型，水资源的经济资源属性日益凸显，水利对整个国民经济发展的支撑作用越来越明显。1991 年，国家“八五”计划提出，要把水利作为国民经济的基础产业，放在重要战略位置。1995 年，党的十四届五中全会强调，把水利摆在国民经济基础设施建设的首位。在建设市场经济大背景下，水利投资由国家投资、农民投劳的单一模式转变为中央、地方、集体、个人多元化共同投入，水利投入不足矛盾得到一定程度缓解。这一时期，大江大河治理明显加快，长江三峡、黄河小浪底、万家寨等重点工程相继开工建设，治淮、治太、洞庭湖治理工程等取得重大进展，农田水利建设蓬勃发展，新增灌溉面积 8 000 多万亩。依法治水加快推进，《中华人民共和国水土保持法》《淮河流域水污染防治暂行条例》相继颁布施行。

世纪之交，我国进入全面建设小康社会、加快推进社会主义现代化建设的关键时期，经济社会发生深刻变化，水利发展进入传统水利向现代水利加快转变的重要时期。1998 年，党的十五届三中全会提出，“水利建设要实行兴利除害结合，开源节流并重，防洪抗旱并举”的水利工作方针。2000 年，党的十五届五中全会把水资源同粮食、石油一起作为国家重要战略资源，提高到可持续发展的高度予以重视。2011 年，中央一号文件聚焦水利，中央水利工作会议召开，强调要走出一条中国特色水利现代化道路。这一时期，水利投入快速增长，水利基础设施建设大规模开展，南水北调东线、中线工程相继开工，新一轮治淮拉开帷幕，农村饮水安全保障工程全面推进。水利改革向纵深推进，水务一体化取得重要进展，东阳义乌水权协议开启我国水权交易的先河，农业水价综合改革试点实施。

（四）中国特色社会主义新时代

习近平总书记高度重视治水工作。党的十八大以来，习近平总书记专门就保障国家水安全发表重要讲话并提出“节水优先、空间均衡、系统治理、两手发力”治水思路，为水利改革发展提供了根本遵循和行动指南。习近平总书记多次赴长江沿线考察，就推动长江经济带发展召开座谈会，推动沿江省市共抓大保护、不搞大开发。习近平总书记多次考察黄河，主持召开黄河流域生态保护和高质量发展座谈会，强调“让黄河成为造福人民的幸福河”。2021 年，习近平总书记在河南省南阳市主持召开推进南水北调后续工程高质量发展座谈会，为推进南水北调后续工程高质量发展指明了方向，提供了根本遵循。习近平总书记还亲自考察了安徽淮河治理、吉林查干湖南湖生态保护、昆明滇池保护治理和水质改善情况，以及三峡工程等“国之重器”发挥作用情况。

全新的治水思路引领水利改革发展步入快车道。在水利建设方面，三峡工程持续发挥巨大综合效益，南水北调东线、中线一期工程先后通水，淮河出山店、西江大藤峡、河湖水系连通、大型灌区续建配套、农村饮水安全保障工程等加快建设，进一步完善了江河流域防洪体系，优化了水资源配置格局，筑牢了国计民生根基。2014 年国务院确定 172 项节水供水重大水利工程建设，2020 年国务院部署推进 150 项重大水利工程建设，水利投资为经济高质量发展注入强劲动能，水利工程促就业稳增长保民生作用凸显。在水利改革方面，最严格水资源管理制度全面建立，从宏观到微观的水资源管控体系基本建成，水资源刚性约束作用明显增强；2014 年全国水权改革试点启动，2016 年国务院办公厅印发《关于推进农业水价综合改革的意见》，水权水价水市场改革深入推进；水利投融资机制改革取得积极进展，投融资规模创历史新高，结构更趋合理；《中华人民共和国长江保护法》颁布实施，开启了流域管理有法可依的崭新局面。

这一时期，党领导统筹推进水灾害防治、水资源节约、水生态保护修复、水环境治理，解决了许多长期想解决而没有解决的水问题。我国水旱灾害防御能力持续提升，有效应对 1998 年以来最严重汛情，科学抗御长江、淮河、太湖流域多次大洪水、特大洪水；农村贫困人口饮水安全问题全面解决，83%以上农村人口用上安全放心的自来水，农村为吃水发愁、缺水找水的历史宣告终结；华北地区地下水超采综合治理全面实施，“节”“控”“调”“管”多措并举，地下水水位下降趋势得到有效遏制；河长制湖长制全面建立，上百万名党政领导干部参加到江河治理中，河湖面貌焕然一新。

历经百年，党领导下的水利事业成就辉煌、举世瞩目。在防洪减灾方面，基本建成以堤防为基础、江河控制性工程为骨干、蓄滞洪区为主要手段、工程措施与非工程措施相结合的防洪减灾体系，洪涝和干旱灾害年均损失率分别降低到 0.28%、0.05%，水旱灾害防御能力明显增强。在水资源配置方面，以跨流域调水工程、区域水资源配置工程和重点水源工程为框架的“四横三纵、南北调配、东西互济”的水资源配置格局初步形成，全国水利工程供水能力超过 8 700 亿立方米，城乡供水保障能力显著提升，全国农村集中供水率达到 88%。在农田水利方面，全国农田有效灌溉面积增加到 10.3 亿亩，有力保障了国家粮食安全。在水生态保护方面，地下水超采综合治理、河湖生态补水、水土流失防治等水生态保护修复工程扎实推进，水生态环境面貌呈现持续向好态势。在水利管理方面，初步形成以水法为核心的水法规体系，基本形成统一管理与专业管理相结合、流域管理与行政区域管理相结合以及中央与地方分级管理的水利管理体制机制，依法治水、科学治水更加有力。在水利改革方面，水权水市场制度建设、水价改革、水利工程建设管理等领域的改革深入推进，成效显现。在水利科技方面，科技创新能力不断增强，科技进步贡献率达到 60%，在泥沙研究、坝工技术、水文监测预报预警、水资源配置等诸多领域处于国际领先水平。

二、党领导下治水的基本经验

中国共产党领导人民的治水经验弥足珍贵，对于推进新阶段水利高质量发展，开启全面建设社会主义现代化国家新征程具有重要意义。

（一）必须坚持党对水利工作的领导。水利是经济社会发展的基础性行业，是党和国家事业发展大局的重要组成部分。党中央历来高度重视水利工作，新中国成立后，党领导人民开展了气壮山河的水利建设，取得了巨大的治水兴水成就，一大批重大水利工程相继建成并发挥效益，为经济社会发展、人民安居乐业提供了重要保障。中国共产党领导是中国特色社会主义最本质的特征。只有在中国共产党领导和社会主义制度下，才能找到符合国情水情的治水兴水道路，确保水利工作始终沿着正确方向前进。

（二）必须坚持以人民为中心。为人民谋幸福、为民族谋复兴，是建党百年始终不渝的初心和使命，

也是党领导下治水事业不变的追求。人民就是江山，共产党打江山、守江山，守的是人民的心，为的是让人民过上好日子。我们必须坚持以人民为中心的发展思想，牢记水利行业为人民造福的历史使命，自觉站在人民立场，尊重人民的首创精神，下大力气解决人民群众最关心最直接最现实的涉水问题，以实实在在治水成效造福于民。

（三）必须坚持服务国家经济社会发展大局。水是生存之本、文明之源，是经济社会发展的重要支撑和基础保障。不同历史时期，针对国家宏观需求和面临的水问题，党领导确定了不同的治水方略和重点，但其共同点都是为经济社会发展创造稳定的环境和条件，服务经济社会发展大局，保障国家重大战略实施。进入新发展阶段、贯彻新发展理念、构建新发展格局，形成全国统一大市场和畅通的国内大循环，促进南北方协调发展，需要水资源的有力支撑。我们必须完整、准确、全面贯彻新发展理念，推动新阶段水利高质量发展，以提升水安全保障能力为目标，大力提高水旱灾害防御能力、水资源集约安全利用能力、水资源优化配置能力、大江大河大湖生态保护治理能力，更好支撑经济高质量发展和国家重大战略实施。

（四）必须坚持保障国家安全。建设防洪减灾工程，最大程度减少人员伤亡和财产损失，事关人民生命财产安全；兴修农田水利基础设施，把14亿多中国人的饭碗牢牢端在自己手中，事关粮食安全；提高城乡供水能力和用水效率，推动经济绿色发展，事关经济安全；大力推进水土流失、水生态治理，提升生态系统质量和稳定性，事关生态安全。习近平总书记创新性提出总体国家安全观，强调“水安全是涉及国家长治久安的大事”。我们必须站在全局高度认识国家安全，完善流域防洪工程体系，优化水资源配置战略格局，大力推进农田水利建设，提升水资源涵养修复能力，打破水资源的瓶颈制约，守护好国家水安全。

（五）必须坚持遵循自然规律。从革命年代党领导群众在中央苏区开展大规模的植树运动以保护和利用有限的水利资源，到秉持可持续发展理念治理水污染、修复水生态，再到新时代实行山水林田湖草系统治理，认识自然规律、遵循自然规律是党领导下治水事业的鲜明底色。习近平总书记强调，“要做到人与自然和谐，天人合一，不要试图征服老天爷”。我们必须坚持“人与自然是生命共同体”的理念，准确把握治水的规律性，落实“节水优先、空间均衡、系统治理、两手发力”治水思路，推动实现人水和谐共生。

（六）必须坚持问题导向。水资源时空分布极不均衡是我国的基本水情。针对不同历史时期面临的主要水问题，党领导下的治水方针和治水思路不断调整完善。习近平总书记反复强调，“要坚持问题导向，坚持底线思维，把问题作为研究制定政策的起点，把工作的着力点放在解决最突出的矛盾和问题上”。我们必须坚持问题导向，准确把握治水的阶段性特征，增强破解水利改革发展深层次矛盾和问题的能力和水平，统筹解决好新老“水问题”。

（七）必须坚持底线思维。自古以来，防汛抗旱减灾是治水的重大课题。建党百年以来，党领导下的治水事业始终秉持人民至上、生命至上的信念，始终将确保人民生命安全作为治水工作的底线。习近平总书记强调，要善于运用“底线思维”的方法，凡事从坏处准备，努力争取最好的结果，这样才能有备无患、遇事不慌，增强自信，牢牢把握主动权。我们必须坚持底线思维，增强忧患意识和风险意识，落实好“两个坚持、三个转变”防灾减灾救灾新理念，在工程建设和管理、水资源管理、水生态水环境治理中，对可能出现的极端情形进行科学分析研判，强化预报、预警、预演和预案措施，切实保障人民群众生命财产安全。

（八）必须坚持改革创新。纵观党领导下的治水史，以创新促改革、以改革促发展是永恒的主线。带有中国特色的河湖长制从地方探索实践到全面部署实施并发挥巨大作用，充分彰显出了制度创新的强大推动力。改革开放是决定当代中国命运的关键一招，改革开放只有进行时，没有完成时，创新是改革开放的生命。我们必须坚持把改革创新作为发展的根本动力，加强顶层设计，更加注重改革的系统性、整体性、协调性，打好改革“组合拳”，运用好政策创新“工具包”，通过改革创新推动新阶段水利高质量发展。

（九）必须坚持科技驱动。科技是发展的利器。从黄河4年3次断流到连续21年不断流，从研究黄河水沙关系到小浪底调水调沙取得成功，科技发挥了关键作用。“国之重器”三峡工程创造了一百多项世界之最，依托的是自强不息、科技创新。关键核心技术是要不来、买不来、讨不来的，只有把关键核心技术掌握在自己手中，才能从根本上保障国家经济安全、国防安全和其他安全。我们必须大力发展水利科技，坚定不移走自主创新之路，不断提升水利战略科技力量，加快破解涉水领域的关键问题和科技难题，构建智慧水利体系，为水利现代化建设提供科技支撑。

（十）必须坚持体制机制法治管理。建章立制，不仅是压实工作责任的重要做法，也是巩固工作成效的有力抓手。通过构建水法规制度和水资源管理、河湖管理、工程管理的体制机制，促进各方面制度更加成熟更加定型，才能实现水利精细化、规范化、法治化管理。依法治国是坚持和发展中国特色社会主义的本质要求和重要保障，推动水利高质量发展必须以健全的体制机制法治管理为保障，深入推进水利重点领域和关键环节改革，加快破解制约水利发展的体制机制障碍，进一步完善水法规体系，不断提升水利治理能力和水平，确保各项工作落地见效。（来源："学习强国"学习平台）

党在新中国成立后领导长江治理的历史经验与启示

中共水利部党组

长江是中华民族的母亲河，也是中华民族发展的重要支撑。长江流域水资源丰沛，"优"于水的同时也"忧"于水。自古以来，长江水患就是中华民族的心腹之患，长江两岸人民与洪水的斗争持续了数千年。新中国成立后，党中央把除害兴利、治水安邦放在十分重要的地位，领导人民治江事业取得了举世瞩目的辉煌成就。

一、新中国长江治理的发展历程

党在新中国领导长江治理的发展史，是一部带领中华儿女除水患、兴水利、促发展、惠民生的奋斗史，大致分为三个阶段：

（一）*起步与发展阶段*

1949 年，新中国成立在即，长江发生严重的洪水灾害。党中央、国务院密切关注影响国计民生的长江防洪问题，1950 年 2 月组建长江水利委员会（以下简称"长江委"），负责长江的治理开发保护工作。面对严峻的防洪形势，长江委 1951—1953 年研究提出了《关于治理长江计划基本方案的报告》，制定了治江三阶段计划，即第一阶段以培修加固堤防为主，适当扩大长江中下游安全泄量；第二阶段堤防结合运用蓄洪垦殖区，蓄纳超过河道安全泄量的超额洪水；第三阶段兴建山谷水库拦洪，达到降低长江水位为安全水位的目的。1954 年全流域性特大洪水过后，党中央、国务院部署长江流域规划工作；1958 年 3 月，周恩来总理在中央政治局成都会议上作了关于三峡水利枢纽和长江流域规划的报告；按照中央政治局批准的《中共中央关于三峡水利枢纽和长江流域规划的意见》，长江委编制完成 1959 年版《长江流域综合利用规划要点报告》，确定以长江中下游防洪为首要任务，提出以三峡水利枢纽工程为主体的五大开发计划，合理安排了江河治理和水资源综合利用、水土资源保持内容，注意协调了干支流和其他方面的关系，指导了一个时期长江水利建设，构想三峡工程、南水北调等远景规划，谋划长江治理宏伟蓝图。在 1972 年和 1980 年水电部主持召开的两次长江中下游防洪座谈会上，进一步明确了"蓄泄兼筹，以泄为主"的防洪治理方针和部署。其间，还开展了长江中游平原区防洪排涝方案研究，长江中下游防洪、河道整治等专项规划，为长江水利建设的发展作了大量基础准备。

新中国成立初期主要开展了长江堤防堵口复堤、荆江分洪工程等蓄洪垦殖工程建设，成功战胜 1954 年全流域性大洪水，开展大规模干支流堤防修复。在"大跃进"和"农业学大寨"期间，兴起了水利建设高潮，开工兴建了大量灌溉、供水为主的水库和灌区配套工程；建成了丹江口水利枢纽、鸭河口、白莲河、柘溪、漳河、陆水等一批大型水利水电工程，实施了下荆江裁弯工程。

1976 年 1 月，国务院环境保护领导小组和水利电力部联合批复成立长江流域水资源保护局，自此长江流域水资源保护工作全面启动。

（二）*改革与提升阶段*

改革开放以后，经济社会得到长足发展，长江治理开发和水资源综合利用也进入了快速发展的新阶段。规划体系不断完善，1990 年 9 月《长江流域综合利用规划简要报告（一九九〇年修订）》获国务院批准，开展了长江流域防洪规划、长江流域水资源综合规划、长江流域水资源保护规划、长江中下游干流河道治理规划、长江流域水土保持规划、南水北调规划等大量专业规划和专项规划。

1980 年长江中下游防洪座谈会后，加强了荆江大堤、南线大堤、武汉市堤、无为大堤、黄广大堤、同马大堤，及洞庭湖、鄱阳湖重点堤垸等重要堤防建设，建成了五强溪、隔河岩、凤滩、乌江渡等水利水电工程，开展了长江中下游干流河道治理，成功抗御 1998 年长江流域特大洪水。1998 年大洪水后，遵照党中央、国务院"封山植树、退耕还林；平垸行洪、退田还湖；以工代赈、移民建镇；加固干堤、疏浚河湖"的战略部署，完成了长江中下游干流堤防及汉江遥堤、赣抚大堤的全线达标建设，开展了长江中下游干流河道整治、城陵矶附近分洪 100 亿立方米蓄滞洪区、洞庭湖和鄱阳湖治理、重要支流堤防、平垸行洪退田还湖等建设，并实施了病险水库除险加固、中小河流治理、山洪灾害防治等，防洪能力显著提高。

1994年长江防洪的关键工程——三峡工程开工建设，2008年进入试验性蓄水期，具备按正常蓄水位175米运用条件，极大地改善了长江中下游防洪形势，同时发挥了发电、航运、供水等综合效益。2002年南水北调工程开工建设，2013年东线一期工程通水，2014年中线一期工程通水。一批关乎民生、对经济社会发展有重大影响的骨干工程加快建设，葛洲坝、二滩、瀑布沟、紫坪铺、构皮滩、水布垭、江垭、皂市等水利枢纽建成投产，开展了长江中下游航道建设和长江口深水航道治理。

同时，针对流域经济快速发展和人口不断增加产生的水污染、生态退化、水土流失等突出问题，我国的生态环境保护力度逐步加强，实施了三峡库区及其上游水污染防治规划、长江中下游水污染防治规划、天然林资源保护、长江防护林体系建设和退耕还林还草、退田还湖还湿、水土保持连片重点治理等措施，初步建立了基于水功能区管理的水资源保护和水污染防治体系，建立了长江上游珍稀特有鱼类、东洞庭湖、鄱阳湖、崇明东滩等多个国家级自然保护区

（三）高质量发展与保护阶段

党的十八大以来，习近平总书记提出了“节水优先、空间均衡、系统治理、两手发力”治水思路，作出了推进长江经济带发展的战略部署，强调长江共抓大保护、不搞大开发；生态优先、绿色发展。

《长江流域综合规划（2012—2030年）》获国务院批复，《长江经济带发展水利专项规划》《长江经济带沿江取水口排污口及应急水源布局规划》《长江经济带生态环境保护规划》《长江岸线保护和开发利用总体规划》等规划先后出台，开展了重要支流（湖泊）综合规划。

溪洛渡、向家坝、锦屏一级、亭子口等骨干水利水电工程投入运行，组织开展了长江中下游干流河道治理、洞庭湖鄱阳湖综合治理、蓄滞洪区建设，以及中小河流治理、山洪灾害防治、重点易涝区治理、小型病险水库加固等防洪薄弱环节建设，加快防汛抗旱指挥系统建设，完善水文监测站网体系。

引汉济渭、滇中引水、引江济淮、鄂北水资源配置及四川李家岩、贵州夹岩等一大批节水供水重大水利工程开工建设，加强了西南五省骨干水源工程建设，开展了大中型灌区续建配套与节水改造；完成了长江口深水航道治理三期工程，12.5米深水航道上延至南京。

水资源与水生态保护不断加强，开展了取水口排污口专项核查、最小下泄流量监管、丹江口水库水流产权确权试点工作；全面建立河（湖）长制，开展了河湖清四乱、长江干流岸线利用项目清理整顿、非法采砂专项整治等系列专项行动；在继续实施三峡库区、丹江口水库等重点区域水污染防治规划和天然林保护、长防林建设、水土流失重点治理等基础上，加强了主要城镇集中供水水源地的保护与建设、重要城市入河排污口优化布局与整治，强化了自然保护区等环境敏感区的建设与管理，实施了禁渔制度、过鱼设施建设、鱼类增殖放流等措施，开展了河湖健康评估试点、重要河湖生态水量调查评估、重要水源地安全保障达标评估、长江流域水生态及重点水域富营养化状况调查与评价、三峡水库生态调度试验、丹江口库区水土流失与面源污染生态阻控示范等。控制性水利水电工程综合调度及相关研究不断加强，长江上中游水库群联合调度已增至107座水库。

二、新中国长江治理的主要成就

70多年来，在党中央、国务院领导下，长江水患频仍的局面得到改观，流域防洪抗旱减灾、水资源综合利用、水资源与水环境保护、水生态保护与水土保持以及流域综合管理等方面取得显著成效，为流域经济社会发展和人民生活幸福安康提供了有力的水利支撑与保障。

一是防洪减灾体系基本建立。长江上游初步形成了由干支流水库、河道整治、堤防护岸等组成的防洪工程体系。长江中下游基本形成了以堤防为基础，三峡水库为骨干，其他干支流水库、蓄滞洪区、河道整治工程、平垸行洪、退田还湖等相配合的防洪工程体系。建成了三峡水库、丹江口水库等一大批流域控制性水利工程，长江流域建成的各类水利工程数量，远超此前的总和。干支流已建成水库5.2万座，总库容约4 140亿立方米，其中，大型水库300余座，总防洪库容约800亿立方米，堤防总长约6.4万公里。长江流域气象水文站网已基本控制流域降雨水情变化，流域水文气象自动测报系统、预报调度系统为防洪减灾提供了良好的技术支撑。与新中国成立时相比，长江流域年均受灾面积和受灾人口分别减少72%、33%。

二是水资源综合利用体系初步形成。基本形成以大中型骨干水库、引水、提水、调水工程为主体的水资源配置体系，供水安全保障程度全面提高。2020年，全流域供用水量约1 950亿立方米，流域水电装机容量约23.7万兆瓦。南水北调中线东线一期工程建成并向北方供水，南水北调中线一期工程目前已累计供水近400亿立方米，京津豫冀4省市7 500多万人喝上长江水。长江航运快速发展，航运条件得到显著改善，截至2020年年底，长江水系内

河航道通航里程约 9.65 万公里，长江干线货物运输量达 30.6 亿吨。

三是水资源与水生态环境保护体系逐步构建。初步建立了以水功能区管理为基础的水资源保护管理体系，基本建成了流域水环境监测网络，加强了水污染综合治理。2020 年干支流水质符合或优于Ⅲ类水河长占 98.1%，水质总体上保持良好状态。水生态环境治理修复工作成效初显，连续 11 年开展三峡水库生态调度试验，2021 年第二次试验期间宜都江段产卵量超过 70 亿粒，创历史新高。2013 年流域水土流失面积实现了由增到减的历史性转变，30 多年来，长江流域水土流失面积减少了 28.5 万平方公里，较 20 世纪 80 年代中期遥感调查流域水土流失面积下降了 45.82%。

四是流域综合管理体系不断加强。流域法治建设不断推进，《中华人民共和国长江保护法》全面实施，流域管理与区域管理相结合的水资源管理体制逐步完善，水资源统一管理和调度水平不断提升，2021 年纳入联合调度的水工程数量增至 107 座，其中控制性水库 47 座。以长江委“水利一张图”为有力支撑的信息化建设不断推进。水利规划体系不断完善，水行政审批制度改革不断深入，水行政执法监督逐步强化，涉水事务管理能力明显加强。

三、新中国长江治理的经验启示

没有中国共产党的坚强领导，没有中国特色社会主义制度集中力量办大事的优越性，就没有我国经济社会发展、国家治理能力和治理体系的不断完善，就没有今天举世瞩目的辉煌成就。三峡工程、南水北调工程等“国之重器”只有在社会主义新中国才能建设、才能建成、才能建好。

（一）党在新中国领导长江治理，彰显着中国共产党人的初心和使命

“水兴则邦兴，水安则民安。”治理好、保护好长江，不仅是长江流域 4 亿多人民的福祉所系，也关系到全国经济社会可持续发展大局。

早在 1934 年，毛泽东同志就作出了“水利是农业的命脉”这一著名论断，宣示了中国共产党力图通过加强水利建设来造福百姓的坚定信心。

新中国成立后，1949 年和 1954 年的长江特大洪水给长江中下游地区人民生命财产和国家建设造成重大损失。党和国家领导人把大江大河的治理纳入重要议事日程，毛泽东、周恩来等中央领导多次对长江治理作出重要批示指示，还实地考察长江水情，亲自决策和部署长江流域规划编制及丹江口、陆水、葛洲坝等重点水利工程建设，指导和参与有关三峡工程的规划、设计与论证。1953 年至 1958 年，毛泽东 6 次询问时任长江委主任的林一山三峡工程、南水北调等长江治理与水利建设问题，勾绘出“截断巫山云雨，高峡出平湖”“南方水多，北方水少，如有可能，借点水来也是可以的”伟大构想。为实现这一构想，在党中央、国务院的领导下，长江委从 20 世纪 50 年代就开始了前期勘探、设计和试验工作。

改革开放后，邓小平同志视察三峡库区和葛洲坝工程，1982 年，他对是否兴建三峡工程果断表态：“看准了就下决心，不要动摇！”1989 年，江泽民同志担任总书记不久，就到长江考察，在详细听取各方面的汇报后，将兴建三峡工程这一关乎国家经济建设大局的工作，提上了议事日程。三峡工程兴建后，胡锦涛同志到三峡考察。

党的十八大以来，习近平总书记多次亲临长江考察调研，主持召开座谈会并发表重要讲话，为推动长江经济带发展把脉、开方，赋予了长江经济带五“新”三“主”的战略使命。

党的几代领导人对长江治理的高度重视和关怀，充分体现了中国共产党的为民情怀，始终把人民群众的生命财产安全放在第一位。

（二）党在新中国领导长江治理，折射出中国特色社会主义制度的强大优势

长江治理众多成就中，三峡工程是一个杰出代表。1918 年，孙中山先生首次提出建设长江三峡工程的宏伟设想。中华人民共和国成立后，三峡工程作为党和国家的重大议事日程被重新提出。改革开放后，三峡工程进入实质性筹备和重新研究论证阶段。1992 年 4 月 3 日，第七届全国人民代表大会第五次会议关于兴建长江三峡工程的决议进行了表决，赞成票占全部票数的 67.1%，超过半数，在人民大会堂庄严通过。这是新中国成立以来由国家最高权力机关集体表决通过兴建的唯一工程。社会主义市场经济体制的建立，为三峡工程提供了高效率、高质量建设的沃土。1994 年 12 月，国务院决定正式开工建设三峡工程，并动员全国对口支援三峡工程库区移民。1997 年 11 月，三峡工程实现大江截流。2003 年 6 月，三峡工程正式开始蓄水发电。2020 年 11 月 1 日，三峡工程完成了整体竣工验收。

三峡工程是我国社会主义制度能够集中力量办大事优越性的典范。三峡工程的成功建成和运行，使几代中国人开发和利用三峡资源的梦想变为现实，成为改革开放以来我国发展的重要标志。

（三）党在新中国领导长江治理，体现了中国人民富于智慧和创造性

大江大河的治理开发是复杂的系统工程，为实施治标最终达到治本的目标，首先要作好流域规划。

几十年的实践证明，没有一个好的规划，没有随着情况的变化及时修订的规划，就不可能把长江治理好。1951—1953 年，在总结治江经验和近代各种治江主张的基础上，根据长江的实际和特点，长江委先后提出和完善了“以防洪为主”的治江三阶段计划。1959 年，编制完成《长江流域综合利用规划要点报告》，明确提出了以三峡水利枢纽工程为主体的五大开发计划，全面绘制了长江水利水电建设事业的宏伟蓝图，指导了 30 年的长江治理与开发。20 世纪 50 年代至 80 年代，长江委主持规划设计汉江丹江口、陆水等一批水利工程项目的同时，对三峡工程开展了大量的研究工作，于 1959 年提出了《三峡工程初步设计要点报告》。

三峡工程建设面临一系列前所未有的世界级难题，必须依靠中国自己的力量自主创新、攻坚克难。作为三峡工程的设计总成单位，长江委为实现“高峡出平湖”这个中华民族的百年梦想，数不清的论证，无数次的试验，仅一张枢纽布置图就设计、修改了 40 年……据不完全统计，自 1993 年开工以来，三峡工程获得了 20 多项国家科技奖励，200 多项省部级科技奖励和 700 余项专利，制定了 100 多项工程质量和技术方面标准。这些科技创新成果有力地促进了我国重大水利水电工程建设、机电设备制造安装、生态环境保护和信息技术应用等领域的科学发展和技术进步，让筑造“大国重器”的核心技术掌握在我们自己手中。

四、赓续伟业，再创辉煌

立足新发展阶段，贯彻新发展理念，构建新发展格局，推动长江治理高质量发展，必须贯彻落实习近平总书记关于长江经济带和南水北调后续工程高质量发展的重要讲话精神，积极推进建设安澜长江、坚持节水调水两手硬、统筹推进系统治理、持续推进水生态环境修复保护、弘扬长江水文化等工作。

一是要建设安澜长江。习近平总书记一直关心长江水灾害防治。2018 年 4 月，习近平总书记乘船考察长江时指出，水患仍是我们面对的最严重的自然灾害之一。要认真研究在实现“两个一百年”奋斗目标的进程中，防灾减灾的短板是什么，要拿出战略举措。2020 年 11 月 14 日，习近平总书记在南京召开的全面推动长江经济带发展座谈会上指出，要健全长江水灾害监测预警、灾害防治、应急救援体系，推进河道综合治理和堤岸加固，建设安澜长江。这就要求我们谋划好安澜长江顶层设计，加强防洪薄弱环节建设，不断完善防洪工程和非工程措施体系，提升防洪治理能力。

二是要坚持调水节水两手硬。习近平总书记指出，“北缺南丰”是我国水资源分布的显著特点。党和国家实施南水北调工程建设，就是要对水资源进行科学调剂，促进南北方均衡发展、可持续发展。要把实施南水北调工程同北方地区节约用水统筹起来，坚持调水、节水两手都要硬，一方面要提高向北调水能力，另一方面北方地区要从实际出发，坚持以水定城、以水定业，节约用水，不能随意扩大用水量。这就要求我们将节水作为水资源配置工程、水源工程等水利基础设施建设的先手棋，做到先节水后调水、先节水后用水，在强化节水的前提下，不断优化水资源配置格局，提升水资源配置能力，强化水资源刚性约束，严格实行水资源消耗总量和强度双控，加强节水定额管理，加快实现流域水资源节约高效利用。

三是要统筹推进系统治理。习近平总书记强调，要从生态系统整体性和流域系统性出发，追根溯源、系统治疗，防止头痛医头、脚痛医脚。他强调，要把修复长江生态环境摆在压倒性位置，构建综合治理新体系，统筹考虑水环境、水生态、水资源、水安全、水文化和岸线等多方面的有机联系，推进长江上中下游、江河湖库、左右岸、干支流协同治理，改善长江生态环境和水域生态功能，提升生态系统质量和稳定性。近年来，随着一系列专项整治行动开展，流域内乱挖、乱排、乱堆、乱占等生态环境突出问题得到有效遏制，流域生态环境修复全面转向了标本兼治，更加注重治本的新阶段。这就要求我们坚持流域视角，统筹水灾害、水资源、水环境、水生态“四水共治”，推进水域和岸线“水岸共治”。

四是要持续推进生态修复保护。习近平总书记强调，要严守生态红线，持续开展生态修复和环境污染治理工程，保持长江生态原真性和完整性。这对长江水生态环境保护和修复工作提出了新的更高的要求，要实现保持水生态系统原真性和完整性，这就要求我们全面排查摸清水生态环境本底情况，提出针对性的水生生物生境保护修复、水生生物物种和多样性保护对策，强化水生态空间管控，按照生命共同体理念，强化山水林田湖草系统治理。

五是要弘扬长江水文化。习近平总书记指出，长江造就了从巴山蜀水到江南水乡的千年文脉，是中华民族的代表性符号和中华文明的标志性象征，是涵养社会主义核心价值观的重要源泉。要把长江文化保护好、传承好、弘扬好，延续历史文脉，坚定文化自信。长江水文化是长江文化的重要组成部分，古代都江堰带来的人水和谐之美，“98 抗洪”凝聚的伟大抗洪精神等都是流域人民在推进水治理，战胜水患中留下的宝贵的文化遗产和精神财富。我们要普查流域水文化遗迹，摸清家底，做好顶层设计，挖掘精神内涵，不断弘扬长江水文化。

（来源："学习强国"学习平台）

中国共产党领导人民治理黄河的经验与启示

中共水利部党组

九曲黄河，奔腾万里，贯穿古今，滋养生灵万物，是中华民族的母亲之河。同时，黄河也曾是一条以善淤善决善徙、洪水灾害频发闻名于世的忧患之河。中华民族在发端发展过程中，既深得黄河哺育泽润之利，又饱受黄河洪水泛滥之苦。历代劳动人民与治河先贤为治理黄河水旱灾害进行了艰苦的实践探索，但由于黄河复杂难治且受生产力水平与社会制度制约，或因河政松懈废弛，或因治理措施顾此失彼，黄河为患的局面始终没有根本改观。

1946年，中国共产党领导的人民治黄事业在炮火硝烟中起步，开启了黄河治理的新纪元。70多年来，特别是中华人民共和国成立后，在党的高度重视和坚强领导下，沿黄军民团结一心、艰苦奋斗，创造了前无古人的光辉业绩，古老黄河发生沧桑巨变，从"中华之忧患"变为一条利民之河、安澜之河，成为中国粮仓丰廪的重要保障、国家能源安全的重要支撑、流域生态环境改善的重要依托，为世界大河保护与治理树立了典范。

人民治黄是中国共产党百年奋斗史中的光辉篇章，是党领导人民重整河山、改天换地的历史缩影，是"中国共产党为什么能、马克思主义为什么行、中国特色社会主义为什么好"的生动诠释与例证。

从70多年波澜壮阔的人民治黄实践中，我们得到的最根本、最关键的一条经验就是：必须始终坚持中国共产党的领导，必须紧紧依靠社会主义制度。

一是只有在中国共产党领导和社会主义制度下，才能彻底改写黄河频繁决口改道的历史，实现岁岁安澜。据史料统计，从公元前602年至1938年的2540年间，黄河下游决口 1 590余次，改道26次。据记载，1840年至1938年的99年间，有66年发生洪水灾害，每次洪水都导致大堤决口。封建社会战争和军阀混战时期，更是人为导致黄河决口12次。每次决口，水沙俱下、洪水肆虐、生灵涂炭、河渠淤塞、良田沙化，生态长期难以恢复。

人民治黄以来，党中央高度重视黄河水患治理。1952年毛泽东主席第一次出京视察就来到黄河，发出"要把黄河的事情办好"的伟大号召。邓小平、江泽民、胡锦涛等党和国家领导人都曾亲临黄河视察，对黄河治理开发作出重要指示。党的十八大以来，习近平总书记多次考察黄河。2019年9月，习近平总书记主持召开座谈会，从中华民族伟大复兴千秋大计的高度，擘画黄河流域生态保护和高质量发展重大国家战略，发出"让黄河成为造福人民的幸福河"的伟大号召。

70多年来，在党的坚强领导下，依靠社会主义制度的优越性，黄河防汛组织动员能力提高到前所未有的程度，形成了强大的军民联防合力。国家投入大量人力物力，全力改变防洪工程羸弱、隐患众多的局面，先后四次加高培厚堤防，持续开展河道整治，进行河口治理。加固堤防 1 300多千米，新建、改建、加固险工、控导500多处，修建坝垛14 000多道；建成了三门峡、小浪底、沁河河口村、伊河陆浑、洛河故县等干支流水库，开辟了北金堤、东平湖等分滞洪区，形成了"上拦下排、两岸分滞"的防洪工程体系。通过水库联合调度，可将黄河下游千年一遇洪水洪峰流量削减至 22 600立方米每秒，下游凌汛威胁基本解除。自2002年以来连年开展调水调沙，遏制了下游主河槽淤积抬高的步伐。新中国成立初期，流域各类水文站点仅有200余处。目前已建成雨量、水位、流量、水质等水文站点6 000多处，形成了布局合理、功能完善的监测站网；开展了"三条黄河"（原型黄河、数字黄河、模型黄河）建设，为黄河治理和防汛决策现代化提供了坚实支撑。

历史的对比最有说服力。1958年黄河下游发生22 300立方米每秒的有水文实测资料以来最大洪水，周恩来总理亲临一线指挥，200万军民顽强奋战，在未分洪的情况下战胜洪水。而1933年8月下游发生22 000立方米每秒的大洪水，两岸60多处决口，豫、鲁、冀、苏4省 6 592平方千米、273万人受灾；1935年发生 14 900立方米每秒的大洪水，造成鲁、苏两省 12 215平方千米、341万人受灾。党的十八大以来，面对极端天气突发性、反常性、不确定性日益明显的新挑战，流域各方积极践行"两个坚持、三个转变"防灾减灾救灾新理念，先后战胜了黄河干流15次编号洪水，确保了人民生命财产安全，为流域建成和巩固全面小康成果提供了有力保障。

人民治黄以来，依托黄河防洪减淤工程体系，以及科学调度和严密防守，先后12次战胜超过10 000立方米每秒的大洪水，两岸大堤安然无恙，黄河频繁决口改道的历史一去不再复返。

二是只有在中国共产党领导和社会主义制度下，才能有效应对流域大旱灾，保障两岸生产生活用水

安全。黄河流经干旱半干旱地区，属于资源性缺水河流。历史上流域旱灾频发，有“十年九旱”之说。“水灾一条线、旱灾一大片”，大旱导致大灾成为常态。1368年至1949年的582年间，有“人相食，饿殍盈野，死者枕藉”等记述的大旱灾61年，平均9.5年一遇。如1942年中原大旱，河南大部分地区夏秋两季庄稼绝收。据不完全统计，河南全省因灾饿死300万人，逃离家园300万人，濒于死亡等待救济者1 500万人。

新中国成立前，多数灌区设施简陋，工程不配套。技术手段落后加之下游是地上悬河，在大堤上开口子引黄，想都不敢想。新中国成立后，在社会主义制度下，在中国这样一个并不富裕的国度里，党领导人民开展了空前规模的水利基础设施建设。人民胜利渠在下游首开开闸取水先例，一大批引黄涵闸陆续建成投入使用。盐环定、景泰川等引黄提灌工程建成通水，极大缓解了沿河干旱地区缺水问题。黄河流域及下游引黄灌溉面积增长到新中国成立初期的10倍。新中国成立前，干流上没一座水库；新中国成立后，结束了无坝引水的历史。建成龙羊峡、刘家峡、小浪底等干流水利枢纽工程，总库容超过580亿立方米，流域内建成蓄水工程1.9万座，有效调节了水资源时空分布。1987年，国务院批准《黄河可供水量分配方案》，黄河成为我国大江大河首个进行全河水量分配的河流。1999年，国务院授权水利部黄河水利委员会对黄河水量实施干流水量统一调度，在我国大江大河中首开先河。2006年，国家层面第一次为黄河专门制定的行政法规——《黄河水量调度条例》颁布实施。防御旱灾的工程和非工程措施日益完备。

人民治黄以来，依靠制度优势、工程措施和科学调度，屡屡有效化解严重旱情。如2009年初黄河流域遭遇特大干旱，甘、晋、陕、豫、鲁等省累计受旱面积1.06亿亩，部分地区出现人畜饮水困难。抗旱期间，共调度黄河干流23.8亿立方米水量注入五省旱区，灌溉面积3 708万亩。这一年，河南省大旱之年夏粮产量创历史新高，山东省夏粮产量刷新2000年以来纪录。2010年至2011年间，晋、陕、豫、鲁四省出现秋冬春连旱，局部地区旱情超过百年一遇，通过21天的应急抗旱，向四省供水9.1亿立方米，河南省、山东省实现粮食连年增产丰收。在党的领导下，黄河水成为幸福水，泽被四方：保障了沿黄大中城市和能源基地的供水安全；解决了8 400多万农村人口饮水安全问题；实施了向天津、青岛等地跨流域调水，屡屡缓解用水紧张局面；水电资源得到有序开发，水电装机从300多千瓦增长到2 000多万千瓦。党的十八大以来，面对日趋尖锐的黄河水资源供需矛盾，习近平总书记明确要求，把水资源作为最大的刚性约束，坚持以水定城、以水定地、以水定人、以水定产，坚决抑制不合理用水需求。在各方努力下，水资源节约集约利用迈出关键步伐，当前黄河流域70%的项目通过节水改造和水权转让等解决用水指标，水资源的刚性约束作用逐步发挥。2021年5月，习近平总书记亲自主持召开推进南水北调后续工程高质量发展座谈会，对加快构建国家水网、科学推进实施调水工程进行周密部署。水资源集约节约利用的加快推进、水资源配置格局的顶层设计优化，为长远解决黄河水资源问题带来了新的契机。

通过几十年不懈努力，综合应用行政、法治、工程、科技等手段，黄河流域大旱之年“赤地千里、流民塞道”的历史惨景一去不再复返。黄河以占全国2%的河川径流量，养育了全国12%的人口，灌溉了15%的耕地，支撑了全国14%的国内生产总值，有力保障了流域及相关地区经济社会发展。

三是只有在中国共产党领导和社会主义制度下，才能着眼不同历史时期治黄主要矛盾的发展变化，将流域生态保护不断推向新高度。

黄河复杂难治，症结在于水少沙多，巨量的泥沙来自黄土高原。这里是我国乃至世界上水土流失面积最广、侵蚀强度最大的地区，多年平均入黄泥沙达16亿吨。据考证，古代黄土高原林地面积曾占总面积的40%至50%。春秋战国之后，森林开始遭到破坏，到唐宋时期破坏面积接近二分之一，到明清时期80%至90%的森林遭到毁灭性破坏，到1949年新中国成立时只剩下约6%。脆弱的生态环境、严重的水土流失，成为黄河泥沙为患的重要原因。

新中国成立后，黄土高原水土流失治理经历了由点到面、由单项治理到综合治理、由人工措施为主到更加注重自然修复的转变。通过淤地坝、坡改梯、小流域综合治理等措施，达到增产拦泥目的。特别是20世纪80年代初，推广“户包治理小流域”，开创了“千家万户治理千沟万壑”的崭新局面，在长期实践中涌现出“山顶植树造林戴帽子，山坡退耕种草披褂子，山腰兴修梯田系带子，沟底筑坝淤地穿靴子”等治理模式。1997年后，按照党中央“再造一个山川秀美的西北地区”的号召，更加注重生态建设和生态自我修复。黄河流域率先实施“退耕还林（草）、封山绿化、以粮代赈、个体承包”政策，在条件适宜地区因地制宜开展封育和保护，发挥植被自我修复能力。通过几代人的努力，锁定了对下游河道淤积影响最大的区域，为实施粗泥沙“靶向”治理提供了科学依据。党的十八大以后，生态文明思想、绿色发展理念引领山水林田湖草沙系统治理。以坡耕地整治、病险淤地坝除险加固和塬面保护等一系列国家水土保持重点工程为龙头，示范带动全面治理，“绿水青山”与“金山银山”相融相生，助力几百万人脱贫解困。

截至2018年年底，黄河流域累计保存水土保持措施面积近24万平方千米，建成5.9万多座淤地坝和大量小型蓄水保土工程，在2 000多条小流域开展了综合治理。水利水保措施年拦减入黄泥沙4.35亿吨，原来的跑水、跑土、跑肥的“三跑田”变成了保水、保土、保肥的“三保田”。水土保持措施累计增产粮食1.57亿吨，增产果品1.56亿吨。黄土高原地区生态环境总体改善，林草植被覆盖率普遍增加了10至30个百分点。昔日山光水蚀的黄土高原迈进山川秀美的新时代。

党领导下的黄河保护治理工作，既讲人定胜天，也讲人水和谐。特别是党的十八大以来，在习近平生态文明思想指引下，黄河生态调度“版图”不断扩展，首次开展全河生态调度，黄河的生态廊道功能得到增强，河口等生态脆弱区生态得到修复；实施引黄入冀补淀，助力雄安新区水城共融；向乌梁素海生态补水，助力打造北疆亮丽风景线；探索向库布齐沙漠生态补水，为沙漠“锁边”提供水资源保障；通过加强水资源刚性约束、“清四乱”等综合措施，还水于河、还地于河，河湖生态进一步复苏，生态环境质量显著改善。

四是只有在中国共产党领导和社会主义制度下，才能不断完善治河体制机制和方略，探索走出一条符合黄河实际的大河保护治理之路。

在中国几千年的治河历史上，虽也曾产生过一系列治河方略，但其存废兴替常系于统治者一念之间，完整的治河体系难以形成，治理措施多局限于下游一隅。黄河自铜瓦厢决口后，清政府相继裁撤南河和东河河道总督，形成分省而治的治河体制。由于社会动荡不安、战争连绵不断，黄河长期得不到统一治理。1929年，国民政府决定组建黄河水利委员会，统一河政的工作却久拖难行。李仪祉等治河先驱也曾提出上中下游并重，防洪、航运、灌溉、发电兼顾的治河方针，但抗日战争中大片国土沦陷，抗战胜利后国民党忙于发动内战，统一治理的设想终成泡影。

新中国成立后，党和国家把制定黄河治理规划列入治国理政的重要日程。1955年，一届全国人大二次会议通过第一部根治黄河水害、开发黄河水利规划，黄河进入有计划有步骤治理的新阶段。根据黄河出现的新情况新变化，国家相继批复实施黄河近期重点治理开发规划、黄河流域综合规划，不断优化治黄整体布局。黄河治理体制也由初期的分区治理走向联合治理，成立了全流域综合管理的流域管理机构，管理职能不断拓展，在上中下游都设立了分支机构。与规划要求相对应，逐步形成了“上拦下排、两岸分滞”处理洪水、“拦、调、排、放、挖”处理泥沙的综合治理方略。黄河下游的特殊区域——滩区的安全与发展问题也提上日程，从“废堤筑台”到滩区运用补偿再到滩区迁建，进而到滩区综合治理设想提出，治水治沙治滩实现统筹，防洪与滩区发展矛盾的解决不断迈出新步伐。

随着中华人民共和国水法、防洪法、水土保持法等国家层面涉水法律出台，黄河水量调度条例等涉河法规颁布实施，流域管理与区域管理相结合的管理体制日益健全。在防汛抗旱方面，形成了“统一指挥、部门协同、社会动员、军地联防、全民参与”的工作机制。在水资源管理方面，形成并强化了统一规划、统一分配、统一调度、统一管理的工作模式，建立了联合治污工作机制。水土保持方面，坚持统一规划、因地制宜、分区施策，形成了流域机构与地方协调联动的监督管理体系。党的十八大以来，在习近平新时代中国特色社会主义思想引领下，黄河保护治理实现更高层次、更优目标的统筹。习近平总书记亲自主持审议《黄河流域生态保护和高质量发展规划纲要》，对黄河保护治理进行宏伟战略布局；黄河保护立法加快推进，围绕“水”这条“线”和“流域”这个“面”，将确立黄河保护治理的一系列政策、机制、制度；河湖长制全面推开，为流域管理与区域管理协同提供了更有力的抓手。新时代，黄河治理体系和治理能力现代化全面驶入“快车道”。

70多年来，党中央的集中统一领导和社会主义制度将流域各方拧成一股绳，凝聚了团结治河合力。沿黄各级党委政府精诚合作、整体联动，确保了治黄重大决策部署落地生根；流域管理机构履职尽责、当好黄河代言人，不断加强流域管理与技术支撑；官兵不畏艰险、勇挑重担，在历次抗洪抢险救灾中发挥了中流砥柱作用。体制机制的力量与黄河实际相结合，走出了一条独特的河流保护治理之路，从根本上改变了黄河的面貌。

70多年来，每一个治黄纲领性文件的落地，每一个治黄重大工程的建成，每一次战胜大洪水大旱灾，无不是党中央统揽全局、科学决策的结果，无不是在党的领导下释放社会主义制度优势，紧紧依

靠人民群众，集中力量办大事的结果。纵观中华民族发展史，只有在中国共产党领导和社会主义制度下，才能找到符合国情水情河情的正确治河道路，才能从根本上改变黄河为患不止的局面，才能真正实现“黄河宁、天下平”的美好愿望。

中国共产党领导人民治黄的伟大实践还为我们提供了其他许多有益的经验和启示。

一是坚守人民立场，是人民治黄事业的价值原点和力量源泉。习近平总书记深刻指出，“我们党的百年历史，就是一部践行党的初心使命的历史，就是一部党与人民心连心、同呼吸、共命运的历史”。人民性是中国共产党领导下的治黄事业不同于历史上任何时期的最显著标识。一方面，党始终坚持为人民利益而奋斗。1946 年人民治黄事业创立之初，国民党当局急于让黄河回归故道、把洪水引向解放区，为了将黄泛区人民从水深火热中解脱出来，中共中央同意黄河归故，充分体现了中国共产党人的人民立场和民族大义。新中国成立后，从“要把黄河的事情办好”到“让黄河成为造福人民的幸福河”，从《关于根治黄河水害和开发黄河水利的综合规划的决议》到《黄河流域生态保护和高质量发展规划纲要》，我们党始终把实现好、维护好、发展好最广大人民的根本利益作为工作的出发点和落脚点。另一方面，党始终尊重人民的主体地位。封建社会少数统治者主导黄河治理，人民群众的主动性和创造性得不到发挥。1946 年人民治河机构成立后，解放区人民迸发出巨大创造热情，“拆小家、顾大家”，开展献砖献石运动，40 多万民工自带工具上堤劳动，初步恢复了黄河大堤防洪功能；新中国成立后，沿黄人民群众发扬主人翁精神，克服经济条件落后、施工工艺简陋等重重困难，肩扛手抬开展重大治黄工程建设。在历次战胜大洪水的过程中，几十万上百万群众召之即来，枕戈待旦，以血肉之躯确保了黄河安澜。实践昭示：人民是历史的创造者，必须始终站稳人民立场，把人民作为治黄事业的基本力量和基本依靠，坚持全心全意为人民服务的根本宗旨，践行以人民为中心的发展思想，矢志不渝为人民谋幸福。惟其如此，人民治黄事业才能不断从胜利走向胜利。

二是弘扬伟大建党精神，是激励人民治黄事业坚定向前的精神密码。习近平总书记深刻指出，“一百年来，中国共产党弘扬伟大建党精神，在长期奋斗中构建起中国共产党人的精神谱系，锤炼出鲜明的政治品格”。中国共产党领导下的人民治黄事业，在伟大建党精神的浸润和激励下一路走来，红色基因代代传，愈是艰险愈向前。在风雨如晦的战争年代，王化云等老一辈治黄工作者筚路蓝缕开创人民治黄事业，他们“一手拿枪，一手拿锨”，顶着国民党反动派军事袭扰，不怕牺牲、英勇斗争，确保了“临黄不决口”，支援配合了刘邓大军渡黄河等重大军事行动。在国民经济困难时期，治黄战线上的广大党员干部对党忠诚、不负人民，发扬自力更生、艰苦奋斗的优良传统，保证了黄河岁岁安澜，推进了三盛公水利枢纽工程开工以及刘家峡、青铜峡水利枢纽工程截流等重要治黄实践，为国民经济恢复发展贡献了力量。在历次战胜大洪水和严重旱情的过程中，党员总是冲锋在前，在风口浪尖和救灾一线，担苦担难、担重担险。在伟大建党精神的感召下，在治黄实践中涌现了一批又一批英雄模范，有用身体堵住堤岸漏洞的“黄河上的黄继光”戴令德，有三十年如一日坚守在悬崖峭壁上的水文人田双印等等。实践昭示：“人无精神则不立，国无精神则不强。”无论是现在还是黄河保护治理新征程上，都必须弘扬光荣传统、赓续红色血脉，永远把伟大建党精神传承下去，永远保持革命热情、拼命精神。惟其如此，才能战胜前进道路上的各种风险挑战，把人民治黄事业不断推向前进。

三是尊重客观规律，是人民治黄事业健康发展的重要遵循。习近平总书记深刻指出，“黄河流域生态保护和高质量发展，要尊重规律，摒弃征服水、征服自然的冲动思想”。70 多年来，我们着力把握自然规律、河流演变规律和经济社会发展需求，因时而变、顺势而为，走出了一条从治理开发为主向维护河流健康生命转变、从传统治河向现代治河转变的成功道路。同时在摸索黄河保护治理规律的实践中，我们也遭受过挫折、付出过代价，依靠实践—认识—再实践—再认识的认识路线，我们取得了新的认识成果和治河业绩。比如，通过三门峡水利枢纽工程的改建和运用方式调整，最大限度消除了不利影响，保障了枢纽防洪功能的持续发挥，为小浪底工程处理水库泥沙淤积问题积累了宝贵经验。再如，通过深化对黄河水沙运动规律的认识，创造性实施调水调沙，在协调水沙关系的实践方面实现了新突破；通过精心调度、严格管理，有效解决了黄河的断流问题，以往黄河水资源的粗放开发利用局面正在逐步扭转，“不能过度消耗资源环境换取经济增长”“必须坚持保护优先、节水优先”等日益成为全流域和全社会的共识，人类涉河活动的底线日益清晰。实践昭示：黄河保护治理必须在充分尊重客观规律的基础上推进，既要保持历史耐心和战略定力，不能犯急躁病大干快上，又要敏锐感知内外部环境的变化，认真研究探索“黄河水沙情势变化”

等各种新情况新问题背后蕴含的内在规律，主动顺应规律创新谋划工作举措。惟其如此，才能不断开创黄河保护治理的崭新境界。

四是坚持系统观念，是人民治黄事业全面发展的重要思想方法。习近平总书记深刻指出，“要坚持山水林田湖草综合治理、系统治理、源头治理，统筹推进各项工作”。70 多年来，黄河治理体系从单一到综合，从初期偏重下游防洪转向全流域系统治理；为适应涉河行为增多和强度加大、治理对象和要素不断拓展的新形势，逐步确立了“堤防不决口、河道不断流、污染不超标、河床不抬高”的综合目标，构建了维持黄河健康生命的综合支撑体系。新时代赋予人民治黄事业新使命，习近平总书记在黄河流域生态保护和高质量发展座谈会上的重要讲话中，将生态环境保护、黄河长治久安、水资源节约集约利用、流域高质量发展、保护传承弘扬黄河文化等五大目标任务一体部署，极大丰富了黄河保护治理工作的内涵和外延。实践昭示：黄河保护治理是一个层次结构复杂、持续动态变化的巨系统，流域内外彼此支撑、上下游相互作用、左右岸唇齿相依，牵一发而动全身，任何单一的、固定的措施都难以真正把黄河的事情办好。必须坚持系统论的观点，“跳出黄河看黄河”，着眼整体把握局部，着眼长期处理近期，着眼高质量发展把握黄河保护治理定位，加强前瞻性思考、全局性谋划、战略性布局、整体性推进，加强要素统筹、贯通耦合，统筹发展和安全，把政府市场作用、法治科技支撑有机结合起来，在多重目标中寻求动态平衡。惟其如此，才能达到预期的效果。

大河汤汤，岁月悠悠。

回首过往奋斗路，中国共产党领导人民治黄的 70 多年历程，是一部不忘初心、兴河惠民，认识自然、把握规律，百折不挠、自强不息的治水探索史、实践史和奋斗史。艰难困苦，玉汝于成，党领导人民治黄取得的成就举世瞩目、盛况空前！

眺望前方奋进路，幸福河建设并非坦途，黄河依然是世界上最为复杂难治的河流，更新目标和更高要求已经摆在我们面前，黄河保护治理任重道远、行无止境。学史增信、照鉴未来，党的领导让我们对人民治黄前景信心如磐！

在新的历史起点上，我们将以习近平新时代中国特色社会主义思想为引领，不断加强党的领导，弘扬伟大建党精神，胸怀“国之大者”，积极践行“节水优先、空间均衡、系统治理、两手发力”治水思路，牢记初心、接续奋斗，向着“让黄河成为造福人民的幸福河”的宏伟目标阔步前进！

（来源：“学习强国”学习平台）

党在新中国成立后领导淮河治理的历史经验与启示

中共水利部党组

淮河流域地处我国东中部腹地，是极具发展潜力的重要经济带，是和合南北的重要生态过渡带，在经济社会发展大局和生态安全全局中具有十分重要的地位。同时，淮河又是一条极为特殊和复杂的河流。特别是南北气候、高低纬度和陆地海洋三种过渡带重叠的地理气候条件，中游地势低平、尾闾不畅的蓄排水条件，导致淮河流域成为极易孕灾地区。据统计，黄河夺淮初期的 12 世纪、13 世纪，淮河平均每百年发生水灾 35 次，16 世纪至新中国成立初期的 450 年间，平均每百年发生水灾 94 次。新中国成立前，沿淮人民同水旱灾害斗争了近千年，但受社会制度和生产力水平的制约，流域灾害频发的局面始终没有根本改观。

新中国的成立开启了淮河治理、开发、保护的新纪元。政务院 1950 年 8 月召开第一次治淮会议，10 月 14 日颁布《关于治理淮河的决定》。11 月 6 日，直属于中央人民政府的治淮机构——治淮委员会在安徽蚌埠成立，翻开了淮河治理历史性的崭新一页。1951 年 5 月，毛泽东主席发出“一定要把淮河修好”的伟大号召。70 多年来，在党中央、国务院的坚强领导下，在“蓄泄兼筹”方针指引下，几代治淮工作者坚持不懈、开拓进取，进行了全面、系统、持续的保护治理工作，淮河流域基本建成了与全面建成小康社会相适应的水安全保障体系，为流域经济社会发展、人民幸福安康提供了强有力的水安全支撑与保障。

一是洪涝灾害防御能力显著增强，具备抗御新中国成立以来流域性最大洪水的能力。70 多年来，佛子岭水库、蒙洼蓄洪区、临淮岗洪水控制工程、新沭河、新沂河、怀洪新河、淮河入海水道近期工程等一大批治淮工程的相继建成，使淮河流域基本形成以水库、河道堤防、行蓄洪区、分洪河道、控制性枢纽、防汛调度指挥系统等组成的防洪除涝减灾体系。淮河流域防洪除涝标准显著提高，淮河干流上游防洪标准超 10 年一遇；中游主要防洪保护区、重要城市和下游洪泽湖大堤防洪标准已达到 100 年一遇；重要支流及中小河流的防洪标准已基本提高到 10 年一遇～20 年一遇以上；沂沭泗河中下游重要防洪保护区的总体防洪标准基本上达到 50 年一遇；在行蓄洪区充分运用的情况下，可防御新中国成立以来发生的流域性最大洪水。

二是水资源保障能力大幅提高，有效支撑了流域经济社会的可持续发展。历经70多年建设，淮河流域已经建成6 300余座水库，约40万座塘坝，约8.2万处引提水工程，约6.5万座泵站，规模以上机电井约144万眼，水库、塘坝、水闸工程、泵站和机井星罗棋布。南水北调东、中线一期和引江济淮、苏北引江等工程的建设，与流域内河湖闸坝及淠史杭等大中型灌区一起，逐步形成了“四纵一横多点”的水资源开发利用和配置体系。淮河流域以不足全国3%的水资源总量，承载了全国大约13.6%的人口和11%的耕地，贡献了全国9%的GDP，生产了全国1/6的粮食，有效支撑了流域经济社会的可持续发展。同时，通过水资源配置还为长三角一体化高质量发展、京津冀一体化发展、大运河文化保护传承利用等重大国家战略提供了水资源保障。

三是水环境保障能力明显提高，流域性水污染恶化趋势得到有效遏制。坚持节水优先、保护优先，积极推进节水型社会建设，落实最严格的水资源管理制度，强化用水定额管理，淮河流域水资源保护和水污染防治工作取得显著进展。通过调整产业结构、加快污染源治理、实施污水集中处理、强化水功能区管理、限制污染物排放总量、开展水污染联防和水资源保护等一系列措施，流域入河排污量明显下降，河湖水质显著改善，淮河干流和南水北调东线一期输水干线水质常年维持在Ⅲ类。2005年至今，淮河未发生大面积突发性水污染事故，有效保障了沿淮城镇用水安全。

四是水生态保障能力持续提升，促进流域生态环境进入良性发展轨道。统筹山水林田湖草系统治理，聚焦管好“盛水的盆”和“盆里的水”，强化水域、岸线空间管控与保护，有效提升上游水源涵养和水土保持生态保育功能，积极开展重要河湖保护修复、地下水保护和河湖生态流量保障等工作，流域水生态文明建设取得显著成效。截至2019年年底，淮河流域累计治理山丘区水土流失面积5.4万平方公里，桐柏山区、大别山区、伏牛山区、沂蒙山区水土流失普遍呈现好转态势，水土流失面积减少六成以上。依托已初步形成的江河湖库水系连通体系多次成功实施生态调水，有效保障了南四湖等重要湖泊的生态安全。

新中国治淮70多年，基本理顺了紊乱的水系，改变了黄泛数百年来恶化的局面，实现了淮河洪水入江畅流、归海有道，初步建成了水清、河畅、岸绿、景美的新淮河。2020年，习近平总书记视察淮河时强调，淮河是新中国成立后第一条全面系统治理的大河。70年来，淮河治理取得显著成效，防洪体系越来越完善，防汛抗洪、防灾减灾能力不断提高。要把治理淮河的经验总结好，认真谋划“十四五”时期淮河治理方案。这是对治淮工作的极大鼓舞、极大鞭策、极大激励。

治淮在创造彪炳史册的辉煌成就的同时，也积累了极其宝贵的经验。纵观70多年走过的道路，可以总结出以下几点基本经验和认识：

一是必须始终坚持党的领导。党中央历来高度重视治淮工作。毛泽东同志两个月内曾4次对淮河治理作出重要批示。党的几代最高领导人都曾亲临淮河视察，对淮河治理作出重要指示。2020年，习近平总书记先后视察淮河流域王家坝闸和江都水利枢纽工程，详细了解淮河治理历史、流域防汛抗洪和南水北调东线工程规划建设等情况，对治淮成就给予充分肯定，对行蓄洪区调整建设、现代化防洪救灾体系建设、确保南水北调东线工程成为“四个生命线”等作出重要指示，为我们进一步做好新时代淮河保护治理工作注入了强大动力，提供了根本遵循，在治淮史上具有重要的里程碑意义。国务院先后12次召开治淮工作会议，编制五轮流域综合规划，多次掀起大规模治淮高潮。中国特色社会主义制度的优越性、中国共产党无比坚强的领导力，在淮河治理中彰显得淋漓尽致。新中国成立伊始，在抗美援朝战争已经打响，国家百废待兴、经济极其困难的情况下，党中央毅然决定举全国之力治理淮河，仅治淮第一年就投入约等于10亿斤粮食的经费。几千名医务工作者、上万名专家技工、几百万名民工，响应毛主席“一定要把淮河修好”的伟大号召，从全国各地奔赴治淮前线，相继建成佛子岭、磨子潭等一大批治淮工程。70多年来，淮河治理的脚步一直没有停歇，始终在党的领导下奋力前行。在应对新中国成立以来历次洪水中，中国共产党以坚定果敢的勇气和坚韧不拔的决心，领导广大军民取得了一场又一场抗洪斗争的胜利，保护了人民生命财产安全。党的十八大以来，在“节水优先、空间均衡、系统治理、两手发力”治水思路指引下，编制了南水北调东线二期工程、大运河水系治理管护、重要河湖岸线保护和开发利用等规划，更加注重人水和谐、生态保护和流域高质量发展，治淮工作呈现出监管加强、投资加大、建设加快、改革加速的良好态势，水利发展的生机不断迸发、活力不断增强、质量不断提高。实践证明，中国共产党拥有无比坚强的领导力，中国特色社会主义制度具有集中力量办大事、办难事的优势。只有在中国共产党的正确领导下，充分发挥中国特色社会主义制度的优越性，才能找到符合国情水情河情的正确道路，才能彻底扭转淮河流域“大雨大灾，小雨小灾，无雨旱灾”的落后面貌，治淮才能不断创造新的历史辉煌。

二是必须始终坚持人民至上。千百年来，淮河问题始终没有从根本上得到解决，其症结还是出在治水“为了谁”“依靠谁”这个出发点上。明清时期，治淮无视广大人民群众的切身利益，为完成“蓄清、刷黄、济运”的使命，淮河下游水系遭到人为破坏，区域生态持续恶化，黄河夺淮带来的灾难不断加重，淮河流域经济社会加速衰落，给国家和百姓造成了不可估量的损失。党领导的新中国治淮，出发点在历次规划中都开宗明义、一目了然：蓄水、排涝、泄洪、灌溉、通航、发电，无不都是为了人民。因为为了人民，所以才能蓄、泄由理而不由权；因为为了人民，所以才没有特权阶级可以干扰整体布局，才能实施周恩来总理定下的“河南上游，以蓄为主；安徽中游，泄蓄兼施；江苏下游，以泄为主、蓄为辅”的中国水利大局；因为为了人民，淮河流域的千万百姓才能积极响应“一定要把淮河修好”的伟大号召，纷纷投入水利建设，才有了令世界震撼的奇迹。70 多年来，治淮始终坚持全心全意为人民服务这一根本宗旨，始终坚持一切为了人民、一切依靠人民，始终着眼于把解决好涉及人民群众切身利益的水忧、水患、水难、水盼问题作为工作的出发点和落脚点，保证了治淮工作始终不偏航、不离航。党的十八大以来，紧紧围绕全面建成小康社会，完善流域防洪工程体系，优化水资源配置，安排 50 余万行蓄洪区及滩区居民逐步迁移至安全区，建成 1.9 万余处农村供水工程，形成了保障民生、服务民生、改善民生、惠及民生的水利发展格局。

三是必须始终尊重人民的首创精神。人民是历史的创造者，人民是真正的英雄。70 多年治淮，涌现出了大批技术精湛、作风过硬的工程技术人员和劳动模范，培养了一批能打硬仗的水利建设队伍，在治淮实践中诞生的“佛子岭大学”，成为新中国第一批现代坝工英才成长的摇篮；在历次治淮高潮中走出了一大批院士、专家和行业领军人物，他们不仅在治淮战线上建功立业、为淮河持续的开发保护治理提供重要支撑，而且把当年治淮工作中的团结奋斗、吃苦耐劳、关心国家胜于关心自己的主人翁精神带到全国各地水利建设战线上，为全国的水利建设奉献智慧和力量。70 多年治淮，创造了一项又一项享誉海内外的治水奇迹：建成了气势恢宏的大别山水库群，创造了中国第一座连拱坝、第一座大头坝、第一座自行设计的重力拱坝等一系列首创性成果，兴建了新中国成立后全国最大灌区——淠史杭灌区，建成了亚洲最大的泵站枢纽——江都水利枢纽，建成了亚洲最大的水上立交工程——入海水道淮安枢纽工程。临淮岗洪水控制工程、入海水道近期工程、燕山水库工程等荣获中国建筑工程鲁班奖、中国土木工程詹天佑奖、百年百项杰出土木工程、全国优秀工程设计金奖等奖项。党的十八大以来，淮河流域在全国重要江河湖泊水功能区全覆盖监测、生态流量调度、水生态文明城市建设、推行河湖长制等多个方面走在全国前列，发挥了巨大的示范引领作用。70 多年治淮，继承了革命年代诞生的大别山精神、沂蒙精神，发扬了治淮实践中产生的淠史杭精神、焦裕禄精神、王家坝精神、新汴河精神。淮河保护治理始终尊重人民主体地位，发挥群众首创精神，紧紧依靠人民推动改革发展，凝聚起了行稳致远的强大正能量。

四是必须始终坚持与时俱进。在中国共产党领导下，淮河治理始终与时代同步伐，与改革同频率，与实践同发展。新中国成立初期，治淮的重点在于加快扭转淮河流域“大雨大灾，小雨小灾，无雨旱灾”的落后面貌。70 多年来，在防洪工程体系建设方面，建成各类水库 6 300 余座，兴建加固各类堤防 6.3 万公里，修建行蓄洪区 27 处，建设各类水闸 2.2 万座，建成了江都水利枢纽、三河闸、临淮岗、刘家道口等一大批控制性枢纽工程，完成了入海水道近期工程，基本建成了防洪减灾、水资源配置与保护的水安全保障工程体系，为流域水旱灾害防御、水资源开发利用和保护奠定了坚实基础；在防洪理念方面，不断深化尊重自然规律、主动给洪水以出路的科学防洪理念，实现了从被动抢防到控制洪水、再到洪水管理的转变，最大程度发挥防洪工程整体效益。20 世纪 80 年代，由于过度开发，淮河流域河湖萎缩持续加剧、河流自净能力降低、生态系统严重失衡，多次发生严重的水污染事件，绿色发展从选择题变为必答题。淮河保护与治理坚持以保障水安全为重心，合理开发利用水资源，加强河湖管控、水生态保护与修复，走出了一条人水和谐之路，书写了生态文明建设新篇章。1995 年，国务院颁布了我国第一部流域性水污染防治法规——《淮河流域水污染防治暂行条例》，此后陆续开展了“零点行动”、淮河水体变清等重大防污治污行动，持续开展水污染联防工作，成功处置多起跨省河流水污染事件。自 2005 年以来，淮河干流已连续 16 年未发生大范围突发性水污染事故。目前，淮河水质明显好转，干流水质基本保持在Ⅲ类，水环境污染和水生

态损害趋势初步得到遏制。从人定胜天到人水共生，人与自然和谐相处的科学理念不断深化，“水清、河畅、岸绿、景美、人和”的目标正从美好的愿景一步步走向现实。

五是必须始终坚持团结治水。淮河流域跨省河道多，水事矛盾复杂。淮河治理是一个有机整体，上下游互为一体，左右岸唇齿相依。1950 年 8 月，毛泽东同志作出关于淮河救灾工作的第三次批示，“导淮必苏皖豫三省同时动手，三省党委的工作计划，均须以此为中心”，开启了团结治水的新局面。70 多年来，治淮始终坚持兴利与除害相统筹，推动上下游、左右岸、干支流协调发展，形成了团结治河、合力兴水的生动局面。水利部淮河水利委员会从流域全局出发加强顶层设计和统筹协调，妥善处理好全局与局部、近期与长远的关系，努力实现全流域综合效益的最大化；流域各省充分发扬团结治水的优良传统，顾全大局、精诚合作，各有关部门和衷共济、互谅互让，协同推进治淮工程建设、水资源配置及开发利用、水污染联合防控和水旱灾害防御等工作，凝聚了淮河保护治理的强大合力，铸就了淮河治理的巍巍丰碑。

“十四五”时期，我们将持续深入学习贯彻习近平总书记视察淮河以及在推进南水北调后续工程高质量发展座谈会上的重要指示精神，围绕推动新阶段淮河保护治理高质量发展的主题，完善流域防洪工程体系，实施国家水网重大工程，复苏河湖生态环境，推进数字淮河和智慧流域建设，建立健全节水制度政策，强化体制机制法治管理，全面提升水旱灾害防御能力、水资源集约节约利用能力、水资源优化配置能力、大江大河大湖生态保护治理能力，为流域全面建设社会主义现代化提供有力的水安全保障。

（来源：“学习强国”学习平台）

深入贯彻新发展理念　推进水资源集约安全利用——写在 2021 年世界水日和中国水周到来之际

水利部党组书记、部长　李国英

3 月 22 日是第二十九届“世界水日”，第三十四届“中国水周”的宣传活动也同时拉开帷幕。联合国确定今年“世界水日”的主题是“珍惜水、爱护水”，我国纪念 2021 年“世界水日”和开展“中国水周”活动的宣传主题是“深入贯彻新发展理念，推进水资源集约安全利用”。

党的十八大以来，以习近平同志为核心的党中央从国家长治久安和中华民族永续发展的战略全局高度擘画治水工作。习近平总书记明确提出“节水优先、空间均衡、系统治理、两手发力”治水思路，就保障国家水安全、推动长江经济带发展、黄河流域生态保护和高质量发展等发表了一系列重要讲话，作出了一系列重要指示批示，为我们做好水利工作提供了科学指南和根本遵循。党的十九届五中全会作出了一系列重要部署，为我们提升水资源优化配置和水旱灾害防御能力，提高水资源集约安全利用水平指明了主攻方向、战略目标和重点任务。

水资源是经济社会发展的基础性、先导性、控制性要素，水的承载空间决定了经济社会的发展空间。我国人多水少，水资源时空分布不均、与生产力布局不相匹配，破解水资源配置与经济社会发展需求不相适应的矛盾，是新阶段我国发展面临的重大战略问题。水利工作必须心怀“国之大者”，全面贯彻习近平总书记关于治水工作的重要讲话、重要指示批示精神，深入践行“节水优先、空间均衡、系统治理、两手发力”治水思路，完整准确全面贯彻新发展理念，科学谋划和扎实推进新阶段水利高质量发展，为全面建设社会主义现代化国家提供有力支撑。从根本宗旨把握新发展理念，水资源与人民群众的生命健康、生活品质、生产发展息息相关。要坚持以人民为中心的发展思想，准确把握人民群众对水的需求已从“有没有”转向了“好不好”，进一步提升水资源供给的保障标准、保障能力、保障质量，让人民群众有更多、更直接、更实在的获得感、幸福感、安全感。从问题导向把握新发展理念，我国水资源供需矛盾突出，超载区或临界超载区面积约占全国国土面积的 53%，资源性、工程性、水质性缺水问题在不同地区不同程度存在，部分地区还出现了河道断流、湖泊干涸、湿地萎缩、地面沉降等生态问题。要针对这些问题，深挖根源、找准病因，系统治理，采取更加精准务实的举措加快解决。从忧患意识把握新发展理念，水资源关系人民生命安全，关系粮食安全、经济安全、社会安全、生态安全、国家安全。要统筹发展与安全，树牢底线思维，增强风险意识，摸清水资源取、供、输、用、排等各环节的风险底数，有针对性地固底板、补短板、锻长板，下好风险防控先手棋。

一是坚持节水优先方针，深入实施国家节水行动。把节水作为水资源开发、利用、保护、配置、调度的前提，推动用水方式进一步向节约集约转变。完善节水标准和用水定额体系，强化高耗水行业用水定额管理，开展节水评价，抓好重要领域、重点地区深度节水控水，全面推进农业节水增效、工业节水减排、城镇节水降损，鼓励再生水利用。发挥制度、政策、科技的支点和杠杆作用，加快健全政府引导、市场调节、社会协同的节水工作机制，推动将节水作为约束性指标和目标，完善用水价格形成机制，推进用水权市场化交易和水资源税改革，推广合同节水管理等服务模式，加强节水宣传教育，营造全社会节水惜水的良好氛围。

二是建立刚性约束制度，严控水资源开发利用上限。坚持以水定城、以水定地、以水定人、以水定产，建立水资源刚性约束指标体系，实施最严格的水资源管理制度，倒逼发展规模、发展结构、发展布局优化，推动经济社会发展与水资源承载能力相适应。强化生态流量管控，加快推进跨省江河流域和省内跨市县江河初始水权分配，实施地下水开采总量与水位双控。深入推进全国取用水管理专项整治行动，高质量完成全国取水口核查登记，切实规范取用水行为。合理确定流域区域用水总量，严格水资源论证和取水许可管理，在水资源超载地区暂停新增取水许可，坚决遏制不合理用水需求。

三是加快国家水网建设，优化水资源配置战略格局。按照确有需要、生态安全、可以持续的原则，加快构建系统完备、功能协同，集约高效、绿色智能，调控有序、安全可靠的国家水网，全面增强我国水资源统筹调配能力、供水保障能力、战略储备能力。立足流域整体和水资源空间均衡配置，实施重大引调水工程建设，推动南水北调东、中线后续工程建设，深化南水北调西线工程方案比选论证，建设一批跨流域跨区域骨干输水通道，加强大中小微水利设施配套，逐步完善国家供水基础设施网络。推进综合性水利枢纽和调蓄工程建设，加强战略储备水源和城市应急备用水源工程建设，保障重点区域供水安全。加强灌溉供水管网建设，改善灌区水源条件，推进灌区续建配套与现代化改造。推进城市供水管网向农村延伸，促进农村供水工程与城市管网互联互通，推进农村水源保护和供水保障工程建设，实施小型农村供水工程标准化建设改造，畅通供水网络的“毛细血管”。

四是强化河湖保护治理，提升水资源涵养修复能力。坚持“绿水青山就是金山银山”，加大江河湖泊的保护治理力度，统筹做好水土保持、地下水超采治理、受损河湖生态修复等工作，保留和扩大河湖生态空间。强化河湖长制，推动河湖“清四乱”规范化常态化，巩固河湖管理范围划界成果，开展河道采砂综合整治和河湖执法行动，完善河湖管理保护机制，推进美丽河湖、健康河湖建设，持续改善河湖面貌。科学推进水土流失综合治理，积极开展小流域综合治理、旱作梯田和淤地坝建设，严控人为新增水土流失。开展生态脆弱河流和重点湖泊生态修复，加快华北地区及其他重点区域地下水超采综合治理，推进小水电站生态流量泄放设施改造，开展农村水系综合整治，维护水清岸绿的水生态体系。

五是坚持科技引领和数字赋能，提高水资源智慧管理水平。充分运用数字映射、数字孪生、仿真模拟等信息技术，建立覆盖全域的水资源管理与调配系统，推进水资源管理数字化、智能化、精细化。加强监测体系建设，优化行政区界断面、取退水口、地下水等监测站网布局，实现对水量、水位、流量、水质等全要素的实时在线监测，提升信息捕捉和感知能力。动态掌握并及时更新流域区域水资源总量、实际用水量等信息，通过智慧化模拟进行水资源管理与调配预演，并对用水限额、生态流量等红线指标进行预报、预警，提前规避风险、制定预案，为推进水资源集约安全利用提供智慧化决策支持。

（来源：《人民日报》2021 年 3 月 22 日 10 版）

推进南水北调后续工程高质量发展

水利部党组书记、部长　李国英

习近平总书记在推进南水北调后续工程高质量发展座谈会上的重要讲话中，充分肯定南水北调工程的重大意义，系统总结实施重大跨流域调水工程的宝贵经验，明确提出继续科学推进实施调水工程的总体要求，对做好南水北调后续工程的重点任务作出全面部署，为推进南水北调后续工程高质量发展指明了方向、提供了根本遵循。推进南水北调后续工程高质量发展，必须认真学习贯彻习近平总书记重要讲话、重要指示批示精神，科学推进实施调水工程，加强和优化水资源供给，为全面建设社会主义现代化国家提供有力水安全保障。

深刻认识南水北调工程的重大意义

水是生存之本、文明之源。为全面建设社会主义现代化国家提供有力水安全保障，必须心怀“国之大者”，从讲政治、谋全局、顾长远的战略高度深刻认识南水北调工程的重大意义，进一步强化推进南水北调后续工程高质量发展的责任担当。

习近平总书记强调：“南水北调工程事关战略全局、事关长远发展、事关人民福祉。”南水北调工程是党中央决策建设的重大战略性基础设施，是优化水资源配置、保障群众饮水安全、复苏河湖生态环境、畅通南北经济循环的生命线和大动脉，功在当代、利在千秋。南水北调东线、中线一期主体工程建成通水以来，已累计调水 400 多亿立方米，直接受益人口达 1.2 亿，在经济社会发展和生态环境保

护方面发挥了重要作用。推进南水北调后续工程高质量发展，需要深入分析南水北调工程面临的新形势新任务，完整、准确、全面贯彻新发展理念，按照高质量发展要求，统筹发展和安全，坚持“节水优先、空间均衡、系统治理、两手发力”治水思路，遵循确有需要、生态安全、可以持续的重大水利工程论证原则，立足流域整体和水资源空间均衡配置，科学推进工程规划建设，提高水资源集约节约利用水平。

进入新发展阶段、贯彻新发展理念、构建新发展格局，形成全国统一大市场和畅通的国内大循环，促进南北方协调发展，需要水资源有力支撑。要立足全面建设社会主义现代化国家新征程，锚定全面提升水安全保障能力的目标，加强前瞻性思考、全局性谋划、战略性布局、整体性推进，在全面加强节水、强化水资源刚性约束的前提下，统筹加强需求和供给管理，坚持系统观念，坚持遵循规律，坚持节水优先，坚持经济合理，加强生态环境保护，加快构建国家水网，全面促进水资源利用和国土空间布局、自然生态系统相协调，不断增强我国水资源统筹调配能力、供水保障能力和战略储备能力。

传承发扬实施重大跨流域调水工程的宝贵经验

习近平总书记指出：“南水北调等重大工程的实施，使我们积累了实施重大跨流域调水工程的宝贵经验。”新中国成立后，我们党领导开展了大规模水利工程建设。党的十八大以来，以习近平同志为核心的党中央统筹推进水灾害防治、水资源节约、水生态保护修复、水环境治理，建成了一批跨流域跨区域重大引调水工程，积累了丰富而宝贵的经验，对于更好推进南水北调后续工程规划建设具有重要意义。

坚持全国一盘棋。习近平总书记强调：“要合理安排生产力布局，对关系国民经济命脉、规模经济效益显著的重大项目，必须坚持全国一盘棋，统筹规划，科学布局。”重大跨流域调水工程涉及多流域、多省市、多领域、多目标，规模宏大、系统复杂、任务艰巨。在南水北调工程实践中，党中央统一指挥、统一协调、统一调度。从中央层面优化资源配置，鲜明体现我国国家制度和国家治理体系的显著优势。实践证明，必须坚持局部服从全局、地方服从中央，实现各个方面良性互动、各项政策衔接配套、各项举措相互耦合，有序推进南水北调后续工程各级各项各环节工作，在统筹协调中提升整体效能。

集中力量办大事。习近平总书记指出：“正是因为始终在党的领导下，集中力量办大事，国家统一有效组织各项事业、开展各项工作，才能成功应对一系列重大风险挑战、克服无数艰难险阻，始终沿着正确方向稳步前进”。在南水北调工程实施过程中，党中央统一推动，把方向、谋大局、定政策、促改革，集中保障资金、用地等建设要素，举全国之力规划论证和组织实施，广泛调动经济资源、人才资源、技术资源，统筹做好移民安置等工作；各地区各部门和衷共济，43.5 万移民群众顾全大局，数十万建设者矢志奋斗，一大批科研单位攻坚克难，形成了实施重大跨流域调水工程的强大合力。实践证明，只要充分发挥社会主义集中力量办大事的制度优势，必定能战胜一切艰难险阻，推动治水事业不断取得新成效。

尊重客观规律。习近平总书记强调：“要处理好尊重客观规律和发挥主观能动性的关系。”南水北调工程从规划论证到建设实施，始终坚持科学比选、周密计划，始终坚持生态优先、绿色发展，先后组织上百次国家层面会议，6 000 多人次专家参加论证，合理确定工程规模、总体布局和实施方案，最终实现经济、社会、生态效益相统一。实践证明，重大跨流域调水工程关系经济社会发展全局，必须遵循经济规律、自然规律、社会规律，科学审慎论证方案，重视生态环境保护，既讲人定胜天，也讲人水和谐。

规划统筹引领。从提出设想到实施建设，多年来南水北调工程始终把规划作为推进工作的重中之重。经过几代人广泛深入的勘测、研究、论证、比选，最终形成《南水北调工程总体规划》，统筹长江、淮河、黄河、海河四大流域水资源情势，兼顾各有关地区和行业需求，确定了“四横三纵、南北调配、东西互济”的总体格局。实践证明，实施重大跨流域调水工程，必须加强顶层设计，优化战略安排，充分发挥规划的先导作用、主导作用和统筹作用。

重视节水治污。南水北调工程始终把节水、治污放在突出位置。一方面，加强节水管理，倒逼产业结构调整和转型升级，受水区节水达到全国先进水平；另一方面，探索形成“政府主导、企业参与、社会监督、多方配合”的治污工作模式，强化东线治污和中线水源地保护。实践证明，调水工程是生态工程、绿色工程，必须坚持先节水后调水、先治污后通水、先环保后用水，促进人与自然和谐共生。

精准调度水量。水量调度是重大调水工程运行管理的重点内容。南水北调东线、中线一期工程通水后，通过多种措施全面掌握调水区来水情况和受水区用水需求，统筹经济社会发展和生态环境保护需要，科学编制年度水量调度计划，根据实时水情精准调度，确保优质水资源安全送达千家万户、江河湖泊。实践证明，面对工程沿线不同地域、不同受众、不同水情、不同需求，必须细化制定水量分配方案，加强从水源到用户的精准调度，不断增强人民群众的获得感、幸福感、安全感。

高质量推进调水工程，努力提升水安全保障能力

习近平总书记强调："继续科学推进实施调水工程，要在全面加强节水、强化水资源刚性约束的前提下，统筹加强需求和供给管理。"高质量推进调水工程，努力提升水安全保障能力，事关保持经济社会持续健康发展。必须从守护生命线的政治高度，扎实推进南水北调后续工程高质量发展，抓紧做好后续工程规划设计，继续加强东线、中线一期工程的安全管理和调度管理。

科学统筹指导和推进后续工程建设。深入分析南水北调工程面临的新形势新任务，准确把握东线、中线、西线三条线路的各自特点，审时度势、科学布局。认真评估《南水北调工程总体规划》实施情况，分析其依据的基础条件变化，研判这些变化对加强和优化水资源供给提出的新要求。处理好发展和保护、利用和修复的关系，继续深化后续工程规划和建设方案比选论证，科学确定工程规模和总体布局。准确研判受水区经济社会发展形势和水资源动态演变趋势，深入开展重大问题研究，创新工程体制机制，摸清底数、厘清问题、优化对策，确保拿出来的规划设计方案经得起历史和实践检验。

坚持和落实节水优先方针。从观念、意识、措施等各方面把节水放在优先位置，把节水作为受水区的根本出路，长期深入做好节水工作。加快建立水资源刚性约束制度，严格用水总量控制，根据水资源承载能力优化城市空间布局、产业结构、人口规模。大力实施国家节水行动，统筹生产、生活、生态用水，大力推进农业节水增效、工业节水减排、城镇节水降损，提高水资源集约节约利用水平。处理好开源和节流、存量和增量、时间和空间的关系，坚决避免敞口用水、过度调水。依托南水北调工程等水利枢纽设施及各类水情教育基地，积极开展国情水情教育，增强全社会节水洁水意识。

确保南水北调工程安全、供水安全、水质安全。优化南水北调东线、中线一期工程运用方案，实现工程综合效益最大化。建立完善的安全风险防控体系和应急管理体系，加强对工程设施的监测、检查、巡查、维修、养护，确保工程安全。精确精准调水，科学制定落实水量调度计划，优化水量省际配置，最大程度满足受水区合理用水需求，确保供水安全。加大生态保护力度，加强水源区和工程沿线水资源保护，抓好输水沿线区和受水区污染防治和生态环境保护工作，完善水质监测体系和应急处置预案，确保水质安全。结合巩固拓展水利扶贫成果、推进乡村振兴，继续做好移民安置后续帮扶工作，确保搬迁群众稳得住、能发展、可致富。

加快构建国家水网。以全面提升水安全保障能力为目标，以优化水资源配置体系、完善流域防洪减灾体系为重点，统筹存量和增量，加强互联互通，加快构建国家水网主骨架和大动脉，加快形成"系统完备、安全可靠，集约高效、绿色智能，循环通畅、调控有序"的国家水网。立足流域整体和水资源空间均衡配置，遵循确有需要、生态安全、可以持续的重大水利工程论证原则，实施重大引调水、供水灌溉、防洪减灾等骨干工程建设。坚持科技引领和数字赋能，综合运用大数据、云计算、仿真模拟、数字孪生等科技手段，提升国家水网的数字化、网络化、智能化水平，更高质量保障国家水安全。

（来源：《人民日报》2021 年 7 月 29 日 13 版）

强化河湖长制　建设幸福河湖

水利部党组书记、部长　李国英

全面推行河湖长制，是以习近平同志为核心的党中央，立足解决我国复杂水问题、保障国家水安全，从生态文明建设和经济社会发展全局出发作出的重大决策。习近平总书记亲自谋划、亲自部署、亲自推动这项重大改革。2016 年 11 月、2017 年 12 月，中共中央办公厅、国务院办公厅先后印发《关于全面推行河长制的意见》《关于在湖泊实施湖长制的指导意见》。5 年来的实践充分证明，全面推行河湖长制完全符合我国国情水情，是江河保护治理领域根本性、开创性的重大政策举措，是一项具有强大生命力的重大制度创新。

全面推行河湖长制取得显著成效

5 年来，在党中央、国务院的坚强领导下，水利部与各地区各部门共同努力，推动解决了一大批长期想解决而没有解决的河湖保护治理难题，我国江河湖泊面貌发生了历史性变化，人民群众的获得感、幸福感、安全感显著增强，河湖长制焕发出勃勃生机。

责任体系全面建立。按照党中央、国务院确定的时间节点，2018 年如期全面建立河长制、湖长制。31 个省（自治区、直辖市）党委和政府主要领导担任省级总河长，省、市、县、乡四级河湖长共 30 万

名，村级河湖长（含巡河员、护河员）超 90 万名，实现了河湖管护责任全覆盖。

工作机制不断完善。国家层面成立由国务院分管领导同志担任召集人的全面推行河湖长制工作部际联席会议，建立完善河湖长履职、监督检查、考核问责、正向激励等制度，形成了一级抓一级、层层抓落实的工作格局。推动建立长江、黄河流域省级河湖长联席会议机制，各地探索建立上下游左右岸联防联控机制、部门协调联动机制、巡（护）河员制度、民间河长制度、社会共治机制，形成了强大工作合力。

河湖面貌持续向好。推动各地建立“一河一档”，编制“一河一策”。推进河湖管理范围划界，120 万公里河流、1 955 个湖泊首次明确管控边界。开展河湖“清四乱”（乱占、乱采、乱堆、乱建）专项行动、长江黄河岸线利用专项整治，集中清理整治河湖突出问题 18.5 万个，整治违建面积 4 000 多万平方米，清除非法围堤 1 万多公里、河道内垃圾 4 000 多万吨，清理非法占用岸线 3 万公里，打击非法采砂船 1.1 万多艘。实施华北地区地下水超采综合治理，部分地区地下水水位止跌回升，永定河、大清河、滹沱河、子牙河等多年断流河道实现全线贯通，白洋淀重放光彩。全国地级及以上城市黑臭水体基本消除，2020 年全国地表水Ⅰ类到Ⅲ类水水质断面比例较 2016 年提高近 16 个百分点。

全民关爱河湖意识显著增强。推进河湖长制进企业、进校园、进社区、进农村，各地涌现出一批“企业河长”“乡贤河长”“巾帼河长”等，全社会关心参与河湖保护治理的氛围日益浓厚。

全面推行河湖长制积累了宝贵经验

5 年来的实践，深化了我们对河湖保护治理的规律性认识，积累了全面推行河湖长制的宝贵经验。

一是坚持以人民为中心。江河湖泊与人民群众生产生活密切相关，人民群众对江河湖泊保护治理有着热切期盼。5 年来，通过全面推行河湖长制，着力解决人民群众最关心最直接最现实的涉水问题，打造河畅、水清、岸绿、景美、人和的亮丽风景线，河湖保护治理成效得到了人民群众的广泛认可。实践证明，全面推行河湖长制必须坚持以人民为中心的发展思想，满足推动高质量发展、创造高品质生活的现实要求，为扎实推动共同富裕构筑坚实的生态根基。

二是坚持生态优先。江河湖泊是自然生态系统的重要组成，也是经济社会发展的重要支撑。5 年来，通过全面推行河湖长制，促进各地坚持走生态优先、绿色发展之路，统筹经济社会发展与河湖保护治理，实现了江河湖泊面貌的历史性转变。实践证明，全面推行河湖长制必须完整准确全面贯彻新发展理念，维护河湖健康生命，为促进经济社会发展全面绿色转型、实现高质量发展提供有力支撑。

三是坚持问题导向。我国水灾害频发、水资源短缺、水生态损害、水环境污染等问题仍然突出。这些问题集中体现在江河湖泊上。5 年来，通过全面推行河湖长制，因地制宜，对症下药，重拳整治河湖乱象，依法管控水空间、严格保护水资源、精准治理水污染、加快修复水生态，有效解决了河湖保护治理突出问题。实践证明，全面推行河湖长制必须坚持问题导向，抓重点、补短板、强弱项，才能全面提升国家水安全保障能力。

四是坚持系统治理。山水林田湖草沙是生命共同体。5 年来，通过全面推行河湖长制，统筹河湖不同区域的功能定位和保护目标要求，综合运用各种措施，整体推进治水、治岸、治山、治污任务，河湖生态状况发生了历史性变化。实践证明，全面推行河湖长制必须树立系统观念，强化综合治理、系统治理、源头治理，才能实现河湖面貌的根本改善。

五是坚持团结治水。全面推行河湖长制是一项复杂的系统工程。5 年来，通过全面推行河湖长制，充分发挥集中力量办大事的制度优越性，强化河湖长制的组织领导和统筹协调作用，形成了推动河湖保护治理的强大合力。实践证明，全面推行河湖长制必须树立全局“一盘棋”思想，建立流域统筹、区域协同、部门联动的河湖管理保护格局，才能汇聚起各方面的智慧和力量。

努力建设造福人民的幸福河湖

河湖保护治理任重道远。全面贯彻落实党中央关于强化河湖长制、推进大江大河和重要湖泊湿地生态保护和系统治理的决策部署，必须咬定目标、脚踏实地，埋头苦干、久久为功，全力把河湖长制实施向纵深推进。

一要强化责任落实部门协同。进一步完善以党政主要领导为主体的责任体系，健全一级带一级、一级督一级，上下贯通、层层落实的河湖管护责任链，确保每条河流、每个湖泊有人管、有人护。加强河湖长履职、监督检查、正向激励和考核问责，层层传导压力。明确各地区各部门河湖保护治理任务，完善协调联动机制，形成党政主导、水利牵头、部门协同、社会共治的河湖保护治理机制。

二要强化水资源集约节约利用。全面贯彻以水定城、以水定地、以水定人、以水定产的原则，建立水资源刚性约束制度，规范取用水行为。全面实施国家节水行动，打好重要领域重点地区深度节水控水攻坚战，提高水资源集约节约利用水平。实施国家水网重大工程，优化水资源空间配置，全面增强水资源统筹调配能力、供水保障能力、战略储备能力。

三要促进河湖生态环境复苏。深入推进河湖“清四乱”常态化规范化，将清理整治重点向中小河流、农村河湖延伸。加快划定落实河湖空间保护范围，加强河湖水域岸线空间分区分类管控，实施河湖空间带修复，保障生态流量，畅通行洪通道，打造沿江沿河沿湖绿色生态廊道。坚持源头防控、水岸同治，严控各类污染源，加大黑臭水体治理力度，保持河湖水体清洁，保护河湖水生生物资源。持续开展河湖健康评价，强化地下水超采治理，科学推进水土流失综合治理。

四要强化数字赋能提升能力。按照“需求牵引、应用至上、数字赋能、提升能力”要求，以数字化、网络化、智能化为主线，以数字化场景、智慧化模拟、精准化决策为路径，加强数据监测和互联共享，加快构建具有预报、预警、预演、预案功能的数字孪生河湖。完善监测监控体系，打造“天、空、地、人”立体化监管网络，及时掌握河湖水量、水质、水生态和水域面积变化情况、岸线开发利用状况、河道采砂管理情况，强化部门间、流域与区域间、区域与区域间信息互联互通，为河湖智慧化管理提供支撑。

（来源：《人民日报》2022 年 12 月 8 日 14 版）

五、政策文件

Government Documents

| 新修订或施行的法律法规、重要文件 |

中华人民共和国长江保护法（2020 年 12 月 26 日第十三届全国人民代表大会常务委员会第二十四次会议通过，2021 年 3 月 1 日起施行）

第一章　总　　则

第一条　为了加强长江流域生态环境保护和修复，促进资源合理高效利用，保障生态安全，实现人与自然和谐共生、中华民族永续发展，制定本法。

第二条　在长江流域开展生态环境保护和修复以及长江流域各类生产生活、开发建设活动，应当遵守本法。

本法所称长江流域，是指由长江干流、支流和湖泊形成的集水区域所涉及的青海省、四川省、西藏自治区、云南省、重庆市、湖北省、湖南省、江西省、安徽省、江苏省、上海市，以及甘肃省、陕西省、河南省、贵州省、广西壮族自治区、广东省、浙江省、福建省的相关县级行政区域。

第三条　长江流域经济社会发展，应当坚持生态优先、绿色发展，共抓大保护、不搞大开发；长江保护应当坚持统筹协调、科学规划、创新驱动、系统治理。

第四条　国家建立长江流域协调机制，统一指导、统筹协调长江保护工作，审议长江保护重大政策、重大规划，协调跨地区跨部门重大事项，督促检查长江保护重要工作的落实情况。

第五条　国务院有关部门和长江流域省级人民政府负责落实国家长江流域协调机制的决策，按照职责分工负责长江保护相关工作。

长江流域地方各级人民政府应当落实本行政区域的生态环境保护和修复、促进资源合理高效利用、优化产业结构和布局、维护长江流域生态安全的责任。

长江流域各级河湖长负责长江保护相关工作。

第六条　长江流域相关地方根据需要在地方性法规和政府规章制定、规划编制、监督执法等方面建立协作机制，协同推进长江流域生态环境保护和修复。

第七条　国务院生态环境、自然资源、水行政、农业农村和标准化等有关主管部门按照职责分工，建立健全长江流域水环境质量和污染物排放、生态环境修复、水资源节约集约利用、生态流量、生物多样性保护、水产养殖、防灾减灾等标准体系。

第八条　国务院自然资源主管部门会同国务院有关部门定期组织长江流域土地、矿产、水流、森林、草原、湿地等自然资源状况调查，建立资源基础数据库，开展资源环境承载能力评价，并向社会公布长江流域自然资源状况。

国务院野生动物保护主管部门应当每十年组织一次野生动物及其栖息地状况普查，或者根据需要组织开展专项调查，建立野生动物资源档案，并向社会公布长江流域野生动物资源状况。

长江流域县级以上地方人民政府农业农村主管部门会同本级人民政府有关部门对水生生物产卵场、索饵场、越冬场和洄游通道等重要栖息地开展生物多样性调查。

第九条　国家长江流域协调机制应当统筹协调国务院有关部门在已经建立的台站和监测项目基础上，健全长江流域生态环境、资源、水文、气象、航运、自然灾害等监测网络体系和监测信息共享机制。

国务院有关部门和长江流域县级以上地方人民政府及其有关部门按照职责分工，组织完善生态环境风险报告和预警机制。

第十条　国务院生态环境主管部门会同国务院有关部门和长江流域省级人民政府建立健全长江流域突发生态环境事件应急联动工作机制，与国家突发事件应急体系相衔接，加强对长江流域船舶、港口、矿山、化工厂、尾矿库等发生的突发生态环境事件的应急管理。

第十一条　国家加强长江流域洪涝干旱、森林草原火灾、地质灾害、地震等灾害的监测预报预警、防御、应急处置与恢复重建体系建设，提高防灾、减灾、抗灾、救灾能力。

第十二条　国家长江流域协调机制设立专家咨询委员会，组织专业机构和人员对长江流域重大发展战略、政策、规划等开展科学技术等专业咨询。

国务院有关部门和长江流域省级人民政府及其有关部门按照职责分工，组织开展长江流域建设项目、重要基础设施和产业布局相关规划等对长江流域生态系统影响的第三方评估、分析、论证等工作。

第十三条　国家长江流域协调机制统筹协调国务院有关部门和长江流域省级人民政府建立健全长江流域信息共享系统。国务院有关部门和长江流域省级人民政府及其有关部门应当按照规定，共享长江流域生态环境、自然资源以及管理执法等信息。

第十四条　国务院有关部门和长江流域县级以

上地方人民政府及其有关部门应当加强长江流域生态环境保护和绿色发展的宣传教育。

新闻媒体应当采取多种形式开展长江流域生态环境保护和绿色发展的宣传教育，并依法对违法行为进行舆论监督。

第十五条 国务院有关部门和长江流域县级以上地方人民政府及其有关部门应当采取措施，保护长江流域历史文化名城名镇名村，加强长江流域文化遗产保护工作，继承和弘扬长江流域优秀特色文化。

第十六条 国家鼓励、支持单位和个人参与长江流域生态环境保护和修复、资源合理利用、促进绿色发展的活动。

对在长江保护工作中做出突出贡献的单位和个人，县级以上人民政府及其有关部门应当按照国家有关规定予以表彰和奖励。

第二章 规划与管控

第十七条 国家建立以国家发展规划为统领，以空间规划为基础，以专项规划、区域规划为支撑的长江流域规划体系，充分发挥规划对推进长江流域生态环境保护和绿色发展的引领、指导和约束作用。

第十八条 国务院和长江流域县级以上地方人民政府应当将长江保护工作纳入国民经济和社会发展规划。

国务院发展改革部门会同国务院有关部门编制长江流域发展规划，科学统筹长江流域上下游、左右岸、干支流生态环境保护和绿色发展，报国务院批准后实施。

长江流域水资源规划、生态环境保护规划等依照有关法律、行政法规的规定编制。

第十九条 国务院自然资源主管部门会同国务院有关部门组织编制长江流域国土空间规划，科学有序统筹安排长江流域生态、农业、城镇等功能空间，划定生态保护红线、永久基本农田、城镇开发边界，优化国土空间结构和布局，统领长江流域国土空间利用任务，报国务院批准后实施。涉及长江流域国土空间利用的专项规划应当与长江流域国土空间规划相衔接。

长江流域县级以上地方人民政府组织编制本行政区域的国土空间规划，按照规定的程序报经批准后实施。

第二十条 国家对长江流域国土空间实施用途管制。长江流域县级以上地方人民政府自然资源主管部门依照国土空间规划，对所辖长江流域国土空间实施分区、分类用途管制。

长江流域国土空间开发利用活动应当符合国土空间用途管制要求，并依法取得规划许可。对不符合国土空间用途管制要求的，县级以上人民政府自然资源主管部门不得办理规划许可。

第二十一条 国务院水行政主管部门统筹长江流域水资源合理配置、统一调度和高效利用，组织实施取用水总量控制和消耗强度控制管理制度。

国务院生态环境主管部门根据水环境质量改善目标和水污染防治要求，确定长江流域各省级行政区域重点污染物排放总量控制指标。长江流域水质超标的水功能区，应当实施更严格的污染物排放总量削减要求。企业事业单位应当按照要求，采取污染物排放总量控制措施。

国务院自然资源主管部门负责统筹长江流域新增建设用地总量控制和计划安排。

第二十二条 长江流域省级人民政府根据本行政区域的生态环境和资源利用状况，制定生态环境分区管控方案和生态环境准入清单，报国务院生态环境主管部门备案后实施。生态环境分区管控方案和生态环境准入清单应当与国土空间规划相衔接。

长江流域产业结构和布局应当与长江流域生态系统和资源环境承载能力相适应。禁止在长江流域重点生态功能区布局对生态系统有严重影响的产业。禁止重污染企业和项目向长江中上游转移。

第二十三条 国家加强对长江流域水能资源开发利用的管理。因国家发展战略和国计民生需要，在长江流域新建大中型水电工程，应当经科学论证，并报国务院或者国务院授权的部门批准。

对长江流域已建小水电工程，不符合生态保护要求的，县级以上地方人民政府应当组织分类整改或者采取措施逐步退出。

第二十四条 国家对长江干流和重要支流源头实行严格保护，设立国家公园等自然保护地，保护国家生态安全屏障。

第二十五条 国务院水行政主管部门加强长江流域河道、湖泊保护工作。长江流域县级以上地方人民政府负责划定河道、湖泊管理范围，并向社会公告，实行严格的河湖保护，禁止非法侵占河湖水域。

第二十六条 国家对长江流域河湖岸线实施特殊管制。国家长江流域协调机制统筹协调国务院自然资源、水行政、生态环境、住房和城乡建设、农业农村、交通运输、林业和草原等部门和长江流域省级人民政府划定河湖岸线保护范围，制定河湖岸线保护规划，严格控制岸线开发建设，促进岸线合理高效利用。

禁止在长江干支流岸线一公里范围内新建、扩建化工园区和化工项目。

禁止在长江干流岸线三公里范围内和重要支流岸线一公里范围内新建、改建、扩建尾矿库；但是以提升安全、生态环境保护水平为目的的改建除外。

第二十七条 国务院交通运输主管部门会同国务院自然资源、水行政、生态环境、农业农村、林业和草原主管部门在长江流域水生生物重要栖息地科学划定禁止航行区域和限制航行区域。

禁止船舶在划定的禁止航行区域内航行。因国家发展战略和国计民生需要，在水生生物重要栖息地禁止航行区域内航行的，应当由国务院交通运输主管部门商国务院农业农村主管部门同意，并应当采取必要措施，减少对重要水生生物的干扰。

严格限制在长江流域生态保护红线、自然保护地、水生生物重要栖息地水域实施航道整治工程；确需整治的，应当经科学论证，并依法办理相关手续。

第二十八条 国家建立长江流域河道采砂规划和许可制度。长江流域河道采砂应当依法取得国务院水行政主管部门有关流域管理机构或者县级以上地方人民政府水行政主管部门的许可。

国务院水行政主管部门有关流域管理机构和长江流域县级以上地方人民政府依法划定禁止采砂区和禁止采砂期，严格控制采砂区域、采砂总量和采砂区域内的采砂船舶数量。禁止在长江流域禁止采砂区和禁止采砂期从事采砂活动。

国务院水行政主管部门会同国务院有关部门组织长江流域有关地方人民政府及其有关部门开展长江流域河道非法采砂联合执法工作。

第三章 资源保护

第二十九条 长江流域水资源保护与利用，应当根据流域综合规划，优先满足城乡居民生活用水，保障基本生态用水，并统筹农业、工业用水以及航运等需要。

第三十条 国务院水行政主管部门有关流域管理机构商长江流域省级人民政府依法制定跨省河流水量分配方案，报国务院或者国务院授权的部门批准后实施。制定长江流域跨省河流水量分配方案应当征求国务院有关部门的意见。长江流域省级人民政府水行政主管部门制定本行政区域的长江流域水量分配方案，报本级人民政府批准后实施。

国务院水行政主管部门有关流域管理机构或者长江流域县级以上地方人民政府水行政主管部门依据批准的水量分配方案，编制年度水量分配方案和调度计划，明确相关河段和控制断面流量水量、水位管控要求。

第三十一条 国家加强长江流域生态用水保障。国务院水行政主管部门会同国务院有关部门提出长江干流、重要支流和重要湖泊控制断面的生态流量管控指标。其他河湖生态流量管控指标由长江流域县级以上地方人民政府水行政主管部门会同本级人民政府有关部门确定。

国务院水行政主管部门有关流域管理机构应当将生态水量纳入年度水量调度计划，保证河湖基本生态用水需求，保障枯水期和鱼类产卵期生态流量、重要湖泊的水量和水位，保障长江河口咸淡水平衡。

长江干流、重要支流和重要湖泊上游的水利水电、航运枢纽等工程应当将生态用水调度纳入日常运行调度规程，建立常规生态调度机制，保证河湖生态流量；其下泄流量不符合生态流量泄放要求的，由县级以上人民政府水行政主管部门提出整改措施并监督实施。

第三十二条 国务院有关部门和长江流域地方各级人民政府应当采取措施，加快病险水库除险加固，推进堤防和蓄滞洪区建设，提升洪涝灾害防御工程标准，加强水工程联合调度，开展河道泥沙观测和河势调查，建立与经济社会发展相适应的防洪减灾工程和非工程体系，提高防御水旱灾害的整体能力。

第三十三条 国家对跨长江流域调水实行科学论证，加强控制和管理。实施跨长江流域调水应当优先保障调出区域及其下游区域的用水安全和生态安全，统筹调出区域和调入区域用水需求。

第三十四条 国家加强长江流域饮用水水源地保护。国务院水行政主管部门会同国务院有关部门制定长江流域饮用水水源地名录。长江流域省级人民政府水行政主管部门会同本级人民政府有关部门制定本行政区域的其他饮用水水源地名录。

长江流域省级人民政府组织划定饮用水水源保护区，加强饮用水水源保护，保障饮用水安全。

第三十五条 长江流域县级以上地方人民政府及其有关部门应当合理布局饮用水水源取水口，制定饮用水安全突发事件应急预案，加强饮用水备用应急水源建设，对饮用水水源的水环境质量进行实时监测。

第三十六条 丹江口库区及其上游所在地县级以上地方人民政府应当按照饮用水水源地安全保障区、水质影响控制区、水源涵养生态建设区管理要求，加强山水林田湖草整体保护，增强水源涵养能力，保障水质稳定达标。

第三十七条 国家加强长江流域地下水资源保护。长江流域县级以上地方人民政府及其有关部门应当定期调查评估地下水资源状况，监测地下水水量、水位、水环境质量，并采取相应风险防范措施，保障地下水资源安全。

第三十八条 国务院水行政主管部门会同国务院有关部门确定长江流域农业、工业用水效率目标，加强用水计量和监测设施建设；完善规划和建设项目水资源论证制度；加强对高耗水行业、重点用水单位的用水定额管理，严格控制高耗水项目建设。

第三十九条 国家统筹长江流域自然保护地体系建设。国务院和长江流域省级人民政府在长江流域重要典型生态系统的完整分布区、生态环境敏感区以及珍贵野生动植物天然集中分布区和重要栖息地、重要自然遗迹分布区等区域，依法设立国家公园、自然保护区、自然公园等自然保护地。

第四十条 国务院和长江流域省级人民政府应当依法在长江流域重要生态区、生态状况脆弱区划定公益林，实施严格管理。国家对长江流域天然林实施严格保护，科学划定天然林保护重点区域。

长江流域县级以上地方人民政府应当加强对长江流域草原资源的保护，对具有调节气候、涵养水源、保持水土、防风固沙等特殊作用的基本草原实施严格管理。

国务院林业和草原主管部门和长江流域省级人民政府林业和草原主管部门会同本级人民政府有关部门，根据不同生态区位、生态系统功能和生物多样性保护的需要，发布长江流域国家重要湿地、地方重要湿地名录及保护范围，加强对长江流域湿地的保护和管理，维护湿地生态功能和生物多样性。

第四十一条 国务院农业农村主管部门会同国务院有关部门和长江流域省级人民政府建立长江流域水生生物完整性指数评价体系，组织开展长江流域水生生物完整性评价，并将结果作为评估长江流域生态系统总体状况的重要依据。长江流域水生生物完整性指数应当与长江流域水环境质量标准相衔接。

第四十二条 国务院农业农村主管部门和长江流域县级以上地方人民政府应当制定长江流域珍贵、濒危水生野生动植物保护计划，对长江流域珍贵、濒危水生野生动植物实行重点保护。

国家鼓励有条件的单位开展对长江流域江豚、白鱀豚、白鲟、中华鲟、长江鲟、鯮、鲥、四川白甲鱼、川陕哲罗鲑、胭脂鱼、鳤、圆口铜鱼、多鳞白甲鱼、华鲮、鲈鲤和葛仙米、弧形藻、眼子菜、水菜花等水生野生动植物生境特征和种群动态的研究，建设人工繁育和科普教育基地，组织开展水生生物救护。

禁止在长江流域开放水域养殖、投放外来物种或者其他非本地物种种质资源。

第四章 水污染防治

第四十三条 国务院生态环境主管部门和长江流域地方各级人民政府应当采取有效措施，加大对长江流域的水污染防治、监管力度，预防、控制和减少水环境污染。

第四十四条 国务院生态环境主管部门负责制定长江流域水环境质量标准，对国家水环境质量标准中未作规定的项目可以补充规定；对国家水环境质量标准中已经规定的项目，可以作出更加严格的规定。制定长江流域水环境质量标准应当征求国务院有关部门和有关省级人民政府的意见。长江流域省级人民政府可以制定严于长江流域水环境质量标准的地方水环境质量标准，报国务院生态环境主管部门备案。

第四十五条 长江流域省级人民政府应当对没有国家水污染物排放标准的特色产业、特有污染物，或者国家有明确要求的特定水污染源或者水污染物，补充制定地方水污染物排放标准，报国务院生态环境主管部门备案。

有下列情形之一的，长江流域省级人民政府应当制定严于国家水污染物排放标准的地方水污染物排放标准，报国务院生态环境主管部门备案：

（一）产业密集、水环境问题突出的；

（二）现有水污染物排放标准不能满足所辖长江流域水环境质量要求的；

（三）流域或者区域水环境形势复杂，无法适用统一的水污染物排放标准的。

第四十六条 长江流域省级人民政府制定本行政区域的总磷污染控制方案，并组织实施。对磷矿、磷肥生产集中的长江干支流，有关省级人民政府应当制定更加严格的总磷排放管控要求，有效控制总磷排放总量。

磷矿开采加工、磷肥和含磷农药制造等企业，应当按照排污许可要求，采取有效措施控制总磷排放浓度和排放总量；对排污口和周边环境进行总磷监测，依法公开监测信息。

第四十七条 长江流域县级以上地方人民政府应当统筹长江流域城乡污水集中处理设施及配套管网建设，并保障其正常运行，提高城乡污水收集处理能力。

长江流域县级以上地方人民政府应当组织对本行政区域的江河、湖泊排污口开展排查整治，明确责任主体，实施分类管理。

在长江流域江河、湖泊新设、改设或者扩大排污口，应当按照国家有关规定报经有管辖权的生态环境主管部门或者长江流域生态环境监督管理机构同意。对未达到水质目标的水功能区，除污水集中处理设施排污口外，应当严格控制新设、改设或者扩大排污口。

第四十八条 国家加强长江流域农业面源污染防治。长江流域农业生产应当科学使用农业投入品，减少化肥、农药施用，推广有机肥使用，科学处置农用薄膜、农作物秸秆等农业废弃物。

第四十九条 禁止在长江流域河湖管理范围内倾倒、填埋、堆放、弃置、处理固体废物。长江流域县级以上地方人民政府应当加强对固体废物非法转移和倾倒的联防联控。

第五十条 长江流域县级以上地方人民政府应当组织对沿河湖垃圾填埋场、加油站、矿山、尾矿库、危险废物处置场、化工园区和化工项目等地下水重点污染源及周边地下水环境风险隐患开展调查评估，并采取相应风险防范和整治措施。

第五十一条 国家建立长江流域危险货物运输船舶污染责任保险与财务担保相结合机制。具体办法由国务院交通运输主管部门会同国务院有关部门制定。

禁止在长江流域水上运输剧毒化学品和国家规定禁止通过内河运输的其他危险化学品。长江流域县级以上地方人民政府交通运输主管部门会同本级人民政府有关部门加强对长江流域危险化学品运输的管控。

第五章 生态环境修复

第五十二条 国家对长江流域生态系统实行自然恢复为主、自然恢复与人工修复相结合的系统治理。国务院自然资源主管部门会同国务院有关部门编制长江流域生态环境修复规划，组织实施重大生态环境修复工程，统筹推进长江流域各项生态环境修复工作。

第五十三条 国家对长江流域重点水域实行严格捕捞管理。在长江流域水生生物保护区全面禁止生产性捕捞；在国家规定的期限内，长江干流和重要支流、大型通江湖泊、长江河口规定区域等重点水域全面禁止天然渔业资源的生产性捕捞。具体办法由国务院农业农村主管部门会同国务院有关部门制定。

国务院农业农村主管部门会同国务院有关部门和长江流域省级人民政府加强长江流域禁捕执法工作，严厉查处电鱼、毒鱼、炸鱼等破坏渔业资源和生态环境的捕捞行为。

长江流域县级以上地方人民政府应当按照国家有关规定做好长江流域重点水域退捕渔民的补偿、转产和社会保障工作。

长江流域其他水域禁捕、限捕管理办法由县级以上地方人民政府制定。

第五十四条 国务院水行政主管部门会同国务院有关部门制定并组织实施长江干流和重要支流的河湖水系连通修复方案，长江流域省级人民政府制定并组织实施本行政区域的长江流域河湖水系连通修复方案，逐步改善长江流域河湖连通状况，恢复河湖生态流量，维护河湖水系生态功能。

第五十五条 国家长江流域协调机制统筹协调国务院自然资源、水行政、生态环境、住房和城乡建设、农业农村、交通运输、林业和草原等部门和长江流域省级人民政府制定长江流域河湖岸线修复规范，确定岸线修复指标。

长江流域县级以上地方人民政府按照长江流域河湖岸线保护规划、修复规范和指标要求，制定并组织实施河湖岸线修复计划，保障自然岸线比例，恢复河湖岸线生态功能。

禁止违法利用、占用长江流域河湖岸线。

第五十六条 国务院有关部门会同长江流域有关省级人民政府加强对三峡库区、丹江口库区等重点库区消落区的生态环境保护和修复，因地制宜实施退耕还林还草还湿，禁止施用化肥、农药，科学调控水库水位，加强库区水土保持和地质灾害防治工作，保障消落区良好生态功能。

第五十七条 长江流域县级以上地方人民政府林业和草原主管部门负责组织实施长江流域森林、草原、湿地修复计划，科学推进森林、草原、湿地修复工作，加大退化天然林、草原和受损湿地修复力度。

第五十八条 国家加大对太湖、鄱阳湖、洞庭湖、巢湖、滇池等重点湖泊实施生态环境修复的支持力度。

长江流域县级以上地方人民政府应当组织开展富营养化湖泊的生态环境修复，采取调整产业布局规模、实施控制性水工程统一调度、生态补水、河湖连通等综合措施，改善和恢复湖泊生态系统的质量和功能；对氮磷浓度严重超标的湖泊，应当在影响湖泊水质的汇水区，采取措施削减化肥用量，禁止使用含磷洗涤剂，全面清理投饵、

投肥养殖。

第五十九条 国务院林业和草原、农业农村主管部门应当对长江流域数量急剧下降或者极度濒危的野生动植物和受到严重破坏的栖息地、天然集中分布区、破碎化的典型生态系统制定修复方案和行动计划，修建迁地保护设施，建立野生动植物遗传资源基因库，进行抢救性修复。

在长江流域水生生物产卵场、索饵场、越冬场和洄游通道等重要栖息地应当实施生态环境修复和其他保护措施。对鱼类等水生生物洄游产生阻隔的涉水工程应当结合实际采取建设过鱼设施、河湖连通、生态调度、灌江纳苗、基因保存、增殖放流、人工繁育等多种措施，充分满足水生生物的生态需求。

第六十条 国务院水行政主管部门会同国务院有关部门和长江河口所在地人民政府按照陆海统筹、河海联动的要求，制定实施长江河口生态环境修复和其他保护措施方案，加强对水、沙、盐、潮滩、生物种群的综合监测，采取有效措施防止海水入侵和倒灌，维护长江河口良好生态功能。

第六十一条 长江流域水土流失重点预防区和重点治理区的县级以上地方人民政府应当采取措施，防治水土流失。生态保护红线范围内的水土流失地块，以自然恢复为主，按照规定有计划地实施退耕还林还草还湿；划入自然保护地核心保护区的永久基本农田，依法有序退出并予以补划。

禁止在长江流域水土流失严重、生态脆弱的区域开展可能造成水土流失的生产建设活动。确因国家发展战略和国计民生需要建设的，应当经科学论证，并依法办理审批手续。

长江流域县级以上地方人民政府应当对石漠化的土地因地制宜采取综合治理措施，修复生态系统，防止土地石漠化蔓延。

第六十二条 长江流域县级以上地方人民政府应当因地制宜采取消除地质灾害隐患、土地复垦、恢复植被、防治污染等措施，加快历史遗留矿山生态环境修复工作，并加强对在建和运行中矿山的监督管理，督促采矿权人切实履行矿山污染防治和生态环境修复责任。

第六十三条 长江流域中下游地区县级以上地方人民政府应当因地制宜在项目、资金、人才、管理等方面，对长江流域江河源头和上游地区实施生态环境修复和其他保护措施给予支持，提升长江流域生态脆弱区实施生态环境修复和其他保护措施的能力。

国家按照政策支持、企业和社会参与、市场化运作的原则，鼓励社会资本投入长江流域生态环境修复。

第六章 绿色发展

第六十四条 国务院有关部门和长江流域地方各级人民政府应当按照长江流域发展规划、国土空间规划的要求，调整产业结构，优化产业布局，推进长江流域绿色发展。

第六十五条 国务院和长江流域地方各级人民政府及其有关部门应当协同推进乡村振兴战略和新型城镇化战略的实施，统筹城乡基础设施建设和产业发展，建立健全全民覆盖、普惠共享、城乡一体的基本公共服务体系，促进长江流域城乡融合发展。

第六十六条 长江流域县级以上地方人民政府应当推动钢铁、石油、化工、有色金属、建材、船舶等产业升级改造，提升技术装备水平；推动造纸、制革、电镀、印染、有色金属、农药、氮肥、焦化、原料药制造等企业实施清洁化改造。企业应当通过技术创新减少资源消耗和污染物排放。

长江流域县级以上地方人民政府应当采取措施加快重点地区危险化学品生产企业搬迁改造。

第六十七条 国务院有关部门会同长江流域省级人民政府建立开发区绿色发展评估机制，并组织对各类开发区的资源能源节约集约利用、生态环境保护等情况开展定期评估。

长江流域县级以上地方人民政府应当根据评估结果对开发区产业产品、节能减排措施等进行优化调整。

第六十八条 国家鼓励和支持在长江流域实施重点行业和重点用水单位节水技术改造，提高水资源利用效率。

长江流域县级以上地方人民政府应当加强节水型城市和节水型园区建设，促进节水型行业产业和企业发展，并加快建设雨水自然积存、自然渗透、自然净化的海绵城市。

第六十九条 长江流域县级以上地方人民政府应当按照绿色发展的要求，统筹规划、建设与管理，提升城乡人居环境质量，建设美丽城镇和美丽乡村。

长江流域县级以上地方人民政府应当按照生态、环保、经济、实用的原则因地制宜组织实施厕所改造。

国务院有关部门和长江流域县级以上地方人民政府及其有关部门应当加强对城市新区、各类开发区等使用建筑材料的管理，鼓励使用节能环保、性能高的建筑材料，建设地下综合管廊和管网。

长江流域县级以上地方人民政府应当建设废弃

土石渣综合利用信息平台，加强对生产建设活动废弃土石渣收集、清运、集中堆放的管理，鼓励开展综合利用。

第七十条 长江流域县级以上地方人民政府应当编制并组织实施养殖水域滩涂规划，合理划定禁养区、限养区、养殖区，科学确定养殖规模和养殖密度；强化水产养殖投入品管理，指导和规范水产养殖、增殖活动。

第七十一条 国家加强长江流域综合立体交通体系建设，完善港口、航道等水运基础设施，推动交通设施互联互通，实现水陆有机衔接、江海直达联运，提升长江黄金水道功能。

第七十二条 长江流域县级以上地方人民政府应当统筹建设船舶污染物接收转运处置设施、船舶液化天然气加注站，制定港口岸电设施、船舶受电设施建设和改造计划，并组织实施。具备岸电使用条件的船舶靠港应当按照国家有关规定使用岸电，但使用清洁能源的除外。

第七十三条 国务院和长江流域县级以上地方人民政府对长江流域港口、航道和船舶升级改造，液化天然气动力船舶等清洁能源或者新能源动力船舶建造，港口绿色设计等按照规定给予资金支持或者政策扶持。

国务院和长江流域县级以上地方人民政府对长江流域港口岸电设施、船舶受电设施的改造和使用按照规定给予资金补贴、电价优惠等政策扶持。

第七十四条 长江流域地方各级人民政府加强对城乡居民绿色消费的宣传教育，并采取有效措施，支持、引导居民绿色消费。

长江流域地方各级人民政府按照系统推进、广泛参与、突出重点、分类施策的原则，采取回收押金、限制使用易污染不易降解塑料用品、绿色设计、发展公共交通等措施，提倡简约适度、绿色低碳的生活方式。

第七章 保障与监督

第七十五条 国务院和长江流域县级以上地方人民政府应当加大长江流域生态环境保护和修复的财政投入。

国务院和长江流域省级人民政府按照中央与地方财政事权和支出责任划分原则，专项安排长江流域生态环境保护资金，用于长江流域生态环境保护和修复。国务院自然资源主管部门会同国务院财政、生态环境等有关部门制定合理利用社会资金促进长江流域生态环境修复的政策措施。

国家鼓励和支持长江流域生态环境保护和修复等方面的科学技术研究开发和推广应用。

国家鼓励金融机构发展绿色信贷、绿色债券、绿色保险等金融产品，为长江流域生态环境保护和绿色发展提供金融支持。

第七十六条 国家建立长江流域生态保护补偿制度。

国家加大财政转移支付力度，对长江干流及重要支流源头和上游的水源涵养地等生态功能重要区域予以补偿。具体办法由国务院财政部门会同国务院有关部门制定。

国家鼓励长江流域上下游、左右岸、干支流地方人民政府之间开展横向生态保护补偿。

国家鼓励社会资金建立市场化运作的长江流域生态保护补偿基金；鼓励相关主体之间采取自愿协商等方式开展生态保护补偿。

第七十七条 国家加强长江流域司法保障建设，鼓励有关单位为长江流域生态环境保护提供法律服务。

长江流域各级行政执法机关、人民法院、人民检察院在依法查处长江保护违法行为或者办理相关案件过程中，发现存在涉嫌犯罪行为的，应当将犯罪线索移送具有侦查、调查职权的机关。

第七十八条 国家实行长江流域生态环境保护责任制和考核评价制度。上级人民政府应当对下级人民政府生态环境保护和修复目标完成情况等进行考核。

第七十九条 国务院有关部门和长江流域县级以上地方人民政府有关部门应当依照本法规定和职责分工，对长江流域各类保护、开发、建设活动进行监督检查，依法查处破坏长江流域自然资源、污染长江流域环境、损害长江流域生态系统等违法行为。

公民、法人和非法人组织有权依法获取长江流域生态环境保护相关信息，举报和控告破坏长江流域自然资源、污染长江流域环境、损害长江流域生态系统等违法行为。

国务院有关部门和长江流域地方各级人民政府及其有关部门应当依法公开长江流域生态环境保护相关信息，完善公众参与程序，为公民、法人和非法人组织参与和监督长江流域生态环境保护提供便利。

第八十条 国务院有关部门和长江流域地方各级人民政府及其有关部门对长江流域跨行政区域、生态敏感区域和生态环境违法案件高发区域以及重大违法案件，依法开展联合执法。

第八十一条 国务院有关部门和长江流域省级

人民政府对长江保护工作不力、问题突出、群众反映集中的地区，可以约谈所在地区县级以上地方人民政府及其有关部门主要负责人，要求其采取措施及时整改。

第八十二条 国务院应当定期向全国人民代表大会常务委员会报告长江流域生态环境状况及保护和修复工作等情况。

长江流域县级以上地方人民政府应当定期向本级人民代表大会或者其常务委员会报告本级人民政府长江流域生态环境保护和修复工作等情况。

第八章 法律责任

第八十三条 国务院有关部门和长江流域地方各级人民政府及其有关部门违反本法规定，有下列行为之一的，对直接负责的主管人员和其他直接责任人员依法给予警告、记过、记大过或者降级处分；造成严重后果的，给予撤职或者开除处分，其主要负责人应当引咎辞职：

（一）不符合行政许可条件准予行政许可的；

（二）依法应当作出责令停业、关闭等决定而未作出的；

（三）发现违法行为或者接到举报不依法查处的；

（四）有其他玩忽职守、滥用职权、徇私舞弊行为的。

第八十四条 违反本法规定，有下列行为之一的，由有关主管部门按照职责分工，责令停止违法行为，给予警告，并处一万元以上十万元以下罚款；情节严重的，并处十万元以上五十万元以下罚款：

（一）船舶在禁止航行区域内航行的；

（二）经同意在水生生物重要栖息地禁止航行区域内航行，未采取必要措施减少对重要水生生物干扰的；

（三）水利水电、航运枢纽等工程未将生态用水调度纳入日常运行调度规程的；

（四）具备岸电使用条件的船舶未按照国家有关规定使用岸电的。

第八十五条 违反本法规定，在长江流域开放水域养殖、投放外来物种或者其他非本地物种种质资源的，由县级以上人民政府农业农村主管部门责令限期捕回，处十万元以下罚款；造成严重后果的，处十万元以上一百万元以下罚款；逾期不捕回的，由有关人民政府农业农村主管部门代为捕回或者采取降低负面影响的措施，所需费用由违法者承担。

第八十六条 违反本法规定，在长江流域水生生物保护区内从事生产性捕捞，或者在长江干流和重要支流、大型通江湖泊、长江河口规定区域等重点水域禁捕期间从事天然渔业资源的生产性捕捞的，由县级以上人民政府农业农村主管部门没收渔获物、违法所得以及用于违法活动的渔船、渔具和其他工具，并处一万元以上五万元以下罚款；采取电鱼、毒鱼、炸鱼等方式捕捞，或者有其他严重情节的，并处五万元以上五十万元以下罚款。

收购、加工、销售前款规定的渔获物的，由县级以上人民政府农业农村、市场监督管理等部门按照职责分工，没收渔获物及其制品和违法所得，并处货值金额十倍以上二十倍以下罚款；情节严重的，吊销相关生产经营许可证或者责令关闭。

第八十七条 违反本法规定，非法侵占长江流域河湖水域，或者违法利用、占用河湖岸线的，由县级以上人民政府水行政、自然资源等主管部门按照职责分工，责令停止违法行为，限期拆除并恢复原状，所需费用由违法者承担，没收违法所得，并处五万元以上五十万元以下罚款。

第八十八条 违反本法规定，有下列行为之一的，由县级以上人民政府生态环境、自然资源等主管部门按照职责分工，责令停止违法行为，限期拆除并恢复原状，所需费用由违法者承担，没收违法所得，并处五十万元以上五百万元以下罚款，对直接负责的主管人员和其他直接责任人员处五万元以上十万元以下罚款；情节严重的，报经有批准权的人民政府批准，责令关闭：

（一）在长江干支流岸线一公里范围内新建、扩建化工园区和化工项目的；

（二）在长江干流岸线三公里范围内和重要支流岸线一公里范围内新建、改建、扩建尾矿库的；

（三）违反生态环境准入清单的规定进行生产建设活动的。

第八十九条 长江流域磷矿开采加工、磷肥和含磷农药制造等企业违反本法规定，超过排放标准或者总量控制指标排放含磷水污染物的，由县级以上人民政府生态环境主管部门责令停止违法行为，并处二十万元以上二百万元以下罚款，对直接负责的主管人员和其他直接责任人员处五万元以上十万元以下罚款；情节严重的，责令停产整顿，或者报经有批准权的人民政府批准，责令关闭。

第九十条 违反本法规定，在长江流域水上运输剧毒化学品和国家规定禁止通过内河运输的其他危险化学品的，由县级以上人民政府交通运输主管部门或者海事管理机构责令改正，没收违法所得，并处二十万元以上二百万元以下罚款，对直接负责的主管人员和其他直接责任人员处五万元以上十万元以下罚款；情节严重的，责令停业整顿，或者吊销相关许可证。

第九十一条 违反本法规定，在长江流域未依法取得许可从事采砂活动，或者在禁止采砂区和禁止采砂期从事采砂活动的，由国务院水行政主管部门有关流域管理机构或者县级以上地方人民政府水行政主管部门责令停止违法行为，没收违法所得以及用于违法活动的船舶、设备、工具，并处货值金额二倍以上二十倍以下罚款；货值金额不足十万元的，并处二十万元以上二百万元以下罚款；已经取得河道采砂许可证的，吊销河道采砂许可证。

第九十二条 对破坏长江流域自然资源、污染长江流域环境、损害长江流域生态系统等违法行为，本法未作行政处罚规定的，适用有关法律、行政法规的规定。

第九十三条 因污染长江流域环境、破坏长江流域生态造成他人损害的，侵权人应当承担侵权责任。

违反国家规定造成长江流域生态环境损害的，国家规定的机关或者法律规定的组织有权请求侵权人承担修复责任、赔偿损失和有关费用。

第九十四条 违反本法规定，构成犯罪的，依法追究刑事责任。

第九章 附 则

第九十五条 本法下列用语的含义：

（一）本法所称长江干流，是指长江源头至长江河口，流经青海省、四川省、西藏自治区、云南省、重庆市、湖北省、湖南省、江西省、安徽省、江苏省、上海市的长江主河段；

（二）本法所称长江支流，是指直接或者间接流入长江干流的河流，支流可以分为一级支流、二级支流等；

（三）本法所称长江重要支流，是指流域面积一万平方公里以上的支流，其中流域面积八万平方公里以上的一级支流包括雅砻江、岷江、嘉陵江、乌江、湘江、沅江、汉江和赣江等。

第九十六条 本法自 2021 年 3 月 1 日起施行。

中华人民共和国湿地保护法（2021 年 12 月 24 日，中华人民共和国第十三届全国人民代表大会常务委员会第三十二次会议通过《中华人民共和国湿地保护法》，2022 年 6 月 1 日起施行）

第一章 总 则

第一条 为了加强湿地保护，维护湿地生态功能及生物多样性，保障生态安全，促进生态文明建设，实现人与自然和谐共生，制定本法。

第二条 在中华人民共和国领域及管辖的其他海域内从事湿地保护、利用、修复及相关管理活动，适用本法。

本法所称湿地，是指具有显著生态功能的自然或者人工的、常年或者季节性积水地带、水域，包括低潮时水深不超过六米的海域，但是水田以及用于养殖的人工的水域和滩涂除外。国家对湿地实行分级管理及名录制度。

江河、湖泊、海域等的湿地保护、利用及相关管理活动还应当适用《中华人民共和国水法》《中华人民共和国防洪法》《中华人民共和国水污染防治法》《中华人民共和国海洋环境保护法》《中华人民共和国长江保护法》《中华人民共和国渔业法》《中华人民共和国海域使用管理法》等有关法律的规定。

第三条 湿地保护应当坚持保护优先、严格管理、系统治理、科学修复、合理利用的原则，发挥湿地涵养水源、调节气候、改善环境、维护生物多样性等多种生态功能。

第四条 县级以上人民政府应当将湿地保护纳入国民经济和社会发展规划，并将开展湿地保护工作所需经费按照事权划分原则列入预算。

县级以上地方人民政府对本行政区域内的湿地保护负责，采取措施保持湿地面积稳定，提升湿地生态功能。

乡镇人民政府组织群众做好湿地保护相关工作，村民委员会予以协助。

第五条 国务院林业草原主管部门负责湿地资源的监督管理，负责湿地保护规划和相关国家标准拟定、湿地开发利用的监督管理、湿地生态保护修复工作。国务院自然资源、水行政、住房城乡建设、生态环境、农业农村等其他有关部门，按照职责分工承担湿地保护、修复、管理有关工作。

国务院林业草原主管部门会同国务院自然资源、水行政、住房城乡建设、生态环境、农业农村等主管部门建立湿地保护协作和信息通报机制。

第六条 县级以上地方人民政府应当加强湿地保护协调工作。县级以上地方人民政府有关部门按照职责分工负责湿地保护、修复、管理有关工作。

第七条 各级人民政府应当加强湿地保护宣传教育和科学知识普及工作，通过湿地保护日、湿地保护宣传周等开展宣传教育活动，增强全社会湿地保护意识；鼓励基层群众性自治组织、社会组织、

志愿者开展湿地保护法律法规和湿地保护知识宣传活动，营造保护湿地的良好氛围。

教育主管部门、学校应当在教育教学活动中注重培养学生的湿地保护意识。

新闻媒体应当开展湿地保护法律法规和湿地保护知识的公益宣传，对破坏湿地的行为进行舆论监督。

第八条 国家鼓励单位和个人依法通过捐赠、资助、志愿服务等方式参与湿地保护活动。

对在湿地保护方面成绩显著的单位和个人，按照国家有关规定给予表彰、奖励。

第九条 国家支持开展湿地保护科学技术研究开发和应用推广，加强湿地保护专业技术人才培养，提高湿地保护科学技术水平。

第十条 国家支持开展湿地保护科学技术、生物多样性、候鸟迁徙等方面的国际合作与交流。

第十一条 任何单位和个人都有保护湿地的义务，对破坏湿地的行为有权举报或者控告，接到举报或者控告的机关应当及时处理，并依法保护举报人、控告人的合法权益。

第二章 湿地资源管理

第十二条 国家建立湿地资源调查评价制度。

国务院自然资源主管部门应当会同国务院林业草原等有关部门定期开展全国湿地资源调查评价工作，对湿地类型、分布、面积、生物多样性、保护与利用情况等进行调查，建立统一的信息发布和共享机制。

第十三条 国家实行湿地面积总量管控制度，将湿地面积总量管控目标纳入湿地保护目标责任制。

国务院林业草原、自然资源主管部门会同国务院有关部门根据全国湿地资源状况、自然变化情况和湿地面积总量管控要求，确定全国和各省、自治区、直辖市湿地面积总量管控目标，报国务院批准。地方各级人民政府应当采取有效措施，落实湿地面积总量管控目标的要求。

第十四条 国家对湿地实行分级管理，按照生态区位、面积以及维护生态功能、生物多样性的重要程度，将湿地分为重要湿地和一般湿地。重要湿地包括国家重要湿地和省级重要湿地，重要湿地以外的湿地为一般湿地。重要湿地依法划入生态保护红线。

国务院林业草原主管部门会同国务院自然资源、水行政、住房城乡建设、生态环境、农业农村等有关部门发布国家重要湿地名录及范围，并设立保护标志。国际重要湿地应当列入国家重要湿地名录。

省、自治区、直辖市人民政府或者其授权的部门负责发布省级重要湿地名录及范围，并向国务院林业草原主管部门备案。

一般湿地的名录及范围由县级以上地方人民政府或者其授权的部门发布。

第十五条 国务院林业草原主管部门应当会同国务院有关部门，依据国民经济和社会发展规划、国土空间规划和生态环境保护规划编制全国湿地保护规划，报国务院或者其授权的部门批准后组织实施。

县级以上地方人民政府林业草原主管部门应当会同有关部门，依据本级国土空间规划和上一级湿地保护规划编制本行政区域内的湿地保护规划，报同级人民政府批准后组织实施。

湿地保护规划应当明确湿地保护的目标任务、总体布局、保护修复重点和保障措施等内容。经批准的湿地保护规划需要调整的，按照原批准程序办理。

编制湿地保护规划应当与流域综合规划、防洪规划等规划相衔接。

第十六条 国务院林业草原、标准化主管部门会同国务院自然资源、水行政、住房城乡建设、生态环境、农业农村主管部门组织制定湿地分级分类、监测预警、生态修复等国家标准；国家标准未作规定的，可以依法制定地方标准并备案。

第十七条 县级以上人民政府林业草原主管部门建立湿地保护专家咨询机制，为编制湿地保护规划、制定湿地名录、制定相关标准等提供评估论证等服务。

第十八条 办理自然资源权属登记涉及湿地的，应当按照规定记载湿地的地理坐标、空间范围、类型、面积等信息。

第十九条 国家严格控制占用湿地。

禁止占用国家重要湿地，国家重大项目、防灾减灾项目、重要水利及保护设施项目、湿地保护项目等除外。

建设项目选址、选线应当避让湿地，无法避让的应当尽量减少占用，并采取必要措施减轻对湿地生态功能的不利影响。

建设项目规划选址、选线审批或者核准时，涉及国家重要湿地的，应当征求国务院林业草原主管部门的意见；涉及省级重要湿地或者一般湿地的，应当按照管理权限，征求县级以上地方人民政府授权的部门的意见。

第二十条 建设项目确需临时占用湿地的，应当依照《中华人民共和国土地管理法》《中华人民共和国水法》《中华人民共和国森林法》《中华人民共和国草原法》《中华人民共和国海域使用管理法》等有关法律法规的规定办理。临时占用湿地的期限一般不得超过二年，并不得在临时占用的湿地上修建永久性建筑物。

临时占用湿地期满后一年内，用地单位或者个人应当恢复湿地面积和生态条件。

第二十一条 除因防洪、航道、港口或者其他水工程占用河道管理范围及蓄滞洪区内的湿地外，经依法批准占用重要湿地的单位应当根据当地自然条件恢复或者重建与所占用湿地面积和质量相当的湿地；没有条件恢复、重建的，应当缴纳湿地恢复费。缴纳湿地恢复费的，不再缴纳其他相同性质的恢复费用。

湿地恢复费缴纳和使用管理办法由国务院财政部门会同国务院林业草原等有关部门制定。

第二十二条 国务院林业草原主管部门应当按照监测技术规范开展国家重要湿地动态监测，及时掌握湿地分布、面积、水量、生物多样性、受威胁状况等变化信息。

国务院林业草原主管部门应当依据监测数据，对国家重要湿地生态状况进行评估，并按照规定发布预警信息。

省、自治区、直辖市人民政府林业草原主管部门应当按照监测技术规范开展省级重要湿地动态监测、评估和预警工作。

县级以上地方人民政府林业草原主管部门应当加强对一般湿地的动态监测。

第三章 湿地保护与利用

第二十三条 国家坚持生态优先、绿色发展，完善湿地保护制度，健全湿地保护政策支持和科技支撑机制，保障湿地生态功能和永续利用，实现生态效益、社会效益、经济效益相统一。

第二十四条 省级以上人民政府及其有关部门根据湿地保护规划和湿地保护需要，依法将湿地纳入国家公园、自然保护区或者自然公园。

第二十五条 地方各级人民政府及其有关部门应当采取措施，预防和控制人为活动对湿地及其生物多样性的不利影响，加强湿地污染防治，减缓人为因素和自然因素导致的湿地退化，维护湿地生态功能稳定。

在湿地范围内从事旅游、种植、畜牧、水产养殖、航运等利用活动，应当避免改变湿地的自然状况，并采取措施减轻对湿地生态功能的不利影响。

县级以上人民政府有关部门在办理环境影响评价、国土空间规划、海域使用、养殖、防洪等相关行政许可时，应当加强对有关湿地利用活动的必要性、合理性以及湿地保护措施等内容的审查。

第二十六条 地方各级人民政府对省级重要湿地和一般湿地利用活动进行分类指导，鼓励单位和个人开展符合湿地保护要求的生态旅游、生态农业、生态教育、自然体验等活动，适度控制种植养殖等湿地利用规模。

地方各级人民政府应当鼓励有关单位优先安排当地居民参与湿地管护。

第二十七条 县级以上地方人民政府应当充分考虑保障重要湿地生态功能的需要，优化重要湿地周边产业布局。

县级以上地方人民政府可以采取定向扶持、产业转移、吸引社会资金、社区共建等方式，推动湿地周边地区绿色发展，促进经济发展与湿地保护相协调。

第二十八条 禁止下列破坏湿地及其生态功能的行为：

（一）开（围）垦、排干自然湿地，永久性截断自然湿地水源；

（二）擅自填埋自然湿地，擅自采砂、采矿、取土；

（三）排放不符合水污染物排放标准的工业废水、生活污水及其他污染湿地的废水、污水，倾倒、堆放、丢弃、遗撒固体废物；

（四）过度放牧或者滥采野生植物，过度捕捞或者灭绝式捕捞，过度施肥、投药、投放饵料等污染湿地的种植养殖行为；

（五）其他破坏湿地及其生态功能的行为。

第二十九条 县级以上人民政府有关部门应当按照职责分工，开展湿地有害生物监测工作，及时采取有效措施预防、控制、消除有害生物对湿地生态系统的危害。

第三十条 县级以上人民政府应当加强对国家重点保护野生动植物集中分布湿地的保护。任何单位和个人不得破坏鸟类和水生生物的生存环境。

禁止在以水鸟为保护对象的自然保护地及其他重要栖息地从事捕鱼、挖捕底栖生物、捡拾鸟蛋、破坏鸟巢等危及水鸟生存、繁衍的活动。开展观鸟、科学研究以及科普活动等应当保持安全距离，避免影响鸟类正常觅食和繁殖。

在重要水生生物产卵场、索饵场、越冬场和洄游通道等重要栖息地应当实施保护措施。经依法批准在洄游通道建闸、筑坝，可能对水生生物洄游产

生影响的，建设单位应当建造过鱼设施或者采取其他补救措施。

禁止向湿地引进和放生外来物种，确需引进的应当进行科学评估，并依法取得批准。

第三十一条　国务院水行政主管部门和地方各级人民政府应当加强对河流、湖泊范围内湿地的管理和保护，因地制宜采取水系连通、清淤疏浚、水源涵养与水土保持等治理修复措施，严格控制河流源头和蓄滞洪区、水土流失严重区等区域的湿地开发利用活动，减轻对湿地及其生物多样性的不利影响。

第三十二条　国务院自然资源主管部门和沿海地方各级人民政府应当加强对滨海湿地的管理和保护，严格管控围填滨海湿地。经依法批准的项目，应当同步实施生态保护修复，减轻对滨海湿地生态功能的不利影响。

第三十三条　国务院住房城乡建设主管部门和地方各级人民政府应当加强对城市湿地的管理和保护，采取城市水系治理和生态修复等措施，提升城市湿地生态质量，发挥城市湿地雨洪调蓄、净化水质、休闲游憩、科普教育等功能。

第三十四条　红树林湿地所在地县级以上地方人民政府应当组织编制红树林湿地保护专项规划，采取有效措施保护红树林湿地。

红树林湿地应当列入重要湿地名录；符合国家重要湿地标准的，应当优先列入国家重要湿地名录。

禁止占用红树林湿地。经省级以上人民政府有关部门评估，确因国家重大项目、防灾减灾等需要占用的，应当依照有关法律规定办理，并做好保护和修复工作。相关建设项目改变红树林所在河口水文情势、对红树林生长产生较大影响的，应当采取有效措施减轻不利影响。

禁止在红树林湿地挖塘，禁止采伐、采挖、移植红树林或者过度采摘红树林种子，禁止投放、种植危害红树林生长的物种。因科研、医药或者红树林湿地保护等需要采伐、采挖、移植、采摘的，应当依照有关法律法规办理。

第三十五条　泥炭沼泽湿地所在地县级以上地方人民政府应当制定泥炭沼泽湿地保护专项规划，采取有效措施保护泥炭沼泽湿地。

符合重要湿地标准的泥炭沼泽湿地，应当列入重要湿地名录。

禁止在泥炭沼泽湿地开采泥炭或者擅自开采地下水；禁止将泥炭沼泽湿地蓄水向外排放，因防灾减灾需要的除外。

第三十六条　国家建立湿地生态保护补偿制度。

国务院和省级人民政府应当按照事权划分原则加大对重要湿地保护的财政投入，加大对重要湿地所在地区的财政转移支付力度。

国家鼓励湿地生态保护地区与湿地生态受益地区人民政府通过协商或者市场机制进行地区间生态保护补偿。

因生态保护等公共利益需要，造成湿地所有者或者使用者合法权益受到损害的，县级以上人民政府应当给予补偿。

第四章　湿 地 修 复

第三十七条　县级以上人民政府应当坚持自然恢复为主、自然恢复和人工修复相结合的原则，加强湿地修复工作，恢复湿地面积，提高湿地生态系统质量。

县级以上人民政府对破碎化严重或者功能退化的自然湿地进行综合整治和修复，优先修复生态功能严重退化的重要湿地。

第三十八条　县级以上人民政府组织开展湿地保护与修复，应当充分考虑水资源禀赋条件和承载能力，合理配置水资源，保障湿地基本生态用水需求，维护湿地生态功能。

第三十九条　县级以上地方人民政府应当科学论证，对具备恢复条件的原有湿地、退化湿地、盐碱化湿地等，因地制宜采取措施，恢复湿地生态功能。

县级以上地方人民政府应当按照湿地保护规划，因地制宜采取水体治理、土地整治、植被恢复、动物保护等措施，增强湿地生态功能和碳汇功能。

禁止违法占用耕地等建设人工湿地。

第四十条　红树林湿地所在地县级以上地方人民政府应当对生态功能重要区域、海洋灾害风险等级较高地区、濒危物种保护区域或者造林条件较好地区的红树林湿地优先实施修复，对严重退化的红树林湿地进行抢救性修复，修复应当尽量采用本地树种。

第四十一条　泥炭沼泽湿地所在地县级以上地方人民政府应当因地制宜，组织对退化泥炭沼泽湿地进行修复，并根据泥炭沼泽湿地的类型、发育状况和退化程度等，采取相应的修复措施。

第四十二条　修复重要湿地应当编制湿地修复方案。

重要湿地的修复方案应当报省级以上人民政府林业草原主管部门批准。林业草原主管部门在批准修复方案前，应当征求同级人民政府自然资源、水行政、住房城乡建设、生态环境、农业农村等有关部门的意见。

第四十三条 修复重要湿地应当按照经批准的湿地修复方案进行修复。

重要湿地修复完成后，应当经省级以上人民政府林业草原主管部门验收合格，依法公开修复情况。省级以上人民政府林业草原主管部门应当加强修复湿地后期管理和动态监测，并根据需要开展修复效果后期评估。

第四十四条 因违法占用、开采、开垦、填埋、排污等活动，导致湿地破坏的，违法行为人应当负责修复。违法行为人变更的，由承继其债权、债务的主体负责修复。

因重大自然灾害造成湿地破坏，以及湿地修复责任主体灭失或者无法确定的，由县级以上人民政府组织实施修复。

第五章 监督检查

第四十五条 县级以上人民政府林业草原、自然资源、水行政、住房城乡建设、生态环境、农业农村主管部门应当依照本法规定，按照职责分工对湿地的保护、修复、利用等活动进行监督检查，依法查处破坏湿地的违法行为。

第四十六条 县级以上人民政府林业草原、自然资源、水行政、住房城乡建设、生态环境、农业农村主管部门进行监督检查，有权采取下列措施：

（一）询问被检查单位或者个人，要求其对与监督检查事项有关的情况作出说明；

（二）进行现场检查；

（三）查阅、复制有关文件、资料，对可能被转移、销毁、隐匿或者篡改的文件、资料予以封存；

（四）查封、扣押涉嫌违法活动的场所、设施或者财物。

第四十七条 县级以上人民政府林业草原、自然资源、水行政、住房城乡建设、生态环境、农业农村主管部门依法履行监督检查职责，有关单位和个人应当予以配合，不得拒绝、阻碍。

第四十八条 国务院林业草原主管部门应当加强对国家重要湿地保护情况的监督检查。省、自治区、直辖市人民政府林业草原主管部门应当加强对省级重要湿地保护情况的监督检查。

县级人民政府林业草原主管部门和有关部门应当充分利用信息化手段，对湿地保护情况进行监督检查。

各级人民政府及其有关部门应当依法公开湿地保护相关信息，接受社会监督。

第四十九条 国家实行湿地保护目标责任制，将湿地保护纳入地方人民政府综合绩效评价内容。

对破坏湿地问题突出、保护工作不力、群众反映强烈的地区，省级以上人民政府林业草原主管部门应当会同有关部门约谈该地区人民政府的主要负责人。

第五十条 湿地的保护、修复和管理情况，应当纳入领导干部自然资源资产离任审计。

第六章 法律责任

第五十一条 县级以上人民政府有关部门发现破坏湿地的违法行为或者接到对违法行为的举报，不予查处或者不依法查处，或者有其他玩忽职守、滥用职权、徇私舞弊行为的，对直接负责的主管人员和其他直接责任人员依法给予处分。

第五十二条 违反本法规定，建设项目擅自占用国家重要湿地的，由县级以上人民政府林业草原等有关主管部门按照职责分工责令停止违法行为，限期拆除在非法占用的湿地上新建的建筑物、构筑物和其他设施，修复湿地或者采取其他补救措施，按照违法占用湿地的面积，处每平方米一千元以上一万元以下罚款；违法行为人不停止建设或者逾期不拆除的，由作出行政处罚决定的部门依法申请人民法院强制执行。

第五十三条 建设项目占用重要湿地，未依照本法规定恢复、重建湿地的，由县级以上人民政府林业草原主管部门责令限期恢复、重建湿地；逾期未改正的，由县级以上人民政府林业草原主管部门委托他人代为履行，所需费用由违法行为人承担，按照占用湿地的面积，处每平方米五百元以上二千元以下罚款。

第五十四条 违反本法规定，开（围）垦、填埋自然湿地的，由县级以上人民政府林业草原等有关主管部门按照职责分工责令停止违法行为，限期修复湿地或者采取其他补救措施，没收违法所得，并按照破坏湿地面积，处每平方米五百元以上五千元以下罚款；破坏国家重要湿地的，并按照破坏湿地面积，处每平方米一千元以上一万元以下罚款。

违反本法规定，排干自然湿地或者永久性截断自然湿地水源的，由县级以上人民政府林业草原主管部门责令停止违法行为，限期修复湿地或者采取其他补救措施，没收违法所得，并处五万元以上五十万元以下罚款；造成严重后果的，并处五十万元以上一百万元以下罚款。

第五十五条 违反本法规定，向湿地引进或者放生外来物种的，依照《中华人民共和国生物安全

法》等有关法律法规的规定处理、处罚。

第五十六条 违反本法规定，在红树林湿地内挖塘的，由县级以上人民政府林业草原等有关主管部门按照职责分工责令停止违法行为，限期修复湿地或者采取其他补救措施，按照破坏湿地面积，处每平方米一千元以上一万元以下罚款；对树木造成毁坏的，责令限期补种成活毁坏株数一倍以上三倍以下的树木，无法确定毁坏株数的，按照相同区域同类树种生长密度计算株数。

违反本法规定，在红树林湿地内投放、种植妨碍红树林生长物种的，由县级以上人民政府林业草原主管部门责令停止违法行为，限期清理，处二万元以上十万元以下罚款；造成严重后果的，处十万元以上一百万元以下罚款。

第五十七条 违反本法规定开采泥炭的，由县级以上人民政府林业草原等有关主管部门按照职责分工责令停止违法行为，限期修复湿地或者采取其他补救措施，没收违法所得，并按照采挖泥炭体积，处每立方米二千元以上一万元以下罚款。

违反本法规定，从泥炭沼泽湿地向外排水的，由县级以上人民政府林业草原主管部门责令停止违法行为，限期修复湿地或者采取其他补救措施，没收违法所得，并处一万元以上十万元以下罚款；情节严重的，并处十万元以上一百万元以下罚款。

第五十八条 违反本法规定，未编制修复方案修复湿地或者未按照修复方案修复湿地，造成湿地破坏的，由省级以上人民政府林业草原主管部门责令改正，处十万元以上一百万元以下罚款。

第五十九条 破坏湿地的违法行为人未按照规定期限或者未按照修复方案修复湿地的，由县级以上人民政府林业草原主管部门委托他人代为履行，所需费用由违法行为人承担；违法行为人因被宣告破产等原因丧失修复能力的，由县级以上人民政府组织实施修复。

第六十条 违反本法规定，拒绝、阻碍县级以上人民政府有关部门依法进行的监督检查的，处二万元以上二十万元以下罚款；情节严重的，可以责令停产停业整顿。

第六十一条 违反本法规定，造成生态环境损害的，国家规定的机关或者法律规定的组织有权依法请求违法行为人承担修复责任、赔偿损失和有关费用。

第六十二条 违反本法规定，构成违反治安管理行为的，由公安机关依法给予治安管理处罚；构成犯罪的，依法追究刑事责任。

第七章　附　　则

第六十三条 本法下列用语的含义：

（一）红树林湿地，是指由红树植物为主组成的近海和海岸潮间湿地；

（二）泥炭沼泽湿地，是指有泥炭发育的沼泽湿地。

第六十四条 省、自治区、直辖市和设区的市、自治州可以根据本地实际，制定湿地保护具体办法。

第六十五条 本法自2022年6月1日起施行。

中共中央　国务院印发《黄河流域生态保护和高质量发展规划纲要》（2021年10月8日）

中共中央、国务院印发了《黄河流域生态保护和高质量发展规划纲要》，并发出通知，要求各地区各部门结合实际认真贯彻落实。

《黄河流域生态保护和高质量发展规划纲要》主要内容如下。

前　　言

党的十八大以来，习近平总书记多次实地考察黄河流域生态保护和经济社会发展情况，就三江源、祁连山、秦岭、贺兰山等重点区域生态保护建设作出重要指示批示。习近平总书记强调黄河流域生态保护和高质量发展是重大国家战略，要共同抓好大保护，协同推进大治理，着力加强生态保护治理、保障黄河长治久安、促进全流域高质量发展、改善人民群众生活、保护传承弘扬黄河文化，让黄河成为造福人民的幸福河。

黄河发源于青藏高原巴颜喀拉山北麓，呈“几”字形流经青海、四川、甘肃、宁夏、内蒙古、山西、陕西、河南、山东9省区，全长5 464公里，是我国第二长河。黄河流域西接昆仑、北抵阴山、南倚秦岭、东临渤海，横跨东中西部，是我国重要的生态安全屏障，也是人口活动和经济发展的重要区域，在国家发展大局和社会主义现代化建设全局中具有举足轻重的战略地位。

为深入贯彻习近平总书记重要讲话和指示批示精神，编制《黄河流域生态保护和高质量发展规划纲要》。规划范围为黄河干支流流经的青海、四川、甘肃、宁夏、内蒙古、山西、陕西、河南、山东9省区相关县级行政区，国土面积约130万平方公里，2019年年末总人口约1.6亿。为保持重要生态系统的完整性、资源配置的合理性、文化保护传承弘扬的关联性，在谋划实施生态、经济、文化等领域举措时，根据实际情况可延伸兼顾联系紧密的区域。

本规划纲要是指导当前和今后一个时期黄河流域生态保护和高质量发展的纲领性文件，是制定实施相关规划方案、政策措施和建设相关工程项目的重要依据。规划期至2030年，中期展望至2035年，远期展望至本世纪中叶。

第一章 发展背景

黄河是中华民族的母亲河，孕育了古老而伟大的中华文明，保护黄河是事关中华民族伟大复兴的千秋大计。

第一节 发展历程

早在上古时期，黄河流域就是华夏先民繁衍生息的重要家园。中华文明上下五千年，在长达 3 000 多年的时间里，黄河流域一直是全国政治、经济和文化中心，以黄河流域为代表的我国古代发展水平长期领先于世界。九曲黄河奔流入海，以百折不挠的磅礴气势塑造了中华民族自强不息的伟大品格，成为民族精神的重要象征。

黄河是全世界泥沙含量最高、治理难度最大、水害严重的河流之一，历史上曾“三年两决口、百年一改道”，洪涝灾害波及范围北达天津、南抵江淮。黄河“善淤、善决、善徙”，在塑造形成沃野千里的华北大平原的同时，也给沿岸人民带来深重灾难。从大禹治水到潘季驯“束水攻沙”，从汉武帝时期“瓠子堵口”到清康熙帝时期把“河务、漕运”刻在宫廷的柱子上，中华民族始终在同黄河水旱灾害作斗争。但受生产力水平和社会制度制约，加之“以水代兵”等人为破坏，黄河“屡治屡决”的局面始终没有根本改观，沿黄人民对安宁幸福生活的夙愿一直难以实现。

新中国成立后，毛泽东同志于1952年发出“要把黄河的事情办好”的伟大号召，党和国家把这项工作作为治国兴邦的大事来抓。党的十八大以来，以习近平同志为核心的党中央着眼于生态文明建设全局，明确了“节水优先、空间均衡、系统治理、两手发力”治水思路。经过一代接一代的艰辛探索和不懈努力，黄河治理和黄河流域经济社会发展都取得了巨大成就，实现了黄河治理从被动到主动的历史性转变，创造了黄河岁岁安澜的历史奇迹，人民群众获得感、幸福感、安全感显著提升，充分彰显了党的领导和社会主义制度的优势，在中华民族治理黄河的历史上书写了崭新篇章。

第二节 发展基础

生态类型多样。黄河流域横跨青藏高原、内蒙古高原、黄土高原、华北平原等四大地貌单元和我国地势三大台阶，拥有黄河天然生态廊道和三江源、祁连山、若尔盖等多个重要生态功能区域。

农牧业基础较好。分布有黄淮海平原、汾渭平原、河套灌区等农产品主产区，粮食和肉类产量占全国三分之一左右。

能源资源富集。煤炭、石油、天然气和有色金属资源储量丰富，是我国重要的能源、化工、原材料和基础工业基地。

文化根基深厚。孕育了河湟文化、关中文化、河洛文化、齐鲁文化等特色鲜明的地域文化，历史文化遗产星罗棋布。

生态环境持续明显向好。经过持续不断的努力，黄河水沙治理取得显著成效，防洪减灾体系基本建成，确保了人民生命财产安全，流域用水增长过快的局面得到有效控制，黄河实现连续20年不断流。国土绿化水平和水源涵养能力持续提升，山水林田湖草沙保护修复加快推进，水土流失治理成效显著，优质生态产品供给能力进一步增强。

发展水平不断提升。中心城市和城市群加快建设，全国重要的农牧业生产基地和能源基地地位进一步巩固，新的经济增长点不断涌现，人民群众生活得到显著改善，具备在新的历史起点上推动生态保护和高质量发展的良好基础。

第三节 机遇挑战

以习近平同志为核心的党中央将黄河流域生态保护和高质量发展作为事关中华民族伟大复兴的千秋大计，习近平总书记多次发表重要讲话、作出重要指示批示，为工作指明了方向，提供了根本遵循。当前，我国生态文明建设全面推进，绿水青山就是金山银山理念深入人心，沿黄人民群众追求青山、碧水、蓝天、净土的愿望更加强烈。我国加快绿色发展给黄河流域带来新机遇，特别是加强生态文明建设、加强环境治理已经成为新形势下经济高质量发展的重要推动力。改革开放40多年来，我国经济建设取得重大成就，综合国力显著增强，科技实力大幅跃升，中国特色社会主义道路自信、理论自信、制度自信、文化自信更加坚定，有能力有条件解决困扰中华民族几千年的黄河治理问题。共建“一带一路”向纵深发展，西部大开发加快形成新格局，黄河流域东西双向开放前景广阔。国家治理体系和治理能力现代化进程明显加快，为黄河流域生态保

护和高质量发展提供了稳固有力的制度保障。

黄河一直“体弱多病”，生态本底差，水资源十分短缺，水土流失严重，资源环境承载能力弱，沿黄各省区发展不平衡不充分问题尤为突出。综合表现在：

黄河流域最大的矛盾是水资源短缺。上中游大部分地区位于400毫米等降水量线以西，气候干旱少雨，多年平均降水量446毫米，仅为长江流域的40%；多年平均水资源总量647亿立方米，不到长江的7%；水资源开发利用率高达80%，远超40%的生态警戒线。

黄河流域最大的问题是生态脆弱。黄河流域生态脆弱区分布广、类型多，上游的高原冰川、草原草甸和三江源、祁连山，中游的黄土高原，下游的黄河三角洲等，都极易发生退化，恢复难度极大且过程缓慢。环境污染积重较深，水质总体差于全国平均水平。

黄河流域最大的威胁是洪水。水沙关系不协调，下游泥沙淤积、河道摆动、“地上悬河”等老问题尚未彻底解决，下游滩区仍有近百万人受洪水威胁，气候变化和极端天气引发超标准洪水的风险依然存在。

黄河流域最大的短板是高质量发展不充分。沿黄各省区产业倚能倚重、低质低效问题突出，以能源化工、原材料、农牧业等为主导的特征明显，缺乏有较强竞争力的新兴产业集群。支撑高质量发展的人才资金外流严重，要素资源比较缺乏。

黄河流域最大的弱项是民生发展不足。沿黄各省区公共服务、基础设施等历史欠账较多。医疗卫生设施不足，重要商品和物资储备规模、品种、布局亟需完善，保障市场供应和调控市场价格能力偏弱，城乡居民收入水平低于全国平均水平。

另外，受地理条件等制约，沿黄各省区经济联系度历来不高，区域分工协作意识不强，高效协同发展机制尚不完善，流域治理体系和治理能力现代化水平不高，文化遗产系统保护和精神内涵深入挖掘不足。

第四节　重大意义

推动黄河流域生态保护和高质量发展，具有深远历史意义和重大战略意义。保护好黄河流域生态环境，促进沿黄地区经济高质量发展，是协调黄河水沙关系、缓解水资源供需矛盾、保障黄河安澜的迫切需要；是践行绿水青山就是金山银山理念、防范和化解生态安全风险、建设美丽中国的现实需要；是强化全流域协同合作、缩小南北方发展差距、促进民生改善的战略需要；是解放思想观念、充分发挥市场机制作用、激发市场主体活力和创造力的内在需要；是大力保护传承弘扬黄河文化、彰显中华文明、增进民族团结、增强文化自信的时代需要。

第二章　总体要求

第一节　指导思想

以习近平新时代中国特色社会主义思想为指导，全面贯彻党的十九大和十九届二中、三中、四中全会精神，增强“四个意识”、坚定“四个自信”、做到“两个维护”，坚持以人民为中心的发展思想，坚持稳中求进工作总基调，坚持新发展理念，构建新发展格局，坚持以供给侧结构性改革为主线，准确把握重在保护、要在治理的战略要求，将黄河流域生态保护和高质量发展作为事关中华民族伟大复兴的千秋大计，统筹推进山水林田湖草沙综合治理、系统治理、源头治理，着力保障黄河长治久安，着力改善黄河流域生态环境，着力优化水资源配置，着力促进全流域高质量发展，着力改善人民群众生活，着力保护传承弘扬黄河文化，让黄河成为造福人民的幸福河。

第二节　主要原则

——坚持生态优先、绿色发展。牢固树立绿水青山就是金山银山的理念，顺应自然、尊重规律，从过度干预、过度利用向自然修复、休养生息转变，改变黄河流域生态脆弱现状；优化国土空间开发格局，生态功能区重点保护好生态环境，不盲目追求经济总量；调整区域产业布局，把经济活动限定在资源环境可承受范围内；发展新兴产业，推动清洁生产，坚定走绿色、可持续的高质量发展之路。

——坚持量水而行、节水优先。把水资源作为最大的刚性约束，坚持以水定城、以水定地、以水定人、以水定产，合理规划人口、城市和产业发展；统筹优化生产生活生态用水结构，深化用水制度改革，用市场手段倒逼水资源节约集约利用，推动用水方式由粗放低效向节约集约转变。

——坚持因地制宜、分类施策。黄河流域上中下游不同地区自然条件千差万别，生态建设重点各有不同，要提高政策和工程措施的针对性、有效性，分区分类推进保护和治理；从各地实际出发，宜粮则粮、宜农则农、宜工则工、宜商则商，做强粮食和能源基地，因地施策促进特色产业发展，培育经济增长极，打造开放通道枢纽，带动全流域高质量发展。

——坚持统筹谋划、协同推进。立足于全流域和生态系统的整体性，坚持共同抓好大保护，协同推进大治理，统筹谋划上中下游、干流支流、左右两岸的保护和治理，统筹推进堤防建设、河道整治、滩区治理、生态修复等重大工程，统筹水资源分配利用与产业布局、城市建设等。建立健全统分结合、协同联动的工作机制，上下齐心、沿黄各省区协力推进黄河保护和治理，守好改善生态环境生命线。

第三节　战略定位

大江大河治理的重要标杆。深刻分析黄河长期复杂难治的问题根源，准确把握黄河流域气候变化演变趋势以及洪涝等灾害规律，克服就水论水的片面性，突出黄河治理的全局性、整体性和协同性，推动由黄河源头至入海口的全域统筹和科学调控，深化流域治理体制和市场化改革，综合运用现代科学技术、硬性工程措施和柔性调蓄手段，着力防范水之害、破除水之弊、大兴水之利、彰显水之善，为重点流域治理提供经验和借鉴，开创大江大河治理新局面。

国家生态安全的重要屏障。充分发挥黄河流域兼有青藏高原、黄土高原、北方防沙带、黄河口海岸带等生态屏障的综合优势，以促进黄河生态系统良性永续循环、增强生态屏障质量效能为出发点，遵循自然生态原理，运用系统工程方法，综合提升上游“中华水塔”水源涵养能力、中游水土保持水平和下游湿地等生态系统稳定性，加快构建坚实稳固、支撑有力的国家生态安全屏障，为欠发达和生态脆弱地区生态文明建设提供示范。

高质量发展的重要实验区。紧密结合黄河流域比较优势和发展阶段，以生态保护为前提优化调整区域经济和生产力布局，促进上中下游各地区合理分工。通过加强生态建设和环境保护，夯实流域高质量发展基础；通过巩固粮食和能源安全，突出流域高质量发展特色；通过培育经济重要增长极，增强流域高质量发展动力；通过内陆沿海双向开放，提升流域高质量发展活力，为流域经济、欠发达地区新旧动能转换提供路径，促进全国经济高质量发展提供支撑。

中华文化保护传承弘扬的重要承载区。依托黄河流域文化遗产资源富集、传统文化根基深厚的优势，从战略高度保护传承弘扬黄河文化，深入挖掘蕴含其中的哲学思想、人文精神、价值理念、道德规范。通过对黄河文化的创造性转化和创新性发展，充分展现中华优秀传统文化的独特魅力、革命文化的丰富内涵、社会主义先进文化的时代价值，增强黄河流域文化软实力和影响力，建设厚植家国情怀、传承道德观念、各民族同根共有的精神家园。

第四节　发展目标

到 2030 年，黄河流域人水关系进一步改善，流域治理水平明显提高，生态共治、环境共保、城乡区域协调联动发展的格局逐步形成，现代化防洪减灾体系基本建成，水资源保障能力进一步提升，生态环境质量明显改善，国家粮食和能源基地地位持续巩固，以城市群为主的动力系统更加强劲，乡村振兴取得显著成效，黄河文化影响力显著扩大，基本公共服务水平明显提升，流域人民群众生活更为宽裕，获得感、幸福感、安全感显著增强。

到 2035 年，黄河流域生态保护和高质量发展取得重大战略成果，黄河流域生态环境全面改善，生态系统健康稳定，水资源节约集约利用水平全国领先，现代化经济体系基本建成，黄河文化大发展大繁荣，人民生活水平显著提升。到本世纪中叶，黄河流域物质文明、政治文明、精神文明、社会文明、生态文明水平大幅提升，在我国建成富强民主文明和谐美丽的社会主义现代化强国中发挥重要支撑作用。

第五节　战略布局

构建黄河流域生态保护“一带五区多点”空间布局。“一带”，是指以黄河干流和主要河湖为骨架，连通青藏高原、黄土高原、北方防沙带和黄河口海岸带的沿黄河生态带。“五区”，是指以三江源、秦岭、祁连山、六盘山、若尔盖等重点生态功能区为主的水源涵养区，以内蒙古高原南缘、宁夏中部等为主的荒漠化防治区，以青海东部、陇中陇东、陕北、晋西北、宁夏南部黄土高原为主的水土保持区，以渭河、汾河、涑水河、乌梁素海为主的重点河湖水污染防治区，以黄河三角洲湿地为主的河口生态保护区。“多点”，是指藏羚羊、雪豹、野牦牛、土著鱼类、鸟类等重要野生动物栖息地和珍稀植物分布区。

构建形成黄河流域“一轴两区五极”的发展动力格局，促进地区间要素合理流动和高效集聚。“一轴”，是指依托新亚欧大陆桥国际大通道，串联上中下游和新型城市群，以先进制造业为主导，以创新为主要动能的现代化经济廊道，是黄河流域参与全国及国际经济分工的主体。“两区”，是指以黄淮海平原、汾渭平原、河套平原为主要载体的粮食主产区和以山西、鄂尔多斯盆地为主的能源富集区，加

快农业、能源现代化发展。“五极”，是指山东半岛城市群、中原城市群、关中平原城市群、黄河“几”字弯都市圈和兰州—西宁城市群等，是区域经济发展增长极和黄河流域人口、生产力布局的主要载体。

构建多元纷呈、和谐相容的黄河文化彰显区。河湟—藏羌文化区，主要包括上游大通河、湟水河流域和甘南、若尔盖、红原、石渠等地区，是农耕文化与游牧文化交汇相融的过渡地带，民族文化特色鲜明。关中文化区，主要包括中游渭河流域和陕西、甘肃黄土高原地区，以西安为代表的关中地区传统文化底蕴深厚，历史文化遗产富集。河洛—三晋文化区，主要包括中游伊洛河、汾河等流域，是中华民族重要的发祥地，分布有大量文化遗存。儒家文化区，主要包括下游的山东曲阜、泰安等地区，以孔孟为代表的传统文化源远流长。红色文化区，主要包括陕甘宁等革命根据地和红军长征雪山草地、西路军西征路线等地区，是全国革命遗址规模最大、数量最多的地区之一。

第三章　加强上游水源涵养能力建设

遵循自然规律、聚焦重点区域，通过自然恢复和实施重大生态保护修复工程，加快遏制生态退化趋势，恢复重要生态系统，强化水源涵养功能。

第一节　筑牢“中华水塔”

上游三江源地区是名副其实的“中华水塔”，要从系统工程和全局角度，整体施策、多措并举，全面保护三江源地区山水林田湖草沙生态要素，恢复生物多样性，实现生态良性循环发展。强化禁牧封育等措施，根据草原类型和退化原因，科学分类推进补播改良、鼠虫害、毒杂草等治理防治，实施黑土滩等退化草原综合治理，有效保护修复高寒草甸、草原等重要生态系统。加大对扎陵湖、鄂陵湖、约古宗列曲、玛多河湖泊群等河湖保护力度，维持天然状态，严格管控流经城镇河段岸线，全面禁止河湖周边采矿、采砂、渔猎等活动，科学确定旅游规模。系统梳理高原湿地分布状况，对中度及以上退化区域实施封禁保护，恢复退化湿地生态功能和周边植被，遏制沼泽湿地萎缩趋势。持续开展气候变化对冰川和高原冻土影响的研究评估，建立生态系统趋势性变化监测和风险预警体系。完善野生动植物保护和监测网络，扩大并改善物种栖息地，实施珍稀濒危野生动物保护繁育行动，强化濒危鱼类增殖放流，建立高原生物种质资源库，建立健全生物多样性观测网络，维护高寒高原地区生物多样性。建设好三江源国家公园。

第二节　保护重要水源补给地

上游青海玉树和果洛、四川阿坝和甘孜、甘肃甘南等地区河湖湿地资源丰富，是黄河水源主要补给地。严格保护国际重要湿地和国家重要湿地、国家级湿地自然保护区等重要湿地生态空间，加大甘南、若尔盖等主要湿地治理和修复力度，在提高现有森林资源质量基础上，统筹推进封育造林和天然植被恢复，扩大森林植被有效覆盖率。对上游地区草原开展资源环境承载能力综合评价，推动以草定畜、定牧、定耕，加大退耕还林还草、退牧还草、草原有害生物防控等工程实施力度，积极开展草种改良，科学治理玛曲、碌曲、红原、若尔盖等地区退化草原。实施渭河等重点支流河源区生态修复工程，在湟水河、洮河等流域开展轮作休耕和草田轮作，大力发展有机农业，对已垦草原实施退耕还草。推动建设跨川甘两省的若尔盖国家公园，打造全球高海拔地带重要的湿地生态系统和生物栖息地。

第三节　加强重点区域荒漠化治理

坚持依靠群众、动员群众，推广库布齐、毛乌素、八步沙林场等治沙经验，开展规模化防沙治沙，创新沙漠治理模式，筑牢北方防沙带。在适宜地区设立沙化土地封育保护区，科学固沙治沙防沙。持续推进沙漠防护林体系建设，深入实施退耕还林、退牧还草、三北防护林、盐碱地治理等重大工程，开展光伏治沙试点，因地制宜建设乔灌草相结合的防护林体系。发挥黄河干流生态屏障和祁连山、六盘山、贺兰山、阴山等山系阻沙作用，实施锁边防风固沙工程，强化主要沙地边缘地区生态屏障建设，大力治理流动沙丘。推动上游黄土高原水蚀风蚀交错、农牧交错地带水土流失综合治理。积极发展治沙先进技术和产业，扩大荒漠化防治国际交流合作。

第四节　降低人为活动过度影响

正确处理生产生活和生态环境的关系，着力减少过度放牧、过度资源开发利用、过度旅游等人为活动对生态系统的影响和破坏。将具有重要生态功能的高山草甸、草原、湿地、森林生态系统纳入生态保护红线管控范围，强化保护和用途管制措施。采取设置生态管护公益岗位、开展新型技能培训等方式，引导保护地内的居民转产就业。在超载过牧地区开展减畜行动，研究制定高原牧区减畜补助政策。加强人工饲草地建设，控制散养放牧规模，加大对舍饲圈养的扶持力度，减轻草地利用强度。巩固游牧民定居工程成果，通过禁牧休牧、划区轮牧以及发展生态、休闲、观光牧业等手段，引导牧民调整生产生活方式。

第四章 加强中游水土保持

突出抓好黄土高原水土保持，全面保护天然林，持续巩固退耕还林还草、退牧还草成果，加大水土流失综合治理力度，稳步提升城镇化水平，改善中游地区生态面貌。

第一节 大力实施林草保护

遵循黄土高原地区植被地带分布规律，密切关注气候暖湿化等趋势及其影响，合理采取生态保护和修复措施。森林植被带以营造乔木林、乔灌草混交林为主，森林草原植被带以营造灌木林为主，草原植被带以种草、草原改良为主。加强水分平衡论证，因地制宜采取封山育林、人工造林、飞播造林等多种措施推进森林植被建设。在河套平原区、汾渭平原区、黄土高原土地沙化区、内蒙古高原湖泊萎缩退化区等重点区域实施山水林田湖草生态保护修复工程。加大对水源涵养林建设区的封山禁牧、轮封轮牧和封育保护力度，促进自然恢复。结合地貌、土壤、气候和技术条件，科学选育人工造林树种，提高成活率、改善林相结构，提高林分质量。对深山远山区、风沙区和支流发源地，在适宜区域实施飞播造林。适度发展经济林和林下经济，提高生态效益和农民收益。加强秦岭生态环境保护和修复，强化大熊猫、金丝猴、朱鹮等珍稀濒危物种栖息地保护和恢复，积极推进生态廊道建设，扩大野生动植物生存空间。

第二节 增强水土保持能力

以减少入河入库泥沙为重点，积极推进黄土高原塬面保护、小流域综合治理、淤地坝建设、坡耕地综合整治等水土保持重点工程。在晋陕蒙丘陵沟壑区积极推动建设粗泥沙拦沙减沙设施。以陇东董志塬、晋西太德塬、陕北洛川塬、关中渭北台塬等塬区为重点，实施黄土高原固沟保塬项目。以陕甘晋宁青山地丘陵沟壑区等为重点，开展旱作梯田建设，加强雨水集蓄利用，推进小流域综合治理。加强对淤地坝建设的规范指导，推广新标准新技术新工艺，在重力侵蚀严重、水土流失剧烈区域大力建设高标准淤地坝。排查现有淤地坝风险隐患，加强病险淤地坝除险加固和老旧淤地坝提升改造，提高管护能力。建立跨区域淤地坝信息监测机制，实现对重要淤地坝的动态监控和安全风险预警。

第三节 发展高效旱作农业

以改变传统农牧业生产方式、提升农业基础设施、普及蓄水保水技术等为重点，统筹水土保持与高效旱作农业发展。优化发展草食畜牧业、草产业和高附加值种植业，积极推广应用旱作农业新技术新模式。支持舍饲半舍饲养殖，合理开展人工种草，在条件适宜地区建设人工饲草料基地。优选旱作良种，因地制宜调整旱作种植结构。坚持用地养地结合，持续推进耕地轮作休耕制度，合理轮作倒茬。积极开展耕地田间整治和土壤有机培肥改良，加强田间集雨设施建设。在适宜地区实施坡耕地整治、老旧梯田改造和新建一批旱作梯田。大力推广农业蓄水保水技术，推动技术装备集成示范，进一步加大对旱作农业示范基地建设支持力度。

第五章 推进下游湿地保护和生态治理

建设黄河下游绿色生态走廊，加大黄河三角洲湿地生态系统保护修复力度，促进黄河下游河道生态功能提升和入海口生态环境改善，开展滩区生态环境综合整治，促进生态保护与人口经济协调发展。

第一节 保护修复黄河三角洲湿地

研究编制黄河三角洲湿地保护修复规划，谋划建设黄河口国家公园。保障河口湿地生态流量，创造条件稳步推进退塘还河、退耕还湿、退田还滩，实施清水沟、刁口河流路生态补水等工程，连通河口水系，扩大自然湿地面积。加强沿海防潮体系建设，防止土壤盐渍化和咸潮入侵，恢复黄河三角洲岸线自然延伸趋势。加强盐沼、滩涂和河口浅海湿地生物物种资源保护，探索利用非常规水源补给鸟类栖息地，支持黄河三角洲湿地与重要鸟类栖息地、湿地联合申遗。减少油田开采、围垦养殖、港口航运等经济活动对湿地生态系统的影响。

第二节 建设黄河下游绿色生态走廊

以稳定下游河势、规范黄河流路、保证滩区行洪能力为前提，统筹河道水域、岸线和滩区生态建设，保护河道自然岸线，完善河道两岸湿地生态系统，建设集防洪护岸、水源涵养、生物栖息等功能为一体的黄河下游绿色生态走廊。加强黄河干流水量统一调度，保障河道基本生态流量和入海水量，确保河道不断流。加强下游黄河干流两岸生态防护林建设，在河海交汇适宜区域建设防护林带，因地制宜建设沿黄城市森林公园，发挥水土保持、防风

固沙、宽河固堤等功能。统筹生态保护、自然景观和城市风貌建设，塑造以绿色为本底的沿黄城市风貌，建设人河城和谐统一的沿黄生态廊道。加大大汶河、东平湖等下游主要河湖生态保护修复力度。

第三节　推进滩区生态综合整治

合理划分滩区类型，因滩施策、综合治理下游滩区，统筹做好高滩区防洪安全和土地利用。实施黄河下游贯孟堤扩建工程，推进温孟滩防护堤加固工程建设。实施好滩区居民迁建工程，积极引导社会资本参与滩区居民迁建。加强滩区水源和优质土地保护修复，依法合理利用滩区土地资源，实施滩区国土空间差别化用途管制，严格限制自发修建生产堤等无序活动，依法打击非法采土、盗挖河砂、私搭乱建等行为。对与永久基本农田、重大基础设施和重要生态空间等相冲突的用地空间进行适度调整，在不影响河道行洪前提下，加强滩区湿地生态保护修复，构建滩河林田草综合生态空间，加强滩区水生态空间管控，发挥滞洪沉沙功能，筑牢下游滩区生态屏障。

第六章　加强全流域水资源节约集约利用

实施最严格的水资源保护利用制度，全面实施深度节水控水行动，坚持节水优先，统筹地表水与地下水、天然水与再生水、当地水与外调水、常规水与非常规水，优化水资源配置格局，提升配置效率，实现用水方式由粗放低效向节约集约的根本转变，以节约用水扩大发展空间。

第一节　强化水资源刚性约束

在规划编制、政策制定、生产力布局中坚持节水优先，细化实化以水定城、以水定地、以水定人、以水定产举措。开展黄河流域水资源承载力综合评估，建立水资源承载力分区管控体系。实行水资源消耗总量和强度双控，暂停水资源超载地区新增取水许可，严格限制水资源严重短缺地区城市发展规模、高耗水项目建设和大规模种树。建立覆盖全流域的取用水总量控制体系，全面实行取用水计划管理、精准计量，对黄河干支流规模以上取水口全面实施动态监管，完善取水许可制度，全面配置区域行业用水。将节水作为约束性指标纳入当地党政领导班子和领导干部政绩考核范围，坚决抑制不合理用水需求，坚决遏制“造湖大跃进”，建立排查整治各类人造水面景观长效机制，严把引黄调蓄项目准入关。以国家公园、重要水源涵养区、珍稀物种栖息地等为重点区域，清理整治过度的小水电开发。

第二节　科学配置全流域水资源

统筹考虑全流域水资源科学配置，细化完善干支流水资源分配。统筹当地水与外调水，在充分考虑节水的前提下，留足生态用水，合理分配生活、生产用水。建立健全干流和主要支流生态流量监测预警机制，明确管控要求。深化跨流域调水工程研究论证，加快开展南水北调东中线后续工程前期工作并适时推进工程建设，统筹考虑跨流域调水工程建设多方面影响，加强规划方案论证和比选。加强农村标准化供水设施建设。开展地下水超采综合治理行动，加大中下游地下水超采漏斗治理力度，逐步实现重点区域地下水采补平衡。

第三节　加大农业和工业节水力度

针对农业生产中用水粗放等问题，严格农业用水总量控制，以大中型灌区为重点推进灌溉体系现代化改造，推进高标准农田建设，打造高效节水灌溉示范区，稳步提升灌溉水利用效率。扩大低耗水、高耐旱作物种植比例，选育推广耐旱农作物新品种，加大政策、技术扶持力度，引导适水种植、量水生产。加大推广水肥一体化和高效节水灌溉技术力度，完善节水工程技术体系，坚持先建机制、后建工程，发挥典型引领作用，促进农业节水和农田水利工程良性运行。深入推进农业水价综合改革，分级分类制定差别化水价，推进农业灌溉定额内优惠水价、超定额累进加价制度，建立农业用水精准补贴和节水奖励机制，促进农业用水压减。深挖工业节水潜力，加快节水技术装备推广应用，推进能源、化工、建材等高耗水产业节水增效，严格限制高耗水产业发展。支持企业加大用水计量和节水技术改造力度，加快工业园区内企业间串联、分质、循环用水设施建设。提高工业用水超定额水价，倒逼高耗水项目和产业有序退出。提高矿区矿井水资源化综合利用水平。

第四节　加快形成节水型生活方式

推进黄河流域城镇节水降损工程建设，以降低管网漏损率为主实施老旧供水管网改造，推广普及生活节水型器具，开展政府机关、学校、医院等公共机构节水技术改造，严控高耗水服务业用水，大力推进节水型城市建设。完善农村集中供水和节水配套设施建设，有条件的地方实行计量收费，推动农村“厕所革命”采用节水型器具。积极推动再生水、雨水、苦咸水等非常规水利用，实施区域再生水循环利用试点，在城镇逐步普及建筑中水回用技术和雨水集蓄利用设施，加快实施苦咸水水质改良和淡化利用。进一步推行水效标识、节水认证和合同节水管理。适度提高引黄供水城市水价标准，积极开展水权交易，落实水资源税费差别化征收政策。

第七章　全力保障黄河长治久安

紧紧抓住水沙关系调节这个“牛鼻子”，围绕以疏为主、疏堵结合、增水减沙、调水调沙，健全水沙调控体系，健全“上拦下排、两岸分滞”防洪格局，研究修订黄河流域防洪规划，强化综合性防洪减灾体系建设，构筑沿黄人民生命财产安全的稳固防线。

第一节　科学调控水沙关系

深入研究论证黄河水沙关系长期演变趋势及对生态环境的影响，科学把握泥沙含量合理区间和中长期水沙调控总体思路，采取“拦、调、排、放、挖”综合处理泥沙。完善以骨干水库等重大水利工程为主的水沙调控体系，优化水库运用方式和拦沙能力。优化水沙调控调度机制，创新调水调沙方式，加强干支流水库群联合统一调度，持续提升水沙调控体系整体合力。加强龙羊峡、刘家峡等上游水库调度运用，充分发挥小浪底等工程联合调水调沙作用，增强径流调节和洪水泥沙控制能力，维持下游中水河槽稳定，确保河床不抬高。以禹门口至潼关、河口等为重点实施河道疏浚工程。创新泥沙综合处理技术，探索泥沙资源利用新模式。

第二节　有效提升防洪能力

实施河道和滩区综合提升治理工程，增强防洪能力，确保堤防不决口。加快河段控导工程续建加固，加强险工险段和薄弱堤防治理，提升主槽排洪输沙功能，有效控制游荡性河段河势。开展下游“二级悬河”治理，降低黄河大堤安全风险。加快推进宁蒙等河段堤防工程达标。统筹黄河干支流防洪体系建设，加强黑河、白河、湟水河、洮河、渭河、汾河、沁河等重点支流防洪安全，联防联控暴雨等引发的突发性洪水。加强黄淮海流域防洪体系协同，优化沿黄蓄滞洪区、防洪水库、排涝泵站等建设布局，提高防洪避险能力。以防洪为前提规范蓄滞洪区各类开发建设活动并控制人口规模。建立应对凌汛长效机制，强化上中游水库防凌联合调度，发挥应急分凌区作用，确保防凌安全。实施病险水库除险加固，消除安全隐患。

第三节　强化灾害应对体系和能力建设

加强对长期气候变化、水文条件等问题的科学研究，完善防灾减灾体系，除水害、兴水利，提高沿黄地区应对各类灾害能力。建设黄河流域水利工程联合调度平台，推进上中下游防汛抗旱联动。增强流域性特大洪水、重特大险情灾情、极端干旱等突发事件应急处置能力。健全应急救援体系，加强应急方案预案、预警发布、抢险救援、工程科技、物资储备等综合能力建设。运用物联网、卫星遥感、无人机等技术手段，强化对水文、气象、地灾、雨情、凌情、旱情等状况的动态监测和科学分析，搭建综合数字化平台，实现数据资源跨地区跨部门互通共享，建设“智慧黄河”。把全生命周期管理理念贯穿沿黄城市群规划、建设、管理全过程各环节，加强防洪减灾、排水防涝等公共设施建设，增强大中城市抵御灾害能力。强化基层防灾减灾体系和能力建设。加强宣传教育，增强社会公众对自然灾害的防范意识，开展常态化、实战化协同动员演练。

第八章　强化环境污染系统治理

黄河污染表象在水里、问题在流域、根子在岸上。以汾河、湟水河、涑水河、无定河、延河、乌梁素海、东平湖等河湖为重点，统筹推进农业面源污染、工业污染、城乡生活污染防治和矿区生态环境综合整治，“一河一策”、“一湖一策”，加强黄河支流及流域腹地生态环境治理，净化黄河“毛细血管”，将节约用水和污染治理成效与水资源配置相挂钩。

第一节　强化农业面源污染综合治理

因地制宜推进多种形式的适度规模经营，推广科学施肥、安全用药、农田节水等清洁生产技术与先进适用装备，提高化肥、农药、饲料等投入品利用效率，建立健全禽畜粪污、农作物秸秆等农业废弃物综合利用和无害化处理体系。在宁蒙河套、汾渭、青海湟水河和大通河、甘肃沿黄、中下游引黄灌区等区域实施农田退水污染综合治理，建设生态沟道、污水净塘、人工湿地等氮、磷高效生态拦截净化设施，加强农田退水循环利用。实行耕地土壤环境质量分类管理，集中推进受污染耕地安全利用示范。推进农田残留地膜、农药化肥塑料包装等清理整治工作。协同推进山西、河南、山东等黄河中

下游地区总氮污染控制，减少对黄河入海口海域的环境污染。

第二节　加大工业污染协同治理力度

推动沿黄一定范围内高耗水、高污染企业迁入合规园区，加快钢铁、煤电超低排放改造，开展煤炭、火电、钢铁、焦化、化工、有色等行业强制性清洁生产，强化工业炉窑和重点行业挥发性有机物综合治理，实行生态敏感脆弱区工业行业污染物特别排放限值要求。严禁在黄河干流及主要支流临岸一定范围内新建“两高一资”项目及相关产业园区。开展黄河干支流入河排污口专项整治行动，加快构建覆盖所有排污口的在线监测系统，规范入河排污口设置审核。严格落实排污许可制度，沿黄所有固定排污源要依法按证排污。沿黄工业园区全部建成污水集中处理设施并稳定达标排放，严控工业废水未经处理或未有效处理直接排入城镇污水处理系统，严厉打击向河湖、沙漠、湿地等偷排、直排行为。加强工业废弃物风险管控和历史遗留重金属污染区域治理，以危险废物为重点开展固体废物综合整治行动。加强生态环境风险防范，有效应对突发环境事件。健全环境信息强制性披露制度。

第三节　统筹推进城乡生活污染治理

加强污水垃圾、医疗废物、危险废物处理等城镇环境基础设施建设。完善城镇污水收集配套管网，结合当地流域水环境保护目标精准提标，推进干支流沿线城镇污水收集处理效率持续提升和达标排放。在有条件的城镇污水处理厂排污口下游建设人工湿地等生态设施，在上游高海拔地区采取适用的污水、污泥处理工艺和模式，因地制宜实施污水、污泥资源化利用。巩固提升城市黑臭水体治理成效，基本消除县级及以上行政辖区建成区黑臭水体。做好“厕所革命”与农村生活污水治理的衔接，因地制宜选择治理模式，强化污水管控标准，推动适度规模治理和专业化管理维护。在沿黄城市和县、镇，积极推广垃圾分类，建设垃圾焚烧等无害化处理设施，完善与之衔接配套的垃圾收运系统。建立健全农村垃圾收运处置体系，因地制宜开展阳光堆肥房等生活垃圾资源化处理设施建设。保障污水垃圾处理设施稳定运行，支持市场主体参与污水垃圾处理，探索建立污水垃圾处理服务按量按效付费机制。推动冬季清洁取暖改造，在城市群、都市圈和城乡人口密集区普及集中供暖，因地制宜建设生物质能等分布式新型供暖方式。

第四节　开展矿区生态环境综合整治

对黄河流域历史遗留矿山生态破坏与污染状况进行调查评价，实施矿区地质环境治理、地形地貌重塑、植被重建等生态修复和土壤、水体污染治理，按照“谁破坏谁修复”“谁修复谁受益”原则盘活矿区自然资源，探索利用市场化方式推进矿山生态修复。强化生产矿山边开采、边治理举措，及时修复生态和治理污染，停止对生态环境造成重大影响的矿产资源开发。以河湖岸线、水库、饮用水水源地、地质灾害易发多发区等为重点开展黄河流域尾矿库、尾液库风险隐患排查，“一库一策”，制定治理和应急处置方案，采取预防性措施化解渗漏和扬散风险，鼓励尾矿综合利用。统筹推进采煤沉陷区、历史遗留矿山综合治理，开展黄河流域矿区污染治理和生态修复试点示范。落实绿色矿山标准和评价制度，2021 年起新建矿山全部达到绿色矿山要求，加快生产矿山改造升级。

第九章　建设特色优势现代产业体系

依托强大国内市场，加快供给侧结构性改革，加大科技创新投入力度，根据各地区资源、要素禀赋和发展基础做强特色产业，加快新旧动能转换，推动制造业高质量发展和资源型产业转型，建设特色优势现代产业体系。

第一节　提升科技创新支撑能力

开展黄河生态环境保护科技创新，加大黄河流域生态环境重大问题研究力度，聚焦水安全、生态环保、植被恢复、水沙调控等领域开展科学实验和技术攻关。支持黄河流域农牧业科技创新，推动杨凌、黄河三角洲等农业高新技术产业示范区建设，在生物工程、育种、旱作农业、盐碱地农业等方面取得技术突破。着眼传统产业转型升级和战略性新兴产业发展需要，加强协同创新，推动关键共性技术研究。在黄河流域加快布局若干重大科技基础设施，统筹布局建设一批国家重点实验室、产业创新中心、工程研究中心等科技创新平台，加大科技、工程类专业人才培养和引进力度。按照市场化、法治化原则，支持社会资本建立黄河流域科技成果转化基金，完善科技投融资体系，综合运用政府采购、技术标准规范、激励机制等促进成果转化。

第二节　进一步做优做强农牧业

巩固黄河流域对保障国家粮食安全的重要作

用，稳定种植面积，提升粮食产量和品质。在黄淮海平原、汾渭平原、河套灌区等粮食主产区，积极推广优质粮食品种种植，大力建设高标准农田，实施保护性耕作，开展绿色循环高效农业试点示范，支持粮食主产区建设粮食生产核心区。大力支持发展节水型设施农业。加大对黄河流域生猪（牛羊）调出大县奖励力度，在内蒙古、宁夏、青海等省区建设优质奶源基地、现代牧业基地、优质饲草料基地、牦牛藏羊繁育基地。布局建设特色农产品优势区，打造一批黄河地理标志产品，大力发展戈壁农业和寒旱农业，积极支持种质资源和制种基地建设。积极发展富民乡村产业，加快发展农产品加工业，探索建设农业生产联合体，因地制宜发展现代农业服务业。构建“田间一餐桌”、“牧场一餐桌”农产品产销新模式，打造实时高效的农业产业链供应链。

第三节　建设全国重要能源基地

根据水资源和生态环境承载力，优化能源开发布局，合理确定能源行业生产规模。有序有效开发山西、鄂尔多斯盆地综合能源基地资源，推动宁夏宁东、甘肃陇东、陕北、青海海西等重要能源基地高质量发展。合理控制煤炭开发强度，严格规范各类勘探开发活动。推动煤炭产业绿色化、智能化发展，加快生产煤矿智能化改造，加强安全生产，强化安全监管执法。推进煤炭清洁高效利用，严格控制新增煤电规模，加快淘汰落后煤电机组。加强能源资源一体化开发利用，推动能源化工产业向精深加工、高端化发展。加大石油、天然气勘探力度，稳步推动煤层气、页岩气等非常规油气资源开采利用。发挥黄河上游水电站和电网系统的调节能力，支持青海、甘肃、四川等风能、太阳能丰富地区构建风光水多能互补系统。加大青海、甘肃、内蒙古等省区清洁能源消纳外送能力和保障机制建设力度，加快跨省区电力市场一体化建设。开展大容量、高效率储能工程建设。支持开展国家现代能源经济示范区、能源革命综合改革试点等建设。

第四节　加快战略性新兴产业和先进制造业发展

以沿黄中下游产业基础较强地区为重点，搭建产供需有效对接、产业上中下游协同配合、产业链创新链供应链紧密衔接的战略性新兴产业合作平台，推动产业体系升级和基础能力再造，打造具有较强竞争力的产业集群。提高工业互联网、人工智能、大数据对传统产业渗透率，推动黄河流域优势制造业绿色化转型、智能化升级和数字化赋能。大力支持民营经济发展，支持制造业企业跨区域兼并重组。对符合条件的先进制造业企业，在上市融资、企业债券发行等方面给予积极支持。支持兰州新区、西咸新区等国家级新区和郑州航空港经济综合实验区做精做强主导产业。充分发挥甘肃兰白经济区、宁夏银川一石嘴山、晋陕豫黄河金三角承接产业转移示范区作用，提高承接国内外产业转移能力。复制推广自由贸易试验区、国家级新区、国家自主创新示范区和全面创新改革试验区经验政策，推进新旧动能转换综合试验区、产业转型升级示范区、新型工业化产业示范基地建设。支持济南建设新旧动能转换起步区。着力推动中下游地区产业低碳发展，切实落实降低碳排放强度的要求。

第十章　构建区域城乡发展新格局

充分发挥区域比较优势，推动特大城市瘦身健体，有序建设大中城市，推进县城城镇化补短板强弱项，深入实施乡村振兴战略，构建区域、城市、城乡之间各具特色、各就其位、协同联动、有机互促的发展格局。

第一节　高质量高标准建设沿黄城市群

破除资源要素跨地区跨领域流动障碍，促进土地、资金等生产要素高效流动，增强沿黄城市群经济和人口承载能力，打造黄河流域高质量发展的增长极，推进建设黄河流域生态保护和高质量发展先行区。强化生态环境、水资源等约束和城镇开发边界管控，防止城市“摊大饼”式无序扩张，推动沿黄特大城市瘦身健体、减量增效。严控上中游地区新建各类开发区。加快城市群内部轨道交通、通信网络、环保等基础设施建设与互联互通，便利人员往来和要素流动，增强人口集聚和产业协作能力。增强城市群之间发展协调性，避免同质化建设和低水平竞争，形成特色鲜明、优势互补、高效协同的城市群发展新格局。持续营造更加优化的创新环境，支持城市群合理布局产业集聚区，承接本区域大城市部分功能疏解以及国内外制造业转移。

第二节　因地制宜推进县城发展

大力发展县域经济，分类建设特色产业园区、农民工返乡创业园、农产品仓储保鲜冷链物流设施等产业平台，带动农村创新创业。全面取消县城落户限制，大幅简化户籍迁移手续，促进农业转移人

口就近便捷落户。有序支持黄河流域上游地区县城发展，合理引导农产品主产区、重点生态功能区的县城发展。推进县城公共服务设施提标改造，并与所属地级市城区公共服务和基础设施布局相衔接，带动乡镇卫生院能力提升，消除中小学“大班额”，健全县级养老服务体系。

第三节　建设生态宜居美丽乡村

立足黄河流域乡土特色和地域特点，深入实施乡村振兴战略，科学推进乡村规划布局，推广乡土风情建筑，发展乡村休闲旅游，鼓励有条件地区建设集中连片、生态宜居美丽乡村，融入黄河流域山水林田湖草沙自然风貌。对规模较大的中心村，发挥农牧业特色优势，促进农村产业融合发展，建设一批特色农业、农产品集散、工贸等专业化村庄。保护好、发展好城市近郊农村，有选择承接城市功能外溢，培育一批与城市有机融合、相得益彰的特色乡村。对历史、文化和生态资源丰富的村庄，支持发展休闲旅游业，建立人文生态资源保护与乡村发展的互促机制。以生活污水、垃圾处理和村容村貌提升为主攻方向，深入开展农村人居环境整治，建立农村人居环境建设和管护长效机制。

第十一章　加强基础设施互联互通

大力推进数字信息等新型基础设施建设，完善交通、能源等跨区域重大基础设施体系，提高上中下游、各城市群、不同区域之间互联互通水平，促进人流、物流、信息流自由便捷流动。

第一节　加快新型基础设施建设

以信息基础设施为重点，强化全流域协调、跨领域联动，优化空间布局，提升新型基础设施建设发展水平。加快5G网络建设，拓展5G场景应用，实现沿黄大中城市互联网协议第六版（IPv6）全面部署，扩大千兆及以上光纤覆盖范围，增强郑州、西安、呼和浩特等国家级互联网骨干直联点功能。强化黄河流域数据中心节点和网络化布局建设，提升算力水平，加强数据资源流通和应用，在沿黄城市部署国家超算中心，在部分省份布局建设互联网数据中心，推广“互联网＋生态环保”综合应用。依托5G、移动物联网等接入技术，建设物联网和工业互联网基础设施，在交通等重点领域率先推进泛在感知设施的规模化建设及应用。完善面向主要产业链的人工智能平台等建设，提供“人工智能＋”服务。

第二节　构建便捷智能绿色安全综合交通网络

优化提升既有普速铁路、高速铁路、高速公路、干支线机场功能，谋划新建一批重大项目，加快形成以“一字型”、“几字型”和“十字型”为主骨架的黄河流域现代化交通网络，填补缺失线路、畅通瓶颈路段，实现城乡区域高效连通。“一字型”为济南经郑州至西安、兰州、西宁的东西向大通道，加强毗邻省区铁路干线连接和支线、专用线建设，强化跨省高速公路建设，加密城市群城际交通网络，更加高效地连通沿黄主要经济区。“几字型”为兰州经银川、包头至呼和浩特、太原并通达郑州的综合运输走廊，通过加强高速铁路、沿黄通道、货运通道建设，提高黄河“能源流域”互联互通水平。“十字型”为包头经鄂尔多斯经榆林、延安至西安的纵向通道和银川经绥德至太原，兰州经平凉、庆阳至延安至北京的横向通道，建设高速铁路网络，提高普速铁路客货运水平，提升陕甘宁、吕梁山等革命老区基础设施现代化水平。优化完善黄河流域高速公路网，提升国省干线技术等级。加强跨黄河通道建设，积极推进黄河干流适宜河段旅游通航和分段通航。加快西安国际航空枢纽和郑州国际航空货运枢纽建设，提升济南、呼和浩特、太原、银川、兰州、西宁等区域枢纽机场功能，完善上游高海拔地区支线机场布局。

第三节　强化跨区域大通道建设

强化黄河“几”字弯地区至北京、天津大通道建设，推进雄安至忻州、天津至潍坊（烟台）等铁路建设，快捷连通黄河流域和京津冀地区。加强黄河流域与长江经济带、成渝地区双城经济圈、长江中游城市群的互联互通，推动西宁至成都、西安至十堰、重庆至西安等铁路重大项目实施，研究推动成都至格尔木铁路等项目，构建兰州至成都和重庆、西安至成都和重庆及郑州至重庆和武汉等南北向客货运大通道，形成连通黄河流域和长江流域的铁水联运大通道。加强煤炭外送能力建设，加快形成以铁路为主的运输结构，推动大秦、朔黄、西平、宝中等现有铁路通道扩能改造，发挥浩吉铁路功能，加强集疏运体系建设，畅通西煤东运、北煤南运通道。推进青海－河南、陕北－湖北、陇东－山东等特高压输电工程建设，打通清洁能源互补打捆外送通道。优化油气干线管网布局，推进西气东输等跨区域输气管网建设，完善沿黄城市群区域、支线及终端管网。加强黄河流域油气战略储备，因地制宜建设地下储气库。以铁路为主，加快形成沿黄粮食等农产品主产区与全国粮食主销区之间的跨区域运输通道。加强航空、公路冷链物流体系建设，提高鲜活农产品对外运输能力。

第十二章　保护传承弘扬黄河文化

着力保护沿黄文化遗产资源，延续历史文脉和民族根脉，深入挖掘黄河文化的时代价值，加强公共文化产品和服务供给，更好满足人民群众精神文化生活需要。

第一节　系统保护黄河文化遗产

开展黄河文化资源全面调查和认定，摸清文物古迹、非物质文化遗产、古籍文献等重要文化遗产底数。实施黄河文化遗产系统保护工程，建设黄河文化遗产廊道。对濒危遗产遗迹遗存实施抢救性保护。高水平保护陕西石峁、山西陶寺、河南二里头、河南双槐树、山东大汶口等重要遗址，加大对宫殿、帝王陵等大遗址的整体性保护和修复力度，加强古建筑、古镇古村等农耕文化遗产和古灌区、古渡口等水文化遗产保护，保护古栈道等交通遗迹遗存。严格古长城保护和修复措施，推动重点长城节点保护。支持西安、洛阳、开封、大同等城市保护和完善历史风貌特色。实施黄河流域“考古中国”重大研究项目，加强文物保护认定，从严打击盗掘、盗窃、非法交易文物等犯罪行为。提高黄河流域革命文物和遗迹保护水平，加强同主题跨区域革命文物系统保护。完善黄河流域非物质文化遗产保护名录体系，大力保护黄河流域戏曲、武术、民俗、传统技艺等非物质文化遗产。综合运用现代信息和传媒技术手段，加强黄河文化遗产数字化保护与传承弘扬。

第二节　深入传承黄河文化基因

深入实施中华文明探源工程，系统研究梳理黄河文化发展脉络，充分彰显黄河文化的多源性多样性。开展黄河文化传承创新工程，系统阐发黄河文化蕴含的精神内涵，建立沟通历史与现实、拉近传统与现代的黄河文化体系。打造中华文明重要地标，深入研究规划建设黄河国家文化公园。支持黄河文化遗产申报世界文化遗产。推动黄河流域优秀农耕文化遗产活化利用和传承创新，支持其申报全球重要农业文化遗产。综合展示黄河流域在农田水利、天文历法、治河技术、建筑营造、中医中药、藏医藏药、传统工艺等领域的文化成就，推动融入现实生活。大力弘扬延安精神、焦裕禄精神、沂蒙精神等，用以滋养初心、淬炼灵魂。整合黄河文化研究力量，夯实研究基础，建设跨学科、交叉型、多元化创新研究平台，形成一批高水平研究成果。适当改扩建和新建一批黄河文化博物馆，系统展示黄河流域历史文化。

第三节　讲好新时代黄河故事

启动“中国黄河”国家形象宣传推广行动，增强黄河文化亲和力，突出历史厚重感，向国际社会全面展示真实、立体、发展的黄河流域。加强黄河题材精品纪录片创作。在国家文化年、中国旅游年等活动中融入黄河文化元素，打造黄河文化对外传播符号。支持黄河流域与共建“一带一路”国家深入开展多种形式人文合作，促进民心相通和文化认同。加强同尼罗河、多瑙河、莱茵河、伏尔加河等流域的交流合作，推动文明交流互鉴。开展面向海内外的寻根祭祖和中华文明探源活动，打造黄河流域中华人文始祖发源地文化品牌。深化文学艺术、新闻出版、影视等领域对外交流合作，实施黄河文化海外推广工程，广泛翻译、传播优秀黄河文化作品，推动中华文化走出去。引导我国驻外使领馆及孔子学院、中国文化中心等宣介黄河文化。开展国外媒体走近黄河、报道黄河等系列交流活动。

第四节　打造具有国际影响力的黄河文化旅游带

推动文化和旅游融合发展，把文化旅游产业打造成为支柱产业。强化区域间资源整合和协作，推进全域旅游发展，建设一批展现黄河文化的标志性旅游目的地。发挥上游自然景观多样、生态风光原始、民族文化多彩、地域特色鲜明优势，加强配套基础设施建设，增加高品质旅游服务供给，支持青海、四川、甘肃毗邻地区共建国家生态旅游示范区。中游依托古都、古城、古迹等丰富人文资源，突出地域文化特点和农耕文化特色，打造世界级历史文化旅游目的地。下游发挥好泰山、孔庙等世界著名文化遗产作用，推动弘扬中华优秀传统文化。加大石窟文化保护力度，打造中国特色历史文化标识和“中国石窟”文化品牌。依托陕甘宁革命老区、红军长征路线、西路军西征路线、吕梁山革命根据地、南梁革命根据地、沂蒙革命老区等打造红色旅游走廊。实施黄河流域影视、艺术振兴行动，形成一批富有时代特色的精品力作。

第十三章　补齐民生短板和弱项

以上中游欠发达地区为重点，多渠道促进就业

创业，加强普惠性、基础性、兜底性民生事业建设，提高公共服务供给能力和水平，进一步保障和改善民生，增强人民群众的获得感、幸福感、安全感。

第一节　提高重大公共卫生事件应对能力

坚持预防为主、防治协同，建立全流域公共卫生事件应急应对机制，实现流行病调查、监测分析、信息通报、防控救治、资源调配等协同联动，筑牢全方位网格化防线，织密疾病防控网络。加快黄河流域疾病预防控制体系现代化建设，提升传染病病原体、健康危害因素等检验检测能力。健全重大突发公共卫生事件医疗救治体系，按照人口规模、辐射区域和疫情防控压力，建设重大疫情救治基地，完善沿黄省市县三级重症监护病区（ICU）救治设施体系，提高中医院应急和救治能力。分级分层分流推动城市传染病救治体系建设，实现沿黄地市级传染病医院全覆盖，加强县级医院感染性疾病科和相对独立的传染病病区建设，原则上不鼓励新建独立的传染病医院。按照平战结合导向，做好重要医疗物资储备。借鉴方舱医院改建经验，提高大型场馆等设施建设标准，使其具备承担救治隔离任务的条件。充分发挥黄河流域中医药传统和特色优势，建立中西医结合的疫情防控机制。

第二节　加快教育医疗事业发展

制定更加优惠的政策措施，支持改善上中游地区义务教育薄弱学校办学条件，切实落实义务教育教师平均工资收入不低于当地公务员平均水平的要求。支持沿黄地区高校围绕生态保护修复、生物多样性保护、水沙调控、水土保持、水资源利用、公共卫生等急需领域，设置一批科学研究和工程应用学科。加大政府投入力度，加强基层公共卫生服务体系建设，强化儿童重点疾病预防保健。设立黄河流域高原病、地方病防治中心。实施“黄河名医”中医药发展计划，打造中医药产业发展综合示范区。广泛开展爱国卫生运动。

第三节　增强基本民生保障能力

千方百计稳定和扩大就业，加强对重点行业、重点群体的就业支持，采取措施吸引高校毕业生投身黄河生态保护事业，支持退役军人、返乡入乡务工人员在生态环保、乡村旅游等领域就业创业，发挥植树造林、基础设施、治污等重大工程拉动当地就业作用。创新户籍、土地、社保等政策，引导沿黄地区劳动力赴新疆、西藏、青海等边疆、高原地区就业创业安居。有序扩大跨省异地就医定点医院覆盖面。统筹城乡社会救助体系，做好对留守儿童、孤寡老人、残障人员、失独家庭等弱势群体的关爱服务。

第四节　提升特殊类型地区发展能力

以上中游民族地区、革命老区、生态脆弱地区等为重点，接续推进全面脱贫与乡村振兴有效衔接，巩固脱贫攻坚成果，全力让脱贫群众迈向富裕。精准扶持发展特色优势产业，支持培育壮大一批龙头企业。加大上中游易地扶贫搬迁后续帮扶力度，继续做好东西部协作、对口支援、定点帮扶等工作。大力实施以工代赈，扩大建设领域、赈济方式和受益对象。编制实施新时代陕甘宁革命老区振兴发展规划。

第十四章　加快改革开放步伐

坚持深化改革与扩大开放并重，充分发挥市场在资源配置中的决定性作用，更好发挥政府作用，加强黄河综合治理体系和能力建设，加快构建内外兼顾、陆海联动、东西互济、多向并进的黄河流域开放新格局，提升黄河流域高质量发展水平。

第一节　完善黄河流域管理体系

形成中央统筹协调、部门协同配合、属地抓好落实、各方衔接有力的管理体制，实现统一规划设计、统一政策标准、协同生态保护、综合监管执法。深化流域管理机构改革，推行政事分开、事企分开、管办分离，强化水利部黄河水利委员会在全流域防洪、监测、调度、监督等方面职能，实现对干支流监管“一张网”全覆盖。赋予沿黄各省区更多生态建设、环境保护、节约用水和防洪减灾等管理职能，实现流域治理权责统一。加强全流域生态环境执法能力建设，完善跨区域跨部门联合执法机制，实现对全流域生态环境保护执法“一条线”全畅通。建立流域突发事件应急预案体系，提升生态环境应急响应处置能力。落实地方政府生态保护、污染防治、节水、水土保持等目标责任，实行最严格的生产建设活动监管。

第二节　健全生态产品价值实现机制

建立纵向与横向、补偿与赔偿、政府与市场有机结合的黄河流域生态产品价值实现机制。中央财政设立黄河流域生态保护和高质量发展专项奖补资金，专门用于奖励生态保护有力、转型发展成效好的地区，补助生态功能重要、公共服务短板较多的地区。鼓励地方以水量、水质为补偿依据，完善黄河干流和主要支流横向生态保护补偿机制，开展渭河、湟水河等重要支流横向生态保护补偿机制试点，中央财政安排引导资金予以支持。在沿黄重点生态功能区实施生态综合补偿试点。支持地方探索开展生态产品价值核算计量，逐步推进综合生态补偿标准化、实用化、市场化。鼓励开展排污权等初始分配与跨省交易制度，以点带面形成多元化生态补偿政策体系。实行更加严格的黄河流域生态环境损害赔偿制度，依托生态产品价值核算，开展生态环境损害评估，提高破坏生态环境违法成本。

第三节　加大市场化改革力度

着力优化沿黄各省区营商环境，制定改进措施清单，逐项推动落实。深化“放管服”改革，全面借鉴复制先进经验做法，深入推进“最多跑一次”改革，打造高效便捷的政务服务环境。研究制定沿黄各省区能源、有色、装备制造等领域国有企业混合所有制改革方案，支持国有企业改革各类试点在黄河流域先行先试，分类实施垄断行业改革。依法平等对待各类市场主体，全面清理歧视性规定和做法，积极吸引民营企业、民间资本投资兴业。探索特许经营方式，引入合格市场主体对有条件的支流河段实施生态建设和环境保护。加强黄河流域要素市场一体化建设，推进土地、能源等要素市场化改革，完善要素价格形成机制，提高资源配置效率。

第四节　深度融入共建“一带一路”

高水平高标准推进沿黄相关省区的自由贸易试验区建设，赋予更大改革开放自主权。支持西安、郑州、济南等沿黄大城市建立对接国际规则标准、加快投资贸易便利化、吸引集聚全球优质要素的体制机制，强化国际交往功能，建设黄河流域对外开放门户。发挥上中游省区丝绸之路经济带重要通道、节点作用和经济历史文化等综合优势，打造内陆开放高地，加快形成面向中亚南亚西亚国家的通道、商贸物流枢纽、重要产业和人文交流基地。支持黄河流域相关省区高质量开行中欧班列，整治和防范无序发展与过度竞争，培育西安、郑州等中欧班列枢纽城市，发展依托班列的外向型经济。在沿黄省区新设若干农业对外开放合作试验区，深化与共建“一带一路”国家农牧业合作，支持有实力的企业建设海外生产加工基地。

第五节　健全区域间开放合作机制

推动青海、四川、甘肃毗邻地区协同推进水源涵养和生态保护修复，建设黄河流域生态保护和水源涵养中心区。支持甘肃、青海共同开展祁连山生态修复和黄河上游冰川群保护。引导陕西、宁夏、内蒙古毗邻地区统筹能源化工发展布局，加强生态环境共保和水污染共治。加强陕西、山西黄土高原交界地区协作，共同保护黄河晋陕大峡谷生态环境。深化晋陕豫黄河金三角区域经济协作，建设郑（州）洛（阳）西（安）高质量发展合作带，推动晋陕蒙（忻榆鄂）等跨省区合作。支持山西、内蒙古、山东深度对接京津冀协同发展，深化科技创新、金融、新兴产业、能源等合作，健全南水北调中线工程受水区与水源区对口协作机制。推动黄河流域与长江流域生态保护合作，实施三江源、秦岭、若尔盖湿地等跨流域重点生态功能区协同保护和修复，加强生态保护政策、项目、机制联动，以保护生态为前提适度引导跨流域产业转移。

第十五章　推进规划实施

黄河流域生态保护和高质量发展是一项重大系统工程，涉及地域广、人口多，任务繁重艰巨。坚持尽力而为、量力而行原则，把握好有所为与有所不为、先为与后为、快为与慢为的关系，抓住每个阶段主要矛盾和矛盾主要方面，对当下急需的政策、工程和项目，要增强紧迫感和使命感，加快推进、早见成效；对需要长期推进的工作，要久久为功、一茬接着一茬干，把黄河流域生态保护和高质量发展的宏伟蓝图变为现实。

第一节　坚持党的集中统一领导

把党的领导始终贯穿于黄河流域生态保护和高质量发展各领域各方面各环节。加强党的政治建设，坚持不懈用红色文化特别是延安精神、焦裕禄精神教育广大党员、干部，坚定理想信念，改进工作作风，做到忠诚干净担当。充分发挥党总揽全局、协调各方的领导核心作用，确保黄河流域生态保护和高质量发展始终保持正确方向。沿黄各省区党委和政府要从讲政治的高度、抓重点的精度、抓到底的深度，全面落实党中央、国务院决策部署，锐意进取、实干苦干，不折不扣推动本规划纲要提出的目标任务和政策措施落地见效。

第二节　强化法治保障

系统梳理与黄河流域生态保护和高质量发展相

关法律法规，深入开展黄河保护治理立法基础性研究工作，适时启动立法工作，将黄河保护治理中行之有效的普遍性政策、机制、制度等予以立法确认。在生态保护优先的前提下，以法律形式界定各方权责边界、明确保护治理制度体系，规范对黄河保护治理产生影响的各类行为。研究制定完善黄河流域生态补偿、水资源节约集约利用等法律法规制度。支持沿黄省区出台地方性法规、地方政府规章，完善黄河流域生态保护和高质量发展的法治保障体系。

第三节　增强国土空间治理能力

全面评估黄河流域及沿黄省份资源环境承载能力，统筹生态、经济、城市、人口以及粮食、能源等安全保障对空间的需求，开展国土空间开发适宜性评价，确定不同地区开发上限，合理开发和高效利用国土空间，严格规范各类沿黄河开发建设活动。在组织开展黄河流域生态现状调查、生态风险隐患排查的基础上，以最大限度保持生态系统完整性和功能性为前提，加快黄河流域生态保护红线、环境质量底线、自然资源利用上线和生态环境准入清单“三线一单”编制，构建生态环境分区管控体系。合理确定不同水域功能定位，完善黄河流域水功能区划。加强黄河干流和主要支流、湖泊水生态空间治理，开展水域岸线确权划界并严格用途管控，确保水域面积不减。

第四节　完善规划政策体系

围绕贯彻落实本规划纲要，组织编制生态保护和修复、环境保护与污染治理、水安全保障、文化保护传承弘扬、基础设施互联互通、能源转型发展、黄河文化公园规划建设等专项规划，研究出台配套政策和综合改革措施，形成“1＋N＋X”规划政策体系。研究设立黄河流域生态保护和高质量发展基金。沿黄各省区要研究制定本地区黄河流域生态保护和高质量发展规划及实施方案，细化落实本规划纲要确定的目标任务。沿黄各省区要建立重大工程、重大项目推进机制，围绕生态修复、污染防治、水土保持、节水降耗、防洪减灾、产业结构调整等领域，创新融资方式，积极做好用地、环评等前期工作，做到储备一批、开工一批、建设一批、竣工一批，发挥重大项目在黄河流域生态保护和高质量发展中的关键作用。本规划纲要实施过程中涉及的重大事项、重要政策和重点项目按规定程序报批。

第五节　建立健全工作机制

坚持中央统筹、省负总责、市县落实的工作机制。中央成立推动黄河流域生态保护和高质量发展领导小组，全面指导黄河流域生态保护和高质量发展战略实施，审议全流域重大规划、重大政策、重大项目和年度工作安排，协调解决跨区域重大问题。领导小组办公室设在国家发展改革委，承担领导小组日常工作。沿黄各省区要履行主体责任，完善工作机制，加强组织动员和推进实施。相关市县要落实工作责任，细化工作方案，逐项抓好落实。中央各有关部门要按照职责分工，加强指导服务，给予有力支持。充分发挥水利部黄河水利委员会作用，为领导小组工作提供支撑保障。领导小组办公室要加强对本规划纲要实施的跟踪分析，做好政策研究、统筹协调、督促落实等工作，确保在2025年前黄河流域生态保护和高质量发展取得明显进展。重大事项及时向党中央、国务院报告。

中共中央　国务院关于深入打好污染防治攻坚战的意见（2021年11月2日）

良好生态环境是实现中华民族永续发展的内在要求，是增进民生福祉的优先领域，是建设美丽中国的重要基础。党的十八大以来，以习近平同志为核心的党中央全面加强对生态文明建设和生态环境保护的领导，开展了一系列根本性、开创性、长远性工作，推动污染防治的措施之实、力度之大、成效之显著前所未有，污染防治攻坚战阶段性目标任务圆满完成，生态环境明显改善，人民群众获得感显著增强，厚植了全面建成小康社会的绿色底色和质量成色。同时应该看到，我国生态环境保护结构性、根源性、趋势性压力总体上尚未根本缓解，重点区域、重点行业污染问题仍然突出，实现碳达峰、碳中和任务艰巨，生态环境保护任重道远。为进一步加强生态环境保护，深入打好污染防治攻坚战，现提出如下意见。

一、总体要求

（一）指导思想。以习近平新时代中国特色社会主义思想为指导，全面贯彻党的十九大和十九届二中、三中、四中、五中全会精神，深入贯彻习近平生态文明思想，坚持以人民为中心的发展思想，立足新发展阶段，完整、准确、全面贯彻新发展理念，构建新发展格局，以实现减污降碳协同增效为总抓手，以改善生态环境质量为核心，以精准治污、科学治污、依法治污为工作方针，统筹污染治理、生态保护、应对气候变化，保持力度、延伸深度、拓宽广度，以更高标准打好蓝天、碧水、净土保卫战，以高水平保护推动高质量发展、创造高品质生活，努力建设人与自然和谐共生的美丽中国。

（二）工作原则

——坚持方向不变、力度不减。保持战略定力，坚定不移走生态优先、绿色发展之路，巩固拓展“十三五”时期污染防治攻坚成果，继续打好一批标志性战役，接续攻坚、久久为功。

——坚持问题导向、环保为民。把人民群众反映强烈的突出生态环境问题摆上重要议事日程，不断加以解决，增强广大人民群众的获得感、幸福感、安全感，以生态环境保护实际成效取信于民。

——坚持精准科学、依法治污。遵循客观规律，抓住主要矛盾和矛盾的主要方面，因地制宜、科学施策，落实最严格制度，加强全过程监管，提高污染治理的针对性、科学性、有效性。

——坚持系统观念、协同增效。推进山水林田湖草沙一体化保护和修复，强化多污染物协同控制和区域协同治理，注重综合治理、系统治理、源头治理，保障国家重大战略实施。

——坚持改革引领、创新驱动。深入推进生态文明体制改革，完善生态环境保护领导体制和工作机制，加大技术、政策、管理创新力度，加快构建现代环境治理体系。

（三）主要目标。到 2025 年，生态环境持续改善，主要污染物排放总量持续下降，单位国内生产总值二氧化碳排放比 2020 年下降 18%，地级及以上城市细颗粒物（PM2.5）浓度下降 10%，空气质量优良天数比率达到 87.5%，地表水Ⅰ～Ⅲ类水体比例达到 85%，近岸海域水质优良（一、二类）比例达到 79%左右，重污染天气、城市黑臭水体基本消除，土壤污染风险得到有效管控，固体废物和新污染物治理能力明显增强，生态系统质量和稳定性持续提升，生态环境治理体系更加完善，生态文明建设实现新进步。

到 2035 年，广泛形成绿色生产生活方式，碳排放达峰后稳中有降，生态环境根本好转，美丽中国建设目标基本实现。

二、加快推动绿色低碳发展

（四）深入推进碳达峰行动。处理好减污降碳和能源安全、产业链供应链安全、粮食安全、群众正常生活的关系，落实 2030 年应对气候变化国家自主贡献目标，以能源、工业、城乡建设、交通运输等领域和钢铁、有色金属、建材、石化化工等行业为重点，深入开展碳达峰行动。在国家统一规划的前提下，支持有条件的地方和重点行业、重点企业率先达峰。统筹建立二氧化碳排放总量控制制度。建设完善全国碳排放权交易市场，有序扩大覆盖范围，丰富交易品种和交易方式，并纳入全国统一公共资源交易平台。加强甲烷等非二氧化碳温室气体排放管控。制定国家适应气候变化战略 2035。大力推进低碳和适应气候变化试点工作。健全排放源统计调查、核算核查、监管制度，将温室气体管控纳入环评管理。

（五）聚焦国家重大战略打造绿色发展高地。强化京津冀协同发展生态环境联建联防联治，打造雄安新区绿色高质量发展“样板之城”。积极推动长江经济带成为我国生态优先绿色发展主战场，深化长三角地区生态环境共保联治。扎实推动黄河流域生态保护和高质量发展。加快建设美丽粤港澳大湾区。加强海南自由贸易港生态环境保护和建设。

（六）推动能源清洁低碳转型。在保障能源安全的前提下，加快煤炭减量步伐，实施可再生能源替代行动。“十四五”时期，严控煤炭消费增长，非化石能源消费比重提高到 20%左右，京津冀及周边地区、长三角地区煤炭消费量分别下降 10%、5%左右，汾渭平原煤炭消费量实现负增长。原则上不再新增自备燃煤机组，支持自备燃煤机组实施清洁能源替代，鼓励自备电厂转为公用电厂。坚持“增气减煤”同步，新增天然气优先保障居民生活和清洁取暖需求。提高电能占终端能源消费比重。重点区域的平原地区散煤基本清零。有序扩大清洁取暖试点城市范围，稳步提升北方地区清洁取暖水平。

（七）坚决遏制高耗能高排放项目盲目发展。严把高耗能高排放项目准入关口，严格落实污染物排放区域削减要求，对不符合规定的项目坚决停批停建。依法依规淘汰落后产能和化解过剩产能。推动高炉—转炉长流程炼钢转型为电炉短流程炼钢。重点区域严禁新增钢铁、焦化、水泥熟料、平板玻璃、电解铝、氧化铝、煤化工产能，合理控制煤制油气产能规模，严控新增炼油产能。

（八）推进清洁生产和能源资源节约高效利用。引导重点行业深入实施清洁生产改造，依法开展自愿性清洁生产评价认证。大力推行绿色制造，构建资源循环利用体系。推动煤炭等化石能源清洁高效利用。加强重点领域节能，提高能源使用效率。实施国家节水行动，强化农业节水增效、工业节水减排、城镇节水降损。推进污水资源化利用和海水淡化规模化利用。

（九）加强生态环境分区管控。衔接国土空间规划分区和用途管制要求，将生态保护红线、环境质量底线、资源利用上线的硬约束落实到环境管控单元，建立差别化的生态环境准入清单，加强“三线一单”成果在政策制定、环境准入、园区管理、执

法监管等方面的应用。健全以环评制度为主体的源头预防体系，严格规划环评审查和项目环评准入，开展重大经济技术政策的生态环境影响分析和重大生态环境政策的社会经济影响评估。

（十）加快形成绿色低碳生活方式。把生态文明教育纳入国民教育体系，增强全民节约意识、环保意识、生态意识。因地制宜推行垃圾分类制度，加快快递包装绿色转型，加强塑料污染全链条防治。深入开展绿色生活创建行动。建立绿色消费激励机制，推进绿色产品认证、标识体系建设，营造绿色低碳生活新时尚。

三、深入打好蓝天保卫战

（十一）着力打好重污染天气消除攻坚战。聚焦秋冬季细颗粒物污染，加大重点区域、重点行业结构调整和污染治理力度。京津冀及周边地区、汾渭平原持续开展秋冬季大气污染综合治理专项行动。东北地区加强秸秆禁烧管控和采暖燃煤污染治理。天山北坡城市群加强兵地协作，钢铁、有色金属、化工等行业参照重点区域执行重污染天气应急减排措施。科学调整大气污染防治重点区域范围，构建省市县三级重污染天气应急预案体系，实施重点行业企业绩效分级管理，依法严厉打击不落实应急减排措施行为。到 2025 年，全国重度及以上污染天数比率控制在 1%以内。

（十二）着力打好臭氧污染防治攻坚战。聚焦夏秋季臭氧污染，大力推进挥发性有机物和氮氧化物协同减排。以石化、化工、涂装、医药、包装印刷、油品储运销等行业领域为重点，安全高效推进挥发性有机物综合治理，实施原辅材料和产品源头替代工程。完善挥发性有机物产品标准体系，建立低挥发性有机物含量产品标识制度。完善挥发性有机物监测技术和排放量计算方法，在相关条件成熟后，研究适时将挥发性有机物纳入环境保护税征收范围。推进钢铁、水泥、焦化行业企业超低排放改造，重点区域钢铁、燃煤机组、燃煤锅炉实现超低排放。开展涉气产业集群排查及分类治理，推进企业升级改造和区域环境综合整治。到 2025 年，挥发性有机物、氮氧化物排放总量比 2020 年分别下降 10%以上，臭氧浓度增长趋势得到有效遏制，实现细颗粒物和臭氧协同控制。

（十三）持续打好柴油货车污染治理攻坚战。深入实施清洁柴油车（机）行动，全国基本淘汰国三及以下排放标准汽车，推动氢燃料电池汽车示范应用，有序推广清洁能源汽车。进一步推进大中城市公共交通、公务用车电动化进程。不断提高船舶靠港岸电使用率。实施更加严格的车用汽油质量标准。加快大宗货物和中长途货物运输“公转铁”、“公转水”，大力发展公铁、铁水等多式联运。“十四五”时期，铁路货运量占比提高 0.5 个百分点，水路货运量年均增速超过 2%。

（十四）加强大气面源和噪声污染治理。强化施工、道路、堆场、裸露地面等扬尘管控，加强城市保洁和清扫。加大餐饮油烟污染、恶臭异味治理力度。强化秸秆综合利用和禁烧管控。到 2025 年，京津冀及周边地区大型规模化养殖场氨排放总量比 2020 年下降 5%。深化消耗臭氧层物质和氢氟碳化物环境管理。实施噪声污染防治行动，加快解决群众关心的突出噪声问题。到 2025 年，地级及以上城市全面实现功能区声环境质量自动监测，全国声环境功能区夜间达标率达到 85%。

四、深入打好碧水保卫战

（十五）持续打好城市黑臭水体治理攻坚战。统筹好上下游、左右岸、干支流、城市和乡村，系统推进城市黑臭水体治理。加强农业农村和工业企业污染防治，有效控制入河污染物排放。强化溯源整治，杜绝污水直接排入雨水管网。推进城镇污水管网全覆盖，对进水情况出现明显异常的污水处理厂，开展片区管网系统化整治。因地制宜开展水体内源污染治理和生态修复，增强河湖自净功能。充分发挥河长制、湖长制作用，巩固城市黑臭水体治理成效，建立防止返黑返臭的长效机制。2022 年 6 月底前，县级城市政府完成建成区内黑臭水体排查并制定整治方案，统一公布黑臭水体清单及达标期限。到 2025 年，县级城市建成区基本消除黑臭水体，京津冀、长三角、珠三角等区域力争提前 1 年完成。

（十六）持续打好长江保护修复攻坚战。推动长江全流域按单元精细化分区管控。狠抓突出生态环境问题整改，扎实推进城镇污水垃圾处理和工业、农业面源、船舶、尾矿库等污染治理工程。加强渝湘黔交界武陵山区“锰三角”污染综合整治。持续开展工业园区污染治理、“三磷”行业整治等专项行动。推进长江岸线生态修复，巩固小水电清理整改成果。实施好长江流域重点水域十年禁渔，有效恢复长江水生生物多样性。建立健全长江流域水生态环境考核评价制度并抓好组织实施。加强太湖、巢湖、滇池等重要湖泊蓝藻水华防控，开展河湖水生植被恢复、氮磷通量监测等试点。到 2025 年，长江流域总体水质保持为优，干流水质稳定达到Ⅱ类，重要河湖生态用水得到有效保障，水生态质量明显提升。

（十七）着力打好黄河生态保护治理攻坚战。全面落实以水定城、以水定地、以水定人、以水定产要求，实施深度节水控水行动，严控高耗水行业发展。维护上游水源涵养功能，推动以草定畜、定牧。加强中游水土流失治理，开展汾渭平原、河套灌区等农业面源污染治理。实施黄河三角洲湿地保护修复，强化黄河河口综合治理。加强沿黄河城镇污水处理设施及配套管网建设，开展黄河流域“清废行动”，基本完成尾矿库污染治理。到2025年，黄河干流上中游（花园口以上）水质达到Ⅱ类，干流及主要支流生态流量得到有效保障。

（十八）巩固提升饮用水安全保障水平。加快推进城市水源地规范化建设，加强农村水源地保护。基本完成乡镇级水源保护区划定、立标并开展环境问题排查整治。保障南水北调等重大输水工程水质安全。到2025年，全国县级及以上城市集中式饮用水水源水质达到或优于Ⅲ类比例总体高于93%。

（十九）着力打好重点海域综合治理攻坚战。巩固深化渤海综合治理成果，实施长江口—杭州湾、珠江口邻近海域污染防治行动，“一湾一策”实施重点海湾综合治理。深入推进入海河流断面水质改善、沿岸直排海污染源整治、海水养殖环境治理，加强船舶港口、海洋垃圾等污染防治。推进重点海域生态系统保护修复，加强海洋伏季休渔监管执法。推进海洋环境风险排查整治和应急能力建设。到2025年，重点海域水质优良比例比2020年提升2个百分点左右，省控及以上河流入海断面基本消除劣Ⅴ类，滨海湿地和岸线得到有效保护。

（二十）强化陆域海域污染协同治理。持续开展入河入海排污口“查、测、溯、治”，到2025年，基本完成长江、黄河、渤海及赤水河等长江重要支流排污口整治。完善水污染防治流域协同机制，深化海河、辽河、淮河、松花江、珠江等重点流域综合治理，推进重要湖泊污染防治和生态修复。沿海城市加强固定污染源总氮排放控制和面源污染治理，实施入海河流总氮削减工程。建成一批具有全国示范价值的美丽河湖、美丽海湾。

五、深入打好净土保卫战

（二十一）持续打好农业农村污染治理攻坚战。注重统筹规划、有效衔接，因地制宜推进农村厕所革命、生活污水治理、生活垃圾治理，基本消除较大面积的农村黑臭水体，改善农村人居环境。实施化肥农药减量增效行动和农膜回收行动。加强种养结合，整县推进畜禽粪污资源化利用。规范工厂化水产养殖尾水排污口设置，在水产养殖主产区推进养殖尾水治理。到2025年，农村生活污水治理率达到40%，化肥农药利用率达到43%，全国畜禽粪污综合利用率达到80%以上。

（二十二）深入推进农用地土壤污染防治和安全利用。实施农用地土壤镉等重金属污染源头防治行动。依法推行农用地分类管理制度，强化受污染耕地安全利用和风险管控，受污染耕地集中的县级行政区开展污染溯源，因地制宜制定实施安全利用方案。在土壤污染面积较大的100个县级行政区推进农用地安全利用示范。严格落实粮食收购和销售出库质量安全检验制度和追溯制度。到2025年，受污染耕地安全利用率达到93%左右。

（二十三）有效管控建设用地土壤污染风险。严格建设用地土壤污染风险管控和修复名录内地块的准入管理。未依法完成土壤污染状况调查和风险评估的地块，不得开工建设与风险管控和修复无关的项目。从严管控农药、化工等行业的重度污染地块规划用途，确需开发利用的，鼓励用于拓展生态空间。完成重点地区危险化学品生产企业搬迁改造，推进腾退地块风险管控和修复。

（二十四）稳步推进“无废城市”建设。健全“无废城市”建设相关制度、技术、市场、监管体系，推进城市固体废物精细化管理。“十四五”时期，推进100个左右地级及以上城市开展“无废城市”建设，鼓励有条件的省份全域推进“无废城市”建设。

（二十五）加强新污染物治理。制定实施新污染物治理行动方案。针对持久性有机污染物、内分泌干扰物等新污染物，实施调查监测和环境风险评估，建立健全有毒有害化学物质环境风险管理制度，强化源头准入，动态发布重点管控新污染物清单及其禁止、限制、限排等环境风险管控措施。

（二十六）强化地下水污染协同防治。持续开展地下水环境状况调查评估，划定地下水型饮用水水源补给区并强化保护措施，开展地下水污染防治重点区划定及污染风险管控。健全分级分类的地下水环境监测评价体系。实施水土环境风险协同防控。在地表水、地下水交互密切的典型地区开展污染综合防治试点。

六、切实维护生态环境安全

（二十七）持续提升生态系统质量。实施重要生态系统保护和修复重大工程、山水林田湖草沙一体化保护和修复工程。科学推进荒漠化、石漠化、水土流失综合治理和历史遗留矿山生态修复，开展大规模国土绿化行动，实施河口、海湾、滨海湿地、典型海洋生态系统保护修复。推行草原森林河流湖泊休养生息，加强黑土地保护。有效应对气候变化对冰冻圈融化的影响。推进城市生态修复。加强生态保护修复监督评估。到2025年，森林覆盖率达到24.1%，草原综合植被盖度稳定在57%左右，湿地

保护率达到55%。

（二十八）实施生物多样性保护重大工程。加快推进生物多样性保护优先区域和国家重大战略区域调查、观测、评估。完善以国家公园为主体的自然保护地体系，构筑生物多样性保护网络。加大珍稀濒危野生动植物保护拯救力度。加强生物遗传资源保护和管理，严格外来入侵物种防控。

（二十九）强化生态保护监管。用好第三次全国国土调查成果，构建完善生态监测网络，建立全国生态状况评估报告制度，加强重点区域流域海域、生态保护红线、自然保护地、县域重点生态功能区等生态状况监测评估。加强自然保护地和生态保护红线监管，依法加大生态破坏问题监督和查处力度，持续推进“绿盾”自然保护地强化监督专项行动。深入推动生态文明建设示范创建、“绿水青山就是金山银山”实践创新基地建设和美丽中国地方实践。

（三十）确保核与辐射安全。坚持安全第一、质量第一，实行最严格的安全标准和最严格的监管，持续强化在建和运行核电厂安全监管，加强核安全监管制度、队伍、能力建设，督促营运单位落实全面核安全责任。严格研究堆、核燃料循环设施、核技术利用等安全监管，积极稳妥推进放射性废物、伴生放射性废物处置，加强电磁辐射污染防治。强化风险预警监测和应急响应，不断提升核与辐射安全保障能力。

（三十一）严密防控环境风险。开展涉危险废物涉重金属企业、化工园区等重点领域环境风险调查评估，完成重点河流突发水污染事件“一河一策一图”全覆盖。开展涉铊企业排查整治行动。加强重金属污染防控，到2025年，全国重点行业重点重金属污染物排放量比2020年下降5%。强化生态环境与健康管理。健全国家环境应急指挥平台，推进流域及地方环境应急物资库建设，完善环境应急管理体系。

七、提高生态环境治理现代化水平

（三十二）全面强化生态环境法治保障。完善生态环境保护法律法规和适用规则，在法治轨道上推进生态环境治理，依法对生态环境违法犯罪行为严惩重罚。推进重点区域协同立法，探索深化区域执法协作。完善生态环境标准体系，鼓励有条件的地方制定出台更加严格的标准。健全生态环境损害赔偿制度。深化环境信息依法披露制度改革。加强生态环境保护法律宣传普及。强化生态环境行政执法与刑事司法衔接，联合开展专项行动。

（三十三）健全生态环境经济政策。扩大环境保护、节能节水等企业所得税优惠目录范围，完善绿色电价政策。大力发展绿色信贷、绿色债券、绿色基金，加快发展气候投融资，在环境高风险领域依法推行环境污染强制责任保险，强化对金融机构的绿色金融业绩评价。加快推进排污权、用能权、碳排放权市场化交易。全面实施环保信用评价，发挥环境保护综合名录的引导作用。完善市场化多元化生态保护补偿，推动长江、黄河等重要流域建立全流域生态保护补偿机制，建立健全森林、草原、湿地、沙化土地、海洋、水流、耕地等领域生态保护补偿制度。

（三十四）完善生态环境资金投入机制。各级政府要把生态环境作为财政支出的重点领域，把生态环境资金投入作为基础性、战略性投入予以重点保障，确保与污染防治攻坚任务相匹配。加快生态环境领域省以下财政事权和支出责任划分改革。加强有关转移支付分配与生态环境质量改善相衔接。综合运用土地、规划、金融、税收、价格等政策，引导和鼓励更多社会资本投入生态环境领域。

（三十五）实施环境基础设施补短板行动。构建集污水、垃圾、固体废物、危险废物、医疗废物处理处置设施和监测监管能力于一体的环境基础设施体系，形成由城市向建制镇和乡村延伸覆盖的环境基础设施网络。开展污水处理厂差别化精准提标。优先推广运行费用低、管护简便的农村生活污水治理技术，加强农村生活污水处理设施长效化运行维护。推动省域内危险废物处置能力与产废情况总体匹配，加快完善医疗废物收集转运处置体系。

（三十六）提升生态环境监管执法效能。全面推行排污许可“一证式”管理，建立基于排污许可证的排污单位监管执法体系和自行监测监管机制。建立健全以污染源自动监控为主的非现场监管执法体系，强化关键工况参数和用水用电等控制参数自动监测。加强移动源监管能力建设。深入开展生活垃圾焚烧发电行业达标排放专项整治。全面禁止进口“洋垃圾”。依法严厉打击危险废物非法转移、倾倒、处置等环境违法犯罪，严肃查处环评、监测等领域弄虚作假行为。

（三十七）建立完善现代化生态环境监测体系。构建政府主导、部门协同、企业履责、社会参与、公众监督的生态环境监测格局，建立健全基于现代感知技术和大数据技术的生态环境监测网络，优化监测站网布局，实现环境质量、生态质量、污染源监测全覆盖。提升国家、区域流域海域和地方生态环境监测基础能力，补齐细颗粒物和臭氧协同控制、水生态环境、温室气体排放等监测短板。加强监测质量监督检查，确保数据真实、准确、全面。

（三十八）构建服务型科技创新体系。组织开展生态环境领域科技攻关和技术创新，规范布局建设各类创新平台。加快发展节能环保产业，推广生态环境整体解决方案、托管服务和第三方治理。构建智慧高效的生态环境管理信息化体系。加强生态环境科技成果转化服务，组织开展百城千县万名专家生态环境科技帮扶行动。

八、加强组织实施

（三十九）加强组织领导。全面加强党对生态环境保护工作的领导，进一步完善中央统筹、省负总责、市县抓落实的攻坚机制。强化地方各级生态环境保护议事协调机制作用，研究推动解决本地区生态环境保护重要问题，加强统筹协调，形成工作合力，确保日常工作机构有场所、有人员、有经费。加快构建减污降碳一体谋划、一体部署、一体推进、一体考核的制度机制。研究制定强化地方党政领导干部生态环境保护责任有关措施。

（四十）强化责任落实。地方各级党委和政府要坚决扛起生态文明建设政治责任，深入打好污染防治攻坚战，把解决群众身边的生态环境问题作为“我为群众办实事”实践活动的重要内容，列出清单、建立台账，长期坚持、确保实效。各有关部门要全面落实生态环境保护责任，细化实化污染防治攻坚政策措施，分工协作、共同发力。各级人大及其常委会加强生态环境保护立法和监督。各级政协加大生态环境保护专题协商和民主监督力度。各级法院和检察院加强环境司法。生态环境部要做好任务分解，加强调度评估，重大情况及时向党中央、国务院报告。

（四十一）强化监督考核。完善中央生态环境保护督察制度，健全中央和省级两级生态环境保护督察体制，将污染防治攻坚战任务落实情况作为重点，深化例行督察，强化专项督察。深入开展重点区域、重点领域、重点行业监督帮扶。继续开展污染防治攻坚战成效考核，完善相关考核措施，强化考核结果运用。

（四十二）强化宣传引导。创新生态环境宣传方式方法，广泛传播生态文明理念。构建生态环境治理全民行动体系，发展壮大生态环境志愿服务力量，深入推动环保设施向公众开放，完善生态环境信息公开和有奖举报机制。积极参与生态环境保护国际合作，讲好生态文明建设“中国故事”。

（四十三）强化队伍建设。完善省以下生态环境机构监测监察执法垂直管理制度，全面推进生态环境监测监察执法机构能力标准化建设。将生态环境保护综合执法机构列入政府行政执法机构序列，统一保障执法用车和装备。持续加强生态环境保护铁军建设，锤炼过硬作风，严格对监督者的监督管理。注重选拔在生态文明建设和生态环境保护工作中敢于负责、勇于担当、善于作为、实绩突出的干部。按照有关规定表彰在污染防治攻坚战中成绩显著、贡献突出的先进单位和个人。

中共中央办公厅　国务院办公厅关于印发《农村人居环境整治提升五年行动方案（2021—2025年）》的通知

改善农村人居环境，是以习近平同志为核心的党中央从战略和全局高度作出的重大决策部署，是实施乡村振兴战略的重点任务，事关广大农民根本福祉，事关农民群众健康，事关美丽中国建设。2018年农村人居环境整治三年行动实施以来，各地区各部门认真贯彻党中央、国务院决策部署，全面扎实推进农村人居环境整治，扭转了农村长期以来存在的脏乱差局面，村庄环境基本实现干净整洁有序，农民群众环境卫生观念发生可喜变化、生活质量普遍提高，为全面建成小康社会提供了有力支撑。但是，我国农村人居环境总体质量水平不高，还存在区域发展不平衡、基本生活设施不完善、管护机制不健全等问题，与农业农村现代化要求和农民群众对美好生活的向往还有差距。为加快农村人居环境整治提升，制定本方案。

一、总体要求

（一）指导思想。以习近平新时代中国特色社会主义思想为指导，深入贯彻党的十九大和十九届二中、三中、四中、五中、六中全会精神，坚持以人民为中心的发展思想，践行绿水青山就是金山银山的理念，深入学习推广浙江“千村示范、万村整治”工程经验，以农村厕所革命、生活污水垃圾治理、村容村貌提升为重点，巩固拓展农村人居环境整治三年行动成果，全面提升农村人居环境质量，为全面推进乡村振兴、加快农业农村现代化、建设美丽中国提供有力支撑。

（二）工作原则

——坚持因地制宜，突出分类施策。同区域气候条件和地形地貌相匹配，同地方经济社会发展能力和水平相适应，同当地文化和风土人情相协调，实事求是、自下而上、分类确定治理标准和目标任务，坚持数量服从质量、进度服从实效，求好不求快，既尽力而为，又量力而行。

——坚持规划先行，突出统筹推进。树立系统观念，先规划后建设，以县域为单位统筹推进农村人居环境整治提升各项重点任务，重点突破和综合整治、示范带动和整体推进相结合，合理安排建设

时序，实现农村人居环境整治提升与公共基础设施改善、乡村产业发展、乡风文明进步等互促互进。

——坚持立足农村，突出乡土特色。遵循乡村发展规律，体现乡村特点，注重乡土味道，保留乡村风貌，留住田园乡愁。坚持农业农村联动、生产生活生态融合，推进农村生活污水垃圾减量化、资源化、循环利用。

——坚持问需于民，突出农民主体。充分体现乡村建设为农民而建，尊重村民意愿，激发内生动力，保障村民知情权、参与权、表达权、监督权。坚持地方为主，强化地方党委和政府责任，鼓励社会力量积极参与，构建政府、市场主体、村集体、村民等多方共建共管格局。

——坚持持续推进，突出健全机制。注重与农村人居环境整治三年行动相衔接，持续发力、久久为功，积小胜为大成。建管用并重，着力构建系统化、规范化、长效化的政策制度和工作推进机制。

（三）行动目标。到 2025 年，农村人居环境显著改善，生态宜居美丽乡村建设取得新进步。农村卫生厕所普及率稳步提高，厕所粪污基本得到有效处理；农村生活污水治理率不断提升，乱倒乱排得到管控；农村生活垃圾无害化处理水平明显提升，有条件的村庄实现生活垃圾分类、源头减量；农村人居环境治理水平显著提升，长效管护机制基本建立。

东部地区、中西部城市近郊区等有基础、有条件的地区，全面提升农村人居环境基础设施建设水平，农村卫生厕所基本普及，农村生活污水治理率明显提升，农村生活垃圾基本实现无害化处理并推动分类处理试点示范，长效管护机制全面建立。

中西部有较好基础、基本具备条件的地区，农村人居环境基础设施持续完善，农村户用厕所愿改尽改，农村生活污水治理率有效提升，农村生活垃圾收运处置体系基本实现全覆盖，长效管护机制基本建立。

地处偏远、经济欠发达的地区，农村人居环境基础设施明显改善，农村卫生厕所普及率逐步提高，农村生活污水垃圾治理水平有新提升，村容村貌持续改善。

二、扎实推进农村厕所革命

（四）逐步普及农村卫生厕所。新改户用厕所基本入院，有条件的地区要积极推动厕所入室，新建农房应配套设计建设卫生厕所及粪污处理设施设备。重点推动中西部地区农村户厕改造。合理规划布局农村公共厕所，加快建设乡村景区旅游厕所，落实公共厕所管护责任，强化日常卫生保洁。

（五）切实提高改厕质量。科学选择改厕技术模式，宜水则水、宜旱则旱。技术模式应至少经过一个周期试点试验，成熟后再逐步推开。严格执行标准，把标准贯穿于农村改厕全过程。在水冲式厕所改造中积极推广节水型、少水型水冲设施。加快研发干旱和寒冷地区卫生厕所适用技术和产品。加强生产流通领域农村改厕产品质量监管，把好农村改厕产品采购质量关，强化施工质量监管。

（六）加强厕所粪污无害化处理与资源化利用。加强农村厕所革命与生活污水治理有机衔接，因地制宜推进厕所粪污分散处理、集中处理与纳入污水管网统一处理，鼓励联户、联村、村镇一体处理。鼓励有条件的地区积极推动卫生厕所改造与生活污水治理一体化建设，暂时无法同步建设的应为后期建设预留空间。积极推进农村厕所粪污资源化利用，统筹使用畜禽粪污资源化利用设施设备，逐步推动厕所粪污就地就农消纳、综合利用。

三、加快推进农村生活污水治理

（七）分区分类推进治理。优先治理京津冀、长江经济带、粤港澳大湾区、黄河流域及水质需改善控制单元等区域，重点整治水源保护区和城乡结合部、乡镇政府驻地、中心村、旅游风景区等人口居住集中区域农村生活污水。开展平原、山地、丘陵、缺水、高寒和生态环境敏感等典型地区农村生活污水治理试点，以资源化利用、可持续治理为导向，选择符合农村实际的生活污水治理技术，优先推广运行费用低、管护简便的治理技术，鼓励居住分散地区探索采用人工湿地、土壤渗滤等生态处理技术，积极推进农村生活污水资源化利用。

（八）加强农村黑臭水体治理。摸清全国农村黑臭水体底数，建立治理台账，明确治理优先序。开展农村黑臭水体治理试点，以房前屋后河塘沟渠和群众反映强烈的黑臭水体为重点，采取控源截污、清淤疏浚、生态修复、水体净化等措施综合治理，基本消除较大面积黑臭水体，形成一批可复制可推广的治理模式。鼓励河长制湖长制体系向村级延伸，建立健全促进水质改善的长效运行维护机制。

四、全面提升农村生活垃圾治理水平

（九）健全生活垃圾收运处置体系。根据当地实际，统筹县乡村三级设施建设和服务，完善农村生活垃圾收集、转运、处置设施和模式，因地制宜采用小型化、分散化的无害化处理方式，降低收集、转运、处置设施建设和运行成本，构建稳定运行的长效机制，加强日常监督，不断提高运行管理水平。

（十）推进农村生活垃圾分类减量与利用。加快推进农村生活垃圾源头分类减量，积极探索符合农村特点和农民习惯、简便易行的分类处理模式，减少垃圾出村处理量，有条件的地区基本实现农村可回收垃圾资源化利用、易腐烂垃圾和煤渣灰土就地就近消纳、有毒有害垃圾单独收集贮存和处置、其他垃圾无害化处理。有序开展农村生活垃圾分类与资源化利用示范县创建。协同推进农村有机生活垃圾、厕所粪污、农业生产有机废弃物资源化处理利用，以乡镇或行政村为单位建设一批区域农村有机废弃物综合处置利用设施，探索就地就近就农处理和资源化利用的路径。扩大供销合作社等农村再生资源回收利用网络服务覆盖面，积极推动再生资源回收利用网络与环卫清运网络合作融合。协同推进废旧农膜、农药肥料包装废弃物回收处理。积极探索农村建筑垃圾等就地就近消纳方式，鼓励用于村内道路、入户路、景观等建设。

五、推动村容村貌整体提升

（十一）改善村庄公共环境。全面清理私搭乱建、乱堆乱放，整治残垣断壁，通过集约利用村庄内部闲置土地等方式扩大村庄公共空间。科学管控农村生产生活用火，加强农村电力线、通信线、广播电视线“三线”维护梳理工作，有条件的地方推动线路违规搭挂治理。健全村庄应急管理体系，合理布局应急避难场所和防汛、消防等救灾设施设备，畅通安全通道。整治农村户外广告，规范发布内容和设置行为。关注特殊人群需求，有条件的地方开展农村无障碍环境建设。

（十二）推进乡村绿化美化。深入实施乡村绿化美化行动，突出保护乡村山体田园、河湖湿地、原生植被、古树名木等，因地制宜开展荒山荒地荒滩绿化，加强农田（牧场）防护林建设和修复。引导鼓励村民通过栽植果蔬、花木等开展庭院绿化，通过农村“四旁”（水旁、路旁、村旁、宅旁）植树推进村庄绿化，充分利用荒地、废弃地、边角地等开展村庄小微公园和公共绿地建设。支持条件适宜地区开展森林乡村建设，实施水系连通及水美乡村建设试点。

（十三）加强乡村风貌引导。大力推进村庄整治和庭院整治，编制村容村貌提升导则，优化村庄生产生活生态空间，促进村庄形态与自然环境、传统文化相得益彰。加强村庄风貌引导，突出乡土特色和地域特点，不搞千村一面，不搞大拆大建。弘扬优秀农耕文化，加强传统村落和历史文化名村名镇保护，积极推进传统村落挂牌保护，建立动态管理机制。

六、建立健全长效管护机制

（十四）持续开展村庄清洁行动。大力实施以“三清一改”（清理农村生活垃圾、清理村内塘沟、清理畜禽养殖粪污等农业生产废弃物，改变影响农村人居环境的不良习惯）为重点的村庄清洁行动，突出清理死角盲区，由“清脏”向“治乱”拓展，由村庄面上清洁向屋内庭院、村庄周边拓展，引导农民逐步养成良好卫生习惯。结合风俗习惯、重要节日等组织村民清洁村庄环境，通过“门前三包”等制度明确村民责任，有条件的地方可以设立村庄清洁日等，推动村庄清洁行动制度化、常态化、长效化。

（十五）健全农村人居环境长效管护机制。明确地方政府和职责部门、运行管理单位责任，基本建立有制度、有标准、有队伍、有经费、有监督的村庄人居环境长效管护机制。利用好公益性岗位，合理设置农村人居环境整治管护队伍，优先聘用符合条件的农村低收入人员。明确农村人居环境基础设施产权归属，建立健全设施建设管护标准规范等制度，推动农村厕所、生活污水垃圾处理设施设备和村庄保洁等一体化运行管护。有条件的地区可以依法探索建立农村厕所粪污清掏、农村生活污水垃圾处理农户付费制度，以及农村人居环境基础设施运行管护社会化服务体系和服务费市场化形成机制，逐步建立农户合理付费、村级组织统筹、政府适当补助的运行管护经费保障制度，合理确定农户付费分担比例。

七、充分发挥农民主体作用

（十六）强化基层组织作用。充分发挥农村基层党组织领导作用和党员先锋模范作用，在农村人居环境建设和整治中深入开展美好环境与幸福生活共同缔造活动；进一步发挥共青团、妇联、少先队等群团组织作用，组织动员村民自觉改善农村人居环境。健全党组织领导的村民自治机制，村级重大事项决策实行“四议两公开”，充分运用“一事一议”筹资筹劳等制度，引导村集体经济组织、农民合作社、村民等全程参与农村人居环境相关规划、建设、运营和管理。实行农村人居环境整治提升相关项目公示制度。鼓励通过政府购买服务等方式，支持有条件的农民合作社参与改善农村人居环境项目。引导农民或农民合作组织依法成立各类农村环保组织或企业，吸纳农民承接本地农村人居环境改善和后续管护工作。以乡情乡愁为纽带吸引个人、企业、社会组织等，通过捐资捐物、结对帮扶等形式支持改善农村人居环境。

（十七）普及文明健康理念。发挥爱国卫生运动群众动员优势，加大健康宣传教育力度，普及卫生健康和疾病防控知识，倡导文明健康、绿色环保的生活方式，提高农民健康素养。把转变农民思想观念、推行文明健康生活方式作为农村精神文明建设的重要内容，把使用卫生厕所、做好垃圾分类、养成文明习惯等纳入学校、家庭、社会教育，广泛开展形式多样、内容丰富的志愿服务。将改善农村人

居环境纳入各级农民教育培训内容。持续推进城乡环境卫生综合整治，深入开展卫生创建，大力推进健康村镇建设。

（十八）完善村规民约。鼓励将村庄环境卫生等要求纳入村规民约，对破坏人居环境行为加强批评教育和约束管理，引导农民自我管理、自我教育、自我服务、自我监督。倡导各地制定公共场所文明公约、社区噪声控制规约。深入开展美丽庭院评选、环境卫生红黑榜、积分兑换等活动，提高村民维护村庄环境卫生的主人翁意识。

八、加大政策支持力度

（十九）加强财政投入保障。完善地方为主、中央适当奖补的政府投入机制，继续安排中央预算内投资，按计划实施农村厕所革命整村推进财政奖补政策，保障农村环境整治资金投入。地方各级政府要保障农村人居环境整治基础设施建设和运行资金，统筹安排土地出让收入用于改善农村人居环境，鼓励各地通过发行地方政府债券等方式用于符合条件的农村人居环境建设项目。县级可按规定统筹整合改善农村人居环境相关资金和项目，逐村集中建设。通过政府和社会资本合作等模式，调动社会力量积极参与投资收益较好、市场化程度较高的农村人居环境基础设施建设和运行管护项目。

（二十）创新完善相关支持政策。做好与农村宅基地改革试点、农村乱占耕地建房专项整治等政策衔接，落实农村人居环境相关设施建设用地、用水用电保障和税收减免等政策。在严守耕地和生态保护红线的前提下，优先保障农村人居环境设施建设用地，优先利用荒山、荒沟、荒丘、荒滩开展农村人居环境项目建设。引导各类金融机构依法合规对改善农村人居环境提供信贷支持。落实村庄建设项目简易审批有关要求。鼓励村级组织和乡村建设工匠等承接农村人居环境小型工程项目，降低准入门槛，具备条件的可采取以工代赈等方式。

（二十一）推进制度规章与标准体系建设。鼓励各地结合实际开展地方立法，健全村庄清洁、农村生活污水垃圾处理、农村卫生厕所管理等制度。加快建立农村人居环境相关领域设施设备、建设验收、运行管护、监测评估、管理服务等标准，抓紧制定修订相关标准。大力宣传农村人居环境相关标准，提高全社会的标准化意识，增强政府部门、企业等依据标准开展工作的主动性。依法开展农村人居环境整治相关产品质量安全监管，创新监管机制，适时开展抽检，严守质量安全底线。

（二十二）加强科技和人才支撑。将改善农村人居环境相关技术研究创新列入国家科技计划重点任务。加大科技研发、联合攻关、集成示范、推广应用等力度，鼓励支持科研机构、企业等开展新技术新产品研发。围绕绿色低碳发展，强化农村人居环境领域节能节水降耗、资源循环利用等技术产品研发推广。加强农村人居环境领域国际合作交流。举办农村人居环境建设管护技术产品展览展示。加强农村人居环境领域职业教育，强化相关人才队伍建设和技能培训。继续选派规划、建筑、园艺、环境等行业相关专业技术人员驻村指导。推动全国农村人居环境管理信息化建设，加强全国农村人居环境监测，定期发布监测报告。

九、强化组织保障

（二十三）加强组织领导。把改善农村人居环境作为各级党委和政府的重要职责，结合乡村振兴整体工作部署，明确时间表、路线图。健全中央统筹、省负总责、市县乡抓落实的工作推进机制。中央农村工作领导小组统筹改善农村人居环境工作，协调资金、资源、人才支持政策，督促推动重点工作任务落实。有关部门要各司其职、各负其责，密切协作配合，形成工作合力，及时出台配套支持政策。省级党委和政府要定期研究本地区改善农村人居环境工作，抓好重点任务分工、重大项目实施、重要资源配置等工作。市级党委和政府要做好上下衔接、域内协调、督促检查等工作。县级党委和政府要做好组织实施工作，主要负责同志当好一线指挥，选优配强一线干部队伍。将国有和乡镇农（林）场居住点纳入农村人居环境整治提升范围统筹考虑、同步推进。

（二十四）加强分类指导。顺应村庄发展规律和演变趋势，优化村庄布局，强化规划引领，合理确定村庄分类，科学划定整治范围，统筹考虑主导产业、人居环境、生态保护等村庄发展。集聚提升类村庄重在完善人居环境基础设施，推动农村人居环境与产业发展互促互进，提升建设管护水平，保护保留乡村风貌。城郊融合类村庄重在加快实现城乡人居环境基础设施共建共享、互联互通。特色保护类村庄重在保护自然历史文化特色资源、尊重原住居民生活形态和生活习惯，加快改善人居环境。“空心村”、已经明确的搬迁撤并类村庄不列入农村人居环境整治提升范围，重在保持干净整洁，保障现有农村人居环境基础设施稳定运行。对一时难以确定类别的村庄，可暂不作分类。

（二十五）完善推进机制。完善以质量实效为导向、以农民满意为标准的工作推进机制。在县域范围开展美丽乡村建设和美丽宜居村庄创建推介，示范带动整体提升。坚持先建机制、后建工程，鼓励有条件的地区推行系统化、专业化、社会化运行管护，推进城乡人居环境基础设施统筹谋划、统一管护运营。通过以奖代补等方式，引导各方积极参与，避免政府大包大揽。充分考虑基层财力可承受能力，合理确定整治提升重点，防止加重村级债务。

（二十六）强化考核激励。将改善农村人居环境纳入相关督查检查计划，检查结果向党中央、国务院报告，对改善农村人居环境成效明显的地方持续实施督查激励。将改善农村人居环境作为各省（自治区、直辖市）实施乡村振兴战略实绩考核的重要内容。继续将农业农村污染治理存在的突出问题列入中央生态环境保护督察范畴，强化农业农村污染治理突出问题监督。各省（自治区、直辖市）要加强督促检查，并制定验收标准和办法，到2025年年底以县为单位进行检查验收，检查结果与相关支持政策直接挂钩。完善社会监督机制，广泛接受社会监督。中央农村工作领导小组按照国家有关规定对真抓实干、成效显著的单位和个人进行表彰，对改善农村人居环境突出的地区予以通报表扬。

（二十七）营造良好舆论氛围。总结宣传一批农村人居环境改善的经验做法和典型范例。将改善农村人居环境纳入公益性宣传范围，充分借助广播电视、报纸杂志等传统媒体，创新利用新媒体平台，深入开展宣传报道。加强正面宣传和舆论引导，编制创作群众喜闻乐见的解读材料和文艺作品，增强社会公众认知，及时回应社会关切。

国务院办公厅关于同意调整完善全面推行河湖长制工作部际联席会议制度的函

（2021年3月1日　国办函〔2021〕21号）

水利部：

你部关于调整完善全面推行河湖长制工作部际联席会议制度的请示收悉。经国务院同意，现函复如下：

国务院同意调整完善全面推行河湖长制工作部际联席会议制度。联席会议不刻制印章，不正式行文，请按照党中央、国务院有关文件精神认真组织开展工作。

附件：全面推行河湖长制工作部际联席会议制度

国务院办公厅

2021年3月1日

附件

全面推行河湖长制工作部际联席会议制度

为全面贯彻党的十九届五中全会精神，深入落实党中央、国务院决策部署，进一步加强对河湖长制工作的组织领导，强化协调配合，经国务院同意，调整完善全面推行河湖长制工作部际联席会议（以下简称联席会议）制度。

一、主要职责

贯彻落实党中央、国务院关于强化河湖长制的重大决策部署；统筹协调全国河湖长制工作，研究部署重大事项；协调解决河湖长制推行过程中的重大问题；监督检查各地河湖长制工作落实情况；完成党中央、国务院交办的其他事项。

二、成员单位

联席会议由水利部、国家发展改革委、教育部、工业和信息化部、公安部、民政部、司法部、财政部、人力资源社会保障部、自然资源部、生态环境部、住房城乡建设部、交通运输部、农业农村部、文化和旅游部、国家卫生健康委、应急部、国家林草局等18个部门组成，水利部为牵头单位。

国务院分管领导同志担任联席会议召集人，水利部主要负责同志和国务院分管副秘书长担任副召集人，其他成员单位有关负责同志为联席会议成员（名单附后）。联席会议成员因工作变动需要调整的，由所在单位提出，联席会议确定。

联席会议办公室设在水利部，承担联席会议日常工作，办公室主任由水利部分管负责同志兼任。联席会议设联络员，由各成员单位有关司局负责同志担任。

三、工作规则

联席会议根据工作需要定期或不定期召开会议，由召集人或召集人委托的副召集人主持。根据工作需要，可邀请其他部门和单位负责同志参加会议。联席会议以纪要形式明确议定事项并印发有关方面，重大事项按程序报批。

四、工作要求

各成员单位要按照职责分工，深入研究全面推行河湖长制工作中的重大问题，制定相关配套政策措施；认真落实联席会议确定的工作任务和议定事项；加强沟通、密切配合，相互支持、形成合力，充分发挥联席会议的作用，共同推进河湖长制工作。联席会议办公室要及时向各成员单位通报有关情况，并加强对会议议定事项的督促落实。

全面推行河湖长制工作部际联席会议成员名单

召 集 人：胡春华　国务院副总理
副召集人：李国英　水利部部长
　　　　　高　雨　国务院副秘书长
成　　员：唐登杰　国家发展改革委副主任

孙　尧　教育部副部长
辛国斌　工业和信息化部副部长
林　锐　公安部副部长
詹成付　民政部副部长
刘　炤　司法部副部长
程丽华　财政部副部长
王少峰　人力资源社会保障部副部长
庄少勤　自然资源部副部长
翟　青　生态环境部副部长
黄　艳　住房城乡建设部副部长
刘小明　交通运输部副部长
魏山忠　水利部副部长
于康震　农业农村部副部长
王晓峰　文化和旅游部党组成员
李　斌　国家卫生健康委副主任
周学文　应急部副部长兼水利部副部长
李春良　国家林草局副局长

部际联席会议成员单位联合发布文件

水利部　公安部　交通运输部关于开展长江河道采砂综合整治行动的通知（2021 年 3 月 11 日　水河湖〔2021〕80 号）

水利部长江水利委员会，公安部长江航运公安局，交通运输部长江航务管理局，云南、四川、重庆、湖北、湖南、江西、安徽、江苏、上海等省（直辖市）水利（水务）厅（局）、公安厅（局）、交通运输厅（局、委）：

为全面落实习近平总书记在推动长江经济带发展座谈会上的重要讲话精神，深入贯彻《中华人民共和国长江保护法》，按照习近平总书记等中央领导同志有关批示要求，水利部、公安部、交通运输部决定即日起联合开展长江河道采砂综合整治行动。现将有关事项通知如下：

一、行动目的

压实河道采砂管理责任，规范长江河道采砂管理，严格案件查处，严厉打击非法采、运砂行为，推动扫黑除恶常态化，切实维护长江河道采砂管理秩序，坚决防止非法采砂反弹，确保长江防洪、供水、通航和生态安全。

二、行动范围

长江干流河道及通江支流、湖泊。

三、行动时间

即日起至 2021 年 12 月 31 日。

四、工作任务

（一）落实河道采砂管理责任制。各地对辖区内有采砂管理任务的河道，逐级逐段落实采砂管理河长、行政主管部门、现场监管和行政执法责任人，并向社会公告。长江干流和纳入全国河道采砂管理重点河段、敏感水域的相关责任人名单，按照水利部有关工作要求，4 月底前在水利部网站进行公告。

（二）规范河道采砂规划和许可管理。各级水行政主管部门要加快长江干、支流河道及相关湖泊采砂规划编制与审批，依法依规合理划定禁采区、规定禁采期。长江水利委员会（以下简称长江委）及沿江有关水行政主管部门应以批准的规划为依据，依法许可河道采砂。鼓励和支持河砂统一开采管理，推行集约化、规范化、规模化开采。

（三）加强日常巡查监管。各地要加强日常监管，加大巡查力度，对重点江段、敏感水域加密巡查频次，充分运用信息化技术手段，及时发现非法采砂问题。长江委、长江航运公安局（以下简称长航公安局）和长江航务管理局（以下简称长航局）加强对问题易发多发的重点江段和交界水域的暗访巡查。

（四）严厉打击非法采运砂行为。对非法采、运砂行为保持高压严打态势，对发现的违法案件依法从严从快查处。落实扫黑除恶常态化要求，加强行政执法与刑事司法有效衔接，水利、交通运输部门要及时向公安机关移交采砂领域犯罪案件和涉黑涉恶线索，与公安部已经部署开展的打击长江非法采砂犯罪专项行动进行有效衔接。水利部门配合做好砂石价值认定和非法采砂危害防洪安全鉴定工作。

（五）强化涉砂船舶综合治理。强化源头治理，三部会同其他相关部门联合开展长江河道非法采砂行为专项整治行动，推动沿江各地压实属地管理责任，依法查处证件不齐、船证不符的采砂船舶，全面清理整治“三无”采砂船和“隐形”采砂船。严禁对采砂船舶进行非法改装，伪装、隐藏采砂设备。依法对采砂船舶实行集中停靠管理。落实砂石采运管理单制度，按有关规定对运输无合法来源证明砂石的船舶进行处罚。

（六）加强疏浚砂综合利用管理。贯彻执行《水利部　交通运输部关于加强长江干流河道疏浚砂综合利用管理工作的指导意见》，指导沿江各地尽快制定符合本地实际的疏浚砂综合利用管理办法，加强部门间协调配合，提高利用效率。加强对疏浚砂综合利用现场的监督检查，严厉打击以疏浚之名非法采砂。

五、有关要求

（一）抓好组织领导和任务落实。本次行动由水利部、公安部、交通运输部牵头组织，沿江各省（直辖市）水利、公安、交通运输部门具体实施。长江委、长航公安局和长航局切实履行相关职责，主动作为，加强巡江检查，共同推进各项任务落实。水利部、公安部、交通运输部将组成督导组，对综合整治行动进行督导，确保取得实效。

（二）加强部门、区域联防联控。水利、公安、交通运输等部门要加强沟通协作，并建立信息沟通、案件移送、联合执法等制度，推动部门间采砂管理合作机制向基层延伸。强化省际间协同配合和联防联控，交界水域相关地区要完善采砂管理合作机制，形成齐抓共管合力，坚决防止非法采砂反弹。

（三）做好舆论宣传和行动总结。各地各部门要通过电视、广播、网络、报刊等媒体，加大宣传力度，发挥案件查处警示作用，营造良好的河道采砂管理社会环境和高压严打非法采砂舆论氛围。各省（直辖市）有关主管部门及长江委、长航公安局、长航局及时总结相关工作，由长江委汇总后于12月31日前将总结报告报送水利部、公安部、交通运输部。

水利部　公安部　交通运输部

2021年3月11日

水利部　公安部　交通运输部　工业和信息化部　市场监管总局关于进一步明确长江河道采砂综合整治有关事项的通知（2021年4月8日　水河湖〔2021〕113号）

云南省、四川省、重庆市、湖北省、湖南省、江西省、安徽省、江苏省、上海市水利、公安、交通运输、船舶工业、市场监管行政主管部门，水利部长江水利委员会，公安部长江航运公安局，交通运输部长江航务管理局：

为深入贯彻落实习近平总书记等中央领导同志关于长江河道采砂的重要指示批示精神，水利部、公安部、交通运输部部署开展了长江河道采砂综合整治行动，采砂船舶治理是其中重要内容。为进一步强化采砂船舶源头管控，水利部、公安部、交通运输部、工业和信息化部、市场监管总局决定对长江河道采砂船舶和采砂行为专项治理（以下简称专项治理）有关事项通知如下。

一、指导思想

以习近平新时代中国特色社会主义思想为指导，全面贯彻落实党的十九大和十九届二中、三中、四中、五中全会精神，深入学习贯彻习近平总书记关于推动长江经济带发展系列重要讲话，坚决落实中央领导同志指示批示精神，坚持问题导向、源头治理，严肃查处非法采砂船舶，严厉打击非法采砂行为，切实保障防洪安全、生态安全、通航安全和人民群众生命财产安全，为推动长江经济带高质量发展提供有力支撑和保障。

二、目标任务

推动地方人民政府落实属地责任，调动各相关部门执法力量，对长江非法采砂船舶实施集中清理整治。严厉打击无证采砂或未按许可要求采砂的船舶。严查证件不齐、船证不符的采砂船舶，尤其是无船名船号、船舶证书、船籍港的“三无”采砂船舶。严禁对船舶非法改装以及建造伪装、隐藏采砂设备的采砂船舶。对查获的“三无”采砂船和“隐形”采砂船依法予以拆解。暂停沿江各地新增采砂船舶注册登记（已经批准开工建造的除外），推动采砂船舶“减存量、控增量”。依法对采砂船舶实行指定停泊。本次专项治理与水利部、公安部、交通运输部正在开展的长江河道采砂综合整治行动相衔接，通过综合整治，推进长江采砂船舶规范管理，严厉打击非法采砂行为，切实维护长江河道采砂秩序。

三、责任分工

在沿江地方各级人民政府的领导下，各有关部门具体组织实施专项治理，开展日常巡查和联合执法打击。

沿江地方各级人民政府水行政主管部门和长江水利委员会（以下简称长江委）负责河道采砂管理和监督检查工作。

沿江地方公安机关和长江航运公安局（以下简称长航公安局）负责长江水上治安管理工作，严厉打击非法采砂犯罪和涉砂黑恶势力，以及干扰、威胁执法检查工作人员的违法犯罪行为。

沿江地方交通运输部门和长江航务管理局（以下简称长航局）配合地方人民政府查处“三无”采砂船舶和船证不符的采砂船舶，严厉打击非法采砂船舶碍航、破坏航道条件的违法行为。

沿江地方船舶工业主管部门负责对船舶建造企业的行业管理。

沿江地方市场监管部门负责依法查处无照经营砂石的违法行为。

四、组织实施

专项治理包括全面摸排、集中整治、建章立制等三个阶段。落实长江采砂管理地方人民政府行政首长负责制，水利、公安、交通运输、船舶工业、

市场监管等主管部门在地方人民政府统一领导下具体组织实施。

（一）全面摸排（2021年6月20日前完成）。一是全面摸排长江干流及通江支流和湖泊停泊、移动或作业的采砂船舶。包括船名、船号、船籍港、船舶种类、功率、船舶建（改）造信息等；采砂作业的需登记采砂许可证等具体信息；已经报废或无人认领的采砂船舶也需如实登记造册。

二是全面摸排采砂船舶指定停泊情况。包括指定停泊点名称、坐标、责任单位、责任人及信息化监控情况；指定停泊停靠的采砂船舶登记造册和管理情况；采砂船舶违反指定停泊规定非法移动情况等。

三是全面摸排本行政区域内采砂船舶建（改）造点。包括企业名称、营业执照、产能等信息，以及2020年以来已出厂和在建的采砂船数量、类型等。

（二）集中整治（2021年10月20日前完成）。对发现的非法采砂以及运输、收购、销售违法违规开采的河道砂石的行为，立即开展执法打击，从严从快予以处罚，对构成犯罪的非法采砂业主和从业人员要依法追究刑事责任。

严格落实指定停泊制度，对擅自离开指定停泊点的采砂船舶，依法严肃查处。

对无法提供合法有效证照的采砂船舶，以及故意隐藏采砂设备的隐形采砂船，依法采取扣押、没收、拆解等方式处置。其中，被扣押船舶应集中停靠在当地人民政府指定的集中扣押点，并由当地人民政府派人负责看守。

对未经批准或未按照相关批准要求从事采砂船舶建（改）造，以及建（改）造隐藏采砂设施的隐形采砂船舶的建（改）造点，要依法处罚、取缔，对其建（改）造的采砂船舶按“三无”船舶相关规定进行处理。

严厉打击干扰、威胁执法检查工作人员的违法犯罪行为和涉砂黑恶势力。

（三）建章立制（2021年12月20日前完成）。以案促改，以打促治，各地各有关部门要及时梳理总结全面摸排和集中整治过程中存在的问题和经验做法，要在落实采砂船舶管理责任制、强化部门协作、开展联合执法、加强日常监管巡查以及采砂船舶指定停泊管理、采砂船舶建（改）造管理、非法船舶处置等方面建立完善相关制度，推动建立完善采砂船舶管理长效机制，实行常态化管理，确保专项治理结束以后，对新出现的各类非法采砂船舶，做到露头就打，阶段性动态清零。

专项治理期间，水利部、公安部、交通运输部、工业和信息化部、市场监管总局组织对各地工作开展情况进行督导检查，对非法采砂船舶问题突出的重点区域进行抽查，对存在工作组织不力、不作为、慢作为等问题以及仍发现有非法采砂船舶的，将约谈有关地方和部门，并在一定范围进行通报。

五、工作要求

（一）加强领导，落实责任。沿江各省（直辖市）要高度重视，按照本通知要求，结合实际成立本地区专项治理工作组，统一组织协调推进相关工作，细化方案、分工协作，压紧压实责任，统筹部门力量，确保取得预期成效。

（二）严格执法，不走过场。沿江各地各有关部门要对重点区域、重点目标依法依规进行严查，做到不留死角、不打折扣、不走过场。对专项治理期间发现的非法采砂船舶和非法建（改）造采砂船行为，依法从严处罚，构成犯罪的，及时移交司法机关，追究刑事责任。

（三）加强宣传，及时总结。沿江各地各有关部门要做好专项治理的舆论引导，加强法律政策宣传，曝光典型案件，实现查处一批、震慑一批、教育一批，营造正向舆论氛围。各省（直辖市）专项治理工作组要对工作开展情况及时总结，于专项治理结束后10日内向五部门报送总结报告。

水利部　公安部　交通运输部
工业和信息化部　市场监管总局
2021年4月8日

工业和信息化部　国家发展改革委　科技部　生态环境部　住房城乡建设部　水利部关于印发工业废水循环利用实施方案的通知（2021年12月24日　工信部联节〔2021〕213号）

各省、自治区、直辖市、计划单列市及新疆生产建设兵团工业和信息化主管部门、发展改革委、科技厅（委、局）、生态环境厅（局）、住房城乡建设厅（建设局、建委）、水利厅、水务厅（局），各有关单位：

现将《工业废水循环利用实施方案》印发给你们，请认真贯彻落实。

工业和信息化部
国家发展改革委
科技部
生态环境部
住房城乡建设部
水利部
2021年12月24日

工业废水循环利用实施方案

为贯彻落实党中央、国务院关于污水资源化利用的决策部署，推进工业废水循环利用，提升工业水资源集约节约利用水平，促进经济社会全面绿色转型，根据《关于推进污水资源化利用的指导意见》(发改环资〔2021〕13号)，制定本实施方案。

一、总体要求

（一）指导思想。以习近平新时代中国特色社会主义思想为指导，全面贯彻党的十九大和十九届历次全会精神，完整、准确、全面贯彻新发展理念，坚持“节水优先、空间均衡、系统治理、两手发力”治水思路，以主要用水行业为重点，以试点示范为引领，以先进技术推广应用为抓手，分类统筹推进工业废水循环利用，促进工业绿色高质量发展。

（二）主要目标。到2025年，力争规模以上工业用水重复利用率达到94%左右，钢铁、石化化工、有色等行业规模以上工业用水重复利用率进一步提升，纺织、造纸、食品等行业规模以上工业用水重复利用率较2020年提升5个百分点以上，工业用市政再生水量大幅提高，万元工业增加值用水量较2020年下降16%，基本形成主要用水行业废水高效循环利用新格局。

序号	行业	2020年规上工业用水重复利用率	2025年规上工业用水重复利用率
1	全国	92.5%	94%左右
2	钢铁	97%	>97%
3	石化化工	93%	>94%
4	有色	94%	>94%
5	造纸	82%	>87%
6	纺织	73%	>78%
7	食品	60%	>65%

二、重点任务

（一）聚焦重点行业，实施废水循环利用提升行动。聚焦废水排放量大、改造条件相对成熟、示范带动作用明显的石化化工、钢铁、有色、造纸、纺织、食品等行业，稳步推进废水循环利用技术改造升级。编制典型行业废水循环利用路线图，综合施策、分业推进，提升用水重复利用率，降低废水排放量。(工业和信息化部、水利部按职责分工负责)

专栏1　重点行业废水循环利用提升行动

石化化工行业：强化用水强度控制，在炼油、现代煤化工、烯烃、芳烃、甲醇、化肥、氯碱、纯碱、硫酸、涂料等重点用水子行业有序开展用水审计、水平衡测试、节水诊断工作，发布重点产品水效“领跑者”指标，推动重点用水企业水效对标和节水技术改造。鼓励有条件的园区实施化工企业废水“分类收集、分质处理、一企一管、明管输送、实时监测”。大力推广应用电化学循环水处理、高浓度有机废水处理回用、水管网漏损检测、智慧用水管控系统等废水循环利用先进装备技术工艺，降低废水排放量。到2025年，石化化工行业规上工业用水重复利用率>94%。

钢铁行业：加强行业节水管理和考核，强化用水强度控制，积极推动水效对标和节水技术改造。推广应用高效循环用水处理、生产工艺干法半干法冷却或洗涤、高浓度有机废水回用、高盐废水减量、智慧用水等废水循环利用先进装备技术工艺。实施排水管网雨污分流技术改造。打造产城融合模式，推动钢铁企业加大利用城市再生水。到2025年，钢铁行业规上工业用水重复利用率>97%。

有色金属行业：强化用水强度控制，制定鼓励水资源高效利用的产业结构调整政策。积极推动节水技术改造，完善串联用水和废水分级分质回用的网络化、智能化调配系统。推广应用有色冶炼重金属废水深度处理与回用、高盐废水资源化处理等废水循环利用先进装备技术工艺。到2025年，有色行业规上工业用水重复利用率>94%。

纺织行业：加强废水循环利用能力建设，鼓励化学纤维制造、喷水织造、纺织染整等行业实施节水型企业和水效领跑者引领行动，开展水平衡测试和水效对标达标。大力推广洗涤水梯级利用、化纤长丝织造废水高效利用、印染废水膜法深度处理等废水循环利用先进装备技术工艺。鼓励纺织企业加大再生水等非常规水资源开发力度，严控新水取用量。开展废水循环利用水质监测评价和用水管理，推动重点用水企业搭建废水循环利用智慧管理平台。到2025年纺织行业规上工业用水重复利用率>78%。

造纸行业：加大废水循环利用先进适用工艺、技术装备推广应用力度。大力推广碱回收及蒸发站污冷凝水的分级及回用、化学机械浆或废纸浆的制浆水循环使用、制浆造纸生产用水梯级利用等工艺。推广备料废水循环回用、低卡伯值蒸煮、多段逆流洗涤封闭筛选、氧脱木素、无元素氯或全无氯漂白、纸机用水封闭循环利用技术。推广高效沉淀过滤白

水回收、漂白洗浆滤液逆流使用、高压喷淋、透平风机、生产过程中高浓技术和过程智能化控制等装备技术工艺。到2025年，造纸行业规上工业用水重复利用率>87%。

食品行业：大力推动高浓度有机废水、高盐废水、发酵高浓废水等处理后再用于锅炉用水（软化水、冲渣）、地面冲洗、厂区绿化等，减少有机物排放，提高行业用水效率。到2025年，食品行业规上工业用水重复利用率>65%。

（二）坚持创新驱动，攻关一批关键核心装备技术工艺。部署工业废水循环利用关键技术研究，纳入国家中长期科技发展规划、"十四五"产业科技创新发展规划以及生态环境领域科技创新规划，支持企业、研究机构突破一批工业高性能膜及组件、绿色水处理药剂、高浓度难降解有机废水循环利用等关键核心材料及工艺技术。选择有代表性的园区开展技术综合集成与示范，研发集成低成本、高性能工业废水循环利用装备技术工艺，打造工业废水循环利用技术、工程与服务、管理、政策等协同发力的示范样板。（科技部、工业和信息化部、生态环境部按职责分工负责）

专栏2　关键核心技术攻关方向

石化化工行业：突破煤化工酚氨废水深度除油预处理及焦油资源化回收、煤化工生产废水同步除油除浊回用处理、现代煤化工行业浊循环、旋流/离心分离—结晶纯化废水资源化处理、高盐废水单质分盐、高盐有机废水脱盐与浓缩蒸发、含盐废水催化湿式氧化处理技术、含氨废水高效汽提及资源化利用、热膜耦合高含盐废水资源化、低能耗生物膜处理技术、膜法低成本工业废水资源化利用、废水厌氧生物深度处理等关键核心技术。

钢铁行业：突破焦化废水深度处理回用、冷轧废水深度处理回用、循环水高效冷却、高浓缩倍数循环水处理、循环水系统水质稳定在线监控、脱硫废水深度处理回用、高盐废水单质分盐、高氯废水脱盐、废水零排放及资源化利用等关键核心技术。

有色行业：突破有色冶炼重金属废水深度处理与回用、湿法冶金高含盐废水回收与资源化、重金属冶金污酸废水资源化及处理、低能耗生物膜处理等关键核心技术。纺织行业：突破印染废水催化氧化及高效处理回用、长丝织造废水深度处理回用、再生水高效能反渗透处理等关键核心技术。

造纸行业：突破新型造纸废水多级净化深度循环利用等关键核心技术。

食品行业：突破食品高倍浓缩蒸发及脱水干燥超低VOCs排放等关键核心技术。

（三）实施分类推广，分业分区提升先进适用装备技术工艺应用水平。组织各地及行业协会、中央企业遴选、发布国家鼓励的工业节水工艺、技术和装备目录以及重大环保技术装备目录，制定工业废水循环利用技术推广方案和供需对接指南，围绕京津冀、黄河流域、长江经济带等缺水地区和水环境敏感区域，聚焦重点用水行业，大力推广一批先进适用的废水循环利用技术装备。鼓励各地方、各行业探索工业废水循环利用技术推广新机制，大力推广工业废水循环利用技术。到2025年，推广100项先进适用的工业废水循环利用技术装备。（工业和信息化部、水利部、生态环境部按职责分工负责）

（四）突出标准引领，推进重点行业水效对标达标。依托重点用水行业标准技术委员会，进一步加强节水标准化工作组建设，加快制修订工业废水循环利用技术、管理、评价等标准。完善绿色制造体系，健全废水循环利用评价指标，引导绿色工厂、绿色工业园区对标改造。鼓励各地区结合实际依法制定更严格地方标准。组织各地及行业协会、中央企业加强相关标准宣贯，遴选一批废水循环利用效果显著、水效指标先进的企业，发布领跑者名单和先进用水指标，编制典型案例，引导企业水效对标达标，提升用水效率。到2025年，规模以上工业用水重复利用率达到94%左右。（工业和信息化部、水利部按职责分工负责）

专栏3　工业废水循环利用标准提升方向

共性通用：工业废水深度净化纳滤技术规范，分质用水、串级用水技术规范，反渗透废水综合回用技术规范，超滤系统再生水技术，企业水平衡测试方法，工业园区水回用绩效评价指南，工业用城市再生水处理技术评价方法等。

石化化工行业：化工企业废水回用技术导则和指南、双膜法化工废水深度回用技术规范、炼油废水深度处理回用技术要求等。

钢铁行业：钢铁企业废水深度处理回用实施指南、烧结烟气湿法脱硫废水处理回用技术规范、钢铁工业浓盐水处理回用技术规范、钢铁企业综合废水深度处理回用技术规范、钢铁企业综合废水回用水质技术要求，烧结脱硫废水循环系统、焦化酚氰废水处理回用系统、冷轧废水处理回用系统、钢铁企业综合废水回用设施运行技术要求等。

纺织行业：纺织企业水平衡测试导则、喷水织造工艺回用水水质要求、印染废水深度处理与回用技术指南等。

食品行业：食品企业水平衡测试导则、水足迹核算与评价等。

（五）强化示范带动，打造废水循环利用典型标杆。围绕重点用水行业，组织各地及行业协会、中央企业优先选择水效领跑者企业、绿色工厂、绿色园区、新型工业化示范基地，遴选、发布一批工业废水循环利用示范企业和园区。推动企业、园区根据内部废水水质特点，围绕过程循环和末端回用，实施废水循环利用技术改造，完善废水循环利用装备和设施，实现串联用水、分质用水、一水多用和梯级利用，提升企业水重复利用率。重点围绕京津冀、黄河流域以及长江经济带等缺水地区和水环境敏感区域，创建一批产城融合废水高效循环利用创新试点。推动有条件的工业企业、园区与市政再生水生产运营单位合作，完善再生水管网，衔接再生水标准，将处理达标后的再生水回用于生产过程，减少企业新水取用量，形成可复制推广的产城融合废水高效循环利用新模式。到2025年，形成50个可复制、可推广的工业废水循环利用优秀典型经验和案例。（工业和信息化部、水利部、发展改革委、住房城乡建设部按职责分工负责）

（六）加强服务支撑，培育壮大废水循环利用专业力量。组织各地、行业协会及中央企业遴选、发布一批废水处理装备、工程应用优质企业，培育一批工业废水循环利用工艺技术创新等领域专精特新"小巨人"企业。引导重点企业、科研院所、行业协会等组建工业废水循环利用产业联盟，重点面向缺水地区和水环境敏感区域，通过合同节水管理、委托运行等专业化模式，为重点用水企业废水循环利用提供信息咨询、技术改造、设施建设、运营及维护等一体化综合服务，系统提升企业废水循环利用水平。（工业和信息化部、水利部按职责分工负责）

（七）推进综合施策，提升废水循环利用管理水平。推动规模以上用水企业加快对已有数字化管控平台进行升级改造，利用大数据、云计算、互联网等新一代信息技术，建立工业废水循环利用智慧管理平台，形成感知、监测、预警、应急等能力，提升废水循环利用的数字化管理、网络化协同、智能化管控水平。强化行业用水总量和强度控制，全面推行规划和重大项目布局、新建（改扩建）项目水资源论证，重点用水行业项目具备废水循环利用条件但未有效利用的，严格控制新增取水。（水利部、工业和信息化部按职责分工负责）在长江经济带开展工业园区水污染整治专项行动，推动园区工业废水应纳尽纳、集中处理和达标排放。（生态环境部负责）

三、保障措施

（一）加强组织协调，形成工作合力。充分发挥节约用水工作等现有部际协调机制作用，相关部门要按照职能分工抓好重点任务落实。地方政府要落实主体责任，加大力度鼓励和支持工业废水循环利用，结合实际确定本地区工业废水循环利用重点任务，制定具体实施措施。（发展改革委、科技部、工业和信息化部、生态环境部、住房城乡建设部、水利部按职责分工负责）

（二）强化政策支撑，完善激励机制。统筹利用现有资金渠道支持工业废水循环利用相关项目，鼓励地方设计多元化财政资金投入保障机制。落实促进工业绿色发展的产融合作专项政策，发挥国家产融合作平台作用，引导金融机构为开展废水循环利用技术改造企业提供担保、信贷等绿色金融支持。落实节水、资源综合利用等税收优惠政策，优化完善首台（套）重大技术装备保险补偿机制，支持推广应用先进废水循环利用装备技术工艺。（发展改革委、科技部、工业和信息化部、生态环境部、住房城乡建设部、水利部按职责分工负责）

（三）深化宣传交流，推动国际合作。鼓励行业协会、科研院所、标准化组织、新闻媒体、产业联盟等机构，利用世界水日、中国水周、全国城市节水宣传周等活动加强科普，开展技术培训、知识竞赛和现场推广会等。完善公众参与机制，统筹发挥舆论监督、社会监督和行业自律等作用。利用现有双多边机制，推进产业合作、标准对接和技术交流等。鼓励优势企业"走出去"，组织实施工业废水循环利用系统解决方案。（发展改革委、科技部、工业和信息化部、生态环境部、住房城乡建设部、水利部按职责分工负责）

交通运输部　国家发展改革委　生态环境部　住房城乡建设部关于建立健全长江经济带船舶和港口污染防治长效机制的意见

（2021年3月27日　交水发〔2021〕27号）

上海、江苏、浙江、安徽、江西、湖北、湖南、重庆、四川、贵州、云南省（市）交通运输、发展改革、生态环境、住房城乡建设厅（局、委）、水务局，山东、河南省交通运输厅，交通运输部长江航务管理局：

为深入贯彻习近平生态文明思想，认真落实党

中央、国务院决策部署和《中华人民共和国长江保护法》有关要求，巩固长江经济带船舶和港口污染突出问题整治工作成效，建立健全长效机制，全面提升船舶和港口污染防治能力，谱写好长江经济带生态优先绿色发展新篇章，提出以下意见。

一、进一步提高政治站位，促进长江航运全面绿色转型

进入新发展阶段，各级交通运输、发展改革、生态环境、住房城乡建设部门要将思想和行动统一到习近平总书记关于推动长江经济带发展的重要讲话和党的十九届五中全会精神要求上来，坚定不移贯彻新发展理念，坚决扛起生态文明建设的政治责任，不断增强生态环保意识，引导港航单位和员工转变生产生活方式，切实增强绿色发展的自觉性和主动性，坚持标本兼治、系统治理、协同推进，巩固突出问题整治成果，进一步遏制增量、压减存量，深入开展长江经济带船舶和港口污染防治攻坚行动，建立健全长效机制，全面提升污染防治能力，利用两年左右时间，到2022年底初步形成布局合理、衔接顺畅、运转高效、监管有力的船舶和港口污染治理格局，2023年后转入常态化运行，支撑长江航运发展全面绿色转型，为我国按期实现碳达峰、碳中和目标作出积极贡献。

二、巩固专项整治成果

（一）严格源头管控。新建船舶严格按船舶技术法规要求配备防污染设施和安装受电设施，在船舶检验环节严格把关。持续推进内河船型标准化工作，认真落实过闸运输船舶标准船型主尺度强制性国家标准，严把准入关，提升运输效率。新、改、扩建码头工程严格按照法律法规和标准规范要求同步配置环保设施并按规定履行环保手续，同步建设岸电设施，在码头设计、建设和运营各环节管理中严格把关。

（二）不断推进现有船舶改造升级。认真落实《400总吨以下内河船舶水污染防治管理办法》相关规定，在加快完成100～400总吨船舶生活污水设施改造基础上，推进100总吨以下产生生活污水的船舶设施改造工作，对使用生活污水收集装置的，鼓励对直接通往舷外的污水排放管路、阀门予以铅封。400总吨以下小型船舶生活污水主要采用船上储存、交岸接收处置方式。2022年5月底前完成所有涉及船舶防止生活污水污染水域的处理装置或储存设施设备改造。

（三）巩固污染防治总体能力。加强码头自身环保设施的维护和管理，确保稳定运行。强化干散货码头扬尘污染防治，推进港作机械新能源和清洁能源代替，推进原油、成品油码头和船舶油气回收。稳步推进接收转运码头和水上绿色航运综合服务区建设。省级交通运输主管部门会同发展改革、生态环境、住房城乡建设部门推动港口所在地市县人民政府依法落实统筹规划建设和运行船舶污染物接收转运处置设施责任，每两年组织对本地船舶污染物接收能力与到港船舶艘数、船舶水污染物产生量匹配情况开展评估，根据评估结果及时动态完善接收转运处置设施，重点是船舶含油污水接收转运处置设施。鼓励具备条件的地区开展船舶含油污水集中收集预处理。鼓励具备条件的长江水上洗舱站接收和预处理船舶含油污水。

三、着力提升运行和管理水平

（四）加强船舶污染物接收转运处置有效衔接。推动深入落实船舶污染物船岸交接和联合检查制度，对无合理理由拒不送交、涉嫌偷排船舶污染物的船舶，港口企业可暂停装卸作业，并将有关情况报告当地海事管理机构（支流水域报交通运输综合执法机构，下同）；对港口企业拒不接收靠港船舶交付的船舶污染物或接收能力不足的，船方可将有关情况报告当地交通运输主管部门。严格执行内河港口船舶生活垃圾免费接收政策。推动港口接收设施与城市公共转运处置设施有效衔接，推动沿江地方政府根据需求提升本地船舶含油污水、化学品洗舱水以及危险废物处置能力，降低转运处置成本，防止“二次污染”，完善船舶污染物“船—港—城”“收集—接收—转运—处置”全过程衔接和协作。

（五）强化危险化学品洗舱管理。船舶要严格按照《船舶载运危险货物安全监督管理规定》要求开展洗舱。洗舱站经营者要加强运营管理，促进洗舱站安全有效运行并与转运处置设施的衔接。推动组建由相关洗舱站、航运企业和码头企业参加的长江洗舱作业联盟，加强经验交流和统筹协调，制定内河船舶换货种洗舱团体标准。对无合理理由拒不送交、涉嫌偷排洗舱水的船舶，洗舱站经营者等要将有关情况报告当地交通运输、海事管理部门。加大对船舶偷洗偷排、含油污水偷排、洗舱站和转运单位违规处置、处置单位超标排放洗舱水等行为查处力度，对情节严重并涉及违法犯罪的移交司法机关。

（六）加快岸电及清洁能源推广使用。推动地方人民政府落实《中华人民共和国长江保护法》要求，统筹建设船舶LNG❶加注站，制定并组织实施港口

❶ Liquefied Natural Gas，简称LNG，一般指液化天然气。

岸电设施、船舶受电设施建设和改造计划。2023 年底前基本完成内河集装箱船、滚装船、2000 载重吨及以上干散货船和多用途船，以及海进江船舶的受电设施改造，有序推进相关码头岸电设施改造。认真落实低压岸电接插件国家标准。提升岸电服务水平，推动岸电便利化使用。加快推进长江干线 LNG 加注站建设，确保已开工建设的加注站 2021 年底前建成并基本具备运营条件。充分调动油气供应企业和航运企业积极性，依托骨干企业引导 LNG 动力船和运输船发展。推动出台国家标准《液化天然气燃料水上加注作业安全规程》。根据 LNG 运输船舶海进江需求，相关海事管理机构、交通运输主管部门要加强联动，按照《船舶载运危险货物安全监督管理规定》要求，加快研究公布辖区 LNG 运输船舶安全保障措施。鼓励 LNG 运、供、用相关产业企业加强合作，建立稳定的 LNG 供应保障机制。

四、着力夯实各方责任

（七）压实企业主体责任。水路运输经营者、港口企业、接收转运处置单位主要负责人要认真落实污染防治第一责任，加大资金投入，及时完善设施设备。推行企业、船舶环保承诺制度，企业、单位与船长等主要船员、员工要签订承诺书，层层压实责任，明确到岗位和经办人员，落实船长等主要船员船舶污染防治责任。国有企业要发挥带头作用。各有关单位严格履行各方责任，推动由“要我环保”向“我要环保、我能环保”转变。

（八）严格落实部门监管责任。海事管理机构要加强对船舶防污染设施设备配备、使用情况的监督检查，对船舶偷排超排水污染物（特别是含油污水）、非法洗舱等违法行为依法从严处罚，持续保持高压态势。交通运输主管部门要加强对码头环保设施使用情况日常检查，对不能正常使用或者达不到规定防治要求的，责令改正，对违法违规行为及时通报生态环境部门依法处罚。生态环境、环卫、城镇排水等部门要根据职责对船舶污染物转运处置、港口环保违法行为加强监管。全面落实船舶水污染物转移处置联合监管制度，依法依规建立完善失信行为联合惩戒机制，并对违法行为实施联合惩戒。交通运输主管部门要加强对港口岸电设施建设、使用情况监督检查。海事管理机构要完善相关岸电标注标识和船检系统，加强船舶使用岸电情况监督检查，对不按规定使用岸电的船舶，按照《中华人民共和国长江保护法》等法律法规进行处罚。

（九）推动落实属地政府责任。省级交通运输主管部门会同有关部门积极推动港口所在地人民政府落实《中华人民共和国水污染防治法》《中华人民共和国长江保护法》有关条文要求，统筹实施船舶和港口污染防治设施建设改造，依法给予资金补贴、电价优惠等政策扶持，定期研究解决船舶和港口污染防治有关重大问题。

五、着力提升治理能力

（十）完善法规政策。鼓励地方加强船舶和港口污染防治立法。积极推进制修订油船、散装液体化学品船洗舱安全作业要求。研究完善长江经济带航运公共服务类基础设施建设和运营资金补助政策，拓宽资金渠道。实施支持性电价政策，支持岸电服务费实行地方政府指导价，鼓励岸电供电企业对使用岸电船舶实施服务费减免优惠，内河码头向船舶收取的岸电使用费用不高于船用燃油发电成本，加快推进长江经济带船舶靠港使用岸电。

（十一）加快实现全过程电子联单管理。交通运输主管部门、海事管理机构要督促辖区内码头、船舶污染物接收单位、船舶安装使用船舶水污染物联合监管与服务信息系统，加强信息系统间对接，生态环境等部门要重点加快推进船舶污染物岸上转运、处置环节的推广应用。各地要推进转移单证或转移联单“电子单证”流转，实现数据共享。确保 2021 年 6 月底前覆盖长江经济带内河码头、2021 年底前基本覆盖到港中国籍营运船舶，2022 年起长江经济带内河主要港口船舶污染物接收转运处置基本实现全过程电子联单闭环管理。各有关管理部门要运用信息系统数据有针对性开展监督检查，以含油污水、化学品洗舱水为重点，随机选择相关船舶重点跟踪监管、闭环管理，实现船舶污染物接收转运处置数据共享、服务高效、全程可溯、监管联动。

六、强化保障措施

（十二）加强组织领导。各级交通运输、发展改革、生态环境、住房城乡建设部门要将长江船舶和港口污染防治工作摆在突出位置，充分发挥省负总责、市县抓落实的污染防治工作机制作用，持续加大工作力度，层层落实责任，总结推广长江经济带船舶和港口污染突出问题整治中形成的工作经验和做法，加强统筹协调，形成工作合力。省级交通运输主管部门要积极争取将建立健全船舶和港口污染防治长效机制纳入交通强国建设试点。

（十三）强化督导问责。省级交通运输主管部门会同同级发展改革、生态环境、住房城乡建设部门加强对下级部门的指导督促，对监管不到位、责任不落实的相关管理部门和工作人员依法依规追究责任，2022 年底前按季度向交通运输部报送船舶与港口污染防治工作情况。交通运输部按季度通报进展情况，会同相关部门不定期采取明查暗访、随机抽

查方式加强检查和督促指导，对责任落实不到位、监管不力导致问题突出的地方，交通运输部会同生态环境部等有关部门视情约谈相关省级部门，并采取函告、通报等措施督促地方落实问题整改。

（十四）推进社会共治。进一步加大政策法规宣传力度，强化从业人员环保意识教育和相关技能培训，积极引导社会各界广泛参与长江船舶和港口污染防治工作，强化社会监督，加强对典型案件查处力度和公开曝光，最大程度凝聚共识，营造良好外部环境。鼓励产学研相结合，加强船舶港口污染防治设施设备的科技攻关和新技术推广应用，鼓励船舶安装水污染物储存与排放在线监控设备，进一步提升污染防治科技水平。

交通运输部　国家发展改革委
生态环境部　住房城乡建设部
2021 年 3 月 27 日

农业农村部　水利部关于建立完善长江流域禁捕水域网格化管理体系的通知（农长渔发〔2021〕2 号）

上海、江苏、浙江、安徽、江西、河南、湖北、湖南、重庆、四川、贵州、云南、陕西、甘肃、青海省（直辖市）河（湖）长制办公室、水利（水务）厅（局）、农业农村厅（委）：

为贯彻落实习近平总书记系列重要指示批示精神，统筹协调涉水管理力量，打击破坏长江水域生态环境违法犯罪行为，打造共建共管、共治共享的管理格局，提升禁捕执法监管效能，维护禁捕水域管理秩序，确保长江“十年禁渔”落到实处，根据《中共中央办公厅、国务院办公厅印发〈关于全面推行河长制的意见〉的通知》《中共中央办公厅、国务院办公厅印发〈关于在湖泊实施湖长制的指导意见〉的通知》《中共中央办公厅、国务院办公厅关于推进基层整合审批服务执法力量的实施意见》《国务院办公厅关于切实做好长江流域禁捕有关工作的通知》等文件要求，充分发挥河湖长制平台作用，建立完善长江流域禁捕水域网格化管理体系，经研究，现将有关事项通知如下。

一、工作目标

2021 年 1 月 1 日起，长江流域重点水域正式实行“十年禁渔”。为确保“禁渔令”落实落地、不成为一纸空文，充分整合行政资源，提升管理成效，农业农村部、水利部将指导沿江各地充分发挥河湖长制平台作用，建立完善长江流域禁捕水域网格化管理体系。沿江各地要按照全面覆盖、不留空白、边界清晰、便于管理的总体要求，充分依托现有河湖长制管理体系和监管力量，建立健全长江流域禁捕水域网格化管理体系，构建权责明确、规模适宜、运行有力、管护有效的网格化禁捕管理格局，形成人防与技防并重、专管与群管结合的长江禁捕管理新机制，统筹做好长江“十年禁渔”和长江水域生态环境保护各项工作，为坚决打长江“十年禁渔”持久战提供坚实保障。

二、运行实施

（一）明确网格化管理范围。按照《农业农村部关于长江流域重点水域禁捕范围和时间的通告》和地方政府有关规定，凡是纳入了国家以及地方各级政府确定的禁捕范围的水域，都应当细化落实网格化管理的具体责任划分，压实地方各级河湖长牵头组织清理整治非法捕捞的工作责任。

（二）健全网格管理体系。各地要进一步提高政治站位，根据禁捕水域监管范围，结合实际制订具体实施方案，进一步细化基层网格，明确责任分工，落实管理措施，建立上下贯通、层层监督的管理机制。各地要将禁捕网格划分和监管责任等情况通过适当形式公开公布，便于公众举报和社会监督。

（三）明确网格职责任务。网格单元承担采集基础信息、开展日常巡查、处置问题隐患、宣传发动群众等基础职责职能，健全指挥调度、信息公示、巡查报告、教育培训等基本管理制度，保障网格化管理体系常态化运转。建立健全发现问题、流转交办、协调联动、研判预警、督查考核等指挥协调机制，实现禁捕执法管理跨部门、跨区域、跨流域协同，确保及时发现、快速反应、依法处置。

（四）充分发挥网格功能。立足长江流域重点水域线长面广的实际情况，重点围绕“一江两湖七河”和 332 个保护区等重点水域和周边区域，紧盯重点人员和重点水域开展排查，沿江巡护人员要对涉渔违法行为线索进行监督、发现、核实、报告，并协助农业农村（渔政）、水利（水务）、公安、市场监管、交通、生态环境等部门依法进行处置。

三、有关要求

（一）坚持部门协同。各级水利（水务）与农业农村部门要加强沟通衔接，将长江“十年禁渔”纳入河湖长制考核指标体系。农业农村（渔政）、水利（水务）等部门要与公安、市场监管、交通、生态环境等部门加强协同配合，建立完善联合执法、信息通报、督办整治等工作制度，形成精细管理协作模式，提升部门联勤联动能力。

（二）做好宣传引导。各地要把长江禁捕退捕政策和相关法律法规作为宣传重点，广泛发动全社会参与监管，畅通监督举报渠道，强化警示教育。要注重总结经验做法，宣传先进典型，提高群众对各类破坏水生生物和水域生态行为的辨识能力和抵制意识，着力营造“水上不捕、市场不卖、餐馆不做、群众不吃”的良好社会氛围。

（三）强化督促检查。各省（直辖市）长江禁捕退捕工作领导小组办公室要对网格化管理落实情况开展督促检查、暗访暗查，确保长江流域禁捕水域网格化管理体系落实落地取得扎实成效。要把各地禁捕水域网格化管理情况纳入相关绩效考核指标体系，按照国家规定对落实到位、管控有力的予以适当形式的表彰奖励，对管理薄弱、非法捕捞问题突出的进行通报批评、追责问责。

农业农村部　水利部

2021 年 3 月 26 日

部际联席会议成员单位发布文件

水利部关于印发《河长湖长履职规范（试行）》的通知（2021 年 5 月 26 日　水河湖函〔2021〕72 号）

各省、自治区、直辖市人民政府，各计划单列市人民政府，新疆生产建设兵团：

《河长湖长履职规范（试行）》已经全面推行河湖长制工作部际联席会议审议通过，现印发给你们，请结合实际认真贯彻落实。

河长湖长履职规范（试行）

第一章　总　　则

第一条　为深入落实中共中央办公厅、国务院办公厅《关于全面推行河长制的意见》《关于在湖泊实施湖长制的指导意见》（以下简称《意见》《指导意见》）精神，进一步细化各级河长湖长职责任务，规范各级河长湖长履职行为，发挥各级河长湖长履职作用，推动河湖长制落地生根见实效，制定本规范。

第二条　本规范适用于省、市、县级总河长及省、市、县、乡级河长湖长，各地因地制宜设立的村级河长湖长参照执行。

第三条　本规范严格遵循《意见》《指导意见》的规定，分类细化各级河长湖长的具体职责和任务；结合各地近年来推行河湖长制的实践经验，有针对性规定各级河长湖长的履职重点和履职方式。

第四条　各级河长湖长要严格按照《意见》明确的基本原则履职尽责，结合本地实际，创新工作方式，突出工作重点，抓住主要矛盾，用好监督考核“指挥棒”，提升履职成效。

第五条　本规范为指导性文件，各地可结合实际进一步细化实化，增强实践性和指导性，促进各级河长湖长依法依规履行职责。

第二章　主 要 职 责

第六条　总河长负责组织领导本行政区域内河湖管理和保护工作，是本行政区域全面推行河湖长制工作的第一责任人，对本行政区域内的河湖管理和保护负总责。

第七条　最高层级河长湖长对相应河湖管理和保护负总责，分级分段（片）河长湖长对本辖区内相应河湖管理和保护负直接责任。

各级河长湖长负责组织领导相应河湖的管理和保护工作，包括水资源保护、水域岸线管理、水污染防治、水环境治理等，牵头组织对侵占河道、围垦湖泊、超标排污、违法养殖、非法采砂、破坏航道、电毒炸鱼等突出问题依法进行清理整治，协调解决重大问题；统筹协调湖泊与入湖河流的管理保护工作，对跨行政区域的河湖明晰管理责任，协调上下游、左右岸实行联防联控；对相关部门（单位）和下一级河长湖长履职情况进行督导，对目标任务完成情况进行考核，强化激励问责。

第三章　主 要 任 务

第八条　总河长审定河湖管理和保护中的重大事项、河湖长制重要制度文件，审定本级河长制办公室职责、河湖长制组成部门（单位）责任清单，推动建立部门（单位）间协调联动机制；主持研究部署河湖管理和保护重点任务、重大专项行动，协调解决河湖长制推进过程中涉及全局性的重大问题；组织督导落实河湖长制监督考核与激励问责制度；督导河长湖长体系动态管理，及时向社会公告；完成上级总河长交办的任务。

第九条　省级河长湖长审定并组织实施相应河湖“一河（湖）一策”方案，组织开展相应河湖突出问题专项整治，协调解决相应河湖管理和保护中的重大问题；明晰相应河湖上下游、左右岸、干支流地区管理和保护目标任务，推动建立流域统筹、区域协同、部门联动的河湖联防联控机制；组织对省级相关部门（单位）和下一级河长湖长履职情况进行督导，对目标任务完成情况进行考核；完成省级总河长交办的任务。

第十条　市、县级河长湖长定期或不定期巡查河湖，审定并组织实施相应河湖“一河（湖）一策”方案或细化实施方案，组织开展相应河湖突出问题专项治理和专项整治行动；协调和督促相关部门（单位）制定、实施相应河湖管理保护和治理规划，协调解决规划落实中的重大问题；组织开展相应河湖问题整治，督促下一级河长湖长及本级相关部门（单位）处理和解决河湖出现的问题、依法依规查处相关违法行为；组织对本级相关部门（单位）和下一级河长湖长履职情况进行督导，对年度任务完成情况进行考核；组织研究解决河湖管理和保护中的有关问题；完成上级河长湖长及本级总河长交办的任务。

第十一条　乡级河长湖长开展河湖经常性巡查，对巡查发现的问题组织整改，不能解决的问题及时向相关上级河长湖长或河长制办公室、有关部门（单位）报告；组织开展河湖日常清漂、保洁等，配合上级河长湖长、有关部门（单位）开展河湖问题清理整治或执法行动；完成上级河长湖长交办的任务。

第十二条　村级河长湖长组织订立河湖保护村规民约，开展河湖日常巡查，对发现的涉河湖违法违规行为进行劝阻、制止，不能解决的问题及时向相关上级河长湖长或河长制办公室、有关部门（单位）报告；完成上级河长湖长交办的任务。

第四章　履 职 方 式

第一节　加 强 组 织 领 导

第十三条　总河长牵头建立健全党政领导负责制为核心的责任体系，建立全面推行河湖长制工作领导机制；主持研究河湖长制推行中的重大政策措施，主持审议河湖管理和保护中的重大事项、重要制度、重点任务；结合本地实际，主持召开总河长会议、河湖长制工作会议或签发文件部署安排重点任务，以总河长令部署开展河湖突出问题专项整治行动。

第十四条　省级河长湖长因地制宜牵头建立相应河湖管理和保护工作联席会议制度；主持召开河长会议或专题会议，研究落实相应河湖管理和保护有关政策措施，审议相应河湖治理保护方案，协调相应河湖管理和保护的目标任务，安排年度重点任务；指导督促本级河长制办公室、有关部门（单位）、下级河长湖长履行相应河湖管理和保护职责。相应河湖为流域管理机构直接管理的，流域管理机构负责同志或其所属省级管理机构负责同志作为成员参加协调机制。

第十五条　市、县级河长湖长牵头组织细化相应河湖管理和保护目标任务，并分解落实到有关部门（单位）；督促指导本级河长制办公室、有关部门（单位）、下级河长湖长开展相应河湖管理和保护工作。相应河湖为流域管理机构直接管理的，要加强与流域管理机构所属河湖管理单位的沟通协调，强化协同配合。

第十六条　乡级河长湖长组织领导相应河湖日常巡查和管护工作，指导监督村级河长湖长开展河湖巡查。

第二节　开展河湖巡查调研

第十七条　总河长、各级河长湖长定期或不定期开展河湖巡查调研活动，动态掌握河湖健康状况，及时协调解决河湖管理和保护中的问题。

原则上，总河长每年不少于 1 次，省级河长湖长每年不少于 2 次，市级河长湖长每年不少于 3 次（每半年不少于 1 次），县级河长湖长每季度不少于 1 次，乡级河长湖长每月不少于 1 次，村级河长湖长每周不少于 1 次。具体要求由县级及以上总河长结合实际组织制定。

第十八条　省、市、县级河长湖长开展河湖巡查调研要以解决问题为导向，可根据实际情况现场办公，协调统一各方意见，研究问题整治措施，明确问题整治要求。巡查调研前，可安排河长制办公室、有关部门（单位）先行明查暗访，掌握河湖存在的突出问题，征询有关地方需要协调解决的重大问题，了解基层干部职工和群众意见。

第十九条　乡、村级河长湖长开展河湖巡查要以发现问题为导向，重点巡查生产经营活动频繁的河段（湖片），重点检查河湖日常管护情况，及时劝阻、制止涉河湖违法违规行为，不能解决的要及时报告上级河长湖长或河长制办公室、有关部门（单位）。

第二十条　针对问题较多的河段（湖片），有关河长湖长应当加密巡查频次，加大检查力度，及时协调督促解决问题。

第三节　整 治 突 出 问 题

第二十一条　县级河长湖长组织河长制办公室、有关部门（单位）开展相应河湖问题自查自纠，省、市级河长湖长组织河长制办公室、有关部门（单位）加强抽查检查，查清问题底数，建立问题台账。

乡、村级河长湖长结合日常巡查河湖，及时上报巡查发现的问题。

第二十二条　河长制办公室、有关部门（单位）排查发现并提请解决的批量河湖突出问题，总河长或县级及以上河长湖长组织集中交办分办问题整治任务，明确牵头部门（单位）和责任人，提出整治标准、完成时限要求等。

上级交办、媒体曝光和群众举报的，以及同级党委和政府、人大、政协、纪检监察机关转办的河湖突出问题，总河长、县级及以上河长湖长视问题性质、严重程度作出批示，要求有关地方、河长湖长、部门（单位）限期组织整改落实。问题性质严重、影响恶劣的，责成有关部门（单位）、地方依法追究违法违规主体的责任，依纪依规问责相关责任人。

第二十三条 针对问题体量大、沉积时间长、利益关系复杂、整改成本高等河湖重大问题，总河长或县级及以上河长湖长召开专题会议研究对策措施，协调统一意见，提出切实可行的整治方案。

第二十四条 省级河长湖长加强对河湖问题整改的指导督促，适时组织河长制办公室、有关部门（单位）开展随机性抽查，重大问题蹲点检查，指导完善问题整治方案，督促限时整改落实。

市、县级河长湖长组织有关部门（单位）限时完成问题整治任务，加强跟踪检查，严格销号管理，确保问题整改落实到位。对性质严重、影响恶劣的突出问题，依法追究违法违规主体的责任，依纪依规问责相关责任人。

乡、村级河长湖长要积极协助上级河长湖长、有关部门（单位）开展问题整改落实工作。

第二十五条 需要对河湖水资源、水域岸线、水污染、水环境、水生态等实施系统保护和治理修复的，县级及以上河长湖长要指导督促同级河长制办公室组织编制“一河（湖）一策”方案或细化实施方案，提出问题清单、目标清单、任务清单、措施清单、责任清单，分步推进实施系统治理。

第四节 推动跨行政区域河湖联防联治

第二十六条 跨行政区域河湖设立共同的上级河长湖长的，最高层级河长湖长按照“一盘棋”思路，统筹协调管理和保护目标，明晰河湖上下游、左右岸、干支流地区的管理责任，推动河湖跨界地区建立联合会商、信息共享、协同治理、联合执法等联防联控机制，协同落实管理和保护任务。

第二十七条 跨行政区域未设立共同的上级河长湖长的，各行政区域河长湖长按照“河流下游主动对接上游，左岸主动对接右岸，湖泊占有水域面积大的主动对接水域面积小的”原则，组织与相关地方河长湖长及有关部门（单位）沟通协调，协调统一河湖管理和保护目标任务，签订联合共治协议，实现区域间联防联治。

第五节 组织总结考核

第二十八条 推行河湖长制工作述职制度，总河长审阅或适时听取本级河长湖长、河长制组成部门（单位）主要负责同志和下一级总河长的履职情况报告。乡级及以上河长湖长每年听取或审阅相应河湖管理和保护有关部门（单位）和相应河湖的下一级河长湖长履行职责情况报告。

第二十九条 严格落实河湖长考核制度，总河长组织对本级河湖长制组成部门（单位）和下一级地方落实河湖长制情况进行考核，县级及以上河长湖长组织对相应河湖的下一级河长湖长履职情况进行考核。考核工作由本级河长制办公室承担。

第三十条 强化考核结果应用，考核结果提交本级党委和政府考核办公室、组织部门，作为地方党政领导干部综合考核评价的重要依据。目标任务完成且考核结果优秀的，给予激励；目标任务落实不到位的，或者考核不合格的，组织考核的总河长、河长湖长及时约谈提醒或提请问责被考核对象。

第三十一条 总河长审定本行政区域全面推行河湖长制工作年度总结报告。各省、自治区、直辖市要按照《意见》《指导意见》要求，每年1月底前将上年度贯彻落实河湖长制情况报党中央、国务院。

水利部关于印发河湖管理范围内建设项目各流域管理机构审查权限的通知（2021年8月2日 水河湖〔2021〕237号）

部机关有关司局，部直属有关单位，各省、自治区、直辖市水利（水务）厅（局），新疆生产建设兵团水利局：

根据《中华人民共和国水法》《中华人民共和国防洪法》《中华人民共和国河道管理条例》等法律法规，为加强河湖管理范围内跨河、穿河、穿堤、临河的桥梁、码头、道路、渡口、管道、缆线等建设项目工程建设方案审查（以下简称涉河建设项目审查），我部进一步明确了各流域管理机构的审查权限。现印发给你们，请认真贯彻落实，并就有关要求明确如下。

一、各流域管理机构、地方各级水行政主管部门要把涉河建设项目管理作为加强河湖水域岸线管理的重要内容，纳入河湖长制管理范畴，依法依规强化全链条监管，强化责任落实和日常监管，切实维护河湖自然生态空间完好、功能完整，维护防洪、供水、航运、生态等公共安全，坚决守住防洪安全

底线，确保河湖管理保护到位。

二、各流域管理机构、地方各级水行政主管部门要按照本通知规定的审查权限、项目类别，遵循涉河建设项目确有必要、无法避让河湖管理范围的原则，严格审查，不得超审查权限、超项目类别进行许可。

三、各流域管理机构审查权限范围内的建设项目，应依据相关行业技术标准确定建设规模。各流域管理机构商有关省级水行政主管部门对大中型建设项目进行分类和细化，报我部备案。

四、对于已有岸线保护利用规划的河湖，各流域管理机构需在相应涉河建设项目审查文件中注明项目所在岸线功能分区。

五、本通知自2021年9月1日起施行。《关于长江流域河道管理范围内建设项目审查权限的通知》（水管〔1995〕5号）、《关于黄河水利委员会审查河道管理范围内建设项目权限的通知》（水政〔1993〕263号）、《关于淮河水利委员会审查河道管理范围内建设项目权限的通知》（水政〔1993〕143号）、《关于海河流域河道管理范围内建设项目审查权限的通知》（水管〔1997〕128号）、《关于珠江水利委员会河道管理范围内建设项目审查权限的通知》（水建管〔2000〕81号）、《关于松花江、辽河流域河道管理范围内建设项目审查权限的通知》（水管〔1996〕284号）、《关于太湖流域河道管理范围内建设项目审查权限的通知》（水建管〔1999〕61号）自本通知施行之日起废止，上述文件中涉及蓄滞洪区非防洪建设项目审查的按《水利部关于加强非防洪建设项目洪水影响评价工作的通知》（水汛〔2017〕359号）执行，涉及水工程建设项目审查的按《水工程建设规划同意书制度管理办法（试行）》（水利部令第31号）执行。

水利部

2021年8月2日

河湖管理范围内建设项目
长江水利委员会审查权限

一、在下列河段兴建的大型建设项目

1. 长江干流：源头至向家坝枢纽；
2. 汉江干流：汉中孤山汉江大桥至孤山枢纽；
3. 乌江干流：东风枢纽至乌江渡枢纽；
4. 嘉陵江干流：西汉水入江口至亭子口枢纽；
5. 岷江干流：松潘小姓沟入江口至紫坪铺枢纽；
6. 澜沧江干流：金河入江口至小湾枢纽；
7. 怒江干流：达曲入江口至勐古怒江特大桥；
8. 雅鲁藏布江干流：多雄藏布入江口至拉萨河入江口。

二、在下列河段兴建的大中型建设项目

1. 长江干流：向家坝枢纽至入海口（原50号灯标）；
2. 汉江干流：丹江口枢纽至入江口（武汉）；
3. 乌江干流：乌江渡枢纽至入江口（涪陵）；
4. 嘉陵江干流：亭子口枢纽至入江口（重庆）；
5. 岷江干流：紫坪铺枢纽至入江口（宜宾）；
6. 澜沧江干流：小湾枢纽以下；
7. 怒江干流：勐古怒江特大桥以下；
8. 雅鲁藏布江干流：拉萨河入江口以下；
9. 洞庭湖、四水入湖尾闾（湘江湘潭水文站以下、资水桃江水文站以下、沅水桃源水文站以下、澧水石门水文站以下）；
10. 鄱阳湖、五河入湖尾闾（赣江外洲水文站以下、抚河李家渡水文站以下、信江梅港水文站以下、饶河虎山和渡峰坑水文站以下、修水虬津水文站以下）；
11. 澜沧江以西（含澜沧江）区域国际或国境边界湖泊；
12. 长江流域和澜沧江以西（含澜沧江）区域省界湖泊。

三、在下列河段兴建的所有建设项目

1. 三峡水库库区；
2. 丹江口水库库区；
3. 陆水水库库区；
4. 水阳江干流：杨村枢纽至入江口（含石臼湖、固城湖、南漪湖）；
5. 滁河干流：金银浆至入江口（含驷马山水道、马汊河）；
6. 荆南四河（即松滋河、虎渡河、藕池河、调弦河）；
7. 长江流域和澜沧江以西（含澜沧江）区域其他省界河流边界河段，省界上、下游各10公里河段；
8. 澜沧江以西（含澜沧江）区域国际或国境边界河流河段，国境内10公里河段。

河湖管理范围内建设项目
黄河水利委员会审查权限

一、在下列河段兴建的大中型建设项目

1. 黄河干流：河源至托克托河段；
2. 支流：湟水（含大通河）、皇甫川、窟野河、渭河（含泾河）、沁河（紫柏滩以上）。

二、在下列河段兴建的所有建设项目

1. 黄河干流：托克托至入海口；

2. 小浪底（含西霞院）水库库区；

3. 三门峡水库库区（含渭河库区河道）；

4. 故县水库库区；

5. 沁河：紫柏滩至入黄口；

6. 大汶河：戴村坝至马口30公里河道；

7. 黄河流域其他省界河流边界河段，省界上、下游各10公里河段。

河湖管理范围内建设项目 淮河水利委员会审查权限

一、在下列河段兴建的大、中型建设项目

1. 淮河干流：河南省息县至江苏省三江营（包括洪泽湖、高邮湖、邵伯湖，沿线的行洪区以及蒙洼、城西湖、城东湖和瓦埠湖）。

2. 洪汝河：河南省新蔡县班台至洪河口（包括洪河分洪道）。

3. 沙颍河：河南省周口市区至安徽省阜阳市区。

4. 新汴河：安徽、江苏省界河段，安徽省泗县104国道公路桥至江苏省溧河洼；河南、安徽省界河段，河南省永城市至安徽省濉溪县岱桥闸。

5. 涡河：河南省鹿邑县城至安徽省亳州市区。

二、在下列河段兴建的所有建设项目

1. 临淮岗洪水控制工程库区范围：淮河干流临淮岗洪水控制工程主坝至洪河口段；史灌河桥沟镇以下至入淮口；洪河分洪道地理城以下至入淮口（包括蒙河分洪道）；谷河王化镇以下至蒙河分洪道。

2. 沂河：跋山水库以下至骆马湖；支流祊河入沂河河口上游39公里处。

3. 沭河：青峰岭水库以下至新沂河；支流汤河入沭河河口上游6公里处。

4. 新沂河：嶂山闸至入海口。

5. 新沭河：大官庄闸至石梁河水库（包括石梁河水库）。

6. 邳苍分洪道：江风口闸至滩上。

7. 中运河、韩庄运河：韩庄闸至骆马湖。

8. 分沂入沭：彭家道口闸至大官庄闸。

9. 南四湖及骆马湖。

10. 淮河流域其他省界河流边界河段，省界上、下游各10公里河段。

河湖管理范围内建设项目 海河水利委员会审查权限

一、在下列河段兴建的大中型建设项目

永定新河河口管理范围。

二、在下列河段兴建的所有建设项目

1. 永定河：卢沟桥至屈家店枢纽。

2. 白洋淀。

3. 北运河：北关拦河闸至筐儿港枢纽。

4. 潮白河：苏庄橡胶坝至潮白新河津蓟铁路桥。

5. 泃河：海子水库至九王庄闸。

6. 蓟运河：九王庄闸至江洼口。

7. 大清河：赵王新河自枣林庄枢纽至西码头闸、大清河自西码头闸至独流减河进洪闸；新盖房分洪道自新盖房枢纽至刘家铺。

8. 清漳河：匡门口至合漳。

9. 浊漳河：侯壁至合漳。

10. 漳河干流。

11. 卫河：淇门至徐万仓。

12. 共产主义渠：刘庄闸至老观咀。

13. 卫运河。

14. 南运河：四女寺枢纽至第三店。

15. 漳卫新河。

16. 滦河：潘家口水库至大黑汀水库。

17. 海河河口、独流减河河口。

18. 岳城水库库区、潘家口水库库区、大黑汀水库库区。

19. 海河流域其他省界河流边界河段，省界上、下游各10公里河段。

河湖管理范围内建设项目 珠江水利委员会审查权限

一、在下列河段兴建的大中型建设项目

1. 红河（元江）云南省境内干流河段。

2. 红河水系李仙江、藤条江、南溪河、盘龙江、普梅河（南利河）等河流国境内10公里河段。

3. 西江干流：清水江口至入海口（经梧州、马口、天河、灯笼山）。

4. 北江干流：飞来峡至入海口（经清远、三水、紫洞、三善滘、三沙口）。

5. 东江干流：新丰江河口至入海口（经石龙、大盛）。

6. 柳江：柳城至入江口（三江口）。

7. 百色水利枢纽库区。

二、在下列河段兴建的所有建设项目

1. 大藤峡水利枢纽库区。

2. 澜沧江以东（不含澜沧江）国际边界河流河段，国境内10公里河段。

3. 珠江流域、韩江流域、粤桂沿海诸河及深圳河等省界河流边界河段，省界上、下游各10公里河段。

三、其他

珠江河口管理范围内建设项目审查管理权限，按照《珠江河口管理办法》（水利部令第10号）的

有关规定执行。

河湖管理范围内建设项目
松辽水利委员会审查权限

一、在下列河段兴建的大中型建设项目

1. 松花江干流：拉林河口至大顶子山航电枢纽。

2. 第二松花江：丰满水库坝下至三岔河口。

3. 嫩江：诺敏河口至雅鲁河口，泰来县格达耐至白沙滩。

4. 西辽河：苏家堡闸至福德店。

5. 东辽河：二龙山水库坝下至梨树县刘家馆子镇。

6. 辽河河口：盘山闸至入海口。

7. 松辽流域国际边界河流河段，国境内 10 公里河段。

8. 松辽流域国际边界湖泊。

二、在下列河段兴建的所有建设项目

1. 松花江干流：三岔河口至拉林河口。

2. 嫩江：那都里河口至诺敏河口、雅鲁河口至泰来县格达耐、白沙滩至三岔河口。

3. 诺敏河：莫力达瓦达斡尔族自治旗后乌尔科至河口。

4. 绰尔河：音德尔镇至河口。

5. 拉林河：五常市蛤拉河子林场至向阳镇、五常市兴盛镇至拉林河口。

6. 老哈河：叶赤铁路桥至赤通铁路桥。

7. 新开河：双辽市同乐村至河口。

8. 东辽河：东辽县泉太镇至二龙山水库库尾、梨树县刘家馆子镇至福德店。

9. 浑江：宽甸县下露河至河口。

10. 尼尔基水库库区及坝下管理范围。

11. 察尔森水库库区及坝下管理范围。

12. 松辽流域其他省界河流边界河段，省界上、下游各 10 公里河段。

河湖管理范围内建设项目
太湖流域管理局审查权限

一、在下列河段兴建的大中型建设项目

1. 太浦河。

2. 望虞河。

3. 太湖。

二、在下列河段兴建的所有建设项目

1. 太浦河：太浦闸管理范围内的河道。

2. 望虞河：望亭立交枢纽管理范围内的河道。

3. 望虞河：常熟枢纽管理范围内的河道。

4. 吴淞江：包括吴淞江、蕰藻浜。

5. 红旗塘：包括红旗塘、大蒸港、圆泄泾、横潦泾。

6. 京杭运河：平望至嘉兴段（苏州市吴江区苏嘉运河桥至嘉兴市秀洲区王江泾大桥段）。

7. 澜溪塘：江苏省、浙江省省界上、下游各 10 公里河段（苏州市吴江区鸭子坝至嘉兴市桐乡市幸福桥段）。

8. 頔塘：江苏省、浙江省省界上、下游各 10 公里河段（苏州市吴江区苏震桃公路长湖申线大桥至湖州市南浔区南林路桥段）。

三、其他

太湖流域和东南诸河其他跨省界河流边界上、下游各 10 公里河段兴建的建设项目，须由建设项目的省（直辖市）征求相邻省（直辖市）的意见。如经协商一致并取得同意书，由所在省（直辖市）审查同意，报太湖流域管理局备案，否则需报太湖流域管理局审查同意。

水利部办公厅关于印发 2021 年河湖管理工作要点的通知（2021 年 4 月 30 日　办河湖〔2021〕132 号）

部直属有关单位，各省、自治区、直辖市水利（水务）厅（局）、河长制办公室，各计划单列市水利（水务）局、河长制办公室，新疆生产建设兵团水利局：

为深入贯彻落实全面推行河湖长制工作部际联席会议暨加强河湖管理保护电视电话会议精神，按照水利部党组巡视整改“三对标、一规划”专项行动等要求，扎实做好河湖长制及河湖管理各项工作，水利部制定了《2021 年河湖管理工作要点》。现印发给你们，请结合实际做好相关工作。

水利部办公厅

2021 年 4 月 30 日

2021 年河湖管理工作要点

2021 年，河湖管理工作以习近平新时代中国特色社会主义思想为指导，全面贯彻党的十九大和十九届二中、三中、四中、五中全会精神，完整、准确、全面贯彻新发展理念，深入落实“节水优先、空间均衡、系统治理、两手发力”治水思路，贯彻落实全面推行河湖长制工作部际联席会议暨加强河湖管理保护电视电话会议精神，按照水利部党组巡视整改“三对标、一规划”专项行动等要求，完善河湖管理体制机制法制，强化落实河湖长制，以长江、黄河等重要江河流域为重点，深入推进河湖“清四乱”常态化规范化，扎实开展河道采砂综合整治，加强河湖日常巡查管护，努力打造健康河湖、美丽河湖、幸福河湖，以优异成绩庆祝建党100周年。

一、抓好“一个关键”——强化河湖长制

1. 制定河长湖长履职规范。提请全面推行河湖长制工作部际联席会议审议通过后印发实施，进一步促进各级河长湖长及相关部门履职尽责。

2. 加强河湖长制监督检查。按程序报批后，联合联席会议有关成员单位组织开展河湖长制落实情况监督检查。组织落实国务院督查激励机制，对河湖长制工作推进力度大、河湖管理保护成效明显的地方给予激励。

3. 加强河湖长制考核。研究制订对省级政府全面推行河湖长制实施绩效评价考核办法，推动各地区加强河湖治理保护，切实做到守水尽责。继续将河湖长制工作情况纳入最严格水资源管理制度考核。指导督促各省份严格执行河湖长制考核制度，建立河湖长制考核情况报送机制。

4. 推动形成流域统筹、区域协调、部门联动格局。研究建立长江、黄河流域省级河长联席会议机制，其他流域也要推动建立流域河湖长协作机制。各流域管理机构牵头建立流域机构和省级河长制办公室协作机制。各省份完善河湖长制联席会议制度等组织协调机制。

5. 推动解决河湖管理保护“最后一公里”问题。落实河湖管理保护单位日常管护责任，结合巩固拓展脱贫攻坚成果和全面推进乡村振兴，推动设立巡河员、护河员等公益性岗位。

6. 加强河湖长制宣传培训。承办中央组织部全面推行河长制湖长制网上专题班。做好全面推行河长制五周年集中宣传活动。各地结合实际开展宣传培训。

二、强化“两个重点”——深化河湖“清四乱”常态化规范化和采砂管理规范化

7. 完善河湖“清四乱”层级负责制。进一步压实地方主体责任，建立完善省、市、县级河湖“清四乱”日常监管体系，明确分级负责的责任要求。省级要做好部署组织、政策制定、重大问题协调、监督考核、问题审核销号等工作，指导市、县级建立完善责任体系。

8. 推进河湖“清四乱”常态化。指导督促地方深入自查自纠，持续清理整治河湖“四乱”问题，坚决遏增量、清存量。对2019年1月1日以后新出现涉河湖违建和非法围河围湖等违法违规问题的，严肃追究有关单位和人员责任，并将结果及时报水利部。继续做好违建别墅专项整治、高尔夫球场清理整治有关工作。

9. 推进河湖“清四乱”规范化。制定印发流域管理机构涉河建设项目审批权限有关规定。针对河湖“清四乱”中的复杂问题，研究有关政策措施。

10. 强化河湖“四乱”问题监督检查。开展河湖管理监督检查。以长江流域、黄河流域、大运河沿线等流域或区域为重点，选取部分省份开展进驻式暗访检查。

11. 压紧压实河道采砂管理责任。指导督促各地严格落实河道采砂管理责任制，向社会公布河道采砂管理重点河段、敏感水域河长、主管部门、现场监管和行政执法责任人名单，接受社会监督。

12. 加强河道采砂监督管理。推动出台河道采砂管理条例。指导督促地方及时查处零星盗采、“蚂蚁搬家式”偷采等问题，保持高压严打态势，严厉打击非法采砂行为。

13. 坚持疏堵结合。鼓励和支持河砂统一开采管理，推进规模化、规范化开采。结合河道整治，因地制宜推进疏浚砂综合利用。强化流域管理机构直管河段采砂规划、许可和监督管理，适时开展督导检查。

三、突出“三大区域”——推进长江、黄河、大运河治理保护

14. 推进长江岸线利用项目清理整治扫尾工作。指导地方按要求推进延期整改项目清理整治，市县整治一项、省级复核销号一项、流域管理机构核查一项。

15. 开展长江非法矮围整治。结合长江“十年禁渔”，指导督促沿江9省（直辖市）开展非法矮围专项整治。对长江干流及洞庭湖、鄱阳湖等重点水域非法矮围整治情况开展抽查检查。

16. 规范长江采砂管理秩序。深化水利部、公安部、交通运输部三部合作机制，组织开展长江河道采砂综合整治行动，严防非法采砂反弹。强化源头治理，在三部合作机制基础上，联合工业和信息化部、市场监管总局，组织开展长江采砂船舶专项治理。指导地方规范河道、航道疏浚砂综合利用管理，推进水库淤积砂综合利用试点。

17. 基本完成黄河岸线专项整治。指导督促沿黄8省（自治区）省级河长制办公室、水行政主管部门基本完成黄河岸线利用项目专项整治任务。市县申报完成一处、省级及时复核销号一处、黄委按要求加强抽查。

18. 强化黄河采砂管理。巩固黄河采砂专项整治成果，以晋陕峡谷段、渭河等河段为重点，加大暗访巡查力度，严厉打击非法采砂。强化规划约束，

严格许可、加强监督管理。推进疏浚砂综合利用试点，推动砂石资源合理利用。

19. 推进大运河河道水系治理管护。指导督促地方结合河湖“清四乱”常态化规范化工作，加强大运河沿线“四乱”问题清理整治。同时，加强华北地下水超采区、永定河“四乱”问题清理整治和河湖管护。

四、夯实“四个基础”

20. 巩固河湖管理范围划定成果。组织流域管理机构、省级水行政主管部门对河湖划界成果进行抽查、核查。各地加快划界成果上图及成果应用，因地制宜竖立划界标志牌或界桩，有序推进第一次全国水利普查名录以外河湖划界工作。

21. 完善规划体系。积极推进大江大河岸线保护利用、采砂管理规划审批工作；指导地方分步编制区域内河湖岸线保护利用和采砂管理规划，各省级水行政主管部门要加快推进省级岸线保护利用规划、采砂管理规划审批工作。推进《河道采砂规划编制和实施监督管理技术规范》修订工作。

22. 开展河湖健康评价。指导督促各地因地制宜开展河湖健康评价工作，逐步建立河湖健康档案，滚动编制完善“一河（湖）一策”方案，推动河湖系统治理。

23. 推进智慧河湖建设。完善河湖长制信息管理系统，加强与地方河湖长制信息系统互联互通，充实完善河湖管理范围划定和岸线保护利用规划成果、“一河（湖）一档”“一河（湖）一策”方案，逐步实现数字化、智慧化、精细化。丰富完善“四乱”问题监管手段，充分运用卫星遥感、无人机、APP等，提高河湖管理信息化水平。

五、全面加强党的建设

24. 扎实做好“三对标、一规划”。按照水利部党组统一部署，高质量完成中央巡视反馈问题整改任务，做到政治对标、思路对标、任务对标，科学编制“十四五”河湖管理规划，推进新阶段河湖管理高质量发展。

25. 加强思想政治建设。学懂弄通做实习近平新时代中国特色社会主义思想，深入贯彻落实习近平总书记关于治水工作的重要讲话指示批示精神，不断提高政治判断力、政治领悟力、政治执行力，增强“四个意识”、坚定“四个自信”、做到“两个维护”。把握新发展阶段，贯彻新发展理念，构建新发展格局，推动高质量发展。

26. 强化党史学习教育。学史明理、学史增信、学史崇德、学史力行，学党史、悟思想、办实事、开新局，开展“我为群众办实事”活动，解决一批群众最关心、最直接、最现实的涉河湖问题。

27. 强化作风建设和党风廉政建设。践行以人民为中心的发展思想，深入基层调查研究。认真落实中央八项规定及其实施细则精神，持之以恒抓好形式主义、官僚主义突出问题整治。认真落实党风廉政建设责任制，坚持“一岗双责”，把党建工作和业务工作双融合、双促进。

水利部办公厅关于开展全国河道非法采砂专项整治行动的通知（2021年8月16日 办河湖〔2021〕252号）

各省、自治区、直辖市河长制办公室、水利（水务）厅（局），新疆生产建设兵团水利局，各流域管理机构：

为贯彻落实中央扫黑除恶常态化暨加快推进重点行业领域整治的决策部署，严厉打击“沙霸”及其背后“保护伞”，水利部决定组织开展全国河道非法采砂专项整治行动，现就有关事项通知如下。

一、充分认识开展河道非法采砂专项整治的重要意义

非法采砂影响河势稳定，危及防洪、供水、航运和基础设施安全，危害生态环境。习近平总书记高度重视，多次作出重要指示批示，要求严厉打击“沙霸”及其背后“保护伞”，其他中央领导同志也多次提出明确要求。整治非法采砂作为深化重点行业领域整治的重要内容，已纳入中央扫黑除恶常态化工作部署。各地要切实提高政治站位，坚持以习近平新时代中国特色社会主义思想为指导，全面贯彻落实党的十九大和十九届二中、三中、四中、五中全会精神，深入学习贯彻习近平总书记重要指示批示精神，坚决落实党中央、国务院决策部署，立足新发展阶段、贯彻新发展理念、构建新发展格局，推动高质量发展，统筹发展和安全，正确处理保护与开发的关系，充分认识开展河道非法采砂专项整治的重要意义，以更高站位、更实举措、更严作风抓紧抓好。

二、准确把握专项整治行动的总体要求

自2021年9月1日起，集中一年时间，对全国有采砂管理任务的河湖，持续深入开展非法采砂专项整治（以下简称专项整治）。专项整治坚持以打击为先、以防控为基、以监管为重、以立制为本、以明责为要，对非法采砂坚决重拳出击，严厉打击“沙霸”及其背后“保护伞”，坚决打赢河道非法采砂整治攻坚战。加大对重点河段、水域、人员、船舶管控力度，全面遏制非法采砂反弹势头，推动河道采砂领域涉黑涉恶现象得到有效治理、河道采砂秩序持续向好、采砂管理机制进一步完善、河湖面貌不断改善、人民群众满意度持续提升。

三、多措并举，协调联动，严厉打击非法采砂行为

各地由省级水行政主管部门组织，以县为单元综合运用拉网式排查、不间断暗访、常态化巡查等方式，及时发现非法采砂问题。按照自查自纠、边查边改的要求，对未经批准擅自采砂，在禁采区、禁采期采砂，以及超范围、超深度、超期限、超许可量等未按许可要求采砂的各类非法采砂行为，坚持露头就打，发现一起、整治一起。对在禁采区、禁采期非法采砂的一律从严处罚。加强行政执法与刑事司法衔接，配合司法机关打击非法采砂犯罪行为，对涉砂有关涉黑涉恶线索及时向公安机关移送。积极配合政法、纪检监察等部门，彻查非法采砂案件涉及的利益链条、深挖背后“保护伞”。针对非法采砂船舶突出问题，地方各级水行政主管部门应提请河长湖长组织开展采砂船舶综合治理，严厉打击无证采砂或未按许可要求采砂的船舶；严查证件不齐、船证不符的采砂船，尤其是无船名船号、船舶证书、船籍港的“三无”采砂船；严禁对船舶非法改装以及建造伪装、隐藏采砂设备的采砂船。对查获的“三无”和“隐形”采砂船依法予以拆解。

四、严格规划、许可、监管、执法各环节管理，规范河道采砂秩序

目前，大江大河河道采砂规划已全部批复实施，其他有采砂管理任务的河道采砂规划已基本完成，未完成采砂规划编制的地区应加快完成相关工作。各地要以采砂规划为依据开展河道采砂许可。对于采砂规划不到位、现场管理责任人不到位、日常监管措施不到位，无可采区实施方案、堆砂场设置方案及河道修复方案的，不得开采。要加强许可采砂现场监管，建立进出场计重、监控、登记等制度，坚决防止违规开采。开采完成后应及时平整修复河道，并按照规划、许可要求组织验收。加大日常巡查力度，对于问题多发区域和重要时间节点增加巡查频次。加强对河道支流非法采砂、隐蔽型非法采砂等动向的发现和打击能力，紧盯“采、运、销”关键环节和“采砂业主、采砂船舶（机具）、堆砂场”关键要素，强化全链条监管。加大行政执法力度，落实水行政执法“三项制度”，把好事实关、证据关、程序关和法律适用关，严格规范公正文明执法。充分运用大数据、云计算、卫星遥感、视频监控、无人机航拍航测等先进科技手段，提升信息化智能化监管水平。

五、坚持疏堵结合，联防联控，建立河道采砂管理长效机制

各地要严格落实河道采砂管理责任制，明确河道采砂管理河长、水行政主管部门、现场监管和行政执法责任人并向社会公布，接受社会监督，将河道采砂管理纳入河湖长制考核体系。建立健全河长湖长统一领导、水利部门牵头、有关部门各司其职、社会各界共同参与的河道采砂管理联动机制。完善与政法、纪检监察等部门的信息共享、线索移交、联合执法长效机制。加强区域联防联控，统筹上下游、干支流、左右岸，确保边界、跨行政区域河（湖）段（片）执法监管不缺位。要深刻认识近年来河道来沙量及河砂供给占比逐年下降现状，坚持疏堵结合，统筹砂石供给，综合考虑区域砂石资源禀赋，推进集约化、规模化统一开采管理，将河砂开采与河道治理、水库清淤相结合，依法合规综合利用河道疏浚砂、水库淤积砂。同时，积极配合有关部门，大力推广使用机制砂，缓解建设用砂供需矛盾。

六、精心组织，压实责任，确保专项整治行动取得实效

本次专项整治行动由中央统筹、省负总责、市县抓落实。各地要充分发挥河长湖长牵头抓总和组织协调作用，地方各级河湖长制工作办公室、水行政主管部门要协助河长湖长抓好任务分工和责任落实。加强部门协调联动，必要时集中抽调专门力量，组织开展联合执法和监督检查，实现打击非法采砂与打击“沙霸”及其背后“保护伞”工作有机衔接。流域管理机构直管河道打击非法采砂纳入属地管理范围，协同开展专项整治。流域管理机构应不定期对本流域河湖开展暗访检查，加强指导协调。水利部适时组织对问题多发区域、河段进行抽查，重大问题挂牌督办。结合河湖长制考核，对整治工作推进不力、排查整改走过场、采砂秩序混乱的地区，提请有关部门予以追责问责。

长江河道采砂综合整治按照水利部、公安部、交通运输部、工业和信息化部、市场监管总局等五部门相关文件要求执行。

请各省级水行政主管部门、各流域管理机构自2021年11月起，逢单月10日前通过河长制管理信息系统平台非法采砂整治专报模块填报有关数据（样表见附件）；2022年1月15日前，将专项整治行动阶段性总结报水利部；2022年9月15日前，将专项整治行动总结材料报水利部。

水利部办公厅

2021年8月16日

水利部河长办关于建立完善流域河湖长制协作机制的通知（2021 年 3 月 2 日　水利部河长办 2021 年第 78 号）

各流域管理机构，各省、自治区、直辖市河长制办公室：

根据中央巡视组巡视反馈意见和整改要求，进一步加强流域统筹区域协同部门联动，深入推动落实河湖长制改革任务，现就建立完善流域河湖长制协作机制通知如下：

一、充分认识建立流域河湖长制协作机制的重要性

我国河湖面广量大，纵横交错于不同行政区域，由于区域间协同联动机制不完善，地域界限形成的上下游、左右岸、干支流分头管理问题突出，严重制约河湖生态保护和流域高质量发展。必须以河湖长制为抓手，加快建立完善流域河湖长协作机制，搭建议事协调平台，推动流域与区域、区域与区域之间的协作配合，有效破解跨界河湖管理保护难题，凝聚形成流域统筹、区域协同、部门联动的河湖管理保护格局。

二、建立完善“流域管理机构＋省级河长制办公室”协作机制

各流域管理机构商流域内各省级河长制办公室，立足“务实、高效、管用”原则，研究建立“流域管理机构＋省级河长制办公室”协作机制，在该协作机制下建立联席会议、信息共享、联合会商、联合执法、联合巡查等工作机制，强化流域统筹和区域协调联动，形成聚合效应。已经建立“流域管理机构＋省级河长制办公室”协作机制的流域，要在评估现有机制实施成效的基础上，进一步深化协作机制内涵，进一步丰富拓展协作领域空间，凝聚流域区域部门治水管水合力，形成流域内河湖管理保护目标统一、任务协同、措施衔接、行动同步的联防联治格局。

请各流域管理机构 2021 年 4 月 15 日前，将“流域管理机构＋省级河长制办公室”协作机制建立方案报我办备案；8 月 31 日前，各流域全面建立“流域管理机构＋省级河长制办公室”机制，请各流域管理机构将协作机制建立的有关情况报我办。已经建立相应协作机制的流域，请流域管理机构 4 月 15 日前将建立情况一并报我办。

三、探索建立流域内省级河长联席会议机制

建立省级河长联席会议机制，在更高层级、更广范畴协调解决跨界河湖管理保护中的重大问题，对推动形成流域统筹、区域协同、部门联动的河湖管理保护格局作用显著。各流域管理机构要会同各省级河长制办公室，就建立流域内省级河长联席会议机制开展专题研究，结合本流域河湖管理实际，提出联席会议机制建立方式、联席会议成员组成、联席会议职责任务、联席会议工作规则、联席会议召集人产生方式、联席会议办公室设立等。请各流域机构于 2021 年 8 月 31 日前将专题研究成果报我办。

水利部河长办

2021 年 3 月 2 日

水利部河长办关于加强河湖长体系动态管理工作的通知（2021 年 5 月 17 日　水利部河长办 2021 年第 81 号）

各省、自治区、直辖市河长制办公室，新疆生产建设兵团河长制办公室：

为深入贯彻落实党中央、国务院关于全面推行河湖长制的重大决策部署，按照胡春华副总理在全面推行河湖长制工作部际联席会议暨加强河湖管理保护电视电话会议上的讲话要求，进一步巩固各级河湖长体系，进一步压实河湖长责任链条，自觉接受社会公众和舆论监督，现就加强河湖长体系动态管理工作通知如下。

一、充分认识加强河湖长体系动态管理的重要性

河湖长是河湖管理保护责任体系的重要组成部分，是全面推动河湖长制落地见效的关键力量。监督检查发现，有的地方河湖长因人事变动未及时调整，甚至长期空缺，河湖管理保护责任出现“真空”；有的地方河湖长调整后公示信息长期未变更，影响社会监督效率，对河湖长制舆论导向造成不利影响。对此，各地河长办要充分认识建立完善河湖长制责任体系的极端重要性，高度重视河湖长体系管理工作，建立健全河湖长动态调整机制，加强河湖长体系动态管理，做到河湖长体系完整准确、公开透明，推动河湖长制从“有名有责”到“有能有效”。

二、建立健全河湖长动态调整机制

各级河长办要把河湖长体系动态管理摆在完善河湖长制责任体系的突出位置抓实抓细，建立健全河湖长体系动态调整机制，明确河湖长调整时限、调整方式、调整程序、信息变更、名单公告等，确保不因领导干部调整而出现河湖长责任“真空”。

三、开展河湖长体系梳理与调整完善工作

各级河长办要对标对表习近平总书记“每条河

流要有‘河长’了”的重要指示，以问题为导向，抓紧组织对本行政区域内现有河湖长名录进行集中梳理，河（段）湖（片）存在河湖长空缺的，要及时提请补齐完善；担任河湖长的各级领导干部因工作变动，河湖长未调整的，要及时提请调整到位；担任河湖长的领导干部职位空缺的，按照领导干部职责递补规则，要及时提请明确代行河湖长职责的负责人。今年是地方党委、政府换届年，各级河长办要根据担任河湖长的领导干部变化情况，认真做好河湖长调整相关工作。

四、做好河湖长信息公告工作

公开河湖长准确信息是引导社会公众和舆论监督的有效举措。各级河长办要按照分级原则，提请在本级政府门户网站显著位置公告河湖长名单，河湖长调整后及时变更公告信息，确保河湖长信息准确、长期可查。省级人民政府门户网站公告省级河湖长名单；市级人民政府门户网站公告市级河湖长名单；县级人民政府门户网站公告县、乡级河湖长名单，有条件的也要公告村级河湖长名单。公告内容应包括河湖长姓名、担任职务、责任河湖名称和范围、联系电话等。

五、有关要求

各省级河长办要加强组织协调，在做好本级河湖长体系动态管理工作的同时，加强对市、县河长办做好上述工作的指导督促，2021 年 6 月底前完成河湖长体系集中梳理与调整完善工作，省、市、县级人民政府门户网站向社会公告同级河湖长名单，同步更新河湖长公示牌、河湖长制管理信息系统相关信息。水利部河长办将持续跟踪各地工作进展情况。

水利部河长办

2021 年 5 月 17 日

水利部河长办关于印发河长制办公室工作规则（试行）的通知（2021 年 7 月 1 日 水利部河长办第 85 号）

各省、自治区、直辖市河长制办公室，新疆生产建设兵团河长制办公室：

为深入贯彻落实中共中央办公厅　国务院办公厅《关于全面推行河长制的意见》《关于在湖泊实施湖长制的指导意见》，更好发挥各级河长制办公室组织、协调、分办、督办作用，我办制定了《河长制办公室工作规则（试行）》，现印发给你们，请结合本地实际贯彻落实。

河长制办公室工作规则（试行）

第一章　总　　则

第一条　为深入落实中共中央办公厅、国务院办公厅《关于全面推行河长制的意见》《关于在湖泊实施湖长制的指导意见》（以下简称《意见》《指导意见》）精神，进一步规范河长制办公室履职行为，强化履职效能，依据《河长湖长履职规范（试行）》等，制定本规则。

第二条　本规则适用于省、市、县级河长制办公室，各地因地制宜设立的乡级河长制办公室参照执行。

第三条　本规则严格遵循《意见》《指导意见》的规定，立足于不打破现行管理体制、不改变部门（单位）职责分工、不替代部门（单位）“三定”职责，细化河长制办公室的具体职责，因地制宜规定河长制办公室的履职方式。

第四条　各级河长制办公室要严格按照《意见》《指导意见》有关要求，依法依规履行工作职责，结合实际创新工作方式，发挥好河长湖长的参谋助手和区域部门协调配合的纽带作用。

第五条　本规则为指导性文件，各地可结合实际进一步细化实化，增强实践性和指导性，促进河长制办公室履行职责。

第二章　主要职责

第六条　河长制办公室主要职责是承担河湖长制组织实施的具体工作，履行组织、协调、分办、督办职责，落实总河长、河长湖长确定的事项，当好总河长、河长湖长的参谋助手。

第三章　主要任务

第七条　制订河湖长制法规文件、工作制度、工作计划（要点）；组织建设“一河（湖）一档”、编制“一河（湖）一策”方案；落实上级有关部门（单位）交办事项和本级总河长、河长湖长确定的事项，处理公众投诉举报；组织或配合有关部门（单位）开展河湖治理保护专项行动，督促做好问题整改落实；承担河湖长制任务落实情况的检查、考核和信息通报工作；组织开展河湖长制宣传活动，指导河湖保护公益志愿活动；组织开展河湖长制培训活动，建立河湖长制信息发布平台；推动建立河湖长制相关工作机制，协调有关部门（单位）落实河湖长制各项任务；分办上级安排部署的任务和总河长、河长湖长研究确定的事项，并做好督办工作；

做好河长湖长体系动态管理；完成上级或本级总河长、河长湖长交办的任务。

第四章　履职方式

第一节　组织做好日常工作

第八条　制订河湖长制年度工作计划（要点），提出目标任务和部门（单位）分工建议，经征求河湖长制成员单位意见，按程序提请审议通过后印发实施。

第九条　组织开展河湖长制工作总结，起草本级党委、政府河湖长制年度工作总结报告。

第十条　做好河长湖长体系动态管理。河长湖长工作岗位调整后，按有关程序及时变更河长湖长，并向社会公告，变更河长湖长公示牌信息。县级河长制办公室要指导督促做好乡级、村级河长湖长调整相关事宜。

第十一条　协助总河长、河长湖长开展巡河（湖）调研活动，事前组织开展明察暗访，摸清河湖存在的突出问题，征询有关地方需要协调解决的重大问题，收集基层干部职工和群众意见。

第十二条　结合实际推动设立民间河长、巡（护）河员岗位；指导开展河湖保护公益志愿活动；协调新闻媒体加强河湖长制宣传报道。

第十三条　开展业务培训。制订年度培训计划，举办河长湖长、河长制工作人员、河湖管护人员培训活动。

第十四条　畅通问题举报反映渠道，加强舆情监测监控，及时掌握河湖管理和保护中的各类问题。

第二节　加强制度建设

第十五条　组织提出河湖长制立法草案或将河湖长制纳入地方性法规、政府规章条文建议，提出河湖管理和保护重大政策措施建议。

第十六条　组织制订河湖长制工作制度，一般包括：河长湖长会议制度、河长湖长巡查制度、信息共享制度、信息报送制度、工作督察制度、考核激励与问责制度、河长湖长述职制度、河长湖长工作交接制度、举报投诉处理制度、问题交办分办督办制度等，经征求有关方面意见后，按程序提请审议后印发实施。

第三节　加强工作协调

第十七条　建立“河长湖长＋部门”的对口联动机制。提出配合河长湖长履行职责的联系部门（单位）建议，经征求相关方面意见后，按程序提请审议通过后实施。

第十八条　建立“河长湖长＋警长”“河长湖长＋检察长”工作机制，强化行政执法与刑事司法相衔接。

第十九条　建立“河长制办公室＋部门”协作机制，加强与部门（单位）沟通协调，强化分办、督办，推动形成河长湖长牵头、河长制办公室统筹、部门（单位）各司其职、分工负责、密切协作的工作格局。

第二十条　建立河湖长制组成部门联络员制度，不定期召开联络员会议，调度河湖长制重点工作，协调解决河湖长制推进中的问题。

第二十一条　推动建立跨行政区域河湖联防联控机制。积极与河湖上下游、左右岸、干支流、出入湖河流地区河长制办公室沟通协调，推动建立联合共治机制，统一管理目标任务和治理标准，共享河湖管理和保护信息，联合开展执法监督活动，着力实现流域区域联防联治。

第四节　分解落实任务

第二十二条　根据部门（单位）“三定”职责，细化分解《意见》《指导意见》明确的水资源保护、水域岸线管理保护、水污染防治、水环境治理、水生态修复、执法监管等任务，提出部门（单位）任务分工建议方案，按程序提请总河长审定后实施。

第二十三条　本级总河长、河长湖长确定的事项，及时分解落实到有关部门（单位），并跟踪进展成效，做到件件有落实、事事有回应。

第二十四条　有关方面交办、转办以及组织排查发现的河湖问题，进行分类汇总，建立问题台账。涉及政策且带有普遍性的重大问题，提请本级总河长主持研究整治意见；属于个体性的重大问题，提请相应河湖的本级河长湖长主持研究整治意见；属于一般性问题，转交相关部门（单位）处理。对于跨行政区域的河湖问题，提交上一级河长制办公室协调解决。

第五节　加强检查督办

第二十五条　加强监督检查。建立完善河湖长制监督检查制度，采取联合检查与专项检查相衔接、明察与暗访相结合的方式，组织开展常态化的监督检查活动，重点检查河湖存在的问题和下级河长湖长及有关部门（单位）履行职责情况等，发现问题及时交办，要求限时整改，重大问题要挂牌督办。

第二十六条 督促问题整改。针对分解落实到本级有关部门（单位）负责整改的问题，督促制定整改方案，强化整改措施，确保整改落实到位；针对监督检查发现并交办下级河长湖长、有关部门（单位）整改的问题，提出整改目标、时限要求，跟踪整改进展成效，严格销号管理。

第二十七条 加强情况通报。对本级总河长、河长湖长确定的事项落实情况、重大专项行动进展成效、重要河湖健康状况等进行通报，对监督检查发现的重大问题进行曝光。

第二十八条 强化约谈提醒。对于监督检查发现下级河长制办公室、有关部门（单位）履行职责不到位的、河湖问题突出的、问题整改进展缓慢或虚假整改的，会同本级有关部门（单位）约谈下级河长制办公室、有关部门（单位）负责人。对于监督检查发现下级河长湖长履行职责不及时、不到位的，及时发送提醒函，督促履职尽责。

第二十九条 严肃追责问责。针对河湖突出问题，依照管辖权限督促有关部门（单位）追究违法违规单位和个人的责任；对失职失责的相关责任人，提请有管辖权的组织严肃问责。

第六节 加强管理基础

第三十条 组织建设“一河（湖）一档”。结合有关部门（单位）开展河湖基础信息调查和水质水量水环境等动态信息监测，建立河湖档案。

第三十一条 组织编制“一河（湖）一策”方案，征求有关方面意见并组织专家审查，报本级相关河长湖长审定后印发实施。

第三十二条 组织开展河湖健康评价，评估河湖健康状况，为河长湖长履行职责提供决策支持，为修订完善“一河（湖）一策”方案提供依据。

第三十三条 组织建设河湖长制管理信息系统，建设河湖“一张图”，推进河湖管理保护信息化、智慧化。

第七节 严格绩效考核

第三十四条 做好河湖长制考核。根据本地河湖长制绩效考核制度，细化量化考核指标，按照日常考核与年度考核相结合，承担对本级河长制组成部门（单位）、下一级地方落实河湖长制情况以及下一级河长湖长履职情况进行考核。

第三十五条 强化考核结果应用。考核结果及应用建议按程序提请审定后，交本级党委、政府考核办公室和组织部门。

农业农村部关于调整海洋伏季休渔制度的通告（农业农村部通告〔2021〕1号）

为进一步加强海洋渔业资源保护，促进生态文明和美丽中国建设，根据《中华人民共和国渔业法》有关规定和国务院印发的《中国水生生物资源养护行动纲要》有关要求，本着“总体稳定、局部统一、减少矛盾、便于管理”的原则，决定对海洋伏季休渔制度进行调整完善。现将调整后的海洋伏季休渔制度通告如下。

一、休渔海域

渤海、黄海、东海及北纬12度以北的南海（含北部湾）海域。

二、休渔作业类型

除钓具外的所有作业类型，以及为捕捞渔船配套服务的捕捞辅助船。

三、休渔时间

（一）北纬35度以北的渤海和黄海海域为5月1日12时至9月1日12时。

（二）北纬35度至26度30分之间的黄海和东海海域为5月1日12时至9月16日12时；桁杆拖虾、笼壶类、刺网和灯光围（敷）网休渔时间为5月1日12时至8月1日12时。

（三）北纬26度30分至北纬12度的东海和南海海域为5月1日12时至8月16日12时。

（四）小型张网渔船从5月1日12时起休渔，时间不少于三个月，休渔结束时间由沿海各省、自治区、直辖市渔业主管部门确定，报农业农村部备案。

（五）特殊经济品种可执行专项捕捞许可制度，具体品种、作业时间、作业类型、作业海域由沿海各省、自治区、直辖市渔业主管部门报农业农村部批准后执行。

（六）捕捞辅助船原则上执行所在海域的最长休渔时间规定，确需在最长休渔时间结束前为一些对资源破坏程度小的作业方式渔船提供配套服务的，由沿海各省、自治区、直辖市渔业主管部门制定配套管理方案报农业农村部批准后执行。

（七）钓具渔船应当严格执行渔船进出港报告制度，严禁违反捕捞许可证关于作业类型、场所、时限和渔具数量的规定进行捕捞，实行渔获物定点上岸制度，建立上岸渔获物监督检查机制。

（八）休渔渔船原则上应当回所属船籍港休渔，因特殊情况确实不能回船籍港休渔的，须经船籍港所在地省级渔业主管部门确认，统一安排在本省、自治区、直辖市范围内船籍港临近码头

停靠。确因本省渔港容量限制、无法容纳休渔渔船的，由该省渔业主管部门与相关省级渔业主管部门协商安排。

（九）根据《渔业捕捞许可管理规定》，禁止渔船跨海区界限作业。

（十）沿海各省、自治区、直辖市渔业主管部门可以根据本地实际，在国家规定基础上制定更加严格的资源保护措施。

四、实施时间

上述调整后的伏季休渔规定，自本通告公布之日起施行，《农业部关于调整海洋伏季休渔制度的通告》（农业部通告〔2018〕1号）相应废止。

农业农村部

2021年2月22日

农业农村部关于发布长江流域重点水域禁用渔具名录的通告（农业农村部通告〔2021〕4号）

为落实习近平生态文明思想，加强长江水生生物资源保护，推进水域生态修复，依法严惩非法捕捞等危害水生生物资源和生态环境的各类违法犯罪行为，切实保障长江禁捕工作顺利实施，根据《中华人民共和国渔业法》《中华人民共和国长江保护法》等法律规定，我部决定发布长江流域重点水域禁用渔具名录。现通告如下。

一、本通告所指长江流域重点水域范围包括《农业农村部关于长江流域重点水域禁捕范围和时间的通告》《农业农村部关于设立长江口禁捕管理区的通告》规定的禁捕水域范围，及各省（直辖市）依据上述通告确定的本辖区禁捕水域范围。

二、长江流域重点水域各省（直辖市）渔业行政主管部门，可在本通告禁用渔具名录的基础上，根据本地区水生生物资源保护和渔政执法监管工作实际，补充制定适合本地实际管理需要的禁用渔具名录并报我部备案。

三、因教学、科研等确需使用名录中禁用渔具进行捕捞，需按照有关要求组织专家进行充分论证，严格控制范围、规模、渔获物品种及数量，申请专项（特许）渔业捕捞许可证并明确上述内容。

四、本通告自2021年12月1日起施行。原《农业部关于长江干流禁止使用单船拖网等十四种渔具的通告（试行）》（农业部通告〔2017〕2号）同时废止。

附件：长江流域重点水域禁用渔具名录

农业农村部

2021年10月11日

附件

长江流域重点水域禁用渔具名录

序号	渔具类别	序号	渔具名称	结构说明和作业方式（型和式）	危害性说明
1	刺网	1	单片刺网（网目内径尺寸小于60mm）	主体由单片网衣和上、下纲构成	捕捞强度大，对渔业资源破坏严重。阻挡鱼类洄游，影响河道通航。渔具丢弃、抛弃和遗失的数量多，容易造成“幽灵”捕捞
		2	双重刺网	由两片网目尺寸不同的重合网衣和上、下纲构成	
		3	三重及以上刺网	由两片大网目网衣中间夹一片或多片小网目网衣和上、下纲构成	
		4	框格刺网（网目内径尺寸小于60mm）	由被细绳分隔成若干框架的网衣和上、下纲构成	
		5	无下纲刺网（网目内径尺寸小于60mm）	下缘部装纲索，由单片网衣和上纲构成	
		6	混合刺网（网目内径尺寸小于60mm）	具有两种“型”以上性质的渔具	

续表

序号	渔具类别	序号	渔具名称	结构说明和作业方式（型和式）	危害性说明
2	围网	7	单船围网	用一艘渔船作业	捕捞强度大，对渔业资源影响大，尤其对幼鱼资源破坏严重
		8	双船围网	用两艘渔船作业	
		9	多船围网	用两艘以上的渔船作业	
3	拖网	10	单船拖网	用一艘渔船作业	对捕捞对象的选择性差，捕捞强度大，对渔业资源破坏严重。破坏底栖生态环境
		11	双船拖网	用两艘渔船作业	
		12	多船拖网	用两艘以上的渔船作业	
4	地拉网	13	船布地拉网（网目内径尺寸小于 30mm）	用船布设在岸边水域中，在岸上作业	网目尺寸小，对捕捞对象的选择性差，对幼鱼资源破坏严重
5	张网	14	单片张网（网目内径尺寸小于 50mm）	主体由单片网衣和上、下纲构成，用两门（个）以上的锚（桩）定置在水域中作业	网目尺寸小，对捕捞对象的选择性差，对幼鱼资源破坏严重
		15	桁杆张网（网目内径尺寸小于 50mm）	由桁杆或桁架和网身、网囊（兜）构成	
		16	框架张网（网目内径尺寸小于 50mm）	由框架、网身和网囊构成	
		17	竖杆张网（网目内径尺寸小于 50mm）	由竖杆、网身和网囊构成	
		18	张纲张网（网目内径尺寸小于 50mm）	由扩张网口的纲索和网身、网囊构成	
		19	有翼单囊张网（网目内径尺寸小于 50mm）	由网翼（袖）、网身和一个网囊构成	
6	敷网	20	拦河撑架敷网（网目内径尺寸小于 30mm）	由支架或支持索和矩形网衣等构成，敷设在河道上作业	网目尺寸小，对捕捞对象的选择性差，对幼鱼资源破坏严重。横贯河道拦河作业，阻挡鱼类洄游，影响河道通航
		21	船敷敷网（网目内径尺寸小于 30mm）	由网衣组成簸箕状的网具，或由支架或支持索和矩形网衣等构成，将渔具敷设在船边水域中，在船上进行作业	网目尺寸小，对捕捞对象的选择性差，对幼鱼资源破坏严重
7	陷阱	22	插网陷阱	由带形网衣和插杆构成	对捕捞对象的选择性差，对渔业资源破坏严重。阻挡鱼类洄游，影响河道通航
		23	建网陷阱	由网墙、网圈和取鱼部等构成	
		24	箔筌陷阱	由箔帘（栅）和篓构成	

序号	渔具类别	序号	渔具名称	结构说明和 作业方式（型和式）	危害性说明
8	钓具	25	定置延绳真饵单钩钓具	具有真饵和单钩，为延绳结构，定置在水域中作业	渔具敷设范围广，捕捞强度相对较大
		26	漂流延绳真饵单钩钓具	具有真饵和单钩，为延绳结构，随水流漂流作业	
		27	拟饵复钩钓具 （钓钩数7个及以上）	具有拟饵和复钩（为一轴多钩或由多枚单钩组合成的钓钩结构）	捕捞强度大，钓获效率高，对渔业资源保护造成不利影响
		28	真饵复钩钓具 （钓钩数7个及以上）	具有真饵和复钩（为一轴多钩或由多枚单钩组合成的钓钩结构）	
9	耙刺	29	拖曳齿耙耙刺	由耙架装齿、钩或另附容器构成，以拖曳方式作业	捕捞强度大，严重破坏底栖生物资源和底栖生态环境
		30	拖曳泵吸耙刺	将捕捞对象以抽吸的方式经管道输送至船上，以拖曳方式作业	
		31	定置延绳滚钩耙刺	由干线直接连接或干线上若干支线连结锐钩构成，为延绳结构，定置在水域中的方式作业	破坏渔业资源。对长江江豚等保护动物威胁较大，对渔业资源保护造成不利影响
		32	钩刺耙刺 （仅限锚鱼、武斗竿）	主动收竿使钩刺入捕捞对象的身体将其捕获，用钩或刺的方式作业	
		33	投射箭铦耙刺	由绳索连接箭形尖刺或者带有倒刺的尖刺构成，以投射的方式作业	对长江江豚等保护动物威胁大。存在安全使用隐患
		34	投射叉刺耙刺	由柄和叉构成，以投射的方式作业	
10	笼壶	35	定置（串联）倒须笼壶 （网目内径尺寸小于30mm）	由若干规格相同的刚性框架和网衣构成，连成一体构成笼具，相邻框架间有倒须网口结构，定置于水域中作业	网目尺寸小，对捕捞对象的选择性差，对幼鱼资源破坏严重
		36	定置延绳倒须笼壶 （网目内径尺寸小于30mm）	其入口有倒须装置的笼形渔具，为延绳结构，定置于水域中作业	

长江禁捕退捕工作专班关于印发《长江十年禁渔工作“三年强基础”重点任务实施方案》的通知（农长禁捕专〔2021〕33号）

上海、江苏、浙江、安徽、江西、河南、湖北、湖南、重庆、四川、贵州、云南、陕西、甘肃、青海省（直辖市）长江禁捕退捕工作领导小组办公室：

为贯彻落实党中央、国务院关于长江十年禁渔重要决策部署，切实做好长江水生生物多样性保护工作，长江禁捕退捕工作专班制定了《长江十年禁渔工作“三年强基础”重点任务实施方案》，已经农业农村部2021年第15次常务会审议通过。现印发给你们，请结合工作实际抓好贯彻落实。

长江禁捕退捕工作专班（代章）

2021年12月2日

长江十年禁渔工作“三年强基础”重点任务实施方案

长江十年禁渔是党中央、国务院为全局计、为子孙谋的重大决策部署，是落实习近平生态文明思想、保障长江经济带高质量发展、保护长江水生生物多样性的历史性、标志性、示范性工程，习近平总书记多次作出重要指示批示，亲自部署、亲自推动。为深入贯彻习近平总书记重要指示批示精神，全面落实党中央、国务院既定决策部署，根据农业农村部党组“一年起好步、管得住，三年强基础、顶得住，十年练内功、稳得住”的总体思路，针对“三年强基础、顶得住”的中期目标任务，围绕“强什么、如何强”制定如下实施方案。

一、总体要求

（一）指导思想。以习近平新时代中国特色社会主义思想为指导，全面贯彻党的十九大和十九届二中、三中、四中、五中、六中全会精神，认真落实党中央、国务院决策部署，统筹推进“五位一体”总体布局，牢固树立尊重自然、顺应自然、保护自然的理念，按照“中央统筹、部门协同、省负总责、市县抓落实”的工作机制，全面加强长江十年禁渔和水生生物保护工作。

（二）工作目标。通过健全跨部门、跨区域执法长效协作机制和运行保障体系，构建中央统一领导、地方分级负责，权责明确、运行通畅、管理有效、全面覆盖、无缝衔接的管理格局。通过加强渔政执法能力建设，长江流域重点水域县级以上地方人民政府渔政执法“六有”目标基本实现，执法监管能力显著提升，“禁渔令”持续得到有效落实。通过巩固退捕渔民安置保障，加强宣传教育和公众参与，社会公众保护意识明显增强，禁渔群众基础更加稳固。通过推动落实珍稀濒危物种拯救行动计划，开展栖息地生境修复，生物多样性下降趋势基本遏制，水生生物完整性指数逐步提高。通过补短板、强弱项、提能力、严执法，到 2023 年，基本夯实政策、管理、能力、社会和保护基础，为高质量完成长江十年禁渔总体目标任务提供支撑和保障。

二、重点任务

（一）完善顶层设计，筑牢政策基础

1. 加强法律法规支撑。根据《中华人民共和国长江保护法》中关于长江禁捕和水生生物保护各项规定，推动落实相关管理要求。加快推进《中华人民共和国渔业法》修订工作，为打击非法捕捞、规范管理休闲垂钓等提供上位法依据。制订《长江水生生物保护管理规定》，对长江十年禁渔和水生生物保护的相关管理要求和执法依据进行细化和强化。

2. 完善长效政策措施。推动出台关于全面做好长江十年禁渔工作的政策文件，从持续做好退捕渔民就业帮扶、落实养老保险、实施困难群体救助、提升渔政执法能力、强化执法监管、加强水生生物保护等方面，压紧压实地方政府属地责任，落实落细渔民保障政策措施，健全建强禁捕执法监管体系。印发《长江生物多样性保护实施方案（2021—2025年）》，有效提升长江十年禁渔和水生生物多样性保护能力。

（二）加强执法监管，筑牢管理基础

3. 深入开展专项整治。大力推进为期 3 年的打击非法捕捞、打击市场销售非法捕捞渔获物、长江口三方面的专项整治行动。加强重点水域、重点时段巡查执法，定期开展“四清四无”执法检查。严厉打击各类违法捕捞行为，严肃查处非法捕捞渔获物和禁用渔具销售，增强对有组织、成规模、链条化非法“捕运销”犯罪团伙的惩治力度，保持高压严管态势。强化对重点违法行为人的失信联合惩戒，通报典型案例，形成有力震慑。加强重点区域挂牌整治、重点案件挂牌督办力度，强化执法监督。

4. 健全完善执法协作。以长江渔政特编执法船队和部省共建共管渔政执法基地为抓手，建立健全横向到边、纵向到底的跨部门、跨区域执法协作长效机制。联合交通运输主管部门开展涉渔“三无”船舶（特别是大马力快艇）和交通船舶集中清理整顿行动。进一步完善渔政与公安、市场监管等部门之间的信息通报、资源共享、案件移交等工作机制和“从水面到餐桌、从岸上到网上”全过程、全方位的联合执法协作常态模式，形成水上打、岸上管、市场查的执法闭环长效机制。

5. 落实网格化管理要求。根据《农业农村部 水利部关于建立完善长江流域禁捕水域网格化管理体系的通知》有关要求，充分发挥河（湖）长制平台作用，督促指导各地落实网格化管理措施，明确网格权责清单。推动省、市、县层层落实管理责任，明确具体管理措施。充分发挥镇村基层组织、维稳综治力量、社会公益组织的作用，建立健全基层基础环节包村联户和重点水域网格责任到人等管理措施。

6. 加强涉渔行为管理。印发禁用渔具渔法目录通告、天然水域垂钓管理通告，督促指导各地出台地方具体管理办法，细化渔具执法依据，加强渔具渔法监管，规范天然水域垂钓管理。对禁捕水域因科研监测、水产种质改良、外来物种控制、水生态系统修复、发展大水面生态增殖渔业等需要的专项（特许）捕捞行为和增殖放流行为进行规范管理。

（三）建强队伍装备，夯实能力基础

7. 加强执法队伍建设。根据中共中央办公厅、国务院办公厅《关于深化农业综合行政执法改革的指导意见》，推动长江流域渔业执法任务较重、已经设有渔政执法队伍的地方，继续保持相对独立设置；已纳入农业综合执法的地方，加挂渔政执法机构牌子，保障渔政专业执法力量和执法人员服装，加强业务能力培训和专业知识考核，进一步提升渔政队

伍的专业化、正规化水平。落实《渔政执法工作规范（暂行）》，推动沿江各地加快渔政执法队伍建设，确保执法机构、人员及能力素质与禁捕执法监管任务相适应。推动落实一线执法人员值勤津补贴制度和人身保险制度，保障执法人员合法权益。

8. 强化执法装备建设。根据《长江生物多样性保护实施方案（2021—2025年）》，建设部署一批渔政执法船艇、趸船等装备设施，补齐渔政执法监管能力短板；推动相关地方参照长江禁捕退捕工作专班《关于加强长江流域“一江两湖七河”渔政执法能力建设的指导意见》，加快禁捕执法装备建设，强化一线渔政执法力量。启动实施“亮江工程”，建设长江水生生物保护管理与渔政执法远程监控指挥调度系统，推动无人机、雷达、视频监控等执法信息资源有机整合、高效联动，提升执法监管的信息化、智能化水平，实现重点水域全方位、全时段有效覆盖。

9. 配强协助巡护队伍。持续推进各地吸收退捕渔民、志愿者等组建规模适宜的“护渔员”协助巡护队伍。规范招聘录用程序，建立持证上岗制度，明确工作职责，开展多种形式岗位培训，严格队伍考核管理，提升队伍素质，为禁捕执法监管力量提供有效补充。

10. 强化中央事权监管能力。加强渔政保障中心、相关保护研究中心和部省共建共管渔政执法基地建设，充分发挥长江渔政特编执法船队作用，加大联合巡航执法频度和力度，提升长江流域跨省交界水域以及水生生物重要栖息地等中央事权范围的执法监管能力。加强涉渔工程建设项目对水生生物重要栖息地影响评价管理，督促落实生态补偿措施。

（四）做好群众工作，厚植社会基础

11. 落实渔民安置保障。实施“十省百县千户”跟踪帮扶方案，定期组织沿江政府部门、科研院所、公益组织和新闻媒体进行跟踪回访，以点带面推动各地落实重点对象包村联户要求。持续做好就业帮扶、养老保障等工作，统筹解决退捕渔民上学、看病、住房、基本生活保障等难题，坚决防止渔民因退捕致贫。建立动态精准帮扶机制，培育优势特色产业、建立就业基地、挖掘爱心岗位、开展针对性技能培训。积极开展农业农村领域就业帮扶工作，持续组织开展退捕渔民就业帮扶培训“暖心行动”，将有就业能力和就业意愿的未就业退捕渔民作为高素质农民培育工作的重点对象，千方百计拓展就业渠道。持续做好退捕渔民的社会保障工作，帮助退捕渔民实现“稳得住、能致富”。

12. 鼓励群众监督举报。推动各地落实24小时应急值守和有奖举报制度，发挥热心群众、公益组织作用，鼓励社会监督、媒体监督，听取群众意见，掌握社情民意，收集涉渔违法犯罪线索，为有针对性地打击整治非法捕捞等行为提供广泛的群众支持。

13. 强化风险隐患排查。督促各地建立健全涉渔问题风险隐患排查机制，定期开展大走访大调研和风险隐患集中排查化解活动。深入重点地区、重点部位、重点场所进行监督检查，宣传禁渔政策，了解退捕渔民安置保障情况，畅通群众诉求反映渠道，守住社会稳定底线。

14. 加强公众宣传教育。健全“中央媒体＋部属媒体＋地方媒体”宣传矩阵，结合关键节点和重点任务，做好宣传工作，引导“不吃长江野生鱼”“水上不捕、市场不卖、餐馆不做、群众不吃”成为普遍共识，努力营造共抓长江水生生物保护的良好氛围。加强长江渔文化保护、传承和创新，通过展览展示、渔事体验、艺术创作等形式，推动渔文化保护与乡村振兴、科普教育、文化旅游、运动康养等协同发展。

（五）统筹相关工作，拓展保护基础

15. 全面加强水生生物保护。根据中华鲟、长江江豚、长江鲟等珍稀物种拯救行动计划，制订物种保护路线图和时间表，做好项目储备，带动水生生物资源整体性恢复和水生生物多样性显著提升。严格水生野生动物行政许可和标识管理，修订完善人工繁育国家重点保护水生野生动物名录，积极探索水生野生动物可持续保护途径。健全资源共建共享机制，统筹相关保护力量，提升珍稀濒危物种保护效益。加强专业智库建设，为水生生物保护政策措施创设提供智力支撑。

16. 强化水生生物资源调查监测。在全面完成长江流域水生生物资源与环境专项调查的基础上，推动落实中央事权范围内监测体系建设内容，建立数据汇交和共享平台，统一监测技术标准和组织实施要求，压实地方监测责任，构建统一布局、分级负责的资源监测网络体系。指导地方全面普查水生野生动物天然资源和人工保种状况，做好长江鱼类基础信息收集，探索常见种类野生鱼与养殖鱼鉴别方法，为禁捕执法提供技术支撑。

17. 开展水生生物完整性指数评价。结合长江流域水生生物资源与环境专项调查和常态化监测结果，制定长江流域水生生物完整性指数评价办法，并推动上升到行业标准和国家标准。定期发布长江流域水生生物完整性指数公报，作为长江禁捕效果评估的官方权威依据，为优化调整禁渔管理政策和资源保护措施提供科学支撑。

18. 修复水生生物栖息地。全面摸清水生生物产卵场、索饵场、越冬场和洄游通道等重要栖息地，划定并公布长江流域水生生物栖息地名录，制定保护修复方案，明确治理目标、重点任务和责任主体。加强中华鲟、长江江豚、长江鲟等珍稀物种的产卵场、索饵场、越冬场和洄游通道等关键栖息地保护修复，探索建设人工产卵场。开展满足中华鲟、四大家鱼等水生生物繁殖水温、水文需求的生态调度。建立气体过饱和等影响因子的水生生物损失模型，构建水生生物资源损害评价体系，推动按照“谁损害谁赔偿”的原则完善资源及栖息地损害补偿措施。

19. 防止外来物种入侵。结合长江流域水生生物资源与环境专项调查和常态化监测，持续开展天然水域外来物种调查监测，加强外来物种安全管理，实施物种入侵风险评估，制定预防和应急处置措施。严格水产养殖品种和养殖水域管理，未经依法批准严禁向天然水域放流外来物种、人工杂交物种。

三、组织保障

（一）巩固专班机制。继续保持部际协调机制、领导小组和工作专班的常态化运行机制，适时召开协调机制会议。相关文件以专班名义印发各地领导小组办公室和工作专班，保持日常沟通联络，加强工作调度。巩固地方党委政府负总责、农业农村部门牵头抓总、相关部门协同配合的领导小组和工作专班运行机制。

（二）强化督查激励。修改完善考核体系，持续开展年度考核。推动将长江十年禁渔纳入党风政风监督事项、地方领导干部自然资源资产离任审计、中央生态环境保护督察及长江经济带生态环境警示片现场调查拍摄重点范围，持续压实地方政府责任。落实通报约谈、挂牌督办、暗查暗访等办法，指导督促沿江各省（市）开展多形式执法行动，确保禁捕管理秩序总体平稳。强化已有政策措施落实落地情况的检查督导。按照国家有关规定推动对禁捕退捕工作中作风优良、成绩突出、表现优异的单位和个人进行表彰激励。

（三）加强资金保障。推动加大长江水生生物保护资金投入，协调落实《长江生物多样性保护实施方案（2021—2025 年）》有关投资。根据中央与地方事权和支出责任划分，合理保障渔政执法装备设施、资源调查体系运行经费，以及珍稀濒危物种拯救行动计划所需经费。推动各地加大投入力度，多渠道筹措资金，支持长江禁捕执法监管和水生生物保护工作，保障禁捕工作有序开展。

（四）凝聚保护合力。充分利用国际国内平台，开展长江禁捕和长江水生生物保护宣传和合作。利用渔业科技博览会、长江水生生物保护论坛、长江十年禁渔暨长江渔文化论坛、澜湄流域水生生物保护合作等活动载体，系统交流长江禁捕退捕相关情况，深入研讨水生生物保护修复政策措施，向国际国内讲好长江禁渔故事，分享长江流域保护治理经验。

长江水生生物保护管理规定（农业农村部令 2021 年第 5 号）

《长江水生生物保护管理规定》已于 2021 年 12 月 1 日经农业农村部第 15 次常务会议审议通过，现予发布，自 2022 年 2 月 1 日起施行。

部长　唐仁健

2021 年 12 月 21 日

长江水生生物保护管理规定

第一章　总　　则

第一条　为了加强长江流域水生生物保护和管理，维护生物多样性，保障流域生态安全，根据《中华人民共和国长江保护法》《中华人民共和国渔业法》《中华人民共和国野生动物保护法》等有关法律、行政法规，制定本规定。

第二条　长江流域水生生物及其栖息地的监测调查、保护修复、捕捞利用等活动及其监督管理，适用本规定。

本规定所称长江流域，是指由长江干流、支流和湖泊形成的集水区域所涉及的青海省、四川省、西藏自治区、云南省、重庆市、湖北省、湖南省、江西省、安徽省、江苏省、上海市，以及甘肃省、陕西省、河南省、贵州省、广西壮族自治区、广东省、浙江省、福建省的相关县级行政区域。

第三条　长江流域水生生物保护和管理应当坚持统筹协调、科学规划，实行自然恢复为主、自然恢复与人工修复相结合的系统治理。

第四条　农业农村部主管长江流域水生生物保护和管理工作。

农业农村部成立长江水生生物科学委员会，对长江水生生物保护和管理的重大政策、规划、措施等，开展专业咨询和评估论证。

长江流域县级以上地方人民政府农业农村主管部门负责本行政区域水生生物保护和管理工作。

第五条　长江流域县级以上地方人民政府农业农村主管部门应当按规定统筹使用相关生态补偿资金，加强水生生物及其栖息地的保护修复、宣传教育和科普培训。

支持单位和个人参与长江流域水生生物及其栖息地保护，鼓励对破坏水生生物资源和水域生态环境的行为进行监督举报。

第六条 对在长江水生生物保护管理工作中作出突出贡献的单位或个人，按照有关规定予以表彰和奖励。

农业农村部和长江流域省级人民政府农业农村主管部门对长江水生生物保护管理工作不力、问题突出、群众反映集中的地区，依法约谈所在地县级以上地方人民政府及其有关部门主要负责人，要求其采取措施及时整改。

第二章 监测和调查

第七条 农业农村部制定长江水生生物及其栖息地调查监测的技术标准和程序规范，健全长江流域水生生物监测网络体系，建立调查监测信息共享平台。

长江流域省级人民政府农业农村主管部门应当定期对本行政区域内的水生生物分布区域、种群数量、结构及栖息地生态状况等开展调查监测，并及时将调查监测信息报农业农村部。

第八条 农业农村部每十年组织一次长江水生野生动物及其栖息地状况普查，根据需要组织开展专项调查，建立水生野生动物资源档案，并向社会公布长江流域水生野生动物资源状况。

第九条 对中华鲟、长江鲟、长江江豚等国家一级保护水生野生动物及其栖息地的专项调查监测，由农业农村部组织实施；其他重点保护水生野生动物及其栖息地的专项调查监测，由长江流域省级人民政府农业农村主管部门组织实施。

第十条 长江流域县级以上地方人民政府农业农村主管部门会同本级人民政府有关部门定期对水生生物产卵场、索饵场、越冬场和洄游通道等重要栖息地开展生物多样性调查。

第十一条 因科研、教学、环境影响评价等需要在禁渔期、禁渔区进行捕捞的，应当制定年度捕捞计划，并按规定申请专项（特许）渔业捕捞许可证；确需使用禁用渔具渔法的，长江流域省级人民政府农业农村主管部门应当组织论证。

在禁渔期、禁渔区开展调查监测的渔获物，不得进行市场交易或抵扣费用。

第十二条 发生渔业水域污染、外来物种入侵等事件，对长江流域水生生物及其栖息地造成或可能造成严重损害的，发生地或受损地的地方人民政府农业农村主管部门应当及时开展应急调查、预警监测和评估，并按有关规定向同级人民政府或上级农业农村主管部门报告。

第十三条 农业农村部会同国务院有关部门和长江流域省级人民政府建立长江流域水生生物完整性指数评价体系，组织开展评价工作，并将结果作为评估长江流域生态系统总体状况和水生生物保护责任落实情况的重要依据。长江流域水生生物完整性指数应当与长江流域水环境质量标准相衔接。

长江流域省级人民政府农业农村主管部门应当根据长江流域水生生物完整性指数评价体系，结合实际开展水生生物完整性指数评价工作。

第三章 保护措施

第十四条 农业农村部制定长江流域珍贵、濒危水生野生动植物保护计划，对长江流域珍贵、濒危水生野生动植物实行重点保护。

鼓励有条件的单位开展对长江流域江豚、白鱀豚、白鲟、中华鲟、长江鲟、鯮、鲥、四川白甲鱼、川陕哲罗鲑、胭脂鱼、鯮、圆口铜鱼、多鳞白甲鱼、华鲮、鲈鲤和葛仙米、弧形藻、眼子菜、水菜花等水生野生动植物生境特征和种群动态的研究，建设人工繁育和科普教育基地。

第十五条 长江流域省级人民政府农业农村主管部门和农业农村部根据长江流域水生生物及其产卵场、索饵场、越冬场和洄游通道等栖息地状况的调查、监测和评估结果，发布水生生物重要栖息地名录及其范围，明确保护措施，实行严格的保护和管理。

对长江流域数量急剧下降或者极度濒危的水生野生动植物和受到严重破坏的栖息地、天然集中分布区、破碎化的典型生态系统，长江流域省级人民政府农业农村主管部门和农业农村部应当制定修复方案和行动计划，修建迁地保护设施，建立水生野生动植物遗传资源基因库，进行抢救性修复。

第十六条 在长江流域水生生物重要栖息地应当实施生态环境修复和其他保护措施。

对鱼类等水生生物洄游或种质交流产生阻隔的涉水工程，建设或运行单位应当结合实际采取建设过鱼设施、河湖连通、生态调度、灌江纳苗、基因保存、增殖放流、人工繁育等多种措施，充分满足水生生物洄游、繁殖、种质交流等生态需求。

第十七条 在长江流域水生生物重要栖息地依法科学划定限制航行区和禁止航行区域。

因国家发展战略和国计民生需要，在水生生物重要栖息地禁止航行区域内设置航道或进行临时航行的，应当依法征得农业农村部同意，并采取降速、降噪、限排、限鸣等必要措施，减少对重要水生生物的干扰。

严格限制在长江流域水生生物重要栖息地水域实施航道整治工程；确需整治的，应当经科学论证，并依法办理相关手续。

第十八条 长江流域涉水开发规划或建设项目应当充分考虑水生生物及其栖息地的保护需求，涉及或可能对其造成影响的，建设单位在编制环境影响评价文件和开展公众参与调查时，应当书面征求农业农村主管部门的意见，并按有关要求进行专题论证。

涉及珍贵、濒危水生野生动植物及其重要栖息地、水产种质资源保护区的，由长江流域省级人民政府农业农村主管部门组织专题论证；涉及国家一级重点保护水生野生动植物及其重要栖息地或国家级水产种质资源保护区的，由农业农村部组织专题论证。

第十九条 建设项目对水生生物及其栖息地造成不利影响的，建设单位应当编制专题报告，根据批准的环境影响评价文件及批复要求，落实避让、减缓、补偿、重建等措施，与主体工程同时设计、同时施工、同时投产使用，并在稳定运行一定时期后对其有效性进行周期性监测和回顾性评价，提出补救方案或者改进措施。

建设项目所在地县级以上地方人民政府农业农村主管部门应当对生态补偿措施的实施进展和落实效果进行跟踪监督。

第二十条 长江流域省级人民政府农业农村主管部门和农业农村部建立中华鲟、长江鲟、长江江豚等重点保护水生野生动植物的应急救护体系。

重点保护水生野生动植物的野外物种或人工保种物种生存安全受到威胁的，所在地县级以上人民政府农业农村主管部门应当及时开展应急救护，并根据物种特性和受威胁程度，落实就地保护、迁地保护或种质资源保护等措施。

第二十一条 长江流域县级以上地方人民政府农业农村主管部门应当根据农业农村部制定的水生生物增殖放流规划、计划或意见，制定本行政区域的增殖放流方案，并报上一级农业农村主管部门备案。长江流域省级农业农村主管部门应当制定中华鲟、长江鲟等国家一级重点保护水生野生动物的增殖放流年度计划并报农业农村部备案。

长江流域县级以上地方人民政府农业农村主管部门负责本行政区域内的水生生物增殖放流的组织、协调与监督管理，并采取措施加强增殖资源保护、跟踪监测和效果评估。

第二十二条 禁止在长江流域开放水域养殖、投放外来物种或者其他非本地物种。

养殖外来物种或其他非本地物种的，应当采取有效隔离措施，防止逃逸进入开放水域。

发生外来物种或者其他非本地物种逃逸的，有关单位和个人应当采取捕回或其他紧急补救措施降低负面影响，并及时向所在地人民政府农业农村主管部门报告。

第四章 禁捕管理

第二十三条 长江流域水生生物保护区禁止生产性捕捞。在国家规定的期限内，长江干流和重要支流、大型通江湖泊、长江口禁捕管理区等重点水域禁止天然渔业资源的生产性捕捞。农业农村部根据长江流域水生生物资源状况，对长江流域重点水域禁捕管理制度进行适应性调整。

长江流域其他水域禁捕、限捕管理办法由县级以上地方人民政府制定。

第二十四条 农业农村部和长江流域省级人民政府农业农村主管部门制定并发布长江流域重点水域禁用渔具渔法目录。

禁止在禁渔期携带禁用渔具进入禁渔区。

第二十五条 禁止在长江流域以水生生物为主要保护对象的自然保护区、水产种质资源保护区核心区和水生生物重要栖息地垂钓。

倡导正确、健康、文明的休闲垂钓行为，禁止一人多杆、多线多钩、钓获物买卖等违规垂钓行为。

第二十六条 因人工繁育、维持生态系统平衡或者特定物种种群调控等特殊原因，需要在禁渔期、禁渔区捕捞天然渔业资源的，应当按照《渔业捕捞许可管理规定》申请专项（特许）渔业捕捞许可证，并严格按照许可的技术标准、规范要求进行作业，严禁擅自更改作业范围、时间和捕捞工具、方法等。

县级以上地方人民政府农业农村主管部门应当加强对专项（特许）渔业捕捞行为的监督和管理。

第二十七条 在长江流域发展大水面生态渔业应当科学规划，按照“一水一策”原则合理选择大水面生态渔业发展方式。开展增殖渔业的，按照水域承载力确定适宜的增殖种类、增殖数量、增殖方式、放捕比例和起捕时间、方式、规格、数量等。

严格区分增殖渔业的起捕活动与传统的非增殖渔业资源捕捞生产，增殖渔业起捕应当使用专门的渔具渔法，避免对非增殖渔业资源和重点保护水生野生动植物造成损害。

第二十八条 长江流域县级以上地方人民政府农业农村主管部门应当加强执法队伍建设，落实执

法经费，配备执法力量，组建协助巡护队伍，加强网格化管理，开展动态巡航巡查。

第二十九条 长江流域县级以上地方人民政府农业农村主管部门应当加强长江流域禁捕执法工作，严厉打击电鱼、毒鱼、炸鱼及使用禁用渔具等非法捕捞行为，并会同有关部门按照职责分工依法查处收购、运输、加工、销售非法渔获物等违法违规行为；涉嫌构成犯罪的，应当依法移送公安机关查处。

第三十条 违反本规定，在长江流域重点水域进行增殖放流、垂钓或者在禁渔期携带禁用渔具进入禁渔区的，责令改正，可以处警告或一千元以下罚款；构成其他违法行为的，按照《中华人民共和国长江保护法》《中华人民共和国渔业法》等法律或者行政法规予以处罚。

第五章 附 则

第三十一条 本规定下列用语的含义是：

（一）重点水域是指长江干流和重要支流、大型通江湖泊、长江河口规定区域等水域。

（二）水生生物保护区是指以水生生物为主要保护对象的自然保护区、水产种质资源保护区。

（三）重要栖息地是指水生生物野外种群的产卵场、索饵场、越冬场和洄游通道。

（四）开放水域是指水生生物通过水的自然流通能够到达长江流域重点水域的水域。

第三十二条 本规定自2022年2月1日起施行。原农业部1995年9月28日发布、2004年7月1日修订的《长江渔业资源管理规定》同时废止。

| 地方法规规章 |

重庆市河长制条例（2020年12月3日重庆市第五届人民代表大会常务委员会第二十二次会议通过，2021年1月1日起施行）

第一章 总 则

第一条 为了保障河长制实施，加强河流管理保护工作，筑牢长江上游重要生态屏障，推进生态文明建设，根据《中华人民共和国水污染防治法》等法律、行政法规，结合本市实际，制定本条例。

第二条 本市行政区域内河长制的实施，适用本条例。

第三条 本条例所称河长制，是指按行政区域设立总河长，在所有河流设立河长，负责组织领导、统筹协调水资源保护、水域岸线管理、水污染防治、水环境治理、水生态修复等河流管理保护工作，监督政府相关部门依法履行职责的制度。

河长制实行一河一长、一河一策、一河一档。

本条例所称河流，包括江河、湖泊、水库等。

第四条 河长制坚持生态优先、绿色发展，河长领导、部门联动，综合治理、公众参与的原则，构建责任明确、协调有序、监管严格、保护有力的河流管理保护体制机制。

第五条 市、区县（自治县）人民政府应当统筹使用河流管理保护资金，保障一河一策实施，将河长制工作经费纳入本级政府预算。

鼓励社会资本参与河流管理保护。

第六条 各级人民政府应当开展河流管理保护宣传教育，提高全社会河流管理保护的责任意识和参与意识。

第七条 鼓励和支持河流管理保护科学研究、技术创新、人才培训，推动科技成果转化。

第八条 鼓励公民、法人和非法人组织以捐资、志愿行动等方式，参与河流管理保护与监督。

各级人民政府应当聘请人大代表、政协委员、新闻媒体、群众代表等担任社会监督员，对河流管理保护效果进行监督和评价。

第二章 组织体系

第九条 按照行政区域管理与河流流域管理相结合的原则，建立市、区县（自治县）、乡镇（街道）、村（社区）四级河长体系。

设立市、区县（自治县）、乡镇（街道）总河长、副总河长。各河流流域分级分段设立市、区县（自治县）、乡镇（街道）、村（社区）级河长。

各级总河长、副总河长、河长的确定和调整，依照国家和本市有关规定执行。

第十条 市、区县（自治县）、乡镇（街道）设立河长办公室，作为本级总河长、河长的办事机构，承担河长制具体工作，并配备相应的工作人员。

各级河长办公室主任由本级副总河长担任。市、区县（自治县）河长办公室成员由河长制责任单位和牵头单位的负责人担任。

第十一条 市、区县（自治县）发展改革、教育、经济信息、公安、财政、规划自然资源、生态环境、住房城乡建设、城市管理、交通、水利、农业农村、卫生健康、林业、海事等部门作为本行政区域的河长制责任单位。

市、区县（自治县）根据工作需要，确定相应河流的河长制牵头单位。

第三章　工作职责

第十二条　各级总河长是本行政区域内河长制工作第一责任人，负责河长制工作的组织领导、决策部署和监督检查，统筹解决河长制实施和河流管理保护重大问题。

下级总河长应当落实上级总河长决策事项。

副总河长协助总河长工作。

第十三条　市级河长履行下列主要职责：

（一）落实本级总河长决策事项，组织领导责任河流管理保护工作，督促协调解决重大问题；

（二）审查责任河流一河一策方案并督促实施；

（三）巡查责任河流，每年不少于两次；

（四）明确跨行政区域河流管理保护责任，协调责任河流上下游、左右岸落实联防联控；

（五）监督指导本级河长制责任单位、下级总河长、责任河流河长履行职责；

（六）国家和本市规定的其他职责。

第十四条　区县（自治县）级河长履行下列主要职责：

（一）落实本级总河长决策事项，组织领导责任河流管理保护工作，组织开展突出问题专项整治；

（二）审查责任河流一河一策方案并督促实施；

（三）巡查责任河流，每季度不少于一次，协调解决巡河发现、本级有关部门和下一级河长上报、社会公众反映的有关问题；

（四）统筹责任河流上下游、左右岸、干支流管理保护工作，落实区域联防联控、部门协同联动；

（五）督促本级河长制责任单位、下级总河长、责任河流河长履行职责；

（六）落实市级河长、河长办公室交办事项；

（七）国家和本市规定的其他职责。

第十五条　乡镇（街道）级河长履行下列主要职责：

（一）落实本级总河长决策事项，组织落实责任河流管理保护工作，组织落实河流突出问题清理整治；

（二）巡查责任河流，巡河次数由区县（自治县）总河长确定；

（三）及时协调解决巡河发现和社会公众反映的问题，劝阻涉河违法违规行为，属于上级有关部门职责范围的，按照规定及时向上一级河长、河长办公室或者有关部门报告；

（四）督促指导村（社区）级河长履行职责；

（五）落实上级河长、河长办公室交办事项；

（六）国家和本市规定的其他职责。

第十六条　村（社区）级河长履行下列主要职责：

（一）开展河流管理保护宣传教育；

（二）巡查责任河流，巡河次数由区县（自治县）总河长确定；

（三）及时处理巡河发现的问题，劝阻涉河违法违规行为，并按规定上报；

（四）协助执法部门开展执法工作；

（五）落实上级河长、河长办公室交办的事项。

第十七条　各级河长办公室履行以下主要职责：

（一）落实本级总河长决策事项，拟定河长制年度工作任务；

（二）拟定工作制度并推动实施；

（三）组织开展河长制宣传、教育、培训工作；

（四）统筹编制一河一策方案，建立一河一档，建设、维护河长制信息化系统；

（五）承办河长制工作监督、考核、表彰及河长制社会监督工作；

（六）协助本级河长做好巡河等日常工作；

（七）办理上级河长办公室、本级河长交办和下一级河长上报事项，督促有关部门、单位落实工作任务。

第十八条　河长制责任单位依照职责分工和有关法律法规规定，做好河流管理保护工作，落实上级和本级河长、河长办公室交办事项。

河长制牵头单位依照有关规定，协助相应河长做好河长制相关工作。

第四章　工作机制

第十九条　市、区县（自治县）总河长可以签发总河长令，部署河长制重点工作，解决河流管理保护中的全域性、流域性的重大问题。

市、区县（自治县）级河长可以根据需要签发河长令。

第二十条　按照河长办公室统筹分工确定的河长制责任单位应当根据经济社会发展需要，坚持问题导向、因地制宜、科学合理的原则，开展河流调查，以流域为单元编制和修订一河一策方案。一河一策方案已由上级编制的，原则上不再分河段编制，确有必要的可以细化。

一河一策方案应当征求社会公众、专家、其他河长制责任单位、河长办公室、流经地人民政府的意见，经河长审查后，由本级人民政府批准并组织实施。

一河一策方案应当包括水资源保护、水域岸线

管理保护、水污染防治、水环境治理、水生态修复等河流管理保护总体目标、阶段性任务、具体措施等内容。

第二十一条 各级河长可以采取明查暗访、联合巡河、智能巡河等方式开展巡河工作，并做好巡查日志记录。

河长巡河应当重点巡查一河一策方案实施情况、河流水质、侵占河道、超标排污、非法采砂、非法捕捞、破坏航道、日常保洁等，对问题频发河段应当增加巡河次数。

第二十二条 各级总河长每年至少召开一次总河长会议，部署年度河长制工作，研究解决河流管理保护重大问题。

乡镇（街道）级以上河长根据需要召开巡河现场会议、流域专题会议、跨界河流联席会议，落实一河一策方案年度任务，协调解决河流管理保护重点难点问题。

市、区县（自治县）河长办公室应当根据工作需要，组织召开河长制责任单位联席会议，共同推进河长制工作。

第二十三条 各级河长名单、河流水环境质量信息应当公开发布，接受社会监督。

河流岸边显著位置应当设立河长公示牌，载明河流概况、河长姓名及职务、监督举报电话等内容。公示牌所载信息发生变化的，应当及时更新。

第二十四条 市河长办公室应当按照一河一档要求建设全市统一的河流管理保护信息化系统平台。

市、区县（自治县）河长办公室应当建立经济信息、规划自然资源、生态环境、住房城乡建设、城市管理、交通、水利、农业农村、应急、大数据应用发展、气象等部门涉河涉污数据资源共建共享机制，运用大数据智能化等现代化手段服务河长制的决策、管理和监督。

第二十五条 市河长办公室应当建立河长制专家库，为河长制实施提供智力支持和技术支撑。

第二十六条 各级人民政府应当落实河流日常保洁措施，通过政府购买服务、设置公益性岗位等方式，做好河流日常保洁工作。

第二十七条 任何单位和个人有权对河流管理保护中存在的问题以及相关的违法行为进行投诉、举报。

河长、河长办公室或者有关部门接到投诉、举报的，应当如实记录和登记；经核实属实的，应当及时予以处理。处理情况应当反馈投诉、举报人。

第二十八条 跨区县（自治县）、乡镇（街道）的河流，流经的区县（自治县）、乡镇（街道）应当建立联防联控机制，开展联合巡河、信息通报等工作。

加强跨省河流的联防联控，共同推进河流管理保护工作。

第二十九条 市、区县（自治县）河长制责任单位应当建立健全联动协作、联合执法机制，落实河流管理保护执法监管责任主体，加大执法监管力度。

建立和完善行政执法与刑事司法衔接机制。检察机关应当加强对河流管理保护工作的法律监督，依法提出检察建议、开展公益诉讼。

第五章 监督考核

第三十条 市、区县（自治县）应当将河长履职情况、河长制实施情况纳入督查内容。

各级河长、河长办公室可以根据需要开展专项督查。

第三十一条 市、区县（自治县）应当建立和完善河长制考核制度，对河长履职情况、河长制实施情况进行考核。河长履职情况的考核结果作为领导干部综合考核评价和自然资源资产离任审计的重要依据。河长制责任单位和牵头单位履职情况的考核纳入本级目标管理绩效考核。区县（自治县）、乡镇（街道）河长制实施情况的考核纳入本级经济社会发展业绩考核。

第三十二条 各级总河长、河长有下列行为之一的，由上级河长、河长办公室、监察机关或者本级总河长根据不同情形、后果，依照有关规定进行提醒、约谈、通报；需要追究责任的，依照有关规定处理：

（一）未按照规定巡查责任河流的；

（二）对发现的问题不及时处理或者督促整改不到位的；

（三）未按照规定落实上级、本级总河长的决策事项或者上级河长、河长办公室的交办事项的；

（四）对社会公众反映的问题处理不及时或者处理不当的；

（五）其他未按规定履行河长职责的行为。

第三十三条 各级河长办公室、河长制责任单位、牵头单位有下列行为之一的，由上级河长办公室、本级总河长或者河长根据不同情形、后果，依照有关规定对相关责任人进行提醒、约谈、通报；需要追究责任的，依照有关规定处理：

（一）未落实上级和本级总河长决策事项、河长交办事项的；

（二）对河流突出问题、社会公众反映的问题处置不及时或者处理不当的；

（三）其他未按规定履行河长制相关职责的行为。

第三十四条 河长制工作成绩显著的单位、个人，由市、区县（自治县）按照有关规定给予表彰、奖励。

第六章 附 则

第三十五条 本条例自2021年1月1日起施行。

青海省实施河长制湖长制条例（2021年9月29日青海省第十三届人民代表大会常务委员会第二十七次会议通过）

第一条 为了保障河长制湖长制实施，加强河湖管理和保护，推进生态文明高地建设，根据《中华人民共和国水法》《中华人民共和国水污染防治法》等法律、行政法规，结合本省实际，制定本条例。

第二条 本省行政区域内河长制湖长制的实施，适用本条例。

第三条 本条例所称河长制湖长制，是指在各级行政区域设立总河长湖长，在各河湖设立责任河长湖长，负责组织领导和统筹协调水资源保护、水域岸线管理保护、水污染防治、水环境治理、水生态修复、执法监管等工作的机制。

本条例所称河湖，包括江河、湖泊、水库等。

第四条 实施河长制湖长制应当坚持生态优先、绿色发展，党政领导、部门联动，问题导向、因地制宜，强化监督、严格考核的原则。

第五条 县级以上人民政府应当将实施河长制湖长制工作经费纳入本级财政预算。

第六条 各级人民政府及相关部门应当加强河湖管理保护宣传教育，提升全社会河湖管理和保护的责任意识、参与意识。

广播、电视、报刊、互联网等媒体应当开展对河湖管理和保护的宣传报道，并加强舆论监督。

鼓励和引导公民、法人或者其他组织参与河湖保护工作，开展河湖保护志愿活动。

第七条 按照行政区域管理和河湖流域管理相结合的原则，建立省、市、县、乡、村五级河长湖长体系。

省、市（州）、县（市、区、行委）、乡（镇、街道）设立总河长湖长。

各河湖分级分段分片设立责任河长湖长。自然保护地等特定区域根据实际情况设立责任河长湖长。

河长湖长的设立和调整，按照国家和本省有关规定执行。

第八条 省、市（州）、县（市、区、行委）应当设置河长制湖长制办公室，承担河长制湖长制日常工作。乡（镇、街道）应当明确河长制湖长制工作人员。

县级以上人民政府水利、生态环境、自然资源、住房城乡建设、交通运输、农业农村、林业草原、公安、文化和旅游等河长制湖长制责任单位应当按照各自职责，依法做好河湖管理和保护工作。

第九条 县级以上人民政府应当设置河湖管护员岗位。聘用河湖管护员应当由乡镇人民政府、街道办事处与聘用人员签订聘用协议。

第十条 省、市（州）、县（市、区、行委）应当建立健全总河长湖长会议、责任河长湖长专题会议、河长制湖长制联席会议、河长制湖长制办公室会议制度，推进河长制湖长制各项工作。

第十一条 县级以上总河长湖长履行以下职责：

（一）组织领导、协调、督促、考核本行政区域内河湖管理和保护工作，落实河湖管理和保护主体责任；

（二）审定河湖管理和保护中的重大事项、河长制湖长制重要制度文件；

（三）主持研究部署河湖管理和保护重点任务、重大专项行动，推动建立部门联动机制，协调解决河长制湖长制推进过程中涉及全局性的重大问题；

（四）监督指导相关部门、下级总河长湖长、责任河长湖长依法履行职责；

（五）国家和本省规定的其他职责。

乡（镇、街道）总河长湖长负责组织安排本辖区河长制湖长制工作，开展河湖巡查，协调解决河湖管理和保护的具体问题，督导本级和村（社区）责任河长湖长履行职责。

第十二条 省级责任河长湖长履行以下职责：

（一）审定并组织实施责任河湖一河一策、一湖一策方案；

（二）组织开展责任河湖突出问题专项整治，协调解决相应河湖管理和保护中的重大问题；

（三）明晰责任河湖上下游、左右岸、干支流地区管理和保护目标任务；

（四）推动建立流域统筹、区域协同、部门联动的河湖联防联控机制；

（五）组织对省级相关部门和下一级河长湖长履职情况进行督导；

（六）国家和本省规定的其他职责。

第十三条 市、县级责任河长湖长履行以下

职责：

（一）审定并组织实施责任河湖一河一策、一湖一策方案或者细化实施方案；

（二）组织开展责任河湖专项治理工作；

（三）协调和督促相关部门制定、实施责任河湖管理保护和治理规划，协调解决规划落实中的重大问题；

（四）协调和督促相关部门开展河湖管理和保护的联防联控工作；

（五）督促下一级河长湖长及本级相关部门处理和解决责任河湖出现的问题、依法查处相关违法行为，对其履职情况和年度任务完成情况进行督导考核；

（六）国家和本省规定的其他职责。

自然保护地等特定区域的责任河长湖长的职责参照前款规定执行。

第十四条 乡级责任河长湖长履行以下职责：

（一）落实责任河湖管理和保护的具体任务；

（二）对责任河湖进行日常巡查，对巡查发现的问题组织整改，不能解决的问题及时向上级河长湖长或者河长制湖长制办公室、相关部门报告；

（三）组织开展河湖日常清漂、保洁等活动；

（四）协调指导村（社区）责任河长湖长履行职责；

（五）国家和本省规定的其他职责。

第十五条 村（社区）责任河长湖长应当开展河湖保护宣传；组织订立河湖保护的村规民约或者居民公约；开展责任河湖日常巡查，对发现的涉河涉湖违法违规行为进行劝阻、制止，不能解决的问题及时向上级河长湖长或者河长制湖长制办公室、相关部门报告；配合相关部门现场执法和涉河涉湖纠纷调查处理协查。

第十六条 总河长湖长、责任河长湖长定期或者不定期开展河湖巡查调研活动，动态掌握河湖健康状况，及时发现解决河湖管理和保护中的问题。

第十七条 河湖管护员承担河湖日常巡查、保洁、管护、宣传等工作，发现问题及时向河长湖长或者河长制湖长制办公室、相关部门报告。

第十八条 河长制湖长制办公室承担河长制湖长制组织实施的具体工作，协助本级总河长湖长、责任河长湖长开展工作，履行组织、协调、分办、督办责任，具体履行以下职责：

（一）落实河长湖长确定的事项；

（二）组织编制并督促实施一河一策、一湖一策方案；

（三）组织制定相关管理制度，开展宣传、教育、培训活动，指导河湖保护公益志愿活动；

（四）承担对河长制湖长制任务落实情况的检查、督促、考核和信息通报工作；

（五）处理公众投诉举报；

（六）国家和本省规定的其他职责。

第十九条 河长制湖长制办公室应当按照河湖管理权限，以流域为单元，组织编制和修订一河一策、一湖一策方案。一河一策、一湖一策方案应当包括河湖管理和保护总体目标、阶段性任务、具体措施等内容。

第二十条 河长制湖长制办公室应当建立健全河长制湖长制督察工作制度，通过开展日常督察、专项督察、重点督察，对河长制湖长制实施情况和下一级河长湖长履职情况进行督查。

第二十一条 河长制湖长制办公室应当根据工作需要，对河长制湖长制工作落实、河湖管理和保护等情况进行通报。

第二十二条 跨行政区域河湖所在地的河长制湖长制办公室应当共同推动建立联合共治机制，统一管理目标任务和治理标准，共享河湖管理和保护信息，开展联合巡查、联合执法、联合治理，实现流域区域联防联治。

第二十三条 县级以上河长制湖长制办公室应当加强河长制湖长制管理信息系统的建设和应用，实现涉河涉湖数据资源共建共享，提高河长制湖长制工作信息化水平。

第二十四条 河长制湖长制办公室应当通过主要媒体向社会公告河长湖长名单，在河湖岸边显著位置设置河长湖长公示牌，标明河长湖长姓名、职务、职责、河湖概况、管护目标、监督电话、微信公众号等内容，接受社会监督。公示牌信息发生变化的，应当及时更新。

第二十五条 推行河长制湖长制工作述职制度，总河长湖长审阅或者适时听取本级责任河长湖长、河长制湖长制责任单位主要负责同志和下一级总河长湖长的履职情况报告。报告内容应当包括河长湖长所负责河湖的年度目标任务完成情况、个人履职情况等。

第二十六条 县级以上人民政府可以聘请社会监督员，对河湖管理和保护效果进行监督与评价。

第二十七条 任何单位和个人有权对河湖管理和保护中存在的问题以及相关的违法行为向河长湖长、河长制湖长制办公室或者相关部门进行投诉举报，接到投诉举报后，应当依法依规办理，并将办理结果及时答复投诉举报人。

第二十八条 总河长湖长、责任河长湖长有下列行为之一，情节较轻的，依照有关规定，进行谈话提醒、批评教育、责令检查或者予以诫勉；情节严重的，依法依规追究责任：

（一）未按照规定履行职责，导致水质恶化、水环境和水生态遭受破坏的；

（二）对河湖存在的问题缓报、瞒报、谎报的；

（三）对发现的问题不及时处理或者督促整改不到位的；

（四）其他未按照本条例规定履行河长湖长职责的。

第二十九条 河长制湖长制办公室以及相关部门有下列行为之一，情节较轻的，依照有关规定，对其负责人进行谈话提醒、批评教育、责令检查或者予以诫勉；情节严重的，依法依规追究责任：

（一）对上级或者本级总河长湖长、责任河长湖长交办的事项，未按照要求办理的；

（二）对河湖管理和保护工作中存在的问题，未按照职责采取措施及时处置的；

（三）其他未按照本条例规定履行河湖管理和保护职责的。

第三十条 本条例自2021年11月1日起施行。

四川省河湖长制条例（2021年11月25日四川省第十三届人民代表大会常务委员会第三十一次会议通过）

第一章 总 则

第一条 为了保障河湖长制实施，加强河湖管理保护，落实绿色发展理念，推进生态文明建设，筑牢长江、黄河上游生态屏障，根据《中华人民共和国水污染防治法》《中华人民共和国长江保护法》等法律法规，结合四川省实际，制定本条例。

第二条 在四川省行政区域内实施河湖长制，适用本条例。

第三条 本条例所称河湖长制，是指按照行政区域设立总河长，在相应河湖设立河长、湖长（以下统称河湖长），由其组织领导本行政区域或者责任河湖的水资源保护、水域岸线管理、水污染防治、水环境治理、水生态修复等工作，监督政府相关部门履行法定职责，协调解决突出问题的工作制度。

本条例所称河湖，包括河流、湖泊、天然湿地、水库、渠道等水体及岸线。

第四条 实施河湖长制坚持生态优先、绿色发展、河湖长领导、部门联动、分级负责、系统治理、强化监督、严格考核的原则。

河湖长制实行一河（湖）一策、一河（湖）一档。

第五条 地方各级人民政府是本行政区域河湖长制工作以及河湖管理保护的责任主体。

县级以上地方人民政府发展改革、经济和信息化、教育、公安、司法行政、财政、自然资源、生态环境、住房和城乡建设、交通运输、水利、农业农村、卫生健康、审计、林业和草原、测绘等部门作为本行政区域河湖长制责任单位，按照职责分工，依法履行河湖管理、保护、治理的相关职责。

县级以上地方人民政府应当建立健全河湖长制责任单位联合执法机制，加大执法监管力度。

第六条 地方各级人民政府应当保障河湖管理保护资金和河湖长制工作经费，建立和完善长效、稳定、多元的河湖管理保护投入机制。

支持引导社会资本参与河湖保护和治理，鼓励单位和个人以慈善捐赠、志愿服务等形式开展河湖保护和治理活动。

第七条 鼓励和支持河湖管理保护机制创新、人才培育、科学技术研究以及科技成果转化。

第八条 地方各级人民政府应当开展河湖管理保护宣传，增强公众河湖保护的责任意识、法治意识和参与意识。

第二章 组织体系

第九条 建立省、市、县、乡四级河湖长制体系。

按照行政区域设立省、市（州）、县（市、区）、乡（镇、街道）总河长。根据需要设立副总河长，协助总河长开展工作。

按照行政区域与河湖流域管理相结合的原则，分级分段（片）设立省、市、县、乡级河湖长，在上级河湖长和本级总河长领导下开展河湖长制相关工作。

各级总河长、副总河长、河湖长的确定和调整，按照国家和省有关规定执行。

第十条 鼓励设立村级河湖长。乡（镇）人民政府（街道办事处）应当根据县级人民政府的规定，与村级河湖长约定职责、经费保障以及不履行职责承担的责任等事项。

第十一条 县级以上地方人民政府设立总河长办公室、河长制办公室。河长制办公室承担本级总河长办公室的日常工作。

总河长办公室主任、副主任的确定按照国家和省有关规定执行，成员由河湖长制责任单位和相关单位的负责人担任。河长制办公室主任、副主任以

及工作人员的设置按照国家和省有关规定执行。

县级以上地方人民政府水行政主管部门承担本级河长制办公室具体工作。

第十二条 县级以上总河长办公室根据需要确定相关部门作为联络员单位，协助本级河湖长开展相关工作。

第三章 工作职责

第十三条 各级总河长是本行政区域内河湖长制工作的第一责任人，对本行政区域内的河湖管理和保护负总责，负责贯彻落实上级总河长决策事项，组织领导本行政区域河湖长制工作，统筹解决河湖长制实施和河湖管理保护重大问题。

省、市（州）、县（市、区）总河长负责监督指导本级河湖长、河湖长制责任单位和下级总河长履行职责。乡（镇、街道）总河长负责协调解决河湖管理保护和治理具体问题，监督指导乡级和村级河湖长履行职责。

第十四条 最高层级河湖长对责任河湖的管理和保护负总责，分级分段（片）河湖长对责任河湖管理和保护负直接责任。

第十五条 在全省重要河湖设立省级河湖长，履行下列主要职责：

（一）组织领导责任河湖管理保护工作，安排部署责任河湖管理保护年度重点任务；

（二）审定并组织实施责任河湖一河（湖）一策管理保护方案，组织开展责任河湖突出问题专项整治，协调解决责任河湖管理和保护中的重大问题；

（三）明确责任河湖上下游、左右岸、干支流地区管理和保护目标任务，推动建立流域统筹、区域协同、部门联动的河湖联防联控机制；

（四）组织对省级河湖长制责任单位和下一级河湖长履职情况进行督导，对目标任务完成情况进行考核；

（五）完成省级总河长交办的任务；

（六）法律、法规，国家和省规定的其他职责。

第十六条 市、县级河湖长履行下列主要职责：

（一）组织领导责任河湖管理保护具体工作，研究确定责任河湖管理保护年度目标任务；

（二）开展河湖巡查，审定并组织实施责任河湖一河（湖）一策管理保护方案，组织开展责任河湖突出问题专项治理和专项整治行动；

（三）协调和督促相关部门制定、实施责任河湖管理保护和治理规划，协调解决规划落实中的重大问题；

（四）组织开展责任河湖问题整治，督促下一级河湖长及本级河湖长制责任单位处理和解决河湖出现的问题，督促本级河湖长制责任单位依法查处涉及河湖管理保护的违法行为；

（五）组织对本级河湖长制责任单位和下一级河湖长履职情况进行督导，对年度任务完成情况进行考核；

（六）组织研究解决河湖管理保护中的具体问题；

（七）完成上级河湖长及本级总河长交办的任务；

（八）法律、法规，国家和省规定的其他职责。

第十七条 乡级河湖长履行下列主要职责：

（一）负责责任河湖管理保护的具体工作，指导、协调和督促村级河湖长履行职责；

（二）开展河湖经常性巡查，组织整改巡查发现的问题，不能解决的问题及时向上级河湖长、河长制办公室或者相关部门报告；

（三）组织开展河湖清漂、保洁等，配合上级河湖长、相关部门开展河湖问题整治或者执法行动；

（四）完成上级河湖长和本级总河长交办的任务；

（五）法律、法规，国家和省规定的其他职责。

第十八条 村级河湖长应当开展河湖日常巡查，在村（居）民中开展河湖保护宣传，对发现的涉河湖违法违规行为进行劝阻、制止，不能解决的问题及时向上级河湖长、河长制办公室或者相关部门报告。

鼓励订立村规民约、居民公约等对河湖管理保护事项作出约定。

第十九条 总河长办公室在总河长领导下开展河湖长制相关工作，履行下列主要职责：

（一）统筹本行政区域河湖长制工作的组织、协调、督查、考核和表彰激励等，审议河湖长制工作相关制度及文件；

（二）领导本级河长制办公室工作，组织、协调、督促下级总河长、河湖长及本级河湖长制责任单位完成职责范围内的工作；

（三）按照有关规定承担本行政区域内相关流域协调机制职责，统一指导、统筹协调流域保护工作，督促检查流域保护重要工作的落实；

（四）法律、法规，国家和省规定的其他职责。

第二十条 河长制办公室履行下列主要职责：

（一）组织实施河湖长制具体工作，拟制河湖长制相关制度，开展河湖长制协调、监督、考核、激励等工作；

（二）统筹编制一河（湖）一策管理保护方案

等，负责编制河湖名录、一河（湖）一档；组织河湖健康评价、河湖长制信息化建设，开展培训、宣传工作；

（三）指导督促本级河湖长制责任单位、下级河湖长及河长制办公室落实河湖长制工作任务；

（四）落实上级和本级总河长、河湖长交办事项；

（五）法律、法规，国家和省规定的其他职责。

第二十一条 河湖长联络员单位履行下列主要职责：

（一）落实河湖长交办的工作，指导本级河湖长制责任单位、下级河湖长责任河湖管理保护工作并向河湖长报告；

（二）会同河长制办公室组织编制责任河湖一河（湖）一策管理保护方案；

（三）协助河湖长督促本级河湖长制责任单位、下级河湖长及河长制办公室落实工作任务，对下一级河湖长考核；

（四）法律、法规，国家和省规定的其他职责。

第四章 工作机制

第二十二条 县级以上总河长可以签发总河长令，部署河湖长制重点工作，开展河湖突出问题专项整治行动。

县级以上河湖长根据省有关规定可以签发河湖长令。

第二十三条 各级总河长每年应当及时召开总河长会议，部署年度河湖长制工作，研究解决河湖管理保护重大问题。

县级以上河湖长根据需要召开巡河现场会议、流域专题会议、跨界河流联席会议，落实一河（湖）一策管理保护方案年度任务，协调解决河湖管理保护重点难点问题。

县级以上总河长办公室根据工作需要，组织召开河湖长制责任单位联席会议，共同推进河湖长制工作。

第二十四条 各级河湖长应当按照国家和省有关规定开展河湖巡查工作。可以采取明查暗访、联合巡河、智能巡河等方式，检查一河（湖）一策管理保护方案落实情况，重点巡查河湖水质、河湖保洁、入河排污等情况以及侵占河道、非法采砂、非法排污、非法捕捞、破坏航道等问题，并做好巡查记录。

第二十五条 县级以上总河长、河湖长通过督察检查、河湖巡查、群众举报等途径发现河湖管理保护的问题，按照下列规定处理：

（一）属于自身职责范围或者应当由本级河湖长制责任单位处理的，应当及时处理或者组织协调和督促相关单位按照职责分工予以处理；

（二）依照职责应当由上级河湖长或者属于上级河湖长制责任单位处理的，提请上一级河湖长处理；

（三）依照职责应当由下级河湖长或者属于下级河湖长制责任单位处理的，移交下一级河湖长处理。

县级以上总河长、河湖长交相关单位或者下一级河湖长办理事项，应当明确整改要求和完成时限等，相关单位或者下一级河湖长应当按时完成并报告办理情况。

第二十六条 上级河湖长接到下级河湖长报告的事项，属于本级职责范围的，应当依法依规及时处理；超出职责范围的，应当及时向本级总河长、上一级河湖长或者相关部门报告。

第二十七条 地方各级人民政府应当落实河湖日常保洁措施，通过政府购买服务、设置公益性岗位等方式，做好河湖日常保洁工作。

第二十八条 省河长制办公室应当建设全省统一的河湖管理保护信息化系统平台，并做好系统平台的管理、运用和维护。

县级以上河长制办公室应当建立河湖管理保护相关数据资源共建共享机制，运用现代化信息手段服务河湖长制的决策、管理和监督。

第二十九条 县级以上地方人民政府应当通过主流媒体、政府门户网站、政务微博微信等方式公开河湖名录、河湖长名单、河湖长制工作的重要制度、重要工作动态等信息。

第三十条 市、县、乡级人民政府应当按照规定在河湖岸边显著位置设立河湖长公示牌，载明责任河湖概况、河湖长姓名及职务、主要工作内容、监督举报电话等内容。公示牌所载信息发生变化的，应当及时更新。

第三十一条 河湖发生水资源、水域岸线、水污染、水环境、水生态等方面的突发事件时，相关部门应当及时向责任河湖长报告。责任河湖长按照规定参与突发事件处置，必要时向本级总河长和上级河湖长报告。

第三十二条 地方各级人民政府应当建立河湖管理保护协调联动机制，通过信息共享、联合巡查等方式实现跨区域、跨部门协调联动。

涉及跨区域河湖问题，按照下游协调上游、左岸协调右岸的原则，由相应河湖长牵头协调处理。经协调不能达成一致意见的，应当向本级总河长或者上级河湖长报告。

第三十三条 县级以上地方人民政府根据需要

与相邻省、自治区、直辖市同级人民政府建立跨省河湖协作机制，按照国家和省有关规定在规划编制、管理保护、监督执法、信息共享、问题处置等方面进行协作。

跨省河湖的各级河湖长推动与邻省同级河湖长建立联合巡查机制，协调解决跨省河湖的相关问题。跨省河湖涉及的各级河长制办公室推动与邻省同级河长制办公室建立联防联控机制，推动协调机制、联合巡河、信息共享、联合治理、联合执法等工作。

第三十四条 建立和完善行政执法与刑事司法衔接机制。检察机关应当加强对河湖管理保护工作的法律监督，依法提出检察建议、开展公益诉讼。

第三十五条 任何单位和个人有权对发现的河湖管理保护问题进行投诉、举报。

各级河湖长、河长制办公室或者相关部门接到涉及河湖管理保护问题的投诉、举报，应当进行核实并及时处理；实名投诉、举报的应当将处理结果及时反馈投诉人、举报人。投诉人、举报人的信息应当严格保密。

第五章 监督考核

第三十六条 河湖长制工作应当接受社会监督。地方各级人民政府应当建立健全社会评价机制，通过聘请社会监督员、第三方评估机构等，对本级河湖长、河湖长制责任单位以及下级人民政府履行河湖管理保护职责的情况、河湖管理保护的效果进行监督和评价。

第三十七条 省河长制办公室应当按照国家和省有关规定，对地方河湖长履职及河湖长制实施情况进行督查。

第三十八条 县级以上地方人民政府应当建立完善河湖长制工作考核机制，结合社会评价结果，对下一级总河长、河湖长、河长制办公室和本级河湖长制责任单位履行河湖长制工作进行考核。

各级河湖长履职情况的考核结果纳入领导干部综合考核评价、自然资源资产离任审计和生态环境损害责任追究。河长制办公室及河湖长制责任单位履职情况纳入本级政府目标绩效考核。

第三十九条 对河湖长制工作中做出显著成绩的单位和个人，按照国家和省有关规定给予表彰、激励。

第四十条 乡级以上总河长、河湖长有下列情形之一的，由上级总河长、河湖长、总河长办公室、河长制办公室按照国家和省有关规定进行提示、约谈；造成不良后果或者影响的，由任免机关、单位或者监察机关依法给予处理：

（一）河湖长制工作任务推进滞后的；

（二）未按照有关规定巡河巡湖的；

（三）对发现的问题不及时处理或者督促整改不到位的；

（四）河湖发生重大水资源、水域岸线、水污染、水环境、水生态事件的；

（五）年度考核等次不合格的；

（六）其他未按照规定履行河湖长制相关职责的。

各级总河长办公室、河长制办公室和河湖长制责任单位有前款所列情形之一的，由上级总河长办公室、河长制办公室，按照国家和省有关规定进行提示、通报或者约谈主要负责人；造成不良后果或者影响的，对直接负责的主管人员和其他直接责任人员，由任免机关、单位或者监察机关依法给予处理。

第四十一条 违反本条例规定的行为，构成犯罪的，依法追究刑事责任。

第六章 附 则

第四十二条 本条例中下列特定词语的含义：

（一）一河（湖）一策是指针对不同地区不同河湖实行差异化治理的方略；

（二）一河（湖）一档是指针对河湖建立档案，包含相应河湖的名称、所在水系、上下游关系、河流（段）长度、湖泊水域面积、所涉行政区、水文、河湖长信息等基础信息，以及取用水、水质、水生态、岸线开发利用、河道利用、涉水工程和设施等动态信息；

（三）一河（湖）一策管理保护方案是指包含相应河湖主要问题、解决方案、工作计划、责任主体和治理措施等内容的指导性文件，用以指导流域地方各级人民政府和河湖长制责任单位加强河湖的管理保护和治理工作。

第四十三条 本条例自 2022 年 3 月 1 日起施行。

六、专项行动

Special Actions

联合开展的专项行动

【水利部联合开展的专项行动】

水利部、公安部、交通运输部、工业和信息化部、市场监管总局等五部门联合部署开展长江河道采砂综合整治行动和采砂船舶专项治理　为贯彻落实习近平总书记等中央领导同志关于长江河道采砂船舶装备升级等问题的重要批示精神，2021 年 3 月，水利部联合公安部、交通运输部、工业和信息化部、市场监管总局部署开展长江河道采砂综合整治行动和采砂船舶专项治理。李国英部长高度重视，多次作出指示批示、亲自部署推动，魏山忠副部长主持召开三部合作机制领导小组会议、五部视频会商进行专题研究，五部门司局级干部带队进行联合督导检查，指导跟踪各地整治行动走深走实。至 12 月底，整治行动顺利完成，实现预期目标，成效显著。

据统计，2021 年长江委及沿江各地累计开展巡查检查 16 万余次，开展执法行动 8 590 次，办结非法采砂等水行政处罚案件 1 867 起，排查船舶修造企业 500 余家、砂石经营主体 11 000 余家。

本次整治行动是五部门首次联合组织对“人、船、砂”“采、运、销”集中整治，有力打击了“三无”“隐形”采砂船，有力遏制了非法采砂反弹势头，进一步巩固了长江河道采砂管理稳定可控局面，并呈向好态势。一是采砂管理责任全覆盖。长江干流宜宾以下河段全面落实省、市、县级人民政府行政首长责任制，干支流全部明确河长、主管部门、现场监管和行政执法责任人。二是执法打击取得新成果。查获非法采砂船 185 艘、非法运砂船 563 艘、非法移动船 327 艘，其中，长江干流分别为 57 艘、543 艘、278 艘。公安机关破获涉砂刑事案件 399 起，办结涉砂案件 279 起，抓获涉案人员 1 510 名。三是查处案件取得新进展。实施涉砂船舶行政处罚 359 起，罚款 463 万元；查处非法建造、改装、伪装采砂船 27 艘；查处砂石违法经营案件 120 起；移送公安机关非法采砂案件 104 件。四是船舶治理取得新突破。初步摸清长江沿线船舶修造企业底数，当年未再新增采砂船舶建造订单。沿江地方政府组织拆除非法采运砂船 1 559 艘（长江干流 588 艘），长江干流集中停靠采砂船比 2019 年减少近 80%。

下一步，水利部将以习近平新时代中国特色社会主义思想为指导，深入贯彻落实习近平总书记重要讲话指示批示精神，采取更加有力措施，巩固综合整治行动成果，进一步深化部门合作，完善法规制度，压实属地责任，加强采砂船舶源头管控，推进采砂全要素全过程监管，严厉打击非法采运砂行为，严防非法采砂反弹，切实维护长江河道采砂管理秩序，以优异成绩迎接党的二十大胜利召开。

（来源：水利部网站）

【工业和信息化部联合开展的专项行动】　2021 年，工业和信息化部积极参与河道采砂综合整治，与水利部等部门编制印发《关于进一步明确长江河道采砂综合整治有关事项的通知》《关于开展长江河道采砂综合整治联合督导检查的通知》，配合开展长江河道采砂综合整治联合督导检查，摸排非法采砂以及非法采砂船舶建造改造情况。

（来源：工业和信息化部）

【公安部联合开展的专项行动】

1. 配合水利部等部门开展长江河道采砂综合整治行动　为压实河道采砂管理责任，严厉打击非法采砂、运砂违法犯罪活动，2021 年 3 月，水利部、公安部、交通运输部下发了《关于开展长江河道采砂综合整治行动的通知》，水利部开展了长江河道采砂综合整治行动。公安部指导各地和长江航运公安机关密切与地方水利、交通运输等部门的协作配合，并两次制发提示函，将梳理出的涉砂重点问题情况通报水利部有关部门，提出指导推动地方人民政府落实河湖长制相关规定、压实属地责任，加强砂石采运单信息化管理等针对性建议。

2. 配合水利部等部门开展长江河道非法采砂船舶专项整治行动　为依法严肃查处非法采砂船舶，严厉打击长江非法采砂犯罪活动，2021 年 4 月，水利部、公安部、交通运输部、工业和信息化部、市场监督管理总局下发了《关于进一步明确长江河道采砂综合整治有关事项的通知》，牵头组织开展了长江河道非法采砂船舶专项整治行动。公安部先后 4 次就加强涉砂“三无”船舶整治、非法改装“隐形”采砂船等重难点问题，主动与有关部门进行会商研究，推动研究出台专门性文件。行动期间，公安机关查获非法采砂船舶 1 000 余艘。（来源：公安部）

【交通运输部联合开展的专项行动】

1. 配合做好长江河道采砂管理　一是完善长江河道采砂管理合作机制，在规范采砂规划、日常暗访巡查、联合执法等方面协同合作，坚决遏制非法采砂反弹。二是与水利部、公安部、工业和信息化部、市场监管总局联合部署开展长江河道采砂综合整治行动，组织开展联合检查，严厉打击非法采砂

行为。

2. 配合做好长江流域禁捕退捕　联合农业农村部等6个部委印发《关于完善长江流域禁捕执法长效管理机制的意见》。（来源：交通运输部）

成员单位开展的专项行动

【水利部开展的专项行动】

1. 水利部部署开展京津冀水资源专项执法行动　水利部印发《京津冀水资源专项执法行动工作方案》，进一步加大关系群众切身利益的水资源领域执法力度，依法整治取用水突出问题。

京津冀地区水资源问题事关首都水安全，事关京津冀协同发展战略实施和雄安新区建设。水利部要求京津冀地区进一步压实水资源管理责任，结合华北地区地下水超采综合治理和取用水管理专项整治行动，依法严厉打击非法取用水等水资源违法行为，进一步加强京津冀地区水资源执法工作，切实维护水资源管理秩序。

专项执法行动由水利部统一部署，京津冀省级水行政主管部门负责本省（直辖市）专项执法行动的组织实施；海委负责专项执法行动的监督检查。执法重点包括未经批准擅自取水的，未依照批准的取水许可规定条件取水的，未按照规定安装计量设施、计量设施不合格或者运行不正常的，伪造、涂改、冒用取水申请批准文件、取水许可证的，以及其他违反水资源管理相关法律法规的。

水利部明确建立台账、严格查处、强化整改三方面工作任务。建立台账方面，要求京津冀各级水行政主管部门以取用水整治行动建立的问题整改台账为基础，水资源管理机构将取用水整治行动整改台账中未按整改时限要求完成的整改类问题，以及通过其他途径发现的未纳入整改台账的违法取用水问题，及时移送水行政执法机构，建立移送问题台账；水利部在12314监督举报平台开设专项执法行动举报专栏，京津冀各级水行政主管部门通过多种方式对外公布本单位的水资源违法行为举报电话及受理时间，同时公布水利部监督举报电话（12314）及监督举报平台（http：//supe. mwr. gov. cn/），建立违法行为投诉举报台账；对2020年以前执法检查中作出行政处罚、行政强制决定的履行情况进行复核检查，未履行落实到位的，应当分析原因、落实责任，建立存量案件台账。严格查处方面，要求认真核实移送问题、投诉举报清单，建立执法台账，同时将存量案件台账一并纳入其中，实施动态管理；切实落实执法公示、执法全过程记录、重大执法决定法制审核“三项制度”，全面客观认定违法事实，依法采取行政处理措施；建立案件查处首问负责制，并将扫黑除恶常态化工作贯穿于重大违法案件查处过程。强化整改方面，要求京津冀省级水行政主管部门加强对执法台账建立情况和违法案件查处整改落实情况的督促检查，海委适时开展案件查处整改情况的抽查并挂牌督办。

专项行动分为动员部署、建立台账、严格查处、督办落实、总结成效五个阶段。5月15日前完成动员部署；7月31日前，京津冀各级水行政主管部门完成排查工作，建立执法台账；10月31日前，未进入司法程序的案件要“应结尽结”，进入司法程序的案件要加大跟踪协调力度，力争尽早结案；京津冀省级水行政主管部门选取不少于5件严重违法的水资源案件进行挂牌督办，所有挂牌督办案件在10月31日前完成；11月10日前，京津冀省级水行政主管部门完成本省（直辖市）专项执法行动验收和自评，海委完成专项执法行动抽查督办报告。

水利部要求强化组织领导，水行政执法机构和水资源管理机构加强协作配合，共同抓好组织实施，同时做好专项执法行动与取用水整治行动台账、工作的衔接。要创新方式方法，建立健全区域与区域、水利部门与其他部门之间的联合执法机制，完善水行政执法与刑事司法的衔接机制，探索形成精准执法的举措和机制。要严格责任落实，坚持严格规范公正文明执法，依法查处水资源违法行为。要强化普法宣传，加大水资源管理法律法规宣传以及水资源违法违规行为曝光力度，畅通水资源违法行为举报渠道，营造全社会关注、支持和参与水资源执法监管的良好氛围。（来源：水利部网站）

2. 水利部组织开展全国河道非法采砂专项整治行动　为贯彻落实习近平总书记关于打击“沙霸”及其背后“保护伞”的重要指示精神，按照中央扫黑除恶常态化暨加快推进重点行业领域整治的决策部署要求，2021年8月，水利部组织开展为期一年的全国河道非法采砂专项整治行动。专项整治开展四个月以来，各地第一时间开展相关工作，取得了阶段性成果。

一是高位推动，及时部署。各地高度重视、专门部署，黑龙江、江苏、陕西、青海等18个省级党委或政府领导作出批示，广西壮族自治区颁布总河长令进行部署，河北以省政府名义发文部署，湖南、贵州等8个省份由河长办、水利、公安等部门联合部署，河南省召开现场会进行再安排、再部署。

二是多措并举，综合治理。辽宁省强化水行政执法与刑事司法衔接，实施河长、河湖警长、检察长“三长联动”，省水利厅、公安厅、检察院分片包市推动专项整治。湖南常德、安徽芜湖等地建设视频监控系统，“人防”“技防”相结合，开展24小时视频巡查。安徽省组织开展“三无”采砂船拆解，实现长江干流“三无”采砂船存量清零。

三是重拳出击，高压严打。各地以县为单元开展拉网式排查，发现一起、查处一起。截至2021年12月底，全国累计查处非法采砂行为2 422起，查处非法采砂船舶233艘、挖掘机具491台，拆解“三无”“隐形”采砂船381艘，办理行政处罚案件1 869件，没收违法砂石44万吨，罚款5 089万元，移交公安机关案件90件，移交涉黑涉恶线索17件，追责问责84人，河道采砂领域涉黑涉恶问题得到有效遏制，全国河道采砂秩序持续稳定向好，专项整治行动取得了阶段性成果。

（来源：水利部网站）

3. 水利部部署开展丹江口“守好一库碧水”专项整治行动　为全面贯彻落实党的十九届六中全会精神以及习近平总书记关于长江大保护和推进南水北调后续工程高质量发展的重要讲话精神，认真贯彻落实习近平总书记今年实地考察陶岔渠首工程和丹江口水库时“要把水源区的生态环境保护工作作为重中之重，划出硬杠杠，坚定不移做好各项工作，守好这一库碧水”的重要指示，水利部依托河湖长制，部署开展丹江口“守好一库碧水”专项整治行动，全面清理整治侵占破坏水域岸线的违法违规问题。11月15日，水利部在武汉召开启动会，水利部副部长魏山忠出席会议并讲话，长江水利委员会主任马建华参加会议。

魏山忠指出，各地各有关单位要切实提高政治站位，压实河湖长责任，从守护生命线的政治高度，充分认识专项整治行动的重要性。要全面完成专项整治行动目标任务，对非法填库、造地、筑坝拦汊、建房、养殖、采砂等突出问题进行排查整治，切实维护南水北调工程安全、供水安全和水质安全，确保“一库碧水”永续北送。要求各地各有关单位落实责任、迅速行动，保质保量做好排查整治工作，明年汛前见到明显成效。同时，加强日常巡查监管，加大执法力度，加强舆论宣传，推动建立丹江口“守好一库碧水”长效机制。

马建华表示，专项整治行动时间紧、任务重，各地各有关单位要狠抓落实，全面排查找问题，紧盯问题抓整治，宣传引导强意识。同时，强化河湖长制，加强空间管控，推进智慧监管，建立健全水库岸线管理保护长效机制。

水利部相关司局和单位、长江水利委员会负责同志，湖北省、河南省河长办、水利厅负责同志，十堰市、南阳市市级河长，丹江口市、武当山特区、郧阳区、郧西县、张湾区、淅川县县级河长及河长办、水利局负责同志参加会议。

（来源：水利部网站）

【公安部开展的专项行动】　公安部坚决贯彻落实党中央决策部署，依法严厉打击长江非法采砂犯罪活动，坚决遏制部分江段非法采砂犯罪猖獗态势，于2021年1月传发《公安机关打击长江非法采砂犯罪专项行动工作方案》，指导部署沿江和长江航运公安机关开展为期一年的打击长江非法采砂犯罪专项行动，持续组织开展多波次集中打击工作，集中力量开展打击非法采砂破案攻坚，形成严打高压态势，依法严厉打击各类涉砂犯罪及其幕后“保护伞”，坚决做到除恶务尽。同时，公安部分3批次公布了28起长江非法采砂犯罪典型案例，切实起到“查处一起、教育一片、震慑一方”的效果。专项活动开展以来，共侦破各类涉砂刑事案件457起，抓获犯罪嫌疑人1 764名，打掉犯罪团伙161个，查获涉案船舶489艘，查实涉案江砂790万吨，涉案金额3.5亿元。

（来源：公安部）

【农业农村部开展的专项行动】　2021年3月5日，农业农村部制定并印发《“中国渔政亮剑2021”系列专项执法行动方案》，其中打击电鱼专项执法行动是九大行动之一。据不完全统计，2021年全国各地累计查办电鱼案件4 876起，收缴电鱼器具8 566台（套），查获涉案渔船237艘、涉案人员5 804人；向司法机关移送涉嫌犯罪案件1 507起、涉案人员2 050人，有效遏制了“电鱼毒鱼炸鱼”违法行为多发势头。

（来源：农业农村部）

七、数说河湖

Information About Rivers and Lakes in Digital Edition

【水资源量】

2021 年全国及各省级行政区水资源量

序号	省级行政区	降水量/mm	地表水/亿 m^3	地下水/亿 m^3	地下水与地表水不重复量/亿 m^3	水资源总量/亿 m^3	用水总量/亿 m^3
全国		691.6	28 310.5	8 195.7	1 327.7	29 638.2	5 920.2
1	北京	924	31.6	47.5	29.7	61.3	40.8
2	天津	984.1	30.5	11	9.3	39.8	32.3
3	河北	790.3	227.6	220.2	149	376.6	181.9
4	山西	733	155.9	113.7	52	207.9	72.6
5	内蒙古	343.7	788.8	238.6	154.1	942.9	191.7
6	辽宁	933	460	150.8	51.7	511.7	129.0
7	吉林	710.4	380	166.2	79.2	459.2	110.2
8	黑龙江	647.7	1 020.5	346.7	175.8	1 196.3	324.5
9	上海	1 474.5	45.6	11.2	8.3	53.9	105.8
10	江苏	1 190.3	442.5	135.3	58.3	500.8	567.5
11	浙江	1 992.5	1 323.3	261.8	21.4	1 344.7	166.4
12	安徽	1 291.6	798	211.7	85.3	883.3	271.7
13	福建	1 477.1	757.3	238.7	1.4	758.7	182.6
14	江西	1 587.4	1 400.6	332	19.2	1 419.7	249.4
15	山东	979.9	381.8	237.7	143.5	525.3	210.1
16	河南	1 127.7	556.9	257	132.3	689.2	222.9
17	湖北	1 269	1 170.4	326.2	18.4	1 188.8	336.1
18	湖南	1 490.1	1 783.6	437.4	7.1	1 790.6	322.4
19	广东	1 420.9	1 211.3	301.3	9.8	1 221.2	407.0
20	广西	1 383.1	1 540.5	349.2	0.7	1 541.2	268.5
21	海南	1 881.4	334.9	92.9	6.7	341.6	45.0
22	重庆	1 404.3	750.8	129.4	0	750.8	72.1
23	四川	1 004.7	2 923.4	625.9	1.2	2 924.5	244.3
24	贵州	1 227.3	1 091.4	263.7	0	1 091.4	104.1
25	云南	1 123.9	1 615.8	562.9	0	1 615.8	160.3
26	西藏	578.7	4 408.9	993.5	0	4 408.9	32.4
27	陕西	954.6	810.9	200	41.5	852.5	91.8
28	甘肃	288.5	268.2	120	10.9	279	110.1
29	青海	356.2	824.4	362.5	17.8	842.2	24.5
30	宁夏	273.5	7.5	16.4	1.9	9.3	68.1
31	新疆	161.7	767.8	434.2	41.2	809	573.9

注 表中香港特别行政区、澳门特别行政区、台湾省数据暂缺。 （来源：《2021 年中国水资源公报》）

【河湖管理范围划定数量】

2021 年规模以下河湖管理范围划定工作进展情况汇总

序号	省级行政区	河流（流域面积 $50km^2$ 以上、1 $000km^2$ 以下的河流）				
		条数/条		长度/km		
		应划界	已公告	应划界	已公告	占比
全国合计		33 964	33 959	873 209	873 209	100%
1	北　京	114	114	2 712	2 712	100%
2	天　津	183	183	3 431	3 431	100%
3	河　北	1 322	1 322	33 908	33 908	100%
4	山　西	849	849	21 706	21 706	100%
5	内蒙古	2 631	2 631	73 579	73 579	100%
6	辽　宁	797	797	20 210	20 210	100%
7	吉　林	813	813	21 279	21 279	100%
8	黑龙江	2 760	2 760	68 142	68 142	100%
9	上　海	131	131	2 591	2 591	100%
10	江　苏	1 480	1 480	29 462	29 462	100%
11	浙　江	830	830	17 426	17 426	100%
12	安　徽	835	835	21 430	21 430	100%
13	福　建	699	699	18 923	18 923	100%
14	江　西	916	916	26 164	26 164	100%
15	山　东	988	988	26 095	26 095	100%
16	河　南	966	966	26 753	26 753	100%
17	湖　北	1 171	1 171	30 813	30 813	100%
18	湖　南	1 235	1 235	34 949	34 949	100%
19	广　东	1 151	1 151	28 967	28 967	100%
20	广　西	1 270	1 270	34 815	34 815	100%
21	海　南	189	189	5 270	5 270	100%
22	重　庆	468	468	11 000	11 000	100%
23	四　川	2 666	2 666	68 440	68 440	100%
24	贵　州	988	988	23 587	23 587	100%
25	云　南	1 977	1 977	46 756	46 756	100%
26	西　藏	123	123	3 879	3 879	100%
27	陕　西	1 008	1 008	27 340	27 340	100%
28	甘　肃	1 191	1 191	32 431	32 431	100%
29	青　海	3 318	3 318	85 960	85 960	100%
30	宁　夏	349	349	7 459	7 459	100%
31	新　疆	436	436	15 350	15 350	100%
32	新疆生产建设兵团	104	104	2 286	2 286	100%

（水利部河湖管理司）

【全国及各省省级岸线规划编制完成数量】

2021 年河湖岸线保护与利用规划编制数量

序号	省级行政区	应编	已编	已编制规划数量占比
1	北　京	13	13	100%
2	天　津	24	24	100%
3	河　北	12	12	100%
4	山　西	14	14	100%
5	内蒙古	7	7	100%
6	辽　宁	8	8	100%
7	吉　林	8	8	100%
8	黑龙江	16	16	100%
9	上　海	3	3	100%
10	江　苏	33	33	100%
11	浙　江	4	4	100%
12	安　徽	11	11	100%
13	福　建	1	1	100%
14	江　西	4	4	100%
15	山　东	13	13	100%
16	河　南	19	19	100%
17	湖　北	8	8	100%
18	湖　南	4	4	100%
19	广　东	65	65	100%
20	广　西	4	4	100%
21	海　南	8	8	100%
22	重　庆	16	16	100%
23	四　川	12	12	100%
24	贵　州	14	14	100%
25	云　南	16	16	100%
26	西　藏	18	18	100%
27	陕　西	8	8	100%
28	甘　肃	16	16	100%
29	青　海	16	16	100%
30	宁　夏	2	2	100%
31	新　疆	15	15	100%
合　计		412	412	100%

（水利部河湖管理司）

【地级以上城市饮用水水源优良水质（Ⅰ～Ⅲ类）断面比例】

2021 年地级以上城市饮用水水源优良水质（Ⅰ～Ⅲ类）断面比例

年　　份	地级及以上城市饮用水水源
2021	94.2%

（生态环境部）

【地表水优良水质（Ⅰ～Ⅲ类）断面比例】

2021 年全国各省级行政区地表水优良水质（Ⅰ～Ⅲ类）断面比例

序号	省级行政区	2021 年	序号	省级行政区	2021 年
全国地表水		84.90%	16	河　南	79.90%
1	北　京	75.70%	17	湖　北	93.70%
2	天　津	41.70%	18	湖　南	97.30%
3	河　北	73.00%	19	广　东	90.50%
4	山　西	72.30%	20	广　西	98.20%
5	内蒙古	63.30%	21	海　南	89.80%
6	辽　宁	83.30%	22	重　庆	98.60%
7	吉　林	76.60%	23	四　川	96.10%
8	黑龙江	71.90%	24	贵　州	98.30%
9	上　海	95.00%	25	云　南	87.70%
10	江　苏	87.10%	26	西　藏	100.00%
11	浙　江	96.20%	27	陕　西	91.00%
12	安　徽	83.50%	28	甘　肃	95.90%
13	福　建	94.30%	29	青　海	100.00%
14	江　西	95.50%	30	宁　夏	85.00%
15	山　东	77.80%	31	新　疆	94.50%

（生态环境部　各省年鉴数据）

【国家水利风景区认定数量】

第十九批新增国家水利风景区基本情况一览表

序号	流域管理机构/省级行政区	景区名称	依托河湖或水利工程	类型	认定时间/年
1	黄委	兰考黄河水利风景区	临黄堤防、东坝头险工	自然河湖型	2021
2	河北	张家口桑干河水利风景区	桑干河涿鹿县城段	城市河湖型	2021
3	吉林	四平转山湖水利风景区	转山湖水库	水库型	2021
4	上海	黄浦江徐汇滨江水利风景区	黄浦江（段）	城市河湖型	2021
5	江苏	南京滁河（浦口段）水利风景区	滁河防洪治理工程	自然河湖型	2021
6		金湖三河湾水利风景区	淮河入江水道	城市河湖型	2021
7		宜兴阳羡湖水利风景区	宜兴市油车水库工程	水库型	2021

续表

序号	流域管理机构/省级行政区	景区名称	依托河湖或水利工程	类型	认定时间/年
8	浙江	吴兴西山漾水利风景区	西山漾	城市河湖型	2021
9		缙云好溪水利风景区	好溪	自然河湖型	2021
10		建德新安江-富春江水利风景区	新安江	城市河湖型	2021
11	福建	永春外山云河谷水利风景区	外山溪小流域水土流失治理工程、碧山水库	自然河湖型	2021
12		南平考亭水利风景区	麻阳溪（考亭段）	城市河湖型	2021
13	江西	宜黄曹山水利风景区	曹水	自然河湖型	2021
14		新余八马水利风景区	马槽水库、八石坡水库	水库型	2021
15	山东	沂水雪山彩虹谷水利风景区	雪山小流域综合治理工程	水土保持型	2021
16		聊城位山灌区水利风景区	位山灌区	灌区型	2021
17	河南	汝州北汝河水利风景区	涧山口水库	城市河湖型	2021
18	湖北	兴山南阳河水利风景区	南阳河、猴子包电站等	自然河湖型	2021
19		远安回龙湾水利风景区	双路电站、许家岗电站、沮河防洪堤（洋坪段）	自然河湖型	2021
20		潜江兴隆水利风景区	兴隆水利枢纽、引江济汉等	水库型	2021
21	湖南	株洲万丰湖水利风景区	株洲市河湖连通生态水系景观工程	城市河湖型	2021
22	四川	米易迷易湖水利风景区	安宁河、草场河	城市河湖型	2021
23		会理仙人湖水利风景区	红旗水库	水库型	2021
24		通江东郡水乡水利风景区	东郡水库、大石桥水库	水库型	2021

（水利部水利风景区建设与管理领导小组办公室）

八、典型案例

Typical Cases

| 北京市 |

绿水环绕冬奥城
——北京市延庆区落实最严格考核制度全面推进河长制

“长城脚下，妫水河畔，延庆是个好地方”。延庆地处长城以北，位于官厅水库和密云水库两大水库上游，山地多，海拔高。延庆区作为首都生态涵养区，始终坚持生态立区理念，以河长制为统领，全力提升区域水环境、水生态。延庆区依靠强有力的考核来推动河长制从“有名”向“有实”转变，制定和完善一套考核内容全面、标准统一规范、权重设置合理、方法科学有效、结果运用良好的河长制考核问责机制，督促各级河长积极履职尽责，全面推进河长制落地生根、开花结果。

一、主要做法

延庆区河长办建立健全河长制工作考核制度，明确考核细则，落实激励问责，压力层层传递、责任层层落实。

（一）考核谁

制定《延庆区河长制工作考核办法》，对全区 15 个乡镇、3 个街道的河长及河长办和 6 个公园的河湖管护单位开展河长制工作考核。

（二）考什么

延庆区河长制工作重点从“见河长”到“见长效”转变，将考核重点放在水资源管理、水生态环境保护、水域岸线管理等方面。遵循客观公正、科学合理、系统综合、规范透明、奖惩并举的原则，根据延庆区河湖管理保护特点和要求，对乡镇、街道和公园河湖管理单位实行差异化考核。

（三）怎么考

考核方式分为月度考核和年度考核。月度考核主要内容包括基层河长巡河、上级督办问题办理、市级及区级检查问题整改、河道施工建设审批和信息报送情况。年度考核中 12 个月考核平均成绩占年终考核成绩的 60%，其他主要为市级年度督查检查情况、年度区级问题台账整改情况、河长制工作会议组织情况、半年及年度总结报送情况，年度河长制工作亮点可作为加分项。

（四）怎么用

将河长制考核结果纳入区委书记月度点评会，全区通报，加强各单位之间横向对比。落实激励问责，对考核成绩突出的乡镇给予奖励经费；对年度内季平均考核成绩靠后的乡镇负责人进行约谈。与领导干部自然资源离任审计挂钩，将领导干部任期内河长制工作考核情况纳入离任审计考核体系。

二、工作亮点

充分发挥考核“指挥棒”作用，不断完善考核管理机制，设立动态河长制考核指标，规范考核指标的采集和归纳，引入群众满意度调查机制，让群众参与到河长制考核中来，提升群众对全面推行河长制的知晓度、参与度和信心度，增强社会各界对保护河湖生态环境的忧患意识和责任意识。

三、取得成效

河长制考核体系日益完备，形成一级抓一级、层层抓落实的工作氛围，2021 年被评为水利部激励市县。河长履职更加规范，2021 年河长巡河 3.4 万次，巡河里程 15.5 万千米。河湖长效管护机制逐渐完善，部分乡镇结合自身实际情况，探索建立起河道巡查队、河道管护队、联合执法工作队等。2021 年境内新增 6 条（段）有水河，新增有水河段共计 41 千米，全区有水河道累计达到 29 条，长度为 288.6 千米，占全区河道总长的 47.9%，河流径流量明显提升，地下水位逐年回升，水生态环境持续向好，人民群众的幸福感获得感稳步提升。

（延庆区河长制办公室）

| 天津市 |

打通毛细血管　引来源头活水
——天津市西青区深化小微水体治理主要做法

西青区区域内小微水体众多，作为水循环的重要组成部分，小微水体发挥着重要的地表径流纽带作用，在提高水生态环境质量中起着重要的基础性功能，一定程度地影响着水环境。2021 年，西青区以河湖长制工作为抓手，从解决与人民群众生产生活关系最为密切的小微水体环境问题开始，以区、街镇、村三级河湖长联动管理，有力解决小微水体管理保护中存在的突出问题，开启小微水体长效管理模式，培育了一大批小微水体治理样板区域，人民群众满意度和幸福感明显上升。

一、河湖长制向村居院落延伸，向小微水体拓展，形成河（湖）长办统筹、各村落自主治理的工作模式

西青区组织街镇、村级河长对小微水体进行全

面“体检”，开展拉网式大排查，对660余处小微水体进行全面完善登记，构建全面覆盖、责任明确、协调有序、监管严格、保护有力的小微水体管护体系。以水环境治理公众满意度调查等形式收集各类涉及小微水体的问题，并持续跟踪督促相关镇、村解决问题80余个，进一步遏制小微水体源头和末梢污染。对于重难点问题，区河（湖）长办深入全区街镇10余个相关村，开展基层河湖长制工作座谈，召集环境、住建、水务等部门共同解决了部分区域污水管网设施不健全、污水外流入河导致污染的问题。同时，结合重点工作，分期开展河长制工作培训，累计培训440余人次，进一步提高了村级河长业务水平和工作能力。

二、建立一周一通报一调度工作机制，形成区级河湖长重点抓，镇级河长亲自抓、村级河长具体抓的工作格局

西青区坚持领导挂帅，强化高位推动，为统筹推进小微水体常态化治理，启动区级河湖长一周一通报一调度工作机制，明确攻坚重点，加强工作协调，通报工作进展。一周一检查，即区河（湖）长办每周组成2个专项检查组深入各街镇明查暗访，曝光负面问题，督促限期改正。一周一通报，即将明查暗访收集的问题纳入日常考核，列出问题清单，明确责任单位、工作要求和完成时限。一周一调度，即区级河湖长每周组织相关部门及街镇级河湖长召开一次河湖长制工作调度会，对每周工作情况进行跟踪问效，镇级河长按照会议要求，对存在问题明确所负责村级河长限期整改，对于难点问题各村级河长同时充分利用“河长吹哨，部门报到”机制，联动相关部门合力解决治水难题，进一步压紧压实各方责任。自机制建立起来，累计发现解决各类水环境问题40余个，推进河湖长制工作取得新成效。

三、精准打造小微水体示范样板，形成以点带面、示范引领的工作效应

西青区注重治理典型的发现培育，坚持示范引领推动小微水体治理工作。西青区辛口镇第六埠村以河湖长制工作为抓手，开展除杂除障、清理淤泥、疏通水系、截控污源、绿化美化等水环境治理工作，全力推进水环境基础设施建设，围绕乡村振兴，大力发展种植业及现代旅游，截至2021年12月底，第六埠村接待游客25万人次，年均旅游收入超过3 500万元。村民们用生态红利换来了“金饭碗”，实现了“与水共生，依水发展”的理念。西青区充分发挥第六埠村小微水体治理“样板”作用，推广治理经验，通过开展“榜样河长、示范河湖”三年行动，如今西青区打造了中兴河、水高庄村中坑、湿地公园坑塘、曹庄排干、赤龙公园湖和月之广场坑塘等一大批小微水体治理样板区域。

［天津市河（湖）长制办公室］

河北省

河北省邯郸市复兴区全力打造“醉美”沁河

邯郸市复兴区是国家第六批“绿水青山就是金山银山”实践创新基地。复兴区始终坚持生态优先，以建设邯郸市西部“现代化生态新城”为目标，以落实河湖长制为抓手，大力推进全域水环境治理与水生态修复工作，取得明显成效。沁河是复兴区的“母亲河”，长30.6km，流经8个乡镇（街道）、36个农村（社区）。区委、区政府高度重视沁河综合治理工作，区级总河长和沁河各级河长全员参与、一线督导，协调解决项目实施中的重点难点问题。打造“醉美”沁河成为复兴区全域水环境治理中的典范篇章。

清乱拆违，夯实治水之基。自2018年起，复兴区以沁河生态文化旅游片区建设为契机，打响“四乱”整治攻坚战，累计拆除“散、乱、污”企业861家，拆除河库周边各类违建270余处、约38万m^2，实现了全域违建清零，为复兴区秀美沁河建设奠定了良好基础。

科学谋划，奏响治水之歌。按照“五湖连珠·一带碧水映邯郸、九曲沁河·二十里风景画廊”设计思路，坚持生态性、自然性、野趣性、乡土性相互融合，对沁河进行高标准设计和治理。相继组织实施了沁河河道综合治理、水系连通和多源引水三大工程，清淤15.3万m^3、植树5万多棵、绿化2.3万亩、治理河道27.57km，沿线打造11个省级美丽乡村，形成“山水林田湖、村在景中、人在画中”的生态田园景象。

健全机制，落实管水之措。在区、乡、村三级河长巡河护河的基础上，探索鼓励社会公众参与沁河治河、护河工作。推行沿河河道企业认领制，建立护水联盟志愿服务队和河道义务监督队。引进专业河湖管护第三方对沁河进行全方位管护。出台河道环境举报奖惩制度和水环境监管网格化巡查制度，对各乡镇（街道）定期通报河湖管护“红黑榜”，公布河湖问题及处理情况，宣传巡河护河典型经验做法。

以水定产，发挥治水之效。按照“水流到哪儿、道路修到哪儿、景观打造到哪儿、产业发展到哪儿”的思路，采取“政府主导、社会投资、企业参与”模式，将河流治理与乡村振兴紧紧融合在一起。采取招标、承包等方式，吸引社会资本打造沿河休闲康养产业，中标企业负责相应河段运营管护。充分发挥全区90%以上行政村依河而建的优势，深度开发沿河农旅融合产业，丰富旅游业态，努力打造复兴沁河生态片区高品质文化旅游格局。（张伟芳）

山西省

“百里潇河”铺展高质量转型生态画卷

为深入践行习近平生态文明思想，贯彻“绿水青山就是金山银山”理念，深入落实山西省委、省政府拓展转型发展新局面、加快“两山七河”生态治理修复的指标要求，晋中市立足潇河实际、谋划长远，以“一半森林一半城、城在林中水在城”理念，打造经济与生态精细平衡、互惠双赢的新范式。

潇河是晋中的母亲河，自昔阳县沾尚乡猛彪村发源，途经寿阳县，依地势稍做停留，聚细流形成松塔水库，随后蓄力奔行，合五水入榆，一路向西汇入汾河，全长147km，流域面积 4 064km^2。近年来，晋中市围绕打造满足人民群众日益增长的对美好生活环境需求的幸福河湖为目标，全面拓展高质量转型发展新局面，加速推进城市转型、绿色崛起。2018年，市委、市政府高标准实施了22.5km潇河城区段综合治理工程，已完成投资13亿元。2019年，启动了26.5km生态修复和治理，共同合成百里潇河生态廊带。2020年，生态效益持续显现，潇河流域现有乔木58种、灌木45种、地被植物55种，成为候鸟新的迁徙落脚点，整体生态得以修复和提升。2021年，被纳入晋中市城区环城旅游绿道景观的重要一环，前瞻擘画、高点定位，以园为睛、以路为脉，把城市绿道和旅游公路（全长94km，潇河内约26km）串联起来，高质量建设生态典范、文旅新区和转型引擎，扮靓华美之城、铺就发展大道。

晋中市将潇河两侧各5km范围纳入保护性开发，统筹深入实施新产业、新业态与生态环境治理，打造百里潇河生态产城融合带。区域总规划面积51万亩，治理面积27万亩，从调活水体到“商、养、闲、情、艺、居”全方位激活、全链条延伸，全方面发展，由东向西依次布局生态涵养、文创文旅、城市功能拓展三大区域，形成一带三区、半城绿半城水的生态长廊。

璀璨玉带城南流，产城融合竞上游。放眼晋中市城区南部，一片水美林茂景华的景象。通过对城区段多点、多方位、多方面的综合治理和生态修复，晋中市坚持做优水、绿、产、城多篇文章，在强化生态涵养等基础上，致力于打造莲花湾文创文旅核心区，并立足“一心两翼，六区多点”，推动“四园九曲”，全力让潇河水量丰起来、水质好起来、风光美起来，努力打造生态典范、文旅新区和转型引擎。

立足生态养潇河。百里潇河生态长廊建设突出维持河流自然形态和自净能力，强调涵养、养生、养眼。潇河生态涵养区强化修复河道、蓄水成景、自然体系，游人漫步在天然而成的近郊公园，景色令人目不暇接，美不胜收。徜徉于绵延纯粹的绿地湿地，美景于此，四时不同，会感到潇河的独特魅力，“诗”在远方，也在身边。

站在全局看潇河。百里潇河生态长廊与晋中市城区北部龙城大街区域相互呼应、双翼共振，建设山西城市生态新地标，构筑宜业、宜居、宜游、宜商的洼地，引领未来城市发展方向。

时已至，势正起。百里潇河生态长廊正向着千里而至万里，焕发着新的生机与活力！

（晋中市河长制办公室）

内蒙古自治区

依托区域系统治理　稳促滦河水清河畅
——锡林郭勒盟滦河多伦段综合治理经验

滦河多伦县段位于内蒙古中部，锡林郭勒盟东南端，地处浑善达克沙地南缘，是内蒙古距首都北京最近的旗（县）。滦河发源于河北省丰宁县，称闪电河，与黑风河汇入后称滦河，在多伦县境内长75km，流域面积 3 863km^2，滦河多伦县段为滦河上源，是滦河上游最主要的水源涵养地。20世纪，因人为、气候等因素影响，多伦县水土流失较为严重，风蚀沙化面积达到 3 365km^2，由于当时流域内河湖、湿地等保护工作起步较晚，保护协调机制不健全，滦河流域多伦县段水生态环境保护形势日益严峻，个别河段水质出现下降态势，对良好水环境的保持构成威胁。

2017年开始，多伦县将县内18条河流列入河

长制管理，共设立各级河长84名，形成常态化巡查、整改、问题通报和追责问责的责任链条，并以全面落实各级河长职责为基础，深入开展“清河、护岸、净水、保水”四项行动，扎实开展河道“清四乱”专项行动，累计清理垃圾1 300余t。编制完成了县内河流的“一河一策”方案、岸线保护与利用规划、河道采砂规划，修编完善多伦县河湖名录。同时，分别与上游锡林郭勒盟正蓝旗、下游河北省围场满族蒙古族自治县、左岸赤峰市克什克腾旗签订跨区域共管联动合作协议，统筹推进上下游、左右岸协同治理。

多伦县采取全流域系统治理模式，在小河子、闪电河等重要河道清浚70km，实施边坡护理150km；在滦河、小河子、大河口、西山湾及上游主要河流沿岸、水库库区道路两侧建设生态护岸林3 500hm²、水土保持林4 000hm²；在城区段打造以龙泽湖公园为核心的水环境改善工程，对28万m²的水域进行了底质改良、水体微生物环境调控，安装浮岛21个，栽植挺水植物2.6万株；新建改建城镇污水管网45.59km，深度处理生活污水和上游小河子河来水；在蔡木山乡、大河口乡养殖集中区启动分散式畜禽养殖污染治理工程，建设粪便收集站15处，完成年产10万t超大有机肥生产线。通过全流域的系统治理，实现了水环境保护与城镇景观建设的深度交融，使得河流自然环境与农村人居环境相得益彰，进一步彰显了乡村振兴的绿色新动能。

多年来，多伦县认真贯彻落实党中央关于加强生态文明建设的决策部署，因地制宜，着眼全局，运用“水源涵养-源头治理-河道整治-河口缓冲-科学监管-区域联动”的全流域系统治理模式，将水环境整治工作从水里延伸至岸上、从局部扩大到全域，将生态治理、河湖管护、人居环境等工作统筹推进，扎实有效推进了祖国北疆生态安全屏障建设。

（孙琦伟　索德　张柏瑞）

| 辽宁省 |

守护辽宁美丽新画卷　建设造福人民幸福河

——辽宁省大连市甘井子区多措并举打造马栏河

大连市甘井子区红旗街道生态条件得天独厚，森林绿化覆盖率突破83%，水资源相对丰富，甘井子区以此为载体，深入践行绿色发展理念，以河长制为抓手，上下游共治，岸上、岸下联动，推动“1+x”专项行动，聚力生态宜居，实施净化工程、绿化工程和美化工程，先治污、后治水，从根本上解决水生态修复问题，打造马栏河流域水清、岸绿、一步一景的幸福河湖。

一、聚力绿色发展，补齐生态短板，创新“五六七”工作法

抓住“水污染防治、水资源保护、水域岸线管理、水生态修复、执法监管”五个关键点，整治工业企业污染，持续推进化肥农药减量增效。落实责任系统化、“一河一策”精准化、治理项目化、管理智慧化、巡查全域化、宣传深入化等六项举措，做到守河有责、守河担责、守河尽责。按照“分段规划、同期施工、清泥排污、坡岸加固、河床硬化、部分塘坝削低、叠坝”七个步骤，实现河道整治闭环管理。

二、聚力河长制，推进全民治水，构建“三本”治理台账、“四级”管理体系和“五个”工作制度

制发《甘井子区河长制工作实施方案》，建立“一河一策”台账、问题台账、整治台账，深入推进河湖治理常态化规范化。以实现网格责任“全覆盖、全压实”为要求，全面推行区、街、村三级河长和河道管理员“四级管理”制度，划分5大责任区、24个小网格，配备专业队伍、物业公司以及河道巡视志愿者，全部纳入河（库）长制管理体系。落实河长制工作会议制度、信息管理制度、督察制度、考核制度、巡查制度，解决河湖治理问题。

三、聚力生态宜居，实施净化工程、绿化工程和美化工程，守护美丽新画卷

通过新建水堰、提升水位、扩大水域、动迁整合、水库清淤等手段，采用世界先进低碳环保工艺对环境进行生态修复，建设保护暨涵养水源的生态“过滤带”。累计投资30余亿元，用于生态涵养、环境提升和城市化基础设施建设。按照国际湿地标准、森林园林模式，融合东西文化元素，建设大连西郊国家森林公园国家4A级旅游景区。投资18亿元，组团规划建设100万m²西山湖公园、70万m²棠梨湖公园、2万m²长青湖景区，形成红旗水系三角洲。西山湖公园荣获中国绿化基金会“精品项目奖”，形成了独特的生态大景观和城市小气候，实现水库“景美”。

水为脉，绿为魂，美为根。甘井子区把生态宜居作为绿色转型的目标和永续发展的大计，建设了一批具有“红旗制造”品牌效应的生态佳作，红旗街道已经成为远近闻名的“田园城区”“生态绿肺”

"天然氧吧"和城市中庭大花园。水环境治理只有进行时，没有完成时。红旗人始终发扬"前人栽树、后人乘凉"的担当精神，生态文明建设功在当代、利在千秋，守护每一条河流的健康生命，永远在路上……

（李慧　高萌）

吉林省

治水筑安澜，共享伊通河生态福祉

吉林省伊通县伊溪湿地公园以"水"为脉，以"文"为魂，将水、植被、湿地以及满族人文景观有机融合，形成"一核、三线、四区"的多元空间格局，已成为人们乐水亲水的休闲娱乐好去处，竞相前往的网红打卡地。

一、多措并举，深入推进水污染防治

建设完成伊通经济开发区污水处理厂和乡镇污水处理站，水质达到一级A标准。开展"清河"专项行动，清理河道垃圾1.5万m^3，其中生活垃圾0.95万m^3，畜禽粪便0.55万m^3。

开展入河湖排污口整治，排查伊通河流域排污口111个，全部整治完成，列入规范化管理并设置警示牌；推进村庄清洁行动，完成农村水环境重点问题治理，全面实施农业面源污染控制，巩固水污染防治成效。

二、统筹规划，突出抓好岸线管护治理

伊通河流域面积20km^2以上河流，已全部完成河流管理范围划定工作。把伊通河流域内3座中型水库、5座小（1）型水库、伊通河堤防、3座拦河闸及4座泵站全部纳入管理范围。

投资1 160万元，完成伊通县景台镇水土流失治理面积7.5km^2。投资1 110万元，完成伊通河和两岸15m范围内的围栏、涵养林工程。扎实推进省级水环境质量自动监测系统建设，伊通河星光站已建成并投入使用，水质全年稳定达标。

三、创新理念，持续打造高质量河湖

聚焦绿水长廊建设，伊通县采取工程治理措施和生态治理措施并行，谋划实施伊通河左、右岸河漫滩治理与水环境保护工程。共计总投资2.8亿元，建设总面积84hm^2。左岸湿地公园将11个自然泡塘连成"串湖"，以中心区域莲花广场为核心，水庭诗语、童趣晨光、康体广场、曲桥风荷、水韵廊影、荷塘雅韵、莲花广场、芳菲花溪、三岛清曲、绿岸织锦等漫滩十景依次展开，右岸的海东青广场及花海与左岸景色遥相呼应，给游客带来层次丰富的湿地水韵风情感受。

湿地人工湖采用"表流人工湿地后接稳定塘水处理技术"，对污水厂尾水进行深度处理，针对不同区位设置工程措施，因地制宜配置水生植物群落，利用植物对污染水体中的有机污染物进行吸附和降解，年净化污水处理厂尾水630万m^3。

2020年伊通河伊通县段被评为2020年度吉林省首批美丽河湖；2021年伊通河流域一期绿水长廊项目被省河长办确定为省级第一批试点项目，获得专项奖补资金500万元。

如今，漫步伊溪湿地，左岸水面荷花迎风摇曳，芦苇茂密、湖水清澈，右岸花海鲜花绚丽绽放，满地绿植郁郁葱葱，消弭了污浊，远离了喧嚣，呈现的是"城市绿肺"的美好！

（孙立国）

黑龙江省

鸡西市以湖泊水库巡察为抓手
全面提升水生态管护水平

2021年，鸡西市把开展湖泊水库巡察作为践行习近平生态文明思想的重要抓手，牢固树立绿水青山就是金山银山理念，坚持生态优先、绿色发展，按照黑龙江省委、省政府部署，深挖彻查全市湖泊水库管理存在的问题，通过运用巡察机制，围绕巡察方案确定的监督重点，周密组织，指向明确，全面规范了湖泊水库管理，有力提升了全市水生态环境管护水平，成效明显。

一、完善河湖工作机制，创新管水治水思路

鸡西市始终牢固树立绿水青山就是金山银山理念，强化使命意识和政治担当，充分运用河湖长制联席会议机制、问责机制、奖惩机制，在"乱"中确立方向、在"巡"中查找问题、在"改"中制定规矩、在"治"中提升管理。同时，市、县（区）、乡（镇）、村河（湖、库）长及相关部门对发现的问题进行共性、深层次归纳提炼分析，强化各方责任意识，推动水利、生态环境、自然资源等部门举一反三、完善制度、系统治理，确保湖泊、水库管理规范、安全。

二、结合鸡西实际情况，制定问题整改措施

鸡西市把问题最突出、攻坚难度最大的小兴凯湖确定为主攻方向，把机动巡察作为主要方式，从严查处低价发包、库区违规建设等违法违规问题，

以重点突破带动面上问题整改，推动全市湖泊水库实现全面清理整治，水生态环境实现根本好转。对辖区内51座水库、82个渔点、188个泡泽进行全面巡察、纵深倒查，对每个问题拉条挂账，分析问题成因，确定整改责任人，限定整改时限，明晰整改措施，召开专题会议推进整改取得实效。

三、巡查问题限期整改，水库管护成效明显

在问题整改过程中，鸡西市成立问题整改督办专班，由市河长办主任担任组长，专班定期调度、随机抽查，确保问题整改快速推进，销号问题不再反弹。同时把解决问题与完善机制结合起来，紧盯风险点和关键环节，严格贯彻执行《水库大坝安全管理条例》等相关法律法规规定要求，充分发挥水库功能作用，科学调度，正确处理好防汛与兴利的矛盾、蓄水与泄洪的矛盾、灌溉与养殖的矛盾，提高水库综合效益，真正做到着眼长远、见到实效。

四、形成治理长效机制，扩大巡察成果运用

鸡西市着力将水库湖泊巡察整改形成规范化制度体系和常态化长效机制，切实把问题整改过程转化为建章立制、堵塞漏洞的过程。全市各级水利系统都能够将整改工作作为一项重大政治任务，坚定工作信心和决心，自觉对表对标，提高政治站位，把思想和行动统一到市委的工作部署上来，统一到巡察组的整改要求上来，扎实做好巡察整改“后半篇文章”。

（李吉元）

| 上海市 |

健康美丽幸福河湖案例
元荡生态岸线贯通和生态治理

一、基本情况

元荡是示范区“一河三湖”生态格局中横跨上海和江苏的核心跨界水体，水面积13km²，岸线全长23km，上海段6.2km，江苏段16.8km，与淀山湖水系相连，是太湖流域第三大省际边界湖泊，也是沪苏湖铁路、沪渝高速和元荡路进入上海的门户。2020年，青浦、吴江两地紧密对接，启动元荡生态岸线贯通和生态治理工程。作为示范区首个跨界河湖联治项目，两地创新审批机制，统筹前期规划，统一设计理念和标准，充分发挥一体化治理、联保共治的示范效应，高品质打造“安全、贯通、生态、宜人”的著名文化生态湖区。

二、特色做法

在实施生态修复和功能提升过程中，形成了“四个共同”工作机制。一是共同绘制蓝图。按照“一环、六湾、多点”的总体空间布局，打造“水润吴根越角，花开上海之门”景观特色。二是共同商定标准。一期联合设计、相互对表、就高不就低；二期执委会牵头制定一体化实施标准，上升为制度规范。其中，水安全防线，防洪标高统一为5.5m；水生态系统，蓝绿空间占比不低于90%、生态岸线占比不低于80%；水活力空间，绿化品种、规格相对统一，慢行系统宽度不小于6m，每2km设1处驿站；水环境健康，硬质化率不高于10%。三是共同建立机制。在执委会、太湖局协调下，两地打破行政壁垒，创新机制，统一方案，各自立项，相互授权、交叉委托、有机衔接，其中公路桥委托青浦实施、慢行桥委托吴江实施、岸线贯通各自实施。四是共同推进计划。青浦段6.2km，2020年一期1.2km，2021年二期1.9km，2022年三期3.1km。吴江段16.8km，2020年一期4.7km，2021年二期9.6km，2022年三期2.5km。

三、整治成效

通过联合治理，元荡生态岸线贯通一期、二期段达到区域50年一遇防洪标准，元荡路堤防达到100年一遇标准。43.3万m²湿地、草坪、花海蓝绿空间占比达到90.3%，2.9km叠石、抛石、缓坡生态护岸率达到91%。绿化种植品种和规格相对统一，全线布置长3.2km、宽7m防汛通道，设4处驿站。70m道路、广场硬质化率仅有9.7%。对比2018年水质主要指标，氨氮由0.47mg/L降低至0.24mg/L，改善率49%，总氮由2.64mg/L降低至1.69mg/L，改善率36%，总体水质得到改善，实现阶段治理目标。同时元荡青浦段“醉美郊野湾”碧波荡漾、花草繁盛，与吴江段“智慧门户湾”串联成画，实现了有机融合，成为沪苏交界一道亮丽的风景线和网红打卡地。

（殷健）

| 江苏省 |

汇聚群众力量　提升河道长效管护水平

——如皋创新实施“自己的河道自己管护”工作

近年来，如皋市紧紧围绕水环境面貌全面改善、断面水质稳定提升“双目标”，不断加大水利投入，强势推进水利建设，农村水环境面貌发生根本性转变。为切实保障水环境治理成果，如皋市创新推行“自己的河道自己管护”工作，旨在探索全民护河治水，让人民群众真正参与到水环境管护中来。

一、在“社会化”动员中凝聚管护合力

“自己的河道自己管护”是河长制工作触角向基层拓展、向老百姓延伸，打通河长制工作“最后一公里”的生动实践。党政领导高度重视是关键。市委市政府高度重视，市四套班子领导全部下沉挂钩联系的村（社区），亲自调研、亲自问效。有机融入“有事好商量”协商议事等活动，充分激发群众在基层管护中的主体作用。人民群众主动参与是基础。组织开展现场观摩会、村民议事会等，让群众直观感受水环境治理前后的巨大变化；健全基层党组织领导的村民自治机制，将河道管护纳入村规民约“小宪法”，管护工作社会认可度越来越高。深度宣传引导是导向。发挥本土网红宣传流量效应，创新制作老杨茶馆、黑狐广播、专题片、动画短片，用老百姓通俗易懂的形式强化河道长效管护工作。创新开展“智慧河长”培训、“河长制进校园”等活动，实现线下现场会、云直播和新媒体网络平台同步推送。

二、在“精准化”施策中破解护水难题

守护好身边的水环境，既是乡村振兴的题中应有之义，也是群众对美好生活的向往。坚持试点先行，由浅入深全面推开。选取 39 个村居先行试点，总结形成了“河长制基金会”“百姓河长”“企民共管”“拆违攻坚”“共管共评”等示范典型样板，在实践中研究出台《河道治理和管护工作手册》《百姓河长工作手册》等指导性文件。坚持科学施策，由易到难循序渐进。针对河道存在的主要矛盾，比如“两违”拆除难度大、垦坡种植屡禁不止、渔网渔簖随处可见、恶性水生植物屡清屡在、百姓习惯尚未根本转变这些问题，因地制宜制定工作推进方案，由易到难、循序渐进。坚持协同发力，由点到面系统治水。市河长办牵头各板块围绕目标强化组织建设、协调资金保障，形成市定向、镇监管、村落实、户自管、人人参与的工作合力。同时坚持以河带院、以河带路，促进整个人居环境的提升。

三、在“全员化”参与中完善工作机制

围绕形成“全民总动员，没有旁观者”的目标，积极探索两承（承诺、承包）三管（管河、管岸、管习惯）的工作机制。“群众参与＋市场运营机制”，让群众承担监督责任，引入沿河企业和第三方负责河岸绿化保洁，形成由政府监管、群众监督、企业出资的共同管护机制；“群众参与＋河道经纪人机制”，由老百姓选群众代表、乡贤能人负责担任河道经纪人，签订管护承诺书，经纪人负责日常巡查监管、绿化维护、销售，年终收益按比例分配；“群众参与＋多元投入机制”，在市镇奖补资金基础上，村（社区）调动资源，采取能人反哺、群众承担、社会支持的方式，建立专项基金；“群众参与＋考核奖惩机制”，市级层面配套出台考核文件及激励奖惩机制，为推进长效管护提供组织保障和资金保障，2021 年市财政落实河道长效管护奖补资金 1 642 万元，河道长效管护考核前 30 名村落实市级奖补资金 90 万元。

（如皋市水务局）

| 浙江省 |

“白鹭之洲，幸福之源”
衢江区上下山溪美丽蝶变

衢江区上下山溪为衢江右岸一级支流。上山溪起至大洲镇罗樟源电站，终至衢江汇合口，流经大洲镇、横路办事处、樟潭街道等乡镇，下山溪起至胜塘源口古桥，终至衢江汇合口，流经大洲镇、全旺镇、高家镇、樟潭街道等乡镇。两溪主流河长 36.8km，流域总面积 260km^2。

一、多措并举，跑出项目建设“加速度”

科学谋划，统筹布局。践行“两山”理念，依托衢江区“两区两廊多核”的生态空间布局（两廊即交通沿线生态廊道，也是衢江、芝溪、上山溪、下山溪等 4 条河流的河道生态廊道），以乡村振兴战略，衢江诗画风光带、衢南骑游运动示范带建设前期为载体，科学谋划，合理统筹布局，打破传统河道“标准低、点位散”的治理模式，改变治理理念，将上山溪、下山溪统一规划设计，推进全流域综合治理。

信息共通，资源共享。在项目前期设计阶段，积极与相关部门、乡镇、村进行对接，对同一区片的各类项目，如横路办事处、全旺镇、大洲镇集镇所在地小城镇综合整治项目，红岩村、楼山后村美丽乡村建设项目，交通部门四好农村公路、大路章港区项目，谢高华传承教育基地项目，绿色产业集聚区中来光伏公园项目的设计方案，采取图纸比对、提前放样、现场踏勘等措施，会商讨论后对方案进行深化优化，有效规避方案冲突及重复投资，节约建设资金 1 500 余万元；在项目实施过程中，部门协同，借势借力，同步推进，实现“1＋1 大于 2”

的良性互动。

破解瓶颈、要素保障。用地指标、建设资金、政策处理是项目建设的三大要素，为破解瓶颈，在项目建设过程中积极与交通部门沟通协调，将堤顶道路结合沿溪农村公路同步推进，解决堤顶用地指标。同时整合小城镇综合整治项目、大路章港区，绿色产业集聚区中来光伏公园各渠道资金，通过财政配套一部分，资源整合一部分，保障项目建设资金足额配备。面对房屋征迁难题，横向对比城中村改造项目，落实房票安置政策；针对河道沿线地类复杂，地形地貌易发生较大变化，地类性质认定较为困难问题，委托第三方专业机构进行勘界，积极与资规部门沟通，对勘界成果进行认定；针对内陆滩涂地类存在争议，征用难问题，由村集体统一收回供项目无偿使用。

二、人水和谐，助推幸福河湖“焕新颜”

衢江区上下山溪全流域治理以幸福源白鹭洲山水为生态基地，以贺邵溪党建文化为主题风貌，构建多景观节点，连点成线，打造宜居宜业宜游的乡村新面貌。衢江区上下山溪流域治理按一次性审批，分年度实施，共分为四段，分别为横路段、全旺段、大洲段、胜塘源段，共完成投资 8.4 亿元，完成河道综合治理 110km，完成新建修复生态堤岸 86.8km，贯通防汛抢险道路 60.3km，完成绿道 41.5km，新建加固堰坝 94 座，建设引水入村配套渠系 15km，恢复滩林湿地 0.412 万 m^2，新增水域面积 0.25km^2，保护人口 9.7 万人，保护农田 1.6 万亩。

三、水润民心，绘制共同富裕“新画卷”

全流域治理不但实现了防洪能力大提升、生态大变样、水岸大乐园，也实现了产业大转移、农民大增收。“上下山溪”片区沿线 3 万多农民已实现转产转业，通过治水育景、治水美村、治水转型，催生了民宿产业、乡村旅游等“亲水”经济，农民年人均收入增加 4 200 元，全年累计增收超 4 亿元，为“康养衢江”增添了一抹风采，为“乡村振兴”夯实了水利基础，真正实现镇村因水而美，产业因水而荣，文化因水而兴，人民因水而乐。（梁彬）

| 安徽省 |

打造幸福河流　扮靓红色热土

——安徽省金寨县沙堰河幸福河湖建设侧记

安徽省金寨县是中国革命的重要策源地，也是“红军摇篮，将军故乡”。2021 年，金寨县围绕“安澜、富民、宜居、生态、文化”等元素，整合山区原生态景观、历史人文、红色基因、治水文化等特色资源，努力将史河支流沙堰河打造成能够承载乡愁、寄托希望、传承文化、流淌幸福的山村河流样板，不断满足人民群众亲水、近水、悦水的精神需求。沙堰河幸福河湖建设经验被淮委在全流域进行推广，为革命老区探索出一条以河长制助力乡村振兴，融“党建红与生态绿、文化兴与民富强、河湖美与产业优”为一体的人与自然和谐共生之路。

一、明权责，凝聚工作合力

一是河长牵头。沙堰河位于金寨县斑竹园镇，全长 24.4km，流域面积 91.1km^2。县级副总河长带领相关单位 2 次实地调研，听取群众意见，结合经济效益、社会效益、生态效益，高标准编制了沙堰河省级幸福河湖建设实施方案，明确 6 大类 17 项具体任务。镇村两级河长实地巡查 120 余次，解决问题 61 件。二是部门联动。统筹水利部、国家发展改革委、财政部、农业农村部等，凝聚共识，着力解决工程实施过程中遇到的突出问题，增强工作针对性。三是全民参与。制发《告项目区群众一封信》，做到政策家喻户晓；党员干部带头“清四乱”，树标杆、做榜样，调动群众参与支持项目建设的积极性。

二、重保障，打造精品工程

一是资金保障。县财政统筹资金 1 480 万元，用于幸福河建设，努力将沙堰河治理工程打造成民心工程、精品工程。二是用地保障。征收 20 亩土地用于河长制主题公园、水文化广场建设。三是力量保障。水利、文化、旅游、农业农村等部门派出专业技术人员进行现场指导，确保工程达到预期效果。聘请 8 名脱贫人员为护河员，负责河道日常保洁。

三、兴活水，构建发展高地

统筹水资源、水环境、水生态、水文化、水经济，助推乡村振兴，形成示范效应。一是涵养了优质水源。治理后的沙堰河，两岸竹木繁茂，水面波平如镜，河水清澈，现状水质为Ⅱ类，既是斑竹园镇区的水源地，也为下游输送了优质水资源。二是加快了乡村发展。治理后的沙堰河，成为集乡村旅游、特色民宿、河滨生态、红色文化传承于一体的多功能区。大力发展特色产业，兴办家庭农场 9 家，年旅游接待 5 万人左右。2021 年，群众户均年收入较治理前增加 6 200 多元。三是提升了人文底蕴。斑竹园镇是著名的红色小镇，曾走出 7 位开国将军。结合沙堰河幸福河建设，打造了主题墙绘、红色公路、水文化广场等亮点工程，红色历史文化与现代水文化交相辉映。

（安徽省河长制办公室）

福建省

南安市在全国首创“四化”打通河道管养“最后一公里”

南安市在全国率先引入政府购买服务方式创新建立河流管养，采取“专业化、数字化、立体化、社会化”等方式，全方位、全流域、全区域高质量打造河湖管养“最后一公里”。

一、组建“人防＋技防＋物防”的一体化河流管养队伍

依托专业公司成立南安市河流管养中心，组建一支 21 人的河流巡查管护队伍，涵盖内河船舶驾驶员、无人机机长、网络信息管理员、国家应急救援员、急救员、潜水员等专业技术人员。中心现有大小河流巡查管护船只 3 艘、无人机 3 架、巡查车辆 4 部。

二、建立“大中心＋小中心”的全功能融合管理体制

在建立南安市河流管养中心的基础上，进一步创建河道巡查信息监控中心、信息分析中心和信息管理中心等 3 个平台，对河道巡查信息进行收集、整理、分析，并将巡查信息上传进行云共享，为各级河长和河长办实时提供河道信息。

三、构建“水面＋陆地＋空中”的立体化巡查机制

河道及河岸两侧方便行车或行船的，采用车辆和冲锋舟进行水面、陆地巡查，并通过定制的手机软件端将巡检轨迹和发现问题的现场图片或视频上传至管理系统；人、车、船无法到达的，采用无人机以及其他科技手段辅助巡查，实现河道巡查全覆盖、无死角。同时，采用常态化巡查和重点巡查相结合的方式，按每周一次的频率进行巡查，对群众举报、突发性公共应急事件、水事执法等进行重点巡查，及时有效地开展河道巡查管理工作。

四、深化“不欠新账＋渐还旧账”的病历卡整治机制

由中心技术人员对巡查管理的记录、视频、图片等资料进行规范化整理，对存在问题的河段及时填写河道健康“病历卡”，再报送河长办。稳步做到“渐还旧账”，全方位提升全市河流管养水平。

（任晓月）

江西省

江西省靖安县幸福河湖案例

靖安县地处赣西北，国土面积 1 377km²，人口近 16 万人。水域面积 43.2km²，北潦河贯穿全境，长 102km。靖安县幸福河湖建设基础条件好、自然禀赋优良、有较好工程基础，不断创新发展“河长制＋”“河权改革”“两山警察”等河湖管护机制，河长制工作一直走在全国前列。靖安县编制了《靖安县幸福河湖建设实施规划》（简称《规划》），全域打造幸福河湖“靖安样板”，从建设和管理两个方面总结提升河长制工作经验，对全省各地幸福河湖建设、推进江西省“河湖长制再出发”具有较强的引领示范作用。靖安县围绕“一产利用生态、二产服从生态、三产保护生态”的发展战略，《规划》充分衔接总体规划、全域旅游规划及各相关专项规划成果，全面分析靖安县幸福河湖建设基础以及水安全保障、水岸线管控、水环境治理、水生态修复、水文化传承、可持续利用等方面存在的问题及短板，按照“绿水青山就是金山银山”和“绿色发展引领乡村振兴”要求，统筹水要素与经济社会发展的关系，提出“一核提质，两河联动，全域发力”的全域幸福河湖总体布局。通过“弥补城市短板、提升城市品质，两河联动辐射、强化水旅融合，全域精准发力、促进软硬兼备”的全域幸福河湖建设，绘就一幅“诗画潦水，幸福靖安”的幸福河湖画卷，以实现靖安县持续领跑全国河湖长制、“幸福河湖看靖安”的目标，助力“两山”快速转化。

（占雷龙）

山东省

大任河创建省级美丽幸福示范河湖案例

鸟瞰即墨区鳌山卫，蜿蜒流淌的大任河从南向北宛如一条碧绿丝绦，穿行于山林、乡村、茶田、花海，成为沿岸居民有氧运动、休闲旅游的热门

"打卡地"。

曾经的大任河杂草丛生、护岸缺失、满目疮痍。2017 年起，即墨区全面推行河长制，大任河也迎来了新生，全线设立区、镇、村三级河长 16 名，护河员 62 人，建立起了完备的河长制管理体系，"四乱"问题逐渐减少，河湖生态面貌日益好转。2020 年，投入 7 800 万元对河道进行了全面综合治理，建成了"责任体系完善、制度体系健全、基础工作扎实、管理保护规范、水域岸线空间管控严格、河湖文化内涵丰富"的美丽幸福河湖，大任河焕发出新的生机活力。

文旅融合，打造品牌之河。即墨区立足鳌山卫当地"梅香茶韵"乡村振兴齐鲁样板创建工作实际，将河道治理与流域文化挖掘、产业发展、乡村振兴等元素融合，依托蓝谷核心区规划打造"鳌山湾森林公园""大任河湿地公园"，结合党史馆、红旗渠、大寨田遗迹等红色资源和梅花谷、天柱山、茶田花海等文旅特色，沿河建设绿道，增设休闲设施，打造文化公园、体验点与亲水平台，将山、水、林、田、海串联在一起，一条集旅游、生态、景观、历史文化传承于一体的绿色生态廊道，跃然于鳌山湾蓝谷腹地。

科学规划，建设生态之河。治理过程中，采用生态景观式的整治措施进行高标准规划和设计，保留河湾、浅滩，打造自然生态河道，将现有排水口进行景石砌石改造，建立拦沙门坎及拦水坝，形成连续水面。通过清淤泥、砌护坡、修堤防、置景观综合整治，使昔日的臭水河变成了"河畅、堤固、水清、岸绿、景美"的景观河。

高位推进，筑造幸福之河。各级河长重心下移，全面参与治河，完成了大任河"一河（湖）一策"编制，划定了河湖管理保护范围线，编制了岸线利用管理规划，为大任河治理、管护及岸线利用提供了重要支撑。定期巡查治水管河一线，通过巡河 App 实时掌握河道整治、管护情况，实施"抓镇（街）促村（社区）"基层河湖长履职考评工作，每月对镇级河湖长履职情况进行量化打分，并全区通报。通过夯实基础工作、压实各方工作责任，不断提升大任河长效管护效果。

随着大任河美丽幸福河湖建设，沿河而兴的鳌角石旅游业迅速发展，芋头、地瓜、红薯粉条、绿茶等农产品创出品牌，远近闻名。在梅香茶韵、绿水青山间，生态和文化资源转化为经济优势，助力乡村振兴，群众在家门口享受到了实实在在的生态红利。

（祁东）

河南省

河南省全面推行"河长＋检察长"制改革

2018 年，河南省人民检察院、河南省河长制办公室会同黄河水利委员会，共同倡议沿黄九省（自治区）检察机关、河长制办公室联合开展"携手清四乱　保护母亲河"专项行动，得到了最高人民检察院、水利部的大力支持。2020 年，在总结经验的基础上，出台《河南省全面推行"河长＋检察长"制改革方案》，将改革实践成果上升为制度规范。

一、健全组织体系

成立"河长＋检察长"制领导小组及联络办公室，组长由总河长或河长担任，检察长担任副组长，成员由省检察院、发改委、公安厅、自然资源厅、生态环境厅、河南黄河河务局等 16 个部门和单位负责同志组成。印发《关于设立河南省人民检察院驻省河长制办公室检察联络室的暂行办法》，设立检察院驻省河长制办公室联络室，派驻检察联络员，开展业务交流，共享执法信息。

二、厘清各方职责

相关行政机关担负河湖治理主体责任，检察机关履行法律监督责任，各司其责、同向发力，共同维护国家利益和社会公共利益。强化公益诉讼职能，对负有河湖监督管理职责的行政机关违法行使职权或者不作为的，由检察机关依法发出检察建议，督促行政机关履职尽责。

三、拓展制度内涵

"河长＋检察长"制由省内黄河流域向全省所有河湖全面推行，由过去主要是检察机关与河长制办公室两家协作，转变为在总河长统一领导下，检察机关加强与河长制全体成员单位全面协作，省人民检察院与住建部门协同开展城市黑臭水体监督活动，与生态环境部门协同开展饮用水水源地环境保护监督活动，与自然资源部门协同开展露天矿山、绿色矿山、废弃矿山"三山"整治攻坚行动，多方联动，协同作战。

四、完善运行机制

建立健全"共建清单、迅速交办、督促整改、共同验收"办案运行机制，及时研究解决突出问题和困难，逐件"回头看"，有力推动问题整改到位。推进相关涉河湖治理行政机关和检察机关建立办案信息共享、问题线索移送、调查协作、检测鉴定技术支持等机制。推进跨区域集中管辖，将黄河流域河南段环境资源类刑事案件、公益诉讼起诉案件，集中移送至铁路运输法院、检察院管辖，统一司法尺度，确保环境资源保护法律统一正确实施。

通过探索实践“河长＋检察长”治河新模式，短时间内集中解决了一批陈年积案，为探索生态环境保护公益诉讼新路径提供了有益借鉴、为破解重大疑难涉河问题提供了有力有效新途径、为探索建立流域环境资源跨行政区划司法保护机制积累了有益经验。检察机关参与流域生态保护与治理，既是检察机关发挥职能特别是公益诉讼职能优势新的着力点，更是河长制工作实现从“有名有责”向“有能有效”转变的重要途径，有效提升了河湖生态环境治理保护法治化水平。（闫长位　张二飞）

湖北省

推进流域综合执法改革　探索河流综合治理模式
——宜昌黄柏河流域开辟水生态保护新路径

黄柏河是宜昌境内长江左岸的一级支流，承担着宜昌城区及宜东 200 万人生产生活和 100 万亩农田灌溉供水的重任，供水区域内经济总量约占全市的 80%，被誉为宜昌的“母亲河”。随着流域开发进程加快，水土流失、侵占河道、矿山废水、面源污染、养殖排污等生态问题日益加剧，水环境质量逐年变差，流域上游两座水库相继出现大面积水华，对黄柏河供水安全和周边生态安全都构成严重威胁。近年来，围绕贯彻落实好习近平总书记共抓长江大保护指示精神，宜昌市委市政府以黄柏河流域治理为样本，强化地方立法、综合执法、水质约法，通过创新求解、综合施策，使流域水生态环境得到显著改善。2021 年流域内Ⅱ类水质达标率 98.18%，比 2016 年提高 30.9 个百分点。2019 年黄柏河流域综合治理模式荣获第二届湖北改革奖，2021 年入选湖北省第一批法治政府建设示范项目。

一部法规严格管控。针对治域治理中许多措施于法无据，难以为继的问题，通过市人大制定出台《宜昌市黄柏河流域保护条例》，明确河长制、联席会议制度和综合执法制度，分区保护、水量分配、岸线管理、清理疏浚等管控措施，规定严于国家标准的排放标准，设置流域水资源保护“高压线”，要求向流域排放的生产废水必须达到《污水综合排放标准》一级标准，集中式生活污水必须达到《城镇污水处理厂污染物排放标准》一级 A 标准，将行之有效的综合治理经验以地方性法规形式固定下来，确保流域治理保护由“有章可循”上升为“有法可依”。

一支队伍综合执法。针对分部门管理、分属地管理造成的“九龙治水”管理分散、监管不足、执法不力问题，成立了黄柏河流域水资源保护综合执法局，集中行使水利、环保、农业、渔业、海事等 6 项行政监督检查、121 项行政处罚、11 项行政强制职能；组建黄柏河流域水资源保护综合执法支队，具体负责流域综合执法，核定机构编制 32 名，落实执法专项经费，设立基层执法点，开展驻点巡查，建立“守在河边、一线执法、现场管控”的综合执法常态化监督机制。开展碧水保卫战“迎春行动”“清流行动”和“清四乱”专项行动，全面取缔违法排污口、河库围栏围网、投肥投粪养殖、不达标畜禽养殖场和经营性采砂。

一套机制综合治理。针对流域经济发展，特别是上游地区磷矿开采与流域水生态保护的矛盾，着力创新机制破解地方保护主义，以稳定达到Ⅱ类水质为目标，出台《黄柏河东支流域生态补偿实施方案》，市级财政每年专项列支 1 000 万元生态补偿资金，加上夷陵区、远安县每年分别缴纳 700 万元和 300 万元水质保证金，实行断面水质达标情况与生态补偿资金、矿产资源开采指标“双挂钩”。以流域水质指标倒逼企业排放提标升级，以生态补偿倒逼化工企业打造绿色矿山，促进和引导县（区）加快构建节约能源资源和保护生态环境的产业结构，形成流域县区配合、政企融合的强大合力。

（周璇　陈璐璐　韩国平）

湖南省

长沙市雨花区圭塘河流域综合治理

圭塘河作为湖南长沙唯一一条城市内河，随着工业化、城镇化的快速推进，内河利用与保护失衡，污水直排、雨污合流、侵占河道等现象普遍，水体黑臭、生态退化等问题凸显，多河段水质处于Ⅴ类甚至劣Ⅴ类。近年来，雨花区积极探索创新治河模式，通过“转变思路、综合施策、政企合作、共治共享”推动流域综合治理。2021 年年均水质达Ⅲ类标准，创有监测记录以来最高水平。

一、转变思路

政府成立“圭塘河流域综合治理指挥部”，建立定期调度、联合巡查、应急处置、限时督办、考核

奖惩机制。出台《圭塘河流域管理办法》，成为省内首条县级河流的政府管理类文件。

注重顶层规划，斥资 4 700 万元编制《圭塘河流域综合治理总体规划》，打造圭塘河井塘段城市“双修”及海绵城市建设示范公园，实现由分段治理向全流域系统治理转变。

委托专业机构对流域的管网、地形、河道、河岸进行全面调查，收集水文、气象、洪涝等数据，建立数字模型精准计算各段治理需求，实现由经验治污向精准治污转变。

二、综合施策

采用建设截污井、增设截流管、截流坎、化粪池、管道清淤疏通及排口智能化控制等办法精准截污。投资 2 000 万元，实施清淤疏浚工程。

生态引水工程从浏阳河引水至圭塘河，有效缓解区域性、季节性缺水问题。建设人工湿地——羽燕湖，实现 15 万 t 湖水生态净化。

推进流域沿线违章清零，减少对河流的污染。聘请专业保洁队伍，负责河岸垃圾、水面漂浮物清理，常态保持河面洁净。

三、政企合作

雨花区成立圭塘河流域开发建设有限公司，率先探索海绵城市建设项目 PPP 模式。利用社会资本方主导融资，政府加大引进政策性银行贷款和国家专项补贴资金；项目公司利用合资方大股东集团授信额度进行融资。利用固定资产证券化、“再抵押融资”等手段偿还前期投入，解决资金供给方回收期固定与项目经营收益回收期长的错配矛盾。利用物业年 6 000 万元以上收入，有效解决了项目可持续运维资金来源，实现从管理要效益。

四、共治共享

出台《雨花区全面推行河长制工作实施方案》，建立河长会议、信息共享、工作督察、日常巡查、考核问责等制度，近年来，区、镇、村级巡河 1 080 余人次。

发起圭塘河守护行动网络，设立青少年环境教育示范基地和绿伞卫士研学旅行基地，建设免费开放的共享图书馆；资深环保工作者出版《圭塘河岸》一书，为流域治理发声。

筹建城市建设专家顾问委员会、海绵城市建设专业机构库，聘请在城市规划、交通运输、环保、排水、河道等方面的国际国内知名单位、专家，指导圭塘河综合治理。

（潘文秀）

广东省

江门市发挥河长制优势
创新建立跨界水质考核机制

江门市充分发挥河长制制度优势，在河湖跨县、跨镇界全面设置河长制水质监测预警断面，每月对水质进行通报排名，创新建立水质考核问责奖惩机制，推动全市水环境持续向好。2021 年，江门市 12 条黑臭水体 100% 完成整治；9 个地表水国考[1]、省考断面水质优良比例 100%；县级以上集中式饮用水水源水质达标率稳定保持 100%。

一、部门联动，合力厘清跨界水质考核责任

从 2018 年开始，江门市河长办协同有关成员单位，共同推动河湖跨界水质监测预警工作。在河湖跨县界断面分别设置 151 个水质监测预警断面，每月向河长制工作领导小组及各县级政府通报排名。针对区域共治难题，江门市创新提出跨界河流水质评价办法，根据上下游水质交接情况和左右岸的污染现状，合理区分各方水质污染的责任比重。对于不达标水体，扣除上游污染排放对下游水质的影响后，再对下游水质进行评价考核。根据左右岸流域面积、污染源分布，确定两岸水质考核比例。评价办法进一步明晰了跨界双方的治水责任，杜绝推诿扯皮现象的发生。参照各市的做法，各县也设置了 854 个跨镇河长制水质监测预警断面，对水质情况进行考核排名。

二、科学考评，逐步完善水质考核问责机制

江门市在考核水质是否达标的同时，更加注重河流水质同比是否有变好趋势，将水质污染指数改善率作为重要指标，专门出台《河长制水质考核奖惩工作方案》，将水质改善情况作为问责必要条件，以预警提示、通报批评、开展约谈、“一票否决”等问责程度递增的四种方式，对水质不理想、污染防治攻坚任务落实不到位的责任河长进行考核问责，以最严格的问责追责推动水污染防治攻坚战各项任务落实。2021 年，江门市先后向县、镇两级河长发出水质预警函 76 人次，通报批评县、镇两级河长 9 人次。

三、奖惩并举，建立健全水质考核激励机制

注重奖惩并举，率先将激励机制引入水质考核。对由水质不达标提升为水质达标且改善率排名前五

[1] 根据《“十四五”国家地表水环境质量监测网设置方案》，“十四五”期间，全国地表水共布设 3 641 个国家地表水环境质量评价、考核、排名监测断面（点位），简称国考断面。

位断面的县、镇两级责任河长予以通报表扬。对年度水质综合排名前三位的县在河长制年度考核中适当予以加分。在潭江水资源保护专项资金中安排630万元，对年度水质达标率排名前三位的县进行奖励。“硬碰硬”的问责，“实打实”的奖励，有效提升各级河长聚焦水污染防治攻坚战的积极性主动性，推动全市水环境质量持续改善。根据江门市河长制水质监测结果，2018年以来，全市优良水体数量同比上升34.8个百分点，达标水体数量同比上升39.2个百分点，劣Ⅴ类水体数量同比下降24.7个百分点。

广西壮族自治区

“鹿”鸣“寨”美幸福宜居
——鹿寨县建设美丽幸福河湖助力水美乡村绿色发展

广西柳州市鹿寨县积极践行“绿水青山就是金山银山”的发展理念和“节水优先、空间均衡、系统治理、两手发力”治水思路，持续深入推进河长制落实落细落地，促进河湖治理体系和治理能力现代化。2020年，鹿寨县荣获水利部河长制湖长制工作激励县。

一、全面构建责任体系，落实护水责任

全面建立行政区域与流域相结合的县、乡镇、村三级河长组织体系，形成系统性网格化的江河湖库管理保护工作格局，实行“双河长”负责制。建立了河长会议、信息共享、河长巡查等7项（自治区12项）河湖长制工作制度，全县310条河流全部落实了河长，其中县级河长13名、乡级河长95名、村级河长116名。通过构建河湖长制责任体系和制度建设，层层传导压力，层层压实责任，推动党政领导认真履行河长第一职责，推动治水护水责任落地生根。

二、扎实推进河湖长制工作，凸显护水成效

一是严格落实“一河一策”。开展“一河一策”编制，明确问题清单、目标清单、任务清单、措施清单、责任清单等5个清单，形成河库治理保护管理的路线图，逐年抓好落实、跟踪问效。二是强化江河湖库空间管控。全面完成全县310条河流的管理范围划定，完成柳江、洛清江等流域面积1 000km^{2}以上河流及重点河流水域岸线保护与利用规划。同时，将划界和规划成果纳入国土空间规划“一张图”、河长“一张图”。实施河湖功能分区管控，严格落实规划刚性约束，取缔河边直排养殖场17个，收缴或销毁禁用渔具、拆除违建106套（处）。三是持续深入推进河湖“四乱”问题清理整治规范化常态化。由县总河长、县河长亲自挂点督办，成立“清四乱”专项行动领导小组，落实相关成员单位协作，明确乡级河长、村级河长为责任人，实行县、乡、村三级合作模式。建立“四乱”台账，实行问题台账清单管理和限期管理，做到底数清、问题明、清理快。四是积极推进美丽幸福河湖建设。结合旅游资源、文化底蕴，实施“百里柳江”沿岸乡镇等22处河堤、护岸、水域生态治理工程，开展河岸整治、绿化、美化或亮化工程约76km。构建生态自然、河流通畅、水清岸绿、人水和谐的河流水网格局，并将良好的河湖生态环境转化为深具潜力的城乡绿色发展增长点。

三、创新河湖长制机制，方式多样治水

一是创新跨区域联合执法。推行河道采砂“纵横执法”执法模式，采取“县县＋县区＋部门”联合执法值班制度，2017以来共立案查处水事违法活动243起，清理非法采砂船只、加工场、码头18处，有效有力维护河道管理秩序，解决多年柳江水行政执法难题。二是积极推动“智慧治水”。建立河湖长制信息化平台，率先在全区推行河湖长制信息化管理。通过App、微信公众号、河长管理PC端三个管理系统，重点河湖电子监控，将河长巡河、涉河问题举报和处置等河湖长制日常工作纳入信息化管理。三是不断拓展“河湖长＋”机制。深入落实“河长＋检察长”协作机制，强化行政执法与公益诉讼衔接。实施“志愿服务＋河湖长制”“党建＋河湖长制”等机制，拓展参与渠道，开展河湖长制进校园、进企业、进社区等活动。依托“河小青”、民间河长、巾帼河长等志愿服务品牌，大力开展爱水护水志愿服务行动。2017年以来，共计参加10 000多人次，营造了共治共享良好氛围。（梁现平）

海南省

全力做活“水文章”
绘就水美乡村宜人画卷

水系连通及水美乡村试点县工作于2020年启动实施，海南省文昌市入选试点县以来，以流域为单元，以石壁河为脉络，以村庄为节点，水域岸线并治，统筹水系连通、河道清障、清淤疏浚、岸坡整治、水生态改善、污染防控、景观提升、河湖管护等多项水利措施，集中连片推进会文水系连通暨水

美乡村试点县项目，着力解决流域内突出的水安全、水环境、水生态问题，提升水文化，努力实现“河畅、水清、岸绿、景美、人和”，为乡村振兴提速增效。项目在2020年、2021年连续两年实施情况评估中均被财政部、水利部评为优秀等次。2021年，流域范围内的文昌市会文镇凤会村还被农业农村部认定为“全国乡村治理示范村”。

综合治理，营造安全生态的河湖生态环境。会文水系连通及水美乡村建设试点工程项目位于文昌市会文镇境内，涉及凤会村、十八行村、白延村等20多个村庄1.2万人。从前河道两岸杂草丛生，排水不畅，村民时常绕道而行。项目将石壁河干流河道及石壁河天然河道、宝峙溪及宝藏溪等七条河流进行了河湖清障、清淤疏浚、生态护坡等治理，增强河道过流能力，增加水面面积500亩，保护湿地面积1.8km²，全年补充生态水量581.4万m³，排洪排涝能力由不足5年一遇提高到10年一遇，防洪除涝受益面积2.2万亩，河道生态岸线率达80%，石壁河流域地表水全部达到Ⅲ类以上优良水质。同时新建改建水闸和桥梁，对周边村庄产生的污水进行收集处理，以及沿河溪打造慢道、木栈道、凉亭等23个人文景观。改造后不仅景观更美了，还经常看到三五成群的村民在溪畔慢道上休闲散步，绘就一幅水美乡村的宜人画卷。

以水兴产，营造美丽富民的生产环境。项目在设计过程中，充分征求当地老百姓的意见，以有利于发展农业生产、乡村旅游的原则进行设计，项目实施过程中得到当地老百姓的大力支持，项目实施后，有力保障上游近千亩农田灌溉用水需求，解决了以前农作物被水淹或没水灌溉的突出问题，除了粮食种植外，现在在地里还种上了槟榔、莲雾、番石榴等，流域内改善种植面积1.1万亩，产量3万多t，产值近亿元。

以水富民，营造乡村振兴的发展环境。依托良好的水生态环境，会文镇充分利用生态河道穿针引线的作用，融合乡村旅游，深挖会文地区自然人文内涵，将沿河沿线的官新温泉、十八行村、凤会村、白延老街、冯家湾滨海、冯家湾现代渔业产业园区等特色景点串点成线，从“水岸防护”到“水岸体验”，彰显地方特色名片，带热周边乡村旅游，以特色产业、乡村旅游、乡村民宿的开发建设推动共享农庄发展，开辟文昌乡村旅游新路线。像如今的凤会村，水清村美，每逢莲花盛开季节，就有不少游客慕名而来，已成为广大群众骑行、网红打卡名地。村集体借机成立了一家专门接待外来游客及参观学习团队的村集体公司，还带动了农户销售特色食品凤会糖贡、信封饼等。2021年，流域内会文镇接待游客3.6万人次以上，旅游产值达800万元，农村居民人均可支配收入19 858元，提升2 243元，高于全市平均水平3.6%。

（胡志华）

重庆市

重庆市南川区推行河长交接制度

——消除河流管护空白期

南川区位于重庆市南部，属于重庆现代化都市圈，面积2 602km²，辖34个乡镇（街道），总人口70万人，区位条件优越、生态环境优良、旅游资源优厚，是一座宜居宜游宜业“三宜之城”。南川境内有大小溪河176条，总流域面积2 682km²。

南川山清水秀美景

为进一步强化新任河长履职能力，消灭河长履职空白期，南川区探索建立《南川区河（库）长职责交接制度》，明确交接主体、交接内容、交接方式、交接备案、责任追究、交接时限、代理交接、交接后续工作等，着力激发河长履职积极性，提升河长履职效率，推动河长从“要我做”向“我要做”转变，主动担起河长制第一责任人的责任，推动河长制向纵深推进。

一、抓实“三迅速”，责任“戴帽子”

河长交接制度建立的初衷就是为了解决新老河长交替中导致的履职“空白期”，避免河流出现问题无人管的情况，为了缩短甚至消灭履职“空白期”，南川区采用“三迅速”的工作要求确保河长交接迅速完成。

一是人员到位迅速。为了确保河流保护不断档，首先要确保新任河长人选尽快确定，南川区规定，当有河长离任离职的，由接任离任河长职务的人员担任新河长。若接任离任河长职务的人员不能担任河长的，由同级河长办确定新任河长人选。

二是体系更新迅速。根据人事变化和工作需要及时调整河长制体系，适时更新河长公示牌，确保群众监督找对人。

三是职责交接迅速。《南川区河长职责交接制度》规定，各级河长正常离任、离职或因故长时间离岗都必须按照交接制度相关规定在正式离任、离职前7日内进行交接，避免离任河长离开当地导致交接不能正常进行。同时规定河长的离任、离职在组织正式批准前，河长必须坚守岗位。若因私离岗或消极履职，给河长制工作造成直接或间接损失的，由相关单位按有关规定予以处理。

二、谋划“三准则”，管护“装准星”

河长交接的最终目的是提升新任河长的履职能力，如何让新任河长明确河长职责，尽快进入河长角色，南川区摸索提出“三准则”，确保河长交接工作质量。

准则一：现场巡河明实况。为了保障交接内容完善有效，要求每条河流的河长若发生变化，经体系调整后，离任河长需带新任河长开展现场巡河，熟悉河流情况，特别是河流重点位置，务必到现场介绍情况，提醒关注重点，通报管护进展，让新任河长尽快进入角色并掌握情况。

准则二：交接代理责任清。考虑到部分离任河长确实不能亲自办理交接工作，规定如离任河长因特别原因不能亲自办理工作交接，须提前联系并经同级河长办确认后，可由指定负责人代为办理交接，但所有一切责任仍由原移交人负责。

准则三：交接不清不结束。部分河长在离任时将重点工作交接给新任河长，但一些突发情况或者遗漏的情况可能会让新任河长措手不及，难以及时查明情况并解决。为此，规定交接仪式结束后，新任河长对交接的工作尚有不清楚的，应及时联系离任河长，离任河长必须积极配合新任河长，直到交接清楚。

三、保障“三全面”，传递“交接棒”

交接仪式让新任河长对河长制工作基本情况有所了解，但交接仪式中，离任河长难以将河长全部职责、河长制重点工作向新任河长阐述清楚。南川区提出离任河长和新任河长共同签署《河长职责交接清单》，将河流基本情况、河长制制度文件、整治情况等纸质资料交予新任河长，以便新任河长随时查阅，做到责任明确，心中有数。

一是基本情况全。包括责任河流河长体系、通讯录，河流起止点、长度，流经属地等基本情况，以及河长具体职责等文件。

二是制度文件全。包括南川区河长制的13项工作制度、河长制开展的专项行动、河长制当前重点工作要求等文件。

三是整治资料全。包括河（库）的重大情况、“一河（库）一策”编制实施、河长制专项整治、问题督办处理流程、河（库）检查监督以及常态监督巡查重点、目前正在推进的治理保护工作等内容。

南川区创新推行的河长职责交接制度，助力全面推行河长制工作得以持续高效落实，全区河流出境断面水质持续稳定达标，主要河流——大溪河出境断面水质达到Ⅱ类，凤嘴江、大溪河、石钟溪等分别获评重庆市2018年度、2019年度、2020年度最美河流。全区山清水秀美丽景象初步显现，群众满意度、获得感和幸福感明显提升。（王敏）

| 四川省 |

基层河湖管护“解放模式”

2021年，水利部党组把四川省雅安市名山区解放村作为第二批“我为群众办实事”活动项目点，四川省以此为契机，结合基层治理，帮助解放村建立健全农村河湖管护责任体系，加强基础设施建设，制定“三不四要”村规民约，设立“一室三队一超市”，有效打通河湖管护“最后一公里”。通过强化治理，解放村河湖管护机制运行更加规范，河湖面貌持续改善，村级集体经济发展更加有力，村民收入持续增加，铺陈出一幅“有人护、管得住、水清亮、产业旺”的乡村振兴新画卷，群众获得感、幸福感、安全感不断增强，为全省农村基层河湖治理提供了示范样板，凝聚形成了以强有力的基层党组织为核心，以健全的河湖长制体制机制为关键，以完备的河湖管护队伍为重点，群众广泛参与，持续实现生态价值的农村基层河湖管护“解放模式”。

一、强化党建引领，着力完善基层河湖治理体系

一是强化党组织建设。充分发挥村党组织核心作用，设立村支部书记等3名村级河长，负责解放村“一河、两渠、三库”的治理和水环境打造。在当地“知青”学校建立基层河湖长培训基地，不断提升村级河长履职能力水平。二是夯实工作阵地。设置村级河长工作室，负责建立完善村级河湖档案，协调村级河湖管护各项工作，及时处理群众、游客反映的河湖问题，打造直面群众的亲民阵地。三是建立工作队伍。自发组建“党员志愿巡护队、巾帼志愿宣传队、河湖保洁队”三支队伍，配合村级河

长开展管护工作，开展巡护、宣传、保洁活动，及时发现并处理各类河湖问题，切实做到各类水体有人护。

二、强化法制建设，着力提升基层河湖治理效能

一是法制赋能，实施《四川省河湖长制条例》，出台全国首部村级河（湖）长制条例——《雅安市村级河（湖）长制条例》，明确村级河湖长职能职责。村级河湖长带头学法用法，深入群众开展普法宣传教育工作，让法律更加深入人心。二是制度配套，制定《百丈镇解放村村级河湖长履职规定》《河长工作室规定》等制度，细化巡河、治河、护河职责，落实村级河长常态化会议、坐班制度，规范问题处理工作流程，做到各类问题管得住。三是依法治理，依法依规拆除水库违规建筑 5 栋和临河临库生猪养殖场 12 个，涉水违法行为得到有力管控。

三、强化群众参与，着力凝聚爱河护河共识

一是发挥基层自治，将“三不四要”（不乱扔、不乱排、不乱占，要自觉、要劝导、要反映、要共享）等河湖保护治理要求，纳入村规民约，规范群众行为。二是加强宣传引领，通过村村通、宣传牌、“两微一端”、村民坝坝会、户长会、中小学等，开展宣传教育和引导，不断增强村民爱河护河意识。三是落实奖惩机制，将参与河湖保护治理情况纳入村级“道德评比”，评比项目占比达到 50%；村集体出资设立“河湖管护”激励资金，奖励积极参与河湖保护治理的村民、业主 418 户；建立乡风文明生态超市，村民通过参与保护治理获得的积分兑换日用品，激发群众参与河湖保护治理的自觉性、积极性。匡正群众散、乱行为，对村民乱倒乱排垃圾污水、破坏环境的行为进行批评教育。

四、聚焦突出问题，加强水环境基础设施建设

解放村结合乡村振兴战略实施、美丽乡村建设和茶旅产业发展需要，梳理制定水环境治理清单，推进库渠清淤、水系联通、截污治污等 36 项工程，累计投入资金 670 余万元，完成河渠清淤 5.3km、水库清淤 7 500m^3，改造提升库尾湿地 10 余亩，岸坡整治 4.8km，将 286 户农村生活污水接入城镇污水管网，建成 154 余套散户污水处理设施，清除肥水养鱼 6 万 kg；将河湖长制元素与水利工程、人文融合，建成月亮湖河长制主题公园（观音寺水库），打造集灌溉、农饮及旅游等功能的生态水系，为乡村振兴和产业发展提供了有力支撑和保障。

五、强化融合发展，着力释放河湖生态红利

解放村以良好的农村人居环境为依托，大力发展茶产业，巩固提升优质茶叶 6 000 余亩，收益突破每亩 8 000 元；积极培育文旅产业，创建“浪漫茶乡·月亮湖”国家 4A 级旅游景区，引入茶家乐、茗宿 13 家，带动全村 100 余人就近务工，每年增加务工收入 300 余万元，村集体经济收入从 2018 年的 3 万元突破至 2021 年的 30 万元，农民人均纯收入每年保持 10%以上增速，使村民实实在在感受到了生态环境改善带来的实惠。

六、坚持成果共享，着力探索河湖管护新路径

继农村基层河湖管护“解放模式”取得成功之后，四川已在全省稳步开展推广。要求各地根据自然资源状况、地理位置、水体情况和经济条件，结合各地乡村振兴要求和产业发展需要，融合基层治理，进一步创新工作举措，加强乡村河湖管护，建设一批“望得见山、看得见水、记得住乡愁”的美丽乡村，进一步探索总结出一条具有导向性和可复制性的乡村河湖治理道路，为乡村振兴建设注入新活力。（四川省河湖保护和监管事务中心）

贵州省

云贵川三省共同立法保护赤水河流域

赤水河是长江上游唯一没有修建干流大坝并保持自然流态的一级支流，流经云南、贵州、四川三省四市。因生态良好、环境优美，水资源适宜酿酒，拥有众多红色资源，赤水河有着美景河、生态河、美酒河、英雄河的美誉。

担起长江上游的保护之责，实现流域协同发力、共同作为，是云贵川三省的共同使命。2021 年，在全国人大常委会统筹下，三省人大常委会商定以“决定”＋“条例”的方式推进共同立法，按照“统一规划、统一标准、统一监测、统一责任、统一防治措施”的原则，在三省同步提请省人大常委会审议。

2021 年 5 月 27 日，贵州省第十三届人民代表大会常务委员会第二十六次会议审议通过《贵州省赤水河流域保护条例》《贵州省人民代表大会常务委员会关于加强赤水河流域共同保护的决定》。5 月 28 日，四川省第十三届人民代表大会常务委员会第二十七次会议和云南省第十三届人民代表大会常务委员会第二十四次会议分别表决通过《四川省人民代表大会常务委员会关于加强赤水河流域共同保护的决定》《四川省赤水河流域保护条例》和《云南省赤水河流域保护条例》《云南省人民代表大会常务委员会关于加强赤水河流域共同保护的决定》。云贵川三省关于赤水河流域保护同时立法，并于2021年7月1日起同时施行。

赤水河流域保护条例是全国首个由地方流域共同完成的立法。三省共同决定就赤水河流域保护遵循的共同原则、形成的协作机制、采取的共同措施等重大问题作出一致承诺。三省的条例细化了三省保护赤水河流域的防治措施、法律责任等，既强化流域共治，又体现各自特色，为全国区域流域共同立法提供了新思路、新模式、新方法。（苏波）

云南省

昭通市六大行动推进赤水河保护治理

昭通市认真贯彻习近平总书记关于加强赤水河流域保护治理重要批示精神，实施六大行动，推进赤水河保护治理。

一、全流域“两污”治理行动

昭通市采取特许经营模式，引进中国海螺集团建设垃圾焚烧发电厂，垃圾年处理费用912.5万元由镇雄县财政全额承担。分类推进污水治理，对流域14个乡镇集镇，以政府全额投资和PPP模式，建设污水处理厂；在干流沿线36个重点村庄建成18座污水处理站；对分散村庄采取大型化粪池强化处理、人工湿地、尾水综合利用等方式开展试点。开展厕所革命，完成流域内82 877座户厕改造。

二、全流域面源污染防治行动

昭通市严格划定流域管理范围，共埋设1 109颗界桩。严控畜禽养殖污染，督促流域60家规模养殖场制定粪肥还田利用计划，建立粪污处理和粪肥利用台账，提高畜禽粪污资源化利用水平。完成测土配方推广120万亩，开展农作物病虫害统防统治51.94万亩，强化包装废弃物回收处置，严控秸秆焚烧，农药化肥施用量持续下降，农业废弃物资源化利用持续提升。

三、全流域生态修复行动

昭通市推进岸线绿化，流域干流97km岸线，除暗河、峭壁等，能够实施绿化的45km岸线已全部绿化。完成10个点位759万t硫磺矿渣治理修复。完成9座小水电站生态拆除和修复。严格管控采砂采石行为，关闭退出非煤矿山69座，推进矿山生态修复。

四、全流域全面禁渔行动

昭通市采取人防与技防相结合，全面落实好“十年禁渔”要求。人防方面按照“干流每千米1人、一级支流2千米1人、二级支流5千米1人”，配备348名管护员常态巡河；构建群防群控网格，实行有奖举报；建立非法捕捞重点人员信息库，实行“一对一”专盯；加大市场检查执法力度，从源头上管住市场交易和消费。技防方面采取“无人机”航拍巡河，降低人力投入成本，提高监管执法实效；搭建智能监管平台，选定20个重点监管点位，安装智能监控，实行24小时在线监管。

五、全流域绿色产业发展行动

昭通市坚持走“生态优先、绿色发展”之路，推动赤水河流域产业结构绿色转型，推进退耕还林及陡坡地治理，逐步形成一批以竹子、板栗、李子、枇杷等为主的特色经济林果基地。以打造“赤水源白酒”品牌和“竹产品科技示范园”为重点，积极谋划绿色生态产品加工产业园、小商品产业园等项目。

六、全流域美丽乡村建设行动

昭通市开展“干部规划家乡”行动，在所有村庄配备土地规划建设专管员。探索先行启动建设15个“乡村振兴美丽村庄示范点”和16个“民族团结进步示范村寨”。开展“村庄清洁行动”，大力整治乱贴户外广告、乱倒垃圾、乱排污水、乱堆乱放等乱象问题，农村人居环境持续改善。（王蓦）

西藏自治区

探索高原特色河湖管护路径

中国水利报社第十一届年度“中国水利记忆·TOP10”评选结果正式揭晓。阿里地区探索高原特色河湖管护路径被评为“大地河源杯”2021基层治水十大经验。水利部共推选了24个候选案例，在全国范围进行网络投票，投票后召开专家终审会议，以网络投票结果为基础，根据专家集体决议确定终选结果。针对地广人稀、河湖管护力量薄弱等难题，2021年，阿里地区立足新发展阶段、贯彻新发展理念，积极践行“节水优先、空间均衡、系统治理、两手发力”治水思路，扎实推进河湖长制“六大任务”，开展专项行动，河湖生态环境持续好转，实现河畅、水清、岸绿、景美。阿里地区与日喀则市、

那曲市签订跨界河湖联防联控联治协议，建立“河湖长＋检察长＋警长”工作机制，共同为河湖长履职发挥作用。推进玛旁雍错、狮泉河的示范河湖创建工作，积极开展达巴河健康评价试点工作，完成15条河湖岸线保护修编工作，完成92条河湖划界现场复核工作。阿里地区创新工作举措，鼓励牧民、游客参与到护河队伍中来。噶尔县完善规章制度，变单一治水、突击治水为综合治水、制度化治水，还聘请22名队员组成护卫队，开展河湖管护工作；普兰县巴嘎乡建立了“垃圾银行”，鼓励过往群众收集垃圾兑换日常生活用品和旅游纪念品；措勤县磁石乡牧民群众在湖边捡到一个垃圾，可到辖区村委会领取一元钱奖励。新举措让河湖环境极大改善，阿里地区连续4年在西藏自治区河湖长制工作考核中排名前列。

（次旦卓嘎　柳林）

陕西省

守护一泓清水永续北上

——汉中市全面推进河湖长制工作实践

汉中属长江流域，全市流域面积50km²及以上河流171条，总长度5 731.79km。作为南水北调中线工程重要水源涵养地，既肩负着“一泓清水永续北上”的重大政治责任，也肩负着省委、省政府赋予“建设现代化区域中心城市”的使命任务。河湖长制推行以来，汉中市委市政府坚持以河湖长制统揽水生态文明建设，倾力护水、治水、管水，改善生态环境，蓄积发展动力，走出一条生态文明和经济发展相辅相成、相得益彰的路子。

健全体系守好管水“主阵地”。市县镇村2 573名河湖长上岗履职，按年度签发总河湖长令并召开专题会议，仅2021年，市级河湖长45次巡河调研督导或检查河湖长制重点工作，各级河湖长常态化、规范化巡河湖9万余次。配备216名河湖警长、42名检察长、1 277名护河员、132名义务监督员，打通管水治水“最后一公里”。

“三年行动”破解新老“水问题”。市总河湖长亲自谋划部署，实施治污水、防洪水、排涝水、保供水、抓节水＋智慧治水“5＋1”治水建设幸福河湖三年行动，规划项目345个、计划投资465亿元。建成沿江重点镇216km污水支管网和秦岭区域7个县区126个村的农村污水处理设施，石门水库、长林水源地供水工程正式投用，城固焦岩水库、略阳城防体系、抽水蓄能电站等项目全面启动，全市72座尾矿库实时远程视频监控。落实“一库一策”，农村黑臭水体有效治理，建成水环境热点网格监管平台、江河联调智慧系统，汉江、嘉陵江出境水质稳定保持Ⅱ类标准，城市集中式饮用水水质全部达标，水环境质量全省第一。

规范监管筑牢安全水屏障。坚持把“四乱”等河道乱象整治作为常态化任务，按季度开展“四乱”暗访排查和河道垃圾集中专项整治，2021年累计整治“四乱”问题245个、河湖垃圾403处、岸线违法违规利用项目31个。做好新一轮五年河道采砂规划编制，在全市37条河流（段）设置93个可采区，完成198个水库大坝安全鉴定、21.63km中小河流建设以及13座小型病险水库除险加固，171条河流划界和23条重要河流岸线保护利用规划高质量完成，为河湖管理提供有力依据。

融合发展打造特色“幸福河”。把推进河湖长制与全域旅游、文化建设等深度融合，深入实施《汉江生态经济带发展规划》，加快沿江生态城镇带建设，规范保护湿地8.35万亩，治理水土流失面积390km²，规划建设270km汉江滨江超级绿道，一江两岸生态湿地公园成为全国网红打卡地，河湖生态优势逐步转化为经济发展优势。

（肖大勇）

甘肃省

全面落实“12345”工作举措
助推河湖长制工作见实见效

——定西市2021年度河湖长制再上新台阶

2021年，甘肃省定西市认真贯彻落实各级河湖长制工作有关精神，紧紧围绕建设美丽幸福河湖的目标任务，全面落实“12345”工作举措，全市河湖生态环境持续好转，河湖长制工作取得新进展、迈上新台阶。

——锚定“一个目标”。结合市委市政府“追赶进位”要求，提出了“河湖管理工作走在全省前列、各项关键指标增速实现全省中间偏上”的目标定位，为全市年度河湖长制工作明确了目标方向。

——建立“双向齐抓”新格局。将河湖长制工作列入各级党委、政府重要议事日程，建立了党委政府“双向齐抓”的高位推动新格局，年内市委、市政府主要领导、分管领导就河湖长制重点工作和问题整改先后作出批示12次，5名市级总河长、河长调研督导开展巡河 40 次，90 名县级河长、1 036 名乡镇级河长及 2 216 名村级河长年内累计巡河 16 万次，确保了河湖各项工作任务落实落细。

——抓好“部署、培训、考核”三个重点环节。年初制定印发《2021 年河湖长制工作要点》，明确“三个方面十二项”工作重点，推动年度工作分期分段有序开展。举办 2021 年度定西市县乡级河湖长培训会议 3 期，培训各级河湖长 1 100 余人次，举办市县河湖长制工作人员培训会议 1 期，各级河湖长制工作人员 50 余人次，有效提高各级河湖长和河湖工作人员业务能力及工作水平。强化考核考评，2021 年共考核市、县、乡三级河长人数 1 121 人，其中考核优秀等次 366 人，称职等次 755 人；考核市、县单位 122 个，其中考核优秀等次 47 个，合格等次 75 个。同时，对其中特别优秀的 2 名河湖长和 3 个单位进行了奖励激励，增强了各级各单位和各级河湖长干事创业的信心和激情。

——紧盯“四乱”问题排查整治。认真落实“河长＋警长＋纪检监察”制度，联合公安、检察院等部门，盯紧盯牢河湖“四乱”问题整治，年内联合执法巡查河湖 2 022km，出动人员 2 005 人次，现场制止违法行为 103 件次，审查甄别河湖问题线索 62 条、立案 61 起，自查整治河湖四乱问题 343 项，黄委河湖管理年内检查移交定西市的 9 项问题和省厅河湖包抓组交办的 198 个河湖问题全部整改到位，全市河湖水生态环境持续向好。

——谋实“五河”生态廊道综合治理。坚持在保护中开发，开发中保护的理念，重点谋划洮河、渭河、关川河、牛谷河、漳河五条市级河流生态廊道治理项目 13 项，总投资 61.47 亿元，治理河长 312km，现已完成投资 6.53 亿元，治理河长 104km。特别是临洮县结合洮河美丽幸福河湖创建，全力打造洮河国家湿地公园，疏浚河道 12km，设立界桩 420 个、界碑 20 个，安装围栏 25km，恢复水域 2 100 亩，栽植红叶李、樱桃、紫薇等绿化苗木 3.2 万余株，河湖生态环境明显改善，生物多样性显著增加，获得第五届“中国森林氧吧”殊荣。

（杨永吉　罗平）

青海省

青海省高位推动河湖长制从“有名有责”向“有能有效”转变

近年来，青海省坚持以习近平新时代中国特色社会主义思想为指导，深入学习贯彻习近平总书记关于治水重要讲话指示批示和考察青海重要讲话精神，认真落实中办、国办印发的《关于全面推行河长制的意见》《关于在湖泊实施湖长制的指导意见》精神，高位推动河湖长制从“有名有责”向“有能有效”转变。

一是推动河湖管理保护体系从多头分散向集中统一转变。全面建立省委书记、省长任双总河湖长的省到村五级河湖长组织体系，设立 54 个省、市州、县级河湖长制办公室，落实各级河湖长 6 723 名、公益性河湖管护员 15 980 名，创新设立马背河湖长、摩托车巡护队等民间河湖长，河湖管理范围覆盖青海省 3 518 条河流、242 个湖泊、203 座水库。成立青海省全面推行河长制湖长制工作领导小组，健全全面推行河湖长制工作厅际联席会议、青川甘藏四省区省界河湖联防联控联治、行政执法与公益诉讼检察协作等工作机制，构建了责任明确、协调有序、监管严格、保护有力的河湖管理保护责任体系和工作格局。

二是推动河湖管理保护制度从零散欠缺向系统完备转变。河湖长制工作制度持续健全，率先在黄河流域九省区出台施行《青海省实施河长制湖长制条例》，河湖长制迈入法治轨道。健全了河湖长履职、暗查暗访、信息共享、考核监督、激励奖惩、评先表彰等一系列工作制度。完善政策措施，印发实施《青海省对河湖长制工作真抓实干成效明显地区激励支持实施方案》，对真抓实干、成效明显地区进行激励，依据 2021 年度考核结果，对考核优秀、排名靠前的 1 个市州、2 个县区给予激励，正向激励作用凸显。

三是推动河湖水域岸线生态空间管控工作从松向严转变。省政府出台《青海省加强河湖水域岸线生态空间管控的意见》，明确了 2025 年、2035 年岸线管控目标，从组织领导、空间规划、行政许可、监督管理、治理修复等层面，指导岸线分区管理、用途管制，切实担负起保护“中华水塔”重大责任。分级印发实施《河湖岸线保护与利用规划》《河道采砂规划》，有效发挥规划指导、引领、约束作用，规范河湖保护利用和河道采砂审批监管。全面完成水利普查名录内 3 518 条河流、242 个湖泊管理范围划定、核查工作，建立了矢量坐标数据库。青海省河湖水域岸线生态空间管控实现从弱到强、从松到严的根本转变。

四是推动河湖生态环境面貌从杂乱无序向整洁优美转变。纵深推进河湖“清四乱”常态化规范化、河道非法采砂、违规利用岸线项目、妨碍河道行洪突出问题排查整治、违规取用水等专项治理行动，

系统解决河湖问题。截至2021年年底，累计排查“四乱”问题1 614项，完成整改1 612项，整改率99.88%。循化县黄河波浪滩旅游观光园、乐都区滨河路综合管廊、贵德县黄河水车广场等重点涉河违规建设项目得到清理整治。青海省重要江河湖泊水功能区水质达标率100%。长江、黄河、澜沧江及黑河干流出省境断面水质达到或优于Ⅱ类，水质、水量保持双稳定。35个地表水国家考核断面水质保持优良，青海省成为全国唯一地表水国考断面水质优良率达到100%的省份。（申德平）

宁夏回族自治区

宁夏吴忠市清水沟美丽河湖典型案例

清水沟位于宁夏吴忠市利通区，是黄河的一级支流，发源于牛首山东麓东干渠北边，由南向北流经9个乡镇（农场），在古城镇党家河湾村流入黄河，全长27km，流域面积307.7km²。全面推行河湖长制以前，因受洪水冲刷、岸坡坍塌等影响，清水沟淤积严重、排水排洪不畅，加之私搭乱建、挤占沟道、污水直排等因素，水质长期为劣Ⅴ类，2016年被住建部列为黑臭水体。全面推行河湖长制以来，吴忠市、利通区两级政府合力实施清水沟水生态环境综合整治，通过截污、活源、治堤、清淤，新建人工湿地、绿化美化等工程，清水沟美丽河湖、示范河湖建设取得显著成效。

一是切断源头促转型。对清水沟、南干沟23个排污口进行了封堵，对清水沟沿线1个生活污水处理厂、1个工业园区污水处理厂进行提标改造，全部达到一级A排放标准。

二是末端强化保安全。在清水沟入黄口新建了2个人工湿地，采用“磁分离+曝气浮动湿地”工艺对入黄水体进行深度强化处理，守住入黄最后一道关口，确保入黄水体水质稳定保持在地表水Ⅳ类及以上水质，实现长治久清。

三是专项行动见成效。拆除沟道管理范围线以内住房72户，关停养殖场29家，拆除违法建筑物6.1万m²，清理挤占沟道垃圾3.2万t，常态化规范化推进河湖“四乱”问题动态清零。

四是综合治理促发展。清水沟及其支沟砌护32.7km、清淤25.8km、造林绿化62.33hm²、种植水生植物5万m²，同时将清水沟城区段10.6km打造成市民休闲运动的公园，构建“有河有水有鱼”“河畅、水清、岸绿、景美”的生态环境。2021年，清水沟被评为自治区示范河湖。（马少君）

新疆维吾尔自治区

博尔塔拉河幸福河湖建设典型经验
——建设幸福“母亲河”绿色发展结硕果

博尔塔拉河全长253km，自西向东贯穿博尔塔拉蒙古自治州全境，哺育滋养着博州50万各族群众、258万亩耕地、133万头牲畜，辐射带动博州3个县（市）22个乡（镇）场303个村队和兵团第五师双河市及5个团场70个连队，被博州人民誉为“母亲河”。为深入贯彻落实习近平生态文明思想，博州党委在深入研究、科学判断的基础上，创新提出“治理一条河、生态一个州”，计划用3年时间将博尔塔拉河打造成为生态治理的典范区、样板区和造福人民的幸福河。

一是高位推动，系统谋划各业齐发力。博州党委强化顶层设计，从博尔塔拉河源头到下游，谋划逐步实施农田占用、水土流失、生物多样性、洪水风险、水利设施等“五大修复”工程，坚持以点带面、示范引领，生态修复、河道治理、绿道建设、路网联通、基础设施、美丽乡村建设等多措并举、齐头并进，掀起了抢救、保护母亲河的良好势头，建设幸福“母亲河”蓄势待发。

二是增植补绿，生态保护成效显著。博尔塔拉河30km示范段河道治理、驳岸修复、补植补绿、林木修枝、生态绿道建设进展顺利，以点带面、连点成线，尊重自然、还其自然，串起了多姿多彩的一条生态景观廊道。随着工程项目的全面实施，正在逐步形成多层次、多维度的生态修复治理格局，博州生态保护整体工作融会贯通、相得益彰。

三是多措并举，助力乡村产业振兴。加强农村人居环境整治，系统规划实施了一批城镇污水处理、管网建设、垃圾无害化处理等综合治理工程，村容村貌焕然一新。以博乐市阿里翁白新村、温泉县博格达尔村为代表的沿河村队，深入挖掘历史文化资源，推进整村提质升级，丰富发展新业态，打造宜居宜游的美丽乡村，带动若干个田园综合体组团发展，为促进乡村全面振兴提供了重要载体和有力抓手。

四是聚力交通，绿色廊道便捷畅通。博乐市实施河道工程，建成生态防火道31.1km，铺设生态步道 6km，大庆路西延道路工程、人民公园环形园路建成使用。温泉县实施示范段路网工程 37.1km，建成河谷长廊北岸和博格达尔山生态步道，河谷林路网实现串联畅通；布热村大桥建成通车，缩短了博尔塔拉河上游两岸通行距离，方便了农牧民出行。

五是幸福河湖综合建设，推动生态理念深入人心。2021 年以来，博尔塔拉河生态文化长廊工程实施重点项目 36 个，力度、规模、效果前所未有，与此同时，蓝天工程、碧水工程、净土工程深入开展，植树造林、水系打造、环博绿廊等各项生态治理保护工程加快推进，极大促进了全自治州生态保护理念、方式、措施的全方位提升。

目前，博尔塔拉河已初步实现生态环境、文旅发展、乡村振兴三者有机结合，山清水秀、林美田沃、湖净草绿，城市宜居、乡村富庶，绘就了博州人民深厚绵长的幸福画卷。

（王珊）

| 新疆生产建设兵团 |

兵地联防联控，推动河流共治、共保、共管、共享

一、背景情况

全面建立河湖长制以来，第六师五家渠市始终深入贯彻落实习近平生态文明思想，积极践行绿水青山就是金山银山发展理念，持续完善河湖长制体制机制，师市主要领导担任昌吉回族自治州河湖长制领导小组副组长，分管师领导担任领导小组办公室副主任，师级河长担任州级河流副河长，团级河长担任县级河流副河长；印发《关于加强昌吉州和兵团第六师河流联防联治工作的规定》，通过联席会议、联合巡河、信息共享等措施，推动河流共治、共保、共管、共享。

二、主要做法

2021 年昌吉州奇台县和第六师奇台农场为推进兵地融合发展，强化全流域治理保护，分别于 6 月 17 日、8 月 28 日共同开展了联合巡河，由奇台农场、奇台县水利局、奇台县及奇台农场河长办、相关乡镇、连队人员组成联合巡查组，对跨界河流新户河、碧流河、吉布库河、开垦河进行了联合巡查，发现河道乱堆问题 2 个，清理树根 $5m^3$，建筑垃圾 $2m^3$。

通过常态化开展兵地联合巡河、召开联席会议，加强兵地沟通交流，相互学习，相互监督，发现和解决跨区域河湖问题，进一步推动河流共治、共保、共管、共享。

三、经验启示

（一）健全兵地共同治水体制机制，推动河湖长制工作落地生根。兵地双方必须建立稳定的共同治水体制机制，在落实巡河、治河、护河责任上主动作为、勇于担当，抓部署、抓落实、抓督办，把河湖长制各项措施落到实处。

（二）坚持兵地联防联控，实现区域共治。必须坚持兵地联防联控，统筹好上下游、左右岸、干支流，通过联合巡河、联合执法，打破行政界限壁垒，弥合部门界限，形成工作合力，推动河流共治、共保、共管、共享，持续改善河湖面貌。

（新疆生产建设兵团第六师河长办）

九、流域河湖管理保护

Management and Protection of Rivers and Lakes in River Basins

| 长江流域 |

【流域概况】

1. 自然地理　长江发源于青藏高原的唐古拉山主峰各拉丹冬雪山西南侧，干流全长约 6 300km，自西向东流经青海、西藏、四川、云南、重庆、湖北、湖南、江西、安徽、江苏、上海等 11 个省（自治区、直辖市）后注入东海，支流延展至贵州、甘肃、陕西、河南、浙江、广西、广东、福建等 8 个省（自治区）。

长江流域位于北纬 24°30′～35°45′、东经 90°33′～122°25′之间，西以芒康山、宁静山与澜沧江水系为界，北以巴颜喀拉山、秦岭、大别山与黄河、淮河水系相接，南以南岭、武夷山、天目山与珠江和闽浙诸水系相邻。流域面积约为 180 万 km^2，占全国总面积的 18.75%。流域形状东西长、南北短，中部宽、两端窄。东西直线距离逾 3 000km，南北宽度除江源和长江三角洲地区外，一般均在 1 000km 左右。

长江干流宜昌以上为上游，长 4 504km，流域面积约为 100 万 km^2，大多属峡谷河段，江面狭窄；宜昌至湖口段为中游，长 955km，流域面积约为 68 万 km^2，河道坡降变小，水流平缓，枝城以下沿江两岸均筑有堤防，并与洞庭湖、鄱阳湖等众多大小湖泊相连；湖口以下至长江入海口为下游，长 938km，流域面积约为 12 万 km^2，沿岸有堤防保护，水深江阔，水位变幅较小，通航能力大，大通以下河段受潮汐影响。

长江流域水资源较丰沛，多年平均年水资源总量为 9 958 亿 m^3，占我国水资源总量的 35%。干流宜昌站、汉口站、大通站多年平均年径流量分别为 4 340 亿 m^3、7 060 亿 m^3 和 8 910 亿 m^3，多年平均年入海水量为 9 190 亿 m^3（不含淮河入江水量）。

2. 河流概况　长江流域水系发育，共有集水面积 50km^2 以上河流 10 741 条（含山地河流 9 440 条、平原水网河流 1 301 条），总长度为 35.80 万 km。其中，集水面积 100km^2 以上河流 5 276 条，总长度为 25.85 万 km；集水面积 1 000km^2 以上河流 464 条，总长度为 8.86 万 km；集水面积 1 万 km^2 以上河流 45 条，总长度为 3.09 万 km。集水面积超过 8 万 km^2 的一级支流有雅砻江、岷江、嘉陵江、乌江、湘江、沅江、汉江、赣江等共 8 条。

长江流域近 95% 的河流集水面积在 50～1 000km^2 之间，88.1%的河流长度小于 50km。河流条数较多的省份分别为四川、湖南、湖北，共有跨省界河流 458 条。

3. 湖泊概况　长江流域湖泊众多，常年水面面积 1km^2 及以上的湖泊共计 805 个（含淡水湖 748 个、咸水湖 55 个、盐湖 2 个），水面总面积为 1.76 万 km^2。其中，常年水面面积 1～10km^2 的湖泊有 663 个，占流域湖泊总数的 82%；常年水面面积 10km^2 及以上的湖泊有 142 个，水面总面积为 1.56 万 km^2；常年水面面积 100km^2 及以上的湖泊有 21 个，水面总面积为 1.199 万 km^2。水面面积排名前五的湖泊分别是鄱阳湖（2 978km^2）、洞庭湖（2 579km^2）、太湖（2 341km^2）、巢湖（774km^2）、滇池（299km^2）。

湖泊主要分布在长江干流水系、洞庭湖水系、鄱阳湖水系、太湖水系。湖泊数量较多的省级行政区是湖北省、湖南省、青海省，其中跨省湖泊有 25 个，主要包括泸沽湖、牛浪湖、黄盖湖、龙感湖、太泊湖、石臼湖、固城湖等。

（许全喜　陈剑池　戴明龙）

【河湖长制工作】　2021 年，长江委围绕新阶段水利高质量发展要求，依托河湖长制，充分发挥流域管理机构协调、指导、监督、监测等作用，建立长江流域片河湖长制协作机制，全面推动河湖长制从“有名有责”到“有能有效”。

1. 河湖长制组织体系　“长江委推进河长制工作领导小组”更名为“长江委河湖长制工作领导小组”。长江委调整该领导小组成员，进一步优化其职能。

2. 流域统筹与区域协作　代部起草《长江流域省级河湖长联席会议机制》并由水利部印发，以流域为整体，强化省级河湖长责任，促进河湖长制各项工作任务落实。与流域 19 省（自治区、直辖市）河长制办公室建立“长江委＋省级河长制办公室”长江流域片河湖长制协作机制，印发《长江流域片河湖长制协作机制工作规则》（长河湖〔2021〕395 号），强化流域统筹、区域协作、部门联动，推进流域治理管理与河湖长制工作深度融合；2021 年 12 月，组织召开长江流域片河湖长制协作机制第一次工作会议，与流域 19 省（自治区、直辖市）交流讨论全面推行河湖长制成效与经验，并研讨下一阶段工作。推进跨省河湖联防联控，制定长江流域片重要河湖、省级河湖及跨省河湖名录，加强流域信息互通共享；组织完成赤水河、琼江、黄河等典型跨省界河湖联防联控现场调研，开展 10 次跨省界河湖联防联控座谈交流。

3. 河湖长制工作督导　根据水利部要求，组织对流域19省（自治区、直辖市）1 000余个县级行政区河湖管理范围划定成果进行抽查复核，指导督促各地完善河湖管理范围划定成果。对江西、重庆、四川有关市、县级河湖长与河长制办公室进行警示约谈，强化河湖管理主体责任落实。指导地方开展河湖健康评价，推进健康、美丽、幸福河湖建设。开展河湖长履职情况监督暗访，跟踪督促问题整改落实。

4. 河湖长制信息化建设　初步建立长江流域河湖长制管理信息系统，开发基于长江水利"一张图"的河湖管理相关模块，收集整理流域19省（自治区、直辖市）河湖管理范围划定成果并上图。

（张细兵　冯兆洋　陈辉　涂声亮）

【水资源保护】

1. 水资源刚性约束　组织开展构建水资源刚性约束制度调研，了解有关流域管理机构和地方水资源刚性约束工作开展情况，探讨建立水资源刚性约束制度的内涵及要求、指标体系、分区管控措施、制度体系及管理措施等方面的经验与做法；针对存在的主要问题，提出构建流域水资源刚性约束制度的工作思路及重点措施，编制完成调研报告。配合水利部制定《关于建立水资源刚性约束制度的意见》，根据流域管理机构职责，结合长江流域实际，编制完成《长江流域水资源刚性约束制度实施方案》（初稿），细化工作要求。选择水资源管理基础较好的汉江流域，开展水资源承载能力评价和分区管控研究工作，探索南方丰水地区水资源承载能力评价指标体系和评价方法，编制完成汉江流域水资源承载能力评价及分区管控研究报告，为推进构建水资源超载治理机制积累经验。

2. 节水行动　推进县域节水型社会达标建设，组织完成江西、湖北、湖南、重庆、四川、西藏等6省（自治区、直辖市）共80个县（区）的2021年县域达标建设备案材料复核和18个县（区）的现场复核。加强省级用水定额评估，印发《长江委节约保护局关于开展湖南西藏省级用水定额评估工作的函》，指导湖南、西藏开展年度用水定额自评相关工作。做好重点监控用水单位监管，257家委管重点监控用水单位被纳入长江委重点监控用水单位管理系统，194家省、市级重点监控用水单位数据接入该系统；督促指导流域有关省强化重点监控用水单位节水监管，对江西等6省开展重点监控用水单位节约用水情况调查，探索建立计划用水台账。严格落实节水评价机制，从严从实开展节水评价审查。滇中引水工程受水区节水考核试点工作取得实质性进展，通过行政督促和技术帮扶，推动"单位地区生产总值用水量"纳入云南省高质量跨越式发展综合绩效评价体系。扩大节水宣传教育，在"世界水日""中国水周"组织开展"节水进机关""节水进社区""节水进校园""节水进乡村"等宣传活动。设计制作"长江水宝"表情包并在微信和蓝信平台上线。会同武汉市水务集团有限公司设计制作"汉水1906"（长江水宝版），打造节水文化名片。

3. 生态流量监管　贯彻落实《中华人民共和国长江保护法》关于生态流量管控要求，全面实施河湖断面生态流量管理。编制《长江流域第一批重点河湖生态流量保障实施方案（试行）》（长节保函〔2021〕44号），明确30条跨省河流、2个重点湖泊的62个控制断面生态流量监测、预警、保障措施和责任主体等，并印发相关省（自治区、直辖市）人民政府办公厅组织实施。确定新一批54条重点河流的72个断面生态流量（水位）保障目标，编制保障实施方案，并将成果上报水利部。出台《水利部长江水利委员会生态流量监督管理办法（试行）》（长节保〔2021〕506号），印发流域内各省级水行政主管部门及有关单位。完善长江流域生态流量监管平台，实现62个控制断面生态流量实时监测预警、会商研判和响应处置，开展月度保障评估并配合水利部开展年度考核。组织召开流域19省（自治区、直辖市）生态流量管理座谈会，进一步统一对保障生态流量重要性的认识并形成保障合力。继续开展生态调度试验研究，重点加强长江干支流产漂流性卵鱼类自然繁殖、三峡库区产黏沉性卵鱼类自然繁殖，以及丹江口—王甫洲水库抑制沉水植物繁殖的生态调度，取得显著生态效益。

4. 取水管理

（1）取水许可审批。组织编制《长江流域取水许可禁限批管理工作水法规摘编》（办水资管函〔2021〕359号），完成《长江流域创新水权交易机制建设调研报告》；组织审查规划水资源论证报告2项；完成建设项目水资源论证报告书专家评审19项，批复取水许可申请16项，批复延续取水申请41项，颁发取水许可证28套、换发40套、变更33套、注销18套；对105个尚未申请发证的取水审批项目开展实施情况跟踪调查，并进行分类监管处置；截至2021年12月底，保有取水许可证406套。建立取水许可审批项目跟踪管理制度，实现审批项目事中事后监管全覆盖。

（2）取用水监测计量。推进委管河道规模以上取水口在线监测工作，向四川等12个省级水行政主管部门印发《关于做好长江委发证取水项目取水计量数据接入工作的通知》（办水资管函〔2021〕64号），会同湖北省水利厅现场调研明确丹江口库区湖北省境内5家取水户数据接入方案；截至2021年12月底，委管河道规模以上取水项目由143个增至241个，实现委管规模以上取水在线监测全覆盖。加快推进流域取用水监测计量工作，制定印发《关于加强长江流域取水口取水在线监测工作指导意见》（长水资管〔2021〕380号），逐步完善长江监控平台，按月编发《长江流域取水监测信息通报》；截至2021年12月底，长江委水资源监控平台接收长江流域取水户由2020年底的3 969家增至5 380家，增长35.6%，监测年取水量由461.8亿m^3增至988.8亿m^3，实现翻倍。

（3）水资源管理和节约用水监督检查。按照水利部统一部署，长江委制定《长江委2021年水资源管理和节约用水监督检查工作实施方案》，明确江西、重庆等5省（直辖市）的30个县级行政区、450个取水项目、30个机井和125个重点用水单位检查名录。组织完成四川、重庆的12个县级行政区、200个取水项目、50个重点用水单位水资源管理和节约用水监督检查，形成四川、重庆2021年水资源管理与节约用水监督检查报告和“一省一单”建议。按照《水利部水资源管理司关于开展2021年部分省区市水资源管理工作书面抽查的通知》要求，以书面形式抽查湖北省2021年水资源管理工作情况，抽查6个县级行政区、100个取水项目，形成问题清单和抽查材料核查报告。

5. 江河流域水量分配　根据水利部水利水电规划设计总院关于水量分配方案的审查意见，长江委组织对湘江等14条跨省流域水量分配方案进行修改，于2021年3月底前全部提交水利部审核。为加快推进方案审批，采用书面沟通、现场调研、视频协商等多种形式开展水量分配方案的技术和行政协调工作；针对綦江、御临河、澧水、洞庭湖环湖区、滁河、青弋江及水阳江6个方案，配合水利部向相关部委及相关省（自治区）人民政府征求意见并修改完善。根据河流特点和近年来监管情况，组织编制《长江流域已批复水量分配方案部分断面最小下泄流量优化调整方案》（长水资管〔2021〕559号）并上报水利部。落实水量分配方案，梳理提出长江流域纳入2021年度实行最严格水资源管理制度考核的水量分配断面50个，涉及汉江、嘉陵江等7个流域，以及四川、重庆等8个省（直辖市）；按断面日均流量满足程度进行评价，2021年度，49个断面满足程度在90%以上。　（胡明　邱凉　李斐）

【水域岸线管理保护】　2021年，长江委继续强化流域河湖水域岸线管理保护，取得明显成效，实现“十四五”良好开局。

1. 河湖管理范围划界复核　印发《长江流域片河湖管理范围划定成果抽查复核工作方案》（办河湖〔2021〕107号），组织对河湖管理范围划定成果上图及抽查复核，累计抽查复核各类河湖2 740条（个），发现疑似问题720处，向18省（自治区、直辖市）发送“一省一单”，并督促整改。

2. 岸线保护与利用规划　完成渠江、青衣江、嘉陵江、洞庭湖区等40项重要河湖岸线保护与利用规划成果复核，指导地方科学划定岸线功能分区，明确分区管控要求。编制完成《丹江口水库岸线保护与利用规划任务书》。继续推进《长江岸线保护和开发利用总体规划》实施，落实岸线分区管理和用途管制。

3. 采砂管理规划　2021年7月，水利部以水河湖〔2021〕212号批复《长江中下游干流河道采砂管理规划（2021—2025年）》。为推动规划全面落地落实，2021年7月和9月，长江委组织召开规划宣传贯彻会，全面介绍规划主要内容，就规划实施提出明确要求；加强规划可采区规范管理，组织对重庆、湖北等17个省级行政区实施开采的可采区进行现场检查。

4. 河湖“四乱”整治　印发《长江委2021年河湖管理监督检查工作方案》（办河湖〔2021〕85号），完善长江水利“一张图”河湖管理检查专题，利用河湖遥感平台开展疑似问题筛查；组织开展暗访检查，检查河段（湖片）1 322个，新发现“四乱”及其他问题288个，抽查复核以往“四乱”问题27个，向水利部报送检查总结报告，向7省（自治区、直辖市）发送“一省一单”，督促各地推进河湖“清四乱”常态化、规范化。

5. 采砂整治　印发《长江水利委员会关于做好2021年春节和“两会”期间长江河道采砂管理工作的通知》（长砂管〔2021〕16号），派出4个检查组监督检查各省（直辖市）工作开展情况。2021年3月，水利部、公安部、交通运输部联合部署开展长江河道采砂综合整治行动。2021年5月，长江委、长江航运公安局、长江航务管理局召开联席会议，制定三部派出机构贯彻落实长江河道采砂综合整治和采砂船舶专项治理重点工作任务，并于6月组成3个联合检查组，督导检查沿江9省（直辖市）长江河道采砂综合整治行动开展情况。

6. 长江岸线清理整治　推进岸线利用项目清理整治扫尾工作，督促地方对延期整改项目建立台账、

落实责任，压茬开展现场复核，利用长江经济带水利纪检监察沟通协调机制，加大清理整治力度。截至2021年年底，2 441个涉嫌违法违规项目全部完成整改，岸线面貌显著改善。

7. 其他河湖水域岸线突出问题专项整治　组织开展丹江口“守好一库碧水”专项整治行动，通过卫星遥感、无人机航拍、现场检查等方式，排查丹江口库区水域岸线疑似点位 2 268处，并提交湖北、河南两省进行全面核查，确定水域岸线突出问题918处。组织开展金沙江下游违法违规占用水域岸线问题排查整治，利用卫星遥感影像开展内业排查，发现问题点位70处，提交云南、四川2省进行全面排查；开展问题整改完成情况的现场抽查复核，以“一省一单”形式将整改不到位问题反馈2省。指导云南、贵州、四川3省开展赤水河干流岸线利用项目排查整治，利用卫星遥感影像开展内业排查，发现疑似问题点位178处，提交3省进行全面排查，并推进涉嫌违法违规问题的清理整治工作。

8. 河湖生态环境保护及修复　推进长江流域非法矮围专项整治，印发工作方案，加强统筹协调，开展现场抽查检查，指导督促9省（直辖市）清理取缔非法矮围108个，拆除围堤131km，河湖水系进一步连通。推动洲滩民垸防洪治理方案编制，组织长江中下游6省（直辖市）网上填报洲滩民垸基本信息，完成洲滩民垸基本信息内业复核，构建洲滩民垸行蓄洪模型，提出洲滩民垸分类指标和初步分类成果。组织开展长江中游干流河道查勘，实地了解河势变化、河道整治及新增崩岸险情等情况。落实生态环境警示片整改，对10省（直辖市）24个涉及水域岸线的长江经济带生态环境突出问题进行全覆盖“回头看”检查，督导地方全部完成整改。

9. 河湖管理基础工作　修订《长江流域和澜沧江以西（含澜沧江）区域河道管理范围内建设项目工程建设方案报告编制导则》，规范涉河建设方案报告编制。根据水利部授权，对大中型涉河建设项目进行分类和细化，编制完成《河湖管理范围内建设项目工程建设方案审查工程规模划分表》。加强水利风景区管理，开展国家水利风景区高质量发展典型案例申报及现场复核，其中丹江口大坝水利风景区成功入选，赴委管水利风景区进行高质量发展调研。

10. 涉河建设项目审批及监管　按照有关法律法规规定及《长江经济带发展负面清单指南（试行）》《长江岸线保护和开发利用总体规划》等管控要求，严格涉河建设项目审查审批，全年完成涉河建设项目许可189项。按照《长江水利委员会水行政许可监督管理办法》要求，强化涉河建设项目监管工作，推进水行政执法平台建设应用，实施“一户一档”清单式管理。依托遥感卫星影像解译、信息共享、大数据筛查等新技术手段，推行以远程监管、动态监管、预警防控为主的非现场监管，建立健全以涉河建设项目重点监管为基本手段，以跨区域、跨行业、线上线下协同的联合监管为补充的事中事后监管模式，全面及时跟踪项目建设运行动态，以科技创新提高监管的智慧化、精细化水平和监管效率。对检查发现的34个涉河建设项目问题提出整改要求，通过多种方式跟踪督办，监督相关单位及时整改并反馈整改情况，督促地方落实属地监管责任。

（王驰　赵瑾琼　申康　周劲松）

【水污染防治】

1. 水污染防治协作机制　2021年，长江委与生态环境部长江流域生态环境监督管理局签署战略合作协议，重点围绕建立资源信息共享机制、建立涉水行政审批会商机制、深化流域综合监测合作、开展联合监督检查、加强突发水污染事件联防联控、深化技术交流合作、加强人才培养交流、强化后勤保障支撑等方面发挥合力优势；在2021年初汉江中下游“水华”及丹江口水库上游有关支流锑超标等事件处置中，协同解决有关问题。与农业农村部长江流域渔政监督管理办公室、中国长江三峡集团有限公司等联合开展2021年三峡水库生态调度试验会商；会同农业农村部长江流域渔政监督管理办公室等单位发布《长江流域水生生物资源及生境状况公报（2020年）》。

2. 水污染防治监督检查　对四川、云南等6省（直辖市）的11处涉及水污染的长江经济带生态环境突出问题开展全覆盖“回头看”，除贵州省赤水河仁怀市河段水体污染问题未销号外，其余10处问题均完成整改验收销号。调研检查四川、湖北等省（直辖市）41个全国重点饮用水水源地安全保障达标建设情况，并按“一省一单”反馈存在的隐患。继续督导相关地方加快推进城市应急备用水源建设，对四川、湖北、湖南、江西、安徽、江苏、贵州等7省的18个市级应急水源建设情况开展“回头看”现场回访核实。截至2021年年底，长江流域地级市均具备双水源。现场检查江西省地下水禁采区30眼机井封填及台账建设，并作为2021年最严格水资源管理制度考核内容。配合水利部开展新一轮超采区划定工作和地下水超采区水位变化情况的通报，跟踪掌握有关省地下水超采区水位变化通报的实施情况。

（吴敏　罗平安　邓瑞）

【水环境治理】

1. 饮用水水源地安全评估　2021年，长江委继续开展饮用水水源地安全保障达标建设评估，完成对流域内205个全国重要饮用水水源地达标评估复核；组织开展丹江口水库水源地达标建设，提出问题清单和加强安全保障的措施与对策。全年长江流域国家重要饮用水水源地水量得到保障，饮用水水源保护区划分工作基本完成，72.7%的水源地一级保护区实现全封闭管理，界标、警示标示及隔离防护设施得到完善。饮用水水源保护区内入河排污口基本整改完成，取水口水质达标率稳步提升。

2. 重要饮用水水源地名录制定　根据《中华人民共和国长江保护法》的要求和水利部部署，长江委调查复核流域19省（自治区、直辖市）内1 200余个县级建制市和县城供水的集中式饮用水水源地（含备用水源地）成果。与水利部、有关省（自治区、直辖市）水利（水务）厅（局）进行沟通，协调解决复核过程中发现的问题，并向水利部提出纳入饮用水水源地名录和管理制度的建议。

3. 重要饮用水水源地监督性水质监测　长江委开展25个全国重要饮用水水源地监督性水质监测，涵盖重庆、湖北、江西、安徽、江苏、上海等6省（直辖市）。根据水利部安排，全年开展西藏自治区阿里地区狮泉河镇2处地下水型饮用水水源地、湖南省株洲市2处河流型饮用水水源地的监督性水质监测，监测结果表明各饮用水水源地水质均满足要求。　（陈力　李斐　邓瑞）

【水生态修复】

1. 生物多样性保护　2021年，长江委承担“全国部分水域水生态监测”工作，对10个水域、148个采样点和10余个鱼类重要生境开展水生态监测。联合中国水产科学研究院长江水产研究所、中国科学院水生生物研究所、中国长江三峡集团有限公司中华鲟研究所等单位开展中华鲟繁殖监测，并取得人工繁殖新突破：成功将全人工繁殖的子二代雄性个体培育至性成熟并实施全人工繁殖，获得初孵仔鱼11万尾。承办2021年“美丽长江·青春行动”丹江口鱼类增殖放流活动，放流鱼苗20万尾，有效补充长江流域鱼类种群数量。在遗传资源保护方面，基本建成三峡工程影响水域重要水生生物遗传资源保存库，截至2021年年底，收集150余种长江水生动物的活体、标本、组织样本、DNA、细胞、精子等遗传资源，并建设水生动物标本展示厅。

2. 河湖健康评价　开展长江口河段健康评价，参考《河湖健康评估技术导则》（SL/T 793—2020）并结合长江口河段实际，提出适合长江口河段健康评估的指标体系；从水文水资源、物理结构、水质、水生生物和社会服务功能等方面，开展资料收集和现场监测，对长江口水域进行健康评估并提出针对性对策建议。长江口河段总体评价结果为健康状态，主要问题存在于物理结构和水生生物健康状况、岸带人工干扰、底栖动物生存环境等方面。对西藏阿里地区朗曲等4条（个）地区级河湖、云南省临沧市86条（个）河湖开展健康评价，并提出具有针对性的保护对策。　（廖小林　田华　唐海滨）

【执法监管】

1. 联合执法　2021年，长江委在长江流域和重点区域与公安、交通运输、农业农村、生态环境等部门开展丹江口库区专项监督检查、三峡库区联合执法检查、省际边界河段采砂综合整治专项执法行动等一系列跨部门、跨区域、跨领域联合执法检查行动。在河南省南阳市召开丹江口水库“1＋3＋5”联席会议，持续推进丹江口水库水行政联合执法。参与农业农村部2021年长江流域重点水域禁渔专项执法行动1次、长江禁捕联合执法行动22次，累计出动水行政执法人员168人次，巡查水域831km^2。以钱某某非法采砂案件为契机，完善与地方水行政主管部门和公安部门信息共享、要情会商、线索通报、案件移送等执法联动、司法协作衔接机制。

2. 水行政执法专项监督现场检查　2021年，按水利部、司法部的部署，开展流域水行政执法专项监督现场检查，完成工作总结并由水利部报送中央依法治国委员会办公室。其中，开展丹江口专项监督检查3次，现场核查各类涉水问题79个，向湖北省、河南省水利厅通报违规项目53个；联合地方水行政主管部门及相关涉水管理部门开展长江干流和三峡、丹江口、陆水、皂市水库及洞庭湖、鄱阳湖地区综合执法现场监督检查20余次，检查项目174个。

3. 采砂执法监督　2021年，累计开展采砂管理暗访巡查55次，出动人员429人、车辆122车次、执法船艇16艘次、无人机2航次，累计暗访巡查江段长度2.4万km；开展巡江检查4次，巡查江段长度3 382km；联合长江航运公安局等单位，于1月21日至3月1日在安徽省铜陵市和4月14—17日、5月2日在湖北省鄂州市开展专项执法打击行动3次，出动执法人员200余人次、执法车辆86辆次、执法艇55艘次，租用民船2艘次，抓获采运砂船舶10余艘、非法采砂犯罪嫌疑人68名，成功打掉涉砂犯罪团伙3个。

4. 河湖日常监管　严格落实日常巡查制度，开展专项行动，主动联合地方巡查、常态化日常巡查实现对违法项目的“及时督办、抓早抓小”。2021 年对丹江口水库开展各类专项检查 7 次，提交月度巡查报告 12 份；联合地方巡查 16 次，发送巡查简报 13 份，现场制止违法项目 11 个；解译卫星影像并开展排查 15 批次，完成共计 141 景各类影像的处理和解译；开展现场巡查 105 天，巡查库岸线长度 52 364km，水域面积 12 180km^2；结合陆水水库工程特点和日常管理工作安排，坝区执行一天两巡制，库区执行一周两巡制。针对巡查中发现的问题，及时制止，及时处置。2021 年坝区巡查 498 次，库区巡查 130 次，库区协管员巡查 421 人次，现场制止违法项目 7 起。

（吴齐　向继红）

【水文化建设】　2021 年，长江委在水利部的领导下，在流域各地的支持下，贯彻落实习近平总书记关于文化建设和长江文化建设重要论述精神，推进长江水文化建设和“文化塑委”工作取得实效。

1. 顶层设计　长江委按照“三对标、一规划”专项行动部署，落实《水利部关于加快推进水文化建设的指导意见》（水办〔2021〕305 号），推进长江水文化建设顶层设计，赴流域相关地方开展长江水文化系列调研，对流域 19 个省（自治区、直辖市）开展全覆盖摸底调查，开展部分省（直辖市）及汉江流域的现场调研查勘、座谈交流，在委内开展问卷调查和访谈。编制《“十四五”长江水文化建设规划》《“十四五”长江委文化塑委规划》，提出“十四五”时期长江水文化建设“一个体系、一个机制、一个模式、一批载体”的发展目标，以及深化单位文化建设、传承弘扬长江委精神、扩大文化传播交流、拓展文化培育路径等“文化塑委”任务，为长江水文化建设和“文化塑委”战略落实提供指导。

2. 示范试点创建　长江委组织开展长江水文站点文化提升改造，将汉口水文站文化提升改造经验向宜昌、沙市、城陵矶等水文站点推广。推进丹江口、江垭、皂市等水利枢纽工程开发文化旅游资源，其中汉江水利水电（集团）有限责任公司与中青旅控股股份有限公司加强合作，共同打造“水源文旅”研学品牌。开展汉江流域水文化建设试点，制定《推进汉江水文化建设实施方案》，发掘丹江口水利枢纽等已建水利工程和其他在建水利工程的文化内涵和文化价值，结合节水型社会、汉江岸线生态保护、引江补汉等工程建设，提升水工程综合效益和水工程文化内涵品位。

3. 成果创新　《长江文化史》入选 2021 年中共中央宣传部主题出版项目，《长江之子郑守仁》获评“湖北省荆楚十佳图书”，《高坝通航建筑物设计与研究》《不废长江万古流》《长江传》等多部图书入选国家级和省级主题出版项目。《长江年鉴》（2020 卷）获第八届全国地方志优秀成果（年鉴类）特等奖。《水文化》杂志正式取得刊号。长江委加强治江先进人物宣传，组织开展“水文化进社区”“水文化进校园”等宣传交流活动。“保护河湖生态志愿者行动”获第五届中国青年志愿服务项目大赛金奖，水工程生态研究所湖北长江水生态保护与修复青年科技创新团队、长江设计集团有限公司获第十届“母亲河奖”。

（张兆松）

【智慧水利建设】　2021 年，长江委河湖管理智慧化水平得到进一步提升。

1. 河湖管理与信息化融合

（1）长江水利“一张图”支撑流域河湖管理范围划界复核工作。根据《水利部关于对河湖管理范围划定成果进行省级复核的通知》要求，长江委利用长江水利“一张图”汇集 19 个省（自治区、直辖市）的 11 479 条河流、770 个湖泊、51 座水库的河湖管理范围划界成果。通过利用长江水利“一张图”中遥感影像和其他基础数据资源与划界成果进行叠置分析比对，组织 40 余名技术骨干，对划界成果进行抽查复核，共完成 2 740 条（个）河湖划界成果的复核。

（2）长江水利“一张图”支撑丹江口“守好一库碧水”专项整治。落实《水利部办公厅关于依托河湖长制开展丹江口“守好一库碧水”专项整治行动的通知》部署，利用长江水利“一张图”和最新卫星遥感、无人机影像，对丹江口库区存在的非法占用岸线、非法侵占水域、非法养殖、非法采砂、乱堆乱放等水域岸线突出问题进行内业排查；利用长江水利“一张图”移动版 App，支撑 8 个工作组完成对 918 个问题的抽查复核。

2. 人工智能遥感影像解译技术研发　依托长江水利“一张图”研发遥感影像解译样本标注工具，组织技术人员采用目视解译方式构建包括大坝、码头、水体、建筑物、网箱养殖、化工存储罐、光伏电站 7 类约 4 万余个解译样本数据集，并在该数据集基础上完成 7 类目标地物深度学习识别模型的训练。经检验，模型的精度和召回率均为 80% 以上。2021 年下半年，码头识别模型在三峡库区涉河项目调查中得到初步应用，自动解译识别 600 余个目标。

3. 砂石采运“电子身份证”应用　长江流域启动砂石采运“电子身份证”监管新模式，长江干流砂石采运管理单信息系统获大范围推广应用，实现采砂管理从纸质单据到全流程信息化管理的转变。截至 2021 年年底，该系统应用于 31 个采区和 8 个疏浚区，涉及近 1 560 艘运砂船，累计开出 5 500 余张“电子身份证”。（徐靖钧）

| 黄河流域 |

【流域概况】 黄河是中华民族的母亲河，也是中国的第二大河，孕育了光辉灿烂的华夏文明。黄河发源于青藏高原巴颜喀拉山北麓的约古宗列盆地，流经青海、四川、甘肃、宁夏、内蒙古、山西、陕西、河南、山东 9 省（自治区），在山东省东营市垦利区注入渤海。干流河道全长 5 687km，落差 4 480m，流域面积 81.3 万 km^2（包括内流区、沙珠玉河），流域人口 1.1 亿人，耕地 0.163 亿 hm^2。根据 1956—2000 年系列水资源调查评价，黄河流域年水资源总量为 647.0 亿 m^3，多年平均河川天然年径流量为 534.8 亿 m^3，相应年径流深 71.1mm。

黄河按地理位置及河流特征划分为上、中、下游，从黄河河源到内蒙古托克托县的河口镇为上游，干流河道长 3 472km，流域面积 42.8 万 km^2；从河口镇到河南郑州桃花峪为中游，干流河道长 1 206km，流域面积 34.4 万 km^2；桃花峪以下至入海口为下游，河长 786km，流域面积 2.3 万 km^2。

黄河是世界上输沙量最大、含沙量最高的河流。1919—1960 年人类活动影响较小，基本可代表天然情况，三门峡站实测多年平均年输沙量约 16 亿 t，其中粗泥沙（$d>0.05$mm）约占总沙量的 21%，其淤积量约为下游河道总淤积量的 50%。

黄河流域位于北纬 32°10′～41°50′、东经 95°53′～119°05′之间，西起巴颜喀拉山，东临渤海，北抵阴山，南达秦岭，横跨青藏高原、内蒙古高原、黄土高原和华北平原 4 个地貌单元，地势西部高、东部低，由西向东逐级下降。黄河流域大部分位于干旱半干旱地区，生态环境脆弱，水土流失严重，是我国生态脆弱区分布面积最大、脆弱生态类型最多的流域之一。

黄河流域是我国重要的经济地带，黄淮海平原、汾渭平原、河套灌区是农产品主产区，粮食和肉类产量占全国 1/3 左右。黄河流域又被称为“能源流域”，煤炭、石油、天然气和有色金属资源丰富，煤炭储量占全国一半以上，是我国重要的能源、化工、原材料和基础工业基地。（魏青周 张超）

【河湖长制工作】 2021 年，黄委和黄河流域 9 省（自治区）深入贯彻落实习近平生态文明思想和关于黄河保护治理重要讲话指示批示精神，全面落实“节水优先、空间均衡、系统治理、两手发力”治水思路和黄河流域生态保护和高质量发展重大国家战略，以高度的政治责任感和历史使命感，聚焦河湖管理突出问题，主动作为、团结协作、真抓实干，强化河湖长制，完善体制机制法治管理，共同抓好大保护，协同推进大治理，加快推动河湖长制从“有名有责”到“有能有效”，促进河湖面貌明显改善、水生态水环境持续向好，河湖长制和河湖管理保护工作取得了显著成效。

1. 河湖长制组织体系 黄河流域 9 省（自治区）按照“属地管理、党政负责”的原则，全面建立了省市县乡村五级河湖长体系，截至 2021 年年底，共设立河湖长 25.17 万名，巡（护）河员 27.87 万名。省级党委政府主要负责同志担任双总河长，带头开展巡河查河，研究解决重大问题，高位推动工作落实；四川、山西、山东省提升河长办主任规格，省政府分管领导担任省级河长办主任；青海、内蒙古、山西、陕西、河南、山东省级河长办主要成员单位实现联合办公；巡（护）河员等公益性岗位在流域城镇河段全覆盖，打通了河湖管护“最后一公里”问题。

2. 河湖管理保护联防联控机制 流域各省（自治区）充分发挥河湖长制平台作用，持续加强部门协同合作，建立完善河湖管理保护联防联控机制。宁夏、甘肃、内蒙古、陕西、河南、山东建立“河长+检察长+警长”联动机制；河南构建“河长+互联网”的“智慧河湖”监控平台，积极探索党建助力河长新机制；甘肃建立河湖管理保护联系包抓制度；青海、四川出台河湖长制条例，将河湖长制工作纳入法治轨道运行，从“有章可循”向“有法可依”转变；山西、山东、甘肃开展涉河湖违法问题有奖举报，关爱河湖、保护河湖的社会氛围日益浓厚。

3. 召开第四次黄河流域（片）省级河长制办公室联席会议 2021 年 12 月 29 日，第四次黄河流域（片）省级河长制办公室联席会议在郑州召开，黄委设主会场，流域（片）10 省（自治区）和新疆生产建设兵团设分会场。会议总结了 2021 年黄河流域（片）河湖长制和河湖管理保护工作，交流了各地好经验好做法，进一步加强了河湖管理流域统筹与区域协调，为黄河流域生态保护和高质量发展提供支撑。黄委副主任周海燕出席会议并讲话，流域（片）10 省（自治区）和新疆生产建设兵团省级河长办负责人做交流发言，黄委机关有关部门、委属有关单

位负责人参加会议。

4.《黄河流域省级河湖长联席会议机制》印发实施 2021年10月22日，水利部印发《黄河流域省级河湖长联席会议机制》（简称《联席会议机制》）。自3月水利部启动《联席会议机制》编制工作以来，在水利部河湖司指导下，在黄委两次征询流域9省（自治区）意见的基础上，结合黄河流域河湖长制和河湖管理保护工作实际，于6月提出联席会议机制初步方案上报水利部。8月水利部召开专题会议研究长江、黄河流域省级河湖长联席会议机制，充分肯定了黄委提出的机制方案。10月水利部正式印发《联席会议机制》。机制明确了联席会议的主要职责、成员组成、工作规则和要求。联席会议实行召集人轮值制度，黄河流域9省（自治区）总河湖长（省级人民政府主要负责同志）轮流担任联席会议召集人，联席会议办公室设在黄委，承担联席会议日常工作。全体会议每年召开一次，由召集人所在省（自治区）承办，联席会议办公室协办。

（魏青周　张超）

【水资源保护】

1. 节水行动

（1）2021年，黄委贯彻落实《水利部关于实施黄河流域深度节水控水行动的意见》要求，研究印发《黄委贯彻落实黄河流域深度节水控水行动实施方案》（黄节保〔2021〕317号）。组织编制的《建筑业用水定额：体育场馆建筑》由水利部印发施行。开展内蒙古自治区用水定额评估。

（2）落实规划和建设项目节水评价，对38个建设项目进行节水评价审查，全年累计核减申请水量730万m^3。对西北6省（自治区）60个县域的节水型社会达标建设进行复核，提前一年完成国家节水行动方案的建设目标。巩固和深化黄委节水机关建设成果，推动39家单位建成节水型单位。黄委机关被授予首批“全国公共机构水效领跑者”。

（3）2021年，根据水利部统一部署，黄委对青海、甘肃、内蒙古、陕西、新疆和新疆生产建设兵团节约用水情况进行监督检查，完成对30个县级行政区、156个用水户的检查任务，向水利部报送“一省一单”问题及建议。

（4）组织开展“节水中国、你我同行”主题宣传活动。积极组织全国节约用水知识大赛答题活动，开展“同护幸福河之水向东流”歌曲推广活动。累计在水利部网站（报纸）、全国节水办官网（微信公众号）、黄河报（黄河网、黄河电视台、微信公众号）等发布宣传稿件72篇，全国节约用水办公室采编节水宣传稿件数量位列流域机构前列。

2. 生态流量监管

2021年，黄委对已确定生态流量保障目标的黄河干流、洮河、大通河、渭河、北洛河、无定河、伊洛河等7条重点河流15个重要控制断面，按照“日跟踪、月通报”的方式实施监管，各河流主要控制断面生态流量全部达标，保障了河道内基本生态用水；研究确定了第三批湟水、泾河、窟野河、黑河等4条重点河流生态流量保障目标，水利部于2021年12月15日批复；编制已确定生态流量保障目标的黄河流域10条重点河流20个主要控制断面生态流量保障实施方案，逐河流确定生态流量预警方案和预警响应机制，明确各断面责任主体、评估考核要求及保障措施。

3. 黄河流域片取用水管理专项整治行动

根据水利部安排部署，2021年黄委在组织做好黄河流域片取水口核查登记工作的同时，同步开展问题整改提升。8月，黄委制订了《黄河流域片取用水管理专项整治行动整改提升实施方案》，明确了责任主体、整改时限和整改措施，对存在问题的取水口下达整改通知，分类施策推进整改，对问题排查、核实、认定到最终销号进行全过程跟踪监管。黄河流域及西北诸河在全国取用水管理专项整治信息系统平台审核登记取水口111.95万个，涉及取用水项目27.5万个，其中黄委管理权限范围内登记取水口828个，认定存在问题的取水项目193个，经整改提升后已有181个项目完成了整改。

4. 健全完善水资源管控指标体系

在已批复北洛河、洮河、渭河、无定河、伊洛河5条跨省支流水量分配方案的基础上，2021年4月26日，泾河水量分配方案获得水利部批复。加快推进山西省黄河分水指标细化到干支流和市级行政区，12月23日山西省人民政府办公厅印发实施。

5. 暂停审批水资源超载地区新增取水许可

2021年，黄委对黄河流域6省（自治区）13个地市和62个县水资源超载地区相应水源暂停审批新增取水许可，对内蒙古、陕西、山东6地市超载治理工作进行调研指导，开展了水资源超载地区评估及解除机制研究，指导地方制定超载治理方案，加快推动超载综合治理。

（柴婧琦　孙伊博）

【水域岸线管理保护】

1. 河湖“清四乱”常态化规范化 2021年，黄委深入推进黄河流域河湖“清四乱”常态化规范化。先后印发《黄委关于黄河流域河湖“四乱”问题清理整治工作指导意见》（黄河湖函〔2021〕23号）、

《黄委关于深入推进黄河流域河湖“清四乱”常态化规范化的函》（黄河湖函〔2021〕95号）、《黄委关于进一步加强黄河流域河湖管理保护工作的函》（黄河湖函〔2021〕109号）等文件，明确了“四乱”问题清理整治原则，对河湖“四乱”问题整改方案编制、审核、整改、验收等提出了明确意见。流域各省（自治区）认真开展河湖“四乱”问题自查自纠，加强河湖日常巡查，组织开展“大起底、大排查”，将清理整治重点向中小河流、农村河湖延伸，逐步实现流域河湖全覆盖，不断加大河湖“四乱”问题清理整治力度，建立新一轮河湖“四乱”问题台账，扎实推进“查、认、改、销”各环节工作，确保“清四乱”行动取得实效，侵占河湖、阻碍行洪、破坏河势稳定的行为得到有效遏制。

2. *河湖管理监督检查* 2021年，黄委按照水利部要求，制定印发《2021年河湖管理监督检查工作实施方案》（黄河湖〔2021〕145号），组织对河南、陕西、内蒙古、宁夏、甘肃、青海、新疆（含兵团）7个责任省（自治区）开展河湖管理监督检查工作，共派出27个检查组、85人次，督查83个市（州）418个县（区），督查河流（河段）及湖泊（湖片）1 492个，发现问题483个，对检查发现的较严重问题印发一省一单，督促有关地方进行整改。配合水利部完成甘肃、宁夏和山东3个省（自治区）进驻式检查工作。

3. *黄河岸线利用项目专项整治* 2021年，黄委深入推动黄河岸线利用项目专项整治工作，持续督导青海、甘肃、宁夏、内蒙古、山西、陕西、河南、山东8省（自治区）河长办和水行政主管部门，组织核查组对部分省（自治区）整改情况进行抽查复核，督促开展违法违规项目规范整改。其中，对山东省550个黄河岸线利用项目进行了全覆盖现场复核。本次黄河岸线利用项目专项整治共规范整改桥梁350座、道路5条、码头50处、渡口1处、管道98条、缆线194条、取水设施508处、排水设施114处、生态整治工程59处；整治岸线长度约14 000km，腾退岸线长度近30km，拆除违建面积超17万m^2，清除弃土弃渣近160万m^3，完成滩岸复绿约1 100万m^2。

4. *河湖管理范围划界* 2021年，按照水利部划界工作安排，黄委组织编制印发《2021年度黄河大北干流河道管理范围划界实施方案》（黄河湖〔2021〕72号）和《2021年度直管河道和水利工程划界实施方案》（黄河湖〔2021〕73号），开展黄委年度划界预算项目工作，完成黄河干流禹门口以下河段孟津、孟州、封丘、长垣、沁阳、垦利6个水管单位和黄河大北干流河段山西、陕西两岸579.7km长度河道划界任务，稳步提升水域岸线空间管控和流域河湖管理水平。对青海、甘肃、宁夏、内蒙古、陕西5省（自治区）黄河流域重要河道管理范围划定成果进行复核。

5. *《黄河流域重要河道岸线保护与利用规划》印发实施* 2021年11月，水利部印发《黄河流域重要河道岸线保护与利用规划》（简称《岸线规划》）。自水利部启动《岸线规划》编制工作以来，黄委高度重视《岸线规划》编制工作，多次组织召开专题会议，协调解决实际问题，积极推动编制进程。经过两年的编制、审查、复审工作后，《岸线规划》正式由水利部印发实施。本次规划现状水平年2018年，规划水平年2030年。规划范围为黄河干流龙羊峡至入海口河段，包括东平湖和入海备用流路，重要支流的渭河下游、伊洛河（洛阳老城—黑石关）、沁河下游、大清河（戴村坝—马口闸），以及窟野河、黄甫川、泾河等省际界河段，河道总长度4 582.3km，岸线总长度 12 147.35km。

6. *黄委直管河段河道采砂管理* 2021年1月，印发《黄委直管河段年度采砂实施方案编制大纲》，对直管河段年度采砂实施方案进行统一规范，细化实化采砂规划；3月，印发《黄委关于加强和规范直管河段河道采砂管理的通知》，明确黄委直管河段河道采砂管理权限，严格方案审查、采砂许可和监督管理；5月，印发《黄委河湖局关于规范直管河段河道采砂许可证和标牌管理的通知》，对直管河段河道采砂许可证样式和河道采砂标识牌进行了统一规范，并组织研发了直管河段河道采砂许可证管理系统，规范了采砂许可要求和程序；6月，印发《黄委河湖局关于黄委直管河段采砂管理实行砂石采运管理单制度的通知》，明确实行采砂采用管理单（五联单）制度，实现河道砂石采、运、销全过程监管；运用信息化监管，组织研发了黄委直管河段河道采砂智能监管系统和手机App；推广绿色采砂作业，在宽河段推行规模化集约化的厂站式环保型采砂生产作业系统。

7. *开展黄委直管河道非法采砂专项整治行动* 2021年9月，黄委按照《水利部办公厅关于开展全国河道非法采砂专项整治行动的通知》（办河湖〔2021〕252号）要求，督促各有关单位运用拉网式排查、不间断暗访、常态化巡查等方式确保直管河段非法采砂问题及时发现、及时查处、严厉打击，特别是对黄河大北干流、渭河耿镇桥以下河段、三门峡和小浪底（含西霞院）库区河段、豫鲁交叉河段加大巡查力度和巡查频次。本次行动共出动人员

6 038 人次，巡河长度 9.7 万余 km，依法查处（制止）非法采砂行为 38 起，拆解“三无”采砂船 2 艘，查处非法采砂挖掘机械 11 台，行政处罚 33 人，罚款 40.4 万元，刑事处罚 4 人。

8. *严厉打击违法违规采砂活动* 2021 年，黄委及时核查处理群众举报和舆情反映的违法违规采砂事件 17 起，行政处罚 16.5 万元，向公安机关移送案件 2 起，对履职不到位、整治工作不力的相关责任人严肃追责问责，将非法采砂单位和个人列入采砂黑名单。全年共出动巡查人员 18 万余人次，巡河长度 32 万余 km，查处（制止）非法采砂行为 146 起，查处非法采砂船 37 艘，查处非法采砂挖掘机械 24 台，清理非法筛砂、洗砂 6 处，立案查处违法采砂案件 90 起，行政处罚 88 人。按照两高关于非法采矿罪的司法解释和有关要求，向公安机关移送涉嫌犯罪案件 7 起，刑事处罚 9 人，有力维护了河道采砂秩序。

（魏青周　张超）

【水污染防治】 (1) 2021 年，黄委修订《黄河重大水污染事件报告办法（试行）》，更名为《黄河流域重大突发水污染事件水利报告办法》（黄节保〔2021〕7 号）并印发。

(2) 2021 年 9 月，由黄委节约保护局带队，黄河水资源保护科学研究院、黄委节水中心参加，赴内蒙古鄂尔多斯、宁夏石嘴山和银川开展黄河流域生态环境警示片中关于 2 省（自治区）3 大类地下水取用水有关问题整改的现场核查。

(3) 2021 年 6 月，完成山西省太原市、晋中市、临汾市、晋城市地下水超采治理情况调研，对昌源河灌区、古县提水灌溉工程、河湾村农村节水协会、祁县节水灌溉示范区、襄汾县水源替代工程等进行现场调研，为重点区域地下水超采治理与保护方案的完善和措施的落地提供依据。

(4) 2021 年 5—6 月，黄委进行洛河、伊河沿河风险源现场调研，开展故县水库、三门峡西段村和卫家磨水库饮用水水源地实地查勘。系统梳理流域近些年重大突发水污染事件，分析突发水污染特点及类型，构建了流域突发水污染预警预报软件，实现了突发水污染事件预报过程计算结果可视化，并结合现场调研进行典型突发水污染事件预警预报反演，提升了突发水污染事件预报的精度。

(5) 发挥流域饮用水水源监管职责，持续推进 2021 年流域重要饮用水水源地安全保障达标建设评估工作，完成甘肃、内蒙古、山西、河南 4 省（自治区）共 13 个水源地的现场评估抽查，编制完成《黄河流域（片）2021 年度全国重要饮用水水源地抽查评估报告》。

（徐晓琳）

【水环境治理】 2021 年，黄委首次联合黄河流域生态环境监督管理局开展监督性监测并进行现场检查，截至 2021 年年底，实现流域 90 个重要水源地评估工作的第一轮全覆盖。2021 年，黄河流域（片）选取甘肃、内蒙古、山西、河南、新疆及新疆建设兵团共计 19 个全国重要饮用水水源地进行了现场抽查，评估水源地管理与保护现状，识别水源地现状主要存在问题和未来保护及管理需求，探索水源地名录准入与退出管理研究。同时深入了解 2020 年存在问题整改情况与生态环境部在 2018—2019 年连续开展的全国集中式饮用水水源地环境保护专项行动中发现的问题及后续整改情况。结合流域现场抽查情况编制完成《黄河流域（片）2021 年度全国重要饮用水水源地安全保障达标建设抽查评估报告》。

（孙伊博）

【水生态修复】

1. *水土流失治理* 截至 2021 年年底，黄河流域水土流失面积为 25.93 万 km^2，其中水力侵蚀面积 18.86 万 km^2，风力侵蚀面积 7.07 万 km^2。累计初步治理水土流失面积 25.96 万 km^2，其中修建梯田 624.14 万 hm^2、营造水土保持林 1 297.18 万 hm^2、种草 237.66 万 hm^2、封禁治理 437.32 万 hm^2。建成淤地坝 5.71 万座，其中大型坝 6 269 座，中型淤地坝 1.06 万座，小型淤地坝 4.02 万座。水土保持率为 67.37%，植被面积共 54.64 万 km^2。

与 2020 年全国水土流失动态监测数据相比，2021 年黄河流域水土流失面积减少 0.34 万 km^2，减幅 1.29%。从侵蚀强度等级来看，极强烈等级和剧烈等级减幅较大，分别减少 12.73%和 13.33%。其中强烈及以上水土流失面积减少 0.32 万 km^2，减幅 9.12%。黄河流域水土流失累计治理面积增加 0.72 万 km^2，增幅 2.85%；水土保持率提高 0.43 个百分点；植被面积减少了 0.31 万 km^2，减幅 0.56%。综上所述，黄河流域水土流失面积减少，土壤侵蚀强度降低，生态环境持续向好，绿色发展成效显著，水土流失严重的状况有了明显好转。

2. *河湖健康评价* 2021 年，在全国河湖健康指标体系框架下，黄委选择黄河玛曲龙羊峡河段为评估河段，组织黄河水资源保护科学研究院开展评估工作。4 月，开展黄河玛曲龙羊峡河段相关资料收集工作，编制年度工作大纲。4—9 月，开展玛曲龙羊峡河段水文水资源、水质、水生生物及栖息地、河岸带和社会服务功能等现场调查。10—11 月，根据现场调查结果，开展玛曲至龙羊峡河段健康评估工作。11—12月，编制完成《2021年度黄河流域河湖健康评估成果报告》，为进一步开展河流生态保护与修复奠定基础。（邓敬一 孙伊博）

【执法监管】

1. 完善联合执法机制 2021年，黄委印发《黄河流域跨区域跨部门水行政联合执法机制指导意见》，要求坚持“行业主导、部门联动，系统治理、协调发展，信息共享、提质增效”的基本原则，委属有关单位根据各自辖区河段的管理现状和需求，与地方涉河职能部门建立水行政联合执法机制；与地方公检法机关建立“行刑衔接”协调配合机制；明确提出包括联合巡查、联合执法、联席会商、重大应急突发事件协同处置、省际界河跨区域协作联动响应和信息通报反馈等6个方面的主要内容。水行政联合执法机制的建立与实施，对形成黄河流域水行政执法合力，严厉打击各类水事违法行为，维护良好水事秩序，支撑保障黄河流域生态保护和高质量发展重大国家战略落实有着重要意义。

2. 河湖日常监管 2021年，黄委强化河湖日常监管，全年累计出动43 869人次，巡查里程746 584km，现场制止查处违法行为1 624起，立案查处269件，结案率达97%。落实部巡视反馈整改意见及“回头看”要求，出台《黄河下游浮桥日常监督考核管理办法》，开展黄河下游浮桥专项执法行动，拆除违规管理用房3 932m^2，清除违规裹护和垃圾8 812m^3，新增视频监控设施52套，整修道路35km，增加绿植1.5万m^2。会同水调局联合开展取用水管理专项执法行动，完成43个违法取用水项目整改销号任务。印发进一步明确河道管理范围内建设项目施工备案和加强委属单位审批项目备案工作通知，修订完善监管事项检查实施清单，持续推进宁夏黄河楼、韩城龙门段侵占河道等问题整改。

3. 推动黄河立法进程 2021年，黄委积极推动黄河保护法立法进程，召开党组会、专题会5次，研究立法重大事项，就关键问题、具体条文内容多次向水利部提出具体意见建议；召开黄河立法周例会28次，研究安排具体立法工作事项，编制工作周报28期。组织200余名业务骨干分章节进行技术攻坚，研究提出条文初稿按时上报水利部，条文起草过程中共完成条文修改稿26件，对水利部征集的数千条意见提出处理意见，配合水利部完成水利重大问题专题调研。组建10个课题组开展重大专题研究，按时提交研究成果。配合司法部审查，完成黄河立法专题调研，及时答复司法部关切的有关问题并提供名词解释等支撑材料。2021年10月8日，国务院常务会议通过《黄河保护法（草案）》，12月20日全国人大常委会第三十二次会议第一次审议。

4. 抓好水事纠纷调处 2021年，黄委开展省际水事纠纷调处工作，常态化和专项集中排查相结合，纠纷调处化解和纠纷预防两手抓，及时高效化解矛盾纠纷。组织汛前省界河段集中排查化解，在重大节日、全国“两会”等重要时间节点对敏感河段水事秩序进行排查，迎接建党100周年之际开展省际边界河段水事矛盾排查化解活动。全年共派出检查组69批次、300余人次，处置隐患11起，完成项目整改验收2起，对4起历史已调解完成的纠纷进行“回头看”，有效维护了省际边界地区社会稳定。

（李鹏）

【水文化建设】

1. 系统谋划黄河文化建设 2021年，黄委立体化构建黄河文化保护传承弘扬工作体系，制订《2021年黄委机关黄河文化建设活动实施方案》，将保护传承弘扬黄河文化纳入黄委年度工作要点。并将保护传承弘扬黄河文化撰写进《黄河流域生态保护和高质量发展水安全保障规划》《推动新阶段黄河流域水利高质量发展“十四五”行动方案》和《中华人民共和国黄河保护法（草案）》。

2. 加强黄河水文化研究 以人民治黄故事为主题主线，编撰《黄河故事·治理篇》（上、下册）。山东河务局在对治河遗址遗迹等进行重点调查的基础上，编撰出版《大河钩沉——山东黄河水文化遗产辑录》。河南河务局编撰出版《河南黄河之最》《战洪图》《黄河水利委员会河南河务局重要治河文献选编（1951—2021）》，配合河南省政协完成《黄河记忆》专题史料征编，联合河南省委党史研究室完成“新中国成立以来河南对黄河的保护与治理”国家重大课题研究。三门峡明珠集团出版《诗话黄河三门峡》《媒体眼中的黄河三门峡》等图书。

3. 讲好黄河故事 2021年，黄委举办“长河岁月·光影印记——老照片背后的故事”大赛，陆续推出文章41篇、图片100余幅，传承治黄历史记忆，抢救保护治黄历史图片。配合国家广播电视总局、中央新闻纪录电影制片厂拍摄《黄河人家》《黄河安澜》《绝对考验》等纪录片。拍摄《薪火传承》（第四季）。

4. 推进治黄工程与黄河文化深度融合 2021年，黄委推进治黄工程与治黄文化相融互促，山东河务局开展“河润山东”文化品牌建设，新建工程

与文化融合展示区22处，建成山东治黄文化展厅、齐韵黄河文化展厅，参与建设济南黄河文化展览馆。河南河务局命名台前影唐险工等8处为黄河文化融合示范工程。在花园口等国家重点水文站设立“公众开放日”，依托“模型黄河”试验基地开展科普研学，满足社会公众亲水爱河、了解治黄的需求。

5. 黄河博物馆建设　2021年，黄河博物馆调整优化展陈，持续完善《黄河博物馆黄河水文化展览设施提升工程》科研报告。积极配合全球水博物馆联盟完成新建官网中“黄河博物馆专题网页”创建。

6. 科普宣传　举办2021年黄委科普活动周，9家委属单位联动，开放水文站、模型黄河基地、野外观测站、防洪示范工程等治黄科普研学区，受众达1.7万人次；积极组织全国科普日活动，组织开展科普宣传进社区、公益讲解、科普赠书进校园等活动，其中“节水优先，科技惠民”系列活动被中国科协评为2021年全国科普日优秀活动；推荐6部图书参加全国优秀科普作品评选，组织推荐黄河博物馆申报全国科普教育基地；全年举办黄河讲坛7期，线上线下受众2万人。（夏厚杨　崔慧敏）

【智慧水利建设】

1. 黄河“一张图”2.0版　2021年，黄委持续推进数据资源整合工作，进一步优化完善黄河“一张图”数据和服务功能，完成黄河“一张图”2.0版的开发。综合利用内外部数据资源对河流、湖泊等水利对象基础数据进行完善，提升地图加载速度和交互体验。开发建设黄河“一张图”典型应用，在整合流域水利对象基础上，利用知识图谱实现任意范围内水利对象的快速检索，在专题应用中汇集实时监测、监视、预警等信息及遥感解译成果等，有效支撑河湖监管工作。

2. 河湖遥感监测　2021年，黄委充分利用卫星遥感、无人机等技术，高质量开展水利部水行政执法监督、黄河中游干流韩城段固体堆放、黄河流域河道采砂专项整治等遥感应急监测工作，为持续开展河湖监测监督工作提供基础和数据支撑，高效支撑河湖管理与“清四乱”工作。

在2021年水利部水行政执法监督工作中，黄委开展河湖执法对象遥感监测工作。利用卫星与、无人机等遥感技术手段采集影像，为黄委承担的赴新疆、青海、山西、陕西、西藏和黄河流域的6个监督小组解译了6个省（自治区）相关河湖监管对象信息，编制成疑似“四乱”遥感监测信息台账并及时提交各小组，为执法监督工作提供了信息支持。

12月17—21日，根据黄委应急监测要求，组织开展黄河中游干流韩城段固体堆放遥感应急监测工作。采集并处理2011—2021年黄河韩城龙门河段2m和30m分辨率遥感影像共计25景，解译该河段历年河势、固体堆放和2020年高水期固体堆放区水面等信息。通过遥感资料结合水文信息，对比分析了河势变化、固体堆放变化和高水期水面变化等情况，为水利部专家调查组开展调查提供了重要支撑，为黄河流域“四乱”清理整治、促进流域生态环境持续改善提供了有力抓手。

3. 数字孪生　2021年，黄委围绕补好水旱灾害预警监测短板，加快构建具有预报、预警、预演、预案（“四预”）功能的数字孪生黄河的任务要求，组织提出数字孪生黄河机构设置和工作方案，经主任专题办公会和委党组会议审议通过，成立数字孪生黄河建设领导小组及办公室。按照委督办任务要求，数字办积极开展《数字孪生黄河建设规划》编制工作，已完成委内委外行业调研、工作计划编制等工作，提出规划初稿，明确目标任务。

（黄华　崔慧敏）

淮河流域

【流域概况】　淮河流域地处我国东中部，位于北纬30°55′～36°20′、东经111°55′～121°20′之间，面积约27万km^2，西起桐柏山、伏牛山，东临黄海，南以大别山、江淮丘陵、通扬运河和如泰运河与长江流域接壤，北以黄河南堤和沂蒙山脉与黄河流域毗邻。流域内以废黄河为界分为淮河和沂沭泗河两大水系，面积分别为19万km^2和8万km^2。淮河流域西部、南部和东北部为山丘区，面积约占流域总面积的1/3，其余为平原（含湖泊和洼地）。

淮河发源于河南省桐柏山，由西向东流经河南、湖北、安徽、江苏等4省，主流在江苏扬州三江营入长江，全长1 018km，总落差200m。淮河干流洪河口以上为上游，洪河口至洪泽湖出口中渡为中游，中渡以下至三江营为下游。淮河上游河道比降大，中下游比降小，干流两侧多为湖泊、洼地，支流众多，主要支流有洪河、沙颍河、史河、淠河、涡河、怀洪新河等，整个水系呈扇形羽状不对称分布。淮河下游主要有入江水道、入海水道、苏北灌溉总渠、分淮入沂水道和废黄河等出路。沂沭泗河水系位于流域东北部，由沂河、沭河、泗运河组成，均发源于沂蒙山区，主要流经山东、江苏两省，经新沭河、新沂河东流入海。两大水系间有京杭运河、分淮入沂水道和徐洪河沟通。

淮河流域河流湖泊资源丰富，其中，流域面积 $50km^2$ 及以上的河流 2 483 条，流域面积 $100km^2$ 及以上的河流 1 266 条，流域面积 $1\ 000km^2$ 及以上的河流 86 条，流域面积 $10\ 000km^2$ 及以上的河流 7 条；水面面积 $1km^2$ 及以上的湖泊 68 个，水面面积 $10km^2$ 及以上的湖泊 27 个，水面面积 $100km^2$ 及以上的湖泊 8 个，水面面积 $1\ 000km^2$ 及以上的湖泊 2 个。

淮河流域地处我国南北气候过渡带，北部属于暖温带半湿润季风气候区，南部属于亚热带湿润季风气候区。流域内天气系统复杂多变，降水量年际变化大，年内分布极不均匀。流域多年平均年降水量为 878mm（1956—2016 年系列，下同），北部沿黄地区为 600～700mm，南部山区可达 1 400～1 500mm。汛期（6—9 月）降水量约占年降水量的 50%～75%。流域多年平均年水资源总量为 812 亿 m^3，其中地表水资源量为 606 亿 m^3，占水资源总量的 75%。（周正涛）

【河湖长制工作】

1. 组织机构　召开 2021 年推进河湖长制工作领导小组会议，部署淮委 2021 年河湖长制 15 项主要工作，明确各有关单位的主要责任和时间要求。根据工作需要和人员变动情况，完成对淮委推进河湖长制工作领导小组及办公室组成人员的调整。印发《2021 年沂沭泗局河湖管理及河湖长制工作计划》、《沂沭泗局关于进一步加强直管河湖管理保护的意见》（沂局水管〔2021〕71 号）明确直管河湖管理保护工作目标，厘清各级单位和部门任务分工。

2. 协作机制　召开 2021 年淮河流域推进河湖长制工作暨河湖长制工作沟通协商会议，部署推进淮河干流“四乱”问题清理整治、跨界河湖管理保护和淮河流域幸福河建设工作。探索建立淮河流域省级河湖长联席会议机制，起草完成《淮河流域省级河湖长联席会议机制》（征求意见稿）报水利部，并征求流域所在的 5 省河长办意见。指导协调地方签订省际河湖联合监管协议，推动淮河干流湖北、河南省界段，南四湖江苏、山东省界段以及天井湖（天岗湖）安徽、江苏省界段保护治理工作。

3. “一湖一策”　9 月 16 日，在 2021 年淮河流域推进河湖长制工作暨河湖长制工作沟通协商会议上，与安徽、江苏、山东 3 省河长办联合签署了南四湖、高邮湖“一湖一策”修编和实施合作协议，为做好淮河流域跨省河湖“一河（湖）一策”修编及实施提供了样板。

4. 河湖“清四乱”

（1）河湖管理监督。6—10 月，组建 20 个检查组和 1 个技术指导组，完成安徽、江苏、山东 3 省 45 地市 400 个河段（湖片）的河湖管理监督检查工作，共检查 902 个河段（湖片），141 位县级及以上河长、湖长履职情况，复核 435 个河段（湖片）管理范围划界情况，新发现 508 个河湖“四乱”问题，228 个立行立改，279 个问题已通过水利部河长制督查系统下发到有关单位，其中 263 个问题完成整改销号，河湖面貌得到明显改善。

（2）淮河干流问题专项整治。组织开展淮河干流岸线利用项目及“四乱”问题专项整治，在湖北、河南、安徽、江苏 4 省自查自纠的基础上，对淮河干流 4 省 12 地市 893km 河道进行现场抽查核查，共排查涉河建设项目 502 个，其中存在问题 156 个，发现河湖“四乱”问题 235 个，已清理整治 228 个，摸清淮河干流“四乱”问题底数和岸线利用情况，建立问题台账并进行动态更新管理，督促地方分类开展清理整治。

（3）直管河湖“四乱”整治。按照“编制一本报告、建立一本台账、形成一张图片”的形式，编制完成《南四湖四乱问题排查及清理整治情况》，全面建立南四湖“四乱”问题台账并进行动态更新管理。截至 12 月底，已排查直管河湖“四乱”问题 8 531 个，已清理整治 6 031 个，剩余 2 641 个问题已分类提出整治意见和建议。会同江苏省河长办、水利厅完成涉及南四湖、骆马湖的 23 个问题整改验收。

（4）省界问题解决。对水利部交办安徽、江苏、山东 3 省解决未果的 2 个省界存在的“四乱”问题，通过组织现场核实督办、召开协调会等方式，明确问题整改的责任主体、主要措施和时限要求，推动省界问题全面完成整改工作。

（5）长江经济带生态环境问题整改。将推动长江经济带生态环境问题淮河片 2 个问题的整改工作作为落实“我为群众办实事”实践活动的重要内容，2 次派员实地督导高邮湖横桥庙沟避风港、洪泽湖临淮镇旅游码头问题整改工作，2 个问题已按江苏省印发的方案完成整改，并通过省级销号验收。

（6）京杭大运河保护治理。完成对江苏、山东 2 省 5 市京杭大运河进驻式暗访检查工作，将江苏、山东 2 省京杭大运河 160 个疑似“四乱”问题反馈地方河长办，其中 115 个属实，发现问题立整立改，其余问题通过水利部河湖督查系统下发。

5. 采砂管理

（1）河道采砂管理规划。7 月，《淮河流域重要

河段河道采砂管理规划（2021—2025年）》获水利部批复。淮委印发《水利部淮河水利委员会关于做好〈淮河流域重要河段河道采砂管理规划（2021—2025年）〉实施工作的意见》（淮委河湖〔2021〕151号）、《淮委办公室关于做好直管河湖采砂管理工作的通知》（办河湖〔2021〕133号），对做好流域和直管河湖的采砂管理规划实施工作提出指导意见；4—9月，指导湖北省随县、河南省桐柏县淮河干流省际河段采砂规划编制并组织审查。

（2）采砂联防联控机制。1月11日，组织河南、湖北2省3市4县（区）的水行政主管部门，共同签署《河南、湖北淮河等跨省界河段（水域）采砂联合监管协议》，正式建立河南、湖北淮河等跨界河段（水域）区域采砂管理联防联控机制。

（3）采砂管理巡查。全年共组织70余人次开展8次采砂管理专项检查，督促有关地方完成问题整改。淮委先后于7月和10月组织安徽、江苏2省水利厅、市县河长办等有关单位开展淮河干流打击非法采砂"蓝盾·七一""蓝盾·国庆"联合行动，对淮河干流安徽、江苏省界段河道采砂管理情况进行联合巡查，保障了"七一"、国庆期间淮河干流采砂管理稳定态势。

（4）非法采砂专项整治。8月，印发《淮委办公室关于做好直管河湖采砂管理工作的通知》（办河湖〔2021〕133号），对直管河道打击非法采砂专项整治行动提出具体要求，9－12月淮委专项整治出动2 091人次，累计巡查河道27 372km，查处非法采砂行为54起。

（5）非法采砂问题举报查处。4—11月，出动20余人次，完成"固始县淮河航道清淤养护项目未按批复开挖""沂河郯城县马头镇黄金殿村段河道滩地内开挖鱼塘"和水利部交办的"废黄河的安徽、江苏省界非法取土"等3起举报问题的调查核实，针对安徽、江苏省界非法取土问题，协调2省召开现场督办协调会，指导督促地方完成整改查处。

（6）泥砂综合利用。2021年，淮委沂沭泗水利管理局共审查批复7个工程性采砂泥砂综合利用项目可行性论证报告，计划综合利用砂石方量124.1万m^3，2021年度累计处置砂石30.7万m^3。

6．幸福河湖建设　从方案编制、建设实施、中期指导、阶段验收、创建完成全流程跟踪指导安徽、江苏、山东3省16个幸福河湖建设工作，完成16条淮河流域幸福河湖的创建，为流域河湖管理及河湖长制工作提供样板。与各地共同推进直管河湖的幸福河湖建设工作，建成2个省级幸福河湖示范段；指导推动流域3省建立省市级幸福河湖1 000余个；开展直管工程水利风景区资源调研，推进中运河宿迁枢纽水利风景区和南四湖二级坝水利风景区创建。

（杨丹　孙云茜　胡涛　季鹏）

【水资源保护】

1．水资源刚性约束

（1）用水总量核算控制。完成流域5省3 900多个重点用水户用水数据复核及2021年度用水总量初步核算成果复核，并将复核意见发送流域各省，完善后报水利部。配合水利部完成流域5省"十四五"期末用水总量和效率控制目标分解及确定。

（2）水资源承载能力评价。开展2020年淮河流域各县域水资源承载状况评估，对4个县域现场调研，分析超载成因，提出水资源调控措施建议。开展黄河流域建立水资源承载能力刚性约束机制调研，探索淮河流域建立水资源刚性约束制度途径。

（3）最严格水资源管理制度。9—12月，完成河南、安徽、山东3省10市20县340个取水项目水资源管理监督检查，相关成果作为最严格水资源管理制度考核重要依据。国务院审定的"十三五"期末实行最严格水资源管理制度考核结果，流域所在5省考核等级均为合格以上，其中安徽、江苏、山东3省考核等级为优秀，并获国务院办公厅通报表扬。

2．节水行动

（1）节水监督管理。对河南、安徽2省10个县级水行政主管部门、50个用水单位进行水资源管理和节约用水监督检查，推动流域各级单位履行职责和义务。调研河南、安徽、江苏、山东4省10市计划用水管理情况。完成10个项目节水评价审查登记，规范台账管理。复核完成河南、安徽、山东3省重点监控用水单位名录。

（2）用水定额管理。开展河南、安徽、山东3省农业用水定额评估，完成河南402个、安徽316个、山东196个农业用水定额评估，提出"一省一单"评估意见，指导各省用水定额修编工作。

（3）节水型社会建设。完成河南、安徽、山东3省2020年度91个县（市、区）节水型社会达标建设复核工作，3省均提前完成《"十四五"节水型建设规划》县域节水型社会达标建设目标。

3．生态流量监管

（1）印发实施方案。组织编制并印发淮河干流、沙颍河、史灌河、沂河、沭河、涡河、洪汝河、南四湖和骆马湖生态流量保障实施方案，标志着淮河流域第一、第二批重点河湖生态流量保障工作迈入实施阶段。

（2）确定第三批目标。组织开展包浍河、新汴河、奎濉河、浉河、竹竿河、池河、高邮湖、洪泽湖生态流量保障目标确定工作，9月，淮河流域第三批重点河湖生态流量保障目标通过水利部审查。

（3）生态流量监管。监管淮河干流、沙颍河、史灌河、沂河、沭河、南四湖、骆马湖等17个主要控制断面生态流量（水量、水位）保障情况，先后7次就蒋家集、班台、界首、周口、吴家渡等地断面生态流量情况向相关省水利厅发出预警，督促落实保障措施。组织评估分析河南、安徽、江苏、山东4省河湖生态流量保障情况，提出保障措施建议。根据2021年度水文资料，淮河区第一、第二批重点河湖生态流量均满足目标要求。

（4）河湖健康评价及评估。指导六安市淠河、韩庄运河、沭河等河湖有序开展河湖健康评价工作。组织开展沭河健康评估，调查掌握沭河水质、生物、湖滨带、水文水资源监测基础数据，分析评价沭河生态状况，提出维护沭河健康的措施建议。

4. 取水管理

（1）取水许可。2021年，审查水资源论证报告书20个，批复取水许可申请10个，取水许可申请不予延续1个；核发取水许可电子证照31个（新发19个、延续8个、变更4个）。

（2）取水许可电子证照。7月，全面完成保有的270余套纸质取水许可证电子化转换，实现淮委管辖范围内取水许可电子证照全覆盖。

（3）专项整治行动。8月，制定《淮委取用水管理专项整治行动整改提升实施方案》（淮委水资管函〔2021〕184号）并报水利部，确定整改类项目61个，退出类项目1个。建立问题整改台账，依法依规组织整改，截至12月底，32个整改项目全部完成整改。11月，制定《淮委取水口监测计量体系建设实施方案（2021—2023年）》（淮委水资管函〔2021〕268号）并报水利部，推进流域监测计量体系建设。

（4）取水许可监管。3月，向3家超许可取水户下达责令整改通知书，并跟踪整改落实情况，11月底完成对账销号。6月，对2020年超许可水量较大的1家取用水户开展立案调查，于9月依法做出行政处罚决定，这是淮委首次对沂沭泗直管区水资源管理领域实施行政处罚。

（5）用水统计调查。扩大用水统计调查范围，根据取水许可审批情况动态更新基本单位名录库，2021年淮委直管名录库新增用水户6个，名录库合计用水户72户。完成直管用水户季度、年度报表填报及审核。

5. 水量分配

（1）跨省河湖水量分配。5月，淮委审议通过南四湖水量分配方案并报水利部。协调竹竿河等4条跨省河湖水量分配方案，其中竹竿河、浉河流域水量分配方案已由水利部印发实施。截至2021年年底，12条重要跨省河湖水量分配方案已获水利部批复。指导流域各省完成50余个跨市、县河湖水量分配方案。

（2）流域水资源统一调度。5月，向水利部副部长陆桂华专题汇报《淮河水资源调度规程（初稿）》。组织编制完成《新汴河流域水资源调度方案（试行）》。印发实施沂河、沭河、沙颍河、史灌河第二个年度及淮河首个年度水资源调度计划及月水量调度方案，建立信息共享、信息月报制度，开展5次调度监督检查及调研，完成4条跨省河流首个年度水资源调度工作。

（3）南水北调东线一期工程水量调度。完成2020—2021年度水量调度监管，实施水量监督性监测、水质监测、取水口巡查等监管，编制监测周报。2020—2021年度向山东省调水6.74亿m^3，累计向山东省调水52.88亿m^3。组织编制2021—2022年度水量调度计划，配合编制北延应急供水工程2021—2022年度水量调度计划，分别于9月、11月由水利部印发实施。11月，印发《淮委办公室关于印发南水北调东线一期工程2021—2022年度水量调度监督管理工作方案的通知》（办水资管〔2021〕154号），明确调度监督管理工作分工、水量监督性监测及取用水监督管理等要求。（张文杰　张梦婷　刘呈玲）

【水域岸线管理保护】

1. 河湖管理范围划界

（1）直管水利工程划定成果。组织对中央直属水利工程确权划界情况开展检查，督促整改发现的问题，排除工程风险隐患，巩固划界成果，完善全国“水利一张图”与淮河流域“一张图”信息。

（2）划定成果复核。组织开展河湖管理范围划定成果专项抽查，结合河湖管理监督检查，制定河湖管理范围划定成果现场抽查工作方案。对流域内307个县区435个河段、湖段开展河湖管理范围划定成果抽查复核，核查发现问题122个，整改120个，整改率达98%。

2. 岸线保护利用规划　1月，水利部水利水电规划设计总院组织对《淮河流域重要河道岸线保护与利用规划》（简称《岸线规划》）复审，淮委修改完善后报水利部。11月，水利部印发《岸线规划》。按照《岸线规划》要求，淮委编制《岸线利用论证报告目录（试行）》，严格岸线分区分类管控，规范岸线利用。

3. 涉河建设项目管理

(1) 涉河建设项目许可。遵循确有必要、无法避让、确保安全的原则，按规定许可批复涉河建设项目79项，水行政许可满意率达100%。

(2) 事中事后监管。检查200余项涉河建设项目，较严重的39个问题向建设单位发文通报责令限期整改，并以“一省一单”的形式发送各省河长办、水利厅。规范处置涉水违建问题，组织召开11项整改论证报告评审会，印发4项整改意见。组织开展直管河湖遗留问题清理专项行动，截至2021年年底，90处遗留问题已推动66处启动整改工作，其中16处已基本完成整改，5处已通过整改验收，改善了直管河湖涉河建设项目管理秩序。

(3) 规章制度。8月6日，水利部批准发布淮委主编的《河道管理范围内建设项目防洪评价报告编制导则》(SL/T 808—2021)(水利部公告2021年第8号)，于2021年11月6日实施。印发《淮委审查权限范围内建设项目建设规模划分表》，进一步严格规范涉河建设项目审查工作。印发《水利部淮河水利委员会关于进一步加强临淮岗洪水控制工程库区河道管理范围内建设项目管理的意见》(淮委河湖函〔2021〕323号)，加强临淮岗库区涉河建设项目管理。印发《沂沭泗水利管理局直管河道管理范围内建设项目事中事后监督管理办法》(沂局水管〔2021〕153号)，进一步明确建设项目监管任务，明晰建设项目施工备案、监管职责、验收管理、信息报送等要求。 (肖思强　赵法鑫　胡志毅　胡涛)

【水污染防治】

1. 协作机制　生态环境部淮河流域生态环境监督管理局(以下简称“淮河流域局”)开展2021年汛前跨省河流上下游突发水污染事件联防联控视频会商，重点关注干支流闸上水质状况、农作物秸秆对沟渠水质的影响，开展化工园区、污水处理厂、尾矿库等污染源风险隐患排查治理，加强水质监测，做好突发水污染事件应对准备。12月21日，召开南四湖流域水生态环境治理保护联防联控机制会议，审议通过《南四湖流域水生态环境治理保护联防联控机制工作章程》和近期工作要点，明确会议制度、共享联动、会商预警、问题调查交办、省际水污染调查、重大事项通报等六项主要制度，标志着南四湖流域水生态环境治理保护联防联控机制正式建立。

2. 监督检查　淮河流域局推进流域内省份加强尾矿库环境风险隐患排查工作，5月组织召开流域尾矿库生态环境监管工作座谈会，8月对特征污染物危害大和涉环境敏感区的9个尾矿库环境风险隐患排查治理情况进行了重点调查。 (赵法鑫)

【水环境治理】

1. 水生态环境问题整治　淮河流域局逐月开展水生态环境形势分析会商，建立健全淮河流域“分析预警、独立调查、跟踪督办、销号管理”的闭环工作机制，对问题突出的11个国控断面开展现场调查，针对有关问题向地方提出治理意见和要求。

2. 黑臭水体治理　淮河流域局对流域内9个地市的92个黑臭水体治理情况开展现场调查，巡河长度约350km，现场取样监测近200个断面，取得监测数据600余组，督促地方加强黑臭水体排查和整治，巩固城市黑臭水体治理成效。 (赵法鑫)

【水生态修复】

1. 复苏河湖生态　对标对表推动新阶段水利高质量发展实施途径，从加强河湖生态保护治理、保障河湖生态流量等方面，编制完成《淮委“十四五”期间复苏河湖生态环境实施方案》《淮委复苏河湖生态环境“十四五”行动计划》。

2. 退圩(渔)还湖　3—10月，从立项审批、规划内容、投资渠道、实施模式、进展成效、问题难点等方面，对洪泽湖、高邮湖、骆马湖、南四湖等重要湖泊退圩还湖实施情况开展实地调研，分析退圩还湖工作机制、综合效益，形成调研报告，为进一步规范、推动流域湖泊退圩还湖实施提出对策建议。2021年洪泽湖、骆马湖等退圩(渔)还湖清退围梗(网)、网箱等共计204km^2，恢复自由水面61km^2。

3. 水土流失治理　随机抽取安徽、江苏、山东3省7个项目县(市、区)中央预算内投资坡耕地水土流失综合治理工程和中央财政水利发展资金小流域综合治理工程等2类8个国家水土保持重点工程进行督查，督促各地按时完成年度水土流失治理任务。

4. 水土保持预防监督

(1) 南水北调东线水源区水源涵养及水土保持。梳理涉及淮河流域的国家有关发展战略规划和国家新增重点生态功能区，主动与江苏、山东2省水利厅等有关单位对接，督促有关省市县推动政府建立水土保持工作部门联动机制。

(2) 强化事中事后监管。制定印发监督检查年度工作方案，明确监督检查责任主体、项目清单、检查方式和重点检查内容。对安徽、江苏、山东3省9个在建项目和12个市、县级水行政主管部门进行检查。探索“一项目一监管”线上监管模式，编印并送达《生产建设单位水土保持工作告知书》，部批在建项目水土保持监测季报报送率提升至90%，督促14个完建未验收项目完成自主验收报备工作。组织开展25个在建项目检查，5个项目自主验收核查，对4个项目开展约谈，督促整改落实。探索水土流失动态监测与监管工作协同，组织开展水土流失动态监测现场复核和水土保持措施落实情况现场调研。编印并公布《2020年度淮河流域及山东半岛区域生产建设项目水土保持监督检查情况公报》。

5. 水土保持监测管理　组织开展淮河流域国家级水土流失重点防治区动态监测工作，参与完成2020年度全国水土流失动态监测成果汇总分析，完成2021年度淮河流域4个国家级水土流失重点防治区49个县7.86万km^2水土流失监测，不同土壤侵蚀类型区4个典型监测点和4条小流域年度水土流失观测，参与编制完成《中国水土保持公报》。开展河南省“7·20”特大暴雨水土保持调查并完成分析报告。完成对湖北、安徽、江苏、山东4省省级年度水土流失动态监测遥感解译成果抽查及最终成果复核工作。

（杨丹　毕旸）

【水文化建设】

1. 治淮陈列馆建设　提升治淮陈列馆设计及布展水平，集中展示淮河自然历史演变、流域文化、新中国治淮历程及新中国治淮取得的丰硕成果，治淮陈列馆先后被命名为安徽省爱国主义教育示范基地、安徽省科普教育基地，共接待社会各界参观者近2万人。

2. 工程建设文化　依托治淮工程，将水文化元素融入入海水道、沂沭泗东调南下、嶂山闸、淮干蚌浮段等工程项目规划和建设中，建成骆马湖二湾生态法治基地、大官庄水利枢纽节水教育社会实践基地、大官庄水利枢纽水文化展览馆、河东局水文化展厅等。

3. 立体化宣传格局　围绕治淮重点工作策划制作《奋斗新时代　追梦新征程——治淮“十三五”改革发展成就展》《淮河安澜　水韵华章》等7个专题展览。配合中宣部开展“奋斗百年路　启航新征程”系列活动宣传。配合水利部办公厅、防御司和宣教中心开展“防汛备汛行、汛前看淮河”主题采访活动。做好淮委援藏援疆工作系列宣传。完成《聚焦治淮——2020年媒体报道汇编》编辑印发。

4. 志愿服务活动　持续开展“节水爱水·你我同行”志愿服务项目，发动淮委系统内24家单位和水利系统外23家单位参与联合行动。开展进校园活动6次，进校园数量10所。开展进机关活动6次。开展进企业活动10次，进企业数量17家。开展进社区活动9次，受众人数约5 150人。开展进乡村活动7次，进乡村数量12个，受众人数约1 350人。开展进公共场所活动8次，进公共场所数量10个。开展进家庭活动2次，进家庭数量40个，受众人数约120人。开展进工地活动3次，进工地数量3家。开展宣传短信进民众活动1次，受众人数约1万人。

（王佳）

【智慧水利建设】

1. 组织机构　成立数字孪生淮河建设领导小组和办公室，统筹推进数字孪生淮河建设。淮委网络安全和信息化领导小组办公室负责审核淮河流域内统一调度水利工程数字孪生水利工程和流域5省水利厅数字孪生流域建设方案，协调数字孪生淮河数据以及成果共享调用，向水利部汇交数据及成果，共享调用水利部数据成果资源，与流域所涉及的5省水利厅交换共享底板数据、成果以及调度决策指令。

2. 数据底板　整理融合山洪灾害、洪水风险图成果数据并形成全流域89个编制单元12个频率1 036个方案成果，构建淮河流域片全覆盖、高标准的L1级数据底板。获取王家坝以上流域5米分辨率DEM数据，完成出山店水库、王家坝BIM模型数据采集和倾斜摄影工作，初步建成了王家坝以上流域高精度的L2/L3级数据底板。完成淮河王家坝至正阳关试点流域防洪“四预”系统建设，开展2021年淮河水旱灾害防御“四预”演练。

3. 管理制度　编制《数字淮河智慧防洪体系建设试点方案》，建设物理流域监测感知体系、基础支撑体系、数据资源体系和数字淮河智慧防洪体系。编制《淮河流域河湖水文映射工程试点工作方案》建设具有“预报、预警、预演、预案”功能的淮河流域河湖水文映射系统。

4. 数字孪生　推进淮河蚌浮段工程、南四湖二级坝（试点）、沂沭河（上中游）工程数字孪生建设，提升淮委的数字化管理能力。

（陈红雨）

海河流域

【流域概况】　（1）自然地理。海河流域位于北纬35°～43°、东经112°～120°之间，西与黄河流域接界，北与内蒙古高原内陆河流域接界，南界黄河，

东临渤海。行政区划包括北京、天津两市，河北省绝大部分，山西省东部，山东、河南两省北部，辽宁省及内蒙古自治区的一部分，流域总面积 32.06 万 km^2，总人口约 1.4 亿人，占全国人口总数的 11%。流域地势西北高、东南低，高原和山地占 59%，平原占 41%，降水时空分布严重不均，多年平均年降雨量 527mm，平均年水资源总量 327 亿 m^3，是中国东部降水最少的地区。

（2）河湖概况。海河流域主要由海河、滦河、徒骇马颊河三大水系组成，其中海河水系包括蓟运河、潮白河、北运河、永定河、大清河、子牙河、漳卫河、黑龙港及运东地区等河系，流域面积 23.51 万 km^2；滦河水系之滦河发源于内蒙古高原，流域面积 4.59 万 km^2，冀东沿海诸河指滦河下游两侧单独入海的 32 条河流，流域面积 0.97 万 km^2；徒骇马颊河水系由徒骇河、马颊河、德惠新河及滨海诸小河等平原河流组成，流域面积 2.99 万 km^2。海河流域流域面积 50km^2 及以上河流（包括平原河流和混合河流）2 214 条；流域面积 100km^2 及以上河流 575 条；流域面积 1 000km^2 及以上河流 59 条；流域面积 5 000km^2 及以上河流 14 条；流域面积 10 000km^2 及以上河流 8 条。海河流域常年水面面积 1km^2 及以上湖泊 9 个，水面总面积约 278km^2；常年水面面积 10km^2 及以上湖泊 3 个，水面总面积 260km^2；常年水面面积 100km^2 及以上湖泊 1 个，水面总面积 107km^2；特殊湖泊 19 个。

（3）海委直管工程概况。海委直属工程包括 3 座水库，其中岳城水库、潘家口水库为大（1）型，大黑汀水库为大（2）型；各类水闸 55 座，其中大型水闸 20 座，中型水闸 8 座，小型水闸 24 座，船闸 3 座。直属堤防 1 553.82km，包括漳河 201.02km，卫河 362.35km，卫运河 320.80km，岔河 85.01km，减河 95.73km，漳卫新河 300.55km，南运河 50.33km，共产主义渠 88km，岔河嘴防洪堤 10km，陈公堤 23km，海河下游堤防 17.02km。

（赵亮亮　谭杰　刘慧）

【河湖长制工作】

1. 河湖长制体制机制运行情况

（1）落实《海河流域河长制湖长制联席会议制度》。2021 年 6 月，海委组织北京、天津、河北 3 省（直辖市）省级河长办开展北运河联合巡河，进一步深化海委和省级河长办间的协作，合力推动大运河河道水系治理管护。海委、北京市河长制办公室、天津市河（湖）长制办公室、河北省河湖长制办公室负责人和北运河相关管理单位负责人及工作人员对北京市通州区北关拦河闸至天津市武清区筐儿港枢纽进行巡河，实地查看省际边界河道“四乱”清理整治情况，掌握省市间、区域间协调联控工作进展情况，现场交流好的经验做法。

2021 年 10 月，海委组织河北、河南、山东 3 省省级河长办和漳卫南局组成工作组开展漳卫河系联合巡河，并与相关地方河长进行座谈，进一步推动河湖“四乱”问题联防联控联治，督促加快河道清障工作进度。工作组实地检查漳河、卫河、漳卫新河等沿线 4 市 7 县（区）20 余个河段，先后在邯郸市大名县、安阳市内黄县和德州市德城区与相关市级河长办、县级河长及有关单位代表座谈交流；工作组对历史遗留问题认定、细化清理整治标准、完善协调对接机制等进行政策宣讲，并从落实河长制工作职责、完善流域区域协调、推进左右岸联防联控联治、加快存量问题整改、规范滩地利用方式等方面提出工作意见。海委河湖处、河北省河湖长制办公室、河南省河长制办公室、山东省河长制办公室、漳卫南局有关部门及单位负责人，邯郸、安阳、鹤壁、濮阳、德州市级河长办负责人及相关县级河长、河长办负责人参加联合巡河。

（2）召开海河流域河长制湖长制联席会议。2021 年 12 月，海委在天津市组织召开海河流域河长制湖长制联席会议，会议总结了 2021 年海河流域河湖长制工作，交流河湖长制工作成效、河湖“清四乱”经验做法，分析工作形势任务和短板弱项，共同谋划流域区域协同联动，深入推进河湖长制工作落实落地，进一步完善水利部“流域机构＋省级河长办”协作机制。海委副主任翟学军主持会议并讲话，海委办公室、政法处、建管处、河湖处、监督处、河湖建安中心等部门和相关单位负责人在主会场参会，北京、天津、河北、山西、河南、山东和内蒙古等 7 省（自治区、直辖市）省级河湖长制办公室负责人以及河湖管理保护相关部门负责人在各地分会场参会。

（3）提出《海河流域省级河湖长联席会议机制方案》。2021 年 12 月，根据水利部河长制湖长制工作领导小组办公室《水利部河长办关于商请研提流域省级河湖长联席会议机制方案的函》（第 92 号）要求，海委研究提出海河流域省级河湖长联席会议机制方案，主要包括联席会议主要职责、成员单位、工作规则、工作要求等，并以《海委关于征求海河流域省级河湖长联席会议机制方案意见的函》（海河湖函〔2021〕27 号）向北京、天津、河北、山西、河南、山东、内蒙古和辽宁等 8 省（自治区、直辖市）省级河湖长制办公室发函征求意见后，以《海委关于报送海河流域省级河湖长联席会议机制方案的函》（海河湖函〔2021〕29号）将《海河流域省级河湖长联席会议机制方案》及各省市反馈意见报送水利部河长制湖长制工作领导小组办公室。

（4）完善中央直管河库与地方河湖长办联防联控机制。2021年9月，海委在山东省德州市组织沿河3省10个市级河长办召开漳卫南运河2021年河湖长制工作联席会议，研究解决漳卫河“21·7”洪水暴露出的河湖管理相关问题，进一步用好协作机制，推进漳卫南运河“清四乱”工作。2021年11月，海委漳河上游局联合山西省长治市、河北省邯郸市和河南省安阳市3个市级河长办建立《漳河上游落实河湖长制工作协作机制》，为实现漳河上游流域内区域间治水信息互联互通、河道治理共享共融奠定基础。

2. 河湖督查暗访　2021年4月，按照水利部关于河湖管理督查的统一部署，海委制定《2021年海河流域片河湖管理督查工作实施方案》；5月，举办海委河湖监管培训班，对40余名参加河湖管理督查人员进行业务培训；6月，采取明查和“四不两直”相结合的方式对海河流域片河湖管理、河长湖长履职及河湖“四乱”问题进行检查；截至9月底，共派出21组次66人次，对海河流域片京津冀晋四省（直辖市）22个区市109个县的454个河段湖片进行督查（占任务数227%），复查2020年暗访发现问题15个（占任务数100%），上传各类疑似河湖“四乱”问题62个，提前完成2021年度河湖管理督查现场检查任务；10月，将检查结果以《海委关于报送海河流域片2021年河湖管理监督检查工作报告的函》（海河湖函〔2021〕16号）上报水利部；11月，针对未完成整改的较严重问题以“一省一单”形式反馈河北省、山西省两省河长办，指导督促地方落实河长制属地责任，深入推进河湖“清四乱”常态化规范化。

3. 督导检查涉河湖重大事件　2021年，海委持续跟踪督导涉河湖重大事件，全年派出4组次12人次参加现场督导检查。其中派出1组2人次对邯郸市丛台区产业园北湖美域别墅侵占问题进行督导；派出1组4人次对中央巡视反馈河湖“清四乱”专项行动有关问题整改情况进行复核；派出2组6人次对2020年冀晋蒙进驻式暗访发现问题进行复核。

4. 妨碍行洪突出问题排查整治工作　落实《水利部办公厅关于开展妨碍河道行洪突出问题排查整治工作的通知》要求，海委制定工作方案，组织委属各管理局开展自查并主动配合属地开展排查整治工作。完成妨碍河道突出问题排查整治重点核查河段名录4个并上报，涉及河北、河南、山东3省5市6县61.4km河道。（曹鹏飞　赵栋　黄垣森）

【水资源保护】

1. 水资源刚性约束　2021年，海委牵头完成京津冀晋四省（直辖市）地下水管控指标确定复核工作，并以海资管函〔2021〕23号文件向水利部水资源司报送了复核工作情况和复核意见；配合淮委、松辽委完成河南、山东两省和内蒙古自治区海河流域部分地下水管控指标复核工作。截至2021年年底，京津冀三省（直辖市）成果通过水规总院技术审查，山西省成果报水规总院待审。

海委组织编制完成流域地下水监督管理信息简报（第一期）。针对流域地下水开发利用现状，强化地下水管理基础工作，动态反映2021年上半年流域深、浅层地下水位状况。

2. 节水行动

（1）用水定额管理。海委对地方用水定额进行发布前把关，完成对天津市新修订的用水定额、河北省拟发布的服务业和建筑行业用水定额、山西省服务业用水定额的征求意见反馈。加强用水定额动态评估，选取京津冀晋各3个重点行业用水定额开展对比评估，对京津冀晋用水定额问题整改情况进行资料复核。

（2）节水型单位建设。开展海委系统节水型单位建设工作。对海委系统节水型单位创建情况进行自查，确定海珠宾馆、漳卫南局岳城局驻岳机关、引滦局天津基地办公区、漳河上游局食堂等4家单位为建设对象，组织编制了实施方案，全年定期跟踪、督导各项建设任务，全部完成验收并向全国节约用水办公室报送工作总结。

（3）县域节水型社会达标建设年度复核。海委对津冀晋66个县（市、区）的县域节水型社会达标建设开展年度复核。抽取13个县（市、区）进行了现场复核，组织召开复核工作座谈会反馈问题及整改建议，形成省级复核报告报水利部汇总，复核结果为65个县（市、区）达标。复核结果被水利部采纳，并已由水利部公布。

（4）计划用水管理。稳步推进海河流域计划用水管理评估工作，进一步完善计划用水管理量化评估指标体系，开展计划用水管理评估模型构建与应用研究，并对京津冀晋计划用水管理情况进行量化评估和总体评价，计划用水管理评估模型构建与应用研究项目获农业节水科技奖一等奖。

（5）节水评价。海委跟踪指导重大和敏感项目节水评价，推进节水评价由建机制向严管理转变，

先后对14个水利工程项目、6个非水利建设项目开展节水评价审查，及时更新节水评价登记台账并按时报水利部备案。

(6) 节水监管。海委对京津冀晋开展节约用水监督检查，完成对京津冀晋20个县级水行政主管部门节水管理情况和100个工业、服务业用水单位节约用水情况的检查，逐一与相关水行政主管部门进行反馈，编制完成京津冀晋2021年节约用水监督检查分省报告。

(7) 节水宣传教育。形成海委系统各级机关多部门协同宣传节水工作机制，高质量完成“节水中国　你我同行”主题宣传联合行动，海委和海委漳卫南局被评为优秀组织单位，“海河节水　学子建言”主题演讲比赛和节水点亮海河流域——“节水中国　流域同行”两个活动被评为优秀活动，制作的节水宣传短视频《你知道海河流域缺水吗?》获第二届“节水在身边”主赛事三等奖。积极组织海委直属单位开展节水宣传，全年通过各种网络平台和媒体累计发布节水宣传信息80余篇次。

3. 生态流量监管　海委印发永定河、滦河生态水量保障实施方案（试行），逐月跟踪评估白洋淀、七里海、永定河、滦河生态水位（水量）达标情况，逐月跟踪掌握衡水湖等15个省内河湖生态水位（水量、流量）达标情况。编制完成南运河、潮白河生态水量（水位）保障实施方案（送审稿）并报水利部审查。开展重点河湖生态流量保障情况调查工作，完成重点河湖现场查勘、“一河（湖）一档”基础调查档案编制以及“十三五”期间重点河湖生态流量保障情况总体评价。

4. 取水管理

(1) 取水许可审批。2021年，海委共批复审批取水许可申请138份，审批水量7.3亿m^3；全年新发取水许可证142套，批复水量7.9亿m^3；延续取水申请4份，涉及水量16.6亿m^3。注销取水许可证13套，涉及水量7.9亿m^3。全年对4个项目取水申请做出不予许可决定，涉及水量4.4亿m^3。

2021年，海委不断深化取水许可管理改革。落实水利“放管服”改革精神，推进取水许可电子证照应用。年内共完成172套存量（纸质）取水许可证电子证照转化工作。

(2) 取用水管理专项整治行动。2021年海委持续推进取用水管理专项整治行动整改提升工作，在2020年取水口核查登记工作基础上，整理委管权限内存在问题的280个取水项目清单并建立整改台账，向取水户印发“一户一单”整改通知书，完成海委直管范围内273个取水项目中436个问题的整改。

(3) 取用水监督检查。2021年，海委持续加强取用水事中事后监管，组织委直属各管理局开展海委发证取水户监督检查工作，对97个取水户开展取用水情况监督检查。利用流域水资源监控管理信息平台，组织对10个取水存在异常的取水户进行核查，不断规范取水户取用水行为。

(4) 用水统计调查制度实施。组织开展海河流域用水统计调查工作，依托全国用水统计调查直报管理系统，完善用水直报系统第三批名录。组织直管用水户填报取用水信息并完成数据审核，完成2021年各季度及全年用水统计成果复核。完成2020年度海河流域三级区用水总量数据复核核算，抽取部分统计调查对象进行现场核查并将成果反馈各省区，有效提高流域用水统计数据质量，为水资源管理工作提供技术支撑。

5. 水量分配　2021年，海委持续推进跨省河流水量分配工作，配合水利部水资源司两次完善潮白河水量分配方案并征求河北省水利厅意见。提出通过可用水量确定方法从流域整体推进跨省河流水量分配工作的总体思路，编制完成《海河流域落实水资源刚性约束制度可用水量确定工作方案》《海河流域落实水资源刚性约束制度可用水量确定技术方案》，并报水利部水资源司。（孙蓉　王守辉）

【水域岸线管理保护】

1. 河湖管理范围划界复核　按照水利部河湖管理司《关于对河湖管理范围划定成果进行省级复核的通知》要求，海委结合2021年度河湖管理督查，全面抽查复核流域内33个地级市319个县级行政区河湖管理范围划定成果，重点核查洲滩划出河湖管理范围、以民堤划定河湖管理范围等情况，结合水利部河湖遥感平台进行研判后，形成疑似问题清单并汇总上报水利部，确保划界成果的合法性、严肃性，为流域河湖岸线科学管控和集约利用奠定基础。抽查共发现疑似问题78个，主要表现为划定成果不连续、与河道走向不符、与堤线存在交叉、规避建筑物等情况，其中北京市2个、天津市22个、河北省54个，共涉及11个地级市41个县级行政区。

2. 河湖管理重要规划

(1) 岸线保护与利用规划。2021年11月，海委完成《海河流域重要河道岸线保护与利用规划》编制并获水利部批复实施，为加强海河流域重要河道岸线保护与利用管理、严格水生态空间管控提供重要依据和支撑。规划涉及海河流域北三河系、永定河系、大清河系、海河干流及漳卫河系，河道总长度 1 421.4km，岸线总长度 2 864.8km。规划统筹考虑各河系的岸线资源条件、开发利用现状、岸线资源保护需求、建设发展需求等因素，划分岸线保护区、保留区和控制利用区长度分别为 518.0km、974.8km 和 1 372.0km，占比分别为 18%、34%和 48%，对各岸线功能分区提出相应管控要求。

(2) 采砂管理规划。2021 年 3 月，海委完成《漳河干流河道采砂管理规划（2021—2025 年）》编制并获水利部批复实施，是漳河干流河道采砂管理的重要依据，事关漳河河势稳定、防洪、供水和涉水工程安全。规划划定禁采区 4 个，总长度 120.9km，总面积 26 468 万 m^2；划定保留区 1 个，长度 3.6km，面积 85 万 m^2；未划定可采区。

(3) 北运河旅游通航总体方案。2021 年 8 月，海委完成《北运河旅游通航总体方案》编制报送水利部，11 月水利部审定后报送国家发展改革委。该方案确定北运河旅游通航主要目标为北运河航道等级Ⅵ级，到 2025 年实现北运河分段旅游通航，到 2035 年实现北运河全线旅游通航。

(4) 大运河相关规划。2021 年，海委落实《大运河河道水系治理管护规划》，推动实现北运河北京段全线、河北段全线旅游通航，报送《大运河文化保护传承利用“十四五”实施方案》。

为落实大运河水资源安全保障、完善大运河沿线水资源统一调度体制机制，海委开展京杭大运河黄河以北段水资源保障方案研究，编制完成《南水北调东线一期工程优化运用方案研究报告》并报送水利部南水北调司，首次正式提出优化东平湖、南四湖水资源调度以及多水源联合调度等方案，得到水利部南水北调司采纳并印发实施。

3. 直管河道“清四乱”和清障工作　2021 年，海委持续发力推进直管河道“四乱”问题清理，销号“四乱”问题 311 个（乱占 192 个、乱建 95 个、乱堆 24 个），清理滩地阻水林木约 79 万棵，拆除违章建筑 9.4 万 m^2，直管河库面貌及行洪空间得到有效恢复。10 月 19 日，组织召开直管河道清障工作专题会议，深入推进直管河道“清四乱”、清障工作，海委主任王文生出席会议并讲话，副主任翟学军主持会议，海委总工梁凤刚、漳卫南局局长张永明、引滦局局长韩清波、漳河上游局局长徐长锁出席会议，海委办公室、政法处、建管处、河湖处、监督处、防御处主要负责人，漳卫南局、引滦局、漳河上游局有关部门负责人等参加会议。先后派出 8 组 16 人次指导直管河道清障工作，对汛情严峻的漳卫河系全线督导检查，进一步压实属地责任，加大清理力度。

4. 采砂整治

(1) 明确直管河道重点河段和敏感水域采砂管理责任人。2021 年 4 月，海委组织对 2021 年海委直管河道重点河段、敏感水域进行复核并明确采砂管理“4 个责任人”，以《海委关于报送直管河道重点河段和敏感水域采砂管理责任人的函》（海河湖函〔2021〕7 号）报送水利部并在水利部网站公示。落实海委直管范围内全部 70 个河段的采砂管理“4 个责任人”，并向社会公布。

(2) 打击漳河河道非法采砂联合巡查执法专项行动。2021 年 7 月 16 日，海委在河北省邯郸市磁县和临漳县两地同步组织开展打击漳河河道非法采砂联合巡查执法专项行动，共派出 9 组 24 人次，出动 300 余人次、50 余执法车辆、15 台班拆装机械，清理堆砂场 1 处，平整砂坑 20 余处，拆除采砂设备 2 台，进一步落实海委直管河段河道采砂管理防联控工作机制，压紧压实各方责任，严厉打击零星盗采、“蚂蚁搬家式”盗采等河道采砂违法行为，有效遏制直管河道非法采砂态势。

(3) 开展全国河道非法采砂专项整治行动。2021 年 8 月，海委以《海委办公室转发水利部办公厅关于开展全国河道非法采砂专项整治行动的通知》（办河湖〔2021〕1 号）转发委直属各管理局，要求协同配合属地开展专项整治行动，不定期开展暗访检查，明确任务节点；各管理局分别制定非法采砂专项整治行动工作方案，并按要求在采砂专报系统按时报送专项整治行动开展情况和阶段性工作总结。9 月，转发水利部河湖司《关于进一步加强海河流域直管河道采砂管理工作的函》（河湖砂函〔2021〕20 号），从提高政治站位、压实采砂管理责任、强化日常监管、规范疏浚砂综合利用、抓好专项整治、加强信息报送等六个方面提出明确工作要求，坚决打赢河道非法采砂整治攻坚战。

5. 涉河建设项目审批及监管

(1) 涉河建设项目审批。2021 年，海委认真落实水利“放管服”改革要求，依法依规高效开展涉河建设项目审批工作，全年共办理 38 项涉河建设项目工程建设方案审查，批复准予许可 29 项。主动服务京津冀协同发展、雄安新区建设等国家重大发展战略，对京雄高速公路（北京段）工程、雄安新区燃气干线二期工程等涉及京津冀协同发展、雄安新区建设等国家战略的重点项目，积极推动并高效服务，压茬推进许可各环节，实现“一小时受理、全过程跟办”。新冠疫情期间，坚持疫情防控和项目审批两手抓，创新审查工作方式，协调各相关单位和专家，采取无人机拍摄查看工程现场、召开线上专

家审查视频会等方式，有效克服新冠疫情影响，为申请单位节约大量时间成本，为流域基础设施建设和经济发展提供高效水利服务。

（2）涉河建设项目监管。2021年，海委持续加强涉河建设项目事中事后监管，强化风险隐患排查。组织开展2021年度涉河建设项目专项检查，在各级河道主管机关全面自查的基础上重点抽查8个项目，针对检查发现的问题及时督促有关单位整改落实，确保河道行洪安全。深入开展专题调研，11月，编制出台《涉河建设项目事中事后监管指南》，扎实推进规范化监管，进一步落实监管职责，规范管理行为；从11月开始制定并发放"涉河建设项目事中事后监管明白卡"，详细说明建设单位取得许可后还需要"办什么、去哪办、怎么办"，方便群众明白办事，努力实现审批更简、监管更强、服务更优。

（曹鹏飞　赵栋　黄垣森）

【水污染防治】

1. 突发水污染事件应对　编制印发《海委应对海河流域重大突发水污染事件实施办法》，进一步明确工作职责，规范工作流程，健全应对机制。落实联防联控协作机制，加强与相关单位、部门的联系和沟通，组织与生态环境部海河流域北海海域生态环境监督管理局联合召开2021年汛期海河流域跨省河流突发水污染事件联防联控工作座谈会，通报工作情况，研讨汛期突发水污染事件联防联控工作，并联合开展水污染应急演练。

2. 水污染防治　海委组织编制完成《潘家口、大黑汀水库水质分析及治理改善方案研究报告》《潘、大水库增殖放流方案》等。组织审查《大黑汀水库清淤可行性研究报告》，认真开展大黑汀水库"割网"行动，清除水库水面各种网具达79个。汛期，潘、大水库经历滦河2次洪水过程，树枝、柴草等垃圾随洪水进入库区，引滦局积极开展潘、大水库水面漂浮垃圾打捞，累计清理潘、大水库水面漂浮垃圾面积50万m^2。

3. 入河排水（污）监管　海委印发《漳卫南局关于加强排水（污）口和蓄水调水工程监管的通知》，全面排查管理范围内入河支流、渠道、口门、涵闸、暗管等工程，查清排水（污）口的数量、所在位置、设置单位、运行现状、排放规模、排放物质、入河方式、流水来源等具体情况。

4. 联合协作　海委协助生态环境部海河流域北海海域生态环境监督管理局开展岳城水库周边污染源联合调查，对河南省安阳市主焦煤业有限责任公司、红岭煤业有限责任公司的污水处理厂进行现场调查，对岳城水库周边污染源进行排查，并就水污染事件查处、水源地保护和突发水污染事件联合防控等方面的合作进行了深入交流和探讨。（王守辉）

【水环境治理】

1. 饮用水水源保护　抽查海河流域非南水北调受水区14个重要饮用水水源地安全保障达标建设情况，占流域重要饮用水水源地总数的25%，强化无人机等信息化手段运用，编制抽查评估报告并报水利部。深入推进潘家口-大黑汀水库水源保护工作，组织引滦局编制潘大水库水质分析及水源保护措施研究报告，分析潘大水库水质变化趋势、超标原因及主要污染源等，研究提出治理措施建议，并就进一步加强潘大水库水源保护工作向引滦局提出有关要求；开展岳城水库水量水质保障工作调研，推进岳城水库饮用水水源地安全保障达标建设，指导完成2021年度岳城水库饮用水水源地安全保障自评估报告。

2. 水质监测

（1）地表水水质监测。海委组织开展82个地表水国家重点水质站的水质监测，编制并印发监测方案，管辖范围每2个月监测1次，其他省界站每季度监测1次，监测指标为24项地表水环境质量标准基本项目，11个水库站加测5项水源地补充项目；6—9月，9个水库站每个月监测1次水体富营养化指标。

（2）地下水水质监测。海委组织开展295个地下水测站的地下水水质监测，编制并印发监测方案，25个地下水水源地取水口站每季度监测1次，93个保留生产井站、177个国家地下水监测工程监测井站全年监测1次，监测指标为39项地下水质量常规指标。

（3）水生态监测试点。根据水利部统一部署，海委对白洋淀开展水生态监测分析工作，细化监测方案，实施3个断面的水质监测和浮游植物、底栖动物、大型水生植物等水生生物监测；汇总北京、天津、河北、山东4省（直辖市）的水生态监测数据，形成流域成果。

（4）流域水质资料整理汇编。海委组织流域各省（自治区、直辖市）对2020年度海河流域片重要水质站监测资料进行整编，对整编资料进行汇编，并刊印海河流域片水质资料。（王守辉　刘玉晶）

【水生态修复】

1. 永定河生态修复

（1）永定河全线通水。2021年，海委加强预测研判，统筹多水源统一调度，实施当地水、再生水、引黄水和引江水“四水统筹”和流域上下游“五库联调”，永定河断流26年来首次实现865km河道全线通水，平原段生态水面达到23.24km²，较通水前增加近50%。累计向官厅水库以上生态补水2.94亿m³，其中引黄生态补水2.02亿m³；官厅水库及下游各水源累计向永定河平原段生态补水2.28亿m³，其中小红门再生水厂补水3 225万m³，南水北调中线工程补水7 503万m³。沿河10km范围内地下水水位平均回升1.45m，Ⅲ类及以上水质河长达583km，占通水河长的67.4%，生物多样性逐步恢复，绿色生态河流廊道建设成效显著。

（2）退还河道生态水量。海委指导永定河流域投资有限公司先后启动实施农业节水项目8个、农业产业项目5个，其中5个节水项目完成合同工程验收，3个产业项目落地实施，建设节水灌溉面积7 373.33hm²，项目完工后将发展节水灌溉面积1.31万hm²，将新增年节水能力3 500万m³。加强生态补水河道沿线取水口监测和用水管理，组织完成河道沿线298个取水口的核查登记。

（3）建立流域生态补偿机制。海委多次协调对接永定河流域投资有限公司和相关省（直辖市），就补偿范围、补偿标准、考核目标等关键问题进行专题研究，并提出具体意见和建议，同时协调指导永定河流域投资有限公司提出永定河流域横向生态补偿协议。

（4）生态水量调度水量监测复核及输水率分析。海委立足流域实际，服务永定河综合治理与生态修复，以对官厅水库以上河段补水沿线重要控制断面水量复核和主要支流来水监测为重点，布设干、支流及重点引退水口监测站点48处，开展水量监测345站次、监督性监测91站次。9月27日，永定河首次实现全线通水，其间对沿线水头跟踪31天，联合京津冀3省（直辖市）水文单位对官厅水库下游省界断面开展协同监测7站次，全力保障永定河全线通水工作。本年度共编制水量监测报告23期、补水日报339期、补水动态信息22期，完成2021年度永定河生态水量调度监测工作。

2. 华北地区地下水超采综合治理　海委配合水利部编制完成2021年度河湖生态补水方案，逐月校核汇总各河湖生态补水量并报水利部，2021年22个补水河湖共实施生态补水84.68亿m³，完成计划补水量28.34亿m³的299%。配合水利部编制完成2021年夏季滹沱河、大清河（白洋淀）生态补水方案，完成现场调研、督查及信息报送等工作，6月7日至7月9日，历时33天，共向滹沱河、大清河（白洋淀）、子牙河、子牙新河等补水2.21亿m³，实现滹沱河、子牙河、子牙新河以及南拒马河、瀑河、白洋淀、赵王新河、大清河两条补水线路共627km河道全线贯通。建立海委华北地区地下水超采综合治理工作领导小组办公室例会制度，编制完成华北地区地下水超采综合治理工作海委大事记（2018—2021年）。编制完成“十四五”京津冀重点区域地下水超采治理与保护方案并上报水利部。启动海河流域新一轮地下水超采区划定工作。完成京津冀晋地下水禁限采区管理情况检查。

3. 华北地区河湖生态环境复苏行动　海委配合水利部启动华北地区河湖生态环境复苏行动，编制完成《“十四五”华北地区河湖生态环境复苏行动方案》，牵头编制完成潮白河、永定河、大清河（白洋淀）、滹沱河、南运河、北运河等6条重点河流复苏方案，形成“一河一策”并报水利部。

4. 水土流失治理成效　2021年，海河流域新增水土流失综合治理面积3 576.06km²。其中，国家水土保持重点工程新增水土流失综合治理面积1 654.18km²，地方水土保持项目新增水土流失综合治理面积155.82km²，其他生态建设项目新增水土流失综合治理面积1 766.06km²。

5. 生产建设项目水土保持监督管理　海委对6个新批未建项目开展水土保持工作告知，向项目建设单位印发水土保持工作告知书，向项目沿线水行政主管部门印发水土保持监管告知书，各项目建设单位向海委报送了水土保持工作承诺书。制定并印发《海委关于印发2021年海河流域部批生产建设项目水土保持监督检查工作方案》，对59个项目开展水土保持书面检查，建设单位按照要求向海委报送水土保持自查报告和督查表，通过梳理项目报送的自查报告，对10个存在水土保持较重问题的项目印发监督检查意见，15个水土保持问题得到整改。海委在书面检查全覆盖的基础上，对涵盖铁路、水利、煤矿、输气管线等行业的14个重点项目开展现场检查，印发督查意见14份，64个水土保持问题得到整改。2021年，海河流域部批生产建设项目共有15个项目开展了水土保持设施自主验收，按照水利部相关要求，海委对正在核查期的11个项目开展水土保持设施自主验收核查，印发核查意见9份（会同黄委联合开展2个项目核查，由黄委印发核查意见），20个水土保持问题得到整改。利用资料收集、卫星遥感影像解译、无人机和现场复核调查等手段，完成海河流域15个生产建设项目的水土保持信息化监管工作。海委对6个存在违法违规行为的项目开展约谈，共约谈项目建设、施工、监理、监测等单位18家，将1家监测单位和1家生

产建设单位列入重点关注名单，以责任追究向建设单位警示项目实施中水土保持问题，督促水土流失防治责任落实。

2021年，海委对北京市、天津市、河北省水土保持监管履职情况进行督查工作。督察组随机抽查京津冀3省（直辖市）省、市、县各级审批的在建生产建设项目共10个，抽取6个县（区）的2019—2021年遥感监管疑似违法违规图斑45个进行督查，发现水土保持监管履职存在方案评审经费未全部落实、生产建设项目水土保持监督检查不够规范、违法违规行为的责任追究和信用惩戒力度不够、遥感监管图斑认定查处和后续管理不够到位等问题。针对督查中发现的问题，督查组分别与各省级水行政主管部门、相关县（区）水行政主管部门及相关单位进行座谈交流，反馈了督查意见，提出整改要求和建议。海委形成省级报告3份，代拟“一省一单”3份，提出问题7个、整改意见7条，并将督查结果上报水利部水土保持司。

6. 国家水土保持重点工程督查　2021年，海委对北京、河北省水土保持重点工程进行督查。督查组随机抽查了京冀2省（直辖市）3个涉及水土保持重点工程项目的县（区），并进行督查，发现水土保持重点工程建设管理存在个别工程前期工作滞后、资金分解下达不及时、组织实施不够规范、个别工程进度滞后、工程验收滞后等问题。针对督查中发现的问题，督查组分别与各省级水行政主管部门、相关县（区）水行政主管部门进行座谈交流，反馈了督查意见，提出整改要求和建议。对于立行立改的问题，督查组对整改情况进行了跟踪落实。最终，形成省级报告2份，代拟“一省一单”2份，对照《水土保持工程监督检查办法（试行）》确定的问题分级，提出一般问题8个、整改意见8条，并将督查结果行文上报水利部水土保持司。海委组织完成上海市、宁夏回族自治区、西藏自治区2021年度省级水土流失动态监测遥感解译、专题信息提取抽查及成果复核工作，对成果的完整性、合规性和准确性进行判定，共印发抽查意见3份，复核意见3份。海委发布了《2021年度海河流域部批生产建设项目水土保持公报》，制定海委水土保持“十四五”重点工作安排，完成海河流域水战略研究项目中水土保持篇章有关编写工作。

7. 水利绿化工作　海委汇总各直属管理局和机关党委、机关服务中心绿化相关工作，编写《海委全民义务植树40周年总结报告》《海委“十四五”水利绿化工作计划》《海委2021年水利绿化工作总结》，先后三次行文上报水利部绿化委。

海委系统庭院面积91.54hm²，现保存绿化面积51.43hm²，绿化覆盖率56.18%。2021年无新增绿化面积，主要是对现有绿化树木、草皮进行了养护。2021年海委系统共投入绿化经费1 696.67万元。2021年海委系统共组织参加义务植树活动69次，共参与1 332人次，完成义务植树4 329棵，获得尽责证书13份。　（徐彬鑫　刘玉晶　王守辉　夏青）

【执法监管】

1. 组织开展京津冀水资源专项执法行动　海委对京津冀12个县（区）进行监督检查，做好信息汇总报送和沟通协调等工作，全力推动专项行动如期完成。本次行动共查处水资源违法案件824件，罚款6 653万元，规范非法取水量200余万m³，对水资源违法行为形成有力震慑。

2. 组织开展2021年度京津冀和委系统水行政执法监督工作　海委对京津冀9个县（区）和委直属各管理局共15支队伍开展监督检查，就违法案件查处、执法制度建设、执法队伍建设和管理等方面开展检查，认真查找问题，督促整改落实，有效促进了各级水政监察队伍严格规范、公正文明执法。

3. 推动跨部门、跨区域、跨领域涉水事务联合执法　海委组织3省（直辖市）开展京津冀省际边界河流联合执法，对官厅水库、拒马河、潮白新河等重点和敏感区域开展联合执法巡查检查，调研和指导雄安新区水行政综合执法和水行政许可工作；漳卫南局卫河河务局通过“河长＋检察长＋警长”工作平台，探索建立联合巡查、督办机制，德州河务局通过与地方警务部门开展汛期联合巡查，不断提高执法效能；引滦局积极对接宽城县、迁西县、兴隆县政府，将地方河长办、水务、农业、交通环保、公安以及水库所在乡镇执法力量联合起来，建立综合执法机制，强化水行政执法力度；下游局进一步深化各河口联合执法机制，推进闸所与属地水务、公安部门联防联治，有力提升执法效能；上游局联合地方公安、纪检监察等部门开展非法采砂专项整治行动，严厉打击了各类涉河违法行为，有力维护漳河上游地区良好水事秩序。

4. 组织开展日常河道执法巡查与检查　海委开展潘家口、大黑汀、岳城水库，南水北调东线、中线及引黄工程穿越漳卫南运河等重要工程和漳卫河、漳河上游、海河口、独流减河口、大运河等执法检查工作。全年海委各级执法队伍累计巡查河道11.33万km，巡查水域面积2.04万km²；巡查监管对象906个，出动执法人员1.2万人次、车辆2 838辆次、船只126航次，现场制止违法行为689起，查处水事违法案件 4 件，为建党百年系列活动和北京冬奥会胜利举办发挥积极作用。

5. 圆满完成流域省际水事纠纷“清零”目标 海委组织流域内各省（自治区、直辖市）和委直属各管理局开展省际水事矛盾纠纷排查化解，确保省际水事纠纷数量不新增、事态不扩大、隐患得遏制。圆满解决北京市周边和漳河上游两起水事纠纷。海委主要领导和分管领导多次采取现场检查协调、召开协调会、线上线下沟通等形式，京津冀豫等省（直辖市）有关水行政主管部门团结治水、互谅互让、密切合作，克服疫情等不利影响，在 2021 年底前圆满解决 2 起省际水事纠纷，化解消除 3 个矛盾隐患，实现省际水事纠纷“清零”目标，确保海河流域水事秩序持续稳定。 （刘丙翱）

【水文化建设】

1. 海河流域水文化遗产调研整编 海委组织开展大清河、漳卫南运河水文化遗产调研，在此基础上，围绕以河渠、堤坝、闸涵、桥梁、码头、渡口、泉池、古井、供水设施、涉水古城、庙观、镇水器物及涉水碑刻、文献为代表的物质文化遗产，以及以传统治水方法、施工工艺、治鱼方法、水神崇拜祭祀仪式、船工号子、涉水神话传说、治水人物故事为代表的非物质文化遗产，进行系统梳理，编纂形成《漳卫南运河水文化遗产集萃》（初稿）。

（薛程 杨婧 郭恒茂）

2. 大运河文化传承保护

（1）开展京杭大运河全线贯通补水专题宣传。落实水利部工作部署，利用海委门户网站、微信平台和电子展屏等媒介，宣传展示海委助力京杭大运河全线贯通补水的各项工作部署和取得的成效。通过央视新闻、新华社等中央媒体和中国水利报社等行业媒体，直播报道京杭大运河全线贯通的重要节点——四女寺枢纽工程提闸放水，进一步扩大宣传影响力，引导传播京杭大运河文化。

（2）开展大运河水文化宣传。海委以流域内京杭大运河卫运河、南运河等河段为对象，对运河弯道及有关减河的开挖历程进行宣传，在《中国水利报》文化建设版面发表了《千回百折运河弯》《哨马营减河的变迁》《四女寺减河史话》《兴济减河史话》《史说马厂减河》等水文化专题文章。

（3）依托大运河水利枢纽开展科普宣传。海委结合四女寺枢纽北进洪闸除险加固建设项目，配套打造“水利＋文化＋生态＋休闲”的全域水文化格局，建设四女寺枢纽文物陈列展示馆，收藏四女寺北进洪闸原闸门、支臂、启闭机等设施设备，展现运河文化的兴衰枯荣和水利建设者的智慧结晶。建设四女寺法治文化广场，将法律法规、名人事迹、法治格言等内容与运河文化、历史事件、流域治理、水生态文明等元素融合，以“法治时空 · 学在其中”为主题理念，将法治与治水联动科普。持续推进大运河文化带建设，海委积极协调沟通清河县政府，参与并推动多维度打造七彩运河主题文化景区和 5km 文化长廊，项目主体工程已完工。

（薛程 杨婧 郭恒茂）

3. 水利风景区建设 海委以水利工程资源为优势，培育发展了漳卫南运河水利风景区、潘家口水利风景区，皆被评为国家水利风景区。2021 年，海委不断强化规划引领，持续健全水利风景区内部制度，结合两大风景区实际，组织编制《漳卫南运河水利风景区发展规划（2021—2025 年）》《潘家口水利风景区“十四五”发展规划》，并先后修订《旅游服务中心管理制度》《船队管理制度》《船队安全管理规定》《船队水上搜救应急预案》等一系列规章制度，持续推进风景区环境改善，规范建设监管和日常管理，展示两大风景区水利工程元素、资源风景元素和水文化元素。海委召开专题会议推动大运河重要节点四女寺枢纽工程的文化保护传承利用工作，开展四女寺枢纽、卫运河故城段、南运河沧州段大运河文化保护传承利用工作调研，与地方政府进行座谈交流并提出工作建议。 （薛程 杨婧 李华）

4. 水文化宣传出版 海委积极落实“文化强委”战略，系统梳理流域治水机构百年变迁历史，制作海河流域治水机构沿革宣传折页。组织编纂《战洪 2021——决胜海河流域罕见夏秋连汛纪实》并配套制作同名专题宣传片，详细记述 2021 年海河流域百年罕见夏秋连汛全过程，充分彰显海河水利人始终坚持人民至上、生命至上的精神，认真贯彻习近平总书记关于防灾减灾救灾的重要指示批示精神，严格落实水利部各项决策部署，以向险而行、顽强拼搏、敢打必胜的决心和信心，落实落细各项防御措施，有效抵御严峻洪涝灾害，保护人民群众生命财产安全的抗洪精神。扎实推进《漳卫南运河管理局局史》《四女寺枢纽工程志》《岳城水库志》等水文化图书编纂工作。 （薛程 杨婧 郭恒茂）

【智慧水利建设】

1. 信息管理系统 2021 年，海委认真贯彻习近平总书记“节水优先、空间均衡、系统治理、两手发力”治水思路，积极推动新阶段水利高质量发展的六条实施路径，按照“需求牵引、应用至上、数字赋能、提升能力”要求，加快推进数字孪生海河建

设，以《智慧海河总体方案》为统领，在协调调度各类网信项目的基础上，进行海委综合业务平台（简称“一门户”）、海委“一张图”（简称“一图”）、海委基础设施云（简称“一云”）、海委统一数据库（简称“一库”）、统一网络安全防护体系（简称“一安全”）和海委统一身份鉴别体系（简称“一证”）“六大任务”的建设，2021年底全部完工并上线运行。

（1）“一门户”正式上线。2021年11月3日，“海委综合业务平台”正式上线，为海河流域水利信息服务智能化、综合决策科学化提供重要支撑。“海委综合业务平台”依托在建项目，将全委现有60多个业务系统统筹归类为7大业务应用系统，以大系统模式向全委提供统一服务。

（2）“一图”部署上线。2021年12月9日，海委网信基础建设“六大任务”中的海委“一张图”正式完成部署并投入试运行，为海委智慧化业务应用提供了多类型的空间数据与快速可视化的展示平台。海委“一张图”以“全国水利一张图”成果为基础，依托海委电子政务、永定河水资源实时监控与调度系统等多个信息化项目，整合海委已建项目的矢量数据、遥感影像数据、地形数据、三维模型等，基于1∶25万电子地图形成涵盖38类图层、11个区域的空间数据专题图，并构建基于统一地图标准、规范数据服务、全面共享机制的应用服务平台，依托“海委基础设施云”的高性能运行环境，有效解决了海委现有电子地图存在的“数据分散、更新较慢、管理散乱、应用效率不高”等问题，为各项业务智慧化应用和成果展示提供了统一的图形支撑平台。

（3）“一云”基础设施云上线。2021年12月1日，海委基础设施云（云计算中心）正式完成调试部署，形成基础构架统一、物理分散部署、逻辑统一管理的云平台，打破海委水利信息化基础设施“各自为政”的瓶颈，在支撑业务协同、提高运维效率方面发挥重要作用。完成由37台服务器组成的37个计算节点云平台，形成50颗CPU（2 784核）7TB内存的计算资源池，并配备1PB的数据存储资源池。

（4）“一库”统一数据库初步构建。2021年12月6日，完成“海委统一数据库”的基础搭建，初步实现海委数据资源跨部门、跨层级、跨业务、跨系统的融合治理、共享服务与智能应用。“海委统一数据库”采用数据资源服务管理模式，建立基于双节点集群加数据守护模式的高稳定运行环境，实现60多个业务系统的数据整合与迁移，并有效利用基于身份鉴别、授权管理、访问控制、安全审计、数据加密的一套数据资源安全管理措施。

（5）“一安全”取得突破性进展。2021年10月9日，海委网络安全能力提升与IPv6设备改造项目完工并上线运行。海委遵循《智慧海河总体方案》中对海委网络安全的总体框架设计，以海委网络安全能力提升与IPv6网络设备改造项目为主，辅以永定河水资源实时监控与调度系统等其他在建项目，统筹推进统一网络安全防护体系建设。基本建成防火墙防御体系、门户保障体系、核心服务器及数据保障体系、网络安全动态监测体系、协同防护体系五大体系。牵头研发的“基于多维数据分析的一体化水利网络安全运营平台”入选《2021年度水利先进实用技术重点推广指导目录》。

（6）“一证”建成。12月15日，“海委统一身份鉴别体系”完成系统主体搭建，实现“一证通”认证管理功能。“海委统一身份鉴别体系”可为海委政务外网的各业务应用提供统一的用户身份鉴别及管理服务。其中，统一用户管理系统作为海委唯一的用户信息数据源头，覆盖海委全部组织和用户、临时聘用人员、第三方运维人员等，并可进行全生命周期的管护，能够实现海委系统一套用户库，统一进行人员管理、用户身份管理、登录授权管理、单点登录等；多因子认证平台集成了扫码、短信动态口令、指纹、手势及现有CA证书（USB key）等认证方式，可为PC端和移动业务端业务应用提供灵活安全的认证服务。

（7）永定河水资源实时监控与调度系统建设项目体系建设基本完成。永定河水资源实时监控与调度系统建设项目（简称“永定河项目”）批复总投资6 780万元，主要目标是通过监测体系、数字永定河平台、业务系统、安全体系、系统集成来实现水量、水质和重点地区水生态全面监测以及流域内信息共享，进而掌握流域水资源状况，实现流域生态调度决策支持，向流域内相关主体和公众提供信息服务，对《永定河综合治理与生态修复总体方案》安排部署项目实施效果进行评估，提升永定河绿色生态河流廊道的协同管理能力。永定河项目建筑工程、设备采购及安装工程、视频监控系统建设、数字平台与应用系统建设、遥感成果采购服务、水利相关数据采购服务6个标段单位及合同工程顺利通过验收。

（8）永定河预报调度系统建成。海委以永定河为试点配合水利部开展“四预”仿真平台建设并完成阶段性成果，应用数字孪生、实时仿真等技术建成永定河预报调度系统，以超标洪水防御预案为基础，对防指（二期）系统防洪调度子系统进行补充完善，综合信息服务子系统进行内容补充和功能升级，为洪水防御工作提供信息化支持。

（9）防汛应用系统定级。完成海委防汛抗旱指挥系统、海委山洪灾害监测预警信息管理系统、海河流域洪水风险图管理与应用系统的安全等级保护定级工作。

2. 数字孪生海河建设稳步推进　2021 年完成《海委“十四五”水安全保障规划》网信部分的编制并上报水利部。组织编制《数字海河智慧水利“十四五”规划》报告，从海河流域的概况、面临形势、指导思想、原则路径、目标架构、建设内容、重点项目和保障措施等，对海河流域的智慧化建设提出规划。根据水利部相关要求，完成《数字孪生海河实施方案》编制。

为提高海委信息化技术水平，推动与浪潮和华为等公司的技术合作。与华为公司就一体化监控杆在西河闸开展测试并实现监控信号落地。组织与浪潮公司签署技术合作框架协议，多次开展高层技术交流，并就云平台和大禹针等技术进行测试，截至 12 月底，浪潮云平台已在海委落地，大禹针在漳卫南局的测试工作正在顺利开展。（张洋）

珠江流域

【流域概况】

1. 历史沿革　按照 2009 年水利部《关于印发〈珠江水利委员会主要职责机构和人员编制规定〉的通知》（水人事〔2009〕646 号），珠江委为水利部派出的流域管理机构，在珠江流域片（珠江流域、韩江流域、澜沧江以东国际河流、粤桂沿海诸河和海南省区域内）依法行使水行政管理职责，为具有行政职能的事业单位。工作范围涉及云南、贵州、广西、广东、湖南、江西、福建、海南等 8 省（自治区）及港澳地区，总面积 65.43 万 km^2（国内）。

（黄小兵）

2. 河流水系　珠江流域片所属河流包括珠江、韩江、澜沧江以东国际河流、粤桂沿海诸河和海南省诸河。珠江是我国七大江河之一，由西江、北江、东江和珠江三角洲诸河组成，西江、北江、东江汇入珠江三角洲后，经虎门、蕉门、洪奇门、横门、磨刀门、鸡啼门、虎跳门和崖门八大口门入注南海，形成“三江汇流、八口出海”的水系特点，流域面积 45.37 万 km^2，其中我国境内面积 44.21 万 km^2。西江为珠江流域的主流，发源于云南省曲靖市乌蒙山余脉马雄山东麓，自西向东流经云南、贵州、广西、广东 4 省（自治区），分别由南盘江、红水河、黔江、浔江和西江等河段组成，至广东省佛山市三水区的思贤滘与北江汇合后流入珠江三角洲网河区，全长 2 075km，流域面积 35.31 万 km^2，主要支流有北盘江、柳江、郁江、桂江及贺江等。北江发源于江西省信丰县石碣小茅山，涉及湖南、江西、广东 3 省，至广东省佛山市三水区的思贤滘与西江汇合后流入珠江三角洲网河区，全长 468km，流域面积 4.67 万 km^2，较大的支流有武水、连江、绥江、滃江、潖江等。东江发源于江西省寻乌县桠髻钵山，由北向南流入广东，至东莞市石龙镇汇入珠江三角洲网河区，全长 520km，流域面积 2.7 万 km^2，较大的支流有安远水、新丰江、西枝江等。珠江三角洲诸河包括西北江思贤滘以下和东江石龙以下河网水系和入注珠江三角洲的流溪河、潭江、增江、深圳河等中小河流，香港、澳门特别行政区在其范围内，流域面积 2.68 万 km^2。韩江的主流为梅江，发源于广东省紫金县和陆河县交界的七星岽，与汀江汇合后称韩江，进入三角洲网河区后分北溪、东溪、西溪出海，全长 468km，流域面积 3.01 万 km^2，较大的支流有石窟河、梅潭河等。广东、广西两省（自治区）沿海诸河流域面积在 1 000km^2 以上的河流有黄冈河、榕江、练江、龙江、螺河、黄江、漠阳江、鉴江、九洲江、南渡河、遂溪河、南流江、钦江、茅岭江和北仑河等。海南岛及南海各岛河流众多，其中流域面积在 3 000km^2 以上的河流有南渡江、昌化江和万泉河。红河是我国西南部主要国际河流之一，发源于云南省巍山彝族回族自治县哀牢山东麓，在河口县城流出国境进入越南，流域面积 11.3 万 km^2，其中我国境内面积 7.6 万 km^2。主要支流有李仙江、藤条江、南溪河、盘龙河、南利河等。（韩亚鑫　裴少锋）

3. 地形地貌　珠江流域片地势北高南低，西高东低，总趋势由西北向东南倾斜。北部有南岭、苗岭等山脉，西有横断山脉，东有玳瑁山脉，西南有云开大山、十万大山等山脉环绕。按地貌组合特点，珠江流域片分为横断山脉区、云贵高原区、云贵高原斜坡区、中低山丘陵盆地区、三角洲平原区等 5 个地貌区。西部为云贵高原，东部和中部丘陵、盆地相间，东南和南部为三角洲冲积平原。地貌以山地、丘陵为主，约占总面积的 82%；平原、盆地较少，约占总面积的 16%；其他约占总面积的 2%。

（黄小兵）

4. 水文水资源　珠江流域片地处热带、亚热带

季风气候区，气候温和，雨量丰沛。多年平均气温在14～22℃，多年平均相对湿度70%～80%。平均年降水量为 1 530.4mm，年内降水多集中在4—9月，约占全年降水量的80%。珠江流域片平均年水资源总量为 5 190.7 亿 m^3，水资源较丰沛，但时空分布不均。水资源年内分配与降水基本一致，主要集中在汛期，4—9 月水资源量占全年的 70%～90%。水资源地区分布东西差异大，南北差异小，自东向西逐渐递减，沿海地区多于内地，山地多于平原。 （钟黎雨）

5. 经济社会状况　珠江流域片涉及8省（自治区）60市（州）及香港、澳门特别行政区，土地总面积57.91 万 km^2，占国土总面积的 6.0%。2020年常住人口数 2.08 亿人（其中珠江流域 1.5 亿人），占全国总人口数的 14.7%。GDP 合计 15.18 万亿元（其中珠江流域 12.26 万亿元），占国内生产总值的14.9%；工业增加值 4.84 万亿元（其中珠江流域4.06 万亿元）。流域片总体上经济发展不平衡，中西部地区经济较为落后，红柳江区经济水平最低；东部沿海一带经济较发达，东江和珠江三角洲区的人均 GDP 高于珠江片区平均水平，其中珠江三角洲区经济最具活力和投资吸引力。随着“一带一路”倡议、粤港澳大湾区、北部湾城市群、海南自贸港等国家区域战略的加快推进，流域经济发展会更加活跃。 （高薇）

6. 河流湖泊　珠江流域片流域面积大于1 000km^2 的河流有 190 多条，分属珠江流域、韩江流域、粤东和粤西沿海诸河、桂南沿海诸河、海南岛及南海各岛诸河和红河水系，以珠江为最大；流域面积 100km^2 以上的河流有 1 700 多条，流域面积 50km^2 以上的河流有 3 300 多条。珠江流域片常年水面面积大于 1km^2 的湖泊有 21 个，其中较大的高原湖泊均位于云南省境内，主要有抚仙湖、杞麓湖、异龙湖、星云湖、阳宗海等 5 个；常年水面面积小于 1km^2 的湖泊有 153 个。 （黄小兵）

【河湖长制工作】

1. 河湖长制体制机制运行情况

（1）“珠江委＋流域片省级河长办”协作机制。2021年8月，珠江委联合云南、贵州、广西、广东、湖南、江西、福建、海南8省（自治区）河长制办公室，共同建立“珠江委＋流域片省级河长办”协作机制，推动上下游、左右岸、干支流、省际间联防联控联治，凝聚形成流域统筹、区域协同、部门联动的河湖管理保护格局。 （陈龙）

（2）珠江流域省级河湖长联席会议机制。为在更高层级、更广范畴强化珠江流域各省（自治区）河湖长制工作统筹协调和河湖管理保护，2021 年 12 月，珠江委组织编制《珠江流域省级河湖长联席会议机制》，征求云南、贵州、广西、广东、湖南、江西、福建7省（自治区）意见后上报水利部，为水利部印发实施《珠江流域省级河湖长联席会议机制》奠定坚实基础。 （黄小兵）

（3）韩江流域省际河流河长协作机制。2021 年4月，联合生态环境部珠江流域南海海域生态环境监督管理局，以及广东、福建、江西 3 省河长办，对韩江省际河流开展了联合巡河行动，指导督促地方对巡河发现的9个问题进行整改。2021 年 12 月，组织召开韩江省际河流河长第一次协作机制会议，研究韩江省际河流管理与保护事宜，推动机制真落地、见实效。 （韩亚鑫）

2. 河湖管理督查

（1）2021 年河湖管理检查。2021 年 6—10 月，共派出 63 个暗访组 145 人次，对云南、广西、广东、海南4省（自治区）共 600 个河段湖片进行河湖管理监督检查，超额完成水利部下达的年度任务（350 个河段湖片）。共发现各类河湖问题 239 个，依托河湖长制平台，持续指导督促地方按时保质保量完成问题整改。 （黄小兵）

（2）云南省河湖管理进驻式检查。2021 年 6—8月，通过明察暗访、交换意见等方式，完成对云南省长江干流大理、丽江、楚雄约 670km 河段的进驻式检查，针对发现的 54 个河湖问题，建立问题清单，持续督促指导相关地方按时完成问题整改。 （陈龙）

（3）河湖复杂问题专项督查。组织对浔江河段违法网箱养殖、红水河光伏发电未批先建等河湖复杂问题进行专项督查。依托河湖长制平台，通过发文督办、河湖督查系统下发等方式，严格督促地方进行问题整改。 （赵翌初）

（4）指导广东省开展中央巡视反馈的 23 项河湖“四乱”问题整改工作。督促指导地方制定整改方案，完成对 23 宗问题的全覆盖现场调研，持续跟踪督促问题整改，并对完成整改的 8 宗问题逐一采取现场复核，形成复核报告上报水利部，确保问题全面整改到位。 （高薇）

（5）督促长江经济带生态环境突出问题、水利部河长办督办问题等整改。跟踪指导云南省文山州马关县云南华联锌铟股份有限公司都龙矿区生态环境突出问题整改。指导西江违建问题整改，跟踪督促制定整改工作方案，组织开展现场调研，形成调研报告上报水利部。 （周舜轩　顾春旭）

【水资源保护】

1. 水资源刚性约束　开展流域水资源刚性约束制度研究，编制完成珠江流域水资源刚性约束制度研究总报告和用水总量控制管理办法、体制机制、调整条件、调整模式四个专题研究报告。（汝向文）

2. 跨省河流水量分配　2021年3月，九洲江、黄华河、罗江、谷拉河和六硐河（含曹渡河）5条跨省河流水量分配方案获水利部批复。至此，珠江流域片12条跨省河流水量分配方案全部获批，在全国率先完成跨省河流水量分配工作，为流域强化水资源刚性约束奠定坚实基础。（王丽）

3. 生态流量管理　完成珠江流域片第三批九洲江、黄华河、鉴江（含罗江）、谷拉河、六硐河、清水江、可渡河、西洋江等重点河湖12个主要控制断面生态流量目标确定，并获水利部批复。编制印发西江干流等11条河流和抚仙湖生态流量保障实施方案。（王丽）

4. 跨省河流水量调度　编制西江流域水资源调度方案，通过水利部组织的专家评审，并下达东江、韩江、北江、黄泥河、柳江、北盘江6条主要跨省河流2021—2022年度水量调度计划并组织实施。针对韩江流域连年干旱的问题，组织实施韩江枯水期水量调度，制定韩江流域枯水期水量调度方案，开展韩江棉花滩水库、高陂水利枢纽等重点水库调度，有效应对韩江流域60年来最严重旱情，保障流域用水安全。（汝向文）

5. 取水许可　完成水资源论证报告书审查21项，其中不予通过审查2项；完成取水许可审批19项、延续审批3项、变更审批4项；开展取水设施核验16项，发放取水许可证25套。2021年6月，珠江委提前完成存量取水许可证电子化转换工作，累计发放电子证照117套。（伍丽丽）

6. 取用水管理专项整治　全面完成取水口核查登记，累计完成珠江流域片67 377个取水口核查登记，基本摸清流域取水口现状。结合2021年度最严格水资源管理考核工作，对云南、贵州、广西、广东、海南5省（自治区）524个取水项目开展专项整治行动落实情况督查。组织相关省（自治区）开展取用水问题核查，建立整改台账，依法推进问题项目整改，2021年完成问题整改6 468项。（伍丽丽）

7. 取水口监测计量　运用取水口核查登记信息平台、国家水资源监控系统平台开展排查，完成对79个已发证的直管河道外用水取水口监测计量现状摸底；结合流域片相关省（自治区）取水监测计量管理规定，制定《珠江委强化审批管理取水口取水监测计量实施方案（2021—2023年）》，明确取水监测计量覆盖范围、数据质量、成果应用有关要求，推进流域取水口监测计量体系优化提升。（伍丽丽）

8. 节水行动

（1）实施国家节水行动。按照《珠江委落实〈国家节水行动方案〉工作方案》要求，推动总量强度双控等33项年度重点任务，建成1个“公共机构水效领跑者”、2个节水型单位；完善粤港澳大湾区国家级重点监控用水单位联合监管机制、粤港澳大湾区水量调度协商机制、水资源承载能力监测预警机制、用水统计调查制度等；建成粤港澳大湾区系统、珠江流域用水统计调查名录库。完成流域内66个县（区）县域节水型社会达标建设复核、年度珠江片各地市水资源承载能力评价（水量要素）、云南等4省（自治区）地下水管控指标复核、国家地下水监测二期工程可行性研究等成果报告。（蓝璇）

（2）粤港澳大湾区国家级重点监控用水户监管。2021年，珠江委建立粤港澳大湾区国家级重点监控用水户监控预警核查通报机制并实施。一是出台“一项制度”。联合广东省水利厅出台《加强粤港澳大湾区重点监控用水单位监督管理的指导意见》，以“一项制度”巩固成效、纵深拓展，形成长效机制。二是建立“一个机制”。与广东省水利厅签署联合监管工作机制，突破信息壁垒，形成流域地方联动监管合力。三是提出“三项创新”。建立智慧监管信息系统、研发计量快速校准技术、应用移动端监管平台，整合数据40万余条，在线研判用水趋势、行业特点，以“1个平台＋1项专利＋1个App”三项创新，破解监管数不准、效率低难题。四是打造“四个模式”。建立“监控－预警－提醒”管理模式、“检查＋抽查＋校准”核查模式、“反馈－发函－警示－通报”模式、“正面宣传＋反面督导”模式，发送提醒警示整改函57份，推动节水监管由事后查处向事前防控关口前移。（陈春燕）

（3）用水定额管理。对广西壮族自治区用水定额进行量化评估，提出8条定额修订建议，完成《广西壮族自治区重点行业用水定额评估报告》。研究建立统一分类、分区、分级的珠江流域用水定额体系总体框架，印发《珠江流域用水定额体系建设工作方案》，着力推进解决省际定额差异引起的最严格水资源管理制度考核、跨省河流水量分配管理矛盾等问题。（谭韬）

（4）计划用水管理。实施韩江调水区域计划用水执行督查，选取典型取用水户进行用水计划下达合理性分析。开展粤港澳大湾区国家级重点监控用水单位计划用水监管，对存在超计划超定额用水的用水单位发出提醒警示57份，指导用水单位做好计

划用水管理。总结流域用水计划核定技术研究，提出一套符合流域实际的用水计划下达核定方案，成果获得2020年度珠江委科学技术三等奖，并在第八届珠江中青年学术报告会展出推广。（蓝璇）

（5）节水评价。贯彻实施《珠江流域规划和建设项目节水评价实施方案》，严格开展技术初审、现场审查，完成节水评价审查15宗，其中水利规划2宗、水利工程项目3宗、非水利建设项目10宗，全部通过审查。采用台账分析研判问题一制度落实形式检查一项目实施技术抽查相结合的监督检查模式，保障节水评价监督管理成效。（罗承平）

（6）节水载体建设管理。总结提炼节水标杆建设经验，指导委属单位全面开展水利行业节水型单位建设，组织完成开发公司、右江水利公司水利行业节水型单位建设验收，建成后年节水率分别达到19.8%、30.0%。指导开展节约型机关建设，珠江委相关负责人在水利部公共机构能源资源节约和环境保护工作视频会议作典型发言。（蓝璇）

（7）县域节水型社会达标建设复核。珠江委派出检查组13批157人次，完成年度流域66个县（区）县域节水型社会达标建设复核，开展14个县（区）102家用水单位现场抽查、285份居民问卷调查，形成问题“一省一单”反馈省区并报水利部，指导推进云南、贵州提前达成2022年县域节水型社会达标建设目标。（谭韬）

（8）非常规水源利用管理。首次开展粤港澳大湾区重点地区非常规水源调查及配置试点研究，形成《粤港澳大湾区重点地区非常规水源调查及配置试点研究（2021年度）》，以东莞松山湖科技产业园为试点，提出非常规水源与常规水源协同配置方案，推动落实国家污水资源化利用政策要求。（谭韬）

（9）节约用水监督检查。实施最严格水资源管理考核节约用水监督检查，完成云南、贵州、广西、海南4省（自治区）100家重点用水单位、20个县级行政区水行政主管部门节水评价管理情况监督检查。会同水利部节约用水促进中心完成广东省25家用水单位及4个县级行政区水行政主管部门节约用水调研检查。联合广东省水利厅对粤港澳大湾区40家国家级重点监控用水单位进行全覆盖检查，形成面向各用水户的“一户一单”、面向社会公众的“检查通报”、面向全省21个地市级水行政主管部门的“一市一单”，共提出整改要求66项和改进建议124条。（赵颖）

（10）节水宣传教育。深入落实节水宣传工作方案，执行节水信息报部制度，在各级媒体全年累计发布节水宣传报道132篇。通过在珠江水利网、“珠江水利”微信公众号开设专栏，播放节水中国主题MV等方式，促进提高公众节水意识；线下开展节水教育进课堂活动4次；委内积极引导1 600余名干部职工和职工子弟参加全国节约用水知识大赛答题，组织委内30余名青年志愿者开展水利科普志愿服务活动。（蓝璇）

9. 生态流量监管　按照《珠江委河湖生态流量保障工作方案》，珠江委将水利部印发确定保障目标的27条（个）河湖40个控制断面纳入日常监管，对具备监测条件的35个控制断面实行动态监控。在生态流量“短信日报＋监管平台＋月报”监管体系基础上，2021年增加呈委党组的周报制度，年内共发送生态流量周报51期、月报12期，及时核查断面不达标原因及处置数据异常共225项，组织制定河湖生态流量监督管理办法，严守生态流量保障底线。圆满完成韩江流域特大旱情期间生态流量保障水量调度督导检查，形成报部长政务信息。（罗昊）

10. 科技成果　2021年在水资源保护领域荣获省部级科技奖4项，授权国家发明专利3项，4项成果被列入水利先进实用技术重点推广指导目录，1项成果被列入水利部成熟适用水利科技成果推广清单。“粤港澳大湾区高密度城市暴雨洪涝系统防治关键技术与装备”获大禹水利科学技术奖一等奖，“超高水头船闸（40m级）输水关键技术研究与应用”获大禹水利科学技术奖二等奖，“变化环境下粤港澳大湾区水资源安全调控关键技术与运用”获广东省科学技术奖二等奖，“变化环境下丰水地区洪水精准预报和洪灾动态评估关键技术及应用”获高等学校科学研究优秀成果奖二等奖。“一种基于智能水务的多级别节水分析方法及系统”“一种基于水质约束的中小河流水资源可利用量计算方法”“城市内涝监测预报预警方法、装置、系统及存储介质”获国家发明专利。“基于浪潮耦合的河口海岸风暴潮预报技术”“可闻声波式遥测水位计”“可闻声波式遥测雨量计”“基于水声和人工智能技术相结合的声学多普勒测流仪系列”被列入水利先进实用技术重点推广指导目录。“珠江流域片枯季旱情遥感监测系统”被列入水利部成熟适用水利科技成果推广清单。（程中阳）

【水域岸线管理保护】

1. 岸线保护与利用规划　严格落实珠江流域重点河段岸线保护与利用规划，加强河湖水域岸线空间分区分类管控。指导地方开展重要河湖岸线保护与利用规划编制工作，对云南省六大干流和九大高原湖泊，广西壮族自治区领导担任河长的西江、柳江、郁江、桂江，广东省主要河道西江、北江、东

江、韩江等流域重要河湖水域岸线保护与利用规划编制给予指导。（姜沛）

2. 涉河建设项目管理　完成珠江委河湖管理范围内建设项目审查权限调整修订工作，编制印发河湖管理范围内建设项目审查权限规模划分表。严格落实规划约束，遵循确有必要、无法避让、确保安全的原则，依法依规办理涉河建设项目许可，2021年共出具水行政许可32项。组织对10项已批复涉河建设项目抽查复核，指导督促建设单位按照批准的工程建设方案、位置界限、防治与补救措施等进行实施，强化项目建设的全过程监管。（姜沛）

3. 河湖管理范围划定　对流域片全部规模以上河湖（流域面积1 000km^{2}以上河流、水面面积1km^{2}以上湖泊）管理范围逐河逐湖、逐段逐片进行核实，对规模以下河流进行抽查复核，共复核3 770条河流及20个湖泊，河道长度总计约12.7万km，抽查范围覆盖珠江流域片8省（自治区）62个地级市（州）的全部县级行政区。以"一省一单"方式向各省级水行政主管部门进行反馈，并持续跟踪指导地方修改完善河湖管理范围划定成果。（叶荣辉）

4. 河道采砂管理　6月25日，组织编制的《珠江流域重要河段河道采砂管理规划（2021—2025年）》获得水利部批复，进一步强化河道采砂活动监管，加强河湖水域有效保护。组织开展漓江等珠江流域重点河段河道采砂管理专项督查工作。组织开展东江北干流河道洗砂问题专项督查工作。（叶荣辉）

5. 水域岸线清理整治　指导督促西江干流浔江二桥至丹竹段沿江"四乱"问题清理整治工作。指导西江干流（浔江平南段）两岸水环境综合整治提升工程建设，系统推进生态廊道建设。西江干流（浔江平南段）入选广西美丽幸福河湖名录（第一批）。（阮启明）

【水污染防治】

1. 污染防治攻坚战　为坚决打好水污染防治攻坚战，珠江委印发落实《水利部贯彻落实〈中共中央　国务院关于全面加强生态环境保护坚决打好污染防治攻坚战的意见〉2021年工作计划》工作方案，提出实施国家节水行动，打好水源地保护攻坚战、城市黑臭水体攻坚战，实行最严格水资源管理制度等15项重点工作任务，全面如期完成并形成工作总结报水利部。（罗欢）

2. 协作机制　珠江委与生态环境部珠江流域南海海域生态环境监督管理局充分利用珠江流域跨省河流突发水污染事件联防联控协作机制，建立信息共享、联合执法的协作模式，强化联防联控落地见效。6月，联合流域各省（自治区）生态环境厅召开2021年珠江流域跨省突发水污染事件联合会商暨尾矿库环境风险隐患排查视频会议，贯彻落实《生态环境部　水利部关于建立跨省流域上下游突发水污染事件联防联控机制的指导意见》的相关要求，共享气候变化情况、生态环境应急、跨省联防联控、尾矿库环境风险隐患排查等信息，不断推进流域水治理体系和治理能力现代化。（赵颖）

3. 监督检查　为切实做好珠江流域突发水环境事件风险防范与处置，珠江委组织制定应对流域重大突发水污染事件实施办法，进一步明确工作职责，规范工作流程。按照水利部领导的批示要求，对中石化茂名分公司化工分部火灾事故、九洲江支流倾倒化学品、刁江流域重金属污染等突发水污染事件开展核查报告，向地方河长办通报核查情况，督促排查整改。（薛瑛）

4. 科技成果　4月1日，《粤港澳大湾区重要湖库型水源地富营养化防治技术导则》《粤港澳大湾区重要河流型水源地生态健康评估技术导则》两项团体标准由中国质量检测协会发布实施。7月30日，珠江三角洲水质遥感关键技术入选《2021年度水利先进实用技术重点推广指导目录》。（罗昊）

【水环境治理】

1. 饮用水水源地规范化建设　珠江委组织开展对流域重要饮用水水源地应急备用水源建设情况全面排查工作，形成政务信息报水利部。针对珠江流域108个全国重要饮用水水源地安全达标建设情况进行抽查评估，实现粤港澳大湾区35个重要饮用水水源地年度全覆盖核查。依托"遥感-无人机-人工"手段，结合智慧监督性监测技术体系，在3月、10月以粤港澳大湾区水源地为重点开展两期监督性监测，共进行遥感影像解析81景、无人机筛查66航次、人工水质采样检测40次点位。对发现的水源地违规生产建设项目，依托河湖长制平台立案并督促地方完成整改，形成管理闭环，保障水源安全，让群众喝上放心水。（罗欢　张舒）

2. 地下水超采治理与保护　珠江委率先完成流域相关省（自治区）地下水管控指标确定成果复核，指导广西、海南、广东指标成果通过水规总院技术审查，推动广西成为全国第一批地下水管控指标获批实施的省份。完成广西北海、海南洋浦两地地下水禁、限采区监督检查。组织地方推进实施北部湾地区重点区域地下水超采治理与保护方案。2021年12月，广东湛江市硇洲岛扫屯地下水监测井水位上升3.24m，广西北海市海城区监测井水位上升

0.44m、合浦水利局监测井水位上升 0.19m，与 2020 年底情况相比，北部湾地区重点区域地下水水位回升。 （薛瑛 侯若冰）

【水生态修复】

1. 生物多样性保护

（1）西江流域资源环境与生物多样性综合科学考察。首次对西江流域资源环境和生物多样性进行综合科学考察，科考项目组累计采集水生生物标本 2 000 余号，鉴定水生生物物种 560 余种，目击中华白海豚 68 群次（合计 458 头以上），拍摄水生生物标准图片 450 余张，获取水生生物物种分布信息 500 余条，采集鱼类早期资源标本 150 余号，鉴定鱼类早期资源物种数量 22 余种，获取鱼类早期资源物种分布信息 22 余条，为推动生物多样性保护迈上新台阶作出了积极贡献，为构建生态廊道和生物多样性保护网络提供科学的数据支撑。 （陈高峰）

（2）大藤峡水利枢纽工程鱼类增殖放流活动。共放流三角鲂、赤眼鳟以及青、草、鲢、鳙“四大家鱼”鱼苗 70 万尾，其中三角鲂、赤眼鳟鱼苗 10 万尾，是大藤峡鱼类增殖放流站历时 1 年、首次自主成功繁育的珠江流域特色鱼类。 （杨凤娟）

2. 水土流失治理

（1）水土保持重点工程监督检查。2021 年 9—11 月，珠江委派出 5 个督查组，对云南、贵州、广西、广东、海南 5 省（自治区）2021 年度水土保持监管履职和水土保持重点工程进行监督检查，共督查 25 个地方审批在建生产建设项目、92 个水利部遥感监管违法违规项目和 11 个 2021 年度水土保持重点工程项目，督促指导地方各级水行政主管部门依法全面履行水土保持监督管理职责，促进国家水土保持重点工程建设管理水平提质增效。 （谢莉）

（2）水土保持预防监督管理。发布 2020 年珠江流域部管生产建设项目水土保持方案实施情况公告。以“天地一体化”监管为支撑，采取现场检查、书面检查、督促验收和跟踪管理等方式，对流域片 50 个生产建设项目实施水土保持全覆盖监管。开展 2021 年度珠江流域片部批重大水利工程水土保持重点监管，通过建立会商机制，深度融合遥感、无人机等信息化技术，实现 24 个重大水利工程水土保持重点监管全覆盖。 （谢莉）

（3）水土保持监测。完成珠江流域片 5 个国家级水土流失重点防治区 92 个县（市、区）24.77 万 km^2 的监测工作，全面掌握国家级重点防治区和珠江流域片水土流失面积、强度和动态变化情况。2021 年 8—12 月，珠江委分别对内蒙古、重庆、广东、海南、新疆 5 省（自治区、直辖市）2021 年度水土流失动态监测成果进行遥感解译、专题信息提取抽查和土壤侵蚀模数计算结果复核，并督促指导被复核单位开展完善整改工作。2021 年珠江委首次发布《珠江流域片水土保持公报（2020 年）》，向社会公开珠江流域片 2020 年度水土流失状况、水土保持监督管理、水土流失综合治理和重要水土保持事件等。 （谢莉）

3. 河湖健康评价　珠江委圆满完成北江流域河湖健康评估工作，根据新发布的《河流健康评估技术导则》（SL/T 793—2020）要求，结合 2020 年度北江流域水文情势、开发利用现状、河流形态、公众满意度调查与水质、水生态监测结果，对北江流域的水文完整性、化学完整性、形态结构完整性、生物完整性和社会服务功能可持续性 5 个方面进行健康评估赋分，编制完成《珠江流域河湖健康评估报告（北江流域）》。自 2010 年起，珠江委先后开展了桂江、百色水库、抚仙湖、东江、柳江、北盘江、韩江、北江等重点河湖（库）健康评估，形成具有珠江特色的河湖健康评估指标体系。

（赵晓晨 葛晓霞）

4. 科技成果　2021 年，在水生态修复领域授权国家发明专利 10 项，7 项成果被列入水利先进实用技术重点推广指导目录，1 项成果被列入水利部成熟适用水利科技成果推广清单。 （程中阳）

【执法监管】

1. 流域立法及政策研究　完成《韩江水量调度管理办法（草案）》及编制说明、立法调研报告、体制机制调查研究报告，编制《珠江流域跨省水库库区管理办法》立法项目建议书、立法必要性和可行性报告、立法调研报告等，为进一步推进珠江流域立法体系建设奠定基础。组织对珠江委负责实施的现有法律法规和政策制度进行全面梳理，对两项规范性文件分别作出修订和废止决定。持续推进《珠江水量调度条例》立法工作，加强与水利部政法司的沟通汇报，随时准备配合做好条例报送国务院立项相关工作，主动联系并协助全国人大代表提出了《珠江水量调度条例》立法建议提案，全力助推条例尽早出台。另外，组织对涉及水旱灾害防御的法律法规进行梳理，对实施情况、存在问题、经验做法等进行总结并提出意见建议，为水利部提供相关决策参考。 （严黎）

2. 执法队伍建设　组织分析提出执法能力建设规划修订思路，开展珠江委水政监察基础设施建设（三期）初设、实施等相关工作。对水政监察队伍成员进行调整，举办水政监察员业务培训班，开展水政监察证件换发和申领等工作。组织开展基本执法装备购置、水行政执法统计直报系统信息上报、《水行政处罚实施办法》《水政监察工作章程》贯彻实施情况调研等工作。（黎嘉）

3. 水利普法　策划开展纪念“世界水日”“中国水周”、宪法宣传周普法宣传及《历史治水名人》主题展览等活动，设计制作系列海报等普法宣传品，依托珠江水利门户网站等平台，面向社会公众进行普法宣传。开展预防非职务犯罪专题普法讲座与学法考试。（李蔡明）

4. 联合执法　按照执法行动“精”“准”“狠”要求，依托河湖长制平台，联合有关市政府、市河长办等部门，顺利完成“东莞海腾港务有限责任公司违法河湖案”和“中山市港建海岸桥梁有限公司违法河湖案”两宗案件的立案查处工作，依法对相关当事人处以罚款 3 万元，责令违法主体按时间要求完成整改，共拆除违建码头约 3 300m^2。联合最高检第八检察厅、生态环境部珠江流域局和滇黔桂三省（自治区）水行政主管部门共同开展万峰湖库区水行政执法专项行动，推动库区有关历史遗留问题得到有效解决。联合广东省水利厅对水利部 12314 监督举报平台反映的侵占河湖岸线问题开展专项执法检查，推动社会关注、群众关心的水事违法行为得到有效处理。组织参与渔业、公安、海事、水利等部门共同开展的珠江渔政特编执法船队巡航活动，发挥多部门联合执法的特殊优势。（朱晓波　向家平）

5. 日常巡查　积极组织开展日常河湖巡查，2021 年，全委共巡查河道长度 71 559.4km、水域面积 7 098.5km^2、监管对象 1 813 个；共出动执法人员 628 人次、车辆 167 车次、船只 18 航次，现场制止违法行为 4 次。对珠江河口、西江干流等部分重点区域开展巡查检查，并将发现的问题督促地方落实整改，有关地方已对其中 3 起重点水事违法行为进行立案查处，其中 2 起案件已结案。

（朱晓波　向家平）

6. 水事纠纷调处　组织流域相关省（自治区）开展水事纠纷集中排查，在建党 100 周年庆祝活动前后，对新增省际水事纠纷实行每日零报告。根据卫星遥感排查成果，联合相关水行政主管部门对湘粤边界宜章县境内两处疑似水事纠纷隐患点进行现场排查，对 2018 年 11 月开展的广东乐昌市与湖南宜章县的取水纠纷协调处理工作进行“回头看”，真正做到早预防、早发现、早调处到位，将水事纠纷化解在萌芽状态。（马灿）

7. 执法监督　牵头组织开展广西、广东、海南、甘肃等四省（自治区）水行政执法监督工作。珠江委精心部署，周密安排，共派出监督组 5 批次 34 人次，抽取 19 个市、县（区）开展监督检查，并按政法司要求派专人参与收尾专班工作，圆满完成了全部工作任务。通过开展水行政执法监督工作，为进一步促进地方水行政主管部门依法履行法定执法职责，全面落实严格规范公正文明执法，起到积极推动和指导作用。（朱晓波　向家平）

8. 科技成果　2021 年“河湖天地一体化动态监管技术”被列入水利先进实用技术重点推广指导目录。利用卫星遥感（天）、无人机遥感（空）、移动 App 信息采集及现场踏勘（地）等技术手段，通过巡查-详查-核查-复查的“四查”体系，构建了“天-空-地”一体化河湖监管技术体系，对河湖“四乱”进行全覆盖、全过程的立体精准监控。

（程中阳　陈高峰）

【水文化建设】

1. 水文化“五个一”建设　即一个开放区改陈、一部宣传片、一组微信公众号产品、一系列网站宣传、一个创新平台。完成“一个开放区改陈”：为深入贯彻落实“节水优先、空间均衡、系统治理、两手发力”治水思路，围绕推动水利高质量发展这一主题，聚焦六条实施路径，组织实施珠江水利公众开放区改陈，修改完善流域概况、治水成就、形势挑战、实践探索等展区内容，增设水文化板块，生动反映珠江治水实践，强化水情教育及水文化传播载体建设。拍摄“一部宣传片”：摄制了珠江委工作宣传视频《大潮起珠江》，展现珠江委在强化流域治理保护，保障流域防洪安全、供水安全、生态安全方面取得的显著成效，全面展示珠江委为全力建设幸福珠江、支撑流域高质量发展所作出的不懈努力。推出“一组微信公众号产品”：从世界上最古老的运河之一到世界发现最早最大的木构水闸；从包拯主政端州治理西江洪水到苏轼为广州设计中国最早的自来水工程……以“小切口”做“大文章”，策划推出“走进珠江”水文化系列推送以及《珠江治水史诗》微视频，在水利部官方微信公众平台、新华网客户端中国水利、中国水事账号发布，总阅读量超过 200 万次，引发社会公众广泛关注。其中，《中国最早的自来水工程居然是苏轼设计的!》《千古奇人徐霞客：探寻江源第一人》等图文推送阅读量均超过 80 万。开展“一系列网站宣传”：制作《珠江治水华章》线上展板，讲述珠江治水名人名事，创新运用多媒体动态展示技术，丰富提升宣传效果；完善珠江水利网水文化专栏，增设名人名事、视频影

像等栏目。建设“一个创新平台”：整合提升珠江水利科学研究院里水试验基地资源，建设互动式多媒体展馆，建成水生态环境及智能节水灌溉展示区，全方面展示珠江水利科研创新成果和技术手段，科普水知识，传播水文化，打造珠江流域水利科技创新能力展示平台。（吴怡蓉　黄丽婷）

2. 水事专题　聚焦流域水旱灾害防御、粤港澳大湾区水安全保障、抗旱保供水等重点工作，积极协调主流媒体，精心策划推出一批有影响、有深度的精品力作，并在重要时段、重要版面刊出。人民日报、新华社、中央广播电视总台、中新社等50多家媒体相继刊发《〈粤港澳大湾区水安全保障规划〉正式印发》《珠江防总：珠江流域可能出现旱涝并存旱涝急转现象》《韩江流域遭遇60年来严重干旱？珠江委这样应对!》《流域雨水情的“千里眼”》等新闻报道，为推动工作提供有力舆论支撑。围绕规划批复、水量调度等工作，策划推出粤港澳大湾区水安全保障规划、韩江流域综合规划、珠江流域重要河段河道采砂管理规划等多张图解，以及《凝心聚力谋发展　珠江治水谱新篇》《揭秘大湾区‘缺水’真相》等多个短视频，其中珠科院《洪涝共治》科普短视频在中国水事新华网客户端发布，观看量达207万次，取得了良好传播效果。聚焦大藤峡工程建设管理关键节点，在人民日报刊发《大藤峡水利枢纽建设忙》专版、《神州共欢歌　奋进新时代》头条，在央视新闻联播播出《广西大藤峡开闸放水保障粤港澳大湾区用水》等，生动展现工程发挥的显著效益。2021年12月，水利部召开强化流域治理管理工作会议，珠江委及时组稿《强化流域治理管理　当好江河湖泊代言人》《提升流域治理管理能力　推动新阶段珠江水利高质量发展》等，在中国水利报、水利部官微等平台发表，并发布媒体通稿，全面展现珠江委强化流域治理管理的举措成效。在《中国水利报》《中国水利》杂志发表《凝心聚力谋发展　珠江治水谱新篇》等委主任署名文章，深入阐释推动珠江水利高质量发展的思路、举措、成效。组稿《久久为功　绘就幸福珠江新画卷》等特别报道，策划制作《奋楫扬帆　勇立潮头　擘画珠江水利高质量发展新蓝图》等年度回眸视频，以及年度重点工作回顾等系列推送，全面展现一年来的亮点成效。（黄丽婷）

3. 水情教育　2021年3月初，开展节水宣传进社区、进公园等主题活动，深入广州红山村、东莞松山湖等地开展节水宣传，解读节水政策，宣传水法治观念。4月初，走进广州市天河区五一小学，为师生们带来了一堂别开生面的节水主题课，发放节水宣传手册、文创宣传品等，有效普及了水资源集约安全利用知识。截至2021年12月底，珠江水利大厦开放区已接待广州市中小学生、广东省气象局等各类涉水行业团体及个人累计上百批次、上千人次参观访问，发放宣传用品近3 000套，宣传教育效果良好。（李泽华）

4. 水利科普　2021年，结合“我为群众办实事”和对口帮扶工作安排，珠江委首次赴西藏林芝开展科技推广需求对接、科普进校园、“粤林大讲堂”科普讲座等系列活动，活动被当地电视台、学习强国等平台报道。策划珠江委2021年水利科技活动周、全国科普日系列活动，共开展珠江委第二届科普大赛等特色活动12个，线上线下参与人数达209万人次。组织编写珠江流域科普图书《灵秀珠江》。推荐两家委属单位首次申报全国科普教育基地。鼓励委属单位积极制作《“洪涝”共治　让城市不再“看海”》等科普微视频，其中珠江水利科学研究院联合制作《水土保持常在心》科普微视频获2021年广州地区优秀科普作品，获推全国优秀科普微视频；珠江委首次获中国科协等13部委授予的“2021年全国科普日活动优秀组织单位”荣誉称号；国科处首次获得科技部人才与科普司颁发的“2021年全国科技活动周”荣誉证书。《威水超人》澳门节水系列科普作品获大禹水利科学技术奖科普奖。（程中阳）

【智慧水利建设】

1. 管理信息系统

（1）推进智慧珠江工程前期工作。2021年2月，智慧珠江工程可行性研究报告经水利部审查并形成会议纪要。报告对流域河湖保护与管理的政务目标、业务内容、业务流程和业务量进行全面分析，提出河湖保护与管理建设内容，包括河湖专题图、河湖长制、河道管理、河道采砂管理等应用功能，为推动河湖保护与管理数字化、网络化、智能化奠定了坚实的前期工作基础。（何虹）

（2）“一张图”专题应用。2021年，基于珠江水利“一张图”，整合执法巡查监控、河口智慧管理2个专题应用系统以及珠江—西江经济带岸线规划、大湾区重点监控用水单位2个专题地图，为河湖保护和管理提供了多元丰富的数据基础和多维度信息查询分析功能，助力实现多层级、精细化的河湖管理。（吴皓楠）

2. 科技成果　2021年共有4项成果列入水利先进实用技术重点推广指导目录，2项成果列入水利部成熟适用水利科技成果推广清单。“复杂场地大面积软土地基安全监测成套技术”“智能化大坝安全监测及预警评估平台”“大型水库与复合型蓄滞洪区联合调洪简易计算软件”“无人机自动巡检智慧监控系统”列入水利先进实用技术重点推广指导目录。“洪水实时预报与精细化调度技术”“洪水实时模拟与洪灾动态评估技术”列入水利部成熟适用水利科技成果推广清单。（程中阳）

松花江、辽河流域

【流域概况】

1. 自然地理　松辽流域地处我国东北部，行政区划包括黑龙江省、吉林省、辽宁省和内蒙古自治区东部三市一盟以及河北省承德市的一部分，流域总面积123.5万km^2。流域地貌特征为西、北、东三面环山，南临黄海、渤海，中南部为广阔的辽河平原和松嫩平原，东北部为三江平原，山地与平原之间为丘陵过渡地带，以河流为界与俄罗斯、朝鲜、蒙古接壤。

2. 河流水系　松辽流域分为松花江、辽河两大水系，主要有松花江、额尔古纳河、黑龙江、乌苏里江、绥芬河、图们江、辽河、鸭绿江以及独流入海河流等。松花江北源嫩江，河长1 370km，松花江南源第二松花江，河长958km，两江于三岔河口汇合后称松花江干流，河长939km，流域面积55.5万km^2，流经内蒙古、黑龙江、吉林、辽宁四省（自治区）。辽河发源于河北省境内七老图山脉的光头山，全长1 345km，流域面积22.1万km^2，流经河北、内蒙古、吉林、辽宁4省（自治区）。松辽流域国境界河总长5 200km，中国侧流域面积39.8万km^2，包括额尔古纳河、黑龙江、乌苏里江、绥芬河、图们江、鸭绿江等15条国际河流和3个国际界湖。独流入海河流60余条，流域面积6.1万km^2。第一次全国水利普查流域面积1 000km^2以上河流321条、1km^2以上湖泊552个。

3. 气候水文　松辽流域处于北纬高空盛行西风带，有明显的大陆性季风气候特点，为温带大陆性气候，春季干燥多风，夏秋温湿多雨，冬季严寒漫长，降水年际变化很大，且连续丰枯交替发生。流域多年平均年水资源总量1 953亿m^3，占全国水资源总量的7%，其中地表水资源量1 642亿m^3，地下水669亿m^3，地表水与地下水不重复量为311亿m^3。地表水可利用量为730亿m^3，平原区地下水可开采量314亿m^3。松辽流域人均、亩均年水资源量为1 615m^3、416m^3，分别为全国平均值的79%和26%。流域水资源时空分布不均，降水主要集中在6—9月，多年平均年降水量为300～1 200mm，2/3年水资源量为汛期径流量。在空间分布上，松花江流域相对丰富，辽河流域短缺，周边国境界河水资源量较内陆河流丰富。

4. 社会经济　松辽流域是我国重要的重工业、石油、粮食、木材基地，在国民经济发展中占有举足轻重的地位。流域内耕地面积3 127万hm^2，占全国总耕地面积的26.1%，拥有世界三大黑土区之一的东北平原黑土带。三江平原、松嫩平原和辽河平原地势平坦，土质肥沃，具有良好的农业开发条件，粮食产量占全国的25%。流域总人口1.2亿人，地区生产总值近6万亿元，形成以哈尔滨市、长春市、沈阳市、大连市为核心的松嫩平原经济圈和辽中南经济圈，以辽河平原、松嫩平原和三江平原为中心的粮食生产基地。（侯琳）

【河湖长制工作】

1. 河湖长制体制机制　组织协调流域四省（自治区）河长制办公室共同签署《松辽委与黑龙江省、吉林省、辽宁省、内蒙古自治区河长制办公室协作机制》，研提松辽流域省级河湖长联席会议机制方案并上报水利部，推动构建流域统筹、区域协同、部门联动的河湖保护格局。

2. 河湖长制落实工作　结合年度河道行洪情况以及日常监督检查情况，提出将松花江干流（三岔河口—拉林河口）、嫩江（江桥水文站—三岔河口）作为排查整治重点核查河段，编制排查整治工作方案，做好妨碍河道行洪突出问题排查整治准备工作。组建以松辽委分管副主任为组长的约谈工作组，对2020年河湖管理检查发现问题数量达到警示约谈标准的地方河长湖长、河长办负责人、水行政主管部门分管负责人开展警示约谈，指导有关省（自治区）压紧压实地方河湖长制责任，督促完成检查发现问题的清理整治。

3. 河湖长制宣传　实时维护松辽委官方网站“松辽流域全面推行河长制湖长制”专题网页，总结提炼松辽流域各省（自治区）及全国各地推行河湖长制工作的相关政策和经验做法，发布宣传报道100余篇，按要求向水利部报送3个推行河湖长制和“清四乱”工作典型案例，其中“强化统筹　创新监管　持续推动松辽流域河湖面貌有效改善”被收录到《全面推行河长制湖长制典型案例汇编》并公开出版。

（蔡永坤　尹斯琦）

【水资源保护】

1. 水资源刚性约束　持续推动流域初始水权分配工作，精细做好洮儿河等6条江河水量调度工作，累计印发实施嫩江等12条河流水量调度方案，加强用水总量控制和生态流量管控。2021年共批复取水许可6项，核发换发取水许可证19套，对3个超定额取水项目核减水量1 665万 m^3，对西辽河1个项目不予取水许可，坚决抑制不合理用水需求。

2. 生态流量监管　印发实施嫩江等16条河流生态流量保障实施方案，制定流域18条跨省江河生态流量保障实施方案。逐月开展生态流量监测评估，完成流域15条河流生态流量目标保障状况评估，全面掌握生态流量保障工作落实情况。科学实施生态补水工作，为缓解洮儿河春季降水偏少、生态用水紧张的严峻形势，累计调度察尔森水库下泄生态水量0.79亿 m^3，助力向海、牛心套保等湿地、泡塘水面面积恢复，对维护河湖湿地生态系统稳定性发挥了重要作用。

3. 取水管理　严格水资源论证和取水许可管理，组织开展取用水管理专项整治行动，通过强化台账管理和通报机制，督促相关取用水户问题整改，推动全部171个委管取用水户管理水平提升取得实效。组织开展最严格水资源管理制度考核监督检查，对黑龙江、吉林、辽宁3省8个地市、15个县（区）、300个取水户进行检查，深入查找取用水管理存在的问题，进一步规范取用水行为。

4. 主要跨省江河水量分配　积极推动水量分配方案制定工作，洮儿河水量分配方案获水利部批复，截至2021年12月底，松辽流域18条跨省江河水量分配方案已有16条获水利部批复，霍林河等2条跨省江河水量分配方案已通过技术审查。

5. 西辽河生态环境复苏　积极推动水利部重点督办事项西辽河“量水而行”强监管工作，组织制定《西辽河流域“量水而行”“十四五”水资源监管工作方案》，开展2批次2020年度水资源管理督查问题整改“回头看”工作，推动地方相关市县完成有关问题整改，切实强化同地方水行政主管部门的沟通协作。按照《西辽河水量调度方案》相关要求，全面启动西辽河2021年度水量调度工作，组织召开西辽河流域河湖生态复苏座谈会，研究制定西辽河生态复苏评价指标体系研究工作大纲，不断推进西辽河“治理、恢复、涵养、提升”的生态复苏进程。西辽河干流年内累计下泄生态水量1.95亿 m^3，是2020年同一指标的5.3倍，通辽市莫力庙水库20多年来首次通过人工调度生态补水692.6万 m^3，西辽河生态环境逐渐复苏，流域生态效益初步显现。

6. 国家节水行动方案落实工作　深入推动《松辽委落实〈国家节水行动方案〉委内任务分工方案》落地落细，对流域四省（自治区）贯彻行动方案情况进行深入调研和跟踪分析。将计划用水管理、节水评价制度实施、用水定额评估、重点用水户监控等作为节水监管的重要抓手，对流域9个建设项目进行节水评价审查，完成3个建设项目取水许可工程节水验收，实施年度节水评价台账登记。深入开展节水考核年度监督检查，抽查流域15个县（区）节约用水管理情况和60个工业用水单位、15个服务业用水单位用水情况，向地方水行政主管部门反馈发现问题，编制监督检查报告上报水利部。

7. 流域节水型社会建设　开展县域节水型社会达标建设复核工作，对黑龙江、吉林、辽宁3省83个县（区）进行资料复核，现场检查16个县（区）的115个灌区及企业、单位、居民小区节水情况，填写复核调查问卷435份，其中78个县（区）成为第四批节水型社会建设达标县（区）。

8. 流域农业节水工作　联合地方政府及有关部门组成调研组，赴黑龙江省木兰县、兰西县，吉林省四平市、白城市，内蒙古自治区林西县、宁城县、科左中旗等7个地区，深入调研农业节水管理体制机制、农业水权水市场建设、农业水价综合改革体制机制、农业节水投入机制等情况，形成流域农业节水管理体制机制调研分析报告。多次组织与内蒙古自治区有关水行政主管部门进行座谈交流，起草了《松辽流域农业节水示范区建设方案》。

9. 节水基础工作　印发《松辽委节水型单位建设方案》，推动节水建设范围由机关向委属单位延伸，完成嫩江尼尔基水利水电有限责任公司和松辽水利水电开发有限责任公司的节水型单位建设验收。联合吉林省水利厅开展节水宣传系列活动，累计参与人数达4 000人，推动优秀海报作品进学校、进地铁、进小区，受众达百余万人。（郭映　倪伟）

【水域岸线管理保护】

1. 河湖管理范围划定　2021年6—8月，充分利用河湖遥感平台、“全国水利一张图”等，组织对流域省（自治区）河湖管理范围划定成果进行抽查复核，并结合河湖管理监督检查对部分划界成果进行现场核实，重点抽查了102条河流（其中流域面积1 000km² 以上河流79条）和18个湖泊的管理范围划定情况，范围覆盖松辽流域全部县级行政区，共发现疑点119个，推送流域省（自治区）核实整改，督促指导流域省（自治区）修改完善河湖管理范围划定成果并实时上传河湖遥感平台，持续强化流域河湖管理工作。

2. 重要河道岸线保护与利用规划　编制完成《松辽流域重要河道岸线保护与利用规划》，规划充分考虑防洪、河势、供水、生态等保护要求，统筹经济社会发展对岸线利用的需求，划分了48个岸线保护区、96个保留区、48个控制利用区和9个开发利用区，提出了分区管控要求，2021年11月经水利部印发实施。2021年8—12月，对吉林省8条、辽宁省8条、内蒙古自治区3条河流（湖泊）的岸线保护与利用规划成果提出意见。

3. 重要河段河道采砂管理规划　编制完成《松花江、辽河重要河段河道采砂管理规划（2021—2025年）》，规划划定了60个可采区、13个禁采河段，规定了禁采期，在维护河势稳定，保障防洪、供水、通航、涉水工程和生态安全的前提下，明确规划实施和管理要求，推动河道采砂活动科学、规范、有序开展，2021年7月经水利部批复实施。2021年3月，对辽宁省15条河流的采砂管理规划成果提出意见。

4. 河湖管理监督检查　组织对黑龙江、吉林、辽宁三省的866个河段湖片进行现场检查，发现“四乱”问题232个，督促有关省（自治区）年底完成整改并销号209个。复核2020年检查发现的问题42个，对水利部2020年进驻式暗访督查辽宁省和内蒙古自治区发现的问题进行跟踪督导。2021年7月，会同黑龙江省河湖长制办公室赴哈尔滨市道外区开展中央巡视反馈河湖“清四乱”专项行动有关问题清理整治情况督导，先后派出检查组9批次，完成涉及黑龙江、吉林两省的25个问题整改复核工作，形成9份复核情况报告上报水利部。持续跟踪以往河湖管理监督检查未销号问题整改落实情况，印发《松辽委关于反馈2020年河湖管理检查未销号问题整改进展情况的函》，督促指导相关省（自治区）扎实做好河湖“四乱”问题清理整治工作。组织对群众举报的浑河河道内围堤养鱼问题进行调查核实，相关问题线索转交有关省级水行政主管部门处理，并将核实结果反馈信访群众。

5. 涉河建设项目管理　依法依规受理涉河建设项目洪水影响评价类审批申请12项，准予水行政许可14项（含2020年2项），并按规定进行政务公开。结合涉河建设项目现场评审、河湖管理监督检查等工作，实地检查已准予许可的涉河建设项目10项，监督指导建设单位按照许可的建设方案开展项目建设。对松辽委审查权限河湖管理范围内大中型建设项目规模进行梳理分类，制定《松辽委审查权限河湖管理范围内大中型建设项目建设规模明细表》，印发流域四省（自治区）执行，有效解决了一直以来大中型建设项目规模界定不清问题。2021年9月，赴流域四省（自治区）开展涉河建设项目管理情况调研，交流研讨涉河建设项目审批许可、监督管理经验做法，促进流域涉河建设项目管理水平提升。10—11月，在流域有关省份组织的河湖长制培训工作中，选派人员对涉河建设项目审批许可及监督管理等内容进行辅导交流，从流域管理高度加强涉河法律法规宣贯，推动有关省份水行政审批机关严格落实涉河建设项目审批监管相关要求。

（潘望　蒋美彤）

【水污染防治】

1. 重大突发水污染事件应对　印发《松辽委应对重大突发水污染事件工作办法》，进一步明确机构改革后松辽委应对重大突发水污染事件工作任务与职责。按照《松辽流域跨省河流突发水污染事件联防联控协作框架协议》，与生态环境部松辽流域生态环境监督管理局继续深化合作，联合开展2021年松辽流域汛期跨省（自治区）水污染联防联控会商。紧盯“一区一企一库”，对13家工业园区污水集中处理设施、6家重点风险企业及6座尾矿库开展现场督导检查，全方位加强应急值守，针对节假日等特殊时期加密监控，组织做好汛期值守，全年调度突发水污染事件3起、参加处置1起，发布简报8期、预警信息2期。

2. 环境违法问题调查督办　制定《独立调查工作规程》，对19个劣Ⅴ类、持续劣Ⅴ类、同比环比水质均恶化的断面开展独立调查、精准溯源，发现污水处理厂超标排放、工业园区污水处理厂违规处理生产废水等144个环境问题和违法问题线索。根据问题严重程度，分别采取座谈、发函、现场交办等形式，先后10次向地方交办问题，督促解决，及时开展“回头看”，不断压实地方主体责任，在实践中探索形成“形势分析-独立调查-跟踪督办”工作机制。

3. 化冰期和汛期水质巡查　印发《专项执法检查暂行规定》和《水质巡查工作方案》，开展化冰期、汛期水质巡查。共发现涉嫌违法处置危险废物、污水处理厂污水溢流直排等39个违法问题线索，按“一城市一清单一报告”分类督办。紧盯整改落实，开展“回头看”，化冰期督办的11个问题全部销号，汛期督办问题除3个因未到整改期限，其他问题均已完成整改。

4. 入河排污口监管　强化入河排污口设置管理，组织开展流域雨洪排污口和农田排污口基本情况调

研、入河排污口监督性监测等。推动地方巩固黑臭水体治理成效，对黑龙江、吉林、辽宁3省6个地市73条黑臭水体治理成效开展现场抽查调查，发现返黑返臭、控源截污不彻底等问题26个并发函督办，现已基本完成整改。积极探索水生态监管，组织开展极重要水源涵养区划分成果落实、河湖缓冲带保护修复、重点湖泊水生态环境现状调查等调研和评估工作。（黄旭）

【水环境治理】

1. 饮用水水源地监管　开展2021年度松辽流域全国重要饮用水水源地安全保障达标建设抽查评估工作，累计派出检查组8组次27人次，现场抽查流域内全国重要饮用水水源地19个。以现场抽查工作为基础，对水量、水质、监控及管理四方面25项指标建设情况进行了评估，分析存在的问题，列出问题清单，提出工作建议，编制完成松辽流域全国重要饮用水水源地安全保障达标建设年度抽查评估报告。开展松辽流域地级及以上城市应急备用水源建设情况调查，收集了相关资料，对流域内40个地级及以上城市约80个已建、在建及规划应急备用水源建设现状进行了全面摸底，编制完成《松辽流域地级及以上城市应急备用水源建设情况摸底报告》。建立541个饮用水水源地分级管理清单，对8个县级及以上城市集中式饮用水水源地规范化建设情况开展现场监督帮扶。

2. 水生态环境治理督导　按季度对呼伦湖生态环境保护工作开展4次督导，对控源截污、生态修复、产业转型、科研监测4大类17个治理项目建设运行情况进行督导检查，发现的10个问题交办地方，已全部完成整改，呼伦湖生态环境综合治理有序推进。对东辽河流域部分水生态环境综合治理项目运行情况开展“回头看”，持续推动巩固治理成效，发现的6个问题地方已全部完成整改。（黄旭）

【水生态修复】

1. 地下水超采治理　启动流域新一轮地下水超采区划定工作，编制工作大纲，组织召开流域工作推进会议，明确各阶段成果报送内容和进度安排，建立了“省区即时报送、流域即时复核，双方共同完善、稳步推进”的工作机制，督促指导流域省（自治区）提交地下水超采区划定成果。完成三江平原、松嫩平原、辽河平原重点区域地下水超采治理与保护方案编制工作，为全面加强地下水管理和保护提供支撑。

2. 地下水监管　开展黑龙江、吉林、辽宁3省地下水禁限采区管理监督检查，抽查了7个县（区）水行政主管部门地下水禁限采区管理情况和108眼机井关停情况，及时向省、县级水行政主管部门反馈并确认问题，编制监督检查报告上报水利部。开展2021年度流域平原区地下水水位动态评估工作，及时跟踪流域内1 179眼地下水监测井水位变化情况，重点关注水位同比下降超过0.5m的407眼地下水监测井，编制完成3期动态评估报告，为加强地下水管理提供支撑。

3. 水土流失综合治理　组织对流域246个县（区）50.59万km^2黑土区耕地侵蚀沟情况进行调查，摸清东北黑土区耕地侵蚀沟底账。编制印发《东北黑土区侵蚀沟综合治理技术指南》，完成东北黑土区侵蚀沟治理工程成效和农村土地流转情况调研。开展东北黑土区可耕作地埂技术示范与效果评价、侵蚀沟治理工程实施效果评价、侵蚀沟生态修复关键技术研发与集成示范、水土流失综合治理与生态产业技术集成与示范等基础分析和课题研究，夯实水土流失综合治理基础。组织对黑龙江、吉林、辽宁3省10个县（区）的11个国家水土保持重点工程项目进行督查，现场抽查图斑55个、侵蚀沟135条，发现问题12个，指导流域省（自治区）规范水土保持工程建设。

4. 水土流失监督监测　督促部管生产建设项目建设单位落实水土流失防治主体责任，检查部管生产建设项目48个，向生产建设单位印发了《松辽流域生产建设项目业主单位依法依规应开展的水土保持工作事项》。开展黑龙江、吉林、辽宁3省2021年度生产建设项目监管履职督查，抽查了9个生产建设项目和30个遥感监管认定查处项目。开展松辽流域3个国家级重点治理区和3个国家级重点预防区涉及的167个县（区）89万km^2的水土流失动态监测工作，编制完成《松辽流域国家级重点防治区2021年度水土流失动态监测成果报告》。完成流域6条主要支流、5个生态功能区水土流失动态监测成果深度分析和不同土壤侵蚀类型区9个监测站点监测工作。完成山西、黑龙江、辽宁3省2021年度省级动态监测遥感解译和专题信息提取抽查及动态监测成果复核工作。完善水土保持信息管理系统，录入水土保持管理信息260余条。

5. 河湖健康评价　结合东北寒区地域特点，探索开展东北地区河湖健康评价指标体系研究，丰富评价指标，为流域河湖管理提供技术支撑。开展水利部重大科技项目“松辽流域河湖岸线生态治理与修复技术研究”，建立适合松辽流域特点的河（库）岸线生态健康评价指标体系与方法，对嫩江（尼尔基水库段)、洮儿河（察尔森水库段)、东辽河（辽河源—杨木水库段）开展岸线生态健康状况评价。

（黄旭　韩祖光　钱佳洋　隋媛媛）

【执法监管】

1. 队伍建设　持续加强执法能力建设，按照《流域管理机构水政监察队伍能力建设规划（2020—2025年)》，完成《松辽委水政监察基础设施建设（三期）可行性研究报告（审定稿)》报批工作，主要建设水上执法装备、水政执法监控工程两大类6个子项目，进一步提升水行政执法信息化水平。制定印发了《水利部松辽水利委员会行政执法音像记录暂行规定》和《水利部松辽水利委员会行政执法文书制作管理暂行规定》两项工作制度，进一步规范水行政执法全过程记录工作。持续加强执法人员培训，举办松辽委2021年依法行政培训班，培训内容涵盖《地下水管理条例》《行政权力监督机制建设》等，将培训范围扩展至流域四省（自治区)，有效提升流域水政执法工作水平。

2. 行政执法　加强执法巡查力度，年度巡查河道5 326km，巡查水域面积1 286km^2，巡查监管对象24个，出动执法人员510人次，车辆125台次，船只30航次，现场制止违法行为8次，切实做到早发现、早制止、早查处。开展专项执法行动，对察尔森水库库区内1起违法修建建筑物的水事行为进行立案查处，拆除违法建筑物面积196m^2，有效震慑违法行为，保障库区行洪安全。扎实推进水行政执法监督，开展水行政执法监督自查，对发现的问题切实督促整改到位。组织赴黑龙江省、吉林省、内蒙古自治区和山东省开展水行政执法监督检查工作，共检查4省（自治区）9个地级市、16个县（市、区)，抽查执法案卷57份，核查群众反映问题线索3个，抽取执法人员测试考核56人次，核查疑似违法行为33个，无人机复核案件现场21个，对检查中发现的问题认真梳理并提出了整改建议。

3. 法制宣传　大力开展水利普法宣传，制定印发《水利部松辽水利委员会法治宣传教育第八个五年规划（2021—2025年)》和年度普法依法治理工作要点，在“国家宪法日”“宪法宣传周”“安全生产月”等重要时间节点，利用网络媒体、微信集赞、创意短视频等形式，开展普法主题教育活动，营造良好法制舆论氛围。

（张鹤）

【水文化建设】

1. 水文化传播　以松辽委官方网站、微信公众号，《东北水利水电》《松辽论坛》杂志等平台为依托，利用“世界水日”“中国水周”等时间节点，开展线上线下水文化宣传活动。在松辽委文化角设立水文化书籍专栏，编制完成《中国水利史典（松辽卷二)》，多措并举丰富水文化传播形式。

2. 水文化主题活动　开展水利科普进社区、进街道、进学校系列活动，传播涉水法治、节水护水知识。联合吉林省水利厅开展“关爱山川河流　代言母亲河”节水护水宣传、长春市中小学生“节水中国　你我同行——新时代护水人”海报设计大赛等活动，有效引导社会公众参与流域治水实践，以实际行动助力水文化建设。

3. 水文化与精神文明建设融合发展　打造“新时代护水人”公益活动品牌，推进“关爱山川河流”志愿服务行动，不断扩大志愿服务队伍，深入基层社区开展节水护水、疫情防控志愿服务。组织开展的“推进水资源节约与保护工作　助力吉林高质量发展”项目，荣获吉林省2021年度“奋斗‘十四五’建功新时代”主题实践活动“优秀成果”表彰。开展学习贯彻习近平总书记“七一”重要讲话精神演讲比赛、水文化课题研究，引导干部职工更加自觉、主动地弘扬水文化。

4. 水利工程文化研学　以自然人文资源为蓝本，依托察尔森水库国家水利风景区，创新科普研学形式，打造特色研学旅行，推出“知行察尔森水库”研学课程，策划“水土保持漫生长”“小小水利发电工程师”“水利工程科普”等主题线路，累计普惠青少年500余人。

（李冰）

【智慧水利建设】

1. 智慧水利组织体系建设　成立松辽流域智慧水利建设领导小组，高位统筹推进流域智慧水利建设；印发《松辽委数字孪生松辽建设实施方案（2021—2025年)》，明确流域数据底板建设任务、河湖管理系统建设内容及责任落实部门；编制《“十四五”数字孪生松辽建设方案》并通过水利部审查，明确了松辽流域大江大河及主要支流重要河段、重要湖泊等L2级数据底板建设范围。

2. 数字孪生流域建设先行先试　编制完成数字孪生嫩江与数字孪生尼尔基建设实施方案，开展先行先试工作。数字孪生嫩江建设以流域防洪为重点，建设内容包括嫩江干流涉水全要素数字化映射，建设防洪智慧化应用，满足嫩江预报调度一体化及“四预”需求；数字孪生尼尔基建设以库区段河道数字化场景映射为重点，实现数字工程与物理工程同步仿真，支撑防洪兴利、工程安全等“四预”建设，大幅提升工程管理能力。

3. 松辽委水利“一张图”建设　将年度许可的涉河建设项目、河湖管理监督检查成果、流域河湖管理范围划定成果、生态流量断面、水土保持重点项目、水土流失监测站等数据资源，纳入松辽委水利“一张图”，丰富完善水资源、河湖管理、水土保持专题模块，为水资源管理、河湖监管、水土保持监管等业务工作提供数据支撑。（廖晓玉）

| 太湖流域 |

【流域概况】

1. 自然概况　太湖流域及东南诸河（简称“太湖流域片”）地处我国东南部，总面积 28.2 万 km^2，行政区划涉及江苏省、浙江省、上海市、福建省、安徽省、台湾省等省（直辖市）。太湖流域位于长江三角洲南翼，北抵长江，东临东海，南滨钱塘江，西以天目山、茅山等山区为界，行政区划分属江苏省、浙江省、上海市、安徽省，面积 3.69 万 km^2。流域内河流纵横交错，水网如织，湖泊星罗棋布，是典型的平原水网地区。水面积 5 551km^2，约占 15%，其中太湖水面积 2 338km^2。河道总长约 12 万 km，河道密度每平方公里 3.3km，水面面积 1km^2 以上的湖泊有 127 个。东南诸河位于我国东南沿海地区，包括浙江省大部分地区（不含鄱阳湖水系和太湖流域）、福建省的绝大部分地区（不含韩江流域）、安徽省黄山市、宣城市的部分地区和台湾省，面积 24.5 万 km^2（以下内容不包含台湾省）。区域内地貌特征以山地、丘陵为主。河流众多，一般源短流急，独流入海，流域面积 1 000km^2 以上的主要有钱塘江、闽江、椒江、瓯江、甬江、晋江、九龙江等河流。

2. 社会经济　2021 年，太湖流域片总人口 15 933 万人，占全国总人口的 11.3%；地区生产总值（GDP）213 697 亿元，占全国 GDP 的 18.7%；人均 GDP 13.4 万元。其中太湖流域总人口 6 811 万人，占全国总人口的 4.8%；地区生产总值 112 736 亿元，占全国 GDP 的 9.9%；人均 GDP 16.5 万元。

（李昊洋　邓越）

【河湖长制工作】

1. 建立“流域机构＋省级河长办”协作机制　2021 年 4 月，太湖局联合江苏、浙江、上海、福建、安徽 5 省（直辖市）省级河长办共同研究制定《太湖流域管理局与苏浙沪闽皖省级河长制办公室协作机制工作规则》，由太湖局主要负责同志担任召集人，明确了联席会议、信息共享、联合会商、联合巡查与执法、工作交流等 5 方面具体工作机制。深化完善信息共享工作机制，10 月，联合 5 省（直辖市）河长办制定印发《太湖局与苏浙沪闽皖省级河长办协作机制信息共享工作方案》。

2. 推动太湖淀山湖湖长协作机制常态化运作　2021 年 4 月，太湖局统筹协调江苏、浙江、上海两省一市河长办联合印发《太湖淀山湖湖长协作机制 2021 年工作方案》。通过年初制定计划、年中加强推进、年末开展总结等措施，促进协作机制各成员单位切实发挥作用。8 月，协调指导机制办公室轮值方江苏省河长办在吴江召开落实机制年度工作座谈会。太湖淀山湖湖长协作机制典型案例被《水利部全面推行河湖长制典型案例汇编》录用。

3. 开展河湖长制交流宣传　2021 年 3 月，时任太湖局局长吴文庆受邀以“跨界河湖共保联治——太湖流域的探索实践”为题，为中央组织部“全面推行河长制湖长制网上专题培训班”授课，课程面向全国市、县级河湖长，反响热烈。10 月，在福建省三明市沙县区召开流域片河湖长制工作交流会，加强经验交流推广，助推流域片河湖长制提档升级。11—12 月，组织包括长三角生态绿色一体化发展示范区在内的流域片各地从理念、思路、做法、成效等方面总结提炼可复制、可推广的经验做法，形成《跨界河湖协同治理　示范区河湖长制创新典型案例》，共收录案例 30 余篇。起草的《推动太湖流域片河湖长制始终走在前列》（全面推行河湖长制 5 周年宣传稿）在《中国水利》2021 年第 24 期发表。（王逸行）

【水资源保护】

1. 江河流域水量分配　2021 年 9 月，太湖局组织编制的交溪、建溪流域水量分配方案获水利部批复，流域片重要跨省江河流域水量实现应分尽分。复核协调上海市、江苏省、浙江省、福建省地下水管控指标，明确了省级层面初始水权。3—4 月，首次向相关省（直辖市）下达太湖和新安江流域年度水量分配方案及调度计划并密切跟踪，适时滚动修正。4—11 月，协调水利部水资源司、长江委，组织开展沿长江及环太湖口门取水许可管理工作，指导地方有序开展引水调度工作。修订完善《新安江流域水资源调度方案》，会同浙江省水利厅、有关地方人民政府和新安江水库调度、运行管理单位开展水资源调度协商协作，有效保障了经济社会用水需求。

2. 生态流量（水位）监管　太湖局组织制定交溪、建溪、淀山湖、元荡生态流量（水位）保障实施方案，2021年7月印发地方人民政府实施，实现太湖流域及东南诸河重要跨省河湖生态流量管控全覆盖。组织制定太湖局生态流量（水位）预警实施方案，建立健全监测预警、会商调度等内部协同工作机制。7月，协调华东电网在新安江、富春江错峰调度期间开展精准调度，在汛后优化发电调度计划，确保了生态流量下泄。9月，针对建溪浙闽省界断面生态流量目标破坏情况首次启动应急响应，在处理突发事件实践中检验和完善生态流量保障措施。跨省河湖生态流量保障从“见目标”到“见行动”“见成效”，重点考核断面生态流量达标率近100%。

3. 取用水管理　太湖局实现用水统计调查系统、国家水资源监控平台取用水监控数据全面整合，流域水资源管理系统和取用水“一张图”不断完善，规模以上取水户实现在线监控。完成全部51家直管取水户取水许可电子证照转换，开展多证合并发证、及时注销施工期取水许可证等工作，流域取水许可管理全面进入数字化时代。持续优化管理方式为企业减负，2021年2月，创新实施“视频会议＋企业承诺”工作机制，对福清核电、福建省平潭及闽江口水资源配置工程等重大项目开展水资源论证审查和取水设施核验。10—12月，采用“现场＋书面”方式完成苏浙沪闽460个取水项目检查，并形成“一省一单”报水利部。

4. 最严格水资源管理制度考核　太湖局组织完成2021年最严格水资源管理制度考核监督检查工作，助推流域片江苏、浙江、上海、福建和安徽5省（直辖市）荣获2021年度最严格水资源管理考核优秀等级。

（陈华鑫）

5. 节水行动

（1）县域节水型社会达标建设。太湖局组织完成44个县域节水型社会达标建设复核工作，助推江苏省、浙江省、上海市提前4年完成40%以上建设目标（原计划完成时间为2025年），建成县域数量和覆盖率均位于全国前列。9月，组织开展太湖流域片节水型社会建设典型案例征集活动，全国节水办、流域省（直辖市）水行政主管部门微信公众号同步进行了推广宣传，页面浏览量达800余万次，充分发挥了示范引领作用。

（2）节水型单位建设。太湖局持续深化水利行业节水机关建设成果，2021年荣获“国家公共机构水效领跑者”称号。太湖局水文局（信息中心）等9家单位创新联合体建设模式，顺利通过水利行业节水型单位建设验收，太湖局提前完成水利行业节水型单位建设工作。

（3）用水定额管理。太湖局完成福建省44项农业产品、578项工业产品、42项服务业（含居民生活用水）产品用水定额评估，指导地方完善用水定额标准。

（4）节水评价审查。太湖局完成福建漳州核电3号、4号机组等3项水资源论证报告书节水评价章节审查，完成福清核电等11项延续取水评估节水符合性审查。

（5）节水宣传教育。太湖局组织系统内外29家单位联合开展“节水中国　你我同行”主题宣传行动30余场，参与人数超过1 000人，太湖局获评“节水中国　你我同行”主题宣传联合行动“优秀组织单位”和“优秀活动”。

（赵晓晴）

【水域岸线管理保护】

1. 复核河湖管理范围划界成果　2021年4—12月，太湖局组织开展流域片江苏省、浙江省、上海市、福建省、安徽省216个县级行政区256个河段（湖片）河湖管理范围划定成果抽查复核工作，提出整改意见，并督促整改。

2. 完善重要河湖岸线保护与利用规划　太湖局组织完成太湖大贡山岛、翡翠岛、横山岛、漫山岛、三山岛、余山岛、阴山岛、泽山岛、长沙岛9个岛屿岸线边界线及功能区划定工作，有关内容补充纳入《太湖流域重要河湖岸线保护与利用规划》。

3. 河湖管理监督检查　太湖局组织开展2021年河湖管理监督检查工作，对浙江省、上海市、福建省250余个河段（湖片）开展检查，检查范围覆盖所有设区市和规模以上河湖（流域面积1 000km^2以上的河流、水面面积1km^2以上的湖泊），指导督促检查中发现的问题全部整改销号。

4. “清四乱”检查联合专项行动　2021年9月，太湖局会同江苏省河长办、上海市河长办开展淀山湖“清四乱”检查联合专项行动。10月，会同江苏省河长办、浙江省河长办开展江南运河“清四乱”检查联合专项行动。

5. 河湖“四乱”问题重点核查　2021年6月，太湖局会同江苏省水利厅、上海市水务局开展太湖流域重要河湖“四乱”问题整改情况监督检查；会同江苏省水利厅开展2018年长江经济带生态环境警示片涉及太湖流域水利问题“回头看”检查。

6. 涉河建设项目审批及监管　太湖局全年共审批4个涉河建设项目，加强对已批涉河建设项目的日常监管和专项督查。8月，水利部印发《河湖管理范围内建设项目各流域管理机构审查权限的通知》，对太湖局审查权限进行了调整。

7. 采砂管理　2021年4月，太湖局组织赴福建

省、浙江省开展河道采砂管理调研，深入了解了流域片有关地方采砂管理工作现状，指导相关地方进一步强化河道采砂管理工作，形成调研报告上报水利部。

（李昊洋　王啸天）

【水污染防治】

1. 入河排污口整治　2021年4月，生态环境部组织召开长江、渤海入河入海排污口整治工作推进会，全面部署“十四五”排污口整治重点任务。会议明确2021年长江应完成排污口“一口一策”整治方案，按技术要求进行命名编码并树立标志牌，全面实施排污口“户籍”管理，确保将整治责任及要求落到实处；“十四五”期间持续推进排污口整治，总体实现“一年打基础、三年见成效、五年大变样”。江苏省在长江排污口排查整治的基础上，出台《江苏省太湖流域入河（湖）排污口排查整治专项行动工作方案》，对流域163条骨干河道和106个湖泊排污口进行全面排查，共确认排污口2.15万个，并基本完成监测、溯源工作。浙江省全面开展排查整治，基本摸清生态环境部交办的900个长江入河排污口情况底数，将排污口整治工作与“五水共治”“污水零直排区”建设等工作相结合，稳步推进监测、溯源、整治工作。上海市针对生态环境部交办的1 558个入河排污口，细化制定《上海市长江入河排污口整治工作提示》，指导各区编制整治方案，推动落实整治；印发《上海市入河（海）排污口排查整治专项行动方案》，将排查整治工作进一步拓展至全市所有河道、湖泊及杭州湾海域。

2. 持续完善太湖流域水环境综合治理信息共享机制　太湖局会同长三角区域合作办公室，长三角区域生态环境保护协作小组办公室，生态环境部太湖流域东海海域生态环境监督管理局，江苏省、浙江省、上海市水利（水务）厅（局）、生态环境厅（局），持续做好太湖流域水环境综合治理信息共享平台运行维护，丰富共享内容，全年更新水位、流量、水质、藻类、污染物排放量等数据190余万条。完成引江济太信息共享专题网页开发。11月，修订印发《太湖流域水环境综合治理信息数据共享清单（2021版）》。

3. 不断深化太浦河水资源保护省际协作机制　太湖局联合生态环境部太湖流域东海海域生态环境监督管理局，长三角区域合作办公室，长三角生态绿色一体化发展示范区执委会，江苏省、浙江省、上海市有关水利、生态环境等成员单位，持续强化联合监管、联合调度、信息共享、预警联动、水源地一体化管理和联合执法等工作。在杭嘉湖区遭遇强降雨、太浦河干支流水质指标出现异常时，及时发布预警信息，督促有关单位采取紧急蓄水等措施。预警响应期间协调有关单位加密各自区域内的水质监测，加强污染源联合排查和溯源分析。精细调度太浦河闸泵工程，太浦河下泄流量常年保持不低于$50m^3/s$，在重大节日或活动举办期间，酌情加大太浦河下泄流量。

4. 稳步运行省际边界地区水葫芦联合防控工作机制　太湖局联合江苏省、浙江省、上海市水利（水务）部门、河长办以及上海市绿化和市容管理局等部门单位，合力筑牢水葫芦打捞拦截防线，有力保障庆祝中国共产党成立100周年及第四届中国国际进口博览会期间良好水环境。通过座谈交流、视频监视并辅助现场巡查等方式，紧盯省际边界水葫芦发生发展形势，持续督促地方落实属地责任，推进省际边界地区水葫芦联合防控、协同发力。6月，太湖局组织召开省际边界地区水葫芦联合防控工作座谈会，部署年度省际边界地区水葫芦联合防控工作，研究开展跨界水体漂浮水生植物联合防控工作。10月，太湖局组织召开省际边界地区水葫芦联合整治专项行动现场会，启动第四届“清剿水葫芦，美化水环境”专项行动，为期20天的专项行动累计打捞、处置水葫芦1.7万t，有力保障了第四届中国国际进口博览会成功举办，被中央电视台经济半小时栏目专题报道。

（陆志华）

【水环境治理】

1. 饮用水水源规范化建设

（1）加强重要饮用水水源水质和藻类动态监测预警。太湖局组织开展太湖、太浦河饮用水水源水质、藻类日常监测，在蓝藻水华高发期组织开展应急加密监测和微囊藻毒素监测。全年组织编发《太湖水质信息》54期、《太湖流域重要水体水资源监测报告》12期，发布太浦河水资源保护预报预警信息25次。综合运用人工巡测、视频监控、卫星遥感解译等手段，“空天地一体”开展太湖重要水域蓝藻水华监测、预警、预报，6次赴现场开展蓝藻调查，及时编报太湖蓝藻动态并上报水利部。6月，组织召开太湖流域重要饮用水水源地安全度夏保障工作座谈会，督促地方落实蓝藻防控责任，科学指导地方安全度夏。太湖和太浦河等重要饮用水水源地主要水质指标保持稳定，太湖连续14年实现国务院确定的“两个确保”目标（确保饮用水安全、确保不发生大面积水质黑臭），太浦河水源地连续4年未发现锑浓度异常。

（2）强化饮用水水源保护。太湖局配合制定长江流域（太湖部分）饮用水水源地名录并上报水利部。完成2020年度太湖流域与东南诸河区全国重要饮用水水源地安全保障达标建设评估报告并上报水利部。完成太湖流域重要饮用水水源地安全评估与对策研究、太湖蓝藻水华防控对策措施研究报告。

（陆志华）

2. 推进太湖流域重大水利工程建设　2021年8月，望虞河拓浚工程可研通过水利部水利水电规划设计总院复审。太浦河后续工程前期工作取得重大突破，历经10余年技术论证和省市协调，9月工程方案报告审查意见经水利部正式印发。新孟河延伸拓浚主体工程建设完成。江苏省环太湖大堤剩余工程、环湖大堤（浙江段）后续工程、吴淞江（上海段）新川沙河段工程实施顺利。吴淞江（江苏段）整治工程可研报告通过水利部审查，6月水利部水利水电规划设计总院将审查意见印送江苏省水利厅。江苏省、上海市就吴淞江（上海段）苏州河西闸工程建设达成共识，工程具备开工建设条件。（徐慧）

【水生态修复】

1. 指导退渔（田）还湖规划编制　2021年3月，太湖局会同江苏省水利厅主持召开《太湖（梅梁湖、贡湖）无锡市退渔（田）还湖专项规划（2020年修编）》审查会。10月，太湖局出具审查意见。（孙辉）

2. 生物多样性保护　根据太湖流域调度协调组相关工作要求，太湖局组织开展太湖水生态、水环境预期目标水位研究，形成研究成果，为促进太湖沉水植物生长和恢复提供技术支撑。组织开展太湖高等水生植被遥感监测和调查，编制完成《太湖蓝藻水华与水生植物遥感调查报告》。

3. 河湖健康评价　太湖局会同江苏省、浙江省、上海市水利（水务）厅（局）、河长办，以及中国科学院南京地理与湖泊研究所，编制发布2020年太湖、淀山湖健康状况报告。评估结果显示，2020年太湖健康状况评估得分59.5分，处于亚健康水平，其中入湖河流水质达标率、浮游植物密度、浮游动物生物损失指数、鱼类保有指数等是影响太湖健康的关键因子；2020年淀山湖健康状况评估得分53.2分，处于亚健康水平，其中水质优劣程度、大型水生植物覆盖度、浮游植物密度、浮游动物生物损失指数等是影响淀山湖健康的关键因子。太湖局与生态环境部太湖流域东海海域生态环境监督管理局联合牵头，开展长三角生态绿色一体化发展示范区“一河三湖”（太浦河、汾湖、淀山湖、元荡湖）生态环境调查评估。太湖局组织中国科学院南京地理与湖泊研究所编制《太湖生态图集（2021版）》，以图集形式全面展示21世纪以来太湖及流域水资源、水环境、水生态状况及演变过程，直观反映太湖流域水环境综合治理成效。

（陆志华）

4. 推动水土流失治理　2021年3月，太湖局组织开展《水土保持法》修订实施十周年系列宣传。11月，组织召开太湖流域片水土保持座谈会，明确了流域片“十四五”水土保持高质量发展的目标、思路和任务。指导推动流域片17个县（市）级项目成功完成国家水土保持示范创建，名列各流域前茅，其中水库村、莲湖村生态清洁小流域成为上海市复苏河湖生态和生态文明建设的新样板、新名片。3—12月，完成流域片国家级水土流失重点防治区动态监测。10—11月，完成浙江、福建省水土保持治理工程督查。组织完成“太湖流域平原区生态清洁小流域建设模式指标体系与工作机制”专题研究。

5. 开展人为水土流失监管　2021年4—5月，建立部管生产建设项目水土保持协同监管市县级联系人沟通机制，形成协同联动监管网络，强化属地监管责任落实与日常监管。全年统筹开展长三角生态绿色一体化发展示范区项目联合检查、重点项目“回头看”“互联网＋监管”等，实现部管生产建设项目监管全覆盖。6—10月，完成衢宁铁路等4个项目现场验收核查，跟踪督促福建赤岭隧道1号弃渣场整改取得实质性成效。10—11月，完成上海市和浙江省、福建省水土保持监管履职情况督查。12月，及时成功调处建瓯市农林开发引发的水土流失纠纷。

（冯昶栋）

【执法监管】

1. 河湖日常执法监管　太湖局全年组织巡查河道总长度3 400km，水域1.3万km^2。5月，行文通报江苏省水利厅核实处理太湖岛屿45处涉嫌违法问题，推动地方将其列入河湖“清四乱”专项整治“回头看”活动部署落实。9月，组织依法查处某铁路建设公司违法建设跨河桥梁案。

2. 流域区域协同执法　2021年3月，会同江苏省水政监察总队开展太湖无锡区域重点水事违法项目查处情况联合检查，查看违法项目整改现场，印发联合检查备忘录，督促指导地方加快推进历史违法问题整改。10月，会同江苏省水政监察总队开展太湖岛屿涉嫌违法项目联合检查，推进无锡、常州及苏州部分太湖岛屿违法问题妥善解决，印发联合检查备忘录，明确重点违法项目整改要求。

3. 流域片执法监督　2021年4—11月，根据水利部办公厅《关于开展2021年水行政执法监督通

知》要求，完成太湖局执法监督自查和浙江、福建、辽宁3省14县及2个局直属机构水行政执法监督，形成监督报告、典型案例等成果上报水利部。

（张哲）

【水文化建设】

1. 成立太湖水文化建设协作委员会　2021年4月，太湖局组织召开了太湖流域水文化工作座谈会，针对统筹推进流域水文化建设形成了共识，成立了由太湖局、流域内两省一市及各地市水利部门共同组成的太湖水文化建设协作委员会。

2. 编制建设方案　在太湖水文化建设协作委员会的指导下，太湖局组织编制完成《太湖局推进水文化建设总体方案（2021—2030年）》。

3. 筹建太湖水文化馆　作为流域层面首个以展示水文化相关内容和精神为主题的公益性展示馆，太湖水文化馆将以"幸福太湖"建设历史展示为主线，系统展陈流域几千年来治水历史进程、治水方略发展，以及太湖特有的治水模式、成就和经验，为全民参与太湖水文化的保护和传承、建设"幸福太湖"提供重要载体与平台。为加快推进太湖水文化馆建设，2021年4月，苏州市人民政府牵头组建了太湖水文化馆建设与管理委员会，理顺了太湖水文化馆建设、管理体制机制，先后启动《太湖水文化馆布展大纲》和《太湖水文化馆建设总体规划》的编制工作。

（武亚琪）

【智慧水利建设】　太湖局研究确定了新时期智慧太湖建设的思路和目标任务，围绕空天地一体化监测、数字孪生太湖建设、模型升级和"2＋N"业务需求，编制完成《智慧太湖"十四五"建设规划》。《智慧太湖"十四五"建设规划》将河湖管理应用列为"N"项业务之一，围绕河湖"清四乱"、河湖长制、岸线管理、幸福河湖建设等河湖管理重点业务，对业务应用场景、业务智能化管理提出了具体的建设目标、方法和路径。

（张莹）

十、地方河湖管理保护

Management and Protection of Regional Rivers and Lakes

北京市

【河湖概况】

1. 河湖基本情况　北京市地处海河流域，流域面积 $10km^2$ 及以上的河流共计 425 条，河流总长度 6 413.72km。北京市河流分布在蓟运河水系 42 条、潮白河水系 138 条、北运河水系 110 条、永定河水系 75 条、大清河水系 60 条。其中：蓟运河北京境内流域面积 1 $282km^2$，主河道长 54.15km；潮白河北京境内流域面积为 5 $552km^2$，主河道长 259.50km；北运河北京境内流域包含北运河、温榆河两个流域，其中温榆河流域面积 2 $518km^2$，河长为 97.50km，北运河流域面积 1 $729km^2$，河长为 40.49km；永定河北京境内流域面积为 3 $152km^2$，主河道长 172.16km；大清河北京境内流域面积 2 $177km^2$，河长为 43.98km。（田坤）

2. 湖泊基本情况　北京市共普查湖泊 41 个，分别位于东城区、西城区、朝阳区、丰台区、海淀区、房山区和大兴区 7 个区，湖泊水面面积共计 $6.88km^2$，全部为淡水湖，最大湖泊是位于海淀区的昆明湖，水面面积为 $1.31km^2$。（王槿妍）

3. 水量情况　2021 年，北京市平均降水量为 924mm，比 2020 年降水量 560mm 多 65.0%，比多年平均年降水量 585mm 多 57.9%。全市地表水资源量为 31.58 亿 m^3，地下水资源量为 29.72 亿 m^3，水资源总量为 61.30 亿 m^3，比多年平均 37.39 亿 m^3 多 63.9%。全市入境水量为 22.52 亿 m^3，比多年平均 21.08 亿 m^3 多 6.8%；出境水量 37.87 亿 m^3，比多年平均 19.54 亿 m^3 多 93.8%。南水北调中线工程全年入境水量 12.51 亿 m^3。全市 18 座大中型水库年末蓄水总量为 43.10 亿 m^3。全市平原区（不含延庆盆地）年末地下水平均埋深为 16.39m，与 2020 年同期相比，水位回升 5.64m，储量增加 28.88 亿 m^3。随着北京市不断加大地下水管控力度，多年来地下水位连续下降的趋势得到遏止，从 2016 年起连续 6 年回升。（戴岚）

4. 水质情况　全市共监测河流 105 条（段），湖泊 22 个、水库 18 座。其中水库水质较好，基本达到水环境功能区要求；河流、湖泊水质逐年好转。2021 年，全市地表水水质监测断面高锰酸盐指数年平均浓度值为 3.73mg/L，同比下降 8.6%；氨氮年平均浓度值为 0.34mg/L，同比持平。全市Ⅰ～Ⅲ类水质河长占比 75.3%，较 2020 年增加 11.5%；无劣Ⅴ类水质河长，较 2020 年减少 2.4%。国家考核北京市的 37 个地表水断面中，Ⅰ～Ⅲ类断面占比 75.7%，无劣Ⅴ类水质断面，超额完成国家年度考核要求。密云水库等集中式饮用水水源水质持续符合国家要求，地下水水质总体保持稳定。（赵宇明）

5. 新开工水利工程情况　2021 年，北京市新开工水利工程 21 项，其中市属工程 4 项，区属工程 17 项，总投资 25.06 亿元。纳入北京市重点工程 4 项，分别为永定河山峡段综合治理与生态修复工程、北运河杨洼船闸建设工程、清河下段生态治理工程以及海淀区万泉河生态治理工程。水库除险加固工程 4 项，分别为密云区栗榛寨水库，怀柔区苏峪口、北宅、大栅子水库除险加固工程。（隋守军）

6. 水库基本情况　截至 2021 年年底，北京市现有水库 83 座，其中大型水库 4 座、中型水库 17 座、小型水库 62 座。按照管理权属划分，市属水库 8 座，包括官厅水库、密云水库、怀柔水库 3 座大型水库，十三陵水库等 4 座中型水库及 1 座小型水库；区属水库 75 座，包括海子水库 1 座大型水库、崇青水库等 13 座中型水库、苏峪口水库等 61 座小型水库。水库工程分布在 9 个区，其中密云区 23 座、怀柔区 16 座、昌平区 11 座、延庆区 5 座、房山区 11 座、平谷区 9 座、顺义区 1 座、门头沟区 6 座、石景山区 1 座。（康凯）

【重大活动】　2021 年 3 月 31 日，北京市河长制办公室召开 2021 年成员单位工作会，总结 2020 年河长制工作，研究讨论 2021 年市总河长令。北京市河长制办公室各成员单位、市检察院参加会议。

（卓子波）

【重要文件】　2021 年 3 月 26 日，北京市河长制办公室印发《北京市小微水体整治管护工作标准规范指导意见》（京河长办〔2021〕3 号）。

2021 年 4 月 6 日，《关于印发 2021 年度河长制治水责任制任务清单的通知》（北京市总河长令 2021 年第 1 号）。

2021 年 9 月 8 日，北京市河长制办公室印发《永定河平原段管理保护范围内违法违规问题清理整治工作方案》（京河长办〔2021〕21 号）。

2021 年 9 月 27 日，北京市河长制办公室印发《关于组织开展 2021 年度优美河湖考核评定工作的通知》（京河长办〔2021〕26 号）。（卓子波）

【地方政策法规】　2021 年 3 月 12 日，根据北京市第十五届人民代表大会常务委员会第二十九次会议通过的《关于修改部分地方性法规的决定》，修正

《北京市水利工程保护管理条例》。（马宁）

【河湖长制体制机制建立运行情况】 根据市领导变动情况，及时调整市级河长名单，并向社会进行公告。建立健全河湖长动态管理机制，进一步明确河湖长体系动态管理和河湖长信息公示牌日常管理工作。组织市级河长专题会议和巡河工作，全年市领导对河湖长制工作批示84件次，市级河长巡河31人次，推动破解流域重难点问题。印发《北京市优美河湖考核评定办法（2021年度）》。健全“每月通报、双月调度、季度报告”工作机制，督办重点任务落实；进一步夯实责任，对履职不到位的河湖长点名通报。

（卓子波）

【河湖健康评价】 2021年，北京市水务局对全市河、湖、库水体开展监测，全市水生态健康综合指数86.68，健康水域比例达85.80%，全市河湖水生态健康状况总体良好。五大流域水生态健康综合指数分别为蓟运河流域88.94，潮白河流域91.10，北运河流域84.61，永定河流域85.98，大清河流域84.34。在不同水域类型方面，密云区潮河辛庄桥段水生态健康指数在河流中最高（98.27）；怀柔水库在水库中最高（88.82）；团城湖在湖泊中最高（87.36）；温榆河公园湿地在湿地公园中最高（85.49）。在不同区域方面，首都功能核心区两个区水生态健康指数基本持平（西城区79.33、东城区78.82）；城市功能拓展区中各区差距不大，最高为石景山区（86.19）、最低为海淀区（83.67）；城市发展新区中最高为通州区（85.10）、最低为大兴区（81.30）；生态涵养区中最高为怀柔区（91.08）、最低为房山区（84.16）。（张满富　薛晨旺）

【“一河（湖）一策”编制和实施情况】 对空间形态差异较大，具有多重功能的河段、湖泊等水生态空间按需编制水生态空间管控规划。根据不同类型水生态空间的功能差异进行细化分区，按功能导向编制水生态空间管控规划。落实城市总规划、分区规划、防洪排涝规划等上位规划要求，并与其他行业专项空间规划相协调。2021年印发实施了《永定河水域空间管控规划》，编制了潮白河、北运河水生态空间管控规划。（任杰）

【水资源保护】

1. 落实最严格水资源管理制度 2021年，坚决落实最严格水资源管理制度，全面完成“三条红线”各项目标任务，加强用水总量和用水强度“双控”，2021年全市用水总量为40.8亿m^3，万元地区生产总值用水量比2020年下降7.4%，万元工业增加值用水量比2020年下降25.1%，农田灌溉水有效利用系数为0.751，重要江河湖泊水功能区水质达标率为88.9%，均达到水利部下达的考核控制目标要求。

2. 节水行动 全面落实《北京市节水行动实施方案》，建立北京市节水行动联席会议制度，编制《加强“十四五”时期全市生产生活用水总量管控的实施意见》，印发实施《北京市2021年节水行动重点工作计划》，明确十大节水年度重点任务和26项具体措施，组织召开首都节约用水工作会暨节约用水先进集体和先进个人表彰会和节水调度会，全面推动节水行动各项任务落实。开展中央国家机关所属在京公共机构节水型单位建设、“倡导光瓶行动，杜绝用水浪费”专项行动、重点行业产品取用水达标等节水重点工作，完成30项节水标准制修订，换装13万套高效节水器具，表彰全市50个节水先进集体和150个节水先进个人，实现1 000万m^2园林绿化用水再生水替代，节水型机关建成率达60%以上。2021年，北京市用水效率居全国领先，生产生活用水总量控制在30亿m^3以内，万元地区生产总值用水量降至10.1m^3，万元工业增加值用水量降至5.2m^3，全市公共供水管网漏损率控制在10%以内。

3. 生态流量监管 按照《水利部关于做好河湖生态流量确定和保障工作的指导意见》和重点河湖生态流量保障目标工作要求，结合北京市各河道湖泊生态水量保障能力现状，保障永定河、潮白河以及北护城河、清河、十三陵水库、昆明湖的生态流量。全年累计向河湖生态补水18.7亿m^3，永定河、潮白河等五大主干河流实现26年来“流动的河”贯通入海。其中永定河三家店断面及以下各口门补水合计2.6亿m^3；潮白河苏庄断面过流3.8亿m^3，全部符合水利部下达的生态流量考核要求。

4. 全国重要饮用水水源地安全达标保障建设 开展8个全国重要饮用水水源地安全保障达标建设评估，其中7个水源地为优秀。发布本市重要饮用水水源地名录。

5. 取用水管理专项整治 按《水利部办公厅关于做好取用水管理专项整治行动整改提升工作的通知》《水利部关于强化取水口取水监测计量的意见》等文件要求，在完成取水口核查登记的基础上，将整改提升工作任务纳入2021年总河长令高位推动，全市1.4万余取水户、5万余取水口基本整改到位。2021年4月，北京水务局印发《规模取水户取水远传计量及数据汇聚共享工作方案》，将许可水量或年取水量 5 万 m^3 以上的非农灌类取水项目全部实现水量数据汇聚。8 月，出台《北京市取水口监测计量体系建设实施方案（2021—2023）》，分类分阶段推进监测计量全覆盖。12 月，制定《取水口标识牌管理办法（试行）》，通过科技手段实现取水口信息的管理、维护、更新，为取水户提供更便捷的服务。落实“放管服”改革要求，2021 年底已完成（除特殊情形外）全部的存量取水许可证电子化转换，全面推广取水许可电子证照共享应用，试行“一网通办”和“全程网办”工作。

6. 水量分配现状和规划　配合水利部海河水利委员会做好跨省河流水量分配工作。自 2011 年水利部组织开展全国主要江河流域水量分配工作以来，北京市积极参与海委拒马河、蓟运河、潮白河和北运河 4 条河流的水量分配方案工作。

（王振宇　贾晓丽　郭彬彬）

【水域岸线管理保护】

1. 河湖管理范围划界情况　2021 年已全部完成全市河湖管理范围划定工作，现按照水利部河湖司要求，进行校核完善。

2. 岸线保护利用规划情况　北京市已按计划完成流域面积 1 000km^2 以上河流规划工作，并完成意见征求。

3. 采砂整治情况　印发《北京市水务局关于开展河道非法采砂专项整治行动的通知》《关于加强河道采砂管理工作的通知》，部署安排非法采砂管控和专项执法工作，聚焦拒马河、永定河、潮白河、北运河等重点河段水域及密云、顺义、通州、大兴、房山等重点地区，对盗采砂石行为“零容忍”，坚持“露头”就打，防止坐大成势。自河道非法采砂专项整治行动开展以来，全市立案查处零星非法采砂行为 4 起，罚款 5.12 万元。

4. “四乱”整治情况　深入推进河湖“清四乱”常态化规范化，严格水生态空间管控，对不同水生态空间区域依法依规提出不同的管控要求，整治销号“四乱”台账问题 36 个（乱占问题 2 个、乱建问题 31 个、乱堆问题 3 个），清理乱堆 2.3 万 m^2、乱建 4.5 万 m^2。

（朱铭捷　卓子波　马宁）

【水污染防治】

1. 入河排口　完成入河排口清理整治年度任务，构建“水环境-排污口-污染源”全过程管理体系，全年整治入河排口 180 个。

2. 城镇生活污染　加快实施城乡水环境治理行动，全市水生态、水环境质量明显改善，治水管水能力显著提升。截至 2021 年年底，全市污水处理能力 766 万 m^3/d，污水收集管网突破 1.6 万 km，污水处理率达 95.8%，中心城区达 99.5%，基本实现城镇地区污水全收集、全处理，污泥实现无害化处置，超 2 000 个村庄生活污水收集处理问题得到有效解决。2021 年首次实现市考断面劣Ⅴ类消除。在全市范围内集中开展 2021 年“清管行动”，于汛前顺利完成，累计清掏污染物 54 276m^3，清掏总量较 2020 年增加 25%，共完成雨水管涵 8 784km、雨污合流管涵 1 683km、雨水口（雨箅子）512 165 座、雨水检查井 334 728 座、截流井（包含拦污坎）1 002 座、入河口 2 423 处等公共设施和雨水管涵 4 220km、雨水口（雨箅子）171 980 座、雨水检查井 90 286 座等专用设施的全面排查清掏。

3. 畜禽养殖污染　发布实施《畜禽养殖粪肥还田利用技术规范》(DB11/T 1870—2021)，规模养殖场粪污处理设施装备配套率达 100%，畜禽粪污综合利用率继续保持在 95%以上。

4. 农业面源污染　发布实施《北京市种植业面源污染防控技术指南》和《北京市主栽作物减肥减药技术规程》，持续推进化肥农药减量增效，化肥农药利用率均高于国家要求。

（赵宇明　张祎　华正坤）

【水环境治理】

1. 饮用水水源规范化建设　完成市级地下水型饮用水水源地保护区及南水北调中线水源保护区优化调整。开展饮用水水源保护区专项执法检查。定期开展城镇饮用水水源地水质监测与信息公开。启动丰台区地下水污染防治试验区建设试点。

2. 劣Ⅴ类水体治理　对全市 19 条劣Ⅴ类水体名单、责任人进行公示，《北京日报》等媒体进行了报道。按照“一河一策”制定整治方案，印发《北京市劣Ⅴ类水体整治工作管理暂行规定（试行）》和《劣Ⅴ类水体整治评估销号实施细则》，已有 11 条段完成工程措施治理。

3. 小微水体治理　聚焦群众身边的水环境问题，出台《北京市小微水体整治管护工作标准规范指导意见》，明确小微水体整治标准和管护工作规范，推动建立小微水体长效管护机制。加强小微水体日常监管，因地制宜推进小微水体综合整治，2021 年整治小微水体 327 条。

4. 农村水环境整治　完成农村环境综合整治任务，推动完成 322 个村污水收集处理，无害化卫生户厕覆盖率达 99.4%，生活垃圾处理基本实现行政

村全覆盖。（赵宇明　张祎　卓子波）

【水生态修复】

1. 编制密云水库流域水生态保护与发展规划　印发《北京市密云水库流域水生态保护与发展规划（2021—2035年）》，以保护优先、严格管控，系统谋划、多措并举，机制创新、政策引导为原则，提出了水生态系统健康水平和功能持续提升的目标，确立了密云水库流域“一库一环三区多廊”流域水生态保护修复格局，明确了加强生态空间管控、加强生态保护修复、健全完善生态保护补偿机制、强化科技支撑4方面31项重点任务。

2. 生物多样性保护　2021年，浮游植物、浮游动物、大型底栖动物、水生植物物种数、鱼类物种数较2020年分别增加154种、10种、81种、23种、1种，鱼类物种数量已恢复到历史最高水平（85种）的72%，密云水库鱼类物种数达43种，怀沙河鱼类物种数达39种；河湖、水库和湿地已成为水鸟生息繁衍之地，黑鹳在拒马河和大石河一带安家，鸬鹚、池鹭、牛背鹭、苍鹭、白鹭、夜鹭等候鸟已定居密云水库，丹顶鹤、白头鹤、白枕鹤、灰鹤、白鹳、中华秋沙鸭等珍稀水鸟已成为河湖水库湿地常客。

3. 水域生境条件情况　永定河、潮白河、北运河、泃河、拒马河五大河流全线水流贯通入海，地下水位实现连续6年回升，81处干涸多年的泉水实现复涌，河湖生态持续复苏。据遥感监测显示，2021年有水河流166条，较2020年增加47条；有水河长3 470km，较2020年增加853km；有水面面积448km^2，较2020年增加78km^2。

4. 生态补偿机制建立　2021年，完成密云水库上游横向生态保护补偿资金清算，共落实生态补偿资金21.51亿元，3年来潮白河流域密云水库上游入北京境内水量9.46亿m^3，水质在稳定中持续改善。启动新一轮密云水库上游潮白河流域水源涵养区横向生态保护补偿协议研究工作，确立了“水量核心、水质底线”原则，明确了总氮控制目标，增加了考核河流和考核断面数量，完善细化了补偿基准和补偿标准，强化了资金绩效管理和项目实施引导。

5. 水土流失治理　持续加强对生产建设项目全过程监督检查，通过现场检查、书面检查、“互联网+”等方式，完成对延崇高速公路（北京段）工程、北京城市副中心配水干线工程等生产建设项目水土保持监督检查2 977次，实现在建项目监管全覆盖。与2020年动态监测成果相比，2021年全市水土流失面积减少了90.92km^2，减幅4.36%。其中轻度、强烈侵蚀面积均有减少，减幅分别为4.35%、54.50%，部分强烈侵蚀面积转成中度侵蚀。水土流失面积呈现由高强度向低强度变化的特征，剧烈和极强烈水土流失面积基本消除。

6. 生态清洁型小流域　立足山水林田湖草沙一体化保护修复，以水源保护为中心，构筑“生态修复、生态治理、生态保护”三道防线，2021年北京市共实施56条生态清洁小流域建设。

（张满富　薛晨旺　宿敏）

【执法监管】　在全市开展河湖保护管理专项执法。2021年，全市水务部门开展巡查河道长度约93.4万km，巡查水域面积4.2万km^2，巡查监管对象约3.3万个，巡查人次约16万人次，现场制止违法行为数量4.7万次，处理河湖案件936件，行政警告544次，罚款128.82万元。围绕社会关注的河湖水环境改善热点难点问题，完善多部门行政执法协调工作机制，开展2021年密云水库流域和永定河蓝盾专项执法行动。健全“河长+警长+检察长”工作机制，推进行刑衔接，公安机关办理涉水案件69起，作拘留以上处罚79人。推进水政综合执法体制改革，按照“统筹配置行政执法职能和执法资源、减少执法队伍种类、综合设置行政执法队伍”要求，整合组建北京市水务综合执法总队。（马宁）

【水文化建设】

1. 首都功能核心区及三山五园地区历史水系恢复规划研究　深入落实北京城市总体规划，推进历史文化名城保护，借助多源遥感技术拓展水文化研究，对历史河道进行复原，厘清历史水系演变脉络，开展历史水系故道土地利用现状调查，为首都功能核心区及三山五园地区历史水系规划打下基础。举办京杭对话“水利遗产与城市可持续发展”学术论坛，交流传播水利遗产与城市可持续发展研究的理论、方法和最新研究成果。发布第一批北京市水利遗产名录，包括昆明湖、北海、白浮泉、广源闸、八里桥、清代自来水厂、澄清下闸遗址共7处。落实水利部办公厅《关于开展国家水利遗产认定申报工作的通知》要求，组织申报北京市西城区什刹海及北海为国家水利遗产。

2. 水务爱国主义教育基地　十三陵水库纪念碑公园、南水北调团城湖明渠纪念广场、密云水库展览馆3处，北京市级爱国主义教育基地和官厅水库展览馆1处，区级爱国主义教育基地结合党史学习教育开展活动，采取线上预约、电话、函约等方式，全年共接待公众参观 1.8 万人次。

（谢艳芳　于玥）

【智慧水利建设】

1. 智慧水务　开展智慧水务总体设计，统筹谋划完善水务“一张图”支撑能力，对接城市“一张图”整合水务空间数据，扩展数字孪生功能，提升遥感服务能力。开展智慧水务顶层设计，明确水务“一张图”建设内容，为后续提供统一的水务“一张图”服务和数据孪生基础支撑打下基础。

2. 河湖长制系统　优化完善北京市河湖长制管理信息系统，新增社会团体、公益组织、通报、约谈、问责、培训等填报统计模块。将河湖管理线和保护范围线布设在北京河长 App，并且对北京河长 App 重点任务、通知公告等部分模块和功能进行优化。完善水环境质量智能监测体系，在全市优美河湖、考核断面、劣Ⅴ类水体、整治后黑臭水体等河湖水域，新增“水环境侦察兵”监测点建设 100 个。

（杨振宁　刘春阳）

天津市

【河湖概况】

1. 河湖数量　2021 年，天津市境内有 19 条一级河道、185 条（段）二级河道、7 000 余条（段）沟渠、1 个天然湖泊、81 个建成区开放景观湖、27 个水库湿地、1.9 万余个坑塘及景观水体。

2. 河湖水量　天津市属于暖温带半湿润大陆性季风性气候，2021 年平均降水量 984.1mm，降水总量 117.3 亿 m^3，2021 年地表水资源量 30.497 1 亿 m^3，地下水资源量 10.950 5 亿 m^3，地下水与地表水不重复量 9.276 4 亿 m^3，水资源总量 39.773 5 亿 m^3。

3. 河湖水质　2021 年，天津市共设置 36 个国家地表水考核断面，优良水体比例 41.7%，劣Ⅴ类水体比例 2.8%，水质达标率 94.4%；72 个天津市地表水考核断面优良水体比例 40.8%，劣Ⅴ类水体比例 1.4%，水质达标率 94.4%。8 条国家地表水考核入海河流水质均达到Ⅴ类及以上。

4. 水务工程　2021 年，天津市水务建设项目完成投资 31.39 亿元，完成水务工程法人组建备案 6 项、开工备案 11 项，完成 16 个建设项目的竣工结算复核工作，完成水务工程竣工验收 33 项，全年共监督水务工程 25 项，其中新办理监督手续 13 项。圆满完成水利部 2020—2021 年度水利建设质量工作考核，考核成绩位居全国第 3 名，继续保持 A 级行列。

［天津市河（湖）长制办公室］

【重大活动】　2021 年 6 月 9 日，天津市召开河湖长制工作领导小组会议暨全市防汛抗旱工作会议，深入贯彻习近平生态文明思想，贯彻落实习近平总书记关于防灾减灾、治水工作的重要指示精神和党中央部署要求，分析研判天津市防汛抗旱和水环境治理工作面临的形势，对统筹推进防汛抗旱和河湖长制工作进行动员部署。中央政治局委员、天津市市委书记、总河湖长李鸿忠强调，要把落实好河湖长制作为治水兴水、节水护水工作的“牛鼻子”，层层压实责任，持续推动河湖长制落地落实；要坚持“战区制、主官上”，构建上下联动、有机衔接的责任体系，形成密切配合、协同推动的工作合力；各级河湖长要切实担负起主体责任，强化问题意识，突出结果导向，提升巡河巡湖质量和实效，敢抓敢管，真抓真管，严抓严管，牵头组织、协调推动各部门对河湖突出问题进行依法整治；要进一步加强河湖长制落实情况考核，强化考核指标运用，对有令不行、有禁不止等问题严肃追责问责。

［天津市河（湖）长制办公室］

【重要文件】　2021 年 7 月 12 日，天津市市级总河湖长签发 2021 年第 1 号总河湖长令《关于加强河湖治理保护联防联控的决定》。

［天津市河（湖）长制办公室］

【地方政策法规】

1. 规范（标准）　2021 年 12 月 31 日，天津市发布首个关于河湖长制的地方标准《河湖长制工作规范》(DB12/T 1113—2021)，自 2022 年 2 月 1 日起正式实施。

2. 政策性文件　2021 年 8 月 27 日，天津市大运河文化保护传承利用暨长城、大运河国家文化公园建设领导小组印发《天津市大运河生态环境保护修复专项规划》(编号〔2021〕10 号)。

2021 年 12 月 13 日，天津市印发《市河（湖）长办关于加强文明垂钓管理的通知》（津河长办〔2021〕73 号)，发布《文明垂钓倡议书》。

［天津市河（湖）长制办公室］

【河湖长制体制机制建立运行情况】

1. 总河湖长令落实情况　天津市各区按照 2021 年天津市第 1 号总河湖长令《关于加强河湖治理保

护联防联控的决定》要求，建立“河湖长吹哨、部门报到”工作机制，强化上下级部门联动，积极发挥河（湖）长办组织、协调、分办、督办作用，组织相关部门和属地落实河湖长部署事项。天津市共设立区级“跨界河湖长”52名、乡镇（街道）级河湖长150名，西青、北辰、武清等区就跨界河流签订联防联控协议，进一步凝聚工作合力，协同治理保护跨界河流。

2．“向群众汇报”机制运行情况　2020年10月，天津市建立河湖长“向群众汇报”工作机制，要求区级及以下河湖长每年第一季度前通过媒体和直面群众等方式公开履职情况，请群众评判民生涉水事项落实情况，让群众监督河湖水生态环境治理保护情况。2021年，全市3 000余名区级及以下河湖长通过市级主流媒体、区级融媒体、座谈会等多种形式向群众汇报履职情况总计3 000余次，累计线上访问量达14万余人次、线下汇报参与量达6万余人，群众通过河湖长“向群众汇报”工作机制反馈问题及意见建议5 610个，并于年内全部办结。

3．强化河湖长制考核问责　市河（湖）长办组织完成2020年河湖长制年度考核，考核结果上报市河（湖）长制领导小组批准后，向全市通报。每月定期组织开展河湖长制考核工作，并将月度考核结果向全市通报。严格执行河湖长制工作责任追究暂行办法，共组织约谈问责4次，共计约谈11人，其中区级总河湖长1人、区级河湖长8人、市相关责任部门负责人2人，督促各级河湖长履职尽责，有效激发各方积极性和主动性，扎实推进河湖长制落地见效。

4．开展春季河湖环境专项整治行动　天津市河（湖）长办组织完成“2021春季河湖环境专项整治行动”，共排查整治水环境问题河湖（沟渠、坑塘）3 374条段（个），累计打捞清理水面漂浮物12.3万m^2、堤岸垃圾2.8万m^3，清理取缔非正规垃圾堆放点237个，拆除沿河旱厕185个，清理查处违规捕鱼渔船183条、捕鱼网具775处，查处清理沿河非法放生80起、非法排污18起，查处围垦河道、破坏堤防、乱泼乱倒等行为为21起，全市水环境面貌显著提升。

5．开展河湖长制“有名有实”专项督查　2021年3—9月，按照市主要领导批示精神和对河湖长制工作的部署要求，天津市河（湖）长办以问题为导向，在全市范围组织开展河湖长制“有名有实”专项督查，共召开座谈会16次，调阅制度文件、信息简报、巡查考核、扫保记录等档案资料2 300余份，谈话问询部分区级、镇街级和村级河湖长以及各区河（湖）长办负责同志76人次，暗访检查发现问题76个，对7个较为严重问题进行督办，受理群众来电和新闻舆情反馈问题17件。结合各区反馈整改落实情况，按照通报问题清单，组织开展整改落实情况现场复查工作，确保问题整改到位。通过开展河湖长制“有名有实”专项督查，切实强化各级河湖长履职尽责，进一步压实责任，确保河湖长制各项制度落实到位、各项机制运转达效，提升河湖长制管理水平。

6．开展河湖长制履职尽责专项整治　2021年10—12月，按照市委、市政府主要领导批示精神，天津市河（湖）长办组织开展全市河湖长制履职尽责专项整治，对全市各区63个镇街、45个村进行暗查暗访，督促解决问题53个，对2021年1月以来河湖长制工作存在突出问题的区进行集体约谈，对2021年1—10月月度考核排名末位的四个区进行集体约谈。各区、各部门坚持问题导向，聚焦市领导批示指出的问题，对号入座，举一反三，累计查摆问题222项，制定整改措施352项；约谈8名分管河湖长制工作的区级领导、51名镇街级河湖长、部门负责人和42名村级河湖长。通过开展河湖长制履职尽责专项整治，进一步强化各级河湖长责任担当，压实各级河湖长和部门责任，推进全市河湖长制从“有名有责”到“有能有效”，进一步提高河湖保护治理水平。

［天津市河（湖）长制办公室］

【河湖健康评价】

1．编制发布地方标准　为进一步推进河湖健康评估工作规范化、标准化，天津市水务局根据国家《地方标准管理办法》和《天津市地方标准管理办法（试行）》有关规定，以水利部《河湖健康评估技术导则》《河湖健康评价指南》为技术指导，结合天津实际，组织编制了《河湖健康评估技术导则》（DB/T 1058—2021），于2021年4月30日发布，2021年8月1日正式实施，为指导天津市河湖健康评估工作提供了技术依据。

2．组织开展宣贯培训　天津市水务局组织水文水资源、河道管理等单位及各区水务局宣贯培训水利部及天津市河湖健康评估相关标准，解析水利部与天津市《河湖健康评估技术导则》指标体系差别，结合实际情况讲解应用案例。

3．开展北运河健康评估　参考水利部和天津市标准，天津市水务局开展北运河（土门楼—三岔口段）健康评估工作，将北运河分为10个二级河段，从水文水资源、物理结构、水质水环境、生物和服务功能完整性5个方面制定14项评估指标，对北运河的健康状况进行全面的评估，并编制完成相关技术报告，评价结果为健康。

［天津市河（湖）长制办公室］

【“一河（湖）一策”编制和实施情况】 天津市河（湖）长办组织各修编单位编制天津市管河湖“一河（湖）一策”方案35个、区管河湖“一河（湖）一策”方案250个，其中跨区河湖方案44个。截至2021年年底，市级方案已通过专家评审，区级方案已全部印发。 ［天津市河（湖）长制办公室］

【水资源保护】

1. 水资源刚性约束 严格控制用水总量，将水利部下达天津市的35亿m^3用水指标分解细化到各区，并纳入最严格水资源管理制度考核。制定印发2021年度供水计划，统筹外调水、地表水、地下水、再生水等水源预计可供水量，合理安排全市及各区生活、生产、生态用水。深入推进河流水量分配，在全市主要河流水量分配基础上，以蓟运河为试点试行水量分配方案，预测河道可用水量，明确2021年取水计划，规范沿线取水口取水。

2. 取水口专项整治 大力推进取用水管理专项整治行动，全面核查登记各类河道外用水的取水口及监测计量情况，针对发现的问题按照依规取水、计量取水的要求，开展专项整治，完善管理制度，增强关注用水的能力。全市共核查登记取水口25 212个，共涉及取水项目数 5 227个。

3. 全国重要饮用水水源地安全达标保障评估 完成全国重要饮用水水源地于桥—尔王庄饮用水水源地安全保障达标建设自评估工作，并上报水利部。

4. 生态水位（水量）监管 共有七里海（东、西）、龙凤河故道（104国道至北运河段）、洪泥河等4条重点河湖的生态水位目标保障工作被纳入国家最严格水资源管理制度考核。为切实保障重点河湖生态水位达标，按照水利部要求，组织相关区和单位，严格落实4条重点河湖生态水位保障方案，加强日常巡查，优化生态补水调度；加强生态水位监测，建立生态水位数据日报制度，密切关注重点河湖生态水位变化情况，及时解决影响达标的问题。2021年，4条重点河湖生态水位全部合格，其中七里海（东）、龙凤河故道（104国道至北运河段）、洪泥河生态水位目标达标率100%。

［天津市河（湖）长制办公室］

【水域岸线管理保护】 强化河湖监督管理，持续开展第一次全国水利普查名录以外的建成区开放式景观湖、农村沟渠、坑塘等水体管理范围划界工作，补齐未划界河湖的管理保护短板，逐步实现市域范围内河湖管理范围划界全覆盖。截至2021年年底，对河流应划界条数正在开展二次排查，完成技术性工作132条、长度为852.02km，全部向社会进行公告。 ［天津市河（湖）长制办公室］

【水污染防治】

1. 工业水污染防治 严格环境准入，未审批工业园区外新建、改建、扩建新增水污染物的工业项目。强化工业园区污水集中处理设施排放监管，对排放水质进行月监测、季通报，促进污水稳定达标排放。

2. 农业农村污水处理 规模化养殖场全部建成粪污治理配套设施，现状保留村生活污水处理设施实现全覆盖。实施独流减河等一批人工湿地、河道生态修复项目，将水产养殖尾水和农田种植退水净化后排放入河，削减入河污染负荷。

3. 城镇排水基础设施建设 推动14个雨污合流制片区60余个小区管网 1 485处雨污串接混接点改造，实施一批海绵城市建设工程，进一步提升了污水收集处理效能。加强汛期污染治理，开展“清洁雨水管网行动”，汛前掏挖检雨井约60万座次，疏通管道约1万km。

4. 入河排污口监管 做好入河排污口设置或扩大许可审批服务，提高审批效率。定期对蓟运河、海河、永定新河、独流减河4条主要河流入河排污口水质进行监测、排名通报，将入河排口的治理责任进一步分解到街镇，有效提升重点河流沿线入河排污口的排水水质。 ［天津市河（湖）长制办公室］

【水环境治理】

1. 饮用水水源规范化建设 持续推进饮用水水源地规范化建设，定期检查评估，督促相关区设置和完善界标、警示牌和宣传牌等标志，水源地规范化建设达到优秀水平，有力保障全市饮用水水源地环境管理工作。

2. 黑臭水体治理 全市26条建成区黑臭水体已全部完成整治，达到国家“长制久清”标准，城市建成区黑臭水体基本消除。开展农村黑臭水体动态排查治理，将农村黑臭水体治理纳入河湖长制管理，推动完成2021年度63条农村黑臭水体治理工程。

［天津市河（湖）长制办公室］

【水生态修复】

1. 河湖生态补水 综合利用外调水、雨洪和再

生水等多种水源，向海河、蓟运河、潮白新河、北运河等重要河道及七里海、大黄堡、团泊洼、北大港四大湿地补水共计 17.45 亿 m^3，极大改善了全市水环境质量，为保障水生生物多样性提供了水资源保障。

2. 生态补偿

（1）根据《天津市湿地自然保护区规划（2017—2025 年）》及《天津市湿地生态补偿办法》，开展湿地生态补偿。2021 年天津市财政拨付湿地生态补偿资金约 1.1 亿元，用于宁河区七里海、武清区大黄堡湿地自然保护区核心区和缓冲区流转集体土地湿地修复。

（2）严格落实《引滦入津上下游横向生态补偿协议》（第二期），与河北省生态环境厅建立上下游定期会商机制，引滦入津入境断面水质由 2016 年的Ⅳ类提高到 2021 年的Ⅱ类，其中黎河桥断面高锰酸盐指数、化学需氧量、氨氮和总磷分别下降 33.3%、10.7%、20%和 57.1%，沙河桥断面高锰酸盐指数、化学需氧量、氨氮和总磷分别下降 42.9%、34.3%、92.7%和 74.8%。

（3）按照《天津市水环境区域补偿办法》，继续实施地表水区域补偿，按月对各区水环境质量考核排名，并根据排名实施财政奖惩，“靠后区”补偿“排前区”，有效促进上下游各区共同护河治河。

3. 水土流失治理　通过实施京津风沙源治理二期水利水保工程，继续开展水土流失综合治理，在蓟州区、宝坻区和武清区建设水源工程 213 处、节水灌溉工程 488 处，综合治理小流域 3km^2，治理和控制水土流失 21.24km^2，建成生态清洁型小流域 1 条，圆满完成水土流失治理年度目标任务。

4. 湿地自然保护区保护修复　持续加强湿地自然保护区保护修复，落实《天津市湿地自然保护区规划（2017—2025 年）》等湿地自然保护区“1＋4”规划各项任务。会同天津市财政局修订《天津市湿地生态补偿办法》，2 月 25 日由市政府办公厅印发。推动湿地自然保护区属地政府落实规划任务。各湿地保护区加强巡护防护和湿地环境维护，宁河区和武清区政府按照规划要求落实保护区核心区和缓冲区移民搬迁工作。七里海湿地推进缓冲区生态保护修复前期工作，已完成缓冲区整体测绘工作，概念性规划方案已通过专家论证，完成启动区内工程规划方案编制；大黄堡湿地完成核心起步区生态修复；北大港湿地做好生产经营活动退出后续补偿资金拨付；团泊湿地完成核心区围栏和警示牌建设，有效隔离行人进入核心区。湿地自然环境和生态功能得到有效恢复。　［天津市河（湖）长制办公室］

【执法监管】　水务执法信息总数 3 275 件（其中包含行政检查 3 012 次、立案查处 263 件），在天津市排名第 2 位；收缴罚款 30.18 万元，法院强制执行费 58.16 万元，案件查处量相较于 2020 年同期提升 353%。各区水务执法立案查处水事违法案件 217 起，共收缴罚款 57.67 万元。

［天津市河（湖）长制办公室］

【水文化建设】

1. 运河古镇——静海区陈官屯镇　静海区陈官屯镇深挖运河文化，先后修建运河博物馆、桃花堤、文化墙，并以运河为中心，水系连通周边坑塘沟渠，整体提升全镇水环境。陈官屯镇运河文化博物馆坐落在陈官屯镇中心区、津浦铁路西 120m 处，占地面积 2 900m^2，馆藏面积 1 772m^2。共分序厅、千年古韵、运河流翠、两岸风俗、古城崛起、跨越发展、奔向未来 7 个部分，收藏文物 1 500 余件、展出图片 260 余幅、雕塑 50 尊、浮雕 160 余 m^2。展馆以大运河陈官屯段为主线，以实物和图文相结合的方式，集中展示了大运河静海段，特别是陈官屯段的深厚历史文化底蕴和沿岸风土传承，彰显了运河沿岸人民世代傍河而居、世代勤劳生息的发展足迹。

2. 宁河区大杨河湾景观工程西堤柳岸带状公园　大杨河湾是宁河城区境内第一大河流蓟运河的故道，也是宁河区水系的重要河流之一。宁河区积极践行“绿水青山就是金山银山”的发展理念，着眼拓展区生态空间，坚持绿色发展，精心打造大杨河湾景观工程西堤柳岸带状公园，现已成为宁河区标志性景观地带。西堤柳岸带状公园位于宁河区桥北街，总建设面积 24 万 m^2，其中运动广场 1.3 万 m^2、绿化绿地 16.9 万 m^2、水面面积 5.8 万 m^2，园区配套停车场、运动场地、公厕等附属设施，能满足人民休闲漫步、健身娱乐、开展文化活动等需求。

3. 和平区节水主题公园　为满足市民的文化休闲需要，同时营造浓厚的节水、惜水、爱水、护水氛围，和平区河长办在海河沿岸建设了和平区节水主题公园，以海（湖）蓝为主色调，浪花白色为辅助色，设置节水宣传标牌、节水宣传栏、节水主题雕塑群等景观，通过宣传节水法律法规、普及节水知识，引导公众自觉参与爱水、节水、护水行动，提高全民节水意识，形成全社会节约用水的良好风尚和自觉行动。　［天津市河（湖）长制办公室］

【智慧水利建设】

1. 河湖长制信息管理平台　为进一步推进智慧河湖建设，逐步实现数字化、智慧化、精细化管理，丰富监管手段，提高河湖管理信息化水平，天津市河（湖）长办搭建了天津市河长制信息管理平台，具有河湖库渠基础信息、月度考核、河长巡河、督查督办、社会监督、信息报送等多项功能，用户涵盖各级河湖长、河（湖）长办、市区级相关委办局和社会监督员约 6 000 个，基本实现了河湖长巡河轨迹化、河湖长工作任务明确化、各职能部门责任清晰化、问题处置措施具体化，为推动天津市河湖长制工作提供了强有力的技术支撑。2021 年，天津市各级河湖长依托天津市河长制信息管理平台 App 累计巡河 105.76 万人次；各区通过平台对辖区内河湖进行实时监管，及时处置各类用户上报的河湖管护问题，全年整改问题 73 160 个，整改率达 100%。

2. 河湖长制微信公众号“津沽河长” 持续使用河湖长制微信公众号“津沽河长”，公众号包括津沽河长、公众参与、新闻动态、系统管理模块，平均每日发布公众号文章 2～5 篇，及时转发时政要闻、河湖长制相关动态及区县工作亮点等。

［天津市河（湖）长制办公室］

河北省

【河湖概况】 河北省境内河流地跨 3 个流域，即辽河流域、海河流域和内流区诸河流域，3 个流域被细分为 11 个水系，即辽河水系、辽东湾西部沿渤海诸河水系、滦河及冀东沿海诸河水系、北三河水系、永定河水系、大清河水系、子牙河水系、黑龙港及运东地区诸河水系、漳卫河水系、徒骇马颊河水系、内蒙古高原东部内流区。第一次全国水利普查成果显示，河北省 50km^2 以上河流 1 386 条，河流总长度 40 916.4km。其中，按流域划分为海河流域 1 315 条，辽河流域 38 条，内流区诸河 33 条；按水系划分为辽河水系 31 条，辽东湾西部沿渤海诸河水系 7 条，滦河及冀东沿海诸河水系 291 条，北三河水系 154 条，永定河水系 131 条，大清河水系 271 条，子牙河水系 186 条，黑龙港及运东地区诸河水系 244 条，漳卫河水系 32 条，徒骇马颊河水系 6 条，内蒙古高原东部内流区 33 条；按跨界类型划分为跨省河流 290 条、跨市河流 122 条、跨县河流 500 条，县域内河流 474 条；按流域面积划分为流域面积 1 000km^2 以上河流 95 条，200～1 000km^2 河流 212 条，50～200km^2 河流 1 079 条；按河流类型划分为山地河流 649 条，平原河流 709 条，混合河流 28 条。

第一次全国水利普查成果显示，河北省列入普查名录的湖泊共计 30 个，其中常年水面面积 10km^2 以上湖泊 5 个，1km^2 以上湖泊 23 个，特殊湖泊 7 个。按流域划分为海河流域 6 个，内流区诸河流域 24 个；按水系划分为滦河及冀东沿海诸河水系 3 个，大清河水系 1 个，黑龙港及运东诸河水系 2 个，其余湖泊均位于内蒙古高原东部内流区水系。

河北省在册水库 1 014 座，总库容 120 亿 m^3。大型枢纽 11 座，中型水闸 254 座。2021 年，河北省安排雄安新区防洪、病险水库除险加固、中小河流治理和江河主要支流治理等水利基本建设项目 36 个，中央投资计划 54.7 亿元。截至 2021 年年底，36 个项目完工 25 个，完成投资 53.1 亿元，中央投资计划完成率 97%，较 2020 年同期提高 5 个百分点，超预期完成 80%以上的目标任务。

2021 年，河北省实际监测的 168 个地表水国省控断面（河流 139 个断面，湖库淀 29 个点位）中，达到或优于Ⅲ类水质断面比例为 70.8%，比 2020 年提升 5.6 个百分点；Ⅳ类水质断面比例为 26.8%，比 2020 年提升 0.6 个百分点；Ⅴ类水质断面比例为 1.8%，比 2020 年降低 4.4 个百分点；劣Ⅴ类水质断面比例为 0.6%，比 2020 年降低 1.8 个百分点。127 个国家地表水考核断面中，达到或优于Ⅲ类水质断面比例为 73.0%，比 2020 年提升 6.8 个百分点；无劣Ⅴ类水体，与 2020 年持平。岗南水库等 12 座水库达到Ⅱ类水质标准，水质优；陡河水库、邱庄水库、洋河水库、潘家口水库、白洋淀和衡水湖达到Ⅲ类水质标准，水质良好。对湖库淀水质进行富营养化评价中，洋河水库和衡水湖为轻度富营养，其他 15 座水库和白洋淀为中营养。河北省国省控河流断面中，水质达到或优于Ⅲ类断面比例为 69.1%，比 2020 年提升 5.9 个百分点；Ⅳ类断面比例为 28.1%，比 2020 年提升 1.6 个百分点；Ⅴ类断面比例为 2.2%，比 2020 年降低 5.0 个百分点；劣Ⅴ类断面比例为 0.7%，比 2020 年降低 2.3 个百分点。

（吴佳　张丽晶　董敏鹏　康浩）

【重大活动】 2021 年 3 月 30 日，河北省委书记、省人大常委会主任、省级总河湖长王东峰主持召开 2021 年度省级总河湖长暨河湖治理工作会议。会议回顾总结了 2020 年全省河湖长制工作，通报 2020 年度河湖长制工作考核结果，分析面临的形势、任务和要求，对 2021 年度河湖长制重点工作进行安排部署。

2021 年 5 月 14 日上午，河北省政府新闻办召开“河北省实施河湖长制进展情况”新闻发布会，介绍

全省实施河湖长制进展情况，并答记者问。（张倩）

【重要文件】 2021 年 1 月 15 日，河北省河湖长制办公室印发《河北省 2021 年度河湖长制工作要点的通知》（冀河办〔2021〕2 号）。

2021 年 3 月，河北省水利厅印发《河北省大运河文化保护传承利用实施规划—河道水系治理管护专项规划》。

2021 年 4 月 4 日，河北省河湖长制办公室印发《河北省 2021 年度落实河湖长制重点工作推进方案》。

2021 年 4 月 22 日，河北省水污染防治工作领导小组印发《关于印发〈河北省 2021 年水生态环境保护工作方案〉的通知》（冀水领组〔2021〕2 号）。

2021 年 5 月 14 日，河北省人民政府办公厅印发《河北省养殖水域滩涂规划（2021—2035 年）》（冀政办字〔2021〕60 号）。

2021 年 5 月 17 日，河北省人民检察院、河北省河湖长制办公室印发《关于〈全面推行“河湖长+检察长”工作机制的意见〉的通知》（冀检联字〔2021〕2 号）。

2021 年 6 月 6 日，水利部、河北省人民政府印发《2021 年夏季滹沱河、大清河（白洋淀）生态补水方案》。

2021 年 7 月 13 日，河北省河湖长制办公室印发《河北省深化河湖长制落实强化河湖保护治理专项行动方案》。

2021 年 8 月 24 日，河北省水污染防治工作领导小组办公室印发《关于印发〈河北省水生态环境保护工作实施情况考核细则〉的通知》（冀水领办〔2021〕39 号）。

2021 年 9 月 26 日，河北省政府办公厅印发《河北省政府办公厅关于转发省水利厅河北省河道非法采砂专项整治行动工作方案的通知》（冀政办字〔2021〕128 号）。

2021 年 12 月 17 日，河北省水利厅、河北省政府服务管理办公室联合印发《河北省河道管理范围内建设项目管理办法》。

2021 年 12 月 21 日，河北省河湖长制办公室、河北省水利厅印发《关于组织开展妨碍河道行洪突出问题排查整治工作的通知》（冀河办〔2021〕49 号）。

（陈洁 张倩 李明 郜欢欢 田文广 张伟辉 吴佳）

【地方政策法规】

1. 法规 2021 年 2 月 22 日，河北省第十三届人民代表大会第四次会议通过《白洋淀生态环境治理和保护条例》，自 2021 年 4 月 1 日起施行。

2021 年 5 月 28 日，河北省第十三届人民代表大会常务委员会第二十三次会议通过《河北省节约用水条例》，自 2021 年 7 月 1 日施行。

2. 规范（标准） 2021 年 12 月 14 日，河北省市场监督管理局发布《河北省湿地认定导则》（DB13/T 5445—2021）。（李春凤 滕志遥 李硕）

【河湖长制体制机制建立运行情况】 一是进一步强化河湖长组织体系。在河湖长制体系全面建立的基础上，按照国家《全面推行河湖长制工作部际联席会议制度》要求，进一步完善河湖长制责任体系，将省人力资源和社会保障厅、省民政厅纳入省级河湖长制责任部门，省级河湖长制责任部门由原来的 26 个增加为 28 个。与省检察院联合印发《关于全面推行“河湖长＋检察长”工作机制的意见》，明确省、市、县设立“河湖长＋检察长”工作联络室，构建河长湖长领导、检察机关与部门协同的工作体系，推动解决河湖管理执法难题。二是高位推动部署全年工作。省委、省政府主要负责同志多次深入一线调研指导，组织召开 2021 年度省级总河湖长暨河湖治理工作会议，审定签发省级总河湖长令，在全省部署开展水生态修复、全社会节水、水资源统筹利用、水污染防治、岸线空间管控“五大行动”；省级河长湖长分别深入责任河湖巡视督导；4.6 万余名市、县、乡、村河（湖）长累计巡河巡湖 493 万余次。省河长办制定印发《河北省 2021 年度落实河湖长制重点工作推进方案》，明确年度河湖长制工作总体思路、目标要求、重点任务和保障措施。三是持续推动督查考核。将“落实河湖长制”作为重大专项之一，纳入 2021 年度全省绩效考核体系。组织完成 2020 年度河湖长制工作考核，省委办公厅、省政府办公厅通报考核结果，对优秀的市县进行资金奖励。持续开展河湖长制工作日常评估，第三方对全省 167 个县（市、区）进行全覆盖检查，累计踏查河段 500 余条。河北省考核问责工作经验被中央深改办推广，并被水利部及河北省委全面深化改革委员会办公室作为优秀典型案例收录。联合省相关责任部门组织开展河湖长制工作督查，对 36 个县（市、区）59 个河湖现场进行抽查检查，督查情况通报全省。以卫星遥感监测发现的疑似突出问题为线索，会同省水利厅相关处室、部分市河长办组织开展 2021 年全省河湖长制集中暗访，共抽查 48 个县（市、区）42 条河段，发现确认突出问题 134 个，全部交办督办并整改完成。

（张倩）

【河湖健康评价】 2020 年 11 月 5 日，按照水利部《关于开展 2021 年河湖健康评价工作的通知》要求，河北省河湖长制办公室组织对设省级河长湖长的河湖和设市、县级河长湖长的代表性河湖共 211 条，按照“分级负责、试点先行、逐步推进”的原则，开展健康评价工作。省河长办依据水利部印发的《河湖健康评价指南（试行）》，结合河北省实际情况，组织编制了《河北省河湖健康评价技术大纲（试行）》，进一步细化完善评价指标和标准，为全省河湖健康评价工作提供技术依据。截至 2021 年年底，全省 211 条河湖的健康评价工作全部完成。

（彭帅）

【水资源保护】

1. 水资源刚性约束　河北省深入贯彻习近平总书记“节水优先、空间均衡、系统治理、两手发力”治水思路，全面落实水资源刚性约束。一是建立用水总量控制指标体系。制定印发《河北省实行最严格水资源管理制度用水总量红线控制目标分解方案（2021—2025 年）》，河北省各市及雄安新区及时将相关指标向所辖县（市、区）进行了细化分解，建立了覆盖省、市、县三级的用水总量和地下水开采量控制指标体系。二是有序开展地下水管控指标确定。按照水利部有关技术要求，以县域为单元，逐年明确地下水水量、水位双控指标和地下水取用水计量率、监测井密度、灌溉用机井密度 3 个管理指标，编制形成河北省地下水管控指标确定报告。三是严格取水许可审批。依法依规严格审批新办地下水取水许可，对用水量、许可水量等达到或接近控制指标的县（市、区）予以停批限批新增取水许可。大力推进取水许可证电子化转换，截至 2021 年 6 月底，河北省全部完成存量纸质版取水许可证电子化转换。四是开展水资源承载能力评价。依据国家和省相关政策和技术要求，结合地下水超采综合治理成果，河北省开展了市、县行政区和水资源三级区评价单元的水资源承载负荷核算及水资源承载状况分析等工作，提出了水资源超载原因及管控建议，形成了《河北省水资源承载能力评价报告》。五是严格实施地下水位监测。河北省充分利用全省布设的地下水位监测站点，实时收集、动态分析地下水位监测数据，同时加强监测站点运行维护，确保各地监测站点布局合理、运行稳定，能够真实反映本地区地下水位变化情况，有效解决地下水“看不见”“摸不着”“测不准”的难题。

2. 节水行动　全面落实国家节水行动，2021 年 5 月 28 日，河北省第十三届人民代表大会常务委员会第二十三次会议审议通过了《河北省节约用水条例》，于 2021 年 7 月 1 日施行，为河北省首个省级层面节约用水地方性法规。2021 年 6 月 10 日，中共河北省委办公厅、河北省人民政府办公厅印发《关于认真贯彻落实习近平总书记在推进南水北调后续工程高质量发展座谈会上重要讲话精神全力推进全社会节水工作的实施意见》，提出实行用水总量和强度双控、农业节水增效、工业节水减排、城镇节水降损、深化节水体制机制改革等具体举措。2021 年 7 月 1 日，河北省水利厅印发《关于下达“十四五”期间用水效率控制指标的通知》，建立了省、市、县三级用水效率控制指标体系。12 月 14 日，省市场监督管理局以地方标准发布 2021 版河北省《用水定额》，覆盖农业、工业和生活服务业的先进用水定额体系建立。截至 2021 年年底，河北省 78 个县被水利部命名为节水型社会达标县，另有 21 个县开展县域节水型社会建设，并通过了省级验收。2021 年，河北省万元 GDP 用水量较 2020 年下降 6.6%，万元工业增加值用水量较 2020 年下降 6.6%，圆满完成国家和河北省确定的任务目标。

3. 生态流量监管　根据水利部《关于做好 2021 年重点河湖生态流量确定与保障工作的通知》要求，河北省水利厅按照“定断面、定目标、定保证率、定管理措施、定预警等级、定监测手段、定监管责任”的原则，全力开展重点河湖生态水量保障方案编制工作。2021 年，河北省水利厅印发了滦河、永定河、大凌河等 3 个生态水量保障目标落实方案和白洋淀、南大港湿地等 2 个基本生态水量保障实施方案，全面落实了习近平生态文明思想，加快建立了目标合理、责任明确、保障有力、监管有效的河湖生态水量确定和保障体系，为强化生态水量管理、改善河湖生态环境打下了坚实的基础。

4. 全国重要饮用水水源地安全达标保障评估　按照水利部办公厅《关于进一步明确全国重要饮用水水源地安全保障达标建设年度评估工作有关要求的通知》要求，2021 年 1 月，河北省水利厅印发开展年度重要饮用水水源地安全保障达标评估工作的通知，组织河北省 21 个全国重要饮用水水源地管理单位按照水源地安全保障达标建设要求的水量保证、水质合格、监控完备、制度健全等四个方面开展了自评估工作，向水利部报送 2020 年度重要饮用水水源地达标建设评估报告。省水利厅根据水利部印发的《全国重要饮用水水源地安全保障评估指南（试行）》，结合河北实际，组织编制了《河北省国家饮用水水源地安全保障评估细则（试行）》，对河北省 21 个全国重要饮用水水源地安全保障达标建设工作

开展了现场检查评估。

5. 取水口专项整治　按照水利部统一安排部署，2021 年 7 月 16 日，河北省水利厅印发《河北省取用水管理专项整治行动整改提升实施方案》（冀水资〔2021〕62 号），明确了工作任务、进度安排和保障措施，组织各地开展取水口整改提升工作。截至 2021 年年底，全省完成整改取水项目 36 621 个，整改工作进度位居全国前列，受到水利部表扬，并在全国取用水管理工作会议上做了两次典型发言。

6. 水量分配　根据水利部《关于梳理跨地市江河流域水量分配工作的通知》要求，河北省水利厅对境内河流进行了全口径梳理，确定了省级需开展的跨市河流水量分配工作任务和市级需开展的跨县河流水量分配工作任务。2021 年 4 月 29 日，省水利厅印发《关于全面开展跨区河流流域水量分配工作的函》（冀水资〔2021〕30 号），要求在全省范围内分年度、分流域、分层级同步开展河流水量分配工作。截至 2021 年年底，编制印发了青龙河、滏龙河、洺河、瀑河、澈河、长河、清河、唐河、漕河、白沟河、午河、洨河、滏阳河、卫运河、蓟运河、拒马河等 16 个跨市河流水量分配方案，指导市级完成了 15 个跨县河流水量分配方案，全面落实了水资源刚性约束制度和“四水四定”，推动用水方式由粗放低效向节约集约转变，进一步明确了河流流域的用水权边界，为制定流域内水量调度方案和年度水量调度计划提供了依据。

（王锐智　王健　耿东现　张娜　陈运华）

【水域岸线管理保护】

1. 河湖管理范围划界　按照水利部《关于加快推进河湖管理范围划定工作的通知》（水河湖〔2018〕314 号）要求，河北省认真部署，迅速行动，制定并印发了《河北省河湖管理范围划界指南》，明确了河流、湖泊的管理范围划定准则，依法划定河湖管理范围，明确河湖管理边界线。2021 年，按照相关法规、规范要求对河道划界成果进行复核。截至 2021 年年底，河北省河湖管理范围划定工作已全面完成，并按要求将划界成果由各市、县人民政府统一公告。

2. 岸线保护与利用规划　按照水利部办公厅下发的《关于印发河湖岸线保护与利用规划编制指南（试行）的通知》（办河湖函〔2019〕394 号）要求，省水利厅印发《关于做好河湖岸线保护与利用规划编制工作的通知》（冀水河湖〔2019〕50 号），明确河北省水利厅负责编制滦河大黑汀水库至入海口、滏龙河、滹沱河岗南水库至献县枢纽、南运河第三店至冀津界、滏阳新河、滏阳河艾辛庄枢纽至献县枢纽、子牙河献县枢纽至冀津界、子牙新河献县枢纽至阎辛庄、南拒马河北河店至新盖房枢纽、白沟河、滏东排河、南排河等 12 条河道岸线保护与利用规划的编制工作，同时要求各地抓紧研究确定市、县负责编制岸线保护与利用规划的河湖名录，并明确完成时间。2021 年 4 月 13 日，河北省水利厅负责编制的 12 条河道岸线保护与利用规划已全部编制完成，经省政府同意后由省水利厅印发实施。

3. 采砂整治　按照水利部统一部署，河北省水利厅组织开展全省河道非法采砂专项整治行动，截至 2021 年年底，各地出动执法力量 8.5 万人次，累计巡河 31.7 万 km，查处非法采砂行政案件 34 起，罚没 48.9 万元，移送公安机关案件 1 起，进一步规范河道采砂管理秩序。

4. “四乱”整治　根据《水利部办公厅关于开展全国河湖“清四乱”专项行动的通知》（办建管〔2018〕130 号）和《水利部办公厅关于明确河湖“清四乱”专项行动问题认定及清理整治标准的通知》（办河湖〔2018〕245 号）要求，在全省范围内持续开展河湖“四乱”清理整治专项行动。为巩固提升河湖清理整治成果，印发《关于深入推进河湖“四乱”清理整治的通知》，结合河湖保护名录和河湖管理范围划定成果，指导市、县通过卫星遥感监测、无人机航拍和现场踏勘等方式，对域内河湖进行全面排查，明确河段排查责任人，摸清底数，建立问题台账，持续推进整改。截至 2021 年年底，河北省共排查整治河湖“四乱”问题 44 897 个。

（吴佳　吕健兆）

【水污染防治】

1. 排污口整治　加强入河排污口监管，深入开展排查整治、溯源建档、定期监测、按月通报，持续推进全省入河排污口规范化建设。严格入河排污口管控，定期开展入河排污口监测，督促排污单位达标排放。

2. 工矿企业污染防治　加强工业污染治理，积极推进环境管理由末端治理向生产过程管控方式转变。以白洋淀流域涉水企业和全省造纸、焦化、氮肥、有色金属等主要涉水行业为重点，依法有序实施清洁生产审核，推进企业不断采取先进清洁生产技术，降低企业水资源消耗和水污染物产生。推动新设立和升级的经济开发区、高新技术产业开发区等工业园区同步规划和建设污水集中处理设施。推进工业园区配套管网、污水集中处理设施和自动监控系统建设。

3. 城镇生活污染防治　在城市污染治理上，督促各地加快推进污水集中处理设施建设，补齐城市污水处理设施短板。截至 2021 年年底，全省共建成城市（县城）污水处理厂 210 座，形成处理能力 1 067.8m³/d，推进市政管网雨污分流改造工作，截至 2021 年年底，全年共完成城市市政排水管网雨污分流改造 4 591km，城市建成区市政排水管网雨污分流改造已实现应改尽改。

4. 畜禽养殖污染防治　河北省全面推进畜禽粪污资源化利用工作，印发《白洋淀流域畜禽养殖废弃物资源化利用专项工作方案》。白洋淀上游 9 条河流两侧 1km 范围内保留的 215 家规模养殖场均达到一级水平，679 家规模以下养殖场粪污均实现资源化利用的任务目标。截至 2021 年年底，河北省畜禽规模养殖场粪污处理设施装备配套率继续保持 100%，畜禽粪污综合利用率达到 79%。

5. 农业面源污染治理　积极推进农膜回收利用，安排专项资金支持定州、永清等地膜使用重点县（市），开展地膜回收示范试点，扶持建设废旧地膜回收网点，支持企业加工利用废旧地膜，加强农膜污染防治宣传，进一步提升废旧地膜回收水平，河北省布设 304 个农田地膜残留监测点，针对重点区域和典型覆膜作物，开展农田地膜残留监测与评价，2021 年河北省农膜回收率达到 90%以上。大力开展化肥使用量零增长行动，以测土配方施肥项目为着力点，创新工作方法、机制，不断提升科学施肥技术水平；2019—2021 年，连续实施农业农村部化肥减量增效项目，夯实测土配方施肥基础，开展取土化验、田间试验、更新养分数据，优化施肥参数，完善肥料配方，化肥用量连续实现负增长。制定河北省农药减量增效工作方案，坚持“预防为主、综合防治”的植物保护工作方针，以绿色发展为引领，坚持质量第一、效益优先，稳步提高主要农作物统防统治覆盖率及绿色防控覆盖率，努力推进农药控量增效。河北省整合植物检疫、监测预警、绿色防控、统防统治、技术指导和宣传培训等业务工作，以建设全程绿色防控示范区为抓手，促进技术创新、服务创新和机制创新，加快植物保护工作新药剂、新机械和集成技术推广应用。

（李明　宋甜甜　郜欢欢）

【水环境治理】

1. 饮用水水源规范化建设　河北省 28 个地级城市集中式饮用水水源水质均达到Ⅲ类标准要求。28 个地级城市集中式饮用水水源地均划定水源保护区，设置了标识标牌。

2. 黑臭水体治理　在农村黑臭水体治理上，深入开展全省农村黑臭水体常态化排查整治。河北省生态环境厅高度重视、周密部署，坚持问题导向、目标导向和质量导向，多次采取全员排查、遥感解译、无人机飞检、视频监控、督导检查等有效手段，排查整治工作取得明显成效。河北省排查出的 387 条农村黑臭水体全部完成治理，并通过验收。河北省水污染防治工作领导小组办公室印发《河北省农村黑臭水体常态化管控机制实施意见》和《关于增设农村黑臭水体视频监控的通知》，压实属地责任，严格落实长效机制，加大常态化排查整治力度，强化污染源头管控，加强水体日常监管，努力做到农村黑臭水体持续清理存量、动态随清。在城市黑臭水体治理上，省住房城乡建设厅会同省生态环境厅组织开展城市黑臭水体再排查、再整治行动，指导各地对列入台账的 93 条城市黑臭水体以及市、县建成区内水体进行逐一排查，要求做到区域全覆盖、排查无遗漏，对排查发现的城市黑臭水体或存在黑臭隐患的水体，于当年整治到位，持续巩固城市黑臭水体整治成效。经排查，各市、县均未发现新增城市黑臭水体，已整治完成的 93 条城市黑臭水体成效保持良好。省住房城乡建设厅会同省生态环境厅启动城市黑臭水体暗访行动，组织专家不定期随机抽查城市黑臭水体治理成效和市、县建成区内是否存在其他黑臭水体。对于暗访中发现的问题，限期整改、进行通报并挂账督办，实现城市黑臭水体动态清零。

3. 农村水环境整治　河北省持续推动农村生活污水治理工作，将农村生活污水无害化处理工作列为聚焦办好 10 件民生实事和省 20 项民生工程重要内容，印发《河北省农村生活污水无害化处理三年行动方案（2021—2023 年）》和年度《农村生活污水无害化处理工程实施方案》，以减量化、无害化、资源化为原则，坚持分类施策，加强农村生活污水无害化处理同农村厕所改造的衔接，提高全省农村生活污水治理水平。省市两级分别成立农村生活污水无害化处理工程工作专班，补充加强人员力量，多次召开调度会，高质量推进农村生活污水无害化处理工程各项工作。积极开展技术下基层帮扶，组织各市开展“民生工程推进月”活动、农村生活污水无害化处理工程“大走访”活动和“民生工程现场督导月”活动，深入基层一线开展调查研究，协调解决各类问题，推广适合不同区位、不同经济条件的农村生活污水治理案例。2021 年，河北省新增完成 3 453 个村庄的生活污水治理任务，累计对

17 326个村庄完成了生活污水治理任务。

（冯亚平　宋甜甜　张钊兴）

【水生态修复】

1. 生态补水　实现大清河、滹沱河全线贯通，落实水利部、省政府印发的《2021年夏季滹沱河、大清河（白洋淀）生态补水方案》，统筹考虑防洪安全与河湖生态补水需求，加强大清河、滹沱河夏季生态补水管理，抓住主汛前有利时机，科学调度水库水源，发挥南水北调工程输配水功能，2021年6月7日至7月9日，历时33天，实现了滹沱河、大清河（白洋淀）两条补水线路共627km河道生态补水全线贯通，补水量共计2.21亿m^3，其中南水北调中线总干渠补水1.14亿m^3，当地水库水0.63亿m^3，白洋淀下泄水量0.44亿m^3。统筹多水源实施河湖生态补水，按照《2021年主要河道生态补水实施方案》，落实属地责任，实施动态管理，加强信息报送，实行调水补水周报制度。全年完成河道生态补水60.65亿m^3，其中引江生态补水15.02亿m^3，水库生态补水45.63亿m^3，形成有水河道1 997km，水面面积127km^2。累计向白洋淀补水13.62亿m^3，向衡水湖补水0.28亿m^3，向南大港补水0.15亿m^3。

2. 退田还湖还湿　河北省持续加强湿地保护修复力度，在多处重要湿地开展了退耕还湿、湿地生境恢复、湿地植物栽植、鸟类栖息地恢复、科研监测、科普宣教等工作。其中，在白洋淀开展了府河、孝义河入淀河口退耕还湿和藻苲淀退耕还淀生态湿地恢复工程，通过湿地保护修复和退耕还湿，增加了淀区面积，扩大了鸟类栖息地范围，净化了入淀水质，使得白洋淀区域生态功能和生物多样性逐步恢复。

3. 生物多样性保护　为动态监测跨流域生态补水对受水区水生生物的影响，河北省生态环境厅对白洋淀、衡水湖等重要湿地开展水生生物多样性本底调查及监测（本底调查3次/年，日常监测引水期1次/月、非引水期2次/月），调查内容包括浮游生物、高等水生植物、底栖动物、游泳动物及生物栖息环境，动态掌握水生生物种类及其变化情况、系统分析水生生物物种迁移对受水区水生生物的影响，防止不同生物区系水生动植物因生态补水对白洋淀、衡水湖水生态系统造成的破坏。

4. 生态补偿机制　为深入贯彻习近平生态文明思想，全面落实中央办公厅、国务院办公厅印发的《关于深化生态保护补偿制度改革的意见》（中办发〔2021〕50号），2021年12月30日省委办公厅、省政府办公厅在全国范围内率先印发了《关于深化生态保护补偿制度改革的实施意见》（冀办传〔2021〕80号）。巩固推进跨省横向补偿。一是推进密云水库上游潮白河流域水源涵养区横向生态保护补偿机制。2018—2021年第一轮补偿协议实施以来，实际到位资金21.51亿元（中央奖励资金9亿元、北京市补偿资金9.51亿元、河北省省级资金3亿元）。二是落实津冀引滦入津上下游横向生态补偿机制。2019—2021年第二轮补偿协议实施以来，实际到位资金9.1亿元（中央奖励资金4亿元、天津市补偿资金2.1亿元、河北省省级资金3亿元）。

5. 水土流失综合治理　落实《河北省水土保持规划（2016—2030年）》，2021年，河北省依托国家水土保持重点工程和京津风沙源治理二期工程水利项目等，以小流域为单元重点在太行山燕山、坝上重要生态功能区开展山水林田湖草沙综合治理。统筹发展改革、财政、农业农村、生态环境、自然资源、林业和草原等部门生态项目投入，鼓励和引导社会资本积极参与水土流失治理，建设梯田15.91km^2，栽植水土保持林826.76km^2，栽植经济林111.23km^2，种草127.62km^2，实施封禁治理1 081.13km^2，其他措施76.15km^2，总计新增水土流失面积2 238.79km^2，通过实施各项水土保持措施和保护修复，构建水土流失综合防治体系，有效减少了水土流失，提高了蓄水保土和涵养水源能力，减轻了河湖（库）的泥沙淤积，对提高土地生产力、改善人居环境、防灾减灾起到了积极作用。经估算，治理区新增保土能力302万t、增产粮食71万kg、增加林草覆盖15%，收益人口82.7万人。

6. 生态清洁小流域　河北省围绕密云水库上游潮白河流域、雄安新区上游等重要水源地有序推进生态清洁小流域建设。2021年，石家庄、承德、张家口、保定落实《河北省生态清洁小流域建设规划（2019—2025年）》，竣工验收生态清洁小流域10条。

（张伟辉　李硕　赵璿　马磊　张子元）

【执法监管】　河北省水利厅按照水利部的部署要求，在全省组织开展了水资源专项执法行动。行动中，认真落实党中央、国务院关于加强行政执法工作的决策部署，贯彻水利部关于推动新阶段水利高质量发展的总要求，周密安排部署，强化督导调度，压实各级责任，依法依规查处非法取用水等水资源违法行为，水资源管理专项执法行动取得了明显成效。

全面建立河道采砂管理责任制以来，对全省有砂河道逐级逐段落实采砂管理县乡村河长、行政主管部门、现场监管和行政执法“四个责任人”，向社会公告，并建立“四个责任人”培训、检查、考核制度。省水利厅会同省公安厅、省自然资源厅、省交通运输厅、省生态环境厅、省林业和草原局等部门组成联合工作组，对各地河道采砂执法监管情况进行督导检查，对检查发现问题以“一市一单”形式向被检查单位下发督办通知，限期整改到位，督促各地建立完善河道采砂管理长效机制。

为做好河湖监管工作，河北省生态环境厅组织各级生态环境部门开展饮用水水源保护区排查整治工作、入海河流上游涉水企业排查整治和大运河沿线生态环境专项执法检查等工作。印发了《关于排查整治河北省南水北调中线沿线环境问题的通知》《关于加强沿海地区入海河流上游地区涉水企业环境隐患排查整治工作的通知》《大运河沿线生态环境执法检查专项行动方案》，按照市、县（区）自查、省级督导的方式，加大排查整治力度，对发现的问题，督促立行立改、限期整改，确保问题整改到位，消除河湖污染隐患。（滕志遥　吕健兆　徐言）

【水文化建设】　省水利厅依托水利部办公厅、共青团中央办公厅、中国科协办公厅设立的第四批国家水情教育基地——保定水利博物馆，布展河北“根治海河纪念馆”。纪念馆利用保定水利博物馆清河道署古建筑群西轴线一处 180m^2 的独立空置院落，布展内容主要包括 6 个单元：海河流域安澜，关乎京津冀安危；历史罕见洪水，1963 年抗洪斗争；毛主席发出号召，“一定要根治海河”；兵团式作战，群众性根治海河运动；战天斗地，气吞山河，千军万马战海河；历史性巨大成就。展现形式主要采用墙面图文展板、展柜展品、三维立体沙盘、巨型半景画、仿真硅胶人、投影大屏幕、纪录片和观众点播屏等。通过多形式展示，体现了 20 世纪 60 年代初至 70 年代末，在毛泽东主席“一定要根治海河”的伟大号召下，在党和政府的正确领导下，河北人民按照“上蓄、中疏、下排、适当地滞”“分区防守、分流入海”的原则，修水库，挖河道，建水闸，打机井，开灌渠，架泵站，开展了大规模的根治海河运动。这场历时近 20 年、以流域为单元进行系统治理的有益探索和生动实践，不仅初创了海河流域防洪体系，实现了防洪灌溉、除涝治碱的基本目标，而且积累了尊重科学勇于创新、齐心协力团结治水、艰苦奋斗勤俭节约的宝贵精神财富，为海河流域防洪保安、经济发展作出了卓越贡献。（徐新蒲）

【智慧水利建设】

1.“水利一张图”　为加快推进全省河湖信息普查及相关工作，河北省水利厅成立全省河流现状及整治方案编制领导小组和专班。主要任务是制定河湖信息普查工作方案，对河道长度、湖泊面积、河道防洪治理现状及风险隐患、河湖生态、水质及排污状况、砂石资源、水库闸涵等信息进行普查，完善全省河湖“一张图”，提出全省河湖治理初步措施，为后续分级分类编制河湖库专项治理规划提供基础支撑。截至 2021 年 12 月底，共完成 1 660 条 41 862km 河道的堤防、径流、水质、行洪能力情况以及 2 253 座水闸、367 个排污口的标绘上图工作，完善了河北省河湖“一张图”数据信息。

2. 河湖智能视频监控系统　按照河北省委、省政府关于建设全覆盖、全天候、智能化河湖智能视频监控系统的部署要求，2021 年 2 月，河北省水利厅会同省委网信办组织专家编制方案，在省财政厅、省生态环境厅、省自然资源厅和省林业和草原局的大力支持下，整合复用森林防火、秸秆焚烧、国土等视频监控资源，在 2021 年主汛期前初步建成河湖智能视频监控系统，于 2021 年 12 月通过交付验收。系统按照全面覆盖、智能监管、资源共享、业务协同总体思路，统筹防洪、供水和生态安全需求，突出雄安新区等重点区域，白洋淀、衡水湖等重要河湖，水库、闸涵等重要部位，布设高点监控摄像头 10 213 个，复用水利系统自建监控摄像头 1 538 个，搭建省级平台 1 个、市级平台 14 个，实现了省、市两中心，省、市、县、乡、村五级共享共用，初步完成了对河北省流域面积 50km^2 以上的 1 386 条河流、水域面积 1km^2 以上的 23 个湖泊、1 027 座大中小型水库、13 个蓄滞洪区以及 4 条引江干渠、4 条引黄干渠的视频监控全覆盖。系统深度融合视频感知、云计算、大数据分析等技术手段，通过图像、视频、报警、定位多元结合方式，为各级水利部门提供高清实时视频监控报警、自动引导目标位置功能，推动河湖监管由“人防为主”向“人防＋技防结合”转变，由“事后被动应对”向“事前主动预防”转变，由“先破坏后治理”向“边保护边治理”转变，提高河湖监管效率。

3. 河湖遥感监测　利用卫星遥感技术开展河湖常态化监管，持续加强对河北省设省级河湖长河湖、生态补水河道、白洋淀上游河道等 33 条重要河湖和 160 条具有砂石资源河道进行动态监测。2021 年，解析监测影像总面积 90 万 km^2，单条河流影像数据 841 份，覆盖河流影像总面积 9 万 km^2，发现疑似“四乱”图斑 9 746 个，实地复核行程 2.9 万 km，抽查复核问题 620 个，组织地市对疑似“四乱”图斑进行了全面核查，推动解决河湖典型突出问题

2 675 个。

4. 河长制信息管理平台（河长 App） 持续加强河长制信息管理平台应用，截至2021年年底，河长制信息管理平台注册用户人数已达到5.2万余人，累计访问量 2 049 万余次，全省4.6万余名河湖长全部依托移动端开展巡河调研，年巡河次数493万余次，依托河长制信息管理平台处置解决河湖问题2.1万个。

（张成哲 武海龙）

山西省

【河湖概况】

1. 河流概况 山西省内的河流分布在黄河、海河两大流域内，其中黄河流域面积 97 138km²，占全省流域面积的62.2%，由汾河水系、入黄支流水系、涑水河水系、沁河水系组成；海河流域面积为59 133km²，占全省流域面积的37.8%，由永定河水系、滹沱河水系、漳卫河水系、大清河水系组成。境内流域面积50km²标准以上的河流有901条（不含黄河），河流总长度 38 307km，其中省级河长责任河流有汾河、桑干河（御河）、滹沱河、漳河、沁河、潇河（含太榆退水渠）、文峪河、涑水河、三川河、湫水河、唐河、沙河12条河流。汾河流域面积39 721km²，干流全长716km；桑干河在省界以上干流全长338km，省境内流域面积 15 076km²；御河干流全长77km，省境内流域面积 2 612km²；滹沱河山西段干流全长 324km，省境内流域面积14 038km²；漳河在山西境内河道长度为226km，省境内流域面积 15 884km²；沁河流域总面积13 532km²，省境内面积 12 304km²，长363km；涑水河全长 200.55km，省境内流域面积约5 774.4km²；潇河河道总长147km，省境内流域面积 4 064km²；文峪河主河道长160km，省境内流域面积 4 050km²；三川河河道长174.9km，省境内流域面积 4 161.4km²；湫水河河道总长122km，省境内流域面积 1 989km²；唐河山西境内 93km，省境内流域面积 2 190km²；沙河在省境内全长65km，流域面积 1 216km²。

（杜建明）

2. 湖泊概况 山西省水域面积大于1km²的湖泊有6个（不含城市公园内的湖），分别为晋阳湖、圣天湖、伍姓湖、盐湖、硝池滩、鸭子池。

晋阳湖位于山西省太原市南端金胜镇南阜村，原名牛家营湖，是山西省最大的内陆人工湖，也是华北地区最大的人工湖。20世纪50年代初，由人工开挖而成，作为太原市第一热电厂的蓄水池使用，1957年牛家营湖扩建为水库，并由西干渠引入汾河水，更名为晋阳湖。湖面南北长 2 990m，东西宽1 700～2 000m，湖水面积 5.65km²，蓄水量约1 500万m³，湖底高程为773.0～775.9m，最大水深4m，最浅处1.5m，平均水深2.2m，水位高程常年为778m。晋阳湖作为太原市陆生生态系统和水域生态系统的重要资源，在优化水生态空间布局、防洪、供水、维持生物多样性等方面发挥着重要作用，是“一湖点睛”山水格局的有机构成。

圣天湖位于山西省芮城县陌南镇柳湾村的黄河之滨，地处黄河金三角旅游区核心位置。圣天湖景区原名“胜天湖水库”，地势整体呈西北高东南低，海拔为316～520m。景区规划面积7.71km²，其中水域面积4km²。圣天湖是一处河道变迁遗迹性的湿地，分为内湖和外湖，内湖最高水位为319.4m，最低水位为318.2m。外湖最高水位为317m，最低水位为315m。圣天湖相对高差200余m，光照充足，雨量适宜，地貌多样，空气清新，物种丰富。湖内栖息着238种鸟类、147种湿地植物及52种鱼类资源，堪称我国北方少有的湿地野生动植物基因库。2017年12月，通过国家4A级旅游景区验收。2019年6月，被中国林业产业联合会确定为全国“森林康养基地试点建设单位”；8月，承办了中华人民共和国第二届青年运动会铁人三项比赛。

伍姓湖位于运城市永济市城东，距城边1.5km。地理坐标：东经110°29′22″、北纬34°53′32″。涑水河、姚暹渠、湾湾河及中条山沟峪的水流均汇入伍姓湖。伍姓湖是涑水河下游平川区的主要天然水域，在一定程度上起着调节运城至永济洼地的地表水和地下水的功能，是涑水河流域的主要蓄洪排碱及地下水潜流排泄地，总容积为 1 900万m³。伍姓湖的设计防洪标准为20年一遇。根据蓄水量确定蓄水工程的等别为Ⅳ等，主要建筑物级别为4级，次要建筑物级别为5级。

盐湖位于运城市中心城区南部，与中条山平行，呈东西狭长形态，包含盐湖、汤里滩、鸭子池、硝池滩、北门滩五大水域，是运城千百年来形成的巨大历史奇观、文化奇观和自然奇观。盐湖水面面积97km²（不包括北门滩），流域面积785.07km²，总库容 10 300万m³（不包括盐池）。区域内盐硝矿产储量 6 134万t，有盐角草、盐地碱蓬等特色植物30余种，火烈鸟、白天鹅、反嘴鹬等特色动物150余种，盐湖大盐、黑泥等国家地理标志产品2个，凤凰谷、九龙山森林公园2处，还有卤虫、盐藻等特色微生物。

西塬湖水库原名硝池滩，位于运城市西南 20km 处的盐湖区解州镇，距今约有 1 200 年的历史，呈封闭蚕豆形。汛期可缓洪、泄洪，非汛期可调蓄城市排水，属涑水河流域。水库坝址以上流域面积 306.37km^2（其中农田面积 178.56km^2，水库水面面积 14km^2，中条山北麓冲沟面积 101.54km^2，运城市主城区面积 12.27km^2），库区东西长约 5km，南北宽约 4.2km，最大水面面积 17.5km^2。

鸭子池位于汤里滩与盐池之间，流域面积 24.9km^2，埝顶高程 332.86m，最大库容 1 600 万 m^3。鸭子池曾是盐湖东端的最后一道防洪设施，也是盐化生产的淡水储备区，以保证盐湖夏季用水之需。随着城市的东扩北移，该滩区除了保护盐池的防洪安全外，还是东部污水处理后中水的蓄存地。

（房国强）

3. 河流水质　2021 年，全省 94 个国家地表水考核断面中，优良断面 68 个，占比 72.3%，同比上升 2.1 个百分点，超额完成国家目标，汾河流域国考断面全部达到Ⅳ类以上水质，沁河、丹河、滹沱河、清漳河、浊漳河、唐河、沙河出境水质稳定保持Ⅱ类水质。出台《山西省黄河流域国考断面水质稳定达标管理办法（试行）》，修订《山西省地表水跨界断面生态补偿考核方案（试行）》，确立了 93 项省级水污染防治重点工程和 10 项水污染防治管控措施。

（李昉梅）

4. 水利工程　2021 年，山西省新开工水利工程 21 项：一是阳泉市龙华口调水工程；二是榆社县双峰水库除险加固工程；三是运城市尊村、夹马口、大禹渡 3 个大型灌区续建配套与现代化改造项目；四是清徐县敦化等 16 个中型灌区续建配套与节水改造项目。

（刘见飞）

【重大活动】

1. 召开全省黄河流域及其他入河排污口排查整治工作推进视频会议　2021 年 1 月 8 日，全省黄河流域及其他入河排污口排查整治工作推进视频会议在太原召开，省水污染防治工作领导小组原办公室主任、省河长办副主任、省生态环境厅党组书记、厅长潘贤掌出席会议并讲话。会议通报了全省入河排污口排查整治工作进展情况，听取了各市入河排污口排查整治工作情况及下一步工作计划，潘贤掌就入河排污口下一步排查整治规范化管理及全省水污染防治工作提出要求。会议在省生态环境厅设主会场，各市、县（市、区）生态环境局设分会场。省工业和信息化厅、公安厅、财政厅、住房和城乡建设厅、水利厅、农业农村厅等省直部门有关负责同志，省生态环境厅有关处室负责同志在主会场参加会议，各市政府分管领导及有关部门主要负责人，各县（市、区）政府分管领导和有关部门主要负责人参加会议。

2. 启动《晋阳湖生态保护与修复条例》立法工作　2021 年 1 月 18 日，太原市启动《晋阳湖生态保护与修复条例》立法工作。《晋阳湖生态保护与修复条例》明确了晋阳湖保护区的范围，晋阳湖生态保护与修复按照统一规划、生态为本、保护优先、科学修复、可持续发展为原则，从规划管理、生态保护、生态修复、开发利用、监督检查等方面在法律层面进行了明确。提出晋阳湖生态保护与修复工作机制，实行“湖长制”，建立市、区、乡（镇）三级湖长负责制，实行属地管理和网格化管理，明确责任主体。

3. 调整省河长办主任及部分主要河流河长　2021 年 2 月 9 日，根据省领导人事调整，经省委省政府同意，省河长办对省河长制办公室主任和省内部分主要河流河长进行了调整，具体如下：副省长、副总河长（总湖长）兼省河长制办公室主任贺天才为黄河山西段河长；副省长卢东亮为沁河河长。

4. 印发《推行“河湖长＋检察长”工作机制实施方案》　为贯彻落实山西省委关于“两山七河一流域”“五湖”“岩溶大泉”等河湖生态保护与修复总体部署，促进行政执法与检察监督有效衔接，不断提升河湖治理法制化现代化水平，2021 年 2 月 10 日，省人民检察院、省河长办联合下发了《推行“河湖长＋检察长”工作机制实施方案》，明确了在省总河长、总湖长的统一领导下，检察长立足检察职能定位，当好党委政府的“法治助手”，协助总河湖长、河湖长更好运用法治思维和法治方式开展工作。省、市、县（市、区）设立“河湖长＋检察长”工作机制联络办公室，由河长办和检察机关共同组建，承担“河湖长＋检察长”工作机制运行的日常协调、组织、监督等工作。

5. 印发《关于服务保障黄河流域生态保护和高质量发展加强协作的意见》　为贯彻落实中共中央、国务院《黄河流域生态保护和高质量发展规划纲要》要求，加强黄河流域生态保护治理、保障黄河长治久安、推进水资源节约集约利用、推动流域高质量发展、保护传承弘扬黄河文化，打赢“两山七河一流域”生态修复战，推动形成“行政执法＋刑事打击＋检察监督＋司法审判”的协同共治格局。2021 年 3 月 8 日，山西省高级人民法院、省人民检察院、公安厅、生态环境厅、自然资源厅、水利厅、林业

和草原局、山西黄河河务局就服务保障黄河流域生态保护和高质量发展加强协作，联合制定了《关于服务保障黄河流域生态保护和高质量发展加强协作的意见》。

（房国强）

6. *开展“全民义务植树运动”* 2021年3月12日，山西省林草局紧抓纪念“全民义务植树运动”开展40周年的重要时机，组织开展形式多样的义务植树纪念活动，调动各地、各部门和广大干部群众植绿、护绿、爱绿积极性，大力宣传植树造林、绿化国土的重要意义，全面实行生物多样、阔针混交、乔灌草一体化的国土绿化模式，不断培育好、保护好、发展好山西省的森林资源，切实打造稳定健康、利于防火的林草生态体系，此次活动累计完成义务植树和四旁植树1.32亿株。结合乡村振兴战略实施，完成森林乡村建设837个，提升了乡村绿化美化质量，实现了村庄“道路林荫化、庭院花果化、村庄园林化”。

7. *启动黄河·汾河生态环境司法保护基地* 2021年3月22日，山西省高级人民法院、检察院和黄河河务局在山西省万荣县庙前站河汾交汇处，联合举行山西省首个生态环境司法保护基地——黄河·汾河生态环境司法保护基地启动仪式。三部门联合倡议要带头做“协同大保护，建设幸福河，全力推动山西黄河流域生态保护和高质量发展”的倡导者、践行者，推动提升黄河流域生态保护和高质量发展的社会共识。山西省高级人民法院院长孙洪山，省检察院检察长杨景海，黄河河务局局长郭全明，运城市委副书记、政法委书记刘文华出席仪式并致辞。

8. *出台《关于严格落实生态环境保护责任的决定》* 2021年5月6日，省委、省政府出台《关于严格落实生态环境保护责任的决定》，规定以县（市、区）为单位，凡属地发生破坏山体、违法占地（包括建设大棚房）、私挖滥采、违建别墅、围湖（河）造地、违规排放、毁坏森林（草原）7种情形，造成严重后果，一经查实，党政同责，第一时间对党政主要领导予以免职处理，并进一步依法依规追责问责，对直接责任人追究法律责任。

9. *调整省内主要河流省级河长及河长助理* 2021年5月18日，根据省政府领导和有关省直部门人事调整，经省政府同意，调整部分省内主要河流省级河长及河长助理，具体如下。

三川河河长为副省长韦韬；唐河、沙河河长为副省长于英杰；汾河河长助理为省水利厅党组书记、厅长常建忠；黄河山西段河长助理为省生态环境厅党组书记、厅长王延峰；三川河河长助理为省水利厅副厅长、一级巡视员白小丹；桑干河（御河）河长助理为省生态环境厅一级巡视员杨雨公；漳河河长助理为省生态环境厅生态环境保护监察专员（副厅长级）胡创业；文峪河河长助理为省生态环境厅生态环境保护监察专员（副厅长级）武玉祥；涑水河河长助理为省生态环境厅生态环境保护监察专员（副厅长级）李凌昇；沁河河长助理为省水利厅二级巡视员朱佳；唐河、沙河河长助理为省水利厅二级巡视员任永发。其他省内主要河流省级河长及河长助理均不变。

10. *开展青少年节水护水活动* 为深入贯彻习近平生态文明思想，继续增强山西省青少年珍惜水、保护水、节约水的意识，通过“保护母亲河，感受家乡美”的实践教育活动提升青少年生态文明素养，让绿色生活方式成为青春时尚，共青团山西省委、山西省水利厅、山西省精神文明建设指导委员会办公室、山西省教育厅、山西省少先队工作委员会、太原市汾河景区管理委员会于2021年5月29日在太原汾河公园及滨河自行车道联合开展“守护碧水·绿色骑行·坚持节水优先·共绘锦绣山西”节水护水“六一”活动。

11. *举办“晋小水”乘公交·穿梭锦绣太原城活动* 为牢固树立和践行习近平生态文明思想，继续增强青少年珍惜水、保护水、节约水的意识，为“十四五”水利高质量发展开好局、起好步，通过公交车身节水公益广告——“晋小水乘公交·穿梭锦绣太原城”的宣传推广方式，来提升省内青少年及社会公众对水资源和水环境的保护意识。2021年6月5日，在世界环境日到来之际，由共青团山西省委、山西省水利厅、山西省精神文明建设指导委员会办公室、山西省教育厅、山西省少先队工作委员会联合太原公共交通控股（集团）有限公司开展的“绿色出行践行生态文明·节水爱水守护绿水青山——‘晋小水’节水护水公益宣传公交发车仪式”在太原公交一公司下元总站成功举办。

12. *召开全省河湖长制工作会议* 2021年6月28日，全省河湖长制工作会议在太原召开。会议深入学习贯彻习近平生态文明思想和习近平总书记视察山西重要讲话，贯彻落实全面推行河湖长制工作部际联席会议暨加强河湖管理保护电视电话会议精神，安排部署全面推行河湖长制重点工作。省总河长、省委副书记、省长蓝佛安出席会议并讲话。副省长张复明、孙洪山、吴伟、卢东亮、韦韬出席会议，副省长贺天才主持会议。

13. *调整省总河长、副总河长、省内主要河流省级河长及河长助理* 2021年7月5日，根据省政府领导和有关省直部门人事调整情况，经省政府同意，将省总河长、副总河长、省内主要河流省级河长及河长助理进行了调整，省总河长为省委书记、省人大常委会主任林武，省委副书记、省长蓝佛安；省副总河长为省委常委、太原市委书记罗清宇，省委常委、大同市委书记张吉福；省副总河长（省总湖长）兼省河长制办公室主任为副省长贺天才；汾河河长为省委副书记、省长蓝佛安；潇河（含太榆退水渠）河长为省委常委、太原市委书记罗清宇；桑干河（御河）河长为省委常委、大同市委书记张吉福；滹沱河河长为副省长王一新；漳河河长为副省长张复明；黄河山西段河长为副省长贺天才；涑水河河长为副省长孙洪山；文峪河河长为副省长吴伟；沁河河长为副省长卢东亮；三川河河长为副省长韦韬；唐河、沙河河长为副省长于英杰；汾河省级河长助理为省水利厅厅长常建忠；潇河（含太榆退水渠）省级河长助理为省水利厅一级巡视员张建中；桑干河（御河）省级河长助理为省生态环境厅一级巡视员杨雨公；滹沱河省级河长助理为省水利厅副厅长王兵；漳河省级河长助理为省生态环境厅生态环境保护监察专员胡创业；黄河山西段省级河长助理为省生态环境厅厅长王延峰；涑水河省级河长助理为省生态环境厅副厅长张继平；文峪河省级河长助理为省生态环境厅生态环境保护监察专员武玉祥；沁河省级河长助理为省水利厅二级巡视员朱佳；三川河省级河长助理为省水利厅副厅长、一级巡视员白小丹；唐河、沙河省级河长助理为省水利厅二级巡视员任永发。

14. *启动“关爱河湖　保护母亲河”大学生实践活动*　2021年7月9日，“深入践行习近平生态文明思想，‘关爱河湖　保护母亲河’大学生实践活动”启动仪式在汾河太原城区晋阳桥段正式举行。山西省水利厅副厅长、一级巡视员白小丹主持启动仪式并讲话，共青团山西省委员会副书记、少先队工作委员会主任丁国栋致辞，学生代表宣读倡仪书。省河长办、共青团山西省委员会、教育厅、水利厅、省水利发展中心、山西大学、太原理工大学、山西医科大学、山西财经大学、中北大学、太原科技大学、山西能源学院、山西水利职业技术学院的代表参加启动仪式。

15. *印发《全省河湖长制工作（2021—2023年）提升三年行动方案》*　2021年7月14日，山西省河长办印发《全省河湖长制工作（2021—2023年）提升三年行动方案》，旨在全面提升河湖长制建设水平，进一步推动山西省河湖长制从“有名有实”向“有能有效”转变。

16. *省长蓝佛安调研汾河生态保护和防汛工作*　2021年7月19日，山西省总河长、汾河河长、省长蓝佛安深入忻州、太原，调研汾河生态保护和防汛工作。蓝佛安强调，各级各有关部门要认真落实河湖长制，压实工作责任，强化上下联动，落细各项防汛防灾措施，坚决守牢安全底线。山西省委常委、太原市委书记罗清宇，副省长贺天才参加调研，省水利厅厅长常建忠，忻州市委书记郑连生，市长朱晓东陪同调研。

17. *省长蓝佛安调研汾河百公里中游示范区工程*　2021年7月27日，山西省总河长、省长蓝佛安察看汾河百公里中游示范区工程，了解先行示范段施工进度。副省长韦韬参加调研，省水利厅厅长常建忠陪同调研。

18. *省委书记林武调研汾河生态环境*　2021年9月14日，省总河长、省委书记林武深入太原市和忻州市汾河沿线进行调研。林武指出，要始终牢记习近平总书记“水量丰起来、水质好起来、风光美起来”的殷殷嘱托，积极践行绿水青山就是金山银山的理念，统筹山水林田湖草系统治理，扎实抓好汾河流域生态修复和防洪安全，强化综合治理、隐患排查、应急保障等工作落实，精细化管理生态廊道，守护良好生态环境这个最普惠的民生福祉。省领导罗清宇、李凤岐、韦韬参加。

19. *省政府印发《山西省“十四五”“两山七河一流域”生态保护和生态文明建设、生态经济发展规划的通知》*　2021年9月28日，山西省人民政府印发《山西省“十四五”“两山七河一流域”生态保护和生态文明建设、生态经济发展规划》，从规划背景、总体要求、抢抓国家重大战略机遇，推动黄河流域高标准保护、加强“两山”生态保护修复，筑牢绿色生态屏障、实施“七河”综合治理修复，推进美丽河湖建设、发展生态经济，打通“绿水青山”与“金山银山”双向转化通道、深化改革创新，加快推进生态文明建设、保障措施等八个方面对山西省“十四五”期间“两山七河一流域”生态保护和生态文明建设、生态经济发展做了具体规划。

20. *省委书记林武调研汾河百公里中游示范区建设*　2021年10月3日，山西省总河长、省委书记林武先后调研了汾河百公里中游示范区先行示范段工程湿地科普、汾河水韵项目区，实地察看汾河二坝蓄水情况。省副总河长、省委常委、太原市委书记罗清宇，省河长办副主任、省水利厅厅长常建忠，太原市市长张新伟，省委办公厅副主任闫立旺参加调研。

21. *省长蓝佛安检查指导防汛救灾和灾区恢复重建工作* 2021年10月10日，山西省总河长、省长蓝佛安深入运城市新绛、稷山、河津等地，看望慰问受灾群众和一线救灾人员，检查指导防汛救灾和灾区恢复重建工作。他强调，要坚决贯彻落实习近平总书记对防汛救灾工作的重要指示精神，牢固树立以人民为中心的发展思想，按照省委、省政府决策部署，扛牢责任、担当作为，落实落细各项工作措施，保障受灾群众生活，防范雨涝次生灾害，坚决打赢防汛救灾和重建家园这场硬仗。省副总河长（总湖长）、省河长办主任、副省长贺天才，省河长办副主任、省水利厅厅长常建忠参加。

22. *省委书记林武深入汾河沿线指导救灾重建工作* 2021年10月17—18日，省总河长、省委书记林武深入受汛情影响较大的运城、临汾、吕梁、晋中四市，沿汾河一线检查指导救灾重建工作，看望慰问受灾群众。他强调，要深入学习贯彻习近平总书记重要讲话重要指示精神，牢固树立以人民为中心的发展思想，把群众冷暖安危时刻放在心上，把灾后复产重建牢牢抓在手上，发扬连续作战的作风，拿出更加有力的举措，奋力夺取救灾重建工作全面胜利。省委常委、秘书长李凤岐，省河长办主任、副省长贺天才参加。

23. *召开全面推行河湖长制工作厅际联席会议联络员会议* 2021年10月27日，全面推行河湖长制工作厅际联席会议联络员会议在太原召开。会议听取了《山西省全面推行河湖长制工作厅际联席会议工作规则》、“一河一策”方案编制进展情况汇报，对2021年河湖长制专项考核工作进行了部署。省全面推行河湖长制工作厅际联席会议办公室主任、省水利厅一级巡视员、副厅长白小丹出席会议并讲话，省水利厅二级巡视员薛金平对“一河一策”方案后续完善工作进行安排。省水利厅相关处室负责人、省全面推行河湖长制工作厅际联席会议成员单位联络员，11个市河长制办公室、万家寨水务控股集团有限公司、省水利水电勘测设计研究院有限公司相关负责人参加会议。

24. *举行“守护绿水青山”党建联盟启动仪式* 2021年11月9日，山西省水利厅、省自然资源厅与省林业和草原局“守护绿水青山”党建联盟启动仪式在太原举行。该联盟旨在全面贯彻落实新时代党的建设总要求，进一步推动党史学习教育走深走实，充分发挥机关党建引领作用，落实党建与业务深度融合、相互促进的要求，着力推动共建三方业务职能相互配合、形成合力，为全省生态文明建设提供坚强的党建保障。省直属机关工作委员会副书记薛荣，省河长办副主任、水利厅厅长常建忠，省自然资源厅厅长姚青林，省林业和草原局局长袁同锁出席启动仪式并讲话。

25. *召开全省深入推动黄河流域生态保护和高质量发展工作部署会* 2021年11月30日，全省深入推动黄河流域生态保护和高质量发展工作部署会在太原召开。省总河长、省委书记林武出席会议并讲话。他强调，要深入学习贯彻党的十九届六中全会和习近平总书记在深入推动黄河流域生态保护和高质量发展座谈会上重要讲话精神，按照全方位推动高质量发展目标要求，坚定不移走好生态优先、绿色发展的现代化道路，努力建设黄河流域生态保护和高质量发展重要实验区，以功成不必在我、功成必定有我的境界，推动黄河流域生态保护和高质量发展不断取得新成效。省委副书记、省长蓝佛安主持会议。省政协主席李佳、省委副书记商黎光出席会议。省委常委、常务副省长张吉福通报工作推进情况，副省长贺天才通报生态环境问题整改情况。太原、忻州、吕梁、晋城、临汾、运城以及左云、右玉、平遥、介休、盂县、沁源等市县主要负责同志发言，省发展和改革委员会、省工业和信息化厅、省自然资源厅、省生态环境厅、省水利厅、省文化和旅游厅主要负责同志作书面汇报。

26. *举办市县河湖长联合培训班* 2021年11月30日，市县河湖长联合培训班在吕梁市汾阳贾家庄开班。本次培训旨在全面贯彻习近平总书记两次关于黄河流域生态保护和高质量发展重要讲话精神、两次视察山西重要讲话精神，落实党中央关于黄河流域生态保护和高质量发展的决策部署，提升基层河湖长履职能力和业务水平。省水利厅党组成员、副厅长、一级巡视员白小丹出席开班仪式并讲话。

（杜建明　杨小萌）

【重要文件】 2021年1月7日，山西省生态环境厅联合省财政厅修订《山西省地表水跨界断面生态补偿考核方案（试行）》（晋环发〔2021〕6号）。

2021年3月5日，山西省交通厅印发《关于贯彻落实“河湖长+检察长”工作机制及加快实施七河流域生态保护与修复工作的通知》（晋交水运函〔2021〕94号）。

2021年3月31日，山西省河长制办公室印发《关于加快推进黄河岸线利用项目专项整治工作的通知》（晋河办〔2021〕5号）。

2021年4月9日，省生态环境厅印发《2021年山西省生态环境监测方案》（晋环函〔2021〕147号）。

2021年5月6日，山西省河长制办公室印发

《关于河湖“清四乱”大起底大排查大整治行动方案的通知》(晋河办〔2021〕8号)。

2021年5月10日，山西省交通厅印发《关于进一步开展涉河湖生态环境问题整治工作的紧急通知》(晋交水运函〔2021〕203号)。

2021年7月3日，山西省河长制办公室印发《2021年山西省河湖长制工作要点》(晋河办〔2021〕16号)。

2021年7月8日，山西省水利厅印发《全省河湖建设管理专项行动(2021—2023年)三年提升方案》(晋水河湖函〔2021〕193号)。

2021年7月14日，山西省河长制办公室印发《全省河湖长制工作提升三年行动方案》(晋河办〔2021〕17号)。

2021年7月14日，山西省河长制办公室印发《山西省河湖监管及联合督查百日行动实施方案》(晋河办〔2021〕18号)。

2021年8月16日，山西省交通厅印发《关于加强交通运输领域河湖治理与保护工作的通知》(晋交水运函〔2021〕394号)。

2021年10月14日，山西省生态环境厅印发《关于进一步加强农村饮用水水源地生态环境保护工作的通知》(晋环函〔2021〕504号)。

2021年10月20日，山西省生态环境厅印发《关于进一步加强县级及以上饮用水水源保护区规范化建设及水源地环境问题和风险隐患排查整治的通知》(晋环函〔2021〕518号)。

2021年11月3日，山西省生态环境厅联合省住建厅印发《关于全省开展县级城市建成区黑臭水体排查整治工作的通知》(晋环函〔2021〕725号)。

2021年12月20日，山西省河长制办公室印发《关于开展妨碍河道行洪突出问题排查整治工作的通知》(晋河办〔2021〕26号)。

2021年12月30日，山西省生态环境厅联合省财政厅、山西省水利厅印发《汾河流域上下游横向生态补偿机制实施细则(试行)》(晋环发〔2021〕55号)。

2021年12月31日，山西省河长制办公室印发《山西省河道堤防安全包保责任制管理办法(试行)》(晋河办〔2021〕31号)。 (郭强　杜建明)

【地方政策法规】

1. 法规　2021年1月26日，山西省省长林武签署第283号省人民政府令，公布《山西省人民政府关于加快实施七河流域生态保护与修复的决定》。

2021年3月31日，山西省人大常委会通过了《关于加强检察公益诉讼工作的决定》并于公布之日起实施。

2021年5月28日，山西省第十三届人大常务会第27次会议审议通过《山西省实施〈中华人民共和国水土保持法〉办法》并颁布实施。

2. 政策性文件　2021年4月20日，山西省委、省政府印发《山西省黄河流域生态保护和高质量发展规划》(晋发〔2021〕20号)。

2021年7月19日，山西省政府办公厅印发《山西省水环境质量巩固提升2021年行动计划》(晋政办发〔2021〕64号)。

2021年8月31日，山西省政府办公厅印发《山西省黄河流域国考断面水质稳定达标管理办法(试行)》(晋政办发〔2021〕78号)。

2021年9月28日，山西省人民政府印发《山西省“十四五”“两山七河一流域”生态保护和生态文明建设、生态经济发展规划》。 (杜建明　房国强)

【河湖长制体制机制建立运行情况】

1. 制度建设　2021年1月26日，山西省省长林武签署省人民政府令，发布《山西省人民政府关于加快实施七河流域生态保护与修复的决定》(第283号省长令)，推进《山西省汾河保护条例》立法工作，加快河湖保护治理法治化进程。印发《山西省黄河流域生态保护和高质量发展规划》(晋发〔2021〕20号)、《山西省黄河流域国考断面水质稳定达标管理办法(试行)》(晋政办发〔2021〕78号)，着力改善黄河生态环境，促进全流域高质量发展。制定《山西省地表水跨界断面生态补偿考核方案(试行)》(晋环发〔2021〕6号)、《山西省水污染防治量化问责办法》(厅字〔2018〕31号)，调动各级水污染治理积极性，压实水环境保护主体责任。制定《山西省河道堤防安全包保责任制管理办法(试行)》(晋河办〔2021〕31号)，构建重点防洪区域防灾减灾体系，提高防御能力。建立全面推行河湖长制工作厅际联席会议制度，实施《山西省河湖长制工作提升三年行动方案》(晋河办〔2021〕17号)，促进河湖管理保护提档升级。

2. “河湖长＋N”制度　建立了总河长专报制度、合署办公轮岗制度、挂牌督办制度、涉河湖违法行为有奖举报制度。构建了“大数据＋河湖长制”管理模式，通过健全河湖长制管理制度，不断提升监督管理能力。省政府每周通过山西卫视等主流媒体向社会公布汾河流域治理情况，曝光问题、接受监督，倒逼责任落实，凝聚全社会合力。

3. 调整《山西省全面推行河湖长制工作厅际联席会议制度》 为进一步加强对河湖长制工作的组织领导，强化各部门协调配合，完善山西省河湖长制工作联席会议制度，经省政府函复同意，调整建立了山西省全面推行河湖长制工作厅际联席会议制度。

4. 出台《山西省河道堤防安全包保责任制管理办法（试行）》 为贯彻落实山西省委、省政府关于全省防汛救灾和灾后恢复重建工作会议精神，加强堤防工程管理，保障堤防工程运行安全，强化河道堤防安全管护责任落实，2021 年 12 月 31 日，山西省河长制办公室印发《山西省河道堤防安全包保责任制管理办法（试行）》（晋河办〔2021〕31 号），在全省境内流域面积 200km^2 以上的河流堤防建立堤防包保责任制。

5. 持续开展全省河湖长制工作三年提升行动 各级河湖长、巡河湖员及河湖警长、检察长累计巡河达 90 万人次，推动解决了一大批涉河湖治理保护重点难点问题。持续完善“河湖长＋河湖长助理＋巡河湖员”体系，推行“河湖长交接班”制度，及时调整河湖长并在政府网站向社会公告；调整建立《山西省全面推行河湖长制工作厅际联席会议制度》，制定厅际联席会议工作规则。

6. 强化考核激励 将河湖长制工作纳入各市年度目标绩效专项考核。突出日常考核和差异化考核，一市一方案、一季一通报，以季度通报促整改，以年终考核评先进。落实河湖长述职报告制度，下级河湖长向上级河湖长书面述职，上级河湖长对下级河湖长进行评价。确定差异化考核细则。对考核成绩后两名的市、县进行通报批评，对成绩优秀的市、县予以资金奖励。2021 年共奖励市、县 420 万元，通过正向激励有效调动各市、县做好河湖长制工作，做到问责激励两端发力。

7. 强化教育宣传 2021 年 7 月，山西省河长办联合共青团山西省委员会、省教育厅、省水利厅举办了“关爱河湖，保护母亲河”大学生实践活动启动仪式，共青团山西省委员会、省水利厅、教育厅有关单位和驻并部分高校师生 300 余人参加，并成立了山西省高校河湖保护联盟。8 月，开展全省河湖长制摄影比赛活动。9 月底，启动全省“碧水清波·生态山西”河湖长制摄影比赛作品征集活动，并通过省内主流媒体向全省征集作品。

8. 河湖长履职培训 2021 年，省河长办与有关院校沟通，结合委托培训、专题讲座、现场教学、编制典型案例等形式，积极搭建平台，加强学习交流，推广先进经验，不断提升履职能力。11 月 29 日至 12 月 10 日在吕梁市贾家庄组织了市、县级河湖长培训两期，并启动河湖长制培训基地建设。

（郭强 杜建明）

【河湖健康评价】 按照《水利部河长办关于开展 2021 年河湖健康评价工作的通知》要求，山西省结合实际，认真研究，制定了“分级负责、省市同步、示范引路、全面展开”的原则，对各市、县的工作提出具体要求。2021 年，对省领导担任河长的汾河、潇河（含太榆退水渠）、桑干河（御河）、涑水河、滹沱河、漳河、沁河、黄河山西段、文峪河、唐河及沙河、三川河、湫水河 12 条河流，晋阳湖、漳泽湖、云竹湖、伍姓湖、盐湖 5 个湖泊进行全面健康评价。

（杜建明）

【“一河（湖）一策”编制和实施情况】 按照水利部《关于推动河长制从“有名”到“有实”的实施意见的通知》中明确的编制“一河一策”要求，2021 年山西省完成了 11 条省级河长责任河流“一河一策”方案（2021—2023 年）的编制任务，经专家评审后正式颁布实施。

（杜建明）

【水资源保护】

1. 节水行动 认真贯彻习近平总书记提出的“节水优先、空间均衡、系统治理、两手发力”治水思路。2021 年，山西省节约用水工作厅际联席会议第二次全体会议在省水利厅召开，会议全面总结了“十三五”以来全省节约用水主要成效，安排部署落实 2022 年《国家节水行动山西实施方案》行动措施；2021 年 2 月，省市场监管局发布了新修订后的工业用水定额（DB14/T 1049.2—2021）、居民生活用水定额（DB14/T 1049.4—2021）；12 月，发布了服务业用水定额（DB14/T 1049.3—2021），用水定额第三轮修订工作全面完成；印发了《山西省计划用水管理办法（试行）》（晋水节水〔2021〕155 号），要求将已办理取水许可和用水大户全部纳入计划用水管理范围当中，节水工作阶段性任务圆满完成，为打好山西深度节水控水攻坚战奠定了良好基础。强化节水型社会建设，12 个县（市、区）在第四批县域节水型社会达标建设中通过省级验收。全省万元地区生产总值用水量完成年度降幅目标。

2. 大中型灌区配套和节水改造工程 2021 年，山西省优先将大中型灌区纳入高标准农田建设规划，全省共完成大中型灌区配套和节水改造面积 86.945 1 万亩，累计衬砌渠道 1 224.32km，铺设低压管道 2 609.67km。其中大型灌区 43.247 万亩

(册田、文峪河、汾河、汾西、夹马口、大禹渡、尊村、禹门口 8 个灌区，覆盖 13 个县)，中型灌区 43.698 1 万亩（涉及墩化、御河等 35 个灌区，覆盖 29 个县）。

3. 高效节水灌溉项目　2021 年，山西省大力推广以低压管道输水灌溉、喷灌、微灌为主的高效节水灌溉技术，共实施高效节水灌溉面积 107.977 9 万亩，其中低压管道输水灌溉面积 103.224 7 万亩、喷灌面积 2.046 8 万亩、微灌面积 2.706 4 万亩。累计铺设低压输水管道 7 434.1km。

4. 取用水管理专项整治　2021 年 7 月，省水利厅印发《山西省取用水管理专项整治行动整改提升实施方案》（晋水资源函〔2021〕216 号），提出了整改提升阶段的具体工作目标、要求和任务，对存在取用水问题的项目进行了整改，进一步规范取用水行为。共核查登记取水口 114 440 个，涉及项目 32 071 个，已登记取水口 2019 年度取水总量 71.12m^3，完成整改项目 13 134 个，涉及取水口 49 518 个。

5. 生态流量监管　2021 年，开展了全省重要河流生态流量确定工作，制定了涑水河等 18 条河流主要断面的生态流量目标，并对汾河、沁河等 7 条河流生态流量控制断面及保障目标进行了调整。印发《山西省水利厅关于印发重点河流生态流量保障目标的通知》（晋水资源〔2021〕234 号）并报水利部备案，实行按月管理，组织各市做好生态流量目标保障工作。继续实施生态补水，万家寨引黄南干线向汾河引调水 3.68 亿 m^3，北干线向桑干河生态补水 2.09 亿 m^3，册田水库向永定河输水 1.96 亿 m^3。

6. 岩溶大泉和水源地保护　组织编制全省 19 处岩溶大泉生态修复实施方案。强化水源地安全保障建设，13 个全国重要饮用水水源地完成达标建设评估；加强水源地日常管理，按月按要求向水利部报送省 13 个全国重要饮用水水源地水质监测情况；配合海委、黄委对娘子关泉水源地、蒲州济运水源地等 8 个水源地进行了现场检查；配合省生态环境厅完成了张峰水库饮用水水源地、五寨县城镇集中式饮用水水源地等多个水源地保护区的划分工作。

7. 重要饮用水水源地安全达标保障评估　2021 年，对山西省 13 个重要饮用水水源地开展 2020 年度水源地安全保障达标建设评估工作，就水量、水质、监控、管理等指标进行综合评估，山西省 13 个全国重要饮用水水源地评估结果 12 个为优，1 个为良。每月向水利部报送水质监测结果。

8. 水质检测　设有省级水环境监测中心 1 处，地（市）水环境监测分中心 9 处。

9. 水量分配　完成了山西省黄河干支流耗水指标细化工作。2021 年，由省政府印发《山西省黄河干支流耗水指标细化方案》（晋政办函〔2021〕160 号）。开展了山西省海河流域地表水分水工作。根据国务院关于永定河干流水量分配方案的批复，编制完成了山西省桑干河水量分配方案（初稿），启动了滹沱河、漳河水量分配工作。编制完成了《山西省地下水管控指标确定报告》。明确了各县地下水开采的水量、水位双控指标，为地下水的开发利用管控奠定了基础。强化河道内生态流量目标管控。针对 2020 年确定的汾河、沁河等 7 条河流断面生态目标，印发《关于加强生态流量监测及保障的通知》（晋水资源便〔2021〕50 号），实行按月管理，组织各市做好生态流量目标保障。制定了涑水河等 18 条河流主要断面生态流量目标，组织开展山西省流域面积 50km^2 以上河流生态流量保障方案编制工作。

10. 全省用水数量　2021 年，全省总用水量 72.65 亿 m^3；按水源分，地表水 38.46 亿 m^3、地下水 28.22 亿 m^3、其他水源 5.97 亿 m^3；按用途分，其中农业用水量 40.84 亿 m^3、工业用水量约 12.28 亿 m^3、生活用水量 15.07 亿 m^3、生态用水量 4.46 亿 m^3。（张晨煜　杨培育　房国强　范源　赵俊峰）

【水域岸线管理保护】

1. 河湖管理范围划界　根据水利部统一安排部署，2020 年全省流域面积 50km^2 以上 901 条（不含黄河）河流的划界工作全部完成，并在各级政府网站上进行了公示，为河道依法管理提供了依据。2021 年对全省 901 条流域面积 50km^2 以上河流的管理范围划界成果进行省级复核，并将复核发现的问题反馈各市、县，待各市、县修改完成后，再次上传至全国水利“一张图”。

2. 省级河流自然资源确权调查成果核实确认　2021 年完成汾河、桑干河、滹沱河、漳河、沁河、潇河、御河 7 条省级主要河流干流自然资源确权工作任务，政府确认率达 100%。明确了涉及 11 个地级市、68 个县（市、区）的 7 条省级河流干流自然资源权利范围，为全省乃至全国探索出一条成熟的由所在地县级人民政府主导、自然资源与水利等部门密切配合、应用三维实景技术开展河流确权的实施路径和方法，为河道有效监管、严格保护、合理利用夯实了产权基础。

3. 河湖岸线国土空间规划管理　按照三部（局）相关文件要求，省自然资源厅会同省生态环境厅、省林业和草原局在原省环境保护厅制定的生态保护红线划定方案基础上，由省林业和草原局牵头，开

展自然保护地整合优化工作，最终形成《山西省生态保护红线划定方案》，经省人民政府第99次常务会议审议通过后，于2021年4月23日报自然资源部和国家林业和草原局。将河湖水域岸线保护内容纳入了市、县级国土空间规划，明确了管控措施，严格国土空间用途管制。

4. 河湖岸线保护与利用规划　2021年，将在全省层面依法划定流域面积1 000km^{2}以上河流和常年水面面积1km^{2}以上湖泊的管理和保护范围，强化落实河湖长制，加强河湖水域岸线管控等相关内容作为重点内容，体现在山西省国土空间规划（2021—2035年）中。按照水利部要求，完成流域面积1 000km^2 52条河流、水面面积1km^{2}以上湖泊6个的岸线保护与利用规划的编制工作，其中38条河流的规划已经当地政府批复。由省级领导担任河长的14条河流规划充分征求和采纳了水利部流域管理机构和山西省各相关厅局的意见，省水利厅已完成了初步合法性审查，将提请省司法厅进行合法性审查，待审查完成后报请省政府批复实施或由省政府授权水行政主管部门批复实施。

5. "四乱"整治　2021年全省开展了河湖"清四乱"大起底、大排查、大整治行动。5月，省河长办印发《河湖"清四乱"大起底大排查大整治行动方案》（晋河办〔2021〕8号），并将河湖"清四乱"大起底、大排查、大整治行动列入省纪委监委"我为群众办实事"实践活动，对漠视侵害群众利益问题具体事项进行专项整治。行动分为三个阶段，一是排查阶段（5—6月），二是整改阶段（6—10月），三是评价总结阶段（8—11月）。全省11个市共排查出河湖"四乱"问题1 154处，完成整改1 133处，完成率98.18%。

6. 黄河岸线利用项目专项整治　按照水利部办公厅《关于开展黄河岸线利用项目专项整治的通知》（办河湖〔2020〕65号），经有关市、县自查、黄委复核，2021年5月，省河长办印发《关于加快推进黄河岸线利用项目专项整治工作的通知》，要求进一步压实工作职责、明确专项整改程序、落实各类整改措施，按时完成整改。山西省境内黄河岸线利用项目共计224个，其中拆除整改类项目7个，规范类项目217个，按照水利部要求，在6月底已整改完成223个。剩余长治市沁源县1个已召开专家评审会议，防洪评价报告已通过评审，正在根据整改方案采取工程补救措施进行整改，并同时报水利部备案。

7. 采砂整治　针对违法违规采砂问题，省水利厅等六部门研究编制了《山西省河道采砂管理办法（试行）》。2021年9月，全省开展河道非法采砂整改专项行动，对未经批准擅自采砂，在禁采区、禁采期采砂，以及超范围、超深度、超期限、超许可量等未按许可要求采砂的各类非法采砂行为，坚持露头就打，严厉打击"沙霸"及其背后"保护伞"，查扣违法采砂船只52艘，刑事处罚19人，依法强制报废超期使用的老旧采砂船8艘，对吉县、临县、永和发生的4起符合入刑的非法采砂案例及时移送公安机关处理。严厉打击非法采砂，依法立案查处非法采砂案件14起，调查处理群众举报、社会舆情7起。沿黄市、县配合黄委调整黄河采砂许可权限，支持省属企业参与黄河河道采砂，构建统一开采、统一管理、统一销售的砂石资源开发模式。省、市、县三级水行政主管部门共出动人员5 283人次，累计巡查河道共计31 136km，共查处非法采砂行为17起。（李建宇　王润莲　李小浩　孙景利　陈生义　杨俊杰　杜建明）

【水污染防治】

1. 排污口整治　为深入推进山西省入河排污口排查整治工作，经山西省政府同意，2021年1月8日，山西省水污染防治工作领导小组办公室组织各市召开了山西省黄河流域及其他入河排污口排查整治工作推进视频会议，对入河排污口排查整治规范化管理作出明确要求。自2021年起按月对山西省入河排污口开展水质监测，并将监测情况及时向社会公开，对超标的入河排污口按月实施通报，督促相关地市第一时间抓好整改，严格管控入河污染物排放。

2. 农药减量增效　2021年以来，山西省深入推进农药减量增效工作，围绕主要作物、重大病虫、重点区域，坚持分类指导、分区施策、分步推进，全面推广应用农药减量增效和绿色防控技术，全省种植业农药使用量为8 275.08t，与2020年相比减少1.10%，较前3年平均用量减少1.66%；其中化学农药使用量为7 344.04t，与前3年平均用量7 543.34t相比减少2.64%，实现了年度农药减量目标。

3. 化肥减量增效　2021年以来，山西省深入推进化肥减量增效工作，紧紧围绕全省有机旱作农业发展，按照"增产施肥、经济施肥、生态施肥"的理念，坚持化肥减量与增效并重、生产与生态统筹、重点突破与整体推进相结合的原则，全面落实以配方施肥替代农民习惯施肥、有机肥替代化肥、新型肥料替代传统肥料、机械施肥替代人工施肥、大力培育科学施肥示范主体和科学施肥社会化服务组织为主要内容的“四替代两培育”措施，逐步构建现代科学施肥技术体系，优化施肥方式，调整施肥结构，控制化肥施用总量，助力稳粮保供、农业绿色高质量发展。据统计，2021 年全省测土配方施肥技术覆盖率稳定在 90％以上。

4. 畜禽粪污资源化利用　2021 年，山西省委、省政府认真贯彻落实党中央和国务院的决策部署，印发工作计划，确定年度目标，分解年度任务，夯实工作责任。出台《山西省农业农村厅关于畜禽粪污资源化利用整县推进项目验收工作有关事项的通知》（晋农牧医发〔2021〕3 号）、《山西省农业农村厅办公室关于加快畜禽粪污资源化利用整县推进项目建设有关工作的通知》（晋农办牧医发〔2021〕200 号），加大项目建设力度。总结提炼“洪洞畜禽液体粪污还田”和“临猗猪粪污全量还田”模式，作为农业农村部 18 个畜禽粪肥还田利用典型模式在全国大力推广。在全省统一推行“规模养殖场畜禽粪污处理及消纳还田台账”，规范养殖场档案记录，强化粪肥还田指导和规范化管理。2021 年，全省共完成 747 个规模养殖场建设粪污处理设施配套任务，超额完成 49 个，畜禽粪污综合利用率和规模养殖场粪污处理设施配套率分别达到 78％和 96％，圆满完成年度目标任务。

5. 水产养殖污染　2021 年，按照省委全方位推动高质量发展的总要求，大力推进水产生态健康养殖。深入实施以水产生态健康养殖模式推广行动、水产养殖尾水治理模式推广行动、水产养殖用药减量行动、配合饲料替代幼杂鱼行动、水产种业质量提升行动为重点任务的水产绿色健康养殖技术推广“五大行动”，建设“五大行动”骨干基地 17 个，示范面积 5 512 亩；实施养殖池塘标准化改造及养殖尾水治理，改造治理面积 6 895 余亩；建设大棚鱼菜综合种植养循环水设施、陆基圆池循环水养殖设施 209 套；加快推进大水面生态渔业发展，创建国家级水产健康养殖和生态养殖示范区 1 个，发展稻（莲）渔综合种养殖示范基地 900 多亩。示范区域内水产养殖尾水得到有效治理和资源化利用，水产养殖病害大幅下降，渔用兽药使用量同比减少 5％～7％，抗生素类兽药使用量同比减少 10％～20％。

6. 生活污水治理　为补齐水污染防治基础设施短板，按照“一断面一方案”的原则，2021 年 8 月，山西省生态文明建设和污染防治攻坚战领导小组办公室印发了《关于协请落实水污染防治重点工程及管控措施的函》（晋污防办函〔2021〕33 号），谋划确立了 93 项省级水污染防治重点工程和 10 项水污染防治管控措施，督促各市全力加快水污染治理重点工程建设，加快补齐生活污水处理能力短板，为水环境质量稳定改善提供了强劲支撑。

7. 专项行动　2021 年，先后部署开展了农灌期、汛期排水管控专项行动，最大程度减少农灌退水和汛期雨天期间生活污水溢流直排对水质的影响，促进国考断面水质提升。4 月，省生态环境厅与省水利厅、省农业农村厅等部门联动，组织开展了为期 1 个月的春浇农业灌溉污染防治专项督查行动，有效推动农田灌溉退水直排入河、河道非法取水情况等问题整改。6 月 11 日，省生态环境厅联合省住房和城乡建设厅召开山西省保汛期水质稳定专项行动视频启动会议，在全省范围组织开展了为期 4 个月的专项行动，对城镇排水系统、城镇污水处理厂、重点排污企业、入河排污口、农村生活污水及重点湖库藻类清理等方面强化管控，确保汛期水质稳定。

8. 船舶码头水污染防治　全省 11 个设区市均印发《船舶污染物接收、转运、处置监管联单制度和联合监管制度》，成立由交通运输主管部门牵头，相关部门参与的联合协调机构，负责船舶污染物接收、转运、处置的综合协调工作，实施联合监管互动机制和船舶污染物接收、转运、处置“五联单”制度。全省水运企业共设置船舶污染物接收固定设施 127 个、垃圾池（罐）28 处，配备污染物接收车辆 27 辆、船舶 7 艘，所有在用码头均做到污染物接收与转运设施有效衔接，全年共接收船舶垃圾 249.2t、生活污水 7.9t、含油污水 3.2t。严格执行《老旧运输船舶管理规定》，依法强制报废超过使用年限的老旧船舶 8 艘，按照《船舶水污染物排放控制标准》，2021 年，投入使用的内河船舶执行新标准，严禁新建不达标船舶进入水运市场。晋城市对 12 客位以上的船舶均配备垃圾篓，并张贴垃圾回收标识。太原市严格落实污染物船上储存、交岸接收处置制度，实现污染物转运处置闭环管理。运城市加强码头岸线污染物整治，规范码头货物堆放环境，实现码头货物全遮盖。忻州市交通运输局加大执法检查力度，督促船舶运营人、所有人落实污染防治主体责任，共出动检查人员 22 人次，检查企业 6 户次，检查船舶 100 条次，检查码头 10 座次，未发生船舶码头违规污染事故。

（陈俊宇　沈晓强　赵嘉祺　左丽峰　蓝文慧　李昉梅　杜建明）

【水环境治理】

1. 饮用水源保护　一是科学划定饮用水水源保护区。2021 年，饮用水水源保护区划定工作被列入山西省生态环境厅党史学习教育“我为群众办实事”

实践活动，山西省生态环境厅集中开展了大同市阳高县城关水源地等50多个城镇集中式饮用水水源保护区的划分调整工作，均已通过省政府审查，正在办理批复手续。二是定期组织水质监测。2021年4月，省生态环境厅印发了《2021年山西省生态环境监测方案》(晋环函〔2021〕147号)，分别对城市集中式生活饮用水水源地、乡镇集中式饮用水水源地、农村“千吨万人”饮用水水源地开展定期监测，全面掌握饮用水水源地水质状况。三是强化饮用水水源地规范化建设。2021年10月，山西省生态环境厅印发了《关于进一步加强县级及以上饮用水水源保护区规范化建设及水源地环境问题和风险隐患排查整治的通知》(晋环函〔2021〕518号)，定期组织开展环境保护状况调查和评估，及时掌握水源地环境状况，印发了《关于对全省地级以上城市集中式饮用水水源地环境状况评估结果的通报》(晋环函〔2021〕204号)，对存在问题的饮用水水源地加强整改，切实提升饮用水水源地环境管理水平。四是稳步推进农村饮用水水源地环境保护。2021年10月，山西省生态环境厅印发了《关于进一步加强农村饮用水水源地生态环境保护工作的通知》(晋环函〔2021〕504号)，对农村“千吨万人”、千人供水工程饮用水水源地保护工作提出具体要求，确保农村地区居民喝上安全水、放心水。

2. 深化黑臭水体治理　自2021年起，对“十三五”期间完成治理的75条黑臭水体按季度开展监测，对出现黑臭现象的定期进行通报，督促各市及时治理，防止返黑返臭。2021年11月，山西省生态环境厅联合省住房和城乡建设厅印发了《关于全省开展县级城市建成区黑臭水体排查整治工作的通知》(晋环函〔2021〕725号)，部署开展全省县级城市(县改区)建成区黑臭水体排查整治工作，以沿黄、沿汾县级城市(县改区)建成区黑臭水体排查整治为重点，全面推动城市黑臭水体治理。推进农村黑臭水体治理，截至2021年年底，全省纳入国家监管清单的196个农村黑臭水体中，其中30个完成整治，国家监管农村黑臭水体整治率为15%。

3. 农村生活污水治理　截至2021年年底，全省共有18 926个行政村，其中2 644个行政村完成生活污水治理，农村生活污水治理率为14%。

(陈俊宇　房国强　李昉梅　武亚川　武亚川)

【水生态修复】

1. 水生态补偿机制　2021年12月，省生态环境厅、省财政厅、省水利厅联合印发实施《汾河流域上下游横向生态补偿机制实施细则(试行)》(晋环发〔2021〕55号)，进一步压实市、县两级党委政府改善辖区水环境质量的主体责任，有效调动跨市河流上下游水污染治理的积极性，水生态治理体系和治理能力有了新突破。

2. 水土流失治理　2021年，山西省委、省政府带领全省人民，努力践行绿水青山就是金山银山理念，深入贯彻习近平总书记视察山西重要讲话、黄河流域生态保护和高质量发展重要讲话及重要批示指示精神，科学规划、系统治理，实施了小流域综合治理、坡耕地水土流失综合治理、黄土高原塬面保护、淤地坝除险加固等一系列水土保持重点工程。充分发挥重点工程示范带动作用，引导全社会力量参与水土保持生态建设，同时持续强化人为水土流失监管，2021年共治理水土流失面积3 840.24km^2。经测算，所实施的水土保持措施可以减少土壤流失量1 171.28万t、增产粮食6 358.15万kg、增加经济效益2.70亿元。

3. 生态清洁型小流域　生态清洁型小流域是水土保持适应新时期要求的新发展，是水土保持外延的拓展、内涵的延深，是水土保持工作领域的又一次拓宽，是人与自然和谐共生理念的落实。在靠近村庄、水系的地区，以小流域为单元，统一规划，综合治理，各项措施遵循自然规律和生态法则，与当地景观、环境相协调，防治水土流失、减少面源污染的同时，兼顾人居环境改善。2021年，全省建设生态清洁型小流域6条，初步实现当地生态环境良性循环，并有效促进经济结构转变和产业升级，助力经济社会可持续发展。

4. “七河”流域生态保护与修复　2021年，重点推进的汾河干流生态治理工程18项，治理河长197km，主要包括上游娄烦、古交段，汾河中游百公里和下游河津段及万荣入黄口。在省水利厅的组织指导下，万家寨水控集团和太原、晋中、吕梁3市6县(市)积极推进项目建设，取得初步成效。汾河百公里中游示范区13.5km先行示范段主河床整治工程、生态景观绿化工程全部完成。汾河新二坝工程基本完工，现已下闸蓄水。2021年，计划完成投资10.5亿元，已累计完成投资106 572万元，年度投资完成率101.5%。

汾河入黄口生态修复保护项目总投资5.5亿元，2021年计划完成投资8 500万元。护岸工程已基本完工，湿地项目已开工，完成投资5 824万元，年度投资完成率68.5%。汾河上游娄烦县和古交市汾河干流河道生态修复与治理工程的可行性研究报告已获得批复。汾河下游河津段项目初步设计已批复，招投标工作已完成。

2021年，永定河流域综合治理与生态修复项目投资计划3.9714亿元，完成投资1.8338亿元，投资完成率为46.2%。大同市御河南环桥—京大高速桥段水质提升工程，到位资金1.35亿元，完成投资1.35亿元，完成率100%。运城市涑水河流域（官道河）生态修复与整治工程总投资16.71亿元，完成投资1.8亿元，完成率11%。

5. “五湖”生态修复治理 2021年2月22日，山西省政府第101次常务会议审议通过了山西省“五湖”生态保护与修复总体规划及晋阳湖、漳泽湖、云竹湖、盐湖、伍姓湖生态保护与修复规划。4月1日，省政府正式印发了“五湖”总体规划及5个湖的专项规划。省财政安排资金2亿元，重点推进晋阳湖水系连通工程、云竹湖岸线综合整治及湿地建设工程、漳泽湖浊漳南源河道生态修复综合工程、运城盐湖南北岸带生态保护及修复项目、永济市伍姓湖岸坡与湿地生态修复5项工程建设。云竹湖、伍姓湖、漳泽湖、盐湖项目已开工，完成省级水利投资5220万元，完成水利总投资的26.1%。晋阳湖项目可行性研究报告和初步设计已获得批复，正在进行招投标工作。

6. 中小河流生态修复 2021年，按照水利部年度治理任务目标，下达洪塘河天镇县姜后屯—王会庄河道治理工程等11个中小河流治理项目省级以上投资2.83亿元，建设项目总治理河长226.82km，完成225km中小河流治理年度中央投资目标任务。截至2021年12月底，已完成中央投资21731万元，完成率90.16%，完成省级投资4191.12万元，完成率100%。

7. 山水林田湖草系统治理 2021年3月，印发《关于做好2021年国土绿化工作的通知》（晋林办生〔2021〕18号），2021年3月24日，印发《关于严格防止耕地“非农化”“非粮化”科学实施林草生态建设工程的工作方案》（晋林办生〔2021〕24号），全省完成营造林519.58万亩，超额完成任务。组织起草完成《关于开展科学绿化的实施意见（送审稿）》，下一步将报请省政府印发。继续加快推进汾河百公里中游示范区、汾河中上游山水林田湖草生态修复等重点项目，全力抓好治水、调水、改水、节水、保水“五策丰水”。

（范源　蒋洁　李小浩　李建宇　房国强）

【执法监管】

1. 创新监管手段 一是开展“智慧监管”。完善“卫星遥感＋无人机巡查＋信息平台＋现场复核”的河湖立体监管体系。启动了汾河干流、沁河、潇河等15条河流无人机遥感监测工作，通过卫星遥感、无人机航拍等信息化手段巡查调查，督促各级各有关部门随时发现问题随时进行整改。二是开展“随机监管”。建立健全务实、高效、管用的暗访督查机制，严格落实督查制度，以“四不两直”为主要方式，适时开展联合督查和专项督查，必要时组织进驻式督查。发现问题第一时间交办、督办机制，促进河湖长真履职、履好职。三是开展“联合监管”。发挥“河湖长＋警长”“河湖长＋检察长”机制作用，推动形成“行政执法＋刑事打击＋检察监督＋司法审判”协同共治格局，服务保障河湖生态保护和高质量发展。2021年，公安机关共侦破涉河湖刑事案件33起，抓获犯罪嫌疑人70人，涉案价值2300余万元；检察机关办理防治水污染案件156件，督促治理恢复被污染水源地32处，清理污染和非法占用的河道134.9km，清理被污染水域面积318.9亩。四是开展“社会监管”。继续开展涉河湖违法问题有奖举报活动，通过“12314”“6165198”举报、各地监督电话、微信公众号等平台，及时发现问题、解决问题。

2. 妨碍河道行洪突出问题排查整治 为深入贯彻习近平总书记关于防汛救灾工作的重要指示批示精神，认真落实山西省委、省政府深入推动黄河流域生态保护和高质量发展及全省防汛救灾和灾后恢复重建工作有关部署，针对2021年汛期山西省部分河道行洪反映的突出问题，强化河道管理，保障河道行洪通畅，守住防洪安全底线，2021年12月20日，省河长办印发《关于开展妨碍河道行洪突出问题排查整治工作的通知》（晋河办〔2021〕26号），对全省流域面积50km^{2}以上有行洪任务的河道及涉及防洪安全的所有河道进行排查整治。

3. “河湖长＋N”执法监管 2021年，省检察机关共发现涉河湖线索1886件、立案1831件、发出诉前检察建议1525件；向人民法院提起公益诉讼4件、移交公安刑事立案查处2人；提起刑事附带民事诉讼4件、判决4件。公安机关侦破水污染违法犯罪案件38起，其中破获刑事案件17起，抓获犯罪嫌疑人43人，查处行政案件19起，行政拘留40人。省河长办接受社会举报82起，全部得到妥善处置。

4. 河湖监管及联合督查百日行动 为进一步强化行业监管，加强河湖管理保护，切实维护河湖健康生命，全力推动河长制湖长制工作落地落实。2021年7—9月，通过交叉互检和联合督察等方式对全省11个市组织开展河湖监管百日行动。

5. 河长制对检观摩 由山西省河长办牵头，组

织各市水利（水务）局河长制工作科（站）有关工作人员实地观摩先进市河长制工作落实情况，进一步推动全省河湖长制的均衡发展。

（杜建明　杨小萌　郭强　房国强）

【水文化建设】

1. 昌源河国家湿地公园　昌源河国家湿地公园位于晋中市祁县县城东部，依托祁县的母亲河—昌源河而建，北起贾令镇贾令桥，南至来远镇东鱼沟口，河道绵延 36km，总面积 948hm^2，其中湿地面积 488hm^2。湿地公园分湿地保育区、恢复重建区、宣教展示区、合理利用区、管理服务区五个区域，突出主题性、自然性和生态性三大特点，是以河流湿地、沼泽湿地和人工库塘湿地及其生物多样性为基本资源特征，以底蕴深厚的历史人文景观和湿地生态文化为特色，集饮用水水源地、湿地生态系统、黑鹳等重点野生动物及栖息地保护、生态休闲体验为一体的国家湿地公园，为北方干旱缺水地区建设湿地公园、推进生态建设树立了一面旗帜。项目建设总投资 4.8 亿元，其中法署贷款 3 000 万欧元，配套资金 2.4 亿元。主要建设内容包括退化湿地的生态恢复、物种及其栖息地的保护、生态旅游开发、废弃物和能源管理、能力建设五大部分。如今昌源河国家湿地公园已呈现出五大成效：一是河流形态和湿地生态得到全面恢复，生态服务功能大幅提升；二是改善了动物栖息环境，珍稀鸟类物种及数量明显增加；三是优化了河流沿线环境，废弃物得到可持续循环利用；四是开发生态旅游，为人们提供绝佳的休闲场所；五是打造湿地文化宣教平台，促进人与自然和谐发展。

2. 介休汾河国家湿地公园　介休汾河国家湿地公园位于介休市市域北部，湿地公园范围东起义安镇北盐场村，西至城关乡罗王庄村，北以汾河北防洪堤内侧为界，南达汾河南防洪堤内侧（南桥头汾河大桥段至国道 108），区域内汾河河道长度 22km，规划总面积 683.9hm^2，其中湿地总面积 569.74hm^2，湿地率 83.31%，主要有河流湿地、沼泽湿地和人工湿地三大湿地类。该湿地公园在全省范围内起步较早，为山西省 5 处国家湿地公园之一。该湿地公园功能区划分为湿地保育区、恢复重建区和合理利用区三个功能区部分。湿地公园内生物资源丰富，有植物 69 科 210 属 332 种，主要的水生植物有水葱、香蒲、泽泻、芦苇、菖蒲、慈姑等，大面积分布的植物群落主要有香蒲群落、芦苇群落等，形成了典型的湿地植被景观。公园内有野生动物 28 目 62 科 155 种，其中包括国家一级保护动物黑鹳，属国家二级保护动物有灰鹤、雀鹰、燕隼、红隼等 9 种，省级重点保护动物池鹭 1 种。常见的有大麻鳽、苍鹭、白鹭、赤麻鸭、绿头鸭、灰雁、蓝翡翠等。介休汾河国家湿地公园的建设，是融水文化、湿地文化为一体，集生态、经济、社会、文化、生态旅游为一身的国家级湿地公园，已成为山西省保护汾河、改善汾河水质的示范标杆，同时也是介休市湿地生态文化的一张名片，是百姓宜居、宜业、宜游的城市休闲区。

3. 太原汾河公园　汾河作为山西省最重要河道，最先被纳入全省水利建设的规则与计划之中，并坚持不懈地对全流域进行了全面综合的治理与开发。1998 年 10 月，以太原城区段治理美化工程依托，以水为墨，以绿为彩，绘就了一幅新的汾河画卷，建造了具有北方园林风格和汾河地域文化特色的滨水园。从规划设计到施工建设，始终贯穿“以人为本”之理念，围绕“人·城市·生态·文化”的主题，将河道治理、环境保护、市绿化有机结合起来，进行环境综合整治，保持了城市滨河区良好的自然生态，实现了人与自然的和谐共生、城市发展与环境建设的协调发展。

在汾河公园内，湖和人工湿地是两大靓丽的风景。湖为人工蓄水而成，湿地也是人工建造。眺望湖面，湖水清澈，鱼虾成群，水鸟翔集，波光粼粼，仿佛一幅淡淡的水墨画般迷人。湖面上的彩色橡胶坝、大型音乐喷泉、鸟岛、绿洲等点缀其上，呈现出一派波光潋滟、水天一色的美丽风光。漫步湿地小道，可见一簇簇水草、一片片芦苇、一群群水鸭、一只只天鹅。鸟在欢鸣，虫在呢喃，水在微语，柳在摇曳，花在盛开，光在普照，见此迷人之景，你一定会深深地陶醉，真是人在画中行，心在画中醉。

如今，汾河公园已被打造成为体现地域文化和城市文脉，改善太原市城市呼吸系统，提高水体和环境生态质量，提供水利、防洪、生态、休闲、旅游、景观等多功能、多元化为一体的开放式城市滨水空间，成为一道崭新、靓丽具有标志性的城市生态走轴，呈现出“汾河珠翠明”的盛景。

2001 年 12 月，汾河公园被国家建设部授予“中国人居环境最佳范例奖”；2002 年 5 月，被联合国人居署授予“2002 年迪拜国际改善人居环境最佳范例称号奖”；2005 年 8 月，被水利部评为国家水利风景区。整个汾河公园全长 20 余 km，宽 500m，治理总面积 1 025 万 m^2，其中蓄水美化工程总面积 680 万 m^2，湿地景观总面积 345 万 m^2。汾河公园在两岸带状绿化平台上星罗棋布地分布着近 50 个各具特色的景观景点。沿汾河西岸，“晋汾古韵”“梨园余音”

"五环生辉"广场，分别反映了如诗如画的绿岛美景、历史悠久的三晋文脉、博大精深的戏曲文化和活力四溢的体育健身场景，以及水清草茂的原始形态。沿汾河东岸，分布着"汾河晚渡""雁丘""沙滩碧水"等景点，畅游其间，游人可领略到现代文明与历史底蕴，感受悠久文化与优美景观完美结合的心灵体验。

4. 汾河水库水利风景区　汾河水库总库容 7.21 亿 m^3，最高水位为海拔 1 130m，是汾河流域第一座综合利用的大型水利枢纽，也是目前世界上最高的人工水中填土均质坝，坝长超过 1 000m，在国内外享有很高的知名度，受到世界大坝委员会的关注。

汾河水库经历了 60 年的成长，不断地追求进步，追求美，追求价值最大化。如今的她已经脱胎换骨成一位身怀绝技的绝色佳人。她饱含对人类的深情厚爱，为人类防洪、灌溉、供水、发电、养殖，还依靠绿水青山，邀云彩、约清风，把自己打扮成一个绝色美人，吸引八方游客前来欣赏。

汾河水库之美，更多时是那份安静和清澈使人痴迷。"海纳百川，有容乃大。"汾河水库胸怀宽广，容纳了太多的水，养育了多种鱼类，清澈的水儿，欢乐的游鱼，组成了一个丰富的水中世界。宽广宁静的水面上，波光粼粼，清风拂过，涟漪微动，仿佛大自然正在弹奏一曲淡淡的钢琴曲。幽深的水面下，游鱼纵舞，各种鱼龟、龙虾、鳖等水中动物们在聚会，仿佛在演绎水中童话舞台剧。

汾河水库水利风景区是鱼类的家园，适宜养殖浅、中、深层鱼类。品种有鲤鱼、鲫鱼、黄鱼、草鱼、娃娃鱼等十多种，并有大量的龙虾、龟、鳖等水产品。景区还是多种野生动物的家园，这里生活着成群的野鸡、野鸭、野鸽、野兔、猫头鹰、啄木鸟、杜鹃等多种野生动物。

沿着弯弯的小路，到景区的山林里去探幽，感受品种繁多的野生植物之美，摘摘各种丰硕的水果，感恩大自然的馈赠。大自然是多么无私啊，只要你把种子种在土地里，她一定会捧出繁花美景，硕果飘香的世界来回报你。有时，即使你没有播种，她也会用最自然的方式让各种物种繁殖，让地球母亲充满生机。

汾河水库野生植物资源十分丰富，有各种果树，种类主要包括苹果、梨、桃、葡萄、杏等。野生果树主要有山桃、山杏、酸枣、鸡桑等。到了瓜果飘香的季节，农家采摘园里硕果累累，有枣、桃、杏、西瓜、葡萄等。漫步在林荫小道上，花木繁茂、果香怡人的世界令人陶醉，欣赏着硕果累累的丰收景象，品尝着果实的香甜，让人格外开心。

近年来，汾河水库景区综合现有景观资源、风景特点及汾河历史进行了合理布局，设置不同形式的水体景观，在打造良好生态环境的同时，尽情展示水体景观的独特魅力。目前已有"汾河春秋""龙门怀古""长亭观鸟""高台仰水""晋湖流芳""高树流金""娄烦餐秀""绿野仙踪""青山泛舟""古荡寻梦"等 10 个景点。这 10 个景点各有特点，将不同的美一一展现给游人。

这里的美，体现在水趣、韵致和情意上。她这位绝色佳人，不光有美丽的外表，还有着优雅的韵味、深厚的情谊。这里的处处美景，因景成趣，或是瀑布叠水，或是山涧溪流，或是池塘湿地，或是沼泽水草，都布局得错落有致，玲珑精致，充满灵秀之美。

这里的美景中，时不时透出晋风古韵、汾河清韵。立足三晋古老文明和文化，结合汾河历史对景观进行创造，凸显了地方浓浓的文化风韵和情韵之美。

在汾河水库，人们从景观建筑中能深刻地感受到一种深深的水利情结和人性之爱。通过对原纪念物的保护，利用新建主题景墙、雕塑等景观设施等将水利人对水利事业的感情，水库工作者对库区的感情融于景观之中。

（晋中市河长制办公室　房国强）

【智慧水利建设】

1. "水利一张图"　按照省委省政府政务信息化建设管理"一朵云、一张网、一平台、一系统、一城墙"的"五个一"要求，依据水利部智慧水利建设的指导思想，以实现全省水利数据整合共享为核心，以构建水利业务数据共享平台为手段，以提升水利行政决策效能为目标，开展"山西水利数据能力中心"建设。系统以"水利一张图"为数字底板，结合"天空地"实时监测数据，将河流水系、水利工程、各类监测站点和水利管理活动等逐一映射上图，实现山西水利管理决策的数字化和智能化。系统已打通各个业务板块，以"水利一张图"的方式呈现。通过挂图指挥作战的模式，实时监测全省水利运行状况。结合专题分析，支撑河湖管理等业务。平台开发了智能巡检 App，巡查人员可通过 App 每天完成相关巡检任务，并将巡查过程中遇到的问题和现场图片，通过 App 上传到能力中心支撑领导决策指挥。通过健全制度，打通省、市、县三级数据通道，强化数据融合共享，完善数据纠错，提升数据质量，破除数据壁垒，最大限度发挥水利数据应有作用。

2. 数字孪生流域建设　数字孪生流域建设对于

强化流域治理管理具有重要支撑作用。按照水利部数字孪生建设先行先试工作要求，结合大禹渡灌区升级改造，编制了《山西大数字孪生建设先行先试实施方案》，经水利部审查通过后实施，通过先行先试为山西水利数字孪生建设提供可借鉴的实践经验。目前已完成数字孪生汾河建设方案编制。按照“需求牵引、应用至上、数字赋能、提升能力”总体要求，通过加强算据、算法、算力建设，构建数字孪生汾河数据底板、模型平台、知识平台，全面提升汾河流域“透彻感知、智能分析、精准‘四预’、智慧调度”能力。通过重塑“2＋N”业务应用，全面提升汾河流域水旱灾害防御、水资源管理、水生态保护水平。

3. 水利感知网　按照“整合已建、统筹在建、规范新建”原则统一规划，强化资源整合，促进集约化利用，建立完善涉水全要素信息采集体系。优化升级感知体系布局，全面提升山西省水利“天空地”一体化透彻感知能力，为水利业务应用提供完善的信息、数据基础支撑。加快推进 5G、大数据、无人机（船）、卫星遥感、人工智能等新一代信息技术在水利行业的应用。

4. 河长 App　为了将巡河制度落到实处，掌握河长巡河次数，山西省省、市、县、乡、村五级河长及专职巡河员均安装了河湖长制管理信息系统手机 App，实行巡河河长 App 打卡制，常态化开展巡河，定期协调解决问题，持续跟踪问效。建立了通报督促机制，根据河长 App 数据及时下发通报，督促各级河长定期巡河。部分市县河长 App 实现了巡河人员轨迹记录、问题定位、数据统计等功能，有效提升了相关人员工作效率，真正实现河道信息管理静态展现、动态管理、常态跟踪。2021 年，全省各级河湖长利用手机 App 巡河湖累计 90 万人次，同比增长 60%。　（郝斌　张秀福　杜建明）

内蒙古自治区

【河湖概况】

1. 河湖数量

（1）河流情况。内蒙古自治区地域辽阔、河流众多。流域面积 50km² 以上河流 4 087 条，总长度 14.47 万 km；流域面积 100km² 及以上河流 2 408 条，总长度 11.35 万 km；流域面积 1 000km² 及以上河流 296 条，总长度 4.26 万 km；流域面积 10 000km² 以上河流 40 条，总长度 1.47 万 km。河流分外流和内流两大水系，大兴安岭、阴山和贺兰山是内外流水系的主要分水岭。外流水系主要由黄河、辽河、嫩江、海河、滦河和额尔古纳河 6 个水系组成，流域面积 61.37 万 km²，占全自治区总面积的 52.5%，主要汇入鄂霍次克海和渤海。内流水系主要河流有乌拉盖河、昌都河、锡林郭勒河、塔布河、艾不盖河、额济纳河等，流域面积 11.66 万 km²，占全自治区总面积的 9.9%。无流区分布于深居内陆的荒漠地区，面积 43.94 万 km²，占全自治区面积的 37.5%。河流数量东部多于西部，山地丘陵多于高原。

（2）湖泊情况。内蒙古自治区湖泊星罗棋布，全自治区共有 655 个湖泊。由于气候干旱，降水量少，蒸发强烈，所造就的湖泊大型的少，中小型的多，淡水湖少，咸水湖或盐湖居多。根据湖泊所处地理位置和湖泊成因不同，除呼伦湖、乌梁素海是外流湖，其余湖泊绝大多数为内陆湖泊，呈区域性分布，主要靠大气降水直接补给或有少量河川径流和地下泉水补给。全自治区水面面积 1 000km² 以上湖泊 1 个，100～1 000km² 湖泊 3 个，10～100km² 湖泊 33 个，1～10km² 湖泊 284 个，1km² 以下湖泊 334 个。常年性有水湖泊 227 个，常年干涸湖泊 88 个（位于无人荒漠戈壁区的有 60 个，农田或村庄区的有 28 个）。

2. 水量

（1）降水量。内蒙古自治区降水量时空分布极不均匀，年内降水量主要集中在汛期 6—9 月，年降水量空间分布趋势是由东向西逐渐递减。2021 年全自治区平均降水量 343.77mm，折合降水总量 3 946.19 亿 m³，较上年增加 11.4%，较多年平均值增加 25.2%，属丰水年。

（2）水资源总量。2021 年，全自治区水资源总量 942.86 亿 m³，其中地表水资源量 788.75 亿 m³，折合年径流深 68.7mm，较上年增加 130.6%，较多年平均值增加 113.2%；地下水资源量 238.60 亿 m³，较上年偏少 2.2%，较多年平均值增加 9.5%，地下水与地表水间重复计算量 84.49 亿 m³，全自治区水资源总量较多年平均值增加 82.8%。2021 年，自治区黄河干流入境水量 298.15 亿 m³，出境水量 230.28 亿 m³，黄河内蒙古段干流耗用水量 61.16 亿 m³（其中含人工河湖生态补水 9.11 亿 m³）。截至 2021 年年底，全自治区大中型水库蓄水总量 28.23 亿 m³。

（3）供用水量。2021 年，全自治区各水源工程总供水量 191.66 亿 m³，其中地表水源供水量 105.65 亿 m³，地下水源供水量 79.37 亿 m³，其他水源供水量 6.63 亿 m^3。全自治区总用水量 191.66 亿 m^3，其中生态环境用水量 29.13 亿 m^3。

3. 水质

（1）河流。“十四五”期间内蒙古自治区地表水环境质量监测网共设置 129 个河流水质监测断面，涉及黄河、辽河、松花江、海河和西北诸河 5 个流域。2021 年 12 月，实际监测的 67 个断面中，Ⅰ类水质断面 9 个，占监测断面的 13.4%；Ⅱ类 38 个，占 56.7%；Ⅲ类 11 个，占 16.4%；Ⅳ类 6 个，占 9.0%；劣Ⅴ类 3 个，占 4.5%。与 2020 年同期相比，河流水质监测断面增加 58 个，Ⅰ～Ⅲ类水质断面比例提升 1.5 个百分点；Ⅳ类水质断面比例下降 3.8 个百分点；Ⅴ类水质断面清零；劣Ⅴ类水质断面比例增加 2.4 个百分点。河流水质状况总体有所好转。

（2）湖库。“十四五”期间内蒙古自治区地表水环境质量监测网共设置 7 个湖库水质监测点位，涉及乌梁素海、岱海、达里诺尔湖、贝尔湖、察尔森水库和尼尔基水库 6 个湖库。2021 年 12 月，实际监测 1 个湖库，为察尔森水库，水质为Ⅲ类。

4. 新开工水利工程　截至 2021 年年底，内蒙古自治区在建水利工程 991 项。其中新建在建重大水利工程 3 座，分别是引绰济辽工程、赤峰市林西县东台子水库工程和岱海生态应急补水工程；大中型除险加固水库 3 座。2021 年，内蒙古自治区新建防洪及河道治理工程共 28 项，小型除险加固水库 8 座，新建淤地坝 47 座，淤地坝除险加固 39 座。

（李美艳　张阿萌　郝世超）

【重大活动】　2021 年 5 月 21 日，内蒙古自治区党委书记、自治区第一总河湖长石泰峰主持召开自治区河湖长制会议暨加强河湖管理保护工作会议，深入学习贯彻习近平生态文明思想特别是习近平总书记关于治水治河治湖工作的重要论述，研究部署进一步落实河湖长制、全面加强河湖保护治理工作。会议听取了全自治区落实河湖长制工作情况和下一步工作安排汇报，听取了加强河湖治理司法保障、河湖水污染防治、黄河河道有关问题整治和防汛抗旱工作情况汇报。会议强调各级党委和政府以及各级领导干部要提高政治站位、深化思想认识，深入了解掌握内蒙古的水情水况，深入研究水问题的复杂成因和演进机理，深刻认识强化河湖长制、保护治理河湖的极端重要性和现实紧迫性，紧扣走好以生态优先、绿色发展为导向的高质量发展新路子，努力在治水治河治湖上取得新突破、新成效。

2021 年 5 月 31 日至 6 月 1 日，内蒙古自治区副主席、黑河自治区级河长、居延海自治区级湖长包钢深入阿拉善盟额济纳旗进行巡河调研，实地巡查黑河流域及河道治理、东居延海生态恢复与治理、达来呼布镇污水处理厂等情况，并主持召开黑河河长会议。会议强调，黑河调水是保障居延海生态用水的基础，居延海的水面面积维持在 45km^2 左右；增加黑河沿线水质监测点，科学分析居延海水质变化成因，采取针对性措施改善居延海水质；严格控制涉河湖建设项目，规范涉河建设项目行政许可和实施监管，结合中央巡视、环保督察问题整改落实，加快推进居延海水生态应急修复工程的实施，全力推动《黑河综合治理规划》批复工作，切实解决黑河流域水利工程安全隐患问题，确保防凌防汛安全。

2021 年 7 月 3 日，内蒙古自治区党委副书记、政法委书记、自治区副总河湖长、嫩江自治区级河长林少春深入呼伦贝尔市嫩江莫旗段巡河调研，实地巡查嫩江流域河湖长制落实、尼尔基水利枢纽运行管护、污水处理厂中水回用、宏达砂厂采砂等情况，并主持召开嫩江流域河湖长会议。会议强调，要坚持系统治理，由自治区生态环境厅和水利厅牵头编制嫩江内蒙古段生态安全治理方案和防汛安全建设方案，流域内三个盟（市）和相关旗（县）要制定本行政区域内的整治方案，抓好基层落实；要保持国考断面水质稳定，对流域内各国考断面水质现状，做到底数清、情况明，确保嫩江流域内蒙古段国考断面水质不降低、不发生重特大污染事件；要持续开展河湖“清四乱”工作，保障防汛安全，加强河湖水域岸线管理保护，集中开展“清四乱”专项整治，深入开展防汛风险隐患排查，加强堤防、水库等工程巡查防守，加强雨情水情监测预报，切实做好防汛应急保障工作。

2021 年 8 月 8—10 日，内蒙古自治区党委副书记、自治区代主席王莉霞深入巴彦淖尔市、鄂尔多斯市，调研黄河流域生态保护和高质量发展、黄河河道整治、防汛、乌梁素海综合治理、疫情防控等工作。王莉霞指出，推进黄河流域生态保护和高质量发展是内蒙古在全国发展大局中必须承担好的政治责任，也是推进高质量发展的迫切需要和重大机遇。一是要坚决抓好黄河河道乱占乱建等问题整治，坚持生态优先、绿色发展，控制好面源污染，保护好沿河生态环境，做好滩区移民迁建，持续提升黄河水安全、水资源、水环境、水生态保障水平；二是要坚持系统治理、源头治理，统筹上下游、陆上水上污染防治和生态保护，多措并举，推进山水林田湖草沙统筹治理，尽快实现水质根本改善；三是要密切关注黄河水情变化，做好预警预报、抢险加

固等工作，抓细抓实各项防汛措施，确保人民群众生命财产安全。

2021年9月14日，内蒙古自治区党委常委、自治区常务副主席、呼伦湖湖长张韶春深入呼伦湖巡湖调研，实地察看了呼伦湖的水域水情，详细了解呼伦湖流域生态环境保护治理和项目建设情况，并主持召开呼伦湖湖长会议。张韶春强调，呼伦贝尔市和自治区有关部门要充分认清呼伦湖生态治理工作的长期性、复杂性和艰巨性。当前，呼伦湖还存在主要水质指标没有改善，水体富营养化依然存在，蓝藻水华现象时有发生，主要治理项目建设进度慢、投资完成率低等问题。呼伦贝尔市要切实担负起主体责任，党政主要领导要亲自推进、抓紧落实，严格按照《"十四五"期间呼伦湖流域生态环境保护治理实施方案》确定的建设内容、建设时序推进治理项目，确保年度目标任务全面完成。自治区发展和改革委员会要及时开展督查检查，各责任部门要加大监管指导力度，在确保质量的前提下加快项目建设进度。要严格履行项目建设过程中的各项审批程序，坚决杜绝中央环保督察"回头看"指出的问题、生态环境部调研指出的问题以及自治区各类督查、调研发现的问题再次出现，确保把各项措施落实到位。

（刘颖　艾丽娅）

【重要文件】　2021年1月18日，内蒙古自治区水利厅印发《关于印发〈黄河内蒙古段河道乱占乱建有关情况摸底调查工作方案〉的通知》（内河湖〔2021〕2号）。

2021年1月18日，内蒙古自治区水利厅印发《内蒙古自治区水利厅关于成立黄河河道乱占乱建问题整治工作专班的通知》（内河湖〔2021〕3号）。

2021年2月4日，内蒙古自治区河湖长令第1号发布《关于加强黄河内蒙古段巡查管护的命令》。

2021年2月19日，内蒙古自治区水利厅印发《关于进一步开展黄河河道有关问题摸底调查工作的通知》（内河湖〔2021〕7号）。

2021年3月2日，内蒙古自治区河长制办公室印发《内蒙古自治区河长制办公室关于做好当前黄河河道有关问题整治工作的紧急通知》（内河长办〔2021〕2号）。

2021年4月1日，内蒙古自治区河长制办公室印发《内蒙古自治区河长制办公室关于规范河湖管理范围划定成果公告的通知》（内河长办〔2021〕3号）。

2021年4月8日，内蒙古自治区河长制办公室印发《内蒙古自治区河长制办公室关于印发〈2021年河湖管理保护"春季"行动方案〉的通知》（内河长办〔2021〕4号）。

2021年4月20日，内蒙古自治区总河湖长令第1号发布《关于建立"河长湖长+检察长"联动协作长效机制的指导意见的通知》。

2021年5月21日，内蒙古自治区河长制办公室、内蒙古自治区水利厅印发《内蒙古自治区河长制办公室　内蒙古自治区水利厅关于印发〈内蒙古自治区2021年河道采砂专项整治行动方案〉的通知》（内河长办〔2021〕6号）。

2021年6月11日，内蒙古自治区水利厅印发《内蒙古自治区水利厅关于做好2021年河湖管理范围划定的通知》（内河湖〔2021〕15号）。

2021年6月22日，内蒙古自治区总河湖长令第2号发布《内蒙古自治区2021年河长制湖长制工作要点》。

2021年6月25日，内蒙古自治区水利厅印发《内蒙古自治区水利厅关于开展违建别墅问题再排查工作的通知》（内河湖〔2021〕20号）。

2021年7月6日，内蒙古自治区河长制办公室印发《内蒙古自治区河长制办公室关于水利部进驻式暗访督查超期问题督办的通知》（内河长办〔2021〕12号）。

2021年7月7日，内蒙古自治区水利厅印发《内蒙古自治区水利厅关于建议加强管辖范围内盗采河砂监管力度的函》（内河湖〔2021〕22号）。

2021年7月8日，内蒙古自治区河长制办公室印发《内蒙古自治区河长制办公室关于编制嫩江流域防洪预案的通知》（内河长办〔2021〕13号）。

2021年7月15日，内蒙古自治区河长制办公室印发《内蒙古自治区河长制办公室关于进一步加强河湖长责任制的通知》（内河长办〔2021〕15号）。

2021年7月19日，内蒙古自治区河长制办公室印发《关于内蒙古自治区主要河湖重点工作台账填报进展情况的通报》（内河长办〔2021〕17号）。

2021年8月20日，内蒙古自治区水利厅印发《内蒙古自治区水利厅关于反馈2020年度全区河湖长制、水土保持目标责任及最严格水资源管理制度考核情况的通知》（内水办〔2021〕31号）。

2021年8月31日，内蒙古自治区总河湖长令第3号发布《内蒙古自治区河长制办公室贯彻落实全区河湖长制会议暨加强河湖管理保护工作会议精神的工作方案》。

2021年8月31日，内蒙古自治区水利厅印发《内蒙古自治区水利厅关于开展河道非法采砂专项整治行动的通知》（内河湖〔2021〕29号）。

2021年9月1日，内蒙古自治区河长制办公室、内蒙古自治区人民检察院印发《关于印发〈内蒙古自治区2021年河湖管理保护“秋季”行动方案〉的通知》（内河长办〔2021〕21号）。

2021年9月5日，内蒙古自治区河长制办公室印发《关于印发〈内蒙古自治区河长湖长公示牌设置指导意见（试行）〉的通知》（内河长办〔2021〕22号）。

2021年11月2日，内蒙古自治区水利厅印发《内蒙古自治区水利厅关于乌海湖景区码头工程整改方案审查意见和整改要求的函》（内河湖〔2021〕35号）。

2021年11月19日，内蒙古自治区水利厅印发《内蒙古自治区水利厅关于开展洪水影响区域评估工作的通知》（内河湖〔2021〕36号）。

2021年11月26日，内蒙古自治区河长制办公室印发《内蒙古自治区水利厅关于印发〈内蒙古自治区河湖长制综合管理信息平台本级建设项目竣工验收鉴定书〉的通知》（内河长办〔2021〕26号）。

2021年12月8日，内蒙古自治区河长制办公室印发《关于印发〈内蒙古自治区河长制办公室工作细则（试行）〉的通知》（内河长办〔2021〕27号）。

2021年12月10日，内蒙古自治区水利厅印发《内蒙古自治区河长制办公室　内蒙古自治区水利厅关于印发〈内蒙古自治区2021年妨碍河道行洪突出问题排查整治行动方案〉的通知》（内河湖〔2021〕38号）。

2021年12月14日，内蒙古自治区河长制办公室印发《内蒙古自治区河长制办公室关于印发〈内蒙古自治区2021年河长制湖长制工作考核细则〉的通知》（内河长办〔2021〕28号）。

2021年12月15日，内蒙古自治区水利厅印发《内蒙古自治水利厅关于进一步加快推进洪水影响评价区域评估工作的通知》（内河湖〔2021〕39号）。

（阿娜尔　刘颖）

【地方政策法规】

1. 法规　2018年7月26日，内蒙古自治区第十三届人民代表大会常务委员会第六次会议《关于修改〈内蒙古自治区农牧业机械化促进条例〉等7件地方性法规的决定》，修正《内蒙古自治区水土保持条例》。

2019年11月28日，内蒙古自治区第十三届人民代表大会常务委员会第十六次会议通过《内蒙古自治区水污染防治条例》，于2020年1月1日起实施。

2020年11月26日，内蒙古自治区第十三届人民代表大会常务委员会第二十三次会议《关于修改〈内蒙古自治区耕地保养条例〉等4件地方性法规的决定》，修正《内蒙古自治区农业节水灌溉条例》。

2. 政策性文件　2018年12月24日，内蒙古自治区人民政府出台《内蒙古自治区人民政府关于加强地下水生态保护和治理的指导意见》（内政发〔2018〕52号）。

（赵文贵　杜姝敏）

【河湖长制体制机制建立运行情况】　全面推行河长制、湖长制，是以习近平同志为核心的党中央坚持人与自然和谐共生、加快生态文明体制改革作出的重大战略部署，是贯彻落实党的十九大精神、统筹山水林田湖草沙系统治理的重大政策举措，也是加强河湖管理保护、维护河湖健康生命的重大制度创新。

2021年，内蒙古自治区党委和政府坚持以习近平新时代中国特色社会主义思想为指导，深入贯彻习近平生态文明思想，全面落实习近平总书记对内蒙古自治区重要讲话和重要指示批示精神，牢牢把握建设中国北方重要生态安全屏障的战略定位，坚持把全面推行河湖长制作为完整、准确、全面贯彻新发展理念的重大战略举措，全力推进河湖治理“党政同责”落地见效。一是系统谋划部署。内蒙古自治区党委书记、自治区第一总河湖长石泰峰主持召开全自治区总河湖长暨河湖长制工作会议，签发总河湖长令，发布内蒙古自治区2021年河长制湖长制工作要点，部署安排全年重点任务。内蒙古自治区党委和政府主要负责同志认真履行巡河湖、管河湖、护河湖、治河湖的第一责任人责任，石泰峰同志7次深入河湖管护一线调研指导，推动解决重点难点问题；自治区主席、自治区总河湖长王莉霞到任后第一时间实地调研黄河河湖管护工作；其他7位自治区级河湖长全年累计巡河巡湖36人次。二是强化责任落实。截至2021年年底，内蒙古自治区共设置各级河湖长16 421人，其中自治区级7人、盟（市）级86人、旗（县）级862人、苏木乡镇级5 715人，村级河湖长8 556人，全自治区每条河流、每个湖泊都有了河湖长，实现了河湖管护链条全覆盖。全自治区四级河湖长巡河巡湖15.2万人次，发现河湖“四乱”等问题1 249个、解决1 104个，举办全自治区河长制湖长制工作业务培训班，累计培训5 126人次。三是完善管护制度机制。建立内蒙古自治区主要河湖管理保护重点工作台账，出台《内蒙古自治区河长办工作细则》《内蒙古自治区河长湖长公示牌设置指导意见》等制度规范，印发《内蒙古自治区河湖长制手册》，推动内蒙古自治

区河湖管理立法，提高河湖治理保护规范化法治化水平。四是加强工作协同。将内蒙古自治区全面推行河长制湖长制厅际联席会议成员单位调整至23个，推动形成河湖治理合力。加大依法治水管水护水力度，完善水生态环境损害赔偿、公益诉讼、行政执法，出台“河长湖长＋检察长”联动协作长效机制指导意见，持续加大水生态环境执法力度，有力促进河湖突出环境问题解决。（艾丽娅　刘颖）

【河湖健康评价】　按照中共中央办公厅、国务院办公厅《关于全面推行河长制的意见》（厅字〔2016〕42号）、《关于在湖泊实施湖长制的指导意见》（厅字〔2017〕51号）及《内蒙古自治区河长制湖长制工作方案》，为进一步摸清自治区重要河湖健康状态，科学分析河湖存在问题，因地制宜提出有效的河湖治理保护措施，进一步提升湖泊生态功能和健康水平。截至2021年年底，内蒙古自治区已连续3年开展自治区重点湖泊的健康评估（评价）工作。

2021年，内蒙古自治区对哈素海和达里湖开展了湖泊健康评估工作，评估经费由内蒙古自治区财政安排解决。评估工作按照《河湖健康评估技术导则》（SL 793—2020）和《水利部河长办关于印发〈河湖健康评价指南（试行）〉的通知》（第43号）要求，结合湖泊特点、现状生态环境状况和监测资料，从湖泊水文水资源、物理结构、水质、生物及社会服务功能等方面，选取有针对性的指标进行评价，判定湖泊健康状况，查找剖析河湖“病因”，提出治理对策，为其他同类型湖泊治理恢复提供参考和借鉴。2021年，科研单位结合哈素海、达里湖两个湖泊的实际状况及环境特征，从“盆”、“水（包括水量、水质）”、生物、社会服务功能四大方面建立各自的健康评估指标体系，对哈素海、达里湖的健康状况进行了评估。

2021年，内蒙古自治区鄂尔多斯市也根据实际情况，组织对市级13条河流、1个湖泊开展了河湖健康评价工作。经评价，13条河流中黄河干流（右岸）鄂尔多斯段、无定河鄂尔多斯段、窟野河鄂尔多斯段、东柳沟、母花沟、壕庆河、罕台川、西柳沟、卜尔色太沟和毛不拉孔兑等10条河流属于二类河流，处于健康状态；呼斯太河、哈什拉川和黑赖沟3条河流为三类河流，处于亚健康状态；市级湖泊红碱淖为三类湖泊，处于亚健康状态。（宋薇）

【“一河（湖）一策”编制和实施情况】　2021年，内蒙古自治区河长制办公室组织编制了额尔古纳河、西辽河、黄河内蒙古段、嫩江内蒙古段、黑河内蒙古段、呼伦湖、岱海、乌梁素海和居延海的《河湖管理保护“一河（湖）一策”实施方案（2021—2023年）》（简称《实施方案》），并经内蒙古自治区级河长湖长审定同意后，印发至相关盟（市）和自治区河长制责任单位执行，用于指导开展河湖管理保护工作。

此次新一轮《实施方案》编制以现行法律法规、政策文件、河湖长制工作方案、河湖已有规划、技术标准等为依据，结合河湖实际情况，围绕水资源保护、河湖水域岸线管理保护、水污染防治、水环境治理、水生态修复、执法监管等主要任务，着力解决河湖管理保护的突出问题，做到了目标任务可量化、可监测、可评估、可考核。“一河一策”以整条河流或河段为单元编制，“一湖一策”原则上以整个湖泊为单元编制，实施周期为3年，编制范围为内蒙古自治区境内自治区级领导担任河长湖长的9条（个）河湖，主要内容包括河流湖泊概况、总体要求与组织体系、主要目标指标完成情况、管理保护现状与存在问题、管理保护目标、管理保护任务、管理保护措施和保障措施等8个方面。在“实施方案”编制过程中，内蒙古自治区因河（湖）施策、因地制宜为河湖量身制定了目标任务和管护措施：一是在充分总结上一轮“一河（湖）一策”（2018—2020年）完成情况和治理经验基础上，细化分解河湖长制各项任务，实地踏勘掌握河湖最新情况，全面梳理河湖存在的突出问题；二是坚持远近结合、统筹协调，为保证“一河（湖）一策”中的管护目标任务与国家、自治区和地方相关规划互相协调、有效衔接，内蒙古自治区河长办充分征求并积极采纳相关盟（市）、自治区河长制责任单位和审查专家的意见，制定具有针对性和可操作性的河湖保护措施，确保“一河（湖）一策”落地生效；三是统筹考虑上下游、左右岸和入湖河流与湖泊关系，坚持区分主次、分步实施，将近3年目标任务作为重点，对年度河湖管护目标进行细化分解，明确各项任务措施的牵头单位、责任单位、完成时间及保障措施，按职责分工抓好落实，确保管护目标如期实现。

（张晓宇）

【水资源保护】

1．强化水资源刚性约束　编制《内蒙古自治区“十四五”水资源配置利用规划》，为各盟（市）用水设定开发利用“上限”。强化取水许可审批，严格执行黄河流域水资源超载地区取水许可限审限批。加强地下水管理和超采区治理，制定《内蒙古自治区地下水保护和管理条例》，持续巩固自治区33个超采区治理成效，3个大型超采区达到年度治理目标，按季通报超采区和西辽河流域、察汗淖尔等重点区域地下水水位变化情况，对连续四个季度地下水水位下降的超采区所在地盟（市）政府进行“黄牌预警”，对11个超采区所在旗（县）区政府进行约谈，压实地方治理责任。推进水权转让和交易改革，包头市5个盟（市）内水权转让项目通过黄委会核验，完成内蒙古黄河流域水权转让后评估并通过审查验收，累计通过盟（市）内、跨盟（市）水权转让或交易水量4.06亿m^3。

2. 节水行动　编制《内蒙古自治区节水型社会建设“十四五”规划》，印发《内蒙古自治区节水行动2021年实施计划》，严格执行计划用水管理，内蒙古自治区本级共下达121家取用水户用水计划，用水户单位产品耗水量全部低于行业用水定额。严格执行《行业用水定额》（DB15/T 385—2020），要求新改扩建项目用水指标须达到先进值，缺水地区达到领跑值。大力推进节水评价制度，内蒙古自治区416个规划和建设项目建立了节水评价登记台账，2个项目由于节水评价不符合条件被退回。全面推进节水载体建设，累计建成企业、小区等各类节水载体7 734家，建成节水达标县57个、节水高校8所、自治区级节水型企业14家、自治区级节水标杆企业3家，自治区、盟（市）两级水利单位全部建成节水型单位。不断加大节水宣传力度，开展了“节水内蒙古，我们在行动”系列宣传活动，评选出126名自治区级节水大使，营造了良好的社会节水氛围。

3. 生态流量监管　配合流域委制定跨省（自治区）河流生态流量保障实施方案，2021年内蒙古自治区印发了乌拉盖河、西辽河（含主要支流）生态流量保障实施方案。全力做好黄河、黑河、西辽河等重点河流水量调度，强化生态流量保障，开展了2021年度重点河湖生态流量保障情况评估，西辽河水量调度取得新突破，干涸多年的通辽市莫力庙水库进水。以“一湖两海”和东居延海等重点河湖及生态脆弱区为重点有效推进生态补水，向乌梁素海实施生态补水5.98亿m^3，向岱海补水216万m^3，呼伦湖水位和水面面积保持在合理区间。利用凌汛水向沿黄生态脆弱区实施应急生态补水3.13亿m^3，有效阻止了库布齐沙漠、乌兰布和沙漠的漫延和侵袭，生态环境得到有效改善。

4. 全国重要饮用水水源地安全达标保障评估　按照《内蒙古自治区饮用水水源保护条例》重点开展了饮用水水源水量配置、调度以及取水许可管理等工作。按照水利部要求，内蒙古自治区水利厅联合内蒙古自治区生态环境厅、内蒙古自治区住房和城乡建设厅对列入名录的重要饮用水水源地开展了安全保障达标建设评估工作，并进行现场检（抽）查和评估，将评估结果作为最严格水资源管理制度中水源地保护部分的考核打分依据。

5. 取水口专项整治　编制完成《内蒙古自治区取用水管理专项整治行动整改提升工作实施方案》，建立了全自治区取用水管理专项整治行动半月通报制度。截至2021年12月底，全国取用水管理专项整治系统平台中全自治区共计核查登记取水口746 029个，涉及项目数55 078个。整改提升阶段涉及整改项目54 942个，涉及取水口735 620个，其中保留类项目6 986个，退出类项目37个，整改类47 895个，基本完成问题整改台账的建立。各县级行政区对辖区内的取用水状况和存在的主要问题进行了梳理分析，对照水量分配指标、地下水管控指标、河湖生态流量目标、用水总量控制指标等水资源管控指标，就是否符合水资源管控指标进行了复核。

6. 水量分配　2021年内蒙古自治区境内28条跨省（自治区）、盟（市）河流水量分配已完成，将地下水用水总量、水位指标分解到371个管理单元，明确各盟（市）2025年用水总量控制指标。

（张阿萌）

【水域岸线管理保护】

1. 河湖管理范围划界和岸线保护利用规划　按照水利部的统一部署，2021年内蒙古自治区按时完成第一次全国水利普查名录内河湖（无人区除外）管理范围划界工作，明确2 806条12.15万km河流415个湖泊的管控边界。配合黄委、松辽委完成黄河、嫩江、辽河、老哈河等重要河道岸线规划的编制，组织完成黑河、居延海、西辽河等5个由自治区领导担任河湖长的河湖岸线保护与利用规划编制；督促盟（市）、推进盟（市）领导担任河湖长的29个河湖岸线保护与利用规划编制工作。

2. 采砂整治

（1）河湖采砂管理。依托河湖长制强化采砂管理，将采砂管理工作纳入各级河长的职责范围，作为内蒙古自治区河湖长制年度考核的重要内容之一。2021年内蒙古自治区按照河道砂石资源较为丰富、群众反映非法采砂问题较多、非法采砂打击任务较重、采砂对防洪和河道生态安全影响较为严重等原则，对重点河段、敏感水域进行重新调整、核定，共确定136个河道采砂管理，河长责任人、行政主管部门责任人、现场监管责任人、行政执法责任人

575 人。

（2）采砂规划编制。2021 年内蒙古自治区共编制采砂规划 186 个，许可采砂点 328 个，许可采砂量 5 441.5 万 t，实际采砂量 636.61 万 t。完成黄河干流和重要支流以及其他各级支流采砂规划的编制和审批工作（不包括黄河干流），并由县级以上政府进行批复和公示。其中许可采区共 56 个，黄河干流和重要支流 7 个，其他各级支流 49 个；许可采砂总量 2 855.37 万 t，其中黄河干流和重要支流 37.8 万 t、其他各级支流 2 817.57 万 t；实际采砂量 52.95 万 t，黄河干流和重要支流 14.8 万 t、其他各级支流 38.15 万 t。

（3）采砂专项整治。为坚决打击河道非法采砂，保障河势稳定、防洪安全和生态安全，进一步加强河道采砂管理，切实规范河道采砂秩序，2021 年 5 月，内蒙古自治区河长制办公室与内蒙古自治区水利厅联合印发《内蒙古自治区 2021 年河道采砂专项整治行动方案》（内河长办〔2021〕6 号），在全自治区所有河湖管理范围内开展河道采砂专项整治行动。此次行动共出动整治人员 6 238 人次，累计巡查河道 54 782.73km，查处（制止）非法采砂行为 68 起，查处案件 24 件，处罚人数 16 人。其中黄河流域出动整治人员 2 375 人次，累计巡查河道 23 449.03km，查处（制止）非法采砂行为 52 起，查处案件 11 件，处罚人数 6 人。

2021 年 9 月，按照《水利部办公厅关于开展全国河道非法采砂专项整治行动的通知》（办河湖〔2012〕252 号）要求，内蒙古自治区水利厅印发《关于开展河道非法采砂专项整治行动的通知》（内河湖〔2021〕29 号），组织盟（市）水利（水务）局牵头，以旗（县）为单元，综合运用拉网式排查、不间断暗访、常态化巡查等方式，对全自治区有采砂管理任务的河湖，自 2021 年 9 月 1 日至 2022 年 8 月 31 日，开展为期一年的非法采砂专项整治行动。截至 2021 年 12 月底，河道非法采砂专项整治行动共出动 10 790 人次，累计巡查河道长度 65 391.6km，查处非法采砂行为 49 起，查处非法采砂挖掘机机械数量 35 台，查处案件 31 件，处罚人数 33 人，没收违法所得 3.34 万元，罚款 35.3 万元。

3. 河湖“四乱”整治　河湖“四乱”问题直接危害河湖水环境安全，是河湖管护的重要内容，内蒙古自治区高度重视，及时制定印发《内蒙古自治区 2021 年河湖管理保护“春季”行动方案》《内蒙古自治区 2021 年河湖管理保护“秋季”行动方案》，组织开展以河湖“清四乱”为重点的河湖管护行动，进一步强化全自治区河湖管理保护和执法监督工作，加强河长制各责任单位与内蒙古自治区检察院间的协同协作和联防联控，同时组织开展 2 轮河湖“清四乱”暗访检查，推动河湖“四乱”问题整改。2021 年累计清理整治“四乱”问题 572 处，清理非法占用河道岸线 263km，清理非法采砂点 42 个，清理非法砂石量 53 176m^3，打击非法采砂船只 9 艘，清理建筑和生活垃圾 45.5 万 t，拆除违法建筑 46.5 万 m^2，清除围堤 28.18km，清除非法林地 540m^2，清除违规种植大棚 12 000m^2，有力巩固了“清四乱”专项行动成果。

（张智超　张景裕　于振浩　刘子嘉）

【水污染防治】

1. 排污口整治　严格入河湖排污口监管，开展入河湖排污口调查，建立入河湖排污口台账。2021 年，内蒙古自治区制定并印发实施《现阶段加强入河排污口监督管理有关工作暂行意见》（内环发〔2021〕130 号），从加强排污口排查、监测、溯源、整治、设置许可等方面全面强化入河排污口监督管理工作。将入河排污口排放情况纳入自治区 2021 年度监测方案开展监测，对存在问题的予以通报。按照生态环境部统一部署，2021 年，内蒙古自治区全面开展了黄河流域入河排污口排查整治专项行动，目前黄河流域 7 个盟（市）已全部完成全流域总面积 4 005.1km^2 无人机航测及图像解译、人工徒步现场排查工作，正在开展第三阶段攻坚排查。

2. 工矿企业、城镇生活污染　强化城镇、园区污水处理厂达标监管，加快补齐污水处理设施建设短板，2021 年，内蒙古自治区下达中央预算内基建资金 10 210 万元，专项用于污染治理和节能减排专项，新建污水处理厂、污水管网、污水沉泥井等项目。

3. 农业面源污染

（1）化肥农药持续减量。2021 年，内蒙古自治区农牧厅印发《2021 年内蒙古自治区化肥减量增效项目实施方案》和《内蒙古自治区 2021 年农药减量控害工作方案》，建设 143 个控肥增效示范区，总面积 2.847 万 hm^2，在全自治区推广配方肥施用面积 455.37 万 hm^2，水肥一体化 135.06 万 hm^2，有机肥使用面积 282.15 万 hm^2，缓控释肥等新型肥料应用面积 184.71 万 hm^2，测土配方施肥技术推广覆盖率达到 92.56%。

（2）地膜污染防治。2021 年，内蒙古自治区农牧厅印发《内蒙古自治区 2021 年中央财政废旧地膜回收利用项目实施方案》，以 15 个农膜回收示范县为重点，号召农民使用标准地膜，深入推进农膜回收工作，项目旗（县）农膜回收率达到85%。发布《内蒙古自治区全生物降解地膜示范项目材料入围供应商名单》，在兴安盟扎赉特旗等7个旗（县）开展了全生物可降解地膜试验示范933.33hm^2。制定颁布《农田地膜残留监测技术规范》（DB15/T 2257—2021），在53个固定监测点位进行农田地膜残留监测。

4. 畜禽养殖污染　2021年内蒙古自治区农牧厅安排自治区地方债券资金1亿元在沿黄流域、"一湖两海"流域、居延海流域和察罕淖尔流域周边19旗（县）实施畜禽粪污资源化利用项目，累计实现了沿黄流域、呼伦湖流域、乌梁素海流域、岱海流域、居延海流域和察罕淖尔流域周边旗（县）畜禽粪污资源化利用项目全覆盖。截至2021年第三季度，全自治区初步建立了畜禽粪污资源化利用机制，畜禽粪污综合利用率88.26%，规模养殖场粪污处理设施装备配套率99.47%，分别高于国家约束性目标任务13.26个百分点和4.47个百分点。其中，沿黄流域、"一湖两海"流域和察罕淖尔流域畜禽粪污综合利用率分别达到93.3%、92.2%和92.7%。

（艾丽娅　李美艳）

【水环境治理】

1. 强化水环境质量目标管理　将国考断面水质达标任务与河湖长制深度衔接，按月向自治区级河湖长报送水质达标分析报告，高位推动盟（市）解决影响国考断面达标的难点、堵点问题。密切关注"十四五"期间自治区国考断面的水质变化情况，及时分析研判存在的问题并致函属地盟（市）政府，严防国考断面水质恶化反弹。组织各盟（市）加强汛期水环境监管，严防汛期国考断面水质因人为污染出现恶化反弹。根据国家反馈数据，2021年1—10月，全自治区国考断面中监测到128个，其中优良比例达到63.3%。黄河流域干流9个断面全部优良，稳定保持Ⅱ类进Ⅱ类出。聚焦黄河流域部分支流水质下降问题，内蒙古自治区水利厅主要领导带队实地调研暗访，对重点污水处理厂进行执法检查和抽测，严肃查处违法问题。2021年开展了呼和浩特、包头两市黄河流域地表水国考断面水生态环境保护专项督察，推动解决污水溢流直排、雨污管网混接错接等突出问题。编制完成《内蒙古自治区重点流域水生态环境保护"十四五"规划》，并通过了内蒙古自治区发展规划委员会的审查，待内蒙古自治区人民政府研究审定。

2. 饮用水水源规范化建设　2021年，内蒙古自治区批准新增46个集中式饮用水水源保护区。开展2021年度水源地安全保障达标建设评估工作，对乌海市等5盟（市）8个国家及自治区级重要饮用水水源地进行了现场核查，基本建成地市级城市集中式饮用水水源地数据库，旗（县）级水源地数据库正在建立完善。2021年1—11月，内蒙古自治区45个在用地市级水源地水质优良率为82.2%，水质保持稳定。

3. 黑臭水体治理　根据内蒙古自治区党委农牧办、自治区农牧厅、自治区生态环境厅联合印发《关于推进农村牧区生活污水治理的实施意见》（内党农牧办发〔2020〕6号），2021年，内蒙古自治区生态环境厅制定《农村牧区黑臭水体治理工作指南（试行）》，并组织各盟（市）开展农村黑臭水体排查整治工作，共查处呼伦贝尔市1处农村黑臭水体，已经完成治理并通过专家验收。2021年，内蒙古自治区生态环境厅印发《关于核实工业园区污水处理厂及城市黑臭水体整治有关情况的函》（内环函〔2021〕150号），督促各盟（市）对城市建成区内黑臭水体深入开展排查，未发现新增黑臭水体，城市建成区已治理完成的13段黑臭水体未出现返黑返臭问题。

4. 农村水环境整治　2021年，内蒙古自治区生态环境厅印发实施《2021年农村牧区环境整治实施方案》（内环办〔2021〕105号），以旗（县）为单位分解落实目标任务，已按计划完成300个行政村环境整治任务。2021年内蒙古自治区积极开展农业面源污染治理与监督指导试点县申报工作，将巴彦淖尔市五原县作为农业面源污染治理与监督指导试点线上报生态环境部，为后续深入开展农业面源治理及监管工作奠定基础。（艾丽娅　李美艳　姜文达）

【水生态修复】

1. 退田还湖还湿　2021年，内蒙古自治区优化察汗淖尔流域林木种植结构，实施退化防护林修复0.2万hm^2；编制完成《哈素海水生态环境保护与综合治理实施方案》，从民生渠累计补水4 300万m^3。推进达里湖流域湿地修复工程，修复盐碱地1 567hm^2，配套建设围栏135km、引水渠5km，河道两侧植被恢复100hm^2。推进黑河水量调度，全年入境水量6.17亿m^3，东居延海进水量0.68亿m^3、水域面积42.8km^2，实现连续17年不干涸。

2. 生态补偿机制建立　2021年内蒙古自治区水利厅配合内蒙古自治区财政厅开展了黄河流域上下游省（自治区）间生态补偿机制协议指标拟定和盟（市）间横向生态补偿指标梳理工作。

3. 水土流失治理（生态清洁型小流域） 按照《内蒙古自治区水土保持规划（2016—2030年）》确定任务和目标，依托自治区建立的水土保持部门联席会议制度，明确各部门治理任务规模，将任务分解落实到各盟（市）、旗（县）。2021年以水土保持目标责任考核为抓手，以国家水土保持重点工程为支撑，结合重大生态保护和修复工程，完成水土流失综合防治工作。在政府主导、部门联动、社会参与的工作机制下，积极推行以奖代补方式，调动各方力量，2021年完成自治区水土流失综合治理面积7 991.02km^2。水土保持重点工程包括小流域综合治理工程、病险淤地坝除险加固工程、坡耕地综合治理工程、新建淤地坝工程、拦沙工程和东北黑土区侵蚀沟综合治理工程。2021年内蒙古自治区完成治理小流域41条，治理水土流失面积693km^2，其中生态清洁小流域27条，治理水土流失面积498km^2；坡耕地治理10.6km^2；治理侵蚀沟198条，淤地坝除险加固39座，新建淤地坝47座。

（李美艳　张阿萌　姜文达）

【执法监管】 内蒙古自治区一些地区在开展河长制工作中因地制宜，创新工作思路，加强体制机制建设，形成了一些可复制可推广的好做法和好经验。

1. 开展部门联合打击涉河湖水事犯罪活动 内蒙古自治区河长办和自治区检察院在印发《内蒙古自治区河湖水行政执法与刑事司法衔接工作办法》的基础上，2021年5月14日，由第一总河湖长石泰峰书记、总河湖长布小林主席共同签发2021年第1号总河湖长令，印发《关于建立“河长湖长＋检察长”联动协作长效机制的指导意见》，明确要重点围绕“五河四湖”（黄河内蒙古段、黑河、西辽河、额尔古纳河、嫩江内蒙古段和乌梁素海、居延海、呼伦湖、岱海）水资源保护和水生态环境联动治理，推动河湖治理见实效，建立协同领导机制、办案协作机制、联合工作机制、信息共享机制、日常联络机制，检察机关与河长办及相关责任单位密切配合沟通，充分发挥河长、湖长、检察长各自职能优势，破解河湖管理难题，更好地为自治区河湖长制工作从“全面建立”到“全面见效”提供有力保障。

2. 着力夯实基础工作 按照全自治区河湖长会议安排，组织开展自治区重要河湖清单制定，明确问题清单、目标清单、任务清单、项目清单、责任清单，梳理形成“一河（湖）一策”清单。编制完成自治区领导担任河湖长的“五河四湖”的岸线保护与利用规划编制工作，为加强水域岸线资源管护和合理开发提供了有力技术依据和支撑。印发河湖长制口袋书，明确各级河湖长、河长办职能职责。建立国考断面水质状况定期通报制度，调度解决重点问题。与气象局协商，拟通过卫星遥感解译监测图斑等方式，全方位、及时发现河湖“四乱”等问题，组织开展河湖监管分区、上图、落责工作，补齐“技防”在涉水监管中的短板，提高监管水平。

3. 全力推进“保卫黄河”专项行动 “黄河宁，天下平”。巴彦淖尔市公安局全力推进“保卫黄河”专项行动，局党委成立了专项打击行动领导小组，在环食药侦支队设办公室（简称“保卫黄河办”），对辖区内黄河流域干支渠、较大面积湿地、生活用水水源地等渠口及流域重点敏感位置加强巡查，利用网络、监控等技术手段加强防控。围绕构建黄河生态保护“一带（沿黄河生态带）五区（水源涵养区、荒漠化防治区、水土保持区、重点河湖水污染防治区、河口生态保护区）多点（重点野生动物栖息地和珍稀植物分布区）”空间布局的目标任务，保卫黄河办有针对性的打击危害黄河流域生态环境保护和高质量发展犯罪，共侦办116起刑事案件。同时，坚持“打源头、端窝点、摧网络、断链条、追流向”，按照“全环节、全要素、全链条”的侦办要求，以大要案件侦办为重点，集中力量办理了一批污染环境、非法经营等典型案件，受到了社会各界的广泛关注。（于振浩　刘子嘉　赵文贵）

【水文化建设】 水文化建设主要围绕水利工程建设管理、水生态环境建设、农业灌溉及水资源保护和节约利用等方面，通过探索“水利文旅＋科普研学”模式，推动水利工程与水利文化建设的有机结合。

1. 黄河三盛公水文化博物馆 黄河三盛公水文化博物馆成立于2014年，位于内蒙古巴彦淖尔市磴口县，是黄河三盛公水利风景区的重要组成部分，为深入挖掘黄河文化丰富的内涵，打造集弘扬黄河文化、水情教育、水利技术研究与交流等多功能于一体的水利博物馆，2021年6月管理中心对馆内展陈布局进行升级改造。博物馆主要展示和介绍中华民族的摇篮——黄河的地理、地貌等自然概况，灿烂的黄河文化以及黄河在河套平原的发展变迁，黄河水患治理，黄河三盛公水利枢纽工程建设管理，水资源开发利用，治理开发的远景规划等内容。

黄河三盛公水文化博物馆占地面积520m^2，依次分为“序厅、大河印记、治河伟业、历史巨变、砥砺奋进”5个区域，馆内展览以黄河文化为主线，采用3D立体打印、全息投影信息化媒体技术，利用图文互动、文物陈列等多种方式全方位、多角度向观众展示了黄河三盛公水利枢纽建设发展历程、黄河自然概况、泥沙特点、洪水规律、河道变更以及河套各族人民治理黄河、开发黄河水利的生动实践。

黄河三盛公水文化博物馆作为国家水情教育基地和水文化与水工程融合发展的典型案例，是讲好黄河故事、传播黄河文化、开展水情教育，向全国展现黄河水利文化、黄河三盛公水利枢纽建设管理及内蒙古河套灌区发展史的一个窗口，必将成为研究黄河水利文化的新基地，展现河套水利文化的新坐标。

2. 黄河三盛公水利风景区　黄河三盛公水利风景区位于内蒙古巴彦淖尔市磴口县和鄂尔多斯市杭锦旗的接壤处，依托被誉为“万里黄河第一闸”的黄河三盛公水利枢纽工程而建，属于水库型水利风景区，总面积 129.3km²，核心景区 8.3km²，2005 年 10 月被水利部认定为国家水利风景区。风景区秉承“绿色低碳，生态和谐”发展理念，致力于对黄河文化、河套文化的挖掘与展示，经过多年建设发展形成了充分体现水利原生性、原真性和原创性的综合性水利风景区，围绕“实景黄河、全景黄河、立景黄河”打造了三位一体的黄河文化体验区，利用水利废旧物资创作出 300 多件智趣横生的水文化金属雕塑作品，成为水管单位建设发展水利风景区的典范。

该景区被誉为国家水情教育基地、内蒙古自治区爱国主义教育基地、党史教育基地、自治区十大人文景观之一、自治区文物考古“20 大新发现”之一、自治区红色旅游精品线路、国家 4A 级旅游景区等称号。

3. 二黄河水利风景区　二黄河水利风景区位于内蒙古巴彦淖尔市，是内蒙古河套灌区打造的以河套水利文化为载体、以水利工程为依托的集休闲、娱乐、度假、旅游与教学为一体的旅游景观区。风景区位于河套灌区总干渠第一节制闸至先锋桥段落，南临黄河，北靠阴山，东临包头，西依乌兰布和沙漠，是河套旅游风景区的重要组成部分。2009 年 8 月 22 日，河套灌区“二黄河水利风景区”正式通过了水利部的评审，为全国 56 个国家水利风景区之一。2021 年 12 月 23 日，内蒙古巴彦淖尔二黄河水利风景区拟入选“第一批国家水利风景区高质量发展典型案例重点推介名单”。

（李美艳）

【智慧水利建设】　2018 年年底，内蒙古自治区建设了河湖长制综合管理信息平台，完成河长通（巡河通）App、微信公众号和 PC 端的开发任务，并正式上线运行，于 2021 年 11 月 1 日验收。内蒙古自治区河流、湖泊较多，管护工作面广量大，为适应新形势要求，2021 年内蒙古自治区水利厅同自治区气象局签署战略合作，运用卫星遥感、无人机、视频监控对内蒙古重要河流、湖泊进行动态监控，对问题整治情况进行跟踪比对，实现“一张图”管理，推进建设“智慧河湖”，提升河湖管理的现代化、信息化水平。

（宗旭东）

辽宁省

【河湖概况】　辽宁省内河流分属辽河、松花江和海河三大流域，流域面积 10km² 以上的河流 3 565 条，其中 10～50km² 溪河 2 720 条、50～1 000km² 小型河流 797 条、1 000～5 000km² 中型河流 32 条、5 000km² 以上大型河流 16 条；常年水面面积 1km² 以上湖泊 4 个。2021 年，水资源总量为 511.67 亿 m³，其中地表水资源量 460.03 亿 m³，地下水资源量 150.81 亿 m³。150 个地表水考核断面中，Ⅰ～Ⅲ类水质断面 125 个，比例为 83.3%，同比增加 8 个；Ⅳ类水质断面 22 个，占 14.7%；Ⅴ类水质断面 3 个，占 2.0%；无劣Ⅴ类水质断面，同比持平。辽宁省共有水库 757 座，总库容 374.16 亿 m³，其中大型水库 37 座，总库容 343.94 亿 m³（包含电力系统 5 座水库，总库容 190.68 亿 m³），中型水库 76 座，总库容 21.08 亿 m³，小型水库 644 座，总库容 9.14 亿 m³，其中小（1）型 267 座、小（2）型 377 座；水闸 1 150 座，其中大型 40 座、中型 143 座、小型 868 座；橡胶坝 99 座；五级及以上堤防工程 10 326.99km，其中一级堤防 588.89km、二级堤防 1 601.03km、三级堤防 459.46km、四级堤防 2 223.81km、五级堤防 5 453.8km。

（黄晓辉）

【重大活动】　2021 年 2 月 26 日，辽宁省副省长、省副总河长主持召开全省水利工作暨全省河湖长制会议，总结 2020 年全省水利及河湖长制工作，部署“十四五”和 2021 年重点任务。

2021 年 4 月 7 日，辽宁省副省长、省副总河长、省河长办主任组织召开专题工作会议，研究《流域面积 5 000km² 以上河流主要河段及市际间界河（2021—2025 年）河道采砂管理规划》，部署加强全省河道采砂管理工作。

2021 年 5 月 26 日，辽宁省省长、省总河长刘宁

主持召开省政府第122次常务会议，审议《关于强化河湖湾长制全力推进幸福河湖美丽海湾建设的决定》（辽宁省总河长令第3号）。

2021年6月25日，辽宁省省长、省总河长刘宁主持召开辽河流域综合治理暨总河长会议，听取辽河流域综合治理总体工作及辽河流域水污染防治、农村水环境综合整治、涉河湖违法案件查处等情况汇报，研究部署辽河流域综合治理及河湖长制重点任务。

2021年7月14日，辽宁省省长、省总河长刘宁主持召开省政府第129次常务会议，审议《辽宁省“大禹杯（河湖湾长制）”竞赛考评办法》《辽宁省2021年“大禹杯（河湖湾长制）”竞赛考评方案》。

2021年7月14日，省总河长与各市总河长签订《河长制湖长制工作（2021年）任务书》，压实工作责任。

2021年8月31日，辽宁省副省长、省副总河长、省河长办主任组织召开主任办公会议，贯彻《水利部办公厅关于开展全国河道非法采砂专项整治行动的通知》要求，研究制定辽宁省河道非法采砂专项整治行动方案，安排部署下一步工作。

2021年10月13日，辽宁省水利厅配合国家安全委员会赴辽河干流开展生态安全调研工作，并配合制定调研方案，汇报相关工作情况。

2021年10月15日，辽宁省副省长、省副总河长、省河长办主任组织召开主任办公会议，研究部署农村水环境整治等河湖长制工作。

2021年10月29日，辽宁省委书记、省总河长张国清主持召开省委常委会会议，学习习近平总书记在深入推动黄河流域生态保护和高质量发展座谈会上的重要讲话精神，研究部署辽宁省重点流域高质量发展及河湖长制贯彻落实工作。

2021年11月3日，辽宁省省长、省总河长李乐成主持召开省政府常务会议，学习习近平总书记在深入推动黄河流域生态保护和高质量发展座谈会上的重要讲话精神，学习贯彻党中央、国务院决策部署和省委常委会会议精神，研究部署辽宁省重点流域高质量发展及河湖长制贯彻落实工作。

2021年11月12日，辽宁省副省长、省副总河长、省河长办主任组织召开主任办公会议，研究部署全省河道退耕还河生态封育等工作。

2021年11月12日，辽宁省副省长、省副总河长、省河长办主任开展河长制工作调研及召开现场办公会议，研究部署河湖“清四乱”、采砂及水资源管理等相关工作。

（康军林）

【重要文件】 2021年3月16日，辽宁省人民政府办公厅印发《辽宁省人民政府办公厅关于对2020年落实有关重大政策措施真抓实干成效明显地区、部门和单位予以表扬激励的通报》（辽政办发〔2021〕7号）。

2021年4月28日，辽宁省人民检察院、辽宁省河长制办公室印发《关于印发〈关于建立“河长湖长＋检察长”协作机制的指导意见〉的通知》（辽检会字〔2021〕4号）。

2021年5月12日，辽宁省人民政府办公厅印发《辽宁省人民政府办公厅关于印发辽宁省创建辽河国家公园实施方案的通知》（辽政办发〔2021〕11号）。

2021年6月8日，辽宁省人民政府印发《辽宁省人民政府关于辽宁省流域面积5 000km^2以上河流主要河段及市际间界河河道采砂管理规划（2021—2025年）的批复》（辽政〔2021〕63号）。

2021年6月13日，省委书记、省长签发《关于强化河湖湾长制全力推进幸福河湖美丽海湾建设的决定》（辽宁省总河长令第3号）。

2021年6月15日，辽宁省人民政府办公厅印发《辽宁省人民政府办公厅关于对2020年获得国务院督查激励地区予以再激励的通报》（辽政办〔2021〕48号）。

2021年7月3日，辽宁省人民政府办公厅印发《辽宁省人民政府办公厅关于继续落实防汛五级包保责任制和省级领导防汛双包责任制的通知》（辽政办明电〔2021〕20号）。

2021年7月30日，辽宁省人民政府办公厅印发《辽宁省人民政府办公厅关于印发辽宁省“大禹杯（河湖湾长制）”竞赛考评办法的通知》（辽政办发〔2021〕18号）。

2021年8月，《松辽委与黑龙江省、吉林省、辽宁省、内蒙古自治区河长制办公室协作机制》。

（张野）

【地方政策法规】

1. 法规 2021年5月27日，辽宁省第十三届人民代表大会常务委员会第二十六次会议通过《辽宁省海洋渔业船舶导航安全设备使用暂行规定》。

2021年5月27日，辽宁省第十三届人民代表大会常务委员会第二十六次会议审议通过《辽宁省水利工程管理条例》，2021年8月1日起施行。

2. 规范（标准） 2021年7月30日，辽宁省人民政府办公厅印发《辽宁省人民政府办公厅关于印发辽宁省“大禹杯（河湖湾长制）”竞赛考评办法的通知》（辽政办发〔2021〕18号）。

2021年8月31日，辽宁省河长制办公室、辽宁省公安厅河湖警长制办公室印发《辽宁省河长制办公室 辽宁省公安厅河湖警长制办公室关于印发〈辽宁省公安机关河湖网格化管护工作管理办法（试行）〉的通知》（辽河长办合〔2021〕1号）。

2021年9月16日，辽宁省生态环境厅印发《关于印发辽宁省生态环境厅生态环境行政处罚工作程序规定（试行）的通知》（辽环办〔2021〕49号）。

3. 政策性文件 2021年1月25日，辽宁省生态环境厅印发《辽宁省生态环境厅关于印发〈全省生态环境保护“百日攻坚”行动方案〉的通知》（辽环办〔2021〕1号）。

2021年2月9日，辽宁省河长制办公室印发《辽宁省河长制办公室关于调整省总河长及规范河长设置的通知》（辽河长办〔2021〕3号）。

2021年3月12日，辽宁省农业农村厅办公室印发《辽宁省农业农村厅办公室关于印发辽宁省2021年化肥减量增效工作实施方案的通知》（辽农办农发〔2021〕69号）。

2021年4月7日，辽宁省河长制办公室印发《辽宁省河长制办公室关于进一步做好退耕（林）还河生态封育管理工作的通知》（辽河长办〔2021〕8号）。

2021年4月19日，辽宁省河长制办公室印发《辽宁省河长制办公室关于印发2021年河长制监督检查工作方案的通知》（辽河长办〔2021〕7号）。

2021年5月24日，辽宁省河长制办公室印发《辽宁省河长制办公室关于加强河湖长体系动态管理工作的通知》（辽河长办〔2021〕9号）。

2021年5月10日，辽宁省水利厅印发《辽宁省水利厅关于印发取用水管理专项整治行动整改提升工作实施方案的通知》（辽水资〔2021〕123号）。

2021年6月3日，辽宁省水利厅印发《辽宁省水利厅关于印发〈辽宁省水利行业节水型单位建设实施方案〉的通知》（辽水资〔2021〕160号）。

2021年7月15日，辽宁省河长制办公室印发《辽宁省河长制办公室关于印发〈辽宁省河湖“清四乱”攻坚行动工作方案〉的通知》（辽河长办〔2021〕13号）。

2021年8月10日，辽宁省农田基本建设“大禹杯”竞赛领导小组、辽宁省河长制办公室印发《关于印发〈2021年“大禹杯（河湖湾长制）”竞赛考评方案〉的通知》（辽水合考评〔2021〕2号）。

2021年9月17日，省生态环境厅、省发展和改革委、省科学技术厅、省财政厅、省自然资源厅、省住房和城乡建设厅、省水利厅、省农业农村厅、省乡村振兴局印发《关于印发辽宁省农村生活污水治理三年行动方案（2021—2023年）的通知》（辽环发〔2021〕10号）。

2021年10月13日，辽宁省河长制办公室、辽宁省水利厅、辽宁省公安厅印发《辽宁省河长制办公室 辽宁省水利厅 辽宁省公安厅关于印发辽宁省河道非法采砂专项整治行动方案的通知》（辽河长办合〔2021〕2号）。

2021年10月15日，辽宁省水利厅、辽宁省公安厅印发《辽宁省水利厅 辽宁省公安厅关于印发辽宁省严厉打击非法取用地下水专项执法行动方案的通知》（辽水合〔2021〕25号）。

2021年12月20日，辽宁省河长制办公室印发《辽宁省河长制办公室关于印发辽宁省开展妨碍河道行洪突出问题排查整治工作方案的通知》（辽河长办〔2021〕15号），辽宁省辽河干流防洪提升工程建设领导小组印发《关于印发〈辽河干流滩区居民迁建总体实施方案〉的通知》（辽干防组〔2021〕2号）。

（李慧 高萌 鲁旭鹏）

【河湖长制体制机制建立运行情况】

1. 建立河湖长动态调整机制 规范设立省市县乡村五级河湖长18 929人、河湖警长6 078人。2021年动态调整省总河长2人次，省级河长2人次。开展五级河湖长巡查管护河湖，各级河长巡河65万余人次，解决重点难点问题。

2. 推动水行政执法与司法衔接 建立“河长＋河湖警长”“河长＋检察长”协作机制，落实省、市、县（市、区）、派出所四级河湖警长巡河23 949人次，解决问题1 897件。建立公安机关河湖网格化管理机制，落实网格长3 997人，聘用网格员11 733人。

3. 加强流域统筹、区域协调 与松辽流域“三省一区”共同签署了《松辽委与黑龙江省、吉林省、辽宁省、内蒙古自治区河长制办公室协作机制》，与松辽流域、海河流域建立省级河湖长联席会议机制，加强上下游、左右岸联防联控。

4. 强化部门协同，凝聚合力 组织各级农业农村、住房城乡建设、生态环境、水利、公安等部门联合开展畜禽养殖污染监测、农村垃圾集中整治、城市地下市政基础设施建设、大水面“人放天养”生态养殖、城市黑臭水体排查整治等工作，强化流域统筹、区域协同、部门联动。（李慧）

【河湖健康评价】 2021年4月，印发《辽宁省河长制办公室关于开展2021年河湖健康评价工作的通知》（辽河长办函〔2021〕1号），部署河湖健康评价

工作，指导各地因地制宜选择区域内干流段、湖泊或1条（段）、多条（段）重点支流河湖开展评价工作，并将此项工作纳入省政府对各市政府年度绩效考核内容。2021年，评价完成17条（段）重点河流及1座水库，其中流域面积1 000km^{2}以上河流9条，评价河流总长1 409km。主要评价依据采用水利部河长办印发的《河湖健康评价指南（试行）》（第43号）或《辽宁省河湖（库）健康评价导则》。

（高萌）

【“一河（湖）一策”编制和实施情况】 启动辽宁省3 565条河流“一河一策”方案（2021—2023年）编制工作并组织实施。其中省河长办组织落实235条省级河流及跨市界河的方案编制工作，编制完成《辽宁省省级“一河一策”方案（2021—2023年）》及省级河长负责的八大水系“一河一策”方案（2021—2023年），并委托省水利规划和技术审核中心进行技术审查后，报请8位省级河长审定，由省河长组织印发并推动实施。

（刘玥）

【水资源保护】

1. 水资源双控行动 2021年，辽宁省总用水量128.98亿m^3，较年度控制目标140亿m^{3}少11.02亿m^3，其中，非常规水用水量5.83亿m^3，较最低利用量目标5.75亿m^{3}多0.08亿m^3，全省万元地区生产总值用水量较2020年下降5.75%，超过下降2.3%年度目标3.45个百分点，万元工业增加值用水量较2020年下降6.85%，超过下降2%年度目标4.85个百分点，农田灌溉水利用系数稳定在0.592，全面完成各项考核目标。

2. 落实节水行动方案 组织35个县（市、区）开展县域节水型社会达标建设，截至2021年年底，有11个县（市、区）通过省级校验。完成22家水利行业节水单位建设任务，通过率100%。创建完成节水型高校14所，累计建成率达到23.2%。在全省开展监督检查工作，累计发现问题189个，整改完成189个。

3. 地下水资源管理 辽宁省水利厅深入推动落实《辽宁省压采地下水实施方案（2020—2021年）》，2020—2021年，全省累计关停封闭城镇地下水取水工程789处、水井1 570眼，削减地下水开采量4.21亿m^3（含备用水量）。开展松辽流域国家地下水监测二期工程可行性研究，拟通过增设监测设施实现县级行政区域地下水自动监测全覆盖。

4. 取水口监测计量体系建设 辽宁省水利厅组织编制完成《辽宁省取水口监测计量体系建设实施方案（2021—2023年）》，明确对地表水年许可水量50万m^{3}以上、地下水年许可水量5万m^{3}以上工业、生活、服务业用水户实行在线监测计量建设目标。组织编制完成《辽宁省2022年取水口监测计量工作实施方案》，争取省以上财政资金1 092万元，以“先建后补”方式，支持新建、改建非农取用水在线计量设施1 226台（套）、新建农业灌溉“以电折水”样本取水井在线计量设施200套。

5. 取用水专项整治行动 印发《辽宁省水利厅关于印发取用水管理专项整治行动整改提升工作实施方案的通知》（辽水资〔2021〕123号），摸排全省20.45万个取水口现状，建立问题整改台账。完成0.52万个非农取水口问题整改，6.22万个农业取水口已整改。推进县域农饮、农灌及省级以上经济开发区水资源论证区域评估。全省取水许可证全部转换为电子证照，全面实现取水许可证电子化。

（王天一 李慧）

【水域岸线管理保护】

1. 河湖岸线管理 实施河湖“清四乱”攻坚行动，整治“四乱”问题857个。完成流域面积50km^{2}以上河流管理范围划定成果上图，完成6条省级重点河流水流确权登记。印发《辽宁省开展妨碍河道行洪突出问题排查整治工作方案》并组织实施。完成省级8条重点河流岸线保护与利用规划编制与审查，指导各地推进规划编制。

2. 河道采砂管理 组织编制15条重点河流采砂管理规划，经省政府批复实施。全省批复计划砂场181处，计划采量731.5万m^3。辽宁省河长制办公室、水利厅、公安厅联合印发《辽宁省河道非法采砂专项整治行动方案》并组织实施。落实并公布101个重点河段、敏感水域采砂管理责任人，鼓励推行统一开采经营模式，对省审批砂场实行旁站式监理。

3. 堤防运行管理 组织开展堤防及公益水利设施维修养护工作；推动堤防专项检查发现问题整改工作，实现能改尽改。开展对富尔江等20条河流的行洪能力分析。

4. 水利风景区管理 组织开展国家水利风景区高质量发展典型案例征集与推广工作，辽宁省关门山水利风景区入选国家水利风景区高质量发展典型案例名单。

5. 推进防洪工程建设 实施大江大河主要支流和中小河流治理、病险水库除险加固、中型灌区节水改造等项目85个。

（陈颖）

【水污染防治】

1. 加强入河排污口整治　建立入河排污口监管体系，强化入河排污口精准管控，累计核实入河排污口 10 229 个；建立入河排污口“一口一档”信息台账；开展全省 1 500 个主要入河排污口水质监测，完成辽河干支流 70 个重点排污口整治规范化试点建设。初步建立水质-排污口-污染源响应联动机制。全省完成入河排污口规范化整治 4 378 个，其中封堵取缔 629 个。

2. 畜禽养殖和农业面源污染治理　完成 14 个地级市和沈抚示范区及 28 个畜牧养殖大县畜禽养殖污染防治规划发布；启动农业面源污染治理监督试点，推荐庄河市申报国家农业面源污染治理与监督指导试点县并获得批准。

3. 巩固达标攻坚成效　开展城镇污水处理提质增效、化肥农药减量增效、畜禽粪污综合利用，推进排污口整治规范化试点、水产绿色健康养殖“五大行动”。核发排污许可证 10 301 家，取缔“十小”企业 6 家。新建、改造城市排水管网 580km，创建国家级水产健康养殖和生态养殖示范区 2 个。全省市、县污水处理率及污泥无害化处置率达到 95%以上，畜禽粪污综合利用率达到 83.5%，主要农作物农药利用率达到 41%。　（李强　李慧）

【水环境治理】

1. 饮用水水源环境状况评估　开展对市级和县级集中式饮用水水源地环境状况评估。2021 年，市、县级集中式饮用水水源环境状况在水源水量水质、保护区建设、保护区整治、监控能力建设、风险防控与应急能力建设、管理措施等方面综合评估结果均为优秀。

2. 饮用水水源规范化建设　推进水源地规范化建设，103 个县级以上在用集中式饮用水水源水质全部达标。开展超标水源达标治理，国家拟考核的 62 个县级以上城市水源和其他 41 个县级在用水源水质达标率达到 100%。开展“千吨万人”以上水源保护区风险源排查整治，建立健全风险源管理清单 1216 项，并实施动态管理。加强农村饮用水水源保护，283 个乡镇级集中式饮用水水源完成保护区划定，提升农村群众饮用水安全保障程度。

3. 农村生活污水治理　2021 年，85 个行政村实施农村生活污水治理工程，353 个行政村实施资源化治理，全省农村生活污水治理率达到 23%，污水处理设施运行率达到 84.9%。

4. 美丽宜居村创建　按照“一村一策”原则，推动完成 649 个村农村环境整治。

5. 黑臭水体治理　全省 70 条已完成治理的城市黑臭水体开展异地交叉监测，开展城市黑臭水体排查整治专项行动，落实城镇污水处理提质增效三年行动方案。辽宁省生态环境厅、省水利厅、省农业农村厅加强协同，排查 116 条农村黑臭水体底数，完成 38 条农村黑臭水体治理。

6. 水质动态预警制度　印发《关于建立全省河流断面水质动态预警制度的通知》（辽环综函〔2021〕51 号），建立多地协同的水质预警长效机制，实施河流断面水质问题零报告制度，累计通报 231 次，解决涉省内 56 个断面的环境问题 72 个。

7. 重点河段达标攻坚　开展水质“保优消劣”行动，建立排查台账，完成整改问题 497 个。开展达标攻坚行动，印发《关于持续开展 2021 年重点河段达标攻坚工作的通知》（辽环综函〔2021〕540 号），实施闭环管理，完成整改措施 83 项。

（李强　高萌）

【水生态修复】

1. 巩固生态封育成果　加强水生态修复与保护，实施重点河流滩区生态封育，建立健全省、市、县（市、区）、乡（镇）、村五级监管责任体系，实行台账式、清单式管理。完成 136 万亩生态封育任务，辽河封育区监测到鱼类 51 种、鸟类 118 种、植物 400 种，生物多样性持续恢复。

2. 统筹山水林田湖草沙　治理水土流失 87.7 万亩，人工造林 187.29 万亩。提升 2 处国家湿地公园蓄水能力，实施辽河口国家级自然保护区湿地生态效益补偿。

3. 生态流量管理。辽宁省水利厅印发《第二批重点河湖生态流量保障目标的函》，明确锦凌水库、碧流河水库、乌金塘水库主要控制断面生态流量保障目标，编制保障实施方案。组织 5 个省管水库调供生态水量 2.24 亿 m^3，全省 7 个控制断面全部达到生态流量保障目标要求。　（李富伟　李威）

【执法监管】

1. 加强河湖长制监管　2021 年开展两轮河长制监督检查工作，工作组采取明查与暗访相结合方式开展，并对检查中发现的问题以“一市一单”形式通报各地。

2. 开展常态化打击整治　2021 年，全省各类涉河涉水刑事案件立案 331 起，破获刑事案件 310 起，抓获犯罪嫌疑人 529 人；打掉犯罪团伙 17 个，其中涉黑恶团伙 1 个；破获治安案件 154 起，治安拘留 112 人；水行政部门与公安机关联合执法办理

行政案件368起，全力维护河湖治安秩序持续稳定。

3. 加强水环境监督执法　2021年，全省下达涉水环境违法行政处罚决定424件。其中一般行政处罚402件，罚款4 418万元，查封扣押5件，行政拘留6件，违法犯罪11件，全力消除水环境安全隐患。

4. 开展差异化生态环境监管　辽宁省生态环境厅将治污水平高、环境管理规范的企业纳入正面清单，全省14个市纳入清单企业589家，对清单内企业开展非现场生态环境执法。

5. 开展水源保护区执法检查　印发《关于开展大伙房水源保护区监督帮扶工作的通知》（辽环综函〔2021〕519号），检查191家企业发现210项环境问题（涉及91家企业），同步向抚顺市生态环境局完成移交，其中立行立改113个问题，限期整改69个问题，停产整治3个，已立案查处20个，罚款221.885万元。

6. 开展涉水交叉执法检查　印发《辽宁省生态环境厅2021年水污染防治专项执法检查工作方案的通知》（辽环函〔2021〕142号），统筹全省执法力量，对6个领域111家企业单位开展检查，发现违法问题企业22家，违法问题38个，全部查处整改到位。

7. 加强面源污染执法监管　检查规模养殖场2 437家，处罚128家，处罚总金额301万元，处罚金额同比增长5%。省生态环境厅、省农业农村厅开展联合惩戒试点，6批39家有环境违法行为的规模养殖场被取消养殖补贴。

8. 开展内河船舶污染物检查　全年共开展内河船舶污染物接收作业现场检查198艘次，船舶防污染现场检查60艘次，联合执法检查23次，船舶防污染设备设施检查84艘次，船舶防污染证书文书检查22艘次，发现并整改相关缺陷41项，及时消除了隐患，保障了辖区内河船舶污染防治形势持续稳定，保护了内河水域环境清洁。

（仇周文　李强　陈益春）

【水文化建设】　2021年，辽宁省设立巡（护）河员、水（库）管员1万余人，志愿者团队90余个，积极构建全民管水新格局。

2021年3月22日，辽宁省水利厅组织开展“世界水日”“中国水周”“河湖长制”主题宣传活动，通过发放宣传册、发布短视频、开展知识宣讲、开展网络知识竞赛形式，增强公众节水惜水爱水意识，培养关心节水、注意用水好习惯。

2021年5月12日，辽宁省水利厅组织开展“防灾减灾日”“防灾减灾宣传周”主题宣传活动，通过专家讲科普、发放防汛抗旱科普手册和播放公益宣传片等形式，提高公众防洪减灾意识，提升基层防汛能力水平。

2021年9月14—17日，辽宁省水利厅组织开展科普日主题宣传活动，通过张贴主题海报和宣传展板、讲授科普知识课、播放科普宣传片、邀请专家在线讲座，引导公众珍惜水资源、保护水资源、节约水资源。

2021年9月，辽宁省河长制办公室与省水利厅联合组织编制《辽宁省幸福河湖建设制度体系创新成果》，总结提炼辽宁省河湖长制体制机制创新成果并申报辽宁省委省政府首届制度创新奖。

2021年10月25—29日，辽宁省河长办与省委党校联合举办辽宁省河长制湖长制专题培训班，推进河湖长履职尽责，提高河湖长制工作队伍能力建设，推动河湖长制有能有效。

2021年12月，辽宁省河长办、省水利厅联合组织举办“全面推行河湖长制知识竞赛答题活动”，宣传和引导公众参与河湖治理保护工作，进一步提高全社会对河湖保护工作的责任意识与参与意识，营造关爱河湖、珍惜河湖、保护河湖的浓厚氛围。

（陈媛媛　刘玥）

【智慧水利建设】　2021年9月，辽宁省水利大数据中心可研报告经厅党组审议通过并正式报批。大数据中心以保证连续性、可扩展性和资源高效利用为思路，利用现有资源，加强数据整合共享，强化服务资源整合，运用大数据、人工智能、区块链等新一代信息技术，采用微服务融合架构，构建“一云（水利云）、一池（数据资源池）、二平台（数据接收与汇集平台、智慧使能和应用支撑平台）＋‘水利一张图’＋网络安全体系”总体框架。大数据中心可研报告规划建设周期5年，估算总投资为40 729万元。

（蔡涛　李威）

| 吉林省 |

【河湖概况】

1. 河湖数量　吉林省地处松辽平原腹地，是东北三省唯一横跨松花江、辽河流域的省份，更是河源省份。全省河流众多，分属松花江、辽河、鸭绿江、图们江、绥芬河五大水系，其中松花江、辽河为全国七大江河之二，鸭绿江和图们江为中朝界河。吉林是东北的“水塔”，长白山更是松花江、鸭绿江、图们江的发源地，润泽白山松水，素有“三江源”的美誉。吉林省河流总长度约3.2万km，河流和湖泊水面面积为26.55万hm^2。其中水面面积在$1km^2$以上的自然湖（泡）152个，流域面积$20km^2$以上的河流1 633条，流域面积$50km^2$以上的河流912条，流域面积$100km^2$以上的河流495条，流域面积$200km^2$以上的河流250条。

2. 水量　吉林省属中度缺水省份，水资源总量不足、时空分布不均。东北长白山区年降水量800～1 000mm，为全省的高值区；西部平原区降水量500～700mm，为全省的低值区。2021年全省平均降水量710.4mm（折合水量为1 331.26亿m^3），比2020年减少7.6%，比多年均值增加16.8%，属偏丰水年。全省水资源总量为459.23亿m^3，其中地表水资源量380.0亿m^3，较上年减少24.7%，较多年平均值增加10.8%；地下水资源量166.15亿m^3（重复计算量为86.92亿m^3），比多年平均值增加33.5%。全省共有19座大型水库、105座中型水库，2021年年末总蓄水量150.58亿m^3，较2021年年初减少23.8%。2021年全省总供水量为110.21亿m^3，以地表水供水为主，占总供水量的67.4%。2021年全省总用水量为110.21亿m^3，农田灌溉用水量最多，占总用水量的72.5%；生活用水量次之，占11.9%。

3. 水质　2021年省内重点流域111个国考断面（点位）中的85个达到或优于Ⅲ类，优良水体比例76.6%，高出国家考核目标2.3个百分点；劣Ⅴ类水体比例2.7%，低于国家考核目标4.6个百分点。

4. 水利工程　落实全口径水利投资138.13亿元，同比增长5.4%，实施4大类539项工程，纳入国家层面的中部城市引松供水、西部河湖连通、松原灌区等重大工程主体或骨干已基本完工，查干湖水生态修复与治理试点工程已开工建设，全省农村自来水普及率达到95.3%。特别是“大水网”骨干工程获李克强总理和胡春华副总理肯定性签批意见。统筹水利资金6.6亿元，支持净月区和敦化市水系连通等19个试点项目建设，带动省级万里绿水长廊第一批36个试点项目完成投资32亿元，建设绿水长廊128km。（刘金宇）

【重大活动】

1. 省总河长会议　2021年6月8日，吉林省2021年省级总河长会议以视频形式召开，会议传达了全国全面推行河湖长制工作部际联席会议暨加强河湖管理保护会议精神；总结了2020年全省河湖长制各项工作，对2021年河长制湖长制工作进行全面部署；听取了长春市、吉林市、四平市市级总河长述职，其他市州总河长提交了书面述职报告；审议通过了《吉林万里绿水长廊建设规划（2021—2035年）》。省委书记、省总河长景俊海出席会议并讲话。他强调，要深入贯彻习近平生态文明思想和习近平总书记视察吉林重要讲话重要指示精神，认真践行绿色发展理念，坚持保护生态和发展生态旅游相得益彰，切实加强河湖管理保护，推进万里绿水长廊建设，让吉林的江河湖泊变得更洁净、更健康、更美丽。省长、省总河长韩俊主持会议。

2. 万里绿水长廊新闻发布会　2021年6月24日，吉林省政府新闻办公室召开吉林万里绿水长廊新闻发布会，省河长办常务副主任、省水利厅厅长介绍了《吉林万里绿水长廊建设规划（2021—2035年）》相关情况，省生态环境厅、省住房和城乡建设厅、省农业农村厅、省林业和草原局、省畜牧业管理局相关领导同志回答了记者提问。（刘金宇）

【重要文件】

1. 吉林省委、省政府重要文件　2021年2月24日，吉林省人民政府办公厅印发《吉林省空气、水环境、土壤环境质量巩固提升三个行动方案》（吉政办发〔2021〕10号），明确提出深入落实河湖长制，推动河湖长按照《吉林省河湖长制条例》对其责任河湖管理保护工作履职尽责。省、市、县各级河湖长要加强调度和部署，按照规定的巡查周期和巡查事项，对其责任河湖进行巡查，对河湖管理保护工作进行督促和监管。

2021年7月20日，吉林省人民政府办公厅印发《关于切实加强水库除险加固和运行管护工作的实施意见》（吉政办发〔2021〕29号），明确提出要将水库除险加固和运行管护工作纳入“十四五”水利相关规划和河湖长制管理体系，强化考核约束。

2021年8月19日，吉林省人民政府印发《关于表扬全省河长制湖长制工作有突出贡献集体和个人的通报》（吉政函〔2021〕60号），决定对长春市生态环境局等49个有突出贡献的集体，吴亚琴等20名有突出贡献的河长湖长，马骏等149名有突出贡献的个人进行通报表扬。

2. 省总河长令　2021年6月22日，吉林省总河长签署吉林省总河长令第3号《关于印发〈吉林万里绿水长廊建设规划（2021—2035年）〉的通知》，按照城市型、乡村型、原真型三种主要类型，聚焦保护水资源、强化水安全、改善水环境、守护水岸线、修复水生态、弘扬水文化和做强水经济

“6+1”项重点任务。

3. 省河长办重要文件　2021年2月25日，吉林省河长制办公室印发《关于开展春季“清河行动”工作的通知》（吉河办〔2021〕4号）。

2021年3月16日，吉林省水利厅印发《关于进一步规范河道采砂管理工作的通知》（吉水河湖函〔2021〕5号）。

2021年3月26日，吉林省河长制办公室印发《关于开展河湖“清四乱”“回头看”专项行动的通知》（吉河办〔2021〕7号）。

2021年4月13日，吉林省河长制办公室印发《关于印发吉林省2021年度河湖长制工作要点的通知》（吉河办〔2021〕10号）。

2021年5月24日，吉林省水利厅、吉林省公安厅、吉林省交通运输厅联合印发《吉林省集中开展打击河道非法采砂专项整治行动实施方案》（吉水河湖联〔2021〕66号）。

2021年6月10日，吉林省河长制办公室印发《关于印发吉林省河湖日常监管巡查制度的通知》（吉河办〔2021〕30号）。

2021年8月30日，吉林省河长制办公室印发《关于印发做好河湖长体系动态管理工作的通知》（吉河办函〔2021〕34号）。

2021年9月16日，吉林省河长制办公室印发《关于印发新增3个省级河长制成员单位及工作职责方案的通知》（吉河办〔2021〕39号）。

2021年10月25日，吉林省河长制办公室印发《关于进一步推动河湖长全面履职尽责的通知》（吉河办〔2021〕41号）。

2021年12月15日，吉林省河长制办公室印发《关于开展妨碍河道行洪突出问题排查整治工作的通知》（吉河办〔2021〕43号）。

2021年12月23日，吉林省河长制办公室印发《关于2021年度吉林省河湖长制及万里绿水长廊建设省级考核工作实施方案的通知》（吉河办〔2021〕44号）。

4. 河长制成员单位重要文件　2021年3月18日，吉林省生态环境厅印发《关于印发春季清河行动专项执法检查方案的通知》（吉环执法字〔2021〕4号）。

2021年3月30日，吉林省高级人民法院、吉林省人民检察院等11个部门联合印发《关于建立吉林省环境治理司法协同中心联席会议机制的意见》（吉高法〔2021〕38号）。

2021年6月11日，吉林省生态环境厅印发《关于通报2020年度水环境区域补偿结果的函》（吉环函〔2021〕147号）。

（刘金宇）

【地方政策法规】

1. 地方法规　2021年5月27日，吉林省第十三届人民代表大会常务委员会第二十八次会议审议通过修订后的《吉林省河道管理条例》，该条例全面落实习近平总书记关于生态保护重要讲话重要指示精神，集思广益，广泛征求自然资源、交通运输、生态环境等部门的意见和建议，推动形成协同衔接的地方性水法规体系。

2. 地方标准　2021年12月2日，吉林省生态环境厅制定了《吉林省地表水功能区》（修订）（征求意见稿）；2021年吉林省农业农村厅发布了全国第一个卫生旱厕地方标准《农村户用卫生旱厕建设技术规范》（DB22/T 3232—2021）；2021年省住房和城乡建设厅制定了《城镇污水处理厂运行管理评价标准》。

（刘金宇）

【河湖长制体制机制建立运行情况】

1. 河湖长组织体系　吉林省建立省、市、县、乡、村五级河长体系，省级总河长由省委书记和省长共同担任，副总河长由省委、省政府分管领导担任，松花江等“十河一湖”设省级河长湖长。中共吉林省委组织部、中共吉林省委宣传部等23个部门为省级河长制成员单位，省河长制办公室设在吉林省水利厅，办公室主任由省政府有关副省长担任，常务副主任由省政府有关副秘书长、吉林省水利厅厅长担任，副主任由吉林省水利厅、吉林省生态环境厅、吉林省住房与城乡建设厅分管副厅长担任，承担河长制组织实施具体工作，落实河长确定的事项。各地参照省里模式组建了相应河长制组织体系。截至2021年年底，共设立各级河湖长1.25万名，所有河湖长均在各级主要媒体公告。全年各省级河湖长及地方党委政府担当尽责，围绕“巡、盯、管、督”重要环节狠抓落实，全省五级河湖长年内累计巡河巡湖40万人次，发现并整改一批河湖管护问题。

2. 省级河湖　吉林省确定了由省级领导担任河湖长的河流10条、湖泊1座，分别为松花江、嫩江、图们江、鸭绿江、浑江、东辽河、伊通河、饮马河、辉发河、拉林河、查干湖。

3. 河湖警长制　吉林省公安厅在全省公安机关组织实施河湖警长制，截至2021年年底，共设立河湖警长3 906人。2021年省公安厅以“昆仑2021”专项行动为主线，深入开展打击整治“沙霸”“矿霸”等自然资源领域黑恶犯罪专项行动，聚焦美丽河湖建设，综合运用传统侦查手段和现代化侦查方式，对破坏河湖生态环境安全违法犯罪行为坚持重拳出击、露头就打，持续推进破案攻坚。全年累计查处侦破涉河湖生态环境安全行政案件9起，行政处罚9人；侦破涉河湖生态环境安全刑事案件146起，抓获犯罪嫌疑人279人，涉案金额7 700余万元，其中4起被公安部列为督办案件。

4. 河长制办公室　吉林省组建了省、市、县三级河长制办公室，设在同级人民政府水行政主管部门，主要承担河湖长制的组织、协调、分办、督办等工作，主任全部由同级政府副职领导担任，水利、生态环境、农业农村、住建、林草、交通运输、公安、财政、司法等相关部门为成员单位，有的地方将司法、检察、监察部门列为成员单位，在更大层面上形成合力。截至2021年年底，全省86个县级以上河长制办公室实际到位人员359人，其中专职人员236人。

5. 河湖长制制度体系　吉林省在全部出台国家要求的河长制省级会议、信息报送、信息共享、督办督察、省级验收及考核问责办法6项制度基础上，还制定了日常监管巡查制度及《吉林省河长制办公室工作规则》。另外，省里还出台了健全生态保护补偿机制的实施意见、生态环境保护工作职责规定、水环境区域补偿实施办法、领导干部自然资源资产离任审计实施方案等政策措施。全省各市（州）、县（市、区）全部出台了国家要求的6项制度，共制定707项配套制度，特别是很多市县建立了上下游、左右岸、干支流等跨界河湖联防联控机制。2021年，吉林省辽源市中级人民法院、吉林省四平市中级人民法院印发《关于建立东辽河区域环境资源审判协作机制的意见》（辽中法〔2021〕118号）；吉林省通化县人民检察院、辽宁省新宾满族自治县人民检察院印发《关于建立富尔江流域检察公益诉讼跨区域协作机制的意见》（新检发行字〔2021〕1号）。

6. 河湖长制考核激励　为总结成绩、激发干劲，进一步推进全省河长制湖长制工作向纵深发展，2021年，省政府对长春市生态环境局等49个有突出贡献的集体，吴亚琴等20名有突出贡献的河长湖长，马骏等149名有突出贡献的个人进行了通报表扬。

（刘金宇）

【河湖健康评价】　2021年，开展河湖健康评价省级试点工作，省级试点选择了浑江和向海水库。在浑江流域河流健康评价中评价了1个目标层、4个准则层、5个亚准则层、12个评估指标，得出浑江流域整体健康评估得分70.3分；在向海水库河湖健康评价中评价了水文完整性、化学完整性、形态结构完整性、生物完整性和社会服务功能可持续性共5个部分、11个基本指标、3个备选指标，向海水库整体健康评估得分为67.1分，健康等级为亚健康。

（刘金宇）

【“一河（湖）一策”编制和实施情况】　全省参照省级模式，启动“一河（湖）一策”方案编制及修订工作。截至2021年年底，全省共计滚动编制2 128个“一河（湖）一策”，其中省级11个、市级191个、县级1 926个。

（刘金宇）

【水资源保护】

1. 水资源刚性约束　吉林省严格实行最严格水资源管理制度，注重合理分水，严格管控用水，强化水资源监督管理，促进水资源有效利用。截至2021年年底，全省用水总量为110.21亿m^3，年度万元GDP用水量为78.81m^3，较2020年下降9.89%，万元工业增加值用水量为25m^3，较2020年下降12.2%，农田灌溉水利用系数提高到0.604，2021年全省共建成高效节水灌溉面积46.79万亩，完成国家下达任务的161%。推进县域节水型社会达标建设，20个县（市）通过省级验收。

2. 重要江河流域生态补水　2021年，吉林省着力保障重点河流生态流量，组织编制伊通河等9个重点河湖生态水量保障实施方案，建立完善生态流量工作措施，积极优化水资源配置，实现重点流域生态需水保障通报机制和常态化补水。截至2021年年底，东辽河、伊通河、饮马河年内累计实现生态补水4.267 4亿m^3（其中东辽河补水2.610 2亿m^3，伊通河0.416 8亿m^3，饮马河1.240 4亿m^3），为流域水环境改善提供水资源支撑。

3. 水量分配　2021年，吉林省在综合考虑流域与行政区域水资源条件、未来发展的供水能力和用水需求等因素的基础上，编制完成了嫩江、拉林河、西辽河等水量分配方案，明确流域地表水可用水量和相关市（州）的水量分配份额，做到应分尽分，初步形成了分水源、分行政区的水资源分配体系，为强化水资源刚性约束、推进用水权市场化交易奠定了基础。

4. 饮用水水源地安全保障　2021年，吉林省积极推进饮用水水源保护区规范化建设工作，将70处县级及以上城市饮用水水源保护区界标、宣传牌、交通警示牌、隔离防护等建设任务列入“民生实事”统筹推进，截至2021年年底，饮用水水源保护区保

护标志和隔离防护等设施安装工作已全部完成。其中，完成界标安装 1 259 块，完成宣传牌安装 2 168 块，完成道路警示牌安装 684 块，完成隔离防护约 995.37km。

5. 取用水专项整治行动　2021 年，吉林省从严格落实水资源管控指标、强化水资源刚性约束出发，结合实际，制定印发了取用水管理专项整治行动工作方案，提出工作目标、主要任务、时间节点和整改提升工作有关问题的处理意见。组织各地对取水工程开展核查，建立了整改台账，制订整改计划，明确整改时限，完成问题认定项目 2.14 万个，涉及取水口 19.14 万个。

（刘金宇）

【水域岸线管理保护】

1. 河湖管理范围划界　2021 年，申请专项资金开展河湖管理范围划定成果上图工作，完成全省流域面积 20km² 以上河湖共 1 636 条的矢量数据上图，筛查规模以上河湖管理范围疑似问题 614 个，现场复核规模以上问题 67 个，复核规模以下问题 65 个。根据《松辽委关于对吉林省河湖管理范围划定成果抽查发现疑点进行核实的通知》（松辽河湖函〔2021〕12 号)，现场复核河道管理范围划定疑似问题 24 个，全部得到解决。

2. 岸线保护与利用规划编制　吉林省严格落实规划岸线分区管理要求，省级争取项目资金 397.5 万元，开展“七河一湖”岸线保护与利用规划编制（其中，松花江丰满水库坝下段、嫩江、东辽河二龙山水库坝下段岸线保护与利用规划由松辽委编制)。截至 2021 年年底，印发实施“七河一湖”岸线保护与利用规划，为全省其他河流的河湖岸线保护与利用规划提供了参照依据。

3. 采砂整治　吉林省河长制办公室多次召开全省河道采砂管理工作推进会议，推进全省河道采砂规划、年度计划编制、审批进度。2021 年，全省涉及长春、吉林、松原等 13 个市、县有采砂任务，累计发放河道采砂许可证 86 个，总许可采量 394 万 m³。年内，吉林省水利厅与吉林省公安厅、吉林省交通运输厅联合印发了《吉林省集中开展打击河道非法采砂专项整治行动实施方案》，部署开展河道采砂专项整治行动，2021 年全省打击河道非法采砂共出动执法人员 17 266 人次，出动车辆 8 600 余车次，行政处罚案件 216 件，清理非法采砂点 102 个、非法砂石 103.8 万 m³，行政罚款 138.42 万元，扣押、清除采砂船只、设备 306 台套，全省河道非法采砂行为得到有效遏制。

4. 河湖“四乱”整治　吉林省河长制办公室开展多轮河湖“清四乱”专项督导检查，对存在问题的河段属地政府和责任河长，下发督办单限期进行整改。吉林省水利厅成立由 3 名厅级干部任组长的暗访小组，每组配备 1 台摄像机、2 架无人机，建立“暗访专班＋厅局长直通车”制度，持续推进问题整改。对督导检查中发现的重点问题，通过一县一单、约谈、挂牌督办、媒体曝光等多种方式督促问题整改，以追责问责倒逼责任落实。同时，注重创新监管手段，通过无人机航拍监测疑似问题，检验整改成效，形成立体化全方位监控态势。2021 年清理河道岸线垃圾 2.1 万 m³、畜禽粪污 3 400m³；复核原有“四乱”问题 2 686 个（全部销号)、整治 2021 年新发现“四乱”问题 168 个。

（刘金宇）

【水污染防治】

1. 排污口整治　2021 年，吉林省依据《入河排污口管理条例》《入河排污口技术导则》要求，完成 2 个新建项目入河排污口设置审批，并对各地 2020 年审批的 180 个入河排污口设置相关审批文件进行抽检复核。同时，开展了《排污口规范化管理技术规范研究》，并于 7 月 27 日通过专家组论证验收。

2. 城镇生活污染　2021 年，吉林省先后制定并印发《关于推进城市供排水设施补短板工作的通知》《关于全面加强城镇污水处理建设运行管理的通知》《城镇污水处理厂运行管理评价标准》《关于进一步加强城镇污水处理厂污泥处理处置工作的通知》，指导各地加快推进污水厂、管网、再生水以及污泥处理处置建设管理工作。全省建成运行城市生活污水处理厂 68 座，总设计处理能力 462.2 万 t/日，实际处理能力 387.70 万 t/日，负荷率 83.88%，全部达到一级 A 排放标准。全省 426 个建制镇有 198 个生活污水处理设施建设完成，实现重点镇及重点流域周边常住人口 1 万人以上建制镇和辽河流域 3 000 人口以上建制镇生活污水得到有效治理。

3. 畜禽养殖污染　2021 年，吉林省争取国家资金 4 820 万元，省级安排畜禽粪污资源化利用专项资金 400 万元，支持各市、县开展畜禽养殖废弃物资源化利用工作。全省累计建成区域性粪污处理中心 93 个、散养密集村粪污收集点 3 673 个。全省规模养殖场粪污处理设施配套率达到 98%以上，粪污综合利用率达到 92%以上。

4. 农业面源污染　2021 年，吉林省农业农村厅印发《吉林省省级“两河一湖”流域农药化肥减量增效指导意见的通知》《2021 年吉林省农田杂草科学防控技术方案》等文件，指导各地开展农药减量控害和化肥减量增效工作，全省推广配方肥 55.1 万 t，建设化肥减量增效示范区 261 个，示范区面积达到 68.43 万亩。2021 年，全省开展生物防治水稻二化螟、性信息素防治水稻二化螟等绿色防控技术 160 余万亩，开展水稻病虫害飞防作业试点示范面积 100 万亩。

5. 船舶和港口污染防治　2021 年 9 月 2 日，吉林省交通运输厅在德惠市松花江老牛道渡口附近水域举办了“2021 吉林省松花江水上搜救及防污染演习”。演习通过模拟船舶发生水上交通事故后产生溢油污染水体，启动应急预案，采取利用围油栏等多种措施进行围控，防止溢油扩散，全过程演练事故处置。（刘金宇）

【水环境治理】

1. 农村水环境整治　2021 年，吉林省农业农村厅联合吉林省卫生健康委员会等 7 部门出台《关于扎实推进吉林省“十四五”农村厕所革命的实施意见》，发布了全国第一个卫生旱厕地方标准《农村户用卫生旱厕建设技术规范》（DB22/T 3232—2021），全年共完成农村卫生厕所改造 16 万户。吉林省农业农村厅会同吉林省财政厅制定下发《2021 年吉林省农村人居环境整治项目管理指南的通知》，全年共落实村庄清洁行动财政专项资金 46 615 万元，以每村 5 万元的标准，覆盖全省 9 323 个行政村，覆盖率达 100%。推进农业农村污染治理，完成 422 个行政村生活污水治理任务，40 处农村黑臭水体已完成治理 10 处。完成 198 个建制镇生活污水处理设施建设任务。

2. 超采区综合治理　2021 年，吉林省将地下水取用水总量、水位管控指标列入最严格水资源管理制度考核控制指标体系。充分利用第三次水资源调查评价成果，组织开展新一轮地下水超采区划定工作。建立吉林省地下水超采区水位变化通报机制。推进四平、松原、白城地区现有地下水超采区治理，压减地下水超采区开采量。利用洮儿河水量分配指标，协调察尔森水库放流 1.56 亿 m^3，用于白城市地下水超采区补水及洮儿河生态基流保障。在水利部 2021 年第三季度地下水超采区水位变化情况通报中，四平市水位同比回升 2.43m，白城市水位同比回升 1.85m，分列全国 108 个浅层地下水超采区水位回升的第 7 位和第 12 位。

3. 重点河湖治理　2021 年，吉林省深入抓好辽河和查干湖治理保护，第一轮中央生态环保督察涉及辽河的 16 项整改任务、辽河流域专项督察 24 项整改任务全部销号清零，《吉林省辽河流域水污染综合整治联合行动方案》和《中办督查组关于吉林省辽河流域污染治理问题反馈意见整改方案》102 项具体任务全部完成。“十四五”期间，东辽河计划实施的 55 个中远期项目中，2021 年开工 32 个，完工 10 个、在建 22 个，项目总开工率达 58.18%。2021 年，按月组织对入湖口、湖心、出湖口 3 个点位及新增的 6 个监测点位（湖区 3 个点位，灌区退水 3 个点位）开展监测，及时掌握查干湖水质状况，为进一步加强湖区及入湖水质管控提供数据支撑。

4. 劣Ⅴ类水体治理　2021 年，吉林省开展了劣Ⅴ类水体治理调度和检查，70 个劣Ⅴ类治理项目中，开工 37 个，开工率 52.86%；完工 17 个，完工率 24.29%。截至 2021 年年底，全省劣Ⅴ类水质断面由原来的 12 个减少到 3 个。（刘金宇）

【水生态修复】

1. 吉林万里绿水长廊建设　2021 年，吉林省开展吉林万里绿水长廊建设，省河长办通过组织开展培训、确定试点先行、编制技术指引、制定支持政策、成立专家委员会等举措，推动符合绿水长廊标准的 36 个项目建设。为充分激发和调动各地全面推行河湖长制工作的积极性、主动性和创造性，进一步强化河湖长制工作成效，高质量建设吉林万里绿水长廊，吉林省在全省财政紧张的情况下，安排年度万里绿水长廊奖补资金 5 000 万元。2021 年，全省建成绿水长廊总长度 128.39km，项目建设带动了一系列社会、经济连带效益，为吉林省全面振兴发展提供坚实支撑，建设美丽中国的吉林样板。

2. “美丽河湖”创建　2021 年，吉林省组织开展了“美丽河湖”创建活动，经过召开审查会议、专家委员现场评定、社会公众参与等环节，最终评选大安嫩江湾、鸭绿江长白县镇区段、长白山管委会野鸭湖、莲花山天定河、辉发河梅河口市城区段、辽源市东辽河（高丽墓桥—财富大桥段）、布尔哈通河延吉市城区段、条子河四平市铁西区段为 2021 年度“美丽河湖”。

3. 山水林田湖草生态保护修复　2021 年，经国务院批准，吉林省长白山区纳入国家第二批山水林田湖草生态保护修复试点工程，由吉林省财政厅牵头，吉林省自然资源厅和吉林省生态环境厅配合，依托长白山区生态屏障功能定位，统筹开展森林保护与修复、生物多样性保护、土地整治与修复、矿山环境治理恢复、流域水环境保护治理五大工程，计划实施生态保护修复工程项目 92 个，总投资 84 亿元，截至 2021 年年底，试点已完工（或基本完

工）81个，完成投资68.95亿元，国家下达吉林省的15项绩效目标全部完成。

4. 水生生物资源养护　2021年，吉林省共组织各类增殖放流活动47次，在6月6日全国“放鱼日”期间，以“养护水生生物资源　促进生态文明建设”为主题，在长春市新立城水库设立了主会场，放流大规格鲢鱼6万尾，全省多地在松花江、图们江、鸭绿江、嫩江、东辽河等水域同步进行了放流活动。全省全年共放流各类苗种2 152.319万尾，其中鲢鱼、草鱼、大麻哈鱼等经济物种2 097.319万尾，细鳞鲑、马苏大马哈鱼、花羔红点鲑、鸭绿江茴鱼等珍稀濒危物种55万尾，范围覆盖了松花江、鸭绿江、图们江、东辽河等主要水系以及松花湖、云峰水库等重要河湖。同时，吉林省农业农村厅印发《吉林省2021年禁渔通告》（通告〔2021〕1号），在全省范围内张贴禁渔通告6 000份，对松花江、辽河等流域实施全流域禁渔。（刘金宇）

【执法监管】

1. 专项联合执法　2021年，吉林省联合黑龙江省组织松花江、嫩江沿岸7个县（市、区）渔业行政执法机构开展了省际共管水域禁渔期渔政联合执法行动，出动渔政执法人员110人次，江上巡查嫩江江段356km、松花江江段376km，收缴地笼、绝户网等30余个。2021年，吉林省组织开展“中国渔政亮剑2021”吉林省系列专项执法行动，开展了打击电鱼行为、清理取缔涉渔“三无”船舶和“绝户网”、涉外渔业、水生野生动物保护和规范利用、水产养殖投入品规范使用5个专项行动，查处渔业违法案件110件，清理取缔涉渔“三无”船舶46艘、违规网具2 773张（顶）。2021年，吉林省全面开展河湖专项检查，查找重点领域、重点区域的监管漏洞，累计派出督查工作人员1 522人次，开展清理整治执法累计出动执法人员32 485人次；依法化解水事纠纷矛盾，全省出动执法人员13 046人次、执法车辆5 131车次，巡查河道78 394km、水域6 429km^2，巡查管理对象2 620个，现场制止违法行为82起。

2. 河湖日常监管　2021年，吉林省将河长制湖长制专项督查纳入省级“督检考”范围，中共吉林省委督查室、吉林省人民政府督查室及吉林省生态环境厅、吉林省住房与城乡建设厅、吉林省公安厅、吉林省水利厅、吉林省农业农村厅、吉林省林业和草原局等部门均开展有关专项督查。（刘金宇）

【水文化建设】　长春水文化生态园共划分为水生态活力区、历史文化博览区、文创办公区、城市活力嘉年华、艺术文化中心5大功能分区，整个园区共铺设森林栈道总长1 760m。长春水文化生态园以水文化为基调，蕴含浓厚的文化氛围，凸显保护与开发并重的重建项目。其中北露沉淀池水域面积8 900m^2，最深处水深可达6m，在保留历史原貌的基础之上增添了人性化的景观设计。在两侧设计了水上栈道，让市民更好地观水赏景。到了冬季池面结冰还可以供参观的游人休闲娱乐。雨水花园是将公园雨水引导到沉淀池，通过逐级过滤与水生植物净化，生动再现水净化处理的流程，并形成层叠的雨水花园景观。同时，结合新建的休闲建筑，让市民在品味历史文化，得到水生态启迪教育的同时，有游憩服务配套。古树名木广场设计围绕古树设置了圆形休息长椅、趣味性砂石场地、林间禅意台，使古树林下空间得到了充分利用。（刘金宇）

【智慧水利建设】

1. 河长制湖长制专业信息系统　吉林省河长制湖长制专业信息系统按省、市、县三级河长办和河长制成员单位应用分级制定，围绕实现河湖长指挥作战、河长制成员单位及河长办信息报送及共享等功能，设计了信息管理、事件处理、监测管理、考核评估等九大模块，特别是将河湖水资源分区、水质断面、河湖长责任、问题台账、河湖动态监管等专题纳入了“一张图”，实现了河湖长“挂图作战”等目的。2021年，积极组织开展本辖区内河湖名录、河湖长名录、“一河（湖）一策”以及其他基础信息核对工作，并与水利部应用门户网站实现了互联互通。

2. “水利一张图”　在信息系统基本功能开发的基础上，深度开发了系统“水利一张图”专题服务，主要包含吉林省水系图、问题台账专题图、航拍专题图、黑臭水体专题图、“清四乱”专题图、工业聚集区专题图。

3. 河湖特征值　2021年，对《吉林省河湖特征值》（1988年12月编制）进行修订，主要修订完善河流湖泊名称、省内流域面积、流域内最高山峰、河源河口位置、河道坡度、河流长度、湖泊位置与面积等特征信息。完成1 158条河流和412个常年水面面积1km^{2}以上湖泊和水库的内业解译工作。解译完成的河流分布在全省5个水系，其中，松花江水系完成742条，辽河水系完成72条，鸭绿江水系完成179条，图们江水系完成146条，绥芬河水系完成19条。解译完成的湖泊和水库中包括湖泊155个、水库257个，为吉林省开展智慧河湖建设提供了数据支撑。

4. 巡河 App　按省、市、县、乡、村五级河湖长，省、市、县三级河长制成员单位和河长办应用分级制定，依托智能手机为河湖长巡河湖、河长制成员单位和河长办河湖督查提供移动工作平台，能够及时记录巡河湖或督查情况，确保河湖长巡河湖记录的真实性；对发现问题能够按《吉林省河湖长制工作投诉举报分类处理流程办法》明确的部门职责进行分类流转，并监督及时解决问题；开发了离线巡河湖功能，实现了巡河湖、河湖督查范围的全覆盖。2021 年，全省各级河长湖长利用手机 App 巡河巡湖累计 40 万人次。（刘金宇）

| 黑龙江省 |

【河湖概况】

1. 河湖数量　黑龙江省有松花江、黑龙江、乌苏里江、绥芬河四大水系。其中流域面积 $50km^2$ 及以上河流 2 881 条，总长度为 9.21 万 km；流域面积 $100km^2$ 及以上河流 1 303 条；流域面积 $1\ 000km^2$ 及以上河流 119 条；流域面积 $10\ 000km^2$ 及以上河流 21 条。包括兴凯湖、大龙虎泡、镜泊湖、连环湖和五大连池等常年水面面积 $1km^2$ 及以上湖泊 253 个，水面总面积 $3\ 037km^2$。其中常年水面面积 $10km^2$ 及以上湖泊 42 个，常年水面面积 $100km^2$ 及以上湖泊 3 个，常年水面面积 $1\ 000km^2$ 及以上湖泊 1 个。

2. 水量　黑龙江省水资源存在时空分布不均、年内年际变化较大的规律，呈现"四少四多"的特点，即春季少，夏秋季多；腹地少，过境多；平原区少，山丘区多；发达地区少，欠发达地区多。2021 年全省年平均降水量 647.7mm，折合水量为 2 934.51 亿 m^3，比 2020 年平均值少 10.4%，位居 1956 年以来的第 4 位，属丰水年份。2021 年全省地表水资源量 1 020.53 亿 m^3，比多年平均多 52.9%；地下水资源量 362.70 亿 m^3，比多年平均多 19.5%；水资源总量 1 196.28 亿 m^3，比多年平均多 47.6%。地表水资源与地下水资源不重复计算量为 175.75 亿 m^3。2021 年全省总用水量 324.37 亿 m^3，其中农田灌溉用水量 281.95 亿 m^3，林牧渔畜用水量 7.25 亿 m^3，工业用水量 17.78 亿 m^3，城镇公共用水量 3.38 亿 m^3，居民生活用水量 12.46 亿 m^3，生态与环境补水用水量 1.55 亿 m^3。

3. 水质　2021 年，扣除自然因素影响后，黑龙江省 135 个国控地表水考核断面中，优良（Ⅰ～Ⅲ类水质）比例为 71.9%；劣Ⅴ类水质断面 2 个，同比减少 4 个。

4. 新开水利工程　2021 年，黑龙江省新开工主要支流治理项目 28 个，投资 16.35 亿元；新开工中小河流治理项目 31 个，投资 9.27 亿元。（李吉元）

【重大活动】

1. 省总河湖长会议　2021 年 7 月 15 日，黑龙江省召开省总河湖长会议，省委书记张庆伟主持会议并讲话，省长胡昌升出席会议。会议审议并原则通过了《黑龙江省强化河湖长制工作方案》。

2. 省生态文明建设领导小组暨生态环境保护委员会全体会议　2021 年 11 月 4 日，省委书记许勤主持召开黑龙江省生态文明建设领导小组暨生态环境保护委员会全体会议，省长胡昌升出席会议。

（李吉元）

【重要文件】　2021 年 3 月 15 日，黑龙江省河湖长制办公室、黑龙江省水利厅印发《关于全面落实河道采砂管理责任人的通知》（黑河办字〔2021〕4 号）。

2021 年 3 月 22 日，黑龙江省河湖长制办公室、黑龙江省水利厅、黑龙江省司法厅、黑龙江省公安厅印发《关于加强河湖管理领域执法协同联动的意见》（黑河办字〔2021〕5 号）。

2021 年 3 月 31 日，黑龙江省河湖长制办公室、黑龙江省水利厅印发《全省河湖"清四乱"巩固提升行动实施方案》（黑河办字〔2021〕6 号）。

2021 年 4 月 1 日，中共黑龙江省委、黑龙江省人民政府印发《关于调整省总河湖长的通知》（黑委〔2021〕7 号）。

2021 年 4 月 6 日，黑龙江省河湖长制办公室、黑龙江省水利厅印发《关于开展严厉打击河湖水库管理范围内采泥炭黑土行为专项整治百日行动工作方案》（黑河办字〔2021〕7 号）。

2021 年 4 月 15 日，黑龙江海事局印发《2021 年巡航巡河工作计划的通知》（黑海通航〔2021〕61 号）。

2021 年 5 月 9 日，黑龙江省人民政府印发《黑龙江省河道采砂管理办法》（黑政办发〔2021〕13 号）。

2021 年 5 月 24 日，黑龙江省总河湖长令（第 4 号）发布《关于印发〈黑龙江省水库除险加固和运行管护工作方案〉的通知》。

2021 年 5 月 25 日，黑龙江省水利厅印发《关于进一步推进河道采砂规范化管理的通知》（黑水办发〔2021〕82 号）。

2021 年 6 月 8 日，黑龙江省财政厅、黑龙江省

生态环境厅印发《黑龙江省水环境生态补偿办法(试行)》(黑财资环〔2021〕43号)。

2021年8月，松辽委、黑龙江省、吉林省、辽宁省和内蒙古自治区河长制办公室印发《松辽委与黑龙江省、吉林省、辽宁省、内蒙古自治区河长制办公室协作机制》。

2021年8月9日，黑龙江省河湖长制办公室、黑龙江省水利厅、黑龙江省公安厅、黑龙江省自然资源厅、黑龙江省交通厅、黑龙江省生态环境厅、黑龙江省林业和草原局、黑龙江省市场监督管理局、黑龙江海事局印发《关于加强河道采砂管理领域联合执法的意见》(黑河办字〔2021〕17号)。

2021年8月30日，黑龙江省河湖长制办公室、共青团黑龙江省委员会、黑龙江省水利厅、黑龙江省妇女联合委员会、黑龙江广播电视台、黑龙江日报报业集团印发《“学党史、办实事、靓丽家乡河湖”活动周方案》(黑河办字〔2021〕19号)。

2021年9月6日，黑龙江省河湖长制办公室、黑龙江省水利厅印发《关于开展全省河道非法采砂专项整治行动方案》(黑河办字〔2021〕20号)。

2021年9月8日，中共黑龙江省委办公厅、黑龙江省人民政府办公厅印发《黑龙江省强化河湖长制工作方案》(厅字〔2021〕28号)。

2021年11月1日，黑龙江省河湖长制办公室、黑龙江省财政厅、黑龙江省生态环境厅、黑龙江省住房和城乡建设厅、黑龙江省水利厅、黑龙江省农业农村厅印发《关于加强黑龙江省河湖长效保洁工作的指导意见》(黑河办字〔2021〕24号)。

2021年11月10日，黑龙江省河湖长制办公室、黑龙江省水利厅印发《关于在全省水库实施库长制的通知》(黑河办字〔2021〕25号)。

2021年11月10日，黑龙江省河湖长制办公室、黑龙江省农业农村厅、黑龙江省生态环境厅、黑龙江省林业和草原局、黑龙江省水利厅印发《关于助推黑龙江省大水面生态渔业高质量发展的指导意见》(黑河办字〔2021〕26号)。

2021年11月27日，中共黑龙江省委、黑龙江省人民政府印发《关于调整省总河湖长、省级河长湖长的通知》(黑委〔2021〕18号)。 (李吉元)

【地方政策法规】

1. 法规　2021年5月9日，黑龙江省政府常务会通过《黑龙江省河道采砂管理办法》。该办法共三十六条。

2021年12月23日，黑龙江省第十三届人民代表大会常务委员会第二十九次会议通过《七台河市倭肯河流域水环境保护条例》。该条例包括总则、水生态修复和水资源保护、水污染防治、法律责任、附则共五个章节三十五条。

2021年12月23日，黑龙江省第十三届人民代表大会常务委员会第二十九次会议通过《黑龙江省黑土地保护利用条例》。条例包括：总则、保护利用规划、保护与修复、建设和利用、监测与评价、监督管理、法律责任、附则共八个章节六十八条。

2. 政策性文件　2021年12月1日，黑龙江省纪委办公厅印发《关于进一步加强全省河湖“清四乱”和河道采砂管理整治行动监督检查的通知》。

(李吉元)

【河湖长制体制机制建立运行情况】

1. 河湖长组织体系　黑龙江省建立了以党政主要领导负责制为核心的省、市、县、乡、村五级河湖长组织体系，党政领导班子成员全部担任同级河湖长，市、县两级总河湖长包抓包管本辖区内规模最大、问题最多、治理难度最大、与百姓福祉关系最为密切的河湖管理保护工作。截至2021年12月底，共设立省、市、县、乡、村五级河湖长 20 415名，其中省总河湖长2名、省级河湖长14名、市级河湖长147名、县级河湖长 1 292名、乡级河湖长 5 546名、村级河湖长 13 414名。各级河湖长名单全部向社会公布。

2. 省级河湖　黑龙江省确定了由省级领导担任河湖长的河流14条、湖泊2处，分别为黑龙江、乌苏里江、松花江、嫩江、呼兰河、牡丹江、挠力河、倭肯河、汤旺河、穆棱河、讷谟尔河、乌裕尔河、通肯河、拉林河、兴凯湖、五大连池。

3. 河湖警长制　为贯彻落实全面推行河湖长制决策部署，黑龙江省公安厅在全省公安机关组织实施河湖警长制，设置省、市、县、乡四级河湖警长，各级河湖警长是所辖河湖保护工作中落实公安机关工作任务的主要责任人，负责维护河湖水域治安秩序、打击破坏环境资源犯罪等工作。截至2021年12月底，共设立省、市、县、乡四级河湖警长 2 026人。

4. 河湖长制办公室　黑龙江省组建了省、市、县三级河湖长制办公室，常设同级水行政主管部门，主要承担河湖长制的组织、协调、分办、督办等工作，主任全部由同级党委或政府副职领导担任，公安、司法、财政、生态环境、住房和城乡建设、交通运输、水利、农业农村、林业和草原等相关部门为成员单位。截至2021年12月底，共设置省、市、县三级河湖长制办公室143个，乡级设置河湖长制工作部门361个，全省从事河湖长制工作人员 1 118人。

5. 河湖长制作战指挥部　黑龙江省成立了挂图作战指挥体系，将河湖“清四乱”、劣Ⅴ类国考水质断面整治、大坝安全鉴定、病险水库除险加固、水资源管理、水行政执法、河道采砂管理等方面 1 491 项具体任务纳入挂图作战指挥体系，实行清单管理，落实整改措施和完成时限。

6. 河湖长制制度体系　2021 年，黑龙江省共出台了 2 项制度机制，分别是《河湖管理领域执法协同联动机制》《河湖长效保洁机制》。

7. 河湖长制考核激励　2021 年，黑龙江省对三个层级落实河湖长制工作开展考核，以实际成效对 13 个市（地）、13 个省直责任单位和 51 名市级河湖长“排名定档”，考核结果作为市（地）党政领导班子和相关党政领导干部综合评价的重要参考。2021 年黑龙江省河长制湖长制工作再次获得国务院督查激励，获得激励资金 1 000 万元。　（李吉元）

【河湖健康评价】　2021 年，黑龙江省开展了嫩江、呼兰河、牡丹江、倭肯河、山口水库等河流（水库）的健康评价工作。在水利部河长办《河湖健康评价技术指南（试行）》和《河湖健康评估技术导则》（SL/T 793—2020）的基础上，结合黑龙江省实际，制定了《黑龙江省河湖健康评价技术指南（试行）》，细化了不同类型河湖的评价指标体系，优化了岸带植被覆盖度的测算方法、河段划分方法以及生态基流满足程度、河流纵向连通指数的计算方法，取水口规范化管理程度评价指标。河湖健康评价工作严格依据评价标准开展，主要包括对河湖水文、水功能区监测、水环境监测数据及水资源利用、湿地等数据资料进行整编分析，对河湖岸带状况、水生生物开展现场调查，对主要支流进行水质监测分析，对河湖岸线植被覆盖度、湿地面积变化探测遥感解译分析，进而全面分析河湖健康状况，提出影响河湖健康状况的因素和对策建议。　（李吉元）

【“一河（湖）一策”编制和实施情况】　按照黑龙江省河湖长制办公室《关于开展“一河（湖）一策”方案（2021—2023 年）编制工作的通知》（黑河办字〔2020〕7 号）要求，在全面总结上一阶段“一河（湖）一策”方案实施成效的基础上，编制完成了 16 条省级河湖“一河（湖）一策”方案（2021—2023 年），并同步更新完善“一河（湖）一档”。印发各地按照方案目标任务，并逐年实施。　（李吉元）

【水资源保护】

1. 水资源刚性约束　2021 年，国务院考核黑龙江省人民政府实行最严格水资源管理制度考核结果为良好等次。2021 年，全省用水总量 324.37 亿万 m³，万元国内生产总值（当年价）用水量、万元工业增加值（当年价）用水量分别比 2020 年下降 1.9%、9.1%，农田灌溉水利用系数为 0.610 2，均达到国家考核目标要求。

2. 生态流量监管　黑龙江省人民政府批复实施了呼兰河、汤旺河、双阳河、嘟噜河 4 条重点河流生态流量保障方案。在全国较早完成了全部跨市（地）重点河流生态流量保障方案编制、批复工作。

3. 全国重要饮用水水源地安全达标保障评估　开展地市级、县（区）级和农村级水源保护区规范化建设、水质情况等评估工作，评估市级水源保护区 24 个、县（区）级水源保护区 67 个、农村水源保护区 2 446 个，合计 2 537 个，为水源保护区管理工作提供了有力支撑。

4. 水量分配　黑龙江省水利厅印发《各市（地）行政区内跨县重点河流水量分配和水量调度计划》，全省完成呼兰河、大泥河、七星河等 22 条跨县重点河流水量分配方案编制工作。黑龙江省河湖长制办公室和省水利厅联合印发了《黑龙江省地下水管控指标》，明确了全省各县级行政区地下水取用水量控制指标、水位控制指标和管理指标，为贯彻落实《地下水管理条例》奠定基础。

5. 节水行动　黑龙江省水利厅印发了《黑龙江省 2021 年度县域节水型社会达标建设实施方案》，省、市、县三级全面建成节水联席会议协调机制，召集人均为各级政府部门分管领导；2 次召开省级联席会议，省发展和改革委员会、省财政厅等 10 余个厅局参加；协调相关部门完成年度任务。印发了《黑龙江省 2021 年度县域节水型社会达标建设实施方案》。截至 2021 年 12 月底，全省共 84 个县域开展了县域节水型社会达标建设。2021 年，开展省级规划和建设项目节水评价审查 19 个。

6. 取水口专项整治　持续落实省总河湖长 3 号令，开展取用水管理专项整治工作，黑龙江省水利厅印发了《黑龙江省取用水管理专项整治行动整改提升实施方案》，新发取水许可证 18 348 套，新装计量设施 6 565 处，大中型灌区全面完成取水许可证发放工作。完成《黑龙江省取水口监测计量体系建设实施方案（2021—2023）》编制，推动全省监测计量体系建设。　（李吉元）

【水域岸线管理保护】

1.“四乱”整治　2021 年 3 月 31 日，黑龙江省河湖长制办公室、黑龙江省水利厅印发《全省河湖

“清四乱”巩固提升行动实施方案》，持续深入落实黑龙江省总河湖长1号令，持续巩固提升河湖“清四乱”治理成效，开展全省河湖“清四乱”巩固提升专项行动。截至2021年12月底，共清理整治河湖“四乱”问题547个。

2. 河湖管理范围划界　黑龙江省以省总河湖长2号令专题部署河湖管理范围划界工作，严格水生态空间管控，依法划定河湖管理范围。截至2021年12月底，完成了2 881条流域面积$50km^2$以上河流、253个常年水面面积$1km^2$以上湖泊的管理范围划界任务，划界总长度9.21万km。完成了443条流域面积$50km^2$以下河流和49个水面积$1km^2$以下湖泊的管理范围划界任务。

3. 岸线利用与保护规划编制　黑龙江省严格落实规划岸线分区管理要求，部署开展河湖水域岸线利用与保护规划编制工作。截至2021年12月底，全省完成了1 237个有规划需求河流、湖泊的水域岸线利用与保护规划编制任务，其中省级16个、市级143个、县（市、区）级1 078个，划定了岸线保护区、保留区、限制开发区、开发利用区。

4. 采砂整治　黑龙江省严格落实河湖长、行政主管部门、现场监管部门、行政执法部门四个责任人采砂管理职责，部署开展河道采砂规划编制工作。截至2021年12月底，省级完成了对有采砂任务的12条河流的河道采砂管理规划编制任务。（李吉元）

【水污染防治】

1. 排污口整治　黑龙江省生态环境厅按照《黑龙江省松花江干流入河排污口排查项目实施方案》和质量控制要求，采用无人机航测、监测船走航、影像解译等高科技手段和人工排查相结合的模式，基本完成松花江干流排污口排查，建立动态清单台账，编制《黑龙江省松花江干流入河排污口排查项目报告书》。截至2021年12月底，共掌握排口数据993个，其中哈尔滨市802个、佳木斯市105个、大庆市47个、鹤岗市25个、绥化市14个。

2. 工矿企业污染　黑龙江省生态环境厅有序推进工业园区污水处理设施建设，梳理省级及以上工业园区数量、规划环境影响评估对污水集中处理设施建设要求和建设情况，印发加强污水处理设施建设和管理的通知。对未建成污水集中处理设施的省级以上工业园区开展现场督导检查，推进建设进度。扎实推进固定污染源排污许可全覆盖，进一步加强重点行业水污染源头防治。制定印发《2021年黑龙江省排污许可证专项执法检查工作方案》，建立健全以排污许可制为核心的事中事后监管体系。2021年度，全省共核发涉水企业排污许可证1 700余张。

3. 城镇生活污染　黑龙江省住房和城乡建设厅对城镇生活污染进行全覆盖现场督导、调研和检查，对13个市（地）整改情况进行了点对点调度，全省127个重点镇、重点流域镇共建成污水处理规模20万t/d、管网1 800余km，全部具备污水收集处理能力。印发了《关于进一步规范重点镇污水收集处理设施稳定运行的建议函》，指导相关重点镇加强污水处理设施运行管理。

4. 畜禽养殖污染　黑龙江省农业农村厅加快推进26个畜牧大县畜禽粪污整县推进项目、55个非畜牧大县规模场粪污治理项目的实施进度。通过开展自查自纠，全省共排查畜禽粪污综合利用问题127个，深入哈尔滨、齐齐哈尔等7个重点市（地）19个县（区）现场督导问题整改，截至2021年12月底，全部问题均已整改完毕。成立3个指导组，深入13个市地现场指导技术人员和养殖场（户）开展畜禽粪污治理指导服务工作，积极推广固体粪便堆肥发酵、液体肥料化利用和固液全效还田利用为主的低成本利用模式。

5. 水产养殖污染　推动水产生态健康养殖发展，组织各地开展水产健康养殖示范创建活动，推广水产绿色健康养殖技术，打造绿色生态渔业发展模式。截至2021年年底，黑龙江省饶河县伊玛哈赫哲水产养殖专业农民合作社、黑龙江宝泉岭农垦南湖白鹭园养殖场、绥化市正大米业有限公司3家企业被评为国家级水产健康养殖和生态养殖示范区。

6. 农业面源污染　黑龙江省农业农村厅会同省生态环境厅出台《黑龙江省农药包装废弃物回收处理管理办法》，开展资源化利用企业认定工作。示范推广药瓶简易清洗、大包装农药使用等源头治理技术和模式。全省推广公益回收、有偿回收、积分换物回收、监测点植保员回收等多种回收模式，利用垃圾分拣站规范回收存储。在全省开发并推行回收电子台账管理系统，实现了全省农药包装废弃物“收、储、运、处”全链条数字化实时管理。强化监测体系建设，新增病虫疫情监测网点800个，全省总量达到3 000个，配备监测设备1.4万台，末端监测能力进一步增强，全年发布省级病虫预报24期，开展黑龙江植保技术网络大讲堂53期，科学指导病虫防治，减少盲目用药。全省完成以绿色防控措施为主的重大病虫疫情统防统治517万亩，开展绿色防控技术试验示范68项。更换节药喷头18万套，累计更换82.4万套，新增改造农户非标准打药机1.5万台。示范配备14台高效节药风幕式打药机，在14个县举办农药减量规范施药现场观摩培训班。全省植保无人飞机保有量增至 1.7 万台，病虫科学防控能力和水平进一步增强。

7. 船舶和港口污染防治　黑龙江海事局下发开江出坞和封江卧坞船舶防污染检查通知，根据部局《船舶非法排污专项整治活动方案》要求，各分支局制定具体细化方案，开展船舶非法排污专项整治活动。开展违法排放专项检查 380 次，出动执法人员 872 人，检查船舶 837 艘次，检查证书文书 1 168 本，检查设备（主要包括油水分离器、生活污水箱、垃圾箱）911 次，发现船舶防污染文书缺陷 182 条、防污染设备缺陷 26 条，全局部署应急围油栏储备 2 150m，吸油毡 3.32t。（李吉元）

【水环境治理】

1. 饮用水水源规范化建设　黑龙江省生态环境厅重点推进农村集中式饮用水水源保护区划分，以哈尔滨市和绥化市等划分任务较重地区为重点，强化调度、指导和审核，组织编制划分技术报告 265 个，均已获得省政府批复，超额完成年度任务的 32.5%。组织地市完成 235 个已完成整治的县级以上地表水型水源保护区内环境问题“回头看”，完成“千吨万人”水源地保护区内 170 个环境问题整治工作，严防问题反弹，有效保障饮水安全。

2. 黑臭水体治理　黑龙江省住房和城乡建设厅开展水质交叉监测、常态化公众评议和“百日攻坚”“回头看”核查专项整治行动，44 个地级以上城市建设区黑臭水体全部完成整治，建立长效机制，有效遏制个别水体反弹，确保“长制久清”。

3. 农村水环境整治　黑龙江省生态环境厅与省农业农村厅联合印发《关于推进农村生活污水治理和改厕工作的通知》（黑环发〔2021〕17 号）。配合省财政厅下达债券资金 8.76 亿元，用于支持 203 个行政村开展农村生活污水处理设施及配套管网建设。（李吉元）

【水生态修复】

1. 退田还湖还湿　2021 年，黑龙江省林草局积极申请并落实中央财政林业改革资金 6 881.41 万元，完成退耕还湿 458.96 万 m^2。

2. 生物多样性保护　2021 年 6 月 6 日、30 日，黑龙江省农业农村厅分别在中俄边境水域密山兴凯湖及牡丹江镜泊湖段两个分会场和黑龙江抚远段成功举行了 2021 年全国“放鱼日”黑龙江省同步增殖放流和中俄鲟科鱼类联合放流活动，有效带动社会各界积极参与增殖放流活动，加强中俄两国在边境水域的鲟科鱼类合作交流，全省共增殖放流各种鱼类苗种 9 482.9 万尾，水生生物资源逐步恢复。黑龙江省农业农村厅组织“渔政亮剑 2021”系列专项执法行动，清理取缔涉渔“三无”船舶，严厉打击电鱼、“绝户网”等违法违规行为，先后组织黑龙江与吉林省际交界水域禁渔联合执法检查、中俄边境水域春秋两季渔政执法检查，全年共清理取缔违规网具 9 000 张（顶），有力震慑不法行为。

3. 生态补偿机制建立　2021 年 6 月 8 日，黑龙江省财政厅与黑龙江省生态环境厅联合印发了《黑龙江省水环境生态补偿办法（试行）》（黑财资环〔2021〕43 号）。截至 2021 年 12 月底，生态补偿资金共扣缴 19.2 亿元，补偿 10.7 亿元。

4. 水土流失治理　为深入贯彻落实习近平总书记关于加强黑土地保护重要指示批示精神，扎实推进“十四五”国家规划侵蚀沟治理，在国家和省委省政府的大力支持下，各级地方政府积极争取资金，2021 年度通过中央水利发展资金、省级财政补助资金和地方政府一般债券资金等渠道开展水土流失治理工作，实施治理侵蚀沟 1 706 条。

5. 生态清洁型小流域　2021 年，积极探索研究生态清洁型小流域治理工作，搞好调查研究，指导各地结合实际，探索开展试点工作，及时总结经验作法，做好推广工作。（李吉元）

【执法监管】

1. 联合执法　2021 年 3 月 22 日，黑龙江省河湖长制办公室、省水利厅、省司法厅、省公安厅、省人民检察院联合印发《关于加强河湖管理领域执法协同联动的意见》，促进常态化依法严厉打击涉河湖违法犯罪，维护河湖管理秩序。重点针对水资源、河湖岸线、河湖采砂、水利工程、水土保持、行政执法监督、河湖违法犯罪、河湖生态环境公益保护等方面问题，全年共巡查河湖 4.3 万次，查处违法案件 497 件、违法人员 474 人。

2. 河湖日常监管　黑龙江省测绘地理信息局围绕省河湖长制工作需求，持续开展河湖动态监测、河湖长制各类省级专题图编制喷绘、全省在线河湖数据监测服务等工作。基于高分辨率卫星遥感影像，结合遥感技术及地理信息技术，针对流域面积 1 000km^2 以上重点河湖，覆盖全省 125 区（县），开展河湖岸线变化、违法建筑物、非法采砂、乱堆乱放等日常监测，提取疑似“四乱”点位 6 000 多处，建立河湖动态监测数据集，编制完成 17 个重点河湖变化监测报告和 61 幅河湖动态监测专题图。（李吉元）

【水文化建设】 齐齐哈尔市河湖长制主题公园主要由嫩江城区防洪堤防沿线主题公园和劳动湖沿线主题公园两部分组成。以“保护生态、文化传播、美化环境、便民简洁”为原则，围绕河湖长制工作主题，立足中国传统文化，融入科普休闲、历史文化、品质生活元素，在满足人民群众河湖生态环境需求基础上，全面增强群众“知水、爱水、护水、惜水”意识，有力有效提升河湖长制工作知晓度和参与度，为全省打造新时代幸福河湖提供了“鹤城样板”。公园设置“嫩江流域水文化”“落实河湖长制”“保护水资源”“节约用水”四个主题，建设手绘山水画仿石雕塑和印章形石雕等5处雕塑、文化宣传栏10处及路灯宣传栏多处，全方位展示河湖长制重大战略意义和重点工作内容，广泛宣传推介嫩江历史沿革、伟大抗洪精神、新时代水利精神、水文化内涵及河湖长制突出成效，努力实现“水清、河畅、岸绿、景美、人和”的河湖治理目标。 （李吉元）

【智慧水利建设】

1.“水利一张图” 2021年，在黑龙江省河长制湖长制管理信息系统基本功能开发的基础上，深度开发了2021年“一市一单”专题服务，主要实现了县级上传材料、市级审核和省级复核整个闭环线上处理，可记录整个销号过程，保存销号材料，且方便调用。

2. 河长App 黑龙江省河湖长巡河App上线运行以来，为全省2万余名河湖长提供巡河工具，巡河次数达110万余次。巡河App主要包括河湖名录、河长巡河、事件处理、巡河统计、指令下达和公众反馈6项功能。支持离线巡河，解决没有网络信号区域巡河问题。支持线上交办事件，根据事件性质分配和成员单位职能设置了事件处置权限，灵活交办事件，实现无纸化办公，缩短事件处理流程和处理时间。利用黑龙江省河长制湖长制管理信息系统可以对河湖长巡河巡湖情况进行统计，并借助事件处理功能监控河湖长巡河履职情况和事件处理情况。在黑龙江省河长制湖长制管理信息系统基本功能开发的基础上，开发全省五级河湖长统计，通过市、县河长办填报河长数量、河流河段数据、公示情况等，可以准确核实和掌握全省各级河湖长情况。 （李吉元）

上海市

【河湖概况】 2021年，黄浦江和苏州河堤防岸段2 172段，长度604.85km。其中公用岸段1 279段，长度373.72km；非经营性专用岸段572段，长度153.41km；经营性专用岸段321段，长度77.72km。防汛通道闸门1 249扇，潮拍门251个，堤防管理保护范围内标志牌2 366个。

1. 河湖数量 2021年全市共有河道（湖泊）47 086条（个），其中河道47 035条、湖泊51个，全市河湖面积共649.21km²，河湖水面率10.24%。

2. 水量 2021年全市平均降水量1 474.5mm，折合降水总量93.49亿m³。全市年地表径流量45.59亿m³，地下水资源量为11.18亿m³，本地水资源总量53.86亿m³。过境水资源量方面，通过黄浦江松浦大桥断面年平均净泄流量为576m³/s，年净泄水量为181.6亿m³；长江徐六泾水文站年平均流量为31 600m³/s，年净泄水量为9 966亿m³。

3. 水质 2021年全市地表水环境质量稳中有升。主要水体水质优良（达到或优于Ⅲ类）比例达到80.6%，较2020年上升5.9个百分点；无劣Ⅴ类断面。其中国控断面优良比例持续提升，达到95.0%，较2020年上升2.5个百分点，提前达到“十四五”国家考核目标要求。

4. 水利工程 2021年，全市新增水利工程设施65座。截至2021年年底，全市共有水利工程设施2 902座，其中市管24座、区管349座、镇管2 482座、其他（非水务部门管理）47座；涉及全市16个行政区、14个水利控制片（除太浦河泵站于苏州市吴江区外）。

（王佳 蒋国强 徐芳 毛兴华 何冰洁 沈利峰）

【重大活动】 2021年1月28日，根据有关规定要求，上海市委市政府向党中央、国务院报告了上海市2020年度河长制湖长制贯彻落实情况。

2021年2月24日，市委常委、常务副市长陈寅，副市长、市副总河长汤志平召开会议，研究中央巡视反馈意见整改落实工作。

2021年2月25日，副市长、市副总河长汤志平召开2021年市河长办第一次主任（扩大）会议，总结2020年河长制工作，研究部署2021年重点工作。

2021年3月26日，上海市委、市政府召开上海市河长制湖长制工作现场推进会。市委书记、市总河长李强出席会议，市委副书记、市长、市总河长龚正主持会议，副市长、市副总河长汤志平布置2021年河长制湖长制重点工作。

2021年4月29日，全面推行河湖长制工作部际联席会议暨加强河湖管理保护电视电话会议在京召开，副市长、市副总河长汤志平出席上海分会场，并就贯彻落实电视电话会议精神进行了部署。

2021年8月27日，副市长、市副总河长汤志平召开2021年市河长办第二次主任（扩大）会议。市政府副秘书长、市河长办主任王为人主持会议。

（杜庭宝）

【重要文件】 2021年1月2日，上海市河长制办公室印发《上海市河长制办公室关于加强2021年春节和“两会”期间本市长江河道采砂管理工作的通知》（沪河长办〔2021〕6号）。

2021年1月5日，上海市河长制办公室印发《上海市河长制办公室关于开展上海市长江流域非法矮围专项整治复核督查的通知》（沪河长办〔2021〕8号）。

2021年2月1日，上海市河长制办公室印发《上海市从事餐饮活动违法排污综合整治行动方案》的通知（沪河长办〔2021〕11号）。

2021年3月25日，上海市河长制办公室印发《2021年上海市河长制湖长制工作要点的通知》（沪河长办〔2021〕17号）。

2021年3月26日，上海市河长制办公室转发《水利部 公安部 交通运输部关于开展长江河道采砂综合整治行动的通知》（沪河长办〔2021〕19号）。

2021年6月2日，上海市河长制办公室印发《上海市河长制办公室关于进一步加强本市河湖长体系动态管理工作的通知》（沪河长办〔2021〕25号）。

2021年6月23日，上海市人民政府办公厅印发《上海市水系统治理“十四五”规划》的通知（沪府办发〔2021〕9号）。

2021年7月2日，上海市河长制办公室关于转发《河长湖长履职规范（试行）》的通知（沪河长办〔2021〕32号）。

2021年9月7日，上海市河长制办公室印发《关于进一步规范完善本市党政河湖长设置的指导意见等4项制度的通知》（沪河长办〔2021〕39号）。

2021年9月22日，上海市河长制办公室印发《2022年全市河湖水质监测计划》的通知（沪河长办〔2021〕42号）。

2021年10月2日，上海市河长制办公室印发《关于加强本市单位自管河湖管理的指导意见》的通知（沪河长办〔2021〕46号）。

2021年10月29日，上海市河长制办公室转发《水利部办公厅关于开展妨碍河道行洪突出问题排查整治工作的通知》的通知（沪河长办〔2021〕61号）。

2021年12月，市水务局印发《2021上海市河道（湖泊）报告》。

（杜庭宝）

【地方政策法规】 2021年10月28日，上海市人民代表大会常务委员会审议通过并公布《关于修改本市部分地方性法规的决定》，修改《上海市河道管理条例》。

2021年11月25日，上海市人大常委会表决通过《上海市人民代表大会常务委员会关于修改〈上海市献血条例〉等4件地方性法规的决定》，其中包括修改《上海市防汛条例》中禁止、限制行为，自2021年12月1日起施行。

（郑逸）

【河湖长制体制机制建立运行情况】 2021年9月7日，上海市河长制办公室印发《关于进一步规范本市党政河湖长设置的指导意见》《关于建立完善本市河长湖长述职制度的意见》《关于设置沿河湖排口企业河长的指导意见》《关于深化完善周暗访、月通报、季约谈、年考核工作机制的意见》4项制度的通知（沪河长办〔2021〕39号），进一步压实各级河湖长治水管水责任，督促河湖管理有关部门加强和规范河湖监督检查工作，推动河长制湖长制尽快从“有名有责”向“有能有效”转变。

（汪松青）

【河湖健康评价】 2021年，编制形成《黄浦江干流、淀山湖健康评估报告（送审稿）》。选取黄浦江干流、淀山湖为研究对象，采用历史资料收集与现场调查相结合的方法，开展河湖健康评估工作，综合反映黄浦江干流和淀山湖的生态健康状况。结果表明，黄浦江各河段评估结果为“健康”，属于Ⅱ类河湖。滨岸带结构是影响黄浦江健康的主要因素，植被覆盖度有待提高。市区段需要关注水生植物生长问题。淀山湖健康状况为“亚健康”，属于Ⅲ类河湖，富营养状况较为严重。生物是影响淀山湖健康的主要因素，生物多样性、水质状况与社会服务功能有待提升。

（卢智灵 李佩君）

【“一河（湖）一策”编制和实施情况】 2021年，按照此前已编制的“一河（湖）一策”方案，完成骨干河道整治55km，中小河道整治455km。

（闫莉 宋伟）

【水资源保护】

1. 水资源刚性约束 2021年，上海积极落实“节水优先、空间均衡、系统治理、两手发力”治水思路，把实行最严格水资源管理制度作为重要抓手，强化节水即治污、节水即减碳的理念，坚持以水而定、量水而行。印发《上海市落实节水行动实施方案2020年工作总结和2021年工作要点》《2021年度上海市节约

用水和水资源管理工作要点》，全面实施节水行动，持续强化取用水监管，不断加强水资源保护。

2. 节水行动　2021年，全市用水总量为77.43亿m^3；万元GDP用水量为$18m^3$，较2020年下降5.3%（目标值比2020年下降3%）；万元工业增加值用水量为$34m^3$，与2020年持平。市水务局、市发展改革委、市经信委和市农业农村委联合印发《上海市节水型社会（城市）建设“十四五”规划》（沪水务〔2022〕280号），提出“十四五”上海市节约用水工作主要任务，明确农业农村、工业、城镇及非常规水源利用等领域节水工作方向。

3. 生态流量监管　2021年，按要求落实黄浦江、淀山湖等重点跨省河湖生态流量（水位）保障工作，持续开展断面流量（水位）监测数据上报和相关取水户监管。组织浦东新区等9个区编制辖区内相关河道生态水位保障工作方案并加强监测预警，切实提高生态水位保障能力。

4. 全国重要饮用水水源地安全达标保障评估　2021年，从“水量保证、水质合格、监控完备、制度建设”等方面，对列入全国重要饮用水水源地的青草沙、陈行、黄浦江上游（金泽）水源地开展安全保障达标建设年度评估，结果均达标。

5. 水量分配　2021年，依据《太湖流域水量分配方案》，编制完成年度《太湖流域河道外水量分配方案（上海部分）》，将太湖流域河道外水量控制指标分配到相关行政区。

（顾珏蓉　陶逸颖　王森　黄大宏）

【水域岸线管理保护】

1. 河湖管理范围划界　2021年，对接水利部以及长江委和太湖局，复核完成规模以下河湖管理范围成果，动态备案全市河湖管理范围调整内容。

2. 岸线保护利用规划　2021年，上海市水务局启动了《上海市重要河湖岸线保护与利用规划》编制工作，编制范围为长江口（上海部分）、黄浦江、吴淞江（上海段）—苏州河、淀山湖（上海部分）、太浦河（上海段）、拦路港（上海段）—泖河—斜塘、红旗塘（上海段）—大蒸塘—圆泄泾、胥浦塘（上海段）—掘石港—大泖港、元荡（上海部分）等9条由市领导担任河长的河湖。规划内容主要包括岸线功能区划分和岸线边界线划分，截至2021年年底，已完成规划方案大纲的编制工作。

3. 采砂整治　自2021年3月《中华人民共和国长江保护法》正式施行以来，以五部委联合开展长江河道上海段采砂船舶和采砂行为专项治理行动为契机，上海市制定并下发了《关于开展长江河道上海段采砂船舶和采砂行为专项治理行动的通知》（附专项治理行动方案）等文件，依法处置涉砂违法船舶，严厉打击涉砂违法行为。

2021年，上海市共开展执法检查8 648次，出动24 435人次，罚款544.85万元，没收江砂9 070t，没收采砂机具5套，没收涉砂船舶15艘，拆解“三无”采砂船舶7艘。

4. “四乱”整治　2021年，上海市持续开展“清四乱”常态化规范化工作，全市共摸排出“四乱”问题63个，截至2021年年底，已全部完成整改。

（卢智灵　李佩君　高超　赵韵凯　蒋国强　徐芳）

【水污染防治】

1. 排污口整治　2021年，上海市持续推进长江入河排污口整治工作。2021年8月，经市政府同意，上海市生态环境局印发《上海市入河（海）排污口排查整治专项行动工作方案》，启动全市入河排污口排查溯源工作。2021年12月，浦东新区、宝山区、崇明区人民政府分别印发长江入河排污口整治方案，计划未来2～3年内完成长江入河排污口的整治工作。2021年，全市生态环境部门共批复同意2个新改扩建排污口项目，并将全市规模以上入河排污口纳入年度生态环境监测工作计划，定期开展监测和溯源工作。

2. 工矿企业污染　2021年，结合日常执法检查，对工矿企业开展监督监管工作。

3. 城镇污水处理　2021年，上海市已建成投运的城镇污水处理厂共42座，总设计规模857.25万m^3/d，日均实际处理量830.11万m^3。全部执行《城镇污水处理厂污染物排放标准》（GB 18918—2002）一级A及以上排放标准。城市生活污水集中收集率达97.5%。

4. 畜禽养殖污染　2021年，上海市畜禽粪污综合利用率居全国前列、规模养殖场粪污处理设施装备配套率达100%。一是加强政策扶持，通过都市现代农业发展专项等政策，加快推进畜牧标准化生态养殖基地建设和畜禽粪污资源化利用相关工作；二是加强技术推广，开展规模化畜禽场养殖废弃物资源化利用技术培训，为做好资源化利用有关工作提供技术指导；实施养殖环节兽用抗菌药减量化试点；三是开展循环试点，开展绿色种养循环农业试点和松江区畜禽粪肥还田部级试点工作，推动粪肥就近就地规范利用；四是强化工作督导，组织开展畜禽粪污集中处理设施运行专项整治行动，促进各项措施的落实。

5. 水产养殖污染　2021年，加强水产养殖绿色生产方式推广，上海市共有634家水产养殖场按照《上海市水产养殖绿色生产操作规程（试行）》开展绿色生产方式养殖，覆盖水面7 600万m^2，覆盖率达82.6%。推进水产养殖尾水治理，上海市共下达尾水治理面积约5 733万m^2，逐步推进规划保留的规模化水产养殖场尾水治理全覆盖。开展水产健康养殖示范场创建，上海市创建（含复审）水产健康养殖示范场19家，创建面积达384.7万m^2；上海市共有87家水产养殖场获得"水产健康养殖示范场"称号，面积3 866.7万m^2。推进养殖水域滩涂规划编制和发布，市、区两级均已编制和发布《上海市养殖水域滩涂规划（2018—2035年）》。

6. *农业面源污染* 2021年，实施粮田轮作休耕，上海市绿肥深耕面积128.4万亩，推广商品有机肥32.3万t、农作物配方肥209.4万亩、缓释肥52.2万亩。推广绿色生产技术，推广应用绿色防控技术10.7万亩，推广水肥一体化技术2.82万亩。扎实开展绿色种养循环农业试点，遴选了嘉定区、金山区、崇明区和光明食品（集团）4个区域为绿色种养循环农业试点工作实施区域，完成年度粪肥还田20万亩的目标任务。配置各类植保无人机292台，农用无人机植保飞防作业覆盖面积超过50万亩。示范推广水稻机械化种植同步测深施肥技术，推广面积16.3万亩。2021年，通过这些技术措施的推广应用，有效减少了化肥和农药的使用，全市化肥（折纯）、农药使用量分别为6.59万t和0.24万t，比2020年分别下降4.3%和9.8%。

7. *船舶港口污染* 2021年3月，上海市交通委员会、市生态环境局、市水务局和上海海事局联合印发《关于建立完善上海市码头综合监管长效机制的通知》（沪交港〔2021〕144号），进一步明确了码头企业落实码头污染防治的主体责任和各管理部门对码头污染治理的工作职责。

2021年5月，上海市交通委员会会同上海海事局制定《关于进一步规范本市港口和船舶岸电设施建设使用工作的通知》（沪交科〔2021〕374号），持续推进上海市港口岸电设施标准化建设，提高岸电使用率。

2021年5月，沪苏浙皖交通管理部门会同上海组合港管委办联合签署《长三角船舶和港口污染防治协同治理战略合作协议》，持续巩固长江经济带船舶和港口污染突出问题整治工作成效，建立健全长三角船舶和港口污染防治协同治理长效机制，全面提升长三角船舶和港口污染防治能力。

2021年8月，上海市交通委员会、市绿化和市容管理局、上海海事局联合发布《关于上海港黄浦江下游段内河船舶污染物实行免费接收服务的通告》（沪交发〔2021〕31号），在全市内河水域船舶污染物免费接收基础上，自2021年9月1日起在上海港黄浦江下游段开展内河船舶污染物免费接收服务。

2021年9月，市交通委属市港航中心发布《上海市内河港口标准化技术规范》（T/SHJX 026—2021），引导内河码头开展标准化改造，改善内河码头的基础设施、标志标识、内部整洁、景观绿化和污染防治能力。

2021年10月，上海市交通委员会、市生态环境局、市水务局和市城管执法局联合印发《关于开展港口码头生态环境问题专项整治进一步完善港口码头环保监管长效机制的通知》（沪交港〔2021〕798号），进一步推动港口码头环保监管长效机制得到有效落实。（蒋明　何冰洁　宋丽萍　林啸　陶家伟）

【水环境治理】

1. *饮用水水源地保护* 2021年，启动上海市水源保护条例、水源地生态补偿考核办法和流域横向生态补偿实施办法等文本修订，并于年底前形成修订草案。完成2021年水源地生态补偿考核。推进水源地疑似环境违法问题以及违建别墅的核查，全面完成国家推送疑似点位的核销，并对发现的问题点位依法落实后续监管措施。全面开展水源保护区内入河排污口排查，完成宝山、崇明以及青浦太浦河沿线水源保护区内的入河排污口摸排。加强水源保护宣传，在宝山罗泾陈行水源地开展青少年摄影自然笔记采风、健康行等宣传活动，发布上海市水生态环境保护吉祥物"碧水宝宝"（水宝）。2021年，上海市四大集中式饮用水水源地水质每月均稳定达到或优于Ⅲ类标准，水质达标率为100%。

2. *河道综合整治* 2021年，上海市实施以元荡、吴淞江新川沙段等为代表的55km骨干河道工程，455km中小河道整治。

3. *农村水环境整治* 2021年，为有效推进农村生活污水治理工作，上海市水务局先后出台了《上海市农村生活污水治理项目管理办法》《上海市农村生活污水治理技术指南（试行）》《上海市农村生活污水治理工作考核办法》等制度文件，规范了污水治理建设流程，提供了污水治理技术支撑，加强了污水治理行业监管，为污水处理设施发挥效益提供了有力保障。2021年，全市共完成了2万户农村生活污水治理任务，行政村治理率达到83%。农村生活污水治理覆盖面不断扩大，污水治理实效持续提高，进一步夯实了上海市农业农村发展的基础。

（苏平如　季林超　翁晏呈）

【水生态修复】

1. 生物多样性保护　2021年，为推进水生态修复保护，完善上海市水生态监测网络，针对上海市主要水体苏州河、淀山湖开展了生物学监测工作。其中苏州河开展着生动物和底栖动物监测，淀山湖开展浮游植物、浮游动物、底栖动物监测。根据监测结果，苏州河、淀山湖各项生物多样性指数与2020年持平或略有上升。

2021年是长江“十年禁渔”开局之年，在2020年率先高质量完成退捕任务基础上，2021年上海市长江禁渔工作重心由退捕转向禁捕，在巩固“属地管理、上下联动、部门协同”工作机制基础上，上海市农业农村委会同上海市公安局、上海市市场监管局等相关部门和相关区，深入开展“清船、净岸、打非”三大行动，严厉打击长江上海段非法捕捞行为，持续巩固长江口水域“四清四无”。

2021年2月26日，上海市第十五届人民代表大会常务委员会第二十九次会议通过了《上海市人民代表大会常务委员会关于促进和保障长江流域禁捕工作若干问题的决定》，并于2021年4月1日起实施。

2021年8月16日，上海市禁捕办和上海市河长办联合印发了《上海市长江流域禁捕水域网格化管理实施方案》，充分发挥河湖长制平台作用，建立完善长江流域禁捕水域网格化管理体系，提升禁捕执法监管效能。

2021年，全市共收容救护灰鲸、长江江豚、瓜头鲸等各类水生野生动物及其制品133尾（只）。中华鲟保护基地二期项目建设进展顺利，建成使用后将为珍稀、濒危水生生物保护提供重要平台。建设长江口生物多样性监测及修复信息平台，在长江口水域设立25个监测点，监测评估渔业生态资源状况。长江口国家级海洋牧场示范区建设通过验收，有效缓解水域荒漠化，加快恢复生物多样性。2021年，上海市共投入各类增殖放流资金1 291.8万元，在重要渔业水域放流各类水生生物1.2亿尾（只）。

（何冰洁　林啸）

2. 水土流失治理　2021年1月15日，上海市人民政府办公厅印发《上海市水土保持目标责任考核办法（试行）》（沪府办〔2021〕3号）。

2021年8月27日，上海市水务局、国家税务总局上海市税务局联合印发《上海市水土保持补偿费征收管理办法（沪水务〔2021〕550号）。

2021年12月28日，上海市人民政府印发《关于同意〈上海市水土保持规划修编（2021—2035年）〉的批复》（沪府办〔2021〕73号）。

2021年，全市共审批生产建设项目水土保持方案1 837项。其中市水务局审批129项，涉及水土流失防治责任范围31.85km²；各区水务局、临港新片区管委会审批1 708项，涉及水土流失防治责任范围98.96km²。

2021年，全市460项生产建设项目完成水土保持设施验收报备，其中市水务局完成报备12项，各区水务局、临港新片区管委会完成报备448项。开展验收核查142项，其中市水务局核查10项，各区水务局、临港新片区管委会核查132项。

2021年，上海市组织开展三期覆盖全市的生产建设项目水土保持遥感监管工作，利用卫星遥感解译和无人机核查，完成1 087个疑似违法违规图斑的现场复核和违法项目认定、查处工作，下达整改意见219份，实现了生产建设项目水土保持遥感监管全覆盖，有效提升了监管效能和水平。

2021年，完成了3 132项已开工生产建设项目的监督检查，现场检查1 606项，查处违法违规项目953项，立案查处106项，督促落实水土流失防治责任。

2021年，按照《上海市水土保持规划（2015—2030年）》和《关于本市全面推行河长制的意见》的要求，全市共计完成63条骨干河道和中小河道水土流失综合治理工程，治理长度约199.56km，新建护岸约281.69km。

（赵杰）

3. 生态清洁小流域建设　2021年，启动全市15个示范点建设（涉及36个行政村、面积100km²）。13个河道整治项目全部开工，各区河长办全面启动其他条线工作。3月22日为“世界水日”，上海市水务局召开全市“生态清洁小流域”建设推进会，全面启动上海市生态清洁小流域建设。各区完成“十四五”分年度计划编制，完成“一区一图、一流域一图、一示范点一图”梳理。开展2022年水利专项项目储备和技术评审。各区完成12个治理单元，面积37km²。12月22日，青浦区莲湖村、金山区水库村成功创建生态清洁小流域国家水土保持示范工程。

（蒋跃）

【执法监管】

1. 联合执法　2021年，上海市水务局持续加强多部门联勤联动，不断探索加强与公安、交通、海事、环保、城管等部门在采砂、防汛、涉水工程等多领域的联合执法合作机制，共同维护城市水安全、水环境。上海市水务局执法总队与长航公安上海分局、上海铁路运输检察院、上海铁路运输法院正式签订贯彻落实《中华人民共和国长江保护法》的工作备忘录，建立联合行动机制、长江采砂违法行为行刑衔接和案件线索通报移送机制，共向公安移送16起案件。

充分加强与相关管理部门的管执联动，利用河长制监督、行业管理巡查等平台，及时发现获取违法线索。

2. 河湖日常监管　2021 年，上海市水务局持续加大专项执法力度，在河湖水面积管控、防汛安全、岸线保护、水资源保护、长江非法采砂等重点方面开展专项执法，形成了执法“严”和“硬”的态势，执法工作成效显著。市水务局执法总队在河湖执法方面开展执法检查 1 109 次，共计 3 068 人次，立案 147 件，罚款 880.4 万元。（刘杰）

【水文化建设】　2021 年，围绕黄浦江上游堤防工程，打造绿色水文化长廊，在太浦河新旺绿地等地组织系列“赏河岸美景，学水务知识”走进水务海洋活动。2021 年 12 月 28 日，上海黄浦江徐汇滨江水利风景区建成并入选第十九批国家水利风景区名单，位于上海市徐汇区黄浦江西岸，景区面积 12km^2。（梅媛）

【智慧水利建设】　2021 年 11 月 11 日，在上海市河长制工作平台的基础上，上海市水务局完成了上海市河湖长制业务监督管理服务项目建设，建设了河长办业务监管服务与河长湖长相关业务监管服务等模块，加强了对中间环节以及业务流程闭环的监管，使得河湖长制工作有依可靠、有迹可循。2021 年 11 月 11 日，辅助河长制信息化工作，上海市水务局完成了上海市河长制数据应用服务项目建设，建设了数据库调整、基础信息更新、共享数据对接、智能化场景应用数据分析等模块，为水务信息化提供强有力的数据服务支撑，实现了河湖信息与河长的衔接，为市、区、街镇三级河长办的工作人员提供河长信息维护、日常管理、统计分析等工作。2021 年 11 月 17 日，按照水利部河长制管理和上海市河长业务发展的要求，上海市水务局完成了上海市河长制工作平台完善项目的建设，建设了水务综合督查模块、在线水质监测模块、河长制工作考核模块、“上海河长”业务功能拓展模块、河湖长制数据治理模块，实现了河长制工作考核的精细化管理，同时着力改善水质，健全在线水质监测的管控机制，加强了数据治理。（沈建刚）

江苏省

【河湖概况】

1. 河湖基本情况　江苏地处长江、淮河两大流域下游，分属长江、太湖、淮河、沂沭泗四大水系，长江横穿东西，京杭大运河纵贯南北，境内地势低平，河湖众多。全省乡级以上河道 2 万多条，其中 723 条河道列入省骨干河道名录，总长 2.07 万 km。骨干河道包括 33 条流域性河道、123 条区域性骨干河道、567 条跨县及县域重要河道；列入省湖泊保护名录的湖泊 154 个，其中省管湖泊 28 个，湖泊水域总面积 6 958km^2。

2. 河湖水量、水质基本情况　2021 年全省地表水资源量 442.5 亿 m^3，其中淮河流域 277.76 亿 m^3、长江流域 64.84 亿 m^3、太湖流域 99.89 亿 m^3。全省重点水功能区水质达标率 88.7%，县级以上水源地水质全面达标。210 个国考断面优于Ⅲ类比例达 87.1%，同比上升 3.8 个百分点，无劣Ⅴ类断面，超额完成国家下达 83.3%的年度目标任务。115 个长江主要支流断面水质优于Ⅲ类比例 98.3%，无劣Ⅴ类断面。655 个省考断面水质优于Ⅲ类比例为 92.7%，超额完成 89%的省定工作目标。

3. 新开工水利工程　截至 2021 年年底，全省新开工常熟市徐六泾江边枢纽、南京市高淳区永宏泵站、淮安市清江浦区和平北站拆建等省重点水利工程建设项目 40 个。（何羌　冯艳红　刘扬　朱平安）

【重大活动】　2021 年 5 月 12 日，江苏省政府对 2020 年河湖长制工作推进力度大、河湖管理保护成效明显的地方予以督查激励通报，苏州市等 4 个设区市、南京市建邺区等 6 个县（市、区）受到督查激励。

2021 年 6 月 15 日，中国国际发展知识中心在北京举行第四期交流对话沙龙，聚焦“中国治理创新的地方实践”，以江苏河长制探索实践作为典型案例，向世界发布治国理政案例，江苏省河长办主任、水利厅厅长陈杰在对话沙龙上作了题为《河长治河　让水韵流芳泽被美丽江苏》的报告。

2021 年 6 月 19 日，江苏省委、省政府主要负责同志签发《关于全力建设幸福河湖的动员令》的总河长令，部署全省组织开展幸福河湖建设，明确力争到 2025 年全省城市建成区河湖基本建成幸福河湖，到 2035 年全省河湖总体建成“河安湖晏、水清岸绿、鱼翔浅底、文昌人和”的幸福河湖。

2021 年 8 月 2 日，江苏省河长办会同 5 个设区市政府印发实施《里下河地区跨界河湖水葫芦联保共治协作机制规则》，部署开展里下河地区 5 个设区市、23 个县（市、区）“清剿水葫芦、改善水环境”联保共治 2021 年专项行动。

2021 年 8 月 3 日，江苏省河长制工作领导小组

印发《关于推进全省幸福河湖建设的指导意见》，明确了总体要求、主要任务、保障措施等，全面推进幸福河湖建设。

2021年11月11日，经江苏省政府领导同意，省河长办于11—12月组织对13个设区市近年来河湖长制重点工作开展专项督查，专项督查由省水利厅、省生态环境厅、省住房和城乡建设厅、省农业农村厅组成5个联合督查组，分别由厅领导带队开展督查。

2021年11月12日，省河长办制定印发《江苏省幸福河湖评价办法（试行）》，配套出台《江苏省幸福河湖评分标准》。（王嵘　张希文）

【重要文件】　2021年6月19日，江苏省总河长令发出了《关于全力建设幸福河湖的动员令》（2021年第1号）。

2021年8月2日，江苏省河长制工作办公室、淮安市人民政府、扬州人民政府、泰州人民政府、南通人民政府、盐城市人民政府关于印发《里下河地区跨界河湖水葫芦联保共治协作机制规则》《里下河地区“清剿水葫芦、改善水环境”联保共治2021年专项行动方案》的通知（苏河长办〔2021〕10号）。

2021年8月3日，省河长制工作领导小组关于印发《关于推进全省幸福河湖建设的指导意见》的通知（苏河长〔2021〕1号）。

2021年11月22日，省河长制工作办公室关于印发《江苏省幸福河湖评价办法（试行）》的通知（苏河长办〔2021〕13号）。（尹宏伟　刘洋）

【地方政策法规】

1. 法规　2017年9月24日，江苏省第十二届人民代表大会常务委员会第三十二次会议通过《江苏省河道管理条例》，自2018年1月1日起施行。

2021年8月26日，泰州市第五届人民代表大会常务委员会第三十八次会议通过；2021年9月29日，江苏省第十三届人民代表大会常务委员会第二十五次会议批准泰州市出台全省首部《河长制工作条例》，自2022年1月1日起施行。

2021年9月29日，江苏省第十三届人民代表大会常务委员会第二十五次会议《关于修改〈江苏省河道管理条例〉等二十九件地方性法规的决定》，第四次修正《江苏省水资源管理条例》。

2021年9月29日，江苏省第十三届人民代表大会常务委员会第二十五次会议《关于修改〈江苏省河道管理条例〉等二十九件地方性法规的决定》，第三次修正《江苏省湖泊保护条例》。

2021年9月29日，江苏省第十三届人民代表大会常务委员会第二十五次会议《关于修改〈江苏省河道管理条例〉等二十九件地方性法规的决定》，第二次修正《江苏省水土保持条例》。

2021年9月29日，江苏省第十三届人民代表大会常务委员会第二十五次会议《关于修改〈江苏省河道管理条例〉等二十九件地方性法规的决定》，第四次修正《江苏省防洪条例》。

2. 规范性文件　2021年，江苏省水利厅、中共江苏省委宣传部、江苏省财政厅、共青团江苏省委、江苏省科学技术协会印发《关于印发〈江苏省水情教育基地设立及管理办法〉的通知》（苏水规〔2021〕1号）。

2021年11月30日，江苏省水利厅印发《关于印发〈江苏省河道管理范围内建设项目监督管理实施办法（试行）〉的通知》（苏水规〔2021〕3号）。

2021年12月1日，江苏省水利厅印发《关于印发〈江苏省水权交易管理办法（试行）〉的通知》（苏水规〔2021〕4号）。

2021年12月9日，江苏省水利厅印发《关于印发〈江苏省取水许可实施细则（试行）〉的通知》（苏水规〔2021〕5号）。

2021年12月9日，江苏省水利厅印发《关于印发〈江苏省重点用水单位节约用水管理办法（试行）〉的通知》（苏水规〔2021〕6号）。

2021年12月16日，江苏省水利厅印发《关于印发〈江苏省重点水利基本建设工程从业单位履约信用管理办法〉的通知》（苏水规〔2021〕7号）。

2021年12月27日，江苏省水利厅印发《关于印发〈江苏省生产建设项目水土保持管理办法〉的通知》（苏水规〔2021〕8号）。（陈文）

【河湖长制体制机制建立运行情况】　修订完善河湖长履职规范等制度。推动跨区域联动，省际跨界河湖全面建立协同共治机制，省内97%的县级以上跨界河道已建立河湖长协作机制。推动跨流域联动，协同建立“流域机构＋省河长办”机制，做深做实太湖淀山湖湖长协作机制。推动跨部门联动，合力开展幸福河湖建设，积极推进河长制与断面长制衔接，落实水质改善、黑臭水体治理等重点任务。将河湖长制工作纳入高质量发展考核，全覆盖开展河湖长制专项督查，对重点河湖市级河湖长履职情况开展数字化评价，推进责任落实。全年省、市、县级河湖长共巡河12 000多人次，推动解决了一批重点难点问题。完善河长制管理信息系统，完成省、市与水利部互联互通，实现数据共享。发挥江苏河湖长制热线作用，全年受理群众反映河湖问题 131 件。省河长办与河海大学联合成立江苏省河湖长制研究院，为创新推进河湖长制工作提供智力支持。启动“跑步河长”活动和第二届江苏“最美基层河长、最美民间河长”推选活动。开展“河湖·名城·印记”主题融媒体作品征集和“书话—河长制”活动，讲好河湖故事。连续 3 年开展河湖长制第三方调查，群众满意度逐年提升。（任伟刚　周倪凯）

【河湖健康评价】　持续实施《生态河湖状况评价规范》，连续 12 年开展全省主要河湖生态状况评估，组织各设区市同步开展重点河湖生态状况评估。2021 年，34 条流域性骨干河道、11 个省管湖泊生态优良率为 86.7%。（韩暄）

【“一河（湖）一策”编制和实施情况】　以全面推进幸福河湖建设为引领，部署开展新一轮“一河（湖）一策”修编，编制完成《江苏省幸福河湖建设一河一策行动计划（2021—2025 年）》，省级组织完成 25 条（个）流域性河道（湖泊）“一河（湖）一策”修编。各设区市启动开展“一河（湖）一策”修编，组织实施幸福河湖建设，2021 年已建成幸福河湖 639 条（个），其中城市建成区河道、骨干河道、农村河道等各类河道 565 条，各类湖泊和水库 74 个。苏州市率先开展生态美丽河湖建设，出台建设指南，编制 37 条（个）样板河湖建设方案，以“一事一办”为抓手，推进项目落实，截至 2021 年年底，全市累计建成生态美丽河湖 1 060 条。

（吴嘉裕　蒋燕华）

【水资源保护】

1. 生态水位管控　研究确定 28 个省级重点河湖生态水位，提前超额完成水利部下达任务。按照“一河（湖）一策”的要求，编制河湖生态水位保障实施方案。印发《生态水位（流量）监测与评估技术指南》，建立日监测、季评估、年考核制度，建成生态水位监测预警系统，实施在线监测预警，落实调度管控措施。

2. 河湖水量分配　全面建立省、市、县三级行政区域用水总量控制指标，配合流域机构完成淮河、太湖等 12 条跨省河湖水量分配方案，累计完成并批复省内秦淮河等 15 条河、3 个湖跨市河湖水量分配方案，13 个设区市完成 67 条跨县河湖水量分配工作。

3. 取用水监管　率先完成全省范围取水工程核查登记，加快推进整改提升，共核查登记 14 499 个取水项目（对应 31 966 个取水工程），取缔 1 333 个项目，整改 4 750 个项目。强化取水许可审批、验收、延续、注销全过程规范化管理。

4. 水源地管理保护　全省 22 个国家重要饮用水水源地均完成达标建设任务，全省县级以上城市水源地率先实现达标建设、双源供水、长效管护三项全覆盖，形成相互调配、互为补充、全面监控的安全供水格局。

5. 实施节水行动　印发《江苏省节水行动实施方案 2021 年部门工作任务》《江苏省“十四五”节水型社会建设规划》，完成 23 个县（市、区）国家级和 11 个县（市、区）省级节水型社会示范区建设，实现南水北调东线受水区涉农县区国家级县域节水型社会达标和省级节水型社会示范区“双覆盖”。出台《江苏省节水型工业园区建设标准（试行）》，修订《江苏省节水型企业建设标准》，全省共创建省级节水型载体 489 家，节水型工业园区 3 家，评选出 20 家“江苏省第三批水效领跑者”。完善用水定额体系，印发部分行业补充用水定额。完善节水市场激励机制，出台大力发展绿色金融的指导意见，“节水贷”全年累计发放贷款约 20 亿元，惠及 121 家企业单位。把节约用水纳入绿色学校、公共机构节约能源资源的考核范围。采取多种形式广泛开展节水宣传。（周铸　何蔬丹）

【水域岸线管理保护】

1. 河湖管理范围划界　截至 2021 年年底，实现了国普河湖、在册水库、大中型灌区划界全覆盖，累计划定河道 2 727 条、湖泊 145 个（含非省在册的 8 个国普湖泊）、水库 940 座、大中型灌区 258 个，划定河湖管理范围线长度 10.87 万 km，进一步加密河湖与水利工程划界矢量“一张图”，积极推动了划界成果在数字河湖、河湖长制、河湖空间功能区划及管理等应用。

2. 岸线保护与利用　印发《关于加强长江岸线保护利用服务长江经济带高质量发展的意见》，合理控制岸线开发利用强度；划定长江岸线管理范围网格单元 592 个，建立岸线常态化动态管控机制；又清退一批占用岸线，长江岸线利用率已由高峰期的 41.7%下降至 36.7%。加强 12 个省管湖泊和 20 条流域性河道岸线保护与利用，统筹岸线和水域功能分区，为河湖生态保护、空间控制要求、开发强度管控和管理指标落地提供支撑。

3. 非法采砂综合整治　在《新华日报》公告全省长江及其他重点水域采砂管理责任人名单，组织开展长江河道采砂综合整治行动，对长江江苏段开

展为期1年的采砂管理进驻式督导，进行4次全覆盖巡查执法和多次“四不两直”暗访，压紧压实各方责任；重点节假日联合开展执法巡查打击行动。各地始终保持对非法采砂高压严打态势，全年出动执法人员4万多人次，执法船艇 4 745 艘次，开展各层级专项行动656次，共查获包括7艘非法采砂船在内的“三无”采砂船38艘，督促各地政府组织拆解“三无”采砂船41艘。依法对9个长江疏浚砂综合利用项目严格监管，2021 年合计利用 450 万 m^3。

4. *“清四乱”常态化规范化*　省级分片区、按比例组织实施河湖“两违三乱”专项整治“回头看”行动；部署河湖“四乱”问题常态化自查自纠，各地共排查整改“四乱”问题283个；联合水利部流域机构重点对太湖、淀山湖、淮河干流、京杭大运河苏南运河段开展“四乱”问题专项巡查，共发现疑似问题174个，及时交办各地核查整改，对整治不到位的，明确路线图、时间表，依法依规推动整治到位。同时，落实人防、技防措施，及时发现、处置新的违法项目。（李霞　李广林）

【水污染防治】

1. *排污口整治*　召开全省长江入河排污口整治现场推进会，部署启动整治工作；沿江各市政府均印发排污口分类整治方案，全面梳理问题清单，编制“一口一策”整治方案，截至2021年年底，纳入整治清单的 9 300 个排口，已完成整治 4 091 个。开展太湖流域入河（湖）排污口排查整治，覆盖太湖流域163条骨干河道和106个重点湖泊，共确认排污口2.15万个，完成采样1.95万个，全部进行了溯源分类，截至2021年年底，纳入整治范围的8 800个排口，已完成整治 3 245 个。

2. *工矿企业污染防治*　制定印发《江苏省工业园区水污染整治专项行动实施方案》，加大全省工业园区水污染整治力度。按照“应发尽发”要求，提前完成排污许可证发放登记工作，共发证3.3万家、登记29万家。狠抓“散乱污”企业排查整治，全省关停取缔5.7万多家。开展长江流域废水偷排直排环境违法犯罪专项治理行动，全省共检查涉水企业1.3万家，发现773家企业存在环境违法问题854个，其中涉嫌偷排101家，超标排放262家，共计罚款1.27亿元。

3. *城镇生活污染治理*　持续推进污染治理“4＋1”工程建设，对各设区市及部分县（市）城镇污水处理工作开展考核评估。开展城镇污水处理提质增效精准攻坚“333”行动，印发城镇污水处理提质增效系列工作指南和达标区评估验收办法，健全完善“月报告、季通报、年考核”工作机制，将提质增效纳入省政府挂牌督办和奖励激励项目，对问题突出城市进行压茬式督办、约谈。截至2021年年底，全省约40%建成区面积已建成污水处理提质增效达标区。严格乡镇污水处理设施全运行监管，督促强化“四统一”工作机制建设，落实“十必接”要求，加快污水收集管网建设，加强污水处理设施运行管理，基本实现乡镇污水处理设施全运行。2021年，全省新增城镇生活污水处理能力140万 m^3/d 以上，新增污水收集管网超 3 400km。

4. *畜禽养殖污染防治*　制定实施畜禽粪污资源化利用巩固提升行动方案，建立规模养殖场整治提升清单，推进养殖场完善提升粪污资源化利用设施设备。组织开展工作评估，加大结果通报力度，扎实推进畜禽粪污综合利用。遴选16个县（市、区）开展中央绿色种养循环农业试点县建设，探索建立种养结合长效机制。现场督促整改汛期水质提升专项督察指出的问题，徐州、淮安、宿迁三市问题整改基本完成。举办畜禽粪污资源化利用工作培训，市县农业农村局分管负责人和业务骨干160余人参加。全省畜禽粪污综合利用率达97%，连续4年获农业农村部延伸绩效考核优秀等次。

5. *水产养殖污染防治*　制定《池塘养殖尾水排放标准》，经省政府同意于2021年6月正式发布。围绕养殖尾水达标排放或循环利用，开展试点示范，以点带面推进池塘改造。推广生态健康养殖模式，推进国家级水产健康养殖和生态养殖示范区建设。2021年养殖尾水达标排放或循环利用试点范围已覆盖全省13个设区市的50多个水产养殖重点县（市、区），改造池塘面积达20万亩。

6. *农业面源污染防治*　扎实开展千村万户百企化肥减量增效行动，建立部省级化肥减量增效示范区150个。推动测土配方施肥由粮食作物向果菜茶等经济作物拓展，示范推广水稻侧深施肥、水肥一体化、缓控释肥。加强农作物病虫害监测预警体系建设，积极推广绿色防控技术和产品，推进300个省级绿色防控示范区建设，大力推进多种形式的统防统治，组织实施“科学用药进万家”行动。2021年全省化肥、农药使用量较 2015 年分别下降13.9%、18.6%。

7. *船舶和港口污染防治*　印发《关于加强港口码头环境保护长效监管的通知》《建立健全全省长江经济带船舶和港口污染防治长效机制的实施意见》，推动落实船舶和港口污染防治工作长效机制。全省辖区共建成船舶污染物接收点 3 148 个，配备各类接收设备 11 930 台套，纳入城市公共管网 261 处，流动服务作业车、船 712 艘，基本实现辖区港口码头、水上服务区、船闸待闸区的船舶污染物接收设施“全覆盖”。全面推广长江经济带船舶污染物联合监管和信息服务平台，已基本实现码头接收、转运和处置单位以及辖区水域航行船舶 100%全接入和实时监管。2021 年全省辖区共接收船舶垃圾 4 969t，生活污水 339 568m³，残油废油 39 262m³，含油污水 20 958m³。 （刘扬　许天啸　蒋小忠　邱效祝）

【水环境治理】

1. 饮用水水源规范化建设　修订全省饮用水水源地安全保障规划，对入河排污口和取水口布局不合理的水源地进行调整，形成安全保障程度更高的水源地布局。建立长效管护标准化建设机制，规范水源地名录核准和注销，建立“一地一档”。颁布全国首部《集中式饮用水水源地管理与保护规范》（DB32/T 4030—2021），联文部署集中式饮用水水源地规范化建设；建成跨部门的水源地信息共享平台，每月发布水源地水文情报；全省城市水源地实现双源供水，满足应急供水需求。

2. 城市黑臭水体治理　发挥省级专项资金的引导作用，年度安排省级专项补助资金 1.42 亿元，支持苏中苏北县级城市治理黑臭水体，整治城市建成区黑臭水体 49 个，实现全省县以上城市基本消除黑臭水体。推动完成 58 条整治河道水岸联动环境提升工程，实现从黑臭水体整治向滨水宜人开放空间塑造升级。巩固城市黑臭水体整治成效，督促指导各地建立健全长效管护机制，推进管护制度化、专业化。推进各地充分发挥基层河长作用，强化水体长效管护工作。组织专业技术单位对黑臭水体治理效果开展调研和督查指导。争取省级专项资金 7 200 万元，引导各地打造一批“清水绿岸，鱼翔浅底”示范河道。

3. 农村水环境整治　以农村生态河道建设为抓手，结合生态宜居美丽乡村建设和农村人居环境整治，着力加强农村水污染防治、水环境治理、水生态修复，促进河道休养生息，维护河道生态健康。截至 2021 年年底，全省累计建成农村生态河道 5 485 条（段）、2.23 万 km，其中县级生态河道 1 104 条（段）、0.94 万 km，乡级生态河道 4 381 条（段）、1.29 万 km，全省农村生态河道覆盖率达 28.8%。 （盖永伟　李舜尧　蒋伟）

【水生态修复】

1. 退圩还湖　稳步实施退圩还湖综合治理，积极营造健康湖盆形态，加快构建科学合理、动态平衡、稳定可持续的湖泊生态系统。骆马湖（新沂市）、滆湖（常州市武进区）、得胜湖（兴化市）等先后恢复约 30km² 的自由水面，促进了近岸带水生植物逐步恢复和湖泊生境持续好转。

2. 生物多样性保护　多部门联动持续开展打非断链攻坚会战，全年共查办涉渔违法案件 3 442 起，其中涉刑犯罪 218 起，554 人被追究刑事责任，形成了高压态势和强力震慑。长江干流提前 1 年完成退捕，34 个水生生物保护区、与干流和湖泊保护区直接连通的其他水域全面退捕。科学开展水生生物增殖放流，省政府分管领导带队参加全国“放鱼日”等增殖放流活动，在长江流域放流各类水生生物苗种 5 亿尾以上，放流品种包括刀鲚、暗纹东方鲀、胭脂鱼等珍贵物种。

3. 生态补偿机制建立　落实国家关于建立长江流域横向生态保护补偿机制最新要求，持续推进实施跨省横向生态补偿机制，在上一轮与安徽省开展补偿合作基础上，积极与安徽省多次沟通，开展断面实地调研座谈，针对长江干流及重要支流推进新一轮补偿协作。

4. 水土流失治理　2021 年全省 21 个项目县、22 个国家水土保持重点工程小流域综合治理项目全面完成年度建设任务和投资计划，完成投资 2.39 亿元，投资完成率 100%。全年综合治理水土流失面积 284.41km²，新增各类水土保持措施面积 92.11km²，全省水土流失面积下降至 2 199.75km²，水土流失面积和强度实现“双下降”。2020 年度实施的 17 个国家水土保持重点工程项目全部完成竣工验收。

5. 生态清洁型小流域建设　出台《生态清洁小流域建设技术规范》（DB32/T 4151—2021）省级地方标准，规范化、标准化推进生态清洁小流域建设。依照规程评定省级生态清洁小流域 19 个，省级奖补资金 2 260 万元，全省累计建成省级生态清洁小流域 132 个，累计创建国家级生态清洁小流域 3 个，水土保持效益明显提升，水环境面貌显著改善，社会效益持续彰显。

（杨耀中　董晓平　杨逸辉　刘扬）

【执法监管】

1. 水行政执法专项监督严实高效　联合开展全省水行政执法专项监督活动，重点对全面推行行政执法“三项制度”、水事违法行为立案查处、执法队伍建设和执法保障、中央及水利部有关执法重点任务落实等情况进行全面检查，进一步规范执法行为，促进依法行政。牵头省级 9 个部门印发《关于建立骆马湖地区涉水联合执法机制的意见》，强化骆马湖

涉水管理，切实形成执法合力。

2. 水利系统扫黑除恶斗争纵深推进　印发《关于在全省水利系统常态化开展扫黑除恶斗争巩固专项斗争成果的实施意见》《关于开展水利行业重点领域扫黑除恶斗争的通知》，对常态化开展扫黑除恶工作进行再动员、再部署、再推进。组织开展河湖非法采砂整治严厉打击“沙霸”及其背后“保护伞”专项行动，加大对重点河段、水域、人员、船舶的管控力度，推动采砂领域涉黑涉恶现象有效治理。全省共向公安机关移送案件、移交涉砂线索 18 起（公安机关根据线索侦办非法采矿案 15 起）；积极配合公安机关侦破非法采砂刑事案件 54 起（多起案件为在外省非法采砂运送至江苏省销售时抓获），抓获犯罪嫌疑人 532 人，摧毁团伙 39 个。

3. 河湖日常监管　推动河湖由“疾病治疗”向“健康管理”的转变。进一步明晰河湖监管区域，有序推动新增名录湖泊管理范围划界，推进划定成果纳入“多规合一”空间规划管理体系。进一步增强巡查管控强度，健全长江等重要河湖水域岸线常态化巡查管控机制，推动责任落实到位、巡查处置到位、违法查处到位、能力保障到位的水域岸线巡查管控网络体系。进一步夯实堤防岸线安全，立足防大汛、抢大险、救大灾，全力以赴做好河湖堤防各项防汛准备工作。

（李广林　何晓洁）

【水文化建设】

1. 运河文化公园　率先部署开展水利遗产管理保护，公布首批省级水利遗产名录 117 处；推荐洪泽湖大堤、江都水利枢纽等申报国家水利遗产；挖掘运河水文化内涵，持续提档升级水利风景区建设管理，锻造运河文化精品，年度认定无锡市江南古运河等 7 家运河沿线水利风景区，省江都水利枢纽等 3 家景区入选水利部首批“全国水利风景区高质量发展典型案例”。推动运河水文化深度融入现代水利，建成大运河淮安水上立交等一批最美运河地标并出版成书。开发全国首个“云上水景漫游”服务程序，扩大运河水文化社会传播面。推动《最美运河地标》上线国家文化公园数字云平台，成为首批签约书单，设置平台展示专栏，带动运河地标实体、数字两个层面的深度融合。发起水利风景区优秀 MV 评选，《水润扬州》等 7 部作品荣获水利部“唱响幸福河湖”主题赛事奖项，“声”动展现运河水景风采。

2. 河长制主题公园　全省各地河长制主题公园建设呈现三大特点。一是在主题内容上由河长制展示向水情科普教育、水韵文化传播方向深化；二是在品质内涵上由寓教于乐型向生态环境、文旅健身、幸福河湖方向拓展；三是在建设方式上由水利部门“单打独斗”向多部门联建、社会公众参与、多要素融入方向转变。全年共建成河长制主题公园 208 个，启动建设 60 个。

（王新儒　金大伟）

【智慧水利建设】

1. 智慧河湖建设　面向河湖管理实际需要，建成河湖资源与巡查管理系统，并在江苏水利专网上线投入运行；补充全省 33 条流域性河道、12 个省管湖泊和 3 个市际湖泊等基础地理信息和水利专题数据采集、调查和入库；作为水利部数字孪生试点建设数字孪生新孟河，辅助新孟河水量水质联合调度决策；以南通市本级、徐州市铜山区为试点，开展省、市、县三级河湖视频监控互联互通平台建设；建设无人机智慧巡湖系统，在石臼湖、固城湖实现无人机在线实时巡湖，提升了河湖管理数字化、信息化水平。

2. “水利一张图”　更新全省 2020 年、2021 年 0.5m 分辨率影像；更新南京、常州、无锡、苏州、扬州、南通、徐州等设区市 2021 年 0.2m 分辨率影像；增加部分水土保持和大中型灌区基础数据的矢量图层。

3. 河长制信息系统　省级河长制管理信息系统建成并投入运行，包括河长制标准规范体系、河长制综合数据库、河长制数据集成和管理、综合展示、河长制“一张图”服务、河长制管理等业务应用，具有河长制信息数据平台、河长制业务工作平台、河长与河长制部门和社会公众参与平台、全省河长制工作成果展示平台等功能，实现了河长制省级系统与水利部系统、地市系统之间的互联互通。

4. 数字孪生　开展数字孪生工程试点和智慧水利关键技术专项研究，确定数字孪生“一江两湖”和智能泵站等 4 个项目先行先试。围绕太湖水量水质优化调度目标，建设数字孪生新孟河、望虞河，对物理流域进行数字化映射、智慧化模拟和仿真推演，建立以孪生底板为基础的水工程预报调度一体化系统。在秦淮河流域率先开展数字流域、生态河湖监测体系试点建设，重塑秦淮河水网和水利基础设施，形成虚实结合、孪生互动的水利信息化新形态。

（刘仲刚　陆明　吴建刚　王成宇）

浙江省

【河湖概况】

1. 河湖数量　浙江省地处我国东南沿海，省内河流纵横、河网湖泊星罗棋布，自北向南有苕溪、运河、钱塘江、甬江、椒江、瓯江、飞云江和鳌江八大水系及浙江沿海诸河水系。钱塘江、甬江、椒江、瓯江、飞云江、鳌江独流入海，苕溪流入太湖。尚有杭嘉湖平原、萧绍平原、宁波平原、台州沿海平原、温州沿海平原等五大平原河网。全省河道总长度14.1万km，其中流域面积50km² 以上河流为856条，长度2.2万km；流域面积1万km² 以上河流有钱塘江、瓯江、新安江。全省水面面积0.5km² 以上的湖泊为86座。

2. 水量　2021年，全省平均降水量1 992.5mm，较2020年降水量偏多17.1%，较多年平均降水量偏多22.8%。2021年全省水资源总量1 344.73亿m³，较2020年水资源总量多31.0%，较多年平均水资源总量多37.8%，产水系数0.64，产水模数128.3万m³/km²。2021年全省地表水资源量1 323.33亿m³，较2020年地表水资源量多31.2%，较多年平均地表水资源量多37.9%。地表径流的时空分布与降水量基本一致。2021年，全省地下水资源量261.83亿m³，地下水与地表水资源不重复计算量21.40亿m³。

3. 水质　2021年，浙江省158个国控断面优良水质达到96.2%，296个省控断面水质达到或优于地表水环境质量Ⅲ类标准的断面占95.2%（其中Ⅰ类占10.1%、Ⅱ类占48.3%、Ⅲ类占36.8%），Ⅳ类占4.8%，无Ⅴ类和劣Ⅴ类断面。与2020年相比，Ⅰ～Ⅲ类水质断面比例上升1.3个百分点。八大水系所有断面都达到或优于Ⅲ类，京杭运河水质为Ⅱ～Ⅳ类。平原河网水质为Ⅱ～Ⅳ类，其中Ⅱ～Ⅲ类水质断面占86.1%，Ⅳ类占13.9%。与2020年相比，Ⅲ类及以上水质断面比例上升3.0个百分点。

4. 新开工水利工程　2021年，全省水利建设计划完成投资500亿元，全省完成投资621.8亿元，完成率124.4%。全省重大水利工程项目投资计划200亿元，截至12月底，完成投资271.4亿元，完成率135.7%。开工建设温州市瓯江引水工程等重大工程14项，海塘安澜工程26项，扩大杭嘉湖南排工程（嘉兴段）等18项重大工程完工见效，太湖环湖大堤（浙江段）后续工程等6项工程被浙江省发展和改革委员会评为第二、第三季度“红旗”项目。

（何斐）

【重大活动】　2021年4月13日，浙江省“五水共治”（河长制）工作现场会在绍兴市上虞召开。会议全面回顾浙江省过去七年的治水成效，发布新一轮“五水共治”碧水行动和2021年治水工作目标。时任浙江省副省长陈奕君在现场会上强调，打好“五水共治”深化战，还要把强整改、破盲区作为底线任务，把强设施、零直排作为重要支撑，把强修复、重保护作为关键一招。

2021年5月11—14日，浙江省政协副主席、瓯江流域省级河长周国辉赴温州，围绕“深入推进美丽大花园建设，努力打造美丽中国先行示范区”和瓯江流域河长制开展监督调研。

2021年5月18日，全省建设新时代美丽浙江暨中央生态环境保护督察整改工作推进大会在杭州召开，省委书记、省美丽浙江建设领导小组组长袁家军出席会议并讲话。他强调，要深入学习贯彻习近平生态文明思想，完整、准确、全面贯彻新发展理念，对美丽浙江建设进行系统性重塑，构建美丽浙江数字化综合应用系统，进一步拓宽绿水青山就是金山银山转化通道，加快探索以生态优先、绿色发展为导向的高质量发展新路子，以高水平的美丽浙江建设推动人与自然和谐共生的现代化。

2021年7月21日，浙江省人大常委会副主任、京杭运河省级河长史济锡赴京杭运河嘉兴段进行巡河。

2021年8月25日，浙江省委副书记、曹娥江流域省级河长黄建发在绍兴开展曹娥江巡河。

2021年11月2日，全省城镇“污水零直排区”建设和农村生活污水治理工作推进会在杭州市淳安县召开。副省长高兴夫出席会议并讲话。高兴夫在讲话中充分肯定了全省城镇“污水零直排区”建设和农村生活污水治理工作所取得的成效，并代表省委省政府向治水战线上的同志们表示由衷的感谢。

2021年11月4日，浙江省政协副主席、飞云江流域省级河长陈小平率省级相关部门负责人赴瑞安、泰顺巡河调研，并召开飞云江流域“河长制”工作座谈会。

2021年12月20日，浙江省美丽河湖工作专班暨全面推行河湖长制工作联席会议全体会议召开，副省长徐文光主持会议并讲话。徐文光强调，要优化机制，打造扁平一体、高效协同的工作机制，建立健全美丽河湖和河湖长制机制，增强执行力，着重抓好最严格水资源考核、水土保持、农村供水保障、河道行洪问题整治等涉及国家任务或考核的工作。

（何斐　徐靖钧）

【重要文件】　2021年5月31日，浙江省治水办（河长办）印发《关于印发〈2021年度省级单位“五水共治”（河长制）重点工作任务书〉的通知》（浙治水办

发〔2021〕10号）。

2021年5月31日，浙江省治水办（河长办）印发《关于印发〈2021年度各设区市“五水共治”（河长制）工作责任书〉的通知》（浙治水办发〔2021〕11号）。

2021年7月23日，浙江省政府办公厅印发《浙江省人民政府办公厅关于建立浙江省全面推行河湖长制工作联席会议制度的通知》。

2021年8月11日，中共浙江省委办公厅、浙江省人民政府办公厅印发《关于印发〈浙江省深化“五水共治”碧水行动计划（2021—2025年）〉的通知》（浙委办发〔2021〕63号）。

2021年12月23日，省美丽浙江建设领导小组河长制办公室印发《关于印发〈浙江省全面推行河湖长制工作联系会议工作规则〉等的通知》（浙河长办〔2021〕7号）。 （何斐　徐靖钧）

【地方政策法规】

1. 规范（标准）　2021年9月22日，省美丽浙江建设领导小组河长制办公室、省水利厅联合发布《河（湖）长制工作规范》（DB33/T 2361—2021）。

2. 政策性文件　2021年7月22日，省美丽浙江建设领导小组“五水共治”（河长制）办公室印发《关于印发〈浙江省城镇“污水零直排区”建设攻坚行动方案（2021—2025年）〉的通知》（浙治水办发〔2021〕17号）。 （何斐　徐靖钧）

【河湖长制体制机制建立运行情况】　2021年7月，浙江省政府办公厅印发《浙江省人民政府办公厅关于建立浙江省全面推行河湖长制工作联席会议的通知》，明确联席会议办公室与省河长办合署设在省水利厅，由分管副省长担任联席会议召集人，省水利厅主要领导兼任办公室主任，省政府18个厅局为成员单位。浙江省各市、县（市、区）参照省里模式，陆续建立联席会议制度。截至2021年年底，全省共有各级河长湖长 50 413名，其中省级河长湖长7名，市级河长湖长266名，县级河长湖长 2 081名，乡级河长湖长 13 154名，村级河长湖长 34 905名，实现了水域全覆盖。12月20日，浙江省美丽河湖工作专班暨全面推行河湖长制工作联席会议全体会议召开，会议审议通过了《浙江省全面推行河湖长制工作联系会议工作规则》《浙江省全面推行河湖长制工作联席会议成员单位职责》《浙江省全面推行河湖长制工作联席会议办公室（河长制办公室）工作规则》。

2021年10月22日，由省美丽浙江建设领导小组河长制办公室、省水利厅联合印发的省级地方标准《河（湖）长制工作规范》（DB33/T 2361—2021）正式颁布实施，在《浙江省河长制规定》的基础上，进一步对河湖长制工作的基本要求，各级河湖长、河长制工作机构、河湖长联系部门的工作内容与职责，河湖长制工作的具体实施要求进行明确的规定。

2021年，浙江省依托数字化改革，围绕河湖长履职、河湖系统治理、河湖水域保护、问题协同处置、河湖健康评价、河湖长制考核激励问责、公众护水“绿水币”等工作，构建“业务协同、智慧监管、公众参与”三位一体的河湖建管模式，建设多跨场景应用，实现纵向贯通、横向联动、高效协同的数字平台。同时，进一步完善现有各级河湖长制管理平台，实现河湖基本信息全覆盖，河湖长组织体系全面展示，河湖长履职全程监管，河湖状况实时监控，公众参与充分体现，考核积分动态展现等功能。重点通过河湖长制平台，实时展现河湖长履职积分情况、河湖状况，形成考评积分和排名。 （何斐　王巨峰）

【河湖健康评价】　2021年，浙江省积极开展全省河湖健康评价工作调研，深入了解全省各地河湖健康评价工作开展情况及存在的问题与需求，在《关于印发2021年度浙江省“五水共治”（河长制）工作考核评价指标及评分细则的通知》中，将河湖健康评价纳入河（湖）长考核。2021年7月，省治水办（河长办）联合水利厅、生态环保厅发布《浙江省河湖健康及水生态健康评价指南（试行）》，推动河湖健康评价工作在全省范围开展。

2021年，浙江省级开展钱塘江、瓯江、苕溪、运河、曹娥江、飞云江干流6大省级河流的典型河段生态调查和健康评价工作；评价河段总计长582.8km。全省各市总计开展97条、总计长度 2 825km的河流健康评价，11个、总计面积29.35km^{2}的湖泊健康评价及6个水库健康评价工作。 （汪馥宇）

【“一河（湖）一策”编制和实施情况】　2020年9月，浙江省治水办（河长办）布置开展新一轮“一河（湖）一策”编制工作。2021年，各地结合“十四五”规划，以“建设造福人民的幸福河”为目标完成3年实施方案及年度工作计划编制工作。 （汪馥宇）

【水资源保护】

1. 河湖生态流量管控　2021年10月，浙江省水利厅发文公布第一批24个重点河湖生态流量保障目标，明确其为江河湖泊流域水量分配、生态流量管理、水资源统一调度和取用水总量控制的重要依据。11月，经温州市政府同意，温州市水利局制定印发《飞云江跨行政区流域水量分配方案》，并编制印发《飞云江生态流量保障实施方案》。根据水利部要求，印发《浙江省水利厅办公室关于开展水生态监测工作的通知》（浙水办资〔2021〕9号），部署开展新安江水库等21个重要水域的水生态监测工作。

2. 饮用水水源地管理　2021年2月，浙江省水利厅会同省生态环境厅，经地方自评、现场抽查、资料评审等环节，完成80个饮用水水源地安全保障达标年度评估工作，印发《关于公布2020年度县级以上集中式饮用水水源地安全保障达标评估结果的通知》（浙水资〔2021〕1号），其中72个水源地评估等级为优，8个水源地评估等级为良。4月，经省政府同意，省生态环境厅、省水利厅印发《关于进一步加强集中式饮用水水源地保护工作的指导意见》的通知（浙环函〔2021〕98号），指导科学划定饮用水水源保护区，依法依规推进保护区规范化建设，健全完善饮用水水源地监管体系，稳步提升饮用水水源地水质，创新完善饮用水水源保护机制。

（沈仁英）

【水域岸线管理保护】

1. 河湖管理范围划界　2021年，浙江省水利厅组织完成全省水域调查成果和河湖管理范围划界成果复核，完成县级及以上河道划界标志牌或界桩设置6.96万个。宁波市、温州市、嘉兴市、湖州市、绍兴市、金华市、衢州市、舟山市、台州市、丽水市共10个市85个县（市、区）分级划定并公布重要水域，完成1 106条河道、23个湖泊、1 031个饮用水水源保护区、249个风景名胜区和自然保护区、4 222个水库的名称、位置、类型、范围、面积等内容的公布。

2. 岸线保护利用规划　2021年，浙江省编制杭嘉湖东部平原（运河）、钱塘江、苕溪、瓯江、飞云江、曹娥江等重要河湖岸线保护利用规划。印发《浙江省水域保护规划编制技术导则》，启动全省水域保护规划编制。

3. 采砂整治　2021年，浙江省水利厅印发《关于加强河湖库疏浚砂石综合利用管理工作的指导意见》，确定“政府主导、水利主管、企业经营、集约处置”的河湖库砂石资源利用基本原则，探索“以河养河”的水生态产品价值转换机制。在水利部网站公示重点河段、敏感水域采砂管理四个责任人清单，接受社会监督。完成全省河道采砂工作现状调研，梳理河道采砂开展情况、管理现状、存在问题、非法采砂情况、典型案例。印发《河湖非法采砂专项整治行动方案的通知》《浙江省水利厅关于加强河道采砂监管防范涉砂领域廉政风险的通知》，组织开展河道非法采砂专项整治行动。

4. “四乱”整治　2021年，浙江省水利厅制定河湖“清四乱”暗访督查方案，完善监测监控体系，通过自查、暗访、卫星遥感、无人机航拍等方式，共排查发现河湖“四乱”问题1 454个，动态销号1 442处，销号率99.2%，清理非法占用河道岸线87.1km、建筑生活垃圾2.03万t、拆除违法建筑8.4万m^2、取缔非法采砂点15个；调查处理水利部流转的群众信访案件8起，跟踪处理新闻媒体曝光河湖问题14起。做好省级涉水项目审批和批后监管，完成涉河涉堤建设项目行政许可省级项目10个，完成涉河涉堤在建项目检查56个，完成常山港大桥施工围堰等10个影响安全度汛问题的督查整改。

（罗正）

【水污染防治】

1. 排污口整治　根据《长江入河排污口排查整治专项行动工作方案》要求，推进全省900个长江入河排污口排查、监测、溯源工作。

2. 工矿企业污染　深入推进工业园区（工业集聚区）“污水零直排区”建设。2021年，完成44个重点工业园区（工业集聚区）“污水零直排区”建设，实施化工企业污水管网“下改上，暗改明”的明管化输送方式。开展建设质量提升年行动，实施全口径第三方评估，发现和推动解决问题3 000多个。狠抓涉水长江经济带生态环境警示片披露问题整改，临海医化园区“环保倒逼转型，以转型促进问题解决”成为正面典型案例。研究制订长江经济带工业园区水污染整治专项行动浙江省实施方案，配套标杆园区“污水零直排区”建设指南和数字化监管指引，着力打造工业园区“污水零直排区”升级版。

3. 城镇生活污染　完成《浙江省城镇污水处理提质增效三年行动方案（2019—2021年）》任务。2021年全省新增污水处理能力174万t/d，新建（改造）污水管网1 513万km，完成1 106个城镇生活小区“污水零直排区”创建。农村生活污水治理方面，截至2021年年底，建成各类农村生活污水处理设施59 552个，全省农村生活污水治理行政村覆盖率61.33%。2021年全省城市、县城污水处理率分别为97.92%和97.68%，相比2020年分别提升0.81%和0.25%。农村生活污水治理方面，按照《浙江省农村生活污水处理设施标准化运维评价标准》要求，全面推广日处理能力20t以上农村生活污

水处理设施标准化运维，实现日处理能力20t以上农村生活污水处理设施标准化运维全覆盖。

持续推进数字化管理系统建设，加快实现基础信息数字化、水质监管动态化、问题处置便捷化、辅助决策智能化，全力打造覆盖全领域、贯穿全流程、涵盖全方位的浙江“农污治理数字大脑”系统。同时，结合全省城市地下管线整治行动，构建全省地下管线智慧监管平台，依托数字化手段，逐步建立城镇污水处理设施常态化监督机制，加大设施管控力度。

4. 畜禽养殖污染　迭代升级畜禽养殖高质量发展，严控畜禽养殖污染。截至2021年年底，全省累计创建省级美丽牧场1 414家，创建农业农村部畜禽养殖标准化示范场18家，建成“两化”畜禽养殖试点场1 004家，新建标准化、绿色化、规模化、循环化、数字化、基地化万头以上大型养殖场128家，新增核定产能689.93万头。畜禽规模养殖场粪污处理设施配套率100%，截至2021年年底，畜禽粪污资源化利用和无害化处理率达到91%。

5. 水产养殖污染　持续推进水产尾水治理设施建设。以渔业健康养殖示范县和水产健康养殖示范场为引领，加快规模水产养殖场尾水生态化治理。2021年全省15个健康养殖创建县和360家水产健康养殖场通过专家验收，规模以上水产养殖场殖尾水零直排率已达98.5%。

6. 农业面源污染　深化“肥药两制”改革，数字赋能迭代升级肥药“实名制”购买数字化应用，持续推进农资店刷卡、刷码和农业规模主体生产档案数字化建设，2021年全省培育示范性农资店1 227家，试点主体10 254家，累计覆盖7 000余家农资店、1.61万家生产主体，农业投入品“进-销-用-回”闭环管理体系日趁完善。集成推广肥药“定额制”施用技术支撑体系。制定出台10余项政策意见和技术规范，全面推进主要农作物供给端“配方肥替代平衡肥”行动、有机肥替代、统防统治、绿色防控等肥药减量核心技术和“稻鱼共生”等生态模式。2021年，全省完成主要农作物取土34 947个、测土32 113个，推广配方肥和按方施肥63.75万t，培育认定县级以上示范性统防统治服务组织319家。全省不合理化肥施用减量1.96万t，化学农药减量840.4t。持续推进农田氮磷生态拦截沟渠系统建设。加大环境敏感区域和耐肥作物区布局建设力度，2021年建设农田氮磷生态拦截沟渠系统108条，总长139km，有效覆盖农田8万亩。

7. 船舶和港口污染防治　印发《浙江省交通运输厅浙江省发展和改革委员会　浙江省生态环境厅　浙江省住房和城乡建设厅　浙江海事局关于建立健全船舶和港口污染防治长效机制的实施意见》（浙交〔2021〕65号），进一步加强船舶和港口污染治理工作。截至2021年年底，全省400总吨以下、产生生活污水的6 031艘内河运输船舶全面完成生活污水防污染设施改造。累计建成内河储存池（罐）等4 707个，并配备23艘接收船实行流动接收，基本实现船舶和港口污染物接收设施“全覆盖”。全省849家内河港口经营人100%注册“船E行”，内河到港船舶“船E行”注册率达98.5%。2021年，省管内河全年接收船舶污染物5.55万t，同比增长10.5%；内河主要港口船舶污染物转运率、处置率超90%；开展船舶监督检查32 958艘次，燃油抽检2 903艘次，燃油抽检合格率92%，建成159套岸电设施，全年全省港口岸电累计接电10.9万次，接电时长146.0万h，使用岸电量634.5万kW·h、同比增长10.7%。

（汪馥宇）

【水环境治理】

1. 饮用水水源规范化建设　严格饮用水水源保护区优化调整，经省政府同意，浙江省环保厅、省水利厅联合印发实施《关于进一步加强集中式饮用水水源地保护工作的指导意见》，制定饮用水水源保护区划定（调整）方案审查规定，建立专家委员会及工作规则，规范保护区划定（调整）程序。完成县级以上饮用水水源保护区划分方案汇编及矢量数据库建设。印发实施《关于加强县级以上集中式饮用水水源保护区勘界定标工作的通知》，制定勘界定标技术要点，全面开展勘界定标，建立精准矢量库。实施水质提升行动，编制完成县级以上饮用水水源地“一源一策”保护方案，持续推进规范化建设，县级以上饮用水水源水质达标率保持100%。在全国率先推进饮用水水源“云监管”新模式。

2. 黑臭水体整治　2021年，未新发现城市黑臭水体。

3. 农村水环境整治　2021年8月，印发《浙江省农业面源污染治理与监督指导实施方案》。省环保厅、省农业农村厅联合开展行政村农村环境综合整治，2021年全省完成行政村环境整治228个。组织开展农村黑臭水体整治工作，督促地方建立农村小微水体水质长效维护机制，90个县（市、区）均印发了农村小微水体水质维护方案。

（汪馥宇）

【水生态修复】

1. 生物多样性保护　浙江省政府办公厅印发实施《浙江省八大水系和近岸海域生态修复与生物多样性保护行动方案（2021—2025年）》。省生态环境厅组织开展水生态修复优秀工程案例征集，会同省治水办（河长办）、省水利厅联合印发《浙江省河湖健康及河流水生态健康评价指南（试行）》。在全国率先开展重点区域生物多样性调查评估，工作启动以来发现5个全球新物种。浙江省在联合国《生物多样性公约》缔约方大会第十五次会议（COP15）上作主旨报告，地方政府部门和企业负责人在分论坛上作经验交流，5个项目入选“生物多样性100＋全球特别推荐案例”和“生物多样性100＋全球典型案例”。

2. 生态补偿机制建立　根据生态功能定位分类进行补偿，对重点生态功能区实施出境水水质财政奖惩制度，根据出境水水质考核结果及水质改善情况给予标准更高的奖惩，2021年兑现资金27.93亿元；对非重点生态功能区实施环保财力转移支付制度，与林、水、气等反映区域生态环境质量的指标挂钩，2021年兑现资金16亿元。

延续第三轮新安江流域横向生态保护补偿协议，根据考核结果拨付安徽省2亿元。开展省内流域横向生态保护补偿，共51个市、县实施52对流域上下游横向生态保护补偿协议，基本实现八大水系主要流域全覆盖。

实施水源地生态保护补偿制度。各地因地制宜建立水源地生态保护补偿机制，支持水源地生态保护和可持续发展，实现生态保护地区与受益地区的良性互动。

3. 水土流失治理　2021年，印发《浙江省水土保持“十四五”规划》。明确至2025年，全省新增水土流失治理面积 1 500km^2，水土保持率提高至93.2%以上，全省所有县（市、区）水土保持率维持在80%以上，全省森林覆盖率达到61.5%以上的主要目标。2021年，全省共完成水土流失治理面积约428.96km^2，超额完成年度计划350km^2治理任务的22.56%。全省水土流失面积减少至 7 306.6km^2，水土保持率达到93.074%。

4. 生态清洁型小流域　2021年，继续推进生态清洁小流域建设。坚持山水田林湖草系统治理，创新治理模式，开展生态清洁小流域建设。年度实施生态清洁小流域项目12个。开化县下湾等4条小流域水土流失综合治理项目，结合钱江源头保护，对源头溪沟、疏林地及裸露地进行整治，治理流失的同时提升沿线人居环境及生产环境，方便当地百姓生产生活。在淳安县界首乡、安吉县后山坞等4条小流域等项目建设中，充分考虑美丽河湖和美丽乡村的要求，同周边景观有机结合。方便生产作业，助推农民增产增收，为乡村旅游经济发展提供坚强支撑。（何斐）

【执法监管】

1. 河湖日常监管　河湖监管能力提质增效。推进河湖“清四乱”常态化规范化。制定河湖“清四乱”暗访督查方案，完善监测监控体系，打造“天、空、地、人”一体化监管网络，坚持问题发现、问题处置协同双驱动，全省通过自查、暗访、卫星遥感、无人机航拍等方式，排查发现河湖“四乱”问题；印发《妨碍河道行洪突出问题排查整治行动方案》，部署2022年以县为单元开展妨碍河道行洪突出问题排查整治工作；做好省级涉水项目审批和批后监管；加强河道疏浚采砂管理。制定印发《关于加强河湖库疏浚砂石综合利用管理工作的指导意见》，确定了“政府主导、水利主管、企业经营、集约处置”的河湖库砂石资源利用基本原则，积极探索“以河养河”的水生态产品价值转换机制。印发《河湖非法采砂专项整治行动方案的通知》（浙河长办〔2021〕2号）和《浙江省水利厅关于加强河道采砂监管防范涉砂领域廉政风险的通知》（浙水办〔2021〕15号），进一步明确工作要求，指导地方开展工作。（罗正）

2. 联合执法　深化综合行政执法改革，在2020年划转61项水行政处罚事项的基础上，2021年继续将31项事项纳入综合执法统一目录，并联合省综合行政执法指导办公室印发《关于建立健全钱塘江流域水行政执法协同机制的意见》，建立健全水行政主管部门和综合行政执法部门协同机制，坚持“处罚事项划转、监管责任不减”原则，加强源头管理、协同配合，推进监管与处罚的有效衔接。印发《浙江省水利厅关于开展2021年水行政执法监督的通知》（浙水法〔2021〕6号），以水行政综合执法事项、水利建设与安全领域执法事项、执法队伍建设和管理情况为重点内容，开展执法专项监督。联合省司法厅印发《全省水利系统行政执法质效评议专项行动方案》，开展执法评议活动。由纪委监委、法院、检察院、司法行政等部门工作人员和两代表一委员、群众代表、新闻媒体等组成评议组，对全省水行政主管部门的行政执法体制机制运行、执法制度完善创新、执法活动、执法效能、执法保障等情况进行综合评议，全面推进全省水行政执法部门的规范化建设。（郜宁静）

【水文化建设】

1. 杭州市拱墅区运河中央公园　运河中央公园于2021年建成开放，位于拱墅区桥西拱宸桥单元，东至十字港河、北至严家桥路，西南至西塘河。公园总面积11.12hm^2，总建筑面积 70 141m^2，其中

运河大剧院建筑面积 19 000m²，由主体建筑、下沉广场、绿地、斜面草坡屋及停车场组成，兼具文化展示及商业配套。剧院主体立面为中式窗花风格，融入运河文化元素，内设通用歌剧院、多功能小剧场、排练厅、专业琴房以及餐饮、娱乐、文创等配套设施，停车位 500 余个，兼具文化演出、艺术交流、休闲娱乐及商业配套功能。

运河大剧院以“水”为根脉、以“艺”为灵魂、以“运河”为纽带、以“文化”为桥梁，使运河公园成为城区文化新地标。

2. 衢州市江山市凤林河长制跨省河长合作治水主题公园　江山市凤林镇桃源村位于浙江省西部，与江西省广丰区东阳乡龙溪村紧密相邻。卅二都溪是两村共同的母亲河，属钱塘江水系，发源于江西大岭坞，经江西省广丰区东阳乡和浙江省江山市凤林镇汇入江山港，流域全长 25km，其中在凤林境内 11km。为守护一溪清水，破解“下游治，上游看”难题，凤林镇创新思路，积极谋划跨境联合治水。2014 年以来，江山市凤林镇联合江西省广丰区东阳乡、玉山县仙岩镇建立水岸线党建联盟，探索“一溪水、两省治、三县共享”治水新模式。通过整治，卅二都溪水质得到提升，水质常年为Ⅱ类水，重现“江南梦里水乡”景象。2021 年凤林镇投资 1 600 多万元对河道沿岸的景观进行提升，同时打造跨省治水主题公园，该公园已建成并对外开放，招来四方游客，成为网红打卡点。

3. 三门连心塘主题文化公园　三门连心塘主题文化公园为三门县海塘加固工程六敖北塘标段建设内容之一。“9711”号台风后，省级机关干部节衣缩食筹资 2 500 万元、省主要领导亲自上阵、三门数十万干部群众忘我奋斗 300 多个日夜建成，是全省“海塘安澜千亿工程”建设的萌发之地，在水利历史上具有特殊意义。连心塘主题文化公园在连心广场上进行扩（改）建，并于 2021 年建成。广场中央连心碑直冲霄汉，气动寰宇，碑身高 8.5m，正面镶嵌着柴松岳省长的亲笔题字，碑身正前方平台广场中间设连心坛，双心叠加，寓“省级机关干部与灾区人民心连心”之意。三门连心塘主题文化公园充分展现了三门人民“战天斗地修筑海塘重建家园”的抗台风精神，体现了全省上下加快海塘安澜重大项目建设决心，是凝聚全社会力量、弘扬新时代“精卫填海”“愚公移山”等爱国主义精神的代表性工程。（汪馥宇）

【智慧水利建设】

1. “水利一张图”　2021 年 7 月，在已有水利空间数据库建设成果基础上，整合更新了 2021 年全省天地图数据和水域调查空间数据成果。2021 年 8 月，对全省的水域调查空间数据成果进行了脱密变形与服务发布，共发布了水库临水线（面）、河道临水线（面）、人工水道临水线（面）、湖泊临水线（面）等 14 个全省水域调查空间数据图层。2021 年 9 月，印发《浙水安澜统一地图建设指南 V1.0 版》，从省级和市县两个层面明确了“水利一张图”建设内容和分工，并对省市县三级提出了统一地图的建设要求。2021 年 12 月，基于全省水域调查成果重新制作了基础版、地貌版两类型水利行业电子地图底图，并切片发布了在线地图服务。（黄康）

2. 河长 App　浙江省深入推进治水工作长效化管理，推出河长制 App 治水新模式。各级河湖长可以通过 App 开展日常巡河、待办处理、问题上报等河长履职相关工作。同时 App 还提供责任河流湖泊所在的空间位置、基础信息、管护对象以及河湖状况等查看功能和相关政策法规学习功能。2021 年，浙江省累计为 48 769 位河长提供服务，五级河长共计巡河 4 655 803 次，累计发现问题 594 882 个，解决问题 586 138 个，解决率 98.53%。（王巨峰）

3. 智慧水利建设　2021 年，高质量完成水利部智慧水利先行先试数字流域等五个试点任务，基本实现数据共享服务体系、业务高效协同应用体系、水利政务服务惠民体系等建设目标，并在终期评估中获优秀等次。数字流域上线运行钱塘江流域防洪减灾数字化平台，构建重点河段流域空间数字化模型，实现了流域防洪一站式作业；工程建设系统化管理上线运行浙江省水利工程建设管理数字化应用，实现“建设信息一张图、项目管理一张网”新格局；水利工程数字化管理上线运行浙江省水利工程运行管理数字化应用，构建了“上下联动、横向协同”工程智管机制；水电站生态流量监管上线运行浙江省农村水电站管理数字化应用，实现“数据全汇聚”“监管全方位”“业务全贯通”；一体化水利政务服务完成智慧监管大屏等试点任务，实现了无差别受理、同标准办理、全过程监控、“好差评”闭环。

（郭陈为）

安徽省

【河湖概况】

1. 河湖数量

（1）河流概况。安徽省流域总面积 50km² 以上河流有901条，总长度29 930km。安徽省分为淮河流域（含废黄河及以北复新河安徽段）、长江流域、新安江流域（含龙田河、分水江），其中淮河流域67 288.49km^2（含淮河66 623.4km^2、废黄河365.4km^2、沂沭泗复兴河299.69km^2），共419条河流，省内长度14 555km；长江流域66 699km^2（含直接入鄱阳湖、太湖），共437条河流，省内长度13 757km；新安江流域6 186.9km^2（含新安江6 016.1km^2、龙田河79.7km^2、分水江91.1km^2），共45条河流，省内长度1 618km。

（2）湖泊概况。列入安徽省湖泊保护名录的湖泊有498个（常年水面面积0.5km^2及以上），其中天然湖泊193个（含部分塌陷区），正常蓄水位相应水面面积0.5km^2以上水库形成的人工湖泊305个。列入水普常年水面面积1km^2以上的天然湖泊128个，50km^2以上22个，巢湖为安徽省第一大湖泊、全国第五大湖泊。

2. 水量

（1）水资源量。2021年，全省水资源总量883.26亿m^3，比2020年减少31.0%，较多年平均值多19.6%。其中地表水资源量为798.01亿m^3，地下水资源量为211.72亿m^3，地下水与地表水资源不重复量为85.25亿m^3。人均水资源量为1 446.12m^3。全省入境水量9 689.71亿m^3，出境水量10 452.48亿m^3，比2020年分别减少1 449.63亿m^3、1 741.73亿m^3。

全省大中型水库年末蓄水量为72.92亿m^3，较年初减少10.11亿m^3。

（2）供用水量。2021年，全省供水、用水总量均为271.69亿m^3（含火电直流冷却水49.36亿m^3），较2020年增加3.39亿m^3。按水源分，地表水源供水量239.53亿m^3，地下水源供水量25.81亿m^3，其他水源供水量6.35亿m^3；按用水对象分，耕地灌溉用水量130.92亿m^3，林牧渔畜用水量13.19亿m^3，工业用水量82.08亿m^3，城镇公共用水量8.63亿m^3，居民生活用水量27.85亿m^3，人工生态环境补水量9.02亿m^3。

3. 水质　2021年，全省194个国考断面水质优良比例为83.5%，优于年度目标3.1个百分点，同比上升4.7个百分点，无劣Ⅴ类断面。长江、淮河、新安江干流总体水质状况持续为优，长江流域水质优良断面比例为92.7%，同比提高2.2个百分点，淮河流域水质优良断面比例为72.2%，同比提高7.8个百分点。巢湖全湖及东、西半湖水质类别均持续保持Ⅳ类。

4. 水利工程　2021年全省新开工121个项目，完成竣工验收366个，基建管理重点工程共完成投资计划211.79亿元，其中中央70.96亿元、省级42.45亿元、市县98.38亿元，占现有投资计划217.26亿元的97.5%。

安徽省列入国家172项、150项重大水利工程共有26大项39子项，已完工和在建工程共29个子项，其中淮水北调、长江崩岸应急治理、西淝河洼地应急治理、淮干一般堤防加固、下浒山水库、马鞍山河段二期整治6项已竣工验收，大中型灌区续建配套节水改造骨干工程、大型灌区续建配套与节水改造、田间高效节水工程已完成；在建项目中的淮干蚌浮段、江巷水库、月潭水库、巢湖环湖防洪治理、怀洪新河水系洼地治理在推进扫尾验收，引江济淮、港口湾水库灌区、牛岭水库、淮干正阳关至峡山口段行洪区调整和建设、淮干王临段行蓄洪区调整及河道整治、淮河居民迁建、洪汝河治理、驷马山滁河四级站干渠一期、淠史杭灌区续建配套与现代化改造、长江华阳河蓄滞洪区建设工程、淮河流域重要行蓄洪区建设工程、包浍河治理工程、长江芜湖河段治理工程、巢湖十八联圩生态湿地蓄洪区、怀洪新河灌区工程15项工程正全面加快推进实施。

灾后水利薄弱环节建设安排实施的主要支流、中小河流治理、易涝区排涝泵站、小型病险水库加固建设完成。

安徽省新一轮治理淮河项目涉及4大类、19子项工程，总投资约713亿元。

（安徽省全面推行河长制办公室）

【重大活动】　2021年2月5日，安徽省水利工作会议在合肥召开。会议传达了省委书记李锦斌，省委副书记、省长王清宪对水利工作的重要批示及张曙光副省长在水利工作专题座谈会上讲话精神。会议要求，强化河湖长制，加强水资源管理水生态保护，加大河湖管控力度，打好河湖保护攻坚战，推动幸福河湖建设，深入推进河长湖长“有名”“有实”“有能”。

2021年3月25日，安徽省长江、淮河、江淮运河、新安江生态廊道建设全面启动仪式在合肥市包河区派河口湿地举行。通过实施山水林田湖草沙系统治理，把长江、淮河、江淮运河、新安江打造成水清岸绿、城乡共美、人与自然和谐共生的生态廊道。

2021年3月28日，省长王清宪采取“四不两直”方式在阜阳市和淮南市调研督导突出生态环境问题整改工作，现场查看阜阳市颍州区金洼大沟和淮南毛集试验区焦岗湖国家湿地公园核心区，强调

要严格落实河（湖）长制工作责任，健全层层抓落实的工作机制，确保各项突出问题整改时间到点、任务完成。

2021 年 4 月 17—18 日，省长王清宪在安庆、池州、铜陵三市督导调研长江突出生态环境问题整改、生态环境保护修复及防汛备汛等工作，强调要按照省委部署要求，切实抓好长江突出生态环境问题整改，扎实推进长江生态环境系统性保护修复，加快建设新阶段现代化美丽长江（安徽）经济带。

2021 年 4 月 25 日，省委书记李锦斌深入滁州市凤阳县、黄山市黄山区，采取明察暗访方式，实地督导中央生态环保督察通报问题整改，现场办公推动有关问题即时解决，强调要以强烈政治自觉和责任担当把好山好水保护好，以对党和人民高度负责的实际行动践行“两个维护”。

2021 年 4 月 28 日，省长王清宪赶赴黄山市，就中央生态环保督察通报问题整改进行督导，强调要以强烈的政治自觉和责任担当抓好太平湖流域局部生态破坏问题整改工作，切实把好山好水保护好。

2021 年 5 月 3 日，省委书记李锦斌到池州市、铜陵市实地督导突出生态环境问题整改，现场办公推动有关问题解决，强调要扎实开展新一轮“三大一强”专项攻坚行动，坚决抓好突出生态环境问题整改，加快建设新阶段现代化美丽长江（安徽）经济带。

2021 年 5 月 5 日，省长王清宪在合肥市督导巢湖重点区域突出生态环境问题整改工作，强调要切实把巢湖保护好、治理好，让八百里巢湖成为合肥最好的名片。

2021 年 5 月 11—12 日，省委书记李锦斌深入蚌埠、宿州和淮北市，实地调研皖北水资源优化配置重点工程建设运行情况，指导督导突出生态环境问题整改，要求全力推进重大水利工程建设，优化水资源配置，加强水生态保护，不断增强人民群众获得感、幸福感、安全感。

2021 年 5 月 18 日，省长王清宪赴芜湖、马鞍山市督导调研长江生态环境保护修复、防汛备汛等工作，要求统筹做好水资源保护、水污染治理、水生态修复，加快推进皖江地区经济社会发展全面绿色转型。

2021 年 5 月 31 日，省委书记李锦斌主持召开第五次省级总河长会议，强调要扎实开展以“严整改、重质量、促转型”为主要内容的新一轮“三大一强”专项攻坚行动，推动河湖长制从“有名有责”到“有能有效”，全面提高河湖管理保护水平。

2021 年 7 月 23 日，省长王清宪到巢湖十五里河流域综合治理项目“初期雨水调蓄工程”施工现场，检查项目进展情况，并对中央生态环保督察涉巢湖反馈问题整改开展一线督导，强调在加快实施污染治理和生态建设重大工程的同时，要积极探索减污降碳协同增效的绿色发展新路子，让更美巢湖见证经济社会发展和全面绿色转型。

2021 年 9 月 10—12 日，省长王清宪在黄山市开展专题调研，要求落实好河湖长制，全面抓好污染防治，尤其要以太平湖生态环境整治为契机，推进自然保护地“多规合一”，高起点规划生态保护与产业发展。

2021 年 9 月 24 日，全省推动皖北地区高质量发展大会在蚌埠召开，省委书记李锦斌出席会议并讲话，强调要深化淮河生态经济带建设，推深做实河湖长制工作，推动生态文明建设实现突破式跃升。

2021 年 12 月 18 日，省委副书记、省长王清宪参加省重点水利工程工作组会议，研究部署“双十双千亿”重点水利工程。“双十双千亿”为安徽“十四五”期间建成十大重点水利工程，总投资超千亿元；开工十大重点水利工程，总投资超千亿元。

2021 年 12 月 31 日，省委、省政府防汛抗旱暨水利建设会议在合肥召开。省委书记郑栅洁出席会议并讲话，强调要突出统筹规划，聚焦新安江、长江、巢湖、淮河等重点流域，高质量推进“安徽水网”工程建设。要突出民生为上，以实施皖北地区群众喝上引调水工程为牵引，统筹好当地水、过境水、外调水三大水源，做好“调水”“护水”“节水”文章。省委副书记、省长王清宪主持会议。省委副书记程丽华，省领导刘惠、汪一光、张曙光、周喜安出席会议。（安徽省全面推行河长制办公室）

【重要文件】 2021 年 2 月 4 日，安徽省打击长江非法采砂联席机制办公室印发《关于印发安徽省打击长江非法采砂联席机制的通知》（皖长采联〔2021〕1 号）。

2021 年 2 月 7 日，安徽省打击长江非法采砂联席机制办公室印发《关于印发安徽省集中打击长江非法采砂行动方案的通知》（皖长采联办〔2021〕1 号）。

2021 年 2 月 26 日，安徽省水利厅印发《关于进一步推进河湖“清四乱”常态化规范化工作的通知》。

2021 年 3 月 3 日，安徽省林业局印发《安徽省林业局关于印发〈安徽省级湿地自然公园管理办法〉的通知》（林法〔2021〕24 号）。

2021 年 3 月 28 日，安徽省全面推行河长制办公室印发《关于调整省级总河长、省级河长湖长的通知》（皖河长办〔2021〕7号）。

2021年3月31日，安徽省打击长江非法采砂联席机制办公室印发《转发水利部　公安部　交通运输部关于开展长江河道采砂综合整治行动的通知》（皖长采联办〔2021〕2号）。

2021年4月7日，安徽省水利厅印发《关于进一步加强河道采砂管理工作的通知》（皖水河湖函〔2021〕171号）。

2021年4月7日，安徽省水利厅印发《关于开展安徽省水资源论证区域评估工作的意见》（皖水资管函〔2021〕172号）。

2021年4月10日，安徽省人民政府办公厅印发《安徽省人民政府办公厅关于全面实施长江淮河江淮运河新安江生态廊道建设工程的意见》（皖政办秘〔2021〕37号）。

2021年4月25日，安徽省水利厅印发《关于印发全省2021年河湖管理工作要点的通知》。

2021年6月16日，安徽省总河长令第2号发布《安徽省2021年全面推行河湖长制工作要点》。

2021年7月26日，安徽省水利厅印发《关于公布省级示范河湖名单（第一批）的通知》（皖水河长函〔2021〕323号）。

2021年7月29日，安徽省全面推行河长制办公室印发《关于全面推行跨界河湖联合河湖长制的指导意见》（皖河长办〔2021〕17号）。

2021年8月2日，安徽省水利厅印发《关于印发安徽省“严、重、促”突出生态环境涉水问题“大起底”“回头看”清单的通知》。

2021年8月6日，安徽省农业农村厅办公室印发《安徽省农业农村厅办公室关于开展安徽省2021年国家级水产健康养殖和生态养殖示范区创建示范活动的通知》（皖农办渔函〔2021〕231号）。

2021年8月17日，安徽省全面推行河长制办公室印发《关于加快推进省级幸福河湖示范建设的通知》（皖河长办函〔2021〕6号）。

2021年8月20日，经安徽省政府同意，安徽省水利厅印发《关于印发安徽省水利发展“十四五”规划的通知》（皖水规计〔2021〕86号）。

2021年8月23日，安徽省生态环境保护委员会办公室印发《安徽省生态环境保护委员会办公室关于印发〈安徽省饮用水水源地环境问题“清零行动”方案〉的通知》（安环委办〔2021〕66号）。

2021年9月26日，安徽省全面推行河长制办公室、安徽省水利厅印发《关于开展水普以外河湖划界工作的通知》（皖水河湖函〔2021〕406号）。

2021年10月8日，安徽省全面推行河长制办公室印发《关于进一步完善农村小微水体河湖长制组织体系的通知》。

2021年10月20日，安徽省人民政府印发《安徽省人民政府关于长江干流安徽段河道采砂禁采区和禁采期的通告》（皖政秘〔2021〕215号）。

2021年10月20日，安徽省水利厅印发《关于安徽省淮河流域重要河段河道采砂禁采区和禁采期的通告》。

2021年12月4日，中共安徽省委办公厅　安徽省人民政府办公厅印发《中共安徽省委办公厅　安徽省人民政府办公厅印发〈关于皖北地区群众喝上引调水工程的实施方案〉的通知》　（厅〔2021〕31号）。

2021年12月8日，安徽省水利厅印发《关于印发安徽省大运河河道水系治理管护实施方案的通知》（皖水河湖〔2021〕128号）。

2021年12月10日，安徽省全面推行河长制办公室、安徽省水利厅印发《关于印发安徽省妨碍河道行洪突出问题排查整治工作方案的通知》。

2021年12月24日，安徽省人民政府印发《安徽省人民政府关于表扬“十三五”期末实行最严格水资源管理制度成绩突出的市级人民政府的通报》（皖政秘〔2021〕265号）。

2021年12月30日，安徽省全面推行河长制办公室印发《关于印发加强河湖管护体系建设典型案例的通知》（皖河长办〔2021〕27号）。

2021年12月31日，安徽省水利厅、安徽省生态环境厅印发《关于印发〈安徽省县级以上集中式饮用水水源地名录〉的通知》（皖水资管函〔2021〕646号）。

2021年12月31日，安徽省全面推行河长制办公室印发《关于印发加强河湖管护体系建设典型案例的通知》（皖河长办〔2021〕27号）。

2021年12月31日，安徽省全面推行河长制办公室印发《关于学习推广固镇县“河长制＋检察”机制等10个全面推行河湖长制典型案例的通知》。

（安徽省全面推行河长制办公室）

【地方政策法规】

1. 法规　2021年3月26日，根据安徽省第十三届人民代表大会常务委员会第二十六次会议《关于修改和废止部分地方性法规的决定》，修正《安徽省淠史杭灌区管理条例》。

2021年12月22日，安徽省第十三届人民代表大会常务委员会第三十一次会议通过《安徽省引江济淮工程管理和保护条例》，自2022年3月1日起

施行。

2. 规范（标准） 2021 年 7 月 8 日，安徽省自然资源厅发布《地下开采金属矿绿色矿山建设要求》(DB34/T 3922—2021)。

2021 年 9 月 3 日，安徽省水利厅发布《河长制决策支持系统 第 3 部分：数据采集加工存储规范》(DB34/T 3735.3—2021)。

3. 政策性文件 2021 年 2 月 7 日，安徽省打击长江非法采砂联席机制办公室印发《关于印发安徽省集中打击长江非法采砂行动方案的通知》（皖长采联办〔2021〕1 号）。

2021 年 3 月 3 日，安徽省林业局印发《安徽省林业局关于印发〈安徽省级湿地自然公园管理办法〉的通知》（林法〔2021〕24 号）。

2021 年 3 月 31 日，安徽省打击长江非法采砂联席机制办公室印发《转发水利部 公安部 交通运输部关于开展长江河道采砂综合整治行动的通知》（皖长采联办〔2021〕2 号）。

2021 年 4 月 7 日，安徽省水利厅印发《关于进一步加强河道采砂管理工作的通知》（皖水河湖函〔2021〕171 号）。

2021 年 4 月 7 日，安徽省水利厅印发《关于开展安徽省水资源论证区域评估工作的意见》（皖水资管函〔2021〕172 号）。

2021 年 4 月 10 日，安徽省人民政府办公厅印发《安徽省人民政府办公厅关于全面实施长江淮河江淮运河新安江生态廊道建设工程的意见》（皖政办秘〔2021〕37 号）。

2021 年 4 月 25 日，安徽省水利厅印发《关于印发全省 2021 年河湖管理工作要点的通知》。

2021 年 6 月 16 日，安徽省总河长令（第 2 号）印发《安徽省 2021 年全面推行河湖长制工作要点》。

2021 年 7 月 29 日，安徽省全面推行河长制办公室印发《关于全面推行跨界河湖联合河湖长制的指导意见》（皖河长办〔2021〕17 号）。

2021 年 8 月 17 日，安徽省全面推行河长制办公室印发《关于加快推进省级幸福河湖示范建设的通知》（皖河长办函〔2021〕6 号）。

2021 年 8 月 20 日，经安徽省政府同意，安徽省水利厅印发《关于印发安徽省水利发展“十四五”规划的通知》（皖水规计〔2021〕86 号）。

2021 年 8 月 23 日，安徽省生态环境保护委员会办公室印发《安徽省生态环境保护委员会办公室关于印发〈安徽省饮用水水源地环境问题“清零行动”方案〉的通知》（安环委办〔2021〕66 号）。

2021 年 9 月 26 日，安徽省全面推行河长制办公室、安徽省水利厅印发《关于开展水普以外河湖划界工作的通知》（皖水河湖函〔2021〕406 号）。

2021 年 10 月 20 日，安徽省人民政府印发《安徽省人民政府关于长江干流安徽段河道采砂禁采区和禁采期的通告》（皖政秘〔2021〕215 号）。

2021 年 10 月 20 日，安徽省水利厅印发《关于安徽省淮河流域重要河段河道采砂禁采区和禁采期的通告》。

2021 年 12 月 4 日，中共安徽省委办公厅、安徽省人民政府办公厅印发《中共安徽省委办公厅 安徽省人民政府办公厅印发〈关于皖北地区群众喝上引调水工程的实施方案〉的通知》（厅〔2021〕31 号）。

2021 年 12 月 8 日，安徽省水利厅印发《关于印发安徽省大运河河道水系治理管护实施方案的通知》（皖水河湖〔2021〕128 号）。

2021 年 12 月 31 日，安徽省水利厅、安徽省生态环境厅印发《关于印发〈安徽省县级以上集中式饮用水水源地名录〉的通知》（皖水资管函〔2021〕646 号）。 （安徽省全面推行河长制办公室）

【河湖长制体制机制建立运行情况】 优化调整河长办设置，省河长办主任原由省水利厅厅长担任，升格为省政府副省长担任，省河长办成员由省直有关单位处级干部升格为厅级负责同志，各市、县（市、区）也进行了相应调整。截至 2021 年年底，全省共设立各级河长湖长 54 039 名，其中省级 18 名、市级 269 名、县级 2 135 名、乡级 16 888 名、村级 34 729 名。377 条（个）跨界河湖全部建立联合河湖长制。全省各级河长湖长巡河巡湖调研 123 万人次，解决涉河湖突出问题 5 402 个，河湖面貌得到有效改善。根据水利部统一部署，对 1.25 万名市、县、乡级河湖长履职、河湖长制六大任务落实、年度目标任务完成等情况开展年度考核。

（安徽省河长制办公室）

【河湖健康评价】 截至 2021 年年底，完成 281 条（个）设立县级以上河长湖长的河湖健康评价。其中省级完成新安江、巢湖、龙感湖、菜子湖、枫沙湖、石臼湖、焦岗湖、高塘湖、天河湖 9 个省级河湖，以及佛子岭水库、梅山水库、响洪甸水库、龙河口水库、淠河总干渠 5 处省管水利工程的河湖健康评价任务。 （安徽省河长制办公室）

【“一河（湖）一策”编制和实施情况】 2021 年，启动安徽省全省“一河（湖）一策”编制工作，长江干流、淮河干流、新安江干流、巢湖、龙感湖、菜子湖、枫沙湖、石臼湖、焦岗湖、高塘湖、天河湖、高邮湖12个省级河湖的新一轮“一河（湖）一策”实施方案完成征求意见稿。

（安徽省全面推行河长制办公室）

【水资源保护】

1. 水资源刚性约束　强化水资源刚性约束，制定安徽省“十四五”用水总量和用水效率控制指标并细化分解到市，完成全省32条跨市、20条跨县河流水量分配工作，基本实现跨行政区域河流水量分配全覆盖。

加强组织领导，成立以分管副省长任组长，省政府副秘书长、省水利厅厅长、省发展和改革委员会主任为副组长的省实行最严格水资源管理制度领导小组，明确领导小组成员单位工作职责及考核、激励、约谈等工作制度。完成国家对安徽省2021年度实行最严格水资源管理制度考核目标任务。

2. 节水行动　完成19个县（市、区）节水型社会达标建设省级验收；35个县域节水型社会达标建设县在2021年全部通过水利部淮河水利委员会复核并获得水利部命名公布；全省共有54个县被水利部命名公布为达标县（区），占全省县（市、区）总数的51.4%。

第七批节水型企业95家、第八批47家通过评审，19所高校被命名为节水型高校，7个灌区被认定为省级节水型灌区，20家单位被命名为省级公共机构节水型单位，178家水利单位完成水利行业节水型单位建设任务，7家被命名为节水教育社会实践基地。池州市水利局等5家单位获得全国公共机构水效领跑者称号，淠史杭灌区（庐江片）获得全国第二批灌区水效领跑者称号。

下达2021年度各市区域取水计划258.6亿m^3和97家省管用水单位取用水计划164.6亿m^3。开展448个项目节水评价。调整国家级、省级、市级重点监控用水单位名录，调整后名录数量为430家。9所高校10个项目实施节水管理，引入投资3 126.71万元，年节约水量约55.10万m^3。向190家取用水户发出超计划用水预警，并对65家取用水户用水情况进行专项督查。

3. 生态流量监管　明确涡河、杭埠河、游河、水阳江、青弋江、秋浦河、皖河等18条（个）重点河湖生态流量（水位）保障目标，并实施监测，生态流量（水位）考核断面达标率在90%以上。建立生态流量月通报机制，完成18条重点河流2021年生态流量监测成果分析评价，有效促进了河湖生态水量的调度与保障，维护河湖生态健康。

4. 全国重要饮用水水源地安全达标保障评估　对全省列入国家名录的18个重要饮用水水源地安全保障达标建设开展年度评估，评估结果均为满分，达到了水量保证、水质合格、监控完备、制度健全的建设目标。

5. 取水口专项整治　取用水管理专项整治行动全面完成。组织“拉网式”核查，首次摸清了全省范围内23.95万个取水口的合规性和取水监测计量现状。坚持问题导向，根据问题成因分类制定整改方案，定期督导，集中攻坚，2021年10月底专项整治行动全面完成，并在水利部工作推进会上作典型交流发言。宿州市率先启动取用水管理专项整治行动“回头看”，进一步巩固工作成果；六安市开展水资源管理工作提档升级专项行动，并对河道外取水口全部实行“一口一牌、一牌一码”身份证式管理，全省取用水管理规范化水平显著提升。

6. 水量分配　将用水总量和效率控制指标细化分解到市，同时将33条跨市、21条跨县河流水量分配进一步细化，实现省内跨行政区河流水量分配全覆盖。

（安徽省全面推行河长制办公室）

【水域岸线管理保护】

1. 河湖管理范围划界　划定第一次全国水利普查名录的901条河流、128个湖泊管理范围，同时推进完成水普以外河湖划界工作，先后组织5次省级复核、下达3次省级督办单，及时整改水利部及其流域机构反馈的有关问题，进一步完善河湖划界成果，并由县级以上人民政府重新批复、公告。完成67个河流、124个湖泊岸线保护与利用规划编制，经省政府同意，省水利厅批复菜子湖等6个湖泊保护规划。

2. 河湖“四乱”问题整治　开展2021年新一轮河湖“四乱”问题排查整治，累计发现并整改问题208处。开展河湖水生态突出问题“大起底”“回头看”，共排查并整改涉水问题63个。开展淮河干流专项整治，共排查并整改“四乱”问题86处。对47个中央环保督察反馈的涉水问题整改情况开展全覆盖式“回头看”，确保问题整改到位、不反弹。

3. 大运河水域岸线整治　印发《安徽省大运河河道水系治理管护实施方案》，指导大运河沿线持续开展“清四乱”行动，2021年清理河坡河堤非法耕地1万m^2、水草2万m^3、滩地枯草垃圾1万m^3、固体废物150t，拆除拦河捕鱼网、地笼等，驱除非法捕捉红虫船只70余次只，销毁船只8只。实施古

汴河黑臭水体治理及水环境提升项目，投资 3 000 万元，清理淤泥 15 万 m^3、垃圾杂物 5 万 m^3，整理岸坡 2.5km^2，有效改善了大运河河道面貌。

（安徽省全面推行河长制办公室）

【水污染防治】

1. 排污口整治　2021 年，完成长江干流 4 120 个入河排污口监测、溯源、入河排污口名录、整改方案及“一口一策”编制工作，安装树牌 1 089 个，立行立改 476 个。完成长江一级、二级支流 160 条河流近 14 000km^2 范围排查工作，发现排污口 23 430 个，监测排污口 9 902 个，已全部溯源。完成沱湖流域“一湖四河”入河排污口排查工作，发现排污口 966 个。

2. 工矿企业污染　贯彻绿色发展理念，促进资源开发与生态环境相协调，将水资源综合利用、矿山废水处理等作为重要内容，持续推进绿色矿山建设，2021 年制订《地下开采金属矿绿色矿山建设要求》，经省市场监督管理局审批，作为地方性标准予以发布实施，与前期发布实施的《井采煤矿绿色矿山建设要求》《露天开采非金属矿绿色矿山建设要求》《露天开采金属矿绿色矿山建设要求》形成绿色矿山建设标准体系，荣获“安徽省标准创新贡献奖标准项目三等奖”。

3. 城镇生活污染　持续开展城市污水处理提质增效专项行动，更新改造城市污水管网 2 400km，累计建成运行城市生活污水处理厂 160 座、处理能力 1 011.45 万 t/d，实现污水处理“三个基本消除”。完成市政污水管网修复改造 1 003km，新增污水日处理能力 44.5 万 t。完成 374 个乡镇政府驻地生活污水处理设施提质增效，建成 676 个农村生活污水处理设施，整治 58 条农村黑臭水体。

4. 畜禽养殖污染　推广“截污建池、发酵还田，一场一策、制肥还田，区域收纳、集中处理”的“3＋N”路径模式，在利辛、泗县等 7 个县开展发酵液体粪污就近就地还田达 35 万亩，在涡阳县、谯城区、烈山区、濉溪县等 34 个县（市、区）推广应用商品有机肥 40 万 t。全省共组织实施 25 个国家级、58 个省级整县推进项目。

5. 水产养殖污染　在寿县、宣州区等 10 个县（市、区）整建制开展渔业绿色循环发展试点。实施养殖尾水治理行动，对环巢湖周边养殖池塘进行升级改造。推进水产养殖绿色发展，因地制宜推广池塘工程化循环水养殖、集装箱式养殖、工厂化养殖、稻渔综合种养等生态健康养殖模式。

6. 农业面源污染　在 80 个县（市、区）开展耕地质量保护与提升暨化肥减量增效项目和绿色种养循环农业试点建设。建立 9 007 个病虫害专业化统防统治组织，1 778 个绿色防控示范区，示范面积 590 万亩。试点推行化肥施用定额制、农药购买实名制，建成全省农药数字监管系统平台，实现长江和淮河岸线 15km 以内农药购买实名制全覆盖。

7. 船舶和港口污染防治　完成需要改造的 48 艘 100 总吨以下产生生活污水的船舶防污改造任务，芜湖市 LNG 加注站码头按期建成；全面完成年度船舶受电设施改造，共改造船舶 1 947 艘，建成岸电设施 684 套，覆盖 648 个泊位，覆盖率达 90%以上。加强船舶污染物监管，全年累计接收船舶污染物 61 144t，其中船舶垃圾 974t、生活污水 58 998t、含油污水 1 172t。（安徽省全面推行河长制办公室）

【水环境治理】

1. 饮用水水源地规范化建设　开展饮用水水源地环境问题排查整治，整治问题 461 个；开展县级以上集中式饮用水水源地环境问题排查，排查问题 329 个；开展乡镇及以下“千吨万人”饮用水水源地环境问题排查整治专项行动，建立问题清单。

开展饮用水随机监督抽查。共随机监督抽查各类供水单位（设施）2 206 家，立案查处 70 家；抽取 2 687 份水样进行水质快检，合格率 96.2%。同时，检查 511 个乡镇小型集中式供水设施 1 508 个。

2. 黑臭水体治理　实施控源截污、内源治理、生态修复、补水活水、长效管理五大工程，定期开展管护情况巡查和水质监测。设区市建成区 231 个黑臭水体治理完成，县城建成区 138 条黑臭水体治理工程完成 80%。

3. 农村水环境整治　针对生活污水处理设施闲置、空转问题，开展排查整改。完成 384 个乡镇政府驻地生活污水处理设施提质增效，676 个农村污水治理任务，58 个农村黑臭水体整治和 493 个农村环境整治任务。　（安徽省全面推行河长制办公室）

【水生态修复】

1. 生物多样性保护　以长江干流及 8 条重要支流和 44 个水生生物保护区为重点，开展打击非法捕捞专项整治行动，加强水生生物保护；建立完善增殖放流管理机制，在长江、淮河等水域放流水生生物 2.9 亿尾，有效增加鱼类种群数量，改善水域生态环境；在重点水域建立水生生物资源监测体系，强化水生生物保护。

2. 生态补偿机制建立　2021 年下达新安江流域水环境生态补偿资金 4.9 亿元（省级补偿资金 2.2

亿元、中央水污染防治资金 2.7 亿元)，大别山区水环境生态补偿资金 1.32 亿元，滁河生态补偿江苏省补偿金 2 000 万元。全省地表水断面生态补偿产生补偿金 17 650 万元、污染赔付金 7 650 万元。沱湖流域生态补偿中，淮北市、蚌埠市分别支付污染赔付金 100 万元、2 800 万元，宿州市获得生态补偿金 1 900 万元。

3. 水土流失治理（生态清洁小流域） 全年新增水土流失治理面积 620km²，完成重点预防保护面积 606km²，建成生态清洁小流域 15 条。实施小流域治理项目 31 个，治理水土流失面积 540.98km²，占总新增治理面积 87.25%，其中国家水土保持重点工程 15 个，治理水土流失面积 270.42km²，省级水土保持水土流失治理项目 16 个，治理水土流失面积 270.56km²。 （安徽省全面推行河长制办公室）

【执法监管】

1. 联合执法 安徽省与湖北省、江西省签订《长江鄂赣皖省际交界河段采砂管理区域合作联动机制工作协议》。马鞍山市与南京市签订《长江宁马交界水域采砂管理联防联控协议书》。淮河干流皖苏四县签订省界河段采砂管理协议、皖豫三县共同发布严厉打击非法采砂通告。组织开展多次鄂赣皖、皖豫、皖苏省际间联合执法专项行动，严厉打击跨省边界水域非法采砂行为。

会同水利部、司法部相关部委开展全省水行政执法专项监督，对全省 16 个市和 12 个有执法权的厅直单位开展水行政执法督查，印发督查通报和整改问题清单，指导各地整改。严厉打击水事违法行为，全年共查处水事违法案件 1 142 起，结案率 95%。落实行政执法“三项制度”，推进严格规范公正文明执法。加强执法信息平台建设，提升水行政执法综合管理监督平台运用水平。

2. 河湖日常监管 严格审查审批涉河建设项目建设方案，全年共审查审批 509 个，其中省级审批 70 个，提出初审意见转报给水利部流域机构 43 个，市县审批 396 个。强化项目事中事后监管，开展涉河建设项目、碍洪问题排查，督促有关单位进行整改。

开展打击非法采砂“蓝盾”专项行动，采取日常监管与集中打击相结合、明查与暗访相结合、水打与陆治相结合，人防与技防相结合，24 小时不间断巡查，对重点水域和敏感区域加密巡查，长江干流、淮河干流安徽段共出动执法人员 12.7 万人次、车艇 3.66 万次，查获非法采砂案件 29 起。长江干流集中开展清江清河、拆船、整治建造和改装采砂船、打击小快艇、整治非法过驳、打击涉砂违法犯罪、整治砂石市场等七大行动，联合执法效果明显。对河道非法采砂开展扫黑除恶行动，及时排查报送采砂涉黑涉恶线索。

（安徽省全面推行河长制办公室）

【水文化建设】

1. 宣传阵地建设 王家坝抗洪纪念馆。2021 年 6 月 29 日，王家坝抗洪纪念馆揭牌仪式在阜南县王家坝镇举行。王家坝抗洪纪念馆坐落在阜南县王家坝镇，是王家坝闸爱国主义教育示范基地的重要组成部分，也是“安徽省社会科学普及基地”，被安徽省社会科学界联合会命名为第四批“安徽省社会科学普及基地”。展厅共展出照片、文献、实物、影像、雕塑等珍贵资料 2 000 余件，全面展示了淮河治理、抗洪抢险、生产自救等光辉历程，生动诠释了王家坝精神的时代价值和科学内涵。

2. 史志年鉴出版 《安徽水利年鉴（2021 卷）》编撰出版，共计 600 余个条目、55 万字，彩版推出“安徽‘十三五’水利建设成就”图片展。

完成 2021 卷《安徽年鉴》《中国水利年鉴》《治淮汇刊（年鉴）》《长江年鉴》4 部年鉴的供稿工作，共计 600 余条目，约 30 万字。

推进大别山水库志等 5 部志书编撰工作。佛子岭、响洪甸、梅山、龙河口水库和驷马山工程 5 部志书第二轮审查工作。

3. 河湖长制主题公园 安徽省各地结合本地特点打造人水相亲、城水相融的河湖长制主题公园，满足人民日益增长的优美生态环境需要。已有合肥、亳州、蚌埠、阜阳、淮南、六安、马鞍山、芜湖、宣城、黄山 10 个市建成 43 处河湖长制主题公园，总面积达 824.5 万 m²。

4. 泗县隋唐大运河博物馆 泗县隋唐大运河博物馆是一座地方性的运河特色主题博物馆，位于泗县开发区东北部十里长庄北岸。馆体分上下两层，白墙黑瓦、单檐歇山顶，整体建筑风格呈隋唐风韵。展馆内设置“隋唐气象”“人工开河”“水路繁花”“南北余韵”“又见运河”5 个固定展厅，展示了大量的古运河文物，彰显古泗州深厚雄浑的历史文化积淀，是集文物陈列、科普教育、文化宣传功能于一体的运河主题博物馆。

（安徽省全面推行河长制办公室）

【智慧水利建设】

1. “水利一张图” 安徽省水利信息化省级共享平台是以国家智慧水利建设指导意见为原则，以

水利行业数据特点和业务需求为主线，在云平台和国产化分布式数据库基础上，建成了“水利一张图”、一个大数据中心、一个综合应用门户和一体化安全防护体系，为全省水利业务系统提供统一认证、数据共享、地图服务等公共基础能力。其中“水利一张图”作为安徽省水利信息化省级共享平台项目的重要组成部分，整合了全省水利时空数据，集成全境 1∶10 000、部分重点大坝 1∶1 000 的多种比例尺矢量数据和全境 0.5～2.1m 分辨率多时相高分辨率遥感影像。截至 2021 年年底，已整合了 36 类 30 万个水利对象，完成所有水利对象实体数据的整编上图，形成了以国家基础、水利基础和水利专题等三大类空间数据类型为基础的省级“水利一张图”空间数据资源体系。

2. 安徽省河长制决策支持系统

（1）PC端系统。安徽河长制决策支持系统 2018 年 12 月上线试运行，2020 年 4 月正式运行。系统包含河长制业务工作台、信息管理、信息服务、河长履职、事件处理、抽查督导等功能模块。系统管理全省各级河流（河段）43 954 处、湖泊（湖片）2 274 处，通过河长制“一张图”，可以全面展现全省河湖的总体概况，实现对水资源、水环境和河湖岸线变化预警等数据信息展现。系统实现了安徽省河湖长制智慧化管理新模式，为全省各级河湖长和河长办提供先进可靠的信息支撑，提升河长制工作效率。

（2）移动端河长通 App。河长通 App 主要功能是服务于河（湖）长、河长办的日常工作需要，为河（湖）长和河长办的业务处理提供河湖信息综合展示、查询、管理和任务管理等功能，使用用户达到 3.7 万多名。2021 年，各级河湖长利用河长通 App 开展巡查，发现并上传河湖“四乱”等问题 4 712 个。省河长办通过系统开展两批次督查暗访，通过平台下发问题 133 个，有关市、县河长办通过系统开展督查暗访共下发问题 1 260 个。省河长办通过系统数据对各级河湖长变更情况进行跟踪分析，督促各地根据领导岗位变更及时调整相关河湖长，2021 年，全省、市、县、乡、村五级共调整河湖长 15 318 名。

3. 安徽省河湖管理信息系统　2017 年 12 月基本建成安徽省河湖管理信息系统，2019 年 5 月正式上线运行。采用天地图作为底图，实现与水利部、安徽省自然资源厅、市县水利部门的数据共享，并在使用过程中不断充实完善。系统主要内容包括全省河湖基本情况，分流域、水系、市、县、重要指标分类汇总数据，最新的卫星图片、历史上不同时期的卫星图片、河湖管理范围划定成果，河湖名录，主要河湖简介，相关规范性文件，全省已审批涉河建设项目，河湖岸线管理和保护规划等，为做好全省河湖管理各项工作打下了坚实的基础。

（安徽省全面推行河长制办公室）

| 福建省 |

【河湖概况】

1. 河湖数量　福建河流纵横、水系密布、自成体系，除赛江发源于浙江、汀江流入广东外，其余河流都发源于境内，独流入海，源短流急。全省流域面积 50km² 以上河流共有 740 条，总长度为 24 629km；流域面积 100km² 及以上河流 389 条，总长度为 18 051km；流域面积 1 000km² 及以上河流 41 条，总长度为 5 697km；流域面积 10 000km² 及以上河流 5 条，总长度为 1 719km。较大河流有闽江、九龙江、晋江、汀江、赛江和木兰溪等“五江一溪”，其中闽江河长 562km，流域面积 6.1 万 km²，是东南沿海地区流域面积最大的河流，约占福建省土地面积的一半；九龙江河长 285km，流域面积 1.47 万 km²；晋江河长 182km，流域面积 0.56 万 km²；汀江河长 285km，流域面积 0.9 万 km²；赛江河长 162km，流域面积 0.55 万 km²；木兰溪河长 105km，流域面积 0.17 万 km²。由于福建独特的自然地理条件和湖泊成因等条件限制，福建湖泊较小，常年水面面积 1.0km² 及以上湖泊仅 1 个，为泉州市龙湖，水面面积 1.53km²。

2. 水量　2021 年，福建省平均降水量 1 477.1mm，比上年多 2.6%，比多年平均少 13.0%，属偏枯水年。全省年降水量最大点为南平市建阳区黄坑镇坳头村的坳头站 2 867.5mm，年降水量最小点为泉州市晋江市深沪镇松排山村的深沪站 451.5mm。全省地表水资源量 757.31 亿 m³，地下水资源量 238.72 亿 m³，地下水和地表水不重复量 1.42 亿 m³，水资源总量为 758.73 亿 m³，人均拥有水资源量 1 812m³；外省入境水量为 26.19 亿 m³，出境水量为 49.18 亿 m³。2021 年福建省年供水总量 182.61 亿 m³，年用水总量 182.61 亿 m³，比 2020 年减少 0.21%。其中农业用水量 99.83 亿 m³，占总用水量的 54.7%，比 2020 年增加 0.14%；工业用水量 35.42 亿 m³，占总用水量的 19.4%，比 2020 年减少 13.8%；城镇公共用水量 10.95 亿 m³，占总用水量的 6.0%，比 2020 年减少 4.4%；居民生活用水量 21.48 亿 m³，占总用水量的 11.8%，比 2020 年减少 0.13%；生态环境用水量 14.92 亿 m³，占总用水量的 8.2%，比 2020 年增加 61.2%。福建省耗水总量为 89.74 亿 m^3。

3. 水质　2021 年福建省主要河流Ⅰ～Ⅲ类水质比例为 97.3%，与 2020 年持平，比全国平均水平高 12.4 个百分点；105 个地表水国考断面Ⅰ～Ⅲ类水质比例达到 94.3%；县级及以上集中式生活饮用水水源地水质达标率 100%。

4. 新开工水利工程　新开工中型水库 1 座，位于宁德的溪尾水库，库容 1 379 万 m^3，总投资 71 627 万元；新开工小型水库 7 座，总投资 7 823 万元，项目包含茜洋水库（宁德）、焦源水库（南平）、桂坑水库（三明）、美子坑石窟（龙岩）、后盂水库（龙岩）、羊耳坑水库（龙岩）、双坑口水库（龙岩）；新开工安全生态水系 49 个，下达治理河长 339km；新开工"五江一溪"主要支流治理项目 1 项，位于龙岩市的韩江上游梅江（龙岩武平段）防洪工程，建设堤防 16.1km，总投资 1.8 亿元；新开工山洪沟治理 9 项，2021 年度完成投资 7 035 万元，项目为福州罗源小获溪山洪沟、宁德蕉城下坂溪山洪沟、宁德福安眉洋溪山洪沟、莆田秀屿凤岸溪山洪沟、泉州永春外山溪山洪沟、漳州诏安庵下溪山洪沟、龙岩长汀朱溪河山洪沟、三明尤溪梅峰溪山洪沟、南平武夷山翁墩溪山洪沟。（林铭）

【重大活动】

1. 省委书记全面部署推进河湖长制工作　2021 年 7 月 9 日，省委书记、省总河湖长尹力主持召开省总河湖长会议，认真学习贯彻习近平总书记重要讲话精神，全面部署推进全省河湖长制工作。会议要求各地各部门要深入贯彻落实习近平生态文明思想，坚持问题导向，实行清单化、项目化、信息化治河，推进一批重点河湖治理工程，提升河湖管理现代化水平。要强化系统保护，突出保护水资源、修复水生态、保障水安全，提高用水效率，保护河湖水生物多样性，推动城乡供水融合发展。各级河湖长要守水有责、守水尽责，相关部门要各司其职、各尽其责，强化考核问责，加大宣传力度，形成全民动手、齐抓共管的良好格局。

2. 省长召开全面推行河湖长制工作会议　2021 年 6 月 8 日，省总河长、省长王宁主持召开省政府常务会议，深入贯彻落实习近平总书记来闽考察重要讲话精神，按照中央部署和省委要求，传达学习全面推行河湖长制工作部际联席会议暨加强河湖管理保护电视电话会议精神，研究福建省贯彻意见。

3. 副省长郑建闽巡查敖江流域　2021 年 8 月 25 日，省副总河长、副省长郑建闽赴宁德市古田县巡查敖江流域，现场察看了石材厂转产、水系治理、生活垃圾治理一体化等项目，并对敖江流域下一步河湖长制工作重点提出明确要求。

4. 副省长李德金巡查九龙江流域　2021 年 9 月 27 日，省副总河长、副省长李德金赴漳州市巡查九龙江流域，现场察看了九十九湾闽南水乡、湘桥湖、龙江文化生态园等建设情况，并对九龙江流域下一步河湖长制工作重点提出明确要求。

5. 召开护航九龙江流域治理保护联席会议　2021 年 3 月 25 日，厦门、漳州、泉州、龙岩四地法院和河长办在龙岩市召开护航九龙江流域治理保护联席会议。省高级人民法院党组成员、副院长林玫瑰，省河长办专职副主任、水利厅副厅长陈水树，龙岩市委副书记王龙，龙岩市中级人民法院党组书记、院长王孔坚出席会议并讲话。会议以"协同闽西南生态治理，共建现代化幸福城市"为主题，座谈交流了护航九龙江流域的具体措施和联动事宜，观看了《协同共治　立体保护——龙岩法院助推市域生态环境大治理》视频，召开了护航九龙江流域治理保护状况及十大典型案例的新闻发布会。会议要求，闽西南四地法院应协同河长办以本次联席会议为契机，认真落实四地人大常委会关于九龙江流域协同保护的决定，在协同服务保障九龙江流域生态保护和高质量发展上更有担当、更有作为，共同谋划拓展协同发展的深度广度，携手开启"十四五"闽西南大合作、大发展、大突破的新征程。

6. 开展"长汀水土流失治理典型经验"主题采访活动　2021 年是习近平总书记对长汀水土流失治理作出重要批示 10 周年，中共中央宣传部组织中央媒体赴福建省长汀县开展"长汀水土流失治理典型经验"主题采访活动，人民日报、新华社、中央广播电视总台、中国新闻社、经济日报、光明日报、中国日报、农民日报、中国水利报 9 家中央媒体，福建日报和福建省广播影视集团 2 家省级媒体，以及闽西日报、龙岩电视台、龙岩人民广播电台 3 家市级媒体，共 54 名记者参加此次采访活动。各大媒体通过各种方式报道了福建省水土流失治理成效，集中展示习近平生态文明思想在长汀的生动实践，充分展现水土流失治理和生态保护的中国智慧和中国方案。

7. 举办中国·长汀水土保持高质量发展论坛　2021 年 12 月 10—11 日，在水利部、中共中央宣传部的指导和支持下，福建省在长汀县举办了以"推动水土保持高质量发展　建功生态文明建设新时代"为主题的中国·长汀水土保持高质量发展论坛，广泛宣传福建省 10 年来水土流失治理的成效和经验，取得了良好的社会效果。水利部副部长陆桂华、福

建省副省长康涛等国家有关部委、福建省直和龙岩市领导及入选全国5个水土保持高质量发展先行区的市、县领导，省内外科研机构和高校专家学者出席会议。

8. 开展海峡两岸水土保持科技交流　与中国水土保持学会、台湾中华水土保持学会、长汀县人民政府共同举办2021年海峡两岸水土保持学术研讨会·第二届海峡两岸水土保持科技论坛暨福建省水土保持学会2021年学术年会，海峡两岸50余家单位的近180位专家和代表参会。（林铭）

【重要文件】　2021年8月23日，福建省水土保持工作领导小组印发《关于深入贯彻习近平总书记重要讲话重要指示批示精神推进水土保持高质量发展的意见》（闽水保〔2021〕1号）。（林铭）

【地方政策法规】

1. 法规　2021年7月29日，福建省第十三届人民代表大会常务委员会第二十八次会议通过《福建省水污染防治条例》，自2021年11月1日起施行。

2. 规范（标准）　2021年2月9日，福建省市场监督管理局发布《河湖长制工作管理规范》（DB35/T 1957—2021）。（林铭）

【河湖长制体制机制建立运行情况】

1. 组织体系

（1）河长河长办＋河道专管员。福建省委书记、省长担当总河长，3位副省长担任副总河长兼任主要流域河长，市、县、乡党政主要负责同志全部担任河长；河流湖泊分级分段设河湖长，省、市、县、乡设立河长办，村级设河道专管员，形成省、市、县、乡、村五级穿透，河流湖泊山塘水库全覆盖的河湖长组织架构。福建现有河长7 530名、湖长1 074名，设有河长办1 179个、专职人员5 120人。

（2）“六全四有”＋年度报告。按照“组织体系全覆盖、保护管理全域化、履职尽责全周期、问题整治全方位、社会力量全动员、考核问责全过程”的要求，大胆探索、先行先试，河湖治理保护做到“有专人负责、有监测设施、有考核办法、有长效机制”。将河湖长制工作纳入各级党政效能考核、环保责任制和领导干部自然资源资产离任审计，每年逐级开展党委政府年度报告和河长年度述职。

（3）总设计师＋施工队长。福建各级河湖长始终把推行河湖长制作为重大政治任务和政治责任，既当总设计师建机制抓队伍，又当施工队长发现问题解决问题。省级河长每年召开河湖长制会议，统一部署河湖治理保护任务，深入一线巡河查河，督导协调重大问题。市、县、乡河湖长深入推进河湖治理保护，研究管河治河“施工图”，安排“施工进度”。福建各级河湖长累计巡河12.3万人次，协调解决问题4.9万个。

2. 运行机制

（1）河长办实体运作。针对“九龙治水”各自为战的弊端，依托河长办建立协调调度平台，统一部署、统一检查、统一监测、统一评价。通过集中办公，省水利厅、省生态环境厅各抽调1位副厅长担任专职副主任，10个部门选派人员到河长办挂职，把力量整合起来；通过联席会议，研究解决重大问题，明确目标任务，把工作统筹起来；通过立法规范，赋予河长办协调、指导、监督、通报、约谈等职责，把作用激发出来。

（2）各部门分工协作。以县域为单元在全国率先实施综合治水试验，通过河长牵头整合涉水资金集中发力，部门联动分工落实各计其功，组织试验县开展全域治理、综合改革，打造了一批河湖治理样板，探索了一批可复制的治水经验。以流域为载体组织上下游系统治理，闽江、九龙江流域开展山水林田湖草生态保护修复攻坚战，敖江流域全面推进矿山生态修复。

（3）“一张网”集成共享。聘请8 724名河道专管员，与水文、水政监察、生态网格等队伍联动，实现了河道日常巡查全覆盖。全面划定了河道管理范围，整合补齐水质交接断面2 551处，实现了市、县、乡水质交接断面监测全覆盖，明晰了管理权责。建成河长制信息平台，推广无人机巡河、卫星遥感监测，安装河湖视频探头2 360个，汇聚涉河信息35类10亿条，实现了河湖可视、指令可达、工作可控。（林铭）

【河湖健康评价】　2021年11月10日，福建省河湖健康研究中心发布《2021福建省河湖健康蓝皮书》，该蓝皮书对福建省境内流域面积大于200km²的179条河流和42座重要湖库进行了河湖健康综合指数的评估。结果显示，2021年福建省河流和水库在水资源开发利用、河岸保护、水质状况方面维持良好，公众满意度较高，与2020年相比，河流生态流量保障程度有了明显的提升。此次的河湖健康评估报告中，增加了对公众大数据的采集和分析，将群众对河流保护的评价和满意度融入评估工作。还通过“公民科学家项目”吸纳福建省各地市的公众参与水库的调研、水样的采集、问卷调查，并将自然科学

和社会科学相结合。（林铭）

【“一河（湖）一策”编制和实施情况】 以县为单元，编制“一河（湖）一档一策”，10个设区市（含平潭）、84个县（市、区）全部完成编制，摸清了河湖本底，建立了河湖档案，制定了治理方案并动态更新。（林铭）

【水资源保护】

1. 水资源刚性约束 组织编制水资源配置规划技术大纲，印发了《关于开展全省县域水资源配置规划工作的通知》，对市、县两级水利部门和报告编制单位开展了专项技术培训，编制了水资源配置规划典型案例供各地参考。福建省具有任务要求的59个县（市、区）已全面完成县域水量平衡分析成果编制。

2. 节水行动 组织召开了2021年省节水办联席会议，印发了《福建省节水行动工作方案2021年主要任务分解表》；完成了4个县域节水型社会达标建设，已累计完成26个；确定全省具备独立物业管理条件的69个水利单位开展节水型单位建设；组织开展了重点用水企业和公共机构水效领跑者遴选工作，福建工程学院等7家单位获评全国水效领跑者称号。省水利厅与兴业银行创新政银合作模式，发布了省内首个由政银联合研发的绿色金融产品——“节水贷”，兴业银行共批复“节水贷”6笔，授信贷款总额度7.24亿元，已发放4笔共1.38亿元；与福建工程学院签订节水领域产学研战略合作框架协议，并依托福建工程学院建立了福建省节水教育基地。组织开展“节水中国 你我同行”主题系列宣传活动，柘荣县等4个水利局获得“全国优秀组织单位”荣誉称号。联合省教育厅、省教育电视台深入30多所中小学校（含中职校），开展节水微演讲、节水小实验、节水研学、节水书画比赛等活动，调动广大学生的积极性，参与节水宣传、教育和社会实践。

3. 生态流量监管 福建省内15个已核定生态流量管控目标的流域断面全部建立生态流量监控设施，并实现在线监测，生态流量年度评估均达标。

4. 全国重要饮用水水源地安全达标保障评估 福建省共有17个水源地列入国家重要饮用水水源地名录，自重要饮用水水源地安全保障达标建设工作开展以来，福建省每天向水利部报送水源地水质在线监测数据，按月报送水源地水质人工监测数据，每年组织开展达标建设自评估。2021年，17个重要饮用水水源地实际供水量38.05亿m^3，水源地水质总体达标。

5. 取水口专项整治 福建省累计核查取水口18 298个，取水项目共计16 665个，并按整改要求进行分类施策，其中保留类项目14 818个、退出类项目108个、整改类项目1 739个。退出类已全部制定退出计划，第一阶段整改类项目1 525个，已全部完成整改。

6. 水量分配 持续推进江河水量分配。在省级完成闽江、韩江、九龙江、敖江等4条跨地区河流水量分配的基础上，指导各设区市完成了16条跨县流域水量分配。（陈建宁）

【水域岸线管理保护】

1. 河湖管理范围划界 福建省740条50km^2以上的河流及1个1km^2以上的湖泊管理范围划定已全部完成，按程序审批公告，并同步完成了长度2 203km面积50km^2以下河流管理范围划定。

2. 岸线保护利用规划 福建省已完成闽江干流、九龙江、汀江、交溪、晋江、敖江、霍童溪、木兰溪、诏安东溪及漳江等10条河流的岸线保护与利用规划编制工作，并严格按相关程序完成审批。

3. 采砂整治 福建省水利厅持续加大河道采砂管理力度，规范河道采砂管理秩序，鼓励各地探索推行“政府管控、国企主导、社会参与、市场运作”的经营管理模式。通过购买第三方服务及运用96133监督举报电话等方式，加强采砂管理暗访巡查，发现涉砂问题线索359件，并强化督办整改。紧盯河道采砂“采、运、销”过程，推行准运单制度，逐个采砂点落实了四个责任人，与公安、检察院、法院等部门联合开展打击非法采砂专项行动。

4. “四乱”整治 福建省将“四乱”排查范围从流域面积50km^2以上河流延伸到所有河流。省级委托第三方利用无人机、监控探头，发动河道专管员等方式开展常态化暗访，及时收集突出问题信息。各级河长办对发现的问题及时跟踪了解、核实督办，做到一般问题即查即改，重点问题挂牌督办，历史问题区别对待、稳步清理。2021年发现的1 152个河湖“四乱”问题已全部整治完成。（林铭）

【水污染防治】

1. 排污口整治 2021年，继续实施入河排污口大排查、大整治，深入推进全省10 016个入河排污口排查整治和水功能区管理工作，推动完成9 828个入河排污口整改，实现监测全覆盖，全部信息数据接入省生态云平台，与河长制平台互联共享。

2. 工矿企业污染防治 2021年，持续开展造纸等六大行业清洁化技术改造，进一步巩固建成区黑臭水体整治成效和古田县石材加工集中区转产关停工作，完成全省可养区内生猪规模养殖场（存栏250

头以上）标准化改造等年度重点任务。

3. 城镇生活污染防治

（1）市、县生活垃圾治理。2021 年，福建省新扩建生活垃圾处理设施 4 座，新增处理能力 0.29 万 t/d。截至 2021 年年底，福建省城市（含县城）运行生活垃圾无害化处理设施 72 座，无害化处理能力 4.56 万 t/d，其中生活垃圾焚烧发电厂 31 座，处理能力 3.9 万 t/d，占总无害化处理能力的 85.2%。

（2）市、县生活污水处理。2021 年，福建省新建改造污水管道 1 341km，新扩建市、县生活污水处理厂 7 座，新增污水处理能力 40 万 t/d。截至 2021 年年底，福建省共有市、县生活污水处理厂 108 座，日处理能 677 万 t。

（3）农村生活垃圾治理。福建省已实现乡镇生活垃圾转运系统全覆盖，行政村全面建立生活垃圾治理常态化机制。2021 年对 17 个县（市、区）实施了以县域为单位市场化，截至 2021 年年底，共有 27 个县（市、区）实施了以县域为单位市场化，占全省涉农县（市、区）的 32%。

（4）乡镇生活污水治理。2021 年，新建改造乡镇污水管网 1 260km，对 22 个县（市、区）实施了以县域为单位市场化，截至 2021 年年底，共有 37 个县（市、区）实施了以县域为单位市场化，占全省涉农县（市、区）的 44%。

4. 畜禽养殖污染防治　2021 年，安排省级以上补助资金 1.27 亿元，组织 13 个项目县实施畜禽粪污资源化利用整县推进和提升工程，重点支持粪污收储运输、处理利用、臭气处理及信息化等设施升级改造和设备更新换代，推进畜禽粪污高水平利用。印发《现代化生猪楼房生态养殖技术》《畜禽粪污纳米膜高温好氧发酵技术》《集约化智能化蛋鸭生态养殖技术》《沼液智能化利用技术》《智能层叠式畜禽粪便发酵技术》5 项主推技术。福建省畜禽粪污综合利用率达 92%，规模养殖场粪污处理设施装备配套率达 100%。

5. 水产养殖污染防治　2021 年，闽江水口库区养殖网箱 86.3hm^2 全部完成升级改造工作，将传统网箱改造为环保型塑胶网箱。闽江水口库区实现水产养殖生产、生活、生态协调发展。

6. 农业面源污染防治

（1）扎实推进化肥减量增效。2021 年，组织实施化肥减量“2345”工程，支持有机肥替代化肥，全面实施测土配方施肥，推广绿肥种植和秸秆还田，培肥地力，减少化肥使用量。在浦城、仙游等 10 个试点县开展化肥投入定额制，推动化肥使用总量和施用强度“双降”、耕地质量和作物品质“双提升”。全省农用化肥施用量比 2020 年减少 4.1%，超出年度目标 2.1 个百分点。

（2）持续推进农药减量控害。2021 年，贯彻落实福建省农业绿色发展和农产品质量安全要求，持续推进农药减量控害降残留工作。强化病虫监测预警，结合定点监测与大田普查，准确掌握重大病虫害发生消长动态，及时发布病虫情报，科学指导防治，减少用药次数；推广绿色防控，综合应用健身栽培、生态控制、理化诱控、生物防治等绿色防控技术措施，支持建设一批示范基地，减少化学农药使用；开展统防统治，围绕水稻、茶叶、柑橘三大农作物，建设一批服务面积超 1 万亩的专业化统防统治服务组织，带动统防统治壮大提升，提高用药效率。在病虫害得到有效控制的前提下，全省农药使用量比 2020 年减少 3.4%，超出年度目标 1.4 个百分点。

7. 船舶和港口污染防治　2021 年，进一步完善港口码头含油污水及垃圾的接收、转运和处理机制，推进 100 总吨以上船舶废水的规范收集与处置；推动达到强制报废条件的运输船舶强制退出水路运输市场，全面推行国六标准船用柴油。（林铭）

【水环境治理】

1. 饮用水水源地规范化建设　持续开展水源地整治专项行动，巩固县级及以上和“千吨万人”集中式饮用水水源保护区治理成效，出台《深化农村饮用水水源地生态环境整治保障农村饮水安全工作方案》，配套制定应急方案编制和水源保护范围划分技术指南，推进水源地环境保护专项行动向农村延伸，完成 1 514 个千人以上农村集中供水水源保护范围划定和 237 个农村水源环境问题整治。

2. 黑臭水体治理　在 2020 年年底基本消除黑臭、基本实现长制久清的基础上，2021 年各地将城市黑臭水体治理、排水防涝、海绵城市建设、污水处理提质增效等统筹实施，深入开展排水管网建设改造，进一步提高污水收集处理效能，持续巩固黑臭水体治理成效。

3. 农村水环境整治　将农村生活污水治理纳入省委省政府“为民办实事”项目，出台《福建省农村生活污水提升治理五年行动计划（2021—2025 年）》，成立由省政府分管领导任组长的省级领导小组，设立省级专项资金，实施“投、建、管、还”一体化，系统推进农村生活污水提升治理。2021 年投入 15 亿元，完成 452 个村庄生活污水治理。

（林铭）

【水生态修复】

1. 退田还湖还湿　2021 年，继续巩固长乐闽江河口湿地国家级自然保护区和福建漳江口红树林国家级自然保护区湿地生态效益补偿试点整治成效。

2. 生物多样性保护

（1）持续实施闽江禁渔期制度。2021 年 3 月 1 日至 6 月 30 日，在闽江水域实施为期 4 个月的禁渔期。南平市延平区市标至福州市长乐区金刚腿的闽江干流江段除休闲渔业、娱乐性垂钓外，禁止所有捕捞作业，禁渔渔船共有 1 366 艘。相关渔业执法机构共组织执法行动 213 次，出动执法人员 962 人次，首次启用无人机配合渔政执法船艇、执法车辆沿江巡查，开启闽江水域“水陆空”立体执法监管新模式。行动期间取缔违禁渔具 2 358 件。福建省海洋与渔业执法总队结合扫黑除恶、疫情防控等工作，印制发放了 2 000 份宣传材料，维护良好的禁渔秩序。

（2）持续实施水生生物资源养护。2021 年，持续在闽江、九龙江、汀江干支流等水域实施水生生物增殖放流，举办“6・6 八闽放鱼日”全省联动增殖放流活动。全省放流淡水鱼苗 3 538.5 万尾，以鲢、鳙等滤食性鱼类和地方特有物种为主，有助于降低放流水域富营养化程度，提升水生生物多样性，改善水域生态环境。

3. 生态补偿机制建设　持续推进流域生态补偿机制，继续实施汀江—韩江跨省流域上下游横向生态补偿，安排省级以上生态补偿资金 3.63 亿元，并推动签订新一轮（2022—2024 年）生态补偿协议；推动延续实施重点流域生态补偿政策，同时成功申报九龙江流域山水林田湖草沙一体化保护和修复项目，获得中央奖补资金 20 亿元，并安排中央和省级相关专项资金 13.9 亿元，支持各地精准谋划，实施一大批水污染防治和生态保护项目，有力促进全流域水环境质量改善。

4. 水土流失治理　2021 年，福建省共完成新增水土流失综合治理面积 121 773.31hm^2。根据水土流失动态监测成果，截至 2021 年年底，全省水土流失面积比 2020 年减少 18 703.00hm^2，减幅 2.02%；全省水土保持率 92.63%，比 2020 年提高了 0.15%。

5. 生态清洁型小流域　2021 年，福建省建设生态清洁小流域 61 条。

（林铭）

【执法监管】

1. 联合执法

（1）采砂联合执法。2021 年，福建省河长办多次组织开展河道采砂省市联合执法检查，各级水利部门与扫黑办、公安检察机关等密切协作，非法采砂案件侦办取得积极成效。2021 年，全省共出动执法人员 108 243 人次，取缔非法采砂点 199 处，取缔非法堆砂场 88 处，没收非法采砂船舶 46 艘，没收非法车辆 27 辆，没收非法砂石量 1.38 万 m^3，行政处罚 207 件，罚没金额 650.1 万元，刑事处罚 13 人。

（2）生产建设项目监督执法。全省共开展水土保持现场检查 3 246 项次；查处违规（法）案件 18 起；征收水土保持补偿费 23 666.44 万元，其中省级征收 2 673.66 万元。

2. 河湖日常监管　聘请 12 987 名河道专管员，与水文、水政监察、生态网格等队伍联动，实现了河道日常巡查全覆盖。建成河长制信息平台，推广无人机巡河、卫星遥感监测，建设河湖视频探头 2 360 个，汇聚涉河信息 35 类 10 亿条，实现了河湖可视、指令可达、工作可控。实时公开水质监测数据，82 个主要流域断面实现每 4 小时更新监测结果；开通 96133 河湖长制监督电话，设立河长公示牌 1.39 万个；开展“河小禹”、巾帼护河、企业认养河道等行动，发动人大代表、政协委员、新闻媒体参与监督，形成了全民护河良好氛围。

【水文化建设】

1. 河长制主题公园　福建省共有河长制主题公园 212 个，其中福州 2 个、宁德 2 个、莆田 11 个、泉州 160 个、漳州 1 个、龙岩 7 个、三明 23 个、南平 6 个。

2. 河湖文化博物馆　福建省共有河湖文化博物馆 10 个，其中龙岩 2 个、三明 1 个、宁德 3 个、泉州 4 个。

（林铭）

【智慧水利建设】

1.“水利一张图”　通过整合共享，将生态环境部门 902 个水质监测站点、1 万多个入河排污口、5 857 座水电站生态下泄流量监测、342 条农村黑臭水体，住房和建设部门的 87 条城市黑臭水体、323 个污水处理厂，以及自然资源部门的涉河“两违”、林业部门的重点湿地、农业部门的生猪养殖和化肥农药使用、海洋渔业部门的网箱养殖、法院检察院的涉河涉水案件等信息汇聚起来；通过提升扩面，绘制了全省 3 700 多条河流水系图，补齐了 1.39 万个河湖长公示牌信息，建设了 278 个规模以上取用水户监测站点；整合了全省水质交接断面 2 551 处，其中增设乡镇断面 729 个，实现了市、县、乡交接断面水质监测全覆盖；在重点河段建成视频监控探头 2 360 个，其中智能识别探头 260 个。目前，河湖长制信息系统共收集涉河信息 35 类 10 亿条，形

成了 27 个专题图层。

2. 河长 App　为更好的辅助河长及相关人员开展巡河任务，配套开发了河长 App，主要包含巡河、河湖态势、河湖事件、河湖履职、河湖资料、工作台等功能，提供河湖长移动办公能力，实现问题上报、信息查看，巡河日志、轨迹记录、工单事件流转等，方便河长日常巡查工作，提升河长制督查督办工作信息化水平。公众在发现河湖问题时也可通过 App 直接拍照上传，并在事件管理中对事件进行后续跟踪，实现全民参与。

3. 数字孪生　2021 年，福建省选取溪源溪小流域和九龙江北溪为试点，以“数字化场景、智慧化模拟、精准化决策”为路径，以大力提升数字化、智能化、科学化为方向，围绕水库安全和流域防洪两块核心业务需求，充分运用物联网、数字映射、数字孪生等新一代信息技术，集成各级水利信息资源，采用水利专业模型，建成兼具智慧感知和“四预”防洪调度安全的业务应用系统，提高河湖管理工作效率、辅助决策能力，为打造安全、生态、美丽的溪源溪“幸福河”提供全方位的信息化技术支撑。（林铭）

江西省

【河湖概况】

1. 概况　江西省水系发达，河湖众多，共有流域面积 10km² 以上的大小河流 3 700 多条。根据全国水利普查成果统计，全省现有流域面积 50km² 以上的河流有 967 条，200km² 以上的河流有 245 条，3 000km² 以上的河流有 22 条，10 000km² 以上的赣江、抚河、信江、饶河、修河五大水系，均发源于与邻省接壤的边缘山区，从东、南、西三个方向汇入鄱阳湖，经鄱阳湖调蓄后由湖口汇入长江，形成完整的鄱阳湖水系。其控制站（湖口水文站）以上集水面积 16.2 万 km²，其中属于江西省面积为 15.7 万 km²，占全省面积的 94%；直接流入邻省和直接注入长江的河流，流域面积为 10 205km²，占全省面积的 6%。长江干流 152km 流经江西。（殷国强）

2. 湖泊　江西省湖泊众多，主要分布于五河下游尾闾地区、鄱阳湖滨湖地区及长江沿岸低洼地区，有青山湖、瑶湖、赛城湖、八里湖、赤湖等面积超过 1km² 的湖泊约 70 个，以鄱阳湖为最大。鄱阳湖是我国第一大淡水湖，由众多的小湖泊组成，包括军山湖、青岚湖、金溪湖、蚌湖、珠湖、新妙湖等。鄱阳湖具有“高水是湖，低水似河”的特点。汛期湖水漫滩，湖面扩大，茫茫无际；枯季湖水落槽，湖滩显露，湖面缩小，蜿蜒一线，比降增大，流速加快。2021 年，鄱阳湖水质优良比例为 22.2%、同比下降 16.7 个百分点，总磷浓度 0.067mg/L。（殷国强）

3. 水资源　江西省多年平均年降水量为 1 646mm，多年平均水资源总量为 1 569 亿 m³，水资源总量列全国第七位。2021 年，江西省水资源总量为 1 419.73 亿 m³，平均年降水量为 1 587mm，地表水资源量为 1 400.56 亿 m³，地下水资源量为 332.02 亿 m³，供水总量为 249.36 亿 m³，占全年水资源总量的 17.6%。（邓香平）

4. 水质　2021 年，江西省地表水水质良好，全省 346 个地表水断面水质优良比例为 93.6%，同比无变化。全省国考断面水质优良比例达 95.5%，同比上升 1.6 个百分点。（邓香平）

5. 水利工程　截至 2021 年年底，江西省已建成各类水利工程 160 余万座（处）。其中堤防 1.3 万 km，水库 1.06 万座、水电站 4 121 座，大中型灌区 317 处，集中供水工程 1.4 万处。构建了较为完善的水资源合理配置和科学利用体系、水资源保护和河湖健康体系、民生水利保障体系、水利管理和科学发展制度体系。（桂冠　高云平）

【重大活动】

1. 召开 2021 年省级总河长会议　3 月 26 日，江西省委书记刘奇主持召开省级总河（湖）长和总林长会议。会议听取了 2020 年度全省以及赣州市、抚州市河长制湖长制林长制工作情况汇报，审议通过了有关考核结果；审议并原则通过了 2021 年全省河长制湖长制林长制工作要点和有关实施方案。

2. 举办第三届“江西省河湖保护活动周”　2021 年 3 月 22—28 日是第三届“江西省河湖保护活动周”。江西省河长办公室江西省水利厅广泛开展系列活动，对《江西省湖泊保护条例》《江西省实施河长制湖长制条例》等法规进行重点宣传，引导广大群众积极参与河湖保护。

3. 罗小云在《江西日报》发表署名文章　2021 年 3 月 23 日，江西省副省长罗小云在《江西日报》发表署名文章《深入贯彻新发展理念　推进水资源集约安全利用》，指出要全面推进水资源集约安全利用，着力提高水安全、水资源和水生态环境供给质量，努力建设造福人民的幸福河湖，加快推进江西高质量跨越式发展。

4. 召开全省强化河湖长制工作视频会　2021 年 5 月 29 日，江西省政府召开全省强化河湖长制工作视频会议，江西省副省长、省河长办主任罗小云出席会议并讲话。会议传达了水利部全面推行河湖长制工作部际联席会议暨加强河湖管理保护电视电话会议精神。江西省河长办公室、江西省生态环境厅、江西省农业农村厅、江西省住房和城乡建设厅以及赣州市、吉安市、南昌市人民政府负责同志先后就落实河湖长制工作情况及强化河湖长制工作发言。

5. 江西省委全面深化改革委员会第十九次会议审议通过《江西省关于强化河湖长制建设幸福河湖的指导意见》 2021 年 12 月 21 日，江西省委书记、省级总河湖长易炼红主持召开江西省委全面深化改革委员会第十九次会议。会议审议通过了《江西省关于强化河湖长制建设幸福河湖的指导意见》。会议指出，要坚持问题导向，强化系统治理，健全长效机制，持续强化河湖长制，努力建设造福人民的幸福河湖。

（占雷龙）

【重要文件】 2021 年 3 月 8 日，江西省河长办印发《关于进一步加强江西省河长制河湖管理地理信息平台使用的通知》，旨在进一步提高工作效率，充分发挥省平台在河湖长制工作中的信息化作用。

2021 年 3 月 26 日，江西省级总河（湖）长会议审定通过《2021 年河湖长制工作要点及考核方案》。文件明确了江西省河湖长制年度重点工作任务及措施、考核指标、考核组织及时间安排、考核评分方法及考核结果运用等，并配套制定考核细则。

2021 年 5 月 24 日，江西省河长办印发《江西省 2021 年“清河行动”实施方案》，2021 年清河行动包含“工业污染集中整治、城乡生活污水及垃圾整治、保护渔业资源整治、黑臭水体管理和治理、船舶和港口污染防治、破坏湿地和野生动物资源整治、畜禽养殖污染治理、农药化肥减量化行动、河湖‘清四乱’整治、非法采砂整治、水域岸线利用整治、水质不达标河湖治理、入河排污口整治、河湖水库生态渔业整治、集中式饮用水水源保护、河湖水域治安整治工作、《长江保护法》宣传贯彻”等 17 个专项行动。

2021 年 6 月 2 日，江西省河长办印发《2021 年河湖长制工作考核细则》。该细则对《2021 年河湖长制工作要点及考核方案》作了有效补充，为充分发挥河湖长制考核指挥棒作用提供了更为详实的制度保障。

2021 年 11 月 20 日，江西省委书记、省级总河湖长易炼红签发 1 号总河长令，要求抓紧抓好当前河湖管理保护重点工作，推动河湖长制工作从有名有实向有能有效迈进，努力打造水清、河畅、岸绿、景美、人和的幸福河湖。

（占雷龙）

【地方政策法规】 2021 年 6 月 31 日，江西省市场监督管理局发布《河湖（水库）健康评价导则》(DB36/T 1404—2021)。该导则归口于江西省水利厅，规定了江西省河湖（水库）健康评价的指标、标准和方法。

（占雷龙）

【河湖长制体制机制建立运行情况】 一是带头履职河湖长主治。进一步健全落实区域和流域相结合的省、市、县、乡、村五级河湖长组织体系，9 名省级河湖长、116 名市级河湖长、983 名县级河湖长、6 970 名乡级河湖长、17 287 名村级河湖长共同织就覆盖所有水域的责任网。江西省委书记、省级总河湖长易炼红，江西省委副书记、省长、省级副总河湖长叶建春带头巡河督导，针对重点工作签发省级总河湖长令。其他 7 位省级河湖长针对中央巡视、中央环保督察、水利部明查暗访等发现的突出问题开展巡河督导，现场调度、推动整改。各级党委、政府主要领导既挂帅又出征，主动谋划部署重点工作、主动调研重要情况、主动督战重点问题、主动协调关键环节。2021 年各级河湖长开展巡河巡湖 69 万余人次，发现并解决问题 4 万余个。二是落实制度各方联治。严抓《江西省实施河长制湖长制条例》《河长制湖长制工作规范》贯彻落实情况。2021 年召开省级总河（湖）长会议 1 次，编印工作简报 12 期、专报 11 期，省级督办重点问题 350 个。充分发挥河长制平台作用，针对上级巡视、督察、暗访和自行排查发现的各类问题加强分办、督办，并根据需要开展专项督察。开展各设区市、县（市、区）人民政府河湖长制工作情况考核，并注重考核结果运用，将各级河湖长履职情况作为干部年度考核述职的重要内容，将考核结果继续纳入市、县高质量发展考核体系和流域生态补偿机制，将河湖长制重点工作任务及完成情况纳入省政府对省直责任单位绩效考核责任体系。三是完善机制多元并治。在河湖长制工作平台上，强化河湖长制责任单位协调机制，深化“河湖长＋检察长”“河湖长＋警长”协作机制，通过联合组织开展河湖专项执法、联合组织开展专项工作督察、联合调度相关工作进展情况、联合督办群众关心的突出问题等多种方式，形成多方联动的协同机制。积极落实长江流域省级河湖长制联席会议机制及韩江流域河长制协作机制，持续推进与湘、鄂、皖、浙、闽、粤 6 个相邻省份开展跨省流域水污染事件联防联控，联合广东、福建 2 省开展联合巡河督导。结合城乡环卫一体化，全省在河湖管护的“最后一公里”落实巡查员、保洁员、专管员 9.42 万人。各地还通过设立民间河长、企业

河长、认领河长、党员河长、"河小青"志愿者等方式，充实社会力量投入到河湖管理保护治理中，实现河湖管护链条全覆盖。（占雷龙）

【河湖健康评价】 积极开展河湖（水库）健康评价试点工作，启动潦河、袁河河湖健康评价省级试点，各市积极响应，南昌、赣州、九江、上饶等9市的74个县（区）启动河湖健康评价试点，完成了平水期、丰水期河湖健康监测工作，为科学诊断河湖健康问题，开展健康评价提供量化依据。（吴小毛）

【"一河（湖）一策"编制和实施情况】 2021年，持续对省、市、县三级"一河（湖）一策"实施方案进行修编。（吴小毛）

【水资源保护】

1. 水资源刚性约束 充分发挥考核指挥棒作用，2020年国务院最严格水资源考核继续保持自2018年以来的"优秀"等次。科学制定2021年江西省最严格水资源考核，不断强化考核成果应用，落实政府主体责任，促进水资源管理水平持续提升。按时保质完成2020年水利部水资源管理和节约用水监督检查发现问题整改。督促指导地方按时保质完成2020年度省"四不两直"监督检查，对发现的水资源方面58个问题进行整改销号。

2. 节水行动 完成《江西省节水型社会建设"十四五"规划》编制。节水创建工作10个县（市、区）通过水利部复核，9个县（市、区）通过省级验收。江西省各级累计创建节水型企业、单位和小区等节水载体1.1万家。在全国水利系统节水工作会议上做典型发言。（陈芳）

3. 生态流量监管 牛吼江、潦河、临水、武宁水等4条重点河流生态流量保障实施方案经江西省政府同意印发实施，提前一年完成水利部下达的全部8条重点河流生态流量保障目标确定任务。指导各市、县自主开展河湖生态流量目标确定和保障工作。（吴涛）

4. 全国重要饮用水水源地安全保障达标评估 完成2020年度全国重要饮用水水源地安全保障达标建设评估工作，19个水源地均达到优良以上；完成江西省县级以上城市饮用水水源地安全保障达标评估工作。制定江西省长江流域县级以上城市饮用水水源地名录164个，并按时提交水利部和长江委。（陈芳）

5. 取水口专项整治 编制了江西省取水口监测计量体系建设实施方案和2022年度实施计划，争取中央资金2 028万元，重点补助全省规模以上非农取水口、大中型灌区和典型小型灌区渠首取水口在线监控计量设施建设。组织编制了江西省国家地下水二期工程可研报告，已通过审查。（吴涛）

6. 水量分配 全面完成江西境内22条流域面积1 000km² 以上的跨省、市河湖水量分配工作。江西省地下水管控指标确定成果通过水规总院审查。（欧阳任娉）

【水域岸线管理保护】

1. 河湖管理范围划界 按照水利部部署要求，江西省完成2019年度及2020年度目标任务。完成河道划界999条（河道总长约34 636km，管理范围线长77 229km），完成湖泊划界113个（管理范围线长4 981km）。

2. 岸线保护利用规划 持续深入开展全省河湖水域岸线清理整治，江西全境共清理非法占用河道岸线117.2km。严格涉河建设项目审批与事中事后监管，进一步有效控制河湖水域岸线问题的发生。指导各地加快完成重要河湖的岸线保护和利用规划编制工作。

3. 采砂整治 高压整治非法采砂行为，共清理非法采砂点102个，清理非法砂石量20 450m³，查处非法采砂船只27艘。

4. "四乱"整治 制定印发《江西省水利厅河湖"清四乱"常态化规范化工作暂行办法》《江西省水利厅关于持续深入推进河湖管理常态化的指导意见》，深入推进河湖"清四乱"常态化、规范化。指导各地持续深入推进河湖"清四乱"常态化、规范化，截至2021年11月底，各地上报"四乱"问题514个，全部完成整改销号。（桂冠）

【水污染防治】

1. 排污口整治 深入推进入河排污口排查整治。对长江江西段及赣江干流3 830个入河排污口开展排查整治专项行动，建立完善了有关台账，制定了"一口一策"整治方案。对1 426个排污口进行了监测，对3 644个排污口开展了溯源。完成516个入河排污口的整治，其中取缔排污口159个，完成工程性整治的排污口305个，其他152个。

2. 工矿企业污染整治 一是全面部署实施废弃矿山生态修复。完成长江经济带废弃露天矿山生态修复任务，完成长江经济带废弃露天矿山生态修复1 645.2hm²，超额完成国家下达任务面积约200亩。二是开展矿山生态环境问题大排查大整治专项行动。江西全省共排查持证矿山2 542座，发现问题 10 114 个。

3. 城镇生活污染整治　一是持续推进城镇生活污水处理提质增效行动。组织专家对江西各地污水处理厂运行管理、污水管网排查、生活污水溢流口整治等进行现场调研督导。指导各城市编制并完善污水处理厂"一厂一策"系统化整治方案。针对2020年度城镇污水处理厂人均BOD削减量偏低和进水BOD浓度不升反降的情况，对部分市、县主管部门负责同志进行约谈。组织专家对南昌市、九江市、吉安市等7个示范城市实施方案进行技术审查，指导探索可复制、可推广的经验做法。二是深入推进城市生活垃圾处理。江西省十三届人大第31次会议通过《江西省生活垃圾管理条例》，为全省生活垃圾管理工作提供根本遵循。全省共投入运营生活垃圾焚烧设施35座、厨余垃圾集中式处理设施29座。持续推进城市道路清扫保洁市场化、机械化、专业化、标准化，加大清扫冲洗频次。全省设区市中心城区道路（5m以上）机械化清扫率达到95%。

4. 畜禽养殖污染整治　江西坚持保供给与保生态并重，在抓好畜牧业稳产保供、结构调整的同时，以畜禽粪污资源化利用为主要方式和重点内容，着力打好畜禽养殖污染防治攻坚战，畜禽养殖污染问题得到根本性遏制。2021年，加快畜禽粪污资源化利用整县推进项目实施，2021年度28个整县推进项目中央资金拨付率达87%。

5. 水产养殖污染整治　加大水产养殖尾水治理示范试点建设力度，强化水产养殖投入品监管，进一步规范养殖行为。江西省创建国家级水产健康养殖示范场445家，申报国家级水产健康养殖和生态养殖示范区4个。

6. 农业面源污染整治　一是加强减量增效模式推广。江西新建各类绿色防控示范区203个，示范面积28.8万亩。建设化肥减量增效示范县20个、建立化肥减量增效示范区89个、总示范面积达到40.99万亩。二是加强人员队伍素质提升。开展安全科学用药技术培训450场，开展水稻减药控害提质增产新技术培训会50场，共培训种粮大户和普通农户近4.2万人次。三是加快新主体新业态发展。通过资金扶持、物化补助和技术指导，引导专业化统防统治队伍进行跨区作业或全程社会化服务。全省开展统防统治服务的农业经营主体2 579家，其中全程承包防治服务比例达50%以上。

7. 船舶和港口污染防治　制定印发《建立健全江西省船舶和港口污染防治长效机制的通知》，推动完善船舶污染物接收站、化学品洗舱站运营体制机制，全省已建设船舶污染物接收站、水上洗舱站的10个各设区市均已编制出台船舶污染物接收站运营方案；全面推广应用联合监管与服务信息系统。全省已注册和运行信息系统船舶污染物接收站21座，船舶2 405艘，发证港口企业99家，基本实现了长江干线及支流信息系统运用全覆盖；进一步建立完善"僵尸船"清理整顿工作机制，2021年全省拆解"僵尸船"184艘，近两年未发生"僵尸船"走锚险情事故，水上通航环境得到有效改善；全省100总吨以上运输船舶全面完成生活污水防污染改造，提前一年完成交通运输部下达的改造任务；严厉打击船舶违规排污行为、船舶防污染设施设备重大缺陷等，查处船舶防污染类违法违规行为175起，处罚71.1万元，船员违法记分24分。（占雷龙）

【水环境治理】

1. 饮用水水源规范化建设　大力强化九江、宜春城市应急备用水源建设推进力度，宜春市于2021年10月末完成建设任务，九江市于2021年年底前完成主体工程建设任务。完成2020年度全国重要饮用水水源地安全保障达标建设评估工作，19个水源地均达到优良以上；完成江西县级以上城市饮用水水源地安全保障达标评估工作。制定江西省长江流域县级以上城市饮用水水源地名录164个，并按时提交水利部和长江委。

2. 黑臭水体治理　采取"控源截污、内源治理、生态修复、活水保质"四大举措，科学实施，统筹推进，保质保量推进黑臭水体整治。对城市黑臭水体整治情况开展"回头看"现场检查，发现问题及时通报，督促责任主体采取措施，巩固整治成效，防止返黑返臭；围绕农村生活污水治理和黑臭水体整治年度工作目标，通过采取调度通报、预警提示、督导帮扶、监管监测等措施，积极推进工作落实，提前完成520个建制村环境综合整治及26个国家监管农村黑臭水体整治任务。

3. 农村水环境整治　梯次推进农村生活环境整治，在江西全省范围内组织推荐、筛选出15个农村生活污水治理案例，并上报生态环境部，形成一批成本低、效果好、可复制的示范推广典型。

（占雷龙）

【水生态修复】

1. 退田还湖还湿　组织开展"江西省2021年湿地保护专项行动"，在集中力量对全省1.3万余个湿地图斑进行全面摸排，并对其中59个问题进行重点督办，确保问题整改取得实效；督促和指导项目建设单位完成湿地补充地修复工作，办理重要湿地占

用许可11件，占用湿地面积297.2亩，补充湿地面积436.4亩。2021年以来，江西共获批中央财政湿地保护修复补助资金1.099 7亿元，其中湿地保护与恢复补助资金 5 747万元、湿地生态效益补偿资金4 970万元、退耕还湿资金280万元。江西鄱阳湖南矶国际重要湿地、江西婺源饶河源国家重要湿地、江西省林业经济发展中心等共获批湿地保护修复领域中央预算内投资 7 510万元。

2. 生物多样性保护　江西高度重视生物多样性保护工作。通过加强水生生物资源养护，大力开展渔业资源增殖活动，大力改善珍稀水生物种繁衍生息环境条件，推动水生生物资源多样性恢复。2021年先后成立了江西省保护救助江豚领导小组、江西省水生野生动物保护专家委员会。江西省水生生物保护救助中心于2021年1月19日正式挂牌成立。完成放流鱼苗3.9亿尾以上，其中经济物种 38 962万尾、珍稀濒危物种30.52万尾，对修复水域生态资源环境发挥了较好作用。严厉打击查处保护区内渔业违法行为，共出动渔政执法人员12.8万人次，检查水产品销售经营点 2 450个，检查渔具生产、经营点 1 633个，清理涉渔“三无”船舶 1 124艘，清理非法网具 17 280张（顶），查获电、毒、炸工具649台（套），查办违法违规案件626起，司法移送案件61件，查获涉案人员838人，司法移送人员82人，行政处罚145.8万元。

3. 生态补偿机制建立　根据《江西省流域生态补偿办法（试行）》要求，采取整合国家重点生态功能区转移支付资金、“五河一湖”及东江源头保护区生态环保奖励资金等省级专项资金的方式筹集流域生态补偿资金，按照《江西省流域生态补偿配套考核办法》对全省范围内的100个县（市、区）实施生态补偿。

4. 水土流失治理　2021年，江西新增水土流失治理面积 1 388km²，赣州市列为全国5个水土保持高质量发展先行区建设试点之一。

5. 生态清洁型小流域治理　江西省通过实施水土流失综合治理工程，建设12条生态清洁小流域。

（占雷龙）

【执法监管】

1. 联合执法　一是开展鄱阳湖区联合巡逻；二是开展联合执法行动；三是建立联合执法长效机制，制订了《关于建立河道采砂联合整治长效机制的指导意见》，建立了多部门联合治砂管砂机制。

2. 河湖日常监督　一是涉河项目审批流程进一步精简；二是严格河道管理范围内建设项目和活动许可；三是加强批后监管，定期和不定期开展涉河项目检查。

（占雷龙）

【水文化建设】

1. 河长制主题公园　2021年，景德镇市继续推动河湖长制主题公园建设。该园为江西省首座以“幸福河湖、还绿于民”为主题的河湖长制主题公园。该园位于昌江河流域，沿江西路与昌江之间生态绿地，项目总面积约 76 428m²，由景德镇市水利局建造。截至2021年年底，该园已完成亲水平台及周边水生态环境整治等工程建设，累计完成投资5 600万元。

2. 水文化建设与推广　一是水利遗产保护利用成效显著。江西潦河灌区申报世界灌溉工程遗产圆满成功。积极指导组织赣州市、瑞金市人民政府按水利部通知要求进行申报，2021年12月经水利部组织初评，赣州“福寿沟”、瑞金“红井”旧址群均成功入围国家水利遗产初选名单。二是水文化阵地建设、品牌打造强化成效。《江西水文化》期刊品质卓越，全年出版发行4期 12 000册，受到各界一致好评。“江西水文化走基层”有效开展，其衍生的系列丛书第二本《担当》出版发行。三是水文化宣传展示特色明显。精心谋划瑞金水利部旧址升级改造，2021年6月28日，中央苏区水利史陈列馆全新开馆。“一路前行——江西省水利厅贯彻《水文化建设纲要（2011—2020年）》十年回眸”短视频成功推出，被水利部《中国水文化》《中国水利报》《水利文明》官方微信公众平台推送发布。

（倪军礼　王雅坤）

【智慧水利建设】

1. “水利一张图”　通过整合分散的数据资源，构建水利行业同一空间数据模型、空间数据资源目录体系和集中存储的空间数据库，以标准的地理信息服务为省、市、县各级水利部门，各业务系统提供数据共享交换能力。

2. 河长App　定制开发了河长App，进行全省推广，App提供辅助巡河（湖）、环境监测、视频监控查看、指挥协调和问题反馈等功能。

3. 智慧河湖　积极探索智慧河湖实现途径，推出江西省河长制河湖管理地理信息平台，实行“互联网+河长”智能化监管模式，实现水利部、省、市、县、乡、村六级联通，满足各级职能部门数据贯通需求，有效提高河湖管护和水环境监测水平，对辖区内所有河湖实施高效、精准的动态管理。（彭余蕙）

山东省

【河湖概况】

1. 河湖数量　山东省共有河流 9 711 条，流域面积 50km² 及以上河流 1 049 条，总长度为 3.25 万 km，其中跨省河流 79 条；流域面积 100km² 及以上河流 553 条，总长度为 2.37 万 km，其中跨省河流 53 条；流域面积 1 000km² 及以上河流 39 条，总长度为 0.535km，其中跨省河流 7 条；流域面积 10 000km² 及以上河流 4 条，总长度为 0.155 万 km，其中跨省河流 3 条。列入山东省湖泊保护名录的湖泊共计有 11 个，总面积 1 956.27km²，跨省湖泊 1 个（南四湖，下同）；常年水面面积 1km² 及以上湖泊 8 个，总面积 1 945.29km²，跨省湖泊 1 个；常年水面面积 10km² 及以上湖泊 2 个（南四湖、东平湖），总面积 1 892km²，其中跨省湖泊 1 个；常年水面面积 1 000km² 及以上湖泊 1 个，总面积 1 266km²。

2. 水量　2021 年，全省水资源总量为 525.33 亿 m³，其中地表水资源量为 381.84 亿 m³、地下水资源与地表水资源不重复量为 143.49 亿 m³。2021 年年底全省大中型水库蓄水总量 59.80 亿 m³，其中 34 座大型水库年末蓄水总量为 37.03 亿 m³，159 座中型水库年末蓄水总量 22.77 亿 m³。全省总供水量为 210.14 亿 m³，其中地表水源供水量 128.90 亿 m³、地下水源供水量 66.84 亿 m³、其他水源供水量 14.40 亿 m³。全省海水直接利用量 63.13 亿 m³。2021 年全省跨流域调水 62.83 亿 m³，占地表水供水量的 48.8%，其中黄河水 57.53 亿 m³、南水北调水 5.30 亿 m³。

3. 水质　2021 年，山东省 153 个国控断面优良水体（Ⅰ～Ⅲ类）比例为 77.8%，改善幅度全国最高，在 2020 年历史性全面消除劣Ⅴ类水体的基础上，又历史性消除了Ⅴ类水体。黄河干流山东段 6 个国控断面年均水质均达到地表水Ⅱ类，南四湖流域国控断面优良水体比例达到 97.2%。

4. 新开工水利工程　2021 年，山东省新开工水利工程项目 77 个，其中新开工抗旱调蓄水源工程 43 个（表 1），巩固提升工程 34 个（表 2）。

表 1　2021 年新开工抗旱调蓄水源工程

序号	项目名称	所在位置	
1	临濮沙河拦蓄工程	菏泽市	鄄城县
2	徐河拦蓄（鄄城段）工程	菏泽市	鄄城县
3	蔡河拦蓄工程	菏泽市	单县
4	沾化区水库连通工程	滨州市	沾化区
5	惠民县利民水库工程	滨州市	惠民县
6	莘州水库与古云水库连通工程	聊城市	莘县
7	聊城市徒骇河朱庄节制闸工程	聊城市	高唐县
8	聊城市徒骇河潘屯橡胶坝工程	聊城市	旅游度假区
9	禹城市施女湖水源工程	德州市	禹城市
10	截碱沟、十一干及十二干拦蓄工程	德州市	平原县
11	平原县主要河道水闸建设项目	德州市	平原县
12	郯城县重坊橡胶坝工程	临沂市	郯城县
13	兰陵县芙蓉桥橡胶坝	临沂市	兰陵县
14	兰陵县北外环路橡胶坝	临沂市	兰陵县
15	临沂市兰山区祊河华夏水源工程	临沂市	兰山区
16	临沭县凌山头水库清淤扩容工程	临沂市	临沭县
17	东阳拦河坝	临沂市	平邑县

续表

序号	项 目 名 称	所在位置	
18	威海市河库水系连通工程（黄垒河地下水库、母猪河地下水库、米山水库）	威海市	市直
19	肥城市大汶河砖舍坝恢复重建工程	泰安市	肥城
20	汶上县泉河南支河道拦蓄工程	济宁市	汶上县
21	金乡县老西沟北李楼节制闸建设项目	济宁市	金乡县
22	邹城市纪沟拦蓄工程	济宁市	邹城市
23	邹城市西故拦蓄工程	济宁市	邹城市
24	泗水县滕家洼小型水库项目	济宁市	泗水县
25	泗水县济河拦蓄项目	济宁市	泗水县
26	济宁市引黄西线工程	济宁市	济宁市
27	诸城市共青团水库增容工程	潍坊市	诸城市
28	烟台市外夹河东回里橡胶坝工程	烟台市	福山区、莱山区
29	龙口市王屋水库增容工程	烟台市	龙口市
30	牟平区桃园水库增容工程	烟台市	牟平区
31	海阳市建新水库增容工程	烟台市	海阳市
32	滕州市马河水库增容工程	枣庄市	滕州市
33	济南市东部水源四库连通调水工程	济南市	历城区、章丘区、高新区
34	济南市卧虎山水库至锦绣川水库连通调水工程	济南市	历城区
35	济南市章丘区杏林水库扩容工程	济南市	章丘区
36	徒骇河故道拦蓄工程	济南市	商河县
37	徒骇河黄桥拦河闸建设项目	济南市	商河县
38	杨家横水库增容工程	济南市	钢城区
39	嘉祥县梁宝寺采煤塌陷地治理蓄水（一期）	济宁市	嘉祥县
40	安丘市汶河凉水湾头拦河坝	潍坊市	安丘市
41	临朐县九山镇弥河橡胶坝	潍坊市	临朐县
42	临朐县弥河石家河段河道拦蓄（橡胶坝2座）工程	潍坊市	临朐县
43	莱阳市清水河与沐浴水库连通工程	烟台市	莱阳市

表 2　　2021 年新开工巩固提升工程

序号	项 目 名 称	所在位置	
1	马颊河甘寨节制闸除险加固工程	聊城市	莘县
2	马颊河马村节制闸除险加固工程	聊城市	莘县
3	莘县徒骇河滑营节制闸除险加固工程	聊城市	莘县
4	莘县徒骇河杨庄节制闸除险加固工程	聊城市	莘县
5	聊城市马颊河薛王刘节制闸除险加固工程	聊城市	临清市
6	聊城市徒骇河陶桥节制闸除险加固工程	聊城市	茌平区
7	山东省费县北新庄村拦河闸除险加固工程	临沂市	费县

续表

序号	项 目 名 称	所在位置	
8	临沭县2021年度中型水闸除险加固工程（4座水闸）	临沂市	临沭县
9	菏泽市安兴河治理工程	菏泽市	牡丹区
10	菏泽市鄄郓河治理工程（郓城段）	菏泽市	郓城县
11	秦口河阳信段综合治理工程	滨州市	阳信县
12	秦口河沾化段综合治理工程	滨州市	沾化区
13	徒骇河治理工程惠民段建筑物配套工程	滨州市	惠民县
14	齐河县赵牛新河治理工程	德州市	齐河县
15	乐陵市跃丰河提升改造综合治理工程	德州市	乐陵
16	南涑河综合整治（高新区）工程	临沂市	高新区
17	费县温凉河费城段治理工程	临沂市	费县
18	临沂市河东区汤河东支（梁子沟）治理工程	临沂市	河东区
19	临沂市河东区汤河上游治理工程	临沂市	河东区
20	威海市黄垒河（市管段）综合治理工程	威海市	乳山市、南海新区
21	宁阳县洸府河伏山段治理工程	泰安市	宁阳县
22	金乡县白马河综合治理项目	济宁市	金乡县
23	汶河（安丘段）治理工程	潍坊市	安丘市
24	潍坊滨海经济技术开发区潍河崔家河防洪治理工程	潍坊市	滨海区
25	东营市沾利河河口区段治理工程	东营市	河口区
26	蟠龙河综合整治二期工程（长白山路—匡山头闸）（延长段）	枣庄市	薛城区
27	东猪龙河治理工程	淄博市	经开区
28	徒骇河防洪治理工程（济阳段）	济南市	济阳区
29	济南市长清区北大沙河治理工程	济南市	长清区
30	肥城市尚庄炉水库增容工程	泰安市	肥城市
31	田山灌区（肥城）干渠与河湖连通一期工程	泰安市	肥城市
32	岱岳区瀛汶河上游段治理工程	泰安市	岱岳区
33	徒骇河（滨城段）堤防工程	滨州市	滨城区
34	菏泽市鄄郓河治理工程鄄城段	菏泽市	鄄城县

（万少军　李晨　郑从奇　亓玉军　郭静）

【重大活动】　2021年6月23日，山东省总河长、省委书记刘家义主持召开2021年度省总河长会议，深入学习习近平生态文明思想，传达学习全面推行河湖长制工作部际联席会议暨加强河湖管理保护电视电话会议精神，听取有关工作情况汇报，审议《山东省2021年度河湖长制工作要点》《山东省河湖长制年度工作综合评价管理办法》及《山东省2021年度河湖长制工作综合评价指标》，对2021年度河湖长制工作进行安排部署。

2021年，山东省16市共召开市级总河长会议、现场推进会议20余次，审议河湖长制有关文件、办法，研究河湖长制工作推进措施，部署年度工作任务。

（李晨　万少军）

【重要文件】　2021年5月8日，山东省总河长、省委书记刘家义，山东省总河长、省长李干杰共同签

发第7号省总河长令《关于加快美丽幸福河湖建设进程的通知》。

2021年7月15日，山东省水利厅、山东省公安厅、山东省自然资源厅、山东省交通运输厅联合印发《关于加强河道采砂监管的通知》（鲁水河湖字〔2021〕1号）。

2021年7月27日，山东省河长制办公室印发《山东省2021年度河湖长制工作要点》《山东省河湖长制年度工作评价管理办法》《山东省2021年度河湖长制工作综合评价指标》（鲁河长办字〔2021〕8号）。

2021年8月10日，山东省人民政府办公厅关于《切实加强水库除险加固和运行管护工作的实施意见》（鲁政办发〔2021〕12号）。

2021年9月6日，山东省人民政府印发《山东省"十四五"水利发展规划》（鲁政字〔2021〕157号）。

2021年9月7日，山东省河长制办公室印发《山东省河湖长制建设"十四五"规划》（鲁河长办函字〔2021〕18号）。

2021年9月28日，山东省河长制办公室印发《关于建立跨地区河湖长制联动工作机制的指导意见》（鲁河长办函字〔2021〕22号）。

2021年10月26日，山东省水利厅印发《山东省"十四五"水利工程运行管理规划》（鲁水运管字〔2021〕2号）。

2021年11月2日，山东省水利厅印发《省级水库岸线保护与利用规划》（鲁水河湖字〔2021〕3号）。

2021年11月5日，山东省水利厅、山东省发展改革委、山东省财政厅、山东省人力资源和社会保障厅、人民银行济南分行、山东省税务局联合印发《山东省水利厅等六部门关于印发落实和完善节水激励政策若干措施的通知》（鲁水节字〔2021〕3号）。

2021年12月22日，山东省水利厅印发《山东省水权交易管理办法》（鲁水规字〔2021〕13号）。

2021年12月24日，山东省水利厅、山东省发展改革委、山东省黄河河务局联合印发《山东省黄河流域生态保护和高质量发展水利专项规划》（鲁水法规字〔2021〕12号）。（李晨　万少军）

【地方政策法规】　2021年4月11日，山东省市场监督管理局发布《"一河一策"方案编制规程》（DB37/T 4347—2021）。

2021年4月11日，山东省市场监督管理局发布《"一湖一策"方案编制规程》（DB37/T 4348—2021）。

2021年12月3日，山东省第十三届人大常委会第三十二次会议审议通过《山东省节约用水条例》。

（李晨　郑龙跃）

【河湖长制体制机制建立运行情况】

1. 体系建设　2021年11月5日，山东省河长制办公室印发《关于调整公布省级河湖长体系的通知》，根据省领导工作变动情况，对省总河长、省级河湖长、省河长办成员单位及成员进行了适当调整。由省委书记李干杰、省长周乃翔共同担任总河长，省委副书记杨东奇、常务副省长王书坚、分管农业农村工作副省长李猛共同担任副总河长，省长、3位副总河长和其他7位省领导同志共同担任省级重要河湖省级河湖长。

2. 制度建设　2021年9月7日，山东省河长制办公室印发《山东省河湖长制建设"十四五"规划》，科学谋划研究提出新时期的工作目标和任务，推进水治理体系和治理能力现代化。2021年9月28日，山东省河长制办公室印发《关于建立健全跨地区河湖长制联动工作机制的指导意见》，加强了跨地区河湖长制工作交流合作，合力推进跨行政区河湖、边界河湖管理保护工作，建立推行"联巡""联调""联治"的"三联工作法"，强化了上下游、左右岸、干支流协同的流域综合治理模式，打造美丽幸福河湖。2021年4月11日，山东省河长制办公室编制完成《"一河一策"方案编制规程》《"一湖一策"方案编制规程》；12月，省河长制办公室编制《河湖管护规范》《河湖水域岸线遥感监测技术规范》，均报省市场监管局审批。这些规程规范为河湖管理工作的规范化、科学化开展提供了标准支撑。

3. 省级河湖　山东省确定了由省领导担任河湖长的河流骨干河道16条、湖泊4个、水库9座、输水干线2条。分别为黄河、梁济运河、韩庄运河、小清河、南水北调工程山东段输水干线（柳长河段、济平干渠、济南市区段、济东明渠段、小运河、七一河、六五河段）、沂河、沭河、潍河、胶东调水输水干线、大汶河、徒骇河、马颊河、德惠新河、漳卫南运河、大沽河、东鱼河、洙赵新河、泗河，东平湖、南四湖、马踏湖、芽庄湖，跋山水库、沙沟水库、峡山水库、墙夼水库、雪野水库、青峰岭水库、产芝水库、田庄水库、贺庄水库。

（万少军　张学忠　李晨）

【河湖健康评价】　2021年，山东省河长办在全省部署开展河湖健康评价工作，省级层面上设立省级河湖长的全部完成了健康评价工作。市级共开展河湖健康评价的河湖共41条（个），其中东营市开展14条（个）。济宁市开展6条（个），包括蓼沟河、杨家河、泥沟河、小光河、小新河、幸福溪。泰安市开展16条（个），包括大汶河、泗河、汇河、柴汶河、漕浊河、瀛汶河、泮汶河、石汶河 8 条河流和东平湖水库、黄前水库、胜利水库、小安门水库、大河水库、光明水库、东周水库、王家院水库 8 座水库。德州市开展 11 条（个），包括朱家河、赵牛新河、禹临河、苇河、宁津新河、老赵牛河、笃马河、潘庄干渠、李家岸干渠、丁东水库、丁庄水库。

（李晨　曹方晶）

【“一河（湖）一策”编制和实施情况】　2021 年 4 月 11 日，山东省河长制办公室编制《“一河一策”方案编制规程》（DB37/T 4347—2021）和《“一湖一策”方案编制规程》（DB37/T 4348—2021），并通过省市场监管局审批发布。山东省科学修编“一河（湖）一策”综合整治方案，为未来 3 年河湖治理保护提供目标清晰、阶段合理、推进有序的规划指导。要求省、市、县、乡、村五级河湖新一轮“一河（湖）一策”修编工作要与河湖健康评价同步推进、应编尽编。2021 年，山东省河湖全部完成《“一河（湖）一策”综合整治方案（2022—2024 年）》修编，并经所属最高层级河湖长批准签发实施。

（万少军　曹方晶　李晨）

【水资源保护】

1. 水资源刚性约束　山东省落实最严格水资源管理制度，2021 年 12 月 27 日制修订部分工业、服务业用水定额 10 项，经山东省人民政府批准，山东省水利厅、山东省市场监管局联合发布实施。参与完成国家对山东省最严格水资源管理制度考核、省对各市高质量发展综合绩效考核中“水资源集约节约”指标考核评价工作，通过考核倒逼各市节水控水、提升用水效率。

2. 节水行动　根据人员变动情况，2021 年山东省节约用水办公室两次公布调整省节水工作联席会议成员名单，以联席会议办公室名义向各市和成员单位调度、通报落实国家节水行动进展情况、印发联席会议 2021 年工作要点。持续推进节水载体建设，2021 年有 27 个县（市、区）通过省级技术评估和初验，水利部累计公布山东县域节水型社会达标县（市、区）94 个，占县域比例 69%，总数居全国第二位；山东省节约用水办公室会同山东省教育厅、山东省机关事务局积极推进高校节水工作，2021 年评估认定“山东省节水型高校”27 所，累计达 44 所，占全省高校数量 27%；山东省发改委等 12 部门联合部署启动节水标杆培育遴选工作，在灌区、农业产业园、企业、工业园区、公共机构领域遴选公布“山东省节水标杆单位”68 个；山东省水利厅等 6 家单位被评为全国公共机构“水效领跑者”。加强节水监督管理，推动各市将年用水量 1 万 m^3 以上工业和服务业用水单位全部纳入计划用水管理、认真落实节水评价制度。以国家省市重点监控用水单位为重点、以计划用水和定额管理为主要内容，对全省 16 市开展节水监督检查，推动提升了节水管理水平。深化节水宣传教育，评估认定 9 处省级节水教育实践基地，结合纪念“世界水日”“中国水周”“城市节水宣传周”，组织开展电视访谈、播放节水宣传片和公益广告、节水知识大赛、节水进校园等系列活动，增强了全社会节水意识。

3. 生态流量监管　山东省水利厅印发《山东省生态流量保障重点河湖名录暨工作方案》，明确 2030 年重点河湖生态流量总体目标和工作要求。印发大汶河、大沽河、小清河等 6 条河生态流量保障目标，配合淮委完成沂河、沭河、南四湖生态流量保障目标确定工作。省级印发大汶河、大沽河、小清河 3 条重点河湖生态流量保障方案。16 个市全部制定市级生态流量保障重点河湖名录，10 个市确定了部分跨县河湖生态流量保障目标。

山东省以复苏河流生态环境为方向，优化河流生态水量调度。一是启动重点河流水量调度管理。制定了《山东省河流水量调度方案编制大纲》《关于开展河流生态水量调度管理的意见》，编制完成沂河、沭河、大汶河、小清河等河流水量调度方案，制定并下达年度水量调度计划，开展水量调度工作，实现了年度调度目标。二是科学引导生态补水。2021 年山东省实现黄河河道外生态补水 10.92 亿 m^3；黄河调水调沙期间，配合黄河三角洲生态补水 1.81 亿 m^3，黄河口生态保护区 13 个取水口已全部过水；潍坊、泰安、临沂等市实施河流生态补水 0.51 亿 m^3。

4. 全国重要饮用水水源地安全达标保障评估　山东省持续做好饮用水水源保护工作，完善饮用水水源地安全评估制度，参照《全国重要饮用水水源地安全保障评估指南（试行）》开展评估，评估意见反馈有关部门或县级人民政府。依法依规配合有关部门开展饮用水水源保护区的划定和调整工作。以水量保证、水质合格为目标，完善饮用水水源保护机制，更新重要饮用水水源地名录，全力保障饮用水水源安全。

5. 取水口专项整治　2021 年 7 月，山东省取用水管理专项整治行动进入整改提升阶段，省水利厅印发《山东省取用水管理专项整治行动整改提升实施方案》，结合取用水管理专项整治行动相关工作机制，督促市、县两级扎实推进整改提升阶段工作。针对山东省农业取水项目数量庞大，整改任务重的

问题，省水利厅于2021年12月印发了《山东省水利厅关于加快推进全省农业灌溉机电井取用水专项整治工作的通知》，千吨万人以下农饮水和小型农灌项目正有序推进。2021年12月，山东省水利厅制定《山东省非法开采地下水专项排查整改工作方案》。截至2021年年底，全省核查登记取水项目8.3万项，涉及取水口85.1万个。共计建立问题整改台账52559项，有4 408项完成整改，涉及取水口23 612个，整改完成率8.39%，其中非农项目完成率95.21%。

6. 水量分配　山东省以保障区域用水安全为目的，加强水资源科学调度。一是完成2020—2021年度南水北调东线一期山东段工程引江和引黄调水任务。2020—2021年调水年度共调引长江水2.29亿m^3，调引黄河水49.04亿m^3，完成生态补水10.92亿m^3，为山东省经济社会可持续发展提供了重要水源保障。二是完成引黄入冀供水计划。签订《引黄入冀供水协议》，向河北调水6.04亿m^3。三是完成南水北调东线一期工程北延应急供水。编制北延应急供水工程水量调度实施方案，向河北、天津供水0.89亿m^3，并兼顾沿线用水需求，实现了引黄引江联合调度。四是实现了省内雨洪资源高效利用。利用峡山水库弃水3次向棘洪滩水库调水约1亿m^3，利用东平湖雨洪水调水约0.7亿m^3，利用调引水工程从黄河、东平湖分洪约5.2亿m^3。

（郑龙跃　刘波　张立同　常雅雯　李晨）

【水域岸线管理保护】

1. 河湖管理范围划界　2021年，山东省共开展徒骇河等8条河流长度约1 050km的确权登记。全面完成全省所有河湖管理范围划定和矢量数据校核任务，共校核河流9 711条，复核岸线长度14.06万km，修正问题5 324处，埋设界桩63.01万个，实现了河湖边界数字化，为河湖精准化管理提供了有力保障。

2. 岸线保护与利用规划　山东省已全面完成全省2 392条（段、个）河湖岸线保护与利用规划编制工作，并由县级以上人民政府批复，为河湖管理保护科学化、规范化提供了依据。2021年11月2日，山东省水利厅印发《省级水库岸线保护与利用规划》。完成黄河岸线利用项目专项整治，其中“清理整治山东黄河流域550个岸线利用项目”被列入水利部党组党史学习教育“我为群众办实事”实践活动8件实事之一。

3. 采砂管理　2021年，山东省采用省、市、县三级联动模式，按照“摸清责任制落实情况、摸清规划编制执行情况、摸清行政许可情况、摸清涉砂类工程情况、摸清非法采砂情况、摸清制度建设情况、摸清日常监管情况和摸清执法打击情况”8个摸清的思路，共出动5.8万余人次，累计巡河24万余km，从“强合法监管、打非法行动”两个方面着手，进一步摸清了河道采砂监管底数，动态打击包括非法采砂和取土在内各类违法活动，共查处非法活动141起，查处各类机具28台（部）。

4. “四乱”整治　2021年，山东省继续推进河湖清违清障常态化规范化，排查整治河湖问题9 000余处，开展“昆仑2021”专项行动，侦办污染环境案件329起。2021年5月初开始，山东省河长制办公室在县级自查、市级核查的同时，6月15—30日组织水利、生态环境、畜牧等相关部门，联合黄委、淮委、海委等水利部流域机构分别成立8个综合暗访组、15个水旱灾害隐患暗访组、5个重点工程建设专项检查组、8个流域机构专项排查组，先后开展了全省河湖水安全水污染水生态水环境隐患大排查整治活动，对16市河湖“四乱”、水污染、水生态、水环境隐患排查整治情况进行抽查，检查并整改问题1 000余处。2021年8月7日，山东省河长制办公室印发《关于进一步排查清理河湖碍洪隐患确保行洪安全的通知》，为进一步提升水安全保障能力、查漏补缺，省河长办前期组织开展了河湖“四乱”问题和行洪隐患再排查再清理，要求各市对本行政区域内影响防洪和水生态安全的“四乱”问题、险工隐患、严重淤积问题以及行洪断面内的阻水林木等作为重点纳入排查梳理，彻底清理整治。2021年8月13日，为贯彻省委主要负责同志有关指示要求，落实黄河流域生态环境突出问题大排查大整治专项行动，山东省河长制办公室印发《山东省影响防洪安全和水生态安全拦河工程排查整治方案》，集中清理整治影响防洪安全和水生态安全的拦河工程，提高河道行洪能力，维护河流健康生命。山东省综合运用卫星遥感、无人机航摄、社会监督、网上督办等方式，构建河湖管理立体化监管体系，推动河湖问题“发现在初始、解决在萌芽、监管伴全程”。组织开展汛前河湖水质超标隐患整治，全省河湖水安全、水污染、水生态、水环境隐患排查整治等多轮次专项行动，全年开展3轮次河湖问题暗访，3次卫星遥感监测，发现问题及时反馈各市核实整改，保证河湖问题动态清零。开展全省影响防洪安全和水生态安全拦河工程排查整治，对全省流域面积50km^2以上河流建设的拦河工程进行排查整治。

（李晨　万少军　王喜臣）

【水污染防治】

1. 排污口整治　2021年4月，山东省河长制办公室印发《关于交办入河湖排污（水）口清单的函》，将全省排查出的4万余个入河排污口清单分别交办给各级河湖长，实现党政主要负责同志高位协调推进、督办落实。2021年4月，山东省生态环境厅制发《山东省入河湖排污（水）口溯源整治及规范化管理工作方案》，推进入河排污口溯源整治工作。截至2021年年底，山东省入河排污口溯源完成率达到100%，南四湖流域、黄河流域入河排污口整治率分别超过95%、90%。

2. 工矿企业污染防治　2021年，山东省生态环境厅开展南四湖东平湖流域生态环境综合执法，以化工园区、矿井废水排放情况为重点，组织开展了2次专项执法检查，共检查企业126家，对违法行为立案处罚约700万元。开展河流断面专项检查，针对黄河、南四湖等重点流域污染负荷较重的8个河流断面，先后组织2轮次现场检查，共排查河道180余km，支流23条，检查企业32个，发现问题15个。开展重点河流沿线环境问题排查，选派18名执法人员配合省河长办对黄河等16条重要河流、南四湖等4个重要湖泊环境问题进行全面排查，并配合做好黄河流域警示片拍摄工作。加强对超标企业的监管，分别对济南、枣庄、济宁、滨州等市4家污水处理厂出水在线监测连续或多次超标问题进行现场督办，督促企业达标排放。加强黄河流域警示片问题整改，针对阳谷县经济开发区污水处理厂问题，立案处罚后依法移送公安机关处理。加强信访舆情处理，对37件中央环保督察涉水信访件进行现场调查。

3. 城镇生活污染防治　2021年1月，山东省住房和城乡建设厅组织专家开展全省城市污水处理提质增效工作评价，督促各市进一步加大工作力度，提升城市生活污水收集处理效能。省住房城乡建设厅持续开展城市污水处理设施建设运营月调度和季通报工作制度，截至2021年年底，全省新建（扩建）城市生活污水处理厂107座，新增污水处理能力344万t，新建改造修复城市污水管网9 374km。全省城市和县城共消除生活污水直排口1 728个，消除污水管网空白区面积204.32km²，全省城市和县城污水处理厂平均进水BOD浓度为117.93mg/L。

4. 畜禽养殖污染防治　2021年2月7日，《山东省人民政府关于废止和修改部分省政府规章的决定》（山东省人民政府令第340号）对《山东省畜禽养殖管理办法》作出修改，进一步深化放管服改革，完善优化禁养区调整、规模养殖场备案管理等条款，取消一切无法律法规依据的禁养限养规定，取消备案证明纸质材料，不再实施现场核查，优化备案流程，为现代畜牧业高质量发展提供制度保障。2021年2月22日，山东省畜牧兽医局印发《山东省畜禽养殖生产服务指南》（鲁牧畜字〔2021〕1号），在养殖选址、用地备案、开展环评、排污许可、备案管理、养殖档案、部门监管职责7个方面，通过菜单式、条目式精准指导服务，引导畜禽养殖从业者迅速便捷、规范开展畜禽养殖生产活动，推动全省现代畜牧业高质量发展。2021年7月30日，山东省畜牧兽医局、山东省生态环境厅联合印发《山东省规模以下畜禽养殖污染防治和粪污资源化利用技术指南（试行）》，以农村人居环境综合整治为目标，进一步强化散养密集区管理，规范专业户、散养户、散养密集区、种养主体消纳协议和台账等，推动建立产业发展与环境保护协同联动机制。2021年4月，山东省畜牧兽医局组织开展中央生态环境保护督察反馈问题整改落实“回头看”专项行动，全面摸排畜禽养殖底数，以养鸭规模场和畜禽养殖专业户为重点，逐级压茬实地抽查粪污收集处理情况。据统计，全省摸排畜禽规模养殖场3.2万个，养殖专业户9.2万个，其中省级实地查看养殖场户654个。通过县级自查、省市抽查，对发现问题的养殖场户提出整改意见，督促限期完成整改。2021年4月20日，山东省畜牧兽医局发布《畜禽养殖生态环境保护责任告知书》，广泛告知全省广大畜禽养殖场户有关畜牧业环境保护责任和重点措施。同时，通报环保执法典型案例12个，通过“以案说法”倒逼养殖主体落实环境保护主体责任。2021年12月14日，农业农村部畜牧兽医局通报2020年度推进畜禽粪污资源化利用延伸绩效管理评估结果，山东为优秀等次，排名居首。

5. 水产养殖污染防治　2021年，山东省印发《山东省国家级水产健康养殖和生态养殖示范区管理细则（试行）》（鲁农渔字〔2021〕24号），2021年创建国家级水产健康养殖和生态养殖示范区4家。印发《关于实施水产绿色健康养殖技术推广“五大行动”的通知》（鲁农渔字〔2021〕21号），示范推广生态健康养殖模式、养殖尾水治理模式、水产养殖用药减量、配合饲料替代幼杂鱼、水产种业质量提升五大行动。全省实施集中连片养殖池塘标准化改造和尾水达标治理项目3.1万亩。

6. 农业面源污染防治　2021年，山东省共建设化肥减量增效示范县17个，完成了土壤取样12 500个，开展各级现场观摩306期次，培训人员2.31万

人，示范带动全省配方肥应用面积 6 200 万亩。2021 年，山东省扎实推进农药减量，规范开展病虫害调查监测，全年发布省级病虫预报（警报）19 期。探索整建制推进绿色防控与统防统治，大力组织实施果蔬病虫害绿色防控技术集成与示范，截至 2021 年年底，全省累计 26 个县（市、区）评为全国“绿色防控示范县”，22 个县（市、区）评为“全国统防统治百县”，全省主要农作物绿色防控覆盖率达到 45.24%。

7. 船舶和港口污染防治　2021 年 3 月 31 日，山东省交通运输厅组织召开 2021 年内河船舶和港口污染整治动员会，部署 2021 年污染整治工作任务，要求开展 100 总吨以下内河船舶生活污水储存柜加装和 400 总吨以上内河船舶监控设备加装工作。2021 年 8 月 20 日至 9 月 20 日，省交通运输厅开展船舶污染防治专项检查，重点检查内河船舶防污染设备正常使用情况，严厉查处内河船舶污染防治各类违规行为。2021 年省交通运输厅全力推进内河船舶防污改造，12 月末，全省 7 971 艘内河运输船舶和 60 个内河港口有效加装并运行污染物接收或处理设备和智能监控装置，全面达到防污染设施全覆盖，船舶产生的生活垃圾收集和接收环节有效衔接。

（亓玉军　李晨　张正尊　万守朋　姚永瑞　刘娇
胡斌　李德伟　侯恒军）

【水环境治理】

1. 饮用水水源地规范化建设　按照《饮用水水源保护区标志技术要求》（HJ/T 433—2008）、《集中式饮用水水源地规范化建设环境保护技术要求》（HJ 773—2015），山东省持续加强水源地规范化建设，完成县级及以上地表水型集中式饮用水水源地保护区标志设置和隔离防护设施建设。组织各市对县级及以上饮用水水源地保护区分步开展矢量数据制作，为水源地保护和管理工作提供科学有效支撑。

2. 黑臭水体治理　2021 年，山东省定期对 166 个设区市建成区黑臭水体进行监测，持续巩固黑臭水体治理成效。2021 年 4 月，经省政府同意，山东省生态环境厅会同山东省水利厅、山东省农业农村厅、山东省财政厅联合印发实施《山东省农村黑臭水体治理行动方案》，明确农村黑臭水体治理年度目标任务和验收标准。2021 年，通过实施控源截污、清淤疏浚、水体净化等工程，山东省完成 500 处农村黑臭水体治理。

3. 农村环境综合整治　2021 年，山东省生态环境厅以打造“秀水乡村”品牌为抓手，加强统筹规划，突出重点区域，完善标准体系，强化指导帮扶，扎实推进农村生活污水治理。截至 2021 年年底，全省完成 4 000 个行政村生活污水治理，完成数量居全国各省市前列。山东省生态环境厅与国家开发银行山东分行、山东发展投资集团共同签署了《深入打好污染防治攻坚战共同推进生态环保重大工程项目融资战略合作框架协议》，推进生态环保重大工程项目融资，重点支持整市、整县推进农村生活污水和黑臭水体治理项目。　（李伟斯　亓玉军　李晨）

【水生态修复】

1. 生物多样性保护　2021 年 1 月，山东省人民政府办公厅印发《关于进一步加强野生动物保护工作的意见》，包括总体要求、主要任务、保障措施 3 个部分，在强化野生动物及其栖息地保护、健全完善野生动物保护长效机制、加强执法监管等方面提出查清资源底数、完善野生动物栖息地保护体系、强化野生动物收容救护能力建设、加强野生动物疫源疫病监测和预警、完善地方性法规体系、建立野生动物致害补偿机制、做好宣传教育工作 9 条举措，提出了加强资金投入、鼓励社会力量参与、健全协同配合机制的要求，为全省野生动物保护事业持续向好发展奠定了基础。2021 年 1 月，在山东黄河三角洲国家级自然保护区发现大天鹅 H5N8 亚型高致病性禽流感疫情。山东省自然资源厅印发《关于开展野鸟疫源疫病监测预警工作的紧急通知》，联合省畜牧局迅速开展对天鹅等雁形目大型鸟类的样品采集和检测工作，建立重点市日报告、非重点市周报告制度，严格消杀，精准处置，累计取样 1 733 份，检测结果全部阴性，疫情得到有效防控。山东省严格执行监测信息上报制度，全年累计上报监测信息 3 871 份，采样检测 2 933 份，无其他异常情况。2021 年 2—3 月，开展“清风行动”。山东省畜牧局联合山东省农业农村厅、山东省委政法委等 9 部门联合开展代号为“清风行动”的打击野生动物非法贸易专项行动。全省共监督检查各类场所 44 283 处次，查办野生动物案件 130 起，打掉犯罪团伙 5 个，打击处理违法犯罪人员 174 人，收缴野生动物 11 064 只（头、尾）、野生动物制品 198 件、非法猎具渔具 1 039 个（张、台），处以罚金 10.1 万元。2021 年 5—7 月，联合国家林业和草原局合肥专员办、省市场监管局、省公安厅印发通知，开展花鸟鱼虫市场野生鸟类非法经营整治专项行动，取得较好震慑效果。2021 年 7 月，启动山东省野生动植物资源调查，完成山东省陆生野生动物资源调查（黄河流域）实施方案和技术规程编制工作，印发《关于开展陆生野生动植物资源调查的通知》，启动资源调查工作。

2. 生态补偿机制建立　2021 年 4 月，山东、河南两省签署黄河流域首个省际间横向生态保护补偿协议；7 月 10 日，山东省生态环境厅、山东省财政厅联合印发了《山东省生态环境厅　山东省财政厅关于建立流域横向生态补偿机制的指导意见》（鲁环发〔2021〕3 号）。2021 年 8 月 16 日，山东省生态环境厅、山东省财政厅《关于印发流域横向生态补偿机制实施办法的通知》（鲁环字〔2021〕203 号）。截至 2021 年 9 月 26 日，133 个县（市、区）完成 301 个断面的流域横向生态补偿协议签订工作，在全国率先实现了县际流域生态补偿全覆盖。

3. 水土流失治理　2021 年，山东省共完成水土流失综合治理 1 303.32km²，其中梯田治理 278.96km²、林草措施 409.24km²、封育治理 393.63km²、其他治理面积 221.50km²。当年实施生态清洁型小流域治理 30 条。国家水土保持重点工程建设涉及济南、青岛、枣庄、潍坊、济宁、泰安、日照、临沂等 8 市 27 县（市、区）的 34 个小流域，治理水土流失面积 373.75km²，其中临沂市治理水土流失面积 91km²，潍坊市治理水土流失面积 80km²，临沂、潍坊两市治理水土流失面积之和占国家水土保持重点工程治理水土流失面积的 45.75%。国家水土保持重点工程实施梯田工程 165.59km²、水土保持林 6.25km²、经果林 17.05km²、其他 22.67km²。国家水土保持重点工程安排投资 18 623.40 万元，其中中央财政投资 8 377.00 万元、地方投资 10 246.40 万元。年度国家水土保持重点工程治理面积完成率、中央投资完成率和总投资完成率均达到 100%。自 2006 年开始，水利部在全国开展水土保持科技示范园区申报工作，截至 2021 年年底，山东省累计建成国家水土保持科技示范园 18 处，2021 年度新增示范园区 3 处。

（王伟连　亓玉军　刘振勇　邱浩　李晨）

【执法监管】

1. 联合执法　2021 年 5 月以来，山东省河长制办公室在县级自查、市级核查的同时，于 6 月 15—30 日组织水利、生态环境、畜牧等相关部门，联合黄委、淮委、海委等水利部流域机构分别成立 8 个综合暗访组、15 个水旱灾害隐患暗访组、5 个重点工程建设专项检查组、8 个流域机构专项排查组，先后开展了全省河湖水安全水污染水生态水环境隐患大排查整治活动，对 16 市河湖“四乱”、水污染、水生态、水环境隐患排查整治情况进行抽查，检查并整改问题 1 000 余处。

2. 河湖日常监管　山东省综合运用卫星遥感、无人机航拍、社会监督、网上督办等方式，构建“天上看、地上查、空中巡、社会督、网上管”的河湖管理立体化监管体系，建立“早发现、早制止、早查处、早预警”机制，推动河湖问题从“事后发现、被动查处”向“发现在初始、解决在萌芽、监管伴全程”的转变。组织开展汛前河湖水质超标隐患整治、全省河湖水安全、水污染、水生态、水环境隐患排查整治等多轮次专项行动，全年开展 3 轮次河湖问题暗访，3 次卫星遥感监测，发现问题及时反馈各市核实整改，保证河湖问题动态清零。开展全省影响防洪安全和水生态安全拦河工程排查整治，对全省流域面积 50km² 以上河流上建设的拦河工程进行排查整治。

（万少军　张学忠　李晨）

【水文化建设】

1. 黄河、大运河国家文化公园　2021 年 2 月，山东省将“建设大运河、长城、黄河国家文化公园（山东段）”纳入山东省“十四五”规划纲要，作为重大任务布局推进。6 月，山东省承办召开全国黄河文化公园建设推进会，中央宣传部、国家发展改革委、文化和旅游部以及沿黄 9 省（自治区）负责同志出席。7 月，山东省发展改革委编制完成黄河、大运河国家文化公园（山东段）建设保护规划。举办“千年运河　齐鲁华章”大运河国家文化公园文旅集中宣传活动。8 月，编辑出版《流动的史诗大运河（山东段）》宣传画册。12 月，在山东省国家文化公园建设工作领导小组框架下，设立黄河、大运河国家文化公园（山东段）建设推进组，形成“省负总责、分级管理、分段负责”的工作格局。

2. 河湖文化博物馆　山东省汶上县大运河南旺枢纽博物馆位于南旺镇政府驻地，占地 5 000m²，建筑面积 3 400 余 m²，包括序厅、古代运河展厅、3D 影视展厅、南旺枢纽展厅、河工技术展厅和运河管理展厅六个展厅。滨州水文化馆地处滨城区三河湖国家水利风景区，紧邻禹疏九河之一的徒骇河，西靠古龙王庙遗址，占地 30 亩，投资 1 500 余万元，建有中心展馆区、治水名人雕像区、黄河民俗风情区、龙湖景观区等 4 个展区，馆区鸟瞰形似元宝状。潍坊市昌乐县白浪河美丽河湖展馆位于太公湖畔，隶属于昌乐县水利局，占地面积 1 200m²，是昌乐县美丽示范河湖建设成果之一。潍坊市寿光展馆位于弥河河畔，展厅顶部的弧线造型宛如弥河水连绵悠长，于 2021 年 10 月 7 日正式启用，占地面积 1 300 多 m²，分为序厅、治水篇、识水篇、亲水篇、融水篇（院落）五个部分，是潍坊市唯一一

座县级市水利（专业）干部体悟实训基地。

（李晨　王波　谢帆　张浩）

【智慧水利建设】

1. “水利一张图”　山东省已建设完成河湖长制“一张图”，对全省 9 000 余条乡镇级以上河流、6 000 多座湖库及相关建筑和监测点进行矢量标绘和校核，理清省、市、县水系结构，管理范围矢量数据全部上传“水利一张图”，并完成了与全国系统对接，实现全省河流、湖库数字化，为河湖精准化管理和岸线空间管控提供了有力保障和坚强支撑。

2. 河湖长制管理信息系统　2021 年，按照山东省河湖管理工作内容的变化和工作推进情况，山东省河长制办公进一步完善河湖长制管理信息系统。开发妨碍河道行洪突出问题排查、拦河工程专项排查、美丽幸福河湖、2021 专项行动四个模块，对河湖问题监管、“一河（湖）一策”、采砂监管三个模块进行优化升级，将各项问题进行细化，制作操作手册，通过山东省河长制管理信息系统将卫星遥感影像分析河湖疑似违法问题推送各市，初步建立“空天地”一体化河湖水域岸线监测监管系统，创新河湖“四乱”等问题发现和处置方式。

（王喜臣　张学忠　李晨　王波
谢帆　张浩　李传镇）

河南省

【河湖概况】　河南省地处中原，跨海河、黄河、淮河、长江四大流域，全省流域面积 $50km^2$ 及以上的河道共 1 030 条，其中海河流域 108 条、黄河流域 213 条、淮河流域 527 条、长江流域 182 条。全省多年平均降水量为 771.1mm，其中 76.2%的降水量由植物吸收蒸腾、土壤入渗以及地表水体蒸发所消耗，另有 23.8%的降水量形成河川径流量。全省多年平均河川径流量 302.67 亿 m^3，多年平均地下水资源量 196.00 亿 m^3，多年平均进境水量 413.64 亿 m^3，多年平均出境水量 630.22 亿 m^3。2021 年，国家考核的 160 个地表水断面中，地表水水质优良（Ⅰ～Ⅲ类）水体比例为 79.9%，达到国家要求的高于 73.8%的目标；无劣Ⅴ类水质断面，达到国家要求的低于 3.1%的目标。先后建成大型水库 28 座（含流域机构管理的水库），中型水库 125 座（含 3 座省界水库），小型水库 2 366 座，总库容 432 亿 m^3；5 级以上堤防 2 万余 km；蓄滞洪区 14 处（含流域机构管理的蓄滞洪区），设计蓄滞洪量 38.06 亿 m^3。南水北调中线工程境内总长度 731km。中型（灌溉面积 $667hm^2$ 以上）以上灌区 336 处，其中灌溉面积 2 万 hm^2 以上大型灌区 38 处，有效灌溉面积达到 $5\ 453\times10^3 hm^2$。建成农村饮水安全工程 2 万多处，覆盖农村人口 7 900 多万人。治理水土流失面积 $3\ 913\times10^3 hm^2$。建成小型水电站 534 座，装机容量 51 万 kW。2021 年，新开工袁湾水库工程、贾鲁河综合治理 2 个重大水利工程，面上工程项目 47 个，重要支流治理年度项目 11 个，大中型病险水库除险加固项目 1 个，蓄滞洪区建设项目 1 个。

（闫长位　唐飞）

【重大活动】　2021 年 4 月 2 日，河南省副省长、省副总河长武国定主持召开河长制厅际联席会议，会议通报了 2020 年度河湖长制省级考核情况，听取河长制各成员单位工作述职，明确 2021 年目标任务和重点工作。

2021 年 4 月 30 日，省河长办向省委、省政府报送了各省辖市、济源示范区第一总河长 2020 年度河长制工作书面述职汇总材料，省委书记楼阳生、省长王凯就做好河湖长制工作分别作出批示。

2021 年 6 月 30 日，省政府召开 2021 年河湖长制工作厅际联席会议暨河湖管理保护电视电话会议，会议传达了楼阳生、王凯对河湖长制工作做出的批示，副省长、省副总河长武国定出席会议并讲话，要求进一步增强做好河湖长制工作的责任感、紧迫感，突出工作重点，加强组织领导，努力建设造福人民的幸福河湖。

2021 年 9 月 13 日，省河长办在平顶山市郏县组织召开全省推进河湖长制暨采砂管理工作现场会，会议总结了工作成效，交流了工作经验，对“清四乱”专项行动和河道采砂进行再安排、再部署。

2021 年 10 月 26 日，全省河长制工作培训班在郑州举办，各省辖市河长办负责同志和工作人员、部分县（市、区）级河长和河长办负责同志共 150 余人参加培训。

（闫长位　张二飞）

【重要文件】　2021 年 4 月 21 日，经河南省第一总河长、总河长同意，河南省河长制办公室印发《2020 年度省级河长制湖长制工作考核结果的通报》（豫河办〔2021〕12 号）。

2021 年 6 月 30 日，河南省河长制办公室印发《河南省河湖长制 2021 年工作要点》（豫河办〔2021〕18 号）。

2021 年 8 月 15 日，经河南省第一总河长、总河长同意，河南省河长制办公室印发《关于在南水北调水源区和干线工程推行河湖长制的通知》（豫河办〔2021〕22号）。

2021年9月3日，河南省河长制办公室按照省委、省政府安排部署，印发《关于深入开展河湖“清四乱”专项行动的通知》（豫河办〔2021〕25号）。

2021年10月21日，河南省河长制办公室、省公安厅联合印发《全面推行“河长＋警长”制工作实施方案》（豫河办〔2021〕23号）。

2021年11月25日，河南省河长制办公室印发《关于开展丹江口“守好一库碧水”专项整治行动的通知》（豫河办〔2021〕27号）。

2021年12月10日，河南省河长制办公室印发《关于开展妨碍河道行洪突出问题排查整治专项行动的通知》（豫河办〔2021〕31号）。

（闫长位　张二飞）

【地方政策法规】　2021年5月28日，《河南省实施〈中华人民共和国水土保持法〉办法（2021年修正）》经河南省第十三届人民代表大会常务委员会第二十四次会议审议通过。

2021年10月11日，《河南省取水许可管理办法》（修订）经省政府第136次常务会议修订通过并公布，自2022年1月1日起施行，同时废止2009年7月公布的《河南省取水许可和水资源费征收管理办法》，新办法通过深化“放管服”改革，以适应河南省水资源费改税改革试点要求为出发点，进一步规范了取水许可审批，同时对强化日常监督管理，落实最严格水资源制度等作出了要求。

2021年12月28日，《河南省节约用水条例》（简称《条例》）经河南省第十三届人民代表大会常务委员会第二十九次会议审议通过并公布，自2022年3月1日起施行，《条例》共八章五十三条，厘清了河南省各级政府及相关部门的节水工作职责，对节水规划编制、节水管理形式、取用水户应当采取的节水措施等方面进行了具体规定；同时，《条例》特别明确，将节约用水工作纳入经济社会高质量发展综合绩效考核评价体系和文明城市、文明村镇、文明单位、文明家庭评选指标体系。

（杜波）

【河湖长制体制机制建立运行情况】　2021年4月6日，河南省河长制办公室印发《河南省河湖长制工作厅际联席会议制度》，对河南省河湖长制工作厅际联席会议制度进行调整完善，明确厅际联席会议由省政府分管领导担任召集人。6月29日，省第一总河长、总河长共同签发第3号总河长令《关于全面推行“河长＋”工作机制的决定》，在全省全面推行“河长＋检察长”“河长＋警长”“河长＋护河员”“河长＋民间河长”“河长＋网格长”“河长＋互联网”工作机制。10月21日，省河长制办公室、省公安厅联合印发《全面推行“河长＋警长”制工作实施方案》，在全省全面推行“河长＋警长”工作机制。11月，省河长制办公室编印《“河长＋”机制工作手册》，将其列入《加强基层护河员队伍建设指导意见》《推进民间河长建设指导意见》《全面推行“河长＋网格长”工作机制实施方案》等配套实施方案中。8月15日，省河长制办公室印发《关于在南水北调水源区和干线工程推行河湖长制的通知》，在南水北调水源区和干线工程推行河湖长制，省级河长由分管水利工作的副省长担任，库区由南阳市委书记担任市级河长，干渠沿线由各市、县、乡、村党政主要领导担任河湖长。11月30日，河南省对最新的总河长、副总河长及省级河长名单进行公示。

（闫长位　张二飞）

【河湖健康评价】　2021年，河南省河长制办公室委托技术单位对黄河下游（河南段）、伊河、唐河3条河流开展河流健康评价工作。本次评价主要采用《河湖健康评价指南（试行）》的指标进行，从“盆”“水”“生物”、“社会服务功能”4个层面对河流进行了健康评估和综合分析。经评价，黄河下游（河南段）健康状况综合赋分为84.3分，类别为健康，级别属二类河流；伊河健康状况综合赋分为84.78分，类别为健康，级别属二类河流；唐河健康状况综合赋分为69.13分，类别为亚健康，级别属三类河流。评价报告也明确了河流健康现状和存在的主要问题，提出了适宜的河流治理修复措施和保护对策。

（闫长位　唐飞）

【“一河（湖）一策”编制和实施情况】　2018年，河南省河长制办公室根据《水利部办公厅关于印发〈“一河（湖）一策”方案编制指南（试行）〉的通知》，编制了《河南省“一河（湖）一策”方案编制技术大纲》，组织对6条省级河流、315条市级河流、2 182条县级河流开展“一河一策”编制，经河湖长同意后印发实施。通过全面排查河流基本情况和存在问题，围绕河长制目标任务，因河施策，提出水资源保护、水域岸线管理保护、水污染防治、水环境治理、水生态修复及执法监管六方面的具体措施和方法，分析存在的主要问题，查找问题产生的原因，确定治理保护目标，制定好问题清单、目标清

单、任务清单、措施清单和责任清单，明确时间表和路线图，系统治理，统筹推进，为全面推行河长制提供依据。2021年，全省对“一河（湖）一策”进行了滚动编制。（闫长位　唐飞）

【水资源保护】

1. 水资源刚性约束　一是建立硬指标。通过建立河湖生态流量、地下水水位等保护生态方面的指标，万元国内生产总值用水量、强制性用水标准和定额等用水效率方面指标，江河水量分配、地下水取水总量、各地区可用水量等总量控制方面的指标，严控用水总量，提高用水效率，提升水生态系统的质量和稳定性，倒逼各地区各行业节约保护水资源。组织开展了跨省辖市主要河流水量分配，完成了18条河流的水量分配任务，2020年年底部署开展了流域面积1 000km²以上66条河流的水量分配和生态流量目标确定工作。二是采取硬措施。严格生态流量监管和地下水水位管控，严格水资源论证和取水许可管理，严格取用水监测计量监管，对水资源超载地区暂停新增取水许可，加快推进水资源超载问题治理，强化监督检查考核。对7个地下水和2个地表水水资源超载地区暂停超载水源新增取水许可，压减超载水源开发利用，加快推进水资源超载问题治理，规范全社会水资源开发利用行为，约束和抑制不合理用水需求，全面遏制用水浪费现象，把刚性约束指标落到实处。三是形成硬约束。先后颁布实施了《河南省取水许可管理办法》《河南省节约用水条例》，对规划水资源论证作了明确规定。推动各地根据水资源承载能力优化国土空间格局、产业结构规模、城市发展布局，真正做到以水定城、以水定地、以水定人、以水定产，“有多少汤泡多少馍”，逐步实现人口、经济与水资源相均衡，为全面建设社会主义现代化国家提供水安全支撑。（杨永生）

2. 生态流量监管　按照《河南省主要河流水量分配和生态流量保障目标确定工作方案》的部署，组织开展省内29条重点河流的生态流量保障实施方案编制工作，形成了初步成果。制定印发了河南省第二批6条重点河流14个断面的生态流量保障目标，完成水利部部署的河南省2021年重点河流生态流量保障目标确定任务。组织开展省内10条跨区域主要河流生态流量保障工作，对断面流量达标情况及时通报预警。针对沙颍河沈丘断面最小下泄流量不达标、唐白河鸭河口断面、史灌河蒋家集断面、洪汝河班台断面生态流量不达标问题，及时组织有关市县分析原因，采取有效措施保障断面流量快速回升。（杨永生）

3. 全国重要饮用水水源地安全达标保障评估　2021年，按照河南省国家重要饮用水水源地达标建设评估工作大纲的要求，河南省对纳入《全国重要饮用水水源地名录（2016年）》的25个重要饮用水水源地进行调研，并核实25个重要饮用水水源地变更情况，按照水利部“水量保证、水质合格、监控完备、制度健全”的总要求进行年度达标建设评估。（李森）

4. 水量分配　河南省将境内流域面积大于1 000km²的54条主要河流水量分配到有关省辖市和县（市、区），其中跨省辖市的31条主要河流由省水利厅负责分配，不跨省辖市的23条主要河流由省辖市水利局负责分配。截至2021年年底，除5条河流因国家正在组织水量分配省内暂不具备分水条件外，河南省水利厅已完成6条河流水量分配方案编制，并报省政府同意后印发实施，还有20条河流水量分配方案正在修改完善，待修改完善后报省政府审定。（杨永生）

5. 取水口专项整治　河南省在2019年、2020年取用水管理专项整治行动核查登记和问题认定的基础上，在四大流域持续开展取用水管理专项整治行动。2021年6月1日，河南省在郑州召开了“黄淮海流域取用水管理专项整治整改提升工作推进会”。9月25日，印发了《河南省水利厅关于印发〈河南省取用水管理专项整治行动整改提升方案〉的通知》（办资管〔2021〕27号），要求各地市对核查登记成果进行复核，编制区域取用水压减方案，建立问题整改台账，分批次、分阶段逐步完成对一般取用水户、大中型灌区、农村集中供水工程以及一般灌区、小型农灌工程的整改。12月15日，省水利厅组织召开全省取用水管理专项整治行动整改提升工作视频推进会，对整改提升工作进行了再动员再部署。截至2021年年底，河南省进入整改提升阶段的项目共计65 949个，完成问题认定的项目65 822个，其中整改类46 509个、退出类1 384个、保留类17 998个、未明确分类的58个。完成整改项目34 574个，涉及取水口数量866 391个，整改完成率为72.19%。（杨永生）

6. 节水行动　完善节水管理法治体系，完成《河南省节约用水条例》修订工作，新条例于2021年12月28日由河南省十三届人大常委会第二十九次会议表决通过，对节水规划编制、节水管理形式、取用水户应当采取的节水措施等方面作出具体规定。加强计划用水管理，对全省纳入计划用水的取用水户开展全面排查，对超计划用水户建立台账，实施跟踪督导，实行闭环管理。稳步开展节水型社会建设，17 个县（市、区）节水型社会建设通过省级技术评估和行政验收，全省累计有 112 个县域达到节水型社会建设标准，河南省节水型社会建设继续走在全国前列。大力开展节水载体建设，省水利厅会同相关部门，对郑州等 8 个省辖市申报的节水载体进行了技术评估和现场复核，有 102 家单位、22 家企业、53 家小区新创成为省级节水载体。积极开展水利行业节水型单位建设，制订了全省水利行业节水型单位建设方案和标准，对水利行业单位提供精准指导，截至 2021 年年底，省、市、县三级水利行业建成节水型单位 140 多个。深入开展节水型高校建设，强化工作部署，严格程序标准，2021 年有 18 所院校建成节水型高校。加大节水宣传教育力度，利用“世界水日”“中国水周”开展形式多样的主题宣传活动，组织开展节水进社区、进机关、进乡村、进学校、进企业、进医院“六进”活动，节水氛围日益浓厚，河南省被水利部评为“2021 年‘节水中国 你我同行’主题宣传联合行动十佳地区”。

（河南省节约用水办公室）

【水域岸线管理保护】

1. 岸线保护利用规划　持续推进全省河湖岸线保护与利用规划编制工作，河南省水利厅组织有关单位，进一步对接有关规划成果，修改完善了卫河（合河—淇门段）、共产主义渠（合河—刘庄闸段）、洛河（故县水库坝下—老城段，黑石关—入黄口段）、洪汝河（板桥水库—班台段）、沙颍河（昭平台水库—周口段）、伊河（栾川县城—河口段）、洪河（石漫滩水库—班台段）、颍河（白沙水库—河口段）、贾鲁河（京珠高速—河口段）、涡河（通许县裴庄闸—省界段）、惠济河（群力闸—河口段）11 条由省领导担任河长的河流岸线保护与利用规划报告。

（岳鹏展）

2. 采砂整治　在河南省范围内组织开展了为期 1 年的河道非法采砂专项整治行动，重拳整治河道非法采砂行为，严厉打击“沙霸”及其背后“保护伞”，持续巩固前期全省河道采砂管理综合整治成果。严厉打击非法采砂行为，全省开展巡查共出动 27 万余人次，累计巡查河道长度 170 万余 km，查处非法采砂行为 379 起，其中行政处罚查处案件数 257 件、刑事处罚移交案件 12 件，有力打击了私挖滥采、零星盗采等非法采砂行为。规范合法采砂秩序，围绕规划编制、行政许可、现场管理、市场主体、生态修复等关键环节，进一步规范采砂规划、许可、现场管理、疏浚砂综合利用等，依法依规开展规划审批、采砂许可管理，探索推行河道采砂统一开采管理模式，开采砂石 795.68 万 m^3。规范工程性涉砂活动，从严密组织施工、做好群众工作、加强政策宣传、强化监督指导等方面要求各地进一步规范工程性涉砂活动，对河道疏浚砂综合利用实施全过程监督检查，确保疏浚砂综合利用的科学合理、安全有序。

（王利仁　袁博）

3.“四乱”整治　2021 年 3 月 2 日，河南省河长制办公室印发《关于开展河湖“清四乱”工作的通知》，组织全省全面排查问题、建立问题台账、全力推进整改。在此基础上，将整治重难点河湖“四乱”问题纳入省级河长“三个清单”，交办市级河长整改。全省排查出“四乱”问题 582 个，全部完成整改。9 月 3 日，按照河南省委、省政府统一安排部署，省河长制办公室印发了《关于深入开展河湖“清四乱”专项行动的通知》，在全省范围内开展为期 1 年的河湖“清四乱”专项整治行动，要求各市在前期工作的基础上，对河湖“四乱”问题进行全面排查，拉清单、建台账，边查边改、立行立改、能改速改。利用卫星遥感监测进行问题排查，找出可疑图斑 1 万多个，经各市复核，共认定 2 874 个问题。组织各市建立了问题清单台账，明确整改措施、整改时限，把每一个问题责任明确到省、市、县级河长，压实压紧河长责任，形成“问题、任务、责任”三个清单，截至 2021 年年底，完成问题整治 1 115 个。11 月 25 日，省河长制办公室印发《关于开展丹江口“守好一库碧水”专项整治行动的通知》，组织南阳市对库区水域岸线存在的非法占用岸线等六类突出问题进行全面排查整治。12 月 10 日，河南省河长制办公室印发《关于开展妨碍河道行洪突出问题排查整治专项行动的通知》，组织全省开展妨碍河道行洪突出问题排查整治。

（闫长位　张二飞）

4. 河湖管理范围划界　在 2019—2020 年基本完成流域面积 50km 以上河流和常年水面面积 1km^2 以上的湖泊管理范围划定的基础上，开展划定成果复核与上图工作。2021 年 5 月，省水利厅组织召开了全省水利工程运行管理工作视频会议，并印发《河南省水利厅关于对河湖管理范围划定成果进行省级复核的通知》，安排部署流域面积 50～1 000km^2 河流管理范围划定成果省级复核工作。委托河南省水利勘测有限公司作为技术支撑单位，采取专家组审查及技术单位复核相结合的形式，7 月至 10 月上旬，对 18 个省辖市及所辖县（市、区）和 10 个省直管县（市）的河流划定成果进行了省级复核。对发现的问题要求各地依法依规，严格按照技术规范进行修改完善。在此基础上，省水利厅将相关成果通过

水利部河湖遥感平台进行了上图。（岳鹏展）

【水污染防治】

1. 排污口整治　根据《河南省2021年水污染防治攻坚战实施方案》（豫环攻坚办〔2021〕20号）提出的深入打好河湖水生态环境治理与修复攻坚战的要求，深入开展入河排污口排查整治。开展了重点入河排污口监督性监测，制定了运用高科技手段对黄河干流入河排污口进行了系统排查的工作方案，并全面开展黄河干支流生态环境问题排查整治。对黄河干流、重要一级支流河道实施无人机巡检扫描，完成黄河干流及一级支流首次生态环境扫描式体检，制作正射影像图 5 300余 km^2，首次获取了河南省黄河干流生态治理成效动态比对数据，全面摸清了河南省黄河干支流入河排污口底数，整治了一批影响黄河流域生态环境质量的问题隐患。精简优化入河排污口设置审核，受理时间由法定的5个工作日压缩为1个工作日，办理审核时间由法定的20个工作日压缩为10个工作日；向郑州、洛阳下放入河排污口的设置和扩大审核省级管理权限。

（河南省生态环境厅）

2. 工矿企业污染防治　2021年，河南省生态环境厅制定了《河南省黄河流域水污染物排放标准》（DB41/ 2087—2021），减少污染物排放，促进经济结构调整和产业升级，推动经济发展方式转变，进一步改善流域水环境质量。组织开展黄河流域专项执法活动，在省辖黄河流域全面排查排污单位、固体（危险）废物堆存点、“散乱污”企业。对检查中发现的各类环境违法行为，严格按照新法新规进行严肃处理。在严格监管的同时，开展绿色发展服务活动，对涉水工业企业进行帮扶，有效促进企业绿色发展。对重点行业企业依法实施强制性清洁生产审核，同时开展全省清洁生产审核咨询机构审核师培训，以及清洁生产管理部门和专家培训。

（河南省生态环境厅）

3. 城镇水污染防治　研究印发《河南省中央环保督察暨黄河流域专项整改方案》，指导各地抓好黄河流域生态环境警示片和配套问题清单反映问题整改，建立健全体制机制，防止此类问题再次发生。针对中央环保督查整改问题，制定了《河南省中央生态环保督察城镇污水处理设施问题整改工作专项方案》，督促当地市政府和主管部门查明问题原因，制定整改方案，压实整改责任，限期完成整改；对当地开展全面排查整治，建立问题台账，逐一整改销号。省住房和城乡建设厅、省生态环境厅联合开展2021年县（市）城市黑臭水体专项排查工作，经专项排查，县城黑臭水体仍存在排查不彻底、整治不彻底等问题，新排查出黑臭水体24处。积极推进城镇污水处理提质增效，指导各地全面开展城市排水管网普查和检测，加快推进雨污混接错接改造，围绕问题污水处理厂开展“一厂一策”片区系统化整治，提升管网建设质量，提升污水收集处理效能。2021年全省新建污水管网900多km，改造污水管网300多km，建成污水处理厂6座，新增污水处理能力27.5万t/d。（河南省住房和城乡建设厅）

4. 农业面源污染防治　2021年，印发了《河南省“十四五”乡村振兴和农业农村现代化规划》《河南省关于创新体制机制推进农业绿色发展的实施意见》，在黄淮海平原和南阳盆地，建设7 850万亩绿色粮食生产功能区；在沿黄8市25县和南水北调沿线8市24县，打造农业生态保护和高质量发展示范带；在大别山、伏牛山、太行山区域，打造特色产业优势区，全力构建“一区两带三山”农业高质量发展新格局。全省以推广测土配方施肥、绿色防控等为抓手，力争化肥农药减量常态化；以青贮饲料补贴和粪肥就近还田为抓手，促进“过腹还田、变肉换奶”；以废旧地膜和农药包装废弃物回收试点建设为抓手，降低农业面源污染程度。

（河南省农业农村厅）

5. 船舶和港口污染防治　做好船舶、码头污染防治工作，印发《关于认真做好南水北调中线工程水源保护区船舶、码头污染防治工作的通知》（豫交科技函〔2021〕6号），要求加强船舶、码头日常监管，防止船舶污染水体，建立监管联单制度，构建全链条、闭环管理机制，保障船舶、码头污染物依法合规转移处置，积极推动船舶标准化，鼓励新能源和清洁能源船舶的研发和应用。严格施工场地扬尘污染治理，全省公路水运在建项目认真落实“六个100%”“三员管理”“一票停工”“开复工验收”等管理制度，实施在线视频动态监控监测，积极开展大气污染防治督导检查，建立了施工工地动态台账、非道路移动机械污染防治清单。

（河南省交通厅）

6. 水产养殖污染防治　印发《河南省农业农村厅关于实行2021年禁渔期制度的通告》，自2021年3月1日起，省内长江、淮河、黄河、海河流域依次进入禁渔期。加强禁渔执法监管，制定印发《河南省“中国渔政亮剑2021”系列专项执法行动方案》，积极配合有关部门开展渔政执法亮剑行动，打击禁渔期禁渔区内电毒炸、无证捕捞、使用禁用渔具捕捞等非法活动。落实河南南阳、陕西商洛、湖北十堰3市5县区《长江流域交界水域禁捕联防联控协议》，实现协同管理、联合执法、联防联控。

（河南省农业农村厅）

7. 畜禽养殖污染防治　开展畜禽粪污资源化利用整县推进项目督导，督促各类实施主体加快工程进度。河南省农业农村厅、生态环境厅共同研究制定了《河南省规模以下养殖户畜禽粪污处理设施建设的指导意见（试行）》，引导规模以下畜禽养殖业主积极改造雨污分流、粪便储存场、污水贮存池等设施，采用节水型饮水器或饮水分流装置，为畜禽粪污全量收集、粪肥积造还田打好基础，全省规模养殖场配套建设畜禽粪污处理利用设施配套率达99%以上，畜禽粪污综合利用率达到82%以上，畜禽粪污随意堆放现象得到较好控制。12月14日，农业农村部畜牧兽医局印发《关于通报2020年度推进畜禽粪污资源化利用延伸绩效管理评估结果的函》，河南省被评为优秀等次，位列全国第二。2021年指导60个畜牧大县在年底前完成畜禽养殖业污染防治规划编制，完成4个畜禽粪污资源化利用整县推进和24个绿色种养循环农业试点建设。

（河南省农业农村厅）

【水生态修复】

1. 生物多样性保护　通过实施退耕还林、天然林保护、湿地修复等重点生态工程，野生动物栖息环境得到进一步改善，濒危野生动物种群数量显著扩大，形成了以豫东青头潜鸭繁衍、豫西大天鹅成景、豫南朱鹮安家、豫北金钱豹常现、豫中大鸨过冬为标志的河南省野生动物保护成效；全球极危鸟类、国家一级保护动物——青头潜鸭在民权国家湿地公园和新乡黄河鸟类湿地国家级自然保护区栖息的数量达400多只（国内仅有 1 500只左右），该区域成为青头潜鸭的栖息地和繁殖地，民权黄河故道湿地因此获批加入“东亚—澳大利西亚迁飞路线(EAAFP)保护网络”和“国际重要湿地”。

（河南省林业局）

2. 生态补偿机制建立　为推动水环境质量改善，河南省印发实施了《河南省水环境质量生态补偿暂行办法》（豫政办〔2017〕74号），对各省辖市、省直管县（市）城市水环境质量实行阶梯式奖惩，从源头上管控和改善水环境状况。2017—2021年，全省各省辖市、省直管县（市）共支偿水环境质量生态补偿金 29 887万元、得到补偿 57 759万元。推动建立黄河流域横向生态补偿机制，河南省政府与山东省政府签署黄河流域首份跨省横向生态补偿协议，2020—2021年成功获得了山东省补偿资金1.26亿元。

（河南省生态环境厅）

3. 水土流失治理　2021年，水利系统下达小流域综合治理资金 8 447万元，完成防治水土流失面积151.9km²；下达淤地坝除险加固工程资金 2 420万元，已完成淤地坝除险加固22座；下达新建淤地坝工程资金826万元，完成淤地坝建设2座；下达坡耕地水土流失综合治理资金 8 000万元，已完成坡耕地水土流失综合治理面积4万亩。

（河南省水利厅）

4. 生态清洁小流域　2021年，河南省成功创建国家及省级生态清洁小流域水土保持示范工程12个，其中生态清洁小流域国家水土保持示范工程3个、省级生态清洁小流域水土保持示范工程9个。

（河南省水利厅）

5. 农村水环境整治　在巩固三年行动成果的基础上，从2021年11月开始，在全省开展“治理六乱、开展六清”集中行动。成立以省委副书记周霁为组长的工作专班，建立健全月调度、月排名、常态化暗访检查的工作机制。切实发挥牵头抓总作用，通过视频调度会、现场会等形式，指导各地积极行动，引导发动群众积极参与。全省共清理垃圾堆（带）约478万处，农村生活垃圾收运处置体系已覆盖所有行政村和97%的自然村。

（河南省农业农村厅）

6. 退田还湖还湿　2021年，通过开展湿地保护恢复工程、退耕还湿、生态水系建设、小微湿地修复等措施，河南省新增湿地面积459.82hm²。截至2021年年底，河南省建立省级以上湿地自然保护区11处、设立省级以上湿地公园（试点）116个，湿地保护率达到53.26%，湿地生态系统持续改善。

（河南省林业局）

【执法监管】　贯彻落实河道管理范围内建设项目监督管理表制度，加强河道管理范围内建设项目日常监督管理。2021年7月，配合淮委开展了河南省境内在建涉河建设项目防汛及施工监督检查。2021年12月，按照“双随机、一公开”要求，组织对郑州市东周水厂调水工程给水干管工程穿越贾鲁河建设项目开展检查工作，通过检查整改完善了相关项目的施工、验收等相关手续。

（岳鹏展）

【水文化建设】　2021年，《河南河湖大典》完成编纂并通过评审，全书全面记载了河南的自然环境、河湖水系、历史文化，系统反映了河南河湖水系的基本状况和特点，体现了河南深厚的文化底蕴，具有鲜明的时代特色，共收录条目 2 353个，图片2 195张，共460万字，是一部依托河南省河湖的综

合性、知识性、实用性著作。汝州北汝河水利风景区成功入选第十九批国家水利风景区，并通过水利部审核；开封宋都古城水利风景区、河南省出山店水库水利风景区被水利厅批准认定为省级水利风景区。郑州市贾鲁河成功获批第四批国家水情教育基地，河南省国家级水情教育基地已达6家。济渎庙暨济河灌区、黄河水利职业技术学院鲲鹏智慧水利教育中心、马鞍石水库水情教育基地、白龟山水库水情教育中心、道口古镇5家单位被认定为河南省水情教育基地。截至2021年年底，全省国家水利风景区已达44家、省级水利风景区29家，覆盖全省16个省辖市及济源示范区共56个县（市、区）。

（河南省水利厅）

【智慧水利建设】　2021年，河南省水利厅持续推进以“水利一张图”为重点的数据底板建设工作，已叠加2021年多期卫星影像和“21·7”洪灾复演成果，河长制管理业务系统已对接“一张图”，形成河长制专题图层，为省水利厅数据共享、业务融合，提升水利业务统一空间服务能力做出很好的示范。依托省电子政务云平台，充分利用现有资源，建设基础信息数据库、应用支撑平台，以及WEB端系统、河长App系统、公众平台系统等业务应用系统，构建省、市、县、乡、村各级应用的河长制信息一体化平台，打造了智能化河湖长制管理系统。2021年，对省河长制系统进行了更新完善，新增了妨碍河道行洪突出问题整治、分流域统计等功能模块。

（闫长位　张二飞）

湖北省

【河湖概况】

1. 河流概况　湖北省共有流域面积$50km^2$以上河流1 232条（其中省界和跨省界河流116条），总长度为4万km；流域面积$100km^2$以上河流623条（其中省界和跨省界河流95条），总长度为2.89万km；流域面积$1\ 000km^2$以上河流61条（其中省界和跨省界河流26条），总长度为0.92万km；流域面积$10\ 000km^2$以上河流10条（其中省界和跨省界河流8条），总长度为0.32万km。长度5km以上河流（不含长江、汉江）4 229条，总长度5.9万km。

2. 湖泊概况　湖北省共有湖泊755个，水面总面积$2\ 706.85km^2$。其中常年水面面积$1km^2$以上湖泊231个，常年水面面积$1km^2$以下湖泊524个。跨省湖泊3个（龙感湖跨安徽省，牛浪湖、黄盖湖跨湖南省），省内跨市湖泊12个，城中湖103个。

3. 水量情况　2021年，全省平均降水量1 269.0mm，折合降水总量2 359.11亿m^3，比2020年减少22.7%，比常年多9.0%，属偏丰年份。地表水资源量1 170.42亿m^3，地下水资源量326.21亿m^3，水资源总量1 188.82亿m^3，比常年多17.6%。全省入境水量7 063.51亿m^3，比常年多10.5%，出境水量8 123.74亿m^3，比常年多11.1%。全省共有大中型水库356座，其中大型水库73座，中型水库283座。2021年年底大中型水库蓄水总量506.19亿m^3，比年初蓄水总量增加28.94亿m^3。2021年年底13个典型湖泊蓄水总量25.59亿m^3，比年初蓄水总量增加1.47亿m^3。全省总供水量和总用水量均为336.14亿m^3。其中地表水源供水量330.49亿m^3，占总供水量的98.3%；地下水源供水量5.38亿m^3，占总供水量的1.6%；其他水源供水量0.27亿m^3，占总供水量的0.1%。

4. 水质情况　2021年，全省水环境质量总体稳定，长江、汉江等主要河流干流水质总体为优。全省326个省控监测断面总体水质为良好，水质为Ⅰ～Ⅲ类断面占88.7%，较2020年提升0.8个百分点；劣Ⅴ类断面占0.3%，较2020年下降0.4个百分点。其中纳入国家考核的190个断面中，水质达到或优于Ⅲ类断面占比93.7%，全面消除劣Ⅴ类断面。县级及以上水源地水质达标率100%。

5. 水利工程　湖北省已基本形成防洪、排涝、供水三大水利工程体系，现有5级以上堤防1.7万余km，各类水库6 921座，分蓄洪区48个，泵站4.8万多座，水闸2.2万座，万亩以上灌区534处，千吨万人以上水厂774个。

（单翌　刘培　向晓莉　周薇　华平）

【重大活动】

1. 总河湖长会议　2021年11月23日，湖北省召开河湖长制工作推进会。省委书记、省总河湖长应勇主持会议并强调要坚决扛牢生态大省、河湖大省、水利大省的政治责任，全面推行落实好河湖长制。要坚持生态优先、绿色发展，坚持系统思维、整体观念，协同推进水灾害防治、水资源节约、水生态保护修复、水环境治理，实现河湖治理生态效益、经济效益、社会效益相统一，让美丽湖北、绿色崛起成为湖北高质量发展的重要底色。省委副书记、省长、省总河湖长王忠林出席会议并讲话。

2. 联系工作会议　2021年12月10日，湖北省水利厅召开河湖长制工作推进专题会。会议总结了

河湖长制实行5年来的主要成效和经验，部署安排了下一阶段工作。 （杨爱华）

【重要文件】 2021年2月1日，省河湖长制办公室关于印发《湖北省河湖管护指南（试行）》和《湖北省河湖长巡查工作指南（试行）》的通知（鄂河办发〔2021〕2号）。

2021年5月17日，印发关于开展碧水保卫战“净化行动”的命令（湖北省河湖长令第5号）。

2021年11月9日，湖北省人民检察院、湖北省河湖长制办公室联合印发《关于建立“河湖长+检察长”协作机制的指导意见》的通知（鄂检会〔2021〕8号）。 （杨爱华）

【地方政策法规】

1. 省级层面法规 2021年7月18日，湖北省人民政府公布《湖北省人民政府关于修改和废止部分规章的决定》（省政府令第420号），对《湖北省公益性水利基础设施建设管理办法》和《湖北省长江河道采砂管理实施办法》两部涉水省政府规章进行了集中修改。

2021年9月29日，《湖北省节约用水条例》经省人大常委会第二十六次会议审议通过，于2022年1月1日起施行。

2021年9月29日，湖北省人民代表大会常务委员会公布《湖北省人民代表大会常务委员会关于集中修改涉及长江保护法省本级地方性法规的决定》，对《湖北省实施〈中华人民共和国水法〉办法》《湖北省抗旱条例》《湖北省湖泊保护条例》《湖北省河道采砂管理条例》四部涉水地方性法规进行了集中修改。

2. 省级地方标准 2021年12月，省级地方标准《湖北省河湖健康评估导则》（DB42/T 1771—2021）正式发布。 （金伟 谢晓明 李兵）

【河湖长制体制机制建立运行情况】

1. 建立组织制度责任体系 省委、省政府主要领导担任省推动长江经济带发展和生态保护领导小组组长，在小组下专设河湖长制办公室，更加全面有效地统筹河湖管理保护工作。及时调整更新省级河湖长及联系单位名单，建立健全河湖长及联系单位动态补位机制，完善河湖长及联系单位职责。

2. 建立“四联”机制 会同省检察院联合出台《关于建立“河湖长+检察长”协作机制的指导意见》，在省、市、县三级分别建立“河湖长+检察长”协作组织体系，建立信息共享、办案协作、联合督办、行政刑事衔接等机制，发挥公益诉讼检察工作的作用，共同推动破解河湖管护重难点问题。夯实湖北省跨界河湖“四联”机制，指导地方协调建立大水面及重要断面拦漂清漂机制。

3. 河湖长制考核激励 组织开展河湖长制总结评估，继续执行水质水量月报、市级河湖长巡查季报制度，及时提醒河湖长和联系单位履职尽责。加强对考核结果运用，提请省政府出台对河湖长制真抓实干激励措施，落实专项资金，遴选2个市、5个县（区）进行激励。组织推送17位优秀河湖长、17个先进工作集体、17名先进工作者参评国家表彰，并最终获得荣誉。 （华平）

【河湖健康评价】 湖北省参照水利部河长办印发的《河湖健康评价指南（试行）》，制定了省级地方标准《湖北省河湖健康评估导则》（DB42/T 1771—2021），组织开展19条（个）省级河湖健康评价工作。启动十堰市泗河、襄阳市襄水、宜昌市求索溪、潜江市兴隆河、武汉市东湖、荆州市大叉湖、恩施州车坝河水库、省高关水库等第一批健康河湖试点建设，同步推进河湖健康评价工作。 （高明亚）

【“一河（湖）一策”编制和实施情况】 2021年，湖北省河湖长制办公室印发《湖北省河湖长制“一河（湖）一策”方案编制技术指南》，启动新一轮“一河（湖）一策”实施方案编制工作。此次编制主要围绕水资源保护、水域岸线管理、水污染防治、水环境治理、水生态修复、水执法监管、水安全保障、水文化保护八个方面，制定问题清单、措施清单、责任清单，明确任务目标和指标，系统推进河湖治理管护。 （高明亚）

【水资源保护】

1. 水资源刚性约束 2021年，湖北省全口径用水总量336.14亿m^3，考核口径用水总量［扣除河湖生态补水量及98.5%的火（核）电支流冷却用水量］285.91万m^3，万元GDP用水量67m^3（当年价），万元工业增加值用水量55m^3（当年价），农田灌溉水利用系数0.533，重要江河湖泊水功能区水质达标率95.65%，均优于考核目标，全省“三条红线”年度控制目标全部完成。

2. 生态流量监管情况 每月对清江、府澴河、沮漳河、富水、洪湖、长湖6个河湖7个断面的生态流量（水位）保障情况进行监管和通报，2021年全年达标率均大于90%。印发《关于公布2021年全省水工程生态基流重点监管名录的通知》，建立全省

水工程生态基流重点监管名录680个，通过明察暗访和定期通报，督促各地严格落实生态流量泄放各项措施。

3. 重要饮用水水源地安全达标保障评估 开展重要饮用水水源地安全保障达标建设，对2021年度全省重要饮用水水源地安全保障达标建设情况进行了自评估，32个全国重要饮用水水源地均达到标准要求。配合水利部制定长江流域饮用水水源地名录。

4. 饮用水水源地保护情况 2021年，持续每月开展地级以上饮用水水源地监测，每季度开展县级、乡镇及“千吨万人”级饮用水水源地监测，监测结果公开，接受群众监督。积极建设县级以上水源地水质监测预警系统，推动自动监测全覆盖。持续推进水源地保护区突出环境问题整治。全面梳理排查100个乡镇及以下“千吨万人”集中式饮用水水源地环境保护整治情况，全省乡镇及以下集中式水源地221个环境问题，已完成整改215个，有力保障饮用水水源地水质安全。

5. 取水口专项整治 编制《湖北省取水口监测计量体系建设实施方案（2021—2023年）》并上报水利部。完成2020年度全省及各市、县用水总量成果核算和2021年各季度用水统计数据填报及审核工作，积极开展第三阶段用水统计调查基本单位名录库建设，湖北省用水统计直报系统新增名录407个，总数已达 3 624个。

6. 水量分配 2021年组织完成通顺河、内荆河、浠水3条跨市（州）河流水量分配，配合流域机构开展长江等跨省河流水量分配。湖北省配合水利部及流域机构累计完成10条跨省江河流域水量分配，组织完成18条跨地市江河流域水量分配。

（向晓莉 闫帅）

【水域岸线管理保护】

1. 河湖划界 截至2021年12月底，基本完成第一次全国水利普查外 3 000余条中小河流和省级保护名录外58个湖泊的划界工作，划界成果经县级以上人民政府进行公告。

2. “清四乱” 2021年，湖北省深入推进河湖“四乱”问题常态化规范化排查整治，新排查河湖“四乱”问题608个，其中乱占134个、乱采94个、乱堆224个、乱建156个，已全部实现整治销号，实现了“四乱”问题动态清零。 （高明亚 刘超）

【水污染防治】

1. 长江入河排污口溯源整治 印发《长江入河排污口溯源整治“十问十答”》，建立并实施了定期调度分析、项目评审评定、工作进度提醒、组织现场推进、典型示范引领五项工作机制，明确和细化了八项重点任务，完善了长江入河排污口清单台账，做到“一市州一台账”，印发了全省长江入河排污口溯源整治36个典型案例，印发了湖北省长江入河排污口整治参考要求、“一口一策”整治方案和台账模版，有效指导各地推进相关工作。全省 12 480个排污口已全部完成溯源，分类监测 5 168个，立行立改 5 186个。

2. 农村生活污水治理 印发《湖北省农村生活污水治理考核细则》，将农村生活污水治理纳入乡村振兴战略实绩考核体系，对全省13个市（州）、83个县（市、区）逐项进行了赋分。制定印发《湖北省农村生活污水处理设施运行管理办法（试行）的通知》，规范农村生活污水处理设施运行维护管理、监督考核。由县域印发92个农村生活污水治理专项规划。完成全省集中式污水处理设施运行情况排查，并制定分类改造方案上报生态环境部备案。全省农村生活污水治理率达到24%。积极向生态环境部报送十堰、襄阳等七个地市农村生活污水治理典型案例。

3. 船舶和港口污染防治 按照全省长江高水平保护专项行动要求，印发全省船舶和港口污染防治攻坚提升行动方案，全省 2 853艘400总吨以上船舶（加装生活污水处理设施）、943艘100～400总吨船舶（注销、报停、封堵厕所、加装存储装置等）、220艘产生生活污水的100总吨以下船舶已全部改造完成。全省港口岸电覆盖泊位数357个，岸电累计使用706万kW·h，同比增长91%。2021年计划实施货运船舶的受电设施改造235艘，已全部完成改造、检验，完成比例达100%。全省船舶污染物码头接收设施已全面纳入长江经济带船舶水污染物联合监管与服务信息系统（船E行系统），并已覆盖所有港口。截至2021年年底，全省靠港内河营运船舶船E行注册率已达99%，进港船舶检查比例达50%以上，靠港船舶污染物交付和船E行系统使用的监管检查力度进一步加大，船舶污染物电子联单制度进一步落实。武汉、宜昌洗舱站正式建成运营，宜昌港、鄂州港、三江港区富地富江船用LNG加注码头、宜昌港秭归港区三峡库区秭归县水运应用LNG码头基本完工，具备运营条件。

4. 水产绿色健康养殖治理 2021年，依据《全国水产池塘养殖尾水治理规划》，印发《湖北省养殖池塘标准化改造和尾水治理专项建设规划（2021—2035年）》。通过先建后补方式推动水产养殖主产区池塘标准化改造和尾水治理，项目支持改造治理面积突破20万亩，打造万亩示范基地6个、5 000亩示范基地7个。制定《湖北省水产绿色健康养殖“五大行动”实施方案》，创建“五大行动”骨干示范基地40家，国家级生态养殖示范区4个。

5. 畜禽粪污资源利用治理　2021年，全省畜禽粪污综合利用率达到76%以上，规模养殖场粪污处理设施装备配套率达到98.85%。

6. 农业面源污染治理　2021年，累计建立省级绿色防控示范区100多个，全省绿色防控覆盖率达到47.93%。全省已成功申报24家全国星级服务组织和3个全国统防统治百强县，全省主要粮食作物统防统治覆盖率达44.76%。

7. 农村水环境整治　截至2021年12月底，湖北省农业农村厅联合湖北省发展改革委，指导23个县（市、区）实施重点流域农业面源污染综合治理项目。在全国率先制定发布了《区域农业面源污染综合防治技术导则》(DB42/T 1739—2021)。

（闫帅　赵雅兰　叶莹　刘伟　魏蕾　付聪　谢原利　冯海平）

【水环境治理】

1. 水环境综合治理　将水环境重点监管、考核对象由国控拓展至省控，推进流域整体治理。聚焦57个重点攻坚水域，实施年度水质提升攻坚。在长江流域率先推行全省域总磷总量控制，2021年实施总磷减排项目495个，实现重点工程减排量540.66t。按期完成12 480个长江入河排污口的溯源工作、“一口一策”方案制定和一批立行立改任务。建立常态化水质监测预警和会商机制，督促落实异常数据“削峰”措施，形成预警、响应、反馈“闭环”。各级实施水质提醒357次，排查点位1 797处（次），解决问题212个。

2. 饮用水规范化建设　动态调整水源保护区，全面推进规范化建设。根据供水变化情况，对饮用水水源地保护区动态调整，全年水源保护区新增7个、调整17个、撤销63个。全面推动规范化建设，按要求设置隔离防护设施、警示标牌及监控设施。

3. 农村黑臭水体治理　对国家农村黑臭水体清单数量位居全省前列的县（市）开展排查，共识别农村黑臭水体523条，其中纳入国家监管清单314条。督促地市有序开展农村黑臭水体治理，2021年全省已完成33条国家监管清单的农村黑臭水体治理。推进江陵县和罗田县国家第一批农村黑臭水体治理综合试点建设，2021年6月在生态环境部土壤司举办的全国培训会上作了《治理农村黑臭水体 消除群众身边污染》经验交流。（周薇　赵雅兰）

【水生态修复】

1. 生态补偿机制建立　2021年，省直相关部门联合印发了《湖北省支持推进流域横向生态保护补偿机制全覆盖的实施方案》（鄂财环发〔2021〕37号），明确“十四五”期间的目标任务，积极引导和支持省内各地进一步健全和完善流域上下游横向生态保护机制，截至2021年年底，全省制定流域横向生态补偿协议或办法30余个，共涉及81个县（市、区）。

2. 生物多样性保护　2021年，启动了湖北省淡水水生生物多样性本底调查观测评估试点工作，实地调查神农架林区、十堰市丹江口市、恩施州巴东县、宜昌市点军区、荆州市石首市、武汉市蔡甸区、黄冈市黄梅县浮游生物、淡水鱼类、大型底栖无脊椎动物、周丛藻类等淡水生物的种类组成、数量特征、分布状况、生境状况。（曾润　谭小勇）

【执法监管】　2021年，全省检查涉危废企业5 616家次，出动执法人员15 348人次，办理涉危废案件58件，罚款1 235万元，向公安移送案件30件。全省检查1 888家次企业的在线监测设施，出动执法人员3 793人次，办理涉及在线监测设施环境违法案件31件，罚款522万元，其中重点排污单位自动监测数据弄虚作假违法犯罪案件5件（省级直接指导市州联合办案2起），全部移送公安机关并立案。

（闫帅）

【水文化建设】

1. 水文化公园　2021年，潜江兴隆、兴山南阳河、远安回龙湾3家省级水利风景区晋升为国家水利风景区，占全国新增景区的1/8；武汉青山江滩、宜昌东风渠灌区、当阳杨树河水库、枝江玛瑙河故道、老河口登云湖、武穴荆竹水库6家景区被评为省级水利风景区，稳居湖北省景区近三年新增首位；武汉江滩国家水利风景区被评为“全国十大标杆水利风景区”，与宜昌高岚河国家水利风景区同时入选“国家水利风景区30个高质量发展典型案例”，成为维护河湖健康美丽，建设幸福河湖，增进民生福祉，推动新阶段水利风景区高质量发展标杆示范。

2. 水情教育　2021年2月，由湖北省水利厅推荐的武汉市节水科技馆、蕲春县大同水库被评为全国第四批国家水情教育基地。至此，已有3家［另一家是襄阳长渠（白起渠）］湖北省级水情教育基地成功跻身国家水情教育基地。（朱琼　秦双）

【智慧水利建设】

1.“水利一张图”　2021年，湖北省水利厅完

成加快构建全省水利网络安全协同体系，完成态势感知平台建设，实现了建党100周年等重要时期全省水利网络安全问题零通报，公安部、水利部网络安全攻防演练零事故，省公安厅攻防演练零失分。湖北省水利厅被评为2021年湖北省网络安全等级保护先进单位。

2. 信息系统 2021年，湖北省河湖长制管理信息系统建设项目成功验收。项目基于湖北省全面推行河湖长制工作要求，创新河湖管护方式，充分运用GIS、卫星遥感、互联网、云计算、大数据、物联网等现代先进信息技术，构建智慧河湖管护数据底座，打造河湖管护智慧大脑。通过网络服务为河湖长制业务协同提供数据支撑，基于河湖动态监管，实现涉河湖信息的静态展现、动态管理、常态跟踪；推动河流精细化监管工作从被动到主动的转变；基于河湖和水利工程划界管理，实现省、市、县三级划界、确权、公告的全周期生命流动态管理；实现信息的上传下达。 （罗楠）

湖南省

【河湖概况】

1. 河湖概况 湖南省河流众多、河网密布，水系复杂。全省水系以洞庭湖为中心，湘、资、沅、澧“四水”为骨架，主要属长江流域洞庭湖水系。长江流域占全省面积的97.6%，珠江流域占全省面积的2.4%。河长5km以上的河流5 341条。流域面积10～50km^2的河流4 766条；流域面积50km^2以上的河流1 301条；流域面积100km^2以上的河流660条；流域面积1 000km^2以上的河流66条；流域面积10 000km^2以上的大河9条，包括湘、资、沅、澧“四水”和湘江支流潇水、耒水、洣水和沅江支流㵲水、酉水；常水面面积1km^2以上湖泊156个。 （顿佳耀 吕慧珠）

2. 水量 2021年，湖南省平均降水量1 490mm，折合水量3 156亿m^3。全省水资源总量1 791亿m^3，地表水资源量1 784亿m^3，地下水资源量437.4亿m^3（其中地下水非重复计算资源量7亿m^3），人均水资源量2 705m^3。全省供水总量322.44亿m^3，其中地表水占97%、地下水占2%、其他水源占1%。全省用水总量322.44亿m^3，其中农业用水占62%、工业用水占19%、生活用水占15%、生态环境用水占4%。全省人均综合用水量486.92m^3。按2020年不变价计算，2021年湖南省万元地区生产总值用水量、万元工业增加值用水量分别为63.5m^3、23.95m^3。 （于思洋 姚丹）

3. 水质 2021年，湖南省147个国家地表水评价考核断面中Ⅰ～Ⅲ类水质比例为97.3%。 （马旭东）

【重大活动】 2021年3月22日，湖南省水利厅联合湖南省节约用水办公室主办“节水湖南、你我同行”潇湘节水主题列车发车仪式。

2021年4月，编制完成全省水利风景区名录。

2021年4月9—10日，长江委副主任金兴平率委属各单位来湘开展长江中游干流河道（湖南岳阳段）查勘考察。

2021年4月12日，在长沙召开了洞庭湖水系统治理工作座谈会。

2021年4月14日，召开了全省水资源管理和节约用水工作会议。

2021年4月16日，省水利厅、省公安厅联合开展长江干流河道采砂检查。

2021年5月20日，副省长、省河长制工作委员会办公室主任隋忠诚组织召开洞庭湖治理座谈会。

2021年5月26日，组织召开全省总河长会议。

2021年，16位省级河长按照责任分工，按要求落实完成年度巡河频次及任务。

2021年7月20—21日，国家推动长江经济带发展领导小组办公室（简称“国家长江办”）在湖南省岳阳市组织召开长江经济带生态环境突出问题整改现场会暨三峡集团参与共抓长江大保护工作现场会。

2021年7月22日，湖南省第一总河长许达哲、总河长毛伟明签发第7号省总河长令《关于开展入河排污口排查专项行动的决定》。

2021年7月29日，湖南省交通运输厅组织召开“一湖四水”非法码头专项整治及干散货码头环保隐患整治工作推进视频会议。截至2021年年底，“一湖四水”取缔类非法码头391处、撤销渡口254处的关停取缔、岸线复绿工作全部完成；湘江85处规范提升类码头的整治任务全部完成；“一湖三水”69处规范提升类码头整治任务完成32处。

2021年8月3日，湖南省委常委、常务副省长谢建辉主持召开长江经济带生态环境突出问题专题调度会议，研究部署国家长江办年中调研评估、“以案促改”、暗查暗访反馈问题的整改工作。

2021年8月，湖南省生态环境厅按照省总河长令第7号《关于开展入河排污口排查专项行动的决定》相关要求，对16条由省级领导任河湖长的重点河湖入河（湖）排污口启动排查建档，制定了《湖南省重点河湖入河（湖）排污口排查建档工作方案》，完成全省14个市（州）共计完成8 877个排污口排查建档工作。

2021年9月24日，湖南省人民政府召开全省水库除险加固和运行管护工作推进电视电话会议，启动和推进湖南省“十四五”水库除险加固和运行管护工作。

2021年9月下旬，省长江办（省发展改革委）会同省整改办（省生态环境厅）和省直相关部门，对湖南省已完成整改的33个长江经济带生态环境突出问题开展全覆盖“回头看”检查。

2021年10月12日，湖南省水利厅以“聚焦‘三高四新’战略，实施科技创新引领，助推湖南水利高质量发展”为主题，召开湖南省水利科技创新会议暨第三届湖南省水利先进实用技术（产品）推介会。

2021年11月11日，湖南省委常委、常务副省长谢建辉，副省长陈文浩召开长江经济带生态环境突出问题整改工作调度会议，通报长江经济带生态环境突出问题整改专项督查情况，研究部署整改工作。

2021年12月16日，“强化河湖长制，建设幸福河湖”——河湖长制与河湖保护高峰论坛在长沙举办。庆祝河长制实施5周年重点影片《浏阳河上》全国首映式在长沙举行。

2021年12月24日，大型交响合唱音乐专辑《湘水湘情》正式发布。

2021年，按照省纪委监委“洞庭清波”专项行动部署，组织开展了河湖长制专项检查。

（于思洋　姚丹　郭慧　丁孟　谭雯
陈琪树　戴国维　麻林）

【重要文件】　2021年1月，湖南省推动长江经济带发展领导小组办公室印发《关于印发〈湖南省2020年长江经济带生态环境突出问题整改方案〉的通知》（第42号）、《关于印发〈湖南省2021年推动长江经济带发展工作要点〉的通知》（第43号）。

2021年2月，湖南省水利厅印发《关于加强全省水利风景区管理的通知》。

2021年3月15日，湖南省自然资源厅印发《关于进一步加强新建和生产矿山生态保护修复工作的通知》（湘自然资办发〔2021〕39号）。

2021年3月18日，湖南省水利厅与湖南省自然资源厅联合印发《关于委托开展国有大中型及重点小型水利工程管理与保护范围划界方案联合审核的通知》（湘水函〔2021〕94号），共同推进全省河湖与水利工程划界工作。

2021年5月，湖南省河长制工作委员会办公室出台《湖南省河湖长制重大问题整改“一单四制”工作细则（试行）》。

2021年6月，省委办公厅、省政府办公厅印发《关于深化生态环境监测改革推进生态环境监测现代化的实施意见》（湘办〔2021〕14号）。

2021年7月1日，湖南省交通运输厅、湖南省生态环境厅、湖南省水利厅印发《关于〈湖南省干散货码头环保隐患整治指南〉的通知》（湘交港航〔2021〕104号）。

2021年7月4日，湖南省自然资源厅印发《湘江流域和洞庭湖生态保护修复工程试点五大矿区生态保护修复项目验收实施细则》（湘自资函〔2021〕51号）。

2021年7月5日，湖南省人民政府办公厅印发《关于促进畜牧业高质量发展的实施意见》（湘政办发〔2021〕28号），持续推动畜牧业绿色循环发展，大力推进以种养结合为重点的畜禽养殖废弃物资源化利用，强化养殖场（户）养殖污染防治主体责任，到2025年、2030年，全省畜禽粪污综合利用率分别达到80%和85%以上。

2021年7月8日，湖南省人民政府办公厅印发《关于切实加强水库除险加固和运行管护工作的意见》（湘政办发〔2021〕30号），明确湖南省“十四五”水库除险加固和运行管护工作的总体要求、重点任务和保障措施。

2021年7月，湖南省水利厅办公室印发《湖南省水电站生态流量监督管理办法（试行）》（湘水发〔2021〕36号）。

2021年9月1日，湖南省水利厅办公室印发《湖南省“十四五”小型水库除险加固和运行管护实施方案》（湘水办〔2021〕48号），进一步明确总体思路和工作目标、重点工作及要求、投资估算与实施安排、保障措施等。

2021年10月，经湖南省人民政府同意，湖南省农业农村厅发布《湖南省养殖水域滩涂规划（2021—2030年）》（湘农发〔2021〕77号）。

2021年11月11日，经湖南省政府同意，湖南省水利厅印发《关于印发〈湖南省地下水管控指标确定方案的通知〉》（湘水发〔2021〕29号），在全国率先确定地下水水量和水位指标。

2021年12月23日，省水利厅印发《湖南省“十四五”水资源配置及供水规划》（湘水发〔2021〕33号），推进优水优用，为构建湖南水网提供水资源

保障。编制《湖南省“十四五”节水型社会建设规划》，明确了“十四五”期间节水型社会建设工作目标、主要任务以及重点领域。

2021年12月23日，湖南省自然资源厅形成《湖南省探索利用市场化方式推进历史遗留矿山生态修复实施办法》（湘自资规〔2021〕8号）（2022年1月13日正式印发）等文件，推进全省矿山治理和生态保护修复工作。

2021年12月29日，湖南省生态环境厅会同湖南省市场监督管理局出台《工业废水铊污染物排放标准》（DB43/968—2021）；湖南省生态环境厅印发《湖南省重点流域水生态环境保护“十四五”规划》（湘环发〔2021〕49号）。

2021年12月30日，湖南省水利厅印发《关于印发〈湖南省主要一级支流水量分配方案的通知〉》（湘水发〔2021〕37号），促进流域水资源合理配置和有效保护。编制《湖南省“十四五”期末农业用水总量预测及分配方案》，建立完善刚性约束指标体系。

（谭雯　郭慧　左莉娜　马旭东　丁孟　唐少刚　邹云伏　戴国维　丁浩　于思洋　姚丹）

【地方政策法规】　2021年，湖南省水利厅制定、公布规范性文件：《湖南省水利厅　湖南省发展和改革委员会关于印发〈湖南省水利工程电子招标投标施工招标文件示范文本（2020版）〉等六个示范文本的通知》（湘水发〔2020〕31号）、《湖南省水利厅关于加强移民产业扶持的指导意见》（湘水发〔2021〕15号）、《湖南省水电站生态流量监督管理办法（试行）》（湘水发〔2021〕36号）。

2021年1月19日，湖南省第十三届人民代表大会常务委员会第二十二次会议通过了《湖南省河道采砂管理条例》，自2021年3月1日起施行。

2021年5月27日，《湖南省洞庭湖保护条例》由湖南省第十三届人民代表大会常务委员会第二十四次会议通过，自2021年9月1日起施行。

2021年7月30日，《湖南省水利工程管理条例》经湖南省第十三届人民代表大会常务委员会第二十五次会议通过，自2021年10月1日起施行。

2021年8月24日，湖南省发展和改革委员会与湖南省水利厅联合编制印发《关于印发〈湖南省“十四五”水安全保障规划〉的通知》（湘水发〔2021〕20号）。

2021年12月14日，湖南省水利厅编制印发《关于印发〈湖南省抽水蓄能电站涉水政务服务工作指南（试行）〉的通知》（湘水发〔2021〕31号）。明确水工程建设规划同意书审核、取水许可申请、大中型水库移民安置规划（大纲）审批、生产建设项目水土保持方案审批等四个事项的办理依据、审批内容和办理流程，系统梳理了主要涉水政务服务权限划分，为湖南省抽水蓄能电站建设提供了支持、规范与服务。

2021年12月，资江流域益阳、邵阳和娄底市人民政府分别印发《益阳市资江保护条例》《邵阳市资江保护条例》《娄底市资江保护条例》。

2021年12月31日，湖南省水利厅编制印发《关于印发〈推进BIM技术在水利工程全生命周期应用的指导意见〉的通知》（湘水发〔2021〕35号）。立足湖南省数字经济发展规划以及建筑信息模型应用工作指导意见，按照“需求牵引、应用至上、数字赋能、提升能力”的智慧水利建设工作要求，明确湖南省BIM技术在水利工程全生命周期应用工作中的总体要求、总体目标、重点任务和保障措施。

（黄普　谭雯　戴国维　姚造　左莉娜　马旭东）

【河湖长制体制机制建立运行情况】　进一步健全工作体系，各级全面完善了党委、政府主要领导均任总河长的双总河长体系，推行下级河湖长向上级河湖长述职制度，河湖长会议、巡查、督查、考核和河湖长调整公示等制度有效落实。省委书记、省长召开省总河长会议，签发第7号省总河长令，部署河湖长制工作，引导市（县）高规格推进河湖长履职和河湖保护治理工作，河湖长领治河湖作用持续发挥。省河长办加强与省纪委监委巩固深化“洞庭清波”专项监督工作协同，依托“河长+检察长”“河长+警长”等协作机制，强化河湖保护监督。

（翟文峰）

【河湖健康评价】　2021年，湖南省河长制工作委员会办公室以问题为导向、以结果为依据、以两山理论为目标，完成了省级典型河流渌水、涟水健康评价。“两水”均属于二类河流，处于健康状态。组织全省各市州开展15条典型河湖健康评价工作，将其作为评价河湖健康状态、科学分析河湖问题、强化落实河湖长制的技术手段，作为检验全面推行河湖长制成效的重要方式。

（张恒恺）

【“一河（湖）一策”编制和实施情况】　湖南省河长制工作委员会办公室推动新一轮“一河一策”编制相关工作，并纳入年度重点工作任务和年度考核范围。由省级领导担任河湖长的14条河湖，市级领导担任河湖长的121条河湖，县级领导担任河湖长

的 1 414 条河湖，乡级领导担任河湖长的 5 575 条河湖基本完成新一轮编制工作。（张恒恺）

【水资源保护】 2021 年，湖南省水利厅深入贯彻习近平总书记“节水优先、空间均衡、系统治理、两手发力”治水思路，落实省委省政府决策部署，以实施最严格水资源管理制度为统领，把水资源作为最大刚性约束，加强水资源集约节约高效利用，为湖南省经济社会发展提供了水资源保障。

1. 抓全过程监管 进一步规范取用水行为，树立了水资源管理权威，在国务院对湖南省人民政府 2020 年最严格水资源管理制度考核中获良好等级。在全省推广普及发放 16 347 张取水许可电子证照。督促 961 户取水户完成在线计量监控设施建设，建成生态流量等 5 个“水利一张图”水资源专题图层。省本级审批取水许可申请 12 个，办理取水许可证 27 个，下达 151 家省管取水单位年度用水计划。全省征收水资源费 5.23 亿元，督促全省 210 个建设项目开展节水评价，对 672 个项目开展取用水监督检查，对 48 个取用水单位开展“双随机、一公开”专项检查，对 333 个违规取用水行为进行了整改和处罚。

2. 抓全面节水 组织 22 家省直单位召开湖南省节约用水工作第一次联席会议，印发工作规则和进行任务分工。推动建成 19 个县域节水型社会达标县、20 所节水型高校、33 家省级节水型企业、121 家省直公共机构节水型单位、300 家水利行业节水型单位。编制《县委书记谈节水》《湖南节水科普知识读本》等 3 套书籍，在“世界水日”期间组织“节水湖南，你我同行”系列宣传活动，省政府分管省长出席潇湘节水主题列车启动仪式，活动被水利部评为“全国优秀宣传活动”，省水利厅在“第二届全国节约用水知识大赛”中荣获“特别组织单位奖”。

3. 抓水资源保护 联合湖南省生态环境厅、湖南省住房和城乡建设厅，完成县级以上城市集中式饮用水水源地名录确定工作，指导各市（县）完成千人以上农村集中式饮用水水源地名录公布。加强主要河流生态流量监测预警和应急调度，部、省考评断面年内生态基流保证率实现全面达标。督促指导圭塘河和涟水河完成生态保护修复工程试点水利项目建设工作，建成山水林田湖草水利样板工程。

4. 抓改革创新 开展湘江流域典型区域水资源资产评估，编制完成《湘江流域重点区域水资源资产评估研究报告》。在长沙县桐仁桥灌区实现农业灌溉水权回购，指导宜章县与临武县就莽山水库供水签署水权交易框架协议。牵头完成郴州水资源可持续发展创新议程年度重点工作，完成长株潭一体化 2020 年度水利重点工作，向湖南省自然资源厅提供水资源等涉水资产家底，并顺利通过省人大常委会对国有自然资源资产管理情况专项报告的首次审议。

5. 小水电站生态流量监管 严格贯彻落实《长江保护法》，将小水电站生态流量监管纳入河湖长制、水资源管理工作范围和考核内容，督促各地切实履职尽责，加强小水电站生态流量监管，保障河湖生态流量。2021 年 12 月，湖南省水利厅联合湖南省发展和改革委员会、湖南省生态环境厅等 8 部门出台《湖南省水电站生态流量监督管理办法（试行）》，为全面加强小水电站生态流量监管提供了制度保障。印发《关于进一步加强小水电站生态流量监督检查工作的通知》《关于做好小水电站生态流量泄放评估工作的通知》，督促各地认真评估，加强监督检查，查找差距不足，加强小水电站生态流量监管。督促各地科学合理确定小水电站生态流量和年度评价名录，完善小水电站生态流量泄放和监测设备设施。利用实地抽查、实时监控等方式，及时跟踪、分析和研判小水电生态流量泄放情况，对生态流量泄放不达标的督促限期整改，对拒不整改和整改不到位的按有关法律法规进行处罚。

（于思洋 姚丹 胡杰）

【水域岸线管理保护】

1. 河湖管理范围划界 完成 1 301 条河流及 156 个湖泊划界工作，认真组织开展划界成果省级复核，有效提升划界质量。

2. 岸线保护利用规划 强化规划约束和引领作用，全面完成省级领导担任河湖长的 16 个河湖岸线规划，抓紧推进江河湖库国土空间保护利用专项规划。

3. 采砂整治 出台《湖南省河道采砂管理条例》及砂石采运管理单制度，公告全省采砂管理责任人，推行统一开采管理模式，严格采砂闭环监管。优化采砂年度计划及禁采期管理，积极拓宽砂石供给渠道，2021 年开采约 8 000 万 t，收入近 30 亿元。出台《沅水干流历史尾堆清理处置指导意见》，规范开展疏浚砂综合利用。联合省直部门开展河道采砂整治行动，全省查获非法采砂船舶 23 艘，办理行政处罚 112 件。

4. “四乱”整治 持续开展河湖“清四乱”常态化规范化，2021 年度排查的 441 处河湖“四乱”及 20 处非法矮围均已完成清理整治。督促生态环境部门对未批先建的 98 处水质监测站清理整改，对其

进行部分拆除、部分补办审批手续。落实总河长会议、审计等交办的问题整改。（肖通）

【水污染防治】

1. 排污口整治　按照“细梳理、聚合力、促整治”的总体思路，持续推进入河排污口整治。细致梳理工作任务，将分散在多个部门间的工作任务进行统一归纳，避免重复与缺项；强化联合防治，以“河长制”工作为推手，将入河排污口综合整治工作与“河长制”工作相结合，同步推进，理顺相关单位的监管和整治责任，建立权责清晰的监管体系，为排污口整治工作进一步夯实基础；分工明确促整治，以各地市人民政府印发实施的“一口一策”整治方案为基础，明确入河排污口整治工作责任主体，明确各类入河排污口整治的牵头部门，统筹推进排污口整改工作，开展督察督办，建立健全整改闭环工作机制。

2021 年，湖南省采取“双随机、一公开”方式开展生态环境保护执法检查 14 763 家次，对 1 299 个固定污染源、188 个环境空气监测点、223 个地表水监测点、16 家火力发电厂、5 000 余家工业企业进行在线监控。全省共查处环境违法案件 2 793 宗，罚款 2.158 6 亿元，办理配套办法案件 336 宗，其中查封扣押 41 宗、限产停产 21 宗、移送拘留 222 宗、移送涉嫌污染犯罪 52 宗。

2. 工矿企业污染防治　湖南省自然资源厅充分发挥遥感数据资源和技术优势，对沅江、渌水、湘江、涟水、黄盖湖、耒水、浏阳河、洣水、潕水、资水、洞庭湖、长江湖南段、酉水、澧水干流、溇水、舂陵水 16 条重要河湖开展卫星遥感监测，监测水面及洲滩面积变化、疑似“四乱”问题、水环境与水污染情况等，为河湖治理提供支撑。湖南省自然资源厅通过实施湘江流域和洞庭湖生态保护修复工程试点、长江经济带废弃露天矿山生态修复项目，扎实推进生态保护修复重大工程。全面完成修复长江干流及湘江两岸 10km 范围 545 座废弃露天矿山、土地面积 1 911.52hm^2 的目标，有效改善区域生态环境。截至 2021 年 12 月 20 日，全省建成绿色矿山 240 家，其中 2021 年建成 125 家（含达标 47 家），超额完成年度新增 60 家绿色矿山的建设任务。同时，结合生态保护红线与自然保护地优化调整工作，大力推进生态保护红线和自然保护地内矿业权清理退出处置工作，大幅加快了全省工矿企业污染治理进程。

3. 城镇生活污染防治　截至 2021 年年底，湖南省共建成县级以上城市生活污水处理厂 163 座，总设计处理规模为 987.4 万 t/d，其中出水排放标准执行准Ⅳ类 6 座、一级 A 标准 136 座、一级 B 标准 27 座，出水执行一级 A 及以上标准的处理规模达到 909.9 万 t/d，占比 92.15%，敏感区域污水处理厂全部达到一级 A 排放标准，全省建成排水管网总长 3.72 万 km，其中污水管网 1.49 万 km、雨水管网 1.39 万 km、合流制管网 0.84 万 km。2021 年，全省设市城市平均进水 BOD_5 浓度为 76.14mg/L，生活污水集中收集率为 64.10%。

4. 畜禽养殖污染治理

（1）推进中央畜禽粪污资源化利用整县项目。开展全省项目实施情况调研。2021 年 3—4 月，湖南省农业农村厅组织 5 个调研组，分赴 11 个市（州）22 个项目县调研项目实施情况和验收情况，形成《全省畜禽粪污资源化利用项目实施情况调研报告》，印发《关于全省畜禽粪污资源化利用整县推进项目情况的通报》，指出存在的问题，提出整改要求。举办全省项目推进工作培训班。2021 年 6 月 16—18 日，湖南省农业农村厅在长沙举办全省畜禽粪污资源化利用项目推进工作培训班，14 个市（州）的 58 个生猪调出大县，44 个非养殖大县农业农村局分管负责人、工作人员等 320 余人参加了培训，安排部署项目推进工作，培训项目管理、项目验收、信息填报等内容，4 个工作典型市、县作了经验交流。加强制度规范推进项目验收工作。2021 年 8 月、11 月，湖南省农业农村厅先后印发《关于加快推进畜禽粪污资源化利用项目验收工作的通知》（湘农办函〔2021〕217 号）、《关于全面做好畜禽粪污资源化利用项目验收工作的通知》两个文件，并将畜禽粪污资源化利用工作纳入污染防治攻坚战“2021 年夏季攻势”、长江经济带生态环境污染治理“4+1”工程重点任务、“洞庭湖总磷削减与控制行动”、2021 年河湖长制重点工作等考核范围。2021 年，全省畜禽粪污综合利用率为 83%以上，规模养殖场粪污处理设施装备配套率为 99.6%，两项指标均超出国家规定的任务目标，在农业农村部推进畜禽粪污资源化利用延伸绩效管理工作年度评估中湖南省获得优秀等次。

（2）持续开展省级畜禽粪污资源化利用第三方评估工作。2019—2020 年，湖南省农业农村厅委托湖南省畜牧兽医研究所开展了第一次、第二次省级畜禽粪污资源化利用第三方评估工作，评估县（市、区）33 个。2021 年 10 月 20 日，湖南省农业农村厅印发《关于开展 2021 年度省级畜禽粪污资源化利用第三方评估工作的通知》（湘农办函〔2021〕288 号），对全省 18 个县（市、区）开展第三次省级畜禽粪污资源化利用第三方评估工作。

(3) 开展畜禽粪污处理设施运行专项整治行动。2021 年 10 月 19 日，省农业农村厅印发《关于开展畜禽粪污集中处理设施运行问题专项整治行动的通知》(湘农办函〔2021〕288 号)，在全省范围内组织开展畜禽粪污集中处理设施运行问题专项整治行动，举一反三，全面排查畜禽粪污处理和资源化利用情况。

5. 水产养殖污染治理　以湖南省集中连片精养池塘为重点，实施养殖池塘标准化改造和尾水治理示范工程，确定在湘阴县、安乡县、汉寿县、沅江市 4 个水产养殖大县，重点实施农业农村部集中连片内陆养殖池塘标准化改造和尾水治理项目。

6. 农业面源污染防治　深入实施化肥农药减量增效行动，推广测土配方施肥面积 9 835 万亩，实施主要农作物病虫害统防统治面积 2 843.7 万亩、绿色防控面积 5 329.6 万亩，完成国家下达的目标任务。持续加强农业废弃物资源化利用，畜禽粪污综合利用率达 85%以上，农作物秸秆综合利用率达 89%，分别高于全国平均水平 10 个百分点、3 个百分点。实施生态化改造和尾水治理面积 2.4 万亩。全省回收农药包装废弃物 676.1t。

7. 船舶和港口污染防治

(1) 加快推进洗舱站运营，累计开展危化品船舶洗舱 10 艘次。

(2) 积极推动岳阳港云溪港区 LNG 加注站建设运营，12 月底对使用 LNG 动力船舶进行了一次试验性加注。

(3) 湖南省长沙港船舶污染物转运处置量占接收量的比率达到 94%，岳阳港约 80%，实现了全过程电子联单闭环管理，达到了交通运输部提出的工作指标要求。

(4) 出台《湖南省港口码头及船舶岸电设施建设技术指南》，完成岳阳七里山锚地水域 48 套浮吊岸电设备建设；在全国率先完成 278 艘船舶岸电受电设施改造工作，申请改造补助资金为 1 677.5 万元。

(5) 推进柴油/LNG 江海直达双动力江海直达集装箱船建设，2 艘 1306TEU❶ 船舶已建成并投入运营。

(6) 完成植物油船改造 18 艘的年度任务。

(陈琪树　江立军　林海　丁浩　胡斌清　邹云伏　唐少刚　丁孟)

【水环境治理】

1. 饮用水水源规范化建设　2021 年，对湖南省 666 个乡镇级千人以上饮用水水源地保护区突出生态环境问题进行整治。据统计，全省各地累计投入资金 4.019 4 亿元，新设置标识标志牌 3 744 个，新建隔离防护设施 109.18km，取缔关闭、搬迁工业企业 8 家，整治保护区排污口 207 个，拆除关闭旅游餐饮 8 家，5 座桥梁、6 条道路建设应急收集处理设施，保护区内 4 352 户居民新建一体化污水处理设施 3 629 套，新建截污管网 14.39km，新建输水管网 25.81km。

2. 黑臭水体治理　湖南省地级城市建成区黑臭水体总数为 184 个，截至 2021 年年底，已完成整治 182 个（湘潭市江麓西干渠、爱劳渠分别计划于 2022 年年底、2023 年年底完成整治），全省平均消除比例达到 98.9%，涌现了长沙市圭塘河、龙王港、岳阳市东风湖、常德市穿紫河等一批整治成效显著的典型案例。

3. 农村水环境整治

(1) 开展水系连通及水美乡村试点县建设。首批岳阳县、津市市、娄星区 3 个试点县建设已全部完成，累计完成总投资超 13 亿元，治理农村河道 205km、湖塘 633 个，部分重点集镇河段防洪能力达到 20 年一遇标准，岸线绿化率达 90%以上。娄星区、岳阳县在国家终期评估中获得优秀。第二批的永顺县，第三批的益阳市资阳区、郴州市北湖区试点县建设进展顺利。

(2) 创新开展“水美湘村”示范创建。打造了 22 个“红色人文、民俗民风、自然风光、复合型”等 4 类各具特色的“水美湘村”示范村，累计治理农村河道 23.3km，建设生态护岸 16km，新建改造塘坝 32 处，整合打造人文景观 50 余处，服务人口 3.25 万人。

(3) 实施农村小水源供水能力恢复行动。2021 年完成 1 万余处农村小水源供水能力恢复。

4. 乡镇污水治理　坚持以问题为导向，立足新发展阶段、构建新发展格局，贯彻“绿水青山就是金山银山”的发展理念，推进城乡环境基础设施建设，建立城乡环境基础设施建设项目库，并确定了实施路线图和时间表。自启动乡镇污水处理设施建设“四年行动”（2019—2022 年）以来，全省乡镇污水处理治理水平明显提高。截至 2021 年年底，全省 914 个建成（接入）污水处理设施，较 2018 年年底

❶ Twenty-feet Equivalent Unit，简称 TEU，是以长度为 20 英尺（1 英尺=30.48cm）的集装箱为国际计量单位，也称国际标准箱单位。

翻了两番，建制镇污水处理设施覆盖率达到77%。长沙、岳阳、益阳、常德、张家界5市实现了100%全覆盖，59个县（市、区）的建制镇污水处理设施提前全覆盖。

5. 水库除险加固　2021年，湖南省对549座小型水库实施除险加固，对1 018座、627座小型水库分别实施雨水情测报设施和安全监测设施建设，基本完成全省国有大中型及重点小型水利工程划界工作，对3 885处国有水利工程管理与保护范围进行了划界，共划定管理范围线68 647.48km，保护范围线65 044.83km，管理范围面积2 236.58km^2，保护范围面积2 362.74km^2。

（陈晓峰　林海　袁理　戴国雄）

【水生态修复】

1. 退田还湖还湿

（1）在西洞庭湖国际重要湿地开展了2021年度退耕还湿项目，项目金额1 000万元，共计完成退耕还湿面积1万亩。

（2）推介衡东县退耕还林还湿试点项目、西洞庭湖国际重要湿地生态修复工程获评湖南省首届国土空间生态修复十大范例。

（3）推进巩固退耕还林还湿成果工作。会同湖南省财政厅开展了巩固拓展流域退耕还林还湿成果专项调研，撰写了《关于巩固拓展流域退耕还林还湿试点成果的调研报告》，编制了《关于巩固拓展退耕还林还湿试点成果工作方案》，向省政府报送了关于支持开展巩固拓展退耕还林还湿成果工作的相关文件。

2. 生物多样性保护　2021年洞庭湖站分别于2021年7月、9月完成洞庭湖水生生物资源监测两次。从监测结果来看，呈现出两个明显特征：一是鲟再现洞庭湖及湘江。洞庭湖监测到18尾鲟，均来自于长江入湖河道。监测表明长江鲟产卵场部分得到修复，鲟资源得到一定程度恢复；湘江已重现鲟分布。二是江豚分布区域延伸、出现频次增加，洞庭湖禁捕后江豚分布水域已由东洞庭湖扩展到了南洞庭湖。

3. 生态补偿机制建立

（1）推进省内流域横向生态保护补偿机制建设。自2019年湖南省财政厅会同湖南省生态环境厅、湖南省发展和改革委员会、湖南省水利厅联合出台了《湖南省流域生态保护补偿机制实施方案（试行）》以来，全省按照方案建立水质水量奖罚机制和横向生态保护补偿机制。实行纵向转移支付和横向补偿相结合，力求省、市、县三级联动，共建治理保护工作平台。截至2021年年底，全省14个市（州）全部签订横向协议，122个县（市、区）已有94个签订协议，覆盖率77%，形成了共抓大保护的格局。

（2）扩大跨省流域横向生态保护补偿机制范围。主动对接周边省份，争取扩大跨省流域横向生态保护补偿机制范围，构建“成本共担、效益共享、合作共治”的流域保护和治理机制，推动全省流域水质改善。

一是推动渝湘酉水流域生态补偿机制建设。以位于重庆市秀山县与湖南省湘西州交界处的国家考核里耶镇断面的水质为依据，实施酉水流域横向生态保护补偿。二是落实湘赣渌水流域横向生态补偿协议。以位于江西省萍乡市与湖南省株洲市交界处的国家考核金鱼石断面的水质为依据，实施渌水流域横向生态保护补偿。三是对接湖北、广东、广西等省份流域横向生态补偿工作。研究起草了与湖北省的流域横向生态补偿协议初稿，与广西壮族自治区就湘桂流域横向生态补偿协议交换了意见，与广东省就武水流域横向生态补偿机制建设工作进行了座谈协商。

4. 水土流失治理及生态清洁小流域治理　2021年，湖南省共治理水土流失面积1 867.21km^2，其中国家水土保持重点工程治理水土流失面积365.02km^2，实施生态清洁小流域16条。截至2021年年底，全省水土流失面积为29 479.36km^2，中度以上水土流失面积4 251.77km^2，水土流失面积、强度再次实现双下降，水土保持率提升至86.08%。

5. 流域治理　2021年湖南省生态环境厅组织完成了全省“十四五”重点流域水生态环境规划编制，确定534个省控断面、156个市（县）级饮用水水源地考核目标。打好湘江保护和治理第3个“三年行动计划”收官战，8个方面目标和36项任务基本完成。强力推进湘江流域涉铊专项整治，完善政策标准、狠抓问题整改，793个涉铊问题全部整改到位，112家涉铊企业、9个园区安装除铊设施，145家涉铊企业安装视频监控系统。推进洞庭湖总磷攻坚，135个年度重点项目全部或阶段性完成。狠抓劣V类水体治理，多次赴岳阳、衡阳、郴州、常德、益阳等地开展实地调研和指导帮扶，指导地方推进甘溪河、龙荫港、华容东湖、大通湖、珊珀湖、黄盖湖等流域治理，全力推进消劣攻坚战。

（丁浩　宋自力　许鑫　陈瀚祥　马旭东　郭勇雄　左双苗）

【执法监管】

1. 河湖日常监管　2021年，湖南省执法累计巡查河道 745 834km，水域面积 142 496km^2，监管对象 19 503 个，出动执法人员 112 969 人次、车辆 27 465 车次、船只 7 115 航次，现场制止违法行为 2 398 次，立案查处 412 件。

2. 联合执法　2021 年，湖南省 14 个市（州）同步多次启动非法捕捞高发水域巡查执法行动，公安机关联合农业农村部门共出动执法力量 2 776 人次、执法船舶 182 艘、无人机 68 架，对 38 处重点水域开展巡查执法，确保不留工作死角。各市（州）已经基本形成常态化联合巡查工作机制，各重点县（市、区）保持每周开展 1 次以上联合巡查行动。

3. 涉码头船舶执法　开展危化品船舶换货种洗舱和船舶使用岸电相关政策的宣传。严格船舶防污染现场执法，严厉打击船舶偷排超排水污染物、换货种后未按规定洗舱、未按规定使用岸电等违法行为，累计开展防污染检查 48 009 艘次、查处船舶偷排超排污染物等船舶防污染类违法行为 77 起，工作力度处长江经济带 10 省（直辖市）前列。

4. 禁捕水域监管　在湖南省 11 个市（州）、57 个县（市、区）完成智慧渔政系统建设，智慧监管能力大幅提升。开展了"冬春攻势""三无"船舶处置回头看等专项行动，与湖北、重庆两地签订了联合执法合作协议，湖南省禁渔秩序持续向好。建立了全省水生生物资源监测体系，实现了重点水域水生生物资源监测全覆盖。

（袁再伟　吴晓刚　丁孟　胡斌清）

【水文化建设】　2021 年，湖南省大力加强水文化建设，组织韶山灌区、紫鹊界梯田积极开展首批国家水利遗产认定，长沙水文站被认定为百年水文站。不断增强水文化交流合作，举办"大美洞庭湖 · 水利现代化"等研讨会，成立了湖南省水文化研究会。开展水文化宣传，以"湖南水利"微信公众号、水利科普展示中心、湖南水文展示馆、湘江流域水文展示馆和资水流域水文展示馆等为载体，开展水情教育，科普水文文化，收效显著。（向往）

【智慧水利建设】

1. "水利一张图"　2021 年，湖南省水利厅基于湖南水利云平台，利用省自然资源厅提供的地图资源，不断完善湖南"水利一张图"。一是加强数据治理，包括水利普查、水旱灾害防御、水库注册和水资源等数据，推进"一数一源"数据更新机制建立；二是优化系统功能，提升用户体验，展示湖南省河流、湖泊和水库等 40 多个类别图层资源；三是加强服务支撑，为业务部门（单位）信息化建设提供地图资源服务共享，不断提升湖南省水利信息资源共享应用水平，避免软硬件资源的重复建设。在建设湖南水利"一张图"的基础上，优化水资源、防汛、水利工程建设管理等业务专题应用模块，为水资源、水利工程建设和水旱灾害防御等业务应用提供统一便捷的管理功能，提升湖南水利"一张图"的大数据分析和辅助决策能力。

2. 河湖长信息系统　湖南省河长制湖长制工作综合管理信息系统围绕"水资源保护、水环境治理、水污染防治、水生态修复、水域岸线管理、强化执法监督"六大任务，根据河长制工作实际需求，按照"统一建设、分级管理"原则，设计面向全省五级河长应用的统一河长制信息化平台，在已有信息化系统建设基础上进行规模扩充与内容完善，打造"一个平台、多项应用、一张图展示、一站式服务"的江河湖库综合管理信息平台。

3. 巡河 App　将河长制移动应用 App 作为履职的工具，包括河湖档案查询、河湖日常巡查、发现问题上报、事件交办处置、综合统计分析。

4. 河湖卫星遥感监测　2021 年，由湖南省河长办牵头，会同湖南省自然资源厅、湖南省水利厅以季度为周期，对 16 条由省级领导担任河湖长的河湖开展常态化卫星遥感监测，提升了河湖管护能力。

（莫晓劲　唐繁　黄修筠）

广东省

【河湖概况】

1. 河湖数量　广东省地处珠江流域下游，境内河流众多，主要江河有东江、西江、北江、韩江和鉴江等，共有河流 2.4 万条，总长度为 10.3 万 km。其中流域面积为 50km^2 及以上的河流 1 233 条。全省共有湖泊 156 个，常年水面面积合计 81.75km^2。其中常年水面面积大于 1km^2 的湖泊有 15 个，总面积为 61.6km^2。

2. 水量　2021 年，广东省地表水资源量 1 211.3 亿 m^3，较 2020 年及常年分别少 25.1% 和 34.0%；全省大中型水库年末蓄水总量 134.1 亿 m^3，较年初减少 19.5 亿 m^3。

3. 水质　"十四五"期间，广东省地表水国考断面由 71 个增加至 149 个。2021 年，广东省 149 个地表水国考断面的水质优良率 90.5%，较 2020 年上升 2.0 个百分点；168 个省考断面的水质优良率为 86.9%，较 2020 年上升 0.6 个百分点。常年水面面

积大于 $1km^2$ 的 15 个湖泊中，8 个湖泊水质达到Ⅲ类以上。

4. 水利工程　截至 2021 年年底，广东省共有 7 922 座水库，其中大型水库 40 座、中型水库 337 座、小型水库 7 545 座。广东省已建成水闸 6 659 座，其中大型水闸 110 座、中型水闸 622 座、小型水闸 5 927 座。广东省 5 级及以上堤防 3 337 段，合计 18 428km。已建成海堤 4 409km。

（黄武平　刘菁　秦澜　谌汉舟）

【重大活动】　2021 年 3 月 1 日、30 日，广东省河长办会同省公安厅、生态环境厅、住房和城乡建设厅、交通运输厅、水利厅、海洋综合执法总队、能源局、市场监督管理局、广东海事局等部门联合开展了 2 次船用燃油质量和船舶污染物处置检查执法专项行动。分别前往了北江干流佛山三水河段、东江干流东莞中堂河段和西江干流肇庆端州河段，相关部门共派出 310 人参加，执法检查 97 次。

2021 年 4 月 23—25 日，中共中央政治局常委、国务院副总理韩正在广东调研，实地查看万里碧道建设。

2021 年 4 月 29 日，国务院召开全面推行河湖长制工作部际联席会议暨加强河湖管理保护电视电话会议，中共中央政治局委员、国务院副总理胡春华出席会议并讲话。广东省副省长、省副总河长、省河长办主任、鉴江流域省级河长孙志洋代表广东省作了典型发言。

2021 年 4 月 30 日，国务院办公厅印发《关于对 2020 年落实有关重大政策措施真抓实干成效明显地方予以督查激励的通报》（国办发〔2021〕17 号），明确广东省河长制湖长制工作推进力度大、河湖管理保护成效明显，决定对深圳市予以 2 000 万元资金奖励。广东省河湖长制工作已连续 3 年获得国务院督查激励。

2021 年 5 月 4 日，《新闻联播》推出“落实防疫举措　欢度多彩节日”系列报道，报道广东信宜全长 40 余 km 的沿河碧道，吸引人们驻足欣赏。

2021 年 5 月 20 日，广东省河长办结合“520”爱情主题发布“10 大浪漫碧道”。

2021 年 5 月 23 日，经广东省第一总河长、省总河长审定，省全面推行河长制工作领导小组向各地级以上市党委、人民政府和各成员单位通报了 2020 年度全面推行河长制湖长制工作考核结果，并向全社会公布。

2021 年 5 月 29 日，广东省级信息化项目“广东智慧河长”服务项目完成招标工作并开展实施。

2021 年 5 月 30 日，省委党史学习教育领导小组将“高质量推进万里碧道建设”列入“我为群众办实事”实践活动重点民生项目清单。

2021 年 5 月，水利部印发《关于表彰全面推行河长制湖长制工作先进集体和先进个人的决定》，广东省共有 52 个集体和个人受到表彰，获表彰数量居全国之首。

2021 年 6 月 2 日，央视大型直播节目《今日中国》展现茅洲河生态美景。

2021 年 8 月 4 日，广东省河长办结合奥运主题发布“20 大运动碧道”。

2021 年 8 月 30 日，经广东省副省长、省副总河长同意，印发《广东省河长办关于印发专项联合执法行动方案的通知》，省河长办组织 10 个部门 84 名执法人员开展专项联合执法行动。

2021 年 9 月 1 日起，广东省集中一年时间对全省有采砂管理任务的河湖持续深入开展非法采砂专项整治。

2021 年 9 月 22 日至 12 月底，“广东万里碧道设计及建设成果展”在广东水利大厦一楼成功举办，展览汇集了全省蓝图、21 个市碧道建设成效及 18 家设计单位的设计成果，充分展示万里碧道的丰富内涵，促进各地各有关单位学习交流，营造了良好的社会氛围。

2021 年 12 月 2—3 日，广东省河长办、省委宣传部联合邀请人民日报、新华社等央媒及省媒前往肇庆、云浮、江门等市开展全面推行河湖长制 5 周年集中采访活动。

2021 年 12 月 5 日，国际志愿者日，省河长办、团省委联合发布“河小青”志愿活动宣传片，共同发起“河小青”百万计划。截至 2021 年 12 月底，全省护河志愿者注册人数达 74 万人、建立队伍 3 300 支、服务时数近 200 万小时。

2021 年 12 月 6 日，广东省河长办召开省河长办主任会议，听取全省河湖长制工作情况汇报，审议《广东省全面推行河长制工作领导小组成员单位工作考核办法》《广东省河湖长制监督检查与责任追究办法》。

2021 年 12 月 31 日，广东省河长办发布《2020 年广东省河湖公报》。

2021 年 12 月，水利部河长办印发《2021 年全国全面推行河湖长制典型案例》，广东省有 3 个案例入选，分别是广州市提升河长履职能力“五化”举措、江门市河长制跨界水质考核奖惩机制、湛江市“河湖长＋检察长”机制。

2021 年 12 月，第三届“守护美丽河湖——共建共享幸福河湖”全国短视频公益大赛中，广东省获得一等奖1个、三等奖1个及优秀奖8个，广东省河长办及广州市河长办荣获优秀组织奖。

（徐靖　冯炳豪　范泽璇）

【重要文件】　2021年1月26日，广东省河长办印发《广东省河长办关于贯彻落实省委省政府主要领导批示精神高质量推进万里碧道建设的通知》（粤河长办〔2021〕10号）。

2021年3月16日，广东省河长办印发《广东省全面推行河长制湖长制工作2020年度考核实施方案》（粤河长办函〔2021〕33号）。

2021年3月23日，广东省河长办印发《广东省河长办关于开展船用燃油质量和船舶污染物处置联合检查执法专项行动的通知》（粤河长办函〔2021〕38号）。

2021年4月23日，广东省河长办印发《关于印发广东省2021年实施河长制湖长制工作要点的通知》（粤河长办〔2021〕23号）。

2021年6月11日，广东省全面推行河长制工作领导小组印发《关于调整组成人员的通知》（粤河长组〔2021〕3号）。

2021年6月11日，广东省全面推行河长制工作领导小组印发《关于调整省级河长湖长的通知》（粤河长组〔2021〕4号）。

2021年7月22日，广东省河长办印发《广东省河长办关于开展流域面积50平方公里以下河道管理范围划定工作的通知》（粤河长办函〔2021〕62号）。

2021年7月23日，广东省河长办印发《广东省河长办关于持续深入推进河湖“清四乱”常态化规范化工作的通知》（粤河长办函〔2021〕63号）。

2021年12月4日，中共广东省委、广东省人民政府联合印发《中共广东省委　广东省人民政府关于推进水利高质量发展的意见》（粤发〔2021〕21号）。

2021年12月20日，广东省河长办、省自然资源厅、省水利厅联合印发《广东省河长办　广东省自然资源厅　广东省水利厅关于进一步规范万里碧道建设用地的通知》（粤河长办〔2021〕58号）。

2021年12月20日，广东省水利厅印发《广东省水利厅关于印发广东省主要河道名录的通知》（粤水河湖〔2021〕5号）。

2021年12月27日，广东省全面推行河长制工作领导小组印发《关于印发广东省全面推行河长制工作领导小组成员单位工作考核办法的通知》（粤河长组〔2021〕5号）。

2021年12月31日，广东省水利厅印发《广东省主要河道采砂规划（2021—2025年）》（粤水河湖函〔2021〕2329号）。

（徐靖）

【地方政策法规】

1. 规范（标准）　2021年6月25日，广东省河长办印发《广东万里碧道建设和管理安全标准（试行）》和《广东万里碧道水质监测及评价方案（试行）》。

2. 政策性文件　2021年12月7日，广东省河长办印发《广东省流域河长办工作规则（试行）》。

2021年12月27日，广东省全面推行河长制工作领导小组印发《广东省全面推行河长制工作领导小组成员单位工作考核办法》。

（徐靖）

【河湖长制体制机制建立运行情况】　2021年，广东省河湖长制度体系更加健全。建立了河湖长信息公告制度、河湖长岗位调整自然递补机制，有效防止各级河湖管理保护责任出现“真空”。在连续多年对地市考核的基础上，出台河湖长制成员单位考核办法，建立纵向对地方、横向到部门的考核机制。出台省流域河长办工作规则，推动各流域定期召开联席会议，提升了流域治理管理水平。完善常态化暗访机制，强化“专职暗访”“兼职暗访”，有力有效推动了一大批河湖问题整改。

“河长领治”特色更加鲜明。持续压实各级河湖长责任，省、市、县三级发出河长令54件，五级河湖长发现问题16.22万个，落实整改16.2万个，整改率99.93%。

（冯炳豪）

【河湖健康评价】　2021年4—11月，广东省对130个河湖对象（64条河流、49个湖泊、17宗水库）首次开展健康评价工作。编制了《广东省2021年河湖健康评价工作实施方案》《广东省2021年河湖健康评价工作技术指引》《广东省2021年河湖健康评价工作评估方案》等技术文件。经统计，在全省河湖健康评价130个河湖库对象中，有72%评价结果为二类河湖，处于健康状态，28%评价结果为三类河湖，处于亚健康状态。

（黄武平）

【水资源保护】　广东省通过实施最严格水资源管理制度考核，严控用水总量，提高用水效率，提升水生态系统的质量和稳定性，倒逼各地和各行各业节约保护水资源。严格生态流量监管和地下水治理保护，湛江市地下水超采区水位逐年上升。2021年，广东省荣获国家实行最严格水资源管理制度考核优秀等次，实现“十四五”良好开局。

1. 节水行动　印发《广东省节水型社会建设“十四五”规划》，统筹推动农业、工业、城镇、非常规水源利用及能力建设等重点项目，以点带面，示范引领全省节水型社会建设。印发《广东省推进污水资源化利用实施方案》，着力缓解水资源供需矛盾、减少水环境污染、保障水生态安全。在实现地区生产总值增长8%的背景下，广东省全面超额完成国家下达的水资源管理“三条红线”约束性指标任务，年用水总量407亿 m^3，万元地区生产总值用水量较2020年下降7%，万元工业增加值用水量较2020年下降12%，农田灌溉水利用系数提高至0.524，规模以上工业用水重复利用率较2020年提升3.1个百分点，城市供水管网漏损率较2020年下降0.22个百分点。

2. 生态流量监管　印发第一批重点河湖生态流量保障实施方案，部署实施榕江、练江、龙江、潭江、儒洞河、袂花江等河流生态流量保障工作，逐河建立监测预警机制和管控责任制。确定并印发第二批沙河、石马河等7条重点河湖生态流量保障目标及实施方案，印发《关于做好广东省河湖生态流量保障工作的指导意见》，持续推进生态流量规范化管理。

3. 全国重要饮用水水源地安全达标保障评估　完成国家重要饮用水水源地安全保障达标建设，水源地安全保障水平不断提高。

4. 取水口专项整治　全面开展取用水管理专项整治行动和水资源管理监督检查，依法规范取用水行为。严格水资源论证和取水许可管理，加强取水监测计量体系建设和规范化管理。建立水资源管理信息报送工作机制，定期编制发布《广东省水资源监管信息》，及时发现问题并督促落实整改，提升水资源监管能力和水平。深入落实水资源有偿使用制度，2021年共计征收水资源费超33亿元，连续多年高居全国首位。全面推广应用取水许可电子证照，省、市、县三级共计1.3万余个取水许可证全面完成电子化转换。

5. 水量分配　印发潭江、螺河、龙江、九洲江、袂花江、西北江三角洲6条跨市河流水量分配方案，广东省累计已开展14条跨市、33条跨县区河流水量分配工作，主要江河已实现应分尽分。

（王艺霖　刘学明）

【水域岸线管理保护】

1. 河道管理范围划定　全面完成第一次水利普查内流域面积 $50km^2$ 以上河流管理范围划定工作（1 211条，约3.7万km），逐步开展流域面积 $50km^2$ 以下河流管理范围划定工作，筑牢全省河湖安全边界，并将所有划定成果信息汇总形成全省河湖管理范围划定的“水利一张图”。

2. 岸线保护利用规划　经广东省政府同意，印发实施《广东省河道水域岸线保护与利用规划》，规划范围包括71条省主要河道及36条管理任务较重的跨地级市界河，规划河道总长约2 600km，共划定各类岸线功能分区1 648个。

3. 采砂管理　2016—2021年，广东省水利厅批复了广东省主要河道河砂开采计划控制采砂量1 934.8万 m^3，充分发挥河砂的资源功能。印发实施《广东省主要河道采砂规划（2021—2025年）》，规划河道总长度2 451km，分设可采区21个，规划采砂控制总量为886.6万 m^3。

4. “四乱”整治　广东省全面开展了河湖“清四乱”专项行动。截至2021年年底，全省共排查整治河湖“四乱”问题超过2.5万宗，清理建筑物面积超过1 000万 m^2。

（魏俊彪）

【水污染防治】

1. 排污口整治　2021年，广东省持续推进入河排污口排查整治专项行动。以万里碧道建设为牵引，对全省流域面积大于 $100km^2$ 的河流、所有中型以上水库以及其他重要中小河流湖库开展入河排污口排查整治，共完成3.6万km流域的排查工作，基本摸清全省主要干流及重点流域排污口“底数”。组织各市在前期排查成果上，梳理一批拟整治的问题排污口，按“一口一策”原则提出整治措施并逐步开展整治，优先整治水源保护区内法律法规禁止的排污口和国考断面所在流域内的排污口。

2. 工矿企业污染防治　一是继续保持打击环境违法犯罪行为高压态势。2021年全省共处罚环境违法案件14 108宗，比2020年增加17%，罚没金额14.73亿元，同比增加14%，案均罚款金额10.44万元，同比下降2%。二是深入推进“双随机、一公开”工作。全省21个地级以上市和204个县（市、区、镇）生态环境部门全部实施污染源日常环境监管“双随机、一公开”制度。全省纳入随机抽查范围的排污单位合计206 851家，建设项目89 203家，抽查总计38 762家次（包含14 997个建设项目），发现问题554家次。三是持续加强自动监控系统运行管理。已安装联网至国发平台（重点污染源自动监控与基础数据库系统）的重点单位合计4 189家。其中纳入生态环境部考核范围的重点单位2 742家，2021年广东省重点单位年均传输有效率97.10%。

3. 城镇生活污染防治　城镇生活污水处理及资源化利用稳步推进。一是污水收集处理效能明显提高。两项关键指标“城市平均生活污水集中收集率”

和“生活污水处理厂进水 BOD 浓度”逐年上升。2021 年全省地级以上城市平均生活污水集中收集率达 76.5%，比 2020 年（67.2%）提升了 9.3 个百分点；地级以上城市污水处理厂进水 BOD 浓度达 94.5mg/L，比 2020 年（87.9mg/L）提升了 6.6 个百分点。二是污水收集处理设施建设继续领跑先行。坚持方向不变、力度不减，持续补齐城市生活污水收集处理设施短板。2021 年全省城市（县城）新建污水管网 5 243.9km，新增污水处理能力 179.2 万 t/d。截至 2021 年年底，全省城市（县城）累计建成污水管网约 7.3 万 km，建成运行污水处理设施 410 座，处理能力达 2 947.2 万 t/d，管网长度及处理能力保持全国第一。三是积极推进再生水利用及污泥处理处置工作。截至 2021 年年底，全省城市再生水利用率为 39.35%，缺水型城市再生水利用率为 43.92%，全省污泥无害化处理处置率由 2020 年年底的 91.52%提升到 2021 年年底的 95.70%，污泥无害化处置显著提高。四是乡镇生活污水设施运营和管理逐步规范。全省 1 127 个乡镇已基本实现生活污水处理设施全覆盖，设施运营和管理逐步规范。全省累计建设乡镇生活污水处理设施 1 061 座，处理能力达到 602.2 万 t/d，建成乡镇生活污水管网 1.83 万 km。其中 2021 年全省新建乡镇生活污水处理设施 15 座，新增处理能力 29.9 万 t/d，新建配套管网长度 2 415.5km。

4. 水产养殖污染防治　自 2021 年起，用三年时间在珠江三角洲 9 市开展养殖池塘升级改造行动，以规模养殖场、连片养殖场为重点，推进 100 万亩养殖池塘升级改造，建设 30 个示范性美丽渔场、10 个水产健康养殖和生态养殖示范区、100 个水产品质量安全智检小站，推广绿色、健康、生态养殖模式，实现提质、增效、稳产、减排、绿色的高质量发展目标。2021 年，珠江三角洲 9 市已启动创建第一批 22 个示范性美丽渔场，统筹中央渔业发展补助资金、一般性转移支付资金及筹措省级及以下财政资金共 55 530 万元，企业自筹投入 4 768 万元。2021 年，全省完成养殖池塘标准化改造和配备尾水处理设施的池塘面积为 27.57 万亩，正进行养殖池塘标准化改造的池塘面积为 8.99 万亩。

5. 农业面源污染防控　一是农药减量控害。2021 年全省水稻病虫害专业化统防统治面积 4 439 万亩，统防统治覆盖率 43.96%，比 2020 年增加 1.5 个百分点，全省农药使用量为 5.04 万 t，比 2020 年减少 2.1 个百分点。全省农作物病虫绿色防控面积 2 900 多万亩，病虫绿色防控覆盖率达到 43%，比 2020 年增加 7.2 个百分点。二是化肥减量增效。2021 年，11 个化肥减量增效项目县共建设示范区 22.8 万亩。通过辐射带动，全省共推广测土配方施肥技术面积 4 102 万亩，化肥使用量继续实现负增长。三是畜禽粪污资源化利用。2021 年全省畜禽规模养殖场粪污处理设施装备配套率 98.8%。全省新创建 8 家国家级标准化示范场、15 家省级现代化美丽牧场，312 家省级标准化示范场；规模养殖场比例率从 2018 年的 69.6%提升到 2021 年的 77.7%。四是推动农业面源污染监测。在广州、惠州、韶关、茂名、河源、汕头、云浮等地建设 14 个小流域农业面源污染监测区。

6. 船舶和港口污染防治　印发《广东省深化治理港口船舶水污染物工作方案》，要求到 2025 年实现船舶水污染物上岸处理常态化和制度化。完善船舶水污染物港口接收处理设施及加强接收管理。截至 2021 年年底，广东省内河港口已建成生活垃圾接收设施 483 套、生活污水接收设施 336 套、船舶含油污水接收设施 330 套；沿海港口已建成生活垃圾接收设施 716 套、生活污水接收设施 463 套、船舶含油污水接收设施 122 套；充分利用市场资源委托第三方接收，备案第三方接收单位 123 家，第三方接收车 47 台、接收船 75 艘。截至 2021 年年底，广东省内河港口接收船舶生活垃圾 1 337t，船舶生活污水 5 753m^3，船舶含油污水 849m^3；沿海码头船舶生活垃圾接收量为 6 591t，生活污水接收量为 3.6 万 m^3，含油污水接收量为 35.5 万 m^3。其中内河港口免费接收船舶生活垃圾 1 213t，比 2020 年增加了 953t，免费接收推动效果较为明显。

（秦澜　周阳　孙宇航　叶志超）

【水环境治理】

1. 饮用水水源规范化建设　广东省持续开展饮用水水源保护区划定和优化调整工作，协调推进珠江三角洲水资源配置工程水源保护区划定工作。进一步加强饮用水水源保护和水源地规范化建设工作，组织各地开展水源保护工作自查自纠。2021 年完成全省县级及以上城市集中式饮用水水源环境状况评估，全省县级及以上集中式饮用水源水质 100%达标，水源保护区标志规范化设置率 100%。全覆盖监测农村“千吨万人”水源地水质，推进农村“千吨万人”水源地环境问题整治工作。

2. 黑臭水体治理　广东省住房和城乡建设厅加强统筹部署和督办指导，牵头制定城镇生活污水处理“十四五”规划，每季度开展城市黑臭水体治理“一对一”明察暗访，深入推进城市生活污水处理提质增效，精准帮扶指导地市加快推进小东江、水东湾、枫江等流域新建污水管网建设项目实施，从源头

上加强生活污染源管控。各地落实主体责任，持续加大要素投入，建立完善防止返黑返臭的长效管理机制。经过整治，城市黑臭水体水质明显改善并得到有效巩固，群众满意度大幅提升，并带动沿河人居环境品质不断提高。深圳市茅洲河、东莞市华阳湖、惠州市沙河、广州市乌涌、汕头市练江、深圳市大沙河、珠海市前山河、惠州市淡水河等昔日重污染河流华丽蜕变，被评为“2021年广东省十大美丽河湖”。

3. 农村水环境整治　2021年，全省共有1 110个行政村完成农村环境整治，超额完成国家考核任务（1 060个），大力推进农村生活污水治理，截至2021年年底，全省农村生活污水治理率达47%。各地稳步推进农村黑臭水体整治，以控源截污为核心，因地制宜开展治理，按期完成国家下达的任务目标。印发《广东省农村黑臭水体治理效果评估方案（试行）》，明确了治理总体要求和效果评估工作程序、技术要求等内容，组织各地开展治理效果评估，促进农村黑臭水体治理“长制久清”。（秦澜　孙宇航）

【水生态修复】

1. 河湖自然保护区　广东省现有国家级湿地公园27个，分布于16个地市，面积515km²；省级湿地公园6个，面积13.7km²。

2. 生物多样性保护　广东省生物多样性丰富，其中红树林具有极高的保护价值，全省现有红树林面积15.96万亩，是全国红树林面积最多的省份。2021年，广东省开展多项红树林保护修复、盐沼植被恢复、鸟类栖息地营造、外来入侵物种清理工程，有效保护和提升滨海湿地生物多样性，其中广州、惠州、东莞、江门、潮州、揭阳及汕头市共完工并验收滨海湿地修复项目11个，实施红树林营造修复面积2 678亩，恢复盐沼植被地340亩，营造鸟类栖息地425亩，清理薇甘菊、三叶鬼针草、水葫芦等约37亩。

3. 生态补偿机制建立　根据国务院办公厅《关于健全生态保护补偿机制的实施意见》（国办发〔2016〕31号）和《广东省人民政府关于健全生态保护补偿机制的实施意见》（粤府办〔2016〕135号）、《深化生态保护补偿制度改革的意见》（中办发〔2021〕50号）等文件要求，广东省积极与江西省、广西壮族自治区、福建省合作开展流域上下游横向生态补偿工作。2021年，广东省分别与广西壮族自治区实施《九洲江上下游横向生态补偿协议》（2021—2023年）、与福建省实施《汀江—韩江上下游横向生态补偿协议》（2019—2021年）、与江西省实施《东江流域上下游横向生态补偿协议》（2019—2021年）。2021年，各跨省界考核断面年均水质均达到地表水Ⅲ类标准。《汀江—韩江上下游横向生态补偿协议》《东江流域上下游横向生态补偿协议》分别于2021年年底到期，广东省积极与福建省、江西省商议新一轮协议签订工作，继续开展跨省流域横向生态保护补偿工作。

4. 水土流失治理　根据2021年水土流失动态监测成果，全省水土流失面积为17 370.47km²，其中轻度侵蚀为14 602.51km²，占水土流失面积的84.07%。全省的水土保持率已由规划基准年（2013年）的88.43%提高到2021年的90.27%，上升了1.84个百分点。

5. 生态清洁型小流域　按照“安全、生态、发展、和谐”的治理目标，以河道整治为依托，通过水土流失治理，促进生态良性循环，建设生态健康河流，改善人居环境，有序推进生态清洁小流域项目，全省共完成生态清洁小流域建设12宗。

6. 创建绿色小水电　截至2021年年底，累计关停或退出212宗电站，累计创建绿色小水电示范电站58宗。（秦澜　白堃　张家瑛　马婧）

【执法监管】

1. 联合执法　2021年，广东省水利厅联合公安、海事等部门，在各流域组织开展6次大规模联合执法行动。广东省公安厅会同海警成功破获“6·30”盗采海砂专案。

2. 河湖日常监管　一是建立河长制暗访工作常态化机制。2021年共派出暗访组36批次，人员130人次，在一年的时间里走遍全省21个市、122个县，省、市、县三级河长办开展督导督查4 219次，发出督办函3 848件，全省河长湖长因治水不力共被问责282人次。二是建立以自动监控为核心的远程监管体系，将发证排污单位全部纳入污染源“双随机、一公开”监管系统。实现全省21个地级以上市生态环境违法行为举报奖励制度全覆盖，奖励金额238万元。对全省1 051家国控企业开展环境信用评价，评价结果通过“信用广东”向社会公布。

3. 专项行动　一是组织开展河道非法采砂专项整治，部署打击“蚂蚁搬家”式河道非法采砂“常态化”等专项行动。2021年全省各级水行政主管部门共办理水事违法案件1 772件，其中涉砂类案件552宗，行政罚款1.49亿元，办案数连续4年居全国第二。二是紧紧围绕建设平安水域总体目标，组织全省公安机关启动水域治安常态化巡防，开展水域岸线隐患排查，加快推进全省水域治安监管平台建设和涉水数据融合应用，组织开展打击突出涉水刑事犯罪“飓风”“净水”等专项打击整治行动，加强涉水情报信息搜集、分析、研判和重点案件督办。截至2021年年底，全省公安系统共立涉水体污染环境案件238起，破案256起；共立非法捕捞案件231起，破案247起；共立包括非法采砂在内的非法采矿案252起，破案260起。

（曾紫凤　曹丽　秦澜　叶森）

【水文化建设】　万里碧道是广东省水文化建设的重要载体，广东省依托万里碧道统筹考虑水环境、水生态、水资源、水安全、水文化和水经济等多方面的有机联系。

一是以碧道为载体，结合水文化、水科技、治水成果，做好水利科普，提升全民水科学素养，提高公众参与治水积极性。江门市天沙河碧道建设蓬江智水展示中心，打造蓬江区治水工作的重要展示窗口和环保主题教育基地，通过“宣传、展示、教育、交流”方式，讲好“蓬江水故事”。东莞市东清湖水库碧道将东清湖打造成集湿地保育、湿地功能展示、湿地文化宣传、湿地科研监测以及湿地生态旅游为一体的市级湿地公园，公园内设置湿地科普区，通过湿地科普宣教和生态旅游的方式向公众展示深厚的湿地文化，倡导湿地保护。云浮市西江（郁南城区段）碧道建设首个西江水文化主题公园，以“生态西江，人文都城”为理念，围绕“西江黄金水道”水文化的保护、传承、利用持续发力，深挖水文化内涵，通过文物明星“西江第一锚”、码头铜像雕塑等，展现西江水文、水景、水韵和水情，感知都城的历史变迁、水脉历程、水历史文化和经济发展，彰显西江水域文化及沿岸（都城）风土人情、镇域历史等深厚的水文化底蕴。

二是以碧道建设牵引特色文化保护，打响岭南水文化品牌，将碧道建设成为文化休闲漫道。广州市荔湾区珠江后航道（聚龙湾段）碧道利用20世纪50年代珠江沿岸一个市属国企的粮仓，活化成具有城市规划展厅、岭南文化和历史遗存的博物馆和企业家活动平台等功能的城市展厅，成为人们探寻广州商业文化的途径。深圳市蚝乡湖碧道以蚝的外形打造蚝乡湖轮廓，利用当地传统的蚝壳筑墙工艺建造景墙，将沙井旧发电厂建筑改造为文创展馆，打造以蚝文化、海洋文化为主题的文创园区，并在周边设计了蚝壳水迷宫和教育湿地，每年举办蚝乡文化节，成为当地文化交流平台。深圳人才公园湖泊碧道充分凸显出人才主题，通过矗立着30位深圳杰出人物的星光柱的人才星光桥，纪念为深圳做出巨大贡献的杰出人才。人才功勋墙、人才公园记、人才雕塑园、人才体验馆、人才故事汇详细记录并展示了深圳40多年改革开放的伟大历程、深圳人才的奋斗史、发展史，纪念深圳人才群体的辉煌过去，并激励当今人才继往开来。云浮市西江（地心大历段）碧道提取疍家文化元素，结合当地渔家、桑蚕等文化，塑造地道的疍家文化碧道，进一步宣传、保护和利用疍家文化，使得西江黄金水道水域岸线的人文气息与自然风光有机融合。

（陈竹包）

【智慧水利建设】

1. 构建“一网统管”“水利一张图”　省域治理“一网统管”水利专题，充分整合水利现有信息化成果，全面汇聚全省 9 102个河道、水库水雨情实时监测数据，2 117个视频监控数据，全省水库、水闸、堤防、水电站等水利工程基础数据和业务管理数据，整合接入气象降雨实时监测和预测预报数据，实现水安全风险防御、水工程监管一网纵观全局、一网态势感知。

2. 智慧化手段解决河湖管理难题　“广东智慧河长”平台经过三期建设，逐步构建了一套纵向贯通五级河湖长、横向集成成员单位、上下联通省、市、县、镇的智慧河湖管理系统，用互联网思维、智慧化手段解决河湖管理难题，有效服务河湖长制工作，极大提高了河湖管理水平。该平台已获得工业和信息化部“绽放杯”5G应用大赛优秀奖、水利部智慧水利“最佳实践”奖等国家级奖项9个，取得软件著作权7项、发明专利2项。2021年，“广东智慧河长”平台增加万里碧道、河湖健康评价等内容，为河长办履行组织、协调、交办、督办职责提供了支撑。通过三维建模实现全省主要河道的数字化呈现，引入5G、卫星遥感、人工智能识别等前沿技术，增强对河湖的感知预警能力，形成“天、空、地、人”立体化的监管体系，打通闭环管理的“最后一公里”。通过移动端巡河履职、河湖事件管理、“四乱巡查”等功能连接起全省各级河长及河长办，提高了河湖问题上报的时效性、提升了准确率，使河湖长制工作从分散粗放向集约精细转变、从被动响应向主动预警转变、从经验判断向科学决策转变。“广东智慧河长”平台还进一步拓宽公众服务，接入了“粤政易”应用，让社会公众更加便捷地参与到河湖管护中来。

（陈婉莹　王留杰）

广西壮族自治区

【河湖概况】

1. 河湖数量　全国水利普查成果显示，广西壮

族自治区（简称“广西”）流域面积 50km² 及以上的河流 1 350 条，分属珠江、长江、红河三大流域六大水系。其中流域面积 100km² 及以上的河流有 678 条，200km² 及以上的河流有 361 条，500km² 及以上的河流有 157 条，1 000km² 及以上的河流有 80 条，5 000km² 及以上的河流有 18 条，10 000km² 及以上的河流有 7 条。广西境内流域面积最大的河流是西江，其次为郁江、柳江、桂江、龙江、贺江等。西江河长 1 248km，流域面积 202 377km²；郁江河长 1 118km，流域面积 68 414km²；柳江河长 492km，流域面积 42 047km²；桂江河长 438km，流域面积 18 761km²；龙江河长 392km，流域面积 16 894km²；贺江河长 352km，流域面积 11 562km²。广西常年水面面积达到 1km² 的现状天然湖泊 1 个，即位于南宁市青秀区的南湖，属珠江流域西江水系，为淡水湖，水面面积为 1.11km²。

2. 水量　2021 年，广西水资源总量为 1 541.2m³，比多年平均值少 18.9%。

3. 水质　2021 年，广西 112 个国家地表水考核断面水质优良比例为 98.2%，总体水质状况为优，其中Ⅰ类水质断面 17 个，占 15.2%；Ⅱ类水质断面 79 个，占 70.5%；Ⅲ类水质断面 14 个，占 12.5%；Ⅳ类水质断面 2 个，占 1.8%；无Ⅴ类和劣Ⅴ类水质断面。

4. 新开工水利工程　2021 年，广西在建重大水利工程项目共 7 项，分别为大藤峡水利枢纽工程、落久水利枢纽工程、桂中治旱乐滩水库引水灌区二期工程、左江治旱驮英水库及灌区工程、桂西北治旱百色水库灌区工程、广西西江干流治理工程、洋溪水利枢纽工程，投资规模超过 700 亿元。部分项目初步建成并发挥效益，进入了项目建设和效益发挥并行的新阶段。

（吴奇蔚　谭亮）

【重大活动】　2021 年 1 月 4—6 日，自治区党委书记、自治区人大常委会主任鹿心社深入防城港、钦州、北海、玉林四市进行巡河调研，并在钦州沙井港码头详细了解平陆运河规划建设情况。

2021 年 1 月 11 日，自治区副主席、郁江干流自治区河长、自治区河长制办公室主任方春明到北投公路集团建设的 G357 罗城四把至环江公路项目实地巡河调研，了解项目建设情况。

2021 年 4 月 7—8 日，自治区党委副书记、自治区主席、自治区总河长蓝天立就玉林市南流江、九洲江流域水环境综合治理取得显著成效到玉林市开展巡河调研。蓝天立专程来到南流江玉东湖断面水质监测点，实地检查南流江水质，听取南流江、九洲江中央环保督察“回头看”反馈意见整改情况汇报。

2021 年 4 月 21 日，自治区河长制办公室在南宁召开了 2021 年第一次自治区河长会议，会议由自治区副主席、郁江干流自治区河长、自治区河长制办公室主任方春明主持会议，自治区水利厅长、自治区河长制办公室副主任杨焱，自治区生态环境厅长、自治区河长制办公室副主任檀庆瑞，自治区河长会议成员单位成员出席会议。

2021 年 5 月 7—9 日，自治区党委副书记、西江干流自治区河长刘小明深入梧州、来宾两市开展调研，实地调查了西江黄金水道航运枢纽、航道运力。刘小明强调，要深入推进西江流域生态修复和环境治理，杜绝河道滥采乱挖，做好岸线开发与保护。

2021 年 5 月 17—19 日，水利部河湖管理司副司长、一级巡视员陈大勇到桂林市就漓江河道采砂管理等生态环境保护工作情况进行调研。自治区河长制办公室专职副主任陈润东陪同调研。

2021 年 5 月 20—21 日，自治区党委副书记、西江干流自治区河长刘小明到贺州市开展调研。实地检查龟石水库防汛备汛和河湖长制工作落实情况，要求当地完善防汛备汛各项预案措施，做到有情况迅速响应、迅速处理，切实保障人民群众生命财产安全。

2021 年 5 月 26—29 日，自治区党委副书记、西江干流自治区河长刘小明率有关部门深入北海、钦州和防城港三市开展巡河调研，调研西部陆海新通道建设情况。

2021 年 8 月 12—14 日，自治区副主席、郁江干流自治区河长、自治区河长制办公室主任方春明到河池市开展巡河调研，了解河长制等工作情况。

2021 年 8 月 26 日，自治区副主席、郁江干流自治区河长、自治区河长制办公室主任方春明到梧州市开展调研。在西江干流治理项目河西防洪堤达标加固工程现场，方春明详细了解项目进展及梧州市防洪设施建设情况。

2021 年 9 月 23—24 日，水利部河湖保护中心主任蒋牧宸赴南宁市、柳州市就河湖保护治理与河湖高质量发展情况进行调研。自治区河长制办公室专职副主任陈润东陪同调研。

2021 年 9 月 25—26 日，自治区党委副书记、西江干流自治区河长刘小明深入都安瑶族自治县、大化瑶族自治县开展巡河调研。刘小明要求，要深入贯彻落实习近平生态文明思想，认真践行“绿水青山就是金山银山”理念，严格落实河长制，进一步擦亮河池市“山清水秀生态美”金字招牌。

2021 年 10 月 14 日，自治区副主席、自治区河长制办公室主任方春明主持召开会议，专题研究西江干流梧州段非法网箱养殖清理整治工作。

2021 年 10 月 18 日，自治区党委副书记、西江干流自治区河长刘小明到梧州市开展巡河，并检查梧州市落实河长制、整治河湖“四乱”等工作。刘小明强调，梧州市要进一步贯彻落实水利部和自治区关于持续深入推进“河长巡河”、河湖“清四乱”等常态化规范化工作部署，全面清理整治西江干流浔江梧州段非法网箱养殖，推动网箱养殖产业转型升级。

2021 年 10 月 19 日，自治区河长制办公室在南宁召开西江干流河长工作电视电话会议。自治区党委副书记、西江干流自治区河长刘小明和自治区党委副秘书长袁国华参加会议。

2021 年 10 月 19—21 日，水利部河湖保护中心副主任李春明赴钦州市、河池市就河湖划界、风雨廊桥、水上光伏项目等相关情况开展实地调研。自治区河长制办公室专职副主任陈润东陪同调研。

2021 年 10 月 30—31 日，自治区党委书记、自治区总河长刘宁先后来到来宾市、柳州市进行巡河调研。刘宁实地考察桂中治旱乐滩水库引水灌区工程建设推进情况，要求建立健全管理体制机制，切实把这一重大水利工程和民生工程建设好、维护好、运营好、利用好，充分发挥效益、造福当地群众。

2021 年 11 月 3 日，自治区党委书记、自治区总河长刘宁，自治区党委副书记、自治区主席、自治区总河长蓝天立，自治区副主席、自治区河长制办公室主任方春明，自治区水利厅长、自治区河长制办公室副主任杨焱一行到珠江委考察调研。

2021 年 11 月 13 日，自治区党委书记、自治区总河长刘宁赴梧州市开展调研，实地调研了西江黄金水道，听取西江黄金水道和建设有关情况汇报。

2021 年 11 月 24 日，水利部河湖司副司长刘六宴、水利部河湖司砂管处处长叶炜民为进一步总结宣传推广桂林市漓江流域生态保护环境典型经验，深入桂林市开展实地调研。自治区河长制办公室专职副主任陈润东陪同调研。

2021 年 12 月 21 日，自治区副主席、郁江干流自治区河长、自治区河长制办公室主任方春明赴横州市西津水库开展巡河调研。

2021 年 12 月 24 日，自治区河长制办公室召开 2021 年全自治区河长制湖长制工作电视电话会议，自治区党委书记、自治区总河长刘宁专门作批示，自治区党委副书记、自治区主席、自治区总河长蓝天立出席会议并讲话，会议由自治区党委常委、自治区人民政府党组成员、桂江干流自治区河长许永锞主持会议。会上自治区党委副书记、西江干流自治区河长刘小明宣读自治区党委书记、自治区总河长刘宁的批示，自治区副主席、郁江干流自治区河长、自治区河长制办公室主任方春明通报 2017 年以来全自治区全面推行河长制湖长制工作情况。自治区河长会议成员单位和设区市总河长作了述职发言并交流经验。（吴奇蔚　谭亮）

【重要文件】　2021 年 7 月 6 日，广西壮族自治区水利厅办公室印发《关于推广应用广西河道采砂“互联网＋”监管系统的通知》（SL/TBS 2021 215 号）。

2021 年 9 月 30 日，广西壮族自治区党委书记、自治区总河长刘宁，自治区党委副书记、自治区主席、自治区总河长蓝天立签发，广西壮族自治区河长制办公室印发《关于开展河道非法采砂专项整治行动的通知》（总河长令第 5 号）。

2021 年 12 月 27 日，广西壮族自治区人民政府办公厅印发《广西水安全保障“十四五”规划》（桂政办发〔2021〕135 号）。

2021 年 12 月 30 日，广西壮族自治区河长制办公室、自治区人民检察院印发《关于在河湖长制工作中建立“河湖长＋检查长”协作机制的意见》（桂河长办〔2021〕35 号）。（吴奇蔚　谭亮）

【地方政策法规】

1. 法规　2021 年 3 月 26 日，广西壮族自治区第十三届人民代表大会常务委员会第二十二次会议通过《广西壮族自治区农村供水用水条例》，自 2021 年 5 月 1 日施行。

2. 政策性文件　2021 年 1 月 8 日，广西壮族自治区水利厅、广西壮族自治区交通运输厅印发《河道、航道整治砂石综合指导意见》（桂水河湖〔2021〕1 号）。（吴奇蔚　谭亮）

【河湖长制体制机制建立运行情况】　2021 年，广西全面完成了各地集中换届后的河湖长变更调整，全自治区共落实总河长 2 710 名，河湖长 2.6 万余名，共设立河长公示牌 11 715 块。河长制会议成员单位由 15 个增加到 19 个。截至 2021 年 12 月，共设立自治区、市、县级河湖长制办公室 133 个，落实了人员、场地、设备等必要条件，乡级设立河长制办公室 861 个。（吴奇蔚　谭亮）

【河湖健康评价】　2021 年，广西完成市级领导担任河长的 73 条河流和县级领导担任河长的 727 条河流的河湖健康评价。（吴奇蔚　谭亮）

【“一河（湖）一策”编制和实施情况】 2021年，广西完成西江、柳江、郁江、桂江四条干流的“一河一策”修编，并组织年度修编实施情况评估。

（吴奇蔚　谭亮）

【水资源保护】

1. 水资源刚性约束　2021年，广西水资源管理控制目标全部完成，节水行动年度任务、水资源管控和取用水监管、水资源调度、河流水生态保护、农村供水保障、河湖治理和建设等重点任务措施全面落实并取得重大突破。根据国家实行最严格水资源管理制度考核工作组对各省（自治区、直辖市）2021年度实行最严格水资源管理制度考核结果，广西获“优秀”等级，在全国排名第6位。

2. 节水行动　2021年，广西累计完成46个县域节水型社会达标建设工作，提前完成广西节水行动实施方案2022年30%的建设目标。全自治区水利部门充分发挥“节约用水，水利先行”的精神，率先完成水利行业节水型机关建设，广西壮族自治区水利厅和贵港市水利局被评为“全国公共机构水效领跑者”。水利、教育、科技等部门联合开展节水宣传进校园、进企业活动，节水大使评选活动，节约用水科普知识大赛，节约用水知识大赛，“节水中国 你我同行”主题宣传联合行动等节水主题宣传活动，深入落实节水优先思想。

3. 生态流量监管　2021年，对西江、柳江、郁江、桂江等四大干流的56个县级以上行政区界、23个主要水库（水电站）及其44条集水面积1 000km^{2}以上的一级支流和42个跨设区市河流交界断面的水量进行每月监测评价，按月编制《四大干流水量信息》《水资源水生态水量信息》。根据加强生态流量、地下水管控等工作需要，在《水资源水生态水量信息》增加了“明江、洛清江、茅岭江等7条主要河流18个考核断面生态流量达标情况”“14个设区市地下水位变化情况”等信息。

4. 全国重要饮用水水源地安全达标保障评估　2021年，全自治区14个设区市的55个地级城市集中式生活饮用水水源地水源达标率为92.7%，比2020年下降1.7个百分点；水量达标率为98.8%，比2020年上升0.9个百分点。全自治区73个县（区、市）134个县级城镇集中式生活饮用水水源地水源达标率为92.5%，比2020年上升2.9个百分点；水量达标率为98.9%，比2020年下降0.1个百分点。

5. 取水口专项整治　2021年1月，全面完成取用水管理专项整治行动核查登记工作，全自治区核查登记11 954个取水口。2021年8月，全面完成了水利部关于无证取水设有安装取水计量等不符合取水管理规定问题的复核认定；截至2021年年底，全面完成大型、重点中型灌区、城镇公共供水、自备水源问题整改，全自治区101个项目依法退出，1 303项无证取水项目已取得了取水许可证，73个超许可取水问题通过节水改造或重新开展水资源论证，核发新取水许可证等措施完成了整改，1 061项无计量取水项目已经安装了取水计量设施，122个取水项目完成了更换或修复取水计量设施，取水计量率达到42.5%，相比取用水专项整治行动开展前提高了13%，在线计量率达到22.5%，相比整治前提高了2.3%。

6. 水量分配　2021年度直接用水总量为268.5亿m^3，其中农业用水量189.6亿m^3、工业用水量36.5亿m^3、生活用水量36.1亿m^3、人工生态环境用水量6.3亿m^3。2021年广西人均综合用水量534m^3；万元地区生产总值用水量108.5m^3，比2020年减少9.3m^3；耕地实际灌溉亩均用水量769m^3，比2020年增加5m^3；综合农田灌溉水利用系数达到0.515，比2020年提高0.006。城镇人均综合用水量260L/d，比2020年增加11L/d；城镇人均居民生活用水量180L/d，比2020年减少3L/d；农村人均居民生活用水量120L/d，比2020年减少8L/d。

（吴奇蔚　谭亮）

【水域岸线管理保护】

1. 河湖管理范围划界　2021年，广西强化河湖水域岸线空间管控，全面完成18 936条河流、19个湖泊管理范围划定。

2. 岸线保护利用规划　2021年，广西编制完成467条（段）重要河湖岸线保护与利用规划，成果同步纳入国土空间规划“一张图”实施管理。依法规范河道管理范围内建设项目管理，水利部珠江水利委员会和自治区水利厅审批项目32个。

3. 采砂整治　2021年，广西全面推进河道非法采砂专项整治行动，依法严厉打击“沙霸”及其背后“保护伞”，出动20 979人次，累计巡河81 659km，清理非法采砂点263个，破获非法采砂案件128起，打掉犯罪团伙17个，逮捕犯罪嫌疑人199人。建立健全河道采砂规划审批许可监管机制、行刑执纪执法衔接机制等十项监管机制。

4. “四乱”整治　2021年，广西深入推进河湖“清四乱”常态化规范化，清理整治“四乱”问题2 075个，基本实现动态清零。清理非法占用河道岸线284km，拆除违法建筑26.7万m^2，清除围堤

117km，清除非法林地约 10.5 万 m^2，清除违规种植大棚 1 525m^2，清除非法网箱养殖 200 余万 m^2，清除非法采砂点 263 个，清理非法砂石量 74 110m^3，打击非法采砂船只 337 艘，河湖面貌持续提升改善。

（吴奇蔚　谭亮）

【水污染防治】

1. 排污口整治　2021 年，广西对规模以上、未纳入在线监控的入河排污口开展了监督性监测，并将监测结果通报各市，督促各市对超标排污口开展整治。加大“散乱污”工业企业排查和打击力度，对“散乱污”企业进行关停、升级改造或搬迁，推进十大行业清洁化改造；加强入河排污口监督管理，不定期开展入河排污口监督检查，依法取缔非法设置入河排污口，定期监测已登记在册入河排污口排污状况。其中上半年共抽查入河排污口 276 个，监测达标的有 222 个，达标率为 80.4%，与 2020 年同期相比上升 8.9 个百分点。

2. 工矿企业污染　积极组织各设区市对钢铁、有色金属、黄金、建材、造纸、采矿等行业的淘汰类产业政策执行情况进行摸排，持续加强对各市工业集聚区污水集中处理设施建设和运行的监督指导工作，不定期调研工业园区污水处理情况，全年共检查 31 个工业集聚区，每月定期调度工业集聚区污水集中处理设施建设进度。自治区级以上工业集聚区全部实现污水集中处理。

3. 城镇生活污染　2021 年，广西累计建成城镇污水处理设施 129 座，日处理能力达 563 万 t；其中全自治区城市生活污水集中收集率达 50%，较 2020 年增长 6 个百分点，增长速度高于全国平均速度；县城污水处理率达 98%，提前 4 年达到“十四五”国家规划目标。累计建成镇级污水处理设施 723 座，生活污水处理能力达 86.73 万 t/d，广西成为全国第 7 个、西部地区第 2 个实现镇镇建成污水处理设施的省（自治区）。2021 年，全自治区共建设改造排水管网（含雨水管网）1 227km。

4. 畜禽养殖污染　截至 2021 年年底，广西畜禽粪污综合利用率达到 92.53%，较 2016 年提升 29.53 个百分点，较全国平均水平高 16.53 个百分点；99.78%的规模养殖场配套有畜禽粪污处理利用设施装备，较 2016 年提升 32.72 个百分点。

5. 水产养殖污染　2021 年，广西实施水产绿色健康养殖“五大行动”，即积极开展生态健康养殖、养殖尾水治理、水产养殖用药减量、配合饲料替代幼杂鱼和新品种试验水产绿色健康养殖“五大行动”，建设各类示范基地共 46 个，示范面积超过 400hm^2，有效推动全自治区生态健康养殖全面发展。

6. 农业面源污染　2021 年，全自治区做好肥料、农药包装废弃物回收处理，减少农业面源污染。全面铺开化肥、农药包装废弃物回收试点工作，探索肥料包装废弃物回收处理机制。回收处理肥料包装废弃物 2.64 万 t，回收处理率 87.96%；回收农药包装废弃物 2 667t，处理农药包装废弃物 2 371.74t，处置率达 88.93%。

7. 船舶和港口污染防治　2021 年，广西推进《船舶水污染物排放控制标准》（GB 3552—2018）的实施，严格开展船舶防污染监督检查。共有单船进出港口 22 912 艘次，开展船舶防污染登轮检查 5 444 艘次，船舶防污染登轮检查率 23.76%；查处船舶违反防污染管理案件 73 起；共有 3 156 艘次船舶向岸移交生活污水，合计 3 551m^3；27 171 艘次船舶向岸移交船舶垃圾，合计 5 054m^3；1 985 艘次船舶向岸移交含油污水，合计 1 540m^3。

（吴奇蔚　谭亮）

【水环境治理】

1. 饮用水水源规范建设　2021 年，广西城乡饮用水监测乡镇覆盖率达到 100%，设立城市饮用水监测点 1 369 个，农村饮用水监测点 3 936 个。监测市政供水单位 149 个、城市自建供水单位 30 个、二次供水单位 249 个、农村集中式供水工程 1 834 个、自建设施供水的学校 78 所、农村饮水安全工程供水的学校 175 所。举办饮用水卫生监测技术培训班，提升各级疾控工作人员的监测能力和水平。将饮用水卫生监测作为重大公共卫生工作内容，由各级卫生健康行政部门牵头组织开展督导检查，掌握工作进度，督促各项工作落到实处。

2. 黑臭水治理　2021 年，广西加强违法排污联合执法，对非法将污水排入市政管道尤其是直排雨水管网、直排城市水体的行为进行严肃查处。截至 2021 年年底，全自治区 70 段黑臭水体基本消除黑臭，城市建成区黑臭水体治理成效进一步巩固。

3. 农村水环境整治　2021 年全自治区完成 403 个农村生活污水治理项目，已建成农村生活污水处理设施正常运行率达 90%以上。　（吴奇蔚　谭亮）

【水生态修复】

1. 退田还湖还湿　2021 年，广西开展基于自然的陆海统筹生态修复实践，其中北海市实施的冯家江陆海统筹生态修复实践成功入选中国特色生态修复十大典型案例和全国第三批生态产品价值实现典型案例。推动桂林漓江流域山水林田湖草沙一体化

保护和修复工程建设并争取国家支持。加强左右江流域山水林田湖草生态保护与修复试点工程建设，总体完工率97.2%。其中获得国家重点生态保护修复治理资金的项目120个，完工118个项目，完工率98.3%，国家下达的14项绩效指标基本实现。

2. 生物多样性保护　2021年，广西加强生物多样性保护，率先发布省级生物遗传资源获取与惠益分享规范性文件，参加联合国生物多样性大会，广西渠楠白头叶猴社区保护地治理建设促进生态保护和可持续发展案例成功入选"生物多样性100+全球典型案例"。南宁市良庆区、桂林市荔浦市、玉林市容县、百色市乐业县4个县（市、区）入选第五批国家生态文明建设示范区，巴马瑶族自治县获评"绿水青山就是金山银山"实践创新基地。全自治区县（市、区）级获国家生态文明建设示范区命名13个，"绿水青山就是金山银山"实践创新基地授牌4个。

3. 生态补偿机制　2021年，广西加快推进流域上下游横向生态补偿机制建设，通过加强财政保障和投入，促进政策效能不断增强。自治区生态环境厅等10部门印发《关于印发〈广西壮族自治区生态环境损害赔偿资金管理实施细则（试行）〉的通知》（桂环发〔2021〕4号）。自治区生态环境厅印发《关于印发〈广西壮族自治区污染环境类小型生态环境损害案件调查、评估与赔偿规定（试行）〉的通知》（桂环发〔2021〕36号）。

4. 水土流失治理　2021年，广西完成水土流失治理面积1 916.38km²，其中水土保持工程完成500.66km²，其他生态建设项目及社会力量完成1 415.72km²。　（吴奇蔚　谭亮）

【执法监管】

1. 联合执法　广西全面建立"河湖长+检察长"协作机制，在全自治区各级河长办设立"河湖长+检察长"联络办公室，建立联席会议、信息共享、问题线索移送、调查协作和检测鉴定技术支持、联合专项整治5项工作机制，实现跨区域、跨部门案件协同办理、执法办案信息共享、案件线索移交移送、调查取证协同协作、河湖生态环境损害赔偿与检察公益诉讼有效衔接。

2. 河湖日常监管　2021年，广西加大河湖违法案件查处力度。开展重点领域、敏感水域常态化排查整治，重点查处非法侵占河道、非法采砂等水事违法行为。截至2021年年底，全自治区各级政府编制委员会批准成立的水政监察机构89支，占全自治区市、县总数的71%。其中市级支队13支、县级大队76支，89支水政监察机构均为事业单位。2021年全自治区各级水政队伍开展河湖执法累计巡查河道17.44万km，出动执法人员9.7万人次，查处水事违法案件314件，结案268件。　（袁宇杉）

【水文化建设】　2021年12月31日，广西首个河长制主题公园在玉林市园博园正式开园。主题公园总规划面积约93.46hm²，建有主园及最严格水资源管理园、河库水域岸线管理保护园、水污染防治园、水环境保护园、水生态修复园、执法监管园六大分园，通过文化长廊、宣传栏等方式展示河长制起源、推行河长制的背景、河长制组织体系及玉林市河长制工作取得的成效和创新举措，让群众在游园休闲的同时，接受河长制文化的熏陶，提高爱水护水意识，营造共建共治共享的全民治水氛围。　（吴奇蔚　谭亮）

【智慧水利建设】　河长App服务于各级河湖长日常巡河、问题处置等，支持对巡河当中发现的问题进行上报、处理、结案等操作，以数字化、信息化的手段提升各地河湖管理水平及成效。2021年自治区各级河湖长应用河长App巡河巡湖、上传发现问题照片、提高河湖巡查和问题整治时效，各级河湖长累计巡河120余万次，整治河湖"四乱"问题2 057个。　（丁锦佳）

海南省

【河湖概况】

1. 河湖数量　海南岛属热带季风气候，年平均气温为23～25℃，年降水量1 000～2 600mm，年平均降雨量1 758mm，海南岛地势中高周低，较大的河流都发源于中部山区，并由中部山区或丘陵区向四周分流入海，构成放射状的水系。全岛河流3 526条，其中流域面积在50km²以上的河流197条，100km²以上的河流95条，500km²以上的河流18条，1 000km²以上的河流8条。南渡江、昌化江、万泉河是海南岛三大江河，流域面积分别为7 066km²、4 990km²、3 692km²。

截至2021年年底，海南省已建成水库1 105座，其中大型水库10座、中型水库76座、小（1）型水库308座、小（2）型水库711座。水库总库容111.37亿m³，兴利库容71.65亿m³，设计年供水量64.37亿m³，设计灌溉面积489万亩，保护下游430多万人民群众生命财产及农田、重要城镇、工矿企业、交通和国防设施的安全。全省共有水闸工程426座，大型水闸8座，中型水闸93座，小型水闸325座；堤防工程总长度为688.136km。（林雅）

2. 水量　2021年，全省年平均降水量1 881.4mm，折合降水总量644.0亿mm，比多年平均值偏多3.5%，相应频率37.3%，属偏丰年。

2021年，海南省地表水资源量334.90亿m^3，地下水资源量92.88亿m^3，地下水与地表水资源不重复量6.74亿m^3；全省水资源总量341.60亿m^3，比多年平均值多6.7%。

3. 水质　2021年，海南省地表水水质为优，水质优良（Ⅰ～Ⅲ类）比例为92.2%，劣Ⅴ类比例为1.6%。与2020年相比，全省地表水水质总体保持稳定。

2021年，海南省主要河流水质为优。监测的76条主要河流141个断面中，Ⅰ～Ⅲ类水质比例为91.5%，同比持平；劣Ⅴ类比例为2.1%，同比上升1.4个百分点。南渡江、昌化江流域和南部、南海各岛诸河水质为优，万泉河流域和西北部诸河水质良好，东北部诸河水质轻度污染。与2020年相比，南渡江、昌化江流域和东北部、南海各岛诸河水质保持稳定，万泉河流域和西北部诸河水质有所下降，南部诸河水质有所好转。超Ⅲ类断面主要污染指标为总磷、化学需氧量、氨氮。

2021年，海南省主要湖库总体水质为优。监测的41座主要湖库中水质优良湖库38个，占92.7%，同比持平；无劣Ⅴ类湖库，同比持平。超Ⅲ类点位主要污染指标为总磷、化学需氧量、高锰酸盐指数。41个湖库中，轻度富营养化状态3个，占7.3%，其余湖库均呈贫营养或中营养状态。

2021年，海南省73个地下水环境质量监测点水质以Ⅲ～Ⅳ类为主，其中Ⅱ类水质占11.0%，Ⅲ类水质占34.2%，Ⅳ类水质占42.5%，Ⅴ类水质占12.3%。Ⅳ～Ⅴ类水质主要定类指标为pH值、锰、铁。三亚市凤凰山庄、琼海市官塘、万宁市兴隆、儋州市蓝洋农场热矿水水质基本稳定。

4. 新开工水利工程　2021年，海南省在建的重大项目主要有迈湾水利枢纽工程、天角潭水利枢纽工程、琼西北供水工程、白沙县西部地区供水工程（一期）、三亚西水中调工程和海口市龙塘大坝枢纽改造工程6个项目，总投资189.30亿元。2021年度投资计划44.45亿元，已完成年度投资44.42亿元，总体年度投资计划完成率为99.94%。开工累计完成投资额为72.60亿元，占总投资的38.35%。

2021年11月30日，迈湾、天角潭水利枢纽工程同步实现大江截流，为工程建设进入快车道铺平了道路。2021年11月29日，海口市南渡江龙塘大坝枢纽改造工程施工标开标，12月13日项目开工建设。2021年12月，五指山新春水库荣获中国水利工程优质（大禹）奖。

2021年，海南省继续夯实热带现代农业水利设施基础，加快推进红岭灌区田间工程、南繁（乐亚片）水利设施建设，开展红洋、美万、美台、三曲沟、陈考5个中型灌区续建配套与节水改造工程建设，加强小型农田水利设施运行管护，加快推进农业水价综合改革。（张明　卢耀康　卢天梅）

【重大活动】　2021年1月18日，海南“十三五”建设发展辉煌成就系列新闻发布会第八场在海南省新闻发布厅举行。“十三五”期间，海南持续加强水生态文明建设，大力推进河长制湖长制实施、水生态保护修复、城镇生活污水处理设施建设等工作，精心守护河湖健康，取得显著成效。

2021年1月30日，海南省水务工作会议在海口召开，海南省水务厅党组书记、厅长王强作题为《以高质量发展为引领，深化改革创新驱动，加速完善自贸港水治理体系》工作报告。

2021年8月17日，海南省召开2021年总河湖长会议，海南省委书记、总河湖长沈晓明出席会议并讲话，省长、总河湖长冯飞主持会议，省级河湖长参加会议。会议书面传达学习了全国全面推行河湖长制工作部际联席会议暨加强河湖管理保护电视电话会议精神、《河长湖长履职规范（试行）》、《河长制办公室工作规则（试行）》，通报了2021年上半年全省河湖长制工作进展情况、存在问题和下一步措施、省级河湖长巡河湖情况及2021年河湖存在重点问题，并对下一步工作作出部署。

2021年11月5—8日，为加快推动河湖长制工作从“有名有责”向“有力有效”转变，提高海南省河湖管理保护水平和成效，海南省河长制办公室联合海南省委组织部在儋州市举办2021年市、县、乡三级河长培训班，全省18个市、县（不含三沙市）和洋浦经济开发区的三级河长参加培训。（陈颖）

【重要文件】　2021年4月19日，海南省河长制办公室印发《海南省2021年河长制湖长制工作要点的通知》（琼河办〔2021〕16号）。

2021年5月12日，海南省政府办公厅印发《海南省“十四五”水资源利用与保护规划》（琼府办〔2021〕14号）。

2021年5月17日，海南省河长制办公室印发

《关于〈海南省幸福河湖建设行动方案（2021—2023）〉和〈海南省幸福河湖验收指南〉的通知》（琼河办〔2021〕23号）。

2021年5月17日，海南省河长制办公室印发《海南省河长制办公室转发国务院办公厅关于切实加强水库除险加固和运行管护工作的通知》（琼河办〔2021〕24号）。

2021年6月11日，海南省河长制办公室印发《海南省河长制办公室转发〈水利部河长办关于加强河湖长体系动态管理工作〉的通知》（琼河办〔2021〕38号）。

2021年7月21日，海南省河长制办公室与海南省人民检察院联合印发《关于建立“河湖长+检察长”协作机制的意见》（琼检会〔2021〕11号）。

2021年7月21日，海南省河长制办公室印发《海南省河长制办公室关于加强河湖沿岸巡查管护工作的通知》（琼河办〔2021〕50号）。

2021年8月3日，海南省河长制办公室印发《关于〈南渡江省级河长令〉的通知》（琼河办〔2021〕55号）。

2021年11月1日，中共海南省委组织部、海南省河长制办公室印发《中共海南省委组织部　海南省河长制办公室关于举办2021年市县乡三级河长培训班的通知》（琼河办〔2021〕67号）。

2021年11月29日，海南省河长制办公室印发《海南省2021年河长制湖长制工作考核实施方案的通知》（琼河办〔2021〕72号）。

2021年11月29日，海南省河长制办公室印发《海南省河长制办公室转发水利部办公厅关于开展妨碍河道行洪突出问题排查整治工作的通知》（琼河办〔2021〕75号）。

2021年11月30日，海南省河长制办公室印发《海南省河长制办公室关于开展河湖健康评价试点工作的报告》（琼河办〔2021〕76号）。

2021年11月30日，海南省河长制办公室印发《海南省河长制办公室关于开展2021年幸福河湖验收的通知》（琼河办〔2021〕77号）。　（胡志华）

【地方政策法规】

1. 法规　2021年3月24日，海南省第六届人民代表大会常务委员会第二十七次会议通过《海南省城乡供水管理条例》，自2021年5月1日起施行。

2. 规范（标准）　2021年9月16日，海南省市场监督管理局发布《水域旅游安全标志设置规范》（DB46/T 550—2021）。

2021年10月28日，海南省市场监督管理局发布《生活饮用水水质标准》（DB4601/T 3—2021）。

2021年10月28日，海南省市场监督管理局发布《饮用水水质保障技术规范　第1部分：输配水管网工程》（DB4601/T 4.1—2021）。

2021年10月28日，海南省市场监督管理局发布《饮用水水质保障技术规范　第2部分：厂站管网运行》（DB4601/T 4.2—2021）。

2021年10月28日，海南省市场监督管理局发布《饮用水水质保障技术规范　第3部分：建筑及小区工程》（DB4601/T 4.3—2021）。

2021年12月14日，海南省市场监督管理局发布《海南省用水定额》（DB46/T 449—2021）。

3. 政策性文件　2021年5月12日，海南省政府办公厅印发《海南省“十四五”水资源利用与保护规划》（琼府办〔2021〕14号）。　（胡志华　郝斐）

【河湖长制体制机制建立运行情况】　2021年是全面推行河长制5周年，海南省将保护好水生态环境作为“国之大者”，推进河湖长制工作从“有名有责”到“有能有效”。一是建立了省、市、县、乡、村河长湖长体系，全省3 526条河流和1 105座水库全部纳入河长制湖长制管理范围，各级河长巡河常态化、制度化，推动解决了一些长期想解决而没有解决的河湖保护难题。印发《关于建立“河湖长+检察长”协作机制的意见》，实现行政执法与检察监督的有效衔接，构建协调有序、监管严格、保护有力的河湖管理新机制。河湖长制工作连续5年走进省委党校，成为党政领导干部培训的必修课程。二是全面完成流域面积50km²以上河流的管理范围划定成果复核，基本完成流域面积500km²以上河流的岸线保护与利用规划编制，修订南渡江、昌化江采砂规划，河湖管理保护基础不断夯实。三是通过“微改造、系统治、强管理”，围绕生态修复、乡村振兴、旅游、文化等主题，打造一批生态自然优美、人文环境浓郁、人水和谐共生的幸福河湖。三亚白鹭湖、海口红城湖、儋州润心湖、琼海万泉河留客村段等成为百姓、游客的网红打卡地。四是河湖“四乱”问题清理整治从大江大河向中小河流、入海河流及农村河湖延伸，清理非法占用河道岸线292.6km，清理零星非法采砂点271个、非法砂石量2.5万m³，清理建筑和生活垃圾2.3万t，拆除违法建筑1.5万m²，河湖面貌焕然一新。全省地表水水质总体为优，193个监测断面（点位）水质优良（Ⅰ～Ⅲ）比例为92.2%，同比上升1.5个百分点。88个城镇内河（湖）水体104个断面水质达标率为94.2%，同比上升7.2个百分点，较2018

年4月治理前上升44.2个百分点，达到治理以来的最好水平。（杨向权）

【河湖健康评价】 2021年，海南省在东方市开展感恩河、酸梅河2条河流的健康评价工作，基本摸清了河流生态指标、健康状况和存在问题，为进一步开展感恩河、酸梅河的系统治理和生态保护工作提供了重要参考。（刘辉）

【“一河（湖）一策”编制和实施情况】 2021年，海南省进一步完善河湖管护长效机制，积极落实“一河（湖）一策”方案，着力解决河湖管护中存在的突出问题。开展“清四乱”行动，累计整改河湖“四乱”问题1 399个；加强水域岸线空间管理，清理非法占用河道岸线292.6km；推动畜禽养殖污染整治，清退禁养区养殖场12.02万亩，畜禽规模养殖场粪污处理设施配套率达99.45%；推动农业面源污染治理，化学农药、化肥使用量同比分别减少5.2%和3.8%；加快补齐城镇污水处理设施短板，建制镇污水处理设施新增处理能力12.14万m^3/d，新增管网450km，城市污水收集率同比提升2个百分点。截至12月底，海南省地表水水质总体为优，水质优良率同比上升1.5个百分点，城镇内河（湖）水体达标率同比上升7.2个百分点，河湖面貌焕然一新。（刘辉）

【水资源保护】

1. 水资源刚性约束 2021年，海南省积极完善水资源刚性约束制度。一是强化水资源利用总量和强度控制，编制完成《海南省“十四五”水资源消耗总量和强度双控行动方案》，对用水总量、用水效率等指标做出明确规定，到2025年全省水资源用水总量控制在53亿m^3以内，全省万元国内生产总值用水量和万元工业增加值用水量下降均达到国家下达要求，农田灌溉水利用系数提高到0.58。二是开展重要江河流域水量分配工作，编制印发南渡江、昌化江、万泉河三大江河流域水量优化分配实施方案，编制完成新吴溪、珠碧江、宁远河水量优化分配实施方案。

2. 节水行动 2021年，海南省认真贯彻落实国家节水行动方案。

（1）完成编制9个市、县的水资源承载能力评价，明确了各市、县水资源开发上限，并对城市发展做出了合理规划。

（2）全面推进县域节水型社会建设，顺利完成县域节水型社会达标建设和验收任务，海口市美兰区、三亚市吉阳区、澄迈县县域3个市、县（区）的节水型社会达标建设工作通过省级验收，儋州市、东方市、陵水县、文昌市4个市、县县域节水型社会达标建设工作通过水利部复核，获评全国节水型社会建设达标县。

（3）扎实推进节水型机关、节水型高校和水务行业节水型单位创建工作，84家省直机关事业单位完成节水型机关创建。其中海南省水务厅、省高级人民法院、省图书馆、省机关事务管理局、省司法厅、陵水县水务局6家单位被国家机关事务局、国家发展改革委、水利部联合评定为“公共机构水效领跑者”。海南大学、海南软件职业技术学校、琼台师范学院3所高校完成节水型高校创建，全省43个有独立物业的县级水务行业机关完成水务行业节水型单位创建。

（4）大力开展节水宣传活动，组织82家省直单位广泛参与“节水中国　你我同行”活动，荣获主题宣传优秀组织单位和主题宣传优秀活动奖。积极组织参加“第二届节约用水知识大赛”等节水主题宣传活动，并获评“优秀组织单位”。积极组织参加第二届“节水在身边”全国短视频大赛，荣获“节水在身边”主题赛事优秀组织奖和“水美中国”专题赛事优秀组织奖。

（5）完成修订《海南省用水定额》（2021版），经海南省市场监督管理局审查后于2021年12月14日发布，2022年1月15日起正式实施。

（6）完成编制《海南省“十四五”节约用水规划》，以城镇、农业、工业为重点领域，从制度、市场、监管、宣传等方面提出海南省“十四五”期间节水重点任务、目标和主要措施，并谋划了一批节水控水重点工程。

（7）在全省18个市、县全面推行城镇非居民用水超定额累进加价制度，树立了广大用水户“科学用水”“以水定产”的意识。

3. 生态流量监管 2021年，海南省继续推进重要江河生态流量管控工作，编制完成新吴溪、珠碧江、陵水河、定安河4条河流生态流量保障实施方案，利用水文站点对河流重要控制断面开展生态流量监控。加快推进地下水管控指标确定，编制印发《海南省地下水管控指标确定》。

4. 全国重要饮用水水源地安全达标保障评估 2021年，海口市龙塘南渡江水源地、赤田水库水源地、松涛水库水源地、东方市昌化江水源地（玉雄）、琼海市万泉河红星水源地5个国家级重要饮用水水源地均已完成水源地规范化建设，水质达标率为100%，监测结果在政府门户网站向社会公开。

5. 取水口专项整治　2021 年，海南省有序规范取用水管理。一是在取水口核查登记基础上，分类别、分阶段推进取水口整改提升工作。二是制定印发《取水许可审批办事指南》，从取水许可审批适用范围、审批类型、审批依据、审批权限等 13 个方面，进一步规范取水许可审批管理。三是全面推广应用取水许可电子证照，提升水资源管理政务服务便利化水平。

6. 水量分配　2021 年，海南省开展重要江河流域水量分配工作，编制印发南渡江、昌化江、万泉河三大江河流域水量优化分配实施方案，编制完成新吴溪、珠碧江、宁远河水量优化分配实施方案。

（卢天梅　卢耀康）

【水域岸线管理保护】

1. 河湖管理范围划界、岸线保护利用规划　2021 年，海南省全面完成流域面积 $50km^2$ 以上河流的管理范围划定成果复核，稳步推进流域面积 $50km^2$ 以下河流的管理范围划定工作，基本完成流域面积 $500km^2$ 以上河流的岸线保护与利用规划编制，河湖管理保护基础得到夯实。

2. 采砂整治　2021 年，持续开展非法采砂整治行动。海南省河长制办公室向各市、县印发《关于开展全省河道非法采砂专项整治行动的通知》，自 2021 年 9 月起在全省范围内组织开展河道非法采砂专项整治行动，要求各市、县单位进一步完善河道采砂管理联动机制，严厉打击未经批准擅自采砂、未按许可要求采砂等各类河道非法采砂行为，并疏堵结合，拓宽砂源，保障本地区砂石供给。

2021 年，海南省已开展河湖日常巡查 18 513 次，查处、取缔非法采砂点 350 处，查获采砂船 2 艘，抽砂浮台 292 个，铲车、挖机等 125 部，各类运输车 613 辆，行政立案 207 起。

3. “四乱”整治　2021 年，海南省发现河湖“四乱”问题 1 407 个，其中水利部暗访发现的河湖“四乱”问题 5 个，省级排查发现的河湖“四乱”问题 269 个，市、县自查发现的河湖“四乱”问题 1 133 个。截至 12 月底，已整改完成 1 399 个。清理非法占用河道岸线 292.60km，清理非法采砂点 271 个、非法砂石量 $25\ 079.88m^3$，打击非法采砂船只 104 艘，清理建筑和生活垃圾 22 688.90t，拆除违法建筑 $15\ 256.30m^3$，清除围堤 14.74km、非法林地 $230m^2$、非法网箱养殖 $2\ 070m^2$、违规种植大棚 $480m^2$，河湖面貌焕然一新。　（刘辉　张明）

【水污染防治】

1. 排污口整治　2021 年，海南省严控入河污染，加强入河排污口管理和排查整治。编制印发《关于进一步规范入河排污口设置管理工作的通知》，进一步规范入河排污口审批流程，指导市、县科学合理设置入河排污口。完成龙州河流域入河排污口排查试点，印发实施《海南省入河排污口排查整治工作方案》《海南省入河排污口排查技术规范》，部署开展“十四五”时期入河排污口排查整治工作。

2. 城镇生活污染

（1）生活垃圾。2021 年，海南省生活垃圾产生量 465.2 万 t，实际处理量 446.7 万 t，城乡无害化处理率为 96.0%。

（2）生活污水。2021 年，海南省运营（含试运营）的城镇污水处理厂共 146 座，合计污水处理能力 173.3 万 m^3/d，同比增加 13.3 万 m^3/d。其中城市污水处理厂 38 座，处理能力 139.8 万 m^3/d。城市污水产生量 38 552 万 m^3，污水处理量 38 208 万 m^3，处理率 99.1%。

（3）城镇污水。2021 年，海南省新增城镇污水处理能力 12 万 m^3/d，新增污水配套管网 722km，10 座城镇污水处理厂完成提标改造任务，累计完成投资 31.32 亿元。2021 年城市（县城）污水处理厂共 59 座，年处理水量 4.68 亿 m^3，累计削减化学需氧量 7.5 万 t，削减氨氮 0.84 万 t，削减总磷 0.14 万 t，平均城市生活污水集中收集率为 50.9%。海南省共 175 个建制镇（不含城关镇），建制镇污水处理设施累计开工 165 座，年度新增完工 50 座，建制镇污水处理设施覆盖率达到 58%。

3. 畜禽养殖污染　2021 年，海南省畜禽养殖业点状污染治理以整县推进项目为带动，实现粪污资源化利用全覆盖，儋州、海口琼山区、澄迈、屯昌 4 个市、县（区）纳入整县推进项目；以畜禽养殖标准化示范场创建为契机，促进粪污无害化，海南省农业农村厅办公室印发《关于开展 2022 年畜禽养殖标准化示范创建活动的通知》（琼农办〔2022〕60 号），组织各市、县按照品种良种化、生产设施化、管理规范化、防疫制度化、粪污无害化的“五化”要求开展畜禽养殖标准化示范场创建工作；出台《海南省畜禽养殖废弃物资源化利用工作考核办法（试行）》，委托有资质的第三方环评机构开展海南省畜禽养殖场（户）粪污处理设施装备配套和资源化利用评估工作。2021 年，海南省共创建标准化示范场 149 个，畜禽粪污综合利用率达 89.71%，规模场粪污处理设施配套率达 99.45%，大型规模养殖场粪污处理设施配套率达 100%。

4. 水产养殖污染　2021年，海南省水产养殖业点状污染治理。重点针对淡水养殖尾水污染，实施水产养殖标准化改造，大力发展生态健康养殖等方式，开展水产养殖业点状污染治理。加快完成禁养区内水产养殖清退，结合两轮中央环保督察反馈问题整改落实，指导市、县落实《海南省养殖水域滩涂规划》《海南省水产养殖整治工作实施方案》，大力推进禁养区水产养殖清退整治工作，2021年，海南省完成禁养区内淡水养殖清退面积 76 596.76 亩。积极推进水产养殖尾水治理，针对水产养殖污染治理，谋划养殖尾水治理、标准化池塘改造等项目，已开展实施文昌冯家湾现代渔业产业园（一期）尾水治理项目、冯家湾水产养殖区环境综合治理（一期）和万宁乌场、乐蟹养殖区尾水集中治理试点项目。

5. 农业面源污染　2021年，海南省农业面源污染总体治理思路为以种植业、畜禽养殖业、水产养殖业污染治理及水源地保护等为重点，以源头减量、过程控制、末端利用为路径，遴选治理技术，配套治理工程项目，创新治理机制，开展全要素综合防治和全流域协同治理，系统解决海南省重点流域农业面源污染问题。

6. 种植业面源污染治理　重点针对化肥、农药、农膜及农药包装废弃物等污染物进行治理。海南省人民政府办公厅印发《海南省化学农药化肥减量实施总体方案（2021—2025年）》、海南省农业农村厅印发《关于加强农药质量和安全生产监督检查的通知》；加强琼州海峡农药化肥入口的管理，建立进岛农药化肥白名单制度；重点推广病虫害统防统治、秸秆还田、增施有机肥、水肥一体化等技术，累计推广以上各种技术550万亩；2021年海南省化学农药、化肥使用量分别为1.873万t、105.94万t，同比分别减少5.2%和3.8%，农药包装废弃物回收率66.94%，农膜回收率88.35%。

7. 船舶和港口污染防治

（1）强化船舶大气污染物排放监督管理。严格落实《船舶大气污染物排放控制区实施方案》和《2020年全球船用燃油限硫令实施方案》，强化对船舶大气污染防治的监督检查。一是采取“快检 送检”相结合的方式对到港船舶开展燃油质量检测监督。配备18套燃油快检设备用于到港船舶燃油质量现场检测。对疑似硫含量超标油样再送至第三方检验机构检测。2021年使用快检设备检测燃油样品2 670艘次，委托第三方检测356艘次，查处超标使用燃油违法行为20起，罚款81.65万元，有效遏制了船舶使用超标燃油的违法行为发生。二是依法对船舶燃油供应单位油品质量开展监督检查。定期对辖区18家船舶供油单位进行现场抽查，重点检查供油单证、燃油样品情况，以及相关规章制度建立情况，对发现的违规行为及时作出处理。

（2）强化船舶水污染物转移处置监督管理。一是通过检查船舶和接收单位的记录和单证、核查船上污染物处理设备等方式，核实船舶水污染物转移处置数量和去向，严厉查处船舶水污染物偷排漏排和超标准排放等违法行为。辖区共有6家船舶污染物接收单位。据统计，2021年，海南省接收船舶污染物 15 526m^3，其中船舶垃圾 9 183m^3、含油污水 4 594m^3、残油546m^3、生活污水 1 203m^3。未接收化学洗舱水。共查处船舶违规排放污染物违法行为25起，罚款72.5万元。二是继续推动沿海市（县）建立实施船舶水污染联合监管制度。在海南海事局的推动下，文昌市船舶水污染物联合监管制度已于2021年3月正式印发。至此，海南省主要港口所在地的沿海市、县均已建立并实施船舶水污染物联合监管制度，实现了对船舶污染物转移处置的全链条管理。三是推动实施三亚游艇水污染物零排放、全接收、“智慧管”新模式。推动完善游艇水污染物接收设施，免费提供游艇水污染物排海阀铅封服务，实施游艇水污染物联单管理。2021年，三亚辖区共接收游艇生活污水950m^3。

（3）推进船舶靠港使用岸电。一是督促船舶靠港使用岸电。结合公司安全管理体系审核、现场检查等方式积极宣贯船舶岸电使用政策，督促新建、改建船舶改造或加装受电设施，并经船检部门检验。同时加强对到港集装箱船、邮轮等船舶受电设施监督检查，督促其在海南省具备岸电供应能力泊位停泊时使用岸电。辖区公务船、游艇和港作船舶等均已安（改）装受电设施，并在靠泊期间使用岸电，有效降低了船舶大气污染物排放。二是协助省交通运输厅落实《推进海南港口岸电建设实施方案》《海南省港口岸电建设（改造）项目补贴资金管理暂行办法》有关要求，按照“先建设，后补贴”的原则对港口岸电建设项目进行补贴，协同推进辖区港口岸电设施建设。

（张向迎）

（4）启动应急规划或预案编制工作。2021年，海南省交通运输厅启动《海南省海上溢油应急能力建设规划》和《海南省海上溢油应急预案》编制工作。

（卢天梅　朱运梓　林录超　任爽　邓正华　王槐莲　钟佳昌）

【水环境治理】

1. 饮用水水源规范化建设　2021年，海南省继

续加强集中式饮用水水源地规范化建设。一是开展集中式饮用水水源地环境状况调查评估工作。2021年对全省33个地表型城市集中式饮用水水源地开展环境状况评估，根据评估结果显示，全省已有28个城市集中式饮用水水源地完成规范化建设。二是开展城市水源地环境问题整治情况复核及深入调查，梳理新的环境问题清单，并继续推动环境问题整治。三是全面梳理更新乡镇级及以下集中式饮用水水源环境基础信息，并重点推进完成“万人千吨”饮用水水源地166个环境问题整治，不断加强水源地生态环境保护。2021年城市集中式饮用水水源地水质达标率为100%，乡镇级及以下集中式饮用水水源水质持续提升。

2. 黑臭水体治理　2021年，海南省按照城市黑臭水体治理攻坚战的总体部署，有力巩固城市黑臭水体治理成果，建立健全长效管理机制，取得显著成绩。截至2021年年底，列入住房和城乡建设部、生态环境部重点监控的29条城市黑臭水体全部消除黑臭，无返黑返臭现象发生。2021年11月，水利部科技推广中心和珠江委将鸭尾溪水环境综合治理工程作为典型案例向全国推介城市黑臭水体综合治理经验。

3. 农村水环境整治　2021年，海南省结合农村人居环境整治工作，大力开展农村水环境整治工作。

(1) 海南省以农村人居环境整治提升为抓手，扎实推进农村厕所革命、生活污水清理、生活垃圾清理、畜禽粪污等农业废弃物清理、长效机制建立健全，开展农村水环境整治取得了显著成效。

(2) 海南省各市、县结合水环境整治实际，制定“一村一方案”，建立健全工作推进机制，重点围绕农村“三堆六乱”清理、“三清两改一建”、加强公共设施运行管护等，农村水环境得到明显改善。

(3) 坚持农村改厕与污水治理协调推进。截至2021年年底，海南省累计建成农村卫生厕所125.29万座，农村卫生厕所普及率达到98.8%。2021年省级厕所防渗漏改造任务5.05万座，为农村水环境整治打下坚实基础。

(4) 截至2021年年底，海南省建设运营8座焚烧项目、2座餐厨垃圾设施，全省生活垃圾焚烧处理能力达到11 575t/d，完全满足全省城乡垃圾（包括农村各河湖水体垃圾）处理要求；累计建成生活垃圾转运站274座，转运能力12 834t/d。全省建筑垃圾综合利用设施从无到有，利用能力达200万t/a。自2021年起，全省原16座垃圾填埋场全部停止进新生活垃圾，在全国率先实现生活垃圾全焚烧。

(5) 海南省建设部门主动跟水务部门等对接，做好水环境整治及海南省农村各河边、湖边垃圾的发现、清理、处置工作。着力解决农村河湖“脏乱差”等突出问题，农村江河流域及水库等“脏乱差”问题明显改善。把农村河边、湖边垃圾监督纳入海南省“一日一短信”监督内容，发现问题第一时间安排解决，坚决打好农村水环境整治攻坚战。

（卢天梅　林录超　朱运梓）

【水生态修复】

1. 退田还湖还湿

(1) 推进年度新增红树林湿地工作。2021年2月，海南省林业局印发《2021年度新增红树林湿地工作任务的通知》（琼林办〔2021〕20号），下达年度新增红树林任务6 000亩，并将任务分解到各市、县。经认真指导和督促，各市（县）新增红树林湿地工作顺利推进，2021年度全省共完成新增红树林湿地7 849.4亩，超额完成年度计划任务。

(2) 发布海南省第二批省级重要湿地名录。2021年9月，海南省林业局与海南省自然资源和规划厅联合发布陵水红树林国家湿地公园、昌江海尾国家湿地公园为第二批省级重要湿地。

(3) 举办“世界湿地日”线上宣传活动。2021年2月2日，海南省林业局举办“世界湿地日”线上宣传活动，活动主要内容为“海南湿地，你好”“湿地多美妙”“守护者故事会”“湿地，你好吗？”和“走进市县湿地”5个版块，并组织海南省18个市、县及有关湿地保护地单位参加。

2. 生物多样性保护

(1) 海南省森林覆盖率62.1%，森林蓄积量1.61亿m^3，森林面积3 204万亩。海南省共完成植树造林面积16万亩。海南省陆栖脊椎动物有698种，其中两栖类46种，爬行类113种，鸟类455种，兽类84种。列入国家一级、二级重点保护名录的野生动物161种，其中一级保护动物有海南长臂猿、海南坡鹿、海南山鹧鸪等29种，二级保护动物132种。海南省野生维管束植物有4 689种，其中乔木723种，灌木1 246种，草本2 315种，藤本405种。列入国家一级、二级重点保护野生植物127种，其中一级重点保护植物有海南苏铁、葫芦苏铁、坡垒等10种，二级重点保护植物117种。

(2) 2021年，海南省开展“三库”建设一期项目，完成5个航次海上资源调查工作，收集鱼类、虾类、蟹类、头足类、螺类和贝类等海洋生物标本517种、5 000余尾，并收集80余种经济品种或优势种的生物学测定样品4 000余尾，收集保藏260余种海洋生物的组织、器官、DNA、RNA等样本

6 000 余份；积极推进海洋牧场建设，海南省农业农村厅印发了《海南省现代化海洋牧场发展规划（2021—2030 年）》，农业农村部已批复《海南省现代化海洋牧场建设试点方案》，积极探索建设养护型、增殖型与休闲型、融合创新型现代化海洋牧场。2021 年，三亚蜈支洲岛，海口东海岸、文昌冯家湾、临高头洋湾 4 个海洋牧场已建成；扎实开展渔业资源和水生野生动物保护工作，组织开展 180 只罚没救助海龟放归活动，批准 2 家水生野生动物救助和保育中心，加强海南省救助海洋水生野生动物保护能力。

3. 生态补偿机制建立　自 2021 年起，海南省在流域面积 500km² 及以上跨市县河流和重要集中式饮用水水源全面建立流域上下游横向生态保护补偿机制。主要包括南渡江、昌化江、万泉河、龙州河、定安河（大边河）、陵水河、宁远河、文澜江、藤桥河、大塘河、松涛水库、赤田水库、牛路岭水库、石碌水库等涉及全省 17 个市（县）的 10 条河流、4 个湖库、18 个断面。2021 年 8 月，海南省政府办公厅印发《赤田水库流域生态补偿机制创新试点工作方案》，成立以分管副省长为组长，海南省生态环境厅等 7 个省直部门和三亚市、保亭县主要负责同志为成员的领导小组和市县联合整治指挥部，建立省、市、县协调联动机制。领导小组办公室印发《赤田水库流域综合治理顶层设计框架工作方案》《赤田水库流域综合生态保护补偿方案（2022—2024 年）》《赤田水库流域综合生态保护补偿监测及评价方案（试行）》《赤田水库流域环境综合治理的意见》《赤田水库流域综合生态保护补偿资金使用管理规定》《赤田水库流域生态保护补偿综合效益评估工作方案（2022 年）》《海南省赤田水库流域生态补偿工作考核方案》等系列配套方案，构建起“资金补偿　流域治理　监测评价　动态评估　监管考核　督察整改”的闭环工作机制。创新生态补偿制度，建立水质、水量、行动三个维度综合生态保护补偿。争取 6 亿元财政资金池支持赤田水库流域生态补偿工作。

4. 水土流失治理　2021 年，海南省共完成水土流失治理面积 76.24km²，包括水务部门实施的国家水土保持重点工程治理水土流失面积 40km² 和林业部门实施的造林绿化治理水土流失面积 36.24km²，减少土壤流失量 2.51 万 t，增加林草覆盖 360 余 hm²，减少农业面源污染约 1.5km²。其中水务部门实施的国家水土保持重点工程共投入 7 732 万元，涉及 6 个市、县，完成了 11 条小流域综合治理。根据 2021 年水土流失动态监测成果，全省水土流失面积为 1 674.98km²，水土保持率为 95.13%，较 2020 年提高 0.10%。

（刘景　徐刚　卢天梅　吕春明）

【执法监管】　(1) 2021 年 7 月 21 日，海南省河长制办公室与海南省人民检察院联合印发《关于建立“河湖长＋检察长”协作机制的意见》（琼检会〔2021〕11 号），进一步加强河湖长制工作机构及成员单位与检察机关的协作配合，进一步实现行政执法与检察督查的有效衔接，共同推进水生态文明建设。

(2) 健全河湖问题联合协作执法机制，印发《水务部门、综合行政执法部门配合协作机制的实施意见》，保障河湖执法有效实施。2021 年已开展河湖日常巡查 18 513 次；查处、取缔非法采砂点 350 处；查获采砂船 2 艘，抽砂浮台 292 个，铲车、挖机等 125 部，各类运输车 613 辆；行政立案 207 起。

（张明）

【水文化建设】　2021 年海南诺达水土保持科技示范园入选第四批国家水情教育基地名单，实现了国家级水情教育基地在海南省“零的突破”。（胡志华）

【智慧水利建设】

1. “水利一张图”　海南省水网“一张图”整合了多个业务部门自有数据，将区域内河流、1 105 座水库、421 座水闸、88 座泵站、582 个视频监控、426 处图像监测站等要素数字化，结合测绘部门提供的 19 级影像地图打造全省水务数字化“一张图”，并建成集水文、水务等于一体的综合监测站网，包括 639 个河道站、2 554 个雨量站、95 个地下水监测站、302 个取用水监测点等，实现重点领域全过程、全要素监管。基本实现了“一张网、一个平台、一个数据中心、一张图、一套标准、一个窗口”的功能，整合海南省水务行业 12 个原有的、孤立的信息系统，打通了海南水务行业数据壁垒，为未来业务建设提供一个智慧化的大平台，基本实现“一图观所有、一图管所有、一图知所有”的服务能力，用数据支撑预报、预警、运行调度、评估评价等智能应用，全面提升了海南水网的数字化服务能力。

2. 海南河长管理信息系统　海南省水务厅组织建设了海南河长管理信息系统，于 2021 年 9 月初步验收。海南河长管理信息系统以信息化手段带动管理创新，运用互联网、大数据、云计算机等信息技术，建设一个以信息化管理为手段，旨在为用户提供高效、便捷的服务，例如河长、河长办、成员单位的日常管理、巡河管理、文档管理［一河（湖）

一档、一河（湖）一策、管理制度等]、问题上报等业务平台，实现河长制管理精细化、业务标准化、协同高效化、应用智能化，打造具有海南特色的河长制新型管理模式，吸引社会群众广泛参与。

3. 数字孪生　为推进水利工程运行管理的数字化、智能化水平，海南省将松涛水库作为先行试点，打造水利工程运行管理数字松涛孪生系统，增强松涛水库的信息全面感知能力、深度分析能力、科学决策能力和精准执行能力，大幅提高松涛水库的智能化运行管理水平。深入探索数字孪生的实现路径和实现形式，为后续的数字孪生水利工程管理提供可复制可推广的经验做法。

数字松涛的建设主要聚焦在库区监测、运行管护、水库调度三大业务。

库区监测实现了实时雨水情、大坝安全监测等的在线监控，同时接入视频监控，实现实时视频图像的智能识别，对水位标尺、重点区域的人员入侵进行AI分析及告警。

运行管护以巡检工作方案为基础，与无人机巡查、人工巡查相结合，做到水库运行管理工作立体、形象化的直观呈现。

水库调度建立了松涛水库的预报调度模型，以未来降雨预报为输入，分析计算入库流量及库水位的变化，结合调度预案规程，通过调整出库流量，模拟库水位等的变化，落实了预报、预警、预演、预案的“四预”过程。　（周劲松　王伟）

丨重庆市丨

【河湖概况】

1. 河流数量　重庆市境内有长江、嘉陵江、乌江、渠江、涪江、酉水、芙蓉江、綦江、阿蓬江、小江、任河、郁江、大宁河、琼江、御临河、龙溪河、濑溪河、磨刀溪等主要河流，流域面积50km²以上河流510条。其中流域面积100km²以上河流275条；流域面积200km²以上河流149条；流域面积500km²以上河流74条；流域面积1 000km²以上河流42条；流域面积3 000km²以上河流19条；流域面积5 000km²以上河流11条；流域面积10 000km²以上河流7条。水系均属长江流域，分为长江、嘉陵江、乌江、沱江、沅江、汉江六大水系。重庆市境内干流河段总长16 849.6km，其中流域面积50～1 000km²河流12 012km，流域面积1 000km²以上河流4 837.6km。

2. 河流水量　2021年，重庆市水资源总量为750.8亿m³，其中地表水资源量为750.8亿m³，地下水资源量为129.4亿m³，重复计算量为129.4亿m³。与多年平均水资源量相比，水资源地区分布不均，东部和东南部明显高于中西部。

3. 河流水质　2021年，长江干流重庆段水质为优，各断面水质均为Ⅱ类；全市纳入国家考核的74个断面水质优良比例为98.6%，优于国家考核目标1.3个百分点；长江支流（重庆境内）水质为Ⅰ～Ⅲ类的断面比例为95.4%。　（高军）

4. 水利工程　截至2021年年底，全市共建成水库3 090座，总库容129.9亿m³；建成各类堤防3 477.87km、水闸132座、小水电站1 473座，总装机容量306.4万kW。全市水利工程（不含电站水库）可蓄水量37.38亿m³，实际蓄水量28.02亿m³，实际蓄水占可蓄水量的74.95%，比2020年同期增加0.90亿m³。工程全年累计供水量为28.95亿m³，其中城乡供水9.52亿m³、灌溉用水8.32亿m³、工业用水9.79亿m³、其他供水1.32亿m³。全市累计建成农村供水工程25.1万处，供水总人口2 254万人，其中集中式供水工程1.89万处，供水人口2 036万人。

（江泽秀　邢乔　胡兴敏　敖源鸿　袁美荧）

【重大活动】　2021年3月1日，重庆市人民检察院和市河长办联合召开全面推行“河长＋检察长”协作机制工作启动会，签署了《全面推行“河长＋检察长”协作机制的意见》，明确建立健全信息共享、线索双向移送、联合巡查、生态环境损害修复等7项工作机制。

2021年4月9日，川渝跨界河流联防联治现场推进会在遂宁市召开，审议了《琼江流域水生态环境保护川渝联防联治方案》《关于建立川渝跨界集中式饮用水水源地风险联合防控体系的实施方案》。

2021年5月13日，重庆市委书记、市总河长陈敏尔主持召开2021年市级总河长会议，听取了全市河长制工作推进情况汇报，安排部署了全市河长制工作，明确各级河长办公室主任由同级政府分管负责同志担任。

2021年6月1日，重庆市政府新闻办公厅举行新闻发布会解读第3号市级总河长令。发布会上，市水利局党组书记、局长张学锋从发布背景、专项行动主要内容及保障措施等方面作解读，市水利局、市生态环境局、市住房和城乡建设委员会、市农业农村委员会相关负责人从城镇生活污水治理、农村生活污水治理、水产养殖尾水治理等方面提出贯彻措施。

2021 年 6 月 9 日，重庆市河长制工作现场推进会议在丰都县召开。市政府副市长、市副总河长李明清率市水利局、市规划自然资源局、市生态环境局等市级相关部门和各区（县）政府、水利行政主管部门负责同志巡查龙河（丰都段），考察学习全国示范河湖建设经验及做法，并组织召开会议安排部署河长制重点工作。会议强调，要强化河长制考核督查奖惩，督促河长履职尽责，推动河长制走深走实、有能有效。

2021 年 7 月 6 日，“发言人来了——我为群众办实事”重庆市长江禁捕工作发布活动在重庆市江津区举行。市农业农村委员会、市公安局、市人力资源和社会保障局、市林业局等市级相关部门和江津区政府的“发言人”现场为市民答疑解惑。

2021 年 10 月 8 日，重庆市政府召开第 161 次常务会议，听取了重庆市第 3 号市级总河长令贯彻落实情况汇报，播放了第 3 号市级总河长令落实情况暗访视频，研究提升区县防洪能力工作。会议强调，各级河长要知责明责、担责负责、履职尽责，带着责任、带着问题开展巡河查河工作。

2021 年 10 月 15 日，2021 年度川渝河长制联合推进办公室工作联席会议召开。会议审查川渝跨界河流联合暗访专题片，并研究琼江省级河长联合巡河方案、川渝河长制联合培训等事宜。会议还提出制定川渝跨界河流水系图、共享川渝河长制信息系统基础数据、组织开展“媒体川渝河流行”活动等。

2021 年 12 月 6 日，川渝河湖长工作培训班（第二期）在重庆开班，川渝两地 100 余名河湖长制工作干部参加为期 5 天的培训。培训包含相关法律解读、智慧水利运用与实践、生态环境典型案例等专题讲座及经验交流、现场教学等内容，旨在进一步提高河湖长制工作水平，推动川渝两地生态共建、环境共保、河长联动、成果共享。

2021 年 12 月 15 日，全市“河长＋检察长”协作联络座谈会召开。会议播放全市河长制工作成效视频，听取派驻检察联络室工作开展情况及“河长＋检察长”协作机制成效报告。市河长办公室与两江地区人民检察院就河长制工作信息共享、线索移交、监督机制等方面作了深入交流。

2021 年 12 月 15 日，重庆市河长制工作先进集体和先进个人评选表彰工作正式启动。市人力资源和社会保障局、市水利局对河长制工作成绩显著的 100 名个人、50 个集体进行联合表彰，以弘扬正气、激励作为，推动河长制从“有名有责”到“有能有效”转变。

2021 年 12 月 21 日，重庆市委宣传部、市河长办公室、市水利局联合主办的“长河河长行”重庆市全面推行河长制 5 周年全媒体采访行动在重庆市江津区启动。市级主流媒体及长江重庆段沿线 18 个区县融媒体中心聚焦河流生态保护与治理，全方位展示河长制好经验、好做法。

2021 年 12 月 27 日，重庆市政府新闻办公室举行重庆市全面推行河长制 5 周年新闻发布会，从体制机制建设、河流治理举措及工作成效等方面介绍河长制实施 5 年的相关情况，市检察院、市水利局、市生态环境局相关负责人及基层河长代表就水环境治理、川渝跨界河流管护、市级总河长令实施等答记者问。

（任镜洁　王敏）

【重要文件】　2021 年 1 月 4 日，重庆市十七部门印发《关于印发〈重庆市促进砂石行业健康有序发展实施方案〉的通知》（渝发改价调〔2021〕4 号）。

2021 年 1 月 11 日，重庆市水利局印发《重庆市水利局关于加强采砂管理持续打击非法采砂的通知》（渝水河〔2021〕1 号）。

2021 年 1 月 27 日，重庆市水利局印发《重庆市水利局办公室关于做好河道“清四乱”常态化规范化相关工作的通知》（渝水办河〔2021〕1 号）。

2021 年 3 月 4 日，重庆市河长办公室、重庆市检察院印发《重庆市河长办公室　重庆市检察院关于印发〈全面推行“河长＋检察长”协作机制的意见〉的通知》（渝检会〔2021〕2 号）。

2021 年 3 月 23 日，重庆市河长办公室印发《重庆市河长办公室关于印发〈重庆市 2021 年河长制工作要点〉的通知》（渝河长办〔2021〕3 号）。

2021 年 4 月 6 日，重庆市水利局印发《重庆市水利局关于印发〈重庆市重要河道采砂管理规划（2021—2025 年）〉的通知》（渝水〔2021〕22 号）。

2021 年 4 月 27 日，重庆市人民政府印发《关于印发〈重庆市筑牢长江上游重要生态屏障“十四五”建设规划（2021—2025 年）〉的通知》（渝府发〔2021〕12 号）。

2021 年 5 月 10 日，重庆市水利局印发《重庆市水利局关于明确长江上游重庆朝天门至涪陵航道整治工程疏浚砂综合利用试点协调组人员及职责的函》（渝水函〔2021〕118 号）。

2021 年 5 月 10 日，重庆市水利局印发《重庆市水利局办公室关于进一步加强河道管理范围内建设项目管理的通知》（渝水办河〔2021〕5 号）。

2021 年 5 月 12 日，重庆市水利局、重庆市公安局、重庆市交通局、重庆市经济和信息化委员会、

重庆市市场监管局、重庆海事局印发《重庆市水利局 重庆市公安局 重庆市交通局 重庆市经济和信息化委员会 重庆市市场监管局 重庆海事局关于成立重庆市河道采砂管理合作机制协调组的通知》（渝水〔2021〕30号）。

2021年5月24日，重庆市河长办公室印发《重庆市河长办公室关于印发〈重庆市示范河流建设工作方案〉的通知》（渝河长办〔2021〕7号）。

2021年5月26日，重庆市河道采砂管理合作机制协调组印发《重庆市河道采砂管理合作机制协调组关于开展全市河道采砂综合整治行动的通知》（渝水〔2021〕32号）。

2021年6月2日，重庆市河长办公室印发《重庆市河长办公室关于印发〈重庆市开展提升污水收集率、污水处理率和处理达标率专项行动工作方案〉的通知》（渝河长办〔2021〕8号）。

2021年6月8日，重庆市河长办公室印发《重庆市河长办公室关于调整市河长办公室组成人员的通知》（渝河长办〔2021〕12号）。

2021年6月23日，重庆市河长办公室印发《重庆市河长办公室关于转发〈水利部关于印发河长湖长履职规范〉（试行）的通知》（渝河长办〔2021〕13号）。

2021年7月20日，重庆市水利局印发《重庆市水利局关于〈印发重庆市地下水管控指标〉的通知》（渝水〔2021〕51号）。

2021年9月2日，重庆市水利局办公室印发《重庆市水利局办公室关于贯彻落实水利部开展全国河道非法采砂专项整治行动的通知》（渝水办河〔2021〕15号）。

2021年9月30日，重庆市人民政府办公厅印发《重庆市人民政府办公厅关于印发〈重庆市水安全保障“十四五”规划（2021—2025年）〉的通知》（渝府办发〔2021〕105号）。

2021年11月17日，重庆市人民政府印发《重庆市人民政府关于重庆市河道采砂禁采区和禁采期的公告》（渝府发〔2021〕39号）。

2021年11月29日，重庆市住房和城乡建设委员会、重庆市发展和改革委员会、重庆市财政局、重庆市生态环境局印发《重庆市住房和城乡建设委员会 重庆市发展和改革委员会 重庆市财政局 重庆市生态环境局关于印发〈城镇生活污水处理领域贯彻落实重庆市第3号总河长令实施方案〉的通知》（渝建排水〔2021〕25号）。

2021年12月9日，重庆市河长办公室、重庆市水利局印发《重庆市河长办公室 重庆市水利局关于开展妨碍河道行洪突出问题排查整治工作的通知》（渝河长办〔2021〕19号）。

2021年12月9日，重庆市生态环境局印发《重庆市生态环境局关于印发〈农村生活污水处理设施运营管理办法（试行）〉〈农村生活污水处理绩效评估指南（试行）〉的通知》（渝环办〔2021〕111号）。

2021年12月21日，重庆市规划和自然资源局印发《重庆市规划和自然资源局关于印发〈重庆市国土空间生态保护修复规划（2021—2035年）〉的通知》（渝规资〔2021〕910号）。

2021年12月24日，重庆市住房和城乡建设委员会、重庆市生态环境局印发《重庆市住房和城乡建设委员会 重庆市生态环境局关于印发主城排水系统溢流控制及能力提升专项行动方案的通知》（渝建排水〔2021〕30号）。

（王敏 陈鸷）

【河湖长制体制机制建立运行情况】

1. 河长设置 由重庆市委书记、市长共同担任市级总河长，全面建立市、区县（自治县）、乡镇（街道）三级“双总河长”架构和市、区县（自治县）、乡镇（街道）、村（社区）四级河长体系。全市分级分段设立河长1.83万名。充实调整河长制组织体系，市委、市政府、市人大常委会、市政协主要领导和全部市委常委、市政府副市长均任市级河流河长，设市级河长21名，市级河流达24条。

2. 河长办公室设置 设立市、区县（自治县）、乡镇（街道）三级河长办公室，作为本级总河长、河长的办事机构，承担河长制具体工作。各级河长办公室主任由同级政府分管领导同志担任，并配备相应的工作人员，河长制责任单位和牵头单位负责人作为办公室成员。

3. 河长制责任单位及牵头单位设置 市、区县的发展改革、教育、经济信息、公安、财政、规划自然资源、生态环境、住房城乡建设、城市管理、交通、水利、农业农村、卫生健康、团委、林业、海事等部门作为行政区域的河长制责任单位。市、区县（自治县）根据工作需要，确定相应河流的河长制牵头单位。

4. 河长述职机制 重庆市委将河长履职情况纳入各级领导班子民主生活会对照检查内容，不断提高各级河长开展河流管理保护工作的政治站位，增强履职担当的使命感和责任感，并对检查出的问题实行清单化整改、全过程管理，提升河流管理保护质效。

5. 年度考评机制 重庆市委、市政府将河长制纳入对区县党委政府经济社会发展业绩考核和市级党政机关目标管理绩效考核。细化制定《重庆市河长制工作考核办法》，按照年度重点工作细化量化考核指标、健全考核体系，通过下达年度目标、季度任务，强化过程考核、季度打分，压实属地责任和行业监管责任。

6. 联防联控机制　与周边省份各级累计签署相关协议96份，分级建立联席会商、联合巡查等工作机制，共同推进跨省市河流联防联控。持续深化推进川渝河长制联合推进办公室工作，印发《关于深化川渝跨界河流河长制协同联动的通知》《2021年深化跨界河流联防联控工作要点》，持续在81条跨界河流联合开展污水“三排”、河道“清四乱”专项整治行动，组织开展联合督查、联合暗访、联合执法40余次。

7. “河长＋”制度　实行“河长＋警长”，设立市、区县（自治县）、乡镇（街道）三级河库警长1 000余名，破坏环境资源类刑事案件994件。实行“河长＋检察长”，全面推行“河长＋检察长”协作机制，设立市、区县（自治县）两级检察联络室，强化检察建议、公益诉讼，立案96件。实行“河长＋民间河长”，落实河道保洁员、巡河员、护河员约1.6万人，实行网格化管理，解决河流巡查保洁“最后一公里”问题；壮大“河小青”“巾帼护河员”队伍，2.3万余名民间河长参与一线巡河护河。实行“河长＋社会监督员”，聘请人大代表、政协委员、记者、企业家以及退休干部等热心人士开展监督性巡河查河，推动突出问题得到有效整改。

8. 离任交接制度　制定印发《重庆市河长工作交接制度（试行）》，由各级河长办公室和河流河长制牵头单位统筹，采取签署《离任交接清单》的方式，交接河流基本情况、“一河一策”编制实施情况、河流巡查、群众反映的未整改销号问题等六大内容，确保河长在调整时所负责河流河长制工作无缝对接、延续有序。

9. 暗访调度机制　重庆市政府常务会议定期调度河长制重点工作。全市深化市、区县（自治县）、乡镇（街道）三级定期调度机制，采取暗访问题交办、现场巡河交办、召开专题会议、印发工作通报等多种方式，专题调度河流突出问题，并督促整改到位。全市开展两轮全覆盖暗访督导河长制实施、河流管理保护等情况，委托第三方重点暗访巡查44条大江大河、重要支流，发出督办函132件次，对300余个突出问题实行动态管理、闭环处置、定期销号。

10. 表彰奖励机制　《重庆市河长制条例》第三十四条规定，河长制工作成绩显著的单位、个人，由市、区县（自治县）按照有关规定给予表彰、奖励。市河长办公室联合市委宣传部、市文明办、市人力社保局、市总工会等部门开展“最美河湖卫士”评选，举办最美人物发布仪式，宣传推广10位基层河长先进事迹；表彰河长制工作先进个人100名、先进集体50个。

11. 责任追究机制　全市针对“各级总河长、河长未按照规定巡查责任河流”等5类行为，按照不同情形、后果，进行提醒、约谈、通报及追责。2021年针对基层河长巡河不达标、巡河不查河等问题，采取集中约谈、现场约谈等方式，累计约谈问责河长及有关部门400余人（个）次。同时，将河长制实施情况纳入领导干部综合考核评价和自然资源资产离任审计的重要内容，加强监督问责。

12. 督查激励机制　重庆市璧山区获国务院2021年度河长制湖长制工作激励，获得的1 000万元激励资金用于河长制湖长制及河湖管理保护工作。重庆市政府开展河长制工作激励，对铜梁区、荣昌区、黔江区濯水镇、渝北区统景镇、丰都县三合街道5个区县（乡镇）分别给予300万元资金奖励支持用于河流管理保护工作。（任镜洁　王敏）

【河湖健康评价】　根据《河湖健康评价指南（试行）》相关指标赋分方法，经资料收集、实地调查、数据监测及公众满意度调查等工作环节，由相关专家对小安溪健康情况进行计算打分，全面分析小安溪存在的主要健康问题，并形成《重庆小安溪健康评价报告》，并对下一步河流管理保护工作提出建议。（王敏）

【“一河（湖）一策”编制和实施情况】　印发《重庆市”一河一策“方案编制大纲（试行）》《关于认真做好新一轮“一河一策”方案编制工作的通知》，制定《重庆市市级河流“一河一策”方案评审要点》，明确方案必要内容、图表要求及审查标准。2021年重庆市新一轮“一河一策”方案经水利、生态环境、农业农村、住房城乡建设等方面的专家及有关部门前置审查、全过程咨询，经同级人民政府审定批复并实施。（王敏）

【水资源保护】

1. 水资源刚性约束　印发《重庆市人民政府办公厅关于调整各区县2030年用水总量控制目标的通知》，优化完善各区县2030年用水总量控制目标。印发《重庆市地下水管控指标》，科学划定地下水取用水总量、水位控制指标，明确地下水取用水计量、

监测井密度等管理要求。

2. 节水行动　重庆市水利、发展改革等6部门联合印发《重庆市“十四五”节水型社会建设规划》，推动构建重庆市节约水资源和保护水环境的空间格局、产业结构、生产方式、生活方式。水利、经济信息、城市管理、市场监督管理等部门联合印发《重庆市第二三产业用水定额（2020年版）》，定额涵盖166个行业共400余个小项，为严格用水定额管理提供科学支撑。持续推进县域节水型社会达标建设，2021年，长寿区、涪陵区、梁平区、垫江县获评节水型社会建设达标县（区），创建率达30.7%。

3. 生态流量监管　印发第二批主要河流控制断面生态流量方案，制定大宁河、璧南河、龙潭河等7条河流生态流量管控目标。

4. 全国重要饮用水水源地安全达标保障评估　按照水量保障、水质合格、监控完备和制度健全4个方面对列入国家级名录的重要饮用水水源地开展年度安全保障达标建设评估，每月对全市764个河流水库（其中饮用水水源地207个）断面开展水质监测，定期印发水资源质量月报。

5. 水量分配　完成并批复涪江、渠江、濑溪河等5条跨省市江河流域水量分解落实方案。

（熊燃　徐威震）

【水域岸线管理保护】

1. 河道岸线规划　2020年4月5日，印发《开展河道岸线保护与利用规划工作的通知》。2020年7月20日，印发《重庆市河道岸线保护与利用规划编制技术大纲》。2021年12月，完成《重庆市重要河道岸线保护与利用规划（送审稿）》，规划范围为43条流域面积大于1 000km^{2}的河流（除长江、乌江、嘉陵江）及梁滩河；规划基准年为2020年，规划水平年为2030年；规划目标为岸线四大管控指标（自然岸线保有率、岸线利用率、岸线保护率、水域空间保有率）；主要规划内容为划定河道岸线两线四大功能区（外缘边界线、临水控制线，保护区、保留区、控制利用区、开发利用区）。

2. 河道划界　截至2021年12月底，完成流域面积50km^{2}以上510条河流的河道管理范围划定工作，划界岸线长度35 028km，设置界桩（界牌）62 836处、公示牌（告示牌）5 302处。其中流域面积1 000km^{2}及以上的河流42条，划界河段长4 837.6km、岸线长10 288km，设置界桩（界牌）17 890处、公示牌（告示牌）1 591处。各区县（自治县）人民政府对辖区内的河道划定成果进行了批复，并将河道管理范围向社会进行公告，同时报重庆市水利局备案。

3. 河道采砂管理　定期公示长江干流重庆段河长暨全市河道采砂四级管理责任人，压实各级政府主体责任。编制完成《长江上游干流宜宾以下河道采砂管理规划（2020—2025年）》和《重庆市重要河道采砂管理规划（2021—2025年）》，长江规划29个可采区、年控制开采量890万t，其他跨区县河流规划59个可采区、年控制开采量659.8万t，基本实行国有平台统一开采管理模式，从源头上杜绝了超采、乱采情况发生。严格执行河道采运管理单制度，加强采运链条式管理，联合交通、公安、生态环境等部门开展朝天门至涪陵河段航道整治工程疏浚砂综合利用试点，规范疏浚砂综合利用管理，确保疏浚砂综合利用规范、高效。累计办理采砂许可证114个，采砂约777万t，实施清淤疏浚项目共23个，疏浚砂石量约401.3万t。

4. 涉河建设项目管理　严格涉河建设项目审批，累计办理涉河建设项目洪水影响评价许可1 793个；强化涉河建设项目监管，累计开展涉河建设项目现场监督检查7 136人次，对89个施工期涉河事项开展现场监督，复核完工涉河事项25个。

5. 河道“清四乱”　2020年以来，持续推进河道“清四乱”常态化、规范化，制定河道管理工作年度暗访巡查计划，组织专业技术人员，分期分批开展巡查暗访，排查整改“四乱”问题1 700余个，拆除违法建筑面积6.2万m^2，清理建筑和生活垃圾51万t，累计腾退收回岸线长度50.8km。

（谭婧洋　何满　洪波　陈骜）

【水污染防治】

1. 排污口整治　印发《关于加强入河排污口监督管理的通知》，对入河排污口责任划分、审批程序、规范建设、日常监管提出了明确要求。印发实施《重庆市入河排污口整治工作方案》，长江、嘉陵江、乌江的4 220个入河排污口全部完成排污口分类、命名编码和溯源监测，累计完成排污口整治3 499个，整治率82.9%。

2. 工矿企业污染治理　出台《重庆市长江经济带发展负面清单实施细则（试行）》，明确禁止在长江干支流1km范围内新建、扩建化工园区和化工项目，禁止在合规园区外新建、扩建钢铁、石化、化工、焦化、建材、有色等高污染项目。2021年，督促完成2座工业污水集中处理设施改造，新开工6座工业聚集区污水集中处理设施；系统开展重庆市工业集聚区污水处理设施整治专项行动，建立工业集聚区台账并动态更新，完成25项工业集聚区环境问题整改，全市103个工业集聚区全部按规定建成污水集中处理设施。

3. 城镇生活污染治理　2021年，编制并印发《中心城区排水专项规划（2021—2035年）》《重庆市城市排水设施及管网建设“十四五”规划》《重庆市城镇生活污泥无害化处置“十四五”规划》。全年新建城市排水管网885km、更新改造540km，新建乡镇污水管网893km；完成新改扩建城市污水处理厂11座，新建生活污泥处理处置设施4座，新（扩）建乡镇污水处理厂4座、技术改造25座、达标改造243座。全市建成城市污水处理厂82座，总处理能力486.75万t/d，全面达到一级A及以上排放标准，全年累计处理水量15.35亿t，削减COD 36.49万t、BOD 19.46万t，城市生活污水集中处理率达98%以上；建成城市生活污泥无害化处理处置设施46座，总处置能力6 172t/d，全年累计处理湿污泥121.77万t，无害化处置率达98%以上，资源化利用率达96%以上。截至2021年年底，全市完成城市排水管网精细化普查4.2万km，其中中心城区1.6万km，市政管网排查覆盖率超过90%。

4. 畜禽粪污资源化利用　印发《关于进一步做好畜禽粪污资源化利用工作的通知》，进一步明确对畜禽规模养殖场、专业户、第三方专业机构到场指导要求。开展畜禽粪污资源化利用培训，推广源头节水、清粪方式优化、雨污分流、粪污封闭堆沤、栏舍臭气控制等畜禽粪污资源化利用技术以及粪污全量还田、污水肥料化、固体粪便堆肥利用、异位发酵等粪污资源化利用模式。收集整理“十三五”时期全市畜禽粪污资源化利用整县推进项目实施情况，编印《重庆畜禽粪污资源化利用——整县推进典型案例》。截至2021年年底，全市畜禽粪污综合利用率达到80%以上，全市2020年畜禽粪污资源化利用考核获评全国优秀等次。

5. 水产养殖尾水治理　编制《养殖尾水治理技术指南》，印发《重庆市中央生态环境保护督察涉及水产养殖尾水治理问题整改销号市级核查验收方案》，综合采取池塘鱼菜共生综合种养、池塘底排污水质改良、多级人工湿地净化、池塘工程化循环水养殖、生态沟渠净水、多级沉淀池净水和资源化利用等7类尾水治理模式推进水产养殖尾水治理。2021年，全市推广鱼菜共生4.7万亩，发展稻渔综合种养36.1余万亩。

6. 化肥农药减量增效　全市针对性制定工作方案，分梯度下达各区县减量任务，以用量较高的区域、产业、规模经营主体为重点，大力推广有机肥、配方肥、绿色防控、专业化统防统治等重点减量技术，明确工作目标。开展化肥减量技术培训1 343期次，培训9.8万人次；开展科学安全用药、绿色防控等农药减量技术培训1 566期（次），培训人员4.8万人次。在花椒、榨菜、柑橘三类高施肥经济作物上开展化肥定额标准施用集成示范，同时开展迷向丝、生物农药、杀虫灯等植保新技术新产品试验示范。2021年，全市化肥、农药使用量分别较2020年减少0.86%、1.03%；主要农作物病虫害绿色防控覆盖率达到44.22%，较2020年提高1.41个百分点；主要粮食作物病虫害专业化统防统治覆盖率达到43.38%，较2020年提高2.51个百分点。

7. 船舶和港口污染防治　持续贯彻落实交通运输部等4部委《关于建立健全长江经济带船舶和港口污染防治长效机制的意见》，全部完成全市3 165艘100总吨以上和200艘100总吨以下船舶生活污水收集处置装置改造工作，完成102座码头船舶污染物固定接收设施建设。船舶污染物监管信息平台备案企业达到600余家，共计接收船舶污染物13.84万单，接收生活垃圾2 493t、生活污水15.14万t、含油废水2 717t、残油废油35.28t、洗舱556艘次、洗舱废水4万多t。推进岸电及清洁能源应用，完成2021年度1 112艘船舶受电设施改造工作，具备岸电供应能力泊位达到215个，累计使用岸电15 394次、电量706万kW·h。巴南麻柳LNG加注码头运行良好，取得《燃气经营许可证》，加注16艘次，共计115.88t。　（高军　周娱航　余立　陈勇）

【水环境治理】

1. 饮用水水源规范化建设　2021年，重庆市持续巩固饮用水源整治成效，印发实施《关于加强集中式饮用水水源地环境保护的通知》，完成180余个乡镇及以下集中式饮用水水源地规范化建设，完成282个“万人千吨”饮用水水源保护区划定、190项“万人千吨”饮用水水源保护区环境污染问题整治。

2. 城市黑臭水体治理　2021年，在全面消除48段城市黑臭水体基础上，持续抓好城市黑臭水体治理长制久清工作，深入推进主城区“清水绿岸”治理提升，不断巩固城市黑臭水体治理成效。2021年委托专业机构对原48段城市黑臭水体开展巡查督导12次，累计建成“清水绿岸”河段377km，下达城市黑臭水体示范城市补助资金1.8亿元，完成了黑臭水体示范城市考核资料复核报送，全市无新增城市黑臭水体和返黑返臭水体。

3. 农村水环境整治　印发《重庆市农村人居环境整治提升五年行动实施方案》，2021年新建和整改

农村卫生户厕 71 573 户、农村公厕 250 座。全市所有行政村生活垃圾基本实现有效治理，3 184 个行政村开展垃圾分类示范；建成生活污水集中处理设施 53 座、配套管网 195km，完成处理设施技术改造 30 座和农村黑臭水体整治 27 条。建成“四好农村路” 3 330km、农村入户道路 2 625.8km，安装农村路灯（庭院灯）21 750 盏，创建“美丽庭院”10 513 个，开工建设传统村落保护发展项目 10 个，有序推进少数民族特色村寨人居环境整治项目 8 个。

4. 三峡库区水域漂浮垃圾清理　出台《重庆市城市水域垃圾管理规定》《贯彻重庆市城市水域垃圾管理规定的实施意见》《三峡库区重庆段清漂保洁长效机制工作方案》《嘉陵江、乌江流域重庆段清漂保洁长效机制工作方案》等政策文件，全面落实清漂管理责任，2021 年共打捞漂浮垃圾 15.5 万 t，清理消落区垃圾 3.1 万 t，保障了三峡水库环境清洁、航运畅通、旅游景观和生态安全。组织沿江区县对落差 30m、面积 268km² 的消落区开展整治，全面清理塑料垃圾、白色垃圾，加强监督执法，杜绝沿江沿河倾倒和堆放垃圾。

（胡军　李耀邦　市城市管理局）

【水生态修复】

1. 生物多样性保护　重庆市共设立各级各类自然保护地 218 个（其中自然保护区 58 个，野生动物保护类型 10 个，野生植物保护类型 8 个），占全市面积的 15.4%，有效保护全市 90%以上珍稀濒危野生动植物和 90%以上典型的亚热带常绿阔叶林生态系统。对分布地域狭窄、种群退化、个体数量少的林业极小种群野生植物，持续实施就地保护、种苗繁殖试验、野外回归、种质资源保存等措施；分区域、分类型设立 6 家市级陆生野生动物收容救护机构，开展受伤野生动物收容救护、野化放归等工作；组建“守护青山　爱鸟护飞”志愿服务队伍 40 支，组织科普宣教、巡护救护、清除非法猎捕工具等志愿服务。

2. 水土保持　2021 年，重庆市新增治理水土流失面积 913km²，水土流失面积为 24 752.92km²，较 2020 年减少 389.54km²，减幅 1.55%。水土流失面积和强度连续下降，新增减少土壤流失量 202 万 t，森林覆盖率达到 54.5%，区域和流域的水土保持和水源涵养生态功能持续增强。（李长霞　阳维俊）

【执法监管】

1. 联合执法　按照《重庆市水利局　四川省水利厅联合执法工作机制》要求，联合四川省、湖北省水利厅分别对四川省合江至永川水域、巫山至湖北省巴东水域开展河道采砂综合整治联合执法行动，依法化解调处跨区域水事矛盾纠纷，切实维护毗邻区域水事秩序安全。重庆市河长办公室会同川渝两地生态环境局组建联合执法组，检查排污企业 115 家、查处环境违法行为 8 起。

2. 河库日常监管　组织修订水行政处罚自由裁量权基准（标准），开展《水行政处罚实施办法》《水政监察工作章程》实施情况调研，评查部分区县水行政处罚案卷，对 1 万余件水行政执法案件档案进行数字化整理。建立健全河库执法巡查制度，以查处涉河违法建设行为和严厉打击非法采砂违法犯罪行为为执法重点，强化河库执法监管，完善河库执法监管体制机制，严格河库管理与保护，市级相关部门联合开展水污染防治、安全生产专项整治 3 年行动、“长江、嘉陵江、乌江”沿线环境执法实战大练兵等专项行动。2021 年共侦办破坏环境资源刑事案件 1 059 起，其中污染环境案 90 起、非法采矿案 25 起、非法捕捞水产品案 455 起。（杨刚　王敏）

【水文化建设】　2021 年，重庆市三峡移民纪念馆入选全国红色基因库首批试点单位；启动全市首次水文化遗产普查工作，面向全市开展巴渝水文化遗产调研实践活动；委托第三方机构进行重庆市水文化遗产挖掘与保护专项研究；推动巨丰堰、永丰堰申报世界古灌溉遗产工作；开展重庆市首批水情教育基地申报评选工作。重庆水利电力职业技术学院牵头建设的水文化研究传播中心获批第五批重庆市人文社会科学普及基地，狮子滩水电文化展厅入选第七批重庆市爱国主义教育基地。（钱镜伢）

【智慧水利建设】

1. 建设“智慧河长”　重庆市按照“统一标准、分级负责，先建平台、后建前端，先试点、后推广”总体原则，紧扣“一河一长、一河一策、一河一档”，围绕水资源保护、水域岸线管理保护、水污染防治、水环境治理、水生态修复、执法监管河长制六大任务，建成重庆市“智慧河长”系统平台。在长江、梁滩河、龙河等河流上布设污染溯源、水质水量、AI 视频等设备 200 余个，全面数字化流域面积 50km² 以上 510 条河流河道划界数据，具备智能预警、会商调度、污染溯源、实时连线在线河长、辅助河长决策等功能，为全市 1.8 万名河长管河治河提供支撑，初步实现河流管护“天上看、云端管、地上查、智慧治”。重庆市“智慧河长”系统平台助力智能管河，在 2021 中国国际智能产业博览会上获评“十大‘智慧政务’精选案例”。中央电视台《新闻联播》以《重庆：科技赋能　智慧守护一江碧水》为题作专题报道。

2. 规划“智慧河长”二期　“智慧河长”二期项目在龙溪河、龙河、梁滩河试点的基础上，将前端感知设备覆盖至22条市级河流及三峡库区重要支流，按照“水利大数据、基础大平台、应用大系统、网络大安全”总体布局，运用智能感知、数据底座、资源管理、数字孪生、智慧应用“五大”智慧手段，打造水安全、水资源、水生态、水工程、水事务“五水”智慧应用，构建“单点登录、一网通办”的全要素感知、全业务覆盖、多场景模拟、智能化监管的重庆智慧水利系统，实现感知更全面、功能更完善、监管更智能、决策更精准。　（任镜洁）

四川省

【河湖概况】

1. 数量　四川省水系发达、河湖众多，素有“千河之省”之称，共有河流 8 596 条，其中流域面积 $50km^2$ 及以上河流有 2 816 条，主要有长江（金沙江）、黄河、岷江、沱江、雅砻江、嘉陵江、大渡河、涪江、渠江、青衣江、安宁河、琼江、赤水河、泸沽湖 14 个重要河湖，大小湖泊 417 个（其中常年水面面积 $1km^2$ 以上湖泊 29 个），若尔盖湿地、长沙贡玛湿地 2 个国际重要湿地，已成库容 10 万 m^3 以上的水库 8 220 个，设计输水流量 $1m^3/s$ 及以上具有供水任务的渠道 5 002 条，全省多年平均水资源量 2 616 亿 m^3，居全国第二，是长江和黄河上游重要水源涵养地和生态屏障。

2. 水量　四川省是全国唯一一个长江、黄河干流都流经的省份，长江流域在四川境内流域面积为 46.7 万 km^2，占全省总面积的 96.16%，干流长 1 788km，位列长江流域 19 省（直辖市）第一；黄河流域在四川境内流域面积为 1.87 万 km^2，占全省总面积的 3.84%，干流长 174km，产水量占黄河流域径流量的 8.9%。

3. 水质　2021 年，四川省 203 个国考断面中 195 个达到Ⅲ类以上，优良断面占比 96.1%，其中“十三五”87 个国考断面全部达到Ⅲ类以上，优良断面占比 100%，同比上升 1.1 个百分点；Ⅳ类断面 8 个，占比 3.9%；无Ⅴ类、劣Ⅴ类断面。全省 140 个省考断面中 130 个达到Ⅲ类以上，优良断面占比 92.9%；Ⅳ类断面 10 个，占比 7.1%；无Ⅴ类、劣Ⅴ类断面。赤水河流域 4 个国考断面均为Ⅲ类及以上水质，优良率为 100%。长江流域国考断面从 2020 年的 14 个增加至 2021 年的 35 个，其中 34 个为Ⅲ类及以上，优良率为 97.1%。沱江干流断面均为Ⅲ类，支流釜溪河、索溪河水质从Ⅳ类变为Ⅲ类，沱江流域水质好转趋势从干流延伸到支流，水生态环境质量进一步向好。岷江流域府南河黄龙溪断面同比保持良好，为“十三五”以来最好水平。

4. 新建水利工程　2021 年，四川省新开工威远县大石包水库、宁南县竹寿水库扩建 2 处中型水利工程，小型水库、防汛抗旱提升工程等按计划有序推进，新增堤防 406.5km 列入年度开工计划的 5 处大中型病险水库工程全部开工。

（四川省河长制办公室　四川省生态环境厅）

【重大活动】　2021 年 3 月 16 日，四川副省长、省总河长办公室主任尧斯丹主持召开省总河长办公室主任第 13 次会议。会议传达学习习近平总书记等党中央领导重要讲话和指示批示精神，以及党中央、国务院和四川省委、省政府有关文件精神，听取水利厅等成员单位工作汇报，审议有关事项。

2021 年 4 月 13 日，川渝跨界河流联防联治现场推进会在遂宁市安居区举行。会议对琼江河流域治理工作进行总结和安排部署，审议《琼江流域水生态环境保护川渝联防联治方案》《关于建立川渝跨界集中式饮用水水源地风险联合防控体系的实施方案》，重点围绕长江、嘉陵江一级支流开展水环境治理示范，深化上下游水质信息共享、异常响应机制以及嘉陵江立法协同等方面进行讨论发言。

2021 年 4 月 27 日，四川省委副书记、省长黄强主持召开全省防汛抗旱、地质灾害防治和河湖长制推进工作电视电话会议。

2021 年 5 月 28 日，四川省十三届人大常委会第二十七次会议第二次全体会议表决通过《四川省人民代表大会常务委员会关于加强赤水河流域共同保护的决定》和《四川省赤水河流域保护条例》，于 2021 年 7 月 1 日起施行。

2021 年 6 月 2 日，四川省委书记、省总河长彭清华主持召开 2021 年省总河长全体会议并讲话，省委副书记、省长、省总河长黄强出席会议并讲话，省委副书记、省副总河长邓小刚出席。会议传达学习习近平总书记有关重要讲话精神和党中央、国务院有关会议精神，学习《中华人民共和国长江保护法》，观看《2021 年全省第一轮河湖长制暗访督查发现典型问题专题片》，听取全省河湖长制工作推进及

有关重点工作情况等汇报。

2021 年 8 月 9 日，2021 年黄河（四川段）河湖长制工作推进电视电话会议召开。四川省副省长、省总河长办公室主任、黄河（四川段）省级河长尧斯丹，省政协副主席、黄河（四川段）省级河长祝春秀出席会议。

2021 年 10 月 15 日，2021 年川渝河长制工作联席会议在重庆召开，川渝决定携手组织制定 81 条跨界河流水系图，以及通过共享川渝河长制信息基础数据，加强跨界河流联合执法等措施，携手共护长江母亲河。

2021 年 11 月 17 日，四川省副省长、省总河长办公室主任尧斯丹主持召开省总河长办公室主任第 14 次会议，传达学习习近平总书记关于河湖管理保护重要指示精神和书记彭清华、省长黄强近期讲话要求以及水利部《河长湖长履职规范（试行）》《河长制办公室工作规则（试行）》，听取 2021 年以来全省河湖长制工作推进情况汇报，审议《四川省 2021 年度河湖长制工作考核实施方案》，安排部署下步工作。

2021 年 12 月 6 日，川渝河湖长制工作培训班（第二期）在重庆顺利开班，此次培训时间为 12 月 6—10 日，培训包含相关法律条例解读、智慧水利的运用与实践、生态环境典型案例、经验交流和现场教学等方面内容。（四川省河长制办公室）

【重要文件】 2021 年 1 月 17 日，四川省委、省政府向中共中央国务院报送《关于 2020 年全面推行河湖长制工作情况的报告》（川委〔2021〕45 号）。

2021 年 3 月 15 日，四川省河长制办公室报送《关于国务院河长制湖长制激励县（区）2020 年成效总结的报告》（川河长制办〔2021〕6 号）。

2021 年 3 月 16 日，四川省总河长办公室印发《关于印发〈渠江流域水生态环境保护技术方案〉的通知》（川总河长办发〔2021〕6 号）。

2021 年 4 月 10 日，四川省总河长办公室印发《2021 年四川省全面深化河湖长制工作要点》（四川省总河长令第 1 号）。

2021 年 4 月 13 日，四川省河长制办公室印发《关于开展〈四川省河湖长制工作条例（草案）〉立法调研的通知》（川河长制办函〔2021〕44 号）。

2021 年 4 月 21 日，四川省总河长办公室印发《关于调整省级河长、湖长及总河长办公室副主任的通知》（川总河长办发〔2021〕14 号）。

2021 年 4 月 27 日，川渝河长联合推进办公室印发《关于印发 2021 年深化跨界河流联防联控工作要点的通知》（川渝河长办〔2021〕2 号）。

2021 年 10 月 27 日，四川省河长制办公室印发《关于全面落实河湖长体系动态管理工作的通知》（川河长制办发〔2021〕30 号）。

（四川省河长制办公室）

【地方政策法规】 2021 年 11 月 25 日，四川省第十三届人民代表大会常务委员会第三十一次会议通过《四川省河湖长制条例》，自 2022 年 3 月 1 日起施行。

（四川省河长制办公室）

【河湖长制体制机制建立运行情况】

1. 各级河湖长工作开展 2021 年，四川省委、省政府高度重视河湖长制工作，省委常委会会议、省政府常务会议及时学习贯彻习近平总书记系列重要讲话精神，研究制定《四川省黄河流域生态保护和高质量发展规划纲要》等重要文件。省委书记、省总河长彭清华主持召开 2021 年省总河长全体会等会议，省长、省总河长黄强主持召开全省防汛抗旱、地质灾害防治和河湖长制推进工作电视电话会等会议。省委书记、省长共同签署省总河长第 1 号令，颁布年度工作要点；24 位省级河湖长切实履职，带动全省上下近 5 万名河湖长巡河湖 360 万余次，整治问题 37 万余个，有效推动全省河湖面貌持续向好。

2. 河湖长制联防联控实施 推动建立长江、黄河流域省级河湖长联席会议机制，省长、省总河长担任四川省联席会议召集人。川渝签订《长江流域川渝横向生态保护补偿协议》，每年共同出资 3 亿元作为川渝流域保护治理基金。四川、甘肃两省建立黄河流域横向生态补偿机制，共同出资 1 亿元用于黄河流域保护治理。全省累计签署跨界河湖合作协议 779 个，联防联控不断向中小河湖、农村河湖延伸。川、陕、甘三省联合开展嘉陵江上游（白龙江）水面垃圾防控处置，垃圾入侵问题得到有效改善。持续深化“河长＋”工作机制，与检察机关联动协作，办理各类涉河湖公益诉讼案件 132 件。

3. 依法治理 全面贯彻落实长江保护法，正式颁布《四川省河湖长制条例》，出台嘉陵江流域生态环境保护条例等河湖管护法律法规，为河湖管理保护提供坚实的法治保障。

4. 宣传引领 改版升级“四川河湖”微信公众号，“四川河湖”关注量达 14 万，阅读量达 3 400 万余次；选树典型示范，持续开展“优秀河湖卫士”等评选活动，选出 14 名省级优秀河湖卫士；开辟新专题，推出“回眸河长制五周年——美丽河湖巡礼”

“全面推行河湖长制 建设人民幸福河湖”等专题栏目6个，创新开展河湖长制进机关、进乡村、进社区、进党校、进学校、进企业、进单位“七进”宣传活动，累计覆盖近 1 000 万人次。

（四川省河长制办公室）

【河湖健康评价】 2021年，四川省把河湖健康评价列入全省河湖长制年度工作要点，将流域面积 $50km^2$ 以上河流及水面面积 $1km^2$ 以上湖泊全部纳入健康评价范围，分级推进有序开展，2021年全省共完成224条河湖健康评价工作，健康及以上占比91%。

编制完成《四川省河流（湖库）健康评价指南（试行）》（以下简称《指南》）。《指南》设置有1个目标层，5个准则层，13个指标层，将水利部《指南》的必选指标全部纳入，并结合四川地域特点和治水经验设置了水资源开发利用率、水体整洁程度、外来水生动植物等3项指标。总体上看，四川省《指南》与水利部《指南》的目标层、准则层、指标层保持一致，符合水利部评价要求，切合四川河湖特性，保证了地方的可操作性。依托河湖长制平台开发河湖健康评价模块。各地各级采用网络填报评价结果和关键信息，进一步强化了数据统计与分析，通过对入库河湖健康数据进行分析，为下一步做好问题分析与整改措施制定提供了重要参考。

（四川省河长制办公室）

【“一河（湖）一策”编制和实施情况】 编制14个省级河湖和四川省21个市（州）辖区内河流湖泊《“一河（湖）一策”管理保护方案（2021—2025年）》，实现设立县级以上河湖长的河流湖泊“一河（湖）一策”管理保护方案全覆盖。

（四川省河长制办公室）

【水资源保护】

1. 水资源刚性约束　截至2021年年底，四川省完成流域县级行政区域的水量分配工作，确立了557个流域县级行政区水量管控目标、44个国省级水量分配断面、81个国省级生态流量考核断面、216个省级水资源调度断面、186个地下水水量与19个地下水水位管控指标，水资源刚性约束指标体系初步建立。全省39条重点河湖75个生态流量考核断面、13大流域240个水资源调度管控断面、130个重要地下水水位、2 200处重点取水户取水量、66个重要水源地水质实现在线监测。编制完成水资源监测有关规划方案，印发强化监测计量的意见，实现36条重点河流73个考核断面生态流量、8个流域240个水资源调度控制断面瞬时流量、130个重要地下水水位以及 2 200余处取水户取水量、66个重要水源地水质的实时在线监测。印发赤水河等5条跨市（州）重点江河流域水资源调度方案。对重点江河生态流量加强监管和调度，处置管控断面不达标预警信息334条，向有关市（州）调度责任主体下发提示函17份，开展“四不两直”监督检查15次，2021年，国省生态流量考核断面总体达标率达98%以上，省级调度管控断面达标率在92%以上。建立岷江、沱江、嘉陵江三大流域片水资源调度联席会议机制，实现岷江向沱江枯水期常态化生态补水约12亿 m^3/a。

2. 节水行动　2021年，四川省优化省级节约用水联席会议机制，新增经济和信息化厅、住房和城乡建设厅、农业农村厅为副召集人，新增交通运输厅、人民银行成都分行、省能源局3个成员单位，形成了具有四川特色的“5+20”省级节约用水工作联席会议机制。完善国家、省、市三级重点用水单位监控名录至390个，开展国家最严格水资源与节水监督检查和考核，省、市、县三级组织开展节约用水监督检查，省级发现问题以“一市一单”印发督促整改；省级对62个规划和建设项目开展节水评价，市、县两级共开展节水评价311个。支持清洗作业用水循环装置及远程智能管理系统、污水微动力低碳处理装备等项目研究，支持工业废水和生活污水处理与资源化利用等节水新技术、新产品和新模式研究；在屏山、大英、仪陇等地建立科技示范基地，推广应用“青花椒水肥一体化栽培”“蚕沙养鱼”种养结合等新模式和新技术，在丘陵旱地区初步建成基于农业物联网的雨水资源微循环灌溉系统示范工程，循环灌溉保证率达到60%~75%；四川省河湖保护与管理、农业节水与智慧灌溉工程技术研究中心被认定为省级工程技术研究中心。组织举办四川节水科普短视频大赛、校园“节水达人”等特色活动，征集到来自社会大众、机关、高校、幼儿园的短视频作品200余个，节水创意作品 2 009幅；举办第二十九届“世界水日”暨第三十四届“中国水周”宣传活动，开展“爱水惜水”环湖健步走活动，向群众面对面地进行爱水、节水、惜水宣传和交流互动，黄河流域州（县）进行特色的节水“双语”宣传；制作《美丽四川的节水行动》宣传片并在四川电视台黄金时段展播；组织参加2021年全国节水知识大赛，四川省参加单位名列全国第2、人数名列全国第3，被水利部和中国宋庆龄基金会联合评为特别组织单位；组织

"节水中国 你我同行"主题宣传联合行动，四川省获奖单位4个。四川省5个缺水城市（成都、自贡、遂宁、内江、资阳）再生水利用率均较2020年提升2个百分点。

3. 水源地安全保障评估 2021年，四川省按照水利部印发的《全国重要饮用水水源地名录的通知》（水资源函〔2016〕383号）和《全国重要饮用水水源地安全保障评估指南》要求，对截至2021年年底名录内现存的全省42个全国重要饮用水水源地开展水源地安全保障评估，42个全国重要饮用水水源地安全保障达标情况为优，占参评总数的100%。

4. 水电站生态流量监管 2021年5月，四川省水利厅等8部门联合印发《四川省水电站下泄生态流量监管和考核制度（试行）》（川水函〔2021〕738号），进一步明确各部门管理职责，规范技术要求、完善监管机制、细化考核内容。2021年7月，水利厅印发《关于进一步加强水电站下泄生态流量监管的通知》（川水函〔2021〕971号），明确各级水行政主管部门的职责，提出"三落实"（落实责任、落实制度、落实措施），"五必查"（必查泄放设施、必查生态流量、必查视频监控、必查责任落实、必查整改结果）的监管要求。

申请专项资金对省级监管平台软、硬件功能优化升级，对本地存储的电站未纳入系统监管、监测设施的运行维护等问题提出解决方案，不断完善系统功能；系统整合小水电清理整改管理平台、生态流量监管平台、农村水电统计信息系统等数据资源，科学承接河长制"一张图"基础信息与共享服务平台，努力提高信息化管理水平。

通过水电站生态流量动态监管系统，采取分时段、随机抽查、复查的方式，每日抽查20个电站，对发现的问题点对点发送至相关市（州），并要求及时整改反馈。将中央督察反馈、省环督办反馈、省长江办反馈以及自查发现问题的电站纳入生态流量重点关注电站，每日检查视频监控和流量监测情况，发现问题通过平台直接提示、电话调度等方式及时反馈，形成工作闭环。（四川省河长制办公室）

【水域岸线管理保护】

1. 河湖岸线划定 2021年2月，印发《四川省水利厅关于进一步巩固河湖管理范围划定工作成果的通知》（川水函〔2021〕318号），4月印发《四川省水利厅关于加快复核全省河湖管理范围划定工作成果的通知》（川水函〔2021〕631号），完成全省3 055条河流、171个湖泊划界成果完整性、合规性和准确性复核工作，开展数据成果入库。

2. 岸线规划编制 全面完成长江（金沙江）、黄河、岷江、沱江、雅砻江、嘉陵江、大渡河、涪江、渠江、青衣江、安宁河、泸沽湖12个省级重要河湖岸线保护与利用规划编制，基本完成全省流域面积1 000km² 以上河流和常年水面面积1km² 以上湖泊的岸线保护与利用规划编制。

3. 岸线利用项目清理整治 持续推进长江（金沙江）、黄河、赤水河治理保护，完成长江岸线利用项目小石盘渡口拆除取缔；清理整治黄河岸线利用项目24个、金沙江下游岸线利用项目27个，拆除取缔非法矮围1处，经省级复核均已达到整改要求。10月印发《四川省总河长办公室关于开展赤水河干流岸线利用项目排查整治的通知》（川总河长办发〔2021〕28号），启动赤水河岸线利用项目排查整治工作。

4. 涉河建设项目管理 强化事中事后监管，开展2021年度涉河建设项目"双随机"检查。利用河湖"清四乱"、河湖划界和岸线规划等工作成果，研发填录系统，组织各地全面复核清理码头工程、跨江设施、穿江设施、防洪护岸整治工程、生态环境整治工程、造（修、拆）船项目以及规模以上取排水设施等已建、在建涉河建设项目，开展涉河项目清理入库，清理填报涉河建设项目2.3万余个，实现涉河建设项目排查成果台账化、可视化。

5. 河湖"清四乱" 2021年1月，四川省对各地已上报整改销号"四乱"问题整改情况进行省级抽查复核。8月印发《四川省河长制办公室关于继续深化河湖"清四乱"常态化规范化的通知》（川河长制办发〔2021〕22号），常态化规范化开展河湖"清四乱"。综合运用实地核查、日常巡查、遥感监测、群众举报等多种手段，在全省河流持续自查自纠，问题发现一处，整治一处，实现动态清零。结合省级河湖长制暗访督查，全面复核水利部抽查反馈问题、延期整改问题和省级抽查复核未通过问题整改情况，督促地方按时完成整改。全省2021年排查整改"四乱"问题586个。

（四川省河长制办公室）

【水污染防治】

1. 排污口整治 生态环境部交办四川省长江入河排污口 8 879个。截至2021年年底，四川省全部完成交办任务，共溯源 9 069个（含新增190个），监测3 160个，整治 1 339个。

2021年8月，四川省生态环境厅配合生态环境部完成了现场人工徒步排查黄河流域入河排污口任务。截至12月底，已排查发现排口139个，其中雨水排污口 94 个、雨污混合排及污水排污口 45 个，已完成整治 25 个。

2. 工矿企业污染治理　聚焦岷江、沱江水质磷超标问题，大力推动磷石膏综合利用，采取现场督导、每月调度、专家核查、安排工业发展资金等多种方式综合推动，2021 年 1—9 月，四川省产生磷石膏 463.3 万 t，消纳 455.9 万 t，利用率 98.4%，重点管控的沱江流域连续 3 年实现“产消平衡”。

3. 城镇生活污染治理　2021 年 3 月编制《开展乡镇市政设施和村镇建设管理“两不一增”行动工作方案》，以省“两项改革”后半篇文章专项工作领导小组名义印发，围绕不过度建设设施、不降低维护水平、增强村镇建设管理能力三大主线开展工作，全省完成 672 个撤改乡镇污水处理设施运行评估，对其中 554 个设施进行优化调整。2021 年 4 月，印发《四川省建制镇生活污水处理设施建设和运行管理技术导则（试行）》，指导全省建制镇生活污水处理设施规范建设运行。截至 2021 年年底，全省城市（县城）污水处理厂 338 座，形成污水处理能力约 1 145 万 t/d，生活污水集中处理的建制镇 1 824 个，建有建制镇生活污水处理厂 1 795 座，设计处理规模 162 万 t/d。城市（县城）污水处理量约 34 亿 m^3，干污泥（含水率为 0）产生量约 57 万 t，城市（县城）污水处理率 95.88%，其中城市、县城污水处理率分别为 96.4%、93.5%（达到“十三五”城市 95%、县城 85%的目标），全省建制镇生活污水集中处理率 52.7%，排水管道共约 6.05 万 km，地级及以上城市污泥无害化处置率达 93.3%。推进《四川省城镇污水处理提质增效三年行动实施方案（2019—2021 年）》，2021 年全省 35 个城市污水集中收集率达到 53.7%，较 2018 年提升 15.7 个百分点，污水处理厂平均进水 BOD 浓度达 98.46mg/L，较 2018 年提升 17.52mg/L。

4. 畜禽养殖污染治理　争取中省资金累计 30 亿元，在 63 个畜牧大县和 22 个非畜牧大县实施畜禽粪污资源化利用项目，覆盖全省 70%左右的农区县，项目县养殖量占全省养殖量近 80%。据直联直报系统显示，2021 年全省畜禽粪污综合利用率为 95.82%，规模畜禽养殖场粪污治理设施装备配套率达 99%，大型规模畜禽养殖场粪污治理设施装备配套率达 100%。推进沼气工程种养循环利用项目，2021 年安排省级财政补助资金 1 600 万元，实施沼气工程综合循环利用项目 24 处，新建畜禽粪污发酵罐容积 5 030m^3，新增畜禽粪污处置能力 7.5 万 t/a，配套沼渣沼液利用面积 8 415 亩。

5. 水产养殖污染治理　按照农业农村部要求，完成养殖水域滩涂规划编制，依法划定禁养区、限养区和养殖区。推广池塘健康养殖、稻渔综合种养、水库生态养殖、流水养殖、设施渔业及循环水养殖等健康养殖模式，积极发展休闲渔业，构建资源节约、环境友好、质效双增的现代渔业。在四川省开展生态健康养殖模式推广行动、养殖尾水治理模式推广行动、水产养殖用药减量行动、水产种业质量提升行动、推动全省 72 个骨干基地扩增行动。邛崃市、盐亭县成功创建 2021 年国家级水产健康养殖和生态养殖示范区。积极推进养殖尾水治理，对全省 8.66 万亩养殖池塘进行标准化改造和养殖业尾水达标治理，促进养殖尾水资源化利用或达标排放。

6. 农业面源污染治理　推进化肥减量化工作。启动科学施肥 5 年计划，印发《四川省 2021—2025 年主要农作物科学施肥指导意见》《四川省推进化肥减量化五年行动方案（2021—2025 年）》《四川省推进有机肥替代化肥五年行动方案》，指导全省持续开展化肥减量化行动，实现化肥使用量源头减量、过程减量、替代减量。

继续扩大示范效益。2021 年安排中央资金 2.898 亿元，创建 20 个化肥减量增效示范县和 24 个绿色种养循环农业试点县，建设化肥减量增效示范区 31 万亩和绿色种养循环示范区 240 万亩，重点推广测土配方施肥、有机肥替代化肥、水肥一体化、机械化施肥等施肥方式，推广缓释肥料、水溶肥料、液体肥料、生物肥料、土壤调理剂等高效新型肥料，化肥利用率得到明显提升。强化培训宣传，2021 年承办部级培训 1 次，开展省级培训 3 次，培训市（县）技术人员 1 680 人次。印发《关于进一步做好科学施肥宣传工作的通知》，推进科学施肥技术进村入户，在《四川观察》、《川观新闻》、《农民日报》宣传报道四川省绿色种养循环农业试点情况，营造领导重视、社会支持、群众参与的浓厚氛围。

推进农药减量化行动。一是推进测报精准化减量。2021 年安排省级病虫监测预警专项资金 1 000 万元，重点用于新型测报工具更新换代，提升重大病虫害监测预警能力。率先在 22 个县试点试行乡村植保员制度，选聘乡村植保员 500 名，承担病虫情报侦察兵、植物保护法律法规宣传员、病虫防治技术指导员和农药使用情况调查员“一兵三员”任务。实行病虫害信息周报制度，发布重大病虫预报、警报 1 800 期以上，发送植保短信 51 万条以上，为病虫害精准防控提供了科学依据。二是推进经营规范化减量。完成《四川省农药管理条例》的修订并自 2021 年 5 月 1 日正式施行，四川省成为全国首

个制定了农药地方性法规的省份。按照“淘汰一批、规范一批、树立一批”的原则，创建省级“标准化农药经营示范门店”51家，在全省布局限制使用农药经营门店789个。三是推进使用科学化减量。印发《四川省2021—2025年农药科学安全使用指导意见》《四川省“百县千乡万户”科学安全用药培训实施方案》，逐级开展科学安全用药培训18.2万人次，发放技术资料322万余份，《科学安全使用农药》挂图实现农药经营门店全覆盖。加强农药包装废弃物回收，“店村结合”的回收体系基本建立。四是推进防治专业化减量。印发《关于加强农作物病虫害统防统治工作的通知》，命名四川省“五有五好”植保社会化服务组织31家。安排中省资金5 280万元，聚焦统防统治，建设农药减量化示范区528万亩。

推进农村“厕所革命”。按照农业农村部、国家乡村振兴局等联合印发《关于扎实推进“十四五”农村厕所革命的指导意见》（农社发〔2021〕1号），编制了四川省《关于扎实推进“十四五”农村厕所革命的实施方案》（川农发〔2021〕138号）。有力有序推动农村“厕所革命”重点项目建设。积极争取中省资金6亿元，印发《关于做好2021年农村“厕所革命”整村推进示范村建设项目的通知》，并纳入2021年度省委省政府30件民生实事考核内容和2项改革“后半篇”文章重点任务，完成1 300个行政村60万户农村厕所革命建设任务。井研县农村改厕“四度”工作法入选2021年度全国农村厕所革命典型范例。

7. 船舶和港口污染防治　积极推进港口码头污染防治，系统指导各地港口管理部门组织所在地企业实施港口码头污染防治工作，通过采用接入市政污水处理系统、回收收集、封闭卫生间等措施，对港口码头生活污水实施防控。通过港口码头配备的生产污水处置设备或收集处置，严禁生产污水直接排放。印发《船舶和港口污染突出问题专项整治方案编制指南》，指导全省各市州开展船舶与港口污染防治专项行动，通过专项检查、交叉检查、片区督查等方式，共开展各种形式的督查8次，发现问题并及时交地方处理完毕。对固体生活垃圾实施分类收集，要求所有经营性港口码头配备足够垃圾桶（不少于4个）。推行港口垃圾集中处理，全省经营性港口码头收集的固体生活垃圾交当地市政环卫部门统一处理并将垃圾收集记录归档。

新建船舶均按规范要求配备防污设施设备、安装受电设施，码头工程均配置相应环保设施，同步建设岸电设施。督促港口码头加强环保设施维护管理，确保稳定运行；严格生活生产污水、固体污染物、扬尘的防护处理，确保港口码头环保持续落到实处；全面完成四川省695艘100总吨以下产生生活污水船舶的设施改造工作。督促指导各地严格落实《关于加强船舶水污染物转移处置联合监管的通知》要求，实行污染物收集、转运、存储、处置等环节联单，闭环管理。2021年，全省累计接收港口船舶垃圾236.32t，转运处置236.15t；接收生活污水8 071.78t，含油污水138.95t。推进LNG、电动船舶改建造，推广岸电建设使用，截至2021年年底，具备受电设施船舶163艘，使用岸电1 557次，接电时间13.7万h，用电量15.8万kW·h；具备岸电供应能力泊位81个，使用岸电2 983次，接电时间3.4万h，累计用电量10.7万kW·h。

（四川省生态环境厅　四川省经济和信息化厅
四川省住房和城乡建设厅　四川省农业农村厅
四川省交通运输厅）

【水环境治理】

1. 饮用水水源规范化建设　四川省严格执行《四川省饮用水水源保护管理条例》规定，加强集中式饮用水水源地保护管理，深入推动饮用水水源地规范化建设，全省饮用水水源保护区划定率100%，继续推进集中式水源保护区环境问题动态排查整治，提高规范化建设水平。按年度定期对水源基础信息及环境管理状况进行评估。

2. 黑臭水体治理　2021年年底，四川省纳入“全国城市黑臭水体整治监管平台”的105个地级及以上城市建成区黑臭水体全部治理竣工，竣工率100%。

3. 农村水环境整治　2021年四川省住房和城乡建设厅持续开展农村生活垃圾收运处置体系建设，建立了“村收集、乡镇转运、市县处理”为主，片区处理、就地就近处理为辅相结合的处理模式，基本形成完善的农村生活垃圾收运处置体系。以《四川省城镇生活污水和城乡生活垃圾处理设施建设三年推进总体方案（2021—2023年）》为抓手，加快补齐设施短板，安排省级城乡建设发展专项资金支持实施“三推项目”，加大农村生活垃圾分类和资源化利用投入力度。启动“农村易腐垃圾就地资源化利用”课题研究，进一步探索农村易腐垃圾分类发展路径。完成全省1 619处非正规垃圾堆放点整改销号，整治率100%。结合四川省两项改革“后半篇”文章“两不一增”专项行动（市政设施不过度建设、不降低维护管理水平、增强村镇建设管理能力），完成对涉改乡镇生活垃圾收转运线路优化调整，全省农村生活垃圾收运处置体系已覆盖 96%的行政村。

2021 年，四川省生态环境厅编制完成《四川省“十四五”农业农村生态环境保护规划》，印发《四川省农村生活污水处理设施运行维护管理办法（试行）》，进一步规范和加强全省农村生活污水处理设施运维管理。安排省级财政 5 亿元农村生活污水治理“千村示范工程”以奖代补资金，由县（市、区）人民政府统筹用于示范村农村生活污水治理。在全省范围内选取 1 000 个行政村实施农村生活污水治理“千村示范工程”建设。组织各地开展 2 轮补充排查核实，排查出农村黑臭水体总数 298 条，纳入国家监管清单的黑臭水体数 159 条，采取季调度方式，动态更新农村黑臭水体清单及治理进展。制定完成《四川省农村黑臭水体治理工作方案》，优先整治国家监管的农村黑臭水体，持续推动农村河长、湖长治理黑臭水体的责任落实到位，实行“拉条挂账、逐一销号”。阆中市和苍溪县作为全国第一批农村黑臭水体治理试点示范县，初步探索了丘陵地区农村黑臭水体治理模式。截至 2021 年年底，全省行政村（含涉农社区）生活污水治理率达到 63.33%，提前完成年度目标任务；完成 18 条纳入国家监管的农村黑臭水体治理。

（四川省住房和城乡建设厅　四川省生态环境厅）

【水生态修复】

1. 生物多样性保护　四川省地形地貌多样，自然资源丰富，是全球 34 个生物多样性热点地区之一，是中国乃至世界的珍贵物种基因库之一，被称为“生物多样性的宝库”。全省现有各级各类自然保护地 474 个，总面积 13.07 万 km^2。其中国家公园 1 个、自然保护区 154 个、森林公园 138 个、湿地公园 55 个、风景名胜区 91 个、地质公园 34 个、石漠公园 1 个。拥有世界级旅游资源和品牌 26 个，世界自然遗产 3 处（九寨沟、黄龙、大熊猫栖息地），世界文化遗产 1 处（青城山 都江堰），世界文化与自然遗产 1 处（峨眉山 乐山大佛）。全省有高等植物 1 万余种，占全国总数的 1/3 以上；有脊椎动物近 1 300 种，约占全国总数的 45%以上，其中有国家重点保护野生动物 303 种，位居全国前列；野生大熊猫种群数量达 1 387 只，占全国野生大熊猫总数的 74.4%，种群数量居全国第 1。川金丝猴属仰鼻猴属，还包括滇金丝猴、黔金丝猴、怒江金丝猴、越南金丝猴，其中前三种是我国特有品种，且最早在四川被发现，目前野生川金丝猴仅分布在四川省的川西山地、陕西秦岭、甘肃南部、湖北神农架，共有约 25 000 只个体，其中四川省约有 15 000 只。全省森林蓄积量 19.16 亿 m^3，居全国第 3 位；森林覆盖率达到 40%，草原综合植被覆盖度达 85.6%。

全省已建立水生动物自然保护区 7 个，国家级水产种质资源保护区 31 个，省级水产种质资源保护区 8 个，有国家一级重点保护水生野生动物 5 种（中华鲟、白鲟、长江鲟、川陕哲罗鲑、普雄原鲵），国家二级重点保护水生野生动物 36 种，省重点保护野生动物 31 种。持续开展珍稀濒危物种长江鲟、川陕哲罗鲑等人工繁育研究。

2. 生态补偿机制建立　四川省认真贯彻落实党中央、国务院关于健全横向补偿机制的决策部署，通过制度创新、健全机制、持续投入等举措，积极探索、持续试点。2021 年 3 月，与甘肃省签订《黄河流域（四川　甘肃段）横向生态保护补偿协议》。为贯彻落实中共中央、国务院和省委、省政府关于深化生态保护补偿制度改革的决策部署，四川省生态环境厅会同省财政厅、水利厅、省林业和草原局起草了《四川省流域横向生态保护补偿激励政策实施方案（送审稿）》，正在报请省政府常务会审议；并于 2021 年底组织沱江流域 10 市（州）修订并签署第二轮横向生态保护补偿协议及实施方案。

2018—2021 年，四川省共计统筹中央、省级生态环保专项资金 45.66 亿元，用于奖励各市（州）建立或参与省内及跨省流域横向生态保护补偿机制，以及履行跨省流域横向生态保护补偿协议［各市（州）共筹集资金超过 41.9 亿元］。奖励资金和筹集资金用于流域生态环境保护，大大增加了全省流域生态环境保护投入力度。

3. 水土流失治理　2021 年四川省完成水土流失综合治理面积 5 273km^2。其中水土保持重点工程治理水土流失面积 856km^2，治理小流域 52 条。成功创建国家水土保持示范县 2 个，国家水土保持科技示范园 2 个，国家水土保持示范工程 3 个。

4. 小水电站清理整改　全省 5 131 座小水电站纳入清理整改范围，其中保留 239 座、整改 3 508 座、退出 1 384 座，退出电站总数和占比位居全国第一；已退出电站 1 186 座，全面完成年度任务；完成阿坝州金川八一电站整改。

（四川省河长制办公室　四川省生态环境厅
四川省林业和草原局）

【执法监管】

1. 联合执法　2021 年，四川省水利、公安、交通运输河道采砂管理合作机制向基层及经信、市场监管

等部门延伸，全省21个市（州）及有采砂任务的县（市、区）全面建立合作机制，形成“5（4）+N+1（负责人+部门+区域）”河道采砂监管网格。

针对四川河道采砂点多、线长、面广和监管装备落后、监管力量薄弱的现状，积极运用信息化监管手段，打通四川省河长制湖长制信息平台与四川省河道砂石采运管理单信息系统，省、市、县三级可实时监管、查询河道采砂规划、许可执行和开采量情况；各地加强采砂、加工和堆场视频监控建设，提高河道采砂监管效能。

泸州市成立水利、交通运输、公安、生态环境等12个相关部门河道采砂综合整治专班，签署长江泸州段水上执法合作备忘录，共同落实禁采管理。绵阳市建立“四长联护+检察监督”河湖管理与保护治理长效机制，即河长包片、警长执法、巡长（村书记、主任）查线、会长（管护协会）自治与检察监督的工作机制。乐山市建立了由纪委监委、水务、公安等10个部门组成的涉砂监管联席会议制度，实现砂石资源从水下到岸上、运输到加工全覆盖监管。

2. 河湖日常监管　2021年，四川省近5万名各级河湖长巡河巡湖360万余次，整治各类河湖问题37万余个；组建省级河湖长制暗访专家库，入库86名专家；组织开展2轮省级河湖长制暗访督查，发现问题374个，对108个较典型问题下发省级提示单，制作河湖长制暗访专题片2部，对发现问题整治不力的约谈通报，全省各级约谈432人次、通报934人次。办理涉河湖公益诉讼案件132件；开展采砂综合整治和打击“沙霸”行动，破获河道非法采砂刑事案件75件，移送审查起诉160人；查办违法捕捞案件 4 650件，起诉非法捕捞水产品案件561件；累计查处船舶偷排超排行为3万余次。完成长江干流岸线利用项目清理整治234个、黄河岸线利用项目清理整治24个。累计退出小水电站 1 186座（赤水河流域退出小水电站74座）；对违反下泄流量规定的19座电站进行行政处罚，82座电站进行解网，26座电站暂停结算电费。

（四川省河长制办公室）

【智慧水利建设】

1. “4+1”水利基础工作和信息化建设　2021年7月，按照“先标准，后建设”“先基础，后应用”的思路，从河湖长制“一张图”、河湖长制、河湖管理、小水电综合管理和水土保持五大方面，以及项目概况、现状分析、建设必要性分析、建设目标、需求分析、建设内容及规模、组织实施、资金估算及筹资、运维方式、投资估算表10部分内容，编制印发了《四川省水利厅水生态信息化建设方案（初稿）》。该方案被纳入四川省水利厅“十四五”智慧水利信息化建设总体方案，项目建设总投资估算金额为 6 388.57 万元。

2. 水生态基础数据调查　2021年8月，开展水生态基础工作实施方案编制，形成了四川省《关于水生态基础工作的汇报》；9月编制印发了《四川省河湖保护和监管能力提升项目任务书》；10—11月，从河湖基础调查、河湖专题调查、河湖长制调查、“5+9”重点工作、水域岸线管控和河流图册图集6大方面开展实施方案编制；11月14日编制完成《四川省河湖保护和监管能力提升实施方案（初稿）》并通过四川省水利厅的技术评审；实施方案预算总金额为 6 834.07 万元；12月将《四川省河湖保护和监管能力提升项目实施方案》提交四川省财政厅开展财政评审工作。

3. 河湖长制信息化平台互联互通　2021年3月23日，四川省河长制办公室制定下发《关于进一步做好河湖长制信息系统填报及互联互通工作的通知》《四川省河湖长制数据融合工作方案》，开展省、市河湖长制信息化平台数据融合及互联互通工作；截至12月底，基本完成省与21个市（州）河湖长制信息化平台互联互通工作，数据融合类别涉及基础信息、综合信息、水利信息3大项22个小项，涉及具体数据项超过500类。

2021年5月，将四川省河湖长制“一张图”平台接入省政府指挥中心大屏展示系统，分别在一、二、三级大屏展示河湖基础信息、水利专题信息、巡河动态信息、生态流量专题信息、水电站视频信息、督查暗访信息、综合业务信息7大类信息，全方位、多维度、立体化为省领导决策河湖长制工作提供数据支撑。

4. 河湖长制信息平台开发应用　开发长江禁捕网格化管理模块。2021年6月，四川省河长制办公室与四川省水产局研究确定长江禁捕网格化工作实施细则及河湖长制信息化平台长江禁捕管理模块建设需求；7月，开展长江流域永久禁捕区域“一江五河”及49个保护区空间位置数据收集并精准校验入库；2021年8月，制作长江禁捕区域网格化矢量图层，开发长江禁捕管理模块，并在河湖长制“一张图”中发布，根据四川省水产局提供的相关资料，在四川省河湖长制基础信息平台中新增护渔员管理用户组。

优化采砂管理模块。2021年11月，对采砂区管理模块页面设计及功能实现进行优化，细化采砂业务信息填报、审批、审查及自动化管理等功能；积极同长江委网络信息中心对接，完成四川省省级河道砂石采运管理单信息系统建设，整合河道砂石采运管理单信息系统，实现了 2 个平台数据实时传输对接，对 2021 年度 6 843 万 m^3 采矿许可量进行了有效监管。

定制开发河湖监管遥感应用系统。2021 年 10 月，建立全省统一的河湖管理遥感监测平台，充分利用多源、多时相、多尺度卫星遥感影像，以及河湖管理范围划定、涉河项目管理等河湖管理成果，重点开发河湖管理遥感监测"一张图"、遥感 AI 自动解译、智能研判、成果管理等模块，形成了遥感解译问题图斑 3 137 项，获取全省遥感影像数据 26 604 项，对河湖"清四乱"初步形成了全闭环、全流程信息化监管。

提供电子、纸质地图支撑保障。修编完善四川省河流水系图、省级河流"十三河一湖"河长制基本信息图等图集图册，持续开展各类电子图纸的更新工作；全年累计修改完善各类图纸 15 次，提供发送电子地图 25 幅，印制纸质地图 61 份；为省人大、省常委办、省高院、省检察院、公安厅、财政厅等数十家单位提供地图支撑服务 14 次，为省级各类重要会议、省级河长巡河督导、省级主要河湖"一河一策"编制等工作提供"一张图"技术支撑服务 50 余次。

（四川省河长制办公室）

贵州省

【河湖概况】

1. 河湖数量　流经贵州且流域面积在 50km² 及以上的河流有 1 059 条，总长度为 33 829km；全流域面积在 100km² 及以上的河流有 547 条，总长度为 25 386km；全流域面积在 1 000km² 及以上的河流有 71 条，总长度为 10 261km；全流域面积在 10 000km² 及以上的河流有 10 条，总长度为 3 176km。河网密度达到 17.1km/km²。全省水域面积 1 941.3km²，占全省面积的 1.1%。其中河流水域面积 1 167.6km²，占总水域面积的 60.1%；水库和天然湖泊水域面积 773.7km²，占总水域面积的 39.9%。全省河流以乌蒙、苗岭山脉为界分属长江流域和珠江流域，顺地势由西部、中部向北、东、南三面分系四流。乌蒙、苗岭以北属长江流域，面积 115 747km²，占全省总面积的 65.7%；乌蒙、苗岭以南属珠江流域面积 60 420km²，占全省总面积的 34.3%。长江流域有牛栏江横江水系、赤水河綦江水系、乌江水系、沅江水系四大水系，珠江流域有南盘江水系、北盘江水系、红水河水系、柳江水系四大水系。其中乌江是贵州最大的河流，也是长江上游右岸最大支流。

全省天然湖泊多分布在贵州西部和黔西南地区。其中水面面积 1km² 以下的天然湖泊有 41 个，水面面积在 1km² 以上的湖泊有 1 个，即威宁草海。威宁草海常年水域面积为 20.96km²，平均水深 1.08m，最大水深 3.66m。

2. 水资源量　贵州省水资源比较丰富，全省水资源多年平均总量为 1 062 亿 m^3（长江流域 679.9 亿 m^3，珠江流域 382.1 亿 m^3），其中地下水资源量为 259.95 亿 m^3；全省可利用水资源总量为 161.9 亿 m^3，占全省水资源总量的 15.2%，其中长江流域可利用量为 117.45 亿 m^3，珠江流域可利用量为 44.43 亿 m^3；全省水力资源理论蕴藏量为 1 874.5 万 kW，其中长江流域 1 107.4 万 kW，珠江流域 767.1 万 kW。

2021 年，全省降水量和水资源总量比多年平均值偏多。大中型水库蓄水总体稳定。用水总量比 2020 年有所增加。全省年平均降水量 1 227.3mm，折合年降水总量 2 162.10 亿 m^3，比多年平均降水量 1 159.2mm 大 5.9%。全省水资源总量 1 091.4 亿 m^3，比多年平均水资源总量（1956—2016 年）1 041.8 亿 m^3 大 4.8%，地表水资源量 1 091.4 亿 m^3，地下水资源量为 263.7 亿 m^3。入境水量 41.98 亿 m^3，出境水量 1 087.95 亿 m^3，其中直接出境水量 885.76 亿 m^3，入省际界河水量 202.19 亿 m^3。平均每平方千米产水量 61.95 万 m^3/a，人均水资源量 2 829m^3/a。全省总供水量 104.06 亿 m^3，较 2020 年增加 13.98 亿 m^3。其中地表水源供水量 100.58 亿 m^3，地下水源供水量 2.13 亿 m^3，其他水源供水量 1.35 亿 m^3。全省用水量与供水量持平，其中生活用水 20.01 亿 m^3（含居民生活用水、城镇公共用水）、生产用水 82.03 亿 m^3（含农田灌溉用水、林牧渔畜用水、工业用水），人工生态环境用水量 2.02 亿 m^3，总耗水量 58.45 亿 m^3。全省人均综合用水量为 270m^3，万元地区生产总值（当年价）用水量 53.13m^3，农田灌溉水利用系数为 0.491，万元工业增加值（当年价）用水量为 37.43m^3，城镇人均生活用水量（含公共用水）193L/d，农村居民人均生活用水量为 84L/d，按可比价计算，万元地区生产总值用水量和万元工业增加值用水量分别比 2020 年下降 4.6% 和 3.9%。

3. 水质　贵州省境内水质属于重碳酸盐类水，

普遍呈中偏碱性，河流天然水质较好。自贵州推行河湖长制工作以来，水质逐年向好。

2021年，全省119个地表水国家考核断面水质状况总体为“优”，优良水质断面比例为98.3%。全省设置247个地表水省控断面，其中河流断面222个，湖库监测点位25个。全省地表水水质总体为“优”，主要河流监测断面水质优良比例97.7%（达到Ⅲ类及以上水质类别）；主要湖（库）监测点位中92.0%达到Ⅲ类及以上水质类别；23个出境断面全部达到Ⅲ类及以上水质类别；集中式饮用水水源地水质为“优”，9个中心城市集中式饮用水水源地水质达标率保持在100%，74个县城（含贵安新区）145个集中式饮用水水源地水质达标率100%。

4. *新开工水利工程* 2021年，全省开工建设水库工程25座，其中大型1座、中型3座、小（1）型15座、小（2）型6座。截至2021年12月底，全省已建成水库123座，其中中型12座、小（1）型84座、小（2）型27座。

全省已建成大中型水电站43座，其中25座属长江流域，18座属珠江流域。

全省中型以上灌区数量达到236处，其中万亩以上灌区236处；10万～30万亩灌区0处；5万～10万亩灌区53处；1万～5万亩灌区183处；2 000～10 000亩灌区未统计。 （苏波）

【重大活动】

1. *召开省级河湖长制部门联席会议* 2021年6月1日，贵州省副省长、省级副总河湖长吴胜华，副省长、省级副总河湖长李睿在贵阳召开2021年贵州省级河湖长制部门联席会议，深入贯彻中央关于河湖长制工作的决策部署和习近平总书记视察贵州的重要讲话精神，落实国家全面推行河湖长制部际联席会议暨加强河湖管理保护电视电话会议的有关要求，总结贵州省河湖长制工作成效，对“十四五”及2021年河湖长制工作进行安排部署。会议审议了《贵州省河湖长制“十四五”高质量发展工作方案》，研究筹备2021年“贵州生态日”“保护母亲河·河长大巡河”活动。

2. *开展“保护母亲河·河长大巡河”活动* 2021年6月18日，“贵州生态日”“保护母亲河·河长大巡河”活动如期举行。活动期间，贵州省委书记、总河湖长谌贻琴，省长、总河湖长李炳军带头巡河。谌贻琴到白云区麦架河高山河巡河，沿河察看水质，实地了解溢流口治理效果。李炳军到观山湖区小湾河巡河，听取小湾河综合治理，实地察看河道治理情况。担任省重点河流的35位省级河湖长分别带领市、县、乡、村河长到各自担任的河流、湖泊、水库巡河，现场巡查和解决问题。全省共计超7万人参与2021年“贵州生态日”“保护母亲河·河长大巡河”活动。 （苏波）

【重要文件】 2021年3月15日，贵州省农业农村厅印发《贵州省2021年主要作物科学施肥指导意见》。

2021年6月17日，贵州省总河（湖）长、省委书记谌贻琴，贵州省总河（湖）长、省长李炳军共同签署贵州省总河（湖）长令第5号《贵州省河湖长制“十四五”高质量发展工作方案》。

2021年10月29日，贵州省水利厅印发《贵州省河道非法采砂专项整治工作方案》。

2021年12月，贵州省水利厅印发《贵州省水土保持“十四五”规划》。 （苏波）

【地方政策法规】 2021年5月27日，贵州省第十三届人民代表大会常务委员会第二十六次会议审议通过《贵州省赤水河流域保护条例》《贵州省人民代表大会常务委员会关于加强赤水河流域共同保护的决定》，自2021年7月1日起施行。 （苏波）

【河湖长制体制机制建立运行情况】 2021年，贵州省河湖长制工作体制机制有效运行，并得以进一步完善。

一是继续高位推进河湖长工作。6月1日，贵州省副省长、省级副总河湖长吴胜华，副省长、省级副总河湖长李睿在贵阳共同主持召开2021年贵州省级河湖长制部门联系会议，总结全省河湖长制工作成效，对“十四五”及2021年河湖长制工作进行安排部署，审议了《贵州省河湖长制“十四五”高质量发展工作方案》，研究筹备2021年“贵州生态日”“保护母亲河·河长大巡河”活动。6月18日，省委书记、总河湖长谌贻琴，省长、总河湖长李炳军带头巡河。谌贻琴到白云区麦架河高山河巡河，沿河察看水质，实地了解溢流口治理效果。李炳军到观山湖区小湾河巡河，听取小湾河综合治理，实地察看河道治理情况。在河长大巡河期间，分别到责任河湖开展巡查调研，研究解决重点问题。担任省重点河流的35位省级河湖长分别带领市、县、乡、村河长到各自担任的河流、湖泊、水库巡河，现场巡查和解决问题。全年超2万名五级河湖长累计巡河超80万人次，解决问题2.6万个。

二是继续推动全面参与河湖生态保护机制。全省聘请超过1万名河湖民间义务监督员、近2万名河湖巡查保洁员负责河湖日常监督和巡查保洁；招募保护河湖志愿者 1.73 万人，开展巡河 6.17 万人次，超 7 万人参与 2021 年“贵州生态日”“保护母亲河 · 河长大巡河”活动。

三是进一步加强河湖长制省际区域协作，持续推进河湖生态保护。与四川、重庆、云南省（直辖市）建立了乌江、赤水河流域生态环境保护日常工作联络等 6 项司法协作机制，明确了 18 个方面的重点任务。共同推进清水铺、鲢鱼溪、草莲溪等补偿断面选点工作。共同签订长江流域重点水域“十年禁渔”联合执法合作协议，建立起联合执法、合作会商、信息共享等工作机制；与重庆签订突出环境事件合作框架协议，开展跨区域联合执法检查，共护长江水资源、共建黄金经济带；持续推进云南、四川两省赤水河流域生态环境保护治理省际协作工作机制。云南、贵州、四川三省人大常委会分别审议并通过《关于加强赤水河流域共同保护的决定》和各自赤水河流域保护条例，于 2021 年 7 月 1 日正式施行，赤水河跨省共治有了法治保障。截至 2021 年年底，贵州省已与云南、四川、广西、湖南、重庆等周边 5 个省（自治区、直辖市）建立河湖长制省级区域联动机制，形成了区域联动的强大合力，共同处理跨界河湖生态环境保护、经济发展导致的和水污染防治问题。

四是进一步完善河湖长制工作机制体制。6 月 17 日，省总河（湖）长谌贻琴、李炳军签发第 5 号总河湖长令，印发《贵州省河湖长制“十四五”高质量发展工作方案》，从 5 个方面进一步完善河湖长制体制机制。①完善河长组织体系。设置流域河长，由干流河长担任流域河长，通过“流域＋区域”设立河湖长，进一步补齐流域统筹短板，提升流域统筹协调能力和效率；推动设立巡河员、护河员、河道保洁员等公益岗位，健全基层河湖保护队伍，构建全方位、一体化、多层次的河湖保护格局。②完善河湖长制统筹协调机制。进一步配齐各级河长制办公室工作力量，进一步发挥各级河长制办公室组织、协调、分办、督办的作用。③完善流域统筹区域协调部门联动机制。进一步明确河湖上下游、左右岸、干支流的管理责任，消除河湖治理保护真空带；不断完善河湖长上下联动机制、横向联动机制、整体联动机制、协调联动机制，实现共商共治共享。④完善河湖长履职机制。全面落实河湖长治河护河政治责任，强化农村河塘沟渠管护工作，打通河湖管护“最后一公里”。⑤完善河湖管理保护法规及制度。研究起草《贵州省生物多样性保护条例》《贵州省生态环境监测条例》《贵州省环评与排污许可条例》等涉及河湖管理保护的有关法规。建立河湖问题排查整改销号制度，制定河湖长制述职制度，完善河湖长制考核问责制度及“河湖长＋检察长”巡河制度，强化司法保障。（苏波）

【河湖健康评价】 2021 年，贵州省河湖长制办公室按照《河湖健康评价指南（试行）》及水利部印发的《关于开展 2021 年河湖健康评价工作的通知》要求，对设省级河湖长的 33 条河流和草海开展健康评价工作。河湖健康评价工作采取多单位协作模式开展，由贵州省水利水电勘测设计研究院有限公司负责总体工作，包括现场查勘、资料收集、数据分析、报告编制等，南京水利科学研究院主要负责水生生物方面的采样、监测、评价工作。

实际工作中考虑到贵州山区河流的特点，结合河流实际情况，对《河湖健康评价指南（试行）》设定的部分指标进行了优化和调整，具体为：结合河湖管理范围划界工作，山区河流岸线宽度绝大多数小于 0.4 倍河槽宽度，本次不对“岸线宽度指标”进行评价；贵州山区河流比降大、流速快，对河床侵蚀作用明显，大部分河段河床以砾石等推移质为主，底泥含量过少，对污染物吸附作用较低，污染物难于沉降，本次评价对乌江、重安江、瓮安河、都柳江、松桃河等存在磷、锑、锰等特征污染物的河流开展“底泥污染状况”评价，其他河流不对“底泥污染状况”指标进行评价；对没有通航、防洪、供水等相关功能的河流，不对“通航保证率”“防洪达标率”“供水水量保证程度”等指标进行评价；对没有集中式饮用水源的河湖，不对“河流/湖泊集中式饮用水水源地水质达标率”指标进行评价。结合山区河流实际和既往对水生动植物的监测情况，对“岸线稳定性”“生态流量满足程度”“鱼类保有指数”“水生植物群落状况”等指标的评价方法和标准进行了调整，确保指标体系符合山区河流的特点，评价结果尽可能科学合理。

2021 年年底，贵州省河湖长办组织 33 家省级责任单位、各市（州）河长办以及生态环境、农业农村、水文、水生生物方面的专家对评价单位编制的健康评价报告进行了评审。评审认为，33 条省级河长的河流和草海均为健康河湖，达到二类河湖标准，其中赤水河为非常健康河流，达到一类河湖标准。通过健康评价发现还存在水生生物监测体系仍需完善，部分评价指标通用上需要进一步研究的问题。

（苏波）

【“一河（湖）一策”编制和实施情况】 2021 年贵

州省河长制办公室根据《水利部办公厅关于印发〈“一河（湖）一策”方案编制指南〉的通知》（办建管函〔2017〕1071号）的有关要求，组织专家对上一轮省级河（湖）长河湖“一河（湖）一策”方案实施情况进行全面总结，重新梳理提出问题清单、目标清单、任务清单、措施清单和责任清单，并于同年5月编制完成新一轮“一河（湖）一策”方案（2021—2023年）。5月14日省河湖长制办公室将省级河（湖）长河湖“一河（湖）一策”方案（2021—2023年），报请对应的省级河（湖）长审定同意后印发至各省级责任单位组织实施。（苏波）

【水资源保护】

1. 水资源刚性约束　贵州省严控“三条红线”。全年全省用水总量控制在117亿m^3，万元地区生产总值用水量、万元工业增加值用水量较2020年分别降低3%和3.3%，农田灌溉水利用系数提高到0.489以上。

2. 生态流量管理　编制完成长江流域的车坝河、洪渡河、六池河、偏岩河、余庆河、重安江以及珠江流域的红辣河、涟江、马别河、乌都河10条跨市（州）重点河流水量分配方案。根据分配方案，2030年，车坝河等10条跨市（州）重点河流合计分配水量21.659亿m^3，其中车坝河0.802亿m^3、洪渡河1.517亿m^3、六池河1.583亿m^3、偏岩河3.283亿m^3、余庆河0.953亿m^3、重安江3.378亿m^3、红辣河1.360亿m^3、涟江1.920亿m^3、马别河5.160亿m^3、乌都河1.703亿m^3。批复锦江和坝王河的水量分配方案，开展蒙江、红水河等6条河流的水量分配方案编制工作。印发第二批重点河湖生态流量管控指标和26条河流生态流量保障实施方案。

3. 规范取用水管理　开展取用水管理专项整治“回头看”，全面完成贵州省取用水管理专项整治行动整改提升工作，印发《贵州省地下水管控指标确定方案》。

4. 节水行动　修订完成贵州省地方标准《用水定额》（DB 52T 725—299 XG1—2020），推进节水型载体创建和县域节水型社会达标建设，完成贵阳市观山湖区，六盘水市水城区，安顺市关岭县，黔东南州黄平县、锦屏县，黔西南州安龙县，黔南州福泉市、惠水县8个县域节水型社会达标。建成64家省级节水型单位。（苏波）

【水域岸线管理保护】

1. 河湖管理范围划界　全面复核流域面积50km^2以上河湖管理范围划定成果，稳步推进流域面积50km^2以下河流划界及重点河流岸线保护利用规划编制。

2. “四乱”整治　按照《贵州省深入推进河湖“清四乱”常态化规范化工作方案》［总河（湖）长令3号］要求，常态化规范化推进河湖“清四乱”，坚持边查边改、动态清零，全省共发现“四乱”问题857个，已整改销号620个；开展河湖突出问题集中整治专项行动，全省排查发现河湖突出问题共861个，已完成整改834个。

3. 采砂管理　规范河湖采砂，落实采砂“四个责任人”，印发《贵州省河道非法采砂专项整治工作方案》，对全省河道非法采砂专项整治行动进行安排部署。

4. 病险水库治理　大力推进病险水库治理，及时制定方案，治理病险水库95座。（苏波）

【水污染防治】

1. 船舶与港口污染物防治　改造100总吨以下33艘生活污水不达标船舶，完成率100%。赤水河营运码头生活垃圾、生活污水、油污水接收设施已实现全覆盖。改造了摸排出的10艘干散货船和1艘集装箱货船，完成率100%。

2. 农业面源污染防治　制定《贵州省2021年主要作物科学施肥指导意见》《贵州省2021年耕地质量保护提升与化肥减量增效工作方案》等，深入实施水产绿色健康养殖“四大行动”，畜禽规模养殖场粪污处理配套设施验收率达到99%。

3. 工矿企业污染防治　深入打好磷污染防治攻坚战。聚焦乌江34号泉眼和清水江发财洞等重点污染源，落实总磷特别排放限值，强力推进磷石膏“以渣定产”，实现“产消平衡”。持续推进产业布局优化调整。制定了《关于推进工业园区健康发展的指导意见》《推进产业园区工业高质量发展综合考评办法》等，引导产业集聚发展，大力实施“千企改造”工程，引领和带动全省产业转型升级，推动开发区转型升级提质增效。（苏波）

【水环境治理】

1. 深入打好饮用水水源地攻坚战　推进饮用水水源保护攻坚战向纵深发展，滚动推进千人以上集中式饮用水水源地环境整治巩固提升工程；开展全省县城以上集中式饮用水水源地名录制定。

2. 深入推进城市黑臭水体治理　继续巩固地级城市建成区黑臭水体治理成效。启动县级城市建成区黑臭水体排查整治工作，制定系统化治理方案，有序推进整治工作。

3. 深入打好消除劣Ⅴ类水体攻坚战　针对六枝河老鹰坡国控断面偶尔出现的劣Ⅴ类水体，六枝特区先后建成投运四座污水处理站技改工程、污水处理厂（二期）尾水深度净化工程、污水处理（二期）扩容工程，新建六枝中心城区雨污管网 25.2km，完成 33 个小区污水收集管网改造，六枝河水质得到积极改善，基本消除劣Ⅴ类水体。

4. 持续推进农村人居环境整治　2021 年，开展村庄清洁行动和美丽宜居乡村振兴建设，完成新（改）建农村户厕 25.6 万户；通过系列工作措施，全省共摸排 2013 年以来各级财政支持新（改）建农村户厕 185.38 万户，其中问题厕所 27.5 万个。

5. 持续推进城镇生活污水垃圾收集处理　印发《贵州省城市（县城）排水管网排查评估技术导则（试行）》，对县城以上污水处理厂运营情况开展第三方评估，全省城市（县城）累计建成污水收集管网 1 044.5km。启动乡镇污水收集管网普查，已完成 67 个县（市、区）516 个乡镇污水管网普查，普查管网长度 4 256km。开展污水垃圾“百日会战”专项行动，强力推进问题整改工作，2021 年以来全省新增垃圾焚烧发电设计处理规模 5 100t/d。印发《贵州省农村生活垃圾治理专项行动方案》，明确农村生活垃圾治理的具体工作目标和任务。（苏波）

【水生态修复】

1. 有序推进全省石漠化治理　2021 年，治理石漠化面积 640km²，启动石漠化综合治理示范区建设。

2. 全面推进全省国土绿化　2021 年，完成营造林 361 万亩，全省森林覆盖率达 62.12%；完成村庄绿化建设 1.1 万亩和河湖沿岸绿化 1 500 亩。

3. 有效推进生态补偿　按照《贵州省赤水河等流域生态保护补偿办法》，建立健全覆盖全省八大流域生态保护补偿机制，压实上游政府保护责任；将全省河流断面水质考核指标、河流流域面积纳入重点生态功能区转移支付测算因素，权重各占 5%，加大对水资源水环境保护力度大、成效明显以及流域面积较大县（区）的支持力度。积极推进第二轮赤水河流域跨省横向生态保护补偿协商。

4. 科学推进水土流失综合治理　2021 年，累计完成治理水土流失面积 3 229km²，超目标任务 108%。一是开展河道水生态保护。有序推进清水江剑江河段水生态修复与治理，组织六盘水三岔河水生态修复等项目积极申报国家支持。二是科学开展河湖健康评价试点，全省选取 154 条河流及草海开展河湖健康评价，为河湖治理保护提供依据。

（苏波）

【执法监管】

1. 强化水事联合执法监管　2021 年，查处水事违法案件 453 件，结案 390 件，罚款 6 382 余万元，责令停止违法行为 792 次。

2. 扎实开展“中国渔政亮剑 2021”专项行动　累计出动执法人员 5.27 万人次，清理取缔涉渔“三无”船舶 312 艘，清理整治违规网具 3.09 万余张，查办违规违法案件 1 240 件，查获涉案人员 1 573 人。

3. 持续“三考”推动河湖长履职　组织对全省 9 个市（州）以及设省级河湖长的 32 条河流和草海开展了 2020 年度“一市一考”“一河一考”，对考核结果进行通报及公告，并作为领导干部考核评价的重要依据。对省级责任单位开展“一单位一考”，考核结果纳入省直单位服务高质量发展考核。（苏波）

【智慧水利建设】

1. 贵州河湖大数据管理信息系统　贵州河湖大数据管理信息系统一期系统集成工程完成。系统基于河长制“看得见、叫得应、用得好”目标而搭建的信息融合平台，承载着全省所有河流“河长制”机制的业务需求，并通过省、市（州）、县（区）、乡、村五级管理机制实现对全省河流情况的统一管理。系统依托电子政务外网、互联网、专有域，利用大数据技术，对现有河湖信息资源进行整合，形成以数据为驱动、“互联网＋”为服务模式、业务协同为手段，建立和完善共享机制，实现全省范围的河湖数据整理、五级河长管理、即时高效的信息化平台，面向五级河长、相关单位及社会公众提供服务，通过信息化的手段全面提升河湖数据的管理能力，形成“河长制＋河湖治理”新型管理模式，实现全民治水。

贵州河湖大数据管理信息系统从系统功能指标、业务需求及处理流程、全省河湖监管和治理、河湖信息分析与预测、运行性能、系统安全等方面进行设计，满足全省建设贵州河长管理平台、协助明确水资源的产权安排、建立完善的法律法规体系和综合管理制度，以此确立水资源开发利用与保护的基本原则，对全省江河湖泊进行水利监督等的需求。

系统建立了具有贵州特色的五级河长业务流程处理信息化实现体系，并建设了共享交换平台，加强数据资源共享。建立了区域与流域相结合的河长制业务流程，建设了河湖管理保护监督考核和责任

追究模块，同时通过信息化的平台监管，实现各级河长、河长办及相关单位对河湖水质水环境的动态监测，从而达到消除隐患、应急处理、加强水质水环境行政监管等目的，系统总体较好地满足了河长制相关工作的需要。

2. 构建了贵州河湖流域生态环境信息“一张图” 贵州省综合水利基础数据、实时监测数据、业务数据等，实现对贵州省多源水资源信息的集合展示，与河长制的计划、管理、监控、调度等业务管理需求整合，构建统一的地理信息综合监管平台，辅助河长制日常办公，提升环境事故应急能力与水平，在水环境保护、防汛抗洪、水土保持等方面提供决策支持，并促进公众参与河湖流域保护。 （苏波）

西藏自治区

【河湖概况】

1. 河湖数量 西藏自治区地处祖国西南边陲，水资源丰富，是“亚洲水塔”，境内江河纵横，湖泊密布，是全国重要的江河源和生态源，是东南亚众多大江大河源头。特殊的地理位置、重要的生态功能使西藏成为国家重要的生态安全屏障，在全国生态文明建设中具有特殊地位。境内流域面积 50km² 以上的河流有 6 418 条，总长度 17.73 万 km，湖泊常年水面面积大于 1km² 以上的有 808 个，总面积达 2.89 万 km²，约占全国湖泊面积的 31.7%。

（次旦卓嘎　柳林）

2. 水量和水质 自治区地表水资源量 4 394 亿 m³，约占全国河川径流量的 16.5%，水资源总量、人均拥有量居全国之首。2021 年，自治区主要江河、湖泊水质保持良好，达到国家规定相应水域的环境质量标准，国控、省控断面水质达标率均为 100%。 （生态环境厅）

3. 水利工程 2021 年，自治区已累计建成水库 143 座，总库容约 43.76 亿 m³，已建成水闸 207 座、泵站 99 处、农村集中式供水工程数量 9 334 处，供水人口达 227.33 万人。 （西藏自治区水利厅）

【重大活动】

1. 领导批示 2021 年，自治区党委书记、总河长吴英杰和自治区人民政府主席、总河长齐扎拉对自治区河湖长制工作作出批示，要求认真贯彻习近平生态文明思想和视察西藏重要讲话精神，进一步提高政治站位，深刻认识推行河湖长制的重大意义，从党和国家事业全局高度，认真践行“绿水青山就是金山银山”，“冰天雪地也是金山银山”的理念，推动河湖长制全面见效，切实维护河湖健康生命、实现河湖功能永续利用，为打造全国生态文明高地、建设人与自然和谐共生的现代化作出积极贡献。

2. 巡河调研 2021 年，自治区人民政府主席、总河长齐扎拉同志赴那曲市调研长江、怒江、澜沧江水源保护情况，强调要深入贯彻落实习近平生态文明思想和总书记关于第二次青藏高原综合科学考察研究的贺信精神，始终心怀“国之大者”，自觉扛起为中华民族生存和发展作贡献的政治责任，铸牢中华民族共同体意识，以保护好水源地生态环境的实际行动践行“两个维护”。要求强化源头意识，坚持山水林田湖草沙冰一体化保护和系统治理，坚决实行最严格的生态保护制度，严守生态红线底线，持续抓好江河源头区、生态脆弱区、高原重要河湖的生态保护与修复，加强国家生态文明高地建设，呵护好生存之本、文明之源。

3. 雅鲁藏布江河湖长制工作 2021 年，自治区党委常务副书记、雅鲁藏布江自治区级河长庄严主持召开雅鲁藏布江流域河长制工作视频会议，深入贯彻习近平生态文明思想，贯彻落实党的十九届六中全会及自治区第十次党代会精神，总结雅鲁藏布江流域河湖长制工作，研究部署下阶段重点任务。会议强调，各级各部门要坚持保护第一、系统治理，抓紧抓实水资源保护、水污染防治、水环境改善、水生态修复等重点任务，积极推动雅鲁藏布江流域河长制工作全面见效，不断增强人民群众的获得感、幸福感、安全感，要压实工作责任，以钉钉子精神推动雅鲁藏布江流域河长制工作落实落地。

4. 河湖长制工作推进会 2021 年 8 月，自治区总河长办主任坚参主持召开全自治区河湖长制工作推进会议，旨在全面落实习近平总书记在西藏考察调研时的重要讲话精神，深入贯彻落实全面推行河湖长制工作部际联席会议暨加强河湖管理保护电视电话会议精神，安排部署“十四五”时期西藏自治区河湖长制各项工作。

5. 考核激励 2021 年，西藏自治区总河长办根据 2020 年度西藏自治区河湖长制工作考核结果，对考核等次评定为优秀的林芝市、阿里地区、山南市，分别给予激励资金 200 万元、150 万元、100 万元，用于开展河湖长制工作。印发《西藏自治区水利厅关于对 2020 年河湖长制工作真抓实干成效明显地（市）激励的通知》并向全自治区通报表扬。2020 年西藏自治区噶尔县被国务院评为“河长制湖长制工作推进力度大、河湖管理保护成效明显的地方”，

2021 年中央财政给予噶尔县 1 000 万元奖励。

（次旦卓嘎　柳林）

【重要文件】　2021 年 3 月 19 日，西藏自治区总河长办公室印发《西藏自治区总河长办公室关于进一步加强河道采砂管理的通知》（藏河办〔2021〕6 号），强化河道采砂管理工作。

2021 年 3 月 22 日，西藏自治区总河长办公室印发《西藏自治区总河长办公室关于认真做好河湖“四乱”问题整改销号工作的通知》（藏河办〔2021〕7 号）。

2021 年 4 月 30 日，西藏自治区总河长办公室印发《西藏自治区总河长办公室关于进一步加快自治区级河湖岸线保护与利用规划编制工作的通知》（藏河办〔2021〕10 号）。

2021 年 5 月 12 日，西藏自治区总河长办公室印发《西藏自治区总河长办公室关于自治区重点河段、敏感水域采砂管理“四个责任人”有关事宜的通知》（藏河办〔2021〕12 号）。

2021 年 8 月 2 日，西藏自治区总河长办公室、西藏自治区人民检察院、西藏自治区公安厅联合印发《关于建立“河湖长＋检察长＋警长”协作机制的意见》的通知（藏河办〔2021〕17 号）。

（次旦卓嘎　柳林）

【河湖长制体制机制建立运行情况】

1. 自治区河湖长制体制机制建立运行　2021 年 8 月 16 日，自治区人民政府副主席、自治区总河长办公室主任坚参在拉萨主持召开自治区河湖长制工作推进电视电话会议，深入学习习近平生态文明思想，认真落实习近平总书记在西藏视察时的重要讲话精神，总结“十三五”以来西藏河湖长制工作成效，部署下一阶段重点任务。各级河湖长守河湖履职责，明确各级河湖长的职责，进一步完善以党政主要领导为主体的责任体系，健全一级带一级、层层抓落实的河湖管护责任链。自治区共设立河湖长制公示牌 7.3 万余个，各级河湖长开展巡查调研 14.26 万余人次，各级党政齐抓共管，各级河湖长积极履职尽责，各部门联动联治，解决了大量河湖突出问题。结合最严格水资源管理制度考核，2021 年 1 月，自治区总河长办组织考核组深入 7 地（市）对 2020 年度河湖长制工作开展考核，并将考核结果报自治区河长制工作领导小组同意后，上报自治区党委组织部和自治区考核办，印发各地（市）河长办。加大激励支持力度。2021 年 4 月，由分管厅领导带队赴阿里地区象泉河流域，通过实地巡河、座谈交流、查阅资料等形式，对象泉河河长制工作和河湖保护治理情况进行深入调研，并提出工作建议。

2. 联防联控机制建立运行　2021 年，参与青、藏、川 3 省（自治区）6 市（州）首届江河流域河湖长制联席会议，签署联防联控协议。

3. “河湖长＋检察长＋警长”协作机制建立运行　2021 年西藏自治区总河长办公室、西藏自治区人民检察院、西藏自治区公安厅联合印发《关于建立“河湖长＋检察长＋警长”协作机制的意见》，通过“三长”联合行动、联合巡查、联合督查，充分发挥检察机关、公安机关、河湖长制有关工作部门职能作用，打击自治区范围内的涉河湖违法违规行为，促进生态环境保护，为自治区河湖管护提供司法保障。

4. 阿里地区获评 2021 基层治水十大经验　阿里地区立足新发展阶段、贯彻新发展理念，积极践行“节水优先、空间均衡、系统治理、两手发力”治水思路，扎实推进河湖长制“六大任务”，开展专项行动，同时鼓励牧民、游客参与到护河队伍中来，变单一治水、突击治水为综合治水、制度化治水。组成护卫队，开展河湖管护工作，创新建立了“垃圾银行”，鼓励群众收集垃圾兑换日常生活用品和旅游纪念品，河湖生态环境持续好转。在中国水利报社第十一届年度“中国水利记忆·TOP10”评选中阿里地区探索高原特色河湖管护路径被评为“大地河源杯”2021 基层治水十大经验。

（次旦卓嘎　柳林）

【河湖健康评价】　2021 年，组织开展 19 个自治区级河湖健康评价工作，实现 21 个自治区级河湖健康评价工作全覆盖。2021 年，自治区累计完成河湖健康评价 64 个，其中自治区级河湖 21 个、地（市）级河湖 23 个、县（区）级河湖 20 个。经评定，已试点开展的 64 个河湖健康评价总分均在 85 分以上，全部属于健康河湖，自治区内重要河湖健康率达 100％。

（次旦卓嘎　柳林）

【“一河（湖）一策”编制和实施情况】　2021 年组织修编 21 个自治区级河湖、157 个地（市）级主要河湖和 778 个县（区）级河湖“一河（湖）一策”方案。

（次旦卓嘎　柳林）

【水资源保护】

1. 推进国家节水行动方案　2021 年 6 月，印发《自治区节约用水工作联席会议机制 2021 年工作要点》，充分发挥自治区节约用水联席会议协调机制，

积极协调解决自治区节水型高校、节水型单位创建等问题。2021 年 12 月 9 日，召开 2021 年度西藏节约用水工作联席会议，23 个区直单位参加会议，对自治区节水工作重点任务进行部署，特别是对自治区节水型高校建设、公共机构节水等工作进行了再动员、再部署。2021 年，自治区 6 个设市城市公共供水管网漏损率 9.45%。积极推进县域节水型社会达标建设，萨迦县、谢通门县成为全国第四批县域节水型社会建设达标县，曲松县等 5 个县（区）通过技术评估和验收并进行公示，新增米林县等 6 个县域节水型社会达标建设县；建成旁多水利发电有限责任公司等 3 家水利行业节水型单位；督促指导西藏职业技术学院等高校开展节水型高校建设；建成西藏巨龙铜业有限公司等 2 家节水型企业；自治区新增和改善农田灌溉面积 149.24 万亩，建成高效节水灌溉面积 1.1 万亩，完成农业水价综合改革及计量面积 92.94 万亩，农田灌溉水利用系数提高到 0.454。利用“世界水日”“中国水周”“世界环境日”等契机，开展节水宣传；水利厅在拉萨阿里河北完全中学组织的“节水中国 你我同行”主题宣传，获评水利部节水宣传优秀活动；林芝市水利局在朗县中学开展的“节水科普进校园”活动获评优秀组织单位。

2. 饮用水水源地评估　2021 年，自治区 5 个全国重要饮用水水源地均达到“水量保证、水质合格、监控完备、制度健全”要求，其中山南市南郊水厂、林芝市第二水厂 2 个水源地评估结果为优秀，拉萨市北郊水厂、西郊水厂和昌都镇水厂 3 个水源地评估结果为良好。向水利部报送 2021 年度重要饮用水水源地安全保障达标建设评估报告。林芝市开展市、县两级水源地安全保障达标建设评估工作，山南市、那曲市全面启动各县（区）水源地达标建设工作，自治区饮用水水源地安全保障能力稳步提升。

3. 生态流量　先后印发拉萨河、年楚河、尼洋河、雅砻河生态流量（水量）保障实施方案，建立生态流量监测预警和管控机制，常态化开展生态流量监测和调度工作。2021 年自治区重点河湖监测断面均满足生态流量保障要求。

4. 水量分配　积极配合长江水利委员会完成金沙江流域水量分配工作。选择拉萨河、年楚河为试点，在开展生态流量保障实施方案编制的同时，一并推进拉萨河、年楚河跨地（市）水量分配工作。

（王印海　李亚伟）

【水域岸线管理保护】

1. 河湖管理范围划定和岸线保护利用规划　2021 年组织开展并全面完成河湖划界名录内 277 个规模以上、123 个规模以下、68 条农村河湖的管理范围划定复核完善工作。各地（市）组织相关单位对管理范围划定成果进行复核并上报自治区总河长办公室，因地制宜埋设划界标志牌和界桩，成果提交自治区总河长办备案。

2. 河湖“清四乱”工作　深入开展河湖“清四乱”自查自纠，要求各地（市）每月报送本辖区排查“四乱”问题台账和相关情况，做到整改全过程覆盖，确保各类问题清理整治到位。自治区共排查“四乱”问题 29 个，全部整改销号。大江大河突出整治涉河违建、非法围垦河湖、非法堆弃和填埋固体废物等重大违法违规问题；农村河湖围绕乡村振兴战略，着力解决垃圾乱堆、违法乱建房屋、违法种植养殖等问题，建立问题台账，对照台账开展集中整治，整治一处、销号一处，有效遏制西藏自治区河湖“四乱”现象，河湖面貌显著改善。2021 年清理非法占用河道岸线 97.82km，清理非法砂石量 820 余 m^3，拆除违法建筑 1 206m^2，清除各类垃圾近 11 078t，清除围堤 9.65km。（次旦卓嘎　柳林）

【水污染防治】

1. 入河排污口整治　2021 年，继续对自治区 7 地（市）入河排污口进行全面摸底排查。旨在准确掌握入河排污口所在河流（湖泊）及位置、所在水功能区及水质目标要求、排污口规模和主要污染物、是否经过许可设置或登记、现状水质等基本信息，建立入河排污口台账。对入河排污口进行分类处理，提出处置意见、自治区 656 个入河排污口已完成整治 202 个。加强污水处理设施规范化运营管理，县城及以上城镇污水处理率达 78.06%。

2. 城镇生活污染治理　2021 年，编制了《西藏自治区城镇污水处理技术导则》，弥补高寒、高海拔污水处理地方技术标准空白。林芝市争取资金 0.215 亿元，实施林芝市巴宜区污水处理厂、鲁朗镇污水处理厂配套污水管网排查整治工程，整治污水收集管网错接、漏接、混接点，改造污水截留干管 7.3km。拉萨市争取到污水提质增效资金 0.099 亿元，实施拉萨市堆龙德庆区水系连通工程金珠西路西段污水溢流口改造项目，解决污水溢流问题。通过自筹资金 0.198 亿元，实施了蓝天路排洪渠及排水管网截污改造工程、拉鲁湿地北侧截污工程、农科路截污工程，新建污水管网 2.73km，有效治理污水乱排问题。日喀则市开展“小散乱”排水户整治工作，共计排查整治“小散乱”排水用户 89 户，办理排水许可 8 户，消除污水直排口 12 处；那曲市加强沿街经营性单位和个体工商户等“小散户”排水整治，鼓励沿街商户接管，累计排查沿街餐饮商铺672户，新增接管85户。截至2021年年底，自治区共建设95座污水处理厂（含在建），污水处理能力约44万m^3/d，配套污水管网961.94km，自治区设市城市、县城及以上城镇污水集中处理率分别达到96.28%、78.06%。

3. 畜禽养殖污染治理　2021年，自治区畜禽养殖粪污资源化利用率达92%。

4. 农业面源污染治理　2021年，自治区主要农作物化肥农药利用率达41%，秸秆综合利用率95%以上，27个农村生活污水处理试点项目建成并投入试运行。规范生活垃圾无害化处理设施管理，县级以上城镇生活垃圾无害化处理率提升至97.34%。

（西藏自治区农业农村厅）

【水环境治理】

1. 城乡水环境整治情况　2021年，印发《西藏自治区关于加强城市地下市政基础设施建设的实施方案》，组织各地（市）开展污水管网在内的地下市政基础设施排查，全面普查污水处理设施建设基本情况，了解掌握污水处理设施短板弱项。推进城市节水工作。坚持节水优先，将节水落实到城市建设、管理各环节，大力倡导节约用水，源头减少污水排放量。实施供水管网等老旧管网更新改造，减少公共供水漏损率，截至2021年年底，自治区城市公共供水漏损率控制在10%以内。推进海绵城市建设，修复城市生态，涵养水源，推广海绵型公园和绿地。指导督促各地（市）因地制宜推进再生水利用，推动有条件的地（市）污水再生水利用，如拉萨市污水处理厂一期、二期，部分再生水用于城市绿化和道路清扫。指导各地（市）建立污水处理收费制度，并完善供水收费制度，有条件的地（市）实施阶梯水价，引导企业和居民节约用水。

2. 黑臭水体整治　2021年，国家黑臭水体预警城市名单中无自治区城市。

（西藏自治区生态环境厅　西藏自治区住房和城乡建设厅）

【水生态修复】

1. 退田还湖还湿　2021年，通过自治区人民政府将麦地卡等15处湿地列为第一批自治区级重要湿地，湿地保护与恢复成效显著。组织实施雅江中游黑颈鹤国家级自然保护区（拉萨片区）、嘎朗国家湿地公园、洛隆卓玛朗措国家湿地公园、那曲夯错国家湿地公园、狮泉河国家湿地公园5个湿地保护与恢复项目，投入资金5178万元。

（西藏自治区林草局）

2. 生物多样性保护　严格执行自治区湖泊禁渔。在拉萨市、林芝市所有天然水域禁渔和其他地市阶段性休渔。开展增殖放流工作。制定印发《2021年度西藏渔业资源增殖放流项目实施方案》。2021年6月6日全国“放鱼日”至10月30日，自治区累计增殖放流鱼苗502.02万尾（其中标记鱼数量达到16.6万尾，占增殖放流鱼苗总数的3.31%），超额完成任务的11.6%。其中，中央预算内资金增殖放流472.32万尾，超额完成任务的5%。放流规格在3cm以上，大型水电站增殖放流鱼苗29.7万尾。

3. 生态补偿机制建立　2021年，实施中央财政森林生态补偿项目，纳入中央财政森林生态效益补偿范围的公益林管护面积1018.76万hm^2，中央财政森林生态效益补偿基金165233万元，自治区大江大河源头及流经区域水源涵养林、水土保持林得到持续有效的保护。落实自治区财政湿地生态效益补偿资金1000万元，继续实施色林错国家级自然保护区申扎县片区、珠穆朗玛峰国家级自然保护区定结县片区、雅鲁藏布江中游河谷黑颈鹤国家级自然保护区浪卡子县片区湿地生态效益补偿。

4. 水土流失治理　2021年，共受理生产建设项目水土保持方案1251个，行政许可水土保持方案项目1246个，不予许可水土保持方案项目5个。2021年征收水土保持补偿费3.81亿元（自治区级2.848亿元、地市级0.563亿元）。落实水土流失治理工程投资2.39亿元，加快推进水土保持治理项目建设，2021年完成水土流失治理面积282.72km^2。自治区水土保持率现状值为92.14%。查处违法违规项目218个，查处率达到100%。对857个生产建设项目进行监督检查，印发监督检查意见通知113份，立案调查9家，行政约谈1家，进入行政处罚程序2家，通报批评1家，责令改正3家，水土保持“强监管”工作形成威慑。

（张晓雪）

【执法监管】

1. 联合执法　2021年，自治区已逐步建立“河湖长＋检察长＋警长”协作机制，充分发挥检察机关和公安机关的执法监管职能，严厉打击涉河湖违法行为，各级河湖长开展巡查调研14.26万余人次，各级检察机关共受理涉河湖案件线索132条，立案113件，发出检察建议76份，发布民事公告2件。各级公安机关共巡河5900余次，排查涉河安全隐患74起，查处涉河湖案件4起，抓获违法嫌疑人11人，查处非法采砂案件2起。

2. 河湖日常监管　2021年，组织22个成员单

位组成调研组，赴7个地（市）深入河湖和基层一线，对7地（市）、50个县（区）、67个乡（镇）河湖长制工作及河湖管理保护现状进行了深入调研，总结好的经验做法，针对突出短板和问题提出整改完善意见。结合“百名干部下基层活动”开展调研，完成那曲市水利技术服务工作，深入那曲市9个县（区）梳理存在问题11项，针对河道采砂管理、河湖管理范围划定、涉河项目审批等工作开展技术指导。

（次旦卓嘎　柳林）

【智慧水利建设】　2021年，西藏自治区总河长办公室组织建立并全面推广使用西藏自治区河湖长制信息化平台，建设覆盖自治区、市、县、乡、村五级河湖长的上下联通、协同处置、联防联控的综合信息管理和联动协同信息化平台。持续推动智慧河湖建设，积极运用卫星遥感等技术手段进行动态监控，依托西藏自治区河湖长制信息系统、河湖长App、无人机和“水利一张图”河湖基础数据信息平台，推进河湖巡查、河湖管理范围划定、岸线保护与利用规划、采砂管理等工作。（次旦卓嘎　柳林）

云南省

【河湖概况】

1. 河湖数量　根据第一次全国水利普查结果显示，云南省集水面积50km^{2}及以上河流总数为2 095条，其中集水面积10 000km^{2}及以上河流17条、集水面积5 000～10 000km^{2}河流15条、集水面积1 000～5 000km^{2}河流86条、集水面积100～1 000km^{2}河流884条、集水面积50～100km^{2}河流1 093条。

云南省常年水面面积1km^{2}以上湖泊共有30个，均为淡水湖泊。常年水面面积30km^{2}以上湖泊有9个，称为“九大高原湖泊”。

2. 河湖水量　2021年，九大高原湖泊自产水资源量（湖泊流域内降水形成的地表和地下的产水量，不包括调入水量）分别为：滇池5.038亿m^3、洱海3.591亿m^3、抚仙湖0.660 1亿m^3、程海0.464 8亿m^3、泸沽湖0.489 6亿m^3、杞麓湖0.120 1亿m^3、星云湖0.208 3亿m^3、阳宗海0.194 4亿m^3、异龙湖0.297 6亿m^3。

云南省累计建成水库6 811座，总库容769亿m^3，其中大型电站水库27座，总库容617亿m^3。扣除水电站水库后，全省累计建成水库6 694座，总库容142亿m^3，其中大型水库12座、总库容33亿m^3，中型水库269座、总库容66亿m^3；已建成水闸3 607座、泵站9 327座，全部水利工程供水能力达到214亿m^3。2021年全省河道外供用水量156.0亿m^3，其中：农业灌溉供水110.0亿m^3、工业生产供水16.5亿m^3、生活供水25.1亿m^3、生态环境及其他供水4.4亿m^3。水资源开发利用率为7.1%。全省河道外人均用水量331m^3，万元国内生产总值（当年价）用水量64m^3，万元工业增加值（当年价）用水量30m^3，农田亩均灌溉用水量373m^3，城镇居民人均生活用水量130L/d，农村居民人均生活用水量88L/d。

3. 水质情况

（1）云南省地表水水质优良比例不断提升。2021年度全省监测的389个国控省控河流断面中水质达到Ⅲ类标准以上、水质优良的断面有341个，占87.7%，比2020年上升1.3个百分点；低于Ⅴ类标准、水质重度污染的断面有11个占2.8%，比上年下降1.0个百分点。49个出境、跨界河流监测断面中有46个断面符合Ⅰ～Ⅱ类标准，水质优，占93.9%；3个断面符合Ⅲ类标准，水质良好，占6.1%。

（2）云南省河流总体水质为良好。红河水系、澜沧江水系、怒江水系、伊洛瓦底江水系水质优；长江水系、珠江水系水质良好。

（3）主要湖库水质总体稳定。2021年度开展监测的90个主要湖库中74个水质达到Ⅰ～Ⅲ类标准，占82.2%；低于Ⅴ类标准的6个，占6.7%。九大高原湖泊中，抚仙湖、泸沽湖符合Ⅰ类标准，水质优；洱海符合Ⅱ类标准，水质优；阳宗海、滇池草海符合Ⅲ类标准，水质良好；程海（氟化物、pH除外）符合Ⅳ类标准；滇池外海、星云湖符合Ⅴ类标准；杞麓湖、异龙湖劣于Ⅴ类标准。

（4）云南省县级以上集中式饮用水水源水质总体稳定。按单月单因子计算，47个州（市）级水源取水点中39个水质满足或优于Ⅲ类水质要求，水质达标率为83.0%；全省191个县级城镇集中式饮用水水源开展了水质监测，175个水源满足或优于Ⅲ类水质要求，水质达标率为91.6%。

4. 新开工水利工程

（1）重点水利工程建设。滇中引水工程建设总体进展顺利；德厚水库、阿岗水库、车马碧水库3个大型水库完成下闸蓄水验收。海稍水库全面开工建设，工程推进顺利；柴石滩水库灌区石林片区主体工程已基本完工，实现试通水；麻栗坝灌区工程主要新建水库和配套输水渠系工程推进顺利。

（2）中小水利工程建设。云南省在建中型水库

99座，小（1）型水库291座。2021年开工建设398个项目。开远市泸江水库、华坪县马鹿水库等8座中型水库、剑川县江长箐等37座小型水库共45个在建重点水源工程均按时完成度汛任务。宜良县海马箐水库、麒麟区龙潭河水库等42个重点水源工程完成下闸蓄水验收，南涧县乐秋河水库、墨江县中叶水库等34个重点水源工程完成竣工验收。截至2021年年底，云南省共有13座中型水库主体工程完工，33座中型水库主体工程施工，71座小（1）型水库主体工程施工，67座小（1）型水库主体工程完工。

（贺能琴　李锐）

【重大活动】

1. 省级层面组织开展的重要调研及会议　2021年1月2日，省委副书记、代省长王予波赴玉溪市调研抚仙湖保护治理工作并召开湖泊保护治理工作会。

2021年3月25日，省委书记阮成发、省委副书记、省长王予波赴大理州调研洱海保护治理工作并召开湖泊保护治理工作会议。

2021年5月29日，省委副书记、省长王予波赴玉溪调研抚仙湖、星云湖、杞麓湖保护治理工作并召开湖泊保护治理工作会议。

2021年6月1日，省委副书记、省委组织部部长李小三赴昆明市调研阳宗海保护治理工作并召开湖泊保护治理工作会议。

2021年7月16日，滇川两省长江（金沙江）河（湖）长制联席会议在溪洛渡电厂建管中心召开，共商共议长江（金沙江）保护治理工作。

2021年10月4日，省委副书记、省长王予波赴玉溪市调研抚仙湖保护治理工作并召开湖泊保护治理工作会议。

2021年10月28日，省委副书记李小三赴红河州调研异龙湖保护治理工作并召开湖泊保护治理工作会议。

2021年12月16日，省委副书记、省长王予波赴昆明市调研滇池保护治理工作并召开湖泊保护治理工作会议。

2021年12月16日，省委书记、省总河长王宁到大理州调研洱海保护治理工作并召开湖泊保护治理工作会议。

2021年12月20日，省委副书记、省长王予波赴昭通市调研河湖保护治理工作，并召开会议。

（吴青见）

2. 省级层面开展的重大宣传推广活动　2021年5月7日，云南省开展“传承红色血脉、礼赞大国重器、心系水电移民”主题团日活动。通过开展主题团日活动让广大水利青年职工感受大型水电工程建设成效，实地接受革命教育。

2021年7月18日，云南省开展长江龙开口段鱼类增殖放流活动，加强长江流域水生生物资源养护，贯彻落实“十年禁渔”决策部署。

2021年10月11日，云南省河长办配合开展右江百色水利枢纽工程开工建设二十周年大型采访活动。

2021年10月12日，云南省参与水利部水文司开展的“百年水文站（LOGO）设计征集活动”，传承水文历史遗产、科技和文化，展示百年水文站特色，表达百年水文站的历史文化和科学价值。

2021年11月4日，云南省开展“赤水河流域（云南段）渔业资源增殖放流活动”，加强赤水河流域水生生物资源养护，贯彻落实“十年禁渔”决策部署。

（朱兰　李思成达）

【重要文件】

1. 省级总河长签发文件　2021年4月20日，印发《关于印发〈2021年云南省全面推行河湖长制工作要点〉的通知》（云南省总河长令第7号）。

2. 省委省政府印发文件　2021年9月28日，印发《中共云南省委　云南省人民政府关于“湖泊革命”攻坚战的实施意见》（云发〔2021〕22号）。

3. 省级有关单位重要文件　2021年1月20日，印发《云南省河长制办公室关于加强九大高原湖泊保护治理工作的紧急通知》（云河长办发〔2021〕6号）。

2021年2月22日，印发《云南省河长制办公室关于推进云南省2021年度美丽河湖建设及评定工作的通知》（云河长办发〔2021〕9号）。

2021年2月23日，印发《云南省河长制办公室关于推进九大高原湖泊保护治理规划2021年度实施方案编制工作的通知》（云河长办发〔2021〕10号）。

2021年3月5日，印发《云南省河长制办公室关于制定九大高原湖泊流域清水净湖巩固提升行动方案的通知》（云河长办发〔2021〕16号）。

2021年4月6日，印发《云南省河长制办公室关于推进2021年度河湖“清四乱”常态化规范化的通知》（云河长办发〔2021〕27号）。

2021年4月21日，印发《云南省河长制办公室关于开展2021年全省重点河湖健康评价工作的通知》（云河长办发〔2021〕33号）。

2021年5月21日，印发《云南省河长制办公室关于深刻汲取杞麓湖事件教训忠诚践行习近平生态文明思想来一场湖泊革命的通知》（云河长办发

〔2021〕51号)。

2021年5月31日，印发《云南省河长制办公室关于开展编制“一河（湖库渠）一策方案（2021—2023年）”的通知》(云河长办发〔2021〕60号)。

2021年6月15日，印发《云南省河长制办公室关于印发〈云南省河长制办公室服务省级河(湖)长六条工作措施〉的通知》(云河长办发〔2021〕67号)。

2021年6月17日，印发《云南省公安厅　云南省河长制办公室关于印发云南省公安机关“河湖警长制”工作实施办法（试行）的通知》(云公环〔2021〕75号)。

2021年9月1日，印发《云南省河长制办公室关于全面建立河湖长制协调联动机制的通知》(云河长办发〔2021〕86号)。

2021年9月18日，云南省长江流域重点水域“十年禁渔”工作领导小组办公室印发《云南省长江“十年禁渔”工作约谈办法》。

2021年12月9日，印发《云南省河长制办公室关于印发云南省2021年度“湖泊革命”推进情况(河湖长制责任)考核实施细则方案的通知》(云河长办发〔2021〕129号)。

2021年12月15日，印发《云南省河长制办公室关于印发云南省2021年度河长制领导小组成员单位河湖长制责任考核实施细则方案的通知》(云河长办发〔2021〕133号)。 (吴青见)

【地方政策法规】　2021年5月1日，云南省人民政府颁布《云南省农村供水管理办法》(省政府令第220号)。

2021年5月28日，云南省人民代表大会常务委员会审议通过《关于加强赤水河流域共同保护的决定》。

2021年7月1日，云南省人民代表大会常务委员会颁布《云南省赤水河流域保护条例（2021）》。

(杨勇)

【河湖长制体制机制建立运行情况】

1. 落实责任体系　云南省委书记、省长亲自挂帅、率先垂范，17名省委、省政府领导分别担任九大高原湖泊、六大水系、牛栏江、赤水河省级河(湖)长，2021年九大高原湖泊省级湖长全部调整为省委常委担任。

2. 完善治理机制　云南省不断建立完善河湖长巡河、督察、考核等制度，夯实河湖长制组织体系。2021年，在原24个省河长制领导小组成员单位的基础上增加省民政厅、省人力资源社会保障厅、省应急厅3个单位，在原有11个省级联席会议成员单位基础上增加省教育厅、省公安厅、省民政厅、省司法厅、省人力资源社会保障厅、省文化和旅游厅、省应急厅7个单位。全面推行“河（湖）长+检察长”工作机制，打造“河（湖）长+河湖警长”多轮驱动、“网格+警格+水格”三格合一的水域保护新模式。省河长办印发《云南省河长制办公室关于全面建立河湖长制协调联动机制的通知》(云河长办发〔2021〕86号)，各州（市）、县（市、区）已建立联防联控等机制。楚雄州与普洱市签订了《楚雄州　普洱市河湖长制工作联防联控联治合作协议》，丽江永胜县与大理鹤庆县签订了《永胜县　鹤庆县跨界河流联防联控联治合作协议》，红河州与玉溪市签订了《玉溪市　红河州联防联控合作协议》，昆明市与曲靖市签订了《昆明市、曲靖市河湖长巡查联动机制合作框架协议》，保山市与怒江州签订了《保山市河长制办公室　怒江州河长制办公室跨界河流联防联控联治合作协议》等。

3. 实施“湖泊革命”攻坚战　2021年9月28日，云南省委、省政府为了坚决扭转湖泊保护治理的严峻形势，保护好“高原明珠”，印发《中共云南省委　云南省人民政府关于“湖泊革命”攻坚战的实施意见》(云发〔2021〕22号)，以革命性举措抓好云南省高原湖泊保护治理。 (冯军　吴青见)

【河湖健康评价】

1. 系统建立河流健康台账　云南省编制印发《云南省河湖库渠健康评价指南（试行）》，开展云南省九大高原湖泊健康评价，编制完成九大高原湖泊健康评价技术报告。开展云南省六大水系、牛栏江及赤水河健康评价，将干流划分为285个评价河段，分段布设监测点位，区分城镇段、农村段、天然段、复合段河段类型，分类开展监测评价，从水域岸线状况、水量水质、生物状况和社会服务功能4个准则层构建云南省河流健康评价指标体系，定量分析诊断河流健康状况。

2. 开展基层河湖健康评价技术培训　云南省先后在昆明市、普洱市组织开展基层河湖健康评价技术培训4次。在昆明市开展河湖健康评价及“一河(湖库渠)一策”滚动修编培训、河湖生态系统保护与修复培训研讨；在普洱市举办河湖健康评价培训、“践行生态文明思想、推进美丽河湖建设”专题研讨，在普洱市景东县召开水生生物多样性专题协调协商会议，在镇沅县召开河湖长制水生态监督培训研讨会议和“践行生态文明思想　推进美丽河湖建设”专题研讨会；组织全省16个州（市）河长办专题学习《云南省河湖库渠健康评价指南（试行）》、“一河（湖库渠）一策”滚动修编等内容，对浮游动植物、底栖动物、鱼类等采样及鉴定技术进行了详细讲解，助力基层快速识别河湖健康问题，为尽快建立河、湖、库、渠健康档案提供了技术保障。

3. 推进河湖健康评价工作纵向延伸　云南省推进州（市）级及以上河湖库渠健康评价工作，开展水库 86 个、河流 149 条、湖泊 30 个的健康评价工作；曲靖市、丽江市、红河州、临沧市和迪庆州 5 个州（市）开展全域河湖健康评价，编制完成州（市）全域河湖健康评价报告。（曹言）

【“一河（湖）一策”编制和实施情况】　云南省印发实施云南省六大水系、牛栏江及赤水河“一河一策”方案（2021—2023 年）。将健康评价指标体系有效衔接河湖长制六大任务，部分健康评价指标作为河段保护治理目标指标，健康评价内容和结果作为“一河一策”方案中河流问题诊断的章节内容，以健康评价结果为导向，分类、分段、分准则层剖析空间差异性，形成问题清单融入“一河一策”，同时以健康短板明确重点治理方向。选出各河流重点项目清单，共提出水资源保护、水污染防治、水环境治理、水域岸线管理、水生态修复和执法监管 6 大类 141 个重点项目，总投资 360.13 亿元，其中干流项目 70 个，总投资 125.79 亿元；支流项目 71 个，总投资 234.34 亿元，占比为 65.07%。（曹言）

【水资源保护】

1. 落实最严格水资源管理制度　云南省深入开展国家水资源监控能力建设，完成国家水资源监控能力建设一期、二期项目验收。印发云南省年度最严格水资源管理制度实施工作方案并组织抓好落实，编制云南省“十三五”期末实行最严格水资源管理制度考核反馈问题整改方案并积极推动整改。

2. 扎实推进节约用水工作　云南省持续推进高效节水灌溉工程建设，实施高标准农田建设任务 480 万亩，新增高效节水灌溉面积 96.47 万亩。优化调整农作物种植结构，在 46 个县（市、区）实施耕地轮作 150 万亩，在 28 个县（市、区）建立绿色种养循环农业试点。推广节水型畜牧渔业，实施了会泽（温氏）猪场粪污“源头减量”节水工程等 5 个畜牧业节水示范工程，在云南省宜渔地区开展集中连片池塘标准化改造和尾水治理 1.78 万亩。完成了东川区等 16 个县（市、区）县域节水型社会达标建设工作，通过省级复核验收。

3. 进一步规范取用水管理　云南省组织开展取用水管理专项整治行动整改提升工作，推进取水许可“一网通办”政务服务和电子证照有关工作，组织实施用水统计调查制度，积极推进跨省电站水资源费征收及超计划用水累进征收水资源费工作，开展年度水资源、水文管理“双随机、一公开”监督检查和群众投诉反映所发现取水许可（水资源论证）方面存在问题整改工作。

4. 持续深化水价改革　云南省全面推广农田水利改革试点经验，累计完成农业水价综合改革面积 2 061.79 万亩，占全省有效灌溉面积的 69.50%。农田水利改革项目区农业水价调整到 0.50～1.06 元/m^3，建立有效反映水资源稀缺程度和供水成本的水利工程供水价格机制。全面实施农村供水工程水费收缴，全省 129 个县（市、区）均出台了农村供水工程水费收缴政策文件，7 万余项农村集中式供水工程实现收费，水费收缴率达到 97.5%。全面推进水利工程产权明晰，完成 12 000 余件、1 199.16 亿元水利工程资产确权登记。（潘学礼　贺能琴）

【水域岸线管理保护】

1. 编制岸线保护与利用规划　云南省采取调研督导、定期统计通报等措施，督促各地加快推进 118 条流域面积 1 000km^2 以上的河流和 30 个常年水面面积 1km^2 以上的湖泊岸线保护与利用规划编制。省级负责的《云南省六大水系干流和九大高原湖泊岸线保护与利用规划》已经省政府同意并由省水利厅印发实施。各州（市）负责编制的其他规模以上河湖岸线保护与利用规划，除丽江市、迪庆州和大理州洱源县已编制完成报同级政府待批复外，其余均已批复实施。

2. 科学划定九湖“两线”　2021 年 3 月 25 日，云南省召开全省湖泊保护治理会议，提出要按照“退、减、调、治、管”的治湖思路，以更大的魄力、更大的力度、更有效的举措抓好高原湖泊保护治理。省委、省政府作出在治湖理念、治湖措施、治湖体制机制上来一场“湖泊革命”的战略决策，印发了《关于“湖泊革命”攻坚战的实施意见》。省委常委会明确由省河长办牵头开展九大高原湖泊“两线”划定工作，成立“两线”划定工作领导小组，实地调研 50 余次；印发《九大高原湖泊生态廊道线及环湖公路线“两线”划定工作方案》《九大高原湖泊生态廊道线及环湖公路线“两线”划定技术指导意见》；组建以中国工程院王浩院士、胡春宏院士、钮新强院士领衔的 51 名专家团队。坚持保护第一、还湖于民、科学合理、整体系统、协调衔接、

“一湖一策”、落地落实、管控结合8条“两线”划定总体工作原则，全面推进“两线”区域管控，促进九大高原湖泊全流域经济社会发展全面绿色转型，打造全省绿色发展典型示范区、高质量发展引领区、“两山”理论实践创新基地。

3. 严格河道采砂管理　2021年4月起，省水利厅、省公安厅、省交通运输厅、省工业和信息化厅、省市场监管局联合在涉及金沙江干流的迪庆、丽江、大理、楚雄、昆明、曲靖、昭通7个州（市）开展为期8个月的金沙江流域河道采砂专项整治行动，累计巡查193次，联合执法13次，专项执法行动60次。2021年全省范围内启动河道非法采砂专项整治行动，共出动10 403人次，累计巡查河道63 767km，查处非法采砂行为200起，没收非法砂石量2.07万t，行政处罚案件55件，处罚68人，没收违法所得7.27万元，罚款104.13万元，刑事处罚移交案件1件，查处案件1件，处罚1人。通过对非法采砂的集中查处打击，全省河道采砂管理逐步规划有序，较好地保证了河势稳定、行洪安全。

4. 深入开展“四乱”整治　2021年，云南省共排查发现“四乱”问题1 432件并全部完成整改销号。通过“河长清河”行动，清理非法占用河道岸线226.8km、建筑和生活垃圾31万t，拆除河道违法建筑8.4万m^2。（刘兴儒　王法仁　何兴）

【水污染防治】

1. 排污口整治　云南省开展全省县（区、市）建成区、劣Ⅴ类水体等重点区域入河排污口排查整治，制定全省统一整治名录和审批名录，实行动态更新机制。完成赤水河（云南段）干流、13条一、二级主要支流的排污口排查工作，共发现入河排污口874个，其中干流164个、支流710个。实现入河排污口设置审核事项申请、受理、审批等环节全程网办。

2. 工矿企业污染　云南省大力推进工业园区水污染集中处理设施在线监测系统建设，全省所有具备集中治理条件的园区均已实现污水集中治理。进一步完善污水处理体系，强化重点企业排污监管，依法取缔超标严重、治理无效的建设项目。进园区废水达标排放，落实排污许可证制度，按照新的排放标准，提高新建企业环保准入门槛，优化产业布局。推进园区外的工业企业的技术改造，采取综合防治措施，提高水的重复利用率，逐年减少废水和污染物排放量。

3. 城镇生活污染　云南省新建改造污水配套管网761.73km，完成投资558.5亿元，清理整治裸露垃圾点位34万个，全省清除裸露垃圾164万t；全省城市（县城）建成区公厕建设密度已全部达到每平方千米4座以上，全面消除城镇建成区旱厕；全省城市（县城）171座生活污水处理厂，新增生活垃圾焚烧能力3 000t/d，99.2%的乡镇镇区和98.6%的自然村对生活垃圾进行了收集治理或者简易治理，全省重点流域、敏感区域、九大高原湖泊城镇污水处理设施全面达到一级A排放标准，滇池流域优于一级A排放标准。

4. 畜禽养殖污染　云南省畜禽粪污综和利用达到81.99%；全省划定畜禽禁养区4 968片、面积5.29万km^2，关闭或搬迁禁养区内规模养殖场608家。建立禁养区长效管理机制，推进农业生产废弃物资源化利用。深入实施国家畜禽粪污资源化利用整县推进项目34个，养殖设施配套提升项目3 685个。

5. 农业面源污染　云南省制定《“十四五”农业农村污染治理攻坚战行动方案》《“十四五”长江经济带农业面源污染综合治理实施方案》等文件，建立年度重点任务工作清单。2021年累计投入资金近28亿元，开展化肥农药减量示范、有机肥替代化肥示范、测土配方施肥示范、绿色高质高效示范。在28个县实施绿色种养循环农业试点，完成粪肥还田面积240万亩，对71个县1 188家规模养殖场进行设施装备改造提升；全省废旧农膜回收率约83%。

6. 船舶和港口污染防治　云南省深入贯彻落实《船舶污染物接收、转运、处置监管联单制度》，加强对船舶污染物各环节的有效监管，通过闭环监管措施，使船舶污染物接收转运处置实现无缝监管。污染物接收、转运及处置设施运转总体良好。

（李煜　贺能琴　夏虹）

【水环境治理】

1. 饮用水水源规范化建设　云南省完成30个饮用水水源保护区划定方案技术审查。编制《饮用水水源地环境风险点源和移动源清单核实填报指南》《饮用水水源“一源一案”风险防控大纲》，指导地方开展风险源排查和“一源一案”的编写工作。印发《云南省水源地保护攻坚战专项小组办公室关于进一步加强全省饮用水水源安全保障工作的通知》《关于印发县级及以上集中式饮用水水源地环境风险源名录的通知》，开展全省县级以上集中式饮用水水源径流区（补给区）范围内环境风险源梳理。全省县级以上集中式饮用水水源水质总体稳定，按单月单因子计算，47个州（市）级水源取水点中39个水质满足或优于Ⅲ类水质要求，水质达标率为83.0%；全省191个县级城镇集中式饮用水水源开展了水质监测，175个水源满足或优于Ⅲ类水质要求，水质达标率为91.6%。

2. 黑臭水体治理　开展2轮县级以上城市（全省涉及26个城市）黑臭水体全面拉网式排查，建立“十四五”期间城市黑臭水体动态更新工作机制，全省共排查205个点位，发现黑臭点位33个，全部整治消除，“长制久清”比例91%，有序推进农村黑臭水体整治，完成17个国家监管清单内黑臭水体整治。

3. 农村水环境整治　云南省编制《云南省“十四五”农村生活污水治理规划（2021—2025年）》，印发《关于开展农村生活污水治理试点的指导意见》。完成了13 250个行政村中3 975个的农村生活污水治理，治理率为30%；完成371个行政村环境整治任务；改造建设农村卫生户厕506 604座，乡（镇）镇区、村庄生活垃圾治理率分别达到99.3%和98.4%。评定年度美丽村庄1 053个，其中省级116个、州市级431个、县级506个。

（李煜　贺能琴　夏虹）

【水生态修复】

1. 湿地保护修复　云南省建立以重要湿地、湿地公园、湿地类型自然保护区为重点，一般湿地和湿地保护小区为补充的分级分类保护管理体系。建成国际重要湿地4处、省级重要湿地31处、一般湿地1 246处，湿地类型自然保护区17处，湿地公园19处，湿地保护小区177处。

2. 生物多样性保护　云南省积极筹备COP15第一阶段会议，编制《关于进一步加强生物多样性保护的实施意见》，完成《云南省生物多样性保护条例》执法检查，发布《云南新物种新记录种名录（1992—2020年）》，出版《云南省外来入侵物种名录（2019版）》，建设云南生物多样性网上博物馆。开展自然保护区人类活动遥感监测，共核查点位1 158个。完成2015—2020年云南省生态状况变化遥感调查评估。开展生物多样性与生态系统服务价值评估、遗传资源及其相关传统知识获取与惠益分享国家试点。省河长办依托全球环境基金赠款“生物多样性保护中国水利行动项目”，多次举办民间河长、社会义务监督员、基层技术人员现场培训，组织各州（市）河长办强化河湖生态系统保护与修复技术体系和动植物采样鉴定技术。建立具备浮游动物、浮游植物及底栖动物监测能力的水生态监测队伍，在滇池、洱海、赤水河、川河、恩乐河及补麻河等重点河湖开展底栖动物试点监测及常态化监测体系。

3. 生态补偿机制建立　云南省人民政府、贵州省人民政府、四川省人民政府联合印发了《赤水河流域横向生态保护补偿协议》，云南省人民政府办公厅颁布了《关于健全生态保护补偿机制的实施意见》，省财政厅、省生态环境厅、省发展改革委、省水利厅四部门联合印发了《云南省建立健全流域生态保护补偿机制的实施意见》《云南省促进长江经济带生态保护修复补偿奖励政策实施方案》《建立赤水河流域云南省内生态补偿机制实施方案》，长江经济带“1+2”流域横向补偿政策框架形成。推进赤水河流域、长江流域、珠江流域跨省生态补偿长效运行。2021年12月，云南、贵州、四川三省财政厅、生态环境厅围绕《第二轮赤水河流域横向生态保护补偿协议（征求意见稿）》进行第一次磋商。依托中央财政湿地补助资金在大山包、拉市海、纳帕海等国际重要湿地建立湿地生态效益补偿机制，安排大山包国际重要湿地中央资金1 000万元用于开展湿地生态效益补偿工作。

4. 水土流失治理　云南省完成3 765件生产建设项目水土保持方案行政审批工作，对3 736个生产建设项目水土保持方案实施情况及水土保持设施运行情况进行监督检查，依法查处违法案件316起，罚款1 217.6万元。完成水土流失治理面积5 577.89 km^2，营造水土保持经济林943.86km^2，实施坡改梯484.22km^2，水土保持率达到74.80%。

（徐倩　吴青见）

【执法监管】

1. 违法案件查处情况　云南省公安机关出动警力30 384人次，开展联合执法3 400次，发现及整改隐患问题1 652个。全省处理各类水事违法案件352件，其中河湖案178件，结案167件，结案率93.82%。行政处理责令停止违法行为162次，责令补办许可手续9次，责令限期拆除34次，责令采取补救措施46次，责令停止施工8次；行政处罚警告10次，罚款418.8万元，没收违法所得、非法财物7.208万元，责令停产停业7次；行政强制措施查封设施或财物3次。当事人自动履行147件，行政强制执行4件。

2. 日常巡查监督情况　云南省共巡查河道177 412.63km、巡查水域面积15 843.69km^2、巡查监管对象12 631个；共出动执法人员44 043人次、车辆11 490车次、船只549航次；现场制止违法行为4 539次。进行现场跟踪排查涉河建设项目19个。以“绿剑云南”联合执法检查为抓手，州（市）

常态化执法检查协同推进的方式，对云南省九湖流域开展生态环境执法检查。（和国强　张蓓楠）

【水文化建设】　云南省印发《云南省水利厅关于加快推进水文化建设的通知》（云水发〔2021〕107号），将水文化建设纳入意识形态工作责任制，列入重要议事日程和水利系统文明单位测评体系、水利工程建设考评体系，强化水文化建设工作落实情况的监督评价。逐步完善水文化建设、管理、传播等制度保障体系，积极组织开展全省水工程与水文化有机融合案例征集展示活动，深入挖掘各州（市）水工程的文化内涵，讲好水工程的文化故事。加大水利行业水文化建设、管理、传播领域人才培养力度，深入开展水文化教育培训，2021年6月，组织调研组赴江苏省学习借鉴河湖水文化建设、水文化遗产调查等经验做法。（吴青见）

【智慧水利建设】

1. 强化顶层设计　云南省完成《云南省"十四五"水利信息化建设规划》《云南省"数字水利"可行性研究报告》《云南省数字水利设施体系建设可行性研究报告》等编制工作，已经通过专家评审。

2. 探索数字孪生流域建设　依托云南省山洪灾害预报预警平台项目建设，云南省开展了以三维建模、水文模型、数字仿真为重点的昭通市盐津县中和镇上清河、文山州富宁县那能乡那能河、普洱市镇沅县按板镇按板小河3条山洪灾害数字孪生小流域试点建设。

3. 建成九大高原湖泊视频监控平台　云南省完成九大高原湖泊视频监控平台建设，集成了200个视频监控点，为九大高原湖泊增添了具备"千里眼"的"电子湖长"，实现了视频监控数据与各河湖管理单位的共享。

4. 推进密码应用测评和信息系统等级保护的定级、备案、整改、测评等工作　云南省完成防汛抗旱指挥系统、智慧水利大数据2个系统国产密码应用改造方案编制，完成5个信息系统等级保护测评工作。（何光虎）

陕西省

【河湖概况】

1. 河湖数量

（1）河流概况。陕西省流域面积10km²及以上河流4296条。流域面积50km²及以上河流1097条，总长度3.85万km，其中黄河流域687条，长江流域410条。

（2）湖泊概况。陕西省水域面积1km²以上天然湖泊共5处，分别是榆林市定边县莲花池、花马池、苟池、明水湖，神木市红碱淖。其中红碱淖是陕西省最大的湖泊，水面面积33.2km²，其中省境内面积27.3km²，库容0.89亿m³。

2. 水量

（1）降水量。2021年陕西省平均降水量954.8mm，折合降水总量1963.0亿m³，比多年平均降水总量1349.16亿m³增加45.5%。

（2）水资源量。2021年陕西省水资源总量852.49亿m³（其中：地表水资源量810.95亿m³，地下水资源量200.02亿m³，地下水资源与地表水资源重复计算量158.48亿m³），比2020年水资源总量419.62亿m³增加103.2%，比多年平均水资源总量423.28亿m³增加101.4%。

3. 水质　2021年陕西省河流总体水质优，与2020年同期相比，水质有所改善。111个国控断面中Ⅰ～Ⅲ类水质断面101个，占91%，同比上升1.8个百分点；Ⅳ～Ⅴ类水质断面7个，占6.3%，同比上升0.8个百分点；劣Ⅴ类断面3个，占2.7%，同比下降0.9个百分点。

4. 新开工水利工程　2021年陕西省新开工9项重点水利工程：石川河生态补水工程主体全面完工；黄河禹门口至潼关河段治理工程、引汉济渭二期工程正在加快建设；黄河粗泥沙集中来源区拦沙工程一期开工449座单体；大中型灌区续建配套与现代化改造工程涉及5处大型灌区现代化改造全部开工，20处中型灌区节水改造开工17处；病险水库除险加固开工27个单体；小型水源工程开工3个；城乡供水提升多元投资项目开工12个；汉江、渭河、延河等主要支流综合治理提升开工13个单体。

（刘永刚　康兰军　罗娜　汪璐）

【重大活动】　2021年4月27日，陕西省召开全省河湖长视频会议。省委书记、省总河湖长刘国中出席会议并讲话。他强调，要深入学习贯彻习近平生态文明思想和习近平总书记来陕考察重要讲话精神，以更大力度、更实措施落实好河湖长制，扎实有效地做好河湖保护治理工作，让三秦大地河畅湖清、水净堤固、岸绿景美。省长、省总河湖长赵一德主持，省委副书记胡衡华宣读总河湖长令，副省长魏增军通报情况。省委常委王浩、赵刚在分会场出席会议。

2021年4月29日，全面推行河湖长制工作部际联席会议暨加强河湖管理保护电视电话会议召开，陕西省贯彻落实会议精神，省河长办联席会议召集人升格为分管副省长，成员单位由15个增加到21个。

2021年5月24日，陕西省启动“幸福河湖陕南行”中省主流媒体走进南水北调水源区采访活动。

2021年5月26日，陕西省河长办联合省教工委、省教育厅开展预防中小学生溺水专题教育上万场次。

2021年6月16日，四川、陕西、甘肃三省河湖长制联席会议在四川省广元市召开。

2021年7月15日，副省长魏建锋召开省政府专题会议研究推进水库安全鉴定和除险加固工作。

2021年9月23日，陕西省河长办联合共青团陕西省委组织开展陕西省青少年“守护碧水”专项行动。

2021年11月3日，副省长蒿慧杰召开省政府专题会议研究安排水库除险加固工作。

2021年11月18日，陕西省河长办、省人民检察院等单位联合建立陕西省黄河流域监督协调机制。

2021年12月22日，副省长蒿慧杰召开省政府专题会议研究全省河湖“清四乱”工作。

2021年，陕西省河长办全年组织开展4次全覆盖暗访明察行动，全年共排查并清理整改河湖“四乱”问题665个。

2021年，陕西省省级河湖长共批示批办河湖长制和河湖“清四乱”等重难点工作21次，巡河湖调研50人次，带动各级河湖长履职巡湖巡河116万余人次。

2021年，陕西省组织开展河湖长制考核工作，经陕西省委组织部同意，对成员单位、市级河湖长及市区河湖长制工作进行考核。

2021年，陕西省河长办在全省招募1 300名河湖管护社会义务监督员，印发《河湖社会义务监督员工作手册》，充分调动河湖长制工作的社会参与度。

2021年，《西安市发挥制度优势全域治水碧水兴城》《安康市旬阳市探索以河湖长制为抓手推动美丽家园建设》等入选“2021年全国河湖长制典型案例”。

（罗娜）

【重要文件】　2021年4月3日，陕西省河长制办公室印发《陕西省总河湖长令》（2021年第1号）。

2021年5月19日，陕西省人民政府办公厅印发《关于加强水库安全运行管理工作的通知》（陕政办发明电〔2021〕8号）。

2021年5月26日，陕西省水利厅、陕西省教育工委、陕西省教育厅联合印发《关于进一步做好预防中小学生溺水工作的通知》（陕水河湖函〔2021〕57号）。

2021年9月10日，陕西省河长制办公室印发《关于印发〈陕西省河长制办公室联席会议制度〉〈陕西省河湖长履职规范（试行）〉〈陕西省河湖长巡查制度（试行）〉的通知》（陕河湖长发〔2021〕10号）。

2021年9月15日，陕西省水利厅、陕西省公安厅联合印发《关于开展全省河道非法采砂专项打击整治行动的通知》（陕水发〔2021〕12号）。

2021年9月23日，陕西省河长办、共青团陕西省委联合印发《陕西省青少年“守护碧水”专项行动实施方案》（陕河湖长发〔2021〕11号）。

2021年11月18日，陕西省人民检察院、黄河上中游管理局、陕西省河长办、陕西省发展改革委、陕西省水利厅、陕西黄河河务局联合印发《关于建立陕西省黄河流域监督协调机制　推动黄河流域生态保护和高质量发展的意见》（陕检会〔2021〕15号）。

（张美娟）

【地方政策法规】

1. 法规　2021年12月13日，陕西省人民政府第36次常务会议审议通过《陕西省节约用水办法》，自2022年2月1日起施行。

2. 规范　2021年5月8日，陕西省水利厅印发《关于印发〈实施小型水库社会化专业化管护的指导意见〉〈小型水库管护购买服务技术细则（试行）〉的通知》（陕水河湖发〔2021〕22号）。

2021年9月6日，陕西省水利厅印发《陕西省水情教育基地管理办法》（陕水信宣发〔2021〕11号）。

2021年11月11日，陕西省水利厅印发《关于印发〈陕西省小型水库雨水情测报和大坝安全监测设施建设与运行管理技术指南〉的通知》（陕水河湖发〔2021〕66号）。

（高陆阳　和郁　晁洋）

【河湖长制体制机制建立运行情况】　2021年，陕西省委书记刘国中、省长赵一德担任省总河湖长，同时分别担任渭河和汉江省级河长，省委常委、省政府领导分别担任丹江、泾河、延河、北洛河、黄河陕西段、红碱淖、昆明池省级河湖长。召开全省河湖长视频会议，发布《陕西省总河湖长令》，制定《陕西省河湖长履职规范（试行）》《陕西省河湖长巡查制度（试行）》等规章制度，与省人民检察院

等单位建立黄河流域监督协调机制，与省公安厅开展全省河道非法采砂专项打击整治行动，与共青团陕西省委开展青少年“守护碧水”专项行动，与省教育工委、省教育厅部署预防中小学生溺水工作等，招募1 300名河湖社会义务监督员参与河湖长制工作。全省各级河湖长2.08万名通过专题会议、督办、督查、巡河等方式履职，全年巡河116万余人次。

（罗小康）

【河湖健康评价】 2021年，陕西省开展黄河流域延河、长江流域月河河湖健康评价，形成《陕西省延河健康评价报告》《陕西省月河健康评价报告》，延河、月河健康综合得分分别为70.38分和70分。西安市对灞河干流（含浐河干流）、沣河干流（潏河、滈河）开展健康评价，作为各级河长及相关主管部门履职河湖管理保护职责的重要参考。（罗小康）

【“一河（湖）一策”编制和实施情况】 2021年，陕西省坚持“一河（湖）一策”治河、“一河（湖）一档”管河，启动“一河（湖）一策”（2021—2025年）修编工作；开展省级领导担任河湖长的渭河、汉江、丹江、泾河、延河、北洛河、黄河及红碱淖“一河（湖）一策”（2018—2020年）方案实施情况和成效评估。

（罗小康）

【水资源保护】

1. 水资源刚性约束 2021年，陕西省水利厅印发《关于开展各市区2020年度实行最严格水资源管理制度落实情况评估的通知》。综合“十三五”期间各年度考核结果，形成《“十三五”期末各市（区）实行最严格水资源管理制度考核报告》，经省政府审定，《陕西省水利厅关于“十三五”期末实行最严格水资源管理制度考核结果的通报》以“一市一单”将问题印发各市（区）政府。印发《关于陕西省黄河流域水资源超载地区暂停新增取水许可的通知》，落实地下水超载区暂停新增取水许可，下发《关于陕西省地下水超载地区治理方案技术要求及编制提纲的通知》规范方案编制，对超载区治理方案技术审查，经省政府同意后，联合市级政府印发实施。印发“十四五”用水总量和各年度用水强度控制目标，为最严格水资源管理制度考核提供技术支撑依据。

2. 节水行动 《陕西省节约用水办法》经陕西省政府常务会审议通过，2021年12月25日以陕西省人民政府令第231号公布，自2022年2月1日起施行。2021年陕西省水利厅编制完成《陕西省“十四五”节水型社会建设规划》；推动黄河流域年用水量1万m^3及以上工业、服务业单位纳入用水计划管理，对826个工业、1 728个服务业单位下达用水计划。陕西省水利厅制定印发《关于进一步加强规划和建设项目节水评价工作的通知》，2021年全省各级开展规划和建设项目节水评价217项，核减水量3 704万m^3，叫停4个未通过节水评价的项目。推进县域节水型社会达标建设，13个县（区）通过省级验收。陕西省水利厅联合省发展改革委、省教育厅、省住房和城乡建设厅等7部门合力部署节水型示范单元创建，2021年建成199个节水型公共机构、20所节水型高校、160个节水型居民小区、23家节水型企业、10个节水型农业示范区和5个节水型灌区。持续在陕西省水利行业开展节水型单位创建，全年建成节水型单位202家。

3. 生态流量监管 2021年，陕西省黄河、渭河、汉江、嘉陵江流域24个断面实施生态流量管控，达标率100%。黄河、渭河流域14个控制断面中国控断面包含黄河潼关，渭河林家村、华县，北洛河洑头4个断面，下泄流量全部达标，达标占比100%；省控断面包含渭河魏家堡、咸阳、临潼，泾河张家山、桃园，北洛河交口河、黑河黑峪口、千河冯家山水库、王家崖水库、石头河水库下泄流量全部达标，达标占比100%。汉江、嘉陵江10个控制断面中国控断面包含汉江汉中、安康、白河3个，嘉陵江干流茨坝、支流大通江河口、铁溪断面、小通江青峪4个，7个国控断面均达标，达标率100%；省控断面汉江石泉电站、喜河电站、蜀河电站3个均达标，达标占比100%。

4. 全国重要饮用水水源地安全达标保障评估 2021年，陕西省水利厅对列入《水利部关于印发全国重要饮用水水源地名录（2016年）的通知》（水资源函〔2016〕383号）的18个陕西省重要饮用水水源地组织开展2021年度安全保障达标建设自评估工作。陕西省18个重要饮用水水源地工程运行正常、安全，功能正常发挥，水量、水质达到评估标准和相关标准要求，向水利部水资源管理司报送了陕西省2021年度全国重要饮用水水源地安全保障达标建设评估报告。

5. 取用水专项整治 2021年，陕西省水利厅印发《关于做好取用水管理专项整治行动整改提升工作的通知》，7月底完成全省取用水管理整改提升问题台账，督导各地市加快专项整治整改提升进度，多次通报各市取用水管理专项整治行动整改提升工作进展情况。

6. 水量分配 2021年，陕西省水利厅先后以《关于印发陕西省嘉陵江和汉江流域水量分配方案的函》（陕水资函〔2021〕28号）、《关于印发陕西省北洛河、泾河、无定河、伊洛河流域水量分配方案的函》（陕水资函〔2021〕185号）、《关于印发陕西省渭河、延河、杏子河、周河、淮宁河、达溪河、褒河、西河、乾佑河、旬河流域水量分配方案的函》（陕水函〔2021〕64号）文件批复了嘉陵江、汉江、北洛河、泾河、无定河、伊洛河、渭河、延河、杏子河、周河、淮宁河、达溪河、褒河、西河、乾佑河、旬河等16条跨省、跨市江河流域水量分配方案。

（刘永刚　李晟彤　刘铁龙　陈博）

【水域岸线管理保护】

1. 河湖管理范围划界　2021年，陕西省水利厅组织对第一次水利普查名录内1 097条河流和5个自然湖泊划界成果开展专项复核，核查督导各市划定成果基础数据、工作实施情况及合法合规性，并对各地划界成果复核发现的存在问题以“一市一单”反馈各地逐河湖落实整改。

2. 岸线保护利用规划　2021年，落实陕西省274条（段）河湖库岸线保护与利用规划编制名录，明确省、市、县规划编制主体及审批责任。全省已完成272条（段）重要河湖库岸线保护与利用规划的编制工作。

3. 采砂规划　2021年，陕西省编制《陕西省渭河干流采砂规划（2021—2025年）》并通过省水利厅组织的技术审查。

4. “四乱”整治　2021年，陕西省开展明察暗访4次，派出2批次7个督导组、13批次专项督导组、5批次36个暗访组共计56个督导组实地督导检查，对发现问题建立问题清单、责任清单和销号清单限时整改。特别对黄河流域生态保护与高质量发展警示片及中央巡视组、中央环保督察组反馈涉河湖问题，组织现场检查、跟踪督导，督促各市落实整改任务，责成责任单位依法依规加快整改。全年共排查整改河湖“四乱”问题665个，其中水利部、流域机构和省暗访发现问题整改260个，黄河岸线利用项目专项整治94个，累计清理非法占用河道岸线269.3km、建筑和生活垃圾23万t、固体废物97万m^3，拆除违建9.1万m^2，清除围堤9.9km、违规种植大棚2.4万m^2。

（王荣丽　罗小康）

【水污染防治】

1. 排污口整治　2021年，陕西省生态环境厅印发《关于印发黄河流域陕西段入河排污口排查整治专项行动实施方案的通知》（陕环办发〔2021〕50号），对标生态环境部《黄河流域入河排污口排查整治专项行动工作计划（调整后）》工作内容，持续深入开展排污口排查整治工作。截至2021年年底，黄河干流105个问题排污口已经完成整治。

2. 工矿企业污染　陕西省2020年重点排污单位名录中涉水涉气企业共689家（其中涉水318家，涉气418家，水气重复47家）。2021年，陕西省参加自动监测数据有效传输率考核的重点监控企业611家，共1 168个监控点（有3家未联网，其中1家已关停，1家新建空气源代替燃煤锅炉，1家停产整治）。截至2021年12月底，自动监测数据有效传输率为98.81%，达到生态环境部考核要求。按照生态环境部《关于调度重点污染源自动监控设施现场监督检查情况的通知》要求，向生态环境部报送全省2021年重点污染源自动监控设施现场监督检查相关情况。全省共调度检查重点污染源现场端6 075家次，发现存在问题企业185家，对13家立案处罚，处罚金额232万元。

2021年，省生态环境厅网站公布污染物超标排放285家次重点排污单位名单，跟踪公开197家次超标排放重点排污单位整改进展情况。每日在省厅网站“污染源环境监管”专栏自动发布重点监控企业污染物排放日均值数据，全年共发布自动监测日均值数据425 473条。2021年陕西省应公开环境信息1 082家重点排污单位，均已在“陕西省企业事业环境信息公开平台”公开环境信息。

3. 城镇生活污染　陕西省住房和城乡建设厅继续深入实施《陕西省城镇污水处理提质增效三年行动实施方案（2019—2021年）》，全省累计消除地级及以上城市生活污水直排口81处、消除生活污水收集处理空白区91.59km^2、消除城市黑臭水体26条，全省城市污水集中收集率达到70%以上，生活污水集中收集效能显著提高。截至2021年年底，陕西省建成运行城市（含县城）污水处理厂142座，日处理能力630万m^3，城市、县城污水处理率分别达到96.79%和92.8%，城市污泥无害化处置率达到90%以上。建成运行城市（县城）生活垃圾处理场（厂）97座，日处理能力2.77万t（其中焚烧厂12座，日处理能力1.53万t；填埋场85座，日处理能力1.24万t），城市、县城生活垃圾处理率分别达到99.93%和97.08%。

4. 畜禽养殖污染　2021年，陕西省农业厅组织洛南等5个畜牧重点县申报2022年畜禽粪污资源化利用整县推进项目评审。在陕北、陕南、关中分片区开展以种养结合、循环利用为主推模式，以农用有机肥和农村能源为主要利用方向的技术培训，加快绿色

实用技术模式推广应用。在淳化等4县实施畜禽粪污资源化利用整县推进项目（续建）。截至2021年年底，陕西省畜禽粪污综合利用率达到89.4%，规模养殖场粪污处理设施装备配套率达到99.1%，大型规模养殖场粪污处理设施装备配套率达到100%。

5. 水产养殖污染　2021年，陕西省渔业生态环境监测共设置84个点位，采集144个样本，监测水质和生物环境指标18项，获取检测数据1 836项次。覆盖省内9个天然渔业水域，8个水产种质资源保护区，3个水生野生动物自然保护区，1个鱼类产卵、繁殖场，17个渔业生产基地。监测结果显示，陕西省重要渔业功能水域生态环境质量状况总体保持良好，基本与2020年持平。天然渔业水域设置56个监测点位，取样84个，获取1 398个有效数据，占检测点位超标率97.4%以上，所有点位均未检出重金属。河流、水库渔业水质状况与2020年持平。水生野生动物自然保护区水质状况与2020年基本持平。

6. 农业面源污染　2021年，陕西省农业厅印发《“十四五”黄河流域农业面源污染综合治理实施方案》，组建技术专家库，形成以解决农田氮磷流失为重点的8种治理模式。首次在黄河流域试点建设农田面源污染县域监测平台。以“两减四提”（农药、化肥“两个减量”，畜禽粪污资源化利用率、秸秆综合利用率、废旧农膜回收利用率、农业废弃包装物回收水平“四个提升”）为抓手，开展试点示范，实施整县推进。陕西省农药、化肥使用量持续实现零增长，利用率提高到40%以上；畜禽粪污综合利用率达到89.4%，超过国家75%的目标任务指标；秸秆综合利用率达到94.0%，超过国家85%的目标任务指标；农膜回收利用率达到86.2%，超过国家80%的目标任务指标；农药包装废弃物回收水平也在逐年提升。

7. 船舶和港口污染防治　2021年，陕西省交通厅印发《关于进一步加强船舶水污染防治工作的通知》（陕交函〔2021〕1154号），组织全面开展船舶防污设施排查，督促建立台账，要求配齐船舶水污染防治设施，严禁船舶水污染防治设施不达标船舶进入市场。落实省补资金400万元，支持安康市等配套建设7艘水上污染物收集转运趸船，推动全省船舶水污染物收集、转移、处置和联合监管落地落实。（康兰军　楚江　景鹏娟　仝欣楠）

【水环境治理】

1. 饮用水水源规范化建设　2021年，陕西省共新建水源431处，改造水源1 130处。省水利厅联合省生态环境厅等9部门印发《关于做好农村供水保障工作的指导意见的通知》，配合省生态环境厅完成千人以上供水工程水源地保护区划定工作。截至2021年年底，197处千吨万人以上规模化供水工程划定水源地保护区，3.02万处小型集中供水工程落实水源保护措施。

2. 黑臭水体治理　2021年，陕西省累计排查出26条城市黑臭水体，经住房和城乡建设部核定，已全部达到长制久清标准。省住房和城乡建设厅会同省生态环境厅联合印发《关于开展城市黑臭水体治理“回头看”的通知》，组织各市（区）对本地区城市建成区内的水体再次开展全面排查。结合黄河流域生态环境警示片问题整改工作，督促地市加快建立长效管理机制，加强运营维护，确保黑臭水体整治长制久清。

3. 农村水环境整治　2021年，陕西省农村水环境治理按照“因地制宜、科学合理、分区分类、简便实用”原则推进农村污水处理设施建设和运行，全省完成179个行政村生活污水治理任务，治理率提高1个百分点，达到28.9%。按照《陕西省农村黑臭水体治理实施方案》，全面推动农村黑臭水体排查整治，优先整治群众反映强烈、对人居环境影响较大的水体。2021年全省已完成农村黑臭水体整治43处，占已排查总量的17.2%。

（闫世伟　楚江　康兰军）

【水生态修复】

1. 生物多样性保护　陕西省复杂多样的气候和地理条件为野生动植物提供了优良的生长栖息条件，孕育了丰富多样的野生动植物资源，是中国野生动植物资源分布最为丰富的省份之一。现有陆生野生动物792种，其中哺乳类149种、鸟类561种、爬行类56种、两栖类26种。国家一级35种；国家二级121种，省重点55种，“三有动物”383种；现有种子植物4 600余种，其中国家Ⅰ级8种，国家Ⅱ级95种，地方重点211种。

2. 生态补偿机制建立　2021年，陕西省加快生态补水工程建设，推进渭河生态补水水源工程通关河水库前期，实施石川河生态补水工程并补水约30万m^3。

3. 水土流失治理　2021年，陕西省水利厅编制了《陕西省黄河流域淤地坝建设和坡耕地水土流失综合治理“十四五”实施方案》，配合省发改委印发《省丹江口库区及上游水污染和水土保持“十四五”规划》。根据2021年水利部水土流失动态监测成果，全省水土流失面积为6.35万km^2。2021年，陕西省水土保持率增加率0.29%。完成生态清洁小流域建设投资6 700万元，完成新增水土流失治理面积

152km²，建成生态清洁小流域 25 条。

（马阳　汪路　韩林昌）

【执法监管】

1. 联合执法　2021 年，陕西省水利厅与省公安厅联合下发《关于开展全省河道非法采砂专项打击整治行动的通知》（陕水发〔2021〕12 号），开展联合执法和监督检查，对各类河道非法采砂行为严肃查处、坚决打击。省、市、县三级共出动人员 35 082 人次、巡查河道 266 995.2km，查处非法采砂行为 122 起，没收非法采砂量 0.49 万 t，拆解“三无”和隐形采砂船 5 艘，处罚非法采砂挖掘机 36 台，行政处罚案 115 件，处罚人员 115 人，没收违法所得 18.81 万元，罚款 102.79 万元，追责问责人员 3 名。

2. 河湖日常监管　陕西省河长办组织开展 4 次全覆盖“四乱”问题暗访，各地组织开展常态化规范化“清四乱”，首次将卫星遥感影像运用于河湖“清四乱”工作，针对群众举报、媒体聚焦的违法采砂等问题及时开展督导检查。2021 年省级受理涉河建设项目审批 22 件。调研启动《陕西省河道管理条例》《陕西省河道采砂管理条例》修订。2021 年，陕西省政府办公厅下发《关于加强水库安全运行管理通知》（陕政办发明电〔2021〕8 号），拟定《小型水库除险加固项目管理办法》《雨水情监测和大坝安全监测设施建设与运行管理办法》，出台《小型水库社会化专业化管理指导意见》《小型水库管护购买服务技术细则》《雨水情监测和大坝安全监测技术指南》，大力推进河湖日常监管规范化、法制化。

（王荣丽　罗娜）

【水文化建设】　2021 年，渭河支流清姜河被水利部授予第二届“全国最美家乡河”称号。启动“陕西郑国渠国家水利遗产”申报工作，向水利部推选“人民治水·百年功绩”治水工程 5 处；启动“陕西水利博物馆提升改造工程”。参加全国水利风景区“水美中国——唱响幸福河湖，献礼建党 100 周年”水利风景区主题曲宣传视频征集活动，推荐的汉中石门景区 MV 获大赛二等奖，陕西省水利厅获“优秀组织奖”。加强与黄河、长城、长征国家文化公园统筹衔接，出台《陕西省水情教育基地管理办法》，评选省级水情教育基地 6 个。陕西汉中“一江两岸”治理工程荣获 2021 年全国水利工程与水文化有机融合典型案例。西安市汉城湖获评“全国水利风景区高质量发展典型案例”。

（耿涛）

【智慧水利建设】

1. “水利一张图”　2021 年，组织开展陕西省河长制湖长制管理信息系统平台建设，完成相关硬件设备配置及环境改造和陕西省河长制湖长制管理信息系统（PC 端、App 移动端和微信公众服务多平台）建设。

2. 河长 App　2021 年，河长 App 移动应用平台投入试运行，智能终端应用软件基本满足图片上传、河道巡查、事件上报、位置上报、核实反馈、日常管理等工作，方便河长实现实时动态管理，实施指导、监督、协调、考核等。

3. 数字孪生　2021 年 6 月，陕西省水利厅启动“陕西省智慧水利”工作，组建智慧水利专班，积极开展前期调研，整合全省水利系统网信建设需求，委托陕西省水利水电勘测设计院编制为期 5 年的“陕西省智慧水利”可研报告。8 月召开陕西省智慧水利可研审查会。

（刘彬侠　罗小康　崔泽宇）

甘肃省

【河湖概况】

1. 河流概况　甘肃地处黄土高原、内蒙古高原和青藏高原交汇地带，地域辽阔，地势高亢，降雨量小，蒸发量大，气象、地理、地形、水源补给条件区间不同，流域分布、水系发育差异明显。全省总面积 42.58 万 km²，分属长江、黄河、内陆河三大流域和嘉陵江、汉江、黄河干流、洮河、湟水、渭河、泾河、北洛河、石羊河、黑河、疏勒河 11 个水系。甘肃省河流长度多数小于 1 000km，流域面积多数小于 20 000km²。流域面积 50km² 及以上河流 1 590 条，河流总长度 70 665km（其中省内河长 55 773km）；流域面积 100km² 及以上河流 841 条，河流总长度 56 353km（其中省内河长 41 932km）；流域面积 1 000km² 及以上河流 132 条；流域面积 10 000km² 及以上河流 21 条。年径流量在 1 亿 m³ 以上的河流有 71 条，年径流量在 3 亿 m³ 以上的河流有 28 条，年径流量在 10 亿 m³ 以上的河流有 12 条。甘肃省主要河流基本情况见表 1。

2. 湖泊概况　甘肃省常年水面面积 1km² 及以上湖泊 7 处（苏干湖、小苏干湖、干海子、德勒诺尔、河西新湖、尕海、震湖），其中淡水湖 3 处，咸水湖 4 处（含 1 处盐湖）；特殊湖泊 2 处（敦煌月牙泉、民勤青土湖）。湖泊水域总面积 150km²，10km² 以上湖泊 3 处，水面面积 136.5km²；100km² 以上湖泊 1 个，水面面积 104km²。甘肃省主要湖泊基本情况见表 2。

表 1　　甘肃省主要河流基本情况

序号	河名	省内河流长度/km	省内流域面积/km^2	多年平均径流量/亿 m^3	省内流经市（州）
1	疏勒河	460	68 500	10.4（昌马堡） 3.59（党城湾）	酒泉市
2	讨赖河	240	13 439	6.27（嘉峪关）	张掖市、嘉峪关市、酒泉市
3	黑河	394	56 000	16.7（莺落峡）	张掖市、酒泉市
4	石羊河	268	41 800	3.20（九条岭）	张掖市、武威市、金昌市
5	黄河干流	913	56 700	303（兰州）	甘南州、临夏州、兰州市、白银市
6	庄浪河	188	4 000	1.99（红崖子）	武威市、兰州市
7	湟水（含大通河）	71（102）	3 800（2 500）	15.9（民和） 29.7（享堂）	兰州市、临夏州、武威市
8	洮河	574	24 000	46.2（红旗）	甘南州、定西市、临夏州
9	渭河	360	26 000	13.1（北道）	定西市、天水市、平凉市
10	泾河	177	31 200	7.16（杨家坪） 4.39（雨落坪）	平凉市、庆阳市
11	嘉陵江（含白龙江）	70（465）	38 100（18 100）	80.2（碧口） 13.1（谈家庄）	陇南市、甘南州

表 2　　甘肃省主要湖泊基本情况

序号	流域	水　系	湖泊名称	湖泊面积/km^2	湖泊类型	备　注
1	内流区诸河	柴达木内流区水系	苏干湖	104	盐湖	平均水深 2.84m
2	内流区诸河	柴达木内流区水系	小苏干湖	12	咸水湖	
3	内流区诸河	河西走廊、阿拉善河内流区水系	干海子	1.23	淡水湖	
4	内流区诸河	河西走廊、阿拉善河内流区水系	德勒诺尔	1	咸水湖	
5	内流区诸河	河西走廊、阿拉善河内流区水系	河西新湖	9.64	咸水湖	
6	黄河流域	洮河水系	尕海	20.5	淡水湖	
7	黄河流域	渭河水系	震湖	1.65	淡水湖	
8	内流区诸河	河西走廊、阿拉善河内流区水系	月牙泉	—		特殊湖泊
9	内流区诸河	河西走廊、阿拉善河内流区水系	青土湖	—		特殊湖泊
10	长江流域	白龙江	文县天池	0.88	淡水湖	

3. 水质　2021 年，甘肃省 74 个国控断面水质优良（达到或优于Ⅲ类）比例为 95.9%，劣Ⅴ类水体比例为 1.35%。

4. 新开工水利工程　2021 年共批复水利发展资金中小河流治理项目 61 个，涉及 14 个市（州）及单位。其中河道综合治理项目 28 个，河堤治理项目 16 个，防洪治理项目 17 个。治理河段长度 695.58km，保护人口 44.44 万人，拟下达中央投资 93 372 万元。

（朱朝霞　周颖　赵龙）

【重大活动】

1. 重要会议

（1）甘肃省 2021 年河湖长制工作会议于 2021 年 6 月 15 日在兰州召开，省委书记、省总河长尹弘出席会议并讲话。甘肃省省长、省总河长任振鹤主持会议并讲话，省委副书记、省级河长孙伟通报2020年全省河湖长制工作落实及考核情况，省领导石谋军、朱天舒、张世珍、李沛兴、余建、程晓波、刘长根、张锦刚、负建民、朱玉及省政府秘书长李志勋出席会议。

尹弘对全面落实河湖长制作出安排部署。他强调，各级部门要坚持问题导向，强化系统观念，尊重自然规律，严格管理水资源，全面改善水环境，着力治理水空间，系统修复水生态，有效防治水灾害，不断放大管理保护多元效应。要深入落实黄河流域生态保护和高质量发展战略，打好水源涵养、水土保持、污染防治战役，担好上游责任，展示上游作为。要严格执行相关制度机制，织密省、市、县、乡、村五道防线，加快建设“山川秀美”新甘肃，切实筑牢国家西部重要生态安全屏障。

任振鹤讲话时强调，要压实各级河湖长责任，抓住关键流域、重要河湖，统筹兼顾水资源管理、河湖空间管控、水污染防治、水环境治理和水生态修复，推动河湖管理保护工作再上新台阶。

会议以视频会形式召开，县级以上河湖长全部参会。

(2) 2021年9月24日，甘肃、青海两省跨省界河流联防、联控、联治2021年联席会议在兰州市红古区召开，甘肃省水利厅副厅长程江芬主持会议，青海省水利厅副厅长、河湖长制办公室专职副主任刘泽军，海东市人民政府副市长、责任河湖长魏成玉，临夏州人民政府副州长、州级河长张自贤，黄河水利委员会河湖管理局河长制工作处副处长马晓兵出席会议并讲话。

程江芬强调，全面推行河长制以来，甘肃、青海省级层面及相关市（州）在多个领域开展了跨界河流管理保护方面的合作，协调解决存在的河湖问题，共同参与、合治共赢、属地负责、优势互补的跨界河流生态环境保护新格局已初步形成。

程江芬指出，希望甘肃、青海有关部门、市（州）和县（区）要进一步加强沟通协作，切实推动两省跨界河流联防联控常态长效。一是进一步加强协作，共同推进上下游水环境水质不断改善；二是加强信息互通，定期通报辖区内跨省界河流的环境风险隐患点、工业污染、畜禽养殖、水质监测、“一河一策”等有关情况；三是夯实基础性工作，常态化开展跨界河流联合巡查，定期召开联席会议，开展联合执法，建立健全长效机制。

甘肃、青海两省水利厅、生态环境厅相关处室及厅属有关单位负责同志，两省市（州）有关县级、乡级总河长、河长参加会议。

(3) 2021年11月24日，甘肃省河长办组织召开《中国河湖年鉴》甘肃篇编纂工作启动会议，落实水利部《中国河湖年鉴》编纂工作启动会议精神，安排部署《中国河湖年鉴》甘肃篇编纂工作，并以会代培对撰稿人员进行了培训。省水利厅副厅长程江芬出席会议并讲话。

程江芬强调，《中国河湖年鉴》是记录河湖长制工作发展和河湖要事、汇集河湖方面统计资料的年度刊物，是河湖管理保护的智慧结晶和资料宝库，对开展河湖管理、科研、教育等工作具有重要参考价值和借鉴作用。

程江芬要求，各参编单位要提高认识，高度重视年鉴编纂工作，系统回顾和梳理总结水资源管理、水环境改善、水空间治理、水生态修复等方面积累的经验做法、取得的显著成效，客观连续记录河湖工作的发展、实践、变化及成就，为新阶段强化河湖长制、推动河湖管理保护工作高质量发展提供历史镜鉴。要做到组织到位、落实到位、责任到位、宣传到位。

省河长制有关成员单位责任处室负责人，省水利厅有关处室、厅属单位编纂工作负责人参加会议。

2. 省级河长巡河

(1) 2021年2月21日，副省长、黄河干流省级河长、刘家峡水库省级湖长刘长根巡查调研刘家峡水库及周边区域，省水利厅党组书记朱建海随同调研。

在巡查了水库及周边区域水资源保护、水域岸线管理、水污染防治、水环境治理及水生态修复等情况后刘长根指出，黄河流域各市（州）要深入贯彻落实习近平总书记在黄河流域生态保护和高质量发展座谈会以及对甘肃重要讲话和指示精神，牢固树立“绿水青山就是金山银山”理念，以建设造福人民的幸福河湖为目标，紧紧扭住生态环保底线任务，坚决有力抓好河湖长制落实。

针对刘家峡库区水环境问题，他强调，一要前移水污染防治关口，加强库区沿岸、洮河及大夏河流域村镇环境治理，完善垃圾分类、收集、转运、处理体系，从源头上控制垃圾、漂浮物入河入库。二要加大汇报衔接力度，争取实施一批库区水生态环境保护治理项目，有效防范化解水生态环境风险。三要探索建立上下游、刘家峡电厂、旅游景区之间联防联控联治机制，全天候开展打捞清运工作，做到“日产日清”，持续改善库区水生态环境。

(2) 2021年4月30日上午，甘肃省副省长孙雪涛现场调研指导刘家峡水库河湖长制工作落实、水资源保护、水域岸线管理、水污染防治、水环境治理及水生态修复等工作。省政府副秘书长袁新河，

省水利厅厅长朱建海随同调研。他强调，各级河湖长和各有关部门要认真学习领会胡春华副总理在全面推行河湖长制工作部际联席会议暨加强河湖管理保护电视电话会议上的讲话精神，全面强化河湖管理保护责任制落实，不折不扣抓好全面推行河湖长制各项任务，持续加强河湖管理保护，着力推动河湖长制由全面建立体系到全面落实落地，切实提高河湖管理保护水平。

（3）2021年6月11日，甘肃省委书记、省总河长尹弘在临夏州永靖县开展巡河检查。他强调，要深入学习贯彻习近平生态文明思想，认真落实习近平总书记对甘肃重要指示要求，全面落实黄河流域生态保护和高质量发展国家战略，压紧压实河湖长责任，统筹水资源、水环境、水生态协同共治，真正让黄河成为造福人民的幸福河，为全省高质量发展提供更加有力的水安全保障。尹弘来到湟水河盐锅峡镇段，沿河堤察看河道及岸线，了解河长制落实、水污染防治、岸线治理等情况。他强调，要始终把保护好生态环境作为“国之大者”，坚决贯彻河湖长制，强化部门协同配合，形成管理保护的整体合力。要落实“重在保护、要在治理”的治黄方略，坚持山水林田湖草沙一体化保护和修复，加快实施重大生态工程，着力抓好水土保持和污染防治，持续推进“清四乱”专项治理，建立健全河湖管理保护长效机制，不断提升黄河上游水源涵养能力。要突出节水优先，坚持以水定城、以水定地、以水定人、以水定产，加强区域水资源管理，促进水资源节约集约高效利用。省委常委、省委秘书长石谋军一同调研。

（4）2021年6月12日，甘肃省委书记、省总河长尹弘在兰州市开展巡河检查。他强调，要深入贯彻习近平生态文明思想，全面落实黄河流域生态保护和高质量发展国家战略，坚持“节水优先、空间均衡、系统治理、两手发力”治水思路，压紧压实各级河湖长责任，共同抓好大保护，协同推进大治理，努力让黄河成为造福人民的幸福河。在察看黄河兰州段保护治理和黄河风情线建设等情况后。他强调，要强化上游意识，坚决扛起河湖管理保护的政治责任和历史使命，统筹推进各项工作任务落实，切实提高河湖管理质量和水平。要加强河湖岸线治理保护，常态化推进河湖“清四乱”，坚决清理整治违法违规岸线利用项目和经营性活动，加强堤防工程建设，实现防洪安全、生态安全和供水安全，确保黄河安澜。要坚持以人民为中心的发展思想，妥善处理生态和民生的关系，着力改善公共服务，更好满足市民对优美环境、健康生活、文体休闲等多元化需求。要落实属地管理责任，理顺管理体制机制，完善应急预案，备齐防汛物资，网格化开展巡河检查，确保安全度汛。

尹弘在川海大桥详细了解湟水河、大通河红古区段保护治理情况，强调要坚持系统观念，统筹好上下游、左右岸、干支流及地表和地下，加快实施水源涵养、水污染防治、水土保持等重点项目建设，加强水质监测预警，巩固城市黑臭水体污染综合整治成效，推动水环境质量持续好转。要把水资源作为最大的刚性约束，坚持以水而定、量水而行，严格水资源开发利用强度，持续推进各领域、各行业节水。

省委常委、省委秘书长石谋军，省委常委、兰州市委书记朱天舒一同调研。

（5）2021年6月17日，甘肃省委副书记、黑河省级河长孙伟在张掖市巡查调研黑河，指导和督促有关部门单位抓好黑河管理保护和治理工作。省委副秘书长王春江，省水利厅副厅长牛军随同调研。孙伟先后来到黑河甘州靖安乡段和临泽鸭暖镇段巡河，详细察看黑河生态修复治理及河长制落实情况。他强调，要坚持全流域、系统化、生态化治理，持之以恒保护水资源、防治水污染、治理水环境、修复水生态，守护好滋养绿洲、造福人民的“生命河”“母亲河”。黑河张掖段市、县级河长陪同调研。

（6）2021年9月9日，甘肃省副省长、嘉陵江（含白龙江）省级河长程晓波巡查调研白龙江河长制工作，详细了解责任体系建立、水资源管理、水域岸线保护、水污染防治、河道采砂管理、水环境治理、水生态修复、河湖“四乱”整治等情况，实地查看白龙江综合治理项目，水利厅副厅长牛军陪同调研。

程晓波强调，白龙江是长江上游重要的水源涵养区和生物多样性保护区，治好、护好、管好河流对全国生态安全具有重大意义。沿江各地要深入落实习近平总书记关于长江流域生态保护重要讲话和指示精神，对标对表省委、省政府部署要求，进一步提高政治站位，强化上游意识，担好上游责任，有力抓好河长制落实，严守生态环境保护底线；要坚持系统观念，统筹治理保护，把河长制作为推进河湖系统治理和岸线资源、水资源集约安全利用的重要抓手，严格管理水资源，全面改善水环境，着力治理水空间，系统修复水生态，有效防治水灾害，不断提升河湖水生态系统质量和稳定性；要突出问题导向，树牢底线思维，在河湖“四乱”、非法采砂整治上标准不降、力度不减、劲头不松，全面细致排查，从速从实整治，确保工作成效，同时要建立长效机制，加强巡查监管，防止问题反弹，特别是严防发生重大涉河湖违法违规问题；要高度重视河湖水生态流量保障工作，合理确定生态水量和重点控制断面生态流量，加强生态流量监控预警，坚决维护河湖健康生命；要严格制度执行，强化责任落实，上下联动、左右协同、齐抓共管，一级抓一级、层层抓落实、一级对一级负责，形成河湖管理保护整体合力，切实将河长制制度优势转化为治理效能。

（王兆民）

【重要文件】 2021年2月3日，甘肃省总河长令（第3号）发布《甘肃省河湖长制工作考核办法》。

2021年5月12日，甘肃省总河长令（第4号）发布《甘肃省2021年河湖长制工作要点》。

2021年6月23日，甘肃省水利厅制定印发《甘肃省河湖违法行为有奖举报管理办法》（甘水河湖发〔2021〕99号）。

（王兆民）

【地方政策法规】 2021年7月30日，经过甘肃省第十三届人民代表大会常务委员会第二十五次会议修订，公布《甘肃省河道管理条例》（2021年），自2021年10月1日起施行。

2021年10月22日，经过甘肃省第十三届人民代表大会常务委员会第二十六次会议修订，公布《甘肃省实施〈中华人民共和国防洪法〉办法》（2021年），自2021年11月1日起施行。

（王兆民）

【河湖长制体制机制建立运行情况】 修订《甘肃省河道管理条例》，增加河湖长制条款，为全面强化河湖管理保护提供法治保障。调整完善全面推行河湖长制工作部门联席会议制度，会议召集人由省政府分管负责同志担任，增加7个成员单位，进一步形成河湖保护工作合力。细化实化《河长湖长履职规范（试行）》，重点督促规范基层河湖长履职。印发《关于建立“河湖长＋检察长”工作机制的意见》，省、市、县三级设置河湖检察长102名，“河湖长＋检察长＋警长”联动，开启治河、护河、管河新模式，2021年立案侦办涉河湖生态环境案件45起，立案办理水体污染公益诉讼案件246件，发出诉前检察建议232件。

（席德龙）

【河湖健康评价】 截至2021年12月底，甘肃省共开展了195条河流（湖库）的健康调查与评价，其中通过审查并达到相关规范要求107条河流，包括省级河流9条，市（州）级河流48条，县（区）级河流50条。报告显示，非常健康河流12条，占评价河流的11.2%；健康河流64条，占59.8%；亚健康河流29条，占27.1%；不健康河流2条，占1.9%。亚健康以上河流达到71%，没有病态河流。总体结果显示，甘肃省内主要河流健康状况良好。从主要评价指标来看，河流水文水资源状况差异较大，水质状况较好，水生生物状态一般，河流形态变化不大，河流纵向连通性普遍不好。已开展的第二轮河流健康评估结果显示，甘肃省内河流健康状况总体呈向好发展趋势。

（孙亚玲）

【“一河（湖）一策”编制和实施情况】 2021年12月16日，下发《甘肃省水利厅关于开展省级河湖“一河（湖）一策”滚动方案编制工作的通知》，开展《甘肃省省级河湖“一河（湖）一策”方案（2018—2020）》评估和《甘肃省省级河湖“一河（湖）一策”方案（2022—2025）》编制工作。通知要求，相关单位对照《甘肃省省级河湖“一河（湖）一策”方案（2018—2020）》中的问题、目标、任务、措施清单，全面调查统计各单位辖区内省级河湖段（片）解决落实情况，填报评估调查表；结合地方实际和可能达到的预期效果，研究提出“一河（湖）一策”方案实施周期内河湖管理保护的总体目标和年度目标清单，目标清单既要提出现状水平年各项指标情况，也要提出分年度量化目标指标，并完成问题清单、目标清单、任务清单、措施清单表的填报，以提升本轮“一河（湖）一策”方案的科学性、合理性。为“一河（湖）一策”评估及编制工作奠定坚实基础。

（谢兵兵）

【水资源保护】

1. 节水行动 组织甘肃省22个节约用水联席会议成员单位、市（县）政府及发展和改革、住房和城乡建设、工业和信息化、农业农村、相关高校、企业等节水重点部门领域，召开全省实施国家节水行动现场推进会，持续推进《甘肃省节水行动实施方案》六大重点行动29项任务落实。19个县（区）被水利部命名为县域节水型社会达标县，完成13个县（区）省级技术评估验收；农业灌溉用水有效利用系数提高至0.574，评定省级节水型高校8所、省级节水型企业13家；新建水利行业节水型单位107家，新建节水载体901个。对24个规划和206个建设项目开展节水评价。制定《甘肃省“十四五”节水型社会建设规划》《甘肃省黄河流域水资源节约集约利用实施方案》。全面启动《甘肃省行业用水定额（2022版）》修订。会同酒泉市人民政府、中国农工民主党甘肃省委员会、大禹节水集团股份有限公司在酒泉市成功举办首届西北节水论坛。制作了《实施国家节水行动助推陇原绿色发展》节水专题宣传片。深入开展节水宣传进校园、进机关、进社区活

动，举办大型节水活动210项，组织开展节约用水专题宣传教育活动61项，开展节水科普活动58项，省级公开发布节水宣传教育报道219篇，在中央和相关部委媒体、政务信息上发布节水宣传教育报道79篇，在省级报纸、电视台、电台等媒体发布节水宣传教育报道29篇。

2. 水资源刚性约束　严格实施水资源消耗总量和强度双控，2021年总用水量为101.46亿m^3，万元国内生产总值和工业增加值用水量分别为105.65m^3和26.6m^3，较2020年降幅分别为9.7%和7.3%，全省农田灌溉水利用系数0.574，均达到国家确定的考核目标，2021年度考核结果为良好；印发《甘肃省"十四五"水资源管理与保护规划》，深入推进"十四五"时期全省水资源管理与保护；严把水资源论证和取水许可审批关，严格取水许可事中事后监管；黄河流域水资源超载地区取水许可限批制度落实到位。

3. 生态流量监管　印发了洮河、大夏河、讨赖河、山丹河、西大河、庄浪河6条河流生态流量（水量）保障实施方案，明确了调度、监测、预警措施和监管责任、考核办法。印发《甘肃省水利厅关于做好全省河湖生态流量确定和保障工作的实施意见》，每日监测，逐月统计，定期通报，甘肃省监管的12条重点河流28个控制断面生态流量年度保障目标全部实现。

4. 取水口专项整治　2021年3月，全面完成甘肃省取用水管理专项整治行动取水口核查登记。6月制定印发《甘肃省取用水管理专项整治行动整改提升实施方案》（甘水资源发〔2021〕265号），全面推进甘肃省取用水管理专项整治行动整改提升工作，截至2022年3月底，完成登记取水项目 50 491个、取水口 57 890个，完成 25 044个取水项目问题整改，整改完成率97.22%，完成"分析判断区域取用水状况、建立问题整改台账、组织实施整改、建章立制"四大主要任务，依法规范取用水行为，推进取用水秩序明显好转。

5. 水量分配　审定印发《石羊河流域预留水量应急调配方案》，推进庄浪河流域、讨赖河流域水量分配方案编制；新增确定了山丹河、西大河、庄浪河3条河流12个控制断面生态流量（水量）目标；完成"十四五"甘肃省及分市（州）的用水总量与强度控制目标测算确定；初步确定县级以上行政区地下水水量水位"双控"指标。

6. 全省重要饮用水水源地安全达标保障评估　按照《全国重要饮用水水源地安全保障评估指南（试行）》，甘肃省水利厅下发《甘肃省水利厅办公室关于开展2021年度全国重要饮用水水源地安全保障达标建设评估工作的通知》，结合甘肃省饮用水水源地分布及供给情况，组织相关单位和人员对11个国家重要饮用水水源地进行安全保障达标建设。甘肃省国家重要饮用水水源地综合评估结果分级表自评级别均为优。将重要饮用水水源地安全保障达标建设作为考核市（州）落实最严格水资源管理制度的一项重要内容。

（1）保障供水量，实行水量调度管理。各水源地管理单位对供水设施进行定期保养维护，并制定了相应的管理制度，加强巡查力度，发现问题及时解决，供水量能够满足市区居民、商业、绿化及辖区内工业园区生活用水，城市饮用水供水保证率均达到95%以上。

（2）水质达标，保证供水安全。依法划定饮用水水源保护区，开展重要饮用水水源地安全保障达标建设。禁止在饮用水水源保护区内设置排污口，对已设置的，已由地方人民政府责令限期拆除。继续加强水土流失治理，防治农业面源污染，禁止破坏水源涵养林，推进水生态系统保护与修复。

（3）落实重要饮用水水源地监管制度。各地（州、市）政府、水源地管理单位结合本地实际情况制定和完善了饮用水水源地保护的相关管理办法，建立了水源地安全保障部门联动机制，编制水源地监测及突发事件应急预案，每年至少开展一次应急演练，并建立人员、物资储备机制，全面提高水源地环境管理水平。

（4）监测信息上传国家水资源信息管理系统及水质信息预警。各水源地全部设置了监控点，安装了视频监控设备，实现24小时自动监控，配合保护区巡查，保障水源地各方面的安全。对今后的突发水污染起到预警作用，水利、环保、卫生等部门积极开展能力建设，具备对全部水源地的水质应急监测能力。

（5）应急备用水源建设情况。酒泉市肃州区供排水总公司重要饮用水水源地应急备用水源已接通龙源水业供水管网；兰州市黄河水源地已建立应急备用水源地，项目尚未全部完成。其他国家重要饮用水水源地均已建立供水城市应急备用水源地，能满足一定时间内生活用水需求，并且具有完善的接入自来水厂的供水配套设施。

（仲伟斌　金兴国　袁辉）

【水域岸线管理保护】

1. 河湖管理范围划界　全面完成了甘肃省规模以上118条和规模以下 1 191条河流管理范围划定与公告，组织完成全省 1 309条河流管理范围划定成果质量复核工作，形成了范围明确、权责清晰的工作格局。

2. 岸线保护利用规划

（1）完成甘肃省重点河流岸线规划编制。参照水利部《岸线保护与利用规划编制指南（试行）》要求，组织编制完成全省重点河流黑河、石羊河、疏勒河、讨赖河、黄河（玛曲段）、渭河、泾河、庄浪河、大通河、湟水、洮河、葫芦河、大夏河、冶木河、嘉陵江、白龙江16条河流《岸线保护与利用规划》。组织召开技术审查会1次、终审会1次，并充分征求水利部、长江委、黄委、省直部门、市（县）人民政府以及相关专家意见，收集修改意见1 095条，协调对接各类规划、数据200余份。2021年9月，在报请省政府同意后，甘肃省水利厅以《关于印发黑河疏勒河等16条河流岸线保护与利用规划的函》（甘水河湖函〔2021〕149号）正式印发实施。

（2）开发省级河流水域岸线管理信息系统。整合省级河流岸线保护与利用规划成果、河湖划界成果、"水利一张图"、涉河建设项目、河道采砂信息等数据，收集整理 9 000 余条岸线建筑物信息，综合利用数据比对、航拍影像、卫星定位等技术开发甘肃省省级岸线管理信息系统，并将系统纳入甘肃省智慧水利平台投入试运行。

3. 采砂整治　2021年2月，甘肃省水利厅印发《关于开展河道采砂试点工作的通知》（甘水河湖发〔2021〕52号），选取了陇南、天水、白银、定西、庆阳5市先行先试，探索建立符合当地实际的河道砂石规范开采与有效监管新模式。试点在规划编制、砂场建设、制度建立等方面取得了初步成效。2021年9月，甘肃省水利厅印发《关于开展全省河道非法采砂专项整治行动的紧急通知》（甘水河湖发〔2021〕334号），组织有关市（州）开展为期1年的非法采砂专项整治行动。截至2021年12月底，全省共出动人员1.24万人次，累计巡查河道7.85万km，查处非法采砂案件13起，没收非法砂石 1 300t，拆解非法采砂船舶1艘，查处非法采砂挖掘机械5台，罚款54.5万元。

4. "四乱"整治　常态化规范化整治河湖"四乱"问题，先后组织开展"春雷2021"河湖管护攻坚行动和"聚焦小微边　共建幸福河"专项行动，将清理整治重点向中小河流、农村河湖延伸，坚决遏增量、清存量。建立河湖"清四乱"层级负责制，进一步靠实各级工作责任、明确各级工作任务，持续发力开展自查自纠，突出日常监管覆盖有限的区域，重点摸排整治，消除监管盲区，2021年累计排查整治河湖"四乱"问题 1 127 个，清理非法占用河道岸线 46.95km、非法采砂点 57 处、非法砂石 6.9万 m^3、生活垃圾和建筑垃圾 15.3万 t，拆除违建2.8万 m^2。

（谢兵兵　王广文　田建华　黄斌　张峰）

【水污染防治】

1. 排污口整治　完成了排污口整治年度任务：2021年生态环境部交办甘肃省3个试点城市排污口共 4 475 个，包括兰州市 3 022 个，白银市579个，临夏州874个。完成排污口监测、溯源、分类命名编码、河长信息填报等工作。3个试点市（州）按时制定并印发了入河排污口"一口一策"整治方案，按照"取缔一批、整治一批、规范一批"的原则，完成排污口整治任务164个，其中兰州市完成91个，白银市完成40个，临夏州完成33个。

2. 工矿企业污染　工业源化学需氧量排放量为0.30万t，排放量主要集中在化学原料和化学制品制造业，农副食品加工业，酒、饮料和精制茶制造业。化学需氧量排放量居全省前3名的市（州）为兰州市、金昌市、张掖市。工业源氨氮排放量为0.01万t，排放量主要集中在化学原料和化学制品制造业、黑色金属冶炼和压延加工业、农副食品加工业。化学需氧量排放量居全省前3名的市（州）为兰州市、嘉峪关市、酒泉市。

3. 城镇生活污染　城镇生活化学需氧量排放量为2.87万t，排放量居全省前3名的市（州）为天水市、兰州市、陇南市。城镇生活氨氮排放量为0.20万t，排放量居全省前3名的市（州）为天水市、陇南市、兰州市。

4. 畜禽养殖污染　甘肃省农业农村厅印发《关于进一步加强畜禽养殖废弃物资源化利用工作的通知》，指导各地建立收集、存储、运输、处理和综合利用全链条管理体系，编印1.65万份技术指导手册，发放甘肃省各地推介。"甘肃武威畜禽液体粪肥还田模式"和兰州新融能源有限公司分别成功入选农业农村部典型案例和"一站多能"农村有机废弃物集中处理及第三批公共服务典型案例。2021年，根据养殖场直联直报平台上报数据和日常调度与检查，甘肃省畜禽养殖粪污产生量为 9 820 万 t，资源化利用总量达 7 758 万 t，畜禽粪污综合利用率达到79%，其中粪污肥料化利用 6 919 万 t（全量还田、堆肥利用、商品有机肥），粪污能源化利用517万t，粪污垫料化、饲料化和燃料化等方式利用322万t，完成年度工作目标任务。以生猪等畜禽存栏量大的甘州区、凉州区、崆峒区、玛曲县、靖远县、武山县、会宁县7个县（区）为重点，实施畜禽粪污资源化利用整县推进项目。7个项目县总投资66 280.04万元，其中中央投资 31 600 万元，企业自筹 34 680.04万元。整县推进项目共涉及683个子

项目（含29个有机肥厂、16个沼气工程），支持647个养殖场（户）粪污处理设施建设与提升和粪污区域集中处理中心建设36个，项目开工率达100%，完工率达98.24%，资金拨付率达90.18%。项目已逐步发挥效益，7县（区）畜禽粪污综合利用率均达到90%以上。

5. 水产养殖污染　2021年在永靖县、景泰县、宁县、礼县、文县、甘州区6个县（区）完成集中连片内陆养殖池塘标准化改造和尾水治理4.67km²，减轻养殖尾水对周边水环境的影响。

6. 农业面源污染

（1）扎实推进化肥农药减量增效行动。大力推广测土配方施肥、水肥一体化、机械施肥、新型肥料应用、有机肥替减化肥等化肥减量增效技术，2021年肥料利用率达40.5%。大力推广高效低风险农药及高效药械，开展新型生物农药、高效环保型农药及高效植保机械试验示范，不断提升统防统治和绿色防控水平，2021年农药利用率达到41%。

（2）推进秸秆资源化利用。在凉州、临泽等7个重点县开展农作物秸秆综合利用试点工作，相关项目县（区）已累计建成秸秆成型燃料生产线8条；建成收储站点23处；建成秸秆颗粒饲料生产线2条；建成生物质集中供暖示范点6处；推广各类生物质节能炉具4 700余台（套）。2021年甘肃省秸秆产生量1 386万t，可收集量1 226万t，综合利用量1 088万t，秸秆综合利用率88.67%。

（3）推进废旧农膜回收利用。积极推动完成《甘肃省废旧农膜回收利用条例》修订工作，利用中央财政资金实施了45个废旧地膜回收利用示范县建设项目，采取以奖代补方式扶持龙头企业，推动农膜加工利用产业升级，提升农膜回收利用水平。2021年甘肃省废旧农膜回收量为18.05万t，其中废旧地膜回收量13.79万t，废旧棚膜回收量4.26万t，回收率83.6%。

7. 船舶和港口污染防治

（1）加强污染防治机制建设。2021年甘肃省交通运输厅围绕船舶码头污染防治、船舶大气污染排放、码头环境卫生综合治理等，组织开展了甘肃省水路运输领域生态环境问题排查整治。督促兰州、白银、临夏和陇南市（州）常态化运行《船舶污染物接收转运处置监管联单及联合监管制度》《防治船舶及其有关作业活动污染水域环境应急能力建设规划》等制度。

（2）强化污染防治设施运行。兰州、白银、临夏和陇南市（州）码头和船舶污染物接收、转运及处置设施运转良好。积极对接当地卫生、环保等部门，扎实做好港口码头、船舶检验起泊设施油污、污水及生活垃圾等污染物接收及转运、处置。2021年兰州、白银、临夏和陇南市（州）共转运船舶垃圾25.13t、生活污水200.85t、含油污水1.28t。

（3）严格落实商渔船舶检验。甘肃省船舶检验机构在商渔船舶检验过程中严格落实排放标准要求，对船舶防治水污染设施设备不满足条件的船舶不予签发船检证书，依法报废超过使用年限的船舶，杜绝不达标船舶投入使用。2021年甘肃省完成油污水防污染设施改造165艘，生活污水防污染设备改造87艘。

（周颖　徐永武　成文博　张茂依）

【水环境治理】

1. 饮用水水源规范化建设

（1）双水源建设情况。2021年甘肃省14个市（州）均完成第二水源地的建设工作，全部实现“双水源”，86个县（区）中实现“双水源”的共64个，占比74.4%。

（2）水源地保护区划分情况。全省130个县级及以上集中式饮用水水源地均完成水源地保护区划分批复及保护区矢量边界的制作。保护区标志设置完成率和一级保护区隔离防护工程完成率均为95.4%。

（3）水源地水质情况。33个地级饮用水水源地中，除陇南市茶园沟水源地（未启用）未监测外，其他32个地级饮用水水源地水质均达到或优于Ⅲ类，水质达标率100%。97个县级饮用水水源地中有96个水质达到或优于Ⅲ类，水质达标率99%。

2. 黑臭水体治理

（1）2021年年初，甘肃省住房和城乡建设厅下发了《关于做好2021年城市黑臭水体整治工作的通知》，对全省城市黑臭水体治理工作作出安排部署，指导兰州市、张掖市、天水市、平凉市持续做好城市黑臭水体治理工作，巩固治理成效，将城市黑臭水体治理工作同河湖长制等工作有机结合，强化沿河巡查，严管生活污水直排和企业偷排，防止垃圾入河，保障水体水质，推动城市黑臭水体长效机制落实，巩固治理成效，对“无人机”航拍发现问题进行及时反馈，督促各地逐一做好整改工作，保持建成区黑臭水体整治效果，确保水体长制久清。省内18条黑臭水体均完成整治工程，达到了长制久清目标。截至2021年年底，张掖市黑臭水体试点建设的16项工程中已建成15项，正在开工建设1项，完成投资11.25亿元，占计划总投资的92.06%。平凉市黑臭水体试点建设的23项工程中已建成22项，正在开工建设1项，完成投资12.24亿元，占计划总投资的97.78%。

（2）甘肃省生态环境厅组织完成兰州、平凉、天水、张掖18条黑臭水体水质交叉监测工作，并会同省住房和城乡建设厅按期向国家报送了地级城市黑臭水体水质交叉监测数据。

3. 农村水环境整治　甘肃省水利厅结合河湖“清四乱”等专项整治行动，与所在地人民政府及有关单位密切合作，开展了“保护水环境，防止水污染”等专项宣传引导教育活动，在广大群众中进行宣传，通过发放倡议书、张贴标语等多种形式，广泛开展城乡环境及水污染防治综合整治宣传工作。通过设置宣传公示栏，将城乡环境综合整治及防治水污染工作予以动态公示；通过群众大会进行宣讲，以形式多样的活动载体推动工作深入开展；倡导群众爱护水资源，保护水环境；培育典型，以点带面，倡导礼貌新风，培育讲卫生、讲美德的浓厚氛围，不断提升广大群众清洁卫生和保护环境的意识，营造浓郁的社会氛围，构成人人参与的良好环境。

（周颖　王燕　王兆民）

【水生态修复】

1. 生物多样性保护　结合工作实际，围绕生物安全、《生物多样性公约》缔约方大会第十五次会议（COP15）主题、野生动物保护及生物多样性保护基础知识等内容，运用新媒体等宣传手段，拍摄甘肃省生物多样性专题片，组织COP15中国馆甘肃展区线上展馆上线展出。全面组织开展生物多样性保护宣传活动，结合“4·15全民国家安全教育日”“5·22国际生物多样性日”“6·5世界环境日”等时机，在全省14个市（州）进行现场宣传，动员引导牢固树立人与自然和谐共生理念，不断深化全省生物多样性保护的共识。

2. 生态补偿机制建立　甘肃省生态环境厅积极配合省财政厅进一步完善流域生态补偿机制建设，流域生态补偿机制进一步完善。

（1）以制度建设引导流域生态补偿。省生态环境厅联合省财政厅、省水利厅、省林业和草原局印发《推进黄河流域甘肃段建立横向生态补偿机制试点工作方案》，并进一步细化制定了《甘肃省生态环境厅推动建立流域横向生态补偿机制试点工作方案》，联合省财政厅报省政府同意后印发《落实深化生态保护补偿制度改革实施意见对接政策任务清单》，配合省发展改革委向国家积极建言正在研究制定的《生态保护补偿条例》。

（2）以奖补机制推进三项补偿试点。省生态环境厅联合省财政厅、省发展改革委、省水利厅继续推进黑河石羊河流域上下游横向生态补偿试点，下达奖补资金1 650万元。启动黄河流域横向生态补偿试点，省生态环境厅联合省财政厅下达奖补资金1 500万元。积极协商四川省签订了《黄河流域（四川　甘肃段）横向生态补偿协议》，由甘肃、四川两省共同出资设立补偿资金，按1∶1的比例共计1亿元。

（3）以调研宣传提炼总结经验成效。依托生态环境专家委员会赴黄河干流4市（州）开展黄河流域横向生态补偿调研，形成专题报告。认真总结相关经验，借助新华社等媒体及时发布宣传有关工作成效，通过座谈等形式向省委省政府报告相关情况。

3. 水土流失治理　甘肃省实施的国家水土保持重点工程有：中央财政水利发展资金小流域综合治理项目、塬面保护项目、病险淤地坝除险加固项目，中央预算内资金坡耕地水土流失综合治理项目、新建淤地坝项目五类项目238个工程，涉及13市（州）64县（区），共下达中央资金91 979万元，计划治理水土流失面积1 098km²、新建淤地坝67座、完成79座病险淤地坝除险加固。其中小流域综合治理项目（包含清洁小流域）56个（合作市、舟曲县均为2个工程），下达中央资金18 284万元，计划治理水土流失面积609.56km²；塬面保护项目13个，下达中央资金9 600万元，计划治理保护塬面面积319.99km²；病险淤地坝除险加固项目79个，下达中央资金4 670万元；坡耕地水土流失综合治理项目23个，下达中央资金40 500万元，计划新修梯田168.72km²；新建淤地坝项目67个，下达中央资金18 925万元。整合静宁县、天祝县小流域综合治理项目，涉及中央资金1 000万元（静宁县800万元、天祝县200万元）。全省国家水土保持重点工程招投标完成率100%，开工率100%，中央资金完成率63%、支付率43%，治理任务完成率85%。小流域综合治理项目中央资金完成率88%、支付率68%，治理任务完成率92%。塬面保护项目中央资金完成率98%、支付率59%，治理任务完成率98%。病险淤地坝除险加固项目中央资金完成率99%、支付率68%。坡耕地水土流失综合治理项目中央资金完成率47%、支付率33%，治理任务完成率44%。新建淤地坝项目中央资金完成率46%、支付率29%。

4. 生态清洁型小流域　甘肃省共建设生态清洁小流域7条，其中平凉市1条，为崇信县新集沟生态清洁小流域；甘南州1条，为舟曲县狼岔坝清洁小流域项目；陇南市5条，分别是文县丹堡镇杨杜沟清洁小流域、康县长坝袁家沟生态清洁小流域、成县沙坝野马河生态清洁小流域、徽县张垭生态清洁小流域、两当县青咀子清洁小流域。

（周颖　赵志斌）

【执法监管】

1. 巡查执法严格有力　2021年，甘肃省开展河

湖日常巡查4万余次，巡查河道长度32万km，制止违法行为797个。查处新增水事违法案件97起，结案92起，结案率94.8%。

2. 执法监督深入开展　围绕日常执法巡查、实施行政许可和处罚、“三项制度”落实、执法队伍建设等重点内容，全覆盖督导水行政执法工作。针对发现问题，下发《水行政执法监督检查问题确认单》32份，反馈问题意见137个，相关市（县）进行了整改和落实。配合水利部监督组采取“七查一谈”方式，对兰州、白银、张掖、平凉4市6县（区）进行了实地监督。针对监督组反馈的水行政执法队伍保障不足、部分执法程序存在瑕疵等问题及时开展了“回头看”，推进了问题整改。

3. 水事纠纷妥善化解　印发《2021年水事纠纷集中排查和调处化解工作方案》《全省水利系统水事纠纷应急处置预案》，以长江大保护、黄河流域生态保护和高质量发展为重点，组织各地开展了水事纠纷集中排查和调处化解工作。坚持日常排查预防和矛盾及时化解相结合，实现了年度水事矛盾纠纷零增加，无反弹，可防控。

4. 河湖包抓全力落实　注重普法教育与释疑解惑、全面摸排与重点督办、现场移交与挂账销号等措施综合运用，逐月制定河湖包抓工作计划，2021年出动人员155人次，车辆59台次，共发现问题381个，通过即时移交或建立台账等方式，问题全部得到有效处置，有效改善了河湖面貌。

5. 普法宣传有声有色　印发了《甘肃省水利厅关于组织开展2021年“世界水日”“中国水周”宣传活动的通知》，结合“节水中国　你我同行”主题宣传联合行动，围绕“中国水周”宣传主题，组织开展了“六有五进”系列宣传活动。联合兰州市城关区水务局、兰州市轨道交通有限公司、榆中街小学、榆中街社区等单位，开展“法律八进”活动，营造了良好的水法规宣传氛围。（徐慧　倪得珍）

【水文化建设】

1. 突出谋篇布局，规划引领　编制完成《甘肃省黄河国家文化公园建设保护规划（送审稿）》，依据甘肃黄河流域地理特征、水系分布、文化禀赋和发展潜力，坚持以黄河干流为经线、以重要支流为纬线、以流域城市为节点，构建了“一带、五廊、六区、多点”的“156X”规划空间布局。

2. 突出项目支撑，打造标识　2021年6月，按照国家有关安排部署，会同省直相关部门组织地方谋划储备和遴选申报了27个黄河国家文化公园建设项目，经国家发展改革委组织部委联审、专家评审、复核公示等环节，共有10个黄河国家文化公园项目被纳入国家“十四五”项目储备库，可争取中央预算内投资3.2亿元支持建设。

3. 突出保护传承，特色鲜明　文化和旅游部大数据重点实验室落户兰州大学，黄河国家文化公园研究院挂牌成立。庆阳南佐等遗址入选“考古中国”，一大批文物保护顺利完成。临夏八坊十三巷入选国家级旅游休闲街区，敦煌市月牙泉镇等3镇6村被评为全国乡村旅游重点村镇。“千里风情·黄河水韵”等4条线路入选全国百条精品旅游线路。《八步沙》等一批黄河主题舞台艺术精品成功创排。举办了“建党百年·春绿陇原”文艺展演，8幅美术作品入选文化和旅游部“黄河文化主题作品展”。

（顾克勇）

【智慧水利建设】

1. “水利一张图”　建成“省级部署、三级应用”的甘肃智慧水利业务协同一站式工作平台，初步建立包括1 590条河流，涵盖全省水库、水电站、重点引调水工程、淤地坝、取水口等水利基础对象，业务专题、重点工程DOM影像（1∶2 000数字正射影像）、三维模型、BIM模型、倾斜摄影、各类水利监测站等多元水利要素交互的甘肃水利“一张图”。形成基础图层188个，提供河湖、水库、水电站等24类基础数据48个水利业务图层约6 500GB的地图数据服务。实现与水利部“全国水利一张图”空间数据的补充和校核。

2. 甘肃河湖长制App　建成“甘肃省河湖长制信息管理平台”（简称平台）及移动端App。利用Web端、移动端App以及微信公众号互联互通，实现省、市、县、乡、村五级应用，横向连通河湖长制成员单位，纵向连通水利部、各级河长办。平台以问题为导向，通过对境内河湖网格化、属地化的管理思路，致力于解决河湖长制传统工作模式推行过程中存在的有关问题，支撑各项工作高效开展，为各级河湖长提供管理抓手，为各级成员单位提供工作平台，为社会公众提供监督窗口。截至2021年12月底，平台总注册用户29 343个，移动App下载安装417 488次，微信公众号关注108 886人。共采集全省河长21 630人、湖长1 011人、巡河员3 858人、河流（含沟渠洪道）4 773条、河段19 426段、湖库445个（座）、电子公示牌12 775个以及其他数据14项。巡河App应用1 660 375次，平均日应用4 141次，线上处理涉河问题1 707件，巡河效率进一步提升，基层工作负担得到减轻。

3. 智慧河湖　依托甘肃智慧水利项目，搭建省级水利视频集控平台，采用“视频前端感知、后台智能算法、无人值守、自动报警”技术的黄河白银段 AI 智慧河湖管理试点，运用视频识别算法库自动识别闯入、倾倒垃圾等河湖事件，对河湖管理保护范围内的人为扰动进行实时报警，2021 年累计智能识别河湖事件 1.5 万件，起到震慑警示涉河湖违法行为作用。

（李效宁）

| 青海省 |

【河湖概况】

1. 河流　青海省境内流域面积 $50km^2$ 及以上河流总数为 3 518 条，总长度 11.41 万 km；流域面积 $100km^2$ 及以上河流总数为 1 791 条，总长度 8.2 万 km；流域面积 $1\,000km^2$ 及以上河流总数为 200 条，总长度 2.81 万 km；流域面积 $10\,000km^2$ 及以上河流总数为 27 条，总长度 0.99 万 km。河流长度 100km 及以上的河流总数为 128 条，其中黄河流域总数为 28 条，长江流域总数为 28 条，西南诸河总数为 6 条，西北诸河总数为 66 条。

2. 湖泊　青海省境内常年水面面积 $1km^2$ 及以上湖泊总数为 242 个（含苏干湖、劳日特错、赤布张错等 3 个跨省界湖泊），省内水面总面积 $12\,825.8km^2$。水面面积 $10km^2$ 及以上湖泊总数为 88 个，省内水面总面积 $12\,344.9km^2$；水面面积 $100km^2$ 及以上湖泊总数为 22 个，省内水面总面积 $10\,025.7km^2$；水面面积 $500km^2$ 及以上湖泊总数为 5 个，水面总面积 $6\,586.7km^2$；水面面积 $1\,000km^2$ 及以上湖泊总数为 1 个（青海湖），2021 年水面面积 $4\,528.1km^2$。

3. 水量　2021 年，青海省平均降水量 356.2mm，折合降水总量 2 481.6 亿 m^3。水资源总量 842.21 亿 m^3，其中地表水资源量 824.44 亿 m^3，地下水资源量为 362.53 亿 m^3（地下水资源与地表水资源不重复量为 17.77 亿 m^3）；按照流域面积划分：黄河流域水资源总量 246.27 亿 m^3，长江流域水资源总量 259.24 亿 m^3，西南诸河水资源总量 136.14 亿 m^3，西北诸河水资源总量 200.56 亿 m^3。2021 年青海省地表水出境水量 765.55 亿 m^3，其中黄河流域出境水量 312.93 亿 m^3，长江流域出境水量 261.32 亿 m^3，西南诸河出境水量 150.76 亿 m^3，西北诸河出境水量 40.54 亿 m^3。

4. 水质　2021 年，青海省地表水环境质量持续保持稳中向好趋势，国家考核青海省的 35 个地表水河流型监测断面年均水质保持优良，是全国唯一一个Ⅰ～Ⅲ类比例为 100％的省份。其中黄河、长江、澜沧江干流出境水质稳定在Ⅱ类及以上，西北诸河的黑河、柴达木、青海湖等流域水质保持优良，黑河出境水质稳定在Ⅱ类，青海湖主要入湖河流和柴达木诸河水质均保持在Ⅲ类及以上。青海湖、龙羊峡、李家峡等重点湖库水质稳定在Ⅲ类及以上。

5. 新开工水利工程

（1）中小河流治理项目建设。青海省持续推进 200～$3\,000km^2$ 中小河流治理，安排实施中小河流治理项目 24 项，涉及 23 条中小河流，完成治理河长 255km，治理河段防洪能力明显提升，防洪工程体系进一步完善。

（2）中型灌区续建配套与节水改造工程。2021—2022 年，青海省安排实施改造灌区 6 处，分别为西宁市大通县宝库渠、石山泵站灌区，海东市互助县台子东干渠、双树西渠、南门峡水库、乔及沟水库灌区，计划下达总投资 1.32 亿元，计划改善灌溉面积 0.751 万 hm^2。6 处工程均于 2021 年 5—7 月陆续开工建设，截至 2021 年年底，6 处灌区共累计完成投资 1.27 亿元。截至 2021 年年底，除海东市互助县南门峡水库灌区外，其余 5 处灌区均已完成工程建设，累计完成改善灌溉面积 0.52 万 hm^2。

（3）病险水库除险加固工程。2021 年青海省对湟中区白家沟，乐都区桦林，民和县峡门，互助县朱家沟，共和县中试，乌兰县都兰河、巴音，德令哈怀头他拉，海晏县良子 9 座小型病险水库实施除险加固，工程总投资为 5 101.37 万元，均为中央补助资金。截至 2021 年年底，9 座除险加固水库主体工程均已建设完成，共完成投资 4 475.5 万元，完成率 87.7％，全面完成水利部关于 2021 年年底前除险加固主体完工的工作要求。

（4）水系连通及水美乡村建设试点项目。2021 年青海省在海东市循化县实施了水系连通及水美乡村建设试点项目，试点期为 2021—2022 年，项目总投资 33 224.59 万元，其中申请中央水利发展资金 12 000 万元。根据水利部、财政部办公厅《关于开展 2022 年水系连通及水美乡村建设试点的通知》（办规计〔2021〕260 号）安排，组织开展了 2022 年水系连通及水美乡村建设试点县竞争立项申报工作，经各地区申报、省级组织专家实地调研、现场竞争立项等程序，最终确定贵德县为青海省 2022 年水系连通及水美乡村建设推荐试点县。

（5）山洪灾害监测预警平台建设。2021 年青海省完成山洪灾害监测预警省级平台更新改造项目，实现山洪灾害气象实时预测预报、短临动态预警和实时监测预警有机结合，根据实时监测数据关联小流域内村庄预警指标和防御责任人信息，系统向防

御责任人发送预警信息，实现预警信息精准推送，分布式水文模型短期临近雨水情预报，全面提升山洪灾害监测预报预警水平和综合防御能力。

（文生仓　孙永寿　张福胜　王有巍　孙杰　李冰　王衍璋　李生忠　贺晓宇）

【重大活动】　2021 年 5 月 19 日，青海省委、省政府召开 2021 年省全面推行河湖长制工作领导小组会议暨河湖长制厅际联席会议，省委书记、领导小组组长、省总河湖长王建军主持会议并讲话，省长、领导小组组长、省总河湖长信长星讲话，省委副书记、领导小组副组长吴晓军传达习近平总书记关于强化河湖长制及加强河湖管理保护的重要论述，会议审议了《关于强化河长制湖长制推动河湖管理保护高质量发展的决定》《青海省对河长制湖长制工作真抓实干成效明显地区激励支持实施方案》等文件。

2021 年 6 月 23 日，青海省委、省政府召开 2021 年省委生态文明建设领导小组会议暨青海省河长制湖长制工作会议，省委书记、省总河湖长王建军主持并讲话，省委副书记吴晓军宣读了《中共青海省委关于调整青海省全面推行河长制湖长制工作领导小组组成人员的通知》，省委常委、常务副省长、黄河省级责任河湖长宣读了 2021 年省总河湖长令，副省长、省级责任河湖长通报了青海省 2020 年河湖长制暨河湖管理保护工作情况。

2021 年 6 月 26 日，省政府召开青海省黄河河长制暨黄河水污染防治工作专题会议，省委常委、常务副省长、黄河省级责任河湖长主持会议并讲话，推动河湖长制各项工作任务落到实处。

2021 年 7 月 9 日，省级责任河湖长、副省长签发《致六河三库各级河湖长的公开信》，要求长江、澜沧江、湟水、大通河、黑河、隆务河、黑泉水库、纳子峡水库、石头峡水库各级河湖长充分认识履行好职责使命，严格执行《河长湖长履职规范》，认真落实 2021 年青海省总河湖长 1 号令部署要求，扎实推进各项工作并取得新成效。

2021 年 8 月 4 日，省政府召开黄河青海流域生态保护和高质量发展暨黄河河湖长专题会议，省委常委、常务副省长、黄河省级责任河湖长主持会议并讲话，全力推动黄河流域生态环境突出问题及时有效解决。

（张福胜　文生仓）

【重要文件】　2021 年 1 月 15 日，青海省人民政府办公厅印发《青海省“十四五”水安全保障规划》（青政办〔2021〕99 号）。

2021 年 4 月 22 日，青海省农业农村厅印发《2021 年青海省渔业渔政工作要点》。

2021 年 5 月 11 日，青海省河长制湖长制办公室印发《2021 年河湖长制及河湖管理工作要点》（青河湖办〔2021〕6 号）。

2021 年 5 月 25 日，青海省河长制湖长制办公室印发《青海省全面推行河湖长制工作厅际联席会议成员单位工作任务分工方案》（青河湖办〔2021〕7 号）。

2021 年 6 月 4 日，青海省农业农村厅、青海省水利厅、青海省林草局联合印发《关于实施长江流域青海段禁捕水域实施网格化管理的通知》（青农渔〔2021〕127 号）。

2021 年 6 月 15 日，青海省委书记王建军、省长信长星签发省总河长湖长令《关于强化河长制湖长制推动河湖管理保护高质量发展的决定》（2021 年第〔1〕号）。

2021 年 6 月 26 日，黄河省级责任河湖长、常务副省长签发黄河河湖长令《关于进一步强化黄河青海段河湖长制及管理保护工作的决定》（2021 年第〔1〕号）。

2021 年 7 月 2 日，青海省住房和城乡建设厅印发《青海省市政基础设施建设“十四五”专项规划》（青建计〔2021〕162 号）。

2021 年 7 月 19 日，青海省政府办公厅印发《关于加强长江流域青海段禁捕执法长效管理的通知》（青政办〔2021〕54 号）。

2021 年 11 月 24 日，青海省政府印发实施《中华水塔水生态保护规划》。

2021 年 12 月 24 日，青海省水利厅、发展改革委、住房和城乡建设厅、工业和信息化厅、农业农村厅联合印发《青海省节水型社会建设“十四五”规划》。

（徐得昭　吉定刚）

【地方政策法规】

1. 法规　2021 年 10 月 19 日，青海省第十三届人民代表大会常委会第二十七次会议审议通过《青海省实施河长制湖长制条例》，于 2021 年 11 月 1 日起施行。

2. 规范　2021 年 5 月 20 日，青海省市场监督管理局 2021 年第 4 号公告批准发布《用水定额》（DB63/T 1429—2021）。

3. 政策性文件　2021 年 5 月 12 日，青海省农业农村厅、省发展改革委、省水利厅等 11 个厅局联合印发《关于印发〈长江流域重点水域禁捕工作考核办法（试行）〉的通知》（青农渔〔2021〕111 号）。

2021 年 6 月 19 日，青海省水利厅发布《青海省水情预警发布管理办法（试行）》（青水防函

〔2021〕234 号）。

2021 年 7 月 19 日，经青海省政府同意，青海省农业农村厅于 2021 年面向社会发布《黄河流域青海段禁捕的通告》（通告〔2021〕2 号）。

2021 年 11 月 3 日，青海省水利厅发布施行《青海省水权交易管理办法》《青海省水资源使用权用途管制办法》（青水资〔2021〕75 号）。

2021 年 11 月 16 日，青海省农业农村厅印发《关于印发长江流域青海段禁捕期间专项（特许）捕捞管理办法的通知》（青农渔〔2021〕255 号）。

（张福胜　马忠鹏　李啟旭　党明芬　贺晓宇）

【河湖长制体制机制建立运行情况】　建立了省、市（州）、县（市、区）、乡、村五级河湖长组织体系。2021 年青海省 6 723 名各级河湖长、15 980 名河湖管护员认真履职尽责，积极推进各项工作落地见效，省内流域水生态环境持续向好。2021 年各级河湖长和河湖管护员累计巡查河湖 257 173 人次，其中省级河湖长巡查河湖 31 人次。青海省与四川、甘肃、西藏“两省一区”搭建了跨省界河湖联防联控联治工作机制。2021 年 9 月，青海、甘肃两省联合开展了湟水巡查检查，并召开了联席会议，围绕界河治理保护，达成了新的共识，提出了新的举措。玉树州、海西州、果洛州与四川省甘孜州、西藏自治区那曲市、昌都市共同签署了《青藏川三省（区）六市（州）江河流域河湖长制河湖联防联控机制协议》，建立区域协作联防联控联治、定期轮流召开河湖长制联席会议、联合巡查执法等 7 项体制机制，成立了联络办公室。2021 年 9 月 14 日，首届青藏川江河流域河湖长制联席会议在玉树州玉树市召开，会议展示了《三江源水文化》《玉树州“十三五”水利建设成果》反映玉树州水资源水文化及水利改革发展成效的宣传片；与会各市（州）就各自河湖长制工作开展情况进行了交流，共同探讨了在深入推进河湖长制工作方面的经验和问题；共同签署了《青藏川三省（区）六市（州）江河流域河湖长制河湖联防联控机制协议》，达成了每年轮流召开河湖长制联席会议的共识，为下一步开展区域地区合作奠定了基础。

（吉定刚）

【河湖健康评价】　青海省河湖长制办公室印发《关于进一步做实河湖健康评价试点工作的通知》。根据河湖管理权限，省、市（州）、县（市、区）分级组织对 46 条河流（省级 1 条、市州级 7 条、县级 38 条），2 个湖泊（青海湖、鄂陵湖），2 个水库（云谷川水库、后沟水库）开展了河湖健康评价试点工作。探索建立了符合青海实际的河湖健康评价指标体系。

（李晶晶　张福胜）

【“一河（湖）一策”编制和实施情况】　组织开展《青海省省级责任河湖“一河（湖、库）一策”实施方案（2021—2025 年）》编制工作，全面梳理未来 5 年省管河（湖、库）的管护问题、目标、任务、措施和责任等清单，为省管河（湖、库）区域各级政府及相关部门深入推进落实河湖长制工作提供依据。

（李晶晶　张福胜）

【水资源保护】

1. 水资源刚性约束　2021 年，青海省深入贯彻“节水优先、空间均衡、系统治理、两手发力”治水思路，推进最严格水资源管理制度落实。2021 年，青海省用水总量 24.02 亿 m^3。按当年价计，万元 GDP 用水量 $72m^3$，万元工业增加值用水量 $26m^3$，农田灌溉水利用系数 0.503 2。印发“十四五”用水总量和强度控制指标分解方案。组织编制完成《青海省地下水管控指标确定报告》并提交水利部水规总院审查。印发《青海省水利厅应对重大突发水污染事件应急预案》（青水资〔2021〕42 号），建立了突发水污染事件应急机制。组织开展地下水超采区划定工作。狠抓水资源管理考核，扎实有序推进最严格水资源管理制度落实，全面推动水生态文明建设，深化水资源领域改革。

2. 生态流量监管　持续加强湟水、格尔木河生态流量保障工作，完善监测预警调度工作机制，配合黄委做好大通河生态流量管控，确保河道生态基流得到保障。加强重点河流生态流量管控，西宁、民和、天堂寺、享堂、纳赤台、格尔木（四）等控制断面下泄流量达到标准，落实 162 座引水式水电站生态基流下泄指标，青海省重要江河湖泊水功能区水质达标率 100％。

3. 取水口专项整治　积极安排部署青海省取用水管理专项整治行动发现问题整改工作，印发《关于切实加强取用水管理专项整治行动发现问题整改工作的通知》（青水资函〔2021〕200 号）、《关于进一步做好取用水管理专项整治行动发现问题整改工作的通知》（青水资函〔2021〕411 号），按照分类处置、依法处理的原则认真梳理问题，限期完成整改。2021 年整改类项目 350 个，已整改 350 个，完成率 100％。

4. 水权交易　制定印发《青海省水权交易管理办法》（青水资〔2021〕75 号）、《青海省水资源使用权用途管制办法》（青水资〔2021〕75 号），探索建

立水权交易平台，运用市场机制优化配置水资源，推进水资源节约集约利用。

5. 节水行动　2021 年青海省节水管理联席会议各成员单位坚决贯彻落实党中央、国务院以及省委省政府决策部署，立足自身职能，发挥专业优势，采取一系列有力措施，统筹推进用水总量强度双控、农业节水增效、工业节水减排、城镇节水降损、节水开源并进、科技创新引领六大重点行动，深化节水体制机制改革，协同推动节水工作取得重要进展。总量强度双控。建立了省、州（市）、县（市、区）三级行政区域用水总量、用水强度控制指标体系。核定下达用水计划，实现各市（州）和省管取用水单位计划用水管理全覆盖。全面落实节水评价机制，开展节水评价 233 项，叫停节水评价未通过的项目 11 项。加强重点用水单位监督管理，初步建立 19 个国家级、33 个省级和 81 个市（州）级重点监控用水单位名录。稳步推进县域节水型社会达标建设，6 个县被水利部命名为节水型社会建设达标县，4 个县（市）通过省级验收。将推动国家节水行动方案落实纳入年度最严格水资源管理制度考核，完成 2021 年度实行最严格水资源管理制度考核。①农业节水增效。实施 6 个中型灌区续建配套与节水改造，改善灌溉面积 0.52 万 hm^2，创建 3 个省级节水型灌区。建设高标准农田 2 万 hm^2，在 84 个墒情监测站（点）开展土壤墒情监测，建设高效节水灌溉 0.27 万 hm^2，推广全膜覆盖栽培技术 6.67 万 hm^2。扶持建设 120 家畜禽规模养殖场、25 家生态牧场、64 家千头牦牛、千只藏羊基地。在共和、尖扎两个水产养殖合作社开展工厂化循环水养殖示范基地建设。建成 2 326 处集中式、3.89 万处分散式工程，农村牧区自来水普及率和供水保证率分别达到 80% 和 94%。在青海省组织开展饮用水水质监测工作，覆盖 8 个市（州）、45 个县（市、区、行委）。突出抓好农村“厕所革命”，农村户厕改造 3.46 万座。②工业节水减排。安排专项资金 3 500 万元建成了海西州纯碱行业蒸氨废液回收利用技术示范项目，创建 13 家省级节水型企业，覆盖化工、有色、火电、食品发酵等高耗水行业。③城镇节水降损。提升西宁市、海东市、格尔木市城市生活污水收集效能项目，西宁市节水型城市建设通过省级验收。④加强公共供水管网漏损控制。创建 28 家水利行业节水型单位、2 所节水型高校、101 家节水型居民小区，3 家公共机构被国家三部委命名为“公共机构水效领跑者”。⑤节水开源并进。编制《青海省地下水管控指标确定报告》，开展新一轮地下水超采区划定。制定《青海省国家地下水监测工程运行维护与地下水质监测 2021 年度工作方案》，对青海省国家地下水监测井开展运行维护，并对水位、水质、水温进行动态监测，形成青海省 2021 年度地下水资源评价成果。青海省发展改革委等 10 部门印发《青海省推进污水资源化利用的实施方案》。《青海省水利厅印发落实〈关于推进污水资源化利用指导意见〉任务分工方案的通知》等，并在用水计划下达中将非常规水源统一纳入水资源配置，为推进青海省非常规水源利用提供了保障。2021 年青海省非常规水源利用量为 4 767 万 m^3，占总用水量的 1.94%；城市县城生活污水处理厂污水处理总量为 22 428 万 m^3，再生水利用量为 4 582 万 m^3，再生水利用率为 20.43%。⑥科技创新引领。开展柴达木盆地水循环过程高效利用与生态保护技术研究与示范。实施智能型水肥一体化技术集成与示范，研制出有机无机滴灌肥配方和水肥一体化设备及智能化控制系统。以格尔木市、都兰县、德令哈市为示范点，建立水资源高效利用智能化信息化监测管理平台。

6. 全国重要饮用水水源地安全达标保障评估　组织完成 2021 年度 7 处国家重要饮用水水源地安全保障达标建设评估工作，经评估 7 处水源地均达标，其中 6 处评估为优。（党明芬　李啟旭　罗长江）

【水域岸线管理保护】

1. 河湖管理范围划界　青海省河流管理范围划定 3 728 条（名录内 3 518 条、名录外 210 条），湖泊 245 个，划定总长度约 13.06 万 km，埋设界桩 8 万余根。

2. 岸线保护利用规划　制定出台了《青海省加强河湖水域岸线生态空间管控的意见》，指导青海省河湖水域岸线分区管理、用途管制。省、市（州）、县（市、区）三级分级编印了《河湖岸线保护与利用规划》，划定了岸线保护区、保留区、控制利用区、开发利用区。

3. 河道采砂专项整治行动　为强化河道采砂管理、规范河道采砂秩序、维护河道防洪安全和生态安全，省河湖长制办公室印发《青海省河湖长制办公室关于印发青海省河道非法采砂专项整治工作方案的通知》，开展河道采砂专项整治。2021 年依法打击取缔非法采砂问题 6 处，恢复河道原貌，确保了河势稳定、行洪安全、生态安全。

4. 河湖“四乱”整治　建立深化河湖“清四乱”常态化规范化长效机制，将整治范围向中小河流、乡村河湖延伸，全面排查整治问题。2021 年青海省累计排查整治完成河湖“四乱”问题 140 项，清理涉河湖违规建筑物 5.17 万 m^2，腾退非法占用河道岸

线 10.6km，清运建筑生活垃圾 5.06 万 t，河湖面貌持续改善。 （徐得昭 吉定刚 李晶晶）

【水污染防治】

1. 排污口整治 生态环境部交办青海省的 2 334 个湟水流域入河排污口，属地政府全面完成监测溯源、分类命名编码，立整立改 328 个，销号 386 个非排污口、重复排污口。在生态环境部组织下，开展黄河流域入河排污口排查整治专项行动，印发工作方案、成立工作领导小组，组织海东市、海南州、果洛州、黄南州配合生态环境部生态环境执法局组织成立攻坚排查组，完成黄河干流入河排污口排查工作。

2. 城镇生活污染 2021 年 10 月，全面分析研究青海省城乡生活垃圾处置工作中的薄弱环节和短板，完成《生活垃圾处理现状及对策建议》并专题报送省政府。2021 年 12 月，印发《关于进一步加强城乡生活垃圾治理行动方案（2021—2025 年）》（青办字〔2021〕144 号）。

3. 畜禽养殖污染 印发《关于开展畜禽规模养殖场粪污资源化利用情况检查的通知》《关于开展粪污资源化利用设施设备排查整治工作的通知》等文件，加大执法和问题整改力度，提升粪污资源化利用水平。先后在河南、互助等县实施粪污资源化利用整县推进建设，探索形成“养殖→粪肥→种植→养殖”农牧循环发展模式，生态环境显著改善，青海省绿色健康养殖取得成效。截至 2021 年年底，青海省畜禽粪污资源化利用率达 82%，规模以上养殖场粪污处理设施配套率达 99%，其中大型规模养殖场畜禽粪污处理设施配套率达 100%。

4. 水产养殖污染 对青海省重点渔业水域实施水域环境监测，相继完成长江干流曲麻莱至玉树段、沱沱河、楚玛尔河及一级支流玛可河、黄河龙羊峡至积石峡段重要鱼类洄游通道和沿黄网箱养殖水体、澜沧江杂多至囊谦段、青海湖及其入湖河流渔业生态环境监测工作，全年共设置监测点位 149 个，水质监测 18 项、水生生物监测 4 项，监测频次 1～4 次，监测结果表明整体水质符合《渔业水质标准》和《地表水环境质量标准》Ⅱ类标准。

5. 农业面源污染 2021 年，青海省 8 个市（州）、31 个县（市、区）及 7 个国有农牧场 20 万 hm^2 实施“双减”行动。青海省共施用商品有机肥 35.49 万 t，折算无机养分 1.701 万 t，可提供 3.848 万 t 尿素实物量。青海省化肥使用量 12.6 万 t，比“双减”行动实施前的 2018 年减少 10.3 万 t。完成绿色防控面积 25.6 万 hm^2，项目区实现农作物病虫害绿色防控全覆盖，减少农药施用次数 1～2 次。印发《关于认真做好 2021 年青海省农业重点技术推广项目实施工作的通知》，安排下达农田残膜回收补贴资金 1 260 万元，在大通、湟中、湟源、民和、乐都、平安、互助、化隆、循化、贵德 10 个县（区）开展农田残膜回收工作，青海省回收农田残膜 749.69 万 kg，有效遏制了农田残膜污染。建立以“市场主体回收、专业机构处置、公共财政扶持”为主要模式的农药包装废弃回收处置体系，在西宁市、海东市、海西州、海南州、海北州、黄南州的农业县（市、区）回收各类农药废弃包装物数量达 500 万个，完成目标任务，回收率均在 80%以上，无害化处置率达 100%。

6. 船舶和港口污染防治 制定《2021 年船舶、码头污染防治工作方案》，督促各级交通运输主管部门和水运企业全面加强船舶码头污染物收集、储存、转运和接收各环节监管，切实提升船舶码头污染防治整体水平。定期对污染物进行回收、转运和处置，并对全过程进行记录，实施跟踪管理。2021 年回收、转运和处置生活垃圾 28 799kg，生活污水 217 200L，油污水 935L。

（张福胜 王有巍 冶资祎 韩民 郭兴）

【水环境治理】

1. 饮用水水源规范化建设 持续巩固县级及以上水源地环境问题整治成果，严密监控各水源水质，组织完成 21 个新增、调整的饮用水水源地保护区划分工作。利用中央水污染防治专项资金 1.24 亿元安排实施西宁市、果洛州、玉树州等地饮用水水源地保护项目，保障饮用水水源水质稳定达标。2021 年青海省地级集中式饮用水水源水质保持优良。

2. 农村水环境整治 以湟水流域、黄河干流沿岸、柴达木绿洲农业区为重点区域，对符合条件的城镇周边村庄建设收集管网，生活污水纳入市政污水管网处理，对交通沿线、旅游景区、饮用水源保护区周边规模较大村庄，试点建设小型污水处理设施集中处理。2021 年投入中央农村环境整治资金 7 966 万元、省级农村生活污水治理资金 1 亿元，安排支持共 34 个村庄生活污水治理、以及国道 109 线垃圾污水治理项目实施。 （王有巍 韩民）

【水生态修复】

1. 退田退林、还湖还湿 从 2017 年起，将中央财政林业改革发展资金退耕还湿项目资金用于环青海湖水位上涨补偿。2021 年从中央财政林业改革发展资金退耕还湿项目中，切块资金 1 880 万元，对

环湖地区水面上涨淹没的 1.496 万 hm^2 土地进行了补偿。补偿标准 1 230～1 335 元/hm^2 不等，其中直接补偿给受灾牧民 1 200 元/hm^2，剩余资金用于调查监测、政策宣传等，受益群众达 1 631 户。

2. 生物多样性保护　经省政府同意发布《黄河流域青海段禁捕的通告》（通告〔2021〕2 号），自 2021 年 8 月 1 日起对黄河流域青海段干流以及重要支流实行为期 5 年的禁捕期管理制度，禁止一切天然鱼类的捕捞活动。开展长江禁捕执法、青海湖封湖育鱼"百日攻坚"和"渔政亮剑 2021""清风""铁拳"等专项行动，严厉打击各类涉渔违法行为。2021 年青海省开展多部门联合执法行动 103 次，查办案件 19 起，对长江、黄河、青海湖重点区域累计巡查 29 420 余 km。设立国家级水产种质资源保护区 14 个，保护土著鱼类 27 种，保护区总面积 258 万 hm^2。年内安排资金 175 万元，开展了 14 个国家级水产种质资源保护区水生生物本底调查和保护区界碑修缮工作。与四川省签署了省际交界水域联合执法合作协议，将沿江 40 个乡镇全部纳入网格化管理范围，组建一线 1 310 名协助巡护队伍，建立了"一村一员、一员一区域、一区域一日志"的禁捕网格体系。会同中科院西北高原生物研究所实施长江流域国家级水产种质资源保护区水生生物资源本底调查，全面了解和掌握长江源区的水生生物多样性和资源现状。

3. 生态补偿机制建立　为贯彻落实中办、国办印发《关于深化生态保护补偿制度改革的意见》（中办发〔2021〕50 号）精神，中共青海省委办公厅、省政府办公厅印发了《青海省深化生态保护补偿制度改革实施意见》（青办发〔2022〕29 号），提出到 2025 年，符合国家政策要求、与青海经济社会发展状况相适应的生态保护补偿制度基本完备。到 2035 年，适应新时代生态文明建设要求的生态保护补偿制度基本定型。提出了 22 条具体措施加快推动青海省生态补偿机制的良性运行，推进青海生态文明建设高质量发展。

4. 生态清洁型小流域　2021 年，共安排 1 项生态清洁型小流域（大通县桥头镇庙沟生态清洁试点小流域），截至 2021 年年底，完成治理水土流失面积 14km^2，完成投资 1 353 万元。2021 年累计减少土壤流失量 2.66 万 t、蓄水 12.91 万 t，预计受益农户 831 户，受益人口 3 253 人。

5. 水土流失治理　2021 年，小流域和坡耕地工程安排资金 3.45 亿元，实施小流域和坡耕地工程 34 项，计划治理水土流失面积 537.88km^2。2021 年新建项目完成治理水土流失面积 529.84km^2，完成投资 3.16 亿元。截至 2021 年年底，水土保持项目已完成治理水土流失面积 553.09km^2（其中 2021 年新建项目完成 529.84km^2，2020 年续建项目完成 23.25km^2），占年度计划目标值治理水土流失面积 300km^2 的 184.36%，累计减少土壤流失量 113.58 万 t，保水 780.16 万 t，增产粮食 0.31 万 t，完成投资 3.16 亿元，完成率 91.59%。2021 年投资和建设规模（治理面积）分别是 2020 年的 1.08 倍和 1.22 倍，水土保持重点工程建设呈现出全面发展、协调推进、效益彰显的新态势，水保发展进入"快车道"，生态、经济、社会三大效益愈发凸显，对促进重点治理区当地农业增产、农民增收和农村经济发展发挥了重要作用。

（文生仓　季海川　韩民　徐金良　段荣薇　张福胜）

【执法监管】

1. 联合执法　落实河湖管理保护执法监管责任主体，严厉打击涉河湖违法违规行为。执行《青海省加强行政执法与公益诉讼检察协作推进黄河流域源头治理的意见》，加强河湖环境司法治理。省全面推行河湖长制工作领导小组各成员单位担当履职、密切配合、相互支持，协调解决河湖管理保护中的重点难点问题，加强对地方全面推行河湖长制工作的指导和督查。2021 年 9 月，青海、甘肃两省开展了湟水流域界河水生态环境联合排查整治，着力消除流域水生态环境问题隐患，坚持联防联控，加强沟通协调、巡查管理、监测预警，为以后两省在生态环境领域形成工作合力，真正建立治理保护长效机制，提供基础保障。

2. 河湖日常监管　聚焦河湖"四乱"、非法采砂、妨碍河道行洪突出问题，采取河湖长综合督办、河湖长制办公室专题督办、水行政主管部门暗查、成员单位联合督查等方式，开展督导检查。对发现的重点问题建立台账，逐项明确责任、整改措施和完成时限，督促问题整改。市（州）、县、乡、村河湖长和河湖管护员常态化开展巡查管护，实现河湖监管全覆盖、无死角。（徐得昭　李志远）

【水文化建设】　青海省因地制宜，突出高原山水特色，深入挖掘高原文化、源头文化、民族文化蕴含的历史价值和时代价值。在水利风景区建设中充分融入河湟文化、热贡文化、禹王传说、喇家遗址、三江源水文化等当地历史文化遗存，提升水利风景区的文化承载力和文化品位。多方联动，联合旅游等相关部门及新闻媒体推介水利风景区。充分利用"大江、大河、百库、千湖"的水利风景资源，累计

建成水利风景区 18 家，其中国家水利风景区 13 家，省级水利风景区 5 家。 （张福胜 文生仓）

【智慧水利建设】

1. “水利一张图” 青海“水利一张图”以实现水利数据资源整合应用与共享为目的，以公共基础地理数据和水利核心业务数据为基础，通过综合运用信息化技术手段，对多时空水利数据进行综合管理，打破数据壁垒；提供标准服务接口，为水利业务应用系统的快速搭建，提供规范、高效、丰富的功能及服务共享；构筑统一平台，开展数据分析，赋能水利业务应用，为水利业务用户提供集浏览、查询、统计、分析于一体的综合展示，加快智慧水利发展进程。按照“工作基础从图上来，工作过程以图协同、工作成果到图上去”的工作思路，青海省“水利一张图”正逐步支撑水行政管理工作。2021 年在数据填报方面支撑运行中心堤防、水闸、泵站等数据填报工作，数据填报期间参考青海“水利一张图”中堤防、水闸、泵站等数据服务，辅助数据填报工作的开展，数据填报完成后，成果集成至青海“水利一张图”，共更新了 469 段堤防和 357 个水闸的基础数据和空间信息。数据服务方面，以接口的形式为青海省水利综合监管平台和青海省山洪灾害监测预警系统二期项目建设提供了 20 类水利对象地图共享服务。

2. 河长 App 优化完善河湖管理巡查 App，基本实现河湖巡查、发现问题、在线举报等数据实时上传，为统筹协调青海省河湖管理保护工作提供数据支撑。强化河湖管理巡查 App 使用的培训力度，提升河湖管理巡查 App 在河湖管理保护工作中的使用率，推动河长制湖长制工作走深走实。2021 年青海省河湖长及河湖管护员使用河湖管理巡查 App 累计巡河达 18 168 人次，累计巡河里程达 21 868km。

（张福胜 白洁琼）

| 宁夏回族自治区 |

【河湖概况】

1. 河湖数量 宁夏回族自治区（简称“自治区”）境内有黄河、清水河、典农河、茹河、泾河、渝河、葫芦河、苦水河、红柳沟、水洞沟等主要河流，流域面积 50km² 及以上河流（含排水沟）406 条（全国第一次水普数据），总长度 10 120km。其中流域面积 100km² 及以上河流 165 条，总长度 6 482km；流域面积 1 000km² 及以上河流 22 条，总长度 2 226km；流域面积 10 000km² 及以上河流 2 条，黄河长度 397km，清水河长度 319km。宁夏境内湖泊湿地主要分布在黄河、清水河流域，常年水面面积 1km² 及以上的湖泊有 23 个，总面积 109km²；1km² 以下湖泊有 200 余个。自治区纳入河湖长制管理的河流、湖泊、沟道共 997 个。

（王学明）

2. 河湖水量 自治区人民政府办公厅印发了《2021 年宁夏水量分配及调度计划》，分配年度各市、县（区）生态用水指标 2.11 亿 m³。为用足用好黄委会单独分配的 1—6 月 1.98 亿 m³ 生态用水指标，促进自治区湖泊湿地生态系统修复和改善，自治区水利厅编制了《2021 年宁夏生态水量分配计划》。生态补水期间组织协调农垦集团、各有关市、县（区）、各供水单位，采取提前放水、延迟停水及与农业错峰补水等措施，全力保障河湖湿地补水需求。2021 年累计向湖泊湿地生态补水 2.22 亿 m³，其中典农河生态补水 1.016 亿 m³，沙湖生态补水 0.323 亿 m³，鸣翠湖生态补水 0.063 亿 m³。 （徐学峰）

3. 河湖水质 2021 年，黄河干流宁夏段 6 个国控断面均为Ⅱ类水质，所占比例为 100%，实现“Ⅱ类进Ⅱ类出”。境内 10 条黄河支流水质总体为中度污染，主要污染指标为氟化物。沿黄 7 个重要湖泊（水库）（10 个监测断面中）水质为轻度污染。其中Ⅱ～Ⅲ类水质断面（点位）占 80.0%，Ⅳ类占 20.0%。与 2020 年同期相比，Ⅱ～Ⅲ类水质断面（点位）比例上升 7.3 个百分点，Ⅳ类下降 7.3 个百分点。22 条主要排水沟水质总体为轻度污染，主要污染指标为氟化物。其中Ⅱ～Ⅲ类水质断面占 54.1%，Ⅳ类占 40.5%，Ⅴ类占 2.7%，劣Ⅴ类 2.7%。与 2020 年同期相比，Ⅱ～Ⅲ类水质比例上升 8.3 个百分点，Ⅳ类比例上升 9.1 个百分点，Ⅴ类比例下降 8.7 个百分点，劣Ⅴ类比例下降 8.7 个百分点。2021 年宁夏国家考核地表水断面水质达到或优于Ⅲ类比例为 85.0%，高出国家考核目标 5 个百分点。 （顾伟）

4. 水利工程 2021 年，自治区续建、新建 9 项重大水利项目，总投资 142.84 亿元，年度计划投资 34.05 亿元，到位资金 27.10 亿元，完成投资 25.58 亿元。其中续建 5 项重大水利工程，总投资 117.09 亿元，年度计划投资 28.80 亿元，到位资金 22.6 亿元，完成投资 21.67 亿元；新建 4 项重大水利工程，总投资 25.76 亿元，年度计划投资 5.25 亿元，到位资金 4.50 亿元，完成投资 3.91 亿元。续建项目中，银川都市圈城乡西线供水工程青铜峡支线引水管道

工程全部完工；银川都市圈城乡东线供水工程首部取水工程全部完成、利通支线成功试通水；银川都市圈中线供水工程主管线全线成功试通水；清水河流域城乡供水工程中卫至同心段实现通水；固海扩灌扬水更新改造工程7～12号泵站主副厂房、110kV变电站土建、机电设备安装及站级自动化控制系统等全部完工。新建项目中，贺兰山东麓葡萄产业高质量发展供水工程，青铜峡、固海大型灌区现代化改造和引黄古灌区世界灌溉工程遗产展示中心建设项目全面开工建设。

（沈磊）

【重大活动】 2021年2月19日，自治区党委书记、人大常委会主任、总河长陈润儿在石嘴山市调研星海湖生态环境整治、黄河流域生态保护治理情况，听取了星海湖生态环境整治工程实施情况和黄河宁夏段滩地利用和生态保护治理情况，实地查看了星海湖生态环境整治工程建设进度、生态修复进展和平罗县黄河东岸六倾地村段标准化堤防工程。

2021年4月21日，自治区党委和政府在银川召开建设黄河流域生态保护和高质量发展先行区第四次推进会，研究部署用水权、土地权、排污权、山林权“四权”改革。自治区党委书记、人大常委会主任陈润儿出席会议并讲话，强调要坚持以习近平新时代中国特色社会主义思想为指导，深入贯彻落实党的十九届五中全会和习近平总书记视察宁夏重要讲话精神，以改革开路、以创新开题、以“四权”开局，奋力推动先行区建设取得突破进展。

2021年5月19日，自治区副主席王道席主持召开黄河宁夏段河道及滩地被占问题清理整治暨河湖长制工作推进会议，全面落实胡春华副总理在全面推行河湖长制工作部际联席会议暨加强河湖管理保护电视电话会议讲话精神，并对河湖管理有关工作进一步部署。

2021年5月28日，水利部印发《关于表彰全面推行河长制湖长制先进集体和先进个人的决定》，银川市水务局等5个单位荣获“全面推行河长制湖长制工作先进集体”，任存东等7名同志荣获“全面推行河长制湖长制工作先进工作者”，杨慧君等7名同志荣获“全国优秀河（湖）长”。

2021年6月1日，自治区党委书记、总河长陈润儿主持召开自治区党委常委会会议暨自治区总河长第5次会议，自治区副总河长、政府主席咸辉及自治区有关领导出席，自治区河长制责任部门主要负责同志及各市、县（区）总河长参加会议。

2021年6月18日，宁夏“互联网＋城乡供水”示范区建设工作推进会在银川召开，水利部副部长田学斌、自治区副主席王道席出席会议并讲话。宁夏彭阳县“互联网＋城乡供水”模式不仅在宁夏落地生根，而且在全国开始复制推广，取得了阶段性成果。

2021年10月18日，自治区党委书记、人大常委会主任陈润儿在石嘴山市调研贺兰山和星海湖生态环境综合治理时强调，要坚决贯彻落实习近平生态文明思想，持之以恒、久久为功，大力推进环境治理，巩固提升生态功能，不断满足人民群众对美好生活的环境需要。

2021年10月26日，自治区党委常委会召开会议，传达学习习近平总书记在深入推动黄河流域生态保护和高质量发展座谈会上的重要讲话，研究贯彻意见。自治区党委书记陈润儿主持会议并讲话。会议指出，全面贯彻落实“四水四定”的原则，精打细算用好水资源，从严从细管好水资源；扭住加强生态环境保护的关键，抓好水土流失治理、荒漠化防治、水污染防治，分区分类推进生态环境保护修复。

2021年11月26日，自治区政府与南水北调集团签订战略合作框架协议，双方将共同推动南水北调西线工程、黄河黑山峡水利枢纽工程开发治理等项目实施，推进“互联网＋城乡供水”示范省（自治区）建设。

2021年12月17日，第三届陕甘宁3省（自治区）8市“保护母亲河·服务黄河流域高质量发展”公益诉讼电视电话联席会议在宁夏吴忠市召开。3省（自治区）8市检察机关将继续积极作为，协同推进黄河流域治理，以更优更实的检察公益诉讼服务高质量发展。

（杨继雄）

【重要文件】 2021年4月30日，自治区党委办公厅、人民政府办公厅印发《关于落实水资源“四定”原则深入推进用水权改革的实施意见》（宁党办〔2021〕39号）。

2021年6月10日，自治区河长办印发《宁夏回族自治区全面推行河湖长制工作联席会议制度》（宁河长办发〔2021〕8号），明确了联席会议主要职责、成员单位及工作要求等。

2021年6月23日，自治区水利厅、发展和改革委员会、节约用水办公室联合印发《宁夏回族自治区节水型社会建设“十四五”规划》（宁水节供发〔2021〕8号）。

2021年7月3日，自治区河长办印发《宁夏回族自治区河湖长履职细则（试行）》（自治区总河长2号令），对各级河湖长履职进一步明确和规范。

2021年8月16日，自治区生态环境保护领导小组办公室印发《关于加强入河（湖、沟）排污口监督管理工作的指导意见》（宁生态保环办〔2021〕7号）。

2021年8月28日，自治区党委办公厅、人民政府办公厅印发《关于全面深化河湖长制助推黄河流域生态保护和高质量发展先行区建设的意见》（宁党办〔2021〕74号）。

2021年10月11日，自治区水利厅、发展和改革委员会、节约用水办公室印发《宁夏回族自治区非常规水源利用规划（2021—2025年）》（宁水节供发〔2021〕17号）。

2021年11月3日，自治区人民政府办公厅印发《宁夏水安全保障"十四五"规划》（宁政办发〔2021〕82号）。

2021年11月8日，自治区水利厅印发《宁夏回族自治区河湖管理保护"十四五"规划》（宁水河湖发〔2021〕10号）。

2021年12月24日，自治区全面推行河长制办公室印发《关于公布自治区级河长及市县级总河长名单的通知》（宁河长办发〔2021〕18号）。 （杨继雄）

【地方政策法规】 2021年3月10日，自治区住房和城乡建设厅、自治区市场监督管理厅联合发布《城市生活垃圾分类及评价标准》（DB64/T 1766—2021），2021年6月1日实施。 （杨继雄）

【河湖长制体制机制建立运行情况】 2021年，自治区党委和政府坚持以习近平新时代中国特色社会主义思想为指导，坚定不移守好改善生态环境生命线，持续打好污染防治攻坚战，坚持"四水同治"，以黄河流域生态保护和高质量发展为重要使命，以坚定的担当推动先行区建设。河湖长制组织体系不断完善，第一次全国水利普查名录内河湖管理范围全面划定并复核，黄河管理范围内全面禁种高秆作物，"清四乱"台账内问题100%整改销号，黄河宁夏段水质连续5年保持"Ⅱ类进Ⅱ类出"，国考断面Ⅲ类及以上优良水质比例达到80%，河湖面貌及水环境质量持续改善。河湖长制工作连续3年受到国务院表彰激励。

坚定大局意识。全面贯彻新发展理念，紧紧围绕建设黄河流域生态保护和高质量发展先行区大局，全面部署，持续用力。自治区党委书记、总河长陈润儿和自治区政府主席、副总河长咸辉以身作则、率先垂范推动河湖长制工作，陈润儿先后3次、咸辉先后5次调研黄河及重点河湖，签发总河长令，多次在河湖长制工作月通报上作出批示，就黄河流域生态环境保护治理提出明确要求，主持召开总河长会议等，安排部署河湖管理保护工作，推进河湖长制落实落地，为河湖长制工作明确了目标任务、强化了政策保障、坚定了工作信心。

强化顶层设计。印发自治区总河长2号令《宁夏河湖长履职细则（试行）》，明确各级河湖长工作职责及履职要求，压紧压实河湖长责任，提升履职质效。完善乡村级河湖长工作机制，探索推行"巡河＋环境保洁"管护模式，打通河湖管护"最后一公里"。出台《关于全面深化河湖长制助推黄河流域生态保护和高质量发展先行区建设的意见》，明确"十四五"河湖长制工作目标，建立自治区河长制责任部门联合办公机制，充实河长办力量，合力推动河长制各项任务落地见效。建立河湖长制工作督办通报机制，修订河长制重点工作月通报制度，印发月通报12期，对重点河湖"四乱"、重点断面水质不达标等问题进行督办催办，确保各项任务落实见底到位。

压实河长责任。始终把河湖长制作为"一把手"工程，压实各级河湖长责任，深化"1＋N"（"一季度一次明察＋若干次暗访"）督导机制，自治区河长办、政府督查室、检察院、公安厅等部门开展联合督导，全年督导调研、暗访检查7次，印发交办督办单25份。严肃考核问责、约谈通报履责不到位的河湖长32人次。自治区 4 323名河湖长"既挂帅又出征"，自治区级河长全年巡河督导29人次，市级河湖长巡查河湖394人次，县级河湖长巡查河湖6 872人次，乡、村级河湖长及保洁员巡查38万余人次，切实解决了一批河湖管理保护突出问题，实现了河湖长制"有名""有实""有为"。

落实重点任务。出台《宁夏"十四五"用水权管控指标方案》《关于落实水资源"四定"原则深入推进用水权改革的实施意见》严格"四水四定"管控，推动建立水资源刚性约束体系。坚持管治并重，从严从实加强河湖空间管控。巩固"四乱"问题整治成效，常态化规范化推进"清四乱"，新排查河湖"四乱"问题全部完成整改销号。坚持水中问题岸上治，围绕黄河干流水质持续改善，紧盯工业、农业、生活三大污染源，统筹上下游、左右岸共治，打赢打好水污染防治攻坚战。不断强化入河（湖、沟）排污口监管，确保排污口整治到位、管理有序，农村黑臭水体整治任务已全部完成。持续强化城镇生活污水治理，严控"两高"项目盲目发展。国考断面水质全部达到考核要求，主要排水沟入黄口水质全部达到Ⅳ类及以上，黄河干流宁夏段水质稳定保持在"Ⅱ类进Ⅱ类出"。持续打好净土保卫战和农业农村污染治理攻坚战，有效改善河湖水环境质量，助力美丽乡村建设。深入开展农村人居环境整治，

有序推进“两治理、一改造”，全面完成全自治区农村“千吨万人”集中式饮用水水源地保护区划定工作。突出水土保持与生态修复在黄河流域生态保护和先行区建设中的基础地位，系统治理，统筹推进，坚决守好改善生态环境生命线，深入推进黄河流域生产建设项目水土保持专项整治行动，依法查处水土保持违法违规行为。（杨继雄）

【河湖健康评价】 2021年，组织开展河湖健康评价，对自治区河湖保护名录内的河湖建立健全河湖健康档案，多方面、多层次为河湖健康问诊把脉、捋清河湖现状、找出问题根源、分析解决对策、制定治理方案、把控实施进度、配套保障措施、落实部门责任，准确进行绩效评价。为保障治理方案顺利实施，同时推动以“挂图作战”模式督促河湖治理进度和保障率。自治区本级完成对黄河、清水河、典农河重点河湖健康评价，自治区共48条河流完成河湖健康评价，利通区清水沟、泾源县什字河分别建成自治区示范河湖、美丽河湖。（刘晓龙）

【“一河（湖）一策”编制和实施情况】 2021年，依据阶段性任务变化，宁夏建立完善河湖长制评估验收制度，对已实施“一河（湖）一策”方案等进行阶段性后评估、后评价和阶段性验收。及时发现和协调处理实施过程中的问题，进一步为下阶段任务落实提出优化解决方案和政策建议。特别是组织对已实施的“一河（湖）一策”开展成果评价，依据完成情况滚动编制并实施新一轮“一河（湖）一策”。避免“一河（湖）一策”等规划方案编而不用、用编不实等现象。2021年自治区完成清水河、典农河等重点河流“一河一策”修编完善，各县（区）累计编制“一河湖一策”河湖条（个）数达到552条。（刘晓龙）

【水资源保护】

1. 水资源刚性约束 2021年，推动建立水资源刚性约束体系，搭建指标完善、措施有效、监督有力的管控机制，促进水资源管理与时俱进、提质增效，不断转向高质量发展。严控开发利用上限，开展“四水四定”管控研究，率先出台《宁夏“十四五”用水权管控指标方案》，将用水总量红线作为供给侧的“天花板”，建立水资源刚性约束指标体系，明确城镇建设、产业发展、土地开发控制指导线，实现自治区、市、县三级水资源约束指标全覆盖；严格水资源超载管控和治理，发挥用水总量刚性约束作用，初步搭建监测预警平台，强化用水统计核算，做好用水监管季度通报，对水资源开发利用处于临界状态的地区进行预警，严格落实项目和用水“双限批”，全面暂停超载地区新增取水许可，对中宁县、沙坡头区等县（区）地区暂停新增用水审批、实施用水管控，督导中卫市制定超载区管控方案，严格实行定额管控，核减计划用水，压减水稻种植面积，推进沿黄取水口整治，控制无序生态补水，超载地区引黄水量较2020年同期减少1亿m^3左右。（赵鹏）

2. 节水行动 2021年，自治区上下认真贯彻节水优先方针，深入实施节水控水行动，推进水资源节约集约利用。印发《宁夏节水型社会建设“十四五”规划》（宁节水供发〔2021〕8号）、《宁夏非常规水源利用规划（2021—2025年）》（宁节水供发〔2021〕17号），擘画了“十四五”深度节水控水行动路线图、时间表；聚焦加强节约用水行动的统筹协调，协同实施深度节水控水行动，建立自治区节约用水行动厅际联席会议制度；印发《2021年全区节约用水工作要点》，明确了各行各业节水年度“任务书”，印发《宁夏回族自治区工业领域水务经理管理制度》（宁水规发〔2021〕12号），构建工业用水精细化管理服务新格局，下达节水型载体达标建设年度任务，自治区重点用水行业规模以上节水型企业达到90.4%，自治区级节水型机关达到90.4%，节水型高校达到25%，11个县（区）建成“全国节水型社会建设达标县（区）”；严格规划和建设项目节水评价，对标用水定额标准先进值，严把新增用水项目节水关口，审查5个规划和183个建设项目节水评价，其中9个建设项目节水评价未予通过；在自治区青少年中开展了“珍爱水资源 保护母亲河”主题宣传教育，举办了自治区节水主题歌曲征集发布、大学生节水护水知识竞赛、节水在身边短视频大赛、节水大讲堂、节水护水业务骨干培训、“青春守护母亲河，奋力建设先行区”主题节水护水实践活动暨水利科普联合行动等系列活动，营造了全民参与、良性互动的浓厚节水宣传氛围。2021年自治区取水总量68.091亿m^3，比2020年减少2.1亿m^3，万元地区生产总值用水量较2020年下降9.06%，万元工业增加值用水量较2020年下降6.17%。（张博容）

3. 生态流量监管 2021年，严格生态水量管控，划定河湖管控目标，印发清水河、苦水河生态流量保障实施方案，启动开展沙湖生态水位目标确定工作，合理分配泾河、葫芦河、清水河3条河流水量；统筹生态水量分配，制定落实2021年生态水量分配计划，统筹生态、生活、生产用水，合理开展生态补水，用好用足黄委下达的年度生态水量调度指标，充分发挥西北地区生态屏障作用；强化生态流量监控，严格清水河、苦水河生态流量管控，督导沿河县（区）制定调度方案，做好监测检查，保障生态流量目标，2条河流生态流量满足程度达到100%。（赵鹏）

4. 全国重要饮用水水源地安全达标保障评估 2021年，组织各地市通过系统填报城市饮用水水源监测数据，并对环境监测状况开展评估更新工作，自治区6处列入全国重要饮用水水源地名录的水源地（银川市南郊水源地关停，供水任务由银川都市圈西线供水工程西夏水库水源地承担）中5处供水量均在允许开采范围以内，取水口水质评估结果均在Ⅲ类及以上，供水量、取水口水质评估全部达标，建立了较为完善的视频监控及在线监测设施，对饮用水水源地取水口及重要供水工程设施实现了24小时自动监控，水源井实现了水量在线监测信息采集和水位在线监测信息采集；自治区13处地级城市集中式饮用水水源取水量保证率为92.31%、水源达标率为76.92%、水量达标率为92.99%，取水保证状况评估得分92.3分，其中地下水型水源地水源达标率、水量达标率分别为80.0%、83.66%，地表水（水库）型水源地水源达标率、水量达标率分别为66.67%、98.49%；水源标志设置完成率为100%，一级保护区隔离防护完成率为92.3%，保护区划定完成率为100%，一级保护区整治率为92.3%，二级保护区整治率为84.6%。自治区饮用水水源地监测指标及监测频次完成率均为100%。（赵鹏 赵倩）

5. 取水口专项整治 2021年，聚焦违反“四水四定”、违规取用水问题治理，全面摸清各类取水口及取水监测计量现状，探索建立黄河流域水生态保护与司法保障协作新机制，出台黄河干流宁夏段取水工程专项整治行动实施方案，强化水资源税征收管理，建立清查整改台账，有效规范取用水行为，持续维护母亲河生命健康，2021年取水工程专项整改率达到了77.5%，整改工作在黄河流域均处于领先。重点下大力气解决长期以来无许可取水、超许可取水、无计划用水等顽疾，2021年下发各类整治文件、警示通报文书30余件，联手检察院开展沿黄取水口专项整治，约谈市县水务局、用水企业23家，现场监督检查4次，反馈问题17件，行政处罚57家单位，收缴罚款231万元，注销取水许可证4家。

（赵鹏）

6. 水量分配 2021年，合理制定分配调度计划，统筹不同水源可供水量和不同行业用水需求，由自治区政府印发自治区年度水量分配方案，确定2021年自治区取水总量控制在75.55亿m^3以内，督导各地细化并严格执行水量分配和调度计划，严格控制超用水地区水量调度指标，全面实行“非必要不冬灌”，严控无序无指标冬灌用水，2021年取用黄河水61.34亿m^3；做好配置保障规划，以总体规划引领配置方向，制定先行区“十四五”水资源配置规划，提出“四水四定”约束下的工程配置方案，为先行区建设用水安全提供规划配置保障，完成宁东地区水资源“十四五”及水务一体化规划，聚焦宁东供水多源、管水多头的现状，全面统筹黄河水、再生水、矿井水综合利用，推进宁东水资源供给一张网、一体化格局；从严核定用水主体水指标，组织审查水资源论证81项，自治区本级受理办结取水许可事项74项，论证量和办理量为平常年的3倍多，规范供水企业取水许可，办理取水许可事项71项，核查明晰82个沿黄独立取水口、133个项目取水指标，核减12家企业闲置取水指标5 400万m^3，有效强化了取水许可事中事后监管。（赵鹏）

【水域岸线管理保护】

1. 河湖管理范围划界 2021年，联合自然资源部门开展河湖管理范围划定工作，对水普名录内22条2 202km规模以上、364条7 222km规模以下河流管理范围全部划定并复核，对水普名录外已有378条2 701km河流完成管理范围划定工作。强化河湖划界成果应用，实现“水利一张图”上图管理，制定界桩设立参考标准，河湖界桩设立达到78%，切实明晰了河湖管理边界。督促岸线利用规划及采砂规划矢量上图，全力提高河湖管理保护规范化、社会化水平。（刘晓龙）

2. 岸线保护利用规划 2021年，根据自治区水利厅印发《关于编制河湖岸线保护利用规划和河道采砂规划及加强河道采砂管理工作的通知》（宁水河湖发〔2019〕1号）、《宁夏河湖岸线保护与利用规划编制提纲》（宁水河湖发〔2019〕7号），明确了河湖水域岸线保护与利用规划由县级以上人民政府水行政主管部门编制，征求同级有关部门意见后，报本级人民政府批准。2021年除平罗县、贺兰县、永宁县3个县外，惠农区、大武口区、兴庆区、金凤区、西夏区、灵武市、盐池县、利通区、青铜峡市、红寺堡区、同心县、沙坡头区、中宁县、海原县、原州区、彭阳县、西吉县、隆德县、泾源县19个县（区、市）编制岸线利用规划的河道共计146条。

（刘晓龙）

3. 采砂整治 2021年，根据水利部办公厅《关于开展全国河道非法采砂专项整治行动的通知》（办

河湖〔2021〕252号）精神，明确要求自治区范围内有采砂需求的河道必须编制采砂规划，采砂规划编制完成后必须报请本级人民政府批复实施，批复后的规划范围矢量数据必须上传河湖长制信息平台备案，采砂范围、深度、开采期、禁采区、修复方案等相关活动必须严格遵守采砂规划并报水利部门审批，水利部门加强许可采砂现场监管（对已经超过规划期限的河湖采砂规划进行复核修编再批复），对监管不利的必须问责。2021年惠农区、大武口区、青铜峡市、红寺堡区、同心县、沙坡头区、原州区、彭阳县、西吉县、隆德县10个县（区、市）编制采砂规划河道共计85条，其中西吉县、青铜峡市编制的采砂规划未报政府批复，平罗县、贺兰县、兴庆区、金凤区、西夏区、永宁县、灵武市、盐池县、利通区、中宁县、海原县、泾源县12个县（区、市）未编制采砂规划。（刘晓龙）

4. “四乱”整治　2021年，开展黄河及其他河流岸线利用项目、黄河流域违法违规岸线利用项目清理整治和黄河及清水河岸线利用项目专项整治，专项整治岸线长度35.2km，拆除违建面积4.5万m^2，清除弃土弃渣13万m^3，完成滩岸复绿3.3万m^2，按期高效完成水利部、黄委反馈要求的40个岸线利用项目整改任务；开展河湖“清四乱”自查，共排查上报河湖“四乱”问题207个，整改完成207个；严格落实“1+N”督导暗访机制，暗访区级河湖6条、县级河湖16条、乡级河湖22条，共发现整改不到位和新发现的疑似“四乱”问题共75个，完成整改75个；开展对黄河、清水河进行无人机巡测，巡测黄河、清水河共发现疑似“四乱”问题619个。完成整改518个；开展河湖“清四乱”“回头看”及再排查督导检查工作，对2018年以来暗访发现、无人机巡测、地方自查反馈的28条河湖“四乱”问题清单中2 453个问题清理整治台账进行全面检查；开展黄河宁夏段河道及滩地被占等问题调查整治工作，全部整改完成自治区台账内建构筑物问题236处，拆除74处，规范整改162处。其中灌溉取水设施165个（按照单体为196个）、渔畜养殖设施5处、较大单体10处、交通航运码头和浮桥类12处、寺庙建筑6处、其他各类生产、管理、服务用房及其附属设施38处；开展黄河宁夏段河道及滩地林业用房专项整治，建立台账147处，对位于河道管理线内的131处、17 054m^2林业用房进行拆除退出。（何建东）

【水污染防治】

1. 排污口整治　2021年，自治区生态环境厅印发《关于加强入河（湖、沟）排污口监督管理工作的指导意见》（宁生态环保办〔2021〕7号），结合宁夏实际，聚焦排污口管理突出问题、细化实化监管要求，探索建立长效机制，为指导各市、县（区）做好入河（湖、沟）排污口整治和规范管理提供了有力保障。开展入河（湖、沟）排污口核查并建立清单，经核查自治区共有入河（湖、沟）排污口441个，排水沟共有排污口347个。根据清单，以黄河干流及重要支流、重点湖泊、重点入黄排水沟等区域为重点，分步骤、分阶段推进溯源整治工作。制定污水处理厂主要水污染物排放地方标准，实现污水排放水质与地表水水质有效衔接。2021年重点入黄排水沟沿线21个城镇污水处理厂全部达到一级A排放标准，13条重点入黄排水沟入黄口断面全部达到Ⅳ类及以上水质，22条重点入黄排水沟入黄断面稳定保持Ⅳ类以上，23个工业园区污水实现了全收集、全处理。（顾伟）

2. 工矿企业污染防治　2021年，持续推进工业污染防治，巩固深化“十三五”治理成效，加快补齐工业园区污水处理短板。严格落实“三线一单”，推动重点行业强制性清洁生产，从严落实工业排污许可制度，严格控制高耗水、高污染的新建、改建、扩建项目。清理整顿黄河岸线内列入负面清单的产业和项目，推动黄河岸线保护范围内高耗水、高污染企业迁入合规园区，严禁在黄河干流及主要支流临岸一定范围内新建“两高一资”项目及相关产业园区。严控“两高”项目盲目发展，创建7家节水型企业，推动工业绿色升级改造，积极推进绿色工业园区、绿色工厂、绿色产品建设，自治区累计建成绿色园区10个、绿色工厂70个，绿色制造体系初具规模，23个工业园区废水实现全收集、全处理。

3. 城镇生活污染防治　2021年，持续强化城镇生活污水治理，争取中央城镇污水处理提质增效财政补助资金8 213万元，支持各地大力实施配套设施建设，推行“厂-网-河”一体化、专业化运行维护，开展城镇生活污水处理厂“一厂一策”系统化整治，自治区建成城镇生活污水处理厂33座，全部实现一级A排放标准，地级以上城市建成区基本无生活污水直排口，基本消除城中村、老旧城区和城乡结合部生活污水收集处理设施空白区，城市生活污水集中收集处理率达到98%以上；印发《关于进一步推进生活垃圾分类工作的实施方案》（宁建发〔2021〕24号），发布《宁夏回族自治区城市生活垃圾分类及评价标准》（DB64/T 1766—2021），依法依规推进生活垃圾分类提质增效，实施同心县第二生活垃圾卫生填埋场工程、沙坡头区建筑垃圾资源综合利用、彭阳县城市餐厨垃圾资源综合利用、隆德县生活垃圾填埋场渗滤液处理站提升等6个重点项目，中卫市垃圾焚烧发电厂正式投入运行，自治区共建成垃圾焚烧发电厂3座、厨余垃圾处理厂7家、运行垃圾填埋场14个，城镇生活垃圾无害化处理率达到99.86%；深入开展城镇生活污水处理提质增效3年行动（2019—2021年），加快推动污水资源化利用，印发《自治区推进污水资源化利用实施方案》（宁发改环资〔2021〕828号）、《“十四五”城镇污水处理及资源化利用建设规划》（宁发改环资〔2021〕834号），推动城镇生活污水再生利用，截至2021年年底自治区再生水利用率达到27.1%。

4. 畜禽养殖污染防治　2021年，加大粪污集中处理、资源化利用技术指导，推广全量收集利用畜禽粪污、全量机械化施用等经济高效的粪污资源化利用技术模式，统筹推进区域性畜禽养殖污染防控技术体系建设。在灵武市、吴忠市利通区及中卫市中宁县深入推进畜禽养殖污染综合整治，在同心县、彭阳县积极推进肉牛高标准示范村粪污集中处理和资源化利用，配套建设粪污集中处理设施设备。自治区畜禽存栏量折合猪当量1 332.2万头，畜禽粪污产生量3 637.4万t，畜禽粪污资源化利用总量3 590.6万t，综合利用率达到98.7%，高于全国平均水平22.7个百分点；规模养殖场粪污处理设施装备配套率达到95%以上，大型规模养殖场粪污处理设施装备配套率达到100%。

5. 水产养殖污染防治　2021年，严格落实河湖长制工作职责，加强农村河湖水域生态环境管理。强化入黄排水沟治理，组织专门力量，开展专项行动，对13条重点入黄排水沟沿线40家畜禽规模养殖场进行了集中检查整治，杜绝养殖场污水直排现象。持续实施鱼类资源增殖放流，落实黄河禁渔期制度，在黄河宁夏段及其附属水域开展禁渔，结合“渔政亮剑”系列专项执法行动，严厉打击电毒炸鱼及使用违规渔具等非法捕捞行为。创建国家级水产健康养殖示范场77个，面积占自治区养殖总面积的46.48%。科学划定养殖区域，5市13个县（市、区）均已发布规划，明确了水产养殖区、禁止养殖区和限制养殖区。推进水产生态健康养殖，因地制宜配套“三池两坝”“设施养鱼+稻渔共作”等技术，综合治理水产养殖尾水。监测分析数据显示，养殖尾水中的氨氮、亚硝酸盐、总磷、总氮分别降解了73.0%、98.6%、35.3%、45.4%，尾水达标排放或零排放循环利用，有效降低农业面源污染。

6. 农业面源污染防治　2021年，研究制定了《全区农业面源污染防治实施方案》［宁农（科）发〔2021〕5号］、《宁夏农业面源污染治理与监督指导实施方案（试行）》（宁环发〔2021〕47号）以及《宁夏2021年化肥减量增效工作实施方案》《2021年全区农药减量增效工作实施方案》《2021年全区农作物秸秆综合利用项目实施方案》《2021年全区农用残膜回收利用项目实施方案》等指导性文件，统筹做好顶层设计和技术指导。自治区化肥利用率达到40.5%，农药利用率达到41%，畜禽粪污资源化利用率保持在90%以上，农作物秸秆综合利用率达到88%，农用残膜回收利用率达到86%，农药包装废弃物回收率达80%以上，无害化处置率达到100%；渔业尾水实现达标排放或零排放循环利用，农村卫生厕所普及率达到61.7%，农村生活垃圾得到治理的村庄比例达到95%以上，农村生活污水治理率达到30%，农业面源污染防治工作成效显著。

（王学明　赵连峰　李世忠　邱治博　杨斌斌）

【水环境治理】

1. 饮用水水源规范化建设　2021年，持续推进全国重要饮用水水源地安全保障达标建设，安排自治区水污染防治专项资金1 665万元，支持各地实施农村“千吨万人”水源地保护区规范化建设；编制完成“十四五”城市备用水源地安全保障规划，指导各县（区）开展备用水源地建设，保障供水安全；系统部署突发水污染事件防治工作，完善制度机制，夯实防治基础。自治区在用的地级城市集中式饮用水水源地11个，剔除地质本底超标因素后水质达到或优于Ⅲ类标准的比例为100%。

（赵鹏　李淑娟）

2. 黑臭水体整治　2021年，全力推进城市建成区黑臭水体治理向精细化、精准化方向转变，系统治理城市黑臭水体，结合城市园林绿化建设、内涝治理和环境综合整治，统筹实施建成区河湖生态治理、景观打造、人工湿地建设等工程，因地制宜对河湖和黑臭水体岸线进行生态化改造，营造多样性生物生存环境，持续恢复和增强水系自净能力，累计排查封堵黑臭水体排污口62个，建成污水管道826km、雨水管道628km、雨污合流管道2 713km，对13条黑臭水体开展水质监测，水质透明度、溶解氧、氧化还原电位、氨氮4项指标均达标，黑臭水体全部消除。向社会公开各县（区）农村黑臭水体名录，指导各地级市（不含固原市）统筹组织各县（区）实施控源截污、清淤疏浚、水体净化等整治工程，建立“拉条挂账、逐一销号”工作机制，对

"十四五"期间国家和自治区监管的27条黑臭水体进行分期分批整治，已完成6条（银川市2条、石嘴山市1条、吴忠市3条）黑臭水体整治，实现年度任务目标。

（赵玉军　殷倩）

3. 农村水环境整治　2021年，自治区生态环境厅印发《2021年加强农村生态环境保护深入推进土壤污染防治工作安排》（宁生态环保办〔2021〕5号）、《关于做好2021年农村环境整治重点任务的通知》（宁环办发〔2021〕62号），明确农村环境整治工作任务和农村生活污水治理目标，统筹各市、县（区）认真落实县域生活污水治理专项规划，整村推进农村生活污水治理，加快补齐已完成水冲式卫生厕所改造地区的污水处理设施建设短板；组织开展农村生活污水治理建设项目，对接以奖代补资金下达农村生活污水治理项目计划104个；组织各市开展农村生活污水处理项目建设和设施运行管理情况督查，重点排查集中式污水处理设施运行情况，建立设施建设和运行台账，明确责任主体、资金来源、改进措施、运维单位和完成时限；开展自治区生态环境保护督察，将农村生活污水治理情况作为重点内容，督导市、县（区）生态环境部门按要求完成处理能力$20m^3/d$以上生活污水设施例行监测，督促污水处理设施出水实现达标排放。2021年新增60个行政村完成环境整治，农村生活污水治理率达到28.96%，全部完成目标任务。

（殷倩）

4. 水环境预警监管能力建设　2021年，自治区共布设115个水环境质量监测断面，涵盖黄河干支流、湖泊（水库）、主要排水沟和集中式生活饮用水水源地，每月月初完成样品采集和实验室检测，为确保水环境质量、预警溯源提供数据支撑；建成52个地表水水质自动监测站，包括黄河干流6个、支流7个、集中式生活饮用水水源地7个、湖泊（水库）5个及主要排水沟36个，实现了水温、pH值、溶解氧、电导率、浊度常规5个参数及高锰酸盐指数、化学需氧量、氨氮、总磷、总氮10项污染因子的实时监测。自治区形成手工和自动监测相结合的水环境预警监测网，构成水环境质量监测、评价、预警、溯源等功能性监测体系，水环境预警提升为实时预警。

（潘荣生）

【水生态修复】

1. 退田还湖还湿　2021年，自治区投入2 000万元，对银川黄沙古渡、平罗天河湾国家湿地公园内耕地实施退耕还湿各$666.67hm^2$，对黄河沿岸实施退耕、养殖共$1\,333.33hm^2$；进一步加强湿地保护修复和管理，发布自治区重要湿地名录2处，指导、组织验收通过国家湿地公园1处，对自治区内6处国家重要湿地、33处自治区重要湿地持续开展保护修复，对哈巴湖国家级自然保护区周边因保护野生动物而受损的1.33万hm^2耕地进行生态效益补偿；认真开展林草生态综合监测和湿地年度动态监测工作，完成湿地样地45个、样方120个的调查监测任务，对违规征占用湿地行为进行全面排查和整改，督促有关县（区）整改排查处的100个问题湿地点位，整改率达95%。

自治区现有湿地19.02万hm^2，其中一级地类湿地2.49万hm^2，二级地类河流水面3.18万hm^2、湖泊水面1.17万hm^2、水库水面0.94万hm^2、坑塘水面2.98万hm^2、沟渠8.26万hm^2。湿地范围内共有维管束植物57科143属222种，有脊椎动物6纲19目33科139种。

（马国东）

2. 生物多样性保护　2021年，围绕"呵护自然，人人有责"国际生物多样性日主题，根据《关于开展2021年国际生物多样性日宣传活动的通知》（环办便函〔2021〕169号），动员指导各地联合开展"三山"野生动植物生物多样性保护系列科普宣传、"5·22"国际生物多样性日现场宣传等活动，开展COP15大会（联合国《生物多样性公约》第十五次缔约方大会）中国馆宁夏展区线上和线下展览建设工作，编发生物多样性科普宣传80余篇，通过新媒体平台、网站等同步转发累计600余条；编制《宁夏自然保护地整合优化方案》，对自然保护地进行了整合优化，着力建立分类科学、布局合理、保护有力、管理有效的以国家公园为主体、自然保护区为基础、自然公园为补充的自然保护地体系，开展贺兰山、罗山、六盘山、哈巴湖等自然保护区、湿地公园、森林公园等保护地的保护和管理，保护野生动物的主要栖息地和觅食场所，进一步加强野生动物监测调查工作；建立外来物种入侵防控工作区级协调机制，加强沟通协调，统筹协调解决外来物种入侵防控重大问题，组建外来物种入侵防控专家委员会，加强防控工作政策咨询和技术支撑，起草《宁夏外来入侵物种普查工作方案》，确保完成外来入侵物种普查任务。监测调查表明，黄河沿岸连续监测到遗鸥、玉带海雕、东方白鹳、卷尾鹈鹕等新记录鸟类12种，连续2年监测到世界极危物种国家Ⅰ级保护鸟类青头潜鸭，国家Ⅰ级保护鸟类遗鸥、大鸨、黑鹳、白尾海雕等种群数量逐年增多，冬春季在黄河沿岸栖息、停留的国家Ⅱ级保护鸟类灰鹤单个种群数量达到近万只，国家Ⅱ级保护鸟类大天鹅、小天鹅在多地停留时间长达1个多月。

（万云　马国东　李世忠）

3. 生态补偿机制建立　2021年，继续实施自治区财政投入与环境质量和污染物排放总量挂钩政策，安排纵向生态补偿资金35 707万元，其中空气质量指标奖补10 000万元、水质指标奖补10 000万元、按照奖补标准处罚资金15 707万元；建立黄河宁夏段干支流及入黄排水沟上下游横向生态保护补偿机制，设立黄河宁夏过境段干支流及入黄重点排水沟流域上下游横向生态保护补偿专项资金，自治区和市、县（区）按照1∶1比例共同筹措资金，资金规模2亿元，设置水质改善、水源涵养、用水效率三类考核指标，分别按照40%、30%、30%的权重测算并兑现补偿资金，2021年兑现横向生态保护补偿资金2亿元。（张守君）

4. 水土流失治理　2021年，计划新增水土流失治理面积800km²，实际共新增水土流失治理面积963.76km²，其中旱作梯田18 090.86hm²、水土保持林34 580.99hm²、经济林6 247.06hm²、种草2 364.06hm²、封禁治理32 494.93hm²、其他措施2 585.10hm²，完成水土流失综合治理投资15.95亿元。实施国家水土保持重点工程4大类72项，其中坡耕地水土流失综合治理工程12项、小流域综合治理33条、新建淤地坝10座（大型9座、中型1座）、病险淤地坝除险加固17座（大型12座、中型5座）。自治区水土保持率为76.6%，盐池、原州、隆德3县（区）被评为国家水土保持示范县，在公布的34个国家水土保持示范县名单中占据3席。（马玉虎）

5. 生态清洁型小流域　2021年，生态清洁型小流域建设着力加强县城周边河道的生态治理和综合整治工作，为广大居民提供一个休闲娱乐场所；着力强化水生态修复，全面改善河流水质；着力调整产业结构，发展生态富民产业和生态旅游产业。实施隆德县观堡河后窑小流域山水林田湖草综合治理项目，营造云杉和大果榛子混交林272.61hm²，营造山桃、沙棘灌木林81.2hm²，封禁治理670.71hm²，新建村庄排水渠588m、路涵2座、漫水桥1座、重力式挡土墙20m、田间道路1.24km、石谷坊5座、柳谷坊82座，栽植行道树2.2km，设置宣传牌4座，新增水土流失治理面积10.25km²；实施吴忠市清水沟中段清洁型小流域综合治理项目，对清水沟下沟桥至S101公路桥右岸段部分边坡较陡、塌坡区域进行边坡整治，绿化区域配套节水灌溉措施，在清水沟下沟桥下游右岸布设小型人工湿地1处，液压坝处右岸设置透水砖小广场等内容，新增治理水土流失面积8.44km²。生态清洁型小流域项目区域水土流失得到有效控制，水源地保护功能和自然景观效果明显，沟道边坡得到充分治理和保护，林草覆盖度得到普遍提高，生态环境和水源涵养能力得到明显改善。（马玉虎）

6. 自然资源领域生态产品价值实现机制　印发《宁夏回族自治区自然资源领域生态产品价值实现典型案例（第一批）》，指导各市、县（区）结合本地区实际情况进行学习借鉴、探索创新。宁夏推荐的贺兰县“稻渔空间”一二三产融合项目成功入选全国第三批生态产品价值实现典型案例。调研形成《自然资源领域生态产品价值实现机制建设情况调研报告》，开展宁夏自然资源领域生态产品价值实现机制专题研究，取得宁夏生态产品价值核算技术方案、典型地区生态产品目录清单和生态产品调查报告等研究成果，为构建宁夏生态产品价值实现政策制度体系提供基础支撑。（刘晓明）

【执法监管】　2021年，自治区水利厅着力转变执法理念，有力提升联合执法效能。印发《水利厅2021年监督检查工作计划》（宁水安监〔2021〕3号），主要在综合监管、专业监管、日常监管3个监管层级展开监督检查，开展13个方面29个事项监督检查工作；印发《关于开展2021年水行政执法监督工作的通知》《2021年水行政执法检查工作方案》，全面推行行政执法“三项制度”；联合自治区人民检察院开展黄河干流宁夏段取水工程专项整治，抽查水务局12家、综合执法局2家、被监管单位40余家；加大全自治区取用水管理和水土保持专项整治，处罚30余家单位，罚款约146万元，4家企业主动缴纳水土保持补偿费用687万元，对2家处罚“慢作为”的综合执法局建议提起公益诉讼；联合有关部门印发《宁夏回族自治区自然资源保护行政执法与刑事司法衔接工作细则（试行）》［宁公（森）通〔2021〕1号］、《关于加强涉水领域行政执法与刑事司法衔接协作备忘录》（宁水法发〔2021〕5号）、《关于开展水资源领域涉嫌违法犯罪行为线索排查工作的通知》《全区依法严厉打击破坏黄河流域和贺兰山等自然保护地生态环境及野生动物资源违法犯罪专项行动方案》［宁公（森）通〔2021〕1号］，进一步健全自然资源保护行政执法与刑事司法衔接工作机制，明确涉水领域行政执法与刑事司法衔接建立完善协调工作机制，依法重点打击破坏水资源违法犯罪行为，严厉打击河道非法采砂违法犯罪行为，加大联合执法工作合力；进一步完善“互联网＋监管”系统，梳理监管事项目录清单47项，强化对地方和部门“监管工作再监管”；部署开展年度自治区水利工程乙级质量检测机构“双随机、一公开”抽查工作。（何建东）

【水文化建设】

1. 黄河国家文化公园（宁夏段） 2021年，国家文化公园建设工作领导小组办公室印发《黄河国家文化公园建设实施方案》，宁夏是其中重点建设区段之一，自治区党委和政府将黄河国家文化公园作为先行区建设的重要内容，确定了打造黄河文化传承彰显区的目标定位，明确了自治区推进黄河国家文化公园建设的总体方向。

2. 宁夏引黄古灌区 2021年，《宁夏引黄古灌区：流润千秋》荣获宁夏科普作品创作与传播大赛优秀奖。宁夏引黄古灌区位于黄河河套地区，始建于汉代（公元前2世纪），包括青铜峡灌区和沙坡头灌区组成的自流灌区，以及固海灌区、固海扩灌灌区、盐环定灌区、红寺堡灌区、陶乐及月牙湖等组成的扬黄灌区，涉及区域总面积1.29km²，于2017年10月列入世界灌溉工程遗产名录，成为黄河干流上第一处世界灌溉工程遗产。

3. 宁夏水利博物馆 2021年，宁夏水利博物馆接待团体参观考察300余批次、2万余人次，接待游客19.8万人次，其中学生1万余人次。宁夏水利博物馆坐落于水文化资源、自然资源、人文景观资源丰富的青铜峡市青铜峡镇黄河大峡谷旅游区入口，总建筑面积4 085m²，布展面积3 000m²，是“国家水情教育基地”“全国中小学节水教育社会实践基地”、自治区“科普教育基地”和“爱国主义教育基地”。建筑设计采用秦汉时期的高台式建筑风格，馆顶为青铜扭面顶，周围衬托景观水系和微缩黄河地面景观，与周边的九渠广场、青铜古镇遥相呼应，形象展示了宁夏水利的秦风汉韵。

4. 宁夏引黄古灌区世界灌溉工程遗产展示中心 2021年8月，引黄古灌区世界灌溉工程遗产展示中心正式开工建设；2021年11月，工程主体结构封顶。该工程是引黄古灌区世界灌溉工程遗产公园项目的重要组成部分，是建设黄河流域生态保护和高质量发展先行区的文化样板工程，总投资1.26亿元。展示中心展陈涵盖引黄灌溉的自然、历史、文化等方面内容，展陈空间面积4 450m²，总建筑面积9 901m²。

5. 宁夏青铜峡市唐徕闸水利风景区 2021年，唐徕闸水利风景区通过国家水利风景区高质量发展典型案例复核。景区占地面积933 300m²，依托世界灌溉工程遗产——唐徕渠、惠农渠、汉延渠、唐正闸等引黄灌溉古渠道及水工程为主体建成，是国家水利风景区。

（陆超）

【智慧水利建设】

1. “水利一张图” 以宁夏河湖长制综合管理信息平台为基础，依托“水利一张图”，集成视频监控、水质自动监测、巡河监视等动态数据，录入实验室水质数据、湖泊生态补水量数据；以菜单形式展示河湖体系、河湖长体系、巡河员、重点污染源基础信息、水质水量视频监测点位、投诉事件等信息，以及河湖“四乱”整治销号、采砂管理、管理范围划界等业务信息；河长制信息平台设置了事件预警等基于业务线的一键式处理入口，实现河湖信息的共享、交流和融合，为全面提升全自治区智慧河湖管理效能奠定基础。

2. 信息化建设 遵循数字治水、智慧水利总体部署，坚持“赋河湖以智慧、以智慧管河湖”的智慧河湖建设思路，努力建设“全要素、全主体、全过程”的现代化河湖智慧管控体系。实现宁夏河湖长制综合管理信息平台与水利部河长制信息系统互联互通，新增了“河湖长制工作方案”“双月报”等模块，完善了“清四乱”等专项行动、河湖档策模块，确保水利部和宁夏河长制系统文档结构的一致性；按照“分级填报、统一推送”原则，由自治区、市、县分级录入河湖业务信息，自治区河长办负责统一向水利部河长制系统推送数据信息，实现部地河湖长制信息全面共享、联动更新和工作协同。组织优化完善宁夏河湖长制信息平台，编制了《宁夏河湖岸线管理系统》和《河湖长打卡巡河巡湖方案》，10月完成宁夏河湖长制综合管理信息平台中的岸线管理模块和打卡巡河模块软件开发招标，增加了遥感解译模块，利用卫星遥感影像和智能解译技术，进行智能解译卫星遥感影像，分析河湖水域空间地物，自动圈画河湖疑似“四乱”问题，具备“四乱”治理成果展示、“四乱”监管等功能；完善河湖长电子巡河方式，在河湖上设置打卡点，河湖长巡河时完成责任河道现场巡河并进行打卡则认定为有效巡河，提高巡河巡湖质效。按照宁夏水利系统网络安全网格化管理工作机制要求，不断加强网络安全管理和河长制信息平台运维工作。（王学明）

3. 数字治水 自治区出台《宁夏数字治水“十四五”规划》，以“补短板、提生产，强管理、优服务，转方式、育产业”为数字治水创新目标，树牢创新意识、营造创新生态、打造创新平台、培育创新典型，以智慧水利先行先试为契机，以“云、网、端、台”为基础，加大典型推广、加快模式迭代、加速数字化升级，以防汛抗旱、供水服务、水资源监管、河湖管理为重点，积极探索系统治水新模式；印发《关于促进宁夏数字治水产业发展的意见》，依托银川中关村双创园、清华大学宁夏银川水联网数字治水联合研究院，打造宁夏水联网数字治水产业园，汇聚“政、产、学、研、用”要素培育数字治水产业。在水利云平台数据服务支撑下，水旱灾害防御应用系统实现了洪旱灾害风险“预警预报、异地会商、灾害评估”综合功能，水资源管理应用系统实现了监控精细化、高效化、数字化，河湖长制信息平台让实时监管、断面交接制等落到实处，水保监测管理系统为水土保持工作提供全方位数字化支持。（杨继雄）

| 新疆维吾尔自治区 |

【河湖概况】

1. 河流情况　新疆维吾尔自治区（简称“新疆”）3 355 条河流中，流域面积 50km² 以上的河流 3 276 条，流域面积 50km² 以下的河流 79 条。按流域面积划分，流域面积 1 000km² 以上的河流共 262 条，分别是：额尔齐斯河、伊犁河、喀什噶尔河、奎屯河、玛纳斯河、白杨河、头屯河、金沟河、和田河、叶尔羌河等河流。流域面积 500～1 000km² 的河流 245 条，流域面积 200～500km² 的河流 604 条，流域面积 200km² 以下的河流 2 244 条。按水量划分，以出山口统计，自治区共有河流 570 条，多年平均地表水资源量 791 亿 m³，多年平均流出水量 236.9 亿 m³，多年平均河川径流总量 893.1 亿 m³。其中多年平均径流量 10 亿 m³ 以上的河流共 18 条，1 亿～10 亿 m³ 的河流 70 条，1 亿 m³ 以下的河流 482 条。

2. 湖泊情况　自治区共有湖泊 121 个，其中水域面积 100km² 以上的湖泊 12 个，水域面积 10～100km² 的湖泊 32 个，水域面积 1～10km² 的湖泊 66 个，水域面积 1km² 以下的湖泊 11 个。

3. 水量情况　2021 年，新疆各类水利工程总供水量 571.4 亿 m³。其中地表水源供水量 420.1 亿 m³，地下水供水量 147.1 亿 m³，其他水源利用量 4.2 亿 m³。

2021 年，新疆用水量 571.4 亿 m³，其中农业用水量 526.7 亿 m³，工业用水量 11.3 亿 m³，生活用水量 18.3 亿 m³，其他用水量 15.1 亿 m³。

4. 水质情况　新疆水环境质量状况保持稳定，国家考核的 81 个地表水质量监测断面（点位）Ⅰ～Ⅲ类优良水质占比 94.5%。

5. 新开工水利工程　2021 年，新疆紧盯水利建设全年建设目标，通过分片包干、定期调度、推行电子招投标、现场帮扶指导等方式，扎实推进水利基础设施建设。全年实施续建和新建水利项目共 335 个，其中续建项目 120 个，新开工项目 215 个；包括实施重大水利工程 9 项，重点水库工程建设项目 20 项，其他项目 306 项。全年完成投资 242.5 亿元，超额完成 222 亿元年度目标任务。阿尔塔什水利枢纽工程、大石门水利枢纽工程等 9 项工程已基本建成并发挥效益；大石峡水利枢纽工程、玉龙喀什水利枢纽工程等 5 项续建工程顺利推进；4 处大型灌区、11 处中型灌区项目实施建设，改善灌溉面积 361 万亩，地方灌溉水利用系数达到 0.571，农业水利设施不断完善。（张亮　阿米娜　雷雨　汪杰）

【重大活动】

1. 新疆维吾尔自治区全面推行河（湖）长制领导小组会议　新疆维吾尔自治区全面推行河（湖）长制领导小组会议于 2021 年 9 月 1 日在乌鲁木齐市召开。自治区党委书记、自治区全面推行（湖）长制领导小组组长、总河（湖）长陈全国主持召开，会议听取了 2021 年自治区河湖长制工作汇报，研究审议了《关于加强跨行政区河流联防联治工作的若干规定》《关于加强重点河湖生态水量保障工作的意见》。（熊雪宇）

2. 新疆维吾尔自治区全面落实最严格水资源管理制度　深入推进河湖长制电视电话会议于 2021 年 10 月 27 日在乌鲁木齐市召开。新疆维吾尔自治区党委副书记、自治区代主席、自治区全面推行河（湖）长制领导小组组长、总河（湖）长艾尔肯·吐尼亚孜出席会议并讲话。会议强调要全面落实最严格水资源管理制度，建立健全水资源管理体制机制，强化地下水管理保护刚性约束，确保自治区经济社会和生态环境可持续发展。要全面加强河湖综合治理、系统治理，规范涉水有关活动，保护修复河湖生态。各级河湖长要认真履职尽责，加强统筹协调和督导检查，各地各部门要相互配合、共商共治，坚决落实好河湖管护责任，努力建设造福人民的幸福河湖。（熊雪宇）

【重要文件】　2021 年 4 月 7 日，新疆维吾尔自治区全面推行河（湖）长制领导小组办公室印发《2021 年自治区全面推行河湖长制工作要点及任务分解方案》[新河（湖）领办发〔2021〕1 号]。

2021 年 9 月 4 日，新疆维吾尔自治区人民政府办公厅印发《关于进一步强化水资源保护管理的实施意见》（新政办明电〔2021〕80 号）。

2021 年 9 月 5 日，新疆维吾尔自治区人民政府办公厅印发《自治区地下水超采专项整治行动方案》

（新政办明电〔2021〕269号）。

2021年9月9日，新疆维吾尔自治区全面推行河（湖）长制领导小组印发《关于加强跨行政区河流联防联治工作的若干规定》［新河（湖）领发〔2021〕1号］。

2021年9月9日，新疆维吾尔自治区全面推行河（湖）长制领导小组印发《关于加强重点河湖生态水量保障工作的意见》［新河（湖）领发〔2021〕2号］。

2021年11月1日，新疆维吾尔自治区全面推行河（湖）长制领导小组办公室印发《艾尔肯·吐尼亚孜同志在自治区全面落实最严格水资源管理制度深入推进河湖长制电视电话会议上的讲话》［新河（湖）领办发〔2021〕2号］。（沙尼亚·沙力克）

【地方政策法规】 2021年9月18日，新疆维吾尔自治区第十三届人民政府第136次常务会议讨论通过《新疆维吾尔自治区农村供水管理办法》，2021年9月24日新疆维吾尔自治区人民政府令第223号发布，自2021年11月1日起施行。（王胜虎）

【河湖长制体制机制建立运行情况】 2021年，印发《2021年自治区全面推行河长制湖长制工作要点及任务分解方案》，明确年度15项重点工作任务。召开自治区全面推行河（湖）长制领导小组会议、全自治区河长制湖长制电视电话会议，研究安排推动落实最严格水资源管理制度、加强水生态保护修复等河长制湖长制重点工作。根据换届情况，及时调整充实各级全面推行河（湖）长制领导小组组成人员、各级河长湖长，完善河长制湖长制组织体系。印发《关于加强跨行政区河流联防联治工作的若干规定》，健全河湖管理保护联合工作机制，强化跨行政区河流上下游、左右岸联防联治。各级河湖长认真履职尽责，按照河湖巡查制度积极开展河湖巡查，自治区1.5万余名各级河长湖长共开展河湖巡查24万人次。各地方、各有关部门坚决落实好河湖管理保护责任，持续推进河湖管理保护工作走深走实。

在新疆维吾尔自治区各级各部门的共同努力下，全面推行河湖长制工作取得新成效，河湖管理保护水平不断提高，河湖水生态水环境质量持续好转，为建设生态良好的新疆作出新贡献。（熊雪宇）

【河湖健康评价】 2021年，在《河湖健康评估技术导则》（ST/T 793—2020）基础上，结合干旱内陆河湖特点、生态本底特征、水资源开发利用现状及存在的问题、河湖管理要求等，组织编制了《新疆河湖健康评估技术指南（试行）》（简称《指南》），《指南》包含10章和3个附录，主要技术内容包括评估原则、工作流程、评估指标体系、评估单元确定、指标评估方法与赋分标准、河湖健康赋分评估等。评估指标体系分为3个层面即目标层、准则层、指标层，共计22项指标。

为进一步验证《指南》的科学性和合理性，2021年9月，自治区在阿勒泰地区开展河流健康评估试点工作，编制完成布尔津河、库依尔特斯河健康评估报告，在新疆对2条河流水文、水质、形态结构、生物完整性和社会服务功能等方面开展健康评估，整体健康状况赋分86.25分，属非常健康河流。下一步将根据评估试点工作经验，进一步完善评估技术指南，为各地水资源管理、河湖管理与水生态保护修复提供技术支撑。（雷雨）

【“一河（湖）一策”编制和实施情况】 2021年，各级河湖长持续落实“一河一策”“一湖一策”方案，常态化开展巡河巡湖，加强组织领导，压实工作责任，精准施策、靶向治理，积极推动解决水资源管理、水环境治理、水域岸线空间管控、水污染防治等河湖突出问题，河湖面貌得到根本改善。（熊雪宇）

【水资源保护】

1. 水资源刚性约束 新疆维吾尔自治区人民政府印发《关于进一步强化水资源保护管理的实施意见》，高位推动，全方位贯彻“四水四定”，强化水资源刚性约束，进一步推动最严格水资源管理制度落地落实，促进水资源集约节约利用。

严格地下水管理和保护。印发《自治区地下水超采专项整治行动方案》，扎实开展地下水超采专项整治。编制完成《新疆地下水管控指标确定报告》，待水利部水规总院审核后批复执行。

开展地下水水位变化情况通报工作。自2020年第二季度开始，印发各季度自治区地下水位变化情况通报，对地下水位降幅较大的地（州、市）进行会商，推动地下水超采治理和保护计划相关措施落地。

新疆维吾尔自治区实行最严格水资源管理制度考核领导小组对14个地（州、市）和石河子市开展了2021年度新疆实行最严格水资源管理制度考核工作，并发布考核结果。（阿米娜）

2. 节水行动 根据水利部统一部署，编制《新疆节水型社会建设“十四五”规划》，建立自治区节约用水工作厅际联席会议制度。修订完成了《新疆农业灌溉用水定额》和12个工业行业、10个生活服务业行业用水定额（征求意见稿），滚动修订6个工业行业、7个生活服务业行业用水定额（征求意见稿）。

2021年，完成16个县域节水型社会创建，建设节水型企业91家、节水型公共机构616家、节水型小区232个，县域节水型社会达标创建有序推进。制定了《新疆水利行业节水型单位建设实施方案》，全自治区共建成水利行业节水型单位119家。

2021年，自治区水利厅等3家单位被评为全国公共机构水效领跑者，1家企业当选国家重点用水企业水效领跑者。

（阿米娜）

3. 生态流量监管　编制完成《新疆重要江河湖泊生态水量保障方案》，印发《新疆内陆河湖基本生态流量（水量）确定技术指南（试行）》。完成8条河流、3个湖泊的生态流量保障目标确定工作，指导各地组织制定生态水量保障重要河湖名录。印发《关于加强重点河湖生态水量保障工作的意见》，开展塔里木河流域胡杨林拯救行动，向“四源一干”沿岸胡杨林输送生态水14.3亿m^3，灌溉329万亩；向塔里木河下游生态输水3.48亿m^3，塔河流域生态环境持续改善。实施额尔齐斯河漓漫灌溉生态输水，下泄水量7.2亿m^3，灌溉河谷林草169万亩。

（雷雨　阿米娜）

4. 重要饮用水水源地安全达标保障评估　根据水利部《全国重要饮用水水源地安全达标保障评估指南》，完成自治区年度5个全国重要饮用水水源地安全达标保障评估。

（李绅）

5. 取水口专项整治　按照水利部部署，制定《自治区取用水管理专项整治行动整改提升实施方案》，同步完成取用水专项整治整改提升阶段工作。核查登记一级取水口近12万个（其中线上登记10.73万个），问题整改完成率达到80%以上。自治区一级取水口在线监测计量设施安装率达95%，取用水监管进一步强化。

（阿米娜）

【水域岸线管理保护】

1. 河湖管理范围划定及岸线保护利用规划　完成了无人区以外规模以下175条河流的岸线保护与利用规划的编制，并获同级人民政府批复，明确了河湖空间管控要求。组织各地组成工作专班，对全自治区河湖管理范围划定成果和岸线保护与利用规划成果进行了全面复核，完善相应数据库。组织各地以县（市）、师团为单位，制定河湖管理范围界桩埋设方案，明确任务要求，开展界桩埋设月调度，扎实推进界桩埋设工作，完成了612条河流、42个湖泊重点河湖段管理范围的界桩埋设，进一步夯实河湖空间管控基础，加强水域岸线空间管控。

（徐瑜良）

2. 采砂整治　6条有采砂任务的自治区级河流采砂规划经自治区人民政府批复，进一步规范了河道采砂管理。指导督促各地加强河道采砂管理，健全河道采砂管理机制，完善河道采砂相关制度。印发《关于开展自治区河道非法采砂专项整治行动的通知》（新水办〔2021〕342号），以整治有采砂管理任务的河流河道非法采砂为重点，对自治区范围内河道非法采砂开展专项整治，推动河道采砂秩序持续向好。对各地采砂专项整治工作开展情况进行月调度，组织按时填报采砂专报，紧盯突出问题，扎实推进整治工作。

各地压紧压实工作责任，不断加强河道采砂事中、事后监管，认真落实工作要求，充分发挥基层河湖长、巡河员、护河员优势，加大河湖巡查，上下联动、齐抓共管，建立问题台账，扎实做好问题整治。针对河道非法采砂问题易发多发区域、问题频发河段时段，定期、不定期开展执法，依法查处非法采砂行为，着力维护河道采砂秩序。

（曹铁军　李克宏）

3. 河湖“四乱”整治　组织各地持续开展河湖“清四乱”排查整治，建立问题台账，紧盯问题整改。严格落实“清四乱”工作月报制度，不断压实整治责任，推动“四乱”问题得到有效整治、动态清零。针对清理整治难度较大的“四乱”问题，通过现场调研、电话指导等方式，指导各地制定整治方案，明确整治措施，确保整改工作落地见效。按照年度督导检查计划，采用明察暗访等方式，督促指导各地扎实做好河湖“四乱”问题整治。2021年各地累计排查列入台账的214处“四乱”问题，已全部完成整治，实现“四乱”问题当年动态清零，共清理非法占用河道岸线14.5km、非法采砂点30个、非法砂石量27.9万m^3，清理垃圾6.4万t，拆除违法建筑设施9 700m^2，清除围堤2.1km，河湖面貌进一步改善。

（曹铁军　李克宏）

【水污染防治】

1. 水污染防治　坚持预防为主、防治结合、综合治理的原则，强化源头防控、城乡统筹、水陆统筹、河湖兼顾，系统推进水污染防治。强化水环境质量目标管理，对77条河流171个断面、30座湖库73个点位开展水质监测评价考核；开展重点流域水污染防治、集中式饮用水水源地保护、水环境质量承载能力评价；加快补齐城镇污水收集和处理设施短板，111座城镇生活污水处理厂达到一级A排放

标准的有100座，城镇污水处理率达97%，同比增长0.57%，再生水利用率由2020年的26.74%提高至35.75%。

（雷雨）

2. 排污口整治　印发《关于做好2021年水生态环境保护重点工作的通知》（新环水发〔2021〕47号），对入河（湖）排污口设置管理工作进行了安排部署。制定了入河（湖）排污口排查、设置审查和管理等工作方案，明确年度工作任务、计划和要求。结合自治区实际情况，进一步摸排了自治区入河（湖）排污口情况，继续开展对已上报的入河（湖）排污口设置报告评审工作，调查和分析自治区入河（湖）排污口存在问题，提出整治方案、意见或建议。

完成了对乌鲁木齐市、昌吉州、巴州、伊犁州、塔城地区、阿勒泰地区的入河排污口现场核查工作，包括排污口现状、入河排污口设置论证报告审批情况和排污口整治方案完成情况，现场核查排污口共计42个。对入河（湖）排污口现状、污染源分布是否影响水体水质进行分析，并完成《2021年度新疆入河（湖）排污口分析报告》。

通过开展既有入河（湖）排污口复核排查、入河湖排污口整治，基本摸清了自治区入河（湖）排污口分布情况，并进行了初步溯源分析，持续加强了入河（湖）排污口设置事前指导，事中、事后监督管理。

（新疆维吾尔自治区生态环境厅）

3. 工矿企业污染防治　强化污染源监管，纳入执法监测的重点排污单位511家，固定污染源排污许可证登记企业总数达22 223家。编制完成《自治区建材工业“十四五”规划（送审稿）》，为加快推动自治区传统建材产业转型升级，积极培育建材发展新动能实施规划顶层设计。印发《2021年新建利用综合标准依法依规推动落后产能退出工作方案》，组织全自治区开展依法依规推动落后产能退出监察验收工作，全面了解各地2021年依法依规淘汰砖瓦轮窑落后产能工作情况。选取电石、尿素、纺织等10个重点行业的178家企业，开展效能对标。对自治区225家（含兵团）企业开展转向节能监察任务，并对2020年13家违规用能企业开展回头看，监察效果良好。向国家推荐32家绿色工厂、2家绿色园区、19种绿色设计产品。督促57家国家级绿色工厂完成绿色制造示范自我声明工作。支持15个符合调价的节能减排项目，实现年节能量17.54万t标准煤，年节水量124.26万m^3，年利用固废量15万t。

（新疆维吾尔自治区工业和信息化厅）

4. 城镇生活污染防治　编制《自治区城镇污水处理及再生利用设施建设“十四五”规划》，进一步明确细化自治区工作目标、重点任务，做到系统谋划、科学部署指导各地城镇生活污水处理工作。结合行业安全生产检查，分别于2021年4月、6月对城镇污水处理设施运行和建设单位的疫情防控、安全生产措施落实情况开展督导检查。指导各地在疫情期间加强城镇排水行业监管，及时报送城镇污水处理设施运营情况信息，确保达标排放。印发《关于开展2021年污水处理及再生利用设施建设样板推荐和评估工作的通知》，指导各地进一步提高污水再生利用水平，打造一批城镇污水处理及再生利用示范项目。（新疆维吾尔自治区住房和城乡建设厅）

5. 畜禽养殖污染防治　2021年5月，召开自治区畜禽养殖废弃物资源化利用工作领导小组会议，安排部署全年工作，完善畜禽污染治理和畜禽养殖废弃物资源化利用长效工作机制，加强畜禽养殖粪污治理工作领导。

按照“分散收集、集中收贮、统一处理、资源化利用、整县推进”的指导思想，采取现场指导、领导致信、初步约谈、季通报、月调度等多种手段，督促完成畜禽养殖废弃物资源化利用整县推进的项目建设任务，建成有机化肥加工厂8座，年加工有机肥能力达到100万t以上，为200余个村级牧民定居点、养殖密集区、养殖小区建设了存粪池、氧化塘等设施，配套翻抛车、发酵罐、撒粪车、运输车等设备400余台。启动病死畜禽无害化处理体系建设工作，制定印发了《新疆“十四五”病死畜禽无害化处理体系布局方案》。扶持阿克苏地区、巴州、昌吉州、伊犁州生猪规模养殖场购置配套26台高温干化无害化处理设施设备。编制印发《畜禽固体粪污资源化利用推广技术手册》1 000余册，组织制定《无机复混液体肥料使用技术规程》《散养户畜禽粪便堆肥技术规范》《有机物料腐熟使用技术规范》3项标准。

2021年，自治区畜禽规模养殖场粪污处理设施装备配套率达95%，畜禽粪污综合利用率达78%，达到国家确定的目标。

（新疆维吾尔自治区农业农村厅）

6. 水产养殖污染防治　制定《新疆维吾尔自治区国家级水产健康养殖和生态养殖示范区管理细则（试行）》，积极组织申报国家级水产健康养殖和生态养殖示范区，2021年12月新疆天蕴有机农业公司、新疆赛湖渔业科技开发有限公司获得“国家级水产健康养殖和生态养殖示范区”称号。积极开展养殖池塘标准化改造和养殖尾水治理工作，示范推广池塘循环水养殖等绿色健康技术模式，推动养殖用水循环利用、达标排放。开展水产品质量安全及水产养殖用投入品使用监管，印发《关于开展2021年水产品质量安全监管工作的通知》，组织对水产养殖用投入品使用环节进行检查，加大水产品质量安全监管力度，推进用药减量。

（新疆维吾尔自治区农业农村厅）

7. 农业面源污染防治　创建40个废旧地膜回收利用示范县，以示范县为重点，推进地膜污染治理全覆盖。印发《自治区农田地膜污染治理五年行动计划（2021—2025年）》，推进农田废旧地膜污染全链条治理。修订完成《农田废旧地膜回收质量等级》地方标准1项。在自治区10个县（市）布设20个农田废旧地膜残留国控监测点、40个农田残膜污染防治示范县设置800个监测点，监测农田地膜残留量、使用率、覆盖年限等。认真落实地膜回收使用、监管责任，2021年地膜回收率达81%，农田地膜亩均残留量从2014年19kg大幅下降至6.87kg。

2021年，自治区8个重点县实施建设农作物秸秆综合利用项目，组织各地做好农作物秸秆资源台账建设工作。通过因地制宜确定秸秆综合利用的结构和方式，配套完善利用制度、出台扶持政策、强化保障等措施，秸秆"收储运供用"体系不断完善，秸秆饲料化利用率明显提高，秸秆还田水平持续提升，推进秸秆综合利用率达到90%以上。

（新疆维吾尔自治区农业农村厅）

【水环境治理】

1. 饮用水水源规范化建设　持续推进集中式饮用水水源保护区规范化建设。根据水源地环境状况评估结果，组织开展集中式饮用水水源保护区标志设置与污染源分布情况现场核查，核实各水源保护区环境状况，并按照《集中式饮用水水源地规范化建设环境保护技术要求》（HJ 773—2015），规范水源界碑、交通警示牌和宣传牌等标识。

完善水源地环境风险管理与应急防范体系。组织各级政府健全水源地环境管理与应急防范体系。积极推进单一水源供水城市的备用（应急）水源建设，推进喀什市、沙雅县等城乡一体化联网供水。督促各地加强应急能力建设，强化应急预案的有效性，提高应急能力，强化应急技术储备，建立应急技术储备库及专家库。

组织各地（州、市）在全国地级、县级饮用水水源环境状况评估信息化管理系统中填报相关信息，2021年全国城市饮用水水源环境状况评估信息化管理系统中填报的全疆饮用水水源地共计131个。截至2021年年底，地级城市的31个饮用水水源地，有23个完成了规范化建设，完成率为74.19%，比2020年度提升2.32个百分点；县级城市的100个水源地，有52个完成了规范化建设，完成率为52%。

（新疆维吾尔自治区生态环境厅）

2. 黑臭水体治理　稳步推进城镇污水处理设施建设，完成地级城市建成区黑臭水体排查整治工作。截至2021年年底，自治区共建成投运城镇生活污水处理厂111座，一级A排放标准100座（含通水调试）。自治区城镇污水处理率达96.43%，全自治区21个设市城市、66个县城中，有20个设市城市、49个县城已开展污水再生利用工作，自治区污水再生利用率达42.92%，提前完成国家"十四五"规划目标任务。全自治区城市开展黑臭水体排查整治工作，经排查未发现黑臭水体。

（新疆维吾尔自治区住房和城乡建设厅）

3. 农村水环境整治　持续推进自治区"千村示范、万村整治"、第三批全国"绿色防控示范县"创建工作，实施农村水系综合整治，推进农村河塘沟渠清淤疏浚，持续开展村庄清洁行动，推动村庄清洁行动制度化、常态化、长效化，加强农村生活污水、生活垃圾分类治理，持续推进农村户厕摸排整改，8 778个行政村生活垃圾得到有效处理，2 867个行政村的生活污水排入城镇管网或进行集中、联户、分户处理。（新疆维吾尔自治区农业农村厅）

【水生态修复】

1. 湿地保护工作　落实中央财政林业改革发展（湿地补助）资金6 700万元，中央财政预算内投资6 334万元。新增湿地面积547.04hm²，修复退化湿地面积922.08hm²。共建湿地类型自然保护区7处（国家级3处、自治区级4处），国家湿地公园51处（通过试点验收挂牌29处），发布第一批自治区重要湿地8个。制定出台《新疆维吾尔自治区湿地保护小区管理办法》，推进湿地保护制度建设，新建首批湿地保护小区8个。建立自治区湿地、保护地管理与生态监测平台，建立了博斯腾湖湿地生态定位站。积极开展全自治区国家湿地公园湿地生态系统基本状况、湿地保护修复情况、湿地公园管理及能力建设。

组织开展世界湿地日、世界野生动植物日、自治区湿地保护宣传日、爱鸟周等活动。举办乌伦古湖、博斯腾湖等国家湿地公园文化冬捕节、观鸟节。

（新疆维吾尔自治区林业和草原局）

2. 生物多样性保护　制定印发《自治区林业和草原系统贯彻落实新党办发〔2020〕16号文件的工作方案》，积极推进建立以国家公园为主体的自然保

护地体系建设。编制完成《新疆维吾尔自治区自然保护地体系建设“十四五”规划（2021—2025年）》。7个自治区级自然保护区、风景名胜区总体规划获得自治区人民政府批复。完成新疆天山世界自然遗产地定期评估报告。做好国家级自然保护区项目资金申报管理工作，实施项目资金月调度。进一步优化《新疆维吾尔自治区自然保护地整合优化预案》，经自治区人民政府研究同意后报自然资源部、国家林草局。

（新疆维吾尔自治区林业和草原局）

3. 生态补偿机制建立　博州博河水文化长廊、福海乌伦古湖国家湿地公园、阿克苏多浪河国家湿地公园等多个示范河湖因地制宜、综合施策，制定建设方案，积极组织实施，不断提高生态服务水平，深入探索多元化的生态保护补偿机制，为各类野生动植物提供一个良好的生态栖息环境。在建设幸福河湖、保护生态环境的同时，促进了人与自然和谐，营造了人水和谐环境，为建设生态良好的美丽新疆作出新贡献。

（熊雪宇）

4. 水土流失治理　严格按照《新疆水土保持规划（2018—2030年）》确定的目标任务，加强组织领导，完善治理措施，深化密切配合，凝聚工作合力，切实推进水土保持建设。组织编制完成了《新疆维吾尔自治区水土保持“十四五”规划》，明确了“十四五”期间水土保持工作的思路目标、主要任务和重点治理措施。2021年完成水土流失治理面积1 800.08km²，其中完成国家水土保持重点工程15个，完成治理面积169.8km²。自治区全口径落实水土流失治理资金150.25亿元，其中中央资金137.20亿元、自治区配套资金13.05亿元。

（李雪梅）

【执法监管】　印发《2021年度自治区水政监察重点工作方案》，对自治区水行政执法工作进行了统一部署。组织各级水行政主管部门和流域管理机构加强河湖执法、水资源执法、水土保持专项执法行动，对水利行业强监管形成有力支撑。指导并会同各级水利部门开展执法监督检查20余次，派出执法人员100余人，对18条河流、80余个重点建设项目水土保持管理、水资源管理以及河湖管理情况进行执法检查。下发水行政主管部门水行政执法监督检查问题反馈单16份、企业整改通知20份，并做好跟踪，形成“闭环管理”的监督检查机制。2021年累计出动水行政执法人员7.6万人次，巡查河湖岸线60.3万km、水域面积2.14万km²。发挥“兵地环境执法信息共享平台”作用，完善环境执法机制，监管污染源9 681家次，查处环境违法案件400件，罚款5 363万元。开展“中国渔政亮剑2021”行动，出动执法人员1.22万人次，查处渔业违法案件74起。建立大数据应用和情报支撑系统，开展专项行动，紧盯重点公益林区、自然保护地核心区等重点区域和化工化学等重点行业，查处案件87起，严厉打击涉生态环境领域违法犯罪活动。

（王子妤）

【水文化建设】

1. 水文化之乌伦古湖国家湿地公园　乌伦古湖位于新疆阿勒泰地区福海县境内，地处阿尔泰山前平原与准噶尔盆地古尔班通古特沙漠之间，面积1 035km²，是全国十大内陆淡水湖之一、新疆北部最大的永久性淡水湖，是新疆重要渔业基地。良好的生态环境为生物多样性提供条件，多种鸟类栖息，鱼类品系独特而丰富。依托乌伦古湖丰富的植物资源、动物资源等生态条件，建设了乌伦古湖湿地公园，大力实施生物多样性宣传教育工程，内容包括展厅展台布置、动植物标本、野生动植物识别图体系、声像资料、宣教设备，建设生态停车场、科普宣教馆小广场等。湿地公园生物多样性宣传教育工程建成后，主要以科普宣教馆为核心，通过图片、声光和高科技多维展示方式，展示生物多样性保护成果。大力宣传湖泊生态保护教育，有效增强湖泊周边群众对生态保护的意识，为营造全社会关爱河湖、保护河湖的良好氛围奠定基础，为居民和游客提供生态休闲场所，通过科普、研学等方式，促进生态资源良性循环，提高当地居民生活质量。

（李媛媛）

2. 水文化之博尔塔拉河生态文化长廊工程　博尔塔拉河全长253km，自西向东贯穿博州全境，哺育滋养着全州50万各族群众，被博州人民誉为“母亲河”。博州提出“治理一条河、生态一个州”，实施博尔塔拉河生态文化长廊工程，逐步开展农田占用、水土流失、生物多样性、洪水风险、水利设施等“五大修复”工程，构建人文风景道，打造全域旅游观光带线路，深入挖掘沿河村队的历史文化资源，建设宜居宜游的美丽乡村，营造人与自然和谐共生的良好氛围。

博乐市投入 4 500万元实施河道工程，建成风景道31.1km，铺设景观园路及换乘路6km；阿里翁白新村围绕青得里古城文化，打造特色乡村生活博物馆，深入挖掘历史文化资源，丰富发展新业态，一体推进“一区两路三园三水系多院落”建设，新建改建民宿12套，打造古城农家乐、茶馆等特色餐饮11家。温泉县投入 4 865万元实施示范段路网工程37.1km，河谷林景区旅游基础设施不断完善并成功创建为4A级景区；实施博格达尔村特色村寨项目，就地取材、拆墙透景，用独特的戍边文化展示地域历史渊源和人文景观，塑造独一无二的文化地标和地域品牌，建成卡伦文化一条街，培植“一家一品”特色农家乐28户，主题民宿25套，带动本地群众就业100余人，人均增收2万元。生态环境的改善，多元文化的碰撞交融，乡村居民生活水平的不断提高，逐渐凸显出当地产业优势、文化优势和富民优势，绘出博尔塔拉河山清水秀、林美田沃、湖净草绿，城市宜居、乡村富庶的幸福画卷。（王珊）

【智慧水利建设】

1.“水利一张图” 自治区水利厅以信息化资源整合项目为抓手，按照“基础共享，专业自建，分布服务”的地理信息服务模式，建立了新疆水利统一的地理信息服务平台，建成新疆“水利一张图”，通过建设新疆“水利一张图”，完成了自治区517座水库、116个水文站、723个雨量站、4 429座水闸、1 791个取水口、10万余眼机电井等44类水利对象、水利要素的整理和上图入库工作，完成164座山区水库、223座平原水库大坝安全监测和雨水情监测设施建设和数据接入工作，完成1 800余个气象站、170余个水文站、11万余眼机电井等监测数据接入工作，通过建设“一张图”业务应用专题，实现了信息化对水利业务的支撑作用。通过服务共享的技术手段实现了“一张图”对地（州）水利信息化建设的共享和支撑。（李勇）

2. 河长通App 2018年自治区建立河湖长制综合管理平台，研发河长通App，2019年起正式投入使用。2021年基层河湖管理人员或巡河人员落实自治区巡河制度，基于移动端开展护河、巡河湖任务，随时向上级部门上报每条河流发现的情况，随时接收上级河湖长分派的任务等，切实做好河湖保护工作。2021年通过河长通App巡河共计24万余次，累计巡河长度60.44万km。（申丽婷）

3. 数字孪生 按照水利部关于推进数字孪生流域建设的相关要求，自治区选择新疆头屯河流域和乌鲁瓦提水利枢纽为试点，有序开展新疆数字孪生流域和数字孪生工程先行先试建设，已编制完成《数字孪生乌鲁瓦提水利枢纽先行先试建设实施方案》和《数字孪生头屯河流域建设先行先试实施方案》，并通过黄委评审和水利部备案。自治区水利厅对全自治区数字孪生流域建设齐抓共管，通过公开招标方式选取自治区统一的数字孪生流域建设技术总集管理单位，统筹协调对相关建设进行行政和技术双重把关和管理，智慧水利先行先试建设工作已逐步展开。（李勇）

新疆生产建设兵团

【重大活动】 2021年，新疆生产建设兵团（简称“兵团”）主要领导主持召开兵团全面推行河（湖）长制领导小组2021年第一次会议，部署推动工作，对全面落实河（湖）长制工作提出明确要求。先后2次组织召开兵团全面推行河（湖）长制领导小组办公室会议，贯彻落实全面推行河（湖）长制工作部际联席会议暨加强河湖管理保护电视电话会议和新疆维吾尔自治区（简称“自治区”）河湖长制工作领导小组会议精神。（田强）

【重要文件】 2021年1月26日，兵团全面推行河（湖）长制领导小组印发《关于印发〈关于进一步强化兵团河（湖）长履职尽责的实施意见〉的通知》［兵河（湖）领发〔2021〕1号］。

2021年2月7日，兵团全面推行河（湖）长制领导小组转发《关于印发〈自治区河湖长巡查制度〉的通知》［兵河（湖）领发〔2021〕2号］。

2021年2月7日，兵团全面推行河（湖）长制领导小组转发《关于印发〈自治区示范河湖建设指导意见〉的通知》［兵河（湖）领发〔2021〕3号］。

2021年10月3日，兵团全面推行河（湖）长制领导小组转发《关于印发〈关于加强跨行政区河流联防联治工作的若干规定〉的通知》［兵河（湖）领发〔2021〕4号］。

2021年10月3日，兵团全面推行河（湖）长制领导小组转发《关于印发〈关于加强重点河湖生态水量保障工作的意见〉的通知》［兵河（湖）领发〔2021〕5号］。（李明升）

【河湖长制体制机制建立运行情况】 2021年6月，依照国家层面全面推行河（湖）长制工作部际联席会议成员单位调整情况及自治区成员单位调整情况，经兵团主要领导签批同意，调整了兵团全面推行河（湖）长制领导小组成员和成员单位及其职责，新增了兵团教育局、公安局等6个成员单位，强化各部门协调联动，形成群策群力、齐抓共管的工作新局面。强化兵地沟通协调，与自治区河长办建立定期沟通机制，重点工作共同研究，坚持同谋划、共部署、齐落实，稳步推进河（湖）长制各项工作。（苏岳）

【水资源保护】

1. 水资源刚性约束　兵团水利局把水资源作为最大的刚性约束，扎实推进最严格的水资源管理制度落实，严守水资源“三条红线”，印发《关于严格落实2021年用水总量控制指标的通知》，组织各师市按照《新疆用水总量控制方案》，以2025年控制指标为框架目标，指导各师市科学合理确定2021—2024年用水总量控制指标、地下水取用水指标、退地减水控制指标。其中地表水按照河流水系分解到团场（镇），水量分解到斗口或者园区（各行业）；地下水指标分解到每眼机电井上。兵团水利局不断完善地下水位监测网和取用水计量监控设施，下达农业水价综合改革资金 2 500万元，用于支持7个灌区的供水计量设施配套建设，严格控制地下水开采总量，严格管控地下水用水途径。

2. 节水行动　不断推进井灌区、井渠双灌区的水源结构调整，全年共下达中央预算内投资 74 333万元，用于支持兵团辖区大型灌区续建配套与节水改造工程，逐步降低农业灌溉取用水。

3. 生态流量监管　根据《关于加强重点河湖生态水量保障工作的意见》要求，积极做好兵团重要河湖生态流量保障工作，指导各师市开展重要河湖生态流量目标确定。配合自治区和流域管理机构开展生态调水工作，保障辖区内生态调水输水通道畅通，确保生态水量调度工作顺利实施。（李灵波）

4. 采砂整治　2021年5月24日，兵团河长办印发《关于加强兵团河道采砂管理的通知》，明确河道采砂规划的编制要求和审批程序，加强和规范河道采砂许可管理，并建立信息报送制度，进一步强化河道采砂日常监督管理。2021年9月1日，兵团水利局印发《关于开展兵团河道非法采砂专项整治行动的通知》，印发《关于落实严厉查处“沙霸”“矿霸”等背后腐败和“保护伞”问题的通知》，开展兵团河道非法采砂专项行动，不断规范河道采砂秩序。制定了《兵团非法采砂突出问题专项整治工作方案》，将河道非法采砂突出问题专项整治纳入常态化扫黑除恶当中，强化了兵团河道采砂监督管理，进一步推动河道治理修复。（庞伟博）

【水域岸线管理保护】

1. 河湖管理范围划界　按照水利部要求，兵团河长办与自治区河长办共同审核疆域内的河湖管理范围划定成果，组织各师市将兵地共管河流（兵团段）和独立管辖河流湖泊管理范围划定初步成果报送自治区河长办，初步复核结果由自治区河长办统一上报水利部。按照《新疆生产建设兵团自然资源统一确权登记工作方案》组织各师市开展河湖自然资源统一确权工作，截至2021年11月，兵团11个师市完成工作方案编制并通过审核。2021年兵团各师市埋设界桩共 8 280个。（苏岳）

2. “四乱”整治　兵团组织开展常态化规范化河湖“四乱”问题清理整治工作，督促各师市河长办综合运用实地核查、日常巡查、群众举报等多种手段，对师域范围内河湖进行全覆盖、拉网式深入排查，对排查发现问题及时建立台账，分类进行整治，2021年兵团巡河发现“四乱”问题4处，已销号4处，销号率100%。（赵倩）

【水污染防治】

1. 城镇生活污染防治　2021年，继续大力实施城镇污水处理提质增效行动，基本消除城中村、老旧小区和城乡结合部生活污水收集处理空白区，城镇生活污水集中处理效能有一定提高。积极指导督导各师市用好中央财政资金，推进污水处理设施建设及提标改造，污水处理设施的稳步推进不断补齐兵团城镇污水处理短板，城市污水集中处理率已达到95%。

2. 农业面源污染防治　深入推进测土配方施肥，技术覆盖率达90%以上，大面积推广水肥一体化技术应用，2021年共推广 1 750万亩，有效减少了农药化肥残留进入河湖水域。（赵倩）

【水环境治理】

1. 饮用水水源规范化建设　持续推进集中式饮用水水源地保护规划建设管理，开展团场（乡镇）及以下集中式饮用水水源地调查评估工作，团场（乡镇）级集中式饮用水水源保护区划定率达到100%。做好兵团城市饮水用水安全状况信息工作，督促相关师市实施定期监测、检测和评估辖区内饮用水水源、供水厂出水和用户水龙头水质等饮水安全状况，并及时向社会公开。完善河湖水质监测网络，兵团纳入国家考核的30个国控地表水断面及10个城镇集中式饮用水水源地水质总体保持稳定。

2. 农村水环境整治　持续推进连队人居环境整治工作，加大连队生活垃圾治理力度，累计清理连队生活垃圾38.18万t、连内沟渠3.56万km、畜禽养殖粪污等农业生产废物40.78万t。并指导建立“连收集、团转运、师市处理”城乡统筹的生活垃圾处理体系，连队生活垃圾收运处置体系覆盖率达到99%。（田强）

【水生态修复】 2021 年，兵团共落实中央预算内投资 17 175 万元用于支持开展重点区域生态保护与修复工作，其中 6 025 万元支持塔里木河流域生态修复项目，有效改善流域生态环境。

加强河湖水生生物资源保护，维护水生生物多样性，投放大规格鲢鱼、鳙鱼苗种 20 万尾，土著鱼种 14 万尾，放流资金合计 1 200 余万元。（魏旭斌）

【执法监管】

1. 联合执法 兵团水利局积极探索“河长＋检察长”依法治河新模式，与兵团检察院联合制定了《关于加强兵团河湖保护全面推行“河湖长＋检察长”协作机制的意见》，有效发挥河长、检察长在河道治理保护中的监督协调作用，为兵团河湖管理保护提供强有力的司法保障。

2. 河湖日常监管 2021 年，兵团各级河湖长扎实开展河流日常巡查、管护、监督、治理等工作，利用“巡河通”App 累计开展巡河 36 531 次，发现问题立行立改、真改实改，不断深化和巩固河湖问题治理成果，确保河湖长治久清取得实效。

【智慧水利建设】 强化数字平台应用，兵团各级河湖长利用巡河通 App，实现了从线下巡河管河向线下和线上护河管河相结合迈步，把传统管理与信息化管理有效结合起来，做到了河湖管理精细化、规范化、经常化，进一步提高了河湖监管能力。

（田强 李明升）

十一、大事记

Major Events

| 2021年中国河湖大事记 |

序号	时　间	事　件
1	2021年3月1日	国务院办公厅同意调整完善全面推行河湖长制工作部际联席会议制度，胡春华副总理担任联席会议召集人
2	2021年3月1日	《中华人民共和国长江保护法》正式施行
3	2021年4月8日	水利部、公安部、交通运输部、工业和信息化部、市场监管总局印发《关于进一步明确长江河道采砂综合整治有关事项的通知》
4	2021年4月29日	全面推行河湖长制工作部际联席会议暨加强河湖管理保护电视电话会议召开，中共中央政治局委员、国务院副总理胡春华出席并讲话
5	2021年5月26日	水利部印发《河长湖长履职规范（试行）》《全面推行河湖长制工作部际联席会议工作规则》《全面推行河湖长制工作部际联席会议办公室工作规则》
6	2021年5月28日	水利部发文表彰全面推行河湖长制先进集体和先进个人
7	2021年7月1日	水利部河长办印发《河长制办公室工作规则（试行）》
8	2021年8月2日	水利部召开黄河流域河湖管理保护工作推进视频会议
9	2021年8月16日	水利部办公厅印发《关于开展全国河道非法采砂专项整治行动的通知》
10	2021年10月22日	习近平总书记在山东省济南市主持召开深入推动黄河流域生态保护和高质量发展座谈会并发表重要讲话，强调咬定目标、脚踏实地，埋头苦干、久久为功，为黄河永远造福中华民族而不懈奋斗；水利部印发《黄河流域省级河湖长联席会议机制》
11	2021年11月10日	水利部办公厅印发《关于依托河湖长制　开展丹江口“守好一库碧水”专项整治行动的通知》
12	2021年11月11日	党的十九届六中全会审议通过《中共中央关于党的百年奋斗重大成就和历史经验的决议》，将建立河湖长制列为生态文明建设成就的重要内容
13	2021年11月18日	水利部发布《河道采砂规划编制与实施监督管理技术规范》
14	2021年11月22日	水利部办公厅印发《关于开展妨碍河道行洪突出问题排查整治工作的通知》
15	2021年12月22日	国新办举行全面推行河湖长制五周年新闻发布会

十二、附录

Appendix

| 督查激励 |

国务院办公厅关于对2020年落实有关重大政策措施真抓实干成效明显地方予以督查激励的通报

（国办发〔2021〕17号）

各省、自治区、直辖市人民政府，国务院各部委、各直属机构：

为进一步推动党中央、国务院重大决策部署贯彻落实，充分激发和调动各地担当作为、干事创业的积极性、主动性和创造性，根据《国务院办公厅关于对真抓实干成效明显地方进一步加大激励支持力度的通知》（国办发〔2018〕117号），结合国务院大督查、专项督查、“互联网＋督查”和部门日常督查情况，经国务院同意，对2020年落实稳就业保民生、打好三大攻坚战、深化“放管服”改革优化营商环境、推动创新驱动发展、实施乡村振兴战略等有关重大政策措施真抓实干、取得明显成效的216个地方予以督查激励，相应采取30项奖励支持措施。希望受到督查激励的地方充分发挥模范表率作用，再接再厉，取得新的更大成绩。

2021年是实施“十四五”规划、开启全面建设社会主义现代化国家新征程的第一年。各地区、各部门要在以习近平同志为核心的党中央坚强领导下，以习近平新时代中国特色社会主义思想为指导，全面贯彻党的十九大和十九届二中、三中、四中、五中全会精神，坚持稳中求进工作总基调，立足新发展阶段、贯彻新发展理念、构建新发展格局，推动高质量发展，巩固拓展疫情防控和经济社会发展成果，扎实做好“六稳”工作、全面落实“六保”任务，结合自身实际，积极开拓创新，勇于攻坚克难，增强抓落实的主动性和自觉性，力戒形式主义、官僚主义，确保“十四五”开好局起好步，以优异成绩庆祝中国共产党成立100周年。

附件：2020年落实有关重大政策措施真抓实干成效明显的地方名单及激励措施

国务院办公厅

2021年4月30日

附件

2020年落实有关重大政策措施真抓实干成效明显的地方名单及激励措施

四、河长制湖长制工作推进力度大、河湖管理保护成效明显的地方

辽宁省大连市金州区，黑龙江省齐齐哈尔市，江苏省南京市高淳区，福建省泉州市，山东省日照市，河南省郏县，湖北省十堰市，湖南省长沙市，广东省深圳市，广西壮族自治区鹿寨县，重庆市永川区，四川省雅安市，贵州省黔西市，云南省腾冲市，西藏自治区噶尔县，宁夏回族自治区彭阳县，新疆维吾尔自治区布尔津县。

2021年对上述地方在安排中央财政水利发展资金时适当倾斜，给予每个市2 000万元、每个县（市、区）1 000万元奖励，用于河长制湖长制及河湖管理保护工作。（水利部、财政部组织实施）

（来源：中国政府网，略有删改）

水利部关于印发对河长制湖长制工作真抓实干成效明显地方进一步加大激励支持力度实施办法的通知

（水河湖〔2021〕5号）

各省、自治区、直辖市河长制办公室、水利（水务）厅（局）：

为贯彻落实《中共中央办公厅关于统筹规范督查检查考核工作的通知》《国务院办公厅关于对真抓实干成效明显地方进一步加大激励支持力度的通知》要求，强化河长制湖长制正向激励，在总结以往河长制湖长制激励措施落实情况的基础上，水利部对河长制湖长制激励措施及实施办法进行了调整完善，修订形成了《对河长制湖长制工作真抓实干成效明显地方进一步加大激励支持力度的实施办法》，现印发给你们，请结合实际认真执行。

水利部

2021年1月11日

对河长制湖长制工作真抓实干成效明显地方进一步加大激励支持力度的实施办法

按照《中共中央办公厅关于统筹规范督查检查考核工作的通知》精神，根据《国务院办公厅关于对真抓实干成效明显地方进一步加大激励支持力度的通知》以及国务院办公厅关于做好2020年度督查激励工作的有关要求，为充分激发和调动各地全面推行河长制湖长制工作的积极性、主动性和创造性，健全正向激励机制，增强河长制湖长制工作激励效果，进一步加大河长制湖长制工作真抓实干成效明显地方激励支持力度，在总结以往河长制湖长制激励措施落实情况的基础上，水利部对河长制湖长制

激励措施及实施办法进行了调整完善。修订后的实施办法如下。

一、激励对象

对河长制湖长制工作推进力度大、河湖管理保护成效明显的地方，综合考虑区域平衡及发展差异等情况，在分配年度中央财政水利发展资金时予以适当倾斜。

在全国范围内，遴选10个市（地、州）、10个县（市、区）给予激励并奖励一定的资金。

二、评价标准

（一）基本条件

以习近平新时代中国特色社会主义思想为指导，全面贯彻党的十九大和十九届二中、三中、四中、五中全会精神，深入落实“节水优先、空间均衡、系统治理、两手发力”治水思路，按照“水利工程补短板、水利行业强监管”水利改革发展总基调，全力推动河长制湖长制“有名”“有实”“有能”，坚决打好河湖管理攻坚战，深入开展河湖“清四乱”常态化规范化、河湖采砂综合整治、河湖管理范围划定、河湖水质水环境改善、水生态治理修复等重点工作，真抓实干、担当作为，河长制湖长制工作取得明显成效。

（二）评价主要内容

评价主要内容包括两大类共10个子项。

第一大类，河湖管理保护成效（100分）

1. 河湖“清四乱”情况。落实“清四乱”规范化常态化工作成效明显；水利部组织的暗访抽查情况好，没有发现新增的重大乱建、乱占问题，河湖面貌明显改善。

2. 河道非法采砂综合整治情况。本行政区域内河道采砂管理秩序总体平稳，责任制落实，监管严格，严厉打击非法采砂行为，组织编制采砂管理规划，合理开发利用砂石资源。

3. 河湖管理范围划定及岸线保护利用规划推进情况。河湖管理范围划定工作进展快，基础性、技术性、政府公告等工作完成情况好；河湖岸线规划编制进展快。

4. 注重河湖系统治理、综合整治，积极推进美丽河湖、健康河湖、生态河湖等建设，努力打造幸福河。

5. 河湖水质水环境、水生态改善明显，河长制湖长制及河湖管理保护工作成绩突出。

第二大类，工作推进力度（50分）

1. 以省级党委和政府文件或总河长令及时部署年度河长制湖长制工作任务、河湖“清四乱”等专项行动。

2. 省级河长湖长组织研究、协调解决河湖管理中重大问题，对水利部河湖管理专项督查中发现的突出问题作出批示，督促问题整改。

3. 以法律法规、政府规章、省级党委和政府文件、总河长令或组织人事部门文件对河长制湖长制考核、问责、激励、表彰等作出规定，并能认真执行。

4. 河湖管理督查问题整改落实力度大。水利部组织的河湖管理督查发现问题、媒体曝光问题整改落实情况好；对举报调查反映问题能及时调查处理并按时提交报告。

5. 改革创新意识强，攻坚克难力度大，出台河长制湖长制有关法规制度办法，积极探索建立长效机制。

（三）评分办法

总分为150分，“河湖管理保护成效”占100分，“工作推进力度”占50分，各子项按照细化指标分别赋分。

三、评审程序

（一）名额分配

水利部组织对各省份予以赋分，在此基础上进行综合排名，1～10名各给予1个市（地、州）激励名额，11～20名各给予1个县（市、区）激励名额。同等条件下，激励名额向中西部地区倾斜。

（二）组织推荐

有关省份参照本办法标准，严格评审程序，按分配名额遴选出拟激励的市（地、州）、县（市、区）名单，经省级人民政府同意后报送水利部。

（三）审核公示

水利部对各省份报送的拟激励市（地、州）、县（市、区）名单审核后，在水利部网站予以公示；有关省份在一定范围内同步公示。

（四）报送名单

经公示无异议的，水利部在规定时间内向国务院办公厅报送拟激励的市（地、州）、县（市、区）名单。

四、激励措施

对每个激励市（地、州）、县（市、区）通过中央财政水利发展资金予以一次性资金奖励。经费使用严格执行《水利发展资金管理办法》（财农〔2019〕54号）规定，具体可由激励省份的省级水利、财政部门根据本地区实际情况，研究提出经费使用方向并予以实施。

五、其他事项

水利部以及有关省份按职责做好激励政策措施的政策解读和宣传引导等工作。

本办法自印发之日起施行，《水利部关于印发对河长制湖长制工作真抓实干成效明显地方进一步加大激励支持力度实施办法的通知》（水河湖〔2020〕10号）停止执行。

（来源：水利部网站）

水利部关于表彰全面推行河长制湖长制先进集体和先进个人的决定

（水人事〔2021〕162号）

国家发展改革委、公安部、财政部、自然资源部、生态环境部、住房城乡建设部、交通运输部、农业农村部、国家卫生健康委、国家林草局，水利部机关各司局、部直属各单位，各省、自治区、直辖市、新疆生产建设兵团河长制办公室、水利（水务）厅（局）：

以习近平同志为核心的党中央作出全面推行河长制湖长制的重大决策部署以来，各地各部门坚持山水林田湖草沙系统治理，坚持水岸同治，重拳治理河湖乱象，向河湖顽疾宣战，全国河湖管理保护发生可喜变化，人民群众的获得感、幸福感、安全感明显增强。特别是2018年水利部部署开展全国河湖“清四乱”专项行动以来，一大批侵害河湖老大难问题得到整治，河湖行蓄洪能力大大提升，自然岸线逐步恢复，河湖水质稳步向好，河湖面貌明显改善，涌现出一大批敢于创新、勇于担当、尽职尽责的先进典型。

为大力弘扬新时代先进模范崇高精神，进一步激励各级河（湖）长和广大从事河湖管理保护工作干部职工锐意进取、履职尽责，中央批准由水利部开展全面推行河长制湖长制先进集体、先进个人评选表彰活动。经评选，水利部决定授予北京市财政局农业农村处等250个单位“全面推行河长制湖长制工作先进集体”称号；授予高军辉等350名同志“全面推行河长制湖长制工作先进工作者”称号；授予张雷等348名同志“全国优秀河（湖）长”称号。希望受到表彰的先进集体和先进个人珍惜荣誉，再接再厉，继续发挥模范表率作用，不断取得新的成绩。

全国各级河（湖）长、从事河湖管理保护工作的有关单位和干部职工要以受表彰的先进集体和先进个人为榜样，更加紧密团结在以习近平同志为核心的党中央周围，牢固树立“四个意识”，坚定“四个自信”，做到“两个维护”，牢记初心使命，立足新发展阶段、贯彻新发展理念、构建新发展格局，积极践行习近平生态文明思想，全面推行河长制湖长制，建设造福人民的幸福河，主动担负起党和人民赋予的历史重任，勇做走在时代前列的奋斗者、开拓者、奉献者，为全面建设社会主义现代化国家不懈奋斗，奋力谱写中华民族伟大复兴的新篇章！

水利部

2021年5月28日

附件：

1. 全面推行河长制湖长制工作先进集体名单（共250个）

2. 全面推行河长制湖长制工作先进工作者名单（共350名）

3. 全国优秀河（湖）长名单（共348名）

附件1

全面推行河长制湖长制工作先进集体名单（共250个）

北京市

北京市财政局农业农村处

北京市水务局河长制工作处

北京市海淀区河长办

天津市

天津市河长制事务中心

天津市西青区水务局

天津港保税区城市环境管理局

河北省

河北省河长办综合考核处

河北省秦皇岛市河湖长服务中心

河北省承德市河长办

河北省唐山市玉田县河长办

河北省廊坊市三河市河长办

山西省

山西省大同市水务局

山西省朔州市水利局

山西省吕梁市水利局

山西省晋中市水利局

山西省晋城市水务局

内蒙古自治区

内蒙古自治区水利厅河湖管理处

内蒙古自治区兴安盟扎赉特旗水利局

内蒙古自治区赤峰市敖汉旗河长办

内蒙古自治区锡林郭勒盟正蓝旗水利局

内蒙古自治区乌兰察布市察哈尔右翼后旗水利局

内蒙古自治区鄂尔多斯市生态环境局水生态环境科

内蒙古自治区呼伦贝尔市扎兰屯市水利局

辽宁省

辽宁省水利厅河湖管理处（河长制工作处）

辽宁省沈阳市于洪区河长办

辽宁省本溪市水务局

辽宁省朝阳市北票市水务局
辽宁省盘锦市河长办

吉林省

吉林省水利厅河湖管理处
吉林省公安厅生态环境犯罪侦查总队
吉林省长春市九台区河长办
吉林省吉林市水利局
吉林省白山市河道管理处
吉林省白城市水利局
吉林省延边朝鲜族自治州敦化市水利局

黑龙江省

黑龙江省哈尔滨市水务局河湖长制工作处
黑龙江省齐齐哈尔市水务局
黑龙江省牡丹江市水务局
黑龙江省佳木斯市水务局河湖长制工作科
黑龙江省大庆市水务局
黑龙江省绥化市水务局
黑龙江省大兴安岭地区漠河市河湖长办

上海市

上海市水利管理处
上海市松江区水务局
上海市浦东新区张江镇河长办

江苏省

江苏省南京市水务局河长制综合处
江苏省常州市河长办
江苏省苏州市水务局
江苏省南通市河长办
江苏省淮安市水利局
江苏省泰州市河长办
江苏省盐城市盐都区水务局
江苏省无锡市滨湖区河长办

浙江省

浙江省水利厅河湖管理处
浙江省湖州市水利局
浙江省绍兴市水利局
浙江省宁波市北仑区河道管理中心
浙江省金华市水利局
浙江省衢州市水利局
浙江省丽水市遂昌县五水共治工作领导小组办公室

安徽省

安徽省水利厅河长制工作处
安徽省合肥市河长办
安徽省六安市水利局
安徽省黄山市水利局
安徽省芜湖市湾沚区水务局
中国共产党广德市委员会河长办
安徽省池州市河长办
安徽省安庆市潜山市河长办

福建省

福建省水利厅河湖管理处
福建省厦门市水利局河湖管理处
福建省漳州市中级人民法院
福建省泉州市河长办
福建省三明市河长办
福建省莆田市河长办
福建省龙岩市河长办

江西省

江西省赣州市寻乌县水利局
江西省吉安市峡江县河长办
江西省宜春市靖安县河长办
江西省宜春市铜鼓县水利局
江西省九江市浔阳区农业农村水利局
江西省抚州市资溪县水利局
江西省萍乡市湘东区河长办
江西省景德镇市水利局

山东省

山东省水利厅河湖管理处
山东省生态环境厅水生态环境处
山东省济南市城乡水务局河湖管理处
山东省潍坊市水利局
山东省威海市水务局
山东省日照市莒县水利局
山东省临沂市水利局
山东省德州市水利局

河南省

河南省水利厅河长制工作处
河南省郑州市水利局
河南省南阳市水利局
河南省信阳市水利局
河南省济源产城融合示范区水利局
河南省平顶山市郏县水利局
河南省许昌市河湖管理中心
河南省驻马店市水利局河湖管理工作科

湖北省

湖北省武汉市水务局河长办
湖北省黄石市河长办
湖北省十堰市河长办
中共湖北省襄阳市纪律检查委员会　监察委员会
湖北省宜昌市水利和湖泊局河湖长制工作科
湖北省荆州市松滋市河长办
湖北省荆门市东宝区水利和湖泊局

湖北省黄冈市武穴市河长办
湖北省咸宁市水利和湖泊局
湖北省随州市水利和湖泊局河湖长制工作科
湖北省恩施土家族苗族自治州水利和湖泊局
湖北省仙桃市水利和湖泊局
湖北省潜江市河长办
湖北省财政厅农业处
湖北省自然资源厅国土空间规划处
湖北省生态环境厅重点流域生态环境处
湖北省林业局湿地保护中心

湖南省

湖南省湘潭市水利局
湖南省株洲市河长办
湖南省邵阳市水利局
湖南省岳阳市水利局
湖南省益阳市水利局
湖南省怀化市河长办
湖南省永州市水利局
湖南省娄底市水利局

广东省

广东省水利厅河长办
广东省东江流域管理局
广东省韩江流域管理局
广东省自然资源厅国土空间生态修复处
广东省生态环境厅水生态环境处
广东省公安厅水域治安管理处
广东省广州市河涌监测中心
广东省深圳市宝安区水务局
广东省珠海市水务局
广东省佛山市水利局
广东省韶关市水务局河湖管理科
广东省梅州市水务局河库保护管理科
广东省汕尾市河长办
广东省东莞市麻涌镇河长办
广东省江门市水利局
广东省湛江市河长办
广东省云浮市水务局

广西壮族自治区

广西壮族自治区水利厅河长制工作处（河湖管理处）
广西壮族自治区生态环境厅水生态环境处
广西壮族自治区柳州市水利局
广西壮族自治区河池市水利局水资源科（河长制工作科）
广西壮族自治区贵港市水利局
广西壮族自治区北海市水利局
广西壮族自治区南宁市水利局河长制工作科（河湖管理科）
广西壮族自治区梧州市蒙山县河长办
广西壮族自治区河池市大化瑶族自治县河长办
广西壮族自治区南宁市青秀区河长办

海南省

海南省海口市河长办
海南省三亚市河长制服务中心
海南省东方市河长办

重庆市

重庆市璧山区水利局
重庆市铜梁区河长办
重庆市永川区水利局
重庆市南川区水利局
重庆市水利局水生态建设与河长制工作处

四川省

四川省成都市水务局河湖管理处
四川省绵阳市河长办
四川省遂宁市河湖管理保护中心
四川省乐山市井研县河长办
四川省宜宾市筠连县水利局
四川省巴中市河长办
四川省雅安市荥经县生态环境局
四川省地方电力局（四川省河湖保护局）
四川省生态环境厅水生态环境处

贵州省

贵州省生态环境厅水生态环境处
贵州省公安厅治安（生态）总队
贵州省贵阳市水务管理局河长制工作处
贵州省遵义市河长办
贵州省铜仁市河长办
贵州省安顺市平坝区河长办
贵州省毕节市河长办
贵州省黔南布依族苗族自治州水务局
贵州省黔西南布依族苗族自治州河长办

云南省

中国共产党云南省委员会组织部干部四处
中国共产党云南省委员会政法委员会办公室
云南省生态环境厅水生态环境处
云南省推动长江经济带发展领导小组办公室
云南省昆明市水务局
云南省曲靖市河长办
云南省玉溪市江川区河长办
云南省红河哈尼族彝族自治州开远市水务局
云南省普洱市水务局
云南省大理白族自治州水务局

云南省丽江市华坪县河长制工作站

西藏自治区

西藏自治区河长制办公室工作处
西藏自治区拉萨市堆龙德庆区财政局
西藏自治区日喀则市谢通门县河长办
西藏自治区山南市水利局河湖管理科
西藏自治区林芝市朗县河长办
西藏自治区昌都市水利局河湖管理科
西藏自治区阿里地区总河长办

陕西省

陕西省汉中市水利局
陕西省宝鸡市水利局
陕西省延安市水务局
陕西省咸阳市河务管理中心
陕西省西安市阎良区水务局

甘肃省

甘肃省兰州市城关区河长办
甘肃省张掖市临泽县水务局
甘肃省武威市河湖管理中心
甘肃省财政厅农业农村处
甘肃省河湖管理中心

青海省

青海省水利厅河湖管理处
青海省西宁市河长办
青海省海南藏族自治州河长办
青海省黄南藏族自治州河长办
青海省海西蒙古族藏族自治州德令哈市河长办
青海省海北藏族自治州刚察县河长办
青海省果洛藏族自治州甘德县农牧水利和科技局

宁夏回族自治区

宁夏回族自治区银川市水务局
宁夏回族自治区吴忠市同心县水务局
宁夏回族自治区固原市隆德县河长办
宁夏回族自治区人民检察院第六检察部
宁夏回族自治区河湖事务中心

新疆维吾尔自治区

新疆维吾尔自治区伊犁哈萨克自治州阿勒泰地区水利局
新疆维吾尔自治区伊犁哈萨克自治州河长办
新疆维吾尔自治区昌吉回族自治州河长办
新疆维吾尔自治区玛纳斯河流域管理局

新疆生产建设兵团

新疆生产建设兵团第一师十二团河长办
新疆生产建设兵团第二师三十三团农业发展服务中心
新疆生产建设兵团第三师图木舒克市水文水资源管理中心河湖管理科

国务院有关部门及其直属单位

国家发展和改革委员会农村经济司水利处
公安部长江航运公安局镇江分局
财政部农业农村司水利处
自然资源部国土空间规划局国家和区域规划处
生态环境部水生态环境司地表水处
住房和城乡建设部城市建设司水务处
交通运输部长江航务管理局航道与通航管理处
农业农村部渔业渔政管理局资源环保处
国家卫生健康委员会疾控局环境健康处
国家林业和草原局湿地管理司规划监测处
水利部规划计划司重大项目投资计划处
水利部财务司基建与专项处
水利部河湖管理司河湖长制工作处
水利部农村水利水电司农村水电管理处
水利部长江水利委员会河湖管理局河湖长制工作处
水利部长江水利委员会河湖保护与建设运行安全中心河湖保护中心
水利部黄河水利委员会黄河上中游管理局水政水资源与河湖处
水利部黄河水利委员会河湖管理局河道采砂管理处
水利部淮河水利委员会河湖管理处
水利部海河水利委员会河湖管理处
水利部珠江水利委员会西江局综合管理科
水利部松辽水利委员会河湖管理处
水利部太湖流域管理局河湖管理处
水利部宣传教育中心新媒体处
水利部发展研究中心河长制工作处
水利部河湖保护中心监管事务一处

附件 2

全面推行河长制湖长制工作
先进工作者名单（共 350 名）

北京市

高军辉　北京市西城区城市管理委员会（西城区水务局）水务管理科科长
孟　悦（女）　北京市北运河管理处河长制工作科副科长
郭鹏鹏（女）　北京市大兴区水政监察大队四级主任科员

天津市

李　悦　天津市水务局河湖保护处处长
刘永飞　天津市和平区住房和建设委员会工程建设科二级主任科员

林　旺　天津市北辰区双口镇农业经济服务中心主任

河北省

师加兵　河北省邯郸市水利局党组副书记、副局长

袁永涛　河北省衡水市水利局河湖保护中心主任

赵丽娟（女）　河北省石家庄市水利局河长综合协调处副处长

尚长福　河北省张家口市河长办综合考核科副科长

武彤洲　河北省邢台市水务局河长综合考核与督察科副科长

李　耀　河北雄安新区管理委员会公共服务局四级业务主办

刘双会　河北省保定市望都县水利局党组书记、局长

高海雷　河北省沧州市泊头市河长办综合考核科科长

山西省

宋宇杰（女）　山西省生态环境厅水生态环境处三级主任科员

刘国桥　山西省住房和城乡建设厅城市建设处三级主任科员

张洪涛　山西省水利厅河湖长制工作处副处长

谢景奇　山西省水利厅河湖管理处四级调研员

张淑兰（女）　山西省水利发展中心副主任

内蒙古自治区

梁心蕊（女）　内蒙古自治区呼伦贝尔市水利局河湖管理科科长

李付全　内蒙古自治区通辽市河湖管理中心主任

尚怀国（蒙古族）　内蒙古自治区锡林郭勒盟锡林浩特市水利局党组书记、局长

王　健　内蒙古自治区鄂尔多斯市水利局党组书记、局长，市河长办主任

王民哲　内蒙古自治区巴彦淖尔市水利科学研究所科技推广科副科长

贾琳琳（女，满族）　内蒙古自治区人民检察院检察官助理

魏永辉　内蒙古自治区乌海市河道管理所所长

辽宁省

孙井泉　辽宁省鞍山市水利局河长制工作科科长

李子广　辽宁省朝阳市水务局副局长、三级调研员

岳文龙　辽宁省丹东市水务服务中心河长制工作部部长

李　响　辽宁省阜新市防汛抗旱指挥部办公室主任

高　阳　辽宁省锦州市水利事务服务中心河长制分中心主任

吉林省

陈曼曼（女）　吉林省长春市河长办四级主任科员

宋铁刚　吉林省吉林中新食品区农林水利局局长

陈　晖（女）　吉林省四平市河道堤防管理站站长

金　珂　吉林省辽源市水利工程质量监督站八级职员

赵云华（女）　吉林省通化市河道管理站科员

赵咏今（蒙古族）　吉林省松原市河长办副主任

翟龙帅　吉林省延边朝鲜族自治州水利局河长制工作处科员

徐福臣　吉林省长白山保护开发区防汛抗旱预警监测指挥中心科员

杨　光　吉林省水利厅河湖管理处副处长

宋修状　吉林省河务局副局长

崔　禹　吉林省生态环境厅水生态环境处一级科员

陈清华（女）　吉林省改善农村人居环境指导中心高级工程师

黑龙江省

马敬华（女，达斡尔族）　黑龙江省黑河市爱辉区水务局河湖长制工作股股长

王立军　黑龙江省双鸭市饶河县水务局局长

张慧宇　黑龙江省哈尔滨市道里区水务局河长制工作中心主任

代双林　黑龙江省大庆市肇源县水务局副局长

刘　勇　黑龙江省牡丹江市水务局河湖长制工作科科长

李兴春　黑龙江省鹤岗市河道与小型水库管护中心副主任

李清波　黑龙江省佳木斯市水务局党组成员、副调研员，市河湖长办副主任

张婷婷（女）　黑龙江省齐齐哈尔市水务局河湖长制工作科副科长

林　涛　黑龙江省绥化市海伦市水务局局长

姜　辉　黑龙江省七台河市勃利县水务局河湖长办副主任

郭建峰　黑龙江省伊春市铁力市水务局河湖长办主任

谭振东　黑龙江省河湖管理保障中心管理科科长

上海市

马小雪（女，回族）　上海市水务局河长制工作处二级主任科员
程光宇　上海市青浦区水务局党组书记、局长
李思颖（女）上海市杨浦区建设和管理委员会水务管理科副科长

江苏省

张锦花（女）　江苏省南京市溧水区水务局河长制管理中心主任
杨　勇　江苏省徐州市水务局党委书记、局长，徐州市河长办常务副主任
刘建荣（女）　江苏省常州市武进区水利局党组书记、局长，常州市武进区河长办主任
胡明忠　江苏省苏州市吴江区水务局党委书记、局长，苏州市吴江区河长办主任
章本林　江苏省南通市海安市水利局二级主任科员、总支书记、工会主席
宋　波　江苏省连云港市水利局党组书记、局长
胡华德　江苏省淮安市淮安区水利局党委书记、局长
童国华　江苏省盐城市水利局河湖长制工作处处长
余　敏（女）　江苏省扬州市城市河道管理处宝带河片区管理所副所长
王　敏　江苏省泰州市兴化市河长办专职副主任
张先彦　江苏省宿迁市水利局党组书记、局长
刘　洋　江苏省水利厅河湖长制工作处一级主任科员
朱　滨　江苏省生态环境厅水生态环境处一级主任科员
许天啸　江苏省住房和城乡建设厅城市建设处三级主任科员
蒋小忠　江苏省农业农村厅科技教育处副科长
顾　永　江苏省河道管理局一级主任科员
冯　磊　江苏省交通运输综合行政执法监督局水上危管防污科科长

浙江省

王　恺　浙江省钱塘江流域中心水域保护部科员，浙江省美丽浙江建设领导小组“五水共治”（河长制）办公室宣传组组员
汪　健　浙江省杭州市水库管理服务中心专职副书记
乔慧明　浙江省湖州市污染防治攻坚（“五水共治”）工作领导小组“五水共治”办公室河湖长组组长
虞一鸣　浙江省嘉兴市秀洲区农业农村和水利局科员
章汉军　浙江省诸暨市水利局总工程师，浙江省诸暨市“五水共治”工作领导小组办公室专职副主任
董　敏　浙江省宁波市河道管理中心党委书记、主任梁晓永
浙江省台州市生态环境局党组成员、总工程师，浙江省台州市“五水共治”工作领导小组（河长制）办公室副主任
韩彩红（女）　浙江省金华市武义县三港乡党委副书记
黄　倩（女）　浙江省衢州市江山市碗窑乡副乡长，江山市“五水共治”领导小组（河长制）办公室河长办专职副主任
周　奇　浙江省丽水市龙泉市水利水电工程质量与安全管理站干部，浙江省龙泉市“五水共治”工作领导小组（河长制）河长办综合业务组组长
杨奇伟　浙江省舟山市生态环境局二级主任科员，美丽舟山建设领导小组“五水共治”（河长制）办公室业务二组组长

安徽省

许明伟　安徽省自然资源厅国土空间生态修复处四级主任科员
闫红雷　安徽省生态环境厅生态环境处一级主任科员
马　龙　安徽省水利厅河湖管理处四级调研员
王春林　安徽省水利科学研究院遥感中心副主任
张　颖（女）　安徽省林业局湿地管理处一级主任科员
史孝庭　安徽省淮北市水务局河长制工作科科长
杨兴明　安徽省亳州市涡阳县河道保护管理服务中心主任
郭崇平　安徽省宿州市泗县水利局党组副书记、副局长
王绪斌　安徽省蚌埠市水利局党委委员、副局长
刘华富　安徽省阜阳市颍泉区水利局党组成员，颍泉区河长办副主任

高　磊　安徽省淮南市水利局河长制与河湖管理科科长

吴　雷　安徽省滁州市明光市水务局党组成员，池河管理所所长

叶燕娟（女）　安徽省马鞍山市当涂县水利局河湖管理股副股长

查飞翔　安徽省铜陵市义安区水利局党组成员、副局长

福建省

谢光球　福建省水利厅河湖管理处处长

苏远波　福建省生态环境厅水生态环境处处长

丘轲昌　福建省水资源与河务管理中心河湖科四级主任科员

宋秀生　福建省福州市闽清县河长办专职副主任

陈进光　福建省漳州市水利局党组成员、三级调研员

蔡敬荣　福建省泉州市安溪县水利局党组书记、局长，河长办主任

颜华南　福建省泉州市永春县水利局党组成员、总工程师，河长办专职副主任

张梓添　福建省三明市沙县虬江街道党工委书记，河长办主任

柯国华　福建省三明市建宁县水利局局长，河长办主任

陈正文　福建省南平市光泽县水利局党组书记、局长，河长办主任

李德林　福建省龙岩市上杭县水利局机关党委书记、局长，河长办主任

马飞峰　福建省宁德市福安市水利局水资源与河务管理中心主任

江西省

黄　瑚（女）　江西省水利厅河长处一级主任科员

邱　云　江西省吉安市河长办专职副主任

祝高明　江西省鹰潭市水利局河湖综合行政执法支队政委

黄　涛　江西省九江市河长办专职副主任

温萍水　江西省赣州市石城县水利局党组书记、局长

曾　晶（女）　江西省赣州市寻乌县水利局河湖长制工作股股长

谢小玲（女）　江西省井冈山市河长办干部

张　伟　江西省吉安市安福县河长办专职副主任

叶　琼（女）　江西省九江市柴桑区水利局河湖生态环境管理中心主任

华明桂　江西省赣州市上犹县水利局党组书记、局长

李　平　江西省宜春市万载县水利局河长制工作股股长

熊诗民　江西省南昌市安义县水利局党组书记、局长

徐燕清　江西省抚州市临川区荣山镇水务站站长

危炳忠　江西省上饶市铅山县水利局党组成员、副局长

山东省

万少军　山东省水利厅河湖管理处一级主任科员

张臣华　山东省自然资源厅林草资源和湿地保护监督处四级调研员

魏翔宇（女）　山东省住房和城乡建设厅城市建设处二级主任科员

毕振令　山东省水利厅海河淮河小清河流域水利管理服务中心工程管理处副处长

杨文英（女）　山东省青岛市水务管理局河湖管理处一级主任科员

齐　斌　山东省淄博市河湖长制调度指挥中心督查考核科科长

杨其良　山东省枣庄市城乡水务事业发展中心河长服务科副科长

张兆印　山东省东营市水务局党组成员、副局长

王光耀　山东省烟台市水利局党组书记、局长

陈长华　山东省济宁市水利事业发展中心河湖技术科副科长

陈　栋　山东省泰安市宁阳县河道管理保护中心党组副书记、主任，水利局党组成员

刘　鹏　山东省聊城市水利局河长制工作服务中心主任

王延明　山东省滨州市水利局党组副书记、二级调研员

崔艳丽（女）　山东省菏泽市水务局河湖管理科科长

河南省

李冠华　河南省平顶山市河长办副主任，水利局二级调研员

闫道畅　河南省南阳市水利局副局长

赵中兴　河南省济源产城融合示范区水利局党组书记、局长

王洪涛　河南省水利厅河长制工作处二级主任科员

岳克宏　河南省郑州市水利局河长制工作处处长

任志强　河南省安阳市水利局河长科科长

秦云健　河南省焦作市水利局河长制工作科科长

张兴来　河南省濮阳市范县水利局党组书记、局长

郭长勋　河南省许昌市禹州市水利局党组书记、局长

孟军红（女）　河南省漯河市水利局河长制工作科科长

彭维雄　河南省三门峡市河道管理处主任

张　鑫　河南省商丘市水利工程管理处处长

雷玉清　河南省信阳市水利局河长制工作科科长

年明丽（女）　河南省驻马店市平舆县水利局党组书记、局长

湖北省

熊　鹏　湖北省武汉市水务局河长办三级主任科员

朱朝稀　湖北省黄石市阳新县水利和湖泊局副局长

徐用文　湖北省十堰市张湾区水利和湖泊局党组书记、局长

许和明　湖北省宜昌市远安县水利局党组书记、局长

沈先武　湖北省荆州市洪湖市市长

曾维国　湖北省荆门市沙洋县水利和湖泊局党组书记、局长

吕　敏　湖北省鄂州市华容区临江乡农村工作领导小组办公室主任

操双新　湖北省孝感市应城市水利和湖泊局河长办主任

丁茂林　湖北省黄冈市麻城市水利和湖泊局党组书记、局长

甘江城　湖北省咸宁市崇阳县水利局党组书记、局长

文　权　湖北省随州市曾都区水利和湖泊局河湖长制工作股股长

刘　静（女，侗族）　湖北省恩施土家族苗族自治州恩施市水利局河湖长制工作股股长

陈耀华　湖北省天门市水利和湖泊局党组成员、副局长

黄祥呈　湖北省潜江市水务局荆幺河流域水利管理站站长

张利宏　湖北省神农架林区宋洛乡长坊村村支部书记、村委会主任

李　亮　湖北省水政监察总队一级主任科员

黄发晖　湖北省河道堤防建设管理局河道管理处处长

湖南省

唐少刚　湖南省自然资源厅自然资源调查监测处一级主任科员

刘洪义　湖南省生态环境厅水生态环境处高级工程师

翟文峰　湖南省洞庭湖水利事务中心生态河湖部一级主任科员

曹　彪　湖南省长沙市水利局党组书记、局长

岳　健　湖南省衡阳市水利局党委书记、局长

周海军　湖南省株洲市醴陵市水利局党组书记、局长

欧阳晓（女）　湖南省湘潭市河长办服务中心主任

杨长权　湖南省邵阳市新宁县水利局党委书记、局长

杨大智　湖南省岳阳市水利局河长制工作科科长

张　勇　湖南省常德市水利局党组成员

胡圣虎（土家族）　湖南省张家界市水利局党组书记、局长

刘飞舟　湖南省益阳市安化县水利局副局长

李　锐　湖南省郴州市水利局河湖管理科科长

黄崇县　湖南省永州市水利局河湖管理事务中心主任

刘代春　湖南省怀化市河长办办公室主任

李立德　湖南省娄底市水利局河长制工作科科长

彭武学（土家族）　湖南省湘西土家族苗族自治州水利局党组书记、局长

广东省

苏华文　广东省水利厅河湖管理处处长

陈昌权　广东省西江流域管理局河湖与河口管理科一级主任科员

陈　威　广东省北江流域管理局河长办执行副主任

杨　津（女）　广东省住房和城乡建设厅城市建设处三级主任科员

周　阳（土家族）　广东省农业农村厅科技教育处一级主任科员

吴　海　共青团广东省委员会权益与社会工作部一级主任科员

吴剑锋 广东省广州市公安局食药环侦支队三大队大队长
邓若哲 广东省深圳市水务（集团）有限公司南山分公司经理
赖思纯 广东省珠海市金湾区农业农村和水务局局长
何永光 广东省佛山市顺德区住房城乡建设和水利局党组副书记、副局长
林采和 广东省惠州市惠东县水利局河湖管理与水旱灾害防御股负责人
彭　炜 广东省汕尾市陆丰市水务局河湖管理股负责人
叶淦升 广东省东莞市水务局河湖科科长
谢世华 广东省中山市水务局党组书记、局长，河长办常务副主任
符宗安 广东省湛江市雷州市水务局党组书记、局长
谭颖模 广东省茂名市高州市水务局河湖管理股股长
欧阳俊杰 广东省清远市连州市水利局党组书记、局长
翁　浩 广东省潮州市水务局河湖管理科科长
何勇彬 广东省揭阳市水利局河湖管理科四级主任科员

广西壮族自治区

杜思璇（女） 广西壮族自治区财政厅农业处一级主任科员
覃柱良 广西壮族自治区梧州市水利局总工程师
陈国丽（女） 广西壮族自治区南宁市水利局河长制工作科（河湖管理科）科长，办公室主任
文春龙 广西壮族自治区桂林市水利局河长制工作科（河湖管理科）副科长
陈椿榆 广西壮族自治区北海市洪潮江水库工程管理局资源管理科科长
黄厚亮 广西壮族自治区钦州市灵山县那隆镇党委书记
蓝天将（瑶族） 广西壮族自治区河池市水利局水资源科（河长科）科长
韦景峰（壮族） 广西壮族自治区河池市都安县水利局副局长
黄忠兰（壮族） 广西壮族自治区玉林市河长办综合组组长
覃　涛（壮族） 广西壮族自治区百色市水利局水利工程管理站（河长制工作站）一级科员
何文玲（女，瑶族） 广西壮族自治区贺州市水利局水利工程建设与质量监督管理站副站长
徐海倩（女，京族） 广西壮族自治区防城港市长岐水利管理所副所长
甘　靖（壮族） 广西壮族自治区崇左市水利局河长制工作科四级主任科员
杨延周 广西壮族自治区桂林市永福县水利局工管站副站长
孔繁熙 广西壮族自治区柳州市柳江区河长办一级科员

海南省

郝　斐（女） 海南省水务厅河湖管理处四级主任科员
房小波 海南省儋州市水务局党组成员、副局长（挂职）
张长鹏 海南省三亚市水务局四级调研员

重庆市

吕良国 重庆市垫江县河长办副主任
李　雪 重庆市九龙坡区铜罐驿镇规划建设管理环保办公室主任
唐世银 重庆市北碚区水利局副局长
侯光毅 重庆市綦江区水利局水生态与河长制科科长
陈万良 重庆市南岸区农业农村委员会副主任
段力誌 重庆两江新区市政园林水利管护中心副主任
付琦皓 重庆市河道事务中心高级工程师

四川省

钟　剑 四川省自贡市水务局河湖管理科科长
景志飞 四川省攀枝花市水利局河湖管理科科长
彭小洪 四川省泸州市泸县水务局河长办主任
魏　彭 四川省德阳市水利局水利技术发展与信息中心助理工程师
闫小艳（女） 四川省广元市栖凤湖事务中心工程师
熊　迹 四川省内江市水利局河湖管理保护科副科长
任永强 四川省南充市水务局河湖管理科科长
余　强 四川省广安市河湖保护中心副主任
赵宁宁 四川省达州市水务局河湖管理和水旱灾害防御科科长
刘建武 四川省眉山市河道管理总站站长、副主任
刘六昭 四川省资阳市安岳县水务局党组成员、副局长

王　军（藏族）　四川省阿坝藏族羌族自治州水务局办公室主任

曹俊伟　四川省甘孜藏族自治州水利局助理工程师

沈其明　四川省凉山彝族自治州水利局河湖科科长

杨　超　四川省审计厅办公室副主任

贵州省

吕　祥　贵州省贵阳市修文县高潮水库管理所干部

杨　静（女）　贵州省遵义市水务局河长制工作科科员

罗　进（侗族）　贵州省铜仁市水务局河长制工作科科长

庄广峰（白族）　贵州省安顺市水利项目服务中心干部

李圆玥（女）　贵州省毕节市水务服务中心河湖保护服务科副科长

李隆平　贵州省毕节市纳雍县水务局党组书记、局长

张轩铭（苗族）　贵州省六盘水市水务局水资源管理与河长制工作科科长

贾维军　贵州省黔南布依族苗族自治州水务局党组成员、副局长

雷端荣（布依族）　贵州省黔南布依族苗族自治州河湖保护服务中心副主任

杨国波（女，布依族）　贵州省黔西南布依族苗族自治州兴义市水务局水利工程管理所副所长

陈荣贵　贵州省黔西南布依族苗族自治州安龙县水务局河长站负责人

周治平　贵州省黔东南苗族侗族自治州黄平县水务局干部

刘忠孝　贵州统计数据资料管理中心七级职员

余家辉　贵州省农业农村厅渔业渔政管理处四级主任科员

杨晓春（女）　贵州省水利厅水资源管理处二级调研员

邓　卿　贵州省水利厅河湖长制工作处三级调研员

云南省

汪祖恩　云南省水文水资源局水质监测处处长

刘　辉　云南省昆明市官渡区水务局滇池河道管理站站长

戴　玻　云南省昭通市河长办综合科科长

杨荣平　云南省曲靖市麒麟区水务局党组书记、局长

马子兴　云南省保山市水务局党组书记、局长

邓开荣　云南省楚雄彝族自治州楚雄市水务局党组书记、局长

戴云华　云南省红河哈尼族彝族自治州建水县水务局局长

文兴莹（女）　云南省文山壮族苗族自治州麻栗坡县水务局四级主任科员

王　东　云南省普洱市水务局党组书记、局长，普洱市河长办主任

张福兴（彝族）　云南省西双版纳傣族自治州水利局河湖长制工作和水资源科副科长

周升明（女）　云南省大理白族自治州宾川县水务局副局长，宾川县河长办副主任

朱镇罡　云南省丽江市古城区西安街道办事处副主任

陈玉林　云南省临沧市河长办助理工程师

西藏自治区

旺　堆（藏族）　西藏自治区拉萨市尼木县水务局（河长办）助理工程师

普布曲珍（女，藏族）　西藏自治区日喀则市江孜县水利队助理工程师

尼玛顿珠（藏族）　西藏自治区山南市加查县党校校长

沈占强　西藏自治区昌都市水利局河湖科工程师

毛建龙　西藏自治区阿里地区噶尔县河长办四级主任科员

陕西省

胡利民　陕西省榆林市水利局副局长

惠　强　陕西省西安市水务局河湖长制工作处处长

王　伟　陕西省铜川市水务局河长科副科长

康祥顺　陕西省财政厅农业农村处一级主任科员

罗小康　陕西省水利信息宣传教育中心信息科科长

甘肃省

杨　灏　甘肃省庆阳市河长办负责人

苏宏梅（女）　甘肃省金昌市河湖管理中心副主任

丁程强　甘肃省陇南市水务局河长制监督考核科科长

高培兴　甘肃省武威市民勤县水务局党组书记、局长

孟兆芳（女）　甘肃省水利厅河湖管理处副处长

青海省

吉定刚 青海省水利厅河湖管理处三级主任科员

索有珍（女） 青海省西宁市湟源县河道治理中心助理工程师

林有元 青海省海东市互助土族自治县水利局副主任

毛吉花（女） 青海省海西蒙古族藏族自治州水利综合服务中心助理工程师

才让吉（女，藏族） 青海省海南藏族自治州同德县农牧和水利局助理工程师

何金梅（女） 青海省海北藏族自治州海晏县河长办副主任

更松卓尕（女，藏族） 青海省玉树藏族自治州水利局水资源科副科长

宁夏回族自治区

任存东 宁夏回族自治区石嘴山市水务局河湖管理科科长

李薛锋 宁夏回族自治区吴忠市盐池县水务局党委委员，盐池县河湖管理与水旱灾害防御中心主任

张　磊 宁夏回族自治区中卫市生态环境局助理工程师

贾治林 宁夏回族自治区中卫市海原县水务局党委书记、局长

马继仁（回族） 宁夏回族自治区生态环境厅水生态环境处一级主任科员

张云凤（女） 宁夏回族自治区财政厅农业农村处三级调研员

马　彬（回族） 宁夏回族自治区水利厅河湖管理处四级主任科员

新疆维吾尔自治区

王旭东 新疆维吾尔自治区伊犁哈萨克自治州塔城地区水利局党组书记、副局长

万志刚 新疆维吾尔自治区吐鲁番市水资源管理中心水政水资源科科长

郭　文 新疆维吾尔自治区伊犁哈萨克自治州阿勒泰地区富蕴县水利局水政监察大队队长

文　婷（女） 新疆维吾尔自治区水利厅喀什噶尔河流域管理局水利管理中心水政监察大队副队长

孙天宾 新疆维吾尔自治区和田地区和田市水利局党组副书记、局长

新疆生产建设兵团

张国良（东乡族） 新疆生产建设兵团第四师可克达拉市水利局办公室一级科员

朱延华 新疆生产建设兵团第六师五家渠市河湖管理中心河湖管理科科长

张银辉（女） 新疆生产建设兵团第八师 147 团农业发展服务中心干部

国务院有关部门及其直属单位

宋　博 国家发展和改革委员会农村经济司水利处一级主任科员

陈程程 公安部长江航运公安局芜湖分局治安管理支队副支队长

丁丽丽（女） 财政部农业农村司水利处处长

陈　真 自然资源部执法局二级巡视员

郝远远 生态环境部水生态环境司地表水处一级主任科员

牛璋彬 住房和城乡建设部城市建设司水务处处长

周　立 交通运输部长江航务管理局航道与通航管理处四级主任科员

娄巍立 农业农村部长江流域渔政监督管理办公室资源环境保护处处长

胡　桃（女） 国家卫生健康委员会疾控局综合处副处长

姬文元 国家林业和草原局湿地管理司规划监测处副处长

赵　鹏 水利部政策法规司水政监察处一级主任科员

毕守海 水利部水资源管理司取用水管理处处长

刘　江（女） 水利部河湖管理司水域岸线管理处处长

杨　丹（女，满族） 水利部水文司水资源监测处副处长

陈晓敏（女） 水利部长江水利委员会水文局建设与管理处处长

姚立强 水利部长江水利委员会长江科学院水资源综合利用研究所水资源管理研究室主任

陈正兵 水利部长江水利委员会长江勘测规划设计研究有限责任公司江河整治公司规划咨询室副主任

向继红 水利部长江水利委员会河道采砂管理局规划处副处长

钱振堂 水利部黄河水利委员会山东黄河河务局建设与管理处四级主任科员

李宇龙 水利部黄河水利委员会河南开封黄河河务局兰考黄河河务局党组成员、副局长、纪检组长

李　凯　水利部黄河水利委员会山西黄河河务局黄河北干流管理局水政科科员

王志伟　水利部黄河水利委员会陕西黄河河务局水政水资源与河湖监督处水政科副科长

付　强　水利部淮河水利委员会河湖管理处副处长

王伟涛　水利部淮河水利委员会沂沭泗水利管理局河东河道管理局局长

赵亮亮　水利部海河水利委员会河湖管理处副处长

李孟东　水利部海河水利委员会漳卫南运河管理局河湖管理处处长

叶荣辉　水利部珠江水利委员会河湖管理处水域岸线管理科副科长

邓建忠　水利部珠江水利委员会监督处三级调研员

徐志国　水利部松辽水利委员会河湖管理处河湖管理科科长

王立勇　水利部松辽水利委员会河湖保护与建设安全运行中心（筹）督查科科长

吴志飞　水利部太湖流域管理局河湖管理处处长

彭　欢　水利部太湖流域管理局政策法规处水政科科长

谢文君　水利部信息中心水利数据中心副主任

沈福新　水利部水利水电规划设计总院水战略研究二处副处长

吴　頔　中国水利报社记者

陈宪超　水利部建设管理与质量安全中心督查事务处副处长

谢智龙　水利部河湖保护中心政策技术处副处长

附件 3

全国优秀河（湖）长名单（共 348 名）

北京市

张　雷　北京市房山区城关街道办事处副主任，双全河乡级河长

郝宝刚　北京市朝阳区太阳宫地区办事处主任，坝河乡级河长

杨雪飞　北京市门头沟区清水镇党委副书记、镇长，清水河镇级河长

天津市

刘　威　天津市武清区东蒲洼街道党工委书记，街总河（湖）长

韩宝星　天津市东丽区新立街道党工委副书记、办事处主任，街总河（湖）长

袁锡道　天津市津南区葛沽镇党委委员、武装部长，镇级河（湖）长

河北省

王锦山　河北省唐山市迁西县党委副书记、县长，县级总河长

刘　炎　河北省保定市莲池区副区长，南环堤河莲池区段县级河长

范玉柱　河北省辛集市党委常委、办公室主任，辛集市六前排渠县级河长

蔡立彬　河北省石家庄市藁城区兴安镇党委副书记、镇长，乡级总河长

王智勇（满族）　河北省承德市围场满族蒙古族自治县棋盘山镇党委副书记、镇长，乡级总河长

张万林　河北省张家口市怀安县太平庄乡党委副书记、乡长，南九场河怀安县太平庄乡段乡级河长

李江华　河北省秦皇岛市北戴河区戴河镇党委书记，戴河北戴河区戴河镇段乡级河长

王向东　河北省廊坊市广阳区北旺乡党委副书记、乡长，乡级总河长

张建龙　河北省保定市顺平县蒲阳镇党委书记，七节河蒲阳镇段乡级河长

杨志辉　河北省沧州市运河区南陈屯乡党委副书记、乡长，南运河区南陈屯乡段乡级河长

徐　成　河北省衡水市桃城区赵家圈镇党委副书记，四干三排渠桃城区赵家圈镇乡级河长

陈冀江　河北省邢台市临城县赵庄乡党委书记，乡级总河（湖）长

李红娟（女）　河北省邯郸市丛台区光明桥街道党工委书记，滏阳河光明桥街道段乡级河长

白晨静（女，回族）　河北省定州市东留春乡党委副书记、乡长，乡级总河长

王彦章　河北雄安新区安新县寨里乡党委副书记，漕河寨里乡段乡级河长

山西省

李树忠　山西省太原市娄烦县党委副书记、县长，县级总河长

可　克　山西省忻州市保德县韩家川乡党委副书记、乡长，黄河、寺沟河、宝寺河、寨沟河韩家川段乡级总河长

段彦兵　山西省阳泉市平定县石门口乡党委副书记、乡长，桃河、南川河、阳胜河、柏井河（东大河）、徐峪沟河石门口乡段乡级总河长

李岩梅（女）　山西省长治市潞州区英雄中路街道党工委副书记、办事处主任，石子河新华段乡级总河长

张新海　山西省临汾市洪洞县大槐树镇党委副书记、镇长，汾河大槐树段乡级河长

靳　飞　山西省运城市盐湖区金井乡党委副书记、乡长，涑水河金井乡段乡级河长

内蒙古自治区

王文林（蒙古族）　内蒙古自治区呼和浩特市和林格尔县盛乐镇党委书记，乡级总河长

李晓东　内蒙古自治区包头市南海湿地管理处副处长、副书记，乡级湖长

萨国文（鄂温克族）　内蒙古自治区呼伦贝尔市海拉尔区党委副书记、区长，县级河湖长

殷洪涛（满族）　内蒙古自治区通辽市科尔沁区红星街道办事处主任，乡级河长

杨　海　内蒙古自治区锡林郭勒盟锡林浩特市毛登牧场党委书记、场长，乡级河长

苏永权（蒙古族）　内蒙古自治区鄂尔多斯市杭锦旗独贵塔拉镇党委副书记、镇长，乡级河长

吕　波　内蒙古自治区巴彦淖尔市临河区双河镇党委副书记，乡级河长

白智隆（蒙古族）　内蒙古自治区乌海市海勃湾区千里山镇党委副书记、镇长，乡级河长

早　青（蒙古族）　内蒙古自治区阿拉善盟额济纳旗巴彦陶来苏木党委书记，乡级河长

辽宁省

田富鑫（满族）　辽宁省营口市盖州市万福镇镇长，乡级河长

付德军（满族）　辽宁省本溪市桓仁满族自治县桓仁镇镇长，乡级总河长

孙北文　辽宁省大连市甘井子区革镇堡街道党工委书记，乡级总河长

赵立东　辽宁省阜新市彰武县西六家子镇党委书记，乡级总河长

刘　辉（蒙古族）　辽宁省锦州市义县头道河镇党委书记，乡级总河长

冯启超　辽宁省葫芦岛市兴城市大寨满族乡乡长，六股河大寨满族乡段乡级河长

王　敏　辽宁省铁岭市昌图县马仲河镇副镇长，汇源河、三道沟河马仲河镇段乡级河长

祝治平　辽宁省丹东市东港市长安镇党委书记，乡级总河长

王玉江　辽宁省鞍山市台安县台东街道办事处党工委书记，乡级总河长

吉林省

姜立国　吉林省长春市农安县农安镇党委书记，伊通河农安镇段乡级河长

王善斌　吉林省四平市铁西区党委书记，县级总河长

韩　鹏　吉林省辽源市东辽县泉太镇镇长，小梨树河泉太镇段乡级河长

李　罡　吉林省通化市辉南县样子哨镇党委书记，三统河样子哨镇段乡级河长

胡贵臣　吉林省白山市浑江区七道江镇党委书记，乡级总河长

王长山（蒙古族）　吉林省松原市前郭县平凤乡党委书记，松花江平凤乡段乡级河长

赵　楠（女）　吉林省白城市镇赉县党委副书记、县长，县级总河长，嫩江镇赉县段县级河长

朴光宇（朝鲜族）　吉林省延边朝鲜族自治州延吉市朝阳川镇镇长，朝阳河朝阳川镇段乡级河长

郭远鹏　吉林省梅河口市杏岭镇党委书记，一统河杏岭镇段乡级河长

黑龙江省

王海波　黑龙江省黑河市嫩江市嫩江镇党委书记，嫩江嫩江镇段乡级河长

王　蕾（女）　黑龙江省牡丹江市林口县青山镇党委书记，亚河青山镇段乡级河长

闫世福　黑龙江省七台河市桃山区万宝河镇党委副书记、常务副镇长，万宝河万宝河镇段乡级河长

李　林　黑龙江省鹤岗市东山区东方红乡党委副书记、乡长，梧桐河东方红乡段乡级河长

杨炳辉（鄂伦春族）　黑龙江省大兴安岭地区塔河县十八站鄂伦春民族乡党委书记，呼玛河鄂伦春民族乡段乡级河长

杨洪林　黑龙江省大庆市大同区林源镇党委书记，乡级河长、对喜泡乡级湖长

肖　寒　黑龙江省伊春市嘉荫县保兴镇党委书记，嘉荫河保兴镇段乡级河长

宋玉峰　黑龙江省齐齐哈尔市依安县太东乡人大主席，泰西河太东乡段乡级河长

赵长青　黑龙江省哈尔滨市尚志市珍珠山乡党委书记，冲河珍珠山乡段乡级河长

赵汉夫　黑龙江省哈尔滨市依兰县依兰镇党委书记，松花江依兰镇段乡级河长

赵铁雨（满族）　黑龙江省绥化市望奎县党委书记，县总河湖长、呼兰河望奎县段县级河长

徐凤军　黑龙江省佳木斯市汤原县党委副书记、县长，县总河湖长、汤旺河汤原县段县级河长

徐斌义　黑龙江省双鸭山市宝清县党委副书记、县长，县总河湖长、挠力河宝清县段县级河长

陶　树　黑龙江省鸡西市密山市太平乡党委书记，穆棱河太平乡段乡级河长

上海市

吉玉萍（女）　上海市闵行区华漕镇党委书记，镇总河长

蒋国强　上海市奉贤区庄行镇副镇长，庄行大寨河镇级河长

陈永坚　上海市徐汇区华泾镇党委副书记、镇长，华泾港镇级河长

江苏省

杨庆枫　江苏省南京市浦口区桥林街道党工委书记，驷马山河浦口区桥林段乡级河长

郭　平　江苏省无锡市宜兴市新庄街道党工委书记，乡级总河长，官渎港、洪巷港、茭渎港乡级河长

查海宏　江苏省无锡市惠山区洛社镇党委书记，乡级总河长、直湖港洛社段乡级河长

高　山　江苏省徐州市新沂市党委书记，县级总河长

杜　超　江苏省徐州市沛县大屯街道党工委副书记、办事处主任，京杭运河乡级河长、微山湖乡级湖长

徐华勤　江苏省常州市溧阳市党委书记，县级总河长

冯利明　江苏省常熟市梅李镇党委委员、副镇长，老海洋泾梅李段乡级河长

陆　燕（女）　江苏省南通市崇川区文峰街道党工委书记，乡级总河长，通甲河文峰段、红星二河段乡级河长

魏　伟　江苏省连云港市东海县石梁河镇党委书记，乡级总河长

詹　磊　江苏省连云港市赣榆区班庄镇党委书记，乡级总河长

谢红军　江苏省淮安市洪泽区老子山镇党委书记，乡级总河长，洪泽湖老子山片乡级湖长

马圣群　江苏省盐城市东台市梁垛镇党委书记，乡级总河长

丁雪海　江苏省扬州市仪征市常务副市长，长江仪征段县级河长

袁友新　江苏省镇江市句容市郭庄镇党委委员、副镇长，葛村南河郭庄镇段乡级河长

蔡爱国　江苏省镇江市扬中市西来桥镇党委书记，乡级总河长

王文跃　江苏省泰州市姜堰区罗塘街道党工委副书记，西姜黄河乡级河长

石　权　江苏省宿迁市泗洪县界集镇党委书记，乡级总河长

浙江省

贺忠平　浙江省杭州市西湖区三墩镇副镇长，下确桥港、苏嘉河、北沙斗河、大鱼斗港乡级河长

王利华　浙江省杭州市桐庐县钟山乡党委副书记、乡长，寺坞水库乡级湖长、清渚江钟山乡段乡级河长

蒋　鑫　浙江省杭州市淳安县汾口镇党委副书记、镇长，武强溪汾口段乡级河长

陈国松　浙江省湖州市德清县下渚湖街道党工委副书记、办事处主任，湘溪下渚湖街道段、东苕溪下渚湖街道段乡级河长

单永杰　浙江省湖州市南浔区副区长，頔塘（长湖申线）南浔区段县级河长

郑　明　浙江省嘉兴市嘉善县人大常委会党组书记、主任，太浦河嘉善县段县级河长、长白荡嘉善县片县级湖长

彭　峰　浙江省嘉兴市南湖区新丰镇党委书记，平湖塘东段新丰镇段乡级河长

吴军明　浙江省绍兴市越城区人大常委会灵芝街道工作委员会主任，梅山江乡级河长

祁力峰　浙江省绍兴市柯桥区马鞍街道党工委书记，滨海大河马鞍段乡级河长

施　燕（女）　浙江省宁波市江北区庄桥街道党工委委员，后姜河乡级河长

徐亚军　浙江省宁波市奉化区松岙镇副镇长，大埠河乡级河长

陈建恩　浙江省宁波市东钱湖旅游度假区党委委员、宁波市鄞州区东钱湖镇党委书记，沿山干河东钱湖镇段乡级河长、东钱湖水库东钱湖镇片乡级湖长

金仁善　浙江省台州市天台县平桥镇党委书记，始丰溪平桥段乡级河长

程卫国　浙江省台州市临海市白水洋镇党委书记，永安溪乡级河长

胡积合　浙江省金华市永康市党委副书记，永康江永康市段县级河长

何家驹　浙江省金华市义乌市稠江街道办事处主任，香溪稠江街道段乡级河长

刘　振　浙江省衢州市龙游县小南海镇党委副书记、镇长，衢江小南海镇段乡级河长

郑　凯　浙江省衢州市开化县马金镇党委书记，乡级总河长

卢丁方　浙江省丽水市松阳县副县长，五都源（新开河）县级河长

刘海勇　浙江省丽水市莲都区联城街道党工委书记，宣平溪联城街道段乡级河长

黄建春　浙江省温州市瓯海区党委常委，上江河县级河长

林建兴　浙江省温州市龙湾区永中街道党工委书记，永强塘河永中段乡级河长

沈　刚　浙江省舟山市定海区马岙街道办事处副主任，西岙洋河、河田河、拖扬头河上游、山潭小河、十亩里河上游、小车勾河乡级河长，大九岭水库乡级湖长

毛韩军　浙江省舟山市普陀区桃花镇副镇长，太平塘河、协耕塘河、学耕塘支河乡级河长

安徽省

张　华（女）　安徽省淮北市烈山区古饶镇党委书记，乡级总河长

陈　勇　安徽省亳州市蒙城县立仓镇党委副书记，草庙沟立仓镇段乡级河长

刘　明　安徽省宿州市灵璧县下楼镇镇长，乡级总河长

陈　雷　安徽省蚌埠市固镇县连城镇党委书记，乡级总河长

武子林　安徽省阜阳市界首市顾集镇党委书记，乡级总河长

刘晓峰　安徽省淮南市毛集实验区焦岗湖镇镇长，乡级总河长、淮河焦岗湖镇段乡级河长、焦岗湖焦岗湖镇片乡级湖长

贺家平　安徽省滁州市天长市市长，县级副总河长、秦栏河天长市段县级河长

左年文　安徽省马鞍山市雨山区党委书记，县级总河长、长江干流雨山区段县级河长

程明星　安徽省芜湖市繁昌区平铺镇人大主席，漳河平铺镇大有圩段乡级河长、黑子湖平铺镇片乡级湖长

乔东福　安徽省铜陵市枞阳县白柳镇党委书记，罗昌河河长

查　明　安徽省宣城市泾县桃花潭镇副镇长，清溪河桃花潭镇段乡级河长、南冲河桃花潭镇段乡级河长

黄光明　安徽省池州市东至县官港镇党委书记，乡级总河长、龙泉河官港镇段乡级河长、跃进水库乡级河长

朱读凯　安徽省安庆市岳西县姚河乡党委委员，姚家河姚河乡段乡级副河长

汪　媛（女）　安徽省黄山市屯溪区阳湖镇党委书记，乡级总河长

福建省

吴健斌　福建省福州市晋安区日溪乡党委副书记、乡长，乡级河长

陈炜彪　福建省厦门市集美区后溪镇党委书记，乡级河长

蔡燕斌（女）　福建省漳州市漳浦县官浔镇党委书记，乡级河长

张荣聪　福建省漳州市平和县山格镇党委书记，乡级河长

余金南　福建省泉州市永春县党委常委、常务副县长，湖洋溪河长

柳铅玉（女）　福建省泉州市泉港区涂岭镇党委书记，乡级河长

戴爱社　福建省泉州市南安市金淘镇党委书记，乡级河长

杨兴忠　福建省三明市沙县党委书记、人大常委会主任，县级河长

李梓文　福建省三明市清流县长校镇党委书记，乡级河长

肖端亮　福建省三明市将乐县高唐镇党委副书记、镇长，乡级河长

林志伟　福建省莆田市城厢区常太镇党委委员，延寿溪乡级河长

林振兴　福建省南平市建阳区将口镇党委副书记、镇长，乡级河长

曾智敏（女）　福建省南平市武夷山市星村镇党委书记，乡级河长

林骏芳　福建省龙岩市长汀县三洲镇党委书记，乡级河长

陈向华　福建省宁德市蕉城区八都镇党委书记，乡级河长

林谋钦　福建省平潭综合实验区苏平片区管理局农业农村处副处长，上攀溪乡级河长

江西省

许贵州　江西省赣州市石城县丰山乡党委副书记、乡长，乡级副总河长

邹卫梅（女）　江西省吉安市青原区党委副书记、区长，县级副总河长

古德勤　江西省赣州市寻乌县长宁镇党委书记，乡级总河长

郑　绍　江西省宜春市靖安县党委书记，县级总河长

黎铁薮　江西省抚州市东乡区孝岗镇党委副书记、镇长，乡级副总河长

王冬龙　江西省抚州市金溪县陆坊乡党委书记，乡级总河长

席联庆　江西省宜春市高安市村前镇党委副书记、镇长，乡级副总河长

曾谷庆　江西省鹰潭市月湖区童家镇党委副书记、镇长，乡级副总河长

刘　闯　江西省南昌市东湖区党委书记，县级总河长

周文华　江西省上饶市德兴市香屯街道办事处主任，乡级副总河长

伍术刚　江西省九江市共青城市苏家垱乡党委书记，乡级总河长

山东省

赵小强　山东省济南市商河县孙集镇党委书记，镇总河长

于正伟　山东省青岛市即墨区龙泉街道党工委委员、武装部长，龙泉河龙泉街道段乡级河长、玉石头水库湖长

王义朴　山东省淄博市沂源县党委书记，县总河长、沂河沂源段县级河长、田庄水库县级湖长

王建军　山东省枣庄市山亭区西集镇党委书记，镇总河长

王春光　山东省东营市垦利区垦利街道党工委副书记、办事处主任，乡级总河长

贾春江　山东省烟台市龙口市诸由观镇镇长，镇总河长、丛林寺河诸由观镇段乡级河长

王仁卓　山东省潍坊市昌乐县红河镇党委委员、副镇长，红河红河镇段乡级河长，小阿陀水库、大湖田水库乡级湖长

徐振龙　山东省济宁市邹城市城前镇党委书记，镇总河长

孙　栋　山东省泰安市肥城市老城街道党工委书记，乡级总河长

张　磊　山东省威海市荣成市俚岛镇三级主任科员，利查河俚岛镇段乡级河长，蜜蜂沟水库、石山渠水库乡级湖长

柴岚民　山东省日照市东港区南湖镇党委书记，镇总河长、傅疃河、南湖河南湖镇段乡级河长，日照水库、马陵水库、大宅科水库乡级湖长

李　洁（女）　山东省临沂市河东区郑旺镇党委副书记、镇长，汤河郑旺镇段乡级河长

李　冰　山东省德州市平原县王杲铺镇党委书记，镇总河长

郭泗新　山东省聊城市东昌府区广平镇党委书记，镇总河长、茌新河、位山灌区一干渠广平镇段乡级河长

李维博　山东省滨州市无棣县佘家镇党委书记，镇总河长

张庆国　山东省菏泽市单县党委副书记、县长，县总河长

孙建国　山东省黄河三角洲农业高新技术产业示范区丁庄街道党工委副书记、办事处主任，乡级总河长

河南省

许红兵　河南省平顶山市宝丰县党委书记，县第一总河长

孙庆伟　河南省濮阳市濮阳县县长，黄河县级河长

刘军民　河南省驻马店市汝南县县长，汝河县级河长

耿宇辉　河南省郑州市惠济区花园口镇镇长，黄河乡级河长

张　伟　河南省开封市兰考县谷营镇镇长，黄河乡级河长

王明明　河南省洛阳市孟津县小浪底镇党委书记，黄河乡级河长

臧华伟　河南省安阳市汤阴县韩庄镇党委书记，乡第一总河长

康红可　河南省鹤壁市城乡一体化示范区淇水湾街道办事处主任，淇河乡级河长

李晓伟　河南省长垣市芦岗乡党委书记，乡第一总河长、天然文岩渠乡级河长

夏虎军　河南省焦作市武陟县詹店镇党委书记，乡第一总河长

马建伟　河南省许昌市鄢陵县彭店镇党委书记，乡第一总河长、贾鲁河、康庙沟乡级河长

吴蓬莱　河南省漯河市舞阳县北舞渡镇党委书记，沙河乡级河长

张　浩　河南省三门峡市灵宝市阳平镇武装部长，阳平河乡级河长

李丰高　河南省南阳市内乡县赤眉镇党委书记，乡第一总河长

姜　勇　河南省商丘市睢阳区毛堌堆镇党委书记，乡第一总河长

沈亚林　河南省信阳市固始县三河尖镇党委书记，乡总河长、淮河乡级河长

董启超　河南省周口市沈丘县石槽集乡乡长，沙颍河乡级河长

湖北省

孙道军　湖北省十堰市郧阳区党委书记，区第一总河湖长、汉江郧阳段县级河湖长

盛文军　湖北省咸宁市赤壁市党委书记，市第一总河湖长

黄　进　湖北省襄阳市襄州区党委书记，区第一总河湖长

王　刚　湖北省黄石市大冶市党委书记，市总河湖长、大冶湖大冶段县级湖长

杨厚斌　湖北省武汉市武汉经济技术开发区军山街道办事处党建办公室主任，上乌丘乡级湖长

万犁昌（女）　湖北省宜昌市夷陵区党委常委、政府副区长，区副总河湖长

胡　涛　湖北省荆门市钟祥市郢中街道党工委书记，汉江郢中段镇级河长

万治红（女）　湖北省荆州市公安县麻豪口镇党委书记，镇总河湖长

程红安　湖北省天门市拖市镇党委书记，镇总河湖长

赵伦泉　湖北省鄂州市梁子湖区东沟镇党委书记，镇总河湖长

肖行平　湖北省孝感市孝昌县小河镇党委书记，镇总河湖长、大悟河及晏家河小河镇段镇级河长

刘必胜　湖北省黄冈市蕲春县漕河镇党委委员、武装部长，雷溪河（下段）镇级河长

李发军　湖北省随州市随县殷店镇党委副书记、镇长，镇总河湖长、漂水殷店镇段镇级河湖长

刘贤武　湖北省神农架林区木鱼镇党委书记，镇总河湖长

湖南省

毛　葵　湖南省长沙市长沙县副县长，浏阳河长沙县段县级河长、榨山港县级河长

资　涵（女）　湖南省长沙市望城区白沙洲街道党工委书记，湘江白沙洲街道段乡级河长

朱学锋　湖南省衡阳市衡山县白果镇党委书记，涓水白果镇段乡级河长

黄　强　湖南省株洲市芦淞区白关镇党委书记，芦淞区白关镇第一总河长、大京水库河长

吴小前　湖南省邵阳市邵阳县谷洲镇党委书记，檀江谷洲镇段乡级河长

杨霞霞（女）　湖南省岳阳市岳阳楼区王家河街道党工委副书记、办事处主任，乡级河长

杨必胜　湖南省常德市桃源县夷望溪镇党委书记，桃源县夷望溪镇第一总河长

尹　平　湖南省益阳市大通湖区千山红镇党委书记，大通湖区千山红镇第一河长、烂泥湖引水渠河长

田　卫（土家族）　湖南省张家界市永定区谢家垭乡党委副书记、乡长，永定区谢家垭乡沂溪河、大晏溪、高家溪河长

龚召君（女，土家族）　湖南省张家界市桑植县刘家坪白族乡党委书记，桑植县刘家坪白族乡第一河长、郁水双溪桥村至长征村段河长

李文霞（女）　湖南省郴州市桂阳县仁义镇党委书记，桂阳县仁义镇第一河长、春陵江桂阳县仁义镇段乡级河长

柏　涛　湖南省郴州市北湖区仰天湖乡党委书记，乡第一总河长

王小丽（女）　湖南省永州市祁阳县党委副书记，湘江干流祁阳段县级河长

杨绍平（侗族）　湖南省怀化市通道侗族自治县县溪镇党委副书记、镇长，通道侗族自治县县溪镇总河长

贺铁坚　湖南省娄底市双峰县杏子铺镇党委副书记、镇长，涟水河双峰县杏子铺镇段乡级河长

何春林（土家族）　湖南省湘西土家族苗族自治州保靖县比耳镇党委书记，保靖县比耳镇第一总河长、马塘河双福村段河长

广东省

徐绮梨（女）　中共广东省广州市黄埔区南岗街南岗社区居委会书记，南岗河、宏岗河、金紫涌乡级河长

潘正焕　广东省广州市增城区石滩镇党委书记，镇街总河长

于　丽（女，满族）　广东省深圳市龙华区民治街道办事处民治社区党委书记，油松河民治社区段乡级河长

李志平　广东省珠海市横琴新区管理委员会副主任，县级河长

张嘉慧（女）　广东省汕头市潮南区成田镇党委书记，龟头海支流（含大寮港）、大寮港北港成田段乡级河长

梁耀斌　广东省佛山市高明区党委副书记、区长，区副总河长、高明河县级河长

朱新玉（女）　广东省韶关市乐昌市长来镇党委书记，镇第一总河长

万志明　广东省韶关市仁化县董塘镇党委书记，镇第一总河长

蓝永晓（畲族）　广东省河源市源城区埔前镇党委副书记、镇长，黄果沥河埔前镇段乡级河长

古　健　广东省梅州市梅县区丙村镇党委副书记、镇长，梅江河丙村镇段乡级河长

谢福海　广东省江门市台山市四九镇党委书记，新昌水四九段乡级河长

邝伟文　广东省江门市鹤山市址山镇党委副书记、镇长，新桥水址山段乡级河长

余旭斌　广东省阳江市阳东区那龙镇党委书记，那龙河乡级河长

张剑斌　广东省茂名市电白区林头镇党委书记，镇第一总河长

徐如海　广东省肇庆市怀集县诗洞镇人大主席，永固河诗洞镇段乡级河长

梁信文　广东省吴川市吴阳镇党委书记，镇第一总河长

广西壮族自治区

周仕志　广西壮族自治区贵港市平南县县委书记，县级总河长

欧阳可爽（壮族）　广西壮族自治区百色市西林县县长，县级总河长、西江西林县段县级河长

欧超间（女）　广西壮族自治区梧州市长洲区副区长，河长办主任，雅尖河、思龙冲水库县级河长

蓝　岸（女）　广西壮族自治区玉林市兴业县副县长，河长办主任，红江水库、大洋河县级河长

利远远（女）　广西壮族自治区钦州市钦北区平吉镇党委副书记、镇长，乡级总河长、钦江平吉镇段乡级河长

韦　容（女，壮族）　广西壮族自治区合山市岭南镇党委书记，乡级总河长、勤老河、塘连河乡级河长

彭仁慧（壮族）　广西壮族自治区南宁市良庆区玉洞街道党工委书记，乡级总河长、良庆河玉洞街道段乡级河长

梁武兴（壮族）　广西壮族自治区防城港市上思县公正乡党委委员、武装部长，大寺江、那齐河公正乡段乡级河长

吴履伟（仫佬族）　广西壮族自治区河池市宜州区刘三姐镇党委书记，乡级总河长

邱宗云　广西壮族自治区贺州市昭平县樟木林镇党委书记，乡级总河长、富群河樟木林段乡级河长

王融莉（女）　广西壮族自治区柳州市柳城县副县长，柳城县级河长、峨侣水库、独山水库、东泉河、大罗河县级河长

李　秀（女）　广西壮族自治区桂林市永福县龙江乡党委书记，乡级总河长、丹江乡级河长

海南省

符艳丽（女）　海南省东方市江边乡党委书记，昌化江、感恩河江边乡段乡级河长

林瑞文　海南省儋州市那大镇党委副书记、镇长，略亚河乡级河长

吴彭保　海南省海口市秀英区海秀街道党工委书记，秀英沟海秀街道段乡级河长

重庆市

唐奇利（女）　重庆市梁平区袁驿镇党委书记，袁驿河袁驿镇段镇级河长

陈明武　重庆市丰都县三合街道办事处主任，龙河三合街道段镇级河长

王　莉（女）　重庆市万州区新田镇党委书记，新田河新田镇段镇级河长

周　昌　重庆市开州区紫水乡党委书记，马厂河紫水乡段乡级河长

彭海涛　重庆市忠县马灌镇党委专职副书记，胡家沟镇级河长

周　伍（土家族）重庆市石柱土家族自治县万朝镇党委专职副书记，后槽沟河万朝段镇级河长

李　莉（女，满族）重庆市彭水苗族土家族自治县绍庆街道办事处副主任，堰塘河绍庆街道段镇级河长

彭作杰（土家族）重庆市秀山土家族苗族自治县大溪乡党委宣传统战委员，梅家河大溪乡段乡级河长

胡　艳（女）重庆市奉节县康乐镇党委副书记，风斗河康乐镇段镇级河长

四川省

郑庭阳　四川省成都市青白江区大弯街道党工委委员、办事处副主任，杨柳堰大弯街道段乡级河长

罗园园（女）四川省成都市双流区黄龙溪镇党委委员、副镇长，锦江黄龙溪镇段乡级河长

华　茂　四川省自贡市自流井区舒坪街道党工委书记，金鱼河舒坪街道段乡级河长

王　强　四川省攀枝花市盐边县渔门镇党委书记，力马河渔门镇段乡级河长

张　霜（女）四川省泸州市合江县白米镇党委书记，乡级总河长

黄　静（女）四川省德阳市什邡市马祖镇党委书记，石亭江、白鱼河马祖镇段乡级河长

王　橙　四川省绵阳市三台县芦溪镇党委副书记、镇长，乡级总河长

陈　蕾（女）四川省广元市青川县沙州镇党委副书记、镇长，乡级河长

吴　军　四川省遂宁市安居区党委副书记、区长，安居区总河长、蟠龙河区级河长

刘　衡　四川省内江市资中县重龙镇党委书记，沱江重龙镇段乡级河长

谢建平　四川省乐山市峨眉山市副市长，临江河峨眉山市段县级河长

冯　敏　四川省南充市阆中市老观镇党委书记，东河老观镇段乡级河长

罗春涛（女）四川省宜宾市南溪区党委书记、区长，县级总河长、黄沙河南溪区段区级河长

陈　伟　四川省广安市武胜县街子镇党委书记，长滩寺河街子镇段乡级河长

朱月高　四川省达州市大竹县观音镇党委副书记、镇长，铜钵河观音镇段乡级河长

陈　槟　四川省巴中市南江县党委副书记，岳家河南江县段县级河长

徐　良　四川省雅安市天全县副县长，县级副总河长

刘朝阳　四川省眉山市东坡区通惠街道党工委书记，西醴泉河通惠街道段乡级河长

刘大彬　四川省资阳市雁江区伍隍镇党委书记，沱江伍隍镇段乡级河长

泽让甲（藏族）四川省阿坝藏族羌族自治州阿坝县麦尔玛镇党委副书记、镇长，姜窝柯河麦尔玛镇段乡级河长

王永桥　四川省甘孜藏族自治州泸定县烹坝镇党委书记，乡级总河长

吴　玮　四川省凉山彝族自治州宁南县松新镇党委书记，乡级总河长

贵州省

付　凯　贵州省贵阳市息烽县永靖镇党委书记，息烽河永靖镇段乡级河长

罗登义　贵州省遵义市仁怀市茅台镇副镇长，金溪河茅台镇段乡级河长

赵　平　贵州省遵义市赤水市大同镇党委副书记、镇长，大同河大同镇段乡级河长

贾小华（苗族）贵州省铜仁市江口县太平镇党委副书记、镇长，太平河太平镇段乡级河长

黄洪州（苗族）贵州省铜仁市碧江区党委副书记、区长，小江碧江区段县级河长

潘登岭（女，苗族）贵州省安顺市镇宁布依族苗族自治县党委副书记、县长，桂家河镇宁布依族苗族自治县段县级河长

王　娟（女）贵州省毕节市大方县小屯乡党委书记，白甫河小屯乡段乡级河长

周　聪　贵州省毕节市纳雍县厍东关彝族白族苗族乡党委书记，六冲河厍东关彝族白族苗族乡段乡级河长

龚鸿志　贵州省六盘水市六枝特区牛场苗族彝族乡党委委员、副乡长，三岔河牛场苗族彝族乡段乡级河长

邱　毅　贵州省黔南布依族苗族自治州龙里县湾滩河镇党委书记，独木河湾滩河镇段乡级河长

方先红（女） 贵州省黔西南布依族苗族自治州兴仁市党委副书记、市长，麻沙河兴仁市段县级河长

田　韬（土家族） 贵州省黔东南苗族侗族自治州施秉县双井镇党委副书记、镇长，清水江双井镇段乡级河长

吴　艳（女，苗族） 贵州省黔东南苗族侗族自治州麻江县龙山镇党委书记，羊昌河龙山镇段乡级河长

云南省

沃　磊　云南省昆明市盘龙区区长，金汁河区级河长

苟远松　云南省昭通市绥江县会仪镇党委副书记、镇长，黄坪溪乡级河长

李仕连　云南省保山市隆阳区青华街道党工委书记，东河、红花河乡级河长

李从富　云南省楚雄彝族自治州元谋县物茂乡乡长，永定河物茂乡段乡级河长

李　斌（彝族） 云南省文山壮族苗族自治州丘北县八道哨彝族乡党委书记，普者黑湖乡级湖长、清水河乡级河长

周　庆（彝族） 云南省普洱市澜沧拉祜族自治县谦六彝族乡乡长，糯扎渡电站库区乡级湖长

董　俊　云南省西双版纳傣族自治州景洪市勐龙镇党委书记，南阿河镇级河长

袁春城（白族） 云南省大理白族自治州大理市副市长，永安江市级河长

黄　超（傣族） 云南省瑞丽市瑞丽农场党委副书记、瑞丽农场管理委员会主任，瑞丽江（瑞丽农场段）、南管河（瑞丽农场段）乡级河长

和仕俊（白族） 云南省怒江傈僳族自治州兰坪白族普米族自治县啦井镇党委书记，丰坪水库镇级湖长

杨　杰　云南省迪庆藏族自治州香格里拉市洛吉乡乡长，老屋基河乡级河长

刀学军（佤族） 云南省临沧市沧源佤族自治县勐董镇人大主席团主席，芒勐河、芒骂河镇级河长

西藏自治区

刘军民（女） 西藏自治区拉萨市达孜区塔杰乡党委副书记、乡长，拉萨河塔杰乡段乡级河长

魏传夫　西藏自治区日喀则市吉隆县吉隆镇党委副书记、镇长，吉隆镇总河长

扎西罗布（藏族） 西藏自治区山南市隆子县斗玉乡人民武装部部长，色曲斗玉乡段乡级河长

洛桑朗杰（藏族） 西藏自治区山南市贡嘎县吉雄镇党委副书记、镇长，雅鲁藏布江吉雄镇段乡级河长

达　乔（藏族） 西藏自治区林芝市工布江达县县委常委、副县长，巴河工布江达县段县级河长

王海斌　西藏自治区林芝市墨脱县背崩乡党委书记，墨脱县背崩乡总河长

方仲儒　西藏自治区昌都市八宿县然乌镇党委副书记、镇长，然乌湖乡级湖长

格桑玉珍（女，藏族） 西藏自治区那曲市安多县党委副书记、人大常委会主任，帕曲河安多县段县级河长

罗　布（藏族） 西藏自治区阿里地区革吉县副县长，夏夏藏布革吉县段县级河长

陕西省

张毅锋　陕西省渭南市蒲城县县长，大峪河蒲城段县级河长、排碱渠县级河长

谢承海　陕西省安康市岚皋县四季镇党委副书记、镇长，四季河镇级河长

贾春峰　陕西省延安市洛川县交口河镇党委副书记、镇长，北洛河交口河段乡镇级河长

肖利安　陕西省汉中市城固县沙河营镇党委副书记、镇长，汉江城固县沙河营段镇级河长、文川河镇级河长

贺甲民　陕西省西咸新区泾河新城崇文镇党委书记，泾河崇文镇段镇级河长

孙大鹏　陕西省渭南市韩城市西庄镇党委副书记、镇长，盘河西庄镇段镇级河长

甘肃省

李寅虎　甘肃省酒泉市敦煌市黄渠镇党委副书记、镇长，党河、疏勒河黄渠镇段乡级河长

党元昌　甘肃省甘南藏族自治州临潭县店子镇党委书记，戚旗河店子镇段乡级河长

刘晓宏　甘肃省白银市靖远县高湾镇党委书记，黑虎岔沟、马寨河、狼儿沟高湾镇段乡级河长

聂海军　甘肃省嘉峪关市文殊镇党委书记，白沙河、讨赖河、文殊沙河、钟家沙河、田家沙河文殊镇段乡级河长

石根财　甘肃省天水市麦积区甘泉镇党委书记，颍川河甘泉镇段乡级河长

吕建东　甘肃省定西市陇西县碧岩镇党委书记，科羊河碧岩镇段乡级河长

申富永　甘肃省陇南市武都区东江镇党委书记，白龙江东江镇段乡级总河长

马寿龙（回族）　甘肃省临夏州东乡县党组成员，大夏河东乡县段县级河长

张拴会　甘肃省平凉市崇信县党委书记，汭河、黑河崇信县段县级总河长

青海省

吉　辉　青海省西宁市城中区区长，县级河（湖）长

董四海（蒙古族）　青海省海西蒙古族藏族自治州乌兰县铜普镇镇长，乡级河（湖）长

韩进龙（回族）　青海省海北藏族自治州门源回族自治县麻莲乡乡长，乡级河（湖）长

汤海明　青海省黄南藏族自治州同仁市黄乃亥乡党委书记，乡级河（湖）长

王武邦　青海省果洛藏族自治州班玛县赛来塘镇党委书记，乡级河（湖）长

宁夏回族自治区

杨慧君（女）　宁夏回族自治区银川市灵武市临河镇党委书记，黄河临河段乡级河长

赵赋力　宁夏回族自治区银川市永宁县李俊镇党委副书记、镇长，仁增路边沟乡级河长

雷　文　宁夏回族自治区石嘴山市惠农区副区长，盐湖沟、雁窝池拦洪库县级河长

黑岳峰（回族）　宁夏回族自治区吴忠市利通区郭家桥乡武装部长，曹家湖沟乡级河长

余振民　宁夏回族自治区吴忠市青铜峡市峡口镇党委书记，黄河峡口段乡级河长

张立君　宁夏回族自治区固原市泾源县党委书记，泾河泾源段县级河长

张学海　宁夏回族自治区中卫市中宁县鸣沙镇党委书记，黄河鸣沙段乡级河长

新疆维吾尔自治区

王小宁　新疆维吾尔自治区喀什地区喀什市党委常委、副市长，市副总河长、吐曼河喀什市段县级河长

吾拉木江·热依木（维吾尔族）　新疆维吾尔自治区阿克苏地区阿克苏市党委副书记、市长，阿克苏市总河湖长、县级河长

许建军　新疆维吾尔自治区昌吉回族自治州呼图壁县雀尔沟镇党委书记，雀尔沟河雀尔沟镇段乡级河段长

吾买尔·买买提（维吾尔族）　新疆维吾尔自治区吐鲁番市高昌区亚尔镇党委副书记、镇长，塔尔朗河亚尔镇段乡级河长

王　萍（女）　新疆维吾尔自治区伊犁哈萨克自治州特克斯县阔克苏乡党委书记，阔克苏河阔克苏乡河段河长

艾斯卡尔·买买提（维吾尔族）　新疆维吾尔自治区巴音郭楞蒙古自治州轮台县哈尔巴克乡党委副书记、乡长，卡尔塔河哈尔巴克乡段乡级河长

新疆生产建设兵团

蒋爱军　新疆生产建设兵团第二师33团7连党支部书记，塔里木河干流33团7连段河段长

李龙明　新疆生产建设兵团第十师184团1连党支部书记，和布克河184团1连段河段长

（来源：水利部网站）

水利部办公厅　财政部办公厅
关于公布2021年水系连通及
水美乡村建设试点县名单的通知

（办规计〔2021〕173号）

根据《水利部　财政部关于开展水系连通及农村水系综合整治试点工作的通知》（水规计〔2019〕277号）、《水利部规划计划司　财政部农业农村司关于开展2021年水系连通及水美乡村建设试点的通知》（规计计函〔2021〕16号）有关要求，水利部、财政部对省级水利、财政部门联合报送的水系连通及水美乡村建设试点推荐县、候补县的实施方案，委托第三方组织技术专家开展了评审。根据专家评审意见，确定了纳入中央财政支持的2021年水系连通及水美乡村建设试点县名单（见附件）。

请相关省级水利部门指导试点县对照审查意见，逐条完善实施方案。修改完善后的实施方案由省级水利部门会同财政部门按程序审批，并报送水利部、财政部备案。水利部将对试点方案完善和采纳审查意见的情况进行核查，对核查发现存在的问题及时督促修改。同时，请相关省级水利部门指导督促试点县同步开展前期工作，抓紧组织项目实施，完善相关制度，加快建设进度，确保按期完成实施方案

中明确的建设任务。

水利部办公厅　财政部办公厅

2021年6月2日

附件

2021年水系连通及水美乡村建设试点县名单

序号	省　份	试点县
1	北　京	房山区
2	天　津	滨海新区
3	河　北	新河县
4	山　西	云州区
5	辽　宁	南芬区
6	吉　林	净月高新区
7	黑龙江	庆安县
8	内蒙古	乌拉特中旗
9	江　苏	清江浦区
10	浙　江	天台县
11	安　徽	贵池区
12	福　建	连江县
13	江　西	安义县
14	山　东	广饶县
15	河　南	郏县
16	湖　北	京山市
17	湖　南	永顺县
18	广　东	鹤山市
19	广　西	八步区
20	海　南	儋州市
21	重　庆	黔江区
22	四　川	泸县
23	贵　州	江口县
24	云　南	西畴县
25	西　藏	桑珠孜区
26	陕　西	合阳县
27	甘　肃	康县
28	青　海	循化县
29	宁　夏	沙坡头区
30	新　疆	新源县

（来源：水利部网站）

“十三五”期末实行最严格水资源管理制度考核结果发布

9月28日，国务院审定了“十三五”期末实行最严格水资源管理制度考核结果并予以公布。考核结果为：31个省（自治区、直辖市）“十三五”期末考核等级均为合格以上，其中浙江、江苏、山东、安徽4个省考核等级为优秀，并获国务院办公厅通报表扬。

根据《国务院关于实行最严格水资源管理制度的意见》和《国务院办公厅关于印发实行最严格水资源管理制度考核办法的通知》规定，水利部会同发展改革委、工业和信息化部、财政部、自然资源部、生态环境部、住房和城乡建设部、农业农村部、统计局等部门，制定了考核方案，成立了考核工作组，对31个省（自治区、直辖市）目标完成情况、制度建设和措施落实情况进行了综合评价，形成考核结果。

总体上看：“十三五”时期，在党中央、国务院正确领导下，各地区、各部门采取有力措施，扎实推进最严格水资源管理制度实施，节约用水深入推进，取用水管理全面强化，水资源保护持续加强，河湖管理成效明显，农村饮水安全保障水平显著提升，全国用水总量、用水效率和重要江河湖泊水功能区水质达标率等控制目标全面完成，水资源节约集约和安全利用水平显著提升。

2020年，全国31个省（自治区、直辖市）用水总量为5 812.9亿m^3，完成了“十三五”期末控制在6 700亿m^3以内的目标；万元国内生产总值用水量、万元工业增加值用水量分别比2015年下降28％、39.6％，完成了“十三五”期末分别比2015年下降23％、20％的控制目标；农田灌溉水利用系数为0.565，比2015年提高0.029，完成了“十三五”期末提高到0.55以上的目标；重要江河湖泊水功能区水质达标率为88.9％，比2015年提高18.1个百分点，完成了“十三五”期末提高到80％以上的控制目标。

今年是“十四五”开局之年，各地区、各部门要全面落实“节水优先、空间均衡、系统治理、两手发力”治水思路，按照党中央、国务院决策部署，强化水资源刚性约束，坚持以水定城、以水定地、以水定人、以水定产，合理规划人口、城市和产业发展，深入实施国家节水行动，扎实推进水资源节约集约和安全利用，促进经济社会发展方式绿色转型，为推动生态文明建设和经济社会高质量发展提供强有力的水安全保障。　（来源：水利部网站）

水利部关于开展2021年度实行最严格水资源管理制度考核工作的通知

（水资管函〔2021〕140号）

各省、自治区、直辖市人民政府：

经中共中央办公厅和国务院办公厅批准，实行最严格水资源管理制度考核列入2021年度考核工作计划。为做好2021年度实行最严格水资源管理制度考核工作，按照中央关于统筹规范督查检查考核工作有关要求，以及《国务院办公厅关于印发实行最严格水资源管理制度考核办法的通知》（国办发〔2013〕2号，以下简称《考核办法》），水利部商国家发展改革委、工业和信息化部、财政部、自然资源部、生态环境部、住房城乡建设部、农业农村部和国家统计局，制定了《2021年度实行最严格水资源管理制度考核方案》（见附件），现将有关事项通知如下。

一、2021年度实行最严格水资源管理制度考核内容包括目标完成情况、重点任务措施落实情况，其中目标完成情况重点考核2021年度指标完成情况；重点任务措施落实情况主要考核2021年度重点工作落实情况。

二、2021年度实行最严格水资源管理制度考核采用日常监督与年终考核、定量与定性、明查与暗访等相结合的方式。日常监督主要采用"四不两直"等方式进行检查；年终考核以明查、抽查等方式进行核查，根据日常监督与核查情况进行年度考核结果评定，考核结果由水利部等9个部门联合上报国务院审定。

三、2021年度用水总量控制、用水效率控制、水功能区限制纳污管理目标值，依据有关控制目标确定，具体目标另行下发。

四、2022年2月15日前，各省（自治区、直辖市）人民政府将2021年度目标完成情况初步结果、重点任务措施落实情况自查报告经省级人民政府主要负责人审签后报送国务院，并抄送水利部等考核工作组成员单位。自查报告和复核技术资料电子版通过国家水资源信息管理系统同时报送水利部。截止时间为2022年2月15日，逾期不受理。

五、请各省（自治区、直辖市）人民政府高度重视，认真组织，切实做好2021年度实行最严格水资源管理制度考核工作。各省（自治区、直辖市）报送资料务必真实、准确。存在弄虚作假情况，情节严重的，一经查实，考核结果为不合格，并对有关责任人员依法依纪追究责任。

水利部

2021年10月9日

附件：2021年度实行最严格水资源管理制度考核方案

附件

2021年度实行最严格水资源管理制度考核方案

为贯彻"节水优先、空间均衡、系统治理、两手发力"治水思路，全面落实最严格水资源管理制度，强化水资源刚性约束，根据中央规范督查检查考核工作有关要求、《国务院办公厅关于印发实行最严格水资源管理制度考核办法的通知》（国办发〔2013〕2号，以下简称《考核办法》），制定《2021年度实行最严格水资源管理制度考核方案》。

一、考核内容

2021年度考核内容包括目标完成情况、重点任务措施落实情况。

（一）目标完成情况

考核2021年度用水总量控制、用水效率控制和水功能区限制纳污管理等目标完成情况。其中，用水总量控制目标完成情况包括区域用水总量控制目标、跨省江河水量分配、重要河湖生态流量、重点监管取水口取水管控等落实情况；用水效率控制指标完成情况包括区域万元国内生产总值用水量降幅、万元工业增加值用水量降幅、农田灌溉水利用系数的落实情况。水功能区限制纳污管理目标完成情况为国务院批复的重要江河湖泊水功能区水质达标率指标的落实情况。

（二）重点任务措施落实情况

主要考核2021年度重点工作落实情况，包括节约用水管理、取用水监管、水资源保护（含地下水管理）、农村供水保障、河湖管理等5项内容。

2021年度实行最严格水资源管理制度考核内容及相关要求见附件1。用水总量控制、用水效率控制和水功能区限制纳污管理等目标、具体赋分细则另行下发。

二、考核方式

采用日常监督与年终考核、定量与定性、明查与暗访等相结合的方式。日常监督主要采用"四不两直"等方式进行检查，年终考核以明查、抽查等方式进行核查，根据日常监督与核查情况进行年度考核结果评定。各项考核内容具体考核方式见附件1。

三、考核程序

（一）检查

考核工作组办公室组织对各省（自治区、直辖市）有关工作采用"四不两直"方式进行日常检查。

检查内容主要包括用水强度控制实施、取用水监管、监测计量与统计、地下水保护和超采治理、农村供水保障有关工作、河湖管理有关工作等（附件1“四不两直”方式对应的考核事项）。

对于检查中发现的主要问题，以“一省一单”方式反馈各省（自治区、直辖市）进行整改。

（二）省级政府自查

各省（自治区、直辖市）人民政府按照考核内容，组织开展自查。自查内容主要包括目标完成情况中的6项指标完成情况；重点任务措施落实情况中的节约用水管理和取用水监管中的江河流域分水、水资源调度、农业水价综合改革、生态流量保障、地下水管理等相关内容（附件1“自查”方式对应的考核事项）。

2022年2月15日前，各省（自治区、直辖市）人民政府将2021年度目标完成情况、重点任务措施落实情况自查报告报国务院，并抄送水利部等考核工作组成员单位，自查报告提纲见附件2，支撑材料要求见附件3。

（三）核查与抽查

考核工作组办公室结合各省（自治区、直辖市）人民政府报送的自查材料，对用水效率控制目标和水功能区限制纳污目标、江河流域分水、水资源调度等相关内容进行核查（附件1“核查”方式对应的考核事项），对用水总量控制目标、水源地保护、生态流量（水量）管控等相关内容进行抽查（附件1“抽查”方式对应的考核事项）。

（四）考核结果评定

考核工作组办公室综合检查、核查与抽查情况，形成年终考核初步结果，经考核工作组审定后，由水利部会同考核工作组各成员单位于2022年6月底前报国务院。

四、考核评分

考核评分满分为100分（考核内容评分见附件1）。根据年度考核的评分结果划分为优秀、良好、合格、不合格四个等级。考核得分90分以上为优秀，80分以上90分以下为良好，60分以上80分以下为合格，60分以下为不合格（以上包括本数，以下不包括本数）。

五、考核结果使用

根据《考核办法》规定，考核结果经国务院审定后向社会公告，并报中组部作为对各省（自治区、直辖市）人民政府主要负责人和领导班子综合考核评价的重要依据。对于年度考核发现的主要问题，以“一省一单”方式反馈有关省（自治区、直辖市）人民政府进行整改。

附件：1. 2021年度实行最严格水资源管理制度考核内容及相关要求

2. 自查报告编制提纲

3. 自查报告相关支撑材料要求

附件1

2021年度实行最严格水资源管理制度考核内容及相关要求

类别	分值	序号	考核指标或项目	分值	考核内容	赋分方式(1)	考核方式(2)
目标完成情况	30	1	用水总量控制目标	12	1. 区域用水总量控制目标完成情况，4分。按照区域用水总量目标完成情况得分，同时结合水资源管理监督检查发现的用水总量控制指标落实、区域用水统计台账质量等问题扣分。 2. 跨省江河水量分配、重要河湖生态流量、重点监管取水口取水管控等目标完成情况，8分	得分/扣分	自查/抽查
		2	用水效率控制目标（南方地区9分，北方地区12分(3)）	9～12	1. 万元国内生产总值用水量降幅年度目标完成情况，南方地区3分、北方地区4分。 2. 万元工业增加值用水量降幅年度目标完成情况，南方地区3分、北方地区4分。 3. 农田灌溉水利用系数年度目标完成情况，南方地区3分、北方地区4分	得分	自查/核查

续表

类别	分值	序号	考核指标或项目	分值	考核内容	赋分方式[(1)]	考核方式[(2)]
目标完成情况	30	3	水功能区限制纳污目标（南方地区9分，北方地区6分）	6～9	重要江河湖泊水功能区水质达标率年度目标完成情况。重要江河湖泊水功能区水质达标率指标考核由生态环境部负责	得分	自查/核查
节约用水管理	21	4	国家节水行动方案推进	2	1. 相关省（自治区）落实《水利部关于实施黄河流域深度节水控水行动的意见》年度任务情况，0.5分。包括相关省级水行政主管部门制定年度任务清单等情况。不属于黄河流域的省级行政区，该项分值移至第2项。 2. 各省（自治区、直辖市）落实国家节水行动方案省级实施方案情况，0.5分。 3. 省级节约用水工作协调机制发挥作用情况，1分	得分	自查/核查
		5	用水强度控制实施	5	1. 用水单位计划用水管理情况，2分。包括对用水单位用水计划下达情况，按照用水定额核定用水计划情况，对超计划用水单位处理情况	扣分	四不两直
					2. 用水定额制修订及执行情况，2分。包括省级用水定额制修订情况，取用水项目的定额执行情况。 3. 城市公共供水管网改造及漏损率下降情况，1分	扣分	自查/核查
		6	节约用水监管	4	1. 节水监督检查情况，1分。包括省级节水监督检查年度计划方案制定、实施及检查报告编制情况。 2. 节水评价开展情况，1分。包括节水评价台账建立情况，规划和建设项目节水评价登记情况。 3. 国家、省、市三级重点监控用水单位管理情况，1分。包括重点监控用水单位名录建设情况，数据信息报送、核查情况。 4. 节水纳入政绩考核情况，1分。包括严重缺水地区[(4)]将节水作为约束性指标纳入政绩考核情况，其他地区将节水指标纳入市、县级政府政绩考核情况。 5. 监督发现问题情况。根据督察、巡视、审计、媒体、举报等发现的问题，以及2020年度考核、水利部节水监督检查中问题整改存在的问题进行扣分，每发现1个问题扣0.1分、情节严重的扣0.3分，扣完4分为止	得分/扣分	自查/核查

续表

类别	分值	序号	考核指标或项目	分值	考核内容	赋分方式[1]	考核方式[2]
节约用水管理	21	7	节水型社会建设	6.5	1. 县域节水型社会达标建设目标任务完成情况，2分	得分	四不两直
					2. 水利行业节水型单位建设情况，1分。包括水利行业节水型单位建设方案制定和年度建设目标完成情况。 3. 落实市场机制创新情况，0.5分。出台促进节水的财政政策情况；推动合同节水管理工作情况。 4. 节水型高校建设情况，1分。包括节水型高校建设年度目标任务完成情况。 5. 节水型企业建设情况，1分。包括国家、省、市三级重点监控用水单位名录中的钢铁、火电、纺织、造纸、石化和化工等高耗水行业节水型企业建设情况。 6. 节水型灌区建设情况，0.5分。包括制定省级节水型灌区建设标准情况，节水型灌区年度创建情况。 7. 高效节水灌溉建设任务完成情况，0.5分	得分	自查/核查
		8	非常规水源利用情况	1.5	1. 将非常规水源纳入水资源统一配置情况，0.5分。 2. 非常规水利用量占比情况，0.5分。 3. 再生水利用率情况，0.5分	得分	自查/核查
		9	节水宣传教育	2	1. 在中央和相关部委媒体、政务信息上主题宣传报道节水情况，1分。 2. 在省级报纸、电视台、电台等媒体上主题宣传报道节水情况，0.5分。 3. 在水日水周等节点与日常开展节水进社区等主题宣传教育活动情况，0.5分	得分	自查/核查
取用水监管	16	10	江河流域分水	4	1. 本省级行政区域涉及的跨省江河水量分配工作完成情况，2分。按照截至2021年年底前国家已批复或本省级行政区已确认水量分配方案的跨省江河数量占2011年后已开展水量分配的跨省江河数量的比例得分。如本省级行政区不涉及此项内容，分值转移至第2项。 2. 本省级行政区域开展跨地级行政区江河水量分配情况，2分。按照截至2021年年底累计批复水量分配的跨地级行政区江河数量占截至2021年年底计划完成水量分配的跨地级行政区江河数量的比例得分。如本省级行政区不涉及此项内容，分值转移至第1项	得分	自查/核查

续表

<table>
<tr><th>类别</th><th>分值</th><th>序号</th><th>考核指标
或项目</th><th>分值</th><th>考 核 内 容</th><th>赋分
方式[1]</th><th>考核
方式[2]</th></tr>
<tr><td rowspan="6">取用水
监管</td><td rowspan="6">16</td><td>11</td><td>水资源调度</td><td>2</td><td>1. 水资源调度管理情况，0.5分。
2. 水资源调度执行情况，1分。
3. 信息报送情况，0.5分</td><td>得分/扣分</td><td>自查/核查</td></tr>
<tr><td>12</td><td>取用水监管</td><td>6</td><td>1. 取水口监督管理情况，2分。按照水资源管理监督检查情况扣分。
2. 取用水专项整治行动整改提升工作情况，2分。按照水资源管理监督检查结果进行扣分。
3. 取水许可电子证照推广应用情况，1分。按照存量取水许可证电子化转换任务完成情况得分，完成得1分，未完成不得分。
4. 水资源超载治理区域暂停新增取水许可情况，1分。黄河流域水资源超载区域暂停新增取水许可及治理情况按照水资源管理监督检查结果进行扣分。如本省级行政区不涉及此项内容，分值转移至第2项。
5. 监督发现问题情况。根据督察、巡视、审计、执法、媒体、举报等发现问题，以及2020年考核、生态环境警示片、水资源管理监督检查等涉及水资源问题整改完成情况进行扣分，每发现1个问题扣0.1分、情节严重的扣0.3分，扣完6分为止</td><td>得分/扣分</td><td>抽查/
四不两直</td></tr>
<tr><td rowspan="2">13</td><td rowspan="2">水价改革与水资源
有偿使用</td><td rowspan="2">2</td><td>1. 农业水价综合改革情况[5]，1.4分。按照农业水价综合改革评估结果得分</td><td>得分</td><td>自查/抽查</td></tr>
<tr><td>2. 水资源费（税）征收情况，0.6分。按照水资源管理监督检查结果扣分</td><td>扣分</td><td>四不两直</td></tr>
<tr><td>14</td><td>监测计量与统计</td><td>2</td><td>1. 取水监测计量体系建设情况，0.5分。按照《取水口监测计量体系建设实施方案》落实情况得分。
2.《用水统计调查制度》落实情况，1分。根据用水统计基本单位名录库建设及统计报表填报情况，并结合水资源管理监督检查结果得分。
3. 国家水资源信息管理系统运行维护管理情况，0.5分。根据水资源监控数据信息到报情况扣分</td><td>得分/扣分</td><td>抽查/
四不两直</td></tr>
<tr style="display:none"></tr>
<tr><td>水资源
保护</td><td>9</td><td>15</td><td>重点河湖生态流量
（水量）保障情况</td><td>2</td><td>1. 省级行政区域的重点河湖生态流量（水量）保障目标确定情况，1分。按照2021年已批复生态流量保障目标的重点河湖数量占应批复生态流量保障目标的重点河湖数量比例得分。未涉及河湖生态流量保障目标确定任务的省级行政区，分值转移至第2项</td><td>得分</td><td>自查/核查</td></tr>
</table>

续表

类别	分值	序号	考核指标或项目	分值	考核内容	赋分方式[1]	考核方式[2]
水资源保护	9	15	重点河湖生态流量（水量）保障情况	2	2. 省级行政区已批复的重点河湖生态流量（水量）保障情况，1分。根据纳入考核范围的省级行政区域已批复河湖生态流量管理措施落实情况扣分，如本省级行政区不涉及此项内容，分值转移至第1项	扣分	自查/抽查
		16	地下水管理	5	1. 地下水保护和超采治理情况，1.5分。北京、天津、河北、山西、河南、山东、江苏等7个省（直辖市）按照水资源管理监督检查结果、地下水超采综合治理专项评估结果扣分；其他省（自治区、直辖市）按照水资源管理监督检查结果扣分。 2. 地下水水位变化情况，2分。按照地下水水位变化通报扣分	扣分	自查/抽查、四不两直
					3. 地下水管控指标确定情况，1.5分。按照地下水管控指标确定进展情况得分	得分	自查/核查
		17	水源地保护	2	1. 重要饮用水水源保护工作落实情况，1.2分（长江流域有关省份此项分数为1分）。按照安全评估和成果报送情况、水质监测信息报送情况以及问题整改情况扣分。 2. 饮用水水源地水质达标情况，0.5分。结合中央巡视整改要求，根据饮用水水源地水质不达标情况扣分。 3. 长江流域饮用水水源地名录制定情况，0.2分。按照长江流域有关省份饮用水水源地名录制定工作进展（含本行政区其他饮用水水源地名录制定情况）扣分。 4. 地级行政区应急备用水源建设情况，0.3分。按照未建立应急备用水源的地级行政区个数扣分	扣分	自查/抽查
农村供水保障	9	18	农村供水工程建设任务完成情况	1	结合各省级“十四五”农村供水保障规划目标任务分解和各地年度建设目标任务完成情况进行评分。其中，“十四五”期间，除北京、天津、上海3个直辖市不需要编制规划（该项分值挪至农村供水水量水质保障状况，按等比放大），其余省份均需要编制规划	得分	抽查
		19	农村供水工程维修养护任务完成情况	1	25个省份和兵团有中央维修养护补助资金和目标任务。没有中央维修养护补助资金的省份，该项分值挪至农村供水出现问题及整改情况，按等比放大	得分	抽查
		20	农村集中供水工程水费收缴任务完成情况	1	按照《水利部办公厅关于印发农村供水工程水费收缴推进工作问责实施细则的通知》（办农水〔2020〕120号）要求，按时完成节点目标任务，暗访检查不出现水费收缴问题。本项赋分1分，采取扣分制，扣完即止	扣分	四不两直

续表

类别	分值	序号	考核指标或项目	分值	考核内容	赋分方式[1]	考核方式[2]
农村供水保障	9	21	农村供水水量水质保障状况	2	1. 根据暗访核查结果，农村供水水量得到保障的人口比例×1分，即为得分，最多得1分。 2. 水质达标率，参考卫生健康委提供的最近一年度水质达标率×1分，即为得分，最多得1分	得分	四不两直
		22	农村供水出现问题及整改情况	4	1. 各渠道发现问题，赋分3分。领导批示、巡视、督查、审计、中央级媒体曝光查实的突出供水问题，每个扣0.1分。12314监督举报服务平台反馈属实的整村连片停水断水和严重水质超标等突出供水问题，每个扣0.1分。电话回访群众满意度70%～80%扣0.3分，60%～70%扣0.4分，低于60%扣0.5分。被水利部及以上单位约谈通报的省份，每约谈1次扣0.3分，每通报1次扣0.5分。以上累计最多扣3分。 2. 问题整改情况，赋分1分，按照到12月底各渠道反馈未完成整改的问题数量占所有属实问题数量的比例，进行扣分	扣分	四不两直
		23	农村供水工作有创新，成效显著		在投融资体制机制、专业化管护、提升供水保障程度等方面，该省范围内工作有创新，成效显著，获得国务院通报激励表扬的，每次加0.3分；获水利部通报激励表扬的，每次加0.2分，累计最多加1分。加分后总分超过9分的按照9分计	得分	核查
河湖管理	15	24	河湖管理保护成效	10	根据国务院办公厅对2021年河长制湖长制督查激励考核评价情况，对各省（自治区、直辖市）河湖长制部署安排及推动落实情况、河湖突出问题清理整治情况、河湖长及部门履行职责情况、水库除险加固实施情况、河湖长制考核及制度落实情况、河湖管理保护成效等情况予以赋分，15分	得分	四不两直
		25	河长制湖长制工作推进力度	5			
合计	100						

注：（1）“得分”赋分形式主要是指依据工作任务完成情况进行得分，部分完成部分得分，未完成不得分；“扣分”赋分形式主要是指依据“四不两直”等检查发现的问题进行扣分。

（2）“自查/核查”和“自查/抽查”考核形式是指各省（自治区、直辖市）依据“自查”考核事项报送自查材料，考核工作组对“自查”考核事项进行资料核查或内容抽查，其中抽查以“四不两直”检查、评估等方式开展；“四不两直”考核形式是指各省（自治区、直辖市）可不报送自查材料，考核工作组以“四不两直”方式进行检查。

（3）北方地区指北京、天津、河北、山西、内蒙古、辽宁、吉林、黑龙江、山东、河南、陕西、甘肃、宁夏、新疆14个省（自治区、直辖市）；其他省（自治区、直辖市）为南方地区，包括江河源头区的青海省和西藏自治区。

（4）严重缺水地区指北京、天津、河北、山西、内蒙古、甘肃、宁夏、新疆等8个省（自治区、直辖市）。

（5）农业水价综合改革情况依据附表4进行统计与报送，并提供相关数据来源、情况说明等。

附件 2

自查报告编制提纲

一、概述

概要说明基本省情、2021 年度水情、2021 年度实行最严格水资源管理制度基本情况、2020 年度实行最严格水资源管理制度考核发现问题整改落实情况。

二、目标完成情况

2021 年度用水总量控制目标、用水效率控制目标、水功能区限制纳污目标等目标完成情况。

三、重点任务措施落实情况

依据附件 1 中"自查"考核事项，逐项说明 2021 年度工作完成情况及自查情况。

四、成效及经验

总结 2021 年度实行最严格水资源管理制度的成效及经验。

五、存在问题及改进措施

分析工作中存在的主要不足和问题，并提出相应的改进措施。

附件 3

自查报告相关支撑材料要求

支撑材料所需数据由各省（自治区、直辖市）人民政府组织相关部门提供，并统筹核实。复核技术资料应通过国家水资源信息管理系统报送。

一、2021 年度目标完成情况

2021 年度用水总量控制和用水效率控制目标完成情况初步核算数据按照附表 1 和附表 2 完整填报，重要江河湖泊水功能区水质达标率基础数据按照附表 3 完整填报。

用水总量依据国家批准的用水统计调查制度有关规定进行核算；农田灌溉水利用系数依据《全国农田灌溉水有效利用系数测算分析技术指导细则》（办农水〔2013〕248 号）测算。

二、2021 年度重点任务措施落实情况

依据附件 1 中"自查"考核事项，逐项说明工作完成情况（每项说明控制在 500 字之内），并提供支撑材料（主要包括年度工作部署、组织实施、实施成效等），列出清单，支撑材料有效期截至 2021 年年底。同时，按照附表 5 逐一填报 2020 年度实行最严格水资源管理制度考核发现问题整改落实情况并逐项提供相关支撑材料，未完成整改的，需说明原因及下一步整改计划。

附表 1－1　　2021 年________省（自治区、直辖市）用水总量　　单位：亿 m^3

行政区名称	农业用水量	工业用水量	生活用水量	人工生态环境补水量	用水总量(1)
全省（自治区、直辖市）					
（地市 1）					
（地市 2）					
…					

填表：　　　　校核：　　　　审核：

注：（1）用水总量应与附表 1－2 的供水总量相等；用水总量及各行业用水量统计中不含海水直接利用量。
（2）应同时填写本省（自治区、直辖市）所辖各地级行政区的相关数据。
（3）年度用水总量或分行业用水量较上一年度发生较大变化的，需附补充说明材料，分析说明原因。
（4）各项指标应说明数据来源、提供单位、计算过程及相关情况说明等，下同。

附表 1－2　　2021 年________省（自治区、直辖市）供水总量　　单位：亿 m^3

行政区名称	地表水源供水量	地下水源供水量	其他水源（非常规水源）供水量	供水总量(1)
全省（自治区、直辖市）				
（地市 1）				
（地市 2）				
…				

填表：　　　　校核：　　　　审核：

注：（1）供水总量指各种水源提供的包括输水损失在内的水量之和，分地表水源、地下水源和其他水源，按供水工程供水对象所在地统计；供水总量应与附表 1－1 的用水总量相等，并与水利统计中的水利工程供水量相协调。
（2）应同时填写本省（自治区、直辖市）所辖各地级行政区的相关数据。
（3）年度供水总量或分水源供水量较上一年度发生较大变化的，需附补充说明材料，分析变化原因。

附表 2-1　　2021 年________省（自治区、直辖市）万元国内生产总值用水量

用水量[1]/亿 m^3	国内生产总值/亿元			万元国内生产总值用水量（m^3，按 2020 年可比价计算）	万元国内生产总值用水量比 2020 年下降率（%，按 2020 年可比价计算）
	2020 年（可比价）	2021 年（当年价）	2021 年（按 2020 年可比价计算）		

填表：　　　　校核：　　　　审核：

注：(1)"用水量"应采用附表 1-1 中的用水总量合计值。

附表 2-2　　2021 年________省（自治区、直辖市）万元工业增加值用水量

工业用水量[1]/亿 m^3	工业增加值/亿元			万元工业增加值用水量（m^3，按 2020 年可比价计算）	万元工业增加值用水量比 2020 年下降率（%，按 2020 年可比价计算）
	2020 年（可比价）	2021 年（当年价）	2021 年（按 2020 年可比价计算）		

填表：　　　　校核：　　　　审核：

注：(1)"工业用水量"应采用附表 1-1 中的工业用水量合计值。

附表 2-3　　2021 年________省（自治区、直辖市）农田灌溉水利用系数

全省（自治区、直辖市）多年平均降水量/mm：　　　　2021 年全省（自治区、直辖市）平均降水量/mm：

灌区规模与类型[1]	灌区个数[2]	有效灌溉面积[3]/万亩	实际灌溉面积[4]/万亩	灌溉用水量[5]/亿 m^3	农田灌溉水利用系数平均值[6]
大型灌区					
中型灌区					
小型灌区					
纯井灌区					
总计					

填表：　　　　校核：　　　　审核：

注：(1) 灌区规模按照灌区设计灌溉面积划分，大型灌区是指 30 万亩及以上的灌区，中型灌区是指 1 万（含）～30 万亩的灌区，小型灌区是指小于 1 万亩的灌区，纯井灌区是指以机井为唯一或主要水源的灌区。

(2) 灌区个数是指全省范围内不同规模灌区的总数量。

(3) 有效灌溉面积指当年全省范围内各规模灌区的总有效灌溉面积。

(4) 实际灌溉面积指当年全省范围内各规模灌区的总实际灌溉面积，应与附表 1-3 耕地实际灌溉面积相同。

(5) 灌溉用水量是指当年全省范围内各规模灌区实际灌溉面积上的毛灌溉水量。

(6) 农田灌溉水利用系数平均值依据《全国农田灌溉水有效利用系数测算分析技术指导细则》测算。

附表 3-1　　2021 年________省（自治区、直辖市）全国重要江河湖泊水功能区水质达标率（1）

水资源一级区[(6)]	水功能区		重要江河湖泊水功能区水质达标情况				
	一级区	二级区	纳入考核水功能区个数[(1)]	断流水功能区个数[(2)]	扣除断流以后的水功能区个数[(3)]	纳入考核的达标水功能区个数[(4)]	水功能区水质达标率[(5)] /%
XX1	保护区						
	保留区						
	缓冲区						
	开发利用区	饮用水源区					
		工业用水区					
		农业用水区					
		渔业用水区					
		景观娱乐用水区					
		过渡区					
		排污控制区					
		二级区小计					
	水功能区总计						
	其中省界缓冲区[(7)]						
XX2	……						
合计	……						

填表：　　　　　　　　　　　　　　校核：　　　　　　　　　　　　　　审核：

注：（1）填报范围为《全国重要江河湖泊水功能区达标评价技术方案（修订稿）》中要求考核的水功能区。

（2）指连续断流时间超过（含）6 个月的河流型水功能区的个数。

（3）=（1）-（2）。

（4）评价项目为高锰酸盐指数/COD 和氨氮。

（5）=（4）/（3）。

（6）按照水资源一级区填报统计成果，同时填报本省合计成果。

（7）省界缓冲区达标评价以流域管理机构监测数据为依据。

附表 3-2　　2021 年________省（自治区、直辖市）全国重要江河湖泊水功能区水质达标评价信息[(1)]

序号	一级水功能区名称	二级水功能区名称	水资源一级区	水质目标	重要江河湖泊水功能区水质达标评价[(2)]						监测断面名称	监测方案规定的监测频次[(4)]	实际监测次数[(5)]	监测单位
					年度水质类别	年评价次数	年达标次数	年度达标率	达标评价结论	超标项目[(3)]				

填表：　　　　　　　　　　　　　　校核：　　　　　　　　　　　　　　审核：

注：（1）填报范围为《全国重要江河湖泊水功能区达标评价技术方案（修订稿）》中要求考核的水功能区。

（2）评价项目为高锰酸盐指数/COD 和氨氮，以此开展水质评价。

（3）主要超标项目按照《地表水资源质量评价技术规程》（SL 395—2007）规定方法确定，以（ ）表示年度超标率，以 [ ] 表示浓度极值，填写格式如：氨氮（50%）[4.2]；对于符合采用均值法评价的，主要超标项目以< >表示超标倍数，以 [ ] 表示浓度极值，填写格式如：高锰酸盐指数<1.2> [60.2]，并在年度达标率一栏中填写“/”。

（4）监测方案规定监测频次：填写重要水功能区水质监测方案中规定的年监测频次，如 12 次/年、24 次/年等。

（5）实际监测次数：按照实际监测频次填写，如 12 次/年、24 次/年等。

附表 4　　2021 年________省（自治区、直辖市）农业水价综合改革情况统计表

计划新增改革实施面积/万亩	实际新增改革实施面积/万亩	累计改革实施面积/万亩	改革实施区域已完成改革验收的面积[(1)]/万亩	针对年度新增改革实施面积									当年新增高标准农田面积/万亩	
				实现农业供水计量[(2)]的面积/万亩	实现农业用水总量控制的面积/万亩	农业用水总量指标细化分解到用水主体[(3)]的面积/万亩	落实管护机制[(4)]的田间工程灌溉面积/万亩	灌区国有骨干工程[(5)]平均执行供水价格/(元/立方米)	灌区国有骨干工程平均运行维护定价成本/(元/立方米)	末级渠系平均运行维护成本/(元/立方米)	末级渠系平均执行供水价格/(元/立方米)	本年度省级财政安排农业水价综合改革专项资金/万元		其中：实施改革的面积/万亩

注：(1) 已完成改革验收的面积是指省级出台农业水价综合改革工作验收办法后，按照验收办法要求组织完成改革验收的面积。

(2) 实现农业供水计量是指大中型灌区骨干工程与田间工程分界点（一般是斗口）应全部实现计量供水、井灌区全部计量到井（包括以电折水）、小型灌区计量满足配水需要。

(3) 用水主体是指农村集体经济组织、农民用水合作组织、农户等。

(4) 落实管护机制是指田间工程产权明晰，管护主体和资金落实。

(5) 灌区国有骨干工程农业供水价格与成本、末级渠系平均执行供水价格，取有关工程的算术平均值。

附表 5　　2020 年度________省（自治区、直辖市）实行最严格水资源管理制度考核发现问题整改落实情况表

序号	问题描述	整改措施（任务）	整改完成情况			备注（说明未完成整改或未整改的原因及下一步整改计划）
			已完成	整改中	未整改	
1						
2						
3						
4						
5						
6						
7						
……						
应整改问题数量：　个			完成问题整改数量：　个			整改率：　%

注：(1) 问题描述为反馈省级人民政府的“十三五”期末实行最严格水资源管理制度考核结果中发现的主要问题。

(2) 整改措施（任务），应对应每个问题描述所包含的所有问题明确整改措施或任务，对于长期整改的问题，要明确阶段性目标及举措。

(3) 整改完成情况，主要指对应整改措施（任务）的完成情况，“已完成”为每个问题描述中所有问题的整改措施（任务）都已完成或阶段性完成，“整改中”为所有问题未完成整改或未全部完成整改（不含完成阶段性整改的长期整改问题）。

(4) 应整改问题数量，是每个问题描述中所有问题的总和。

（来源：水利部网站）

| 2021年省级河长湖长名录 |

序号	省级行政区	省级河湖长姓名	行政职务	所负责河湖	备注
1	北京	蔡 奇	市委书记	市总河长	
		陈吉宁	市委副书记、市长	市总河长	
		张延昆	市委副书记	市副总河长	4—12月
		卢映川	副市长	市副总河长	1—9月
		张延昆	市委常委、政法委书记	蓟运河（泃河）流域	1—4月
		孙梅君	市委常委、统战部部长	蓟运河（泃河）流域	4—12月
		杜飞进	市委常委、宣传部部长	清河流域	1—4月
		莫高义	市委常委、宣传部部长	清河流域	4—12月
		魏小东	市委常委、组织部部长	凉水河流域	
		崔述强	市委常委、常务副市长	大清河（拒马河）流域	
		齐 静	市委常委、统战部部长	潮白河流域	
		王 宁	市委常委、教工委书记	密云水库流域	1—4月
		夏林茂	市委常委、教工委书记	密云水库流域	4—12月
		殷 勇	市委常委、副市长	凤河（凤港减河）流域	
		张建东	副市长	官厅水库流域	
		隋振江	副市长	城市河湖流域	
		卢 彦	副市长	永定河（平原段）流域	
		杨 斌	副市长	京密引水渠及怀柔水库流域	
		王 红	副市长	十三陵水库流域	
		杨晋柏	副市长	永定河（山区段）流域	
		亓延军	副市长	沙河水库流域	
		卢映川	副市长	北运河流域	
2	天津	李鸿忠	市委书记	市总河湖长	
		廖国勋	市委副书记、市长	市总河湖长	
		金湘军	副市长	城市供排水河道、市管水库	1—3月
		周德睿	副市长	城市供排水河道、市管水库	3—9月
		周德睿	市委常委、宣传部部长、副市长	城市供排水河道、市管水库	9—11月
		周德睿	市委常委、宣传部部长	城市供排水河道、市管水库	11—12月
		孙文魁	副市长	海河干流水系行洪河道、大黄堡湿地、七里海湿地	
		李树起	副市长	北三河、永定河、大清河、子牙河、漳卫南运河水系、北大港湿地、团泊湿地	

续表

序号	省级行政区	省级河湖长姓名	行政职务	所负责河湖	备　注
3	河北	王东峰	省委书记、省人大常委会主任	总河湖长	
		许　勤	省委副书记、省长	总河湖长	
		袁桐利	省委常委、常务副省长	滦河（冀蒙界至入海口）	
		刘　凯	副省长	南运河冀鲁界至冀津界	
				卫运河馆陶县徐万仓村至四女寺枢纽	
		夏延军	副省长	潮白河（冀京界至吴村枢纽）	
				北运河（京冀界至冀津界）	
		葛海蛟	副省长	潴龙河（安国市军诜村至高阳县大教台村）	
				赵王新河（枣林庄枢纽至西码头闸）	
		丁绣峰	副省长	永定河（洋河、桑干河汇流口至冀京界、冀京界至冀津界）	
		严鹏程	副省长	子牙新河献县枢纽至冀津界	
		高云霄	副省长	滏东排河宁晋县孙家口村至冯庄闸	
		胡启生	副省长	滹沱河冀晋界至献县枢纽	
		张国华	省委常委、副省长	白洋淀	
		时清霜	副省长	衡水湖	
4	山西	林　武	省委书记	省总河长	
		蓝佛安	省委副书记、省长	省总河长，汾河	
		罗清宇	省委常委、太原市委书记	省副总河长，潇河（含太榆退水渠）	
		张吉福	省委常委、大同市委书记	省副总河长，桑干河（御河）	
		贺天才	副省长	省副总河长（省总湖长），黄河山西段	
		王一新	副省长	滹沱河	
		张复明	副省长	漳河	
		孙洪山	副省长	湫水河	
		吴　伟	副省长	文峪河	
		卢东亮	副省长	沁河	
		韦　韬	副省长	三川河	
		于英杰	副省长	唐河、沙河	
5	内蒙古	石泰峰	自治区党委书记	第一总河湖长	
		布小林	自治区党委副书记、自治区政府主席	总河湖长	1—8月
		王莉霞	自治区党委副书记、自治区政府主席	总河湖长	8—12月

续表

序号	省级行政区	省级河湖长姓名	行政职务	所负责河湖	备　注
5	内蒙古	林少春	自治区党委副书记、政法委书记	嫩江内蒙古段、岱海	
		张韶春	自治区党委常委、常务副主席	呼伦湖	
		艾丽华	自治区政府副主席	额尔古纳河、西辽河	
		李秉荣	自治区政府副主席	黄河内蒙古段、乌梁素海	
		包　钢	自治区政府副主席	黑河内蒙古段、居延海	
6	辽宁	张国清	省委书记、省人大常委会主任	省总河长	
		刘　宁	省委副书记、省长	省总河长	1—10 月
		李乐成	省委副书记、副省长、代理省长	省总河长	10—12 月
		陈向群	省委常委、常务副省长	副总河长，浑河水系（包括辉发河水系）	
		陈绿平	副省长	辽东南沿海诸河水系（大洋河、碧流河水系）	
		姜有为	副省长	副总河长，辽河水系（不含绕阳河、老哈河水系）	
		王明玉	副省长	大凌河水系（包括老哈河水系、青龙河水系）	
		高　涛	副省长	小凌河水系及辽西沿海诸河	
		张立林	副省长	绕阳河水系	
7	吉林	景俊海	省委书记	总河长	
		韩　俊	省长	总河长	
		高广滨	省委副书记	副总河长	
		韩福春	副省长	副总河长	
		高广滨	省委副书记	松花江	
		侯淅珉	省委常委、省委政法委书记	嫩江	1—5 月
		范锐平	省委常委、省委政法委书记	嫩江	8—12 月
		吴靖平	省委常委、常务副省长	饮马河	
		石玉钢	省委常委、宣传部长	浑江	1—10 月
		阿　东	省委常委、宣传部长	浑江	12 月
		田锦尘	省委常委、延边州委书记	图们江	
		张恩惠	省委常委、组织部长	鸭绿江	
		王　凯	省委常委、长春市委书记	伊通河	1—3 月
		张志军	省委常委、长春市委书记	伊通河	5—12 月
		刘金波	副省长、省公安厅长	拉林河	
		韩福春	副省长	东辽河、查干湖	
		阿　东	副省长	辉发河	

续表

序号	省级行政区	省级河湖长姓名	行政职务	所负责河湖	备注
8	黑龙江	张庆伟	省委书记	总河湖长	1—10 月
		许　勤	省委书记	总河湖长	10—12 月
		胡昌升	省委副书记、省长	总河湖长	
		陈海波	省委副书记	黑龙江	
		张安顺	政法委书记	倭肯河	
		李海涛	副省长	挠力河	
		傅永国	省军区政委	五大连池	
		王永康	副省长	嫩江	1—11 月
				牡丹江（代管）	8—10 月
				乌裕尔河（代管）	8—11 月
				松花江（代管）	10—12 月
		李玉刚	副省长	嫩江	11—12 月
				乌裕尔河	11—12 月
		张雨浦	省委秘书长、办公厅主任	牡丹江	1—8 月
		徐建国	省委秘书长	牡丹江	10—12 月
			副省长	松花江	1—10 月
		贾玉梅	宣传部部长	乌苏里江	
				兴凯湖	
		张　巍	纪委书记、监委主任	呼兰河	
		聂云凌	统战部部长	拉林河	
		陈安丽	组织部部长	汤旺河	1—5 月
		沈　莹	组织部部长	汤旺河	5—12 月
			副省长	穆棱河	1—5 月
		孙东生	副省长	讷谟尔河	
		程志明	副省长	乌裕尔河	1—8 月
		李　毅	副省长、公安厅厅长	通肯河	
		杨　博	副省长	穆棱河	5—12 月
9	上海	李　强	市委书记	总河长	
		龚　正	市委副书记、市长	总河长	
		汤志平	副市长	副总河长 长江口（上海段）、黄浦江、吴淞江（上海段）-苏州河、淀山湖（上海部分）、太浦河（上海段）等 5 条河湖河长	1—11 月
		彭沉雷	副市长	副总河长 长江口（上海段）、黄浦江、吴淞江（上海段）-苏州河、淀山湖（上海部分）、太浦河（上海段）等 5 条河湖河长	12 月

续表

序号	省级行政区	省级河湖长姓名	行政职务	所负责河湖	备注
9	上海	王为人	市政府副秘书长	拦路港-泖河-斜塘、红旗塘（上海段）-大蒸塘-圆泄泾、胥浦塘-掘石港-大泖港、元荡（上海部分）等4条河湖河长	
10	江苏	娄勤俭	省委书记	总河长	1—10月
		吴政隆	省委书记	总河长	1—10月任省长，10—12月任省委书记
		许昆林	省委副书记、代省长	总河长	10—12月
		杨　岳	省委常委、统战部部长	洪泽湖，淮河干流江苏段	
		樊金龙	省委常委、常务副省长	沭河、新沭河	
		郭元强	省委常委、秘书长	里下河腹部地区湖泊湖荡	
		张爱军	省委常委、宣传部部长	淮河入海水道、苏北灌溉总渠	
		费高云	省委常委、政法委书记	苏南运河	
		韩立明	省委常委、南京市委书记	秦淮河（含秦淮新河、外秦淮河）	
		赵世勇	省委常委、组织部部长	京杭大运河苏北段，微山湖	
		刘　旸	副省长、公安厅长	骆马湖，徐洪河	
		陈星莺	副省长	石臼湖、固城湖	
		惠建林	副省长	新沂河、沂河，分淮入沂	
		马　欣	副省长	通榆河、泰州引江河	
		齐家滨	副省长	新孟河、新沟河，滆湖、长荡湖	
		潘贤掌	副省长	太湖、淀山湖，望虞河、太浦河	
		胡广杰	副省长	淮河入江水道、邵伯湖	
		储永宏	副省长	高邮湖、宝应湖、白马湖	
11	浙江	袁家军	省委书记	省级总河长	
		郑栅洁	省长	省级总河长	1—9月
		王　浩	代省长	省级总河长	9—12月
		郑栅洁	省委副书记	曹娥江	1—6月
		黄建发	省委副书记	曹娥江	6—12月
		彭佳学	副省长	钱塘江，新安江水库	1月
		卢　山	副省长	钱塘江，新安江水库	3—12月
		李学忠	省人大常委会副主任	苕溪	
		史济锡	省人大常委会副主任	运河	

续表

序号	省级行政区	省级河湖长姓名	行政职务	所负责河湖	备 注
11	浙江	陈小平	省政协副主席	飞云江	
		周国辉	省政协副主席	瓯江	
		李学忠	省人大常委会副主任	太湖	1—5月
		徐文光	副省长		5—12月
12	安徽	郑栅洁	省委书记	总河长	
				长江干流安徽段	
		王清宪	省委副书记、省长	总河长	
				淮河干流安徽段	
		刘　惠	省委常委、副省长	副总河长	
		虞爱华	省委常委、合肥市委书记	巢湖	
		张红文	省委常委、副省长	枫沙湖	
		何树山	副省长	高塘湖	
		王翠凤	副省长	石臼湖	
		李建中	副省长	龙感湖	
		张曙光	副省长	副总河长	
				菜子湖	
				焦岗湖	
		杨光荣	副省长	高邮湖	
		周喜安	副省长	新安江干流	
				天河湖	
13	福建	尹　力	省委书记	省总河湖长	
		赵　龙	省委副书记、省长	省总河湖长	
		崔永辉	副省长	省副总河湖长，闽江流域	
		郑建闽	副省长	省副总河湖长，敖江流域	
		李德金	副省长	省副总河湖长，九龙江流域	
14	江西	刘　奇	省委书记	省级总河（湖）长	3—10月
		易炼红	省委书记	省级总河（湖）长	11—12月
			省委副书记、省长	省级副总河（湖）长	1—10月
		叶建春	省委副书记、省长	省级副总河（湖）长	11—12月
			省委副书记	赣江	1—10月
		吴忠琼	省委副书记	赣江	11—12月
		曾文明	省人大常委会副主任	信江	

续表

序号	省级行政区	省级河湖长姓名	行政职务	所负责河湖	备 注
14	江西	张小平	省人大常委会副主任	抚河	
		陈小平	副省长	饶河	
		罗小云	副省长	鄱阳湖	
		陈俊卿	省政协副主席、党组副书记	长江江西段	
		刘卫平	省政协副主席	修河	
15	山东	李干杰	省委书记、省人大常委会主任	总河长	
		周乃翔	省委副书记、省长	总河长，黄河、东平湖	
		杨东奇	省委副书记	副总河长，梁济运河、韩庄运河、南水北调工程山东段输水干线（柳长河段）、南四湖	
		王书坚	省委常委、常务副省长	副总河长，小清河、南水北调工程山东段输水干线（济平干渠、济南市区段、济东明渠段）、马踏湖	
		李　猛	副省长	副总河长，沂河、沭河、跋山水库、沙沟水库	
		凌　文	副省长	潍河、胶东调水输水干线、峡山水库、墙夼水库	
		孙继业	副省长	大汶河、雪野水库	
		范华平	副省长、省委政法委副书记、省公安厅厅长	徒骇河、马颊河、德惠新河、南水北调工程山东段输水干线（小运河、七一河、六五河段）、芽庄湖	
		傅明先	副省长、烟台市委书记	大沽河、产芝水库	
		曾赞荣	副省长	东鱼河、洙赵新河、田庄水库	
		王心富	副省长	泗河、贺庄水库	
16	河南	楼阳生	省委书记	第一总河长	
		王　凯	省委副书记、省政府省长	总河长，黄河花园口以下段	
		周　霁	省委副书记、政法委书记	副总河长，黄河花园口以上段	
		孙守刚	省委常委、常务副省长	涡惠河	
		陈　舜	省委常委、组织部部长	淇河	
		江　凌	省委常委、洛阳市委书记	伊洛河	
		曲孝丽	省委常委、省纪委书记、省监察委员会主任	沁河	
		王战营	省委常委、宣传部部长	颍河	

续表

序号	省级行政区	省级河湖长姓名	行政职务	所负责河湖	备 注
16	河南	费东斌	省委常委、省政府副省长	卫河	
		陈 星	省委常委、省委秘书长	史灌河	
		王东伟	省委常委、统战部部长	漳河	
		徐元鸿	省委常委、河南省军区政委	金堤河	
		戴柏华	副省长	沙颍河	
		何金平	副省长	唐白河（含丹江）	
		武国定	副省长	副总河长，淮河、南水北调水源区及干线工程	
		霍金花	副省长	洪汝河	
		顾雪飞	副省长	沱河	
		刘玉江	副省长	沙河	
17	湖北	应 勇	省委书记、 省人大常委会主任	总河湖长	
		王忠林	省委副书记、省长	总河湖长，长江	
		尔肯江·吐拉洪	省委常委、统战部部长	洪湖	
		王艳玲	省委常委、政法委书记	富水	
		李荣灿	省委常委、组织部部长	梁子湖	
		李乐成	省委常委、常务副省长	沮漳河	
		许正中	省委常委、宣传部部长	长湖	
		赵海山	副省长	斧头湖	
		杨云彦	副省长	龙感湖	
		肖菊华	副省长	举水	
		张文兵	副省长	清江	
		徐文海	副省长	汈汊湖	
		柯 俊	副省长	陆水	
		柯 俊	副省长	黄盖湖	
		宁 咏	副省长	南河	
18	湖南	许达哲	省委书记	第一总河长	1—10月
		张庆伟		省总河长	10—12月
		毛伟明	省委副书记、省长	省总河长	
		乌 兰	省委副书记	省副总河长，湘江干流	1—11月
		朱国贤			11—12月
		傅 奎	省委常委、省纪委书记	省河湖长制落实情况的监督检查	1月
		谢建辉	省委常委、常务副省长	省副总河长，湘江干流	1—11月
		李殿勋			11—12月
		隋忠诚	副省长	省河长办主任	

续表

序号	省级行政区	省级河湖长姓名	行政职务	所负责河湖	备注
18	湖南	王双全	省委常委、省纪委书记	省河湖长制落实情况的监督检查	5—12月
		王　成	省委常委、组织部部长	舞水	
		吴桂英	省委常委、长沙市委书记	浏阳河	2—12月
		黄兰香	省委常委、统战部部长	渌水	1—11月
		隋忠诚			11—12月
		张剑飞	省委常委、秘书长	涟水	1—11月
		谢卫江			11—12月
		李殿勋	省委常委、政法委书记	黄盖湖	1—11月
		魏建锋			11—12月
		张宏森	省委常委、宣传部部长	耒水	6—8月
		曾万明			8—11月
		杨浩东			11—12月
		何报翔	副省长	资水干流	
		陈　飞	副省长、省国资委党委书记	长江湖南段	
		许显辉	副省长、省公安厅厅长	酉水	
		陈文浩	副省长	澧水干流	
		朱忠明	副省长	溇水	4—6月
		谢卫江	副省长	舂陵水	1—11月
19	广东	李　希	省委书记、第一总河长		
		马兴瑞	省委副书记、省长	总河长	
		王伟中	省委副书记	副总河长	
		林克庆	省委常委、常务副省长	副总河长，西江流域	
		叶贞琴	省委常委	副总河长，北江流域	
		许瑞生	副省长	副总河长，韩江流域	
		陈良贤	副省长	副总河长，鉴江流域	1—6月
				副总河长，东江流域、潼湖	6—12月
		覃伟中	副省长	副总河长，东江流域、潼湖	1—6月
		孙志洋	副省长	副总河长，鉴江流域	6—12月
		王志忠	副省长、省公安厅厅长	副总河长、省河湖第一总警长	

续表

序号	省级行政区	省级河湖长姓名	行政职务	所负责河湖	备 注
20	广西	鹿心社	自治区党委书记	总河长	1—10月
		刘 宁	自治区党委书记	总河长	10—12月
		蓝天立	自治区党委副书记、自治区主席	总河长	
		刘小明	自治区党委副书记	西江干流	
		秦如培	自治区党委常委、自治区常务副主席	柳江干流	
		蔡丽新	自治区党委常委、自治区常务副主席	柳江干流	
		许永锞	自治区党委常委	桂江干流	
		方春明	自治区副主席	郁江干流	
21	海南	毛万春	省政协党组书记、政协主席	南渡江、松涛水库、松涛东干渠	
		李 军	省委副书记	万泉河、牛路岭水库	
		肖莺子	省委常委、宣传部部长	文澜河、光吉河、尧龙河、文科河	
		刘星泰	省委常委、政法委书记	巡崖河、永丰水、古城河	
		苻彩香	省委常委、统战部部长	西昌溪、岭后河	
		徐启方	省委常委、组织部部长	九曲江、龙滚河	
		沈丹阳	省委常委、常务副省长	加浪河、白石溪、塔洋河、沙荖河	
		孙大海	省委常委、秘书长	石滩河、贤水、腰子河、南水吉沟	
		何西庆	省人大常委会副主任、党组副书记	新吴溪、洋坡溪、卜南河	
		胡光辉	省人大常委会副主任、党组副书记	珠碧江、大岭河、打拖河	
		肖 杰	省人大常委会副主任	藤桥河、藤桥西河、英州河	
		王 路	省政府副省长	老城河、大塘河、美龙河	
		刘平治	省政府副省长	昌化江、大广坝水库、戈枕水库	
		冯忠华	省政府副省长	石碌河、光村水	
		闫希军	省政府副省长	定安河、沟门村水、文曲河	
		王 斌	省政府副省长	南洋河、文教河	
		倪 强	省政府副省长	文昌江、北山溪	
		马勇霞	省政协党组副书记、副主席	宁远河、雅边方河、龙潭河	
		李国梁	省政协党组副书记、副主席	陵水河、板来河、金聪河、长兴河	

续表

序号	省级行政区	省级河湖长姓名	行政职务	所负责河湖	备　注
22	重庆	陈敏尔	市委书记	总河长，长江	
		唐良智	市委副书记、市长	总河长，嘉陵江	
		张　轩	市人大常委会主任	梁滩河	
		王　炯	市政协主席	璧南河	
		吴存荣	市委副书记	乌江	
		张　鸣	市委常委、宣传部部长	琼江	
		刘　强	市委常委、政法委书记	御临河	
		穆红玉	市委常委、市纪委书记、市监委主任	大溪河	
		李明清	市委常委、秘书长，常务副市长	綦江	
		李　静	市委常委、统战部部长	龙河	
		彭金辉	市委常委、组织部部长	郁江	
		莫恭明	市委常委、万州区委书记	磨刀溪	
		高步明	市委常委、重庆警备区政委	五布河	
		段成刚	市委常委、两江新区党工委书记	小安溪	
		陆克华	副市长	涪江	
				渠江	
				濑溪河	
		胡明朗	副市长	梅溪河	
		郑向东	副市长	阿蓬江	
				龙溪河	
				大宁河	
		蔡允革	副市长	芙蓉江	
		陈金山	副市长	小江（澎溪河）	
23	四川	彭清华	省委书记、省人大常委会主任	省总河长	
		黄　强	省委副书记、省长	省总河长	
		邓小刚	省委副书记	副总河长，沱江	1—10月
		杨洪波	省人大常委会副主任	沱江	
		王雁飞	省委常委、省纪委书记、省监委主任	岷江	
		陈　炜	副省长	岷江	
		罗　文	省委常委、常务副省长	雅砻江	
		罗　强	副省长	雅砻江	
		田向利	省委常委、统战部部长，省总工会主席	安宁河	

续表

序号	省级行政区	省级河湖长姓名	行政职务	所负责河湖	备 注
23	四川	杨兴平	副省长	安宁河	
		李云泽	省委常委、副省长	长江（金沙江）	
		曲木史哈	省政协副主席	长江（金沙江）	
		甘 霖	省委常委、宣传部部长	大渡河	
		李 刚	副省长	大渡河	
		邓 勇	省委常委、政法委书记	泸沽湖，嘉陵江	
		叶寒冰	副省长、公安厅厅长	泸沽湖，嘉陵江	
		崔保华	省政协副主席	涪江	
		于立军	省委常委、组织部部长	渠江	
		陈文华	省人大常委会副主任	渠江	
		王一宏	省人大常委会副主任、省委秘书长	青衣江	
		曹立军	副省长	青衣江	
		尧斯丹	副省长	黄河	
		祝春秀	副主席	黄河	
		叶 壮	省人大常委会副主任	赤水河	
		杜和平	省政协副主席	琼江	
24	贵州	谌贻琴	省委书记、省人大常委会主任	省总河长，乌江干流、东风水电站水库、索风营水电站水库、乌江渡水电站水库、构皮滩水电站水库、思林水电站水库、沙沱水电站水库	
		李炳军	省委副书记、省长	省总河长，乌江干流、东风水电站水库、索风营水电站水库、乌江渡水电站水库、构皮滩水电站水库、思林水电站水库、沙沱水电站水库	
		刘晓凯	省政协主席	赤水河	
		蓝绍敏	省委副书记	马别河	
		夏红民	省委常委、省纪委书记、省监委主任	黄泥河	
		时光辉	省委常委、政法委书记	草海	
		赵德明	省委常委、贵阳市委书记	猫跳河（红枫湖水电站水库、百花湖水电站水库）	
		刘 捷	省委常委、组织部部长	清水江（三板溪水电站水库、白市水电站水库）	

续表

序号	省级行政区	省级河湖长姓名	行政职务	所负责河湖	备　注
24	贵州	王艳勇	省委常委、省军区司令员	重安江	
		卢雍政	省委常委、宣传部部长	芙蓉江（鱼塘水电站水库）	
		吴　强	省委常委、秘书长	北盘江（董箐水电站水库、马马崖一级水电站水库、光照水电站水库）	
		胡忠雄	省委常委、统战部部长	瓮安河	
		慕德贵	省人大常委会党组书记、副主任	三岔河［普定水电站水库、引子渡水电站水库、平寨水库（黔中水利枢纽）］	
		何　力	省人大常委会副主任	水城河	
		李飞跃	省人大常委会副主任	阳河	
		桑维亮	省人大常委会副主任	都柳江	
		王　忠	省人大常委会副主任	桐梓河（圆满贯水电站水库）	
		杨永英	省人大常委会副主任	红水河	
		王世杰	副省长	六冲河（洪家渡水电站水库）	
		陶长海	副省长	南盘江	
		郭瑞民	副省长、省公安厅厅长	樟江（含打狗河）	
		谭　炯	副省长	涟江	
		吴胜华	副省长	松桃河	
		李　睿	副省长	湘江（石垭子水电站水库）	
		左定超	省政协副主席	巴拉河	
		李汉宇	省政协副主席	麻沙河	
		罗　宁	省政协副主席	野纪河	
		陈　坚	省政协副主席	习水河	
		任湘生	省政协副主席	锦江（漾头水电站水库）	
		孙诚谊	省政协副主席	打邦河	
		张光奇	省政协副主席	乌都河	
		陈　晏	省政协副主席	蒙江（黄花寨水电站水库、双河口水电站水库）	
25	西藏	吴英杰　齐扎拉	自治区党委书记、自治区政府主席	总河长	
		庄　严	自治区党委副书记	雅鲁藏布江	
		严金海	自治区党委副书记、拉萨市委书记	拉萨河	
		张学杰	自治区党委常委	西巴霞曲	
		旦　科	自治区政协党组副书记	金沙江（西藏段）	

续表

序号	省级行政区	省级河湖长姓名	行政职务	所负责河湖	备　注
25	西藏	何文浩	自治区党委常委、政法委书记	狮泉河	
		白玛旺堆	自治区政府党组副书记、常务副主席	易贡藏布	
		刘　江	自治区党委常委、秘书长	朋曲	
		陈永奇	自治区党委副书记、组织部部长	纳木错	
		汪海洲	自治区党委常委、宣传部部长	色林错	
		其美仁增	自治区人大常委会副主任	尼洋河	
		甲热·洛桑丹增	自治区政府副主席	羊卓雍错	
		多吉次珠	自治区政府党组成员、副主席	班公错	
		坚　参	自治区政府副主席、党组成员	怒江	
		张延清	自治区政府副主席	年楚河	
		罗　梅	自治区政府党组成员、副主席	帕隆藏布	
		张洪波	自治区政府副主席	孔雀河	
		任　维	自治区政府副主席	扎日南木错	
		普布顿珠	自治区政府副主席	澜沧江	
		王　勇	自治区政府副主席	象泉河	
		卓　嘎	自治区政协副主席	然乌湖	
26	陕西	刘国中	省委书记	省总河湖长，渭河	
		赵一德	省长	省总河湖长，汉江	
		胡衡华	省委副书记	省副总河湖长，丹江	
		梁　桂	省委常委、常务副省长	泾河	
		赵　刚	省委常委、延安市委书记	延河	
		王　浩	省委常委、西安市委书记	渭河西安段、昆明池	
		方红卫	省委常委、西安市委书记	渭河西安段、昆明池	
		魏增军	副省长	省副总河湖长，黄河陕西段、红碱淖、北洛河	1—5月
		魏建锋	副省长	省副总河湖长，黄河陕西段、红碱淖、北洛河	6—11月
		蒿慧杰	副省长	省副总河湖长，黄河陕西段、红碱淖、北洛河	12月
27	云南	阮成发	省委书记、省人大常委会主任	总河湖长，洱海	1—11月

续表

序号	省级行政区	省级河湖长姓名	行政职务	所负责河湖	备注
27	云南	王宁	省委书记、省人大常委会主任	总河湖长，洱海	11—12月
		王予波	省委副书记、省长	副总河长，抚仙湖	
		程连元	省委常委、昆明市委书记	滇池	
		赵　金	省委常委、宣传部部长	程海	
		张太原	省委常委、政法委书记	泸沽湖	1—6月
		刘洪建	副省长	澜沧江	1—6月
			省委常委、政法委书记	泸沽湖	7—12月
		杨亚林	省委常委、统战部部长	杞麓湖	4—12月
		王显刚	副省长	星云湖	
		李小三	省委常委、组织部部长	阳宗海	1—5月
			省委副书记	异龙湖	7—11月
		李　刚	省委常委、组织部部长	阳宗海	7—12月
		石玉钢	省委副书记	异龙湖	11—12月
		和良辉	副省长	长江（云南段）	
		宗国英	省委常委、常务副省长	珠江（云南段）	
		李玛琳	副省长	红河（云南段）	
		和良辉	副省长	长江（云南段）	
		陈　舜	副省长	伊洛瓦底江（云南段）	1—4月
			省委常委、秘书长	怒江（云南段）	
		张治礼	副省长	伊洛瓦底江（云南段）	5—12月
		董　华	副省长	牛栏江（云南段）	1—3月
		邱　江	副省长	牛栏江（云南段）	4—12月
		任军号	副省长	赤水河（云南段）	
28	甘肃	尹　弘	省委书记、省人大常委会主任	总督导	
		任振鹤	省委副书记、省长	总调度	
		王嘉毅	省委副书记	黑河—甘肃省段	
		石谋军	省委常委、组织部部长	渭河—甘肃省段	
		朱天舒	省委常委，兰州市委书记	湟水—甘肃省段，大通河—甘肃省段	
		程晓波	省委常委、常务副省长	嘉陵江—甘肃省段，白龙江—甘肃省段	
		孙雪涛	省委常委、统战部部长	黄河—甘肃省段，刘家峡水库	
		刘长根	省委常委、政法委书记	庄浪河—甘肃省段	

续表

序号	省级行政区	省级河湖长姓名	行政职务	所负责河湖	备注
28	甘肃	张锦刚	省委常委、副省长	讨赖河（甘肃省段）	
		张世珍	副省长	疏勒河（甘肃省段），大苏干湖	
		李沛兴	副省长	泾河（甘肃省段）	
		何　伟	副省长	石羊河（甘肃省段）	
29	青海	王建军	省委书记	总河湖长	
		信长星	省长	总河湖长	
		刘　超	副省长	5河2湖1库——布哈河、格尔木河、那棱格勒河、巴音河、柴达木河（香日德河），青海湖、苏干湖，温泉水库	1—3月
		才让太	副省长	5河2湖1库——布哈河、格尔木河、那棱格勒河、巴音河、柴达木河（香日德河），青海湖、苏干湖，温泉水库	4—12月
		刘　涛	副省长	6河3库——湟水、隆务河、大通河、黑河、长江、澜沧江，黑泉水库、纳子峡水库、石头峡水库	
30	宁夏	陈润儿	自治区党委书记、自治区人大常委会主任	总河湖长	
		咸　辉	自治区党委副书记、自治区主席	副总河湖长	
		王和山	自治区副主席	黄河宁夏段	1—3月
		王道席	自治区副主席	黄河宁夏段	3—12月
		马汉成	自治区副主席	清水河	
		张　柱	自治区党委常委、银川市委书记	典农河	2—8月
		张雨浦	自治区党委常委、银川市委书记	典农河	8—12月
		张　柱	自治区党委常委、固原市委书记	茹河、泾河、渝河、葫芦河	1—4月
		马汉成	自治区党委常委、固原市委书记	茹河、泾河、渝河、葫芦河	5—12月
31	新疆（含自治区和兵团）	陈全国	自治区党委书记，生产建设兵团党委第一书记、第一政委	总河（湖）长	

续表

序号	省级行政区	省级河湖长姓名	行政职务	所负责河湖	备注
31	新疆（含自治区和兵团）	雪克来提·扎克尔	自治区党委副书记、自治区主席	总河（湖）长	1—9月
		艾尔肯·吐尼亚孜	自治区党委副书记、自治区代主席	总河（湖）长	9—12月
		肖开提·依明	自治区人大常委会主任	副总河（湖）长	7—12月
		努尔兰·阿不都满金	自治区政协主席	副总河（湖）长	7—12月
		王君正	自治区党委副书记，生产建设兵团党委书记、政委	副总河（湖）长	1—10月
		李鹏新	自治区党委副书记、教育工委书记	副总河（湖）长	1—7月
		艾尔肯·吐尼亚孜	自治区党委常委、自治区常务副主席	副总河（湖）长	1—9月
		彭家瑞	自治区人民政府副主席，自治区政协副主席，生产建设兵团党委副书记、司令员	副总河（湖）长	
		李邑飞	自治区党委副书记，生产建设兵团党委书记、政委	副总河（湖）长	7—12月
		张春林	自治区党委副书记	副总河（湖）长	7—10月
		张春林	自治区党委副书记、宣传部部长	副总河（湖）长	10—12月
		何忠友	自治区党委副书记	副总河（湖）长	12月
		杨　诚	自治区党委常委、新疆军区政委	副总河（湖）长	7—12月
		田　文	自治区党委常委、宣传部部长	副总河（湖）长	7—10月
		张　柱	自治区党委常委、组织部部长	副总河（湖）长	12月
		田湘利	自治区党委常委、纪委书记、监委代主任	副总河（湖）长	7—12月
		陈伟俊	自治区党委常委、自治区常务副主席	副总河（湖）长	7—12月
		王明山	自治区党委常委、政法委书记	副总河（湖）长	7—12月
		祖木热提·吾布力	自治区党委常委、统战部部长	副总河（湖）长	12月
		徐海荣	自治区党委常委、政法委副书记，乌鲁木齐市委书记	副总河（湖）长	7—10月

续表

序号	省级行政区	省级河湖长姓名	行政职务	所负责河湖	备　注
31	新疆（含自治区和兵团）	杨发森	自治区党委常委、乌鲁木齐市委书记	自治区副总河（湖）长	10—12月
		玉苏甫江·麦麦提	自治区党委常委、自治区副主席	自治区副总河（湖）长	12月
		伊力扎提·艾合买提江	自治区党委常委	自治区副总河（湖）长	12月
		沙尔合提·阿汗	自治区党委常委、代理秘书长	自治区副总河（湖）长	7—12月
		哈丹·卡宾	自治区党委常委、秘书长	自治区副总河（湖）长	12月
		薛　斌	自治区副主席	自治区副总河（湖）长	12月
		李鹏新	自治区党委副书记、教育工委书记	塔里木河流域河长	1—7月
		张春林	自治区党委副书记	塔里木河流域河长	7—10月
		张春林	自治区党委副书记、宣传部部长	塔里木河流域河长	10—12月
		彭家瑞	自治区副主席，自治区政协副主席，生产建设兵团党委副书记、司令员	塔里木河流域副河长	7—12月
		巴　代	自治区人大常委会副主任	塔里木河流域副河长	
		鲁旭平	生产建设兵团党委常委、副司令员、第三师图木舒克市党委书记、第三师政委	塔里木河流域副河长	1—7月
		姚新民	生产建设兵团党委常委、副司令员、第一师阿拉尔市党委书记、第一师政委	塔里木河流域副河长	1—7月
		刘苏社	自治区副主席	奎屯河河长	
		何忠友	自治区党委副书记	奎屯河河长	12月
		马敖·赛依提哈木扎	自治区政协副主席	奎屯河副河长	1—7月
		努热木·斯玛依汗	自治区政协副主席	奎屯河副河长	7—12月
		刘见明	生产建设兵团党委常委、副政委、组织部部长，自治区党委组织部副部长	奎屯河副河长	
		李邑飞	自治区党委副书记，生产建设兵团党委书记、政委	玛纳斯河河长	
		张　柱	自治区党委常委、组织部部长	玛纳斯河河长	12月
		马雄成	自治区政协副主席	玛纳斯河副河长	

续表

序号	省级行政区	省级河湖长姓名	行政职务	所负责河湖	备注
31	新疆（含自治区和兵团）	李新明	生产建设兵团党委副书记、副政委、宣传部部长	玛纳斯河副河长	
		杨　鑫	自治区党委常委、纪委书记、监委主任	喀什噶尔河河长	1—7月
		田湘利	自治区党委常委、纪委书记、监委代主任	喀什噶尔河河长	7—12月
		伊力哈木·沙比尔	自治区政协副主席	喀什噶尔河副河长	
		邵　峰	生产建设兵团党委常委、副政委、纪委书记、监委主任	喀什噶尔河副河长	
		张春林	自治区党委副书记	伊犁河河长	1—7月
		陈伟俊	自治区党委常委、自治区常务副主席	伊犁河河长	7—12月
		马宁·再尼勒	自治区人大常委会副主任	伊犁河副河长	1—7月
		木合亚提·加尔木哈买提	自治区人大常委会副主任	伊犁河副河长	7—12月
		邱树华	自治区政协副主席、伊犁哈萨克自治州党委书记、霍尔果斯经济开发区党工委书记	伊犁河副河长	7—12月
		钟　波	生产建设兵团党委常委	伊犁河副河长	
		徐海荣	自治区党委常委、政法委副书记，乌鲁木齐市委书记	头屯河河长	
		杨发森	自治区党委常委、乌鲁木齐市委书记	头屯河河长	
		李　萍	生产建设兵团党委常委、副司令员	头屯河副河长	
		田　文	自治区党委常委、宣传部部长	金沟河河长	
		玉苏甫江·麦麦提	自治区党委常委、自治区副主席	金沟河河长	
		张　勇	生产建设兵团党委常委、副司令员	金沟河副河长	
		沙尔合提·阿汗	自治区党委常委、代理秘书长	白杨河河长	
		哈丹·卡宾	自治区党委常委、秘书长	白杨河河长	12月
		李冀东	生产建设兵团党委常委、兵团党委、兵团秘书长	白杨河副河长	
		艾尔肯·吐尼亚孜	自治区党委常委、自治区常务副主席	额尔齐斯河河长	1—9月

续表

序号	省级行政区	省级河湖长姓名	行政职务	所负责河湖	备　注
31	新疆（含自治区和兵团）	艾尔肯·吐尼亚孜	自治区党委副书记、自治区代主席	额尔齐斯河河长	9—12月
		薛　斌	自治区副主席	额尔齐斯河河长	12月
		董新光	自治区人大常委会副主任	额尔齐斯河副河长	
		孔星隆	自治区政协副主席，生产建设兵团党委副书记、副政委	额尔齐斯河副河长	
		李邑飞	自治区党委副书记，生产建设兵团党委书记、政委	玛纳斯湖	
		张　柱	自治区党委常委、组织部部长	玛纳斯湖	12月
		吉尔拉·衣沙木丁	自治区副主席	台特马湖	
		赵　青	自治区副主席	艾比湖	
		芒力克·斯依提	自治区副主席	赛里木湖	
		哈德尔别克·哈木扎	自治区副主席	乌伦古湖	
		孙红梅	自治区副主席	博斯腾湖	

十三、索引

Index

索　　引

说　明

1. 本索引采用内容分析法编制，年鉴中有实质检索意义的内容均予以标引，以便检索使用。

2. 本索引基本上按汉语拼音音序排列。具体排列方法为：以数字开头的，排在最前面；汉字款目按首字的汉语拼音字母（同音字按声调）顺序排列，同音同调按第二个字的字母音序排列，依此类推。

3. 本索引款目后的数字表示内容所在正文页的页码，数字后的字母 a、b 分别表示该页左栏的上、下部分，字母 c、d 分别表示该页右栏的上、下部分。

4. 为便于读者查阅，出现频率特别高的款目仅索引至条目及条目下的标题，不再进行逐一检索。

0～9

A

B

C

D

E

F

G

J

K

L

M

N

P

Q

R

S

Y

Z